Die Grundlehren der mathematischen Wissenschaften

in Einzeldarstellungen
mit besonderer Berücksichtigung
der Anwendungsgebiete

Band 140

Herausgegeben von

J. L. Doob · A. Grothendieck · E. Heinz · F. Hirzebruch
E. Hopf · H. Hopf · W. Maak · S. MacLane · W. Magnus
M. M. Postnikov · F. K. Schmidt · D. S. Scott · K. Stein

Geschäftsführende Herausgeber

B. Eckmann und B. L. van der Waerden

Mathematische Hilfsmittel des Ingenieurs

Herausgegeben von

R. Sauer   I. Szabó

Unter Mitwirkung von
H. Neuber · H. Nürnberg · K. Pöschl
E. Truckenbrodt · W. Zander

Teil II

Verfaßt von

L. Collatz · R. Nicolovius
W. Törnig

Mit 148 Abbildungen

Springer-Verlag Berlin Heidelberg New York 1969

ISBN-13: 978-3-642-95098-8   e-ISBN-13: 978-3-642-95097-1

DOI: 10.1007/978-3-642-95097-1

Library of Congress Catalog Card Number 74-82426

Titel Nr. 5123

Vorwort der Herausgeber zum Gesamtwerk

Das auf vier Bände angelegte Werk „Mathematische Hilfsmittel des Ingenieurs" (MHI), von dem hier der zweite Teilband vorliegt, will den Ingenieur mit dem modernen Stand der Mathematik vertraut machen, soweit es sich um Theorien und Methoden handelt, die für das Ingenieurwesen von Bedeutung sind oder von Bedeutung zu werden versprechen. An mathematischen Vorkenntnissen wird lediglich der Stoff der mathematischen Kursvorlesungen vorausgesetzt, wie sie an den deutschen Technischen Hochschulen in den ersten drei oder vier Semestern gehalten werden.

Der rasche Fortschritt der Technik im Verein mit den Naturwissenschaften hat dazu geführt, daß für die Bearbeitung technischer Probleme immer umfassendere mathematische Hilfsmittel benötigt werden. Im Zuge dieser Entwicklung sind einerseits manche abstrakten mathematischen Disziplinen, die im Rahmen der sogenannten „reinen Mathematik" ohne irgendeinen Bezug auf Anwendung entstanden waren (wie z. B. die Boolesche Algebra), heutzutage ein wichtiges Werkzeug für den Ingenieur geworden. Andererseits haben praktische Bedürfnisse in Technik und Wirtschaft zum Ausbau neuer Zweige der Mathematik geführt (z. B. Optimierungsprobleme in der Unternehmensforschung). Viele Ingenieure benötigen daher in ihrer Praxis sowohl eine vertiefte Kenntnis der älteren klassischen mathematischen Disziplinen als auch Vertrautheit mit neu entstandenen Zweigen der Mathematik. Dieser Gesichtspunkt ist für die Stoffauswahl der MHI maßgebend gewesen. Natürlich ist die getroffene Auswahl letzten Endes subjektiv. Die Herausgeber hoffen jedoch, unterstützt durch die Redakteure und Autoren, nichts Wichtiges, für das ein breites Bedürfnis besteht, übersehen zu haben.

Die MHI sind mehr als eine Formelsammlung im üblichen Sinn. Sie bringen nämlich in jeder der behandelten Disziplinen nicht nur den erforderlichen Formelapparat, sondern dazu auch die grundlegenden Definitionen, Sätze und Methoden, und zwar in einer Darstellung, die der auf physikalisch-geometrische Anschaulichkeit gerichteten Denkweise des Ingenieurs Rechnung trägt. Das heißt: Die in den Definitionen eingeführten Begriffe werden, soweit dies möglich ist, anschaulich erläutert, und es wird stets versucht, dem Leser verständlich zu machen, aus welchem Grund die betreffenden Begriffe eingeführt werden. Bei den

Sätzen und Methoden wird dem Leser das Verständnis durch Beispiele und plausible Begründungen erleichtert. Beweise werden nur in solchen Fällen gebracht, in denen sie für das Verständnis eines Satzes oder einer Methode notwendig sind. Durch Hinweise auf Lehrbücher wird der Leser jedoch in den Stand gesetzt, von Fall zu Fall sich auch über die Beweise zu orientieren.

Der heutzutage weit verbreitete Einsatz von Rechenautomaten hat in der angewandten Mathematik insofern eine Wandlung gebracht, als neben „geschlossenen", d. h. formelmäßig gegebenen Lösungen auch Algorithmen zur numerischen Lösung mathematischer Probleme große Bedeutung erlangt haben. Diesem Umstand wird an vielen Stellen der MHI durch ausführliche Behandlung einschlägiger numerischer Verfahren Rechnung getragen. In diesem Zusammenhang ist besonders auf den hier vorliegenden Teil II und vor allem auf Teil III hinzuweisen, in dem drei Abschnitte speziell der Numerik gewidmet sind. Ein angehängter Abschnitt des Teiles III beschäftigt sich außerdem mit der logischen Struktur der Rechenautomaten und mit grundsätzlichen Fragen der Programmierung.

Obwohl die MHI in erster Linie auf die Bedürfnisse der Ingenieure ausgerichtet sind, werden sie auch von Naturwissenschaftlern, insbesondere Physikern, sowie von Mathematikern mit Nutzen verwendet werden können. Und entsprechend dem Vordringen mathematischer Methoden in immer weitere Bereiche werden auch für Vertreter anderer Disziplinen manche Abschnitte des Werkes von Interesse sein, z. B. für Wirtschafts- und Betriebswissenschaftler der Abschnitt J über lineare und nichtlineare Optimierung in Teil III und in Teil IV der Abschnitt M über Wahrscheinlichkeitsrechnung und mathematische Statistik.

Im letzten Band findet man eine Zusammenstellung der grundlegenden Formeln der theoretischen Ingenieurwissenschaften, insbesondere der Mechanik und der Elektrotechnik. Damit soll dem Benutzer für ein größeres Gebiet von „Normalproblemen" der entsprechende Vorrat an Ausgangsgleichungen mitgegeben und zum Teil eine zusätzliche Verknüpfung mit dem mathematischen Stoff hergestellt werden.

Die Vorbereitung eines so umfassenden Vorhabens bringt durch Terminfragen und die notwendige gegenseitige Abstimmung der einzelnen Beiträge naturgemäß erhebliche Schwierigkeiten mit sich. Den beiden Herausgebern ist es daher ein herzliches Bedürfnis, allen Autoren für ihre Mühe und Geduld zu danken, Herrn Professor Dr. KLAUS PÖSCHL und Herrn Dipl.-Ing. WOLFGANG ZANDER außerdem noch für die kritische Durchsicht und Koordinierung der Manuskripte und schließlich auch den zahlreichen Mitarbeitern der Autoren, die sich am Korrekturlesen beteiligt haben. Besonderer Dank gebührt dem Springer-Verlag, der den Plan, das vorliegende Werk herauszubringen, alsbald verständnisvoll

aufgegriffen und seine Durchführung von Anfang an und über manche
äußeren Hemmnisse hinweg tatkräftig gefördert hat, so daß nach dem
ersten und dritten nunmehr auch der zweite Teil des Werkes in der
bekannten vorzüglichen Ausstattung erscheinen kann.

Das Gesamtwerk wird, auch bei Bejahung der ihm unterliegenden
Konzeption durch den Leser, noch manche Wünsche offen lassen. Autoren
wie Herausgeber sind schon jetzt für alle Anregungen dankbar, die aus
dem Benutzerkreise an sie herangetragen werden. Selbstverständlich
sind in diesem Wunsch auch Hinweise auf Fehler und Druckfehler eingeschlossen, die sich ja trotz der Mühe aller Beteiligten nie völlig vermeiden lassen.

München—Berlin,
im Frühjahr 1969   Robert Sauer   István Szabó

Vorwort zu Teil II

Infolge nicht vorhergesehener Schwierigkeiten erscheint erst jetzt
der Teilband II nach dem bereits vor einem Jahr herausgekommenen
Teilband III. Für den Benutzer hat dies jedoch keine Nachteile, da die
einzelnen Abschnitte sämtlicher Teilbände zwar durch wechselseitige
Hinweise miteinander verkoppelt sind, aber jeweils für sich allein
gelesen werden können, ohne die Kenntnis vorangehender Abschnitte
zu erfordern.

Der Teilband II ist dem Kerngebiet der klassischen Analysis gewidmet, der Theorie und Praxis der gewöhnlichen und partiellen Differentialgleichungen und im Zusammenhang damit den Integralgleichungen und der Variationsrechnung. Der Zielsetzung des Gesamtwerkes
entsprechend geht der Inhalt über den Stoff der üblichen mathematischen
Kursvorlesungen weit hinaus. Außerdem werden neben den klassischen
Methoden der Theorie auch die für die Anwendungen in der Ingenieur-
praxis besonders wichtigen numerischen Methoden ausführlich behandelt.

Der gesamte Stoff ist in zwei große Abschnitte D und E gegliedert,
von denen Abschnitt D den Anfangswertproblemen und Abschnitt E

den Rand- und Eigenwertproblemen gewidmet ist. Beide Abschnitte betreffen sowohl die gewöhnlichen als auch die partiellen Differentialgleichungen und Systeme dieser Gleichungen.

Bei den Anfangswertproblemen in Abschnitt D werden zunächst in einem Kap. I die gewöhnlichen Differentialgleichungen erörtert. Nach einer gerafften Zusammenstellung der bereits in den Kursvorlesungen behandelten Gegenstände, bei der mit Recht den heutzutage weniger als früher bedeutsamen expliziten Integrationsmethoden nur geringes Gewicht beigelegt wird, folgt nach Ausführungen über Systeme von linearen gewöhnlichen Differentialgleichungen erster Ordnung eine ausführliche Erörterung der linearen Differentialgleichungen im Komplexen (insbesondere der Differentialgleichungen der Fuchsschen Klasse), der wichtigsten speziellen Differentialgleichungen zweiter Ordnung (wobei sich natürlich Bezüge zum Abschnitt B im Teilband I ergeben) sowie der für die Praxis sehr bedeutsamen Methoden zu ihrer numerischen Lösung. In Kap. II befaßt man sich mit partiellen Differentialgleichungen erster Ordnung, wobei die schönen und geometrisch anschaulichen klassischen Begriffsbildungen und Theorien zunächst für 2 und hernach für n unabhängige Veränderliche abgehandelt werden. Hier wird auch der wichtige Begriff der Legendre-Transformation gebracht und die allgemeine Theorie durch die Anwendung in der Mechanik, aus der sie ihre wesentliche Anregung erhalten hat, ergänzt. Die folgenden Kap. III und IV sind den hyperbolischen (Modell: Wellengleichung) und den parabolischen (Modell: Wärmeleitungsgleichung) Problemen der partiellen Differentialgleichungen gewidmet. Neben den klassischen Grundlagen (Charakteristikentheorie) stehen hier naturgemäß die Anwendungen, die mit der Entwicklung der Theorie aufs engste verknüpft waren und sind, stark im Vordergrund: Ausbreitung von linearen und nichtlinearen Störungen und Ausstrahlungsprobleme, isentropische und nichtisentropische Strömungen kompressibler Medien (Gasdynamik), Wärmeleit- und Diffusionsprobleme, Grenzschichttheorie der Aerodynamik u. dgl. Auch das schwierige und sowohl unter dem Gesichtspunkt der Theorie wie dem der Praxis hochaktuelle Gebiet der Differentialgleichungen vom gemischten Typus (Tricomi-Probleme) wird dem Leser nahe gebracht. Ausführlich besprochen werden in den Kap. III und IV die numerischen Lösungsmethoden, d. h. die Differenzenverfahren, die beim Einsatz der modernen Rechenanlagen die praktische Lösung von Aufgaben ermöglichen, welche bisher wegen des Zeit- und Arbeitsaufwandes nicht angegangen werden konnten.

Auch bei den Rand- und Eigenwertproblemen des Abschnitts E kommen die klassische Theorie und die praxisnahe Anwendung gleichermaßen zu Wort. Kap. I ist den gewöhnlichen Differentialgleichungen gewidmet, und zwar sowohl linearen als auch nichtlinearen Aufgaben.

Im Zusammenhang damit werden auch lineare und nichtlineare Integralgleichungen erörtert. Kap. II hat die Randwertaufgaben bei partiellen Differentialgleichungen zum Gegenstand und auch hier dringt die Erörterung bis zu nichtlinearen Problemen vor. Im Kap. III handelt es sich vor allem um Anwendungen, nämlich um die Differential- und Integralgleichungsprobleme der Potentialtheorie, um Probleme der Minimalflächen und der Hydrodynamik und die Elastizitätstheorie einschließlich der für den Ingenieur wichtigen Probleme der Plattenbiegung. Kap. IV hat die Eigenwertaufgaben bei Differential- und Integralgleichungen zum Gegenstand und Kap. V die Beziehungen zur Variationsrechnung. Dadurch wird dieses umfassende Gebiet der Analysis in das Gesamtwerk einbezogen, ohne daß dies in der Aufzählung der einzelnen Abschnitte sichtbar ist. Besonders hervorzuheben ist, daß die Numerik im Abschnitt E einen breiten Raum einnimmt und in ihrem modernsten Stand dargestellt wird. Eine Einführung bringt Kap. VI. In Kap. VII folgen dann die Differenzen- und Quadraturverfahren und in Kap. VIII die Iterationsverfahren. Dem Ingenieur, der in der Praxis mit Rand- und Eigenwertproblemen befaßt ist, werden diese Kap. VI bis VIII von besonderem Wert sein.

Ebenso wie bei den vorher erschienenen Teilbänden I und III werden die Autoren und Herausgeber Anregungen jeder Art, neben Hinweisen auf Druckfehler oder Unstimmigkeiten, dankbar begrüßen.

Wiederum ist es den Herausgebern ein aufrichtiges Bedürfnis allen, die am Zustandekommen des neuen Bandes beteiligt waren, herzlich zu danken. Dieser Dank gilt in erster Linie dem Springer-Verlag und den drei Autoren, die trotz stärkster beruflicher Belastung in Lehre und Forschung und teilweise unter erheblichem Zeitdruck es zuwege brachten, ihre Manuskripte im Rahmen des Gesamtwerkes rechtzeitig zum Abschluß zu bringen.

München—Berlin,
im Frühjahr 1969   ROBERT SAUER   ISTVÁN SZABÓ

Inhaltsverzeichnis

D. Anfangswertprobleme bei gewöhnlichen und partiellen Differentialgleichungen

Von Dr. Willi Törnig

Direktor am Zentralinstitut für Angewandte Mathematik
der Kernforschungsanlage Jülich GmbH
o. Professor an der Technischen Hochschule Aachen

E. Rand- und Eigenwertprobleme bei gewöhnlichen und partiellen Differentialgleichungen und Integralgleichungen*

Von Dr. phil. LOTHAR COLLATZ

o. Professor an der Universität Hamburg

und

Dr. rer. nat. RÜDIGER NICOLOVIUS

Wiss. Oberrat an der Universität Hamburg

---

* Kapitel I bis III und V bis VIII sind von R. NICOLOVIUS und Kapitel IV von L. COLLATZ bearbeitet.

Inhalt der weiteren drei Teilbände

Teil I

(Bereits erschienen)

Teil III

(Bereits erschienen)

Teil IV

(In Vorbereitung)

D. Anfangswertprobleme bei gewöhnlichen und partiellen Differentialgleichungen

Von **Willi Törnig**, Jülich

Einleitung

Anfangswertprobleme und Anfangs-Randwertprobleme treten in den Anwendungen bei gewöhnlichen Differentialgleichungen, partiellen Differentialgleichungen erster Ordnung, partiellen hyperbolischen und parabolischen Differentialgleichungen auf. Dementsprechend wurde eine Unterteilung des vorliegenden Abschn. D in vier Kapitel vorgenommen.

Über die Theorie und die Lösungsmethoden von Anfangswertproblemen gibt es eine Fülle von Literatur, es mußte daher eine scharfe Auswahl der zu behandelnden Fragen getroffen werden. Ausführlich werden einige Anfangswertprobleme behandelt, für die es eine abgeschlossene Lösungstheorie gibt. Bei linearen Differentialgleichungen mit veränderlichen Koeffizienten und nichtlinearen Differentialgleichungen wird jeweils ein kurzer Abriß der Theorie gegeben, der in einigen Fällen die Ermittlung einer Näherungslösung zumindest erleichtert. Der wachsenden Bedeutung numerischer Verfahren, insbesondere bei nichtlinearen Problemen, wird durch eine ausführliche Darstellung vor allem in den Kap. I und III Rechnung getragen.

Bei dem zur Verfügung stehenden Raum mußten viele für die physikalischen und technischen Anwendungen wichtige Fragen dennoch unberücksichtigt bleiben. So etwa die hyperbolischen Differentialgleichungen höherer Ordnung bei mehr als zwei unabhängigen Veränderlichen, Anfangswertprobleme bei unstetigen Anfangswerten, die Theorie der Verdichtungsstöße im Zusammenhang mit hyperbolischen Differentialgleichungen und einige Fragen der nichtlinearen Mechanik. Auch die Numerik mußte aus diesem Grunde bei den partiellen Differentialgleichungen im wesentlichen auf Einschritt-Differenzenverfahren bei zwei unabhängigen Veränderlichen beschränkt werden. Durch entsprechende Literaturhinweise wurde versucht, diese Lücken einigermaßen zu schließen.

Bei der Herstellung des Manuskriptes und beim Mitlesen der Korrekturen bin ich von Mitarbeitern des Mathematischen Instituts der Kernforschungsanlage Jülich sehr unterstützt worden. Ich danke insbesondere Fräulein R. BAURMANN, Fräulein M. RESE, Fräulein B. STEINHEUER sowie den Herren H. W. MEUER, Dr. H. NEUNZERT und Dr. H. M. WACKER.

I. Gewöhnliche Differentialgleichungen

Die Betrachtungen in diesem Kapitel beziehen sich mit Ausnahme der §§ 6, 7 auf Differentialgleichungen reeller Funktionen. Die Definitionen in 1.1 werden darüber hinaus im Hinblick auf spätere Anwendungen für reelle und komplexe Punkträume ausgesprochen.

§ 1. Einige Grundlagen der Theorie gewöhnlicher Differentialgleichungen

1.1 Definitionen

Bezüglich der folgenden Definitionen vergleiche man auch Teil III, F, insbesondere die Ziffern 1.8 bis 2.10.

Ist M eine beliebige Menge und a ein Element derselben, so schreiben wir diesen Sachverhalt kurz $a \in M$. Ist N eine weitere Menge mit der Eigenschaft, daß jedes Element von N auch Element von M ist, so sagen wir, N sei Teilmenge von M und schreiben dies $N \subseteq M$. Insbesondere gilt also $M \subseteq M$. Gibt es mindestens ein Element von M, das nicht Element von N ist, so sagt man, N sei eine echte Teilmenge von M und schreibt dies oft präziser in der Form $N \subset M$.

Die Menge aller Vektoren, deren n Komponenten reelle Zahlen sind, nennen wir reellen n-dimensionalen Vektorraum R_n. Entsprechend definieren wir den komplexen n-dimensionalen Vektorraum K_n: Er besteht aus allen Vektoren mit n komplexen Komponenten. Offenbar gilt $R_n \subset K_n$, die Eigenschaften von R_n ergeben sich aus denen von K_n durch Spezialisierung, weshalb wir weiter zunächst den Raum K_n zugrunde legen.

Bezüglich der allgemeinen Definition des Vektorraumes, die in diesem Abschn. D. jedoch nicht benötigt wird, vergleiche man Teil III, F, 1.8.

Jedem Vektor $a \in K_n$ ordnen wir eine reelle Zahl $\|a\|$ mit folgenden Eigenschaften zu:

$$(1.1) \quad \begin{cases} 1. & \|a\| > 0 \quad \text{für alle } a \neq 0 \quad (0 \text{ ist der Nullvektor}), \\ 2. & \|a + b\| \leq \|a\| + \|b\| \quad \text{für beliebige } a, b \in K_n, \\ 3. & \|\alpha\, a\| = |\alpha|\, \|a\|^1 \qquad \text{für jede komplexe Zahl } \alpha. \end{cases}$$

Nach 3. gilt also insbesondere $\|0\, a\| = \|0\| = |0|\, \|a\| = 0$. Es ist demnach (in Übereinstimmung zum herkömmlichen Längenbegriff) genau dann $\|a\| = 0$, wenn a der Nullvektor 0 ist. Die Zahl $\|a\|$ heißt Länge oder *Norm* von a. Durch ihre Festlegung wird K_n zum normierten Vektorraum (vgl. Teil III, F, 2.10).

Sei

$$(1.2) \qquad a = \begin{pmatrix} a_1 \\ \vdots \\ a_n \end{pmatrix},$$

so bezeichnen wir den zugehörigen transponierten Vektor (Zeilenvektor) mit

$$(1.3) \qquad a^T = (a_1, \ldots, a_n).$$

Der Raum K_n kann etwa wie folgt normiert werden:

$$(1.4) \quad \begin{cases} 1. & \|a\|_1 = \sum_{\nu=1}^{n} |a_\nu| \qquad \text{(Summennorm)}, \\[2mm] 2. & \|a\|_2 = +\sqrt{\sum_{\nu=1}^{n} |a_\nu|^2} \quad \text{(euklidische Norm)}, \\[2mm] 3. & \|a\|_\infty = \underset{1 \leq \nu \leq n}{\text{Max}} |a_\nu| \quad \text{(Maximumnorm)}. \end{cases}$$

Je zwei Vektoren $a, b \in K_n$ können wir die (reelle oder komplexe) Zahl

$$(a, b) = \sum_{i=1}^{n} a_i\, \bar{b}_i,$$

ihr *skalares Produkt*, zuordnen. Dabei bedeutet $\bar{b}_i$ die zu b_i konjugiert komplexe Zahl. Für $b = a$ erhält man hieraus und nach (1.4), 2. stets die reelle Zahl

$$(1.5) \qquad (a, a) = \sum_{i=1}^{n} a_i\, \bar{a}_i = \sum_{i=1}^{n} |a_i|^2 = \|a\|_2^2,$$

es gilt also

$$(1.6) \qquad \|a\|_2 = +\sqrt{(a, a)}.$$

Das skalare Produkt genügt der wichtigen *Cauchyschen Ungleichung*:

$$(1.7) \qquad |(a, b)| \leq \|a\|_2\, \|b\|_2.$$

---

^{1} $|\alpha|$ bezeichnet wie üblich den Betrag der komplexen Zahl α.

Bezüglich einer allgemeinen Definition des skalaren Produkts vergleiche man Teil III, F, 2.3.

Wir betrachten weiter die Menge M_n aller $n \times n$-Matrizen, deren Elemente komplexe Zahlen sind. Jeder Matrix $A \in M_n$ ordnen wir eine reelle Zahl $\|A\|$ mit folgenden Eigenschaften zu:

$$(1.8) \quad \begin{cases} 1. & \|A\| = 0 \text{ genau dann, wenn } A = 0, \\ 2. & \|A + B\| \leq \|A\| + \|B\|, \ A, B \in M_n, \\ 3. & \|\alpha A\| = \alpha \|A\| \text{ für reelles } \alpha > 0. \end{cases}$$

Dann heißt $\|A\|$[1] *Matrixnorm* der Matrix A.

Eine Matrixnorm $\|A\|$ heißt *passend* zu einer Vektornorm $\|a\|$, wenn

$$(1.9) \qquad \|A\,a\| \leq \|A\|\,\|a\|$$

für beliebige $A \in M_n$ und $a \in K_n$ gilt.

Besonders für die praktische Rechnung ist es häufig wichtig, zu einer vorgegebenen Vektornorm eine passende Matrixnorm zu kennen. Sind etwa A und a vorgegeben, und will man die Norm eines Vektors $b = A\,a$ abschätzen, so ist es in der Regel einfacher, hierzu die Normen $\|A\|$ und $\|a\|$ zu bestimmen als die Vektornorm $\|A\,a\|$.

Sei A^T die zu A transponierte, $\bar{A}$ die zu A konjugiert komplexe Matrix, so können als Matrixnormen etwa folgende Zahlen gewählt werden:

$$(1.10) \quad \begin{cases} 1. & \|A\|_1 = \underset{j}{\mathrm{Max}}\left(\sum_{i=1}^{n} |a_{ij}| \right) \text{ (Norm der maximalen Spalten-} \\ & \hspace{8cm} \text{betragssumme),} \\ 2. & \|A\|_2 = +\sqrt{(\text{größter Eigenwert von } \bar{A}^T A)} \text{ (Spektralnorm),} \\ 3. & \|A\|_\infty = \underset{i}{\mathrm{Max}}\left(\sum_{j=1}^{n} |a_{ij}| \right) \text{ (Norm der maximalen Zeilen-} \\ & \hspace{8cm} \text{betragssumme).} \end{cases}$$

Man kann zeigen (vgl. [6], S. 132ff.), daß die Matrixnormen $\|A\|_1$, $\|A\|_2$, $\|A\|_\infty$ zu den Vektornormen $\|a\|_1$, $\|a\|_2$, $\|a\|_\infty$ in dieser Reihenfolge passend sind.

Es sei

$$f(x_1, \ldots, x_r) = \begin{pmatrix} f_1(x_1, \ldots, x_r) \\ \vdots \\ f_s(x_1, \ldots, x_r) \end{pmatrix}$$

oder kürzer

$$(1.11) \qquad f(x) = \begin{pmatrix} f_1(x) \\ \vdots \\ f_s(x) \end{pmatrix}$$

---

[1] Wir kennzeichnen Matrix- und Vektornormen zwecks Unterscheidung nicht besonders, da keine Verwechslung zu befürchten ist.

eine s-komponentige Vektorfunktion und G_r ein r-dimensionales Gebiet (Bereich). Sind dann die Komponenten von f in G_r definiert und bezüglich aller r Veränderlichen p mal, $p \geqq 0$, stetig differenzierbar, so schreiben wir wie üblich

$$(1.12) \qquad f(x) \in C^p(G_r).$$

Diese Schreibweise besagt, daß f zur Menge der in G_r p-mal stetig differenzierbaren Vektorfunktionen gehört. $C^0(G_r)$ ist die Menge der in G_r stetigen Funktionen.

1.2 Gewöhnliche Differentialgleichungen. Existenz und Eindeutigkeit ihrer Lösungen

Eine Gleichung der Form

$$(1.13) \qquad F(x, y, y', \ldots, y^{(n)}) = 0$$

zwischen der unabhängigen Veränderlichen x, einer Funktion $y(x)$ und deren Ableitungen $y' = \dfrac{dy}{dx}, \ldots, y^{(n)} = \dfrac{d^n y}{dx^n}$ bis einschließlich n-ter Ordnung heißt *gewöhnliche Differentialgleichung n-ter Ordnung*. Speziell bezeichnet man (1.13) als implizite Form der Gleichung. Ist (1.13) nach der höchsten vorkommenden Ableitung aufgelöst, so heißt

$$(1.14) \qquad y^{(n)} = f(x, y, y', \ldots, y^{(n-1)})$$

die explizite Form der Differentialgleichung.

Jede Funktion $y = \varphi(x)$, die in einem Intervall die Gl. (1.13) identisch erfüllt, für die also

$$F(x, \varphi(x), \varphi'(x), \ldots, \varphi^{(n)}(x)) = 0$$

gilt, heißt dort *Lösung* oder *Integral* von (1.13). Eine Lösung der Form

$$(1.15) \qquad y = \varphi(x, c_1, \ldots, c_n),$$

die außer von x noch von n willkürlich wählbaren Konstanten $c_1, \ldots, c_n$ abhängt, bezeichnet man auch als *allgemeine Lösung* von (1.13). Will man aus der Schar der Lösungen (1.15) eine oder mehrere herausgreifen, welche vorgeschriebenen Anfangsbedingungen

$$(1.16) \qquad y^{(\nu)}(x_0) = y_0^\nu, \quad \nu = 0, 1, \ldots, n-1,$$

für einen festen Punkt x_0 genügen, so müssen die c_μ, $\mu = 1, \ldots, n$, das i. allg. nichtlineare Gleichungssystem

$$(1.17) \qquad \varphi^{(\nu)}(x_0, c_1, \ldots, c_n) = y_0^\nu, \quad \nu = 0, 1, \ldots, n-1,$$

erfüllen. Sind hierdurch die c_μ sogar eindeutig bestimmt, so ist auch die Lösung eindeutig. Im Gegensatz zur allgemeinen Lösung bezeichnet man jede (spezielle) Lösung auch als *partikuläre Lösung* oder *partikuläres Integral*.

Die vorstehenden Definitionen gelten natürlich entsprechend für die explizite Differentialgleichung (1.14), welche wir zunächst ausschließlich weiter betrachten. Die Theorie dieser Differentialgleichung läßt sich als Sonderfall der Theorie des Systems von n Differentialgleichungen erster Ordnung in n gesuchten Funktionen $y_1(x), \ldots, y_n(x)$

$$(1.18) \qquad y_\nu' = f_\nu(x, y_1, \ldots, y_n), \qquad \nu = 1, 2, \ldots, n,$$

auffassen. Setzt man nämlich

$$(1.19) \qquad y_{\nu+1} = y^{(\nu)}, \qquad \nu = 0, 1, \ldots, n-1,$$

so erhält man aus (1.14) das System

$$(1.20) \qquad \begin{aligned} y_\mu' &= y_{\mu+1}, \qquad \mu = 1, 2, \ldots, n-1, \\ y_n' &= f(x, y_1, \ldots, y_n). \end{aligned}$$

Ist $y = \varphi(x)$ eine Lösung von (1.14), so erhält man in

$$(1.21) \qquad y_\nu(x) = \varphi^{(\nu-1)}(x), \qquad \nu = 1, 2, \ldots, n,$$

ein Lösungssystem $\{y_\nu\}$ von (1.20). Ist umgekehrt $\{y_\nu\}$ ein Lösungssystem von (1.20), so gilt mit $y_1 = \varphi$

$$(1.22) \qquad \begin{aligned} y_\nu(x) &= \varphi^{(\nu-1)}(x), \qquad \nu = 2, 3, \ldots, n, \\ f\big(x, \varphi(x), \ldots, \varphi^{(n-1)}(x)\big) &= \varphi^{(n)}(x). \end{aligned}$$

Daher ist φ auch Lösung von (1.14), diese Gleichung und das System (1.20) sind äquivalent.

In den physikalischen und technischen Anwendungen interessiert in der Regel nicht die allgemeine Lösung einer Differentialgleichung, sondern vielmehr die Frage, unter welchen Voraussetzungen bei vorgeschriebenen Anfangsbedingungen eine und nur eine Lösung existiert und wie diese gegebenenfalls lautet. Das Problem, eine Differentialgleichung oder ein System von Differentialgleichungen unter vorgeschriebenen Anfangsbedingungen zu lösen, heißt *Anfangswertproblem* der Differentialgleichung oder des Systems von Differentialgleichungen. Die Gln. (1.14), (1.16) stellen ein solches Anfangswertproblem dar. Die Frage, unter welchen Voraussetzungen dieses Anfangswertproblem eindeutig lösbar ist, läßt sich wegen der soeben gezeigten Äquivalenz auf die Frage zurückführen, wann das Anfangswertproblem

$$(1.23) \qquad \begin{aligned} y_\nu' &= f_\nu(x, y_1, \ldots, y_n), \\ y_\nu(x_0) &= y_0^\nu, \end{aligned} \qquad \nu = 1, 2, \ldots, n,$$

eine eindeutige Lösung zuläßt.

Bevor wir dieser Frage nachgehen, führen wir eine kürzere und bequemere Schreibweise ein:

$$(1.24) \qquad y(x) = \begin{pmatrix} y_1(x) \\ \vdots \\ y_n(x) \end{pmatrix}, \quad y_0 = \begin{pmatrix} y_0^1 \\ \vdots \\ y_0^n \end{pmatrix},$$

$$f(x,y) = \begin{pmatrix} f_1(x, y_1, \ldots, y_n) \\ \vdots \\ f_n(x, y_1, \ldots, y_n) \end{pmatrix} = \begin{pmatrix} f_1(x,y) \\ \vdots \\ f_n(x,y) \end{pmatrix}.$$

Dann erhält das Anfangswertproblem (1.23) die einfache Form

$$(1.25) \qquad y' = f(x,y), \quad y(x_0) = y_0.$$

Die Elemente des R_n bzw. K_n können auch als Punkte im R_n bzw. K_n aufgefaßt werden. Denn die Komponenten von a bzw. a^T lassen sich als Punkt- oder Vektorkoordinaten deuten. Wir bezeichnen deshalb a bzw. a^T als Punkt des R_n bzw. K_n. Im folgenden werden uns häufiger Punkte $(x, y_1, \ldots, y_n) \in R_{n+1}$ begegnen, die wir in der kurzen Form (x, y) unter Berücksichtigung der Schreibweise (1.24) schreiben werden.

Es sei $(x_0, y_0) \in R_{n+1}$ ein fester Punkt und

$$(1.26) \qquad U : |x - x_0| < a, \quad \|y - y_0\|_2 < b, \quad a, b \text{ fest,}$$

eine Umgebung dieses Punktes. Die abgeschlossene Hülle von U ist

$$(1.27) \qquad \bar{U} : |x - x_0| \leqq a, \quad \|y - y_0\|_2 \leqq b.\,^1$$

Über die Existenz von Lösungen des Anfangswertproblems (1.25) gilt zunächst der

Satz 1.1 (*Peano*). *In $\bar{U}$ sei $f(x,y)$ stetig und daher beschränkt, es gelte $\|f(x,y)\|_2 \leqq A(x)$ mit integrierbarer Funktion $A(x)$. Ferner sei α, $0 < \alpha \leqq a$, eine Zahl mit der Eigenschaft, daß für $|x - x_0| \leqq \alpha$*

$$(1.28) \qquad \int_{x_0}^{x} A(\xi)\, d\xi \leqq b$$

gilt. Dann besitzt das Anfangswertproblem (1.25) mindestens eine für $|x - x_0| \leqq \alpha$ existierende Lösung.

Dieser „Existenzsatz von PEANO" sichert also die Existenz von Lösungen, jedoch noch nicht deren Eindeutigkeit. Am Schluß dieser Ziffer 1.2 werden wir an einem Beispiel erkennen, daß die Voraussetzungen des Satzes in der Tat noch zu schwach sind, um generell die Eindeutigkeit der Lösung zu sichern.

Wir wollen deshalb noch einen weiteren Satz wiedergeben, der Aussagen über die Existenz und Eindeutigkeit der Lösung liefert. Eine

---

[1] U bzw. $\bar{U}$ stellen offene bzw. abgeschlossene $n + 1$-dimensionale „Zylinder" im R_{n+1} dar. Man veranschauliche sich dies für $n = 2$.

wesentliche Voraussetzung in diesem Satz ist, daß $f(x,y)$ eine Lipschitz-Bedingung erfüllt.

Definition 1.1. Ist die Vektorfunktion $f(x,y)$ in U definiert und existiert eine reelle Zahl $L \geqq 0$, so daß für je zwei Punkte (x,y^*), $(x,y) \in U$ die Ungleichung

$$(1.29) \qquad \|f(x,y^*) - f(x,y)\|_2 \leqq L \|y^* - y\|_2$$

besteht, so erfüllt f in U bezüglich y bei der Norm $\|\cdot\|_2$ eine *Lipschitz-Bedingung*. Die Zahl L heißt Lipschitz-Konstante.

Wir wollen die Bedeutung dieser Bedingung etwas genauer untersuchen und betrachten zunächst die Einzeldifferentialgleichung $y' = f(x,y)$. Dann ist $U: |x - x_0| < a$, $|y - y_0| < b$, die Lipschitz-Bedingung kann auch in der Form

$$(1.30) \qquad \left| \frac{f(x,y^*) - f(x,y)}{y^* - y} \right| \leqq L$$

geschrieben werden. Sie stellt nichts anderes dar als die Forderung, daß der Differenzenquotient $\Delta f/\Delta y = (f(x,y^*) - f(x,y))/(y^* - y)$ überall in U beschränkt sein soll. Hinreichend hierfür ist die Beschränktheit von $\partial f/\partial y$, d. h.

$$(1.31) \qquad \left| \frac{\partial f(x,y)}{\partial y} \right| \leqq L,$$

wie man mit Hilfe des Mittelwertsatzes sofort nachprüft. Grob gesprochen bedeutet dies, daß $f(x,y)$ sich mit y nicht „zu stark" ändert.

Für ein System von Differentialgleichungen erster Ordnung $y' = f(x,y)$ läßt sich entsprechend zeigen, daß die Funktion f bezüglich y immer dann eine Lipschitz-Bedingung erfüllt, wenn es nichtnegative Zahlen M_{ij} gibt, so daß in U

$$(1.32) \qquad \left| \frac{\partial f_i(x,y)}{\partial y_j} \right| \leqq M_{ij}$$

gilt. Setzen wir nämlich

$$\tilde{y}_j = y_j + \vartheta_j(y_j^* - y_j),\ 0 < \vartheta_j < 1, \quad j = 1, 2, \ldots, n,$$
$$(x, \tilde{y}) = (x, \tilde{y}_1, \ldots, \tilde{y}_n),$$
$$\varphi_{ij} = \left(\frac{\partial f_i}{\partial y_j} \right)_{(x, \tilde{y})}, \quad \varphi_i^T = (\varphi_{i1}, \ldots, \varphi_{in}),$$
$$(y^* - y)^T = (y_1^* - y_1, \ldots, y_n^* - y_n),$$

so folgt zunächst nach dem Mittelwertsatz für Funktionen bei mehreren Veränderlichen

$$(1.33) \quad (f_i(x,y^*) - f_i(x,y))^2 = (\varphi_i, y^* - y)^2, \quad i = 1, 2, \ldots, n.$$

Nach der Cauchyschen Ungleichung (1.7) gilt dann weiter

$$(\varphi_i, y^* - y)^2 \leqq \|\varphi_i\|_2^2 \|y^* - y\|_2^2,$$

somit wegen (1.32)

$$(1.34) \quad \|f(x, y^*) - f(x, y)\| \leq \sqrt{\sum_{i=1}^{n} \|\varphi_i\|_2^2} \|y^* - y\|_2 \leq$$

$$\leq \sqrt{\sum_{i=1}^{n} \sum_{j=1}^{n} M_{ij}^2} \|y^* - y\|_2 = L \|y^* - y\|_2 ,$$

womit die Behauptung bewiesen ist.

Die Frage nach der Existenz und Eindeutigkeit der Lösung von (1.25) beantwortet folgender

Satz 1.2 (*Picard-Lindelöf*). *Es gelte*

1. $f(x, y) \in C^0(U)$,

2. $\|f(x, y)\|_2 \leq M$ in U,

3. $f(x, y)$ erfüllt eine Lipschitz-Bedingung (1.29).

Dann existiert für $|x - x_0| < A = \text{Min}\left\{a, \dfrac{b}{M}\right\}$ genau eine Lösung $y(x)$[1] des Anfangswertproblems (1.25).

Dieser fundamentale Satz läßt sich durch ein Iterationsverfahren beweisen. Da der Beweis außerdem in einigen Fällen die Möglichkeit bietet, eine Näherungslösung zu bestimmen, sei er hier grob skizziert.

Ausgehend von dem Anfangsvektor y_0 bestimmt man nacheinander die Vektorfunktionen

$$(1.35) \qquad y_{m+1}(x) = y_0 + \int_{x_0}^{x} f(\xi, y_m(\xi)) \, d\xi, \qquad m = 0, 1, \ldots,$$

und zeigt, daß die Reihe

$$(1.36) \qquad y_0 + (y_1 - y_0) + (y_2 - y_1) + \cdots$$

absolut gleichmäßig konvergiert in $|x - x_0| \leq B$ bei beliebigem $0 < B < A$. Daher existiert $\lim\limits_{m \to \infty} y_m(x) = y(x)$ — die Summe (1.36) ist nichts anderes als dieser Grenzwert — und man zeigt weiter, daß $y(x)$ in $|x - x_0| < A$ dem System von Integralgleichungen

$$(1.37) \qquad y(x) = y_0 + \int_{x_0}^{x} f(\xi, y(\xi)) \, d\xi,$$

also auch dem Anfangswertproblem (1.25) genügt. Damit ist auf konstruktivem Wege die Existenz einer Lösung nachgewiesen. Unter wesentlicher Benutzung der Tatsache, daß f eine Lipschitz-Bedingung erfüllt, läßt sich dann noch die Eindeutigkeit der Lösung nachweisen (vgl. die Überlegungen im Anschluß an Satz 1.4 in 1.3).

---

[1] Wir bezeichnen künftig auch das Lösungssystem eines Systems von Differentialgleichungen kurz als Lösung.

Aus Satz 1.2 folgt noch: In einem Gebiet G sei $f(x, y)$ stetig und erfülle in jedem Punkt von G eine Lipschitz-Bedingung. Dann geht durch jeden Punkt von G genau eine Lösung von $y' = f(x, y)$.

Allgemeiner kann man beim Beweis des Satzes 1.2 von irgendeiner in $|x - x_0| < a$ stetigen Funktion $y_0(x)$ ausgehen, welche außerdem die Bedingung $\|y_0(x) - y_0\|_2 < b$ erfüllt. Die Vektorfunktionen $y_{m+1}(x)$, $m = 0, 1, \ldots$ bestimmen sich dann wieder nach (1.35). Sei außerdem

$$\underset{|x-x_0| \leqq B}{\text{Max}} \|y_0(x) - y_0\|_2 = \Phi(B),$$

so gilt für $m \geqq 1$ die Fehlerabschätzung

(1.38)

$$\|y(x) - y_m(x)\|_2 \leqq \sum_{\mu=m+1}^{\infty} \left\{ \frac{M}{L} \frac{(L|x - x_0|)^\mu}{\mu!} + \Phi \frac{(L|x - x_0|)^{\mu-1}}{(\mu - 1)!} \right\}.$$

Beispiel 1.1. Das Anfangswertproblem $y' = x^2 + y^2$, $y(0) = 0$, soll in $Q: |x| \leqq \frac{1}{2}$, $|y| \leqq \frac{1}{2}$ näherungsweise gelöst werden. In Q erfüllt $f(x, y) = x^2 + y^2$ mit $M = \frac{1}{2}$, $L = 1$ die Voraussetzungen des Satzes 1.2. Wir gehen aus von der Näherung $y_0(x) = x^3/3$, die man durch Taylor-Entwicklung leicht findet. Dann folgt nach (1.35)

$$y_1(x) = \frac{x^3}{3} + \frac{x^7}{63},$$

$$y_2(x) = \frac{x^3}{3} + \frac{x^7}{63} + \frac{2x^{11}}{2079} + \frac{x^{15}}{59\,535}.$$

Geht man dagegen von $y_0 = 0$ aus, so ergeben sich die Näherungen $\bar{y}_m(x)$ mit

$$\bar{y}_1(x) = y_0(x), \quad \bar{y}_2(x) = y_1(x), \quad \bar{y}_3(x) = y_2(x).$$

Die Ungleichung (1.38) liefert die Fehlerabschätzung

$$|y(x) - y_m(x)| \leqq \left(\frac{1}{2} + \Phi \right) \left(e^{|x|} - \sum_{\mu=0}^{m-1} \frac{|x|^\mu}{\mu!} \right) - \frac{1}{2} \frac{|x|^m}{m!}, \quad m \geqq 1.$$

Mit $y_0(x) = x^3/3$ ist $\Phi = 1/24$; man erhält so

$$\underset{|x| \leqq \frac{1}{2}}{\text{Max}} |y(x) - y_1(x)| \leqq 0{,}1014, \qquad \underset{|x| \leqq \frac{1}{2}}{\text{Max}} |y(x) - y_2(x)| \leqq 0{,}0181.$$

Wählt man dagegen als Anfangsfunktion $y_0(x) = y_0 = 0$, so ist $\Phi = 0$, und es ergeben sich die besseren Fehlerabschätzungen

$$\underset{|x| \leqq \frac{1}{2}}{\text{Max}} |y(x) - \bar{y}_1(x)| \leqq 0{,}071\,36,$$

$$\underset{|x| \leqq \frac{1}{2}}{\text{Max}} |y(x) - \bar{y}_2(x)| = \underset{|x| \leqq \frac{1}{2}}{\text{Max}} |y(x) - y_1(x)| \leqq 0{,}011\,86,$$

$$\underset{|x| \leqq \frac{1}{2}}{\text{Max}} |y(x) - \bar{y}_3(x)| = \underset{|x| \leqq \frac{1}{2}}{\text{Max}} |y(x) - y_2(x)| \leqq 0{,}001\,45.$$

Wir kommen nun noch einmal auf die Bedeutung der Lipschitz-Bedingung für die Eindeutigkeit der Lösung zurück und betrachten die Differentialgleichung

$$(1.39) \qquad y' = 3(y-1)^{2/3}.$$

Die Funktion $f(x,y) = 3(y-1)^{2/3}$ ist überall stetig. Sei weiter $\bar{U}$: $|x-x_0| \leq a$, $|y-y_0| \leq b$, so gilt außerdem

$$3\left|\sqrt[3]{(y-1)^2}\right| \leq 3\sqrt[3]{(|y_0|+b+1)^2} = A,$$

d. h. f ist beschränkt. Schließlich gilt mit $\alpha = \mathrm{Min}\left(a, \dfrac{b}{A}\right)$ für $|x-x_0| \leq$ $\leq \alpha$ sicher $\int\limits_{x_0}^{x} A\,dx \leq b$. Daher geht nach dem Existenzsatz 1.1 (PEANO) durch (x_0, y_0) mindestens eine Integralkurve, die für $|x-x_0| \leq \alpha$ existiert. Damit ist gleichzeitig gezeigt, daß durch jeden Punkt (x_0, y_0) der $x-y$-Ebene mindestens eine Lösung hindurchgeht.

Wir untersuchen weiter, wo f eine Lipschitz-Bedingung erfüllt. Wegen $\dfrac{\partial f}{\partial y} = \dfrac{2}{\sqrt[3]{(y-1)}}$ ist zu vermuten, daß f überall außer für $y \to 1$ eine Lipschitz-Bedingung erfüllt. In der Tat folgt, wenn n eine beliebige natürliche Zahl bedeutet, für $|y^*-1| < \dfrac{1}{n^3}$

$$(1.40) \qquad \left|\frac{f(x,y^*) - f(x,1)}{y^*-1}\right| = 3\left|\frac{(y^*-1)^{2/3}}{y^*-1}\right| = \frac{3}{\sqrt[3]{|y^*-1|}} > 3n.$$

In der Umgebung von $y=1$ erfüllt f daher keine Lipschitz-Bedingung, da n beliebig groß gewählt werden darf.

Demnach gibt es unter Umständen mehrere Lösungen durch die Punkte $(x_0, 1)$, $-\infty < x_0 < \infty$. Da die Differentialgleichung (1.39) von dem später in 2.1 A zu untersuchenden separierbaren Typ ist, kann sie leicht integriert werden. Ihre allgemeine Lösung ist die Schar kubischer Parabeln

$$(1.41) \qquad y = 1 + (x+C)^3$$

mit der willkürlichen reellen Konstanten C. Offenbar ist aber auch $y \equiv 1$ eine Lösung, und zwar eine sog. singuläre Lösung, wie wir später in 1.5, Beispiel 1.3 A, erkennen werden. Man sieht nun unmittelbar, daß durch jeden Punkt $(x_0, 1)$ sogar unendlich viele Lösungen der Differentialgleichung hindurchgehen, nämlich (Abb. 1.1)

$$y = 1, \quad y = 1 + (x-x_0)^3,$$

ferner mit $\alpha, \beta > 0$ die zusammengesetzten Funktionen

$$y = \begin{cases} 1 + (x - x_0 + \beta)^3, & -\infty < x \leq x_0 - \beta, \\ 1, & x_0 - \beta < x < x_0 + \alpha, \\ 1 + (x - x_0 - \alpha)^3, & x_0 + \alpha \leq x < \infty. \end{cases}$$

Dieses Beispiel darf jedoch nicht zu der Annahme verleiten, daß das Erfülltsein einer Lipschitz-Bedingung notwendig für die Eindeutigkeit der Lösung ist. Zu dieser Frage vergleiche man etwa [22], S. 102—133.

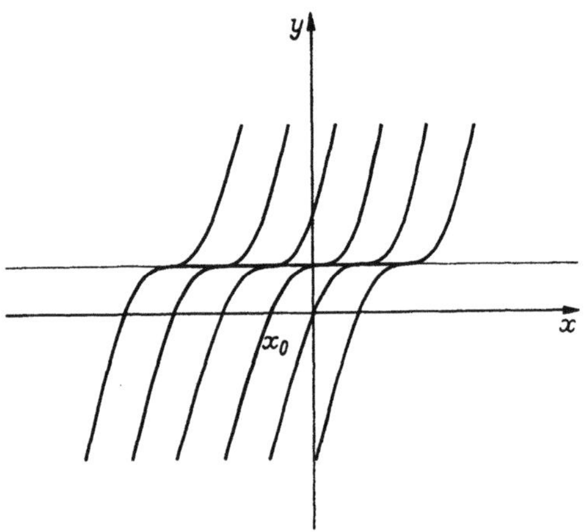

Abb. 1.1. Schar der kubischen Parabeln $y = 1 + (x + c)^3$ und Lösungen von $y' = 3(y - 1)^{\frac{2}{3}}$

1.3 Abschätzungen

Ein physikalischer Vorgang werde durch das reelle Differentialgleichungssystem $y' = f(x, y)$ beschrieben. Durch Vernachlässigung kleiner Größen ersetzt man dann oft die Funktion $f(x, y)$[1] durch eine Funktion $g(x, y)$, wobei etwa im betrachteten Gebiet $\|f(x, y) - g(x, y)\|_2 \leq \varepsilon$ gilt. Daraufhin löst man die Differentialgleichung $w' = g(x, w)$ unter der Voraussetzung $w(x_0) = w_0 \approx y_0$ und setzt dabei in der Regel voraus, daß mit ε auch der Fehler $\|y - w\|_2$ klein ausfällt, daß $w(x)$ also eine gute Näherung für die exakte Lösung $y(x)$ darstellt.

Kennt man andererseits eine Näherungslösung $w(x)$ mit $w(x_0) = w_0$ des Problems $y' = f(x, y)$, $y(x_0) = y_0$, so ist die Frage, wie mit Hilfe des Defektes $d(x) = w'(x) - f(x, w(x))$ und der Differenz $y_0 - w_0$ die Größe des Fehlers $y(x) - w(x)$ abgeschätzt werden kann.

Wir betrachten zunächst den noch allgemeineren Fall, daß $v(x)$, $w(x)$ zwei in einem Intervall (a, b) definierte Funktionen sind, welche

---

[1] Wir sprechen künftig auch bei Vektorfunktionen kurz von „Funktionen", da bei der gewählten Schreibweise kein Irrtum zu befürchten ist.

$y' = f(x, y)$ bis auf Defekte $d_1(x)$, $d_2(x)$ erfüllen:

$$(1.42) \quad d_1(x) = v'(x) - f(x, v(x)), \quad d_2(x) = w'(x) - f(x, w(x)).$$

Ferner sei

$$(1.43) \qquad v(\bar{x}_0) = v_0, \quad w(\bar{\bar{x}}_0) = w_0, \quad \bar{x}_0, \bar{\bar{x}}_0 \in (a, b).$$

Eine Aussage über die Differenz $v - w$ liefert dann der wichtige

Satz 1.3. *In einem Gebiet G des R_{n+1} sei $f(x, y)$ definiert, und es gelte dort*

1. $\|f(x, y)\|_2 \leqq M$,

2. $f(x, y)$ erfüllt eine Lipschitz-Bedingung (1.29).

Ferner seien $v(x)$, $w(x) \in C^1((a, b))$, $(x, v(x))$, $(x, w(x)) \in G$, zwei Funktionen, welche die Gln. (1.42), (1.43) erfüllen mit

$$(1.44) \qquad \|d_1(x)\|_2 \leqq \varepsilon_1, \quad \|d_2(x)\|_2 \leqq \varepsilon_2, \quad x \in (a, b).$$

Dann gilt in (a, b) die Abschätzung

$$(1.45) \quad \|v(x) - w(x)\|_2 \leqq \frac{\varepsilon_1 + \varepsilon_2}{L}\left(e^{L|x - \bar{x}_0|} - 1\right) +$$
$$+ \{\|v_0 - w_0\|_2 + (M + \varepsilon_1 + \varepsilon_2)|\bar{\bar{x}}_0 - \bar{x}_0|\} e^{L|x - \bar{x}_0|}.$$

Die Abschätzung (1.45) wird daher besonders günstig, wenn $v_0 = w_0$, $\bar{\bar{x}}_0 = \bar{x}_0$ gesetzt werden kann.

Es gelte nun speziell $\bar{x}_0 = x_0$, und $v(x)$ sei die exakte Lösung des Anfangswertproblems (1.25). Dann ist $\varepsilon_1 = 0$, und mit $\varepsilon_2 = \varepsilon$ folgt aus (1.45) unmittelbar der

Satz 1.4. *Unter den Voraussetzungen des Satzes 1.3 gelte $\bar{x}_0 = x_0$, und es sei $v(x) = y(x)$ die exakte Lösung des Anfangswertproblems (1.25). Dann gilt in (a, b) die Fehlerabschätzung*

$$(1.46) \qquad \|y(x) - w(x)\|_2 \leqq \frac{\varepsilon}{L}(e^{L|x - x_0|} - 1) +$$
$$+ \{\|y_0 - w_0\|_2 + (M + \varepsilon)|\bar{\bar{x}}_0 - x_0|\} e^{L|x - x_0|}.$$

Aus diesem Satz folgt noch die Eindeutigkeit der Lösung des Anfangswertproblems (1.25), wenn f die Bedingungen 1., 2. des Satzes 1.3 erfüllt. Denn sei auch $w(x)$ Lösung von (1.25) mit $w(x_0) = y_0$, so gilt $\varepsilon = 0$, und aus (1.46) folgt $\|y(x) - w(x)\|_2 = 0$, also $y(x) = w(x)$ in (a, b). Damit ist auch gezeigt, daß die Voraussetzungen des Satzes 1.2 die Eindeutigkeit der Lösung sichern. Ist auch noch $w(x)$ Lösung von $y' = f(x, y)$, gilt weiter $\bar{x}_0 = x_0$, aber $y_0 \neq w_0$, so zeigt Satz 1.4, daß unter den angegebenen Voraussetzungen eine kleine Änderung der Anfangswerte eine entsprechend kleine Änderung der Lösung bewirkt:

$$\|y(x) - w(x)\|_2 \leqq \|y_0 - w_0\|_2 \, e^{L|x - x_0|}.$$

Mit $w_0 = y_0$ folgt hieraus wieder ein Eindeutigkeitssatz.

Für $y_0 = w_0$, $\bar{x}_0 = x_0$ folgt aus (1.46) die sehr einfache Fehlerabschätzung

$$(1.47) \qquad \|y(x) - w(x)\|_2 \leq \frac{\varepsilon}{L} \left(e^{L|x-x_0|} - 1 \right).$$

Bei Satz 1.4 nehmen wir jetzt an, daß die Funktion $w(x)$ die Differentialgleichung $w' = g(x, w)$ erfüllt. Dann folgt, wenn die Voraussetzungen aus Zweckmäßigkeitsgründen etwas anders formuliert werden, der

Satz 1.5. *In $G \subset R_{n+1}$ seien die Funktionen $f(x, y)$ und $g(x, y)$ definiert, und es gelte dort:*

1. $f(x, y)$, $g(x, y) \in C^0(G)$,

2. $f(x, y)$ oder $g(x, y)$ erfüllt eine Lipschitz-Bedingung (1.29),

3. $\|f(x, y) - g(x, y)\|_2 \leq \delta$.

Genügen dann $y(x)$, $w(x)$ in (a, b) den Gleichungen $y' = f(x, y(x))$, $w'(x) = g(x, w(x))$ mit $y(x_0) = w(x_0) = y_0$, $x_0 \in (a, b)$, so gilt in (a, b) die Abschätzung

$$(1.48) \qquad \|y(x) - w(x)\|_2 \leq \frac{\delta}{L} \left(e^{L|x-x_0|} - 1 \right).$$

Man beachte, daß in diesem Satz $f(x, y)$ und $g(x, y)$ völlig gleichberechtigt sind, in der Abschätzung (1.48) kann L also sowohl die Lipschitz-Konstante von f als auch die von g sein.

Etwas grob gesprochen sagt Satz 1.5 aus: Unter den angegebenen Voraussetzungen bewirkt eine kleine Änderung der rechten Seite einer Differentialgleichung oder eines Systems von Differentialgleichungen eine entsprechend kleine Änderung der Lösung. Diese Tatsache bezeichnet man häufig als „stetige Abhängigkeit der Lösung von der rechten Seite". Zusammen mit den Bemerkungen nach Satz 1.4 kann man daher sagen:

Satz 1.6. *Unter den Voraussetzungen des Satzes 1.2 hängt die Lösung des Anfangswertproblems (1.25) stetig von den Anfangswerten und der rechten Seite ab.*

Bezüglich der Beweise der hier angeführten Sätze vgl. man etwa [22] S. 105 ff.

Beispiel 1.2. Wir betrachten das Anfangswertproblem

$$y'' = -\frac{P}{IE}(l - x)\left[1 + (y')^2\right]^{3/2}, \qquad y(0) = y'(0) = 0,$$

dessen Lösung die elastische Linie eines einseitig im Punkte $(0, 0)$ eingespannten Stabes der Länge l bei Wirkung einer Kraft P an seinem

Ende beschreibt. I bezeichnet das Trägheitsmoment und E den Elastizitätsmodul.

Setzen wir $y = y_1$, $y' = y_2$, so folgt daraus das System

$$(*) \qquad \begin{aligned} y_1' &= y_2, \\ y_2' &= -\frac{P}{IE}(l-x)\,[1+y_2^2]^{3/2}, \end{aligned} \qquad y_1(0) = y_2(0) = 0,$$

Für $|y_2| \ll 1$ ersetzt man dieses System gewöhnlich durch

$$(**) \qquad \begin{aligned} w_1' &= w_2, \\ w_2' &= -\frac{P}{IE}(l-x), \end{aligned} \qquad w_1(0) = w_2(0) = 0,$$

dessen eindeutige Lösung für $0 \leqq x \leqq l$ lautet

$$(***) \qquad \begin{aligned} w_1(x) &= -\frac{P}{IE}\,\frac{l^3}{6}\left[3\left(\frac{x}{l}\right)^2 - \left(\frac{x}{l}\right)^3\right], \\ w_2(x) &= -\frac{P}{IE}\,\frac{l^2}{2}\left[2\,\frac{x}{l} - \left(\frac{x}{l}\right)^2\right]. \end{aligned}$$

Wir beschreiben nun $(*)$ kurz durch $\boldsymbol{y}' = \boldsymbol{f}(x, \boldsymbol{y})$, $(**)$ durch $\boldsymbol{w}' = \boldsymbol{g}(x, \boldsymbol{w})$.

A. Zunächst schätzen wir den Fehler $\|\boldsymbol{y}(x) - \boldsymbol{w}(x)\|_2$ nach (1.48) ab und betrachten dabei das abgeschlossene Gebiet

$$\bar{G} : 0 \leqq x \leqq l, \quad \|\boldsymbol{y}\|_2 \leqq \frac{P}{IE}.$$

In $\bar{G}$ erfüllt $\boldsymbol{g}^T(x, \boldsymbol{y}) = \left(y_2, -\frac{P}{IE}(l-x)\right)$ die Voraussetzungen des Satzes 1.5 mit der Lipschitz-Konstanten $L_g = 1$, und es gilt weiter

$$\|\boldsymbol{f}(x, \boldsymbol{y}) - \boldsymbol{g}(x, \boldsymbol{y})\|_2 = \frac{P}{IE}(l-x)\,[(1+y_2^2)^{3/2} - 1] \leqq$$
$$\leqq \frac{Pl}{IE}\left[\left\{1+\left(\frac{P}{IE}\right)^2\right\}^{3/2} - 1\right] = \delta.$$

Wir erhalten somit nach (1.48)

$$\|\boldsymbol{y}(x) - \boldsymbol{w}(x)\|_2 \leqq \frac{Pl}{IE}\left[\left\{1+\left(\frac{P}{IE}\right)^2\right\}^{3/2} - 1\right](e^{L_g x} - 1).$$

B. Wir schätzen jetzt den Fehler nach (1.47) ab und betrachten $(***)$ als Näherung $\boldsymbol{w}(x)$. In $\bar{G}$ erfüllt $\boldsymbol{f}(x, \boldsymbol{y})$ eine Lipschitz-Bedingung mit der Lipschitz-Konstanten

$$L_f = \sqrt{1 + \left\{3l\left(\frac{P}{IE}\right)^2\sqrt{1+\left(\frac{P}{IE}\right)^2}\right\}^2}.$$

Weiter gilt bei grober Abschätzung

$$\|\boldsymbol{d}(x)\|_2 < \frac{Pl}{IE}\left[\left\{1+\left(\frac{Pl^2}{2IE}\right)^2\right\}^{3/2} - 1\right] = \varepsilon.$$

Damit kann die Abschätzung (1.47) durchgeführt werden, wobei $x_0 = 0$ zu setzen ist.

Um etwas Konkretes vor Augen zu haben, betrachten wir den Fall

$$l = 1 \ [\text{m}], \qquad \frac{P}{I\,E} = 0,2 \ [\text{m}^{-2}].$$

Dann errechnet man

$$\delta < 0,0125, \quad L_f < 1,0075, \quad \varepsilon < 0,003\,03.$$

Damit ergeben sich bei $x = l = 1$ folgende Abschätzungen

$$\text{Nach (1.48):} \quad \|\boldsymbol{y}(x) - \boldsymbol{w}(x)\|_2 < 0,0215.$$

$$\text{Nach (1.47):} \quad \|\boldsymbol{y}(x) - \boldsymbol{w}(x)\|_2 < 0,0053.$$

1.4 Lineare Differentialgleichungen

Ist die Gl. (1.13) linear bezüglich der Funktion y und ihrer Ableitungen, so heißt sie *lineare gewöhnliche Differentialgleichung n-ter Ordnung*. Sie läßt sich in der Form

$$(1.49) \qquad L_n\,y = \sum_{\nu=0}^{n} a_\nu(x)\,y^{(\nu)} = b(x), \quad a_n(x) \neq 0,$$

schreiben. Entsprechend heißt (1.18) *System linearer gewöhnlicher Differentialgleichungen erster Ordnung*, wenn es die Form

$$(1.50) \qquad \boldsymbol{y}' = \boldsymbol{A}(x)\,\boldsymbol{y} + \boldsymbol{b}(x)$$

besitzt, wobei $\boldsymbol{A}(x)$ eine $n \times n$-Matrix mit den Elementen $a_{ij}(x)$, $i, j = 1, 2, \ldots, n$, und $\boldsymbol{b}(x)$ eine n-komponentige Vektorfunktion bedeutet. Hängen insbesondere die a_ν bzw. a_{ij} nicht von der Veränderlichen x ab, so spricht man von *Differentialgleichungen mit konstanten Koeffizienten*. Ist $b(x) \equiv 0$ bzw. $\boldsymbol{b}(x) \equiv \boldsymbol{0}$, so heißen (1.49) bzw. (1.50) *homogen*.

Für das lineare Anfangswertproblem

$$(1.51) \qquad \begin{aligned} \boldsymbol{y}' &= \boldsymbol{A}(x)\,\boldsymbol{y} + \boldsymbol{b}(x), \\ \boldsymbol{y}(x_0) &= \boldsymbol{y}_0 \end{aligned}$$

lassen sich die Voraussetzungen des Satzes 1.2 abschwächen, es gilt

Satz 1.7. *Die Elemente von $\boldsymbol{A}(x)$ und die Komponenten von $\boldsymbol{b}(x)$ seien in $|x - x_0| < a$ stetig. Dann existiert dort genau eine Lösung $\boldsymbol{y}(x)$ des Anfangswertproblems (1.51).*

Der Satz gilt natürlich entsprechend für das Anfangswertproblem der Differentialgleichung (1.49).

Systeme linearer Differentialgleichungen (1.50) erfüllen offenbar stets eine Lipschitz-Bedingung, wenn die Matrixnorm $\|\boldsymbol{A}(x)\|$ beschränkt ist.

Denn sei $\|y\|$ eine Vektornorm und $\|A\|$ eine dazu passende Matrix-norm [vgl. (1.9)] mit $\|A(x)\| \leq L$, so gilt

$$(1.52) \quad \|f(x, y^*) - f(x, y)\| = \|A(x)(y^* - y)\| \leq \|A(x)\|\,\|y^* - y\| \leq$$
$$\leq L\|y^* - y\|.$$

Entsprechendes gilt für die Gl. (1.49), die auf ein System erster Ordnung zurückgeführt werden kann.

Über die Lösungen linearer Systeme gelten weiter die folgenden beiden Sätze:

Satz 1.8. *Sind* $y_\nu(x)$, $\nu = 1, 2, \ldots, m$, *Lösungen des linearen homogenen Systems*

$$(1.53) \qquad\qquad y' = A(x)\,y,$$

so ist auch die Linearkombination

$$(1.54) \qquad\qquad y(x) = \sum_{\mu=1}^{m} c_\mu\, y_\mu(x)$$

mit willkürlichen reellen Konstanten c_μ *Lösung derselben.*

Die Gültigkeit dieses Satzes ist unmittelbar einzusehen.

Satz 1.9. *Es sei* $y_1(x)$ *irgendeine (partikuläre) Lösung des inhomogenen Systems (1.50) und* $y_0(x)$ *allgemeine Lösung des zugehörigen homogenen Systems (1.53) der Form*

$$(1.55) \qquad\qquad y_0(x) = \varphi(x, c_1, \ldots, c_n)$$

mit den willkürlichen Konstanten c_ν. *Dann ist*

$$(1.56) \qquad\qquad y(x) = y_0(x) + y_1(x)$$

allgemeine Lösung des inhomogenen Systems (1.50).

Man beachte, daß $y_1(x)$ eine beliebige Lösung sein kann. Wie man $y_0(x)$ und $y_1(x)$ bestimmt, insbesondere bei Differentialgleichungen mit konstanten Koeffizienten, wird später in den §§ 4, 5 ausführlich untersucht.

1.5 Geometrische Deutung der Differentialgleichungen. Reguläre und singuläre Lösungen

Die Komponenten einer Lösung $y(x)$ des Systems

$$(1.57) \qquad\qquad y' = f(x, y)$$

sind differenzierbare Funktionen von x und stellen geometrisch glatte Kurven dar. Das System (1.57) läßt sich jedoch noch auf andere Art geometrisch deuten. Zu diesem Zweck betrachten wir zunächst den Fall

$n = 1$, also die Einzel-Differentialgleichung

$$(1.58) \qquad y' = f(x, y).$$

Die rechte Seite kann als Funktion der beiden unabhängigen Veränderlichen x, y angesehen werden, und wir nehmen an, daß $f(x, y)$ in einem Gebiet G der x—y-Ebene definiert ist. Jedem Punkt $(x, y) \in G$ wird dann die durch $y' = f(x, y)$ definierte Richtung zugeordnet. Wir erhalten somit in G ein *Richtungsfeld* (Abb. 1.2). Eine Integralkurve von (1.58) ist dann jede ganz in G verlaufende differenzierbare Kurve, die in jedem ihrer Punkte die durch $y' = f(x, y)$ vorgeschriebene Richtung hat. Der Satz 1.2 sagt aus, daß unter den angegebenen Voraussetzungen durch jeden Punkt von G genau eine Integralkurve hindurchgeht.

Es sei (x_0, y_0) ein fester Punkt aus G. Durch das Wertetripel (x_0, y_0, y_0') mit $y_0' = f(x_0, y_0)$ wird die Gerade

$$(1.59) \qquad x = x_0 + t, \; y = y_0 + y_0' t, \quad -\infty < t < \infty$$

definiert, die für den Parameterwert $t = 0$ durch den Punkt (x_0, y_0) geht. Man bezeichnet das Tripel (x_0, y_0, y_0') als *Linienelement* der Differentialgleichung (1.58), den Punkt (x_0, y_0) selbst als *Träger des Linienelementes*. Die Gesamtheit aller Punkte $(x, y) \in G$ schließlich, denen

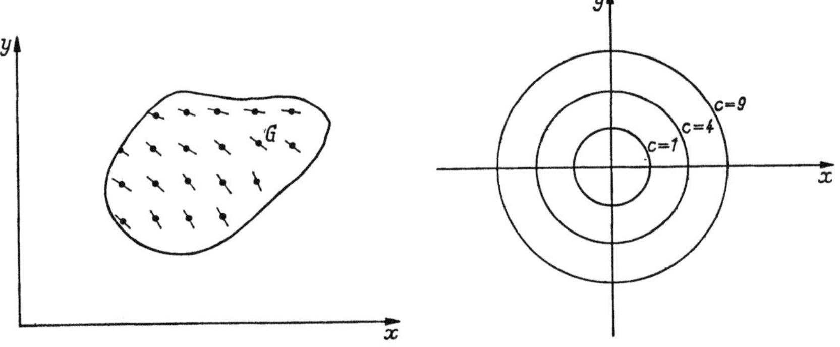

Abb. 1.2. Richtungsfeld in G Abb. 1.3. Isoklinen der Gleichung $y' = x^2 + y^2$

durch die Differentialgleichung (1.58) die gleiche Richtung $f(x, y) = c$ zugeordnet wird, heißt c-*Isokline*. So sind z. B. die c-Isoklinen, $c \geqq 0$, der Gleichung $y' = x^2 + y^2$ Kreise um den Nullpunkt mit dem Radius $\sqrt{c}$, das Richtungsfeld kann somit leicht gezeichnet werden (Abb. 1.3).

Wir wenden uns nun dem Fall $n \geqq 2$ zu und betrachten das System (1.57). Die Vektorfunktion $\mathbf{f}(x, \mathbf{y})$ sei als Funktion der $n + 1$ unabhängigen Veränderlichen $x, \mathbf{y}$ in einem Gebiet $G \subset R_{n+1}$ definiert. Durch (1.57) wird dann jedem Punkt $(x, \mathbf{y}) \in G$ ein Vektor $\mathbf{y}'$ als Richtung zugeordnet und somit in G ein Richtungsfeld definiert. Eine

Vektorfunktion $y(x)$ ist dann Integralkurve, wenn sie in jedem ihrer Punkte die durch $y'(x) = f(x, y)$ vorgegebene Richtung besitzt.

Durch die $2n + 1$ Komponenten von x_0, y_0, y_0', $(x_0, y_0) \in G$, $y_0' = f(x_0, y_0)$, wird die Gerade

$$(1.60) \qquad x = x_0 + t, \; y = y_0 + y_0' t, \quad -\infty < t < \infty,$$

definiert, welche für $t = 0$ durch den Punkt (x_0, y_0) geht. Das System (x_0, y_0, y_0') heißt Linienelement, (x_0, y_0) Träger des Linienelementes. Sei $c^T = (c_1, c_2, \ldots, c_n)$ ein beliebiger konstanter Vektor, so heißt die Gesamtheit aller Punkte (x, y), für die $f(x, y) = c$ gilt, c-Isokline.

Wir betrachten nun die allgemeine implizite Differentialgleichung erster Ordnung

$$(1.61) \qquad F(x, y, y') = 0$$

und fragen, wann diese eindeutig nach y' auflösbar und somit einer expliziten Differentialgleichung äquivalent ist. Eine Antwort auf diese Frage gibt der

Satz 1.10. *In einem Gebiet G des $(x$-y-z-Raumes) R_3 sei die Funktion $F(x, y, z)$ definiert, und es gelte dort $F \in C^0(G)$, $F_z \in C^0(G)$*[1]. *Ferner sei für $(x_0, y_0, z_0) \in G$*

$$(1.62) \qquad F(x_0, y_0, z_0) = 0, \quad F_z(x_0, y_0, z_0) \neq 0.$$

Zu vorgegebenem $\varepsilon > 0$ gibt es dann ein $\delta > 0$, so daß für alle (x, y) der Umgebung

$$(1.63) \qquad U: \; |x - x_0| < \delta, \quad |y - y_0| < \delta$$

die Auflösung der Gleichung $F(x, y, z) = 0$ nach z eine eindeutige, stetige, Funktion $z = f(x, y)$ mit dem Wertebereich $|z - z_0| < \varepsilon$ und $z_0 = f(x_0, y_0)$ liefert.

Man erkennt an dem einfachen Beispiel

$$F(x, y, z) = (z - y)^2$$

sofort, daß der Satz keineswegs notwendige, sondern nur grobe hinreichende Bedingungen für die eindeutige Auflösbarkeit liefert. Denn aus $F = (z - y)^2 = 0$ folgt $F_z = 2(z - y) = 0$, trotzdem gilt eindeutig $z = y$. Ist $f(x, y)$ stetig, so erfüllt $F(x, y, z) = z - f(x, y)$ wegen $F_z = 1$ stets die Voraussetzungen des Satzes 1.10.

Unsere bisherige Definition der Linienelemente bezog sich auf explizite Differentialgleichungen. Wir wollen diese Definition jetzt für implizite Gleichungen verallgemeinern, wobei wir jedoch eine Klassifizierung in „reguläre" und „singuläre" Linienelemente vornehmen.

---

[1] Wir schreiben künftig die partiellen Ableitungen in der üblichen kürzeren Form, hier z. B. F_z an Stelle von $\partial F / \partial z$.

Definition 1.2. Die Funktion $F(x, y, z)$ sei in einem Gebiet G, das den Punkt (x_0, y_0, z_0) enthält, stetig, und es gelte $F(x_0, y_0, z_0) = 0$. Weiter existiere in einer Umgebung (1.63) von (x_0, y_0) genau eine stetige Auflösung $z = f(x, y)$ der Gleichung $F(x, y, z) = 0$. Besitzt außerdem die Differentialgleichung $y' = f(x, y)$ in einer Umgebung von x_0 genau eine Integralkurve, die durch (x_0, y_0) hindurchgeht und für die $f(x_0, y_0) = z_0$ gilt, dann heißt das Linienelement (x_0, y_0, y_0') mit $y_0' = z_0$ *reguläres Linienelement* der Gl. (1.61), andernfalls *singuläres Linienelement*. Eine Integralkurve von (1.61), die nur reguläre oder nur singuläre Linienelemente enthält, heißt *reguläres Integral* oder *singuläres Integral*.

Man beachte, daß für ein reguläres Linienelement die eindeutige Auflösbarkeit von $F = 0$ in einer vollen Umgebung von (x_0, y_0), also etwa bei genügend kleinem δ in

$$x_0 - \delta < x < x_0 + \delta, \qquad y_0 - \delta < y < y_0 + \delta,$$

gefordert wird.

Wir erläutern die Definition 1.2 zunächst an zwei Beispielen:

Beispiel 1.3. A. $F(x, y, z) = z^3 - 27(y - 1)^2 = 0$. Die Auflösung liefert eindeutig $z = 3(y - 1)^{2/3}$, jedoch besitzt die früher schon betrachtete Differentialgleichung (1.39) $y' = 3(y - 1)^{2/3}$ in der Umgebung der Punkte $(x, 1)$, $-\infty < x < \infty$, unendlich viele Lösungen, wie wir gesehen haben. Daher sind $(x, 1, 0)$ sämtlich singuläre Linienelemente, d. h., $y \equiv 1$ ist singuläres Integral.

B. $F(x, y, z) = z^2 - 4y^3 = 0$. Es ist $F_z = 2z$, also sind für jeden Punkt (x_0, y_0, z_0) mit $y_0 > 0$, $z_0 \neq 0$ die Voraussetzungen des Satzes 1.10 erfüllt. Wir wollen die Behauptung des Satzes direkt nachprüfen und setzen $\varepsilon = z_0 > 0$. Dann ist in einer noch zu bestimmenden Umgebung

$$|x - x_0| < \delta, \qquad |y - y_0| < \delta$$

die Funktion

$$(*) \qquad z = +2\sqrt{y^3}$$

die gesuchte eindeutige Auflösung von $F = 0$. Da z reell ist, muß $y > 0$ gelten. Wegen $0 < z < 2z_0$ und $y = \sqrt[3]{\dfrac{z^2}{4}}$ folgt $0 < y < \sqrt[3]{z_0^2} = \sqrt[3]{4}\,y_0$. Wählen wir daher

$$\delta = \left(\sqrt[3]{4} - 1\right) y_0,$$

so gehört die Funktion (*) in der δ-Umgebung von (x_0, y_0) ganz dem Intervall $|z - z_0| < z_0$ an. Da z_0 beliebig groß gewählt werden darf, ist (*) die eindeutige Auflösung von $F = 0$ für beliebige $y > 0$ und $z > 0$.

Für $z < 0$ ist $z = -2\sqrt{y^3}$, $y > 0$, die eindeutige Auflösung von $F = 0$, wie man entsprechend schließen kann.

Wählen wir dagegen $z_0 = 0$, so folgt $y_0 = 0$. Betrachten wir dann das Intervall $-\varepsilon < z < \varepsilon$ mit beliebig kleinem positivem ε, so gibt es offenbar keine Umgebung $|x - x_0| < \delta$, $|y| < \delta$, für welches $F = 0$ eindeutig nach z auflösbar ist. Insbesondere gibt es für $-\delta < y < 0$ überhaupt keine reelle Auflösung. Daher sind alle Punkte $(x, 0)$ Träger der singulären Linienelemente $(x, 0, 0)$, die Gerade $y \equiv 0$ ist singuläres Integral der Differentialgleichung $y'^2 - 4y^3 = 0$.

Häufig ist es nicht leicht, das Auftreten von singulären Linienelementen und Lösungen zu erkennen, insbesondere dann, wenn die Gleichung $F(x, y, y') = 0$ im betrachteten Gebiet überall eine stetige und beschränkte Auflösung $y' = f(x, y)$ besitzt. Erfüllt jedoch die Funktion $f(x, y)$ außerdem eine Lipschitz-Bedingung, so gibt es nach Satz 1.2 sicher keine singulären Linienelemente. Daher ist in diesem Fall notwendig dafür, daß ein Punkt (x, y) Träger eines singulären Linienelementes ist, daß $f(x, y)$ dort keine Lipschitz-Bedingung erfüllt.

In vielen Fällen kann man sich ferner stützen auf folgenden

Satz 1.11. *In einer Umgebung U des die Gleichung $F(x, y, z) = 0$ erfüllenden Punktes (x_0, y_0, z_0) gelte $F, F_x, F_y, F_z \in C^0(U)$. Dann ist*

$$(1.64) \qquad F_z(x_0, y_0, z_0) \neq 0$$

eine hinreichende Bedingung für die Regularität und

$$(1.65) \qquad F_z(x_0, y_0, z_0) = 0$$

eine notwendige Bedingung für die Singularität des Linienelementes (x_0, y_0, y_0') mit $y_0' = z_0$.

Bei der Differentialgleichung A. des Beispiels 1.3 ist $F_z(x, 1, 0) = 0$, bei B. $F_z(x, 0, 0) = 0$. Da auch die anderen Voraussetzungen des Satzes 1.11 erfüllt sind, können $(x, 1, 0)$ bzw. $(x, 0, 0)$ singuläre Linienelemente sein und sind es auch, wie wir gezeigt haben.

In vielen Fällen kann man singuläre Lösungen finden, indem man z aus $F(x, y, z) = 0$, $F_z(x, y, z) = 0$ eliminiert und dann prüft, ob die so gefundene Funktion $y = \varphi(x)$ Lösung der Differentialgleichung ist.

Die Gesamtheit der Träger von singulären Linienelementen einer Differentialgleichung heißt *Diskriminantenort*. Dieser braucht keine stetige Kurve zu sein, sondern kann aus isolierten singulären Punkten bestehen, wie schon das einfache Beispiel $F = x y' - y = 0$ zeigt. Mit Ausnahme von $x = 0$ ist $F = 0$ überall nach y' eindeutig auflösbar: $y' = y/x$. Daher besteht der Diskriminantenort nur aus dem Punkt $(0, 0)$. Besitzen allgemeiner die Funktionen $\varphi(x, y)$ und $\psi(x, y)$ eine gemeinsame Nullstelle (x_0, y_0), und ist $\varphi(x, y)$ in einer Umgebung dieser Stelle von Null verschieden, so bezeichnet man (x_0, y_0) als *singulären Punkt* oder genauer als *isolierten singulären Punkt* der Differentialgleichung

$$F(x, y, y') = \varphi(x, y)\, y' - \psi(x, y) = 0.$$

Bezüglich einer Klassifizierung solcher singulären Punkte und der hiermit zusammenhängenden Fragen der *Stabilitätstheorie* vgl. man Teil IV, L, insbesondere § 14.

1.6 Einhüllende ebener Kurvenscharen. Isogonale Trajektorien

Wir betrachten jetzt eine stetige Kurvenschar S in der $x-y$-Ebene. Weiter sei G ein Gebiet dieser Ebene und $\Phi(x, y, c)$ eine noch von einem Parameter c abhängende dort definierte Funktion. Schließlich gebe es ein Intervall I_c, so daß Φ bezüglich aller drei Variablen x, y, c für $(x, y) \in G$, $c \in I_c$ stetig ist.

Definition 1.3. Die Schar S heißt *einfach unendliche ebene Kurvenschar*[1], wenn sich eine Funktion $\Phi(x, y, c)$ mit den genannten Eigenschaften bestimmen läßt, so daß die Gleichung

$$(1.66) \qquad \Phi(x, y, c) = 0$$

für jeden festen Wert $c \in I_c$ eine Kurve von S beschreibt und alle Kurven von S liefert, wenn c das Intervall I_c vollständig durchläuft. Dabei sollen zu zwei verschiedenen Werten von c zwei verschiedene Kurven von S gehören.

Definition 1.4. Es sei S eine einfach unendliche ebene Kurvenschar. Dann heißt eine Kurve, die von jeder Kurve von S berührt wird und von der andererseits auch jeder Punkt Berührungspunkt mit einer Kurve der Schar ist, *Enveloppe* (Einhüllende, Hüllkurve) der Schar S.

So besitzt z. B. die Kurvenschar $y - (x - c)^2 = 0$ die Enveloppe $y = 0$, die Schar $(x - c)^2 + y^2 - 1 = 0$ die Enveloppen $y = \pm 1$.

Die Frage ist nun, wann eine gegebene einfach unendliche Kurvenschar S eine Enveloppe besitzt. Hierfür gibt hinreichende Bedingungen der

Satz 1.12. *Es gelte*

1. $\Phi(x, y, c)$ besitzt stetige erste Ableitungen nach x, y, c und die stetigen Ableitungen $\Phi_{cx}, \Phi_{cy}, \Phi_{cc}$.

2. Für einen Punkt (x_0, y_0) und einen Parameterwert c_0 gilt

$$\Phi(x_0, y_0, c_0) = 0, \qquad \Phi_c(x_0, y_0, c_0) = 0.$$

3. Für x_0, y_0, c_0 als Argumente gilt $\Phi_{cc} \neq 0$, $\Phi_x \Phi_{cy} - \Phi_y \Phi_{cx} \neq 0$.

Dann besitzt S in einer Umgebung von (x_0, y_0) eine Enveloppe. Man erhält ihre Gleichung durch Elimination von c aus den beiden Gleichungen

$$\Phi(x, y, c) = 0, \qquad \Phi_c(x, y, c) = 0.$$

---

[1] Einfach unendlich deshalb, wiel die Schar einparametrig ist.

Wendet man diesen Satz auf die vorhin angegebenen Beispiele an, so ergibt sich für

A. $\Phi(x, y, c) = y - (x - c)^2 = 0$: $\Phi_{cc} = -2$, $\Phi_x \Phi_{cy} - \Phi_y \Phi_{cx} = -2$, und die Enveloppe resultiert aus $y - (x - c)^2 = 0, 2(x - c) = 0$, sie lautet also $y = 0$.

B. $\Phi(x, y, c) = (x - c)^2 + y^2 - 1 = 0$: $\Phi_{cc} = 2$, $\Phi_x \Phi_{cy} - \Phi_y \Phi_{cx} = 4y$, für $y \neq 0$ sind daher die Voraussetzungen des Satzes erfüllt, und man erhält aus $(x - c)^2 + y^2 - 1 = 0, y^2 - 1 = 0$ die Enveloppen $y = \pm 1$.

Wir betrachten nun wieder die Differentialgleichung (1.61) und nehmen an, daß die durch

$$\Phi(x, y, c) = 0$$

beschriebene einfach unendliche Kurvenschar S allgemeine Lösung dieser Differentialgleichung sei. Besitzt dann S eine Enveloppe, so ist diese ebenfalls Lösung, und zwar eine singuläre. Denn jeder Punkt (x, y) der Enveloppe ist Berührungspunkt einer Integralkurve, also Träger eines Linienelementes einer Integralkurve. Daher ist die Enveloppe Lösung. Da jedoch durch jeden ihrer Punkte zwei Integralkurven hindurchgehen, nämlich die berührte Kurve aus S und die Enveloppe selbst, ist sie singuläre Lösung.

Kennt man daher die allgemeine Lösung einer Differentialgleichung, so läuft die Bestimmung eventueller weiterer singulärer Lösungen oft auf die Bestimmung der Enveloppen hinaus. Hierbei kann der Satz 1.12 wieder herangezogen werden.

Umgekehrt entspricht einer einfach unendlichen Schar (1.66) mit stetigen Ableitungen Φ_x, Φ_y stets eine Differentialgleichung, so daß die Kurven der Schar und, sofern vorhanden, deren Enveloppen Lösungen dieser Differentialgleichung sind. Aus den beiden Gleichungen

(1.67) $\Phi(x, y, c) = 0$, $\Phi_x(x, y, c) + \Phi_y(x, y, c) y' = 0$

läßt sich in vielen Fällen c eliminieren, und man gelangt zu einer Beziehung $F(x, y, y') = 0$, welche die gesuchte Differentialgleichung ist.

Betrachten wir etwa die Schar (1.41)

(1.68) $$\Phi(x, y, c) = y - (x + c)^3 - 1,$$

so ergibt sich $\Phi_x = -3(x + c)^2$, $\Phi_y = 1$, und aus

$$-3(x + c)^2 + y' = 0$$

und $\Phi = 0$ folgt die Differentialgleichung (1.39), hier in der impliziten Form

(1.69) $$(y')^3 - 27(y - 1)^2 = 0.$$

Die singuläre Lösung $y = 1$ ist Enveloppe der Schar (1.68).

Es sei jetzt wieder eine einfach unendliche Kurvenschar S im Sinne der Definition 1.3 vorgelegt. Zusätzlich nehmen wir an, daß durch jeden Punkt (x, y) von G genau eine Kurve von S hindurchgeht. Man sagt dann, daß S das Gebiet G schlicht überdeckt.

Definition 1.5. Eine Kurve, die in jedem ihrer Punkte einen konstanten Winkel α mit der durch diesen Punkt verlaufenden Kurve der Schar S bildet, heißt *isogonale Trajektorie* von S. Ist insbesondere $\alpha = \pi/2$, so heißt sie *orthogonale Trajektorie*.

Man kann die Differentialgleichung der zu einer Schar S gehörenden isogonalen Trajektorien leicht aufstellen: In[1]

$$(1.70) \qquad \Phi_x + \Phi_y\, y' = 0$$

ersetzt man zunächst die Steigung y' der Scharkurven durch die Steigung

$$(1.71) \qquad \frac{\tan\alpha + y'}{1 - y'\tan\alpha}$$

der Trajektorien und erhält die Gleichung

$$(1.72) \qquad (\Phi_x \cos\alpha + \Phi_y \sin\alpha) + (\Phi_y \cos\alpha - \Phi_x \sin\alpha)\, y' = 0.$$

Läßt sich hieraus und aus (1.66) c eliminieren, so folgt eine Relation $F(x, y, y') = 0$, welche die Differentialgleichung der isogonalen Trajektorien ist. Für $\alpha = \pi/2$ lautet (1.72)

$$(1.73) \qquad \Phi_y - \Phi_x\, y' = 0.$$

Ist (1.66) nach c auflösbar, etwa

$$c = \varphi(x, y),$$

so kann $\Phi = \varphi - c$ gesetzt werden, und (1.72) stellt schon die Differentialgleichung der isogonalen Trajektorien dar:

$$(1.74) \qquad (\varphi_x \cos\alpha + \varphi_y \sin\alpha) + (\varphi_y \cos\alpha - \varphi_x \sin\alpha)\, y' = 0.$$

Sie spezialisiert sich für die orthogonalen Trajektorien zu

$$(1.75) \qquad \varphi_y - \varphi_x\, y' = 0.$$

Ist die Kurvenschar S selbst durch eine Differentialgleichung $F(x, y, y') = 0$ gegeben, so erhält man die Differentialgleichung der zugehörigen Trajektorien, indem man y' wieder durch (1.71) ersetzt:

$$(1.76) \qquad F\left(x,\, y,\, \frac{\tan\alpha + y'}{1 - y'\tan\alpha}\right) = 0.$$

Die Differentialgleichung der orthogonalen Trajektorien ist dann

$$(1.77) \qquad F\left(x,\, y,\, -\frac{1}{y'}\right) = 0.$$

---

[1] Wir setzen voraus, daß Φ_x, Φ_y existieren und stetig sind.

Geometrisch bilden die durch (1.61), (1.76) bzw. (1.61), (1.77) gegebenen Kurvenscharen ein *isogonales* bzw. *orthogonales* Kurvennetz.

Beispiel 1.4. A. Es sei $\Phi(x, y, c) = y - x^2 - c$, also $c = \varphi(x, y) = y - x^2$. Die Differentialgleichung der isogonalen Trajektorien lautet daher nach (1.74)

$$y' = \frac{2x \cos\alpha - \sin\alpha}{2x \sin\alpha + \cos\alpha},$$

woraus sich die Trajektorien selbst als die Kurven

$$y = \frac{\cos\alpha}{\sin\alpha} x - \frac{1}{2\sin^2\alpha} \ln(2x \sin^2\alpha + \sin\alpha \cos\alpha) + c_1$$

errechnen. Die orthogonalen Trajektorien sind (Abb. 1.4)

$$y = \ln \frac{1}{\sqrt{2x}} + c_1.$$

B. Die Kurvenschar sei durch die Differentialgleichung

(*) $$F(x, y, y') = (y')^3 - 27(y - 1)^2 = 0$$

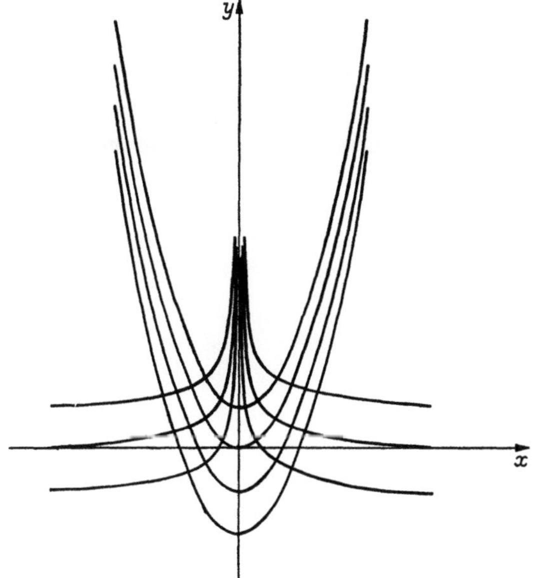

Abb. 1.4. Die Kurven $y = \ln \dfrac{1}{\sqrt{2|x|}} + c_1$ als orthogonale Trajektorien der Schar $y = x^2 + c$

gegeben. Nach (1.76) lautet dann die Differentialgleichung der isogonalen Trajektorien

$$y' = \frac{3(y - 1)^{2/3} - \tan\alpha}{1 + 3(y - 1)^{2/3} \tan\alpha}$$

und die der orthogonalen Trajektorien

$$(**) \qquad y' = - \frac{1}{3(y-1)^{2/3}}.$$

Beide Differentialgleichungen sind von dem in 2.1. A untersuchten separierbaren Typ. Die zu der durch (*) gegebenen Kurvenschar

$$y = 1 + (x + c)^3, \quad y \neq 1$$

gehörenden orthogonalen Trajektorien sind die Lösungen von (**), d.h. die Kurven

$$y = 1 + [-\tfrac{5}{9}(x - c_1)]^{3/5}.$$

Die Betrachtungen in 1.5 und 1.6 lassen sich teilweise auf Differentialgleichungen höherer Ordnung und auf Systeme von Differentialgleichungen erster Ordnung ausdehnen. Ein Eingehen auf diese zum Teil sehr komplizierten Fragen würde jedoch über den Rahmen dieses Abschnitts hinausgehen. Wir verweisen auf die Literatur, etwa auf [39].

§ 2. Einige Integrationsmethoden für explizite Differentialgleichungen

In den wenigsten Fällen gelingt es, eine vorgelegte Differentialgleichung „exakt" zu lösen, auch wenn die Existenz von Lösungen erwiesen ist. Das gilt insbesondere bei nichtlinearen Differentialgleichungen. Daher kommt den Näherungsverfahren zur Bestimmung von Lösungen (vgl. § 9) gerade im Hinblick auf die Anwendungen große Bedeutung zu.

Im folgenden geben wir einige Lösungsmethoden an, mit deren Hilfe man, allerdings zum Teil nur bei speziellen Gleichungstypen, zu exakten Lösungen gelangen kann.

2.1 Elementar integrierbare und verwandte Differentialgleichungen erster Ordnung

In dieser Ziffer betrachten wir Differentialgleichungen erster Ordnung, deren Integration auf Quadraturen zurückgeführt werden kann.

A. Eine Differentialgleichung der Form

$$(2.1) \qquad y' = f(x)\, g(y),$$

in der die Veränderlichen getrennt sind, heißt *separierbare Differentialgleichung* erster Ordnung.

Es sei

$$(2.2) \qquad\qquad G: \quad a < x < b, \quad c < y < d,$$

ein Gebiet der x–y-Ebene, und es gelte

$$f(x) \in C^0((a, b)), \; g(y) \in C^0((c, d)), \; g(y) \neq 0 \quad \text{für} \quad y \in (c, d).$$

Dann geht nach Satz 1.2, wie man zeigen kann, durch jeden Punkt von G genau eine Integralkurve von (2.1).

Die Lösung des Anfangswertproblems

$$y' = f(x)\, g(y), \qquad y(x_0) = y_0$$

läßt sich dann wie folgt bestimmen: Man löse die Gleichung

$$(2.3) \qquad\qquad \int_{y_0}^{y} \frac{d\eta}{g(\eta)} = \int_{x_0}^{x} f(\xi)\, d\xi$$

nach y auf, wobei vorausgesetzt werde, daß ein Intervall $(\alpha, \beta) \subseteqq (a, b)$ existiert, in dem dies möglich ist. Man erhält etwa

$$(2.4) \qquad\qquad y = \varphi(x),$$

und dies ist die Lösung des Anfangswertproblems.

Geht man von der Einschränkung $g(y) \neq 0$ ab, so ist die Lösung i. allg. nicht mehr eindeutig. Schärfer kann man jedoch zeigen: Das Anfangswertproblem ist in G genau dann eindeutig lösbar, wenn einer der folgenden drei Fälle vorliegt:

a) $f(x)\, g(y) \equiv 0$ in G,

b) $g(y) \neq 0$, $y \in (c, d)$,

c) Es sei $(\gamma, \delta) \subset (c, d)$ und $g(y) \neq 0$ in (γ, δ), jedoch $g(\gamma) = 0$ bzw. $g(\delta) = 0$. Außerdem divergiere für alle $y \in (\gamma, \delta)$ das Integral

$$\int_{\gamma}^{y} \frac{d\eta}{g(\eta)} \quad \text{bzw.} \quad \int_{\delta}^{y} \frac{d\eta}{g(\eta)}.$$

In der Gl. (2.1) sind noch folgende Spezialfälle enthalten:

1. $g(y) \equiv 1$. Die gesuchte Lösung ist, wie man unmittelbar einsieht,

$$\varphi(x) = y_0 + \int_{x_0}^{x} f(\xi)\, d\xi, \, a < x < b.$$

2. $f(x) \equiv 1$. Die Lösung ergibt sich durch Auflösung der Gleichung

$$(2.5) \qquad\qquad x = x_0 + \int_{y_0}^{y} \frac{d\eta}{g(\eta)}$$

nach y.

B. Die *homogene lineare Differentialgleichung erster Ordnung*

$$(2.6) \qquad y' + a(x)\, y = 0$$

ist separierbar, sie hat die allgemeine Lösung

$$(2.7) \qquad y = C\, e^{-\int\limits_{x_0}^{x} a(\xi)\, d\xi}$$

mit willkürlicher Konstante C, sofern $a(x) \in C^0((a, b))$.

Um auch die allgemeine Lösung der *inhomogenen linearen Differentialgleichung erster Ordnung*

$$(2.8) \qquad y' + a(x)\, y = b(x)$$

zu bestimmen, ersetzen wir die Konstante C durch eine einmal stetig differenzierbare Funktion $C(x)$, welche wir so wählen, daß

$$y = C(x)\, e^{-\int\limits_{x_0}^{x} a(\xi)\, d\xi}$$

Lösung von (2.8) ist. Setzt man diese Funktion in die Differentialgleichung ein, so ergibt sich

$$C(x) = C + \int\limits_{x_0}^{x} \left[b(t)\, e^{\int\limits_{x_0}^{t} a(\xi)\, d\xi} \right] dt,$$

wobei C wieder eine willkürliche Konstante bedeutet. Daher ist

$$(2.9) \qquad \varphi(x) = C\, e^{-\int\limits_{x_0}^{x} a(\xi)\, d\xi} + e^{-\int\limits_{x_0}^{x} a(\xi)\, d\xi} \left\{ \int\limits_{x_0}^{x} \left[b(t)\, e^{\int\limits_{x_0}^{t} a(\xi)\, d\xi} \right] dt \right\}$$

allgemeine Lösung von (2.8). Die hier verwendete Lösungsmethode wird in der Literatur häufig als *Variation der Konstanten* bezeichnet. Das Anfangswertproblem

$$y' + a(x)\, y = b(x), \quad y(x_0) = y_0$$

hat die eindeutige Lösung (2.9), wenn dort $C = y_0$ gesetzt wird.

Ist $y_1(x)$ mit $y_1(x_0) = C_1$ eine Lösung von (2.8), so lautet sie nach (2.9)

$$y_1(x) = C_1\, e^{-\int\limits_{x_0}^{x} a(\xi)\, d\xi} + e^{-\int\limits_{x_0}^{x} a(\xi)\, d\xi} \left\{ \int\limits_{x_0}^{x} \left[b(t)\, e^{\int\limits_{x_0}^{t} a(\xi)\, d\xi} \right] dt \right\}.$$

Die Gesamtheit aller partikulären Lösungen von (2.8), also die allgemeine Lösung, erhält man dann offenbar in der Form

$$(2.10) \qquad \varphi(x) = y_1(x) + C\, e^{-\int\limits_{x_0}^{x} a(\xi)\, d\xi},$$

wobei C alle reellen Zahlen durchläuft. Das ist aber genau die Aussage des Satzes 1.9 aus 1.4 im Falle $n = 1$.

C. Eine Differentialgleichung der Gestalt

$$(2.11) \qquad y' = f\left(\frac{y}{x}\right)$$

heißt *homogene Differentialgleichung*. Ist $f(u) - u \neq 0$ in (a, b) und $f(u) \in C^0((a, b))$, so geht durch jeden Punkt (x_0, y_0) des Winkelraumes

$$(2.12) \qquad W: a < \frac{y}{x} < b, \quad x \neq 0,$$

genau eine Integralkurve von (2.11); man erhält sie durch Auflösung der Gleichung

$$(2.13) \qquad \ln \frac{x}{x_0} = \int\limits_{y_0/x_0}^{y/x} \frac{du}{f(u) - u}$$

nach y.

Die Einschränkung $f(u) - u \neq 0$ kann abgeschwächt werden, was jedoch in der Praxis meist ohne Bedeutung ist. Die Lösungsmethode läßt sich auch so beschreiben: Man setze $y = x\,u$, woraus $y' = u + x\,u' = f(u)$ und somit die separierbare Gleichung

$$(2.14) \qquad u' = \frac{f(u) - u}{x}$$

resultiert.

D. Die allgemeine Differentialgleichung

$$(2.15) \qquad y' = f\left(\frac{a\,x + b\,y + c}{\alpha\,x + \beta\,y + \gamma}\right)$$

läßt sich auf eine homogene oder eine separierbare Differentialgleichung zurückführen. Dabei unterscheiden wir drei Fälle.

a) $c = \gamma = 0$. Für $x \neq 0$ liegt bereits die homogene Gleichung

$$(2.16) \qquad y' = f\left(\frac{a + b\dfrac{y}{x}}{\alpha + \beta\dfrac{y}{x}}\right) = g\left(\frac{y}{x}\right)$$

vor.

b) $c, \gamma \neq 0, 0$; $a\beta - \alpha b = d \neq 0$. Aus dem Gleichungssystem

$$(2.17) \qquad \begin{aligned} a\,\xi + b\,\eta &= -c \\ \alpha\,\xi + \beta\,\eta &= -\gamma \end{aligned}$$

lassen sich hier die Konstanten ξ, η eindeutig bestimmen. Mit $x - \xi = u$, $y - \eta = v$, $dy/dx = dv/du$ folgt dann aus (2.15), (2.17) die homogene Gleichung

$$(2.18) \qquad \frac{dv}{du} = f\left(\frac{a(u + \xi) + b(v + \eta) + c}{\alpha(u + \xi) + \beta(v + \eta) + \gamma}\right) = f\left(\frac{a\,u + b\,v}{\alpha\,u + \beta\,v}\right).$$

c) $c, \gamma \neq 0, 0$; $a\beta - \alpha b = 0$. Ist zunächst $b = \beta = 0$, so erhält man eine Gleichung der Form $y' = g(x)$. Wir setzen deshalb $b^2 + \beta^2 \neq 0$ voraus. Ist $\beta \neq 0$, so gilt wegen $a\beta - \alpha b = 0$ mit $u = \alpha x + \beta y + \gamma$

$$\frac{a x + b y + c}{\alpha x + \beta y + \gamma} = \frac{\alpha b x + b \beta y + c\beta + b\gamma - b\gamma}{\beta u} = \frac{bu + \beta c - b\gamma}{\beta u},$$

und somit, wenn $y(x)$ Lösung von (2.15) ist,

$$(2.19) \qquad \frac{du}{dx} = \alpha + \beta y' = \alpha + \beta f\left(\frac{bu + \beta c - b\gamma}{\beta u}\right) = g(u),$$

und das ist eine Gleichung mit getrennten Veränderlichen.

Ist dagegen $b \neq 0$, so erhält man mit $f(z) = h(1/z)$ aus der Differentialgleichung

$$y' = h\left(\frac{\alpha x + \beta y + \gamma}{a x + b y + c}\right)$$

mit $u = a x + b y + c$ wiederum die separierbare Differentialgleichung

$$(2.20) \qquad \frac{du}{dx} = a + b h\left(\frac{\beta u + b\gamma - \beta c}{b u}\right) = g(u).$$

Für eine genauere Untersuchung vgl. man etwa [22], S. 21 ff.

Beispiel 2.1. A. Es soll das Anfangswertproblem

$$y' = y + y^\gamma, \qquad y(x_0) = y_0 > 0, \qquad \gamma \geqq 2 \text{ reell,}$$

gelöst werden. Die Funktion $g(y) = y + y^\gamma$ ist für $0 < y < \infty$ stetig, positiv und sogar monoton wachsend. Die gesuchte Lösung erhält man durch Auflösung von

$$x = x_0 + \int_{y_0}^{y} \frac{d\eta}{\eta + \eta^\gamma} = x_0 + \frac{1}{\gamma - 1}\left(\ln \frac{y^{\gamma-1}}{1 + y^{\gamma-1}} - \ln \frac{y_0^{\gamma-1}}{1 + y_0^{\gamma-1}}\right)$$

nach y; sie lautet

$$\varphi(x) = y_0\, e^{(x-x_0)}\left[1 - y_0^{\gamma-1}\{e^{(\gamma-1)(x-x_0)} - 1\}\right]^{\frac{1}{1-\gamma}}.$$

Sie existiert sicher im Intervall

$$-\infty < x < x_0 + \frac{1}{\gamma - 1}\ln\left(1 + \frac{1}{y_0^{\gamma-1}}\right).$$

B. Ein elektrischer Leiter besitze den Widerstand R, die Selbstinduktion L und sei zur Zeit $t = 0$ stromlos. Nach Anlegen einer zeitlich veränderlichen Spannung $U(t)$ genügt dann der Strom $I(t)$ dem Anfangswertproblem

$$L\frac{dI}{dt} + RI = U(t), \qquad I(0) = 0,$$

dessen eindeutige Lösung nach (2.9) wegen $C = I(0) = 0$ durch

$$I(t) = e^{-\int_0^t \frac{R}{L} d\xi} \left\{ \int_0^t \left[\frac{U(\tau)}{L} e^{\int_0^\tau \frac{R}{L} d\xi} \right] d\tau \right\} = \frac{1}{L} e^{-\frac{R}{L} t} \int_0^t e^{\frac{R}{L} \tau} U(\tau) \, d\tau$$

gegeben wird.

Wir betrachten noch folgende Spezialfälle:

a) Die Spannung wird konstant gehalten: $U(t) \equiv U_0$. Dann gilt

$$I(t) = \frac{U_0}{R} \left(1 - e^{-\frac{R}{L} t} \right).$$

b) Es wird eine periodisch veränderliche Spannung angelegt: $U(t) = U_0 \sin(\omega t + \varphi)$. Wegen

$$\int e^{\frac{R}{L} \tau} \sin(\omega \tau + \varphi) \, d\tau = \frac{L \, e^{\frac{R}{L} \tau}}{\sqrt{R^2 + L^2 \omega^2}} \sin(\omega \tau + \varphi + \alpha)$$

mit

$$\cos\alpha = \frac{R}{\sqrt{R^2 + L^2 \omega^2}}, \qquad \sin\alpha = -\frac{L \omega}{\sqrt{R^2 + L^2 \omega^2}}$$

findet man

$$I(t) = \frac{U_0}{\sqrt{R^2 + L^2 \omega^2}} \left\{ \sin(\omega t + \varphi + \alpha) - e^{-\frac{R}{L} t} \sin(\varphi + \alpha) \right\}.$$

C. Es soll die allgemeine Lösung von

$$y' = \left(\frac{y}{x} \right)^2 + 3 \frac{y}{x}$$

bestimmt werden. Mit $y = x u$ errechnet man

$$u' = \frac{1}{x} (u^2 + 2u) = \frac{1}{x} (f(u) - u),$$

$$u = 2 \frac{c x^2}{1 - c x^2},$$

also

$$y = 2 \frac{c x^3}{1 - c x^2}.$$

Für $c \leq 0$ ergeben sich überall stetige Lösungen, die sämtlich (einschließlich $y \equiv 0$) durch den Punkt $(0, 0)$ hindurchgehen. Dieser ist ein isolierter singulärer Punkt. Für $c > 0$ ist die Funktion für $x = \pm \sqrt{c}$ unstetig (Abb. 2.1, S. 32).

D. Die Differentialgleichung

$$(*) \qquad\qquad (2x + 1)^2 \, y' - (x + y - 1)^2 = 0$$

ist vom Typ D. Schreibt man sie in der Form

$$y' = f(x, y) = \left(\frac{x + y - 1}{2x + 1}\right)^2,$$

so erkennt man, daß $f(x, y)$ für $x = -\frac{1}{2}$, $y \neq \frac{3}{2}$ sicher nicht beschränkt ist, während f an der Stelle $x = -\frac{1}{2}$, $y = \frac{3}{2}$ einen unbestimmten Wert annimmt. Man errechnet außerdem leicht, daß sämtliche Isoklinen der Gl. (*) durch den Punkt $(-\frac{1}{2}, \frac{3}{2})$ hindurchgehen, er ist also ein singulärer Punkt.

Wir lösen nun (*) formal nach der Vorschrift D. Wegen $a\beta - \alpha b = -2$ liegt Typ b) vor, man errechnet $\xi = -\frac{1}{2}$, $\eta = \frac{3}{2}$, mit $u = x + \frac{1}{2}$, $v = y - \frac{3}{2}$ erhält man somit nach (2.18) die homogene Gleichung

$$\frac{dv}{du} = \frac{1}{4}\left(1 + \frac{v}{u}\right)^2.$$

Mit $v = u\,w$ folgt hieraus die (2.14) entsprechende separierbare Gleichung

$$w + u\,w' = \tfrac{1}{4}(1 + w)^2,$$

oder

$$w' = \frac{1}{4u}(1 - w)^2 = f(u)\,g(w).$$

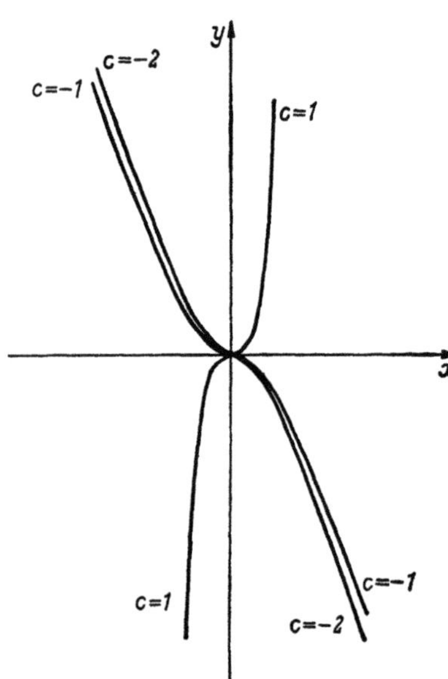

Abb. 2.1. Die Kurven $y = 2\,\dfrac{c\,x^3}{1 - c\,x^2}$ als Lösungen von $y' = \left(\dfrac{y}{x}\right)^3 + 3\,\dfrac{y}{x}$.

Die allgemeine Lösung dieser Gleichung ist

$$w = 1 - \frac{4}{\ln u + c},$$

und hieraus ergibt sich als allgemeine Lösung von (*)

$$y = \frac{3}{2} + \left(x + \frac{1}{2}\right)\left(1 - \frac{4}{\ln(x + \frac{1}{2}) + c}\right).$$

Durch jeden Punkt der x–y-Ebene mit Ausnahme der Geraden $x = -\frac{1}{2}$ geht genau eine Lösung von (*).

2.2 Bernoullische, Riccatische und exakte Differentialgleichungen

A. Die Differentialgleichung

$$(2.21) \qquad\qquad y' + p(x)\,y + q(x)\,y^\alpha = 0$$

heißt *Bernoullische Differentialgleichung*, wenn α eine reelle Zahl ist. Für $\alpha = 0, 1$ geht sie in eine lineare Differentialgleichung über, für $\alpha \neq 0, 1$ läßt sie sich wie folgt auf eine solche zurückführen:

Damit y^α stets reell ist, setzen wir $y > 0$ voraus. Sind die Funktionen $p(x), q(x)$ in (a, b) stetig, so ist das Richtungsfeld von (2.21) im Gebiet

$$G : a < x < b, \quad 0 < y < \infty$$

definiert und mit

$$(2.22) \qquad\qquad y = u^{\frac{1}{1-\alpha}}$$

geht (2.21) über in die lineare Differentialgleichung

$$(2.23) \qquad u' + (1 - \alpha)\, p(x)\, u + (1 - \alpha)\, q(x) = 0.$$

Betrachtet man diese für sich allein, so geht zwar durch jeden Punkt (x_0, u_0) eine Integralkurve $u(x)$, die jedoch nicht notwendig in ganz (a, b) positiv ist. Sei daher $(\alpha, \beta) \subset (a, b)$ das größte Intervall, das x_0 enthält und in dem $u(x) > 0$ gilt, so existiert auch die Lösung $y(x) > 0$ in (α, β), und es ist $y(x_0) = y_0$.

B. Auf eine lineare Differentialgleichung zweiter Ordnung läßt sich die *Riccatische Differentialgleichung*

$$(2.24) \qquad\qquad y' = p(x)\, y^2 + q(x)\, y + r(x)$$

zurückführen. Gilt $q(x), r(x) \in C^0((a, b))$, $p(x) \in C^1((a, b))$, so ist sicher auch das Richtungsfeld in $G : a < x < b$, $-\infty < y < \infty$ definiert.

Ist $p(x) \equiv 0$, so ist (2.24) eine lineare Differentialgleichung erster Ordnung. Wir nehmen daher $p(x) \neq 0$ in $(\alpha, \beta) \subset (a, b)$ an. Mit der Transformation

$$(2.25) \qquad\qquad u(x) = e^{-\int\limits_{x_0}^{x} p(\xi)\, y(\xi)\, d\xi}$$

erhält man dann aus (2.24) die Gleichung

$$(2.26) \qquad p\, u'' - (p' + p\, q)\, u' + r\, p^2\, u = -p^2\, u\{y' - p\, y^2 - q\, y - r\}.$$

Daher wird durch die Transformation (2.25) jede in (α, β) definierte Lösung $y(x)$ in eine Lösung $u(x) > 0$ der linearen homogenen Gleichung

$$(2.27) \qquad p(x)\, u'' - (p'(x) + p(x)\, q(x))\, u' + r(x)\, (p(x))^2\, u = 0$$

übergeführt. Umgekehrt gilt in (α, β)

$$(2.28) \qquad\qquad y(x) = -\frac{u'(x)}{p(x)\, u(x)}.$$

In einigen Fällen ist das Aufsuchen einer Lösung leichter; es gilt der

Satz 2.1. *Ist $y_0(x)$ in (a, b) Lösung von (2.24), so ist die Funktion $y(x) \neq y_0(x)$ in (α, β) genau dann Lösung derselben Gleichung, wenn*

$$(2.29) \qquad u(x) = (y(x) - y_0(x))^{-1}, \quad u(x) \neq 0 \quad in \ (\alpha, \beta),$$

Lösung der linearen Differentialgleichung erster Ordnung

$$(2.30) \qquad u' + \big(2p(x)\, y_0(x) + q(x)\big)\, u + p(x) = 0$$

ist.

C. In einem Gebiet G der x–y-Ebene seien die Funktionen $A(x, y)$, $B(x, y)$ definiert und dort stetig. Ferner existiere eine Funktion $F(x, y) \in C^1(G)$, so daß

$$(2.31) \qquad F_x(x, y) = A(x, y), \quad F_y(x, y) = B(x, y)$$

gilt. Dann heißt die i. allg. nichtlineare Differentialgleichung

$$(2.32) \qquad A(x, y) + B(x, y)\, y' = 0$$

in G *exakte Differentialgleichung*, die Funktion $F(x, y)$ heißt dort Stammfunktion. Eine Funktion $y = \varphi(x)$ ist genau dann Lösung von (2.32), wenn sie der Bedingung

$$F_x\big(x, \varphi(x)\big) + F_y\big(x, \varphi(x)\big)\, \varphi'(x) = \frac{d}{dx}\, F\big(x, \varphi(x)\big) = 0,$$

d. h.

$$(2.33) \qquad F\big(x, \varphi(x)\big) = c$$

mit der willkürlichen Konstanten c genügt. Die allgemeine Lösung erhält man durch Auflösung dieser Gleichung nach y.

Notwendig und hinreichend dafür, daß (2.32) eine exakte Differentialgleichung darstellt, ist

$$(2.34) \qquad A_y(x, y) = B_x(x, y) \quad \text{in } G.$$

Insbesondere ist daher die separierbare Differentialgleichung $y' = f(x)\, g(y)$ in $G : a < x < b, \ c < y < d$ exakt, wenn $f(x)$ und $g(y) \neq 0$ dort stetig sind. Sie läßt sich dann in der Form $f(x) - \big(g(y)\big)^{-1}\, y' = 0$ schreiben, und es gilt $\big(f(x)\big)_y = \big(g(y)\big)_x^{-1} = 0$.

Ist (x_0, y_0) ein beliebiger Punkt aus G, so wird eine Stammfunktion durch das Kurvenintegral

$$(2.35) \qquad F(x, y) = \int\limits_{(x_0, y_0)}^{(x, y)} \big[\big(A(\xi, \eta)\, d\xi + B(\xi, \eta)\, d\eta\big)\big]$$

geliefert, wobei die Integration über einen beliebigen, ganz in G verlaufenden Treppenzug von (x_0, y_0) nach (x, y) erfolgt.

Ist die Differentialgleichung (2.32) keine exakte, so kann man versuchen, sie durch Multiplikation mit einer Funktion $M(x, y) \neq 0$ in eine exakte Differentialgleichung

$$(2.36) \qquad M(x, y)\, A(x, y) + M(x, y)\, B(x, y)\, y' = 0$$

überzuführen. Die Funktion $M(x, y)$ heißt dann (Eulerscher) *Multiplikator* oder integrierender Faktor. Wegen $M \neq 0$ besitzt (2.36) dieselben Lösungen wie (2.32). Der Multiplikator genügt der partiellen Differentialgleichung erster Ordnung

$$(2.37) \quad A(x,y)\,\frac{\partial M}{\partial y} - B(x,y)\,\frac{\partial M}{\partial x} = M\left[\frac{\partial B(x,y)}{\partial x} - \frac{\partial A(x,y)}{\partial y}\right].$$

Beispiel 2.2. A. Es ist das Anfangswertproblem der Bernoullischen Differentialgleichung $y' + \dfrac{x^2}{y} = 0$, $y(0) = 1$ zu lösen. Die Funktionen $p(x) \equiv 0$, $q(x) = x^2$ sind in $-\infty < x < \infty$ stetig, mit $y = u^{\frac{1}{2}}$ erhält man $u' = -2x^2$, somit $u(x) = 1 - \dfrac{2}{3}\,x^3$. Die gesuchte Lösung ist dann in $(\alpha, \beta) = \left(-\infty, \sqrt[3]{\dfrac{3}{2}}\,\right)$ die Funktion $\varphi(x) = \sqrt{1 - \dfrac{2}{3}\,x^3}$.

B_1. Eine leicht zu ermittelnde spezielle Lösung der Riccatischen Differentialgleichung

$$y' = \frac{x}{2}\,y^2 + x\,y - \frac{3}{2}\,x$$

im Intervall $-\infty < x < \infty$ ist $y_0(x) \equiv 1$. Wir wenden weiter Satz 2.1 an. Die Gl. (2.30) hat die Form

$$u' + 2x\,u + \frac{x}{2} = 0,$$

und die durch (x_0, u_0) gehende Lösung dieser Gleichung ist

$$u(x) = \left(u_0 + \tfrac{1}{4}\right) e^{-(x^2 - x_0^2)} - \tfrac{1}{4}.$$

Daher ist mit $u_0 = (y_0 - 1)^{-1}$

$$y(x) = 1 + \frac{1}{\left(u_0 + \tfrac{1}{4}\right) e^{-(x^2 - x_0^2)} - \tfrac{1}{4}}$$

die durch (x_0, y_0) gehende Lösung der ursprünglichen Gleichung, solange der rechts im Nenner stehende Ausdruck nicht verschwindet.

B_2. Die Riccatische Differentialgleichung

$$y' = x^2 + y^2$$

läßt sich wegen $p(x) \equiv 1$, $q(x) \equiv 0$, $r(x) - x^2$ nach (2.27) auf die lineare Differentialgleichung zweiter Ordnung

$$u'' + x^2\,u = 0$$

zurückführen.

C. Die Differentialgleichung

$$x^2 - y^2 + 2x\,y\,y' = 0$$

ist wegen $\dfrac{\partial}{\partial y}(x^2 - y^2) - \dfrac{\partial}{\partial x}(2x\,y) = -4y$ nicht exakt. Jeder Multiplikator muß nach (2.37) der partiellen Differentialgleichung

$$(x^2 - y^2)\,M_y - 2x\,y\,M_x = 4y\,M$$

genügen. Wir versuchen, diese partielle Gleichung auf eine gewöhnliche zu reduzieren und suchen Lösungen der Form $M(x, y) = u(r)$ mit $r^2 = x^2 + y^2$. Wegen $M_y = \frac{u_r}{r} y$, $M_x = \frac{u_r}{r} x$ erhält man nach kurzer Rechnung $(x^2 + y^2) \frac{u_r}{r} = -4u$, d. h. $r u_r = -4u$. Eine Lösung dieser separierbaren Gleichung ist $u(r) = r^{-4}$. Daher ist $M = (x^2 + y^2)^{-2}$ Multiplikator. Eine Stammfunktion ist dann, wie man hier leicht sieht,

$$F = -\frac{x}{x^2 + y^2}.$$

2.3 Elementar integrierbare Differentialgleichungen höherer Ordnung

A. Die Differentialgleichung

$$(2.38) \qquad y'' = f(x, y')$$

kann durch die Substitution $y' = z$ auf die Gleichung erster Ordnung

$$(2.39) \qquad z' = f(x, z)$$

zurückgeführt werden. Besitzt diese die allgemeine Lösung $z = \varphi(x, C_1)$, so ist

$$(2.40) \qquad \psi(x, C_1, C_2) = \int \varphi(x, C_1)\, dx + C_2$$

allgemeine Lösung von (2.38). Hat (2.38) speziell die Form $y'' = f(y')$, so ist (2.39) separierbar.

Offenbar läßt sich diese Methode auch auf Differentialgleichungen der Form

$$(2.41) \qquad y^{(n)} = f(x, y^{(n-1)})$$

anwenden.

B. Ähnlich einfach läßt sich die Differentialgleichung

$$(2.42) \qquad y'' = f(y, y')$$

auf eine solche erster Ordnung zurückführen. Setzt man nämlich wieder $y' = z$, so folgt

$$y'' = \frac{dz}{dy} \frac{dy}{dx} = z \frac{dz}{dy}$$

und aus (2.42) die Gleichung

$$(2.43) \qquad \frac{dz}{dy} = \frac{1}{z} f(y, z).$$

Hierbei ist y die unabhängige Veränderliche; der Fall $z = 0$ ist auszuschließen. Besitzt (2.43) das allgemeine Integral

$$z = \varphi(y; C_1),$$

so erhält man aus der separierbaren Gleichung

$$y' = \varphi(y; C_1)$$

die allgemeine Lösung von (2.42). Hängt insbesondere die rechte Seite von (2.42) nicht von y' ab, so erhält man an Stelle von (2.43) die separierbare Gleichung

$$\frac{dz}{dy} = \frac{f(y)}{z}.$$

Offenbar kann auf ähnliche Weise auch die Differentialgleichung

$$(2.44) \qquad y^{(n)} = f(y^{(n-2)}, y^{(n-1)}), \qquad n \geqq 2$$

reduziert werden. Man setze hierbei etwa $y^{(n-2)} = u$, $y^{(n-1)} = z$, $y^{(n)} = z\,\dfrac{dz}{du}$ und erhält wieder die Differentialgleichung erster Ordnung

$$(2.45) \qquad \frac{dz}{du} = \frac{1}{z} f(u, z).$$

Beispiel 2.3. A. Es soll die allgemeine Lösung der Gleichung

$$(*) \qquad y'' - y' - x^2 = 0$$

berechnet werden. Mit $y' = z$ folgt hieraus die lineare Gleichung erster Ordnung

$$(**) \qquad z' = z + x^2,$$

welche, wie man durch den Ansatz $z = a_0 + a_1 x + a_2 x^2$ findet, die Partikulärlösung

$$z = -2\left(1 + x + \frac{x^2}{2}\right)$$

besitzt. Da $C_1 e^x$ allgemeine Lösung der zugehörigen homogenen Gleichung ist, erhält man nach 2.1. B in

$$z = C_1 e^x - 2\left(1 + x + \frac{x^2}{2}\right)$$

die allgemeine Lösung von (**). Nach (2.40) ist dann

$$y = C_1 e^x - 2\left(x + \frac{x^2}{2} + \frac{x^3}{6}\right) + C_2$$

allgemeine Lösung von (*).

Offenbar kann jede lineare Gleichung der Form

$$y'' + a(x)\,y' + b(x) = 0$$

auf diese Art integriert werden.

B. $\qquad y'' = -(y')^2/y, \qquad y(0) = 3, \qquad y'(0) = 1.$

Man erhält nach (2.43) zunächst $\dfrac{dz}{dy} = -\dfrac{z}{y}$, also $z = y' = -C_1 y$, hieraus als allgemeine Lösung $y = e^{-C_1 x + C_2}$. Aus den Anfangsbedingungen bestimmen sich dann die Konstanten zu $C_1 = -\tfrac{1}{3}$, $C_2 = \ln 3$.

Mit der Methode läßt sich jede homogene lineare Differentialgleichung zweiter Ordnung mit konstanten Koeffizienten

$$y'' + a\,y' + b\,y = 0$$

integrieren, wozu allerdings, wie wir später in 4.3 sehen werden, auch andere Möglichkeiten bestehen.

Bezüglich weiterer Lösungsmethoden für spezielle Differentialgleichungen vgl. man etwa [*21*], S. 16—61.

2.4 Lösung durch Potenzreihen

Bei dem Anfangswertproblem

$$(2.46) \qquad y' = f(x, y), \quad y(x_0) = y_0$$

sei die Funktion $f(x, y)$ in der Umgebung des Punktes (x_0, y_0) in eine konvergente Potenzreihe entwickelbar:

$$(2.47) \qquad f(x, y) = \sum_{\mu, \nu = 0}^{\infty} a_{\mu\nu}(x - x_0)^{\mu} (y - y_0)^{\nu}.$$

Dann gibt es ein Intervall $|x - x_0| < \alpha$, für das die gesuchte eindeutige Lösung $y(x)$ in eine konvergente Potenzreihe entwickelt werden kann:

$$(2.48) \qquad y(x) = \sum_{\varrho = 0}^{\infty} c_{\varrho}(x - x_0)^{\varrho}.$$

Hierdurch wird folgende Lösungsmethode für das Anfangswertproblem (2.46) nahegelegt: Man bildet nach (2.48)

$$(2.49) \qquad y'(x) = \sum_{\varrho = 1}^{\infty} \varrho\, c_{\varrho}(x - x_0)^{\varrho-1},$$

woraufhin wegen $c_0 = y_0$ nach (2.46), (2.47), (2.48), (2.49) die Gleichung

$$(2.50) \quad \sum_{\varrho = 1}^{\infty} \varrho\, c_{\varrho}(x - x_0)^{\varrho-1} = \sum_{\mu, \nu = 0}^{\infty} a_{\mu\nu}(x - x_0)^{\mu} \left\{ \sum_{\varrho = 1}^{\infty} c_{\varrho}(x - x_0)^{\varrho} \right\}^{\nu}$$

folgt. Setzt man hierin auf beiden Seiten die Koeffizienten von $(x - x_0{}^m)$, $m = 0, 1, \ldots$, gleich, so führt dies auf ein i. allg. nichtlineares Gleichungssystem zur Bestimmung der c_{ϱ}.

Offenbar hängt der Erfolg dieser Methode wesentlich von der speziellen Form der Differentialgleichung (2.46) ab. Man beachte, daß auf der rechten Seite von (2.50) die Potenzen

$$(y - y_0)^{\nu} = \left(\sum_{\varrho = 1}^{\infty} c_{\varrho}(x - x_0)^{\varrho} \right)^{\nu}$$

eingehen. Praktisch geht man daher so vor, daß man nur einige Potenzen von (2.48) berücksichtigt, die Reihe also nach einigen Gliedern abbricht.

Bei rascher Konvergenz der Reihe kann man dann hoffen, mit der geschilderten Methode eine gute Näherungslösung zu erhalten.

Im Prinzip läßt sich dieses Verfahren auch auf nichtlineare Differentialgleichungen höherer Ordnung übertragen, jedoch ist es hier nicht mehr effektiv, so daß man in der Regel auf andere, insbesondere numerische Methoden zurückgreift (vgl. § 9).

Besonders günstig ist es, wenn die c_ϱ aus einem linearen Gleichungssystem bestimmt werden können. Das ist sicher der Fall, wenn in (2.47) $y - y_0$ nur linear auftritt, d. h. wenn (2.46) ein lineares Anfangswertproblem

$$(2.51) \qquad y' = a(x)\, y + b(x), \quad y(0) = y_0$$

ist. Allgemeiner betrachten wir das Anfangswertproblem n-ter Ordnung

$$(2.52) \qquad y^{(n)} = \sum_{\nu=0}^{n-1} a_\nu(x)\, y^{(\nu)} + b(x), \quad y^{(\nu)}(x_0) = y_0^\nu, \quad \nu = 0, 1, \ldots, n-1,$$

und nehmen an, daß die $a_\nu(x)$ und $b(x)$ im Intervall $|x - x_0| < \alpha$ in konvergente Potenzreihen entwickelbar sind:

$$(2.53) \qquad a_\nu(x) = \sum_{\mu=0}^{\infty} a_{\mu\nu}(x - x_0)^\mu, \quad b(x) = \sum_{\mu=0}^{\infty} b_\mu(x - x_0)^\mu.$$

Die gesuchte Lösung hat dann die Gestalt (2.48), und es gilt

$$(2.54) \quad y^{(\nu)}(x) = \sum_{\varrho=\nu}^{\infty} \frac{\varrho!}{(\varrho - \nu)!}\, c_\varrho (x - x_0)^{\varrho-\nu}, \quad \nu = 1, 2, \ldots, n-1.$$

Setzt man (2.48), (2.53), (2.54) in (2.52) ein, so folgt die Gleichung

$$(2.55) \quad \sum_{\varrho=n}^{\infty} \frac{\varrho!}{(\varrho - n)!}\, c_\varrho (x - x_0)^{\varrho-n} - $$

$$- \sum_{\nu=0}^{n-1} \sum_{\mu=0}^{\infty} a_{\mu\nu}(x - x_0)^\mu \sum_{\varrho=\nu}^{\infty} \frac{\varrho!}{(\varrho - \nu)!}\, c_\varrho (x - x_0)^{\varrho-\nu} - \sum_{\mu=0}^{\infty} b_\mu (x - x_0)^\mu = 0.$$

Indem man diese nach Potenzen von $(x - x_0)^m$, $m = 0, 1, 2, \ldots$, ordnet und die Koeffizienten dieser Potenzen gleich Null setzt, erhält man ein lineares Gleichungssystem zur Bestimmung der c_ϱ.

Ganz analog läßt sich das Verfahren auf Anfangswertprobleme bei Systemen linearer Differentialgleichungen erster Ordnung ausdehnen.

Abschließend wenden wir uns noch einmal dem Anfangswertproblem (2.46) zu. In manchen Fällen ist es günstiger, die Koeffizienten c_ϱ nicht aus (2.50), sondern direkt aus der Differentialgleichung durch fortgesetzte Differentiation der rechten Seite zu ermitteln. Man umgeht dabei die Lösung des aus (2.50) resultierenden nichtlinearen Gleichungssystems für die c_ϱ. Wegen $c_\varrho = \dfrac{y^{(\varrho)}(x_0)}{\varrho!}$ kann nämlich die Reihe (2.48) auch in der Form

$$(2.56) \qquad y(x) = \sum_{\varrho=0}^{\infty} \frac{y^{(\varrho)}(x_0)}{\varrho!}\,(x - x_0)^\varrho$$

geschrieben werden. Wir bilden dann nacheinander die Ausdrücke

$$y' = f,$$
$$y'' = f_x + f_y\,y' = f_x + f_y\,f,$$
$$y = f_{xx} + 2f_{xy}\,y' + f_{yy}(y')^2 + f_y\,y'' = f_{xx} + 2f_{xy}\,f + f_{yy}\,f^2 + f_x f_y + f f_y^2,$$

usf. jeweils an der Stelle (x_0, y_0), bestimmen also fortlaufend die Ableitungen $y^{(\varrho)}(x_0)$ und damit die Koeffizienten der Entwicklung (2.56). Dieses Prinzip läßt sich leicht auf Differentialgleichungen höherer Ordnung ausdehnen, führt dann jedoch zu beträchtlichem Rechenaufwand.

Beispiel 2.4. A. In Beispiel 2.2. B_2 hatten wir gesehen, daß die Riccatische Differentialgleichung $y' = x^2 + y^2$ auf die lineare Differentialgleichung zweiter Ordnung $u'' + x^2 u = 0$ reduziert werden kann. Wir wenden auf diese Gleichung mit den Anfangsbedingungen $u(0) = 1$, $u'(0) = 0$ die Potenzreihenmethode an und setzen (vgl. [29], S. 75)

$$u(x) = \sum_{\varrho=0}^{\infty} c_\varrho\,x^\varrho.$$

Dann folgt

$$u''(x) = \sum_{\varrho=2}^{\infty} \varrho(\varrho - 1)\,c_\varrho\,x^{\varrho-2} = 2c_2 + 6c_3 + \sum_{\varrho=0}^{\infty} (\varrho + 3)(\varrho + 4)\,c_{\varrho+4}\,x^{\varrho+2}.$$

Setzt man diese Ausdrücke in die Differentialgleichung ein, so gilt

$$2c_2 + 6c_3\,x + \sum_{\varrho=0}^{\infty} \left(c_\varrho + (\varrho + 3)(\varrho + 4)\,c_{\varrho+4}\right) x^{\varrho+2} = 0.$$

Daraus bestimmen sich die c_ϱ wie folgt:

$$c_\varrho = \begin{cases} 0, & \varrho \neq 4m, \quad m = 1, 2, \ldots \\[2mm] 1, & \varrho = 0 \\[2mm] (-1)^m \dfrac{1}{\displaystyle\prod_{\mu=1}^{m}(4\mu - 1)\,4\mu}, & \varrho = 4m, \quad m = 1, 2, \ldots \end{cases}$$

Nach 2.2. B ist

$$y(x) = -\frac{u'(x)}{u(x)}$$

die Lösung des Anfangswertproblems

$$(*) \qquad y' = x^2 + y^2, \quad y(0) = 0.$$

Setzt man

$$y(x) = \sum_{\sigma=0}^{\infty} b_\sigma x^\sigma,$$

so lassen sich die Koeffizienten b_σ aus

$$\left(\sum_{\sigma=0}^{\infty} b_\sigma x^\sigma\right)\left(1 + \sum_{\nu=1}^{\infty} (-1)^\nu \frac{x^{4\nu}}{\prod_{\mu=1}^{\nu}(4\mu-1)\,4\mu}\right) = \sum_{\nu=1}^{\infty} (-1)^{\nu+1} \frac{x^{4\nu-1}}{\prod_{\mu=1}^{\nu}(4\mu-1)\,4\mu}$$

durch Koeffizientenvergleich bestimmen. Man erhält

$$y(x) = \frac{x^3}{3} + \frac{x^7}{63} + \frac{2x^{11}}{2079} + \frac{13x^{15}}{218\,295} + \frac{46x^{19}}{12\,442\,815} + \cdots.$$

Man erkennt hieran, daß der Koeffizient von x^{15} der Funktion $y_2(x)$ im Beispiel 1.1 noch nicht exakt ist.

B. Wir ermitteln die Lösung von (*) direkt aus der Differentialgleichung:

$$y(0) = y'(0) = y''(0) = y^{(4)}(0) = y^{(5)}(0) = y^{(6)}(0) = y^{(8)}(0)$$
$$= y^{(9)}(0) = y^{(10)}(0) = 0,$$
$$y^{(3)}(0) = 2, \quad y^{(7)}(0) = 80, \quad y^{(11)}(0) = 38\,400,$$

usf. Wegen

$$y(x) = \sum_{\sigma=0}^{\infty} \frac{y^{(\sigma)}(0)}{\sigma!} x^\sigma$$

folgt dann

$$y(x) = \frac{x^3}{3} + \frac{x^7}{63} + \frac{2x^{11}}{2079} + \cdots.$$

§ 3. Lösung impliziter Differentialgleichungen

3.1 Spezielle Gleichungen erster Ordnung. Gleichungen mit geradlinigen Isoklinen

Die einfachsten Sonderfälle impliziter Differentialgleichungen erster Ordnung sind

(3.1)
$$\text{a)} \quad F(x, y') = 0,$$
$$\text{b)} \quad F(y, y') = 0.$$

Unter der Annahme, daß diese Gleichungen nach x bzw. y (nicht jedoch notwendig nach y') auflösbar sind, haben sie die Form

(3.2)
$$\text{a)} \quad x = f(y'),$$
$$\text{b)} \quad y = g(y').$$

Wir betrachten zunächst den Fall a) und setzen voraus, daß $f(u) \in C^1((u_1, u_2))$ mit $u_1 < u_2$ und streng monoton ist. Dann ist $x = f(u)$ dort eindeutig nach u auflösbar, man erhält etwa $u = h(x)$, und die Gleichung a) ist somit äquivalent einer elementar integrierbaren Differentialgleichung

$$(3.3) \qquad\qquad y' = h(x).$$

Wie man leicht verifiziert, ist die Lösung von (3.2) a) durch (x_0, y_0) auch durch die Parameterdarstellung

$$(3.4) \quad x = f(u), \qquad y = y_0 + \int_{u_0}^{u} \eta\, f'(\eta)\, d\eta = \Phi(u),\ u_1 < u_0,\ u < u_2,$$

gegeben, wobei $x_0 = f(u_0)$ zu wählen ist. Wegen $u = h(x)$ folgt hieraus $y = y(x) = \Phi(h(x))$.

Ähnlich einfach ist der Fall b) zu erledigen. Das Intervall (u_1, u_2) enthalte nicht den Nullpunkt, die Funktion $g(u) \in C^1((u_1, u_2))$ sei ebenfalls streng monoton. Die Differentialgleichung (3.2) b) ist dann einer elementar integrierbaren Differentialgleichung

$$(3.5) \qquad\qquad y' = h(y)$$

äquivalent, eine Parameterdarstellung der durch (x_0, y_0) gehenden Lösung wird durch

$$(3.6) \qquad y = g(u), \qquad x = x_0 + \int_{u_0}^{u} \frac{g'(\eta)}{\eta}\, d\eta, \qquad u_1 < u < u_2,$$

gegeben, wobei $y_0 = g(u_0)$ ist.

Wir betrachten nun implizite Differentialgleichungen der Form

$$(3.7) \qquad F(x, y, y') = a(y')\, x + b(y')\, y + d(y') = 0.$$

Sie haben die Eigenschaft, daß ihre Isoklinen

$$(3.8) \qquad a(c)\, x + b(c)\, y + d(c) = 0$$

gerade Linien sind, wenn die reelle Konstante c in einem Intervall variiert, in dem die Funktionen a, b, d definiert sind. Ist insbesondere $b \neq 0$ in diesem Intervall, so kann (3.7) als *d'Alembertsche Differentialgleichung*

$$(3.9) \qquad y = g(y')\, x + f(y')$$

geschrieben werden. Über die Lösungen dieser Gleichung gilt folgender

Satz 3.1. *Für ein Intervall* (u_1, u_2) *gelte* $f(u), g(u) \in C^1((u_1, u_2))$ *und* $g(u) - u \neq 0$. *Ferner sei* $x(u)$ *mit* $x'(u) \neq 0$ *in* (u_1, u_2) *eine Lösung der linearen Differentialgleichung*

$$(3.10) \qquad (u - g(u)) \frac{dx}{du} = x\, g'(u) + f'(u).$$

*Dann werden sämtliche Lösungen $y = \varphi(x)$ der Differentialgleichung (3.9),
welche außerdem den Bedingungen*

$$(3.11) \qquad g\big(\varphi'(x)\big) \neq \varphi'(x), \quad x\, g'\big(\varphi'(x)\big) + f'\big(\varphi'(x)\big) \neq 0$$

genügen, durch die Parameterdarstellung

$$(3.12) \qquad x = x(u), \quad y = x(u)\, g(u) + f(u), \quad u_1 < u < u_2$$

gegeben.

Zum Beweis dieses Satzes vgl. man etwa [22], S. 57f.

Wir untersuchen noch die Bedeutung des bisher ausgeschlossenen
Falles $g(u) - u = 0$ und nehmen an, daß $g(u_0) = u_0$ für ein $u_0 \in (u_1, u_2)$
gilt. Dann ist offenbar

$$y = u_0\, x + f(u_0)$$

Lösung der Gl. (3.9). Soll umgekehrt $y = m\, x + b$ Lösung von (3.9)
sein, so muß

$$m\, x + b = g(m)\, x + f(m),$$

also notwendig $m = g(m)$, $b = f(m)$ gelten. Die d'Alembertsche Differentialgleichung besitzt also genau dann die geradlinigen Lösungen
$y = m\, x + b$, wenn es Zahlen $m \in (u_1, u_2)$ gibt, so daß $m = g(m)$,
$b = f(m)$ ist.

Im Falle $g(u) \equiv u$ in (u_1, u_2) spezialisiert sich (3.9) zur *Clairautschen
Differentialgleichung*

$$(3.13) \qquad\qquad y = y'\, x + f(y').$$

Ihre Isoklinen sind die Geraden $y = c\, x + f(c)$, und wegen $y' = c$ sind
sie gleichzeitig Lösungen. Während der Satz (3.1) nur unter einschränkenden Voraussetzungen Aussagen über die Lösungsmannigfaltigkeit
der d'Alembertschen Differentialgleichung liefert, läßt sich über die
Lösungsmannigfaltigkeit der Clairautschen Differentialgleichung mehr
aussagen.

Eine Schar von Lösungen dieser Gleichung kennen wir bereits, es
sind die geradlinigen Isoklinen

$$(3.14) \qquad\qquad y = c\, x + f(c), \quad u_1 < c < u_2.$$

Die Enveloppe dieser Kurvenschar, die nach 1.6 ebenfalls Lösung ist,
erhält man nach Satz 1.12 durch Elimination von c aus den beiden
Gleichungen

$$(3.15) \quad \Phi(x, y, c) = y - c\, x - f(c) = 0, \quad \Phi_c(x, y, c) = -x - f'(c) = 0.$$

Ist $f'(u)$ in (u_1, u_2) streng monoton, so ist $f'(c) = -x$ eindeutig
nach c auflösbar, man erhält etwa $c = w(x)$ und daher die Darstellung

$$(3.16) \qquad y = \varphi(x) = -w(x)\, f'\big(w(x)\big) + f\big(w(x)\big)$$

für die Enveloppe. Andererseits wird sie nach (3.15) auch in der Parameterdarstellung

$$(3.17) \qquad x = -f'(u), \qquad y = -u\,f'(u) + f(u), \qquad u_1 < u < u_2,$$

gegeben.

Schließlich erhält man noch Lösungen von (3.13) durch Kombination von (3.14) und (3.16) auf folgende Art: Man lasse von der Kurve $y = \varphi(x)$ auf einer oder beiden Seiten ein Endstück fort, betrachte die Kurve also etwa in $c_1 < x < c_2$ mit $x_1 < c_1 < c_2 < x_2$. Die Endstücke ersetze man dann durch die Halbgeraden (3.14) in den Endpunkten $x = c_1$, $x = c_2$.

Wir fassen die Ergebnisse zusammen in dem

Satz 3.2. *In (u_1, u_2) sei $f'(u)$ streng monoton. Dann werden sämtliche Lösungen der Clairautschen Differentialgleichung (3.13) gegeben durch:*

a) Ihre Isoklinen (3.14),

b) deren Enveloppe (3.16) bzw. (3.17),

c) die Kombinationen von (3.14) und (3.16) in der oben beschriebenen Form.

Beispiel 3.1. A. Vom Typ (3.1) a. ist die Gleichung $x\,e^{y'} = 1$. Aus $x = e^{-y'}$ folgt eindeutig $y' = \ln\dfrac{1}{x}$ und somit $y = -x\ln x + x + c$ als allgemeine Lösung.

B. $F(y, y') = y - (y')^2\,e^{y'} = 0$. Hier ergibt sich $y = g(y') = (y')^2\,e^{y'}$. Die Funktion $g(u) = u^2\,e^u$ ist in $0 < u < \infty$ monoton wachsend, d.h., $y = g(y')$ besitzt dort eine eindeutige Auflösung $y' = h(y)$, wobei jedoch die Funktion $h(y)$ nicht explizit mit elementaren Mitteln angegeben werden kann. Trotzdem erhält man die Lösung leicht als Parameterdarstellung:

$$y = u^2\,e^u, \qquad x = x_0 + \int_{u_0}^{u} (2 + u)\,e^u\,du = x_0 + (1 + u)\,e^u - (1 + u_0)\,e^{u_0}.$$

C. Zur Lösung der d'Alembertschen Differentialgleichung

$$y = x\,(y')^2 + (y')^2$$

wenden wir Satz 3.1 an. Entsprechend (3.11) sind Intervalle zu betrachten, für die

$$(y')^2 \neq y', \qquad x\,y' \neq -y'$$

gilt, es sind also auszuschließen

$$y' = 0, \qquad y' = 1, \qquad x = -1.$$

Die Differentialgleichung (3.10) lautet hier

$$(u - u^2)\,\frac{dx}{du} = 2x\,u + 2u,$$

sie ist separierbar und ihre allgemeine Lösung lautet

$$x(u) = \frac{c}{(1-u)^2} - 1.$$

Nach (3.12) wird hierdurch zusammen mit

$$y(u) = \frac{c\, u^2}{(1-u)^2}$$

eine Lösungsschar gegeben, wobei wegen $x \neq -1$ noch $c \neq 0$ und daher $x'(u) = 2\dfrac{c}{(1-u)^3} \neq 0$ gilt. Eliminiert man den Parameter u, so folgt als allgemeine Lösung die Funktion

$$y = (\sqrt{x+1} \pm \sqrt{c})^2.$$

Damit y stets reell wird, ist generell $x \geqq -1$, $c \geqq 0$ zu fordern, mit der obigen Einschränkung sogar $x > -1$, $c > 0$.

Wir untersuchen noch die bisher ausgeschlossenen Fälle, um zu sehen, welche Lösungen verloren gegangen sind:

Für $y' = 0$ erhält man die Lösung $y \equiv 0$, $-1 < x < \infty$, die gleichzeitig Enveloppe der Lösungsschar ist. Sie berührt die Schar in den Punkten $(c - 1, 0)$. Für $y' = 1$ ergibt sich die Lösung $y = x + 1$, die man auch aus der allgemeinen Lösung für $c = 0$ erhält. Schließlich gehen durch jeden Punkt $(-1, c)$, $c > 0$, die beiden Lösungen $y_1 = (\sqrt{x+1} + \sqrt{c})^2$, $y^2 = (\sqrt{x+1} - \sqrt{c})^2$, welche gleichzeitig die Gerade $x = -1$ berühren, durch den Punkt $(-1, 0)$ gehen die beiden Lösungen $y \equiv 0$, $y = x + 1$. Der Leser beantworte noch die Frage, ob die Gerade $x = -1$ Lösung der Differentialgleichung ist.

D. Es sollen sämtliche Lösungen der Clairautschen Differentialgleichung

$$y = x\, y' + (y')^3$$

bestimmt werden. Die Funktion $f(u) = u^3$ ist in $(-\infty, +\infty)$ definiert, während $f'(u) = 3u^2$ in $(-\infty, 0)$ monoton fallend, in $(0, \infty)$ monoton wachsend ist. Wir setzen zunächst $0 < u < \infty$ voraus und erhalten die Lösungen (Abb. 3.1):

a) $y = c\, x + x^3$, $-\infty < c < \infty$,

b) die durch die Parameterdarstellung $x = -3u^2$, $y = -2u^3$ eindeutig bestimmte und in $(-\infty, 0)$ existierende Funktion $y = -2\left(-\dfrac{x}{3}\right)^{3/2}$,

c) für alle c_1, c_2 mit $-\infty < c_1 < c_2 < 0$ die Funktionen

$$y = \begin{cases} \left(-\dfrac{c_1}{3}\right)^{1/2} x + \left(-\dfrac{c_1}{3}\right)^{3/2}, & -\infty < x \leqq c_1, \\[2mm] -2\left(-\dfrac{x}{3}\right)^{3/2}, & c_1 < x < c_2, \\[2mm] \left(-\dfrac{c_2}{3}\right)^{1/2} x + \left(-\dfrac{c_2}{3}\right)^{3/2}, & c_2 \leqq x < \infty. \end{cases}$$

Das sind bereits alle Lösungen, denn man zeigt leicht, daß sich für $-\infty < u < 0$ keine weiteren Integrale mehr ergeben.

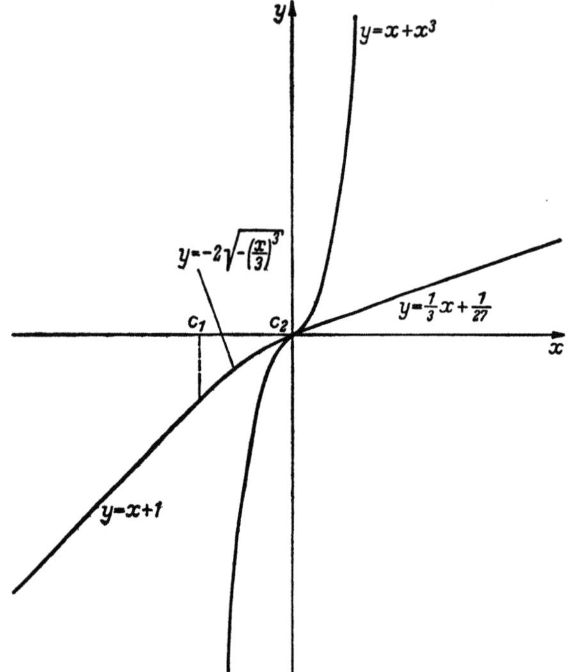

Abb. 3.1. Lösungen von $y = x\,y' + (y')^3$ für $c = 1$, $c_1 = -3$, $c_2 = -\dfrac{1}{3}$.

3.2 Integration durch Differentiation.
Die Legendre-Transformation

Die implizite Differentialgleichung erster Ordnung

$$(3.18) \qquad\qquad F(x, y, y') = 0$$

besitze Lösungen $y = \varphi(x)$, welche in einem gewissen Intervall der Bedingung $\varphi''(x) \neq 0$ genügen mögen. Dann ist $\varphi'(x)$ dort streng monoton, und die Gleichung $u = \varphi'(x)$ ist eindeutig nach x auflösbar. Aus (3.18) folgt dann

$$(3.19) \quad \frac{d}{du} F\big(x(u), \varphi(x, (u)), u\big) = F_x \frac{dx}{du} + F_y \varphi'(x) \frac{dx}{du} + F_u = 0,$$

mit $u = \varphi'(x)$ und $dy = \varphi'(x)\,dx = u\,dx$ also das Differentialgleichungssystem

$$(3.20) \qquad
\begin{aligned}
(F_x + u\,F_y) \frac{dx}{du} + F_u &= 0, \\[2mm]
(F_x + u\,F_y) \frac{dy}{du} + u\,F_u &= 0.
\end{aligned}$$

Für $F_x + u\,F_y \neq 0$ erhält man hieraus das explizite System

$$(3.21) \qquad \begin{aligned} \frac{dx}{du} &= -\frac{F_u}{F_x + u\,F_y}, \\[2mm] \frac{dy}{du} &= -\frac{u\,F_u}{F_x + u\,F_y}. \end{aligned}$$

Jede in Parameterdarstellung gegebene Lösung $x = x(u)$, $y = y(u)$ von (3.18) muß daher notwendig den Gln. (3.21) genügen. Andererseits läßt sich zeigen, daß die Lösungen dieses Systems auch Lösungen von (3.18) sind. Somit ist die Lösung der impliziten Gleichung auf die Lösung eines expliziten Systems zurückgeführt. Die Methode wird häufig mit *Integration durch Differentiation* bezeichnet.

Wir betrachten noch die beiden Sonderfälle

$$(3.22) \qquad \begin{aligned} &\text{a)} \quad F(x, y, y') = y - f(x, y') = 0, \\ &\text{b)} \quad F(x, y, y') = x - g(y, y') = 0. \end{aligned}$$

Im Fall a) hat die erste Gl. (3.21) die Form

$$(3.23) \qquad \frac{dx}{du} = \frac{f_u(x, u)}{u - f_x(x, u)}.$$

Ist $x = x(u)$ Lösung, so ist die Parameterdarstellung

$$(3.24) \qquad x = x(u), \quad y = f\big(x(u), u\big)$$

Lösung von (3.22) a. Im Fall b) lautet die zweite Gl. (3.21)

$$(3.25) \qquad \frac{dy}{du} = \frac{u\,g_u(y, u)}{1 - u\,g_y(y, u)}$$

mit der Lösung $y = y(u)$. Eine Lösung von (3.22) b wird dann durch die Parameterdarstellung

$$(3.26) \qquad x = g\big(y(u), u\big), \quad y = y(u)$$

gegeben.

In einigen, allerdings nicht sehr zahlreichen Fällen lassen sich implizite Differentialgleichungen durch die *Legendre-Transformation* in solche einfacherer Art überführen. Durch diese Transformation werden unabhängige Veränderliche, gesuchte Funktion und deren Ableitung transformiert. Man setzt

$$(3.27) \qquad X = y'(x), \quad Y(X) = x\,y'(x) - y(x) = xX - y(x).$$

Aus der zweiten dieser Gleichungen folgt dann

$$(3.28) \qquad Y' = \frac{dY}{dX} = x.$$

Ist $y = y(x)$ in (x_1, x_2) streng monoton und gilt dort $X_1 < y'(x) < X_2$, so wird durch (3.27), (3.28) eine eineindeutige Transformation der

x, y, y' in X, Y, Y' definiert. Ihre Umkehrung ist

$$(3.29) \quad x = Y'(X), \quad y(x) = XY'(X) - Y(X) = Xx - Y(X), \quad y'(x) = X.$$

Durch die Legendre-Transformation wird also eine Differentialgleichung

$$F(x, y, y') = 0$$

in eine Differentialgleichung

$$(3.30) \qquad F(Y', XY' - Y, X) = \Phi(X, Y, Y') = 0$$

übergeführt. Hat man diese gelöst, so liefern die ersten beiden Gln. (3.29) eine Parameterdarstellung der Lösung von (3.18).

Beispiel 3.2. A. Wir betrachten wieder die schon in Beispiel 3.1.C. untersuchte d'Alembertsche Differentialgleichung

$$y = x(y')^2 + (y')^2.$$

Sie hat die Form (3.22)a mit $f(x, u) = (x + 1) u^2$. Die Gl. (3.23) lautet

$$\frac{dx}{du} = \frac{2}{1 - u} x + \frac{2}{1 - u},$$

stimmt also mit der linearen Differentialgleichung in dem oben genannten Beispiel überein. Beide Methoden sind hier gleichwertig.

Dies gilt sogar allgemein für jede d'Alembertsche Differentialgleichung

$$y = x g(y') + f(y'),$$

wenn $f(x, u) = x g(u) + f(u)$ gesetzt wird. Man erhält unter der Voraussetzung $F_x + u F_y = -g(u) + u \neq 0$ die lineare Differentialgleichung

$$\frac{dx}{du} = \frac{x g'(u) + f'(u)}{u - g(u)},$$

und diese stimmt mit (3.10) überein.

B. Die Differentialgleichung

$$y = x(y')^2 + (y')^2$$

geht durch die Legendre-Transformation (3.29) über in die lineare Differentialgleichung

$$Y' = \frac{Y}{X - X^2} + \frac{X^2}{X - X^2}.$$

Mit der Variation der Konstanten (vgl. 2.1) errechnet man ihre allgemeine Lösung zu

$$Y = -X \frac{X - C_1}{X - 1}.$$

wobei C_1 eine willkürliche Konstante bedeutet. Nach (3.29) erhält man somit, wenn an Stelle von X der Parameter u verwendet wird, die allgemeine Lösung der ursprünglichen Differentialgleichung in der Parameterdarstellung

$$x = -1 + \frac{1 - C_1}{(u - 1)^2}, \qquad y = u^2 \frac{1 - C_1}{(u - 1)^2}.$$

Setzt man $1 - C_1 = C$, so ist dies wieder die Darstellung aus dem Beispiel 3.1, C, d. h., beide Methoden führen zu derselben Parameterdarstellung.

Eine beliebige d'Alembertsche Differentialgleichung $y = x g(y') + f(y')$ wird durch die Legendre-Transformation transformiert in

$$X Y' - Y - g(X) Y' - f(X) = 0.$$

Bei der Clairautschen Differentialgleichung $(g(X) = X)$ lautet diese

$$Y = -f(X).$$

Daher erhält man nach (3.29) sofort die Parameterdarstellung

$$x = -f'(u), \qquad y = -u f'(u) + f(u),$$

und diese ist mit (3.17) identisch.

§ 4. Lineare Differentialgleichungen n-ter Ordnung

Obwohl die nichtlinearen Differentialgleichungen in allen Anwendungen zunehmend an Bedeutung gewinnen, kann eine große Zahl von „klassischen" physikalischen und technischen Problemen hinreichend genau durch lineare Differentialgleichungen beschrieben werden. Wir befassen uns deshalb etwas ausführlicher mit der Lösungstheorie solcher Gleichungen. Im Prinzip könnten wir uns dabei auf die Untersuchung der Lösungen linearer Systeme erster Ordnung beschränken. Es ist jedoch häufig einfacher, Differentialgleichungen höherer Ordnung direkt zu lösen.

4.1 Homogene Differentialgleichungen. Einige Lösungsmethoden

Wir betrachten zunächst die zu (1.49) gehörige homogene Differentialgleichung

$$(4.1) \qquad L_n(y) \equiv \sum_{\nu=0}^{n} a_\nu(x) y^{(\nu)} = 0, \qquad a_n(x) \neq 0.$$

Aus dem Satz 1.7 in Ziffer 1.4 folgt der

Satz 4.1. *Gilt $a_\nu(x) \in C^0((a, b))$, $\nu = 0, 1, \ldots, n$, so gibt es genau eine Lösung von (4.1), welche den Anfangsbedingungen $y^{(\nu)}(x_0) = y_0^\nu$, $\nu = 0, 1, \ldots, n - 1$, genügt. Dabei ist $x_0 \in (a, b)$ und die y_0^ν sind beliebige Zahlen.*

Aus Satz. 1.8 folgt ferner der

Satz 4.2. *Sind $y_\nu(x)$, $\nu = 1, 2, \ldots, m$, Lösungen von (4.1), so ist auch die Linearkombination*

$$y(x) = \sum_{\nu=1}^{m} c_\nu \, y_\nu(x)$$

mit willkürlichen Konstanten c_ν, $\nu = 1, 2, \ldots, m$, Lösung.

Auf diesem Überlagerungsprinzip baut sich die Lösungstheorie von (4.1) auf.

Im folgenden benötigen wir den Begriff der linearen Unabhängigkeit bzw. Abhängigkeit von Funktionen; er sei deshalb hier kurz erläutert:

Es seien $u_1(x), u_2(x), \ldots, u_m(x)$ m Funktionen, die etwa in einem Intervall (a, b) definiert sind. Man nennt sie in (a, b) *linear abhängig*, wenn es Zahlen $c_1, \ldots, c_m$ gibt, die nicht sämtlich Null sind, so daß in (a, b)

$$(4.2) \qquad c_1 u_1(x) + c_2 u_2(x) + \cdots + c_m u_m(x) \equiv 0$$

gilt. Andernfalls heißen $u_1(x), \ldots, u_m(x)$ in (a, b) *linear unabhängig*. Man kann daher auch sagen: Die Funktionen $u_1(x), \ldots, u_m(x)$ sind in (a, b) linear unabhängig, wenn aus dieser Darstellung (4.2) $c_1 = c_2 = \cdots = c_m = 0$ folgt. Andernfalls sind die Funktionen $u_1(x), \ldots, u_m(x)$ in (a, b) linear abhängig.

Sind $u_1(x), \ldots, u_m(x)$ linear abhängig, so gibt es mindestens ein c_μ, $\mu = 1, \ldots, m$, das nicht Null ist. Nehmen wir etwa $c_1 \neq 0$ an, so folgt aus (4.2) mit $-\dfrac{c_\varrho}{c_1} = \alpha_\varrho$, $\varrho = 2, 3, \ldots, m$,

$$u_1(x) = \alpha_2 u_2(x) + \cdots + \alpha_m u_m(x).$$

Die Funktion $u_1(x)$ läßt sich daher als Linearkombination der übrigen Funktionen darstellen. Andererseits folgt unmittelbar, daß die Funktionen $u_1(x), \ldots, u_m(x)$ linear abhängig sind, wenn sich eine dieser Funktionen als Linearkombination der übrigen darstellen läßt.

So sind z. B. die Funktionen

$$u_1(x) = 1, \quad u_2(x) = x, \quad u_3(x) = x^2, \quad u_4(x) = 4x^2 - 5x + 3$$

linear abhängig in jedem Intervall, denn es gilt mit beliebigem $c_4 \neq 0$ und $c_1 = -3c_4$, $c_2 = 5c_4$, $c_3 = -4c_4$

$$-3c_4 + 5c_4 x - 4c_4 x^2 + c_4(4x^2 - 5x + 3) \equiv 0.$$

Dagegen sind die Funktionen $u_1(x) = 1$, $u_2(x) = x$, $u_3(x) = x^2$, $u_4(x) = x^3$ linear unabhängig, denn aus einer Darstellung

$$c_1\, 1 + c_2\, x + c_3\, x^2 + c_4\, x^4 \equiv 0$$

folgt für jedes Intervall $a < x < b$ $c_1 = c_2 = c_3 = c_4 = 0$.

Definition 4.1. Ein System von n Lösungen

$$(4.3) \qquad\qquad y_1(x),\, y_2(x),\, \ldots,\, y_n(x)$$

der Differentialgleichung (4.1) heißt *Integralbasis*, wenn die Funktionen $y_\nu(x)$, $\nu = 1, 2, \ldots, n$, linear unabhängig sind.

Ein notwendiges und hinreichendes Kriterium für die lineare Unabhängigkeit des Systems (4.3) gibt der

Satz 4.3. *Das System von Lösungen (4.3) ist in (a, b) genau dann linear unabhängig, wenn dort die Wronski-Determinante*

$$(4.4) \qquad W(y_1, \ldots, y_n) = \begin{vmatrix} y_1 & y_2 & \cdots y_n \\ y_1' & y_2' & \cdots y_n' \\ \cdots\cdots\cdots\cdots\cdots \\ y_1^{(n-1)} & y_2^{(n-1)} & \cdots y_n^{(n-1)} \end{vmatrix}$$

nicht verschwindet.

Da die $y_1(x), \ldots, y_n(x)$ etwa im Intervall (a, b) Lösungen von (4.1) sind, ist die Wronski-Determinante (4.4) eine Funktion nur von $x : W = W(x)$. Sie genügt, wie sich durch elementare Rechnung ergibt, der Gleichung

$$\frac{dW}{dx} = -\frac{a_{n-1}(x)}{a_n(x)}\, W.$$

Sei $x_0 \in (a, b)$ ein beliebiger Punkt, so gilt daher

$$(4.5) \qquad\qquad W(x) = W(x_0)\, e^{-\int\limits_{x_0}^{x} \frac{a_{n-1}(x)}{a_n(x)}\, dx}.$$

Damit haben wir eine vom speziellen Lösungssystem unabhängige Darstellung der Wronski-Determinante gefunden. Verschwindet die Wronski-Determinante an einer beliebigen Stelle $x_0 \in (a, b)$, so gilt $W(x) \equiv 0$ in (a, b). Sind daher $y_1(x), \ldots, y_n(x)$ Lösungen von (4.1), so gilt entweder $W(y_1, \ldots, y_n) \neq 0$ oder $\equiv 0$ in (a, b). Aus (4.5) folgt weiter: Tritt in der Differentialgleichung (4.1) die zweithöchste Ableitung $y^{(n-1)}$ nicht auf, so ist für jede Integralbasis die Wronski-Determinante eine Konstante.

Unter welchen Voraussetzungen (4.1) eine Integralbasis besitzt, beantwortet der

Satz 4.4. *Es gelte $a_\nu(x) \in C^0((a, b))$, $\nu = 0, 1, \ldots, n$. Dann besitzt (4.1) in (a, b) eine Integralbasis (4.3)*

4*

Gelingt es, diese Integralbasis zu bestimmen, so ist das Problem der Integration von (4.1) bereits vollständig gelöst. Es gilt nämlich der

Satz 4.5. *Ist (4.3) eine Integralbasis von (4.1) in (a, b), so ist*

$$(4.6) \qquad \varphi(x) = \sum_{\nu=1}^{n} c_\nu \, y_\nu(x)$$

mit den willkürlichen Konstanten c_ν, $\nu = 1, 2, \ldots, n$, dort allgemeine Lösung von (4.1).

Dieser Satz ist unmittelbar einzusehen. Gibt man nämlich zu (4.1) die Anfangswerte $\varphi^{(\mu)}(x_0) = \varphi_0^\mu$, $\mu = 0, 1, \ldots, n-1$, vor, so bestimmen sich nach (4.6) die c_ν aus dem linearen inhomogenen Gleichungssystem

$$\varphi_0^\mu = \sum_{\nu=1}^{n} c_\nu \, y_\nu^{(\mu)}(x_0), \qquad \mu = 0, 1, \ldots, n-1,$$

dessen Determinante $W\big(y_1(x_0), \ldots, y_n(x_0)\big) = W(x_0)$ von Null verschieden ist. Die c_ν sind daher eindeutig bestimmt und in (4.6) sind alle Lösungen von (4.1) enthalten.

Aus den Sätzen 4.4 und 4.5 folgt noch die Aussage: Eine Differentialgleichung (4.1) mit $a_\nu(x) \in C^0\big((a, b)\big)$, $\nu = 0, 1, \ldots, n$, besitzt in (a, b) genau n linear unabhängige Lösungen $y_1(x), \ldots, y_n(x)$. Denn Satz 4.4 sagt aus, daß es mindestens n, Satz 4.5 dagegen, daß es höchstens n linear unabhängige Lösungen gibt.

Nach Satz 4.4 gibt es unter wenig einschränkenden Voraussetzungen stets eine Integralbasis der homogenen linearen Differentialgleichung n-ter Ordnung. Umgekehrt läßt sich zeigen: Sind $y_1(x), \ldots, y_n(x) \in\, \in C^n\big((a, b)\big)$ n linear unabhängige Funktionen, so gibt es genau eine lineare homogene Differentialgleichung n-ter Ordnung, nämlich

$$\frac{W(y_1, y_2, \ldots, y_n, y)}{W(y_1, y_2, \ldots, y_n)} = 0,$$

welche diese Funktionen als Integralbasis besitzt.

Eine ganz andere Frage ist nun, wie man eine Integralbasis bestimmen kann. Im Fall $n = 1$ ist (4.1) separierbar, die Integralbasis (4.3) besteht zudem nur aus einer einzigen Lösung. Für $n > 1$ ist es dagegen in der Regel schwierig, eine Integralbasis explizit anzugeben. Einige Methoden sollen hier kurz beschrieben werden:

A. Es sei eine in (a, b) nicht verschwindende Lösung $y_1(x)$ von (4.1) bekannt. Bilden die Funktionen $z_1(x), \ldots, z_{n-1}(x)$ dann eine Integralbasis der homogenen linearen Differentialgleichung $(n-1)$-ter Ordnung

$$(4.7) \qquad \frac{1}{y_1} L_n\left(y_1 \int y \, dx\right) = 0,$$

so stellen die Funktionen

$$(4.8) \qquad y_1(x), \; y_\nu(x) = y_1(x) \int z_{\nu-1}(x)\,dx, \qquad \nu = 2, 3, \ldots, n,$$

eine Integralbasis der Differentialgleichung (4.1) dar.

B. Eine Reduktion von (4.1) auf eine Differentialgleichung $(n-1)$-ter Ordnung ist auch möglich, wenn ein System von Lösungen $y_\nu(x)$, $\nu = 1, 2, \ldots, n-1$, mit $W(y_1(x), \ldots, y_{n-1}(x)) \neq 0$ bekannt ist. Gelingt es nämlich, eine beliebige partikuläre Lösung der inhomogenen linearen Differentialgleichung $(n-1)$-ter Ordnung

$$(4.9) \qquad W(y_1, \ldots, y_{n-1}, y) = C\, e^{-\int \frac{q_{n-1}(x)}{a_n(x)}\,dx}$$

mit $C \neq 0$ zu bestimmen, so bildet diese zusammen mit den $y_\nu(x)$, $\nu = 1, 2, \ldots, n-1$, eine Integralbasis von (4.1).

C. Eine Differentialgleichung der Form

$$(4.10) \qquad \sum_{\nu=0}^{n} a_\nu\, x^\nu\, y^{(\nu)} = 0$$

heißt *homogene Eulersche Differentialgleichung n-ter Ordnung*. Sie läßt sich auf eine lineare homogene Differentialgleichung n-ter Ordnung mit konstanten Koeffizienten zurückführen, für die, wie wir in 4.3 sehen werden, stets eine Integralbasis explizit angegeben werden kann.

Wir setzen $x > 0$ voraus; für $x < 0$ ist in (4.10) x durch $-x$ zu ersetzen. Ferner sei mit $D^0 z(t) = z(t)$ der Differentialoperator D durch

$$D^\nu z(t) = \frac{d^\nu z}{dt^\nu}, \qquad \nu = 0, 1, \ldots$$

definiert [vgl. (4.20)]. Durch die Transformation

$$t = \ln x, \qquad y(x) = y(e^t) = z(t)$$

wird dann die Gl. (4.10) in die Differentialgleichung

$$(4.11) \qquad \left\{ a_0 + \sum_{\nu=1}^{n} a_\nu\, D(D-1)\ldots(D-\nu+1) \right\} z(t) = 0$$

übergeführt, und diese ist linear mit konstanten Koeffizienten. Es läßt sich weiter zeigen, daß für $x > 0$ die Integrale von (4.10) gerade die Integrale von (4.11) sind, wenn dort $t = \ln x$ gesetzt wird.

Man kann (4.10) auch direkt durch den Ansatz

$$y = x^\alpha$$

lösen. Wegen $y^{(\nu)} = \alpha(\alpha-1)\ldots(\alpha-\nu+1)\,x^{\alpha-\nu}$ folgt nach Division durch x^α aus (4.10) die charakteristische Gleichung

$$(4.12) \qquad a_0 + \sum_{\nu=1}^{n} a_\nu\, \alpha(\alpha-1)\ldots(\alpha-\nu-1) = 0.$$

Nach (4.27) ist diese identisch mit dem charakteristischen Polynom der Gl. (4.11). Sind insbesondere sämtliche Wurzeln dieses Polynoms voneinander verschieden, so bilden die Funktionen

$$(4.13) \qquad x^{\alpha_1},\, x^{\alpha_2},\, \ldots,\, x^{\alpha_n}$$

eine Integralbasis von (4.10)

D. Partikulärlösungen der *homogenen Laplaceschen Differentialgleichung n-ter Ordnung*

$$(4.14) \qquad \sum_{\nu=0}^{n} (a_\nu + b_\nu x)\, y^{(\nu)} = 0$$

kann man auf folgendem Wege gewinnen. Man setzt

$$(4.15) \qquad y(x) = \int_{t_1}^{t_2} e^{xt}\, f(t)\, dt,$$

wobei über die Funktion $f(t)$ und die Integrationsgrenzen t_1, t_2 noch verfügt werden kann. Aus (4.15) folgt

$$y^{(\nu)}(x) = \int_{t_1}^{t_2} t^\nu\, e^{xt}\, f(t)\, dt,$$

und daraus

$$x\, y^{(\nu)} = \int_{t_1}^{t_2} x\, t^\nu\, e^{xt}\, f(t)\, dt = [e^{xt}\, t^\nu\, f(t)]_{t_1}^{t_2} - \int_{t_1}^{t_2} e^{xt}\, \frac{d}{dt}\, [t^\nu\, f(t)]\, dt.$$

Daher läßt sich (4.14) in der Form schreiben

$$\int_{t_1}^{t_2} e^{xt} \left\{ \sum_{\nu=0}^{n} \left[a_\nu\, t^\nu\, f(t) - b_\nu\, \frac{d}{dt}\, (t^\nu\, f(t)) \right] \right\} dt + \sum_{\nu=0}^{n} b_\nu\, [e^{xt}\, t^\nu\, f(t)]_{t_1}^{t_2} = 0.$$

Diese Gleichung ist sicher erfüllt, wenn

$$\left(\sum_{\nu=0}^{n} b_\nu\, t^\nu \right) f'(t) = \left(\sum_{\nu=0}^{n} a_\nu\, t^\nu - \nu\, b_\nu\, t^{\nu-1} \right) f(t),$$

$$(4.16)$$

$$\sum_{\nu=0}^{n} b_\nu\, [e^{xt}\, t^\nu\, f(t)]_{t_1}^{t_2} = 0$$

gilt. Die erste Beziehung ist eine lineare Differentialgleichung erster Ordnung und kann sofort integriert werden, die zweite stellt eine Bedingung für die Integrationsgrenzen t_1, t_2 dar und ist in der Regel schwieriger zu erfüllen. Führt die Methode nicht zu einer Lösung, so kann man noch (4.15) als komplexes Integral auffassen und den Integrationsweg geeignet wählen.

Beispiel 4.1. A. Es soll die allgemeine Lösung der Differentialgleichung

$$(*) \qquad (2x + 1)\, y'' - 2y' - (2x + 3)\, y = 0$$

im Intervall $I: -\infty < x < +\infty$ bestimmt werden. Etwa durch einen Potenzreihenansatz ermittelt man leicht, daß $y_1 = e^{-\xi}$ eine Partikulärlösung ist, die in I nicht verschwindet. Dann gilt nach (4.7)

$$\frac{1}{y_1} L_2\left(y_1 \int y\,dx\right) = (2x+1)\,y' - (4x+4)\,y = 0,$$

und diese Gleichung erster Ordnung hat die allgemeine Lösung

$$z_1(x) = C(2x+1)\,e^{2x}.$$

Hieraus folgt nach (4.8), wenn $C = 1$ gewählt wird, daß

$$y_1(x) = e^{-x}, \qquad y_2(x) = e^{-x} \int (2x+1)\,e^{2x}\,dx = x\,e^{x}$$

eine Integralbasis der Differentialgleichung (*) und somit

$$y(x) = C_1\,e^{-x} + C_2\,x\,e^{x}$$

ihre allgemeine Lösung ist.

B. Wir bestimmen die allgemeine Lösung von (*) nach der Methode B. Sei wieder $y_1(x) = e^{-x}$, so folgt

$$W(y_1, y) = \begin{vmatrix} e^{-x} & y \\ -e^{-x} & y' \end{vmatrix} = e^{-x}(y' + y).$$

Die Differentialgleichung mit $C = 1$ lautet dann

$$y' + y = (2x+1)\,e^{x}.$$

Die allgemeine Lösung der zugehörigen homogenen Gleichung $y' + y = 0$ ist $C\,e^{-x}$, die Variation der Konstanten liefert weiter $C'(x) = (2x+1)\,e^{2x}$, also $C(x) = x\,e^{2x} + C$. Daher ist

$$y(x) = \bar{C}_1\,e^{-x} + \bar{C}_2(x\,e^{x} + C\,e^{-x}) = C_1\,e^{-x} + C_2\,x\,e^{x}$$

allgemeine Lösung von (*).

C. Um eine Integralbasis der Eulerschen Differentialgleichung

$$(**) \qquad\qquad x^2\,y'' - 2x\,y' + y = 0$$

zu finden, suchen wir gemäß (4.11) die Lösung von

$$z'' - 3z + z = 0.$$

Diese lineare Differentialgleichung mit konstanten Koeffizienten läßt sich, wie wir in 4.3 darlegen werden, durch den Ansatz $z = e^{\alpha t}$ lösen, er führt auf die charakteristische Gleichung

$$\alpha^2 - 3\alpha + 1 = 0,$$

deren Wurzeln

$$\alpha_{1/2} = \tfrac{1}{2}(3 \pm \sqrt{5})$$

sind. Eine Integralbasis von (**) ist dann

$$y_1(x) = e^{\frac{1}{2}(3+\sqrt{5})\ln x} = x^{\frac{1}{2}(3+\sqrt{5})},$$
$$y_2(x) = e^{\frac{1}{2}(3-\sqrt{5})\ln x} = x^{\frac{1}{2}(3-\sqrt{5})}.$$

Dieselbe Basis erhält man durch den Ansatz $y = x^\alpha$ für (**), denn er führt ebenfalls auf die charakteristische Gleichung

$$\alpha(\alpha - 1) - 2\alpha + 1 = \alpha^2 - 3\alpha + 1 = 0.$$

D. Es möge eine Lösung der Differentialgleichung

$$(x + 1)\, y'' + 2y' - (x + 1)\, y = 0$$

gesucht sein. Wegen $a_0 = -1$, $a_1 = 2$, $a_2 = 1$, $b_0 = -1$, $b_1 = 0$, $b_2 = 1$ lautet die erste Gl. (4.16)

$$(-1 + t^2)\, f'(t) = (-1 + 2t + t^2 - 2t)\, f(t),$$

also

$$f'(t) = f(t),$$

woraus $f(t) = C\, e^t$ folgt. Die zweite Gl. (4.16) lautet dann

$$C\,(t_2^2 - 1)\, e^{(x+1)t_2} - C\,(t_1^2 - 1)\, e^{(x+1)t_1} = 0,$$

und diese wird durch $t_1 = -1$, $t_2 = 1$ erfüllt. Daher ist nach (4.15)

$$y(x) = C \int_{-1}^{1} e^{(x+1)t}\, dt = 2C\, \frac{\sinh(x + 1)}{x + 1}$$

Lösung der Differentialgleichung. Um die zweite linear unabhängige Lösung zu finden, kann man nach den Methoden unter A und B vorgehen.

4.2 Lösung inhomogener linearer Differentialgleichungen

Die vollständige Integration der inhomogenen linearen Differentialgleichung

$$(4.17) \qquad L_n(y) \equiv \sum_{\nu=0}^{n} a_\nu(x)\, y^{(\nu)} = b(x), \qquad a_n(x) \neq 0,$$

ist im wesentlichen geleistet, wenn eine Integralbasis der zugehörigen homogenen Gleichung $L_n(y) = 0$ bekannt ist. Die Bestimmung der allgemeinen Lösung von (4.17) läßt sich dann nämlich auf Quadraturen zurückführen.

Sei $y_1(x), \ldots, y_n(x)$ eine Integralbasis von $L_n(y) = 0$, so suchen wir stetig differenzierbare Funktionen $C_\mu(x)$, $\mu = 1, \ldots, n$, so zu bestimmen, daß

$$(4.18) \qquad y(x) = \sum_{\mu=1}^{n} C_\mu(x)\, y_\mu(x)$$

allgemeine Lösung der inhomogenen Differentialgleichung (4.17) ist. Zur Bestimmung der n Funktionen $C_\nu(x)$ benötigen wir n Gleichungen. Eine von ihnen entsteht aus der Forderung, daß (4.18) Lösung von (4.17) ist. Es bleiben daher noch $n-1$ Gleichungen übrig, die wir beliebig vorgeben können. Es ist nun zweckmäßig, das Bestehen der Gleichungen

$$(4.19) \qquad \sum_{\mu=1}^{n} C'_\mu(x)\, y_\mu^{(\varrho)}(x) = 0, \qquad \varrho = 0, 1, \ldots, n-2$$

zu fordern. Aus (4.18) folgt dann nämlich der Reihe nach

$$y'(x) \quad = \sum_{\mu=1}^{n} [C'_\mu(x)\, y_\mu(x) + C_\mu(x)\, y'_\mu(x)] = \sum_{\mu=1}^{n} C_\mu(x)\, y'_\mu(x),$$

$$y''(x) \quad = \sum_{\mu=1}^{n} [C'_\mu(x)\, y'_\mu(x) + C_\mu(x)\, y''_\mu(x)] = \sum_{\mu=1}^{n} C_\mu(x)\, y''_\mu(x),$$

$$y^{(n-1)}(x) = \sum_{\mu=1}^{n} [C'_\mu(x)\, y_\mu^{(n-2)}(x) + C_\mu(x)\, y_\mu^{(n-1)}(x)] = \sum_{\mu=1}^{n} C_\mu(x)\, y_\mu^{(n-1)}(x),$$

$$y^{(n)}(x) \quad = \sum_{\mu=1}^{n} [C'_\mu(x)\, y_\mu^{(n-1)}(x) + C_\mu(x)\, y_\mu^{(n)}(x)].$$

Setzt man (4.18) und diese Ableitungen in (4.17) ein, so folgt, da die $y_\mu(x)$ Lösungen von $L_n(y) = 0$ sind

$$\sum_{\mu=1}^{n} C_\mu(x) \left(\sum_{\nu=0}^{n} a_\nu(x)\, y_\mu^{(\nu)}(x) \right) + a_n(x) \sum_{\mu=1}^{n} C'_\mu(x)\, y_\mu^{(n-1)}(x)$$

$$= a_n(x) \sum_{\mu=1}^{n} C'_\mu(x)\, y_\mu^{(n-1)}(x) = b(x).$$

Die Forderung, daß (4.18) die Gl. (4.17) erfüllt, ist daher auf

$$(4.20) \qquad \sum_{\mu=1}^{n} C'_\mu(x)\, y_\mu^{(n-1)}(x) = \frac{b(x)}{a_n(x)}$$

zurückgeführt.

Die Gln. (4.19), (4.20) bilden ein lineares inhomogenes Gleichungssystem, dessen Determinante die nach Voraussetzung von Null verschiedene Wronski-Determinante (4.4) ist. Sei weiter $W_\nu(x)$ die Determinante, die aus der Wronski-Determinante $W(y_1(x), \ldots, y_n(x)) = W(x)$ hervorgeht, wenn die ν-te Spalte durch $0, 0, \ldots, 0, b(x)/a_n(x)$ ersetzt wird, so liefert die Auflösung des Gleichungssystems

$$C'_\nu(x) = \frac{W_\nu(x)}{W(x)}, \qquad \nu = 1, 2, \ldots, n,$$

also

$$(4.21) \qquad C_\nu(x) = \int \frac{W_\nu(x)}{W(x)}\, dx + C_\nu$$

mit den willkürlichen Konstanten C_ν. Die allgemeine Lösung von (4.17) ist dann nach (4.18)

$$(4.22) \qquad y(x) = \sum_{\nu=1}^{n} C_\nu\, y_\nu(x) + \sum_{\nu=1}^{n} y_\nu(x) \int \frac{W_\nu(x)}{W(x)}\, dx.$$

Die erste Summe ist allgemeine Lösung der zugehörigen homogenen Gleichung $L_n(y) = 0$, die zweite ist eine partikuläre Lösung der inhomogenen Gleichung (4.17). Allgemeiner läßt sich, wie schon in 1.4 erwähnt, zeigen: Ist $y_0(x)$ allgemeine Lösung von $L_n(y) = 0$, $y_1(x)$ eine beliebige partikuläre Lösung von $L_n(y) = b(x)$, so ist $y(x) = y_0(x) + y_1(x)$ allgemeine Lösung dieser Differentialgleichung. Kennt man daher eine partikuläre Lösung von (4.17), so kann man sich die Ausführung der Quadraturen (4.21) ersparen.

Sind für die Differentialgleichung (4.17) die Anfangswerte

$$y^{(\nu)}(x_0) = y_0^\nu, \qquad \nu = 0, 1, \ldots, n - 1$$

vorgegeben, so lautet die Lösung des Anfangswertproblems

$$(4.23) \qquad y(x) = \sum_{\nu=1}^{n} \frac{\overline{W}_\nu(x_0)}{W(x_0)}\, y_\nu(x) + \sum_{\nu=1}^{n} y_\nu(x) \int_{x_0}^{x} \frac{W_\nu(\xi)}{W(\xi)}\, d\xi.$$

Dabei ist $\overline{W}_\nu(x_0)$ die Determinante, die aus $W(x_0)$ entsteht, wenn die ν-te Spalte durch $y_0^0, y_0^1, \ldots, y_0^{n-1}$ ersetzt wird. Gilt insbesondere $y_0^\nu = 0$, $\nu = 0, 1, \ldots, n - 1$, so ist die eindeutige Lösung

$$(4.24) \qquad y(x) = \sum_{\nu=1}^{n} y_\nu(x) \int_{x_0}^{x} \frac{W_\nu(\xi)}{W(\xi)}\, d\xi,$$

da dann sämtliche $\overline{W}_\nu(x_0)$ verschwinden.

Beispiel 4.2. Es soll die Lösung des Anfangswertproblems

$$(*) \qquad (2x + 1)\, y'' - 2y' - (2x + 3)\, y = (2x + 1)^2,$$
$$y(0) = 1, \qquad y'(0) = 0$$

bestimmt werden. Die zugehörige homogene Gleichung hat nach Beispiel 4.1, A, B die Integralbasis $y_1(x) = e^{-x}$, $y_2(x) = x\, e^x$. Dann folgt

$$W(x) = \begin{vmatrix} e^{-x} & x\, e^x \\ -e^{-x} & (x+1)\, e^x \end{vmatrix} = 2x + 1,$$

$$W_1(x) = \begin{vmatrix} 0 & x\, e^x \\ 2x+1 & (x+1)\, e^x \end{vmatrix} = -x(2x+1)\, e^x,$$

$$W_2(x) = \begin{vmatrix} e^{-x} & 0 \\ -e^{-x} & 2x+1 \end{vmatrix} = (2x+1)\, e^{-x},$$

$$\overline{W}_1(x_0) = \begin{vmatrix} 1 & 0 \\ 0 & 1 \end{vmatrix} = 1, \qquad \overline{W}_2(x_0) = \begin{vmatrix} 1 & 1 \\ -1 & 0 \end{vmatrix} = 1.$$

Nach (4.23) ist dann die Lösung des Anfangswertproblems wegen $W(x_0) = 1$

$$y(x) = e^{-x} + x\,e^x + e^{-x} \int\limits_0^x - \xi\,e^\xi\,d\xi + x\,e^x \int\limits_0^x e^{-\xi}\,d\xi$$

$$= e^{-x} + x\,e^x - (x - 1) - e^{-x} - x + x\,e^x = 2x(e^x - 1) + 1.$$

Setzt man andererseits den Lösungsansatz $y = a_0 + a_1 x$ in (*) ein, so liefert der Koeffizientenvergleich $a_0 = 1$, $a_1 = -2$. Daher ist

$$y(x) = C_1\,e^{-x} + C_2\,x\,e^x + 1 - 2x$$

nach (4.22) allgemeine Lösung von (*). Durch die Anfangsbedingungen sind dann $C_1 = 0$, $C_2 = 2$ festgelegt.

4.3 Lineare Differentialgleichungen mit konstanten Koeffizienten

Wir betrachten jetzt Differentialgleichungen der Form

$$(4.25) \qquad L_n(y) \equiv \sum_{\nu=0}^n a_\nu\,y^{(\nu)} = b(x),$$

bei denen die Koeffizienten a_ν konstant sind. Das Problem, eine Integralbasis von $L_n(y) = 0$ zu bestimmen, läßt sich in diesem Fall auf ein rein algebraisches Problem zurückführen.

Zu diesem Zweck definieren wir den Differentialoperator D durch $Df = df(x)/dx$. Mit der Vereinbarung $D^0 f = f$, $D^1 = D$ gilt dann

$$(4.26) \qquad D^\nu f = \frac{d^\nu f(x)}{d x^\nu}, \quad \nu = 0, 1, \ldots$$

Mit Hilfe des *charakteristischen Polynoms*

$$(4.27) \qquad P_n(z) = a_0 + a_1 z + \cdots + a_n z^n, \quad a_n \neq 0,$$

kann dann die zu (4.25) gehörige homogene Differentialgleichung in der Form

$$(4.28) \qquad L_n(y) \equiv P_n(D)\,y = 0$$

geschrieben werden.

Besitzt das charakteristische Polynom die r_1-fache Nullstelle z_1, die r_2-fache Nullstelle $z_2, \ldots$, die r_m-fache Nullstelle z_m, so hat es, wie aus der elementaren Algebra bekannt ist, die Produktdarstellung

$$(4.29) \qquad P_n(z) = \prod_{\mu=1}^m (z - z_\mu)^{r_\mu}, \quad \sum_{\mu=1}^m r_\mu = n.$$

Dabei können die z_ν, $\nu = 1, 2, \ldots, m$, reelle oder komplexe Wurzeln sein.

Über die Integralbasis von (4.2) gilt dann der

Satz 4.5. *Besitzt das charakteristische Polynom $P_n(z)$ die Darstellung (4.29) und sind die z_μ, $\mu = 1, 2, \ldots, m$, untereinander verschieden, so stellen die n Funktionen*

$$(4.30) \qquad e^{z_\mu x}, x\, e^{z_\mu x}, \ldots, x^{r_\mu - 1}\, e^{z_\mu x}, \qquad \mu = 1, 2, \ldots, m,$$

eine Integralbasis von (4.28) dar.

Aus diesem Satz folgt unmittelbar, daß

$$\sum_{\mu = 1}^{m} P_{r_\mu - 1}(x)\, e^{z_\mu x}$$

allgemeine Lösung von (4.22) ist, wenn die $P_{r_\mu - 1}$ beliebige Polynome $r_\mu - 1$-ten Grades sind.

Der Satz 4.5 kann wie folgt bewiesen werden: Man zeigt, daß die Differentialgleichung (4.22) unter den Voraussetzungen über das charakteristische Polynom die Form

$$P_n(D)\, y \equiv \prod_{\mu = 1}^{m} (D - z_\mu)^{r_\mu}\, y = 0$$

hat und daß die Produkte vertauschbar sind. Daher gilt auch

$$P_n(D)\, y \equiv \left\{ \prod_{\substack{\mu = 1 \\ \mu \neq s}}^{m} (D - z_\mu)^{r_\mu} \right\} (D - z_s)^{r_s}\, y \equiv \bar{P}_{n - r_s}(D)\, (D - z_s)^{r_s}\, y = 0,$$

wobei $\bar{P}_{n - r_s}(z)$ ein eindeutig bestimmtes Polynom $n - r_s$-ten Grades ist.

Weiter läßt sich die Gültigkeit der Gleichung

$$e^{-z_s x}(D - z_s)^{r_s}\, y = D^{r_s}\, e^{-z_s x}\, y$$

nachweisen. Sei nun

$$y = x^\lambda\, e^{z_s x}, \qquad \lambda = 0, 1, \ldots, r_s - 1,$$

so gilt wegen $D^{r_s} x^\lambda = 0$ und (4.28)

$$(D - z_s)^{r_s}\, y = e^{z_s x}\, D^{r_s}\, x^\lambda = 0, \qquad \lambda = 0, 1, \ldots, r_s - 1,$$

und somit auch nach (4.27)

$$P_n(D)\, x^\lambda\, e^{z_s x} = 0.$$

Die n Funktionen (4.30) sind daher Lösungen von (4.28). Da sie auch linear unabhängig sind, wie leicht zu zeigen ist, stellen sie eine Integralbasis für (4.28) dar.

Sind die Koeffizienten von (4.28) reell, was wir bisher nicht vorauszusetzen brauchten, so besitzt die Differentialgleichung n linear unabhängige reelle Lösungen, die man wie folgt bestimmen kann:

Es seien z_μ, $\mu = 1, 2, \ldots, k$, die reellen Wurzeln der Vielfachheit ϱ_μ des charakteristischen Polynoms. Die restlichen konjugiert komplexen Wurzeln seien etwa $u_\nu \pm i v_\nu$, $\nu = 1, 2, \ldots, l$, mit der Vielfachheit σ_ν. Die n Funktionen (4.30) lassen sich dann in der Form schreiben:

$$x^\varkappa \, e^{z_\mu x}, \varkappa = 0, 1, \ldots, \varrho_\mu - 1, \quad \mu = 1, 2, \ldots, k,$$

$$f_{\lambda, \nu}(x) \pm i \, g_{\lambda, \nu}(x) = x^\lambda \, e^{u_\nu x}(\cos v_\nu \, x \pm i \sin v_\nu \, x),$$

$$\lambda = 0, 1, \ldots, \sigma_\nu - 1, \quad \nu = 1, 2, \ldots, l.$$

Wegen $0 = L_n\big(f_{\lambda, \nu}(x) \pm i \, g_{\lambda, \nu}(x)\big) = L_n\big(f_{\lambda, \nu}(x)\big) \pm i \, L_n\big(g_{\lambda, \nu}(x)\big)$ sind die reellwertigen Funktionen $f_{\lambda, \nu}$, $g_{\lambda, \nu}$ Lösungen von (4.22), die n Funktionen

$$(4.31) \qquad x^\varkappa \, e^{z_\mu x}, \quad \varkappa = 0, 1, \ldots, \varrho_\mu - 1, \quad \mu = 1, 2, \ldots, k,$$

$$x^\lambda \, e^{u_\nu x} \cos v_\nu \, x, \; x^\lambda \, e^{u_\nu x} \sin v_\nu \, x, \quad \lambda = 0, 1, \ldots, \sigma_\nu - 1, \quad \nu = 1, 2, \ldots, l,$$

stellen eine reelle Integralbasis dar.

Die vollständige Lösung der inhomogenen Differentialgleichung (4.25) kann jetzt wieder mit dem in 4.2 beschriebenen Verfahren erfolgen. In einigen Fällen kann jedoch eine partikuläre Lösung $\varphi(x)$ von (4.25) leicht ermittelt werden. Stellt dann das System $y_1(x), y_2(x), \ldots, y_n(x)$ eine Integralbasis der homogenen Gleichung dar, so ist, wie bereits erwähnt,

$$(4.32) \qquad y(x) = \varphi(x) + \sum_{\nu = 1}^{n} c_\nu \, y_\nu(x)$$

mit den willkürlichen Konstanten c_ν, $\nu = 1, 2, \ldots, n$, allgemeine Lösung von (4.25).

Wir betrachten einige Spezialfälle:

1.
$$b(x) = \sum_{\mu = 0}^{p} b_\mu \, x^\mu, \quad p \geqq 0.$$

In diesem Falle ist die rechte Seite von (4.25) ein Polynom vom Grad p, und es läßt sich zeigen, daß ein Polynom

$$(4.33) \qquad \varphi(x) = \sum_{\varrho = 0}^{p} B_\varrho \, x^\varrho$$

Partikulärlösung von (4.25) ist, wenn die Konstanten B_ϱ, $\varrho = 0, 1, \ldots, p$, nach Einsetzen von $\varphi(x)$ in die Differentialgleichung bestimmt werden können. Gilt $P_n(0) = a_0 \neq 0$, so können die B_ϱ durch Koeffizientenvergleich bestimmt werden. Besitzt dagegen das charakteristische

Polynom die r-fache Nullstelle 0, so führt der Ansatz

$$(4.34) \qquad \varphi(x) = x^r \sum_{\varrho=0}^{p} \bar{B}_\varrho\, x^\varrho$$

zum Ziele.

$$2. \qquad b(x) = e^{k\,x} \sum_{\mu=0}^{p} b_\mu\, x^\mu, \quad p \geqq 0.$$

Für $P_n(k) \neq 0$ erhält man eine Partikulärlösung von (4.25) in der Form

$$(4.35) \qquad \varphi(x) = e^{k\,x} \sum_{\varrho=0}^{p} B_\varrho\, x^\varrho,$$

wobei die Konstanten B_ϱ wieder durch Koeffizientenvergleich bestimmbar sind. Ist dagegen k eine λ-fache Wurzel von $P_n(z)$, so erhält man die gesuchte Partikulärlösung aus dem Ansatz

$$(4.36) \qquad \varphi(x) = e^{k\,x}\, x^\lambda \sum_{\varrho=0}^{p} \bar{B}_\varrho\, x^\varrho.$$

$$3. \qquad b(x) = e^{k_1 x} \begin{Bmatrix} \cos k_2\, x \\ \sin k_2\, x \end{Bmatrix} \sum_{\mu=0}^{p} b_\mu\, x^\mu, \quad p \geqq 0.$$

Sei $k = k_1 + i\,k_2$ eine λ-fache Nullstelle von $P_n(z)$, $\lambda = 0, 1, \ldots,$[1] so läßt sich eine Partikulärlösung von (4.25) durch den Ansatz

$$(4.37) \qquad \varphi(x) = e^{k_1 x}\, x^\lambda \sum_{\varrho=0}^{p} (\bar{B}_\varrho\, x^\varrho \cos k_2\, x + \bar{\bar{B}}_\varrho\, x^\varrho \sin k_2\, x)$$

finden.

Beispiel 4.3. (Vgl. [29], S. 177.) Wir betrachten einen elektrischen Reihenschwingungskreis mit dem Ohmschen Widerstand R, der Induktivität L und der Kapazität C. An den Kreis sei die periodische elektrische Spannung $E(t) = E_0 \cos \Omega t$ angelegt (Abb. 4.1). Es gilt dann nach dem Kirchhoffschen Gesetz, wenn $U(t)$ die zeitlich veränderliche Spannung am Kondensator ist, für den elektrischen Strom $I(t)$ die Gleichung

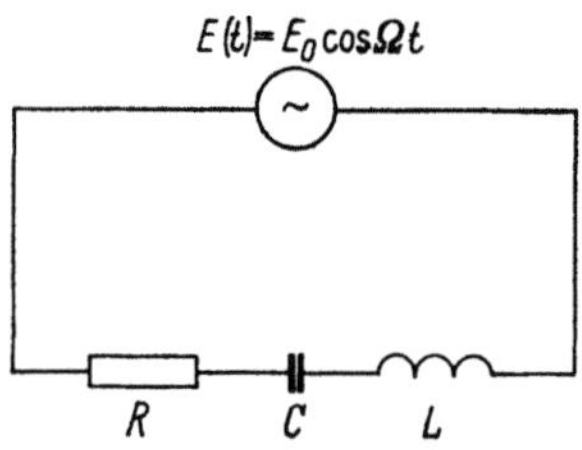

Abb. 4.1. Elektrischer Reihenschwingungskreis

$$L \frac{dI}{dt} + R\,I + U = E_0 \cos \Omega\, t.$$

Unter Berücksichtigung der Kondensatorgleichung $I = C \dfrac{dU}{dt}$ erhält man somit als Differentialgleichung für die Spannung

$$L \frac{d^2 U}{dt^2} + R \frac{dU}{dt} + \frac{1}{C} U = \frac{1}{C} E_0 \cos \Omega\, t$$

---

[1] $\lambda = 0$ bedeutet, daß $k = k_1 + i\,k_2$ keine Wurzel von $P_n(z)$ ist, d. h. $P_n(k) \neq 0$ gilt.

und hieraus durch nochmalige Differentiation für den Strom

$$L \frac{d^2 I}{dt^2} + R \frac{dI}{dt} + \frac{1}{C} I = -E_0 \, \Omega \cos \Omega \, t.$$

Durch denselben Gleichungstyp werden auch gewisse mechanische Schwingungen beschrieben. Sei $P(t) = P_0 \cos \Omega \, t$ die erregende Kraft der Schwingung, m die Masse, k^2 die Rückstellkraft, so ergibt sich für die schwingende Größe $x(t)$ unter der Annahme einer geschwindigkeitsproportionalen Dämpfung mit der Dämpfungskonstanten $r > 0$ die Differentialgleichung

$$(*) \qquad m \frac{d^2 x}{dt^2} + r \frac{dx}{dt} + k^2 \, x = P_0 \cos \Omega \, t.$$

Das charakteristische Polynom der zugehörigen homogenen Gleichung ist

$$P_2(z) = m \, z^2 + r \, z + k^2,$$

es besitzt die Wurzeln

$$z_{1/2} = -\frac{r}{2m} \pm \frac{1}{2m} \sqrt{r^2 - 4m \, k^2}.$$

Wir haben dann folgende Fälle zu unterscheiden:

a) $r^2 < 4m \, k^2$. Mit $\frac{1}{2m} \sqrt{r^2 - 4m \, k^2} = i \, \omega$ bilden nach (4.31) die Funktionen

$$x_1(t) = e^{-\frac{r}{2m}t} \cos \omega \, t, \qquad x_2(t) = e^{-\frac{r}{2m}t} \sin \omega \, t$$

eine reelle Integralbasis der homogenen Differentialgleichung.

b) $r^2 > 4m \, k^2$. Eine Integralbasis ist

$$x_1(t) = e^{-\frac{1}{m}(r - \sqrt{r^2 - 4m k^2})t}, \qquad x_2(t) = e^{-\frac{1}{m}(r + \sqrt{r^2 - 4m k^2})t}.$$

c) $r^2 = 4m \, k^2$. Eine Integralbasis ist

$$x_1(t) = e^{-\frac{r}{2m}t}, \qquad x_2(t) = t \, e^{-\frac{r}{2m}t}.$$

Um die allgemeine Lösung von (*) in allen drei Fällen angeben zu können, benötigen wir noch eine partikuläre Lösung von (*). Diese kann nach (4.37) durch den Ansatz

$$\varphi(t) = A \cos \Omega \, t + B \sin \Omega \, t$$

gefunden werden. Setzt man diesen in (*) ein, so findet man zur Bestimmung von A und B die beiden Gleichungen

$$(k^2 - m \, \Omega)^2 A + r \, \Omega \, B = P_0,$$
$$-r \, \Omega \, A + (k^2 - m \, \Omega^2) = 0.$$

Da k, m, r, Ω reell sind, ist die Determinante

$$(k^2 - m\,\Omega^2)^2 + r^2\Omega^2$$

dieses Systems von Null verschieden. Man erhält

$$A = P_0 \frac{k^2 - m\,\Omega^2}{(k^2 - m\,\Omega^2)^2 + r^2\,\Omega^2}\,, \qquad B = \frac{r\,\Omega}{(k^2 - m\,\Omega^2)^2 + r^2\,\Omega^2}\,.$$

4.4 Lineare Differentialgleichungen zweiter Ordnung

Von besonderer Bedeutung in den Anwendungen sind lineare Differentialgleichungen zweiter Ordnung, weshalb wir sie noch einer zusätzlichen kurzen Betrachtung unterziehen wollen.

Die Funktionen $a_0(x)$, $a_1(x)$ seien im Intervall $[a, b]$ stetig. Nach Multiplikation mit der stetig differenzierbaren Funktion

$$(4.38) \qquad p(x) = e^{\int_{x_0}^{x} a_1(\xi)\,d\xi}\,, \qquad x_0 \in (a, b),$$

geht dann die lineare Differentialgleichung zweiter Ordnung

$$(4.39) \qquad y'' + a_1(x)\,y' + a_0(x)\,y = b(x)$$

in die Differentialgleichung

$$(4.40) \qquad L_2(y) \equiv (p(x)\,y')' + q(x)\,y = f(x)$$

über, wenn

$$\dot q(x) = a_0(x)\,p(x)\,, \qquad f(x) = b(x)\,p(x)$$

gesetzt wird.

Wir untersuchen nun die Nullstellen der Lösungen der zu (4.40) gehörigen homogenen Gleichung

$$(4.41) \qquad L_2(y) \equiv (p(x)\,y')' + q(x)\,y = 0,$$

wobei wir $p(x) \in C^1([a, b])$, $q(x) \in C^0([a, b])$ voraussetzen.

Definition 4.1. Für die beiden Differentialgleichungen

$$(4.42) \qquad L_2^{(\nu)}(y) \equiv (p_\nu(x)\,y')' + q_\nu(x)\,y = 0, \qquad \nu = 1, 2,$$

gelte in $[a, b]$

$$p_1(x) \geqq p_2(x) > 0\,, \qquad q_1(x) \leqq q_2(x)\,.$$

Dann heißt $L_2^{(2)}(y)$ *Sturmsche Majorante* für $L_2^{(1)}(y)$. Gilt außerdem in mindestens einem Punkt von $[a, b]$

$$q_1(x) < q_2(x)$$

oder

$$p_1(x) > p_2(x) > 0,\ q_2(x) \neq 0,$$

so heißt $L_2^{(2)}(y)$ *strenge Sturmsche Majorante* für $L_2^{(1)}(y)$.

Es gilt dann der folgende

Satz 4.6. (*Vergleichssatz von Sturm.*) *Es seien* $\varphi_\nu(x)$, $\nu = 1, 2$, *nichttriviale Lösungen von* (*4.42*), *und* $L_2^{(2)}(y)$ *sei in* $[a, b]$ *Sturmsche Majorante für* $L_2^{(1)}(y)$. *Ferner besitze die Funktion* $\varphi_1(x)$ *in* (a, b) *genau die* n *Nullstellen* $x_1 < x_2 < \cdots < x_n$ *und die Funktion* $\varphi_2(x)$ *erfülle die Bedingung*

$$(4.43) \qquad \frac{p_1(a)\,\varphi_1'(a)}{\varphi_1(a)} \geqq \frac{p_2(a)\,\varphi_2'(a)}{\varphi_2(a)}.$$

Dann besitzt $\varphi_2(x)$ *in* $(a, b]$ *mindestens* n *Nullstellen. Gilt in* (*4.43*) *das Zeichen* „$>$" *oder ist* $L_2^{(2)}(y)$ *in* $[a, b]$ *strenge Sturmsche Majorante von* $L_2^{(2)}(y)$, *so besitzt* $\varphi_2(x)$ *in* (a, b) *mindestens* n *Nullstellen.*

Die linke (*bzw. rechte*) *Seite von* (*4.43*) *soll dabei* $+\infty$ *sein, wenn* $\varphi_1(a) = 0$ (*bzw.* $\varphi_2(a) = 0$) *gilt.*

Für die Anwendungen wichtig ist weiter der

Satz 4.7. *Es sei* $L_2^{(2)}(y)$ *in* $[a, b]$ *Sturmsche Majorante für* $L_2^{(1)}(y)$. *Ferner seien die Funktionen* $\varphi_\nu(x)$, $\nu = 1, 2$, *nichttriviale Lösungen von* $L_2^{(\nu)}(y) = 0$ *und* $\varphi_1(x)$ *besitze in* $[a, b]$ *die beiden aufeinanderfolgenden Nullstellen* x_1, x_2 *mit* $x_1 < x_2$. *Dann besitzt* $\varphi_2(x)$ *in* $[x_1, x_2]$ *mindestens eine Nullstelle. Ist insbesondere* $p_1 \equiv p_2 \equiv p$, $q_1 \equiv q_2 \equiv q$, *also* $L_2^{(1)} \equiv{} \equiv L_2^{(2)} \equiv L_2$, *und sind* $\varphi_1(x)$, $\varphi_2(x)$ *zwei linear unabhängige Lösungen von* $L_2(y) = 0$, *dann liegt zwischen zwei aufeinanderfolgenden Nullstellen* x_1, x_2 *von* $\varphi_1(x)$ *genau eine Nullstelle von* $\varphi_2(x)$. *Entsprechend liegt zwischen zwei aufeinanderfolgenden Nullstellen von* $\varphi_2(x)$ *genau eine Nullstelle von* $\varphi_1(x)$; *die Nullstellen von* φ_1 *und* φ_2 *trennen einander.*

Die Differentialgleichung (4.41) läßt sich durch Einführung der neuen gesuchten Funktion

$$u = \sqrt{p(x)}\, y, \qquad p(x) \neq 0 \quad \text{in } [a, b],$$

auf die noch einfachere Normalform

$$(4.44) \qquad\qquad u'' + P(x)\, u = 0$$

mit

$$(4.45) \qquad P(x) = \left[\frac{a(x)}{p(x)} - \frac{1}{2}\,\frac{p''(x)}{p(x)} + \frac{1}{4}\left(\frac{p'(x)}{p(x)} \right)^2 \right]$$

zurückführen. Die Sätze 4.6 und 4.7 gelten für diese Normalform natürlich entsprechend, wenn $p(x) = 1, q(x) = P(x)$ gesetzt wird. Insbesondere eignet sich die Form (4.44) bei der Entwicklung der Lösung in eine Potenzreihe (vgl. Beispiel 2.4, A). Schreiben wir statt u wieder y, so betrachten wir weiter die Gleichung

$$(4.46) \qquad\qquad y'' + P(x)\, y = 0.$$

Wir fragen, wann eine Differentialgleichung (4.46) oszillierende Lösungen besitzt. Dabei heißt eine Lösung in einem Intervall (a, b) oszillierend, wenn sie dort mehr als eine Nullstelle besitzt, andernfalls heißt sie nichtoszillierend. Es gilt der

Satz 4.8. *Ist in (a, b) überall $P(x) \leqq 0$, so oszilliert dort keine der Lösungen von (4.46). Dabei ist $a = -\infty$, $b = +\infty$ zugelassen.*

Ist $P(x)$ gleich einer Konstanten p^2, so ist der Satz unmittelbar einzusehen. Denn die beiden Differentialgleichungen

$$\text{a)} \quad y'' - p^2\, y = 0,$$

$$\text{b)} \quad y'' + p^2\, y = 0$$

besitzen die allgemeinen Lösungen

$$\text{a)} \quad y = C_1\, e^{p\,x} + C_2\, e^{-p\,x},$$

$$\text{b)} \quad y = C_1 \cos p\, x + C_2 \sin p\, x.$$

Die Funktionen a) sind sämtlich nichtoszillierend, da sie in $(-\infty, +\infty)$ höchstens eine Nullstelle besitzen. Die Funktionen b) dagegen besitzen unendlich viele Nullstellen mit dem konstanten Abstand π/p. In jedem Intervall, dessen Länge größer als $2\pi/p$ ist, oszillieren die Funktionen b).

Besitzt eine Differentialgleichung (4.46) etwa für $x \geqq a$ nur Integrale mit unendlich vielen Nullstellen, so heißt (4.46) *oszillatorische Differentialgleichung*. Die Frage, wann (4.46) eine solche Gleichung ist, beantwortet zumindest teilweise der

Satz 4.9. *Für $x \geqq a$ sei $P(x)$ stetig und positiv, und es gelte*

$$\int\limits_a^\infty P(x)\, dx = \infty.$$

Dann ist (4.46) oszillatorisch und die Nullstellen einer jeden Lösung besitzen im Endlichen keinen Häufungspunkt. Ist darüber hinaus $P(x)$ stetig differenzierbar und monoton, so nehmen die Amplituden eines jeden (nichttrivialen) Integrals von (4.46) mit wachsendem x monoton zu oder ab, je nachdem, ob $P(x)$ monoton fallend oder wachsend ist.

Auf einige in den Anwendungen besonders häufig auftretende spezielle Differentialgleichungen zweiter Ordnung wird in den §§ 6, 7, 8 noch genauer eingegangen.

Beispiel 4.4. Es soll die Anzahl der Nullstellen der Lösung des Anfangswertproblems

$$(*) \qquad y'' + x^2\, y = 0, \qquad y(\pi) = 1, \qquad y'(\pi) = 0$$

im Intervall

$$\pi < x \leqq (n + 1)\,\pi$$

abgeschätzt werden. Die Gl. (*) ist oszillatorisch nach Satz 4.9 und in $[\pi, (n + 1)\,\pi]$ strenge Sturmsche Majorante der Gleichung

$$y'' + y = 0,$$

welche die allgemeine Lösung

$$\varphi_1(x) = A\cos x + B\sin x$$

besitzt. Setzen wir etwa speziell

$$\varphi_1(x) = -\cos x,$$

so gilt $\varphi_1(\pi) = 1$, $\varphi_1'(\pi) = 0$, wegen $p_1(x) = p_2(x) = 1$ ist somit die Bedingung (4.43) erfüllt. In $(\pi, (n + 1)\,\pi)$ besitzt $\varphi_1(x)$ genau die n Nullstellen

$$\frac{3}{2}\,\pi, \quad \frac{5}{2}\,\pi, \ldots, \frac{2n + 1}{2}\,\pi.$$

Daher besitzt nach Satz 4.6 die Lösung von (*) in $(\pi, (n + 1)\,\pi)$ mindestens n Nullstellen.

Setzt man allgemeiner $\varphi_1(x) = A\cos x + B\sin x$ mit beliebigen A, B, $B/A \geqq 0$, so erhält man die gleiche Aussage. Da nämlich π der konstante Abstand zweier aufeinanderfolgender Nullstellen dieser Funktion ist, besitzt auch sie im Intervall $(\pi, (n + 1)\,\pi)$ genau n Nullstellen.

§ 5. Systeme linearer Differentialgleichungen erster Ordnung

5.1 Integralbasis homogener Systeme

Ein System von n linearen Differentialgleichungen erster Ordnung hat nach (1.26) die Form

$$(5.1) \qquad \boldsymbol{y}' = \boldsymbol{A}(x)\,\boldsymbol{y} + \boldsymbol{b}(x).$$

Der enge Zusammenhang zwischen Differentialgleichungen n-ter Ordnung und Systemen erster Ordnung läßt vermuten, daß die Lösungstheorie der Systeme der der linearen Gleichungen n-ter Ordnung sehr ähnlich ist. Unter einer Lösung verstehen wir hier einen Lösungsvektor $\boldsymbol{y}(x)$ mit

$$\boldsymbol{y}^T(x) = \big(y_1(x), y_2(x), \ldots, y_n(x)\big).$$

Wir betrachten nun zunächst wieder das zu (5.1) gehörige homogene System

$$(5.2) \qquad \boldsymbol{y}' = \boldsymbol{A}(x)\,\boldsymbol{y}.$$

Definition 5.1. Ein System von Lösungen

$$(5.3) \qquad \boldsymbol{y}_\nu(x) = \begin{pmatrix} y_{\nu 1}(x) \\ y_{\nu 2}(x) \\ \vdots \\ y_{\nu n}(x) \end{pmatrix}, \qquad \nu = 1, 2, \ldots, n,$$

heißt *Integralbasis* oder *Fundamentalsystem* von (5.2), wenn die $\boldsymbol{y}_1(x), \ldots, \boldsymbol{y}_n(x)$ linear unabhängig sind.

Satz 5.1. *Ist* (5.3) *Integralbasis von* (5.2) *in* (a, b), *so ist*

$$(5.4) \qquad \boldsymbol{y}(x) = \sum_{\nu = 1}^{n} C_\nu \, \boldsymbol{y}_\nu(x)$$

dort allgemeine Lösung von (5.2), *wobei die* C_ν, $\nu = 1, 2, \ldots, n$, *willkürliche Konstanten sind.*

Gelingt es also, eine Integralbasis zu finden, so läßt sich jede Lösung des homogenen Systems als Linearkombination dieser Basis darstellen.

Über die Existenz einer Integralbasis gibt Auskunft der folgende

Satz 5.2. *Das homogene System* (5.2) *besitzt für* (a, b) *stets eine Integralbasis, wenn* $\boldsymbol{A}(x)$ *dort stetig ist.*

Dabei bezeichnen wir $\boldsymbol{A}(x)$ als stetig, wenn die Elemente $a_{ik}(x)$, $i, k = 1, 2, \ldots, n$, stetig sind.

Das Aufsuchen einer Integralbasis ist bei einem linearen System erster Ordnung in der Regel ungleich schwieriger als bei einer Differentialgleichung höherer Ordnung. Es gibt zwar ein Reduktionsverfahren, das der in 4.1 beschriebenen Methode A ähnelt, doch gelangt man hierdurch nur in seltenen Ausnahmefällen zu einer Integralbasis.

5.2 Lösung inhomogener Systeme

Wir betrachten jetzt das inhomogene System (5.1) und nehmen $\boldsymbol{A}(x), \boldsymbol{b}(x) \in C^0((a, b))$ an. Kennt man eine Integralbasis des zu (5.1) gehörigen homogenen Systems (5.2), so läßt sich die Lösung des inhomogenen Systems wieder auf Quadraturen zurückführen.

Es sei $\boldsymbol{y}_\nu(x)$, $\nu = 1, 2, \ldots, n$, Integralbasis von (5.2) in (a, b). Für eine Lösung von (5.1) liefert der Ansatz

$$(5.5) \qquad \boldsymbol{y}(x) = \sum_{\nu = 1}^{n} C_\nu(x) \, \boldsymbol{y}_\nu(x), \qquad C_\nu(x) \in C^1((a, b)),$$

wegen $\boldsymbol{y}'(x) = \boldsymbol{A}(x)\boldsymbol{y}(x) + \boldsymbol{b}(x)$ das lineare Gleichungssystem in den $C_\nu'(x)$

$$(5.6) \qquad \sum_{\nu = 1}^{n} C_\nu'(x) \, \boldsymbol{y}_\nu(x) = \boldsymbol{b}(x).$$

Da die $y_\nu(x)$, $\nu = 1, 2, \ldots, n$, nach Voraussetzung linear unabhängig sind, gilt $\det(y_1(x), \ldots, y_n(x)) = D(x) \neq 0$, das System (5.6) ist somit eindeutig nach den Funktionen $C'_\nu(x)$, $\nu = 1, 2, \ldots, n$, auflösbar. Sei $D_j(x) = \det(y_1(x), \ldots, y_{j-1}(x), b(x), y_{j+1}(x), \ldots, y_n))$, so liefert diese Auflösung

$$C'_\nu(x) = \frac{D_\nu(x)}{D(x)},$$

und hieraus folgt mit $x_0 \in (a, b)$

$$(5.7) \qquad C_\nu(x) = \int_{x_0}^{x} \frac{D_\nu(\xi)}{D(\xi)}\, d\xi + C_\nu.$$

Die gesuchte Lösung hat nach (5.5) daher die Form

$$(5.8) \qquad y(x) = \sum_{\nu=1}^{n} \left(\int_{x_0}^{x} \frac{D_\nu(\xi)}{D(\xi)}\, d\xi \right) y_\nu(x) + \sum_{\nu=1}^{n} C_\nu\, y_\nu(x),$$

wobei die C_ν willkürliche Konstanten bedeuten.

Wie man nachträglich erkennt, ist (5.8) aber auch schon allgemeine Lösung von (5.1), denn durch das lineare Gleichungssystem

$$(5.9) \qquad y(x_0) = y_0 = \sum_{\nu=1}^{n} C_\nu\, y_\nu(x_0)$$

sind die C_ν eindeutig bestimmt. Jede Lösung von (5.1) läßt sich aber auch in der Form (5.8) darstellen. Denn sei $z(x) \neq y(x)$ eine Lösung von (5.1), so ist $z(x) - y(x)$ Lösung der zugehörigen homogenen Gl. (5.2), es gilt also

$$z(x) - y(x) = \sum_{\nu=1}^{n} \bar{C}_\nu\, y_\nu(x)$$

mit den Konstanten $\bar{C}_\nu$. Mit $\bar{\bar{C}}_\nu = \bar{C}_\nu + C_\nu$ folgt hieraus aber

$$(5.10) \qquad z(x) = \sum_{\nu=1}^{n} \left(\int_{x_0}^{x} \frac{D_\nu(\xi)}{D(\xi)}\, d\xi \right) y_\nu(x) + \sum_{\nu=1}^{n} \bar{\bar{C}}_\nu\, y_\nu(x).$$

Die erste Summe auf der rechten Seite von (5.8) ist diejenige Partikulärlösung von (5.1), welche der Anfangsbedingung $y(x_0) = 0$ genügt, die zweite Summe ist allgemeine Lösung von (5.2). Allgemeiner gilt: Sei $y_0(x)$ irgendeine partikuläre Lösung von (5.1) und $y_1(x)$ allgemeine Lösung von (5.2), so ist $y_0(x) + y_1(x)$ allgemeine Lösung von (5.1). Kennt man daher eine Partikulärlösung von (5.1), so ist die Ausführung der Quadraturen (5.7) nicht erforderlich.

5.3 Systeme mit konstanten Koeffizienten

Ist bei dem System (5.2) die Matrix A konstant, so erhält man das *homogene lineare System mit konstanten Koeffizienten*

$$(5.11) \qquad y' = A\,y.$$

Sei $c \neq 0$ ein konstanter Vektor und sucht man Lösungen von (5.11) in der Form

$$(5.12) \qquad y(x) = e^{\lambda x}\,c$$

mit konstantem λ, so führt dies auf die Bedingung

$$y'(x) = \lambda\,e^{\lambda x}\,c = e^{\lambda x}A\,c$$

und somit auf das lineare homogene Gleichungssystem

$$(5.13) \qquad (A - \lambda\,E)\,c = 0,$$

welches genau dann nichttriviale Lösungen c besitzt, wenn

$$\mathrm{Det}\,(A - \lambda\,E) = 0$$

gilt. Aus dieser *charakteristischen Gleichung* bestimmen sich die Eigenwerte von A.

Nehmen wir zunächst an, daß A n verschiedene Eigenwerte $\lambda_1,\ldots,\lambda_n$ besitzt, so gehören zu diesen bekanntlich n linear unabhängige Eigenvektoren $c_1,\ldots,c_n$. Das System

$$(5.14) \qquad y_\nu(x) = e^{\lambda_\nu x}\,c_\nu, \qquad \nu = 1, 2, \ldots, n$$

ist dann nach (5.12) eine Integralbasis von (5.11).

Wir nehmen nun allgemein an, daß A die verschiedenen Eigenwerte $\lambda_1, \lambda_2, \ldots, \lambda_m$, $m \leq n$, besitzt, und zwar möge λ_μ ein p_μ-facher Eigenwert sein. Für $m = n$ liegt der soeben untersuchte Fall vor, für $m < n$ erhält man wieder m linear unabhängige Lösungen von (5.11), aber noch keine Integralbasis.

Es sei $p_{\mu\nu}(x)$ ein Vektor, dessen Komponenten $p_{\mu\nu}^{(\varrho)}(x)$, $\varrho = 1, 2, \ldots, n$, Polynome höchstens vom Grad $\nu - 1$ sind. Dann gilt der

Satz 5.3. *Die $p_1 + p_2 + \cdots + p_m = n$ Vektorfunktionen*

$$(5.15) \qquad e^{\lambda_\mu x}\,p_{\mu\nu}(x), \qquad \mu = 1, 2, \ldots, m, \qquad \nu = 1, 2, \ldots, p_\mu$$

bilden bei passender Wahl der $p_{\mu\nu}^{(\varrho)}(x)$ eine Integralbasis von (5.11).

Ist A reell (was bisher nicht vorausgesetzt zu werden brauchte), so existiert nach Satz 5.2 stets eine reelle Integralbasis, zu der man wie folgt gelangen kann: Von den verschiedenen Eigenwerten $\lambda_1, \ldots, \lambda_m$ der Matrix A seien etwa $\lambda_1, \ldots, \lambda_k$, $k \leq m$, reell. Dann gibt es nach Satz 5.3 $p_1 + p_2 + \cdots + p_k$ linear unabhängige Lösungen

$$(5.16) \qquad e^{\lambda_\varkappa x}\,p_{\varkappa\nu}(x), \qquad \varkappa = 1, 2, \ldots, k, \qquad \nu = 1, 2, \ldots, p_\varkappa,$$

von (5.11). Weiter seien die Eigenwerte $\lambda_{k+1}, \ldots, \lambda_m$ komplex. Ist $\lambda = \tau + i\,\sigma$ ein Eigenwert der Vielfachheit p, so ist auch $\bar{\lambda} = \tau - i\,\sigma$ Eigenwert der gleichen Vielfachheit, weshalb $m - k$ eine gerade Zahl $2l$ sein muß. Bildet man dann[1]

$$(5.17) \qquad e^{\lambda_{k+j} x}\, \boldsymbol{p}^1_{k+j,\,\nu} \quad \text{bzw.} \quad e^{\lambda_{k+j} x}\, \boldsymbol{p}^2_{k+j,\,\nu}, \qquad j = 1, 2, \ldots, l,$$
$$\nu = 1, 2, \ldots, p_j,$$

so können diese Systeme auch durch die reellen Systeme

$$(5.18\text{a}) \qquad \operatorname{Re}\big(e^{\lambda_{k+j} x}\, \boldsymbol{p}^1_{k+j,\,\nu}(x)\big), \quad \operatorname{Im}\big(e^{\lambda_{k+j} x}\, \boldsymbol{p}^1_{k+j,\,\nu}(x)\big),$$
$$j = 1, \ldots, l, \quad \nu = 1, \ldots, p_j,$$

bzw.

$$(5.18\text{b}) \qquad \operatorname{Re}\big(e^{\lambda_{k+j} x}\, \boldsymbol{p}^2_{k+j,\,\nu}(x)\big), \quad \operatorname{Im}\big(e^{\lambda_{k+j} x}\, \boldsymbol{p}^2_{k+j,\,\nu}(x)\big)$$

ersetzt werden, denn wegen der Linearität von (5.11) sind sowohl die Real- als auch die Imaginärteile von (5.17) Lösungen. Beide Systeme (5.18) liefern insgesamt $m - k = 2l$ reelle Lösungen. Eine reelle Integralbasis wird dann durch (5.16), (5.18a) bzw. (5.16), (5.18b) geliefert.

Die Lösung des inhomogenen Systems

$$(5.19) \qquad\qquad \boldsymbol{y}' = \boldsymbol{A}\,\boldsymbol{y} + \boldsymbol{b}(x)$$

kann wieder nach der in 5.2 geschilderten Methode erfolgen.

Die Polynome $p^{(\varrho)}_{\mu\nu}$ als Komponenten von $\boldsymbol{p}_{\mu\nu}(x)$ bestimmt man nach Einsetzen in (5.11) durch Koeffizientenvergleich. Sei etwa λ ein p-facher Eigenwert von $\boldsymbol{A}$, so haben die zugehörigen Lösungsvektoren nach (5.15) die Form

$$(5.20) \qquad \boldsymbol{y}_\nu(x) = e^{\lambda x} \sum_{i=0}^{\nu-1} x^i\, \boldsymbol{a}_{\nu,\,i}, \qquad \nu = 1, 2, \ldots, p,$$

wobei die $\boldsymbol{a}_{\nu,\,i}$ noch zu bestimmende konstante Vektoren sind. Setzt man (5.20) in (5.11) ein, so folgt

$$\sum_{i=0}^{\nu-2} x^i\big(\lambda\, \boldsymbol{a}_{\nu,\,i} + (i+1)\, \boldsymbol{a}_{\nu,\,i+1}\big) + \lambda\, x^{\nu-1}\, \boldsymbol{a}_{\nu,\,\nu-1} = \sum_{i=0}^{\nu-1} x^i\, \boldsymbol{A}\, \boldsymbol{a}_{\nu,\,i}.$$

Der Vergleich der Koeffizienten von x^i liefert dann die Gleichungen

$$(5.21) \qquad \begin{aligned} \lambda\, \boldsymbol{a}_{\nu,\,i} + (i+1)\, \boldsymbol{a}_{\nu,\,i+1} &= \boldsymbol{A}\, \boldsymbol{a}_{\nu,\,i}, \qquad i = 0, 1, \ldots, \nu - 2, \\ \lambda\, \boldsymbol{a}_{\nu,\,\nu-1} &= \boldsymbol{A}\, \boldsymbol{a}_{\nu,\,\nu-1}. \end{aligned}$$

Für alle $\nu \geq 1$ muß daher $\boldsymbol{a}_{\nu,\,\nu-1}$ ein zum Eigenwert λ gehöriger Eigenvektor der Matrix $\boldsymbol{A}$ sein. Für $\nu = 1$ reduziert sich (5.21) zu der schon bekannten Gleichung [vgl. (5.13)]

$$\lambda\, \boldsymbol{a}_{1,\,0} = \boldsymbol{A}\, \boldsymbol{a}_{1,\,0}.$$

---

[1] $\boldsymbol{p}^1$ ist der zu λ, $\boldsymbol{p}^2$ der zu $\bar{\lambda}$ gehörige Vektor $\boldsymbol{p}$.

Für $\nu \geqq 1$ erkennt man noch, daß die $a_{\nu,\,i}$ den Gleichungen

$$(A - \lambda E)^{\nu - i}\, a_{\nu,\,i} = 0, \quad i = 0,1,\ldots, \quad \nu - 1,$$

genügen.

Beispiel 5.1. Es soll eine Integralbasis des Systems $y' = A y$ mit

$$A = \begin{pmatrix} 0 & 1 & 0 & 0 \\ 0 & 0 & 1 & 0 \\ 0 & 0 & 0 & 1 \\ -1 & 2 & -2 & 2 \end{pmatrix}$$

gefunden werden. Die Matrix A besitzt die Eigenwerte $\lambda_1 = i$, $\lambda_2 = -i$, $\lambda_3 = \lambda_4 = 1$. Zum Eigenwert $\lambda_1 = i$ gehört der Eigenvektor $c_1^T = (1, i, -1, -i)$, zu $\lambda_2 = -i$ der Eigenvektor $c_2^T = (1, -i, -1, i)$. Daraus folgt

$$y_1(x) = e^{ix}\, c_1 = \begin{pmatrix} \cos x + i \sin x \\ i \cos x - \sin x \\ -\cos x - i \sin x \\ -i \cos x + \sin x \end{pmatrix},$$

$$y_2(x) = e^{-ix}\, c_2 = \begin{pmatrix} \cos x - i \sin x \\ -i \cos x - \sin x \\ -\cos x + i \sin x \\ i \cos x + \sin x \end{pmatrix}.$$

Zwei reelle linear unabhängige Lösungen sind daher

$$\operatorname{Re} y_1(x) = \operatorname{Re} y_2(x) = \begin{pmatrix} \cos x \\ -\sin x \\ -\cos x \\ \sin x \end{pmatrix},$$

$$\operatorname{Im} y_1(x) = -\operatorname{Im} y_2(x) = \begin{pmatrix} \sin x \\ \cos x \\ -\sin x \\ -\cos x \end{pmatrix}.$$

Weiter gehört zum zweifachen Eigenwert $\lambda = 1$ der eine linear unabhängige Eigenvektor $c_3^T = (1, 1, 1, 1)$. Eine weitere linear unabhängige Lösung ist daher

$$y_3(x) = e^x \begin{pmatrix} 1 \\ 1 \\ 1 \\ 1 \end{pmatrix} = \begin{pmatrix} e^x \\ e^x \\ e^x \\ e^x \end{pmatrix}.$$

Die vierte linear unabhängige Lösung hat die Form

$$y_4(x) = e^x(a_{2,0} + x\,a_{2,1}).$$

Aus $y_4'(x) = A\,y_4(x)$ folgen dann die beiden Gleichungssysteme

$$(A - E)\,a_{2,0} = a_{2,1},$$

$$(A - E)\,a_{2,1} = 0.$$

Der Koeffizientenvergleich kann nun vereinfacht werden. Da zum Eigenwert $\lambda = 1$ genau ein linear unabhängiger Eigenvektor gehört, kann $a_{2,1} = c$ gesetzt werden mit $c^T = (1,1,1,1)$. Da außerdem $R\,g(A - E, c) = R\,g(A - E) = 3$ ist, besitzt das System $(A - E)\,a_{2,0} = c$ Lösungen. Eine von ihnen ist $a_{2,0}^T = (-3, -2, -1, 0)$. Daher folgt

$$y_4(x) = \begin{pmatrix} -(3 - x)\,e^x \\ -(2 - x)\,e^x \\ -(1 - x)\,e^x \\ x\,e^x \end{pmatrix},$$

womit eine Integralbasis gefunden ist. Sämtliche Basisfunktionen sind nur bis auf einen konstanten Faktor bestimmt. Das hier betrachtete System erster Ordnung ist äquivalent der Differentialgleichung $y^{(4)} - 2y''' + 2y'' - 2y' + y = 0$, welche die Integralbasis $y_1 = \sin x$, $y_2 = \cos x$, $y^3 = e^x$, $y_4 = -(3 - x)\,e^x$ besitzt.

Eine ausführliche Darstellung der Theorie der linearen gewöhnlichen Differentialgleichungen findet sich u. a. in [17, 20, 22]. In den folgenden §§ 6, 7 werden wir weitere Eigenschaften linearer Differentialgleichungen kennenlernen, wobei wir uns jedoch nicht mehr auf reelle Veränderliche beschränken.

§ 6. Lineare Differentialgleichungen im Komplexen

6.1 Definitionen. Existenzsätze

Die folgenden Betrachtungen sind denen in 1.1 sehr ähnlich, weshalb wir uns kurz fassen können. Bezüglich der funktionentheoretischen Hilfsmittel und der Beweise verweisen wir auf Teil I, A und [3].

Ein System gewöhnlicher Differentialgleichungen erster Ordnung zwischen der *komplexen* Veränderlichen z, den *komplexwertigen Funktionen* $w_1(z), w_2(z), \ldots, w_n(z)$ und deren Ableitungen $dw_1/dz = w_1'$, $dw_2/dz = w_2', \ldots, dw_n/dz = w_n'$ hat die Form

$$w_\nu' = f_\nu(z, w_1, w_2, \ldots, w_n), \quad \nu = 1, 2, \ldots, n.$$

Analog (1.13) läßt es sich kürzer

$$(6.1) \qquad w' = f(z, w)$$

schreiben. Wir setzen voraus, daß die Funktionen $f_\nu(z, w_1, \ldots, w_n)$, $\nu = 1, 2, \ldots, n$, in einem Gebiet

$$(6.2) \qquad G: \quad |z - z_0| < a, \quad \|w - w_0\|_2 < b$$

des komplexen R_{n+1} (vgl. 1.1 und 1.2) eindeutig regulär analytisch sind. Unter dieser Voraussetzung gilt in Analogie zu Satz 1.1 aus 1.2 der

Satz 6.1. *Im Bereich*

$$R: \quad |z - z_0| \leqq r_z, \quad \|w - w_0\|_2 \leqq r_w, \quad r_z < a, \; r_w < b$$

gelte

$$\|f(z, w)\|_2 \leqq M, \quad \left\|\frac{\partial f(z, w)}{\partial w_j}\right\|_2 \leqq M, \quad j = 1, 2, \ldots, n.[1]$$

Dann existiert genau eine für $|z - z_0| < r = \mathrm{Min}\,(r_z, r_w/M)$ *eindeutige regulär analytische und der Anfangsbedingung* $w(z_0) = w_0$ *genügende Lösung des Systems* (6.1).

Der Satz liefert daher eine Existenz- und Eindeutigkeitsaussage für die Lösung des Anfangswertproblems $w' = f(z, w)$, $w(z_0) = w_0$.

Das System (6.1) heißt linear, wenn es die Form

$$(6.3) \qquad w' = A(z)\, w + b(z)$$

besitzt. Der Satz 6.1 kann dann wie folgt abgeschwächt werden: Sind die Elemente $a_{ik}(z)$, $i, k = 1, 2, \ldots, n$, der Matrix $A(z)$ und die Komponenten $b_i(z)$, $i = 1, 2, \ldots, n$, von $b(z)$ in $|z - z_0| < r_z$ eindeutige regulär analytische Funktionen, so existiert genau eine für $|z - z_0| < r_z$ eindeutige regulär analytische Lösung $w(z)$ von (6.3), welche der Anfangsbedingung $w(z_0) = w_0$ genügt.

Eine explizite Differentialgleichung n-ter Ordnung zwischen der komplexen Veränderlichen z, der komplexwertigen Funktion $w(z)$ und ihrer Ableitungen bis einschließlich n-ter Ordnung hat die Form

$$(6.4) \qquad w^{(n)} = f(z, w, w', \ldots, w^{(n-1)}).$$

Ihre Theorie läßt sich wieder weitgehend auf die Theorie des Systems (6.1) zurückführen: Setzt man

$$w = w_1, \quad w' = w_2, \ldots, w^{(n-1)} = w_n,$$

so erhält man das System

$$w' = f(z, w)$$

mit

$$f^T = \big(w_2, w_3, \ldots, w_n, f(z, w_1, w_2, \ldots, w_n)\big).$$

---

[1] Die Existenz von M ist gesichert, da die f_ν nach Voraussetzung in G analytisch ist.

Daher liefert der Satz 6.1 auch eine Existenz- und Eindeutigkeitsaussage für das Anfangswertproblem der Gl. (6.4)

Eine lineare Differentialgleichung n-ter Ordnung hat die Form

$$(6.5) \qquad L_n(w) \equiv \sum_{\nu=0}^{n} a_\nu(z)\, w^{(\nu)} = b(z), \qquad a_n(z) \neq 0.$$

Die Lösungstheorie linearer Systeme erster Ordnung (und damit die Lösungstheorie linearer Differentialgleichungen höherer Ordnung) im Komplexen ist derjenigen im Reellen wiederum sehr ähnlich. Nach Satz 5.2 besitzt das reelle homogene System $y' = A(x)\, y$ stets eine Integralbasis $y_1(x), \ldots, y_n(x)$, welche den reellen R_n aufspannen, wenn die Elemente von $A(x)$ in (a, b) stetige Funktionen sind. Analog besitzt das komplexe System $w' = A(z)\, w$ für $|z - z_0| < r_z$ stets eine regulär analytische Integralbasis $w_1(z), \ldots, w_n(z)$, welche den komplexen R_n aufspannt, wenn die Elemente von $A(z)$ für $|z - z_0| < r_z$ regulär analytische Funktionen sind. Das Aufsuchen einer Integralbasis im Fall konstanter Matrix A erfolgt nach der in 5.3 beschriebenen Methode. Man vgl. hierzu etwa [3, 17, 20].

6.2 Reguläre und singuläre Stellen linearer Differentialgleichungen

Wir betrachten jetzt weiter die Differentialgleichung (6.5), die wir wegen $a_n(z) \neq 0$ auch in der Form

$$(6.6) \qquad w^{(n)} + A_1(z)\, w^{(n-1)} + \cdots + A_n(z)\, w = 0$$

schreiben können.

In den Anwendungen sind die Koeffizienten $A_1(z), \ldots, A_n(z)$ dieser Gleichung zumeist in der ganzen komplexen z-Ebene mit Ausnahme von endlich vielen isolierten singulären Stellen $z_1, z_2, \ldots, z_k$ eindeutige regulär analytische Funktionen. Man nennt $z = z_\nu$, $\nu = 1, 2, \ldots, k$, *singuläre Stellen der Differentialgleichung* (6.6), während alle Stellen $z \neq z_\nu$ *reguläre Stellen* von (6.6) heißen.

In der Theorie der linearen Differentialgleichungen ist es nun von großer Bedeutung, ob eine singuläre Stelle eine außerwesentliche oder wesentliche singuläre Stelle der Differentialgleichung ist.

Definition 6.1. Es sei $z = z_0$ eine isolierte singuläre Stelle von (6.6), in deren Umgebung die Koeffizienten $A_\nu(z)$, $\nu = 1, 2, \ldots, n$, eindeutige regulär analytische Funktionen sind. Dann heißt z_0 *außerwesentlich singuläre Stelle* oder *Stelle der Bestimmtheit* von (6.6), wenn es für jede Lösung $w(z)$ eine ganze Zahl $r > 0$ gibt, so daß bei radialer Annäherung an $z = z_0$ der Ausdruck

$$(6.7) \qquad |(z - z_0)|^r\, |w(z)|$$

gleichmäßig gegen Null strebt. Andernfalls heißt z_0 *wesentlich singuläre Stelle* oder *Stelle der Unbestimmtheit* der Gl. (6.6).

Da die Lösungen von (6.6) durch die Koeffizienten $A_\nu(z)$ bestimmt sind, liegt die Vermutung nahe, daß es von der Form dieser Koeffizienten abhängt, ob z_0 wesentlich oder außerwesentlich singuläre Stelle ist. Es gilt darüber der von L. FUCHS stammende

Satz 6.2. *Die Stelle $z = z_0$ ist genau dann eine Stelle der Bestimmtheit der Differentialgleichung (6.6), wenn ihre Koeffizienten die Gestalt*

$$(6.8) \qquad A_j(z) = \frac{a_j(z)}{(z - z_0)^j}, \qquad j = 1, 2, \ldots, n,$$

besitzen, wobei $a_j(z)$ in einer Umgebung von z_0 eindeutige regulär analytische Funktionen sind.

Es ist demnach z_0 dann und nur dann eine Stelle der Bestimmtheit, wenn die $A_j(z)$, $j = 1, 2, \ldots, n$, bei $z = z_0$ einen Pol von höchstens j-ter Ordnung besitzen, denn die Funktionen $a_j(z)$ besitzen Taylor-Entwicklungen

$$(6.9) \qquad a_j(z) = \sum_{k=0}^{\infty} \alpha_{jk}(z - z_0)^k, \qquad j = 1, 2, \ldots, n.$$

In Satz 6.2 ist der Fall enthalten, daß z_0 reguläre Stelle der Differentialgleichung ist. Es gilt dann für (6.9)

$$\alpha_{j,k} = 0, \qquad j = 1, 2, \ldots, n; \qquad k = 0, 1, \ldots, j - 1,$$

die Potenzreihen (6.9) beginnen also erst mit dem Glied $\alpha_{jj}(z - z_0)^j$. Ist z_0 Stelle der Bestimmtheit, so kann daraus noch nicht geschlossen werden, daß die Lösungen von (6.6) in der Umgebung von z_0 eindeutig sind.

Beispiel 6.1. Die Stelle $z = 0$ ist isolierte singuläre Stelle der Differentialgleichung

$$w'' + \frac{1}{z^2} w' + \frac{1}{z} w = 0.$$

Sie ist jedoch keine Stelle der Bestimmtheit, da gemäß (6.8) $a_1(z) = 1/z$ folgt. Dagegen ist $z = 0$ eine Stelle der Bestimmtheit der Differentialgleichung

$$w'' + \frac{e^z - 1}{z^2} w' + \frac{1}{z} w = 0,$$

denn es gilt

$$a_1(z) = \frac{e^z - 1}{z} = 1 + \frac{z}{2!} + \cdots, \qquad a_2(z) = z.$$

Es sei nun z_0 Stelle der Bestimmtheit von (6.6), und wir suchen Lösungen in der Form

$$(6.10) \qquad w(z) = (z - z_0)^\varrho \sum_{k=0}^{\infty} c_k(z - z_0)^k, \qquad c_0 \neq 0,$$

wobei die c_k unbestimmte Koeffizienten sind. Bei einmaligem positivem Umlauf um die Stelle $z = z_0$ multiplizieren sich diese Lösungen mit $e^{2i\varrho\pi}$, weshalb man sie auch *multiplikative Lösungen* nennt. Ist ϱ eine ganze Zahl, so ist wegen $e^{2i\varrho\pi} = 1$ die Lösung in der Umgebung von z_0 eine eindeutige Funktion.

Setzt man (6.10) in (6.6) ein, so erhält man unter Berücksichtigung von (6.8) und (6.9) folgende Bestimmungsgleichungen für die c_k:

$$(6.11) \quad \begin{aligned} c_0\, f_0(\varrho) &= 0, \\ c_1\, f_0(\varrho + 1) + c_0\, f_1(\varrho) &= 0, \\ &\;\vdots \\ c_k\, f_0(\varrho + k) + c_{k-1}\, f_1(\varrho + k - 1) + \cdots + c_0\, f_k(\varrho) &= 0, \\ &\;\vdots \end{aligned}$$

Dabei ist

$$f_0(\varrho) = \varrho\,(\varrho - 1) \ldots (\varrho - n + 1) + \sum_{\nu=1}^{n-1} \alpha_{\nu 0}\, \varrho\,(\varrho - 1) \ldots (\varrho - (n - \nu - 1)) + \alpha_{n0},$$

$$(6.12)$$

$$f_\mu(\varrho) = \sum_{\nu=1}^{n-1} \alpha_{\nu\mu}\, \varrho\,(\varrho - 1) \ldots (\varrho - (n - \nu - 1)) + \alpha_{n\mu}, \quad \mu = 1, 2, \ldots$$

Da in (6.10) $c_0 \neq 0$ vorausgesetzt war, folgt aus (6.11) notwendig die *determinierende Gleichung*

$$(6.13) \qquad\qquad f_0(\varrho) = 0$$

mit den nicht notwendig voneinander verschiedenen Lösungen $\varrho_1, \varrho_2, \ldots, \varrho_n$. Sind sämtliche $f_0(\varrho_\nu + k)$, $\nu = 1, 2, \ldots, n$, $k = 1, 2, 3, \ldots$, von Null verschieden, so sind nach (6.11) die zugehörigen $c_1^{(\nu)}, c_2^{(\nu)}, \ldots$ bis auf den Parameter $c_0^{(\nu)}$ eindeutig bestimmt. Ist dagegen $f_0(\varrho_\nu + k) = 0$ für irgendein ganzzahliges $k \geqq 1$, so muß zusätzlich

$$(6.14) \qquad c_{k-1}^{(\nu)} f_1(\varrho_\nu + k - 1) + \cdots + c_0^{(\nu)} f_k(\varrho_\nu) = 0$$

gelten. In diesem Fall wähle man $c_k^{(\nu)}$ fest, woraufhin die $c_{k+1}^{(\nu)}, c_{k+2}^{(\nu)}, \ldots$ wieder eindeutig bestimmt sind. Auf diese Weise erhält man zu jedem ϱ_ν eine Folge von Koeffizienten $c_k^{(\nu)}$, $k = 0, 1, \ldots$.

Wir untersuchen den Sachverhalt genauer an dem uns weiter unten ausschließlich interessierenden Fall $n = 2$. Das unendliche Gleichungssystem (6.11) ändert sich nicht, aus (6.12) wird

$$(6.15) \quad \begin{aligned} f_0(\varrho) &= \varrho\,(\varrho - 1) + \alpha_{10}\,\varrho + \alpha_{20}, \\ f_\mu(\varrho) &= \alpha_{1\mu}\,\varrho + \alpha_{2\mu}, \quad \mu = 1, 2, \ldots \end{aligned}$$

Die determinierende Gleichung $f_0(\varrho) = 0$ besitzt daher die beiden Lösungen

$$(6.16) \qquad \varrho_{1/2} = \tfrac{1}{2}\big(1 - \alpha_{10} \pm \sqrt{(1 - \alpha_{10})^2 - 4\alpha_{20}}\big).$$

Ist $\varrho_1 - \varrho_2 = \sqrt{(1 - \alpha_{10})^2 - 4\alpha_{20}}$ keine ganze Zahl (einschließlich Null), so erhält man aus (6.11) zwei einparametrige Folgen $\{c_\nu^{(1)}\}$, $\{c_\nu^{(2)}\}$, mit denen sich zwei verschiedene einparametrige Reihen (6.10) bilden lassen, die, sofern sie konvergieren, Lösungen von (6.6) darstellen. Ist dagegen $\varrho_1 - \varrho_2 = k \geqq 0$ eine ganze Zahl ($k \geqq 0$ ist durch passende Numerierung der beiden Wurzeln von $f_0(\varrho)$ stets zu erreichen), so gilt $f_0(\varrho_2 + k) = f_0(\varrho_1) = 0$. Wir unterscheiden dann die Fälle:

a) Es gilt (6.14). Für ϱ_1 erhält man aus (6.11) die einparametrige Folge $\{c_\nu^{(1)}\}$, für ϱ_2 die zweiparametrige Folge $\{c_\nu^{(2)}\}$. Entsprechend findet man eine einparametrige und eine zweiparametrige Reihe (6.10).

b) Es gilt (6.14) nicht. Zur Wurzel ϱ_2 gibt es keine Folge $\{c_\nu^{(2)}\}$ und daher auch keine Reihe (6.10).

c) Es ist $\varrho_1 = \varrho_2$. Es gibt genau eine einparametrige Folge $\{c_\nu^{(1)}\}$ und genau eine einparametrige Reihe (6.10).

Über die Konvergenz der Reihen (6.10) gilt der wichtige

Satz 6.3. *Sämtliche Reihen* (6.10) *sind in einer Umgebung von z_0 konvergent, wenn ihre Koeffizienten c_k nach dem oben beschriebenen Verfahren bestimmt werden.*

Demnach stellen diese Reihen auch Lösungen von (6.6) dar.

Die Frage ist noch, ob man auf diese Art sogar zu einer Integralbasis für (6.6) in der Umgebung der Stelle $z = z_0$ gelangen kann. Das ist möglich, wenn $\varrho_1 - \varrho_2$ entweder keine ganze Zahl ist oder der oben betrachtete Fall a) vorliegt. Es läßt sich zeigen, daß die sich ergebenden beiden Lösungen (6.10) linear unabhängig sind und somit eine Integralbasis bilden. Allgemeiner gilt der

Satz 6.4. *Es sei $z = z_0$ eine Stelle der Bestimmtheit der Differentialgleichung*

$$(6.17) \qquad w'' + A_1(z)\, w' + A_2(z)\, w = 0.$$

Ferner seien ϱ_1, ϱ_2 die beiden nicht notwendig voneinander verschiedenen Wurzeln von $f_0(\varrho)$. Dann besitzt (6.17) in der Umgebung von $z = z_0$ eine Integralbasis

$$w_1(z) = (z - z_0)^{\varrho_1}\, \varphi_1(z),$$
$$w_2(z) = (z - z_0)^{\varrho_2}\, \varphi_2(z) + A\,(\varrho_1 - \varrho_2)\, \{(z - z_0)^{\varrho_1}\, \varphi_1(z) \log (z - z_0)\}$$

mit

$$\varphi_\nu(z) = \sum_{k=0}^{\infty} c_k^{(\nu)} (z - z_0)^k, \qquad \nu = 1,2.$$

Die u. a. von der Differenz $\varrho_1 - \varrho_2$ abhängende Konstante $A\,(\varrho_1 - \varrho_2)$ nimmt dabei folgende Werte an: 1. $A = 0$, wenn $\varrho_1 - \varrho_2$ keine ganze Zahl ist, 2. $A = 1$, wenn $\varrho_1 = \varrho_2$ gilt, 3. $A = 0$ oder $A = 1$, wenn $\varrho_1 - \varrho_2 = k > 0$ eine ganze Zahl ist.

Die Betrachtungen dieser Ziffer lassen sich zum Teil auch auf Systeme linearer Differentialgleichungen erster Ordnung ausdehnen. Man vgl. dazu etwa [3], S. 146 ff.

6.3 Differentialgleichungen der Fuchsschen Klasse

Definition 6.2. Die Koeffizienten $A_1(z)$, $A_2(z)$ der Differentialgleichung (6.17) seien in der ganzen komplexen z-Ebene eindeutige und bis auf endlich viele singuläre Stellen regulär analytische Funktionen. Sind sämtliche singulären Stellen (einschließlich ∞) solche der Bestimmtheit, so heißt (6.17) *Differentialgleichung der Fuchsschen Klasse.*

Nach den Betrachtungen in Ziffer 6.2 besitzen daher die Koeffizienten einer Gleichung der Fuchsschen Klasse im Endlichen nur Pole oder reguläre Stellen, genauer besitzt $A_1(z)$ an den singulären Stellen höchstens einen Pol erster, $A_2(z)$ einen Pol zweiter Ordnung. Notwendige und hinreichende Bedingungen dafür, daß (6.17) zur Fuchsschen Klasse gehört, gibt der

Satz 6.5. *Die Differentialgleichung* (6.17) *gehört genau dann zur Fuchsschen Klasse, wenn ihre Koeffizienten die Partialbruchzerlegungen*

$$(6.18) \quad A_1(z) = \sum_{j=1}^{m} \frac{A_j}{z - z_j}, \qquad A_2(z) = \sum_{j=1}^{m} \left\{ \frac{B_j}{(z - z_j)^2} + \frac{C_j}{z - z_j} \right\},$$
$$\sum_{j=1}^{m} C_j = 0$$

besitzen. Dabei sind $z_1, z_2, \ldots, z_m, \infty$ *die singulären Stellen der Differentialgleichung.*

Nach (6.9), (6.15) gehören zu $z_1, z_2, \ldots, z_m, \infty$ die determinierenden Gleichungen

$$(6.19) \quad \varrho(\varrho - 1) + A_k \varrho + B_k = 0, \quad z = z_k, \quad k = 1, 2, \ldots, m,$$

$$(6.20) \quad \varrho(\varrho - 1) + \left(2 - \sum_{j=1}^{m} A_j\right)\varrho + \sum_{j=1}^{m} (B_j + C_j z_j) = 0, \quad z = \infty.$$

Seien $\varrho_1^{(k)}$, $\varrho_2^{(k)}$, $k = 1, 2, \ldots, m$, die Wurzeln von (6.19), $\varrho_1^{(\infty)}$, $\varrho_2^{(\infty)}$ die Wurzeln von (6.20), so gilt

$$(6.21)$$

$$\sum_{j=1}^{m} (\varrho_1^{(j)} + \varrho_2^{(j)}) + \varrho_1^{(\infty)} + \varrho_2^{(\infty)} = \sum_{j=1}^{m} (1 - A_j) + \sum_{j=1}^{m} A_j - 1 = m - 1.$$

Unter den Voraussetzungen des Satzes 6.5 ist $z = \infty$ stets eine Stelle der Bestimmtheit. Soll nun insbesondere $z = \infty$ eine reguläre Stelle sein, so muß die durch die Transformation $\bar z = 1/z$ aus (6.17) entstehende Differentialgleichung

$$(6.22) \qquad \frac{d^2 w}{d\bar z^2} + \left(\frac{2}{\bar z} - \frac{1}{\bar z^2} A_1\left(\frac{1}{\bar z}\right) \right) \frac{dw}{d\bar z} + \frac{1}{\bar z^4} A_2\left(\frac{1}{\bar z}\right) w = 0$$

bei $\bar z = 0$ regulär sein. Das ist genau dann der Fall, wenn die beiden Koeffizienten dieser Differentialgleichung, welche nach (6.18) die Darstellungen

$$\frac{2}{\bar z} - \frac{1}{\bar z^2} A_1\left(\frac{1}{\bar z}\right) = \frac{2}{\bar z} - \frac{1}{\bar z} \sum_{j=1}^{m} \frac{A_j}{1 - z_j \bar z},$$

$$\frac{1}{\bar z^4} A_2\left(\frac{1}{\bar z}\right) = \frac{1}{\bar z^2} \sum_{j=1}^{m} \left(\frac{B_j}{(1 - z_j \bar z)^2} + \frac{C_j}{1 - z_j \bar z} \right)$$

besitzen, bei $\bar z = 0$ regulär sind. Notwendig und hinreichend hierfür ist wiederum, wie man zeigen kann, das Bestehen der Gleichungen

$$(6.23) \qquad \sum_{j=1}^{m} A_j = 2, \quad \sum_{j=1}^{m} (B_j + C_j z_j) = \sum_{j=1}^{m} (2 B_j z_j + C_j z_j^2) = \sum_{j=1}^{m} C_j = 0.$$

Die determinierende Gl. (6.20) reduziert sich daher auf $\varrho(\varrho - 1) = 0$, so daß nach (6.21)

$$\sum_{j=1}^{m} (\varrho_1^{(j)} + \varrho_2^{(j)}) = m - 1 \cdot - 1 = m - 2$$

gilt.

Nach (6.18) ist die allgemeinste Differentialgleichung der Fuchsschen Klasse, welche als einzige singuläre Stelle $z = \infty$ besitzt,

$$w'' = 0,$$

diejenige, welche als einzige singuläre Stelle $z = z_1$ besitzt, nach (6.18), (6.23) die Gleichung

$$w'' + \frac{2}{z - z_1} w' = 0.$$

Die allgemeinste Form einer Gleichung der Fuchsschen Klasse mit den beiden singulären Stellen $z = z_1$, $z = \infty$ ist ebenso leicht zu ermitteln, es ist die *Eulersche Differentialgleichung* zweiter Ordnung [vgl. (4.10)]

$$(6.24) \qquad w'' + \frac{A_1}{z - z_1} w' + \frac{B_1}{(z - z_1)^2} w = 0.$$

In der Umgebung von $z = z_1$ besitzt sie, wie man in diesem Fall durch Einsetzen von (6.10) leicht ermittelt, die Integralbasis

$$w_1(z) = (z - z_1)^{\varrho_1}, \quad w_2(z) = (z - z_1)^{\varrho_2}$$

bzw.

$$w_1(z) = (z - z_1)^{\varrho_1}, \quad w_2(z) = (z - z_1)^{\varrho_1} + (z - z_1)^{\varrho_1} \log(z - z_1), \quad \varrho_2 = \varrho_1.$$

§ 7. Spezielle Differentialgleichungen zweiter Ordnung

Als Anwendung der Untersuchungen des § 6 betrachten wir jetzt spezielle Differentialgleichungen zweiter Ordnung, die insbesondere für die Lösungstheorie linearer partieller Differentialgleichungen von Bedeutung sind.

7.1 Die Gaußsche hypergeometrische Differentialgleichung

Nach (6.18) läßt sich jede Differentialgleichung zweiter Ordnung der Fuchsschen Klasse mit den drei singulären Stellen z_1, z_2, ∞ in der Form

$$(7.1) \qquad u'' + \left(\frac{A_1}{z - z_1} + \frac{A_2}{z - z_2} \right) u' +$$

$$+ \left(\frac{B_1}{(z - z_1)^2} + \frac{B_2}{(z - z_2)^2} + \frac{C_1}{z - z_1} - \frac{C_1}{z - z_2} \right) u = 0$$

schreiben, wobei hier u die gesuchte Funktion bezeichnet. Sind $\varrho_\nu^{(\infty)}$, $\varrho_\nu^{(1)}$, $\varrho_\nu^{(2)}$, $\nu = 1, 2$, die Lösungen der determinierenden Gleichungen, so gilt nach (6.21)

$$\sum_{j=1}^{2} \varrho_j^{(1)} + \varrho_j^{(2)} + \varrho_j^{(\infty)} = 1 .$$

Durch einfache Rechnung ermittelt man weiter

$$(7.2) \qquad A_\nu = 1 - \varrho_1^{(\nu)} - \varrho_2^{(\nu)}, \qquad B_\nu = \varrho_1^{(\nu)} \varrho_2^{(\nu)}, \qquad \nu = 1, 2,$$

$$C_1 = \varrho_1^{(1)} \varrho_2^{(1)} + \varrho_1^{(2)} \varrho_2^{(2)} - \varrho_1^{(\infty)} \varrho_2^{(\infty)} .$$

Die Differentialgleichung (7.1) erhält dann nach Umformung des Koeffizienten von u die Gestalt der *Riemannschen Differentialgleichung*

$$(7.3) \qquad u'' + \left(\frac{1 - \varrho_1^{(1)} - \varrho_2^{(1)}}{z - z_1} + \frac{1 - \varrho_1^{(2)} - \varrho_2^{(2)}}{z - z_2} \right) u' +$$

$$+ \left(\frac{\varrho_1^{(1)} \varrho_2^{(1)} (z_1 - z_2)}{z - z_1} - \frac{\varrho_1^{(2)} \varrho_2^{(2)} (z_1 - z_2)}{z - z_2} + \varrho_1^{(\infty)} \varrho_2^{(\infty)} \right) \frac{u}{(z - z_1)(z - z_2)} = 0 .$$

Ihre allgemeine Lösung bezeichnet man mit dem *Riemannschen Symbol*

$$(7.4) \qquad P \begin{pmatrix} z_1 & z_2 & \infty & \\ \varrho_1^{(1)} & \varrho_1^{(2)} & \varrho_1^{(\infty)} & z \\ \varrho_2^{(1)} & \varrho_2^{(2)} & \varrho_2^{(\infty)} & \end{pmatrix} .$$

Führt man weiter durch

$$(7.5) \qquad u = (z - z_1)^{\varrho_1^{(1)}} (z - z_2)^{\varrho_1^{(2)}} w$$

die neue Funktion w ein, setzt außerdem

$$(7.6) \qquad \varrho_1^{(1)} + \varrho_1^{(2)} + \varrho_1^{(\infty)} = a, \qquad \varrho_1^{(1)} + \varrho_1^{(2)} + \varrho_2^{(\infty)} = b,$$

$$1 + \varrho_1^{(1)} - \varrho_2^{(1)} = c, \qquad 1 + \varrho_1^{(2)} - \varrho_2^{(2)} = d,$$

so reduziert sich die Differentialgleichung (7.3) auf

$$(7.7) \qquad w'' + [(a + b + 1)\, z - c\, z_2 - d\, z_1]\, \frac{w'}{(z - z_1)\,(z - z_2)} +$$
$$+ a\, b\, \frac{w}{(z - z_1)\,(z - z_2)} = 0.$$

Ersetzt man hierin endlich noch z durch $\dfrac{z - z_1}{z_2 - z_1}$, wodurch die singulären Stellen z_1, z_2, ∞ in 0, 1, ∞ überführt werden, so erhält man die Gaußsche *hypergeometrische Differentialgleichung*

$$(7.8) \qquad w'' + \frac{(a + b + 1)\, z - c}{z\,(z - 1)}\, w' + \frac{a\, b}{z\,(z - 1)}\, w = 0.$$

Ihre allgemeine Lösung ist gemäß (7.4) mit dem Symbol

$$(7.9) \qquad P \begin{pmatrix} 0 & 1 & \infty & \\ 0 & 0 & a & z \\ 1 - c & c - a - b & b & \end{pmatrix}.$$

zu bezeichnen, denn die Wurzeln der zu den singulären Stellen 0, 1, ∞ gehörenden determinierenden Gleichungen sind

$$(7.10) \quad \varrho_1^{(1)} = 0, \quad \varrho_2^{(1)} = 1 - c, \quad \varrho_1^{(2)} = 0, \quad \varrho_2^{(2)} = c - a - b,$$
$$\varrho_1^{(\infty)} = a, \qquad \varrho_2^{(\infty)} = b.$$

Nach Satz 6.4 besitzt die Differentialgleichung (7.8) in der Umgebung von $z = 0$ die beiden linear unabhängigen Lösungen

$$(7.11) \qquad w_1(z) = \varphi_1(z), \qquad w_2(z) = z^{1-c}\, \varphi_2(z)$$

mit

$$(7.12) \qquad \varphi_\nu(z) = \sum_{k=0}^{\infty} c_k^{(\nu)}\, z^k, \qquad \nu = 1, 2,$$

wenn c keine ganze Zahl ist. Geht man mit $w = \varphi_1(z)$ in die Differentialgleichung (7.8) ein, so bestimmen sich die $c_k^{(1)}$ rekursiv zu

$$(7.13) \qquad c_1^{(1)} = \frac{a\, b}{c}\, c_0^{(1)}, \qquad c_{k+1}^{(1)} = \frac{(a + k)\,(b + k)}{(1 + k)\,(c + k)}\, c_k^{(1)}.$$

Bei Vorgabe von $c_0^{(1)}$ sind somit alle Koeffizienten eindeutig bestimmt. Wählt man $c_0^{(1)} = 1$, so erhält man als Lösung von (7.8) in der Umgebung von $z = 0$ die *hypergeometrische Reihe* (Gaußsche Reihe)

$$(7.14) \qquad \varphi_1(z) = F(a, b; c; z) = \sum_{n=0}^{\infty} \frac{(a)_n\, (b)_n}{(c)_n}\, \frac{z^n}{n!}, \qquad |z| < 1,$$

mit

$$(\alpha)_n = \frac{\Gamma(\alpha + n)}{\Gamma(n)} = \begin{cases} \alpha\,(\alpha + 1) \ldots (\alpha + n - 1), & n \geq 1, \\ 1 & , \quad n = 0. \end{cases}$$

Die durch sie definierte analytische Funktion $F(a, b; c; z)$ heißt *hypergeometrische Funktion*. Insbesondere ist

$$F(1, b; b; z) = 1 + z + z^2 + \cdots = \frac{1}{1-z}, \quad |z| < 1,$$

die geometrische Reihe.

Die Reihe (7.14) ist konvergent für $|z| < 1$. Sie ist nur dann auch für $|z| > 1$ konvergent, wenn sie endlich ist. In diesem Falle gilt

$$c_{k+1}^{(1)} = 0 \quad \text{für} \quad k \geqq k_0 \geqq 0.$$

Wegen (7.13) ist dann aber $a + k_0 = 0$ oder $b + k_0 = 0$, folglich muß entweder a oder b Null oder eine negative ganze Zahl sein.

Eine ausführliche Darstellung der Eigenschaften der hypergeometrischen Funktion $F(a, b; c; z)$ findet sich in Teil I, B, § 4; einige interessante Relationen seien hier jedoch angeführt:

$$\text{a)} \quad F(-n, 1; 1; z) = (1 - z)^n,$$

$$\text{b)} \quad F(1, 1; 2; z) = -\frac{1}{z}\log(1 - z),$$

$$(7.15) \qquad \text{c)} \quad F\left(\frac{1}{2}, \frac{1}{2}; \frac{3}{2}; z^2\right) = \frac{1}{z}\arcsin z,$$

$$\text{d)} \quad F\left(\frac{1}{2}, \frac{1}{2}; 1; z\right) = \frac{2}{\pi}\int_0^{\pi/2} \frac{d\xi}{\sqrt{1 - z\sin^2\xi}},$$

$$\text{e)} \quad F\left(\frac{1}{2}, -\frac{1}{2}; 1; z\right) = \frac{2}{\pi}\int_0^{\pi/2} \sqrt{1 - z\sin^2\xi}\, d\xi.$$

Die hypergeometrische Funktion (7.14) stellt eine Lösung von (7.8) in der Umgebung von $z = 0$ dar. Um eine weitere linear unabhängige Lösung zu finden, geht man mit dem Ansatz

$$w_2(z) = z^{1-c}\,\varphi_2(z)$$

in die Gl. (7.8) ein und erhält eine Differentialgleichung der Fuchsschen Klasse für die Funktion $\varphi_2(z)$ in der Gestalt

$$(7.16) \qquad \varphi_2'' + \frac{(\bar{a} + \bar{b} + 1)z - \bar{c}}{z(z-1)}\varphi_2' + \frac{\bar{a}\,\bar{b}}{z(z-1)}\varphi_2 = 0$$

mit $\bar{a} = a - c + 1$, $\bar{b} = b - c + 1$, $\bar{c} = 2 - c$.

Somit folgt

$$(7.17) \quad w_2(z) = z^{1-c}F(\bar{a}, \bar{b}; \bar{c}; z) = z^{1-c}F(a - c + 1, b - c + 1; 2 - c; z).$$

Damit ist eine Integralbasis von (7.8) in der Umgebung von $z = 0$ für den Fall gefunden, daß c keine ganze Zahl oder Null ist. Die allgemeine

Lösung von (7.8) lautet daher, wenn A und B willkürliche komplexe Konstanten bedeuten,

$$(7.18) \quad w(z) = A\,F(a, b; c; z) + $$
$$+ B\,z^{1-c}\,F(a - c + 1, b - c + 1; 2 - c; z), \quad |z| < 1.$$

Durch die Transformation $\bar{z} = 1 - z$ geht (7.9) über in

$$(7.19) \quad P\begin{pmatrix} 0 & 1 & \infty & \\ 0 & 0 & a & \bar{z} \\ c - a - b & 1 - c & b & \end{pmatrix},$$

und diese Funktion ist daher allgemeine Lösung derjenigen Differentialgleichung, die aus (7.8) entsteht, wenn das komplexe Zahlentripel a, b, c durch a, b, $a + b - c + 1$ ersetzt wird. Der singulären Stelle $z = 0$ von (7.8) entspricht die singuläre Stelle $\bar{z} = 1$ dieser Differentialgleichung. Identifiziert man (7.9) mit (7.18), so kann deshalb (7.19) mit

$$(7.20) \quad w(z) = A\,F(a, b; a + b - c + 1; \bar{z}) + $$
$$+ B\,\bar{z}^{c-a-b}F(c - b, c - a; c - a - b + 1; \bar{z})$$
$$= A\,F(a, b; a + b - c + 1; 1 - z) + $$
$$+ B\,(1 - z)^{c-a-b}F(c - b, c - a; c - a - b + 1; 1 - z),$$
$$|z - 1| < 1$$

identifiziert werden, und diese Funktion ist mit willkürlichen Konstanten A, B allgemeine Lösung von (7.8) in der Umgebung von $z = 1$, wenn $c - a - b$ keine ganze Zahl ist. Schließlich zeigt man mit Hilfe der Transformation $\bar{z} = 1/z$ auf ganz ähnlichem Wege, daß für nicht ganzzahliges $a - b$ die Funktion

$$(7.21) \quad w(z) = A\left(\frac{1}{z}\right)^a F\left(a, 1 + a - c; 1 - b + a; \frac{1}{z}\right) + $$
$$+ B\left(\frac{1}{z}\right)^b F\left(b, b - c + 1; 1 - a + b; \frac{1}{z}\right), \quad |z| > 1,$$

allgemeine Lösung von (7.8) in der Umgebung von $z = \infty$ ist.

Wir betrachten jetzt wieder die singuläre Stelle $z = 0$ und nehmen an, daß c eine ganze Zahl ist. Für $c = 0, -1, -2, \ldots$ stellt dann i. allg. (7.14) und für $c = 1, 2, 3, \ldots$ i. allg. (7.17) keine Lösung der Differentialgleichung dar. Eine linear unabhängige Lösung ist dann aber für alle ganzzahligen c durch

$$(7.22)\ w_1(z) = \begin{cases} F(a, b; c; z), & c = 1, 2, 3, \ldots \\ z^{1-c}F(a - c + 1, b - c + 1; 2 - c; z), & c = 0, -1, -2, \ldots \end{cases}$$

gegeben.

Es sei jetzt $c = -n$, $n = 0, 1, 2, \ldots$, und

$$A = (-1)^{-n}\,\frac{a(a + 1) \ldots (a + n)\,b(b + 1) \ldots (b + n)}{(n + 1)\,(n!)^2}.$$

Dann ist eine weitere linear unabhängige Lösung von (7.8) die Funktion

$$(7.23) \quad w_2(z) = z^{n+1} \log z \, F(a+n+1, b+n+1; 2+n; z) +$$

$$+ \frac{1}{A} \frac{\partial}{\partial c} \{(c+n) \, F(a, b; c; z) -$$

$$- A \, z^{n+1} F(a-c+1, b-c+1; 2-c; z)\}_{c=-n},$$

welche zusammen mit der zweiten Funktion (7.22) somit eine Integralbasis von (7.8) darstellt. Ist dagegen $c = n$, $n = 1, 2, 3, \ldots$, eine natürliche Zahl, so erhält man in

$$(7.24) \quad w_1(z) = F(a, b; n; z),$$

$$w_2(z) = F(a, b; n; z) \log z +$$

$$+ \frac{1}{B} \frac{\partial}{\partial c} \{- z^{1-n}(c-n) F(a-c+1, b-c+1; 2-c; z) +$$

$$+ B \, F(a, b; c; z)\}_{c=n}$$

eine Integralbasis, wenn

$$B = (-1)^{-(n-1)} \frac{(a-n+1) \ldots (a-1)(b-n+1) \ldots (b-1)}{(n-1) \, [(n-2)!]^2}$$

gesetzt wird.

In Spezialfällen erhält man auch für ganzzahliges c logarithmenfreie Integralbasen. Man vgl. hierzu etwa [3].

7.2 Die Legendresche Differentialgleichung

Wir betrachten eine Differentialgleichung der Fuchsschen Klasse (7.1) mit den singulären Stellen $z_1 = 1$, $z_2 = -1$, $z = \infty$, deren determinierende Gleichungen die Wurzeln

$$(7.25) \quad \varrho_1^{(1)} = \varrho_1^{(2)} = \frac{\mu}{2}, \quad \varrho_2^{(1)} = \varrho_2^{(2)} = -\frac{\mu}{2}, \quad \varrho_1^{(\infty)} = \nu + 1, \quad \varrho_2^{(\infty)} = -\nu$$

besitzen. Nach (7.3) ist durch diese Vorgaben die Differentialgleichung eindeutig bestimmt; es ist die *Legendresche Differentialgleichung*

$$(7.26) \quad (1 - z^2) \, w'' - 2z \, w' + \left[\nu(\nu+1) - \frac{\mu^2}{1-z^2} \right] w = 0,$$

ihre allgemeine Lösung ist gemäß (7.4)

$$(7.27) \quad P \begin{pmatrix} 1 & -1 & \infty & \\ \dfrac{\mu}{2} & \dfrac{\mu}{2} & \nu+1 & z \\ -\dfrac{\mu}{2} & -\dfrac{\mu}{2} & -\nu & \end{pmatrix}.$$

Sie läßt sich daher auf hypergeometrische Funktionen zurückführen.

Für die Lösungstheorie partieller Differentialgleichungen ist besonders der Fall $\mu = 0$, $\nu = n \geqq 0$ ganz, interessant. Die dann aus (7.26) entstehende Differentialgleichung

(7.28)
$$(1 - z^2)\, w'' - 2z\, w' + n(n+1)\, w \equiv \frac{d}{dz}\left[(1 - z^2)\frac{dw}{dz}\right] + n(n+1)\, w = 0$$

läßt sich mit der Transformation

$$\bar{z} = \frac{1-z}{2}$$

auf die hypergeometrische Differentialgleichung

(7.29)
$$\frac{d^2 w}{d\bar{z}^2} + \frac{2\bar{z} - 1}{\bar{z}(\bar{z} - 1)}\frac{dw}{d\bar{z}} - \frac{n(n+1)}{\bar{z}(\bar{z} - 1)}\, w = 0$$

zurückführen. Nach (7.14) besitzt sie somit als Lösung das *Legendresche Polynom* (Legendresche Funktion erster Art)

(7.30) $\quad P_n(z) = F(-n, n+1; 1; \bar{z}) = F\left(-n, n+1; 1; \frac{1-z}{2}\right).$

Um eine weitere, von (7.30) linear unabhängige Lösung der Legendreschen Differentialgleichung zu finden, könnte man wie in 7.1 vorgehen. Eine andere Möglichkeit eröffnet sich, wenn man mit dem Ansatz

(7.31) $\qquad\qquad w(z) = P_n(z) \int u(z)\, dz$

in (7.28) eingeht, woraus sich für die Funktion $u(z)$ die Differentialgleichung

(7.32) $\qquad\qquad \dfrac{du}{dz} = u\, \dfrac{d}{dz} \log \dfrac{1}{(1 - z^2)\, P_n^2(z)}$

ergibt, deren Lösung

(7.33) $\qquad\qquad u(z) = \dfrac{1}{(1 - z^2)\, P_n^2(z)}$

ist, wenn die Integrationskonstante Null gesetzt wird. Sind $\xi_1, \xi_2, \ldots, \xi_n$ die Wurzeln von $P_n(z)$, so läßt sich zeigen, daß $u(z)$ die Partialbruchzerlegung

$$u(z) = \frac{1}{2}\left(\frac{1}{1 - z} + \frac{1}{1 + z} + 2\sum_{j=1}^{n}\frac{A_j}{(z - \xi_j)^2}\right)$$

mit

$$A_j = \frac{1}{(1 - \xi_j)^2 [P_n'(\xi_j)]^2}$$

besitzt. Daraus folgt

(7.34) $\quad w(z) = Q_n(z) = \dfrac{1}{2} P_n(z)\left(\log \dfrac{z+1}{z-1} - 2\sum_{j=1}^{n}\dfrac{A_j}{z - \xi_j}\right).$

Die Funktion $Q_n(z)$ heißt *Legendresche Funktion zweiter Art*; zusammen mit $P_n(z)$ bildet sie eine Integralbasis von (7.28).

Eine ausführliche Darstellung der Eigenschaften der Legendreschen Funktionen findet sich in Teil I, B, § 5, worauf wir hier verweisen.

7.3 Die konfluente hypergeometrische Differentialgleichung

Setzt man in der hypergeometrischen Differentialgleichung (7.8) für $b \neq 0$

$$(7.35) \qquad z = \frac{t}{b},$$

so erhält man die Gleichung

$$(7.36) \qquad t\left(1 - \frac{t}{b}\right)\frac{d^2 w}{dt^2} + \left[c - \left(1 + \frac{a+1}{b}\right)t\right]\frac{dw}{dt} - a\,w = 0$$

mit den singulären Stellen 0, b, ∞. Für $b \to \infty$ folgt hieraus, wenn statt t wieder z geschrieben wird, die *Kummersche Differentialgleichung*

$$(7.37) \qquad z\,w'' + (c - z)\,w' - a\,w = 0.$$

Durch den Grenzübergang $b \to \infty$ „fließen" die beiden singulären Stellen b, ∞ „zusammen", weshalb (7.37) auch als *konfluente hypergeometrische Differentialgleichung* bezeichnet wird. Die singuläre Stelle $z = 0$ ist eine solche der Bestimmtheit, dagegen ist $z = \infty$ eine wesentlich singuläre Stelle, wie man leicht erkennt.

Wir wollen nun eine Integralbasis in der Umgebung von $z = 0$ bestimmen: Die determinierende Gleichung ist wegen $\alpha_{10} = c$, $\alpha_{20} = 0$ nach (6.15)

$$(7.38) \qquad \varrho(\varrho - 1) + c\,\varrho = 0$$

mit den Lösungen $\varrho_1 = 0$, $\varrho_2 = 1 - c$. Nach Satz 6.4 erhalten wir daher eine Integralbasis in der Form

$$(7.39) \qquad w_1(z) = \varphi_1(z), \qquad w_2(z) = z^{1-c}[\varphi_2(z) + A\,\varphi_1(z)\log z],$$

wobei $\varphi_\nu(z)$, $\nu = 1, 2$, ganze Funktionen der Form

$$(7.40) \qquad \varphi_\nu(z) = \sum_{k=0}^{\infty} c_k^{(\nu)} z^k$$

sind. Wie bei der hypergeometrischen Differentialgleichung könnte man nun durch Einsetzen von (7.40) in (7.37) die $c_k^{(\nu)}$ bestimmen. Es gibt jedoch noch einen anderen interessanten Weg, um eine Integralbasis von (7.37) zu bestimmen. Dazu betrachten wir den Fall, daß c keine ganze Zahl ist. Nach dem Vorhergehenden und (7.14) muß $\lim_{b \to \infty} F(a, b; c; z/b)$ Lösung von (7.37) sein, wenn dieser Grenzwert existiert. Man zeigt aber, daß

$$(7.41) \qquad \Phi(a, c; z) = \lim_{b \to \infty} F\left(a, b; c; \frac{z}{b}\right) = \sum_{n=0}^{\infty} \frac{(a)_n}{(c)_n}\,\frac{z^n}{n!}, \qquad |z| < \infty,$$

gilt. Daher ist

$$(7.42) \qquad w_1(z) = \boldsymbol{\Phi}(a, c; z)$$

Lösung von (7.37), und zwar, wie man nachträglich erkennt, für alle $c \neq 0, -1, -2, \ldots$ Analog (7.17) ist eine weitere, von (7.42) linear unabhängige Lösung durch

$$(7.43) \qquad w_2(z) = z^{1-c}\,\boldsymbol{\Phi}(a - c + 1, 2 - c; z)$$

für alle $c \neq 1, 2, 3, \ldots$ gegeben und damit eine Integralbasis von (7.37) für nicht ganzzahliges c bekannt. Die ganze Funktion $\boldsymbol{\Phi}(a, c; z)$ heißt *Kummersche Funktion* oder *konfluente hypergeometrische Funktion*; sie wird ausführlich in Teil I, B, § 6, untersucht.

Mit $c = \alpha + 1$, $a = -n$, $n \geqq 0$ ganz, geht (7.37) über in

$$(7.44) \qquad z\,w'' + (\alpha + 1 - z)\,w' + n\,w = 0.$$

Für $\alpha \neq -1, -2, -3, \ldots$ besitzt diese Gleichung nach (7.42) als Lösung das *Laguerresche Polynom*

$$(7.45) \qquad L_n^{(\alpha)}(z) = \frac{\Gamma(\alpha + n + 1)}{\Gamma(\alpha + 1)\,\Gamma(n + 1)}\,\boldsymbol{\Phi}(-n, \alpha + 1; z).$$

Durch die Transformation

$$(7.46) \qquad w(z) = z^{-\frac{c}{2}}\,e^{\frac{z}{2}}\,u(z)$$

wird die konfluente hypergeometrische Differentialgleichung (7.37) übergeführt in die *Whittakersche Differentialgleichung*

$$(7.47) \qquad u'' + \left\{ -\frac{1}{4} + \frac{\varkappa}{z} + \frac{\frac{1}{4} - \mu^2}{z^2} \right\} u = 0,$$

wenn

$$a = \mu - \varkappa + \tfrac{1}{2}, \qquad c = 2\mu + 1$$

gesetzt wird. Ist 2μ keine ganze Zahl, so bilden nach (7.42), (7.43) und (7.46) die beiden Funktionen

$$(7.48) \qquad
\begin{aligned}
M_{\varkappa,\mu}(z) &= z^{\mu + \frac{1}{2}}\,e^{-\frac{z}{2}}\,\boldsymbol{\Phi}(\mu - \varkappa + \tfrac{1}{2}, 2\mu + 1; z), \\
M_{\varkappa,-\mu}(z) &= z^{-\mu + \frac{1}{2}}\,e^{-\frac{z}{2}}\,\boldsymbol{\Phi}(-\mu - \varkappa + \tfrac{1}{2}, -2\mu + 1; z)
\end{aligned}$$

eine Integralbasis dieser Differentialgleichung. Ersetzt man weiter z durch $-z$, $\varkappa$ durch $-\varkappa$, so ändert sich (7.47) nicht. Daher bilden auch $M_{-\varkappa,\mu}(-z)$ und $M_{-\varkappa,-\mu}(-z)$ eine Integralbasis und ebenso die beiden *Whittakerschen Funktionen*

$$(7.49) \qquad
\begin{aligned}
W_{\varkappa,\mu}(z) &= \frac{\Gamma(-2\mu)}{\Gamma(\tfrac{1}{2} - \mu - \varkappa)}\,M_{\varkappa,\mu}(z) + \frac{\Gamma(2\mu)}{\Gamma(\tfrac{1}{2} + \mu - \varkappa)}\,M_{\varkappa,-\mu}(z), \\
W_{-\varkappa,\mu}(-z) &= \frac{\Gamma(-2\mu)}{\Gamma(\tfrac{1}{2} - \mu + \varkappa)}\,M_{-\varkappa,\mu}(-z) + \frac{\Gamma(2\mu)}{\Gamma(\tfrac{1}{2} + \mu + \varkappa)}\,M_{-\varkappa,-\mu}(-z).
\end{aligned}$$

Man vgl. auch hierzu Teil I, B, § 6.

7.4 Die Besselsche Differentialgleichung

Wir betrachten eine Riemannsche Differentialgleichung (7.3) mit den singulären Stellen $0, z_2, \infty$. Die Lösungen der zugehörigen determinierenden Gleichungen mögen den Bedingungen

$$(7.50) \qquad \varrho_1^{(1)} = \lambda, \quad \varrho_2^{(1)} = -\lambda, \quad \varrho_1^{(2)} + \varrho_2^{(2)} = 1, \quad \varrho_1^{(\infty)} + \varrho_2^{(\infty)} = 0,$$

$$\varrho_1^{(2)} \varrho_2^{(2)} = \varrho_1^{(\infty)} \varrho_2^{(\infty)} = z_2^2$$

genügen, weshalb nach (7.3) die Differentialgleichung die Gestalt

$$(7.51) \qquad w'' + \frac{1}{z} w' + \left[\frac{\lambda^2 z_2}{z^2 (z - z_2)} + \frac{z_2^2}{(z - z_2)^2} \right] w = 0$$

besitzt; ihre allgemeine Lösung ist nach (7.4)

$$(7.52) \qquad P \begin{pmatrix} 0 & z_2 & \infty & \\ \lambda & \varrho_1^{(2)} & \varrho_1^{(\infty)} & z \\ -\lambda & \varrho_2^{(2)} & \varrho_2^{(\infty)} & \end{pmatrix}.$$

Wegen

$$\lim_{z_2 \to \infty} \left[\frac{\lambda^2 z_2}{z^2 (z - z_2)} + \frac{z_2^2}{(z - z_2)^2} \right] = \lim_{z_2 \to \infty} \left[-\frac{\lambda^2}{z^2} \frac{1}{1 - \dfrac{z}{z_2}} + \frac{1}{\left(1 - \dfrac{z}{z_2} \right)^2} \right]$$

$$= -\frac{\lambda^2}{z^2} + 1, \quad |z| < \infty$$

geht (7.51) für $z_2 \to \infty$ über in die *Besselsche Differentialgleichung*

$$(7.53) \qquad w'' + \frac{1}{z} w' + \left(1 - \frac{\lambda^2}{z^2} \right) w = 0.$$

Sie kann auch aus der konfluenten hypergeometrischen Differentialgleichung (7.37) erhalten werden, indem man dort

$$a = \lambda + \tfrac{1}{2}, \quad c = 2\lambda + 1$$

setzt und die Transformationen

$$w = e^{z/2} z^{-\lambda} u, \quad z = 2 i \xi$$

ausführt.

Die Stelle $z = 0$ ist eine Stelle der Bestimmtheit von (7.53), während $z = \infty$ eine wesentlich singuläre Stelle ist. Zu $z = 0$ gehört die determinierende Gleichung

$$(7.54) \qquad \varrho^2 - \lambda^2 = 0,$$

es existiert also eine Lösung der Form

$$(7.55) \qquad w_1(z) = z^\lambda \varphi_1(z).$$

Geht man wieder mit dem nun schon geläufigen Ansatz für $\varphi_1(z)$ in die Differentialgleichung (7.53) ein, so ermittelt man

$$(7.56) \qquad \varphi_1(z) = c \sum_{\nu=0}^{\infty} (-1)^\nu \frac{\Gamma(\lambda+1)}{\Gamma(\nu+1)\,\Gamma(\lambda+\nu+1)} \left(\frac{z}{2}\right)^{2\nu}$$

mit dem willkürlichen Parameter c. Setzt man speziell

$$c = \frac{1}{2^\lambda}\,\frac{1}{\Gamma(\lambda+1)},$$

so erhält man als Lösung von (7.53) die *Besselsche Funktion λ-ter Ordnung*

$$(7.57) \qquad J_\lambda(z) = \sum_{\nu=0}^{\infty} (-1)^\nu \frac{1}{\Gamma(\nu+1)\,\Gamma(\lambda+\nu+1)} \left(\frac{z}{2}\right)^{\lambda+2\nu}.$$

Man verifiziert leicht, daß auch $J_{-\lambda}(z)$ Lösung von (7.53) ist. Für nicht ganzzahliges λ sind $J_\lambda(z)$ und $J_{-\lambda}(z)$ sogar linear unabhängig, so daß die allgemeine Lösung von (7.53) lautet

$$(7.58) \qquad w(z) = A J_\lambda(z) + B J_{-\lambda}(z), \qquad \lambda \neq 0, \pm 1, \pm 2, \ldots$$

Ist dagegen $\lambda = n$ eine ganze Zahl, etwa $n \geqq 0$, so sind $J_n(z)$ und $J_{-n}(z)$ linear abhängig. Es gilt nämlich, da die Funktion $\Gamma(z)$ bei $0, -1, -2, \ldots$ Pole, die Funktion $1/\Gamma(x)$ dort also Nullstellen besitzt, nach (7.57)

$$J_{-n}(z) = \sum_{\nu=n}^{\infty} (-1)^\nu \frac{1}{\Gamma(\nu+1)\,\Gamma(-n+\nu+1)} \left(\frac{z}{2}\right)^{-n+2\nu}$$

$$= \sum_{\mu=0}^{\infty} (-1)^{n+\mu} \frac{1}{\Gamma(n+\mu+1)\,\Gamma(\mu+1)} \left(\frac{z}{2}\right)^{n+2\mu} = (-1)^n J_n(z).$$

Eine weitere, von $J_n(z)$ linear unabhängige Lösung von (7.53) wird in diesem Fall durch die Besselsche Funktion zweiter Art oder *Neumannsche Funktion*

$$(7.59) \qquad N_n(z) = \frac{1}{\pi} \left[\frac{\partial}{\partial \nu} \{ J_\nu(z) - (-1)^n J_{-\nu}(z) \} \right]_{\nu=n}$$

geliefert (vgl. [*3, 20*]), weshalb die allgemeine Lösung von (7.53) lautet

$$(7.60) \qquad w(z) = A J_n(z) + B N_n(z), \qquad n = 0, \pm 1, \pm 2, \ldots$$

Definiert man die Neumannsche Funktion für nicht ganzzahliges λ durch

$$(7.61) \qquad N_\lambda(z) = \frac{J_\lambda(z) \cos \lambda\,\pi - J_{-\lambda}(z)}{\sin \lambda\,\pi}$$

und ist n eine beliebige ganze Zahl oder Null, so läßt sich zeigen, daß der Grenzwert $\lim_{\lambda \to n} N_\lambda(z)$ existiert und gleich der durch (7.59) definierten

Funktion $N_n(z)$ ist. Die allgemeine Lösung (7.58) von (7.53) für nicht ganzzahliges λ kann dann auch in der Form

$$(7.62) \qquad w(z) = (\bar{A} + \bar{B} \cot \lambda \pi) J_\lambda(z) - \frac{\bar{B}}{\sin \lambda \pi} J_{-\lambda}(z)$$
$$= \bar{A} J_\lambda(z) + \bar{B} N_\lambda(z)$$

geschrieben werden. Folglich bilden für beliebiges λ die Funktionen $J_\lambda(z)$, $N_\lambda(z)$ eine Integralbasis der Besselschen Differentialgleichung, ihre allgemeine Lösung ist daher

$$(7.63) \qquad w(z) = A J_\lambda(z) + B N_\lambda(z).$$

Funktionen dieser Form bezeichnet man allgemein als *Zylinderfunktionen* $Z_\lambda(z)$; sie sind stets Lösungen der Gl. (7.53). Insbesondere sind also die Besselschen und die Neumannschen Funktionen Zylinderfunktionen. Aus (7.63) folgt noch, daß auch

$$(A + B) J_\lambda(z) + i(A - B) N_\lambda(z)$$

mit willkürlichen Konstanten A und B allgemeine Lösung der Besselschen Differentialgleichung ist. Daher bilden auch die Besselschen Funktionen dritter Art oder *Hankelschen Funktionen*

$$(7.64) \quad H_\lambda^{(1)}(z) = J_\lambda(z) + i N_\lambda(z), \quad H_\lambda^{(2)}(z) = J_\lambda(z) - i N_\lambda(z)$$

eine Integralbasis von (7.53).

Die Eigenschaften der Zylinderfunktionen sind sehr ausführlich in Teil I, B, § 3 dargestellt, worauf hier verwiesen sei.

§ 8. Lineare Differentialgleichungen mit periodischen Koeffizienten

Neben den bisher betrachteten linearen Differentialgleichungen mit konstanten Koeffizienten und den speziellen linearen Differentialgleichungen zweiter Ordnung (§ 7) treten in den Anwendungen besonders häufig lineare Differentialgleichungen mit periodischen Koeffizienten auf. Das gilt insbesondere für mechanische und elektromagnetische Prozesse, die unter dem Einfluß einer periodisch veränderlichen Kraft ablaufen. Darüber hinaus haben solche Gleichungen Bedeutung für die Lösungstheorie partieller Differentialgleichungen. Führt man etwa bei der Schwingungsgleichung

$$\frac{\partial^2 u}{\partial x^2} + \frac{\partial^2 u}{\partial y^2} + \frac{\partial^2 u}{\partial z^2} + k^2 u = 0$$

mit der Konstanten k durch

$$x = \operatorname{Cos}\xi \cos\eta, \quad y = \operatorname{Sin}\xi \sin\eta, \quad z = z$$

elliptische Zylinderkoordinaten ein, so kann man den Lösungsansatz (Separation) $u(\xi, \eta, \zeta) = f(\xi)\,g(\eta)\,h(\zeta)$ verwenden. Die Funktionen $f(\xi)$ und $g(\eta)$ genügen dabei linearen gewöhnlichen Differentialgleichungen zweiter Ordnung mit periodischen Koeffizienten (vgl. Teil I, B, § 2).

Im folgenden betrachten wir wieder ausschließlich Differentialgleichungen im Reellen.

8.1 Systeme linearer Differentialgleichungen erster Ordnung

In 1.2 wurde gezeigt, daß jede gewöhnliche Differentialgleichung n-ter Ordnung, $n \geqq 1$, einem System von gewöhnlichen Differentialgleichungen erster Ordnung äquivalent ist. Ist die Differentialgleichung linear, so ist es auch das äquivalente System. Um zunächst einen einfachen, aber möglichst allgemeinen Zugang zur Theorie der linearen Differentialgleichungen mit periodischen Koeffizienten zu finden, betrachten wir das lineare System

$$(8.1) \qquad y' = A(x)\,y + b(x).$$

Dabei ist $A(x)$ eine reelle $n \times n$-Matrix, deren Elemente $a_{ij}(x)$ periodisch mit der Periode $X > 0$ sind: $a_{ij}(x + X) = a_{ij}(x)$. Wir schreiben dies kürzer $A(x + X) = A(x)$. Die Komponenten des Vektors $b(x)$ seien ebenfalls periodisch mit der Periode X: $b(x + X) = b(x)$. Wir setzen also generell voraus

$$(8.2) \qquad A(x + X) = A(x), \quad b(x + X) = b(x), \quad -\infty < x < \infty.$$

Zunächst untersuchen wir das zu (8.1) gehörige homogene System

$$(8.3) \qquad y' = A(x)\,y,$$

wobei wir $A(x) \in C^0((-\infty, \infty))$ voraussetzen. Nach Satz 5.2 besitzt (8.3) dann für $-\infty < x < \infty$ eine Integralbasis

$$(8.4) \qquad y_\nu(x) = \begin{pmatrix} y_{\nu 1}(x) \\ y_{\nu 2}(x) \\ \vdots \\ y_{\nu n}(x) \end{pmatrix}, \quad \nu = 1, 2, \ldots, n.$$

Wir nennen eine Matrix

$$(8.5) \qquad Y(x) = (y_1(x), y_2(x), \ldots, y_n(x)),$$

deren Spalten die Vektoren einer Integralbasis sind, Fundamentalmatrix. $Y(x)$ ist dann nichtsingulär, und es gilt der

Satz 8.1. *Mit $Y(x)$ ist auch*

$$(8.6) \qquad Z(x) = Y(x + X)$$

Fundamentalmatrix von (8.3).

Es gilt nämlich in leicht verständlicher Schreibweise

$$Z'(x) = Y'(x + X) = A(x + X)\,Y(x + X) = A(x)\,Z(x),$$

d. h., $Z(x)$ enthält als Spaltenvektoren nur Lösungen von (8.3). Wegen $\det Z(x) = \det Y(x + X) \neq 0$ ist somit $Z(x)$ Fundamentalmatrix.

Jeder Spaltenvektor von $Z(x)$ muß Linearkombination der Spaltenvektoren von $Y(x)$ sein. Daher gibt es eine konstante nichtsinguläre Matrix S, so daß

$$(8.7) \qquad Z(x) = Y(x + X) = Y(x)\,S$$

gilt. Sei weiter $y(x)$ eine beliebige Lösung von (8.3), so muß sie sich in der Form

$$(8.8) \qquad y(x) = c_1\,y_1(x) + c_2\,y_2(x) + \cdots + c_n\,y_n(x) = Y(x)\,c$$

mit dem konstanten Vektor $c^T = (c_1, \ldots, c_n)$ darstellen lassen. Hieraus folgt mit (8.7) weiter

$$(8.9) \qquad y(x + X) = Y(x + X)\,c = Y(x)\,S\,c.$$

Wir fragen nun nach *faktorperiodischen Lösungen* von (8.3), d. h. nach Lösungen mit der Eigenschaft

$$(8.10) \qquad y(x + X) = \varrho\,y(x),$$

wobei ϱ eine reelle oder komplexe Zahl bedeutet. Für $\varrho = 1$ heißt die Lösung X-periodisch, für $\varrho = -1$ X-halbperiodisch. Eine faktorperiodische Lösung kann schlechthin periodisch sein. Denn gibt es eine ganze positive Zahl m, so daß $\varrho^m = 1$, also ϱ m-te Einheitswurzel ist, so folgt $y(x + mX) = y(x)$, d. h., $y(x)$ ist mX-periodisch.

Mit (8.8), (8.9), (8.10) folgt nun weiter

$$y(x + X) = \varrho\,y(x) = \varrho\,Y(x)\,c = Y(x)\,S\,c,$$

und daraus wegen $\det Y(x) \neq 0$

$$(8.11) \qquad S\,c = \varrho\,c.$$

Die Zahl ϱ ist also Eigenwert von S. Diese Matrix hängt noch von der gewählten Integralbasis, d. h. von $Y(x)$ ab. Dagegen hängt das charakteristische Polynom von S, nämlich

$$f(\varrho) = \det(S - \varrho\,E),$$

nur vom System (8.3), d. h. von der Matrix $A(x)$ ab. Denn nach (8.7) gilt $S = (Y(x))^{-1} Y(x + X)$. Ist $U(x)$ eine weitere Fundamentalmatrix, so gibt es entsprechend eine nichtsinguläre Matrix P mit $P = (U(x))^{-1} \times$ $\times U(x + X)$. Andererseits muß es eine konstante nichtsinguläre Matrix T geben, so daß $U(x) = Y(x)\, T$. Daraus folgt

$$P = T^{-1} (Y(x))^{-1} Y(x + X)\, T = T^{-1} S\, T,$$

also

(8.12)
$$\det(P - \varrho\, E) = \det(S - \varrho\, E).$$

Setzt man

(8.13)
$$\varrho = e^{X \lambda},$$

so erhält man zunächst folgende Aussagen über die Lösungen von (8.3):

Satz 8.2. *Das homogene System (8.3) besitzt mindestens eine faktorperiodische Lösung mit der Eigenschaft*

(8.14)
$$y(x + X) = e^{X \lambda}\, y(x).$$

Es besitzt genau dann mindestens eine X-periodische Lösung, wenn $\varrho = 1$ Eigenwert von S ist (Satz von Floquet).

Zu jedem Eigenwert ϱ_i von S gehört mit $\varrho_i = e^{X \lambda_i}$ eine Lösung $y_i(x)$ von (8.3) mit der Eigenschaft

(8.15)
$$y_i(x + X) = e^{X \lambda_i}\, y_i(x).$$

Man nennt die ϱ_i *charakteristische Faktoren* und die λ_i *charakteristische Exponenten* des Systems (8.3). Letztere sind nur bis auf ganzzahlige Vielfache von $2\pi\, i/X$ bestimmt.

Wir wenden uns nun dem inhomogenen System (8.1) zu. Es sei $Y_0(x)$ eine Fundamentalmatrix des zugehörigen homogenen Systems. Für diejenige eindeutig bestimmte Lösung von (8.1), welche der Bedingung $y(x_0) = y_0$ genügt, verwenden wir den Ansatz

(8.16)
$$y(x) = Y_0(x)\, z(x)$$

mit der n-komponentigen Vektorfunktion $z(x)$. Setzt man diesen Ausdruck in (8.1) ein, so folgt wegen $Y_0'(x) = A(x)\, Y_0(x)$ die Gleichung

$$z'(x) = [Y_0(x)]^{-1}\, b(x),$$

also mit dem konstanten Vektor c

$$z(x) = c + \int_{x_0}^{x} [Y_0(\xi)]^{-1}\, b(\xi)\, d\xi.$$

Mit (8.16) und $y(x_0) = y_0$ erhält man hiermit für die gesuchte Lösung die Darstellung

$$(8.17) \qquad y(x) = Y_0(x) \left\{ [Y_0(x_0)]^{-1} y_0 + \int\limits_{x_0}^{x} [Y_0(\xi)]^{-1} b(\xi) \, d\xi \right\},$$

die mit (5.8) identisch ist, wenn man dort die Konstanten C_ν durch die ν-ten Komponenten von $[Y_0(x_0)]^{-1} y_0$ ersetzt.

Soll nun (8.17) eine X-periodische Funktion sein, so muß unter Berücksichtigung von (8.7) gelten (vgl. [8])

$$Y_0(x) \left\{ [Y_0(x_0)]^{-1} y_0 + \int\limits_{x_0}^{x} [Y_0(\xi)]^{-1} b(\xi) \, d\xi \right\} -$$

$$- Y_0(x) \, S \left\{ [Y_0(x_0)]^{-1} y_0 + \int\limits_{x_0}^{x+X} [Y_0(\xi)]^{-1} b(\xi) \, d\xi \right\} = 0,$$

also wegen $\det Y_0(x) \neq 0$

$$(S - E) \left\{ [Y_0(x_0)]^{-1} y_0 + \int\limits_{x_0}^{x} [Y_0(\xi)]^{-1} b(\xi) \, d\xi \right\} + S \int\limits_{x}^{x+X} [Y_0(\xi)]^{-1} b(\xi) \, d\xi = 0.$$

Für $x = x_0$ folgt hieraus die Gleichung

$$(8.18) \qquad (S - E) \, [Y_0(x_0)]^{-1} y_0 = - S \int\limits_{x_0}^{x_0+X} [Y_0(\xi)]^{-1} b(\xi) \, d\xi.$$

Ist 1 kein Eigenwert von S, gilt also $\det(S - E) \neq 0$, so ist (8.18) eindeutig nach y_0 auflösbar. Genau für diesen Anfangsvektor besitzt (8.1) eine X-periodische Lösung. Mit anderen Worten: Für jedes $b(x)$ besitzt in diesem Fall (8.1) genau eine periodische Lösung, insbesondere $y \equiv 0$ für $b \equiv 0$.

Ist dagegen 1 Eigenwert von S und somit $\det(S - E) = 0$, so besitzt das zugehörige homogene System mindestens eine X-periodische Lösung gemäß Satz 8.2. Das inhomogene System (8.1) besitzt keine oder unendlich viele Lösungen, je nachdem, ob der Rang der zu $S - E$ gehörigen erweiterten Matrix [vgl. Teil III, F, § 2, (2.17)] größer oder nicht größer als der Rang von $S - E$ ist.

Es sei $b(x)$ eine Lösung von $y' = A(x) \, y$. Dann ist, wie man sofort bestätigt,

$$(8.19) \qquad\qquad y = (x + c) \, b(x)$$

mit willkürlicher Konstante c eine Lösung von (8.1). Die Amplituden dieser Lösung wachsen linear mit x an. Deutet man bei einem schwingenden System x als die Zeit, so wird durch (8.19) ein Resonanzfall beschrieben (vgl. [8]).

Ausführlichere Untersuchungen der hier nur angeschnittenen Fragen finden sich u. a. in [3], S. 334ff., und [17]. Für die Anwendungen wichtig sind ferner Untersuchungen über die Stabilität (im Sinne von LJAPUNOV) von Lösungen der hier betrachteten Systeme. Man vgl. hierzu Teil IV, L, § 10.

Beispiel 8.1. (Vgl. Beispiel 4.3.) Bei einem elektrischen Stromkreis in Reihenschaltung mit der angelegten Spannung $E(t)$ seien die Induktivität L, die Kapazität C und der Widerstand R konstant. Dann genügt der elektrische Strom $I(t)$ nach dem Kirchhoffschen Gesetz der Gleichung

$$L \frac{dI(t)}{dt} + RI(t) + \frac{1}{C} \int I(t)\, dt = E(t).$$

Mit

$$y(t) = \int T(t)\, dt$$

wird hieraus die Differentialgleichung

(*)
$$y'' + \frac{R}{L} y' + \frac{1}{LC} y = \frac{1}{L} E(t).$$

Wir nehmen an, daß die Spannung $E(t)$ eine periodische Funktion der Zeit t ist, und weiter, daß die Zeitskala so normiert werde, daß $E(t)$ eine 2π-periodische Funktion ist. Ferner gelte $L > 0$, $C > 0$. Mit $y = y_1$, $y' = y_2$ ist die Differentialgleichung (*) äquivalent dem System

(**)
$$\begin{aligned}
y_1' &= y_2 \\
y_2' &= -\frac{1}{LC} y_1 - \frac{R}{L} y_2 + \frac{1}{L} E(t).
\end{aligned}$$

Es hat mit

$$A = \begin{pmatrix} 0 & 1 \\ -\dfrac{1}{LC} & -\dfrac{R}{L} \end{pmatrix}, \quad b(t) = \begin{pmatrix} 0 \\ \dfrac{1}{L} E(t) \end{pmatrix}$$

die Form

(**)
$$y' = A\,y + b(t).$$

Das zugehörige homogene System besitzt konstante Koeffizienten, nach der in (5.3) beschriebenen Methode ist für $R^2 \neq 4L/C$

$$Y_0(t) = \begin{pmatrix} e^{\lambda_1 t} & e^{\lambda_2 t} \\ \lambda_1 e^{\lambda_1 t} & \lambda_2 e^{\lambda_2 t} \end{pmatrix}$$

mit

$$\lambda_1 = -\frac{1}{2L}\left(R - \sqrt{R^2 - 4\frac{L}{C}} \right),$$

$$\lambda_2 = -\frac{1}{2L}\left(R + \sqrt{R^2 - 4\frac{L}{C}} \right)$$

eine Fundamentalmatrix. Es gilt

$$Y_0(t + 2\pi) = Y_0(t)\, S \quad \text{mit} \quad S = \begin{pmatrix} e^{2\pi\lambda_1} & 0 \\ 0 & e^{2\pi\lambda_2} \end{pmatrix}.$$

Die Eigenwerte von S sind also

$$\varrho_1 = e^{2\pi\lambda_1}, \qquad \varrho_2 = e^{2\pi\lambda_2},$$

sie sind wegen $\lambda_1 \neq \lambda_2$ voneinander verschieden.

Nach (8.17) errechnet man als Lösung des Systems (**)

$$y_1(t) = \frac{1}{\lambda_2 - \lambda_1}\left\{(\lambda_2\, e^{\lambda_1 t} - \lambda_1\, e^{\lambda_2 t})\, y_0^1 - (e^{\lambda_1 t} - e^{\lambda_2 t})\, y_0^2 - \right.$$

$$\left. - \frac{1}{L}\, e^{\lambda_1 t}\int\limits_0^t E(\xi)\, e^{-\lambda_1 \xi}\, d\xi + \frac{1}{L}\, e^{\lambda_2 t}\int\limits_0^t E(\xi)\, e^{-\lambda_2 \xi}\, d\xi\right\},$$

$$y_2(t) = \frac{1}{\lambda_2 - \lambda_1}\left\{\lambda_1\lambda_2(e^{\lambda_1 t} - e^{\lambda_2 t})\, y_0^1 - (\lambda_1\, e^{\lambda_1 t} - \lambda_2\, e^{\lambda_2 t})\, y_0^2 - \right.$$

$$\left. - \frac{\lambda_1}{L}\, e^{\lambda_1 t}\int\limits_0^t E(\xi)\, e^{-\lambda_1 \xi}\, d\xi + \frac{\lambda_2}{L}\, e^{\lambda_2 t}\int\limits_0^t E(\xi)\, e^{-\lambda_2 \xi}\, d\xi\right\}.$$

Wir betrachten nun die beiden Fälle

A. $R \neq 0$. Dann ist 1 kein Eigenwert von S, es gibt genau einen Anfangsvektor $\boldsymbol{y}_0$, für den das System (**) bei beliebiger 2π-periodischer Funktion $E(t)$ eine 2π-periodische Lösung besitzt. Diesen Anfangsvektor ermittelt man nach (8.18) zu

$$\boldsymbol{y}_0 = \begin{pmatrix} y_0^1 \\ \\ y_0^2 \end{pmatrix}$$

$$= \frac{1}{L}\begin{pmatrix} \dfrac{e^{2\pi\lambda_1}}{e^{2\pi\lambda_1} - 1}\displaystyle\int\limits_0^{2\pi} E(\xi)\, e^{-\lambda_1 \xi}\, d\xi - \dfrac{e^{2\pi\lambda_2}}{e^{2\pi\lambda_2} - 1}\displaystyle\int\limits_0^{2\pi} E(\xi)\, e^{-\lambda_2 \xi}\, d\xi \\ \\ \dfrac{\lambda_1\, e^{2\pi\lambda_1}}{e^{2\pi\lambda_1} - 1}\displaystyle\int\limits_0^{2\pi} E(\xi)\, e^{-\lambda_1 \xi}\, d\xi - \dfrac{\lambda_2\, e^{2\pi\lambda_2}}{e^{2\pi\lambda_2} - 1}\displaystyle\int\limits_0^{2\pi} E(\xi)\, e^{-\lambda_2 \xi}\, d\xi \end{pmatrix}.$$

Die zugehörige 2π-periodische Lösung lautet

$$y_1(t) = \frac{1}{L}\left\{\frac{e^{\lambda_1(t + 2\pi)}}{e^{2\pi\lambda_1} - 1}\int\limits_0^{2\pi} E(\xi)\, e^{-\lambda_1 \xi}\, d\xi - \frac{e^{\lambda_2(t + 2\pi)}}{e^{2\pi\lambda_2} - 1}\int\limits_0^{2\pi} E(\xi)\, e^{-\lambda_2 \xi}\, d\xi - \right.$$

$$\left. - e^{\lambda_1 t}\int\limits_0^t E(\xi)\, e^{-\lambda_1 \xi}\, d\xi + e^{\lambda_2 t}\int\limits_0^t E(\xi)\, e^{-\lambda_2 \xi}\, d\xi\right\}$$

$$y_2(t) = \frac{1}{L}\left\{\frac{\lambda_1\, e^{\lambda_1(t + 2\pi)}}{e^{2\pi\lambda_1} - 1}\int\limits_0^{2\pi} E(\xi)\, e^{-\lambda_1 \xi}\, d\xi - \frac{\lambda_2\, e^{\lambda_2(t + 2\pi)}}{e^{2\pi\lambda_2} - 1}\int\limits_0^{2\pi} E(\xi)\, e^{-\lambda_2 \xi}\, d\xi - \right.$$

$$\left. - \lambda_1\, e^{\lambda_1 t}\int\limits_0^t E(\xi)\, e^{-\lambda_1 \xi}\, d\xi + \lambda_2\, e^{\lambda_2 t}\int\limits_0^t E(\xi)\, e^{-\lambda_2 \xi}\, d\xi\right\}.$$

B. $R = 0$, $LC = 1/K^2$, $K > 0$ ganz. In diesem Falle ist $\lambda_1 = iK$, $\lambda_2 = -iK$, 1 ist Eigenwert von S, es gilt sogar $S = E$. Eine reelle Fundamentalmatrix ist in diesem Falle

$$Y_0(t) = \begin{pmatrix} \cos K\,t & \sin K\,t \\ -K\sin K\,t & K\cos K\,t \end{pmatrix}.$$

Das System (**) besitzt genau dann 2π-periodische Lösungen — und zwar unendlich viele —, wenn der Rang der zu $S - E$ gehörigen aus (8.18) bestimmbaren erweiterten Matrix gleich dem Rang von $S - E$ ist. Bezeichnen wir die rechte Seite von (8.18) mit q, so ist die erweiterte Matrix $(S - E, q)$. Da $S - E$ die Nullmatrix ist, also den Rang 0 besitzt, muß q der Nullvektor sein. Daraus folgt

$$q_1 = \sqrt{\frac{C}{L}} \int_0^{2\pi} E(\xi)\sin K\,\xi\,d\xi = 0, \quad q_2 = -\sqrt{\frac{C}{L}} \int_0^{2\pi} E(\xi)\cos K\,\xi\,d\xi = 0.$$

Die Funktion $E(t)$ muß daher so beschaffen sein, daß die beiden Integrale

$$\int_0^{2\pi} E(\xi)\sin K\,\xi\,d\xi, \quad \int_0^{2\pi} E(\xi)\cos K\,\xi\,d\xi$$

verschwinden. Zu jedem y_0 gibt es dann eine 2π-periodische Lösung.

8.2 Differentialgleichungen zweiter Ordnung

Die Theorie der linearen Differentialgleichungen höherer Ordnung mit periodischen Koeffizienten läßt sich vollständig auf die der in der vorigen Ziffer betrachteten Systeme erster Ordnung zurückführen. Dennoch ist es in der Regel einfacher, Gleichungen zweiter Ordnung mit periodischen Koeffizienten direkt zu untersuchen.

Es sei wieder das Problem aus Beispiel 8.1 vorgelegt, jedoch seien jetzt die R, L, C Funktionen der Zeit t. Das Kirchhoffsche Gesetz liefert dann (vgl. [29], S. 177)

$$(8.20) \qquad \frac{d}{dt}\Big[L(t)\,I(t)\Big] + R(t)\,I(t) + \frac{1}{C(t)}\int I(t)\,dt = E(t).$$

Wir betrachten weiter drei praktisch wichtige Spezialfälle dieser Gleichung:

1. R und L sind konstant. Mit

$$I(t) = \frac{dy(t)}{dt}$$

wird aus (8.20)

$$(8.21) \qquad \frac{d^2 y(t)}{dt^2} + \frac{d}{dt}\Big[\frac{R}{L}\,y(t)\Big] + \frac{y(t)}{LC(t)} = \frac{1}{L}\,E(t).$$

2. R und C sind konstant. Mit

$$I(t)\, L(t) = y(t)$$

erhält man aus (8.20) die Differentialgleichung

(8.22)
$$\frac{d^2 y(t)}{dt^2} + \frac{d}{dt}\left[\frac{R}{L(t)}\, y(t)\right] + \frac{y(t)}{L(t)\, C} = \frac{dE(t)}{dt}$$

(man differenziere nach t).

3. L und C sind konstant. Entsprechend 2. folgt die Differentialgleichung

(8.23)
$$\frac{d^2 y(t)}{dt^2} + \frac{d}{dt}\left[\frac{R(t)}{L}\, y(t)\right] + \frac{y(t)}{LC} = \frac{1}{L}\, \frac{dE(t)}{dt}.$$

Die zu den drei Spezialfällen (8.21) bis (8.23) gehörige homogene Differentialgleichung hat stets die Form

(8.24)
$$\frac{d^2 y}{dt^2} + \frac{d}{dt}\left[\frac{R}{L}\, y\right] + \frac{y}{LC} = 0,$$

sie läßt sich durch die Transformation

$$u(t) = y(t)\, e^{\frac{1}{2}\int \frac{R}{L}\, dt}$$

in die Gleichung [vgl. (4.46)]

(8.25)
$$\frac{d^2 u}{dt^2} + P(t)\, u = 0$$

mit

(8.26)
$$P(t) = \frac{1}{LC} - \left(\frac{R}{2L}\right)^2 + \frac{d}{dt}\left(\frac{R}{2L}\right)$$

überführen. Da in den oben beschriebenen drei Spezialfällen jeweils eine der Größen R, L, C eine Funktion von t ist, so hängt auch P stets von t ab. Sind die genannten Größen außerdem T-periodische Funktionen, so gilt dies auch für P: $P(t) = P(t + T)$.

Wenn wir an Stelle von (8.25) das äquivalente System erster Ordnung

(8.27)
$$\begin{aligned} u_1' &= u_2 \\ u_2' &= -P(t)\, u_1 \end{aligned}$$

betrachten, so folgt aus Satz 8.2 unmittelbar: Die Differentialgleichung (8.25) besitzt mindestens eine Lösung $u(t)$ mit der Eigenschaft

(8.28)
$$u(t + T) = e^{\lambda T}\, u(t).$$

Um die charakteristischen Exponenten λ zu bestimmen, betrachten wir diejenige Fundamentalmatrix $U(t)$ von (8.27), für die $U(0)$ gleich der Einheitsmatrix E ist. Nach Satz 8.1 ist dann auch $U(t + T)$ eine Fundamentalmatrix, und es gilt nach (8.7)

$$(8.29) \qquad U(t + T) = U(t)\, S.$$

Für $t = 0$ folgt hieraus

$$(8.30) \qquad S = U(T).$$

Mit $t = -T$ liefern (8.29), (8.30) weiter

$$U(0) = E = U(-T)\, S = U(-T)\, U(T)$$

und daher

$$(8.31) \qquad U(-T) = \{U(T)\}^{-1}.$$

Sei $u_1(t)$, $u_2(t)$ diejenige Integralbasis von (8.25), die den Bedingungen

$$(8.32) \qquad u_1(0) = 1, \quad u_1'(0) = 0; \quad u_2(0) = 0, \quad u_2'(0) = 1$$

genügt, so gilt für die Wronski-Determinante dieser Basis offenbar

$$W\big(u_1(t),\, u_2(t)\big) = W(t) = \det U(t).$$

Da in (8.25) der Koeffizient von y' verschwindet, hat die Wronski-Determinante nach (4.5) den konstanten Wert $W(0) = 1$, es gilt also

$$(8.33) \qquad \det U(t) = W(t) = W(0) = \det U(0) = 1,$$

und somit

$$(8.34) \qquad \det S = 1.$$

Die charakteristischen Faktoren ϱ der Gl. (8.25) erhält man daher aus

$$(8.35)$$
$$\det(S - \varrho\, E) = \begin{vmatrix} u_1(T) - \varrho & u_2(T) \\ u_1'(T) & u_2'(T) - \varrho \end{vmatrix} = \varrho^2 - \big(u_1(T) + u_2'(T)\big)\varrho + 1 = 0,$$

die charakteristischen Exponenten λ danach aus $\varrho = e^{\lambda T}$.

Aus (8.31) folgt wegen (8.33)

$$u_1(-T) = u_2'(T), \qquad u_2(-T) = -u_2(T);$$
$$u_1'(-T) = -u_1'(T), \qquad u_2'(-T) = u_1(T).$$

Daher kann (8.35) auch geschrieben werden

$$(8.36) \qquad \varrho^2 - \big(u_1(T) + u_1(-T)\big)\varrho + 1 = 0.$$

Ist insbesondere $P(t)$ in (8.25) eine gerade Funktion: $P(t) = P(-t)$, so gilt auch $u_1(t) = u_1(-t)$, und (8.36) lautet

$$(8.37) \qquad \varrho^2 - 2u_1(T)\varrho + 1 = 0.$$

Setzt man $2\pi/T = \omega$, $x = \omega t$, so folgt aus (8.25) zunächst

$$(8.38) \qquad \frac{d^2u}{dx^2} + \frac{P\left(\dfrac{x}{\omega}\right)}{\omega^2}\, u = 0.$$

Mit

$$\lambda = \frac{1}{2\pi\omega^2} \int\limits_0^{2\pi} P\left(\frac{x}{\omega}\right) dx, \qquad \gamma = \operatorname*{Max}_x \left(\frac{P\left(\dfrac{x}{\omega}\right)}{\omega^2} - \lambda \right)$$

$$\varphi(x) = \frac{1}{\gamma} \left(\frac{P\left(\dfrac{x}{\omega}\right)}{\omega^2} - \lambda \right)$$

erhält man daraufhin aus (8.38) die *Hillsche Differentialgleichung*[1]

$$(8.39) \qquad \frac{d^2u}{dx^2} + [\lambda + \gamma\, \varphi(x)]\, u = 0.$$

Setzt man in (8.25) $P(t) = \lambda - 2h\cos 2t$, so erhält man die für viele Anwendungsbereiche wichtige *Mathieusche Differentialgleichung*

$$(8.40) \qquad \frac{d^2u}{dt^2} + (\lambda - 2h\cos 2t)\, u = 0,$$

wobei λ, h reelle Parameter bedeuten. Diese Differentialgleichung tritt bei der Untersuchung von Schwingungsvorgängen auf, so etwa bei den Schwingungen eines Stabes unter pulsierender Axiallast (vgl. [29], S. 179). Man wird auch bei der Separation der (partiellen) Schwingungsgleichung in elleptischen Zylinderkoordinaten auf sie geführt (vgl. Teil I, B, § 2.2.6). Die Lösungen der Mathieuschen Differentialgleichung sind die Mathieuschen Funktionen. Eine ausführliche Darstellung über die charakteristischen Exponenten und die Lösungen von (8.40) findet sich in Teil I, B, § 9.

Bezüglich der hier nicht erörterten Stabilitätsfragen bei der Hillschen und der Mathieuschen Differentialgleichung vgl. man Teil IV, L, § 12 und Teil I, B, § 9.

§ 9. Numerische Lösung gewöhnlicher Differentialgleichungen

Für eine große Klasse von Anfangswertproblemen gewöhnlicher Differentialgleichungen läßt sich die Existenz einer eindeutigen Lösung nachweisen, etwa mit Hilfe des Iterationsverfahrens von PICARD-LINDELÖF. Dieses Verfahren ist zwar „konstruktiv", wegen der dabei

---

[1] Häufig wird auch die Gl. (8.25) in der Literatur als Hillsche Differentialgleichung bezeichnet.

auszuführenden Quadraturen kann es aber in der Regel nicht zur praktischen Berechnung der Lösung dienen. Kennt man daher keine andere Lösungsmethode, so ist man auf ein Näherungsverfahren zur genäherten Berechnung der Lösung angewiesen.

In den vorstehenden Paragraphen haben wir für einige praktisch wichtige, aber dennoch sehr spezielle Klassen von Differentialgleichungen Lösungsmethoden erörtert und geschlossene Lösungen angegeben. In einigen Fällen fanden wir diese Lösungen in der Gestalt von unendlichen Reihen. Will man nun Zahlenwerte der Lösung vermitteln, so wird man einige Glieder der Reihe für festes Argument berechnen, den so erhaltenen Zahlenwert als Näherungswert der Lösung ansehen und eine Abschätzung der Fehlerordnung vornehmen. Es leuchtet ein, daß dieses Verfahren oft zu umständlich und ungenau ist, da die Konvergenzgeschwindigkeit der Reihe neben anderen Faktoren berücksichtigt werden muß. Es ist daher i. allg. viel einfacher, die Differentialgleichung von vornherein mit einem numerischen Verfahren zu lösen, welches direkt die gewünschten Zahlenwerte der Lösung näherungsweise liefert.

Solche Verfahren, mit denen wir uns jetzt befassen wollen, erfordern trotz ihrer Einfachheit oft einen hohen Rechenaufwand, zumal dann, wenn mit großer Genauigkeit gerechnet werden soll. Die große Speicherkapazität und hohe Rechengeschwindigkeit neuzeitlicher Rechenautomaten hat jedoch bewirkt, daß dieser Umstand nicht mehr als großer Nachteil angesehen werden kann, und das um so mehr, als sich die meisten numerischen Verfahren auf Grund ihrer einfachen Struktur leicht programmieren lassen.

Wir befassen uns hier ausschließlich mit *Diskretisationsverfahren* für Differentialgleichungen im Reellen, bei denen die Differentialgleichung durch ihr diskretes Analogon ersetzt wird. Die einfachsten Verfahren dieser Art ergeben sich durch Ersetzung aller Differentialquotienten der Differentialgleichung durch entsprechende Differenzenquotienten. Die Näherungswerte der gesuchten Lösung erhält man dann in diskreten Punkten.

9.1 Vorbemerkungen. Einschrittverfahren

Es sei das Anfangswertproblem des reellen Systems von $r \geqq 1$ Differentialgleichungen erster Ordnung

$$(9.1) \qquad y' = f(x, y), \quad y(a) = g$$

vorgelegt, dessen eindeutige Lösung im abgeschlossenen Intervall $[a, b]$ existiere. Dieses Intervall unterteilen wir in N hinreichend kleine Teilintervalle der Länge

$$(9.2) \qquad h = \frac{b-a}{N} > 0.$$

Die Größe h heißt *Schrittweite* oder *Gitterkonstante*, die Punkte

$$(9.3) \qquad x_n = a + n\,h, \quad n = 0, 1, \ldots, N,$$

heißen *Gitterpunkte*, ihre Gesamtheit für festes h bezeichnen wir als *Gitter G_h*. Wir stellen uns die Aufgabe, in den diskreten Gitterpunkten x_n Näherungen y_n der exakten Lösungsvektoren $y(x_n)$ von (8.1) zu ermitteln.

Zunächst sollen für das Anfangswertproblem (9.1) sog. *explizite Einschrittverfahren* hergeleitet werden. Diese gestatten die Berechnung von y_{n+1}, wenn nur y_n (bei festem h) bekannt ist. Man kann sie in der allgemeinen Form (vgl. [19])

$$(9.4) \qquad y_{n+1} = y_n + h\,F(x_n, y_n; h), \quad y_0 = g$$

schreiben, wobei F eine Vektorfunktion bedeutet. Durch (9.4) wird dann ein numerisches Verfahren gegeben, und da dieses System ein System von Differenzengleichungen ist, nennt man das Verfahren auch *Differenzenverfahren*. Im folgenden setzen wir, ohne dies besonders zu erwähnen, stets voraus, daß $f(x, y)$ bezüglich aller $r + 1$ Veränderlichen $x, y_1, \ldots, y_r$ hinreichend oft differenzierbar ist.

Damit die y_n Näherungen der exakten $y(x_n)$ sind, ist es notwendig, daß das System von Differenzengleichungen (9.4) das System von Differentialgleichungen (9.1) in einem gewissen Sinne approximiert. Wir fordern deshalb das Erfülltsein der

Voraussetzung 9.1. a) Es sei h_0 eine hinreichend kleine positive Konstante und

$$(9.5) \quad R: \ a \leqq x \leqq b, -\infty < y_i < +\infty, \quad i = 1, 2, \ldots, r, 0 \leqq h \leqq h_0.$$

Die Funktion $F(x, y; h)$ sei bezüglich aller $r + 2$ Veränderlichen $x, y_1, \ldots, y_r, h$ in R stetig.

b) Es sei die *Konsistenzbedingung*

$$(9.6) \quad F(x, y; 0) = f(x, y), \ x \in [a, b], \ y_i \in (-\infty, +\infty), \ i = 1, 2, \ldots, r,$$

erfüllt.

Besitzt F diese beiden Eigenschaften (wobei evtl. noch $-\infty < y_i < +\infty$ durch die Forderung $c_i \leqq y_i \leqq d_i$ mit reellen c_i, d_i ersetzt werden kann), so heißt (9.4) *Differenzapproximation* von (9.1). Es gilt dann für jede mindestens zweimal stetig differenzierbare Lösung von (9.1) und alle $x \in [a, b - h]$

(9.7)

$$\frac{y(x + h) - y(x)}{h} = F(x, y(x); h) + e_h(x, y(x)) = f(x, y(x)) + O(h),^{1}$$

woraus $e_h \to 0$ für $h \to 0$ folgt. Um möglichst genaue Verfahren zu erhalten, fordert man häufig, daß der Fehler e_h für $h \to 0$ wie h^p mit möglichst großem ganzzahligem $p \geqq 1$ verschwindet.

Definition 9.1. Das durch (9.4) gegebene Verfahren heißt *von der Ordnung* p, wenn p die größte ganze Zahl ist, für die

$$(9.8) \qquad y(x + h) = y(x) + h\,F(x, y(x); h) + O(h^{p+1})$$

gilt. Dabei ist $y(x)$ eine beliebige, hinreichend oft differenzierbare Lösung von (9.5).

Verfahren beliebig hoher Ordnung lassen sich nun leicht mit Hilfe der Taylor-Formel konstruieren. Um das einzusehen, beschränken wir uns auf den Fall $r = 1$, d. h. auf das Anfangswertproblem

$$(9.9) \qquad y' = f(x, y), \quad y(a) = g$$

und Differenzapproximationen

$$(9.10) \quad y_{n+1} = y_n + h\,F(x_n, y_n; h), \quad y_0 = g, \quad n = 0, 1, \ldots, N.$$

Setzt man

$$(9.11) \qquad f'(x, y) = \frac{d}{dx} f(x, y) = f_x(x, y) + f_y(x, y)\,f(x, y)$$

und bildet entsprechend $f'' = \frac{d^2}{dx^2} f = \frac{d}{dx}\left(\frac{d}{dx} f\right)$ usw., so gilt

$$(9.12) \quad \frac{y(x + h) - y(x)}{h} - F(x, y(x); h)$$

$$= \sum_{\nu=0}^{p-1} \frac{h^\nu}{(\nu + 1)!} f^{(\nu)}(x, y(x)) - F(x, y(x); h) + O(h^p)$$

für jede mindestens $p + 1$ mal stetig differenzierbare Lösung von (9.9). Mit

$$(9.13) \qquad F(x, y; h) = \sum_{\nu=0}^{p-1} \frac{h^\nu}{(\nu + 1)!} f^{(\nu)}(x, y)$$

wird dann durch (9.10) ein Verfahren p-ter Ordnung geliefert. Es hat jedoch den schwerwiegenden Nachteil, daß für $p > 1$ die Ableitungen $f', f'', \ldots, f^{(p-1)}$ berechnet werden müssen, was unter Umständen sehr mühevoll sein kann. Für $p = 1$ dagegen ergibt sich aus (9.12), (9.13)

---

[1] $O(h^p)$ bzw. $O(h^p)$, $p > 0$, ist eine von h abhängende Funktion bzw. Vektorfunktion, deren Betrag bzw. Norm für $h \to 0$ wie h^p verschwindet. $f(h) = O(h^p)$ bedeutet also auch: $\|f(h)\| \leqq M\,h^p$ mit einer Konstanten M.

die einfache Formel

$$(9.14) \qquad y_{n+1} = y_n + h\,f(x_n, y_n), \qquad y_0 = g.$$

Das hierdurch gegebene Differenzenverfahren erster Ordnung heißt *Eulersches Polygonzugverfahren*.

Entsprechend kann man bei Systemen erster Ordnung vorgehen, wobei jedoch die angedeuteten Schwierigkeiten anwachsen. Das Polygonzugverfahren wird gegeben durch

$$(9.15) \qquad \boldsymbol{y}_{n+1} = \boldsymbol{y}_n + h\boldsymbol{f}(x_n, \boldsymbol{y}_n).$$

9.2 Runge-Kutta-Verfahren

Die jetzt zu betrachtenden Verfahren sind Einschrittverfahren von der Ordnung $p \geqq 2$. Sie erfordern jedoch keine Berechnung von Ableitungen der Funktion f und besitzen eine einfache Struktur.

Zunächst betrachten wir das Anfangswertproblem (9.9).

A. Runge-Kutta-Verfahren zweiter Ordnung.

Für beliebiges reelles $c \neq 0$ erhält man durch

$$(9.16) \qquad F(x, y; h) = (1 - c)\,f(x, y) + c\,f\!\left(x + \frac{h}{2c},\, y + \frac{h}{2c}\,f(x, y)\right)$$

stets Verfahren zweiter Ordnung, wie man durch Taylor-Entwicklung nach h leicht bestätigt. Für $c = 0$ resultiert aus (9.13) das Eulersche Polygonzugverfahren. Für $c = \tfrac{1}{2}$ bzw. $c = 1$ erhält man die beiden Formeln

$$(9.17) \qquad \begin{aligned} y_{n+1} &= y_n + \tfrac{1}{2}h\{f(x_n, y_n) + f(x_n + h, y_n + h\,f(x_n, y_n))\}, \\ y_{n+1} &= y_n + h\,f(x_n + \tfrac{1}{2}h, y_n + \tfrac{1}{2}h\,f(x_n, y_n)). \end{aligned}$$

Die hierdurch gegebenen Verfahren zweiter Ordnung werden in der Literatur oft als *verbesserte Polygonzugverfahren* bezeichnet.

B. Runge-Kutta-Verfahren dritter Ordnung.

Zwei spezielle Verfahren dritter Ordnung, in der Literatur vielfach als *Verfahren von Heun* bezeichnet, erhält man aus (9.10), wenn F wie folgt gewählt wird:

$$(9.18) \qquad F(x, y; h) = \tfrac{1}{6}(k_1 + 4k_2 + k_3), \qquad \begin{cases} k_1 = f(x, y), \\ k_2 = f(x + \tfrac{1}{2}h, y + \tfrac{1}{2}h\,k_1), \\ k_3 = f(x + h, y + 2h\,k_2 - h\,k_1). \end{cases}$$

$$(9.19) \qquad F(x, y; h) = \tfrac{1}{4}k_1 + \tfrac{3}{4}k_3, \qquad \begin{cases} k_1 = f(x, y), \\ k_2 = f(x + \tfrac{1}{3}h, y + \tfrac{1}{3}h\,k_1), \\ k_3 = f(x + \tfrac{2}{3}h, y + \tfrac{2}{3}h\,k_2). \end{cases}$$

C. Runge-Kutta-Verfahren vierter Ordnung.

Wir geben hier nur das eigentliche klassische Runge-Kutta-Verfahren vierter Ordnung an, das in der Praxis wegen seiner hohen Genauigkeit und einfachen Struktur viel verwendet wird. Man erhält es aus (9.12), wenn

$$F(x, y; h) = \tfrac{1}{6}(k_1 + 2k_2 + 2k_3 + k_4),$$

$$(9.20) \qquad k_1 = f(x, y), \qquad k_2 = f(x + \tfrac{1}{2}h, y + \tfrac{1}{2}h\,k_1),$$

$$k_3 = f(x + \tfrac{1}{2}h, y + \tfrac{1}{2}h\,k_2), \qquad k_4 = f(x + h, y + h\,k_3)$$

gesetzt wird.

Verfahren, die ebenfalls auf dem Runge-Kutta-Prinzip beruhen, jedoch von höherer als vierter Ordnung sind, wurden u. a. von E. FEHLBERG [13, 14] angegeben.

Wir betrachten nun das Anfangswertproblem (9.1) und Differenzapproximationen (9.4). Mit $x = y_0$ erhält man aus (9.5) das System

$$\frac{dy_i}{dx} = f_i(y_0, y_1, \ldots, y_r), \qquad i = 0, 1, \ldots, r,$$

mit $f_0 \equiv 1$. Wir können uns daher ohne Einschränkung der Allgemeinheit auf die Betrachtung von Anfangswertproblemen der Form

$$(9.21) \qquad\qquad y' = f(y), \qquad y(x_0) = g$$

und zugehörigen Differenzapproximationen

$$(9.22) \qquad\qquad y_{n+1} = y_n + h\,F(y_n; h), \qquad y_0 = g$$

beschränken, wodurch die numerischen Verfahren übersichtlicher werden. Runge-Kutta-Verfahren erhält man aus (9.16) bis (9.20) formal, indem man y_n durch y_n, F durch F und f durch f ersetzt. Insbesondere erhält man also aus (9.22) das Runge-Kutta-Verfahren vierter Ordnung, wenn

$$(9.23) \qquad F(y; h) = \tfrac{1}{6}(k_1 + 2k_2 + 2k_3 + k_4), \qquad \begin{cases} k_1 = f(y), \\ k_2 = f(y + \tfrac{1}{2}h\,k_1), \\ k_3 = f(y + \tfrac{1}{2}h\,k_2), \\ k_4 = f(y + h\,k_3) \end{cases}$$

gesetzt wird.

Bezüglich weiterer Einschrittverfahren vgl. man die Literatur, insbesondere sei auf [7, 19] hingewiesen.

Eine Einzeldifferentialgleichung höherer Ordnung kann in das äquivalente System erster Ordnung umgeschrieben werden und dann mit einem Einschrittverfahren numerisch gelöst werden.

Beispiel 9.1. Am Ende eines gewichtlosen Fadens von der Länge l, der in einer vertikalen Ebene um eine Achse drehbar ist, befinde sich ein Massenpunkt der Masse m. Der Winkel φ, den der Faden mit dem

Lot durch die Achse bildet, genügt der Differentialgleichung (Fadenpendel)

$$\frac{d^2\varphi}{dt^2} + \frac{g}{l}\sin\varphi = 0,$$

wobei g die Erdbeschleunigung bedeutet (Abb. 9.1). Wird die Ebene, in der sich das Pendel bewegt, mit der konstanten Winkelgeschwindigkeit ω gedreht und ist die Anfangsauslenkung φ_0, so genügt mit $g/l = 1$ [sek^{-2}] φ dem Anfangswertproblem

$$\frac{d^2\varphi}{dt^2} + \sin\varphi - \omega^2\sin\varphi\cos\varphi = 0,$$

$$(9.24) \qquad \varphi(0) = \varphi_0, \quad \varphi'(0) = 0,$$

welches mit $\varphi = \varphi_1$, $\varphi' = \varphi_2$ dem System

$$(9.25) \qquad \begin{aligned} \varphi_1' &= \varphi_2, & \varphi_1(0) &= \varphi_0, \\ \varphi_2' &= -(1 - \omega^2\cos\varphi_1)\sin\varphi_1, & \varphi_2(0) &= 0 \end{aligned}$$

äquivalent ist.

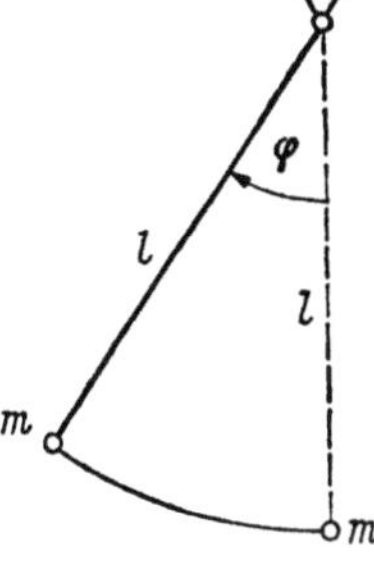

Abb. 9.1. Fadenpendel

Daneben betrachten wir das Anfangswertproblem

$$(9.26) \qquad \psi'' = (1 - \omega^2)\,\psi = 0, \quad \psi(0) = \varphi_0, \quad \psi'(0) = 0,$$

dessen Lösung

$$\psi(t) = \varphi_0\cos\sqrt{1 - \omega^2}\,t$$

für kleine Winkel φ_0 und $\omega^2 < 1$ eine Näherung der Lösung $\varphi(t)$ von (9.24) darstellt.

Zur numerischen Lösung von (9.25) im Intervall

$$0 \leqq t \leqq 10$$

verwenden wir das durch (9.23) gegebene Runge-Kutta-Verfahren mit $h = 0,1$. In den folgenden Tabellen sind für verschiedene Werte von φ_0 und ω die Lösungswerte $\psi(t)$ von (9.26) den mit (9.23) berechneten Näherungen $\tilde{\varphi}(t)$ von (9.24) gegenübergestellt.

A. $\varphi_0 = 0,1$, $\omega = 0,6$.

t	$\tilde{\varphi}(t)$	$\psi(t)$
0	0,100 000 000	0,100 000 000
1	0,069 641 048	0,069 670 671
2	−0,002 987 867	−0,002 919 952
3	−0,073 803 826	−0,073 739 372
4	−0,099 821 345	−0,099 829 478
5	−0,065 229 582	−0,065 364 361
6	0,008 952 935	0,008 749 899
7	0,077 703 039	0,077 556 588
8	0,099 286 033	0,099 318 492
9	0,060 585 206	0,060 835 131
10	−0,014 886 051	−0,014 550 005

B. $\varphi_0 = 0{,}1$, $\omega = 1$ (Abb. 9.2).

t	$\tilde{\varphi}(t)$	$\psi(t)$
0	0,100 000 000	0,100 000 000
1	0,099 750 934	.
2	0,099 007 435	.
3	0,097 780 430	.
4	0,096 087 605	.
5	0,093 952 642	.
6	0,091 404 256	.
7	0,088 475 063	.
8	0,085 200 388	.
9	0,081 617 064	.
10	0,077 762 296	.

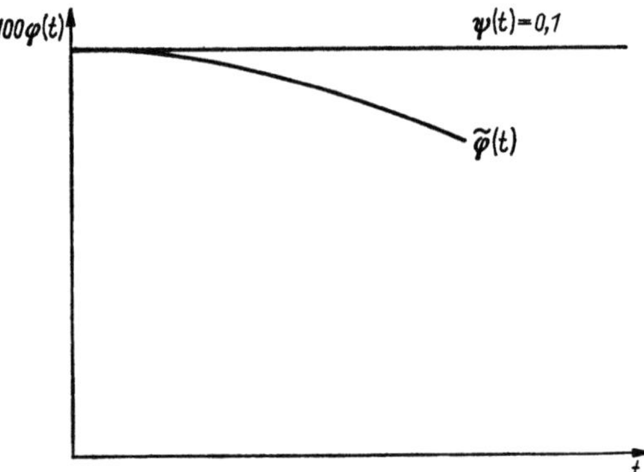

Abb. 9.2. Verlauf von $\tilde{\varphi}$ und ψ im Fall B

C. $\varphi_0 = 1$, $\omega = 0{,}9$ (Abb. 9.3).

t	$\tilde{\varphi}(t)$	$\psi(t)$
0	1,000 000 000	1,000 000 000
1	0,779 603 075	0,906 494 670
2	0,266 076 050	0,643 465 181
3	−0,317 015 180	0,260 100 847
4	−0,814 889 941	−0,171 905 117
5	−0,998 131 040	−0,571 762 993
6	−0,741 961 026	−0,864 695 096
7	−0,214 681 964	−0,995 920 005
8	0,367 385 706	−0,940 897 260
9	0,847 621 661	−0,709 916 702
10	0,992 537 200	−0,346 174 155

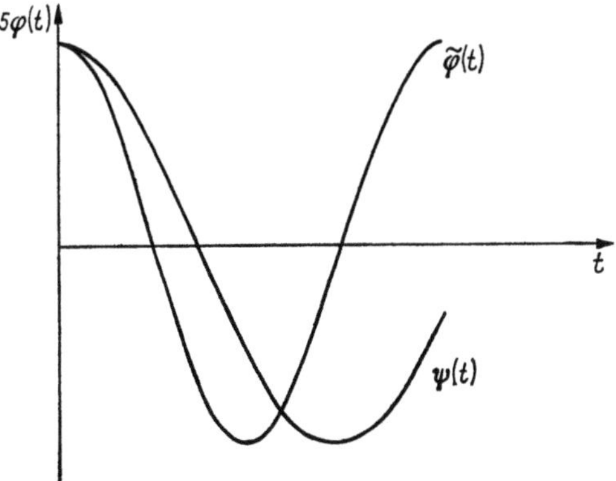

Abb. 9.3. Verlauf von $\tilde{\varphi}$ und ψ im Fall C

D. Wir geben noch die Werte $\tilde{\varphi}(t)$ für $\varphi_0 = 0,1$, $\omega = 1,4$ an:

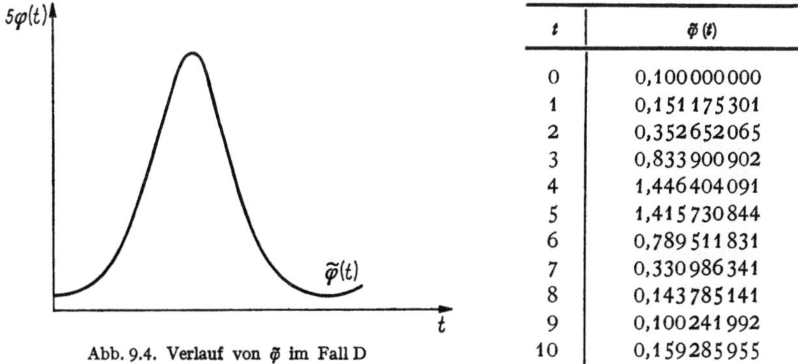

Abb. 9.4. Verlauf von $\tilde{\varphi}$ im Fall D

t	$\tilde{\varphi}(t)$
0	0,100 000 000
1	0,151 175 301
2	0,352 652 065
3	0,833 900 902
4	1,446 404 091
5	1,415 730 844
6	0,789 511 831
7	0,330 986 341
8	0,143 785 141
9	0,100 241 992
10	0,159 285 955

Man erkennt aus Tab. A, daß die Ersetzung von (9.24) durch das lineare Problem (9.26) für $\varphi_0 = 0,1$, $\omega = 0,6$ noch zulässig ist. Für die anderen hier betrachteten Fälle gilt das jedoch nicht mehr.

9.3 Mehrschrittverfahren

Wir betrachten hier ausschließlich das Anfangswertproblem (9.9) und wollen zu dessen numerischer Lösung Verfahren konstruieren, die sich aus Gleichungen der Form

$$(9.27) \qquad \sum_{\nu=0}^{k} \{\alpha_\nu^{(k)} y_{n+\nu} - h \beta_\nu^{(k)} f(x_{n+\nu}, y_{n+\nu})\} = 0, \qquad \alpha_k^{(k)} \neq 0,$$

$$|\alpha_0^{(k)}| + |\beta_0^{(k)}| > 0, \qquad n = 0, 1, \ldots,$$

ergeben. Zur Berechnung von y_{n+k} benötigt man hierbei nicht nur wie bei den Einschrittverfahren den Wert y_{n+k-1}, sondern mehrere Werte

$y_{n+\nu}$, $\nu = 0, 1, \ldots, k-1$, weshalb diese Verfahren *Mehrschrittverfahren* genannt werden. Da (9.27) linear in den y- und f-Werten ist (im Gegensatz zu den Runge-Kutta-Verfahren), heißt es genauer *lineares k-Schritt-Verfahren*. Um die fortlaufende Rechnung überhaupt beginnen zu können, müssen die Anfangswerte $y_0, y_1, \ldots, y_{k-1}$ bekannt sein, wozu andere Verfahren, etwa die Runge-Kutta-Verfahren, herangezogen werden müssen.

Ein durch (9.27) gegebenes Verfahren heißt *explizit*, wenn $\beta_k^{(k)} = 0$, *implizit*, wenn $\beta_k^{(k)} \neq 0$ gilt. Ähnlich wie bei den Einschrittverfahren verlangen wir nun, daß die Differenzengleichung (9.27) die Differentialgleichung $y' = f(x, y)$ in einem noch näher zu bestimmenden Sinne approximiert. Sei $y(x)$ eine mindestens einmal stetig differenzierbare Funktion, so können wir (9.27) den Differenzenoperator

$$(9.28) \qquad D[y(x); h] = \sum_{\nu=0}^{k} \{\alpha_\nu^{(k)}\, y(x + \nu h) - h\, \beta_\nu^{(k)}\, y'(x + \nu h)\}$$

zuordnen (vgl. [*19*], S. 221 ff.).

Definition 9.2. Der Operator D heißt *von der Ordnung p*, wenn p die größte ganze Zahl ist, für die bei beliebig oft differenzierbarer Funktion $y(x)$

$$(9.29) \qquad D[y(x); h] = O(h^{p+1}), \quad h \to 0,$$

gilt.

Die Taylor-Entwicklung von $D[y(x); h]$ an der Stelle x liefert

$$(9.30) \qquad D[y(x); h] = C_0\, y(x) + C_1\, h\, y'(x) + \cdots + C_q\, h^q\, y^{(q)}(x) + \cdots$$

mit

$$(9.31) \qquad C_0 = \sum_{\nu=0}^{k} \alpha_\nu^{(k)}, \qquad C_q = \sum_{\nu=0}^{k} \left\{ \frac{\nu^q\, \alpha_\nu^{(k)}}{q!} - \frac{\nu^{q-1}\, \beta_\nu^{(k)}}{(q-1)!} \right\}, \qquad q = 1, 2, \ldots$$

Der Differenzenoperator D ist somit genau dann von der Ordnung p, wenn

$$(9.32) \qquad C_\mu = 0, \quad \mu = 0, 1, \ldots, p, \quad C_{p+1} \neq 0$$

gilt.

Definition 9.3. Das durch (9.27) gegebene Verfahren heißt *von der Ordnung p*, wenn der zugehörige Differenzenoperator (9.28) von der Ordnung p ist.

Daß diese Definition sinnvoll ist, erkennt man folgendermaßen: Sei $y(x)$ eine hinreichend oft (mindestens $p + 1$ mal stetig) differenzierbare Lösung von $y' = f(x, y)$, so gilt nach (9.29), wenn D von der Ordnung p ist,

$$(9.33)$$

$$\sum_{\nu=0}^{k} \{\alpha_\nu^{(k)}\, y(x + \nu h) - h\, \beta_\nu^{(k)}\, f(x + \nu h, y(x + \nu h))\} = O(h^{p+1}), \quad h \to 0.$$

Die Lösung $y(x)$ erfüllt daher die Differenzengleichung (9.27) bis auf einen Fehler der Ordnung h^{p+1}.

Es ist nun leicht, mit Hilfe der ersten $p+1$ Gleichungen (9.32) Mehrschrittverfahren der Ordnung $p \geqq 1$ zu konstruieren. Sind die $y_0, y_1, \ldots, y_{k-1}$ vorgegeben, so lassen sich bei expliziten Verfahren dann die $y_k, y_{k+1}, \ldots$ unmittelbar berechnen. Dagegen führt bei impliziten Verfahren die Auflösung von (9.27) nach y_{n+k} in der Regel auf Schwierigkeiten, wenn die Differentialgleichung nichtlinear ist. In diesem Falle löst man (9.27) am besten durch Iteration: Ausgehend von einem (geschätzten oder mit einem expliziten Verfahren berechneten) Näherungswert $y_{n+k}^{(0)}$, bildet man die Iterierten nach der Vorschrift

(9.34)

$$y_{n+k}^{(\alpha+1)} = h\,\frac{\beta_k^{(k)}}{\alpha_k^{(k)}}\,f(x_{n+k}, y_{n+k}^{(\alpha)}) - \frac{1}{\alpha_k^{(k)}} \sum_{\nu=0}^{k-1} \{\alpha_\nu^{(k)}\, y_{n+\nu} - h\,\beta_\nu^{(k)}\, f(x_{n+\nu}, y_{n+\nu})\},$$

$$\alpha = 0, 1, 2, \ldots$$

Für $\alpha \geqq 1$ vereinfacht sich diese Iterationsvorschrift zu

$$(9.35) \quad y_{n+k}^{(\alpha+1)} = y_{n+k}^{(\alpha)} + h\,\frac{\beta_k^{(k)}}{\alpha_k^{(k)}}\,[f(x_{n+k}, y_{n+k}^{(\alpha)}) - f(x_{n+k}, y_{n+k}^{(\alpha-1)})].$$

Hieraus folgt, da $f(x, y)$ bezüglich y eine Lipschitz-Bedingung erfüllt,

$$\left| y_{n+k}^{(\alpha+1)} - y_{n+k}^{(\alpha)} \right| \leqq L\,h \left| \frac{\beta_k^{(k)}}{\alpha_k^{(k)}} \right| \left| y_{n+k}^{(\alpha)} - y_{n+k}^{(\alpha-1)} \right|,$$

so daß für

$$(9.36) \qquad\qquad L\,h \left| \frac{\beta_k^{(k)}}{\alpha_k^{(k)}} \right| < 1$$

die Reihe

$$y_{n+k} = y_{n+k}^{(1)} + \sum_{\alpha=1}^{\infty} (y_{n+k}^{(\alpha+1)} - y_{n+k}^{(\alpha)})$$

konvergiert. Das Iterationsverfahren ist daher, wenn h der Bedingung (9.36) genügt, ebenfalls konvergent und liefert die eindeutige Lösung y_{n+k} von (9.27).

Das Eulersche Polygonzugverfahren ist in (9.27) enthalten. Einfache lineare implizite Ein- bzw. Zweischrittverfahren sind ferner die *Trapezregel*, gegeben durch

$$(9.37) \quad y_{n+1} = y_n + \frac{h}{2}\,(f(x_{n+1}, y_{n+1}) + f(x_n, y_n)), \quad (p=2),$$

und die *Simpson-Regel*, welche durch

$$(9.38) \quad y_{n+2} = y_n + \frac{h}{3}\,(f(x_{n+2}, y_{n+2}) + 4f(x_{n+1}, y_{n+1}) + f(x_n, y_n)),$$
$$(p=4),$$

geliefert wird.

9.4 Adams-Verfahren

Neben den Runge-Kutta-Verfahren werden in der Praxis die Verfahren von ADAMS viel verwendet. Sie entstehen aus (9.27) durch die Setzung

$$\alpha_k^{(k)} = 1, \quad \alpha_{k-1}^{(k)} = -1, \quad \alpha_{k-\nu}^{(k)} = 0, \quad \nu = 2, 3, \ldots, k,$$

lassen sich somit in der Form

$$(9.39) \quad y_{n+k} = y_{n+k-1} + h \sum_{\nu=0}^{k} \beta_\nu^{(k)} f(x_{n+\nu}, y_{n+\nu}), \quad n = 0, 1, 2, \ldots$$

schreiben. Soll hierdurch ein Verfahren der Ordnung p geliefert werden, so müssen die Koeffizienten $\beta_\nu^{(k)}$ nach (9.31), (9.32) dem inhomogenen Gleichungssystem

$$(9.40) \quad \sum_{\nu=0}^{k} \nu^{q-1} \beta_\nu^{(k)} = \frac{1}{q} \left(k^q - (k-1)^q \right), \quad q = 1, 2, \ldots, p,$$

genügen. Setzt man $p = k$, $\beta_k^{(k)} = 0$, so ist die Determinante von (9.40) die Vandermondesche Determinante $V(0, 1, \ldots, k-1)$, die $\beta_0^{(k)}, \ldots, \beta_{k-1}^{(k)}$ sind somit aus (9.40) eindeutig bestimmbar. Das dann durch (9.39) gegebene Verfahren der Ordnung k heißt Verfahren von *Adams-Bashforth* (1838). Offenbar ist jedes durch (9.39) gegebene explizite Verfahren höchstens von der Ordnung k. Entsprechend erhält man mit $p = k + 1$, $\beta_k^{(k)} \neq 0$ aus (9.40) mit der Determinante $V(0, 1, \ldots, k)$ eindeutig die $\beta_0^{(k)}, \beta_1^{(k)}, \ldots, \beta_k^{(k)}$, das zugehörige implizite Verfahren heißt Verfahren von *Adams-Moulton* (1926). Offenbar ist $k + 1$ auch die höchstmögliche Ordnung aller durch (9.39) gegebenen impliziten Verfahren.

Um aus (9.39) explizite und implizite Verfahren gleicher Ordnung zu erhalten, ist es zweckmäßig, die $\beta_\nu^{(k)}$ anders zu bezeichnen: Mit $\beta_\nu^{(k+1)} = \beta_{\nu k}$, $\nu = 0, 1, \ldots, k$, erhält man das Adams-Bashforth-Verfahren $(k + 1)$-ter Ordnung aus

$$(9.41) \quad y_{n+k+1} = y_{n+k} + h \sum_{\nu=0}^{k} \beta_{\nu k} f(x_{n+\nu}, y_{n+\nu})$$

und mit $\beta_\nu^{(k)} = \beta_{\nu k}^*$, $\nu = 0, 1, \ldots, k$, das Adams-Moulton-Verfahren aus

$$(9.42) \quad y_{n+k} = y_{n+k-1} + h \sum_{\nu=0}^{k} \beta_{\nu k}^* f(x_{n+\nu}, y_{n+\nu}).$$

Die Zahlenwerte der Koeffizienten $\beta_{\nu k}$ und $\beta_{\nu k}^*$ entnimmt man für $\nu, k = 1, \ldots, 5$ folgender Tabelle [*19*]:

ν	0	1	2	3	4	5
$\beta_{\nu 0}$	1					
$2\beta_{\nu 1}$	-1	3				
$12\beta_{\nu 2}$	5	-16	23			
$24\beta_{\nu 3}$	-9	37	-59	55		
$720\beta_{\nu 4}$	251	-1274	2616	-2774	1901	
$1440\beta_{\nu 5}$	-425	2627	-6798	9482	-7673	4227
$\beta_{\nu 0}^{*}$	1					
$2\beta_{\nu 1}^{*}$	1	1				
$12\beta_{\nu 2}^{*}$	-1	8	5			
$24\beta_{\nu 3}^{*}$	1	-5	19	9		
$720\beta_{\nu 4}^{*}$	-19	106	-264	646	251	
$1440\beta_{\nu 5}^{*}$	27	-173	482	-798	1427	475

Bei der Verwendung der Adams-Moulton-Formel hat man y_{n+k} gemäß (9.34), (9.35) iterativ zu bestimmen, während sich bei der Adams-Bashforth-Formel y_{n+k+1} direkt berechnen läßt. Der Nachteil des größeren Rechenaufwandes beim ersten Verfahren wird durch die i. allg. höhere Genauigkeit aufgewogen. Man kann beide Adams-Verfahren mit Vorteil auch gleichzeitig verwenden: mit der *Prädiktorformel*

$$(9.43) \qquad y_{n+k}^{(0)} = y_{n+k-1} + h \sum_{\nu=0}^{k} \beta_{\nu k}\, f(x_{n+\nu-1}, y_{n+\nu-1})$$

berechnet man die Ausgangsnäherung $y_{n+k}^{(0)}$ und daraufhin mit der *Korrektorformel*

$$(9.44) \qquad y_{n+k} = y_{n+k-1} + h \left\{ \beta_{\varkappa k}^{*}\, f(x_{n+k}, y_{n+k}^{(0)}) + \sum_{\nu=0}^{k-1} \beta_{\nu k}^{*}\, f(x_{n+\nu}, y_{n+\nu}) \right\}$$

den endgültigen Näherungswert y_{n+k}.

Schließlich sei noch darauf hingewiesen, daß man zu den Adams-Verfahren auch auf andere Art gelangen kann: Für jede Lösung $y(x)$ von $y' = f(x, y)$ gilt

$$y(x+h) = y(x) + \int_{x}^{x+h} f(\xi, y(\xi))\, d\xi, \quad x, x+h \in [a, b].$$

Ersetzt man nun für $x = x_{n+k}$ die Funktion $f(x, y(x))$ durch das eindeutig bestimmte Polynom $P_k(x)$ vom Grade k, welches an den Stellen $x_{n+\nu}$, $\nu = 0, 1, \ldots, k$, die Werte $f(x_{n+\nu}, y_{n+\nu})$ annimmt, so erhält man in

$$y_{n+k+1} = y_{n+k} + \int_{x_{n+k}}^{x_{n+k+1}} P_k(\xi)\, d\xi$$

die Adams-Bashforth-Formel (9.41). Entsprechend gelangt man zur Formel (9.42).

9.5 Zur Theorie der Verfahren

Der einfacheren Beschreibung wegen beschränken wir uns hier auf die Betrachtung von Differenzenverfahren zur numerischen Lösung der Differentialgleichung $y' = f(x, y)$. Eine Erweiterung der Theorie auf Einschrittverfahren für Systeme von Differentialgleichungen findet sich u. a. in [19].

Bei den bisherigen Betrachtungen zeigte sich, daß die Konstruktion von Differenzenverfahren i. allg. keine Schwierigkeiten bereitet. Es stellt sich jedoch die Frage, ob die Lösungen y_n, $n = 0, 1, \ldots$ der Differenzengleichungen allein unter den bisherigen Voraussetzungen schon stets eine gute Näherung für die $y(x_n)$ darstellen. Diese Frage ist i. allg. zu verneinen. In der Regel sind nur solche numerischen Verfahren brauchbar, welche folgende fundamentale Eigenschaft besitzen: Bei fortlaufender Schrittverkleinerung, d. h. für $h \to 0$, konvergieren die y_n gegen die exakte Lösung des Differentialgleichungsproblems, es gilt also

$$(9.45) \qquad \lim_{\substack{h \to 0 \\ x_n \to x}} y_n = y(x), \quad x_n, x \in [a, b].$$

Ein Differenzenverfahren mit dieser Eigenschaft heißt *konvergent* für $h \to 0$. Es ist daher für die Praxis von Wichtigkeit, Kriterien für die Konvergenz eines Verfahrens zu kennen.

Ein notwendiges und hinreichendes Kriterium für die Konvergenz von Einschrittverfahren liefert der

Satz 9.1. *Ein durch (9.10) gegebenes numerisches Verfahren zur Lösung von (9.9) ist genau dann konvergent, wenn*

1. die Voraussetzung 9.1 erfüllt ist, 2. die Funktion $F(x, y; h)$ in $R: a \leq x \leq b, -\infty < y < +\infty, 0 \leq h \leq h_0$ eine Lipschitz-Bedingung bezüglich y erfüllt.

Notwendig und hinreichend für die Konvergenz eines Einschrittverfahrens ist also im wesentlichen das Erfülltsein der Konsistenzbedingung (9.6).

In vielen Fällen läßt sich auch die Konvergenzgeschwindigkeit einfach abschätzen; es gilt

Satz 9.2. *$F(x, y; h)$ erfülle die Voraussetzungen des Satzes 9.1. Ferner existiere eine Konstante $N \geq 0$ und eine ganze Zahl $p \geq 0$, so daß für jede hinreichend oft differenzierbare Lösung der Differentialgleichung $y' = f(x, y)$ die Abschätzung*

$$\left| F(x, y(x); h) - \frac{y(x + h) - y(x)}{h} \right| \leq N h^p, \ x \in [a, b], \ h \leq h_0,$$

gilt. Dann ist

$$(9.46) \qquad |y_n - y(x_n)| \leq h^p \frac{N}{L} \left(e^{L(x_n - x_0)} - 1 \right).$$

Ein Verfahren, für welches (9.46) gilt, heißt *konvergent von der Ordnung p*. Das Eulersche Polygonzugverfahren ist konvergent von der Ordnung 1, wie man wegen $F(x, y; h) = f(x, y)$ und $p = 1$ unmittelbar erkennt. Es läßt sich ferner zeigen, daß sämtliche Einschrittverfahren der Ordnung $p \geqq 1$ unter den oben angegebenen Voraussetzungen konvergent von der Ordnung p sind.

Bisher haben wir angenommen, daß alle numerischen Werte exakt, also nicht mit Rundungsfehlern behaftet sind. Wir wollen uns von dieser unrealistischen Annahme jetzt lösen und nehmen an, daß die numerische Rechnung an Stelle der Werte y_n die verfälschten Werte $\tilde{y}_n$ liefert.

Sind bereits die Werte $\tilde{y}_0, \tilde{y}_1, \ldots, \tilde{y}_n$ bekannt, so erhält man aus (9.10)

$$(9.47) \qquad \tilde{y}_{n+1} = \tilde{y}_n + h\,F(x_n, \tilde{y}_n; h) + \varepsilon_{n+1}$$

mit dem lokalen Rundungsfehler ε_{n+1}. Unter der Annahme, daß alle lokalen Rundungsfehler der Ungleichung

$$(9.48) \qquad |\varepsilon_n| \leqq \varepsilon, \quad n = 0, 1, 2, \ldots,$$

genügen, gilt über die Größe von $|\tilde{y}_n - y_n|$ folgender

Satz 9.3. *Die Funktion $F(x, y; h)$ genüge den Voraussetzungen des Satzes 9.1. Dann gilt*

$$(9.49) \qquad |\tilde{y}_n - y_n| \leqq \frac{\varepsilon}{L\,h}\left[(1 + L\,h)\,e^{L(x_n - x_0)} - 1\right].$$

Wählen wir $\varepsilon \leqq K\,h^{p+1}$, $p \geqq 1$, so gilt wegen (9.46), (9.49)

$$(9.50) \qquad |\tilde{y}_n - y(x_n)| \leqq |\tilde{y}_n - y_n| + |y_n - y(x_n)| \leqq$$
$$\leqq h^p\,\frac{K + N}{L}\left(e^{L(x_n - x_0)} - 1\right) + K\,h^{p+1}\,e^{L(x_n + x_0)}.$$

Die Konvergenzordnung wird daher nicht geändert, wenn sämtliche lokalen Rundungsfehler dem Betrage nach kleiner als $K\,h^{p+1}$ gehalten werden. Durch (9.50) wird gleichzeitig eine Fehlerabschätzung gegeben. Die Berechnung der Konstanten K, N, L ist häufig jedoch sehr mühevoll (vgl. [*19*]).

Die entsprechenden Konvergenzuntersuchungen bei Mehrschrittverfahren, denen wir uns jetzt zuwenden wollen, sind schwieriger, die Konvergenzkriterien komplizierter. Wir betrachten Gln. (9.27) und nehmen an, daß die Werte $y_0, y_1, \ldots, y_{k-1}$ bereits berechnet wurden.

Definition 9.4. Es sei $y(x)$ die eindeutige Lösung von (9.9). Ein durch (9.27) gegebenes lineares k-Schritt-Verfahren heißt konvergent, wenn

$$(9.51) \qquad \lim_{\substack{h \to 0 \\ x_n \to x}} y_n = y(x), \qquad \lim_{h \to 0} y_\nu = g, \qquad \nu = 0, 1, \ldots, k-1$$

für alle $x \in [a, b]$ und jede Folge $\{y_n\}$ von Lösungen der Differenzengleichung (9.27) gilt.

Sei p die Ordnung eines Mehrschrittverfahrens, so ist $p \geqq 1$ notwendig für die Konvergenz. Diese Bedingung heißt *Konsistenzbedingung*.

Um zu notwendigen und hinreichenden Konvergenzkriterien zu gelangen, ordnen wir dem durch (9.28) definierten Differenzenoperator $D[y(x); h]$ das Polynom

$$(9.52) \qquad \varrho(\xi) = a_0^{(k)} + \alpha_1^{(k)} \xi + \cdots + \alpha_k^{(k)} \xi^k$$

zu.

Definition 9.5. Der Differenzenoperator D heißt *stabil*, wenn

1. alle einfachen Wurzeln von $\varrho(\xi)$ im Innern oder auf dem Rande des Einheitskreises der komplexen Zahlenebene liegen,

2. alle mehrfachen Wurzeln im Innern des Einheitskreises liegen. Dann gilt der[1]

Satz 9.4. *Notwendig und hinreichend für die Konvergenz eines durch (9.27) gegebenen konsistenten Differenzenverfahrens ist die Stabilität des zugeordneten Differenzenoperators D.*

Die Stabilität von D und somit die Konvergenz des durch (9.27) gegebenen numerischen Verfahrens hängt also nur von den Koeffizienten $\alpha_\nu^{(k)}$, $\nu = 0, 1, \ldots, k$, ab, nicht von der zu lösenden Differentialgleichung.

Für sämtliche expliziten und impliziten Adams-Verfahren einschließlich des Eulerschen Polygonzugverfahrens gilt

$$\varrho(\xi) = \xi - 1.$$

Da $\xi_1 = 1$ einzige Wurzel dieses Polynoms ist, sind alle diese Verfahren konvergent. Wegen (9.31) ist $\xi_1 = 1$ Wurzel aller Polynome $\varrho(\xi)$.

Ähnlich wie bei den Einschrittverfahren läßt sich auch bei konvergenten Mehrschrittverfahren die Ordnung des globalen Fehlers $y_n - y(x_n)$ angeben:

Satz 9.5. *Die Lösung $y(x)$ des Anfangswertproblems (9.9) sei $p + 1$ mal stetig differenzierbar und es existiere eine Konstante K_1, so daß die Abschätzung*

$$\operatorname*{Max}_{\mu = 0, 1, \ldots, k-1} |y_\mu - y(x_0 + \mu h)| \leqq K_1 h^p$$

gilt. Ferner sei der (9.27) zugeordnete Differenzenoperator D stabil und von der Ordnung p. Dann existiert eine Konstante K, so daß für alle $h \leqq h_0$ und alle $x_n \in [a, b]$ die Ungleichung

$$(9.53) \qquad |y_n - y(x_n)| \leqq K h^p$$

besteht.

---

[1] G. Dahlquist [*11*].

Bezüglich der Bestimmung der Konstanten K und h_0 vgl. man [19], S. 248.

Berücksichtigen wir jetzt wieder, daß der Rechenautomat nicht die exakten Werte y_n, sondern verfälschte Werte $\tilde{y}_n$ liefert, so erfüllen diese die Differenzengleichung nur bis auf einen Defekt, den wir wieder als lokalen Rundungsfehler bezeichnen. Es gilt

$$(9.54) \qquad \sum_{\nu=0}^{k} \{\alpha_\nu \tilde{y}_{n+\nu} - h\,\beta_\nu\,f(x_{n+\nu}, \tilde{y}_{n+\nu})\} = \varepsilon_{n+k}, \qquad n = 0, 1, \ldots$$

Ist das Differenzenverfahren konvergent und von der Ordnung p und genügen die lokalen Rundungsfehler der Ungleichung

$$|\varepsilon_{n+k}| \leq N\,h^{p+1}, \qquad n = 0, 1, \ldots,$$

mit der Konstanten N, so gilt unter der Voraussetzung

$$\max_{\mu=0,1,\ldots,k-1} |\tilde{y}_\mu - y_\mu| \leq M_1\,h^p$$

die Abschätzung

$$(9.55) \qquad |\tilde{y}_n - y_n| \leq M\,h^p, \qquad n = 0, 1, \ldots,$$

wobei M_1 und M, $M_1 < M$, zwei Konstante sind. Aus (9.53) und (9.55) folgt dann

$$|\tilde{y}_n - y(x_n)| \leq (M + K)\,h^p.$$

Die Betrachtungen in 9.3 bis 9.5 lassen sich zum großen Teil auf Differenzenverfahren zur numerischen Lösung von Anfangswertproblemen beliebiger Gleichungen und Gleichungssysteme ausdehnen. Wir verweisen hierzu etwa auf [7] und [19]. Insbesondere in [19] findet sich eine sehr ausführliche und weitgehende Theorie der Differenzapproximationen für gewöhnliche Differentialgleichungen.

9.6 Ergänzungen

In 9.5 wurde gezeigt, wie man im Prinzip zu einer Fehlerabschätzung für eine Differenzapproximation gelangen kann. Dazu benötigt man jedoch Schranken für die höheren Ableitungen der gesuchten Funktion, und dies ist der Grund dafür, daß bei der praktischen Rechnung oft von einer Fehlerabschätzung ganz abgesehen wird. Das ändert jedoch nichts an der Tatsache, daß eine numerische Rechnung ohne Angabe von Fehlerschranken an Wert verliert.

Da der Fehler der numerischen Rechnung nicht nur von den Eigenschaften des Differenzenverfahrens sondern auch von denen des gestellten Differentialgleichungsproblems abhängt, liegt es auf der Hand, daß gute Fehlerabschätzungen jeweils nur für speziellere Problemklassen möglich sind. Aus diesem Grunde finden sich in der Literatur zahlreiche Vorschläge für Fehlerabschätzungen für Differenzenverfahren bei speziellen Differentialgleichungen, auf die hier jedoch nicht eingegangen werden kann. Von besonderem Vorteil ist es, wenn der Fehler in obere und untere Schranken eingeschlossen werden kann. Für Verfahren, die einen geschlossenen Näherungsausdruck für die exakte Lösung liefern (Reihenentwicklungen usw.), gibt es eine Reihe von „Einschließungssätzen". Man vgl. hierzu etwa [6] und das dortige Literaturverzeichnis. Aber auch bei Diskretisierungsverfahren kann man in einigen Fällen auf sehr einfache Art zu Einschließungen gelangen, wie wir an folgendem Beispiel zeigen wollen.

Es liege wieder das Anfangswertproblem

$$(9.56) \qquad y' = f(x, y), \qquad y(a) = g,$$

vor. Für $a \leqq x \leqq b$, $g \leqq y \leqq k$ sei die Funktion $f(x, y)$ in x und y monoton nicht fallend und nach beiden Veränderlichen stetig differenzierbar.

Zur numerischen Lösung verwenden wir die beiden Verfahren erster Ordnung

$$(9.57) \qquad \underline{y}_{n+1} = \underline{y}_n + h\,f(x_n, \underline{y}_n), \qquad \underline{y}_0 = g \quad \text{(explizit)},$$

$$(9.58) \qquad \bar{y}_{n+1} = \bar{y}_n + h\,f(x_{n+1}, \bar{y}_{n+1}), \qquad \bar{y}_0 = g \quad \text{(implizit)}.$$

Für die exakte Lösung $y(x)$ von (9.56) gilt

$$y(a + h) = y(a) + h\,f\big(a + \vartheta h, y(a + \vartheta h)\big), \qquad 0 < \vartheta < 1,$$

auf Grund der Monotonieeigenschaft von $f(x, y)$ also mit (9.57), (9.58)

$$\underline{y}_1 \leqq y(a + h) \leqq \bar{y}_1.$$

Durch vollständige Induktion zeigt man weiter, daß zunächst unter Vernachlässigung von Rundungsfehlern allgemein

$$(9.59) \qquad \underline{y}_n \leqq y(a + n\,h) \leqq \bar{y}_n, \qquad 0 \leqq n\,h \leqq b - a$$

gilt. Damit hat man eine Einschließung der Lösung gewonnen. Das Ergebnis bleibt offenbar auch bei Berücksichtigung von Rundungsfehlern richtig, wenn bei der Rechnung nach (9.57) alle Werte abgerundet, bei (9.58) dagegen aufgerundet werden.

Beispiel 9.2. Wir betrachten wieder (vgl. Beispiele 1.1 und 2.4) das Anfangswertproblem

$$y' = x^2 + y^2, \qquad y(0) = 0, \qquad 0 \leqq x \leqq 1{,}5.$$

Ermittelt man nach (9.57), (9.58) mit $h = 0{,}01$ die Werte $\underline{y}_n$ und $\bar{y}_n$ und nach der Entwicklung (vgl. Beispiel 2.4)

$$y(x) \approx \frac{1}{3}\,x^3 + \frac{1}{63}\,x^7 + \frac{2}{2079}\,x^{11} + \frac{13}{218\,295}\,x^{15} + \frac{46}{12\,442\,815}\,x^{19}$$

die Werte $y(n\,h)$, so erhält man folgende Ergebnisse:

x	n	$\underline{y}_n$	$y(n\,h)$	$\bar{y}_n$	$y(n\,h)-\underline{y}_n$	$\bar{y}_n-y(n\,h)$	$\bar{y}_n-\underline{y}_n$
0	0	0,000000	0,000000	0,000000	0,000000	0,000000	0,000000
0,1	10	0,000285	0,000333	0,000385	0,000048	0,000052	0,000100
0,2	20	0,002470	0,002667	0,002870	0,000197	0,000203	0,000400
0,3	30	0,008558	0,009003	0,009459	0,000445	0,000456	0,000901
0,4	40	0,020562	0,021359	0,022171	0,000797	0,000812	0,001609
0,5	50	0,040533	0,041791	0,043068	0,001258	0,001277	0,002535
0,6	60	0,070607	0,072448	0,074313	0,001841	0,001865	0,003706
0,7	70	0,113092	0,115660	0,118262	0,002568	0,002602	0,005170
0,8	80	0,170597	0,174080	0,177612	0,003483	0,003532	0,007015
0,9	90	0,246249	0,250907	0,255637	0,004658	0,004730	0,009388
1,0	100	0,344018	0,350232	0,356559	0,006214	0,006327	0,012541
1,1	110	0,469257	0,477615	0,486164	0,008358	0,008549	0,016907
1,2	120	0,629605	0,641060	0,652871	0,011455	0,011811	0,023266
1,3	130	0,836628	0,852764	0,869727	0,016136	0,016963	0,033099
1,4	140	1,108978	1,132421	1,158432	0,023443	0,026011	0,049454
1,5	150	1,479115	1,513690	1,558401	0,034575	0,044711	0,079286

In Abb. 9.5 ist die Einschließung dargestellt. Natürlich werden für wachsende x die Schranken zunehmend ungünstiger.

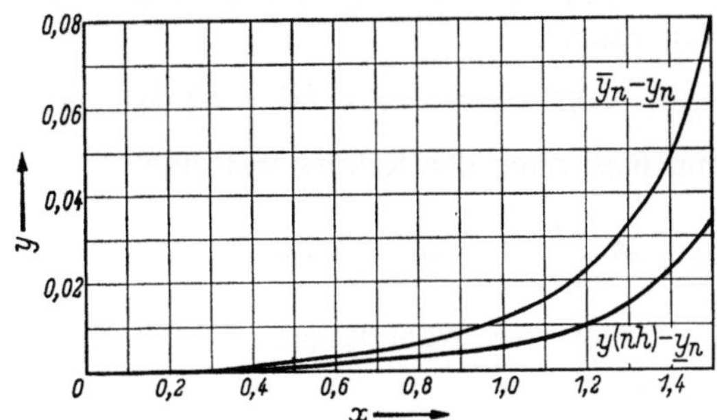

Abb. 9.5. Die Fehler $\bar{y}_n - \underline{y}_n$ und $y(n\,h) - \underline{y}_n$

Das Verfahren läßt sich auch auf Systeme von Differentialgleichungen erster Ordnung mit entsprechenden Monotonieeigenschaften ausdehnen.

Eine Fehlerschätzung bei allgemeineren Problemen kann man erhalten, wenn dasselbe Differenzenverfahren bei zwei verschiedenen Schrittweiten durchgeführt wird (vgl. etwa [7], S. 49ff.). Zur numerischen Lösung von (9.56) werde ein Verfahren der Ordnung r verwendet. Den an der Stelle x mit der Schrittweite h berechneten Näherungswert für $y(x)$ bezeichnen wir mit $\eta(x, h)$. Berechnet man mit demselben Verfahren die Werte $\eta(x, h), \eta(x, 2h)$, so gilt

$$(9.60) \qquad \eta(x, h) - y(x) = \frac{\eta(x, 2h) - \eta(x, h)}{2^r - 1}\left(1 + O(h)\right),$$

und somit für hinreichend kleines h

$$(9.61) \qquad \eta(x, h) - y(x) \approx \frac{\eta(x, 2h) - \eta(x, h)}{2^r - 1}.$$

Diese „Fehlerschätzung" ist natürlich keine exakte Fehlerabschätzung, sie liefert jedoch in der Praxis oft sehr gute Resultate.

Man kann (9.60) auch dazu verwenden, die Näherungslösung zu verbessern. Es gilt zunächst

$$y(x) = \eta(x, h) - \frac{\eta(x, 2h) - \eta(x, h)}{2^r - 1} \left(1 + O(h)\right)$$

und somit für hinreichend kleines h

$$(9.62) \qquad y(x) \approx \eta(x) = \frac{2^r \eta(x, h) - \eta(x, 2h)}{2^r - 1}.$$

Diese Methode, die Näherungslösung zu verbessern, kann nach dem Prinzip der *Richardson-Extrapolation* verfeinert und zu einem numerischen Verfahren ausgebaut werden, das wir im Falle $r = 1$ im folgenden beschreiben wollen.

Ausgehend von dem Verfahren (9.57) bezeichnen wir die an der Stelle x mit der Schrittweite $h = x - a/2^\mu$ berechneten Näherungen mit $\eta_0^{(\mu)}(x)$, $\mu = 0, 1, \ldots$ Nach (9.62) berechnen sich hieraus ($r = 1$) verbesserte Näherungen

$$(9.63) \qquad \eta_1^{(\mu)}(x) = 2\eta_0^{(\mu+1)}(x) - \eta_0^{(\mu)}(x).$$

Allgemein kann man nach der Rekursionsformel

$$(9.64) \qquad \eta_\varrho^{(\mu)}(x) = \frac{2^\varrho \eta_{\varrho-1}^{(\mu+1)}(x) - \eta_{\varrho-1}^{(\mu)}(x)}{2^\varrho - 1}, \qquad \varrho, \mu = 0, 1, \ldots,$$

fortlaufend die verbesserten Näherungen $\eta_\varrho^{(\mu)}(x)$ bestimmen. Es läßt sich zeigen, daß sowohl

$$(9.65) \qquad \lim_{\mu \to \infty} \eta_\varrho^{(\mu)}(x) = y(x) \quad \text{für festes } \varrho,$$

als auch

$$(9.66) \qquad \lim_{\varrho \to \infty} \eta_\varrho^{(\mu)}(x) = y(x) \quad \text{für festes } \mu$$

gilt, wenn die Funktion $f(x, y)$ für alle y und $a \le x \le b$ stetig ist und eine Lipschitz-Bedingung erfüllt. Man faßt die Zahlen (9.64) wie folgt in einem Schema zusammen:

$$
\begin{array}{cccc}
\eta_0^{(0)}(x) & & & \\
\eta_0^{(1)}(x) & \eta_1^{(0)}(x) & & \\
\eta_0^{(2)}(x) & \eta_1^{(1)}(x) & \eta_2^{(0)}(x) & \\
\eta_0^{(3)}(x) & \eta_1^{(2)}(x) & \eta_2^{(1)}(x) & \eta_3^{(0)}(x) \\
\vdots & \vdots & \vdots & \vdots
\end{array}
$$

Nach (9.65), (9.66) konvergiert sowohl die Folge der Zahlen in den Spalten als auch die in den Diagonalzeilen gegen den exakten Lösungswert $y(x)$. Bei der praktischen Rechnung kann man das Verfahren abbrechen, wenn sich für ein ϱ die Werte $\eta_\varrho^{(1)}$ und $\eta_{\varrho+1}^{(0)}$ innerhalb der geforderten Rechengenauigkeit nicht mehr unterscheiden. Als endgültigen Näherungswert wählt man $\eta_{\varrho+1}^{(0)}$.

Ein Eingehen auf die Theorie der Extrapolationsverfahren ist hier nicht möglich. Man vgl. hierzu [2, 4, 5].

Beispiel 9.3. Wir betrachten wieder das Anfangswertproblem von Beispiel 9.2. Wird die Rechnung abgebrochen, wenn sich die Näherungen innerhalb der ersten 5 Stellen hinter dem Komma nicht mehr ändern, und bezeichnen wir die endgültigen Näherungen mit $\eta(x)$, so erhält man nebenstehende Ergebnisse.

x	$\eta(x)$	ϱ
0	0,000 000	0
0,1	0,000 333	3
0,2	0,002 669	3
0,3	0,009 003	3
0,4	0,021 359	4
0,5	0,041 791	4
0,6	0,072 447	5
0,7	0,115 658	5
0,8	0,174 078	5
0,9	0,250 901	6
1,0	0,350 229	6
1,1	0,477 611	6
1,2	0,641 065	7
1,3	0,852 832	7
1,4	1,133 304	7
1,5	1,517 400	8

II. Partielle Differentialgleichungen erster Ordnung

§ 10. Lineare und quasilineare Differentialgleichungen erster Ordnung bei zwei unabhängigen Veränderlichen

In den technischen und physikalischen Anwendungen — mit Ausnahme der Mechanik — treten partielle (Einzel-) Differentialgleichungen erster Ordnung relativ selten auf. Sie stellen jedoch in gewisser Weise ein Bindeglied zwischen den gewöhnlichen Differentialgleichungen und den in den folgenden Kap. III, IV zu betrachtenden partiellen Differentialgleichungen höherer Ordnung und Systemen erster Ordnung dar. Außerdem gibt es für sie eine interessante abgeschlossene Lösungstheorie.

10.1 Definitionen

Eine Gleichung der Form

$$(10.1) \qquad F(x_1, x_2, \ldots, x_n, u, u_{x_1}, u_{x_2}, \ldots, u_{x_n}) = 0$$

heißt *partielle Differentialgleichung erster Ordnung* für eine gesuchte Funktion $u(x_1, \ldots, x_n)$ der n unabhängigen Veränderlichen $x_1, \ldots, x_n$.

Dabei ist F eine vorgegebene Funktion von $2n + 1$ Veränderlichen, die in einem gewissen Gebiet des $2n + 1$-dimensionalen Raumes R_{2n+1} definiert ist. Jede Funktion $u = \varphi(x_1, \ldots, x_n)$, welche in einem Gebiet des $x_1, \ldots, x_n$-Raumes stetige partielle Ableitungen[1] nach allen Veränderlichen besitzt und die Gl. (10.1) identisch erfüllt, heißt *Lösung* oder *Integral* von (10.1).

Es ist üblich, für die Ableitungen die Schreibweise

$$(10.2) \qquad p_\nu = \frac{\partial u}{\partial x_\nu} = u_{x_\nu}, \qquad \nu = 1, 2, \ldots, n,$$

zu verwenden. Die Differentialgleichung (10.1) hat dann die Form

$$(10.3) \qquad F(x_1, x_2, \ldots, x_n, u, p_1, \ldots, p_n) = 0.$$

Mit den Abkürzungen

$$\boldsymbol{x}^T = (x_1, x_2, \ldots, x_n), \qquad \boldsymbol{p}^T = (p_1, p_2, \ldots, p_n)$$

erhält man daraus die noch kürzere vektorielle Darstellung

$$(10.4) \qquad F(\boldsymbol{x}, u, \boldsymbol{p}) = 0.$$

Die Gl. (10.4) heißt *linear*, wenn sie die Gestalt

$$(10.5) \qquad \sum_{\nu=1}^{n} a_\nu(\boldsymbol{x})\, p_\nu + a_0(\boldsymbol{x})\, u + b(\boldsymbol{x}) = 0,$$

quasilinear, wenn sie die Gestalt

$$(10.6) \qquad \sum_{\nu=1}^{n} a_\nu(\boldsymbol{x}, u)\, p_\nu + b(\boldsymbol{x}, u) = 0$$

besitzt. Sind in der letzten Gleichung die a_ν nur Funktionen von $\boldsymbol{x}$ und ist b in u nichtlinear, so heißt (10.6) *halblinear* oder *fastlinear*. Verschwinden bei (10.5) die Funktionen $a_0(\boldsymbol{x})$ und $b(\boldsymbol{x})$ im betrachteten Gebiet identisch, so bezeichnet man die Gleichung als homogen[2]. Entsprechend heißt (10.6) homogen, wenn $b(\boldsymbol{x}, u)$ identisch verschwindet.

Besonders einfach und geometrisch leicht interpretierbar ist die Theorie der linearen und quasilinearen Differentialgleichungen erster Ordnung bei nur zwei unabhängigen Veränderlichen, der wir uns jetzt zuwenden wollen.

10.2 Richtungsfeld, Charakteristiken, Integralflächen

Wir betrachten die Gl. (10.6) für $n = 2$ und setzen

$$x_1 = x, \qquad x_2 = y, \qquad p_1 = p, \qquad p_2 = q, \qquad b = -f.$$

---

[1] Eventuell erster *und* zweiter Ordnung, vgl. §§ 12, 13.

[2] Gilt in (10.5) nur $b(\boldsymbol{x}) \equiv 0$, jedoch $a_0(\boldsymbol{x}) \not\equiv 0$, so nennt man die Gleichung auch ,,im weiteren Sinne homogen''.

Die quasilineare Differentialgleichung hat dann die Form

$$(10.7) \qquad a_1(x, y, u)\, p + a_2(x, y, u)\, q = f(x, y, u).$$

Es sei B ein Bereich des dreidimensionalen x-y-u-Raumes, und es gelte $a_1, a_2, f \in C^1(B)$. Außerdem mögen a_1, a_2 in keinem Punkt von B gleichzeitig verschwinden, es gelte also $|a_1| + |a_2| > 0$ in B. Jedem Punkt $(x, y, u) \in B$ wird dann durch den Vektor

$$(10.8) \qquad \boldsymbol{r}^T(x, y, u) = \big(a_1(x, y, u), a_2(x, y, u), f(x, y, u)\big)$$

eindeutig eine Richtung zugeordnet. Durchläuft (x, y, u) den Bereich B, so wird durch (10.8) in B ein Richtungsfeld definiert, das *Mongesche Richtungsfeld* der Differentialgleichung (10.7) in B. Der Vektor $\boldsymbol{r}(x, y, u)$ heißt *Mongescher Vektor* im Punkt (x, y, u).

Es sei $u = \varphi(x, y)$ ein Integral von (10.7) und somit bezüglich x, y einmal stetig differenzierbar. Geometrisch stellt φ eine glatte Fläche im R_3 dar. Die Normalvektoren dieser Integralfläche sind

$$(10.9) \qquad \boldsymbol{n}^T = (\varphi_x, \varphi_y, -1).$$

Da φ Lösung von (10.7) ist, gilt nach (10.8)

$$(10.10) \qquad (\boldsymbol{r}, \boldsymbol{n}) = a_1\, \varphi_x + a_2\, \varphi_y - f = 0,$$

die Mongeschen Vektoren stehen also senkrecht auf den Normalvektoren und sind somit Tangentenvektoren der Integralfläche $u = \varphi(x, y)$ (Abb. 10.1).

Das Mongesche Richtungsfeld wird durch das System gewöhnlicher Differentialgleichungen erster Ordnung

$$(10.11) \qquad \frac{dx}{dt} = a_1(x, y, u), \qquad \frac{dy}{dt} = a_2(x, y, u), \qquad \frac{du}{dt} = f(x, y, u)$$

beschrieben, wobei t ein Parameter ist. Die Lösungen dieses Systems, also die Kurven

$$(10.12)$$

$$x = x(t), \quad y = y(t), \quad u = u(t)$$

heißen *Charakteristiken* der Differentialgleichung (10.8), ihre Projektionen in die x—y-Ebene *Grundcharakteristiken* oder *charakteristische Grundkurven*. Da die Funktionen a_1, a_2, f in B einmal stetig differenzierbar sind, geht nach dem Existenz- und Eindeu-

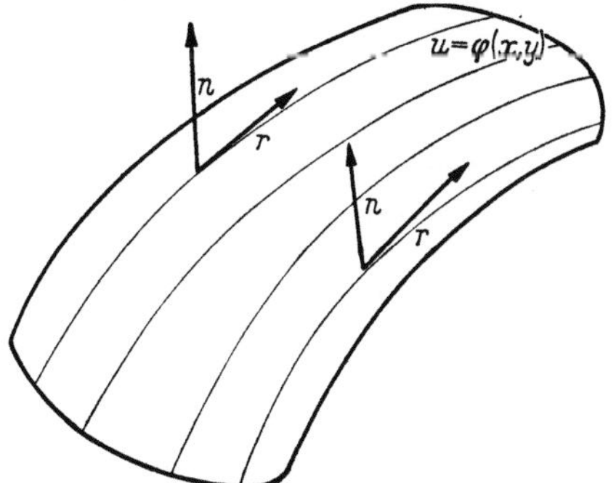

Abb. 10.1. Mongesche Vektoren und Normalvektoren einer Integralfläche

tigkeitssatz von PICARD-LINDELÖF (vgl. Kap. I, 1.2) durch jeden Punkt $(x, y, u) \in B$ genau eine Charakteristik.

Es ist nun bemerkenswert, daß sich die Integration der partiellen Differentialgleichung (10.7) vollständig auf die Integration des Systems gewöhnlicher Differentialgleichungen (10.11) zurückführen läßt. Da nämlich die Mongeschen Vektoren Tangenten der Charakteristiken sind, ist jede von (10.12) aufgespannte Fläche eine Integralfläche von (10.7). Andererseits läßt sich jede Integralfläche durch eine einparametrige Charakteristikenschar aufspannen: Betrachten wir nämlich die Schar der Flächenkurven

$$(10.13) \qquad x = x(t), \quad y = y(t), \quad u = \varphi\big(x(t), y(t)\big),$$

wobei $u = \varphi(x, y)$ Lösung von (10.7) und $x(t), y(t)$ Lösung des Systems

$$(10.14) \qquad \frac{dx}{dt} = a_1\big(x, y, \varphi(x, y)\big), \qquad \frac{dy}{dt} = a_2\big(x, y, \varphi(x, y)\big)$$

ist, so gilt

$$(10.15) \qquad \frac{du}{dt} = \varphi_x \frac{dx}{dt} + \varphi_y \frac{dy}{dt} = f\big(x(t), y(t), \varphi(x(t), y(t))\big).$$

Die Flächenkurven (10.13) genügen daher dem System (10.11) und sind somit Charakteristiken. Es folgt der

Satz 10.1. *Jede Integralfläche von (10.7) kann durch Charakteristiken erzeugt werden. Ist $x(t_0), y(t_0), u(t_0) = \varphi(x(t_0), y(t_0))$ ein fester Punkt der Integralfläche $u = \varphi(x, y)$, so ist die Charakteristik durch diesen Punkt eindeutig bestimmt und gehört der Integralfläche ganz an (Abb. 10.2).*

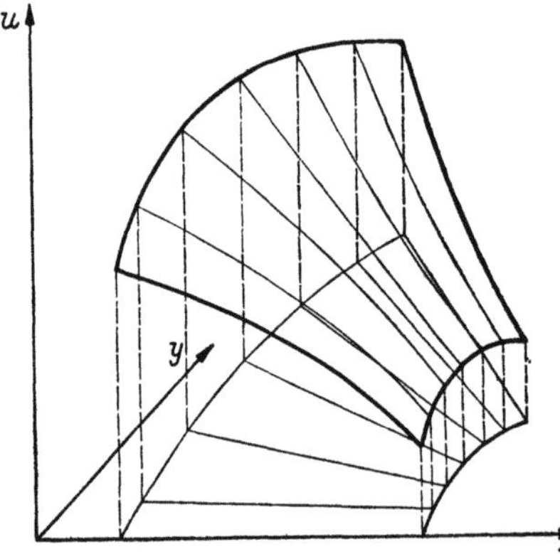

Abb. 10.2.   Aufbau einer Integralfläche durch Charakteristiken

Ist (10.7) halblinear, so lauten die charakteristischen Differentialgleichungen (10.11)

$$(10.16) \qquad \begin{cases} \dfrac{dx}{dt} = a_1(x, y), \\[2mm] \dfrac{dy}{dt} = a_2(x, y), \\[2mm] \dfrac{du}{dt} = f(x, y, u). \end{cases}$$

In diesem Fall bilden die ersten beiden Gleichungen für sich allein schon ein System, man erhält zunächst die Grundcharakteristiken $x = x(t)$, $y = y(t)$ und aus der dritten Gleichung

$$(10.17) \qquad \frac{du}{dt} = f\big(x(t), y(t), u\big) = g(t, u)$$

dann $u = u(t)$. Ist (10.7) sogar linear, gilt also etwa $f(x, y, u)$ $= a(x, y)\, u + b(x, y)$, so ist auch (10.17) linear und lautet

$$\frac{du}{dt} = a\big(x(t), y(t)\big)\, u + b\big(x(t), y(t)\big) = \alpha(t)\, u + \beta(t).$$

Im Falle $a \equiv 0$ kann diese Gleichung sofort integriert werden, man erhält

$$u(t) = C + \int b\big(x(t), y(t)\big)\, dt = C + \int \beta(t)\, dt$$

mit der willkürlichen Konstanten C. Verschiebt man daher in diesem Fall eine Lösungsfläche parallel in Richtung der u-Achse, so erhält man wieder eine Lösungsfläche.

Ist schließlich die Differentialgleichung (10.7) linear und homogen, so folgt nach (10.15)

$$(10.18) \qquad \frac{du}{dt} = \frac{d}{dt}\, \varphi\big(x(t), y(t)\big) = 0.$$

Längs jeder charakteristischen Grundkurve hat daher die Lösung $\varphi(x, y)$ einen konstanten Wert. Ist andererseits $u = \psi(x, y)$ eine bezüglich x und y stetig differenzierbare Funktion, die längs jeder charakteristischen Grundkurve einen konstanten Wert annimmt, so gilt

$$\frac{du}{dt} = \psi_x \frac{dx}{dt} + \psi_y \frac{dy}{dt} = \psi_x\, a_1 + \psi_y\, a_2 = 0.$$

Daher ist ψ Lösung der linearen homogenen Gleichung. Hierdurch wird ein Integrationsverfahren nahegelegt: Man bestimmt die charakteristischen Grundkurven und ermittelt alle Funktionen $\psi(x, y)$, die längs dieser einen konstanten Wert besitzen.

Beispiel 10.1. Die Grundcharakteristiken der Differentialgleichung

$$y\, u_x + x\, u_y = 0$$

genügen dem System $dx/dt = y$, $dy/dt = x$. Wegen $d(x^2 - y^2)/dt$ $= 2(x\, y - y\, x) = 0$ ist $u = x^2 - y^2$ Lösung. Man erkennt darüber hinaus auf demselben Wege sofort, daß für jede stetig differenzierbare Funktion $\psi(z)$ auch $u = \psi(x^2 - y^2)$ Lösung der Differentialgleichung ist. Soll die gesuchte Lösung weiter etwa die Raumkurve $u = e^{x^2}$, $y = 0$ enthalten, so muß $\psi(x^2) = e^{x^2}$, $\psi(z) = e^z$ gelten. Die Lösung lautet somit $u = e^{x^2 - y^2}$.

10.3 Das Anfangswertproblem

Im R sei eine stetig differenzierbare Raumkurve

$$k_1: \quad x(\tau),\ y(\tau),\ u(\tau), \quad \tau_0 < \tau < \tau_1,$$

gegeben. Ihre Projektion $\bar{k}_1$ in die x–y-Ebene sei doppelpunktfrei und es gelte $|dx/d\tau| + |dy/d\tau| > 0$. Wir betrachten dann folgendes *Anfangs-*

wertproblem (Cauchy-Problem) der Differentialgleichung (10.7): In einer Umgebung der Kurve k_1 wird eine Integralfläche von (10.7) gesucht, welche die Kurve k_1 enthält.

Bei der Lösung dieses Anfangswertproblems hat man nun je nach der Art der Anfangskurve k_1 folgende Fälle zu unterscheiden (vgl. [*30*], S. 45 ff.):

A. Es gilt

$$(10.19) \qquad \Delta = \begin{vmatrix} a_1 & a_2 \\ \dfrac{dx}{d\tau} & \dfrac{dy}{d\tau} \end{vmatrix} \neq 0$$

längs k_1. Die Kurve $\bar{k}_1$ hat dann mit keiner charakteristischen Grundkurve eine gemeinsame Tangente. Durch die Punkte von k_1 geht eine Schar von Charakteristiken $x(t,\tau)$, $y(t,\tau)$, $u(t,\tau)$ der Differentialgleichung (10.7), welche stetige Ableitungen nach t und τ besitzt. Löst man die Gleichungen $x = x(t,\tau)$, $y = y(t,\tau)$ nach t und τ auf, so ergibt sich nach 10.2 eine Lösungsfläche

$$u\big(t(x,y), \tau(x,y)\big) = \varphi(x,y)$$

mit stetigen Ableitungen φ_x, φ_y. Da diese Lösungsfläche durch die Vorgabe von k_1 eindeutig bestimmt ist, besitzt das Anfangswertproblem im Fall A eine eindeutige Lösung (Abb. 10.3).

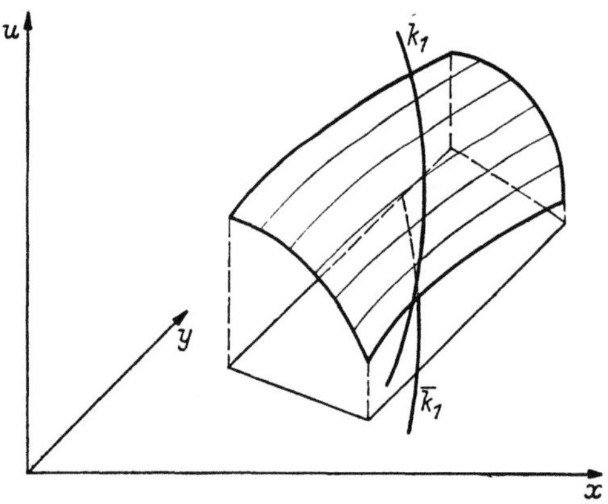

Abb. 10.3. Anfangswertproblem im Fall A

B. Die Kurve k_1 ist Charakteristik. Sei dann $\varkappa$ eine beliebige Raumkurve, welche den Voraussetzungen über k_1 im Fall A genügt — also nicht Charakteristik ist — und die Kurve k_1 in genau einem Punkt schneidet. Wie im Fall A erläutert, gibt es genau eine durch $\varkappa$ gehende Integralfläche, die außerdem die Charakteristik k_1 enthält. Denn hat eine Charakteristik mit einer Integralfläche einen Punkt gemeinsam, so gehört sie ihr ganz an. Da $\varkappa$ beliebig war, gibt es durch jede solche Kurve, die genau einen Punkt mit der Charakteristik k_1 gemeinsam hat, eine Integralfläche. Das Anfangswertproblem ist im Fall B also nicht eindeutig lösbar (Abb. 10.4).

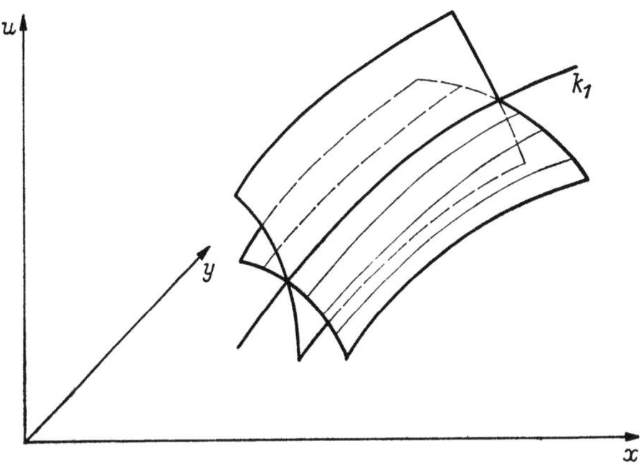

Abb. 10.4. Anfangswertproblem im Fall B

C. Die Kurve k_1 ist keine Charakteristik, es gilt jedoch $\varDelta = 0$. Es läßt sich dann auf k_1 ein Parameter τ' so wählen, daß

$$\frac{dx}{d\tau'} = a_1, \qquad \frac{dy}{d\tau'} = a_2, \quad \text{also} \quad \frac{du}{d\tau'} = \frac{dx}{d\tau'}\,u_x + \frac{dy}{d\tau'}\,u_y$$

$$= a_1\,u_x + a_2\,u_y = f$$

gilt, im Widerspruch zur Voraussetzung, daß k_1 keine Charakteristik ist. Hieraus läßt sich schließen, daß das Anfangswertproblem keine Lösung mit stetigen partiellen Ableitungen besitzt, also nach obiger Definition schlechthin nicht lösbar ist.

Man kann das Anfangswertproblem natürlich auch in folgender Form vorgeben: Gesucht ist eine bezüglich x und y stetig differenzierbare Lösung $u(x, y)$ der Differentialgleichung (10.7), welche die Anfangsbedingung

$$u\big(x, g(x)\big) - h(x)$$

erfüllt. Dabei ist $y = g(x)$ eine stetig differenzierbare Kurve, die von keiner charakteristischen Grundkurve von (10.7) berührt wird, und $h(x)$ ist stetig differenzierbar.

Beispiel 10.2. Wir betrachten das Anfangswertproblem

$$y\,u_x + x\,u_y = x + y, \quad u(x, 0) = e^x, \quad 0 < x < \infty.$$

Die Anfangskurve hat die Parameterdarstellung

$$x = \tau, \quad y = 0, \quad u = e^\tau, \quad 0 < \tau < \infty.$$

Die charakteristischen Gleichungen sind (vgl. Beispiel 10.1)

$$(*) \qquad \frac{dx}{dt} = y, \qquad \frac{dy}{dt} = x, \qquad \frac{du}{dt} = x + y$$

bzw.

$$(**) \qquad \frac{dy}{dx} = \frac{x}{y}, \qquad \frac{du}{dx} = \frac{x}{y} + 1.$$

Aus $(*)$ folgt

$$x(t) = c_1 e^t + c_2 e^{-t}, \qquad y(t) = c_1 e^t - c_2 e^{-t}, \qquad u(t) = 2c_1 e^t + c_3.$$

Wir suchen weiter diejenige Schar von Charakteristiken, welche für $t = \tau$ die Anfangskurve schneidet; dies führt auf die Bedingungen

$$\tau = c_1 e^\tau + c_2 e^{-\tau}, \qquad 0 = c_1 e^\tau - c_2 e^{-\tau}, \qquad e^\tau = 2c_1 e^\tau + c_3.$$

Hieraus folgt

$$c_1 = \tfrac{1}{2}\tau e^{-\tau}, \qquad c_2 = \tfrac{1}{2}\tau e^{\tau}, \qquad c_3 = e^\tau - \tau.$$

Die durch die Anfangskurve hindurchgehende Charakteristikenschar hat daher die Parameterdarstellung

$$x(t, \tau) = \tfrac{1}{2}\tau(e^{t-\tau} + e^{-(t-\tau)}) = \tau \cosh(t - \tau),$$
$$y(t, \tau) = \tfrac{1}{2}\tau(e^{t-\tau} - e^{-(t-\tau)}) = \tau \sinh(t - \tau),$$
$$u(t, \tau) = \tau e^{t-\tau} + e^\tau - \tau.$$

Aus den ersten beiden Gleichungen folgt dann

$$x + y = \tau e^{t-\tau}, \quad x - y = \tau e^{-(t-\tau)}, \text{ also } \tau^2 = x^2 - y^2, \quad \tau = \sqrt{x^2 - y^2} > 0.$$

Die gesuchte eindeutige Lösung ist somit

$$u(x, y) = x + y - \sqrt{x^2 - y^2} + e^{\sqrt{x^2 - y^2}},$$

da nach (10.19) gilt

$$\varDelta = -\tau \neq 0 \quad \text{für} \quad \tau > 0.$$

§ 11. Lineare und quasilineare Differentialgleichungen erster Ordnung bei n unabhängigen Veränderlichen

11.1 Lineare homogene Differentialgleichungen

Einen tieferen Einblick in die Theorie der partiellen Differentialgleichungen erster Ordnung vermittelt die Untersuchung der linearen und quasilinearen Gleichungen bei $n > 2$ unabhängigen Veränderlichen. Zunächst betrachten wir die zu (10.5) gehörige homogene lineare Gleichung

$$(11.1) \qquad \sum_{\nu=1}^{n} a_\nu(x)\, p_\nu = 0.$$

Ihre stets vorhandene Lösung $u = c$ mit der Konstanten c heißt triviale Lösung, die von ihr verschiedenen Lösungen nennt man nichttriviale oder eigentliche Lösungen.

Kennt man bereits irgendwelche Lösungen von (11.1), so lassen sich hieraus weitere Lösungen komponieren; es gilt der

Satz 11.1. *Es seien* $\varphi_1(x), \ldots, \varphi_r(x)$, $r \geq 1$, *in einem Gebiet G des* x-*Raumes Lösungen von (11.1). Ist dann* $\Phi(z_1, \ldots, z_r)$ *eine bezüglich aller r Veränderlichen stetig differenzierbare Funktion, so ist auch*

$$(11.2) \qquad u = \varphi(x) = \Phi\big(\varphi_1(x), \ldots, \varphi_r(x)\big)$$

Lösung von (11.1).

Von diesem Satz haben wir bereits beim Beispiel 10.1 Gebrauch gemacht. Sei

$$a^T(x) = \big(a_1(x), a_2(x), \ldots, a_n(x)\big),$$

so heißt das System gewöhnlicher Differentialgleichungen

$$(11.3) \qquad \frac{d\,x}{d\,t} = a(x)$$

das zu (11.1) gehörige System der *charakteristischen Differentialgleichungen.* Jede Lösung

$$x = x(t)$$

desselben bezeichnet man als *charakteristische Grundkurve* oder *Grundcharakteristik,* während jede Kurve

$$x = x(t), \quad u = c$$

mit der willkürlichen Konstanten c im x—u-Raum *Charakteristik* von (11.1) heißt. Über die Lösungen von (11.1) gilt der

Satz 11.2. *Im betrachteten Gebiet G des* x-*Raumes seien die Funktionen* $a_1(x), \ldots, a_n(x)$ *stetig. Die Gesamtheit aller Integrale von (11.1) ist dann genau die Gesamtheit aller stetig differenzierbaren Funktionen* $\varphi(x)$, *die längs jeder charakteristischen Grundkurve konstanten Wert besitzen.*

Das *Anfangswertproblem* der Gl. (11.1) lautet wie folgt:

Im $n + 1$-dimensionalen x—u-Raum sei eine $n - 1$-dimensionale Punktmenge

$$(11.4) \qquad k_{n-1}: \quad x = x(\tau_1, \ldots, \tau_{n-1}), \quad u = u(\tau_1, \ldots, \tau_{n-1})$$

gegeben, wobei die Punkte $(\tau_1, \ldots, \tau_{n-1})$ ein Gebiet T durchlaufen mögen. Gesucht wird eine n-dimensionale Integralfläche von (11.1), welche k_{n-1} enthält.

Unter welchen Voraussetzungen dieses Anfangswertproblem gelöst werden kann, soll neben anderen Fragen allgemeiner in 11.2 diskutiert werden.

11.2 Quasilineare Differentialgleichungen

Die Koeffizienten a_ν, $\nu = 1, 2, \ldots, n$, und b der Differentialgleichung (10.6) seien in einem Gebiet G des x—u-Raumes stetig und bezüglich aller $n + 1$ Veränderlichen stetig differenzierbar. Ferner gelte dort

$$(11.5) \qquad \sum_{\nu=1}^{n} |a_\nu| > 0.$$

Jedem Punkt $(x, u) \in G$ wird dann durch den *Mongeschen Vektor*

$$(11.6) \qquad r^T(x, u) = \big(a_1(x, u), a_2(x, u), \ldots, a_n(x, u), -b(x, u)\big)$$

eine Richtung zugeordnet, die Gesamtheit dieser Vektoren bildet das *Mongesche Richtungsfeld*, welches durch das System gewöhnlicher Differentialgleichungen

$$(11.7) \qquad \frac{dx}{dt} = a(x, u), \qquad \frac{du}{dt} = -b(x, u),$$

mit

$$(11.8) \qquad a^T(x, u) = \big(a_1(x, u), \ldots, a_n(x, u)\big)$$

bestimmt ist. Jede Lösung

$$(11.9) \qquad x = x(t), \qquad u = u(t)$$

dieser *charakteristischen Differentialgleichungen* heißt eine *Charakteristik* von (10.6), ihr Grundriß im x-Raum heißt *Grundcharakteristik*.

Es läßt sich nun zeigen, daß die Gesamtheit aller Lösungen (allgemeine Lösung) von (11.7) — also die Gesamtheit aller Charakteristiken — im x—u-Raum eine n-parametrige Kurvenschar ist. Denn bei der Integration dieses Systems von $n + 1$ Gleichungen treten nur insgesamt n unabhängige Integrationsparameter auf. Über den Zusammenhang zwischen den Charakteristiken und den Integralflächen von (10.6) gibt Auskunft der

Satz 11.3

a) *Jede n-dimensionale Integralfläche im x—u-Raum kann von einer $(n-1)$-parametrigen Schar von Charakteristiken aufgespannt werden.*

b) *Jede von einer $(n-1)$-parametrigen Schar von Charakteristiken aufgespannte n-dimensionale Fläche im x—u-Raum ist eine Integralfläche.*

c) *Hat eine Charakteristik mit einer Integralfläche einen Punkt gemeinsam, so gehört sie ihr ganz an.*

Damit ist die Lösungstheorie von (10.6) wieder vollständig auf die des Systems (11.7) zurückgeführt.

Das System (11.7) kann auch als charakteristisches Differentialgleichungssystem der linearen homogenen Differentialgleichung

$$(11.10) \qquad \sum_{\nu=1}^{n} a_\nu(x, u) \frac{\partial v}{\partial x_\nu} - b(x, u) \frac{\partial v}{\partial u} = 0$$

in den $n + 1$ unabhängigen Veränderlichen $x_1, \ldots, x_n$, u aufgefaßt werden. Es erhebt sich dann die Frage nach den Beziehungen zwischen den Lösungen von (10.6) und (11.10), welche zumindest teilweise beantwortet wird durch den

Satz 11.4. *Es seien $a_\nu(x, u)$, $\nu = 1, 2, \ldots, n$, und $b(x, u)$ in G stetige Funktionen und $v = \psi(x, u)$ dort ein Integral der Differentialgleichung (11.10). Außerdem existiere in einem Gebiet $\bar{G}$ des x-Raumes eine Funktion $\varphi(x)$ mit den Eigenschaften*

a) $\varphi(x)$ ist in $\bar{G}$ einmal stetig differenzierbar,

b) $(x, \varphi(x)) \in G$ für $x \in \bar{G}$,

c) $\psi_u(x, \varphi(x)) \neq 0$ in $\bar{G}$[1],

d) $\psi(x, \varphi(x)) = c = $ konst. in $\bar{G}$.

Dann ist $u = \varphi(x)$ in $\bar{G}$ Lösung der Differentialgleichung (10.6).

Bei der Ermittlung von Lösungen von (10.6) kann man nach diesem Satz folgendermaßen vorgehen: Man bestimmt zunächst eine Funktion $v = \psi(x, u)$, die längs jeder Charakteristik von (11.10) konstant ist und somit nach Satz 11.2 eine Lösung dieser Gleichung ist. Sodann löst man $\psi(x, u) = c$ nach u auf und erhält etwa $u = \varphi(x)$. Besitzt diese Funktion die in Satz 11.4 verlangten Eigenschaften, so ist sie eine noch von c abhängende Lösung der quasilinearen Differentialgleichung (10.6). Man beachte jedoch, daß der Satz 11.4 nicht aussagt, daß auf diese Art alle Lösungen von (10.6) erhalten werden können.

In einigen wenigen Fällen, die zudem sehr durchsichtig sind, können mit Hilfe von Satz 11.4 Lösungen explizit angegeben werden.

Beispiel 11.1. Es sollen Lösungen der quasilinearen Gleichung

$$(*) \qquad u\,u_x - y\,u_y = -u$$

bestimmt werden. Die homogene lineare Differentialgleichung (11.10) lautet in diesem Fall

$$(**) \qquad u\,v_x - y\,v_y - u\,v_u = 0,$$

ihre Koeffizienten sind sicher in

$$G: \quad -\infty < x, y < \infty, \; 0 < u < \infty$$

stetig. Man erkennt weiter leicht, daß

$$v = f(x + u)\, g\!\left(\frac{y}{u}\right)$$

mit beliebigen, überall stetig differenzierbaren Funktionen $f(\xi)$, $g(\eta)$ Lösung von (**) ist, denn es gilt in leicht verständlicher Schreibweise

$$\frac{dv}{dt} = v_x \frac{dx}{dt} + v_y \frac{dy}{dt} + v_u \frac{du}{dt} = f'\,g\,u - f\,g'\frac{y}{u} - \left(f'\,g - f\,g'\frac{y}{u^2}\right)u = 0,$$

---

[1] Diese Bedingung läßt sich noch abschwächen, man vgl. etwa [23], S. 31.

längs jeder Charakteristik nimmt v also konstante Werte an. Liefert die Auflösung von

$$f(x+u)\, g\!\left(\frac{y}{u}\right) = c$$

nach u die Funktion

$$u = \varphi(x, y),$$

so ist diese Lösung von (*), wenn die Bedingungen des Satzes 11.4 erfüllt sind. Um etwas Konkretes vor Augen zu haben, setzen wir $f(\xi) = \xi$, $g(\eta) = \eta$, $c = 1$, wonach sich

$$\varphi(x, y) = \frac{x\,y}{1-y}$$

ergibt. Wählen wir etwa

$$\bar{G}: \quad -\infty < x < 0,\, 1 < y < \infty,$$

so sind die Bedingungen a) bis d) des Satzes 11.4 erfüllt.

Durch die Funktionen

$$(11.11) \qquad \boldsymbol{x}(\tau_1, \ldots, \tau_{n-1}), \ u(\tau_1, \ldots, \tau_{n-1}),$$

welche stetige erste Ableitungen nach den $\tau_1, \ldots, \tau_{n-1}$ besitzen, sei im $(n+1)$-dimensionalen $\boldsymbol{x}-u$-Raum eine $(n-1)$-dimensionale Fläche k_{n-1} gegeben. Ihre Projektion $\bar{k}_{n-1}$ im $\boldsymbol{x}$-Raum sei doppelpunktfrei, es gelte also

$$\boldsymbol{x}(\tau_1^0, \ldots, \tau_{n-1}^0) = \boldsymbol{x}(\tau_1^1, \ldots, \tau_{n-1}^1)$$

genau für $\tau_i^0 = \tau_i^1$, $i = 1, 2, \ldots, n-1$. Ferner setzen wir voraus, daß der Rang der Matrix

$$(11.12) \qquad \left(\frac{\partial x_i}{\partial \tau_j}\right) = \begin{pmatrix} \dfrac{\partial x_1}{\partial \tau_1} & \dfrac{\partial x_1}{\partial \tau_2} & \cdots & \dfrac{\partial x_1}{\partial \tau_{n-1}} \\ \multicolumn{4}{c}{\cdots\cdots\cdots\cdots\cdots} \\ \dfrac{\partial x_n}{\partial \tau_1} & \dfrac{\partial x_n}{\partial \tau_2} & \cdots & \dfrac{\partial x_n}{\partial \tau_{n-1}} \end{pmatrix}$$

stets $n-1$ ist.

Wir betrachten dann folgendes *Anfangswertproblem* (Cauchy-Problem) der quasilinearen Differentialgleichung (10.6): In einer Umgebung der Fläche k_{n-1} wird eine einmal stetig differenzierbare Funktion $u = \varphi(\boldsymbol{x})$ gesucht, welche Lösung von (10.6) ist und die Fläche k_{n-1} enthält.

Wie im Fall $n = 2$ unterscheiden wir folgende Fälle bei der Lösung dieses Problems:

A. Es gilt stets

$$(11.13) \quad \Delta_n = \frac{\partial(x_1, \ldots, x_n)}{\partial(t, \tau_1, \ldots, \tau_{n-1})} = \begin{vmatrix} \dfrac{\partial x_1}{\partial t} & \cdots & \dfrac{\partial x_n}{\partial t} \\[6pt] \dfrac{\partial x_1}{\partial \tau_1} & \cdots & \dfrac{\partial x_n}{\partial \tau_1} \\ \hline \dfrac{\partial x_1}{\partial \tau_{n-1}} & \cdots & \dfrac{\partial x_n}{\partial \tau_{n-1}} \end{vmatrix} = \begin{vmatrix} a_1 & \cdots & a_n \\[6pt] \dfrac{\partial x_1}{\partial \tau_1} & \cdots & \dfrac{\partial x_n}{\partial \tau_1} \\ \hline \dfrac{\partial x_n}{\partial \tau_{n-1}} & \cdots & \dfrac{\partial x_n}{\partial \tau_{n-1}} \end{vmatrix} \neq 0$$

auf k_{n-1}. Das Anfangswertproblem kann dann auf folgende Art gelöst werden: Wir bestimmen die Schar von Charakteristiken

$$x = x(t, \tau_1, \ldots, \tau_{n-1}), \qquad u = u(t, \tau_1, \ldots, \tau_{n-1}),$$

welche durch die Punkte von k_{n-1} hindurchgeht. Unter den angegebenen Voraussetzungen besitzen x und u stetige Ableitungen nach allen n Veränderlichen $t, \tau_1, \ldots, \tau_{n-1}$ und wegen (11.13) erhält man eindeutig

$$t = t(x), \qquad \tau_i = \tau_i(x), \qquad i = 1, 2, \ldots, n - 1.$$

Wie im Fall $n = 2$ ist dann

$$u = u\big(t(x), \tau_1(x), \ldots, \tau_{n-1}(x)\big) = \varphi(x)$$

die eindeutige Lösung des Anfangswertproblems.

B. Es gilt $\Delta_n = 0$ überall auf k_{n-1}. Man kann zeigen, daß das Anfangswertproblem genau dann lösbar ist, wenn k_{n-1} eine *charakteristische Mannigfaltigkeit*, d. h. eine von einer $(n - 2)$-parametrigen Schar von Charakteristiken aufgespannte Fläche ist. Es existieren jedoch unendlich viele Lösungen des Problems.[1]

C. Es gilt $\Delta_n = 0$, die Fläche k_{n-1} ist jedoch keine charakteristische Mannigfaltigkeit. Nach B existiert keine Lösung des Anfangswertproblems.

§ 12. Allgemeine Differentialgleichungen erster Ordnung bei zwei unabhängigen Veränderlichen

12.1 Charakteristiken, charakteristische Streifen

Die allgemeine Differentialgleichung erster Ordnung bei zwei unabhängigen Veränderlichen hat (mit den Bezeichnungen aus 10.2) die Form

$$(12.1) \qquad\qquad F(x, y, u, p, q) = 0.$$

Im Vergleich zum linearen und quasilinearen Fall verschärfen wir aus einem später noch ersichtlichen Grund die Differenzierbarkeitseigenschaften: Die Funktion F besitze in einem Gebiet G des $x-y-u-p-q$-Raumes stetige partielle Ableitungen erster und zweiter Ordnung nach allen fünf Veränderlichen, und es gelte dort

$$(12.2) \qquad\qquad |F_p| + |F_q| > 0.$$

Jede *zweimal* stetig differenzierbare Funktion $u = \varphi(x, y)$, welche die Differentialgleichung (12.1) identisch erfüllt, heißt Lösung oder Integral dieser Gleichung.

---

[1] Im Fall $n = 2$ bedeutet dies, daß k_1 eine Charakteristik ist, vgl. 10.3.

Geometrisch kann die Differentialgleichung (12.1) wie folgt interpretiert werden: Durch Vorgabe der Zahlen p_0, q_0 wird jedem Punkt $(x_0, y_0, u_0) \in R_3$ die Ebene (Abb. 12.1)

$$(12.3) \qquad u - u_0 = (x - x_0)\, p_0 + (y - y_0)\, q_0$$

durch diesen Punkt zugeordnet. Man bezeichnet deshalb das Punktequintupel $(x_0, y_0, u_0, p_0, q_0)$ als *Flächenelement*, den Punkt (x_0, y_0, u_0) selbst als *Trägerpunkt* des Flächenelementes und die Zahlen p_0, q_0 als *Richtungskoeffizienten* des Flächenelementes. Läßt man p, q variieren, so erhält man in

$$(12.4)$$

$$u - u_0 = (x - x_0)\, p + (y - y_0)\, q$$

die Gesamtheit aller Flächenelemente durch den Punkt (x_0, y_0, u_0).

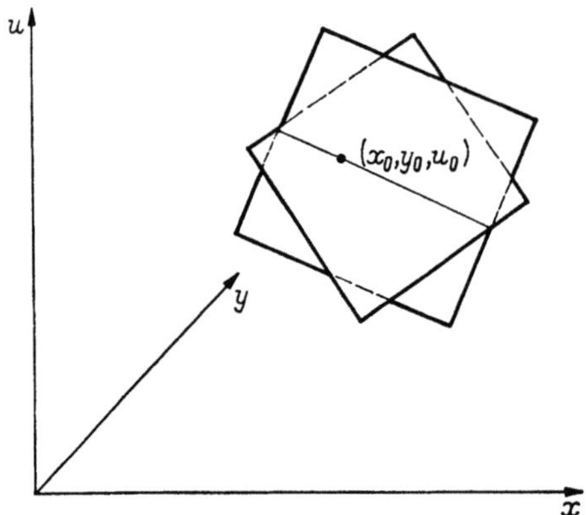

Abb. 12.1. Zwei Flächenelemente mit dem Träger (x_0, y_0, u_0)

Wir betrachten nun weiter nur solche Richtungskoeffizienten, welche der Gleichung

$$F(x_0, y_0, u_0, p, q) = \Phi(p, q) = 0$$

genügen. Erhält man hieraus $p = p(t)$, $q = q(t)$, also eine einparametrige Menge von Richtungselementen, so umhüllen die Ebenen (12.4) einen Kegel mit der Spitze (x_0, y_0, u_0), den man den zum Punkt (x_0, y_0, z_0) gehörigen *Mongeschen Kegel* der Differentialgleichung (12.1) nennt (Abb. 12.2). Die Gesamtheit der Mantellinien aller Mongeschen Kegel heißt *Mongesches Richtungsfeld*, die Raumkurven, deren Tangenten zum Mongeschen Richtungsfeld gehören, heißen *Mongesche Kurven*.

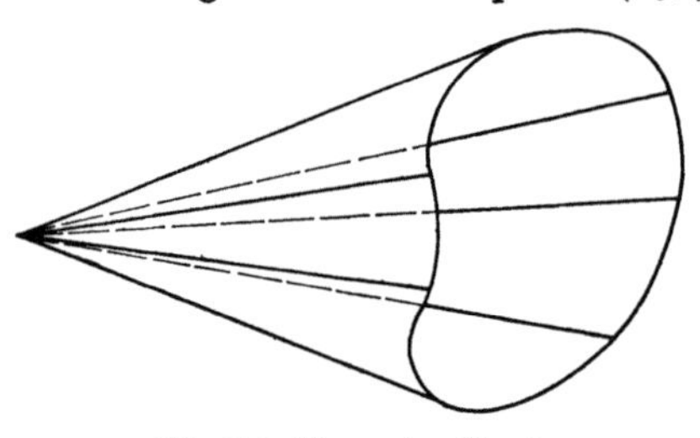

Abb. 12.2. Mongescher Kegel

Kehren wir noch einmal zur quasilinearen Gl. (10.8) zurück, für die

$$(12.5) \qquad F(x_0, y_0, u_0, p, q) = a_1(x_0, y_0, u_0)\, p + a_2(x_0, y_0, u_0)\, q -$$
$$- f(x_0, y_0, u_0) = 0$$

gilt. Alle Ebenen (12.4) enthalten die durch den Mongeschen Vektor (10.9) definierte Gerade

$$x - x_0 = \lambda\, a_1(x_0, y_0, u_0), \quad y - y_0 = \lambda\, a_2(x_0, y_0, u_0), \quad u - u_0 = \lambda\, f(x_0, y_0, u_0)$$

durch den Punkt (x_0, y_0, u_0) und bilden somit ein Ebenenbüschel. Der Mongesche Kegel artet in diesem Fall in eine Gerade aus.

Eine Lösung $u = \varphi(x, y)$ der Gl. (12.1) ist geometrisch gesehen eine glatte Fläche, deren Ableitungen $p = \varphi_x$, $q = \varphi_y$ zusammen mit jedem ihrer Punkte (x, y, u) der Gleichung $F = 0$ genügende Flächenelemente bilden. Die Tangentialebene der Integralfläche im Punkt (x, y, u) muß daher zugleich Tangentialebene des Mongeschen Kegels mit der Spitze (x, y, u) sein.

Eine Raumkurve zusammen mit den Ebenen durch ihre Tangenten definiert eine einparametrige Menge von Flächenelementen, einen *Streifen*. Ein von den Tangentialebenen der Mongeschen Kegel längs einer Mongeschen Kurve gebildeter Streifen heißt *Mongescher Streifen*. Sei $u = \varphi(x, y)$ eine beliebige Integralfläche von (12.1), so besitzt sie nach den vorhergehenden Überlegungen längs jeder Mongeschen Kurve mit den Mongeschen Kegeln gemeinsame Tangentialebenen. Die auf $\varphi(x, y)$ verlaufenden Mongeschen Kurven heißen *Charakteristiken*, die zugehörigen Mongeschen Streifen *charakteristische Streifen* der Differentialgleichung (12.1).

Die Integralflächen lassen sich daher im Gegensatz zu den quasilinearen Gleichungen nicht mehr allein durch Charakteristiken erzeugen, zu ihrem Aufbau ist darüber hinaus die Kenntnis der charakteristischen Streifen erforderlich. Man kann zeigen (vgl. etwa [*23, 30*]), daß diese dem Differentialgleichungssystem

$$(12.6) \quad \begin{aligned} \frac{dx}{dt} &= F_p, \quad \frac{dy}{dt} = F_q, \quad \frac{du}{dt} = p\,F_p + q\,F_q, \\ \frac{dp}{dt} &= -F_x - p\,F_u, \qquad \frac{dq}{dt} = -F_y - q\,F_u \end{aligned}$$

genügen. Da wir zu Anfang die Funktion F als zweimal stetig differenzierbar vorausgesetzt haben, sind die rechten Seiten dieses Systems stetig differenzierbare Funktionen. Nach dem Satz von PICARD-LINDELÖF geht daher durch jeden Punkt (x, y, u, p, q) genau eine Lösung des Systems (12.6). Es läßt sich weiter zeigen, daß die Gesamtheit der Lösungen eine vierparametrige Menge von charakteristischen Streifen darstellt (es treten nicht fünf, sondern nur vier wesentliche Integrationskonstanten auf), deren Elemente die *Streifenbedingung*

$$(12.7) \quad \frac{du}{dt} = p(t)\,\frac{dx}{dt} + q(t)\,\frac{dy}{dt}$$

erfüllen. Da die Tangentenvektoren der Charakteristiken durch $t^T = (dx/dt, dy/dt, du/dt)$, die Normalvektoren der zugehörigen Tangentialebenen durch $n^T = (p, q, -1)$ bestimmt sind, kann die Streifenbedingung auch in der Form

$$(12.8) \qquad (\boldsymbol{t},\, \boldsymbol{n}) = 0$$

geschrieben werden; die Vektoren $\boldsymbol{t}$ und $\boldsymbol{n}$ stehen aufeinander senkrecht.

Die totale Ableitung von F nach dem Parameter t ist

$$(12.9) \quad \frac{dF}{dt} = F_x \frac{dx}{dt} + F_y \frac{dy}{dt} + F_u \frac{du}{dt} + F_p \frac{dp}{dt} + F_q \frac{dq}{dt}.$$

Sei nun $x(t), \ldots, q(t)$ ein charakteristischer Streifen, so folgt nach Einsetzen von (12.6) in (12.9) unmittelbar

$$\frac{dF}{dt} = 0.$$

Längs eines charakteristischen Streifens ist die Funktion $F(x, y, u, p, q)$ konstant.

Zusammenfassend können wir sagen, daß sich die Integration der nichtlinearen partiellen Differentialgleichung (12.1) ähnlich wie im linearen und quasilinearen Fall vollständig auf die Integration des charakteristischen gewöhnlichen Differentialgleichungssystems (12.6) zurückführen läßt. Damit ist jedoch noch kein praktischer Lösungsweg gefunden.

12.2 Das Anfangswertproblem

Durch die Funktionen

$$(12.10) \qquad x(\tau),\ y(\tau),\ u(\tau),\ p(\tau),\ q(\tau)$$

sei ein Streifen s gegeben, welcher der Streifenbedingung

$$(12.11) \qquad \frac{du}{d\tau} = p(\tau)\,\frac{dx}{d\tau} + q(\tau)\,\frac{dy}{d\tau}$$

und zusätzlich der Gleichung

$$(12.12) \quad F\big(x(\tau), y(\tau), u(\tau), p(\tau), q(\tau)\big) = 0$$

genügt. Außerdem sei die Projektion k': $x(\tau), y(\tau)$ der Kurve k: $x(\tau),\ y(\tau),\ u(\tau)$ in die x—y-Ebene doppelpunktfrei.

Das Anfangswertproblem lautet dann: In einer Umgebung der Kurve k wird eine mit stetigen ersten und zweiten Ableitungen versehene Funktion $u = \varphi(x, y)$ gesucht, welche Lösung der Differentialgleichung (12.1) ist und den Anfangsstreifen (12.10) enthält (Abb. 12.3).

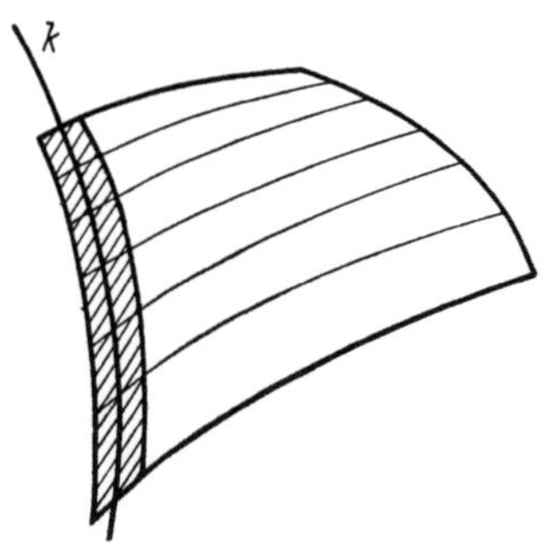

Abb. 12.3. Das Anfangswertproblem für $\varDelta \neq 0$

Über die Lösbarkeit dieses Anfangswertproblems gilt der

Satz 12.1. *Es gelte*

$$(12.13) \qquad \Delta = \begin{vmatrix} F_p & F_q \\ \dfrac{dx}{d\tau} & \dfrac{dy}{d\tau} \end{vmatrix} \neq 0$$

längs des Anfangsstreifens (12.10). Dann besitzt unter den genannten Voraussetzungen das Anfangswertproblem genau eine Lösung. Gilt dagegen $\Delta = 0$ längs (12.10), so ist notwendig und hinreichend für die Lösbarkeit des Anfangswertproblems, daß (12.10) ein charakteristischer Streifen ist; in diesem Fall existieren jedoch unendlich viele Lösungen.

Man vgl. die Aussage dieses Satzes mit den hinsichtlich der Lösbarkeit des Anfangswertproblems bei quasilinearen Gleichungen unterschiedenen drei Fällen. Bezüglich einer genaueren Untersuchung sei etwa auf [*9, 30*] verwiesen.

12.3 Vollständige Integrale

Eine zweiparametrige Menge

$$(12.14) \qquad u = V(x, y, a, b)$$

von Integralen der Differentialgleichung (12.1) heißt *vollständiges Integral*, wenn die Funktionen V, V_x, V_y in einem Gebiet des $x-y-a-b$-Raumes stetige partielle Ableitungen bis zur zweiten Ordnung nach allen vier Veränderlichen besitzen und außerdem dort die Funktionalmatrix

$$(12.15) \qquad \frac{\partial(V, V_x, V_y)}{\partial(a, b)} = \begin{pmatrix} V_a & V_{xa} & V_{ya} \\ V_b & V_{xb} & V_{yb} \end{pmatrix}$$

stets den Rang 2 hat.

Kennt man ein vollständiges Integral, so lassen sich weitere Integrale von (12.1) als einhüllende Flächen der durch (12.14) gegebenen Flächenelemente bestimmen.

Dazu ersetzen wir in (12.14) die Parameter a und b durch stetig differenzierbare Funktionen $a(x, y)$ und $b(x, y)$ und betrachten

$$(12.16) \qquad w(x, y) = V\big(x, y, a(x, y), b(x, y)\big).$$

Wegen

$$w_x = V_x + V_a a_x + V_b b_x, \qquad w_y = V_y + V_a a_y + V_b b_y$$

ist w ebenfalls Lösung von (12.1), wenn a und b den Gleichungen

$$(12.17) \qquad V_a a_x + V_b b_x = 0, \qquad V_a a_y + V_b b_y = 0$$

genügen. Gilt

$$(12.18) \qquad |V_a| + |V_b| > 0,$$

so folgt

$$(12.19) \qquad a_x b_y - a_y b_x = 0,$$

und diese Gleichung wird durch

$$(12.20) \qquad b = f(a)$$

mit der stetig differenzierbaren, jedoch sonst willkürlichen Funktion f befriedigt. Danach reduziert sich (12.17) auf die einzige Gleichung

$$(12.21) \qquad V_a + V_b f'(a) = 0.$$

Gelingt es, aus dieser die Funktion $a(x, y)$ zu bestimmen, so ist

$$(12.22) \qquad u = w(x, y) = V\big(x, y, a(x, y), f(a(x, y))\big)$$

ein Integral von (12.1), welches noch die willkürliche Funktion f enthält. Geometrisch stellt es die Enveloppe der Integralflächenschar

$$(12.23) \qquad u = V\big(x, y, a, f(a)\big)$$

dar.

Wir betrachten noch den bisher ausgeschlossenen Fall $V_a = V_b = 0$. Läßt sich nach Elimination von a und b aus den drei Gleichungen

$$(12.24) \quad u = V(x, y, a, b), \quad 0 = V_a(x, y, a, b), \quad 0 = V_b(x, y, a, b)$$

eine Funktion

$$(12.25) \qquad u = \varphi(x, y)$$

bestimmen, so ist diese ein *singuläres Integral* (vgl. 1.5 und 13.1) der Differentialgleichung (12.1). Geometrisch stellt es die Enveloppe der durch das vollständige Integral gegebenen zweiparametrigen Flächenschar dar.

Beispiel 12.1. Die Funktion

$$V = a\,x + b\,y + a^2 + b^2$$

ist vollständiges Integral der Differentialgleichung

$$u = x\,p + y\,q + p^2 + q^2,$$

welche der Clairautschen Differentialgleichung (vgl. 3.1) $y = x\,y' + (y')^2$ entspricht.

Wegen $V_a = x + 2a$, $V_b = y + 2b$ und $V_b \neq 0$ errechnet man leicht, daß mit der beliebigen stetig differenzierbaren Funktion f

$$u = a(x, y)\,x + f\big(a(x, y)\big)\,y + a^2(x, y) + f^2\big(a(x, y)\big)$$

Lösung dieser Differentialgleichung ist, wenn $a(x, y)$ der Gleichung

$$f'(a) = -\frac{x + 2a}{y + 2f(a)}$$

genügt. Wählt man insbesondere $f(a) = a$, so folgt

$$a(x, y) = -\tfrac{1}{4}(x + y)$$

und

$$u = -\tfrac{1}{8}(x + y)^2.$$

Aus $V_a = x + 2a = 0$, $V_b = y + 2b = 0$ erhält man $a = -x/2$, $b = -y/2$ und somit das singuläre Integral

$$u = -\tfrac{1}{4}(x^2 + y^2),$$

welches geometrisch ein Drehparabolid darstellt.

§ 13. Allgemeine Differentialgleichungen erster Ordnung bei n unabhängigen Veränderlichen

Die Betrachtungen aus § 12 erweitern wir jetzt auf die allgemeine Gl. (10.4). Dabei werden sich auch einige Ergänzungen ergeben, auf die wir bei den bisher untersuchten Spezialfällen der §§ 10—12 nicht eingegangen sind.

13.1 Charakteristiken, charakteristische Streifen, Integrale

Wir setzen voraus, daß die Funktion $F(\boldsymbol{x}, u, \boldsymbol{p})$ in einem Gebiet G des $\boldsymbol{x}-u-\boldsymbol{p}$-Raumes stetige erste und zweite Ableitungen nach allen $2n + 1$ Veränderlichen $x_1, \ldots, x_n, u, p_1, \ldots, p_n$ besitzt. Jede *zweimal stetig differenzierbare* Funktion $u = \varphi(\boldsymbol{x})$, welche die Differentialgleichung

$$(13.1) \qquad\qquad F(\boldsymbol{x}, u, \boldsymbol{p}) = 0$$

identisch erfüllt, heißt Lösung oder Integral derselben. Unter einem *Flächenelement* verstehen wir das System der $2n + 1$ Zahlen

$$(13.2) \qquad\qquad (\boldsymbol{x}, u, \boldsymbol{p}),$$

wobei der Punkt $(\boldsymbol{x}, u) \in R_{n+1}$ *Trägerpunkt*, der Vektor $\boldsymbol{p}$ *Richtungskoeffizient* des Flächenelementes heißt. Das Flächenelement (13.2) heißt *regulär*, wenn

$$(13.3) \qquad\qquad \sum_{\nu=1}^{n} |F_{p_\nu}(\boldsymbol{x}, u, \boldsymbol{p})| > 0,$$

singulär, wenn

$$(13.4) \qquad F_{p_\nu}(\boldsymbol{x}, u, \boldsymbol{p}) = 0, \qquad \nu = 1, 2, \ldots, n,$$

gilt. Ein Flächenelement heißt *Integralelement*, wenn es die Gl. (13.1) erfüllt, es heißt außerdem reguläres bzw. singuläres Integralelement, wenn es (13.3) bzw. (13.4) erfüllt. Demnach ist $(\boldsymbol{x}, u, \boldsymbol{p})$ genau dann ein singuläres Integralelement, wenn die Gleichungen

$$(13.5) \qquad F(\boldsymbol{x}, u, \boldsymbol{p}) = 0, \qquad F_{p_\nu}(\boldsymbol{x}, u, \boldsymbol{p}) = 0, \qquad \nu = 1, 2, \ldots, n,$$

gelten.

Eine einparametrige Menge von Flächenelementen

$$(13.6) \qquad \boldsymbol{x} = \boldsymbol{x}(t), \quad u = u(t), \quad \boldsymbol{p} = \boldsymbol{p}(t)$$

heißt eindimensionaler *Streifen*, wenn die Funktionen $\boldsymbol{x}(t), u(t), \boldsymbol{p}(t)$ einmal stetig differenzierbar sind und die *Streifenbedingung*

$$(13.7) \qquad \frac{du}{dt} = \sum_{\nu=1}^{n} p_\nu \frac{dx_\nu}{dt} = \left(\boldsymbol{p}, \frac{d\boldsymbol{x}}{dt}\right)$$

erfüllen. Ein Streifen heißt *charakteristischer Streifen*, wenn die $2n + 1$ Funktionen (13.6) dem gewöhnlichen Differentialgleichungssystem

$$(13.8)$$

$$\frac{dx_i}{dt} = F_{p_i}, \qquad \frac{du}{dt} = \sum_{\nu=1}^{n} p_\nu F_{p_\nu}, \qquad \frac{dp_i}{dt} = -F_{x_i} - p_i F_u, \qquad i = 1, 2, \ldots, n,$$

genügen. Die Trägerkurve

$$(13.9) \qquad \boldsymbol{x} = \boldsymbol{x}(t), \quad u = u(t)$$

eines charakteristischen Streifens heißt *Charakteristik*.

Wie man leicht errechnet, gilt längs eines charakteristischen Streifens

$$\frac{d}{dt} F(\boldsymbol{x}(t), u(t), \boldsymbol{p}(t)) = 0,$$

also

$$(13.10) \qquad F(\boldsymbol{x}(t), u(t), \boldsymbol{p}(t)) = c$$

mit der Konstanten c. Ein Streifen (13.6) heißt Integralstreifen, wenn er für die betrachteten Parameterwerte nur aus Integralelementen besteht. Sei (13.6) ein charakteristischer Streifen, der mindestens ein Integralelement enthält, so erfüllt dieses Element die Gleichung $F = 0$. Wegen (13.10) verschwindet F dann aber längs des ganzen charakteristischen Streifens, dieser ist also ein Integralstreifen.

Als Integral von (13.1) kann jetzt auch jede zweimal stetig differenzierbare Funktion $u = \varphi(\boldsymbol{x})$ erklärt werden, die als Flächenelemente

$$(13.11) \qquad x_1, \ldots, x_n, \varphi, \varphi_{x_1}, \ldots, \varphi_{x_n}$$

ausschließlich Integralelemente liefert. Insbesondere heißt $\varphi(\boldsymbol{x})$ *reguläres Integral*, wenn

$$(13.12) \qquad \sum_{\nu=1}^{n} \left| F_{p_\nu}(x_1, \ldots, x_n, \varphi, \varphi_{x_1}, \ldots, \varphi_{x_n}) \right| > 0,$$

singuläres Integral, wenn

$$(13.13) \quad F_{p_\nu}(x_1, \ldots, x_n, \varphi_{x_1}, \ldots, \varphi_{x_n}) = 0, \quad \nu = 1, 2, \ldots, n,$$

gilt.

Eine n-parametrige Menge von Integralen

$$(13.14) \qquad u = V(x_1, \ldots, x_n, a_1, \ldots, a_n) = V(\boldsymbol{x}, \boldsymbol{a})$$

heißt *vollständiges Integral* von (13.1), wenn die Funktionen V und V_{x_ν}, $\nu = 1, 2, \ldots, n$, in einem Gebiet des $\boldsymbol{x}-\boldsymbol{a}$-Raumes bezüglich aller $2n$ Veränderlichen zweimal stetig differenzierbar sind und wenn außerdem dort die Funktionalmatrix

$$(13.15) \qquad \frac{\partial(V, V_{x_1}, \ldots, V_{x_n})}{\partial(a_1, \ldots, a_n)} = \left(\frac{V_{a_1} \, V_{x_1 a_1} \cdots V_{x_n a_1}}{V_{a_n} \, V_{x_1 a_n} \cdots V_{x_n a_n}} \right)$$

stets vom Rang n ist.

13.2 Das Anfangswertproblem

Eine m-parametrige Menge von Flächenelementen

$$(13.16) \qquad \begin{aligned} \boldsymbol{x} &= \boldsymbol{x}(\tau_1, \ldots, \tau_m), \quad u = u(\tau_1, \ldots, \tau_m), \\ \boldsymbol{p} &= \boldsymbol{p}(\tau_1, \ldots, \tau_m), \quad 1 \leqq m \leqq n, \end{aligned}$$

heißt *m-dimensionaler Streifen* (m-dimensionale Streifenmannigfaltigkeit), wenn in einem Gebiet der Parameter $\tau_1, \ldots, \tau_m$ die Funktionen $\boldsymbol{x}, u, \boldsymbol{p}$ einmal stetig differenzierbar sind, die Streifenbedingungen

$$(13.17) \qquad u_{\tau_\nu} = (\boldsymbol{p}, \boldsymbol{x}_{\tau_\nu}), \quad \nu = 1, 2, \ldots, m,$$

erfüllen und wenn die Matrix

$$(13.18) \qquad \frac{\partial(x_1, \ldots, x_n)}{\partial(\tau_1, \ldots, \tau_m)}$$

dort stets den Rang m besitzt. Ein m-dimensionaler Streifen heißt m-dimensionaler Integralstreifen, wenn für sämtliche Parameterwerte durch (13.16) Integralelemente geliefert werden.

Es sei nun durch die Funktionen

$$(13.19) \quad \boldsymbol{x} = \boldsymbol{x}_0(\tau_1, \ldots, \tau_{n-1}), \; u = u_0(\tau_1, \ldots, \tau_{n-1}), \; \boldsymbol{p} = \boldsymbol{p}_0(\tau_1, \ldots, \tau_{n-1})$$

ein $n-1$-dimensionaler Integralstreifen S_{n-1} gegeben. Dann stellt

$$(13.20) \qquad \boldsymbol{x} = \boldsymbol{x}_0(\tau_1, \ldots, \tau_{n-1}), \quad u = u_0(\tau_1, \ldots, \tau_{n-1})$$

eine $n-1$-dimensionale Fläche k_{n-1} im R_{n+1} dar, dessen Projektion in den $\boldsymbol{x}$-Raum R_n mit $\bar{k}_{n-1}$ bezeichnet werde. Wir nehmen an, daß $\bar{k}_{n-1}$ doppelpunktfrei ist. Durch die Vorgabe von $\boldsymbol{p} = \boldsymbol{p}_0(\tau_1, \ldots, \tau_{n-1})$ wird (13.20) zur Streifenmannigfaltigkeit (13.19) ergänzt.

Wir betrachten dann folgendes Anfangswertproblem der Differentialgleichung (13.1): In einer Umgebung der Fläche k_{n-1} wird eine zweimal stetig differenzierbare Fläche $u = \varphi(\boldsymbol{x})$ gesucht, welche Integralfläche der Differentialgleichung (13.1) ist und den vorgegebenen $n - 1$-dimensionalen Anfangsintegralstreifen S_{n-1} enthält.

Bei dem besonders interessierenden Fall $\Delta_n \neq 0$ [vgl. (11.13)] kann man die Lösung des Anfangswertproblems wie folgt erhalten:

Da die rechten Seiten des charakteristischen Differentialgleichungssystems (13.8) nach Voraussetzung einmal stetig differenzierbare Funktionen sind, geht durch jeden „Punkt" $(t, \boldsymbol{x}, u, \boldsymbol{p})$ genau eine Lösung dieses Systems (vgl. 1.2, Satz 1.1). Insbesondere ist daher durch die Vorgabe von $(\tau, \boldsymbol{x}_0, u_0, \boldsymbol{p}_0)$ mit festem τ die Lösung von (13.8) eindeutig bestimmt; sie laute

$$(13.22) \quad \begin{cases} \boldsymbol{x} = \boldsymbol{x}(t, \tau, \boldsymbol{x}_0, u_0, \boldsymbol{p}_0) = \bar{\boldsymbol{x}}(\tau_1, \ldots, \tau_{n-1}, t), \\ u = u(t, \tau, \boldsymbol{x}_0, u_0, \boldsymbol{p}_0) = \bar{u}(\tau_1, \ldots, \tau_{n-1}, t), \\ \boldsymbol{p} = \boldsymbol{p}(t, \tau, \boldsymbol{x}_0, u_0, \boldsymbol{p}_0) = \bar{\boldsymbol{p}}(\tau_1, \ldots, \tau_{n-1}, t). \end{cases}$$

Es läßt sich nun zeigen, daß hierdurch ein n-dimensionaler Integralstreifen, also eine Integralfläche, von (13.1) gegeben ist, welche (für $t = \tau$) den $n - 1$ dimensionalen Anfangsintegralstreifen S_{n-1} enthält. Wegen $\Delta_n \neq 0$ auf S_{n-1} kann das Gleichungssystem

$$(13.23) \qquad \boldsymbol{x} = \bar{\boldsymbol{x}}(\tau_1, \ldots, \tau_{n-1}, t)$$

in einer Umgebung von k_{n-1} eindeutig nach den $\tau_1, \ldots, \tau_{n-1}, t$ aufgelöst werden, man erhält etwa

$$(13.24) \qquad \tau_\nu = \tau_\nu(\boldsymbol{x}), \quad t = t(\boldsymbol{x}), \quad \nu = 1, 2, \ldots, n - 1.$$

Die eindeutige Lösung des Anfangswertproblems ist daher

$$(13.25) \qquad u = \bar{u}\big(\tau_1(\boldsymbol{x}), \ldots, \tau_{n-1}(\boldsymbol{x}), t(\boldsymbol{x})\big) = \varphi(\boldsymbol{x}).$$

Man beachte, daß diese Lösung unter den angegebenen Voraussetzungen nur für eine hinreichend kleine Umgebung von $\bar{k}_{n-1}$ konstruiert werden kann.

Auch die Lösungstheorie der allgemeinen Gl. (13.1) läßt sich daher auf die des Systems gewöhnlicher Differentialgleichungen (13.8) zurückführen.

13.3 Legendre-Transformation

In einem Gebiet G des $\boldsymbol{x}$-Raumes sei die Funktion $u(\boldsymbol{x})$ zweimal stetig differenzierbar. Mit $1 \leq m \leq n$ gelte in G

$$(13.26) \qquad \frac{\partial(u_{x_m}, \ldots, u_{x_n})}{\partial(x_m, \ldots, x_n)} \neq 0$$

und durch die Transformation

$$(13.27) \qquad X_\nu = x_\nu, \quad \nu = 1, \ldots, m-1, \quad X_\mu = u_{x_\mu}(\boldsymbol{x}), \quad \mu = m, \ldots, n,$$

werde das Gebiet G eineindeutig auf das Gebiet G^* des $X_1 - \cdots - X_n$-Raumes abgebildet. Definiert man weiter die Funktion

$$(13.28) \qquad U(X_1, \ldots, X_n) = U(\boldsymbol{X}) = \sum_{\mu = m}^{n} x_\mu \, u_{x_\mu} - u(\boldsymbol{x}),$$

so läßt sich zeigen, daß diese zweimal stetig differenzierbar ist und den Gleichungen

$$(13.29) \qquad U_{X_\mu} = -u_{x_\nu}, \quad \nu = 1, \ldots, m-1, \quad U_{X_\mu} = x_\mu, \quad \mu = m, \ldots, n,$$

genügt. Aus (13.27), (13.28), (13.29) folgen dann die Gleichungen der *Legendre-Transformation*

(13.30a)

$$x_\nu = X_\nu, \quad \nu = 1, \ldots, m-1, \quad x_\mu = U_{X_\mu}, \quad \mu = m, \ldots, n,$$

$$u(\boldsymbol{x}) = \sum_{\mu = m}^{n} X_\mu \, U_{X_\mu} - U,$$

(13.30b)

$$u_{x_\nu} = -U_{X_\nu}, \quad \nu = 1, \ldots, m-1, \quad u_{x_\mu} = X, \quad \mu = m, \ldots, n.$$

Durch die Legendre-Transformation wird die Gl. (13.1) übergeführt in die Differentialgleichung

$$(13.31) \qquad \begin{aligned} &F(X_1, \ldots, X_{m-1}, U_{X_m}, \ldots, U_{X_n}, \quad \sum_{\mu = m}^{n} X_\mu \, U_{X_\mu} - U, \\ &-U_{X_1}, \ldots, -U_{X_{m-1}}, \quad X_m, \ldots, X_n) = \boldsymbol{\Phi}(\boldsymbol{X}, U, \boldsymbol{P}) = 0, \end{aligned}$$

also in eine solche gleicher Art, die jedoch in manchen Fällen leichter lösbar ist. Kennt man aber eine Lösung von (13.31), so liefern die Gln. (13.30a) eine Parameterdarstellung der entsprechenden Lösung von (13.1). Kennt man alle Integrale von (13.31), so liefert (13.30a) jedoch nicht notwendig auch alle Integrale von (13.1), es können durch die Legendre-Transformation also Integrale „verlorengehen".

In leicht verständlicher Schreibweise lauten im Fall $n = 2$ die Gleichungen der Legendre-Transformation wie folgt:

a) $m = 1$

$$(13.32) \qquad x = P, \, y = Q, \, u = XP + YQ - U, \, p = X, q = Y,$$

b) $m = 2$

$$(13.33) \qquad x = X, y = Q, u = YQ - U, p = -P, q = Y.$$

Durch eine Legendre-Transformation kann eine nichtlineare in eine lineare Differentialgleichung, ja sogar in eine gewöhnliche Gleichung übergeführt werden, wie man etwa am Beispiel der Differentialgleichung

$$(13.34) \qquad\qquad u = (\boldsymbol{x}, \boldsymbol{p}) + f(\boldsymbol{x})$$

erkennt. Für $m = 1$ nämlich geht diese über in

$$(13.35) \qquad U = -f(X),$$

so daß man für die Lösung von (13.34) sogleich die Parameterdarstellung

$$(13.36) \quad x_\nu = -f_{X_\nu}(X), \quad \nu = 1, \ldots, n, \quad u = f(X) - \sum_{\nu=1}^{n} X_\nu f_{X_\nu}(X)$$

erhält. Das Erfülltsein der zu Anfang angegebenen Bedingungen ist dabei noch nachzuprüfen.

13.4 Vollständige Integrale

Bei Kenntnis eines vollständigen Integrals $u = V(x, a)$ der Differentialgleichung (13.1) lassen sich, ähnlich wie in 12.3 für $n = 2$, durch Enveloppenbildung weitere Integrale von (13.1) ermitteln. Dazu ersetzen wir die Parameter a_ν durch stetig differenzierbare Funktionen $a_\nu(x)$, $\nu = 1, 2, \ldots, n$, betrachten also die Funktion

$$(13.37) \qquad w(x) = V\big(x, a(x)\big).$$

Die Funktionen $a_\nu(x)$ sollen so bestimmt werden, daß $w(x)$ Lösung von (13.1) wird. Wegen

$$(13.38) \qquad w_{x_\nu} = V_{x_\nu} + \sum_{\mu=1}^{n} V_{a_\mu}(a_\mu)_{x_\nu}$$

ist das sicher der Fall, wenn die Gleichungen

$$(13.39) \qquad \sum_{\mu=1}^{n} V_{a_\mu}(a_\mu)_{x_\nu} = 0, \quad \nu = 1, 2, \ldots, n,$$

gelten.

Es sei nun zunächst

$$(13.40) \qquad \sum_{\mu=1}^{n} \left| V_{a_\mu} \right| > 0,$$

und es seien $v^\varkappa(a)$, $\varkappa = 1, 2, \ldots, k, k < n$, stetig differenzierbare Funktionen mit folgenden Eigenschaften:

a) $v^\varkappa\big(a(x)\big) = 0, \quad \varkappa = 1, 2, \ldots, k,$

b) $V_{a_\mu}\big(x, a(x)\big) = \sum_{\varkappa=1}^{k} \alpha_\varkappa(x) \, v^\varkappa_{a_\mu}\big(a(x)\big), \quad \mu = 1, 2, \ldots, n,$

wobei die $\alpha_\varkappa(x)$ stetige Funktionen bezeichnen. Wegen a) folgt dann

$$(13.41) \qquad \sum_{\mu=1}^{n} v^\varkappa_{a_\mu}\big(a(x)\big) \big(a_\mu(x)\big)_{x_\nu} = 0, \quad \nu = 1, 2, \ldots, n,$$

und somit nach b) und (13.39)

$$\sum_{\mu=1}^{n} V_{a_\mu}(a_\mu)_{x_\nu} = \sum_{\varkappa=1}^{k} \alpha_\varkappa \left\{ \sum_{\mu=1}^{n} v^\varkappa_{a_\mu}(a_\mu)_{x_\nu} \right\} = 0, \quad \nu = 1, 2, \ldots, n.$$

Die Funktion (13.37) ist daher Lösung von (13.1).

Liegt der durch (13.40) zunächst ausgeschlossene Fall

$$(13.42) \qquad V_{a_\mu}\big(\boldsymbol{x}, \boldsymbol{a}(\boldsymbol{x})\big) = 0, \qquad \mu = 1, 2, \ldots, n,$$

vor, so ist (13.37) ein singuläres Integral von (13.1). Differenziert man nämlich

$$F\big(\boldsymbol{x}, V, V_{x_1}, \ldots, V_{x_n}\big) = 0$$

nach a_ν, so folgt mit (13.42) das Gleichungssystem
(13.43)

$$F_u\, V_{a_\nu} + \sum_{\mu=1}^{n} F_{p_\mu}\, V_{x_\mu}\, a_\nu = \sum_{\mu=1}^{n} F_{p_\mu}\, V_{x_\mu}\, a_\nu = 0, \qquad \nu = 1, 2, \ldots, n.$$

Dieses ist ein lineares homogenes Gleichungssystem für die F_{p_μ}, dessen Matrix auf Grund der Voraussetzung, daß (13.15) stets den Rang n besitzt, nichtsingulär ist. Daher besitzt es nur die triviale Lösung

$$F_{p_\mu} = 0, \qquad \mu = 1, 2, \ldots, n,$$

d. h., $w(\boldsymbol{x}) = V\big(\boldsymbol{x}, \boldsymbol{a}(\boldsymbol{x})\big)$ ist gemäß (13.13) singuläre Lösung von (13.1).

Bei der praktischen Bestimmung von $w(\boldsymbol{x})$ im Fall (13.40) kann man versuchen, die Funktionen $v^\varkappa(\boldsymbol{a})$ vorzugeben und dann aus den $n + k$ Gleichungen a), b) die $n + k$ Funktionen $a_1(\boldsymbol{x}), \ldots, a_n(\boldsymbol{x})$, $\alpha_1(\boldsymbol{x}), \ldots, \alpha_k(\boldsymbol{x})$ zu bestimmen. Trägt man dann die ersteren in V ein, so ist $w(\boldsymbol{x})$ gefunden.

Beispiel 13.1. Wir betrachten wieder die Differentialgleichung aus Beispiel 12.1

$$u = x\,p + y\,q + p^2 + q^2,$$

für welche

$$V = a\,x + b\,y + a^2 + b^2$$

vollständiges Integral ist. Wir wählen v als lineare Funktion von a und b,

$$v = A\,a + B\,b,$$

mit den Konstanten A und B. Wegen $v_a = A$, $v_b = b$ lauten dann die drei Gleichungen ($k = 1$) a), b)

$$\text{a)} \quad A\,a(x,y) + B\,b(x,y) = 0,$$

$$x + 2a(x,y) = A\,\alpha(x,y),$$

$$\text{b)} \quad y + 2b(x,y) = B\,\alpha(x,y).$$

Hieraus folgt zunächst aus b)

$$a(x,y) = -\frac{x}{2} + \frac{A}{2}\alpha(x,y), \qquad b(x,y) = -\frac{y}{2} + \frac{B}{2}\alpha(x,y),$$

während sich dann aus a)

$$\alpha(x, y) = \frac{A\,x + B\,y}{A^2 + B^2}$$

ergibt. Trägt man $a(x, y)$, $b(x, y)$ in das vollständige Integral ein, so wird

$$w(x, y) = -\frac{1}{4}(x^2 + y^2) + \frac{1}{4}\,\frac{(A\,x + B\,y)^2}{A^2 + B^2}.$$

Bei einem allgemeineren Ansatz für v erhält man entsprechend allgemeinere Lösungen $w(x, y)$.

13.5 Anwendung in der Mechanik

Wir betrachten den Fall, daß die Differentialgleichung (13.1) die Form

$$(13.44) \qquad F(\boldsymbol{x}, \boldsymbol{p}) = 0$$

besitzt, also nicht explizit von u abhängt. Läßt sie sich nach einem p_ν, etwa nach p_n, auflösen, und setzen wir $\overline{\boldsymbol{p}}^T = (p_1, \ldots, p_{n-1})$, so kann sie auch in der Form

$$(13.45) \qquad \Phi(\boldsymbol{x}, \overline{\boldsymbol{p}}, p_n) = p_n + H(\boldsymbol{x}, \overline{\boldsymbol{p}}) = 0$$

geschrieben werden. Wegen $\Phi_{p_n} = 1$ folgt nach (13.8) $dx_n/dt = 1$, so daß es naheliegt, x_n als Streifenparameter t zu wählen. Das charakteristische Differentialgleichungssystem (13.8) besteht dann nur noch aus den $2n$ Gleichungen

$$(13.46) \quad \frac{dx_i}{dt} = H_{p_i}, \qquad \frac{du}{dt} = \sum_{\nu=1}^{n-1} p_\nu\, H_{p_\nu} - H, \qquad \frac{dp_j}{dt} = -H_{x_j},$$

$$i = 1, 2, \ldots, n-1; \quad j = 1, 2, \ldots, n.$$

Da die Funktion H von $t, x_1, \ldots, x_{n-1}, p_1, \ldots, p_{n-1}$ abhängt, bilden weiter bereits die $2n - 2$ Gleichungen

$$(13.47) \quad \frac{dx_i}{dt} = H_{p_i}, \qquad \frac{dp_i}{dt} = -H_{x_i}, \qquad i = 1, 2, \ldots, n-1$$

ein Differentialgleichungssystem für die $2n - 2$ gesuchten Funktionen $x_i(t)$, $p_i(t)$.

Vom Typ (13.45) ist die bekannte *Hamilton-Jacobische Differentialgleichung* (vgl. etwa [26], S. 24ff.)

$$(13.48) \qquad \frac{\partial u}{\partial t} + H\left(x_1, \ldots, x_m, t, \frac{\partial u}{\partial x_1}, \ldots, \frac{\partial u}{\partial x_m}\right) = 0,$$

welche grundsätzliche Bedeutung in der Punktmechanik hat. Sie entsteht aus (13.45), wenn man dort $n - 1 = m$, $x_n = t$ setzt. Mit $\partial u/\partial x_i = p_i$

lauten die Gln. (13.47) dann

$$(13.49) \qquad \frac{dx_i}{dt} = H_{p_i}, \qquad \frac{dp_i}{dt} = -H_{x_i}, \qquad i = 1, 2, \ldots, n.$$

Das sind die *Hamiltonschen kanonischen Differentialgleichungen;* sie können als charakteristische Differentialgleichungen der Gl. (13.48) angesehen werden.

Wie wir gesehen haben, läßt sich die Integration von (13.48) vollständig auf die Integration des charakteristischen Differentialgleichungssystems zurückführen. Wir wollen nun umgekehrt versuchen, mit Hilfe eines vollständigen Integrals von (13.48) das kanonische System (13.49) zu lösen.

Für Differentialgleichungen vom Typ (13.48), in welchen also die gesuchte Funktion selbst nicht explizit auftritt, kann ein vollständiges Integral stets in der Form

$$(13.50) \qquad V = V(x_1, \ldots, x_m, t, a_1, \ldots, a_m) + a$$

angenommen werden. Nach (13.15) besitzt die Matrix

$$(13.51) \qquad \frac{\partial(V, V_{x_1}, \ldots, V_{x_m}, V_t)}{\partial(a_1, \ldots, a_m, a)} = \begin{pmatrix} V_{a_1} & V_{x_1 a_1} & \ldots & V_{x_m a_1} & V_{t a_1} \\ \hline V_{a_m} & V_{x_1 a_m} & \ldots & V_{x_m a_m} & V_{t a_m} \\ 1 & 0 & \ldots & 0 & 0 \end{pmatrix}$$

den Rang $n + 1$. Daher muß diejenige Matrix, die aus (13.51) durch Streichen der letzten Spalte entsteht, den Rang $n + 1$ besitzen, woraus wiederum

$$(13.52) \qquad \det\left(\frac{\partial(V_{x_1}, \ldots, V_{x_m})}{\partial(a_1, \ldots, a_m)}\right) \neq 0$$

folgt. Daher lassen sich aus den Gleichungen

$$(13.53) \qquad \frac{\partial V}{\partial a_i} = b_i, \qquad i = 1, 2, \ldots, m,$$

mit willkürlichen Konstanten b_i die x_j berechnen, man erhält etwa

$$(13.54) \qquad x_j = x_j(t; a_1, \ldots, a_m; b_1, \ldots, b_m), \qquad j = 1, 2, \ldots, m.$$

Bildet man dann weiter nach (13.50) $p_i = \partial V/\partial x_i$ und setzt (13.54) ein, so findet man etwa

$$(13.55) \qquad p_j = p_j(t; a_1, \ldots, a_m; b_1, \ldots, b_m), \qquad j = 1, 2, \ldots, m.$$

Man kann zeigen, daß die so gefundenen x_j, p_j Lösungen der Gln. (13.49) sind (vgl. etwa [*30*], S. 67 ff.). Damit haben wir aus einem vollständigen Integral der Hamilton-Jacobischen Differentialgleichung alle Lösungen der zugehörigen charakteristischen Differentialgleichungen, also auch alle charakteristischen Streifen bestimmt.

10*

Beispiel 13.2. (Vgl. [9], S. 109 ff.) Die Koordinaten $x_1(t)$, $y_1(t)$, $z_1(t)$ und $x_2(t)$, $y_2(t)$, $z_2(t)$ der Bahnkurven zweier (punktförmiger) Körper K_1, K_2 im Raum mit den Massen m_1, m_2 genügen nach dem Newtonschen Gravitationsgesetz dem System von gewöhnlichen Differentialgleichungen

$$m_i \frac{d^2 x_i}{dt^2} = U_{x_i}, \qquad m_i \frac{d^2 y_i}{dt^2} = U_{y_i}, \qquad m_i \frac{d^2 z_i}{dt^2} = U_{z_i}, \qquad i = 1, 2,$$

wobei

$$U = \frac{\varkappa^2 m_1 m_2}{\sqrt{(x_1 - x_2)^2 + (y_1 - y_2)^2 + (z_1 - z_2)^2}}$$

bedeutet.

Durch physikalische Überlegungen — aber auch auf rein mathematischem Wege — läßt sich zeigen, daß die Bewegung der beiden Körper stets in einer Ebene verläuft. Wir wählen diese Ebene als x—y-Ebene. Da uns ferner nur die Bewegung der beiden Körper relativ zueinander interessiert, denken wir uns K_2 im Koordinatenursprung festgehalten, setzen also $(x_2, y_2, z_2) = (0, 0, 0)$. Mit $x_1 = x$, $y_1 = y$ genügen dann die Koordinaten der Bahnkurve von K_1 in der x—y-Ebene dem Gleichungssystem

$$(13.56) \qquad m_1 \frac{d^2 x}{dt^2} = U_x, \qquad m_1 \frac{d^2 y}{dt^2} = U_y,$$

wobei jetzt

$$U = \frac{\varkappa^2 m_1 m_2}{\sqrt{x^2 + y^2}}$$

gilt.

Wegen $\quad U_x = -\varkappa^2 m_1 m_2 \dfrac{x}{\sqrt{(x^2 + y^2)^3}}, \qquad U_y = -\varkappa^2 m_1 m_2 \dfrac{y}{\sqrt{(x^2 + y^2)^3}}$ folgt nach (13.56)

$$\frac{d^2 x}{dt^2} = -\varkappa^2 m_2 \frac{x}{\sqrt{(x^2 + y^2)^3}}, \qquad \frac{d^2 y}{dt^2} = -\varkappa^2 m_2 \frac{y}{\sqrt{(x^2 + y^2)^3}}.$$

Führen wir daher die Hamilton-Funktion

$$(13.57) \qquad H = \frac{1}{2}(p^2 + q^2) - \frac{\varkappa^2 m_2}{\sqrt{x^2 + y^2}}$$

ein, so sind die gewöhnlichen Differentialgleichungen

$$(13.58) \quad \frac{dx}{dt} = H_p, \qquad \frac{dy}{dt} = H_q, \qquad \frac{dp}{dt} = -H_x, \qquad \frac{dq}{dt} = -H_y$$

äquivalent (13.56). Nach (13.48), (13.49) sind die Gln. (13.58) andererseits die zu

$$(13.59) \qquad \frac{\partial u}{\partial t} + \frac{1}{2}\left[\left(\frac{\partial u}{\partial x}\right)^2 + \left(\frac{\partial u}{\partial y}\right)^2\right] - \frac{\varkappa^2 m_2}{\sqrt{x^2 + y^2}} = 0$$

gehörigen kanonischen Differentialgleichungen.

Wir wollen nun die in 13.5 geschilderte Methode zur Lösung von (13.58) verwenden und suchen dementsprechend ein vollständiges Integral von (13.59).

Dazu ist es zweckmäßig, (13.59) bezüglich x und y auf Polarkoordinaten r, φ mittels $x = r\cos\varphi$, $y = r\sin\varphi$ zu transformieren; man erhält

$$(13.60) \qquad \frac{\partial u}{\partial t} + \frac{1}{2}\left[\left(\frac{\partial u}{\partial r}\right)^2 + \frac{1}{r^2}\left(\frac{\partial u}{\partial \varphi}\right)^2\right] - \frac{\varkappa^2 m_2}{r} = 0.$$

Wir versuchen, diese Differentialgleichung mit einem Ansatz

$$u(r,\varphi,t) = f(t) + g(r) + h(\varphi)$$

mit stetig differenzierbaren Funktionen f, g, h zu lösen. Dies führt auf die Gleichung

$$(13.61) \qquad f'(t) + \frac{1}{2}\left\{[g'(r)]^2 + \frac{1}{r^2}[h'(\varphi)]^2\right\} = \frac{\varkappa^2 m_2}{r}.$$

Da die rechte Seite nur von r abhängt, muß dies auch für die linke Seite gelten, wir setzen deshalb

$$(13.62) \qquad h'(\varphi) + a_1 = 0, \quad f'(t) + a_2 = 0$$

mit den willkürlichen Konstanten a_1, a_2. Dann folgt aus (13.61) sofort

$$g(r) = \pm \int_{r_0}^{r} \sqrt{2a_2 + 2\frac{\varkappa^2 m_2}{\varrho} - \frac{a_1^2}{\varrho^2}}\, d\varrho = \pm[F(r) - F(r_0)].$$

Lassen wir etwa nur das negative Vorzeichen vor dem Integral zu, so folgt, daß mit $F(r_0) = a$ die Funktion

$$V(r,\varphi,t,a_1,a_2,a) = -a_1\varphi - a_2 t - \int_{r_0}^{r} \sqrt{2a_2 + 2\frac{\varkappa^2 m_2}{\varrho} - \frac{a_1^2}{\varrho^2}}\, d\varrho$$

vollständiges Integral von (13.60) ist, denn man kann zeigen, daß V die in 13.4 geforderten Eigenschaften besitzt. Nach (13.53) erhält man weiter

$$(13.63) \qquad b_1 = -\varphi + a_1 \int_{r_0}^{r} \frac{d\varrho}{\varrho^2 \sqrt{2a_2 + 2\dfrac{\varkappa^2 m_2}{\varrho} - \dfrac{a_1^2}{\varrho^2}}}$$

$$(13.64) \qquad b_2 = -t - \int_{r_0}^{r} \frac{d\varrho}{\sqrt{2a_2 + 2\dfrac{\varkappa^2 m_2}{\varrho} - \dfrac{a_1^2}{\varrho^2}}}.$$

Mit Hilfe der Substitution $\bar\varrho = 1/\varrho$ läßt sich der Wert des Integrals auf der rechten Seite von (13.63) leicht angeben, es folgt

$$(13.65) \quad b_1 = -\varphi - \left\{\arcsin \frac{\dfrac{a_1^2}{\varkappa^2 m_2}\dfrac{1}{r} - 1}{\sqrt{1 + \dfrac{2a_1^2 a_2}{\varkappa^4 m_2^2}}} - \arcsin \frac{\dfrac{a_1^2}{\varkappa^2 m_2}\dfrac{1}{r_0} - 1}{\sqrt{1 + \dfrac{2a_1^2 a}{\varkappa^4 m_2^2}}}\right\}.$$

Da b_1 eine willkürliche Konstante ist, können wir auch setzen

$$(13.66) \qquad \arcsin \frac{\dfrac{a_1^2}{\varkappa^2\, m_2}\, \dfrac{1}{r_0} - 1}{\sqrt{1 + \dfrac{2\, a_1^2\, a_2}{\varkappa^4\, m_2^2}}} - b_1 = \varphi_0.$$

Mit $R = \dfrac{a_1^2}{\varkappa^2\, m_2}$, $\varepsilon^2 = \sqrt{1 + \dfrac{2\, a_1^2\, a_2}{\varkappa^4\, m_2^2}}$ $\left(a_2 > -\dfrac{\varkappa^4\, m_2^2}{2\, a_1^2}\right)$ folgt somit aus (13.65)

$$\varphi - \varphi_0 = -\arcsin \frac{\dfrac{R}{r} - 1}{\varepsilon^2}$$

und daraus endlich die bekannte Kepler-Gleichung

$$(13.67) \qquad r = \frac{R}{1 - \varepsilon^2 \sin(\varphi - \varphi_0)}.$$

Die hierdurch gegebenen Kurvenscharen sind Kegelschnitte, und zwar Ellipsen, Parabeln, Hyperbeln, je nachdem, ob $\varepsilon < 1$, $\varepsilon = 1$, $\varepsilon > 1$ gilt. Einer ihrer Brennpunkte ist in der x—y-Ebene stets der Koordinatenursprung, woraus das bekannte Keplersche Gesetz der Planetenbewegung hergeleitet werden kann.

III. Hyperbolische Differentialgleichungen

Die Integration der in II. untersuchten Einzeldifferentialgleichungen erster Ordnung ließ sich vollständig auf die Integration eines Systems gewöhnlicher Differentialgleichungen zurückführen. Bei den jetzt zu betrachtenden partiellen Differentialgleichungen zweiter Ordnung und Systemen partieller Differentialgleichungen erster Ordnung ist das nicht mehr der Fall, weshalb die Charakteristikentheorie allein hier nicht mehr zur Lösungstheorie führt.

Hyperbolische Differentialgleichungen besitzen für die Anwendungen weitaus größere Bedeutung als Einzeldifferentialgleichungen erster Ordnung, weshalb wir uns mit ihnen ausführlicher beschäftigen. Insbesondere wird der numerischen Lösung dieser Gleichungen ein breiterer Raum gewidmet.

§ 14. Definitionen. Klassifizierung

14.1 Lineare und quasilineare Differentialgleichungen zweiter Ordnung

Eine Gleichung der Form

$$(14.1) \quad F\left(x_1, \ldots, x_n, u, u_{x_1}, \ldots, u_{x_n}, u_{x_1 x_1}, u_{x_1 x_2}, \ldots, u_{x_n x_n}\right) = 0, \qquad n \geqq 2,$$

heißt *partielle Differentialgleichung zweiter Ordnung* bei n unabhängigen Veränderlichen $x_1, \ldots, x_n$ für eine gesuchte Funktion $u(x_1, \ldots, x_n)$. Fast alle in den Anwendungen vorkommenden Differentialgleichungen sind linear oder quasilinear; zumindest lassen sie sich in den meisten Fällen auf diese zurückführen. Lineare und quasilineare Gleichungen lassen sich in der Form

$$(14.2) \qquad L u \equiv \sum_{i,\,k=1}^{n} A_{ik}\, u_{x_i x_k} - f = 0$$

darstellen, wobei $u(x_1, \ldots, x_n) = u(x)$ die gesuchte Lösung ist. Die Differentialgleichung (14.2) heißt

a) *quasilinear*, wenn die A_{ik} und f Funktionen der $2n + 1$ Variablen $x_1, \ldots, x_n,\ u,\ u_{x_1}, \ldots, u_{x_n}$ sind,

b) *halblinear* oder *fastlinear*, wenn die A_{ik} Funktionen von $x_1, \ldots, x_n$ sind, f jedoch außer von $x_1, \ldots, x_n$ noch nichtlinear von mindestens einer der Größen $u,\ u_{x_1}, \ldots, u_{x_n}$ abhängt,

c) *linear*, wenn die A_{ik} Funktionen von $x_1, \ldots, x_n$ sind, f die Form

$$\sum_{i=1}^{n} A_i\, u_{x_i} + A\, u + B$$

hat, wobei A_i, A, B von $x_1, \ldots, x_n$ abhängen.

Sind insbesondere im linearen Fall die A_{ik}, A_i, A — jedoch nicht notwendig B — Konstante, so heißt (14.2) *lineare Differentialgleichung mit konstanten Koeffizienten.* Einige wichtige „klassische" Gleichungen der Physik sind von diesem Typ.

Es sei B ein Bereich des R_n und $u(x)$ eine dort definierte Lösung von (14.2). Im quasilinearen Fall denken wir uns diese Lösung in A_{ik} und f eingesetzt. Der Differentialgleichung (14.2) kann dann eindeutig die quadratische Form

$$(14.3) \qquad Q = \sum_{i,\,k=1}^{n} A_{ik}\, \lambda_i\, \lambda_k$$

zugeordnet werden. Sei x_0 ein fester Punkt aus B, so sind die $A_{ik}(x_0)$ Konstante. Darüber hinaus kann die Matrix $A = (A_{ik})$ als symmetrisch angenommen werden, da sonst die Matrix $\bar{A} = (\bar{A}_{ik})$ mit $\bar{A}_{ii} = A_{ii}$, $\bar{A}_{ik} = \bar{A}_{ki} = \frac{1}{2}(A_{ik} + A_{ki})$ symmetrisch ist.[1]

Setzen wir $\lambda^T = (\lambda_1, \ldots, \lambda_n)$, so kann (14.3) auch in der Form

$$(14.4) \qquad Q = \lambda^T A\, \lambda$$

geschrieben werden. Da A symmetrisch ist, gibt es dann (vgl. Teil III, F, 2.4 u. 2.9) eine reelle orthogonale Matrix T, so daß

$$(14.5) \qquad T^T A\, T = B$$

eine reelle Diagonalmatrix mit den Elementen B_i, $i = 1, 2, \ldots, n$, ist.

---

[1] Dasselbe gilt natürlich bezüglich der Differentialgleichung (14.2), wenn man nur Funktionen u mit der Eigenschaft $u_{x_i x_k} = u_{x_k x_i}$, also etwa Lösungen von (14.2), betrachtet.

Wegen $T^T = T^{-1}$ und

$$\det(B - \alpha E) = \det(T^T A T - \alpha E) = \det T^T (A - \alpha E) T = \det(A - \alpha E)$$

sind die B_i die Eigenwerte von A.

Setzen wir $\lambda = T\mu$, $\mu^T = (\mu_1, \ldots, \mu_n)$, so folgt aus (14.5)

$$(14.6) \qquad Q = \lambda^T A \lambda = \mu^T T^T A T \mu = \mu^T B \mu = \sum_{i=1}^{n} B_i \mu_i^2.$$

Man nennt

1. die Anzahl der negativen B_i den Trägheitsradius T,

2. die Anzahl der verschwindenden B_i den Defekt D der quadratischen Form (14.6).

Mit Hilfe dieser beiden charakteristischen Größen kann nun eine Klassifizierung von (14.2) vorgenommen werden:

Definition 14.1. Im Punkt x_0 heißt die Differentialgleichung (14.2)

a) *hyperbolisch*, wenn $D = 0$, $T = 1$ oder $D = 0$, $T = n - 1$ gilt,

b) *parabolisch*, wenn $D > 0$ gilt,

c) *elliptisch*, wenn $D = 0$, $T = 0$ oder $D = 0$, $T = n$ gilt,

d) *ultrahyperbolisch*, wenn $D = 0$, $1 < T < n - 1$ gilt.

Die Begriffe hyperbolisch, parabolisch, elliptisch stammen aus der Geometrie (vgl. Teil III, 6.1, § 1): Die Gleichung

$$\sum_{i=1}^{n} B_i x_i^2 = c$$

mit konstantem c stellt Hyperflächen zweiter Ordnung des R_n dar, und zwar a) Hyperboloide, b) Paraboloide, c) Ellipsoide. Man veranschauliche sich dies etwa für $n = 3$.

Man beachte, daß (14.2) nur für $n \geqq 4$ ultrahyperbolisch sein kann.

Die Eigenschaft einer Differentialgleichung, hyperbolisch usw. zu sein, wird jeweils nur für einen festen Punkt definiert, sie ist also in der Regel eine lokale Eigenschaft. So ist z. B. die Differentialgleichung

$$(14.7) \qquad\qquad y\, u_{xx} + u_{yy} = 0,$$

welche in der Literatur als *Tricomi-Differentialgleichung* bezeichnet wird, für $y < 0$ hyperbolisch, für $y = 0$ parabolisch und für $y > 0$ elliptisch. Ist (14.2) (im quasilinearen Fall bezüglich einer Lösung $u(x)$!) jedoch in jedem Punkt eines Bereiches vom hyperbolischen usw. Typ, wie z. B. bei Gleichungen mit konstanten Koeffizienten, so heißt sie dort hyperbolisch usw.

Eine Differentialgleichung, welche in einem Bereich B nicht von einheitlichem Typ ist, bezeichnet man als *Differentialgleichung vom gemischten Typ* in B.

Die oben gegebene Typeneinteilung vermag nicht in jeder Hinsicht zu befriedigen, weshalb man auch in jüngster Zeit eine subtilere Unterteilung anstrebt. So sind z. B. mit $x_1 = x$, $x_2 = y$, $x_3 = z$, $x_4 = t$ die beiden Gleichungen

$$u_t = u_{xx} + u_{yy} - u_{zz}, \qquad u_t = u_{xx} + u_{yy} + u_{zz}$$

nach obiger Definition parabolisch ($D = 1$), während sie, wie sich bei genauer Untersuchung zeigt, sehr unterschiedliche Struktur besitzen, was sich in ihrer Lösungstheorie niederschlägt. Denn bei Übergang in den „stationären Zustand", bei dem u nicht mehr von t abhängt, ist die erste Gleichung hyperbolisch, die zweite elliptisch.

Nach wie vor ist die klassische Typeneinteilung jedoch für die Anwendungen in der Physik wichtig. So werden *Wellenausbreitungs-* und *Ausstrahlungsprobleme* durch hyperbolische, *Diffusionsvorgänge* durch parabolische und *Ausgleichsvorgänge* durch elliptische Differentialgleichungen beschrieben. Gleichungen vom gemischten Typ in einem Bereich treten in der *transsonischen Gasdynamik* auf. Dementsprechend ist es sinnvoll, als Nebenbedingungen für die Lösungen hyperbolischer und parabolischer Differentialgleichungen Anfangsbedingungen bzw. Anfangs-Randbedingungen, für die Lösungen elliptischer Gleichungen dagegen Randbedingungen zu fordern (vgl. auch [18], S. 80ff.).

Randwertprobleme elliptischer Differentialgleichungen werden in diesem Band, Abschn. E, untersucht.

14.2 Differentialgleichungen höherer Ordnung bei zwei unabhängigen Veränderlichen

Wir setzen

$$(14.8) \qquad p_\nu^\mu = \frac{\partial^\mu u}{\partial x^\nu \, \partial y^{\mu-\nu}}, \qquad \mu = 1, 2, \ldots, m; \qquad \nu = 0, 1, \ldots, \mu,$$

und betrachten die *allgemeine partielle Differentialgleichung m-ter Ordnung, $m \geqq 2$,* bei zwei unabhängigen Veränderlichen x, y

$$(14.9) \qquad F(x, y, u, p_0^1, p_1^1, \ldots, p_0^m, \ldots, p_m^m) = 0, \qquad F_{p_m^m} \neq 0.$$

Lösung dieser Gleichung ist jede m mal bezüglich x, y stetig differenzierbare Funktion $u = \varphi(x, y)$, die nebst ihren Ableitungen

$$\frac{\partial^\mu \varphi(x, y)}{\partial x^\nu \, \partial y^{\mu-\nu}}, \qquad \mu = 1, \ldots, m; \qquad \nu = 0, \ldots, \mu,$$

die Gl. (14.9) identisch erfüllt.

Der Differentialgleichung (14.9) kann eindeutig die algebraische Gleichung

$$(14.10) \qquad F_{p_m^m} \xi^m - F_{p_{m-1}^m} \xi^{m-1} + \cdots + (-1)^m F_{p_0^m} = 0$$

zugeordnet werden. Wir denken uns in die $F_{p_\mu^m}$ eine Lösung $u = \varphi(x, y)$ eingesetzt und betrachten dann (14.10) im festen Punkt (x_0, y_0). Die $F_{p_\mu^m}$ sind dann Konstante, und die Gl. (14.9) kann wie folgt klassifiziert werden:

Definition 14.2. Bezüglich der Lösung φ heißt (14.9) im Punkt (x_0, y_0)

a) *hyperbolisch*,[1] wenn (14.10) genau m voneinander verschiedene reelle Wurzeln besitzt,

b) *parabolisch*, wenn (14.10) mehrfache reelle Wurzeln besitzt,

c) *elliptisch*, wenn (14.10) nur komplexe Wurzeln besitzt.

Wir wollen den Anschluß zur Definition 14.1 herstellen und betrachten mit $m = 2$, $p_2^2 = r$, $p_1^2 = s$, $p_0^2 = t$, $p_1^1 = p$, $p_0^1 = q$ die quasilineare Gl. (14.2), also

$$(14.11) \quad F(x, y, u, p, q, r, s, t) \equiv A_{11}r + 2A_{12}s + A_{22}t - f = 0,$$

wobei die A_{ik} und f von x, y, u, p, q abhängen können. Nach (14.10) erhalten wir

$$F_r \xi^2 - F_s \xi + F_t = A_{11} \xi^2 - 2A_{12} \xi + A_{22} = 0$$

mit den Lösungen

$$\xi_{1/2} = \frac{A_{12}}{A_{11}} \pm \frac{1}{A_{11}} \sqrt{A_{12}^2 - A_{11} A_{22}} = \frac{A_{12}}{A_{11}} \pm \frac{1}{A_{11}} \sqrt{\Delta}.$$

Die Gl. (14.11) ist daher nach Definition 14.2

a) hyperbolisch für $\Delta > 0$,

b) parabolisch für $\Delta = 0$,

c) elliptisch für $\Delta < 0$.

Wir zeigen, daß sich nach Definition 14.1 die gleiche Klassifizierung ergibt und betrachten die Matrix

$$A = \begin{pmatrix} A_{11} & A_{12} \\ A_{12} & A_{22} \end{pmatrix},$$

welche die beiden Eigenwerte

$$B_{1/2} = \frac{A_{11} + A_{22}}{2} \pm \frac{1}{2} \sqrt{(A_{11} - A_{22})^2 + 4A_{12}^2}$$

besitzt. Da A symmetrisch ist, sind die zugehörigen Eigenvektoren t_1, t_2 zueinander orthogonal (vgl. Teil III, F, 2.9), die Matrix T mit den Spalten t_1, t_2 ist daher eine reelle Orthogonalmatrix, und es gilt nach (14.6)

$$\mu^T T^T A T \mu = B_1 \mu_1^2 + B_2 \mu_2^2.$$

---

[1] Häufig findet man auch die Bezeichnung „total hyperbolisch".

Wegen

$$\sqrt{(A_{11} - A_{22})^2 + 4A_{12}^2} \gtreqless |A_{11} + A_{22}| \quad \text{für} \quad \varDelta \gtreqless 0$$

folgt dann

a) $\lambda_1 > 0$, $\lambda_2 < 0$ für $\varDelta > 0$,

b) $\lambda_1 > 0$, $\lambda_2 = 0$ oder $\lambda_1 = 0$, $\lambda_2 < 0$ für $\varDelta = 0$,

c) $\lambda_1 > 0$, $\lambda_2 > 0$ oder $\lambda_1 < 0$, $\lambda_2 < 0$ für $\varDelta < 0$.

Es ergibt sich also nach beiden Definitionen die gleiche Klassifizierung.

Die Klassifizierung läßt sich noch auf Differentialgleichungen bei mehr als zwei unabhängigen Veränderlichen ausdehnen. Viele Differentialgleichungen höherer Ordnung sind jedoch äquivalent einem System von quasilinearen Differentialgleichungen erster Ordnung, wovon in Ziffer 17.4 noch zu sprechen sein wird.

14.3 Systeme linearer und quasilinearer Differentialgleichungen erster Ordnung

Im folgenden benutzen wir die Schreibweise

$$(14.12) \qquad \boldsymbol{x}^T = (x_1, \ldots, x_p), \quad \boldsymbol{u}^T = (u^1, \ldots, u^n).$$

Ein Gleichungssystem der Form

$$(14.13) \qquad F_i(\boldsymbol{x}, \boldsymbol{u}, \boldsymbol{u}_{x_1}, \ldots, \boldsymbol{u}_{x_p}) = 0, \quad i = 1, 2, \ldots, m,$$

heißt *System partieller Differentialgleichungen erster Ordnung* bei p unabhängigen Veränderlichen $x_1, \ldots, x_p$ für n gesuchte Funktionen $u^1, \ldots, u^n$ dieser Veränderlichen. Lösung von (14.13) ist jede nach allen Veränderlichen $x_1, \ldots, x_p$ stetig differenzierbare Vektorfunktion

$$(14.14) \qquad \boldsymbol{u} = \boldsymbol{\varphi}(\boldsymbol{x}),$$

welche das System (14.13) identisch erfüllt. Man nennt (14.13) ein *bestimmtes System*, wenn $m = n$, ein *überbestimmtes System*, wenn $m > n$ und ein *unterbestimmtes System*, wenn $m < n$ gilt.

Wir betrachten weiter nur den Fall $m = n$, außerdem beschränken wir uns auf lineare und quasilineare Systeme (14.13); sie lassen sich in der Form

$$(14.15) \qquad \boldsymbol{l}\,\boldsymbol{u} \equiv \sum_{\nu=1}^{p} \boldsymbol{A}_\nu\,\boldsymbol{u}_{x_\nu} - \boldsymbol{b} = 0$$

darstellen. Dabei sind die $\boldsymbol{A}_\nu$ $n \times n$-Matrizen und $\boldsymbol{b}$ ist ein n-komponentiger Vektor. Man nennt (14.15)

a) *quasilinear*, wenn die Elemente $a_{ij}^{(\nu)}$ der Matrizen $\boldsymbol{A}_\nu$ und die Komponenten des Vektors $\boldsymbol{b}$ Funktionen von $\boldsymbol{x}$ und $\boldsymbol{u}$ sind,

b) *halblinear* oder *fastlinear*, wenn die Elemente der A_ν und die Komponenten von b Funktionen von x sind und außerdem mindestens eine der Komponenten von b nichtlinear von mindestens einer der Größen $u^1, \ldots, u^n$ abhängt,

c) *linear*, wenn die Elemente der A_ν Funktionen von x sind und b die Gestalt $A(x)\,u + c(x)$ hat.

Wir betrachten zunächst das System (14.15) für $p = 2$. Mit $x_1 = x$, $x_2 = y$ hat es die Form

$$(14.16) \qquad l\,u \equiv A_1\,u_x + A_2\,u_y - b = 0.$$

Es sei $u(x, y)$ irgendeine Lösung von (14.16), die wir uns im quasilinearen Fall in A_1, A_2, b eingesetzt denken. Ferner sei (x_0, y_0) ein fester Punkt, in dem eine der beiden Matrizen A_1, A_2, etwa A_1, nichtsingulär ist, und

$$(14.17) \qquad C(\lambda) = \det(\lambda\,A_1 - A_2).$$

Definition 14.3. Im Punkt (x_0, y_0) heißt das System (14.16)

a) *hyperbolisch*, wenn $C(\lambda) = 0$ genau n verschiedene reelle Wurzeln besitzt,

b) *parabolisch*, wenn $C(\lambda) = 0$ genau k, $1 \leq k \leq n - 1$, verschiedene reelle Wurzeln besitzt,

c) *elliptisch*, wenn $C(\lambda) = 0$ keine reellen Wurzeln besitzt.

Beispiel 14.1. Wir betrachten in einem festen Punkt (im quasilinearen Fall denke man sich eine Lösung in die Koeffizienten eingesetzt) das System

$$\alpha\,u_x^1 + \beta\,u_y^2 = 0,$$
$$u_y^1 - u_x^2 = 0.$$

Es ist

$$A_1 = \begin{pmatrix} \alpha & 0 \\ 0 & -1 \end{pmatrix}, \qquad A_2 = \begin{pmatrix} 0 & \beta \\ 1 & 0 \end{pmatrix}.$$

Für $\alpha \neq 0$ ist $\det A_1 = -\alpha \neq 0$ und

$$C(\lambda) = \det(\lambda\,A_1 - A_2) = \begin{vmatrix} \alpha\,\lambda & -\beta \\ -1 & -\lambda \end{vmatrix} = -(\alpha\,\lambda^2 + \beta),$$

die Gleichung $C(\lambda) = 0$ besitzt also die Wurzeln

$$\lambda_1 = +\sqrt{-\frac{\beta}{\alpha}}, \qquad \lambda_2 = -\sqrt{-\frac{\beta}{\alpha}}.$$

Sie sind beide reell, wenn β und α verschiedenes, beide komplex, wenn α und β gleiches Vorzeichen haben. Für $\beta = 0$ ergibt sich $\lambda_1 = \lambda_2 = 0$.

Das System ist daher

a) hyperbolisch für $\operatorname{sgn}\alpha = -\operatorname{sgn}\beta$,

b) parabolisch für $\beta = 0$,

c) elliptisch für $\operatorname{sgn}\alpha = \operatorname{sgn}\beta$.

Wie man unmittelbar erkennt, ist das betrachtete System der Differentialgleichung $\alpha\,u_{xx} + \beta\,u_{yy} = 0$ äquivalent. Nach Definition 14.1 ist diese ebenfalls hyperbolisch, wenn α und β verschiedenes, elliptisch, wenn α und β das gleiche Vorzeichen haben. Für $\beta = 0$ ist die Gleichung parabolisch.

In dem uns hier interessierenden hyperbolischen Fall besitzt die Matrix $A_1^{-1}\,A_2$ n verschiedene reelle Eigenwerte, also auch n linear unabhängige Eigenvektoren. Sie ist daher diagonalisierbar, d. h., sie läßt sich durch eine Ähnlichkeitstransformation auf Diagonalgestalt transformieren (vgl. Teil III, F, 2.4). Sei A die Matrix, welche als Zeilenvektoren n linear unabhängige Linkseigenvektoren von $A_1^{-1}\,A_2$ enthält, und C die Diagonalmatrix, deren Elemente in der Hauptdiagonalen gerade die zu den entsprechenden Linkseigenvektoren von $A_1^{-1}\,A_2$ gehörigen Eigenwerte sind, so gilt

$$(14.18) \qquad A_1^{-1}\,A_2 = A^{-1}\,C\,A.$$

Setzt man

$$A\,A_1^{-1}\,b = d,$$

so läßt sich das System (14.16) auch in der *Normalform*

$$(14.19) \qquad A\,u_x + C\,A\,u_y - d = 0$$

schreiben. Mit

$$(14.20) \quad A = (a_{ij});\ C = (\delta_{ij}\,c_i);\ d^T = (d_1,\ldots,d_n);\ i,j = 1,2,\ldots,n,$$

lautet es ausgeschrieben

$$(14.21) \qquad \sum_{j=1}^{n} a_{ij}(u_x^j + c_i\,u_y^j) - d_i = 0, \quad i = 1,2,\ldots,n.$$

Ist A_2 nichtsingulär, so läßt sich entsprechend die Normalform

$$(14.22) \qquad A\,u_y + C\,A\,u_x - d = 0$$

erreichen.

Im linearen und halblinearen Fall kann das System (14.16) auf eine noch einfachere Normalform zurückgeführt werden, wenn A stetig differenzierbar ist und

$$(14.23) \qquad A\,u = w, \quad (A_x + C\,A_y)\,u = g - d$$

gesetzt wird. Wegen

$$A\,u_x = w_x - A_x\,u, \quad C\,A\,u_y = C\,w_y - C\,A_y\,u$$

folgt dann aus (14.19) die Darstellung

$$(14.24) \qquad \boldsymbol{w}_x + \boldsymbol{C}\,\boldsymbol{w}_y - \boldsymbol{g} = 0,$$

oder ausgeschrieben in leicht verständlicher Schreibweise

$$(14.25) \qquad w_x^i + c_i\,w_y^i - g_i = 0, \qquad i = 1, 2, \ldots, n.$$

Es sei noch bemerkt, daß man etwas allgemeiner an Stelle der Definition 14.3 a) den hyperbolischen Fall auch wie folgt kennzeichnen kann: Die Matrix $A_1^{-1}A_2$ besitze n nicht notwendig voneinander verschiedene reelle Eigenwerte und genau n linear unabhängige Eigenvektoren. Auch dann ist $A_1^{-1}A_2$ diagonalisierbar, und es kann die Normalform (14.19) bzw. (14.22) stets erreicht werden.

Wir betrachten jetzt die allgemeine Gl. (14.15). Es sei $\boldsymbol{u}(\boldsymbol{x})$ eine Lösung dieses Systems, die wir uns im quasilinearen Fall wieder in die $A_\nu, \nu = 1, 2, \ldots, p$, und in $\boldsymbol{b}$ eingesetzt denken. Dem System (14.15) ordnen wir die algebraische Gleichung

$$(14.26) \qquad C(\lambda) = \det(\lambda_1 A_1 + \lambda_2 A_2 + \cdots + \lambda_p A_p) = 0$$

in den reellen Veränderlichen $\boldsymbol{\lambda}^T = (\lambda_1, \ldots, \lambda_p)$ mit $\lambda_1^2 + \cdots + \lambda_p^2 > 0$ zu. Ohne Einschränkung der Allgemeinheit können wir $\lambda_p \neq 0$ annehmen.

Definition 14.4. Im festen Punkt $\boldsymbol{x}_0$ heißt das System (14.15) *hyperbolisch*, wenn nach Vorgabe von beliebigen reellen Zahlen $\lambda_1, \ldots, \lambda_{p-1}$ die Gleichung $C(\lambda) = 0$ genau n verschiedene reelle Wurzeln $\lambda_p^{(1)}, \ldots, \lambda_p^{(n)}$ besitzt. Dagegen heißt (14.15) *elliptisch*, wenn (14.26) durch kein reelles p-Tupel $(\lambda_1, \ldots, \lambda_p)$ erfüllt wird.

Man übersieht leicht, daß diese Definition im Fall $p = 2$ mit Definition 14.3 äquivalent ist. Allerdings haben wir hier den parabolischen Fall nicht besonders gekennzeichnet, da er, ähnlich wie weitere zahlreiche Zwischentypen, nur schwer vernünftig eingeordnet werden kann. Darüber hinaus befriedigt auch die Definition der Hyperbolizität nicht in allen Fällen. So gibt es Gleichungssysteme, die ihrer Herkunft aus der Physik nach hyperbolisch genannt werden müssen, es nach unserer Definition jedoch nicht sind. Als Beispiel hierfür betrachten wir die Maxwellschen Gleichungen für das Vakuum in ihrer einfachsten Form:

$$(14.27) \qquad \boldsymbol{E}_t - \operatorname{rot}\boldsymbol{H} = 0, \qquad \boldsymbol{H}_t + \operatorname{rot}\boldsymbol{E} = 0,$$

wobei $\boldsymbol{E}$ und $\boldsymbol{H}$ den elektrischen und den magnetischen Feldvektor bedeuten. Setzt man

$$\boldsymbol{E}^T = (u^1, u^2, u^3), \qquad \boldsymbol{H}^T = (u^4, u^5, u^6),$$

$$\boldsymbol{u}^T = (u^1, u^2, \ldots, u^6),$$

so hat (14.27) die Form

$$A_1\,\boldsymbol{u}_x + A_2\,\boldsymbol{u}_y + A_3\,\boldsymbol{u}_z + A_4\,\boldsymbol{u}_t = 0$$

mit der Einheitsmatrix A_4 und

$$A_1 = \begin{pmatrix} 0 & 0 & 0 & 0 & 0 & 0 \\ 0 & 0 & 0 & 0 & 0 & 1 \\ 0 & 0 & 0 & 0 & -1 & 0 \\ 0 & 0 & 0 & 0 & 0 & 0 \\ 0 & 0 & -1 & 0 & 0 & 0 \\ 0 & 1 & 0 & 0 & 0 & 0 \end{pmatrix},$$

$$A_2 = \begin{pmatrix} 0 & 0 & 0 & 0 & 0 & -1 \\ 0 & 0 & 0 & 0 & 0 & 0 \\ 0 & 0 & 0 & 1 & 0 & 0 \\ 0 & 0 & 1 & 0 & 0 & 0 \\ 0 & 0 & 0 & 0 & 0 & 0 \\ -1 & 0 & 0 & 0 & 0 & 0 \end{pmatrix},$$

$$A_3 = \begin{pmatrix} 0 & 0 & 0 & 0 & 1 & 0 \\ 0 & 0 & 0 & -1 & 0 & 0 \\ 0 & 0 & 0 & 0 & 0 & 0 \\ 0 & -1 & 0 & 0 & 0 & 0 \\ 1 & 0 & 0 & 0 & 0 & 0 \\ 0 & 0 & 0 & 0 & 0 & 0 \end{pmatrix}.$$

Daraus folgt wegen $\det A_4 = 1$

$$\det (\lambda_1 A_1 + \lambda_2 A_2 + \lambda_3 A_3 + \lambda_4 A_4)$$

$$= \begin{vmatrix} \lambda_4 & 0 & 0 & 0 & \lambda_3 & -\lambda_2 \\ 0 & \lambda_4 & 0 & -\lambda_3 & 0 & \lambda_1 \\ 0 & 0 & \lambda_4 & \lambda_2 & -\lambda_1 & 0 \\ 0 & -\lambda_3 & \lambda_2 & \lambda_4 & 0 & 0 \\ \lambda_3 & 0 & -\lambda_1 & 0 & \lambda_4 & 0 \\ -\lambda_2 & \lambda_1 & 0 & 0 & 0 & \lambda_4 \end{vmatrix} = \lambda_4^2 [\lambda_4^2 - (\lambda_1^2 + \lambda_2^2 + \lambda_3^2)]^2 = 0.$$

Geben wir nun beliebige reelle λ_1, λ_2, λ_3 vor, so folgt wegen $\lambda_1^2 + \lambda_2^2 + \lambda_3^2 + \lambda_4^2 > 0$, daß auch $L^2 = \lambda_1^2 + \lambda_2^2 + \lambda_3^2 > 0$ gelten muß, und man erhält die Wurzeln

$$\lambda_4^{(1)} = \lambda_4^{(2)} = 0, \quad \lambda_4^{(3)} = \lambda_4^{(4)} = L, \quad \lambda_4^{(5)} = \lambda_4^{(6)} = -L.$$

Es ergeben sich zwar ausschließlich reelle Wurzeln, jedoch sind es nur drei voneinander verschiedene. Nach unserer Definition ist das System (14.27) daher nicht hyperbolisch.

Wir werden auf die hier angeschnittenen Fragen später in § 17 noch zurückkommen.

§ 15. Lineare und quasilineare Differentialgleichungen zweiter Ordnung

15.1 Charakteristische Mannigfaltigkeiten

Die bisherigen Betrachtungen waren rein algebraischer Natur. Wir verlassen jetzt diesen algebraischen Standpunkt, von dem aus man natürlich keinen tieferen Einblick in die Struktur der Differentialgleichungen und deren Lösungen gewinnt, und ordnen in Analogie zu (14.3) der Differentialgleichung (14.2) die partielle Differentialgleichung erster Ordnung

$$(15.1) \qquad \sum_{i,k=1}^{n} A_{ik}(\boldsymbol{x})\, F_{x_i}\, F_{x_k} = 0$$

für die gesuchte Funktion $F(\boldsymbol{x})$ zu. Wir nehmen an, daß reelle Lösungen von (15.1) existieren, die in einem Bereich B des $\boldsymbol{x}$-Raumes R_n einmal stetig differenzierbar sind und außerdem der Bedingung

$$(15.2) \qquad \sum_{i=1}^{n} \left| F_{x_i} \right| > 0$$

genügen. Dann wird durch die Gleichung

$$(15.3) \qquad F(\boldsymbol{x}) = 0$$

im R_n eine Schar von Flächen gegeben; sie heißt eine *charakteristische Mannigfaltigkeit* der Gl. (14.2).

Um die Frage zu beantworten, wann eine gegebene Differentialgleichung charakteristische Mannigfaltigkeiten besitzt, betrachten wir zunächst den Fall $n=2$ und setzen

$$(15.4) \quad x_1 = x, \quad x_2 = y, \quad A_{11} = A, \quad A_{12} + A_{21} = 2B, \quad A_{22} = C,$$

woraufhin die Differentialgleichung (14.2) die Gestalt

$$(15.5) \qquad L\,u \equiv A\,u_{xx} + 2B\,u_{xy} + C\,u_{yy} - f = 0$$

annimmt. Ohne Einschränkung der Allgemeinheit setzen wir $A \neq 0$ voraus. Dann kann sogar $A > 0$ angenommen werden, da dies andernfalls durch Multiplikation der Differentialgleichung mit -1 erreicht werden kann. Die zugehörige quadratische Form (14.3) hat die Form

$$(15.6) \qquad Q = A\,\lambda_1^2 + 2B\,\lambda_1\,\lambda_2 + C\,\lambda_2^2$$

und mit der Transformation

$$\mu_1 = \lambda_1 + \frac{B}{A}\,\lambda_2, \quad \mu_2 = \lambda_2$$

geht sie über in

$$(15.7) \qquad \bar{Q} = A\,\mu_1^2 + \frac{1}{A}(A\,C - B^2)\,\mu_2^2.$$

Wegen $A > 0$ ist die Differentialgleichung (15.5) daher (vgl. 14.2 für $m = 2$)

$$\textit{hyperbolisch, wenn } A C - B^2 < 0,$$
$$\textit{parabolisch, wenn } A C - B^2 = 0,$$
$$\textit{elliptisch, \quad wenn } A C - B^2 > 0$$

gilt.

Die Differentialgleichung erster Ordnung (15.1) hat jetzt die Form

$$(15.8) \qquad A F_x^2 + 2B F_x F_y + C F_y^2 = 0.$$

Sei $F(x, y)$ eine Lösung, so folgt aus $F(x, y) = 0$ die Beziehung

$$(15.9) \qquad F_x\, dx + F_y\, dy = 0.$$

Nach Voraussetzung (15.2) ist mindestens eine der beiden Ableitungen F_x, F_y, etwa F_y, von Null verschieden, so daß wir

$$(15.10) \qquad \frac{dy}{dx} = -\frac{F_x}{F_y}$$

erhalten. Setzt man dies in (15.8) ein, so ergibt sich eine quadratische Gleichung in dy/dx mit den Wurzeln

$$(15.11) \qquad
\begin{aligned}
\frac{dy}{dx} &= \frac{1}{A}\left(B + \sqrt{-(A C - B^2)}\right), \\
\frac{dy}{dx} &= \frac{1}{A}\left(B - \sqrt{-(A C - B^2)}\right).
\end{aligned}$$

Im hyperbolischen Fall liefern diese Gleichungen zwei reelle Kurvenscharen, im parabolischen Fall eine und im elliptischen Fall keine reelle Kurvenschar. Ist daher die Gl. (15.5) hyperbolisch bzw. parabolisch, so besitzt sie zwei charakteristische Mannigfaltigkeiten bzw. eine charakteristische Mannigfaltigkeit. Eine elliptische Differentialgleichung (15.5) besitzt keine charakteristische Mannigfaltigkeit.

Wir verdeutlichen uns dieses Ergebnis an der einfachen Gleichung (vgl. Beispiel 10.1)

$$(15.12) \qquad \alpha\, u_{xx} + \beta\, u_{yy} = 0, \quad \alpha \neq 0.$$

Hier ist $A = \alpha$, $C = \beta$, $B = 0$, die Gln. (15.11) lauten

$$\frac{dy}{dx} = +\sqrt{-\frac{\beta}{\alpha}}, \quad \frac{dy}{dx} = -\sqrt{-\frac{\beta}{\alpha}}.$$

Im hyperbolischen Fall ($\operatorname{sgn}\alpha = -\operatorname{sgn}\beta$) gibt es die beiden charakteristischen Mannigfaltigkeiten (Abb. 15.1)

$$(15.13) \qquad y = \sqrt{-\frac{\beta}{\alpha}}\, x + c_1, \quad y = -\sqrt{-\frac{\beta}{\alpha}}\, x + c_2$$

mit willkürlichen Konstanten c_1, c_2. Es ist dann mit der Bezeichnungsweise (15.3)

$$F_1(x, y) \equiv y - \sqrt{-\frac{\beta}{\alpha}}\, x - c_1 = 0, \quad F_2(x, y) \equiv y + \sqrt{-\frac{\beta}{\alpha}}\, x - c_2 = 0.$$

Im parabolischen Fall ($\beta = 0$) gibt es die eine charakteristische Mannigfaltigkeit

$$y = c_3$$

mit willkürlicher Konstante c_3.

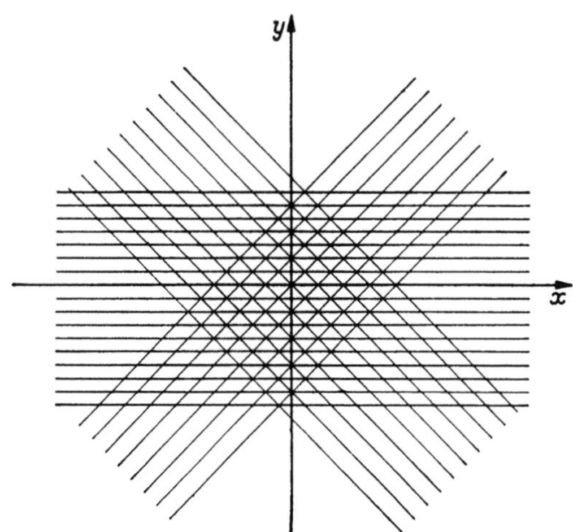

Abb. 15.1. Charakteristische Mannigfaltigkeiten von $u_{xx} - u_{yy} = 0$ und $u_{xx} = 0$

Man pflegt nun in der Theorie der Differentialgleichungen zweiter Ordnung (und entsprechend in der Theorie der Systeme erster Ordnung) die Scharkurven der charakteristischen Mannigfaltigkeiten als *Charakteristiken* und ihre Richtungen als *charakteristische Richtungen* zu bezeichnen. Diese Bezeichnungsweise deckt sich nicht mit der bei den Differentialgleichungen erster Ordnung (vgl. 10.2), wo wir zwischen den Charakteristiken im $x-y-u$-Raum und ihren Projektionen in die $x-y$-Ebene, den Grundcharakteristiken, unterschieden haben. Genauer müßte man hier also an Stelle von Charakteristiken von charakteristischen Grundkurven sprechen. Wir wollen uns jedoch der in der Literatur meist üblichen Bezeichnungsweise anschließen.

Um uns die Bedeutung der Charakteristiken im vorliegenden Fall vor Augen zu führen, betrachten wir die lineare homogene Differentialgleichung zweiter Ordnung

$$(15.14) \qquad A(x,y)\, u_{xx} + 2B(x,y)\, u_{xy} + C(x,y)\, u_{yy} = 0$$

und setzen in Ergänzung unserer bisherigen Schreibweise

$$(15.15) \qquad u_{xx} = r, \quad u_{xy} = s, \quad u_{yy} = t.$$

Unter einem *Flächenelement zweiter Ordnung* wollen wir das System der acht Zahlen

$$(15.16) \qquad (x, y, u, p, q, r, s, t)$$

verstehen. Ein solches Flächenelement kann man sich geometrisch durch das Paraboloid

$$u - u_0 = (x - x_0)\, p_0 + (y - y_0)\, q_0 + (x - x_0)^2\, r_0 +$$
$$+ 2(x - x_0)\,(y - y_0)\, s_0 + (y - y_0)^2\, q_0$$

veranschaulichen.

Entsprechend der Definition bei Differentialgleichungen erster Ordnung (vgl. 12.1) nennen wir eine einparametrige Schar von Flächenelementen zweiter Ordnung

$$(15.17) \qquad x = x(\tau), \quad y = y(\tau), \quad u = u(\tau), \quad p = p(\tau), \quad q = q(\tau),$$
$$r = r(\tau), \quad s = s(\tau), \quad t = t(\tau)$$

einen *Streifen zweiter Ordnung*, wenn diese Funktionen in einem Intervall des Parameters τ einmal stetig differenzierbar sind, die Ungleichung

$$(15.18) \qquad \left| \frac{dx}{d\tau} \right| + \left| \frac{dy}{d\tau} \right| > 0$$

und die Streifenbedingungen
$$(15.19)$$

$$\frac{du}{d\tau} = p\,\frac{dx}{d\tau} + q\,\frac{dy}{d\tau}, \qquad \frac{dp}{d\tau} = r\,\frac{dx}{d\tau} + s\,\frac{dy}{d\tau}, \qquad \frac{dq}{d\tau} = s\,\frac{dx}{d\tau} + t\,\frac{dy}{d\tau}$$

erfüllen. Ein Streifen zweiter Ordnung heißt insbesondere ein *Integralstreifen zweiter Ordnung*, wenn die Funktionen (15.17) der Bedingung $Ar + 2Bs + Ct = 0$ genügt.

Die Bedingungen (15.18), (15.19) sind notwendig dafür, daß ein gegebener Streifen zweiter Ordnung (15.17) einer zweimal stetig differenzierbaren Fläche angehört. Wir betrachten einen Streifen erster Ordnung

$$(15.20) \quad x = x(\tau), \quad y = y(\tau), \quad u = u(\tau), \quad p = p(\tau), \quad q = q(\tau)$$

und fragen, wann dieser sich zu einem Integralstreifen zweiter Ordnung der Differentialgleichung (15.14) ergänzen läßt. Da die erste Streifenbedingung (15.19) auch für einen Streifen erster Ordnung erfüllt ist, müssen noch die beiden restlichen Streifenbedingungen und die Differentialgleichung erfüllt sein:

$$(15.21) \qquad \begin{aligned} \frac{dp}{d\tau} &= r\,\frac{dx}{d\tau} + s\,\frac{dy}{d\tau}, \\[2mm] \frac{dq}{d\tau} &= \qquad\quad s\,\frac{dx}{d\tau} + t\,\frac{dy}{d\tau} \\[2mm] 0 &= r\,A + 2s\,B + t\,C. \end{aligned}$$

Die r, s, t sind daher eindeutig als Funktionen des Parameters τ bestimmt, wenn die Determinante

$$(15.22) \qquad \Delta = A\left(\frac{dy}{d\tau}\right)^2 - 2B\,\frac{dx}{d\tau}\,\frac{dy}{d\tau} + C\left(\frac{dx}{d\tau}\right)^2$$

dieses inhomogenen linearen Gleichungssystems längs der Kurve $x = x(\tau)$, $y = y(\tau)$ nicht verschwindet. In diesem Falle läßt sich ein gegebener Streifen erster Ordnung zu einem Integralstreifen zweiter Ordnung ergänzen.

Für $\Delta = 0$ ist dagegen (15.21) nicht eindeutig lösbar. Wegen (15.8), (15.10) ist (15.22) gerade die Bedingung dafür, daß $x = x(\tau)$, $y = y(\tau)$ eine Charakteristik ist. Daraus folgt der

Satz 15.1. *Längs einer Charakteristik läßt sich ein Streifen erster Ordnung (15.20) nicht eindeutig zu einem Integralstreifen zweiter Ordnung ergänzen.*

Der Satz sagt unter anderem folgendes aus: Sucht man eine Lösung $u(x, y)$ der Differentialgleichung (15.14), die längs einer Kurve $y = \varphi(x)$ in der x–y-Ebene die vorgeschriebenen Werte $u(x, \varphi(x)) = f(x)$ annimmt, so ist die Lösung u sicher nicht eindeutig, wenn $y = \varphi(x)$ eine Charakteristik ist. Es kann also jetzt schon gesagt werden, daß das Anfangswertproblem der Gl. (15.14), abgesehen vom später noch zu erörternden charakteristischen Anfangswertproblem, höchstens dann eindeutig lösbar ist, wenn die Anfangswerte längs einer nichtcharakteristischen Kurve vorgegeben werden.

Wir wenden uns nun der allgemeinen Gl. (14.2) zu und fragen, wann es charakteristische Mannigfaltigkeiten gibt, d. h. wann die Differentialgleichung erster Ordnung (15.1) reelle Lösungen besitzt. Das ist sicher nicht der Fall, wenn (14.2) elliptisch ist. Denn wegen (14.6) nimmt die quadratische Form $Q = \boldsymbol{\lambda}^T \boldsymbol{A}\, \boldsymbol{\lambda}$ für jeden Vektor $\boldsymbol{\lambda} \neq 0$ entweder nur positive oder nur negative Werte an. Die Form Q und damit die Matrix $\boldsymbol{A}$ sind daher definit. Dann gilt mit $\boldsymbol{F}_x^T = (F_{x_1}, \ldots, F_{x_n})$, $\boldsymbol{F}_x \neq 0$, auch

$$\boldsymbol{F}_x^T \boldsymbol{A}\, \boldsymbol{F}_x = \sum_{i,\,k=1}^{n} A_{ik}\, F_{x_i} F_{x_k} \gtrless 0,$$

d. h., die Gl. (15.1) besitzt keine reellen Lösungen $\boldsymbol{F}(\boldsymbol{x})$. Für die elliptische Differentialgleichung existieren daher keine charakteristischen Mannigfaltigkeiten.

Dagegen gibt es charakteristische Mannigfaltigkeiten, wenn die Matrix $\boldsymbol{A}$ indefinit, die Gl. (14.2) also hyperbolisch oder parabolisch ist. Um sie bestimmen zu können, muß man in der Regel alle Lösungen der speziellen, aber nichtlinearen Differentialgleichung erster Ordnung

$$\sum_{i,\,k=1}^{n} A_{ik}\, p_i\, p_k = 0$$

kennen. Es ist daher schwierig, diese Fragen, auf die wir bei der Betrachtung der Wellengleichung in § 16 noch einmal zurückkommen werden, bei allgemeineren Differentialgleichungen zu diskutieren. Wir verweisen auf die Literatur, etwa auf [*9, 30*].

15.2 Formulierung des Anfangswertproblems

Wir betrachten wieder die Differentialgleichung (14.2) und suchen eine Lösung, welche auf einer Fläche $\Phi(x_1, \ldots, x_n) = 0$ vorgeschriebene Anfangswerte u und Ableitungen u_{x_i} annimmt. Dabei fragen wir insbesondere, unter welchen Voraussetzungen eine solche Lösung existiert und wann sie eindeutig ist.

Zunächst ist klar, daß nicht jedes solche *Anfangswertproblem* eine Lösung besitzt. Betrachten wir etwa die Differentialgleichung

$$(15.23) \qquad u_{xx} - u_{yy} = 0,$$

so läßt sich zeigen [vgl. (16.5)], daß jede Lösung dieser Gleichung die Form

$$(15.24) \qquad u = \varphi_1(x + y) + \varphi_2(x - y)$$

mit zweimal stetig differenzierbaren Funktionen $\varphi_1(z)$, $\varphi_2(z)$ besitzt. Wir betrachten nun die Anfangskurve $\Phi(x, y) \equiv y = 0$ und geben die Anfangswerte

$$(15.25) \quad u(x, 0) = u_0(x), \quad u_x(x, 0) = u_1(x), \quad u_y(x, 0) = u_2(x),$$
$$-\infty < x < \infty$$

vor, wobei die $u_\nu(x)$, $\nu = 0, 1, 2$, beliebige, zweimal stetig differenzierbare Funktionen sind. Aus (15.24), (15.25) folgt dann

$$(15.26) \qquad u_0(x) = \varphi_1(x) + \varphi_2(x), \quad u_1(x) = \varphi_1'(x) + \varphi_2'(x),$$
$$u_2(x) = \varphi_1'(x) - \varphi_2'(x),$$

und aus der ersten und dritten dieser Gleichungen

$$2\varphi_1' = u_0' + u_2, \quad 2\varphi_2' = u_0' - u_2.$$

Die den Anfangsvorgaben $u(x, 0) = u_0(x)$, $u_y(x, 0) = u_2(x)$ genügende eindeutige Lösung ist dann

$$(15.27) \quad u(x, y) = \tfrac{1}{2}\left[u_0(x + y) + u_0(x - y) + \int\limits_{x-y}^{x+y} u_2(\xi)\, d\xi \right].$$

Hieraus folgt weiter $u_x(x, 0) = u_0'(x)$. Da diese Funktion wegen (15.25) gleich $u_1(x)$ sein muß, ist das Anfangswertproblem (15.23), (15.25) für beliebig vorgegebene Funktionen u_0, u_1, u_2 nicht lösbar. Es ist jedoch eindeutig lösbar, wenn nur die Anfangsbedingungen $u(x, 0) = u_0(x)$, $u_y(x, 0) = u_2(x)$ vorgegeben sind.

Man nennt ein Anfangswertproblem *sachgemäß gestellt*, wenn es folgende drei Forderungen erfüllt:

1. Es gibt höchstens eine Lösung, welche die Differentialgleichung und die Anfangsbedingungen erfüllt,

2. es gibt mindestens eine solche Lösung,

3. die Lösung hängt stetig von den Anfangsvorgaben ab.

Die dritte Forderung bedeutet, grob gesprochen: Ändert man die Anfangsvorgaben „ein wenig", so ändert sich auch die Lösung nur „ein wenig". Diese Forderung ist wichtig für die Anwendungen. Wird z. B. ein zeitlich veränderlicher physikalischer Vorgang durch ein Anfangswertproblem beschrieben, so bedeutet die dritte Forderung, daß bei einer kleinen Änderung des Anfangszustandes der Zustand zur Zeit t ebenfalls nur eine kleine Änderung erfährt.

Man erkennt unmittelbar, daß die dritte Forderung für (15.27) erfüllt ist.

Wir wollen die Frage, wann ein Anfangswertproblem der allgemeinen Differentialgleichung (14.2) sachgemäß gestellt ist, nicht weiter untersuchen, sondern sie in den folgenden Ziffern bei spezielleren Differentialgleichungen beantworten.

15.3 Normalformen halblinearer hyperbolischer Differentialgleichungen bei zwei unabhängigen Veränderlichen

Wir betrachten die halblineare hyperbolische Differentialgleichung

$$(15.28) \quad A(x, y)\, u_{xx} + 2B(x, y)\, u_{xy} + C(x, y)\, u_{yy} = f(x, y, u, u_x, u_y).$$

Durch Transformation der unabhängigen Veränderlichen soll erreicht werden, daß (15.28) in die *Normalformen*

$$(15.29) \qquad u_{\xi\eta} = g(\xi, \eta, u, u_\xi, u_\eta)$$

bzw.

$$(15.30) \qquad u_{\xi\xi} - u_{\eta\eta} = h(\xi, \eta, u, u_\xi, u_\eta)$$

übergeht. Die Form (15.29) heißt *kanonische Form* der Differentialgleichung (15.28).

Aus (15.11) erhält man durch Integration der gewöhnlichen Differentialgleichungen die beiden charakteristischen Mannigfaltigkeiten, also etwa die Charakteristikenscharen

$$(15.31) \qquad \varphi(x, y) = c_1, \quad \psi(x, y) = c_2$$

mit den willkürlichen Konstanten c_1, c_2. Die Charakteristiken liegen bei halblinearen Gleichungen fest, sie sind unabhängig von u. Durch die Transformation

$$(15.32) \qquad \xi = \varphi(x, y), \quad \eta = \psi(x, y)$$

geht (15.32) in eine Differentialgleichung gleichen Typs, etwa in

$$(15.33) \qquad A_1(\xi,\eta)\, u_{\xi\xi} + 2B_1(\xi,\eta)\, u_{\xi\eta} + C_1(\xi,\eta)\, u_{\eta\eta} = f_1(\xi,\eta,u,u_\xi,u_\eta)$$

über, man errechnet jedoch aus (15.31), (15.32)

$$(15.34) \qquad\qquad A_1(\xi,\eta) \equiv 0, \qquad C_1(\xi,\eta) \equiv 0.$$

Da (15.33) eine Differentialgleichung zweiter Ordnung ist, also

$$|A_1| + |B_1| + |C_1| > 0$$

gilt, folgt $B_1 \neq 0$. Mit $f_1/2B_1 = g$ folgt somit aus (15.33) die kanonische Form (15.29).

Aus der kanonischen Form kann durch die Transformation

$$\bar\xi = \tfrac{1}{2}(\xi+\eta), \qquad \bar\eta = \tfrac{1}{2}(\xi-\eta)$$

sofort die zweite Normalform (15.30) gewonnen werden. Man erhält nach kurzer Rechnung zunächst

$$\tfrac{1}{4}(u_{\bar\xi\bar\xi} - u_{\bar\eta\bar\eta}) = g_1(\bar\xi,\bar\eta,u,u_{\bar\xi},u_{\bar\eta})$$

und daraus mit $4g_1 = h$ die gewünschte Normalform (15.30), wenn an Stelle von $\bar\xi, \bar\eta$ wieder ξ, η geschrieben wird. Diese kann offenbar auch direkt aus (15.28) vermittels der Transformation

$$\xi = \tfrac{1}{2}[\varphi(x,y) + \psi(x,y)], \qquad \eta = \tfrac{1}{2}[\varphi(x,y) - \psi(x,y)]$$

erhalten werden.

Beide Normalformen sind stets erreichbar und in der Regel einfacher als die Gl. (15.28).

Beispiel 15.1. Es soll die Differentialgleichung

$$u_{xx} + 2x\, u_{xy} = \frac{u^2}{x^2+y^2}, \qquad x^2+y^2 > 0$$

auf die kanonische Form transformiert werden. Die beiden Gln. (15.11) lauten wegen $A=1$, $B=x$, $C=0$

$$\frac{dy}{dx} = x + \sqrt{x^2}, \qquad \frac{dy}{dx} = x - \sqrt{x^2},$$

die beiden charakteristischen Mannigfaltigkeiten sind also

$$\varphi(x,y) = c_1 = y - x^2, \qquad \psi(x,y) = c_2 = y.$$

Mit den neuen Koordinaten

$$\xi = y - x^2, \qquad \eta = y,$$

wird

$$u_{xx} = 4x^2\, u_{\xi\xi} - 2u_\xi, \qquad u_{xy} = -2x\, u_{\xi\xi} - 2x\, u_{\xi\eta},$$

also $u_{xx} + 2x\, u_{xy} = -4x^2\, u_{\xi\eta} - 2u_\xi$. Wegen $x^2 = \eta - \xi$, $y^2 = \eta^2$ lautet somit die Form (15.29)

$$u_{\xi\eta} = -\frac{1}{2}\,\frac{u_\xi}{\eta-\xi} - \frac{1}{4}\,\frac{u^2}{(\eta-\xi)\,(\eta^2+\eta-\xi)}.$$

15.4 Anfangswertprobleme der Differentialgleichung
$$u_{xy} = f(x, y, u, u_x, u_y)$$

Im folgenden betrachten wir ausschließlich halblineare (oder lineare) Differentialgleichungen (15.28), die wir jetzt in der kanonischen Form

$$(12.35) \qquad u_{xy} = f(x, y, u, u_x, u_y)$$

schreiben. Es lassen sich für sie zwei verschiedene Anfangswertprobleme stellen. Beim *charakteristischen Anfangswertproblem* wird verlangt, daß die gesuchte Integralfläche zwei sich schneidende Raumkurven enthält, deren Projektionen in die x—y-Ebene zwei sich schneidende Charakteristiken $x = x_0$, $y = y_0$ sind. Beim *Cauchyschen Anfangswertproblem* dagegen fordert man, daß die Integralfläche eine Raumkurve und längs dieser vorgeschriebene Flächenelemente enthält. Es wird sich zeigen, daß zur eindeutigen Lösbarkeit dieses Anfangswertproblems notwendig ist, daß die Projektion der Raumkurve von keiner Charakteristik berührt wird.

Über die eindeutige Lösbarkeit des charakteristischen Anfangswertproblems gilt der (vgl. [23])

Satz 15.2. *Für alle Punkte des offenen Rechtecks*

$$R: \quad a < x < b, \quad c < y < d$$

und beliebige u, p, q *sei die Funktion* $f(x, y, u, p, q)$ *stetig und erfülle eine Lipschitz-Bedingung*

$$(15.36) \qquad |f(x, y, u_1, p_1, q_1) - f(x, y, u_2, p_2, q_2)| \leqq$$
$$\leqq M_1 |u_1 - u_2| + M_2 |p_1 - p_2| + M_3 |q_1 - q_2|$$

mit den Lipschitz-Konstanten M_1, M_2, M_3. *Ferner sei* (x_0, y_0) *ein innerer Punkt von* R, *die Funktionen* $\alpha(x)$, $\beta(y)$ *seien in* $a < x < b$, $c < y < d$ *einmal stetig differenzierbar, und es gelte* $\alpha(x_0) = \beta(y_0)$. *Dann existiert in* R *genau eine Lösung* $u = \varphi(x, y)$ *der Differentialgleichung (15.35) mit den Eigenschaften*

$$(15.37) \qquad u(x, y_0) = \alpha(x), \quad u(x_0, y) = \beta(y).$$

Längs der beiden Charakteristiken $y = y_0$ und $x = x_0$ müssen also die Werte $\alpha(x)$ und $\beta(y)$ vorgegeben sein.

Ähnlich wie der entsprechende Satz für das Anfangswertproblem der gewöhnlichen Differentialgleichung $y' = f(x, y)$ (vgl. 1.2) kann Satz 15.2 durch ein konstruktives Iterationsverfahren bewiesen werden. Da dieses auch in einigen Fällen für die numerische Lösung des Anfangswertproblems Bedeutung hat, soll hier kurz darauf eingegangen werden: Von der Funktion

$$\varphi_0(x, y) = \alpha(x) + \beta(y) - \alpha(x_0)$$

mit den partiellen Ableitungen

$$\frac{\partial \varphi_0(x,y)}{\partial x} = \alpha'(x), \qquad \frac{\partial \varphi_0(x,y)}{\partial y} = \beta'(y)$$

ausgehend, berechnet man iterativ die Funktionen φ_ν, $\partial \varphi_\nu/\partial x$, $\partial \varphi_\nu/\partial y$, $\nu = 1, 2, \ldots$ Setzt man zur Abkürzung

$$f\left(x, y, \varphi_\nu(x,y), \frac{\partial \varphi_\nu(x,y)}{\partial x}, \frac{\partial \varphi_\nu(x,y)}{\partial y}\right) = F_\nu(x,y), \qquad \nu = 0, 1, 2, \ldots,$$

so erfolgt dies nach den Vorschriften

$$\varphi_\nu(x,y) = \varphi_0(x,y) + \int\limits_{x_0}^{x} \int\limits_{y_0}^{y} F_{\nu-1}(\xi, \eta)\, d\eta\, d\xi,$$

(15.38)
$$\frac{\partial \varphi_\nu(x,y)}{\partial x} = \frac{\partial \varphi_0(x,y)}{\partial x} + \int\limits_{y_0}^{y} F_{\nu-1}(x, \eta)\, d\eta,$$

$$\frac{\partial \varphi_\nu(x,y)}{\partial y} = \frac{\partial \varphi_0(x,y)}{\partial y} + \int\limits_{x_0}^{x} F_{\nu-1}(\xi, y)\, d\xi.$$

Es läßt sich dann zeigen, daß die durch

$$\varphi_\nu = \varphi_0 + \sum_{\varrho=0}^{\nu-1} (\varphi_{\varrho+1} - \varphi_\varrho), \qquad \frac{\partial \varphi_\nu}{\partial x} = \frac{\partial \varphi_0}{\partial x} + \sum_{\varrho=0}^{\nu-1} \left(\frac{\partial \varphi_{\varrho+1}}{\partial x} - \frac{\partial \varphi_\varrho}{\partial x}\right),$$

$$\frac{\partial \varphi_\nu}{\partial y} = \frac{\partial \varphi_0}{\partial y} + \sum_{\varrho=0}^{\nu-1} \left(\frac{\partial \varphi_{\varrho+1}}{\partial y} - \frac{\partial \varphi_\varrho}{\partial y}\right)$$

definierten Funktionenfolgen

$$\{\varphi_\nu\}, \qquad \left\{\frac{\partial \varphi_\nu}{\partial x}\right\}, \qquad \left\{\frac{\partial \varphi_\nu}{\partial y}\right\}$$

für $\nu \to \infty$ gleichmäßig gegen eine Funktion $\varphi(x,y)$ und deren partielle Ableitungen konvergieren. Diese Funktion erfüllt die Anfangsbedingungen (15.37) und die Gleichung

(15.39) $\quad\varphi(x,y) = \varphi_0(x,y) + \int\limits_{x_0}^{x} \int\limits_{y_0}^{y} f(\xi, \eta, \varphi(\xi,\eta), \varphi_x(\xi,\eta), \varphi_y(\xi,\eta))\, d\eta\, d\xi,$

besitzt daher die stetige Ableitung φ_{xy} und ist Lösung der Differentialgleichung (15.35). Weiter läßt sich zeigen, daß unter den angegebenen Voraussetzungen $u = \varphi(x,y)$ auch die einzige Lösung des Anfangswertproblems ist.

Wir betrachten jetzt das Cauchy-Problem und geben einen Anfangsstreifen erster Ordnung

(15.40) $\quad x = x(\tau), \quad y = y(\tau), \quad u = u(\tau), \quad p = p(\tau), \quad q = q(\tau)$

mit dem Streifenparameter τ vor. Wir setzen voraus, daß die Kurve $x = x(\tau)$, $y = y(\tau)$ von keiner Charakteristik $x = c_1$, $y = c_2$ berührt wird, also streng monoton ist. Dies hat u. a. zur Folge, daß τ und damit p stetige Funktionen von x sind, insbesondere läßt sich p als Ableitung $\alpha'(x)$ einer Funktion $\alpha(x)$ darstellen. Auf analogem Wege schließt man, daß sich q als Ableitung $\beta'(y)$ einer Funktion $\beta(y)$ darstellen läßt. Die Streifenbedingung $\dfrac{du}{d\tau} = p\,\dfrac{dx}{d\tau} + q\,\dfrac{dy}{d\tau}$ nimmt dann die Form

$$(15.41)\qquad \frac{du}{d\tau} = \alpha'(x)\,\frac{dx}{d\tau} + \beta'(y)\,\frac{dy}{d\tau} = \frac{d}{d\tau}\big(\alpha(x(\tau)) + \beta(y(\tau))\big)$$

an. Vereinbaren wir, daß eine der beiden Funktionen α, β noch die Integrationskonstante enthält, so folgt hieraus

$$(15.42)\qquad\qquad u(\tau) = \alpha\big(x(\tau)\big) + \beta\big(y(\tau)\big).$$

Das Cauchy-Problem besteht dann darin, eine Funktion $u = \varphi(x, y)$ zu finden, welche der Gl. (15.35) genügt und längs

$$(15.43)\qquad\qquad k: \quad x = x(\tau), \quad y = y(\tau)$$

die durch $\alpha(x) + \beta(y)$ vorgeschriebenen Werte annimmt.

Über die eindeutige Lösbarkeit des Cauchy-Problems gilt dann der

Satz 15.3. *Für alle Punkte (x, y) des Rechtecks*

$$R: \quad a < x < b, \quad c < y < d$$

und beliebige u, p, q sei $f(x, y, u, p, q)$ stetig und erfülle eine Lipschitz-Bedingung (15.36). Die Kurve k verlaufe bis zum Rand von R. Ferner seien die in R einmal stetig differenzierbaren Funktionen $\alpha(x)$, $\beta(y)$ vorgegeben. Dann besitzt die Differentialgleichung (15.35) in R genau eine Lösung $u = \varphi(x, y)$, welche längs k die Werte $\alpha(x) + \beta(y)$ annimmt und die Streifenbedingung (15.41) erfüllt.

Auch der Beweis dieses Satzes kann mit Hilfe eines Iterationsverfahrens erbracht werden. Man vgl. hierzu etwa [23], S. 119ff.

Beim Cauchy-Problem wird ein Anfangsstreifen erster Ordnung (15.20) vorgegeben. Man verlangt, daß dieser sich zu einem Streifen zweiter Ordnung (15.17) ergänzen läßt, der die Differentialgleichung erfüllt. Nach Satz 15.1 ist notwendig für die Eindeutigkeit des gefundenen Integralstreifens zweiter Ordnung, also auch für die Lösung des Cauchy-Problems, daß die Kurve $x = x(\tau)$, $y = y(\tau)$ keine Charakteristik ist.

Offenbar genügt es beim Cauchy-Problem, wegen $|x'(\tau)| + |y'(\tau)| > 0$ die Werte

$$x(\tau),\; y(\tau),\; u(\tau),\; q(\tau), \quad \text{wenn} \quad x'(\tau) \neq 0,$$

oder

$$x(\tau),\; y(\tau),\; u(\tau),\; p(\tau), \quad \text{wenn} \quad y'(\tau) \neq 0,$$

vorzugeben. Denn im ersten Fall erhält man aus der Streifenbedingung

$$(15.44) \qquad u'(\tau) = p(\tau)\,x'(\tau) + q(\tau)\,y'(\tau)$$

eindeutig

$$p(\tau) = \frac{1}{x'(\tau)}\left(u'(\tau) - q(\tau)\,y'(\tau)\right),$$

im zweiten Fall eindeutig

$$q(\tau) = \frac{1}{y'(\tau)}\left(u'(\tau) - p(\tau)\,x'(\tau)\right).$$

Wählen wir insbesondere als Parameter τ die unabhängige Veränderliche x, so können die Anfangsvorgaben beim Cauchy-Problem stets in der Form

$$(15.45) \qquad \begin{aligned} u\big(x, f(x)\big) &= u_0(x), & u_y\big(x, f(x)\big) &= u_1(x), \\ \text{bzw.} \quad u\big(x, f(x)\big) &= u_0(x), & u_x\big(x, f(x)\big) &= u_1(x) \end{aligned}$$

gegeben werden, wobei $y = f(x)$ eine streng monotone Kurve ist.

Wir veranschaulichen uns die beiden Anfangswertprobleme an der einfachsten Gleichung vom Typ (15.35), nämlich

$$(15.46) \qquad u_{xy} = 0.$$

Ihre sämtlichen Lösungen lassen sich in der Form (vgl. 15.24)

$$(15.47) \qquad u = \varphi_1(x) + \varphi_2(y)$$

mit beliebigen, stetig differenzierbaren Funktionen φ_1, φ_2 darstellen.

a) Wir betrachten zunächst das charakteristische Anfangswertproblem mit den Anfangsvorgaben (Abb. 15.2)

$$(15.48) \quad u(x, 1) = u_0(x), \quad u(1, y) = u_1(y), \quad u_0(1) = u_1(1) = u_0.$$

Zusammen mit (15.47) folgt hieraus

$$u_0(x) = \varphi(x) + \psi(1), \quad u_1(y) = \varphi(1) + \psi(y)$$

und wegen $\varphi(1) + \psi(1) = u_0$ weiter die eindeutige Lösung

$$(15.49) \qquad u(x, y) = u_0(x) + u_1(y) - u_0.$$

b) Wir stellen das Cauchy-Problem mit den Anfangswerten (Abb. 15.3)

$$(15.50) \qquad u(x, x) = u_0(x), \quad u_y(x, x) = u_1(x).$$

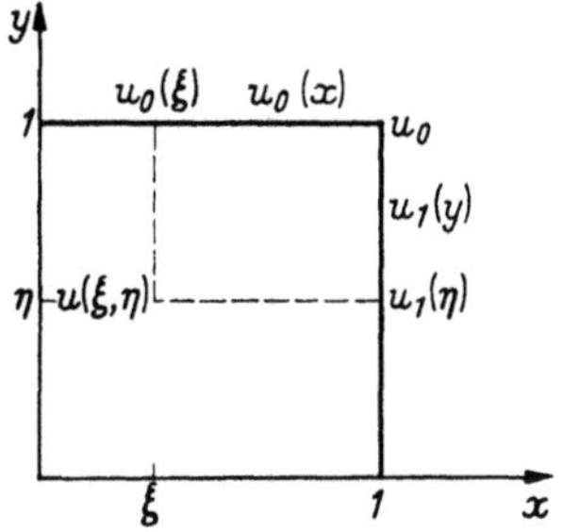

Abb. 15.2. Charakteristisches Anfangswertproblem von $u_{xy} = 0$

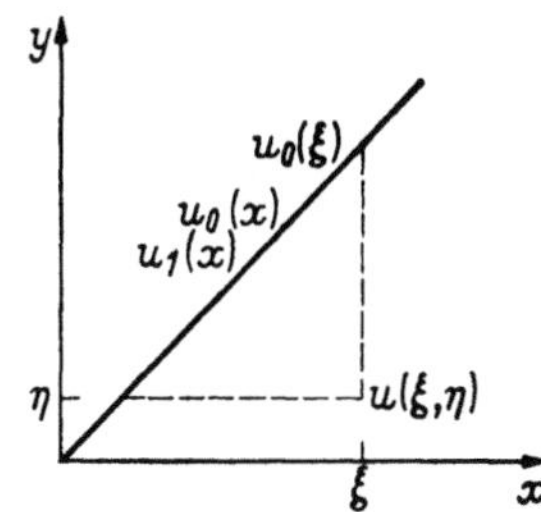

Abb. 15.3. Cauchy-Problem der Gleichung $u_{xy} = 0$

Die Gerade $y = x$ ist streng monoton wachsend und schneidet daher jede Charakteristik $x = c_1$, $y = c_2$ in genau einem Punkt. Aus (15.47), (15.50) folgt

$$\varphi_1(x) + \varphi_2(x) = u_0(x), \qquad \varphi_2'(x) = u_1(x).$$

Es muß daher $u_1(x) = u_0'(x) - \varphi_1'(x)$ gelten, was wegen $\varphi_1'(x) = u_x$ auch aus der Streifenbedingung

$$\frac{du(x, x)}{dx} = u_x(x, x) + u_y(x, x)$$

folgt. Man erhält als eindeutige Lösung des Cauchy-Problems

$$(15.51) \qquad\qquad u(x, y) = u_0(x) + \int\limits_x^y u_1(\xi)\, d\xi.$$

c) Mit $\tau = x$ lautet (15.22) für die Gleichung $u_{xy} = s = 0$

$$\varDelta = \varphi'(x),$$

wenn $y = \varphi(x)$ die Anfangskurve bedeutet. Für $\varphi'(x) = 0$ ist daher das Cauchy-Problem nicht eindeutig lösbar, wie man bei dem hier betrachteten einfachen Fall auch unmittelbar nachprüfen kann.

15.5 Abschätzung von Näherungslösungen der Differentialgleichung $u_{xy} = f(x, y, u, u_x, u_y)$

Im allgemeinen wird es nicht möglich sein, ein Anfangswertproblem der Differentialgleichung (15.35) exakt zu lösen. Desto wichtiger ist es, eine Methode zu besitzen, mit welcher der Fehler einer irgendwie berechneten Näherungslösung abgeschätzt werden kann. Hierauf soll im folgenden kurz eingegangen werden (vgl. [6] und [44]).

Zunächst betrachten wir das charakteristische Anfangswertproblem für das Rechteck

$$R: \quad 0 < x < a, \quad 0 < y < b,$$

was offenbar keine Einschränkung der Allgemeinheit darstellt. Denn durch die lineare Koordinatentransformation

$$\xi = \frac{a}{\bar{b} - \bar{a}}(x - \bar{a}), \qquad \eta = \frac{b}{\bar{d} - \bar{c}}(y - \bar{c})$$

geht das Rechteck

$$\bar{R}: \quad \bar{a} < x < \bar{b}, \quad \bar{c} < y < \bar{d}$$

in R über. Wir setzen ferner voraus, daß die Funktion f einer Lipschitz-Bedingung

$$|f(x, y, u_1, p_1, q_1) - f(x, y, u_2, p_2, q_2)| \leq$$

$$\leq M_1|u_1 - u_2| + M_2|p_1 - p_2| + M_3|q_1 - q_2|$$

genügt. Die exakte Lösung des Anfangswertproblems sei $u = \varphi(x, y)$, und es sei eine Näherungslösung $v = \psi(x, y)$ bekannt. Schließlich sei $I_0(t)$ die modifizierte Bessel-Funktion nullter Ordnung (vgl. Teil I, B, 3.15). Dann gilt der

Satz 15.4 [44]. *Mit den Konstanten* δ, ε *gelte*

1. $\left| \psi_{xy} - f(x, y, \psi, \psi_x, \psi_y) \right| \leq \delta e^{M_2 y + M_3 x}$ in $\bar{R}^1$,
2. $\left| \varphi_x - \psi_x \right| \leq \varepsilon M_3 e^{M_3 x}$ für $y = 0$,
3. $\left| \varphi_y - \psi_y \right| \leq \varepsilon M_2 e^{M_2 y}$ für $x = 0$,
4. $\left| \varphi(0, 0) - \psi(0, 0) \right| \leq \varepsilon$.

Dann gilt in $\bar{R}$ *die Abschätzung*

$$(15.52) \quad |\varphi - \psi| \leq e^{M_2 y + M_3 x} \times$$

$$\times \left\{ I_0 \left(2\sqrt{(M_1 + M_2 M_3) x y} \right) \left(\varepsilon + \frac{\delta}{M_1 + M_2 M_3} \right) - \frac{\delta}{M_1 + M_2 M_3} \right\}.$$

Ein ähnlicher Satz kann auch für das Cauchy-Problem aufgestellt werden. Die Anfangskurve sei $x = \tau$, $y = -\tau$, also $y = -x$, an Stelle von R betrachten wir das Dreieck

$$D: \quad x + y > 0, \quad x < a, \quad y < b.$$

Die spezielle Wahl der Anfangskurve bedeutet keine Einschränkung der Allgemeinheit. Denn sei $y = \varphi(x)$ eine Anfangskurve, so muß $\varphi'(x) \neq 0$ gelten, $\varphi(x)$ also streng monoton sein. Daher kann $y = \varphi(x)$ eindeutig nach x aufgelöst werden, man erhält $x = \varphi^{-1}(y)$. Durch die Koordinatentransformation

$$\xi = x, \quad \eta = -\varphi^{-1}(y)$$

geht dann die Kurve über in die Gerade $\eta = -\xi$, während die Differentialgleichung (15.35) in eine solche gleicher Gestalt übergeht.

Setzen wir voraus, daß f wieder einer Lipschitz-Bedingung genügt, so gilt, wenn φ und ψ die gleiche Bedeutung wie oben haben, der

Satz 15.5 [44]. *Mit den Konstanten* $\delta, \varepsilon_1\, \varepsilon_2$ *gelte*

1. $\left| \psi_{xy} - f(x, y, \psi, \psi_x, \psi_y) \right| \leq \delta$ in $\bar{D}$,

2. $|\varphi - \psi| \leq \varepsilon_1$, $|\varphi_x - \psi_x| \leq \varepsilon_2$, $|\varphi_y - \psi_y| \leq \varepsilon_2$ für $y = -x$.

Dann gilt in $\bar{D}$ *die Abschätzung*

$$(15.53) \quad |\varphi - \psi| \leq A_1 e^{\lambda_1(x+y)} + A_2 e^{\lambda_2(x+y)} - \frac{\delta}{M_1}, \quad M_1 > 0,$$

wobei

$$2\lambda_{1,2} = M_2 + M_3 \pm M, \quad A_1 M = \varepsilon_2 - \lambda_2 \left(\varepsilon_1 + \frac{\delta}{M_1} \right),$$

$$A_2 M = \lambda_1 \left(\varepsilon_1 + \frac{\delta}{M_1} \right) - \varepsilon_2, \quad M = \sqrt{(M_2 + M_3)^2 + 4 M_1}$$

zu setzen ist.

---

[1] $\bar{R}$: $0 \leq x \leq a$, $0 \leq y \leq b$.

Man wird für eine Näherungslösung ψ aus diesen Sätzen i. allg. nur für kleine Gebiete R und D gute Fehlerabschätzungen erhalten. Schon bei halblinearen Gleichungen ist es zudem oft schwierig, die Lipschitz-Konstanten M_1, M_2, M_3 zu bestimmen.

Wir betrachten noch den Fall, daß beim Cauchy-Problem die Näherungslösung die Anfangsbedingungen exakt erfüllt, daß also $\varepsilon_1 = \varepsilon_2 = 0$ gilt. Die Abschätzung (15.53) lautet dann

$$(15.54) \qquad |\varphi - \psi| \leqq \frac{\delta}{M_1} e^{\frac{1}{2}(M_2 + M_3)(x+y)} \times$$

$$\times \left[e^{-\frac{M}{2}(x+y)} - e^{-\frac{M_2 + M_3}{2}(x+y)} + \left(1 - \frac{M_2 + M_3^{\cdot}}{M}\right) \sinh \frac{M}{2}(x+y) \right].$$

Beispiel 15.2. Wir betrachten das Cauchy-Problem

$$u_{xy} = -u_x + u, \qquad u(x, -x) = e^x \cos 2x,$$

$$u_x(x, -x) = -e^x \sin 2x, \qquad u_y(x, -x) = e^x(\sin 2x - \cos 2x)$$

für das Dreieck

$$D: \quad x + y > 0, \quad x < a, \quad y < b.$$

Die Lipschitz-Konstanten sind

$$M_1 = M_2 = 1, \qquad M_2 = 0.$$

Als recht grobe Näherung der exakten Lösung wählen wir

$$\psi(x, y) = \varphi(x, -x) + \varphi_y(x, -x)(y + x)$$

$$= e^x\{(x+y)(\sin 2x - \cos 2x) + \cos 2x\}.$$

Dann gilt $\varepsilon_1 = \varepsilon_2 = 0$, und die Abschätzung (15.54) lautet

$$|\varphi - \psi| \leqq \delta e^{\frac{1}{2}(x+y)} \left[e^{-\frac{\sqrt{5}}{2}(x+y)} - e^{-\frac{1}{2}(x+y)} + \left(1 - \frac{1}{\sqrt{5}}\right) \sinh \frac{\sqrt{5}}{2}(x+y) \right],$$

wobei δ eine obere Schranke für den Betrag von

$$\psi_{xy} - f = \psi_{xy} + \psi_x - \psi = 2e^x\{(x+y)(\sin 2x + \cos 2x) + \sin 2x\}$$

bezeichnet. Es kann daher wegen $|\sin 2x + \cos 2x| < 1{,}5$ generell

$$\delta = (3(a+b) + 2)e^a$$

gewählt werden. Diese Abschätzung ist jedoch für kleine a, b zu grob. Für $a = b = \frac{1}{8}$ würde sich hiernach $\delta \approx 3{,}14$ ergeben, während $\delta = 1{,}3$ ebenfalls noch eine obere Schranke ist.

15.6 Legendre-Transformation

Es soll die in 13.3 eingeführte Legendre-Transformation (13.32) auf die spezielle quasilineare Differentialgleichung

$$(15.55) \qquad A(x, y, u_x, u_y)u_{xx} + 2B(x, y, u_x, u_y)u_{xy} + C(x, y, u_x, u_y)u_{yy} = 0$$

angewendet werden. Dazu benötigen wir noch die Transformationsformeln für die zweiten Ableitungen. Mit $D = X_x Y_y - X_y Y_x \neq 0$ erhält man (vgl. [*30*], S. 96)

$$(15.56) \quad u_{xx} = D U_{YY}, \quad u_{xy} = -D U_{XY}, \quad u_{yy} = D U_{XX}.$$

Die Gl. (15.55) geht daher in eine Gleichung derselben Art, nämlich in

$$(15.57) \quad A(U_X, U_Y, X, Y) U_{YY} - 2B(U_X, U_Y, X, Y) U_{XY} +$$
$$+ C(U_X, U_Y, X, Y) U_{XX} = 0$$

über.

Hängen die Koeffizienten in (15.55) nur von u_x, u_y, nicht aber von den unabhängigen Veränderlichen x, y ab, so ist (15.57) eine lineare Differentialgleichung. Als Beispiel betrachten wir die Gleichung der zweidimensionalen stationären Gasströmung im Überschallbereich (vgl. § 18)

$$(15.58) \quad (a^2 - u_x^2) u_{xx} - 2 u_x u_y u_{xy} + (a^2 - u_y^2) u_{yy} = 0.$$

Dabei ist die gesuchte Funktion $u(x, y)$ das Geschwindigkeitspotential, die Schallgeschwindigkeit a ist eine Funktion von $u_x^2 + u_y^2$. Für $a^2 < u_x^2 + u_y^2$ ist (15.58) hyperbolisch. Durch die Legendre-Transformation (13.32), (15.56) geht die Gleichung über in die lineare Differentialgleichung

$$(15.59) \quad (a^2 - Y^2) U_{XX} + 2X Y U_{XY} + (a^2 - X^2) U_{YY} = 0.$$

Die Legendre-Transformation bedeutet hier den Übergang von der $x-y$-Strömungsebene zur $X-Y$-Hodographenebene. Die Charakteristiken von (15.59) liegen fest; es läßt sich zeigen, daß sie ein drehsymmetrisches Kurvennetz bilden.

Die Charakteristiken von (15.55), die noch von der Lösung $u(x, y)$ abhängen, bezeichnet man als *Machsche Linien*. Ihre Kenntnis ist in der Gasdynamik von Bedeutung. Auf Grund der Tatsache, daß die $x-y$-Charakteristikennetze zu dem festen und bekannten $X-Y$-Charakteristikennetz orthogonal reziprok sind, lassen sich die Machschen Linien zumindest näherungsweise bestimmen. Dabei ist es nicht nötig, Lösungen der Gl. (15.55) zu kennen. Wir kommen hierauf in 18.2 zurück.

15.7 Die Riemannsche Integrationsmethode

Zu dem linearen Differentialoperator L, definiert durch

$$(15.60) \quad L u \equiv \sum_{i,k=1}^{n} A_{ik} u_{x_i x_k} + \sum_{i=1}^{n} A_i u_{x_i} + A u,$$

definieren wir einen Operator L^* wie folgt: Sei B ein Bereich des R_n und $u(\boldsymbol{x})$, $v(\boldsymbol{x}) \in C^2(B)$. Mit den Funktionen $P^i(u, v)$, $i = 1, 2, \ldots, n$,

176   D. Anfangswertprobleme bei gewöhnlichen und partiellen DGln.

$P^T = (P^1, \ldots, P^n)$ gelte dann

$$(15.61) \qquad v\,L\,u - u\,L^*\,v = \sum_{i=1}^{n} \frac{\partial P^i(u,\,v)}{\partial x_i} = \operatorname{div} P.$$

Der Operator L^* heißt ein *zu L adjungierter Operator.*

Man kann zeigen, daß L^* und $\operatorname{div} P$ durch L eindeutig bestimmt sind. Daher ist auch P selbst bis auf einen additiven Vektor Q mit $\operatorname{div} Q \equiv 0$ eindeutig bestimmt. Gilt insbesondere $L\,u \equiv L^*\,u$ für beliebige $u \in C^2(B)$, so heißt L *selbstadjungiert.* Bezüglich einer allgemeineren Definition des adjungierten Operators vgl. man etwa [6], S. 88ff.

Sei Γ der Rand von B, so folgt aus (15.61)

$$(15.62) \qquad \int_B [v\,L\,u - u\,L^*\,v]\,db = \int_B \operatorname{div} P\,db,$$

wobei db das Volumenelement von B bedeutet; $db = dx_1\,dx_2 \ldots dx_n$. Die Anwendung des Gaußschen Satzes im R_n liefert weiter[1]

$$(15.63) \qquad \int_B \operatorname{div} P\,dx = \int_\Gamma (P,\,v)\,do = \int_\Gamma \left(\sum_{i=1}^{n} P^i\,v^i \right) do,$$

wobei do das Oberflächenelement von Γ und $v^T = (v^1, \ldots, v^n)$ die äußere Normale von B bedeutet. Dann folgt aus (15.62), (15.63) die *Greensche Formel*

$$(15.64) \qquad \int_B [v\,L\,u - u\,L^*\,v)]\,db = \int_\Gamma (P,\,v)\,do.$$

Bezüglich der Funktionen

$$P^i(u,\,v) = \sum_{k=1}^{n} \left[v\,A_{ik}\,u_{x_k} - \frac{\partial}{\partial x_k}\,(v\,A_{ik})\,u + v\,A_i\,u \right]$$

lautet der zu (15.60) adjungierte Differentialoperator

$$(15.65) \qquad L^*\,v = \sum_{i,\,k=1}^{n} \frac{\partial^2 (A_{ik}\,v)}{\partial x_i\,\partial x_k} - \sum_{i=1}^{n} \frac{\partial (A^i\,v)}{\partial x_i} + A\,v.$$

Wir betrachten weiter ausschließlich den Fall $n = 2$ und setzen (15.60) als hyperbolisch voraus; wir können uns dann darauf beschränken, die Gleichung in der kanonischen Form

$$(15.66) \quad L\,u \equiv u_{xy} + a(x,\,y)\,u_x + b(x,\,y)\,u_y + c(x,\,y)\,u = f(x,\,y)$$

zu untersuchen. Im folgenden soll ein Integrationsverfahren angegeben werden, welches gestattet, die Lösung der Anfangswertprobleme bei einigen Gleichungen vom Typ (15.66) explizit anzugeben.

Wir betrachten zunächst das Cauchy-Problem. Durch

$$(15.67) \qquad k: \quad y = \varphi(x), \qquad \alpha \leqq x \leqq \beta$$

---

[1] Wir setzen voraus, daß B so beschaffen ist, daß der Gaußsche Satz angewendet werden kann, vgl. etwa [23], S. 241ff.

sei in der $x-y$-Ebene ein streng monotones Kurvenstück k gegeben, das somit von keiner Charakteristik der Gl. (15.66) berührt wird. Ohne Einschränkung der Allgemeinheit kann k als monoton wachsend angenommen werden; andernfalls spiegele man die Kurve an der y-Achse. Das abgeschlossene achsenparallele Rechteck mit den Ecken (Abb. 15.4)

$$(15.68) \qquad \begin{aligned} A &= (\alpha, \varphi(\alpha)), & B &= (\beta, \varphi(\alpha)), \\ C &= (\beta, \varphi(\beta)), & D &= (\alpha, \varphi(\beta)), \end{aligned}$$

welches k also ganz enthält, bezeichnen wir mit R. Schließlich nehmen wir an, daß die Voraussetzungen von Satz 15.3 erfüllt sind.

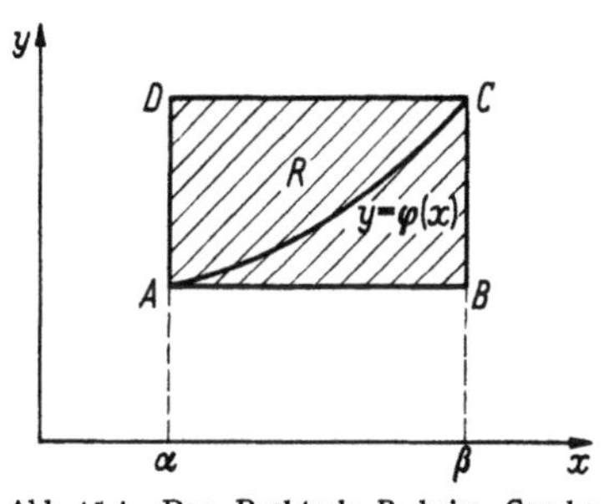

Abb. 15.4. Das Rechteck R beim Cauchy-Problem

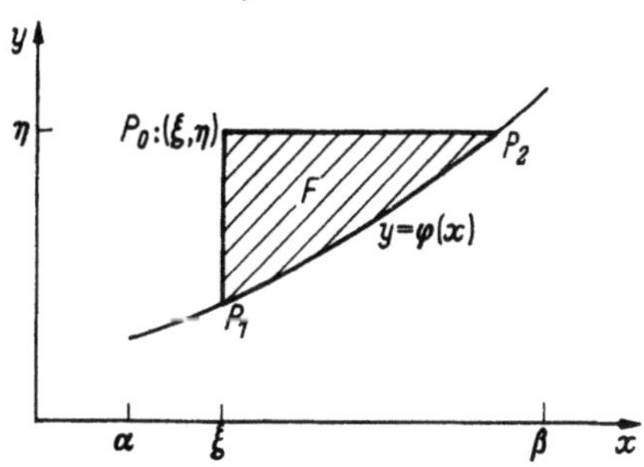

Abb. 15.5. Zur Lösung des Cauchy-Problems

Das Cauchy-Problem lautet: Gesucht ist in R eine Lösung $u(x, y)$ der Differentialgleichung (15.66), welche auf k die Anfangswerte

$$(15.69) \qquad u(x, \varphi(x)) = u_0(x), \qquad u_x(x, \varphi(x)) = u_1(x)$$

mit stetig differenzierbaren Funktionen $u_0(x)$, $u_1(x)$ annimmt. Da die Streifenbedingung

$$du = u_1(x)\, dx + u_y(x, \varphi(x))\, dy$$

längs k erfüllt sein muß, ist somit auch $u_y(x, \varphi(x)) = \dfrac{u_0'(x) - u_1(x)}{\varphi'(x)} = u_2(x)$ bekannt. Nach Satz 15.3 ist das Cauchy-Problem im abgeschlossenen Rechteck R eindeutig lösbar.

Nach (15.65) ist

$$(15.70) \qquad L^* v = v_{xy} - \frac{\partial}{\partial x}(a\,v) - \frac{\partial}{\partial y}(b\,v) + c\,v$$

der zu $L\,u$ adjungierte Differentialausdruck, es gilt, wie man leicht verifiziert

$$(15.71) \qquad \begin{aligned} v\,L\,u - u\,L^* v &= \frac{\partial}{\partial x}\left[\frac{1}{2}\frac{\partial(u\,v)}{\partial y} - u(v_y - a\,v)\right] \\ &\quad + \frac{\partial}{\partial y}\left[\frac{1}{2}\frac{\partial(u\,v)}{\partial x} - u(v_x - b\,v)\right]. \end{aligned}$$

Es sei $P_0 : (\xi, \eta)$ ein Punkt aus R (Abb. 15.5) und P_1, P_2 seine Projektionen auf die Kurve k. Durch P_0, P_1, P_2, die Charakteristiken $x = \xi$, $y = \eta$ und die Kurve $y = \varphi(x)$ wird dann ein Bereich F mit dem Rand Φ

begrenzt. Sei weiter $v = V(x, y; \xi, \eta)$ eine Lösung von $L^* v = 0$, welche in noch festzulegendem Sinne außer von x, y von ξ, η abhängt und $u(x, y)$ die Lösung des Cauchy-Problems (15.66), (15.69).

Mit

$$(15.72) \qquad \begin{aligned} P(x, y) &= \frac{1}{2} \frac{\partial (u\,V)}{\partial y} - u(V_y - a\,V), \\[2mm] Q(x, y) &= \frac{1}{2} \frac{\partial (u\,V)}{\partial x} - u(V_x - b\,V) \end{aligned}$$

folgt dann bei Anwendung des Gaußschen Satzes (15.63)

$$\int\limits_{F} (P_x + Q_y)\, dx\, dy = \int\limits_{\Phi} (P\, v^1 + Q\, v^2)\, ds = \int\limits_{\Phi} (P\, dy - Q\, dx),$$

wobei ds das Bogenelement bedeutet, und wegen $L^* V = 0$ mit (15.64), (15.66) weiter

$$(15.73) \qquad \int\limits_{F} V(x, y; \xi, \eta)\, f(x, y)\, dx\, dy = \int\limits_{\Phi} (P(x, y)\, dy - Q(x, y)\, dx).$$

Über die Funktion V verfügen wir wie folgt: Es gelte

$$(15.74) \qquad \begin{aligned} V(x, \eta; \xi, \eta) &= e^{\int\limits_{\xi}^{x} b(\xi, \eta)\, d\xi}, \\[4mm] V(\xi, x; \xi, \eta) &= e^{\int\limits_{\eta}^{y} a(\xi, \xi)\, d\xi}, \end{aligned}$$

also $V_x - b\,V = 0$ längs $y = \eta$ und $V_y - a\,V = 0$ längs $x = \xi$. Besitzt V die Eigenschaft (15.74), so heißt sie *Riemannsche Funktion* des Cauchy-Problems (15.66), (15.69).

Kennt man eine Riemannsche Funktion, so läßt sich die gesuchte Lösung $u(x, y)$ im Punkt (ξ, η) leicht angeben. Zunächst gilt

$$(15.75) \qquad \int\limits_{\Phi} (P\, dy - Q\, dx) = -\int\limits_{P_1}^{P_0} Q\, dx + \int\limits_{P_0}^{P_2} P\, dy + \int\limits_{P_2}^{P_1} (P\, dy - Q\, dx),$$

wobei das letzte Integral über das zwischen P_2 und P_1 liegende Stück der Kurve k zu erstrecken ist. Wegen

$$\int\limits_{P_1}^{P_0} Q\, dx = \tfrac{1}{2}\{(u\,V)_{P_0} - (u\,V)_{P_1}\}, \quad \int\limits_{P_0}^{P_2} P\, dy = \tfrac{1}{2}\{(u\,V)_{P_2} - (u\,V)_{P_0}\}$$

und $(V)_{P_0} = 1$ folgt schließlich mit (15.73) in abgekürzter, aber leicht verständlicher Schreibweise das Resultat

$$(15.76) \quad u(\xi, \eta)$$
$$= \tfrac{1}{2}\{(u\,V)_{P_1} + (u\,V)_{P_2}\} - \int\limits_{F} V\, f\, dx\, dy + \int\limits_{P_2}^{P_1} (P\, dy - Q\, dx).$$

Da alle Größen auf der rechten Seite dieser Gleichung bekannt sind, ist $u(\xi, \eta)$ eindeutig bestimmt. Die Methode wird als *Riemannsche Integrationsmethode* bezeichnet.

Aus (15.76) erkennt man eine Eigenschaft der Lösung, die auch für allgemeinere hyperbolische Differentialgleichungen typisch ist: Der Wert der Lösung im Punkte (ξ, η) hängt nur von den Anfangsdaten auf demjenigen Teil $\hat{k}$ von k ab, der durch die beiden Charakteristiken $x = \xi$ und $y = \eta$ ausgeschnitten wird. Man nennt $\hat{k}$ deshalb den *Abhängigkeitsbereich* der Lösung im Punkte (ξ, η). Durch Vorgabe der Anfangswerte auf $\hat{k}$ ist die Lösung in $\bar{F}$ eindeutig bestimmt (Abb. 15.6). Ändert man außerhalb $\hat{k}$ auf k die Anfangswerte, so wirkt sich dies nicht auf die Lösung in $\bar{F}$ aus, weshalb $\bar{F}$ der *Bestimmtheitsbereich* der Lösung hinsichtlich $\hat{k}$ heißt. Schließlich beeinflussen die Anfangswerte auf $\hat{k}$ die Lösung nur in dem in Abb. 15.6 schraffiert gezeichneten *Einflußbereich* dieser Anfangsdaten.

Wir wenden uns nun dem charakteristischen Anfangswertproblem zu und betrachten das Rechteck

$$(15.77) \qquad R: \quad \alpha \leqq x \leqq \beta, \quad \gamma \leqq y \leqq \delta$$

mit den Eckpunkten (Abb. 15.7)

$$A: \ (\alpha, \gamma), \quad B: \ (\beta, \gamma), \quad C: \ (\alpha, \delta), \quad D: \ (\beta, \delta).$$

Die Anfangswerte

$$(15.78) \ u(x, \gamma) = u_0(x), \quad u(\alpha, y) = u_1(y), \quad u_0(\alpha) = u_1(\gamma) = u_0$$

sind auf den beiden sich schneidenden Charakteristiken $x = \alpha$, $y = \gamma$ vorgegeben. Wir setzen voraus, daß die Differentialgleichung (15.66)

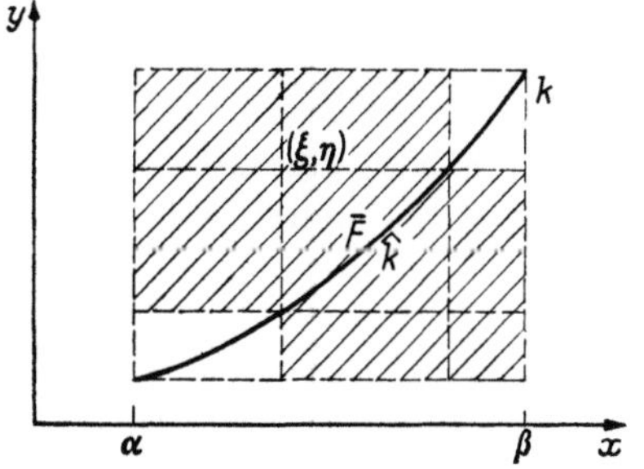

Abb. 15.6. Abhängigkeits-, Bestimmtheits- und Einflußbereich

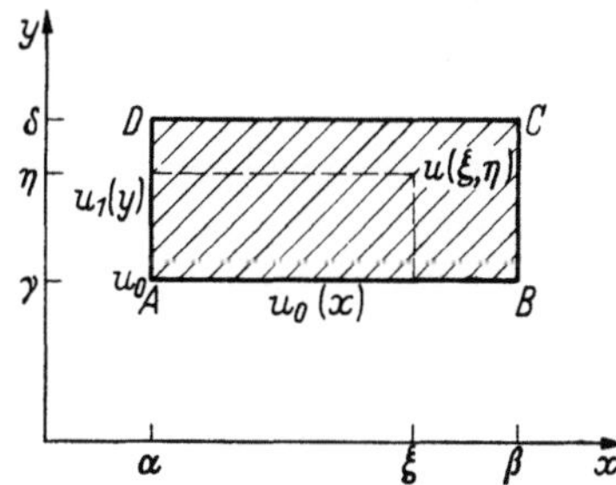

Abb. 15.7. Das Rechteck R beim charakteristischen Anfangswertproblem

und die Funktionen $u_0(x)$, $u_1(y)$ den Voraussetzungen des Satzes 15.2 genügen. Dann ist das charakteristische Anfangswertproblem (15.66), (15.78) in R eindeutig lösbar. Für $(\xi, \eta) \in R$ ergibt sich dann mit der oben definierten Riemannschen Funktion $V(x, y; \xi, \eta)$ analog (15.76) die Darstellungsformel

$$(15.79)\quad u(\xi,\eta) = V(\alpha,\gamma;\xi,\eta)\,u_0 + \int_\gamma^\eta \int_\alpha^\xi V(x,y;\xi,\eta)\,f(x,y)\,dx\,dy +$$

$$+ \int_\gamma^\eta \{u_1'(y) + a(\alpha,y)\,u_1(y)\}\,V(\alpha,y;\xi,\eta)\,dy +$$

$$+ \int_\alpha^\xi \{u_0'(x) + b(x,\gamma)\,u_0(x)\}\,V(x,\gamma;\xi,\eta)\,dx.$$

Das Hauptproblem beim Riemannschen Integrationsverfahren ist die Bestimmung der Riemannschen Funktion, die ja Lösung einer linearen Differentialgleichung zweiter Ordnung ist. Trotzdem lassen sich für eine Reihe von Differentialgleichungen Riemannsche Funktionen leicht angeben.

Wir betrachten die Differentialgleichung

$$(15.80)\qquad L\,u \equiv u_{xy} + r(x)\,s(y)\,u = f(x,y).$$

Wegen

$$L^*\,v \equiv v_{xy} + r(x)\,s(y)\,v$$

ist L ein selbstadjungierter Operator. Wir versuchen, $L^*\,u = L\,u = 0$ durch eine Funktion $u = w(t)$ zu lösen, wobei $t = t(x,y;\xi,\eta)$ selbst eine Funktion ist. Nach Einsetzen dieses Ausdrucks in $L\,u = 0$ folgt

$$(15.81)\qquad w''(t) + \frac{t_{xy}}{t_x\,t_y}\,w'(t) + \frac{r(x)\,s(y)}{t_x\,t_y}\,w(t) = 0.$$

Wir versuchen weiter, durch Wahl von t hieraus eine bekannte gewöhnliche Differentialgleichung für die Funktion $w(t)$ zu erhalten. Das gelingt z. B., wenn

$$(15.82)\qquad t = 2\sqrt{(R(x) - R(\xi))(S(y) - S(\eta))}$$

mit stetig differenzierbaren Funktionen $R(x)$, $S(y)$ gesetzt wird. Dann gilt zunächst $t_x\,t_y = R'(x)\,S'(y)$, $t_{xy} = t_x\,t_y/t$. Sei weiter $R'(x) = r(x)$, $S'(y) = s(y)$, so folgt aus (15.81)

$$(15.83)\qquad w''(t) + \frac{1}{t}\,w'(t) + w(t) = 0,$$

und dies ist die Besselsche Differentialgleichung (vgl. 7.4) für $\lambda = 0$. Eine Lösung ist $J_0(t)$, so daß wegen $a(x,y) \equiv b(x,y) \equiv 0$ und $J_0(0) = 1$ nach (15.74)

$$(15.84)\quad V(x,y;\xi,\eta) = J_0\big(2\sqrt{[R(x) - R(\xi)]\,[S(y) - S(\eta)]}\big)$$

Riemannsche Funktion für $L\,u$ ist. Dabei bedeuten $R(x)$, $S(y)$ Stammfunktionen von $r(x)$, $s(y)$.

Auf einen Spezialfall von (15.80) läßt sich die allgemeine lineare hyperbolische Differentialgleichung zweiter Ordnung mit konstanten Koeffizienten

$$(15.85) \qquad L\,u \equiv u_{xy} + a\,u_x + b\,u_y + c\,u = f(x, y)$$

mittels der Transformation

$$(15.86) \qquad u(x, y) = w(x, y)\,e^{-(ay+bx)}$$

zurückführen. Man erhält

$$(15.87) \qquad L\,w \equiv w_{xy} + k\,w = g(x, y)$$

mit $k = c - a\,b$, $g(x, y) = f(x, y)\,e^{ay+bx}$. Nach (15.84) ist

$$V(x, y; \xi, \eta) = J_0\big(2\,\sqrt{k(x - \xi)(y - \eta)}\big)$$

Riemannsche Funktion von (15.87).

Als Beispiel betrachten wir die *Telegraphengleichung*

$$(15.88) \qquad \frac{\partial^2 U}{\partial z^2} - \alpha^2\,\frac{\partial^2 U}{\partial t^2} - 2\beta\,\frac{\partial U}{\partial t} - \gamma\,U = 0,$$

wo $U(z, t)$ die Spannungsverteilung an der Stelle z zur Zeit t eines sehr langen Drahtes bedeutet. Mit der Transformation

$$x = z - \frac{t}{\alpha}, \qquad y = z + \frac{t}{\alpha}$$

reduziert sich (15.87) auf die kanonische Form

$$U_{xy} + \frac{\beta}{2\alpha}\,(U_x - U_y) - \frac{\gamma}{4}\,U = 0,$$

und weiter mit (15.86) auf

$$w_{xy} + k\,w = 0, \qquad k = \frac{\beta^2}{4\alpha^2} - \frac{\gamma}{4}.$$

Bezüglich weiterer Anwendungen und Verallgemeinerungen der Riemannschen Methode vgl. man etwa [*30*].

§ 16. Die Wellengleichung

16.1 Die Wellengleichung im R_n

Als *Wellengleichung im R_n*, $n \geq 1$, bezeichnet man die lineare hyperbolische Differentialgleichung zweiter Ordnung

$$(16.1) \qquad u_{tt} - a^2\,\Delta_n u + b\,u = f(\boldsymbol{x}, t)$$

mit

$$\Delta_n u = \sum_{i=1}^{n} u_{x_i x_i}.$$

Dabei sind $x^T = (x_1, \ldots, x_n)$ die Ortsvariablen, t bedeutet die Zeit, während $a > 0$ und b Konstanten bezeichnen. Die rechte Seite $f(x, t)$ sei, wenn nichts anderes gesagt wird, eine stetige Funktion bezüglich aller $n + 1$ Variablen. Lösungen der Wellengleichung sind alle zweimal nach allen Veränderlichen stetig differenzierbaren Funktionen $u = \varphi(x, t)$, welche (16.1) identisch erfüllen.

Es läßt sich zeigen, daß jede lineare hyperbolische Differentialgleichung zweiter Ordnung der Form 14.2 c) mit konstanten A_{ik}, A_i, A auf die Form (16.1) reduziert werden kann (vgl. 20.1). Gelingt es daher, Lösungen von (16.1) anzugeben, so kennt man auch Lösungen der allgemeinen hyperbolischen linearen Differentialgleichung mit konstanten Koeffizienten. Natürlich läßt sich auch die Theorie der allgemeinen linearen hyperbolischen Differentialgleichung zweiter Ordnung mit konstanten Koeffizienten vollständig auf die Theorie der Wellengleichung zurückführen.

Für $f \equiv 0$ heißt (16.1) *homogene Wellengleichung*, für $b = 0$ *spezielle Wellengleichung*. Lösungen der speziellen homogenen Wellengleichung

$$(16.2) \qquad u_{tt} - a^2 \Delta_n u = 0$$

lassen sich leicht angeben. Sei

$$(16.3) \qquad e = \begin{pmatrix} e_1 \\ \vdots \\ e_n \end{pmatrix} \quad \text{mit} \quad \|e\|_2 = \sqrt{\sum_{i=1}^{n} e_i^2} = 1$$

ein beliebiger Einheitsvektor, so errechnet man leicht, daß

$$(16.4) \qquad u = \varphi(e^T x \pm a\,t)$$

eine Lösung von (16.2) ist, wenn φ eine willkürliche, zweimal stetig differenzierbare Funktion ist.

Die durch den Vektor e gegebene Richtung heißt Fortschreitungsrichtung der Welle, a ist ihre fest vorgegebene Phasengeschwindigkeit. Die Funktion $\varphi(\xi)$ beschreibt die Wellenform. Für die Gl. (16.2) existieren daher unverzerrt fortschreitende Wellen mit beliebiger Wellenform und Fortschreitungsrichtung.

Im Fall $n = 1$ wird durch

$$(16.5) \qquad u = \varphi_1(x + a\,t) + \varphi_2(x - a\,t)$$

schon die allgemeine Lösung von (16.2) gegeben, d. h., jede Lösung läßt sich in dieser Form darstellen, wenn φ_1, φ_2 zwei willkürliche, zweimal stetig differenzierbare Funktionen sind.

Versucht man, auch als Lösungen der homogenen Wellengleichung

$$(16.6) \qquad u_{tt} - a^2 \Delta_n u + b\,u = 0$$

unverzerrt fortschreitende Wellen der Form

$$(16.7) \qquad u = \varphi(e^T \boldsymbol{x} \pm c\,t), \qquad c^2 \neq a^2$$

zu finden, so folgt nach elementarer Rechnung, daß die Funktion $\varphi(u)$ der gewöhnlichen Differentialgleichung

$$(16.8) \qquad \left(1 - \frac{c^2}{a^2}\right)\varphi'' - \frac{b}{a^2}\,\varphi = 0$$

genügen muß, also nicht mehr beliebig gewählt werden kann. Hieraus folgt

$$(16.9) \quad \varphi(e^T \boldsymbol{x} \pm c\,t) = C_1\, e^{+\sqrt{\frac{b}{a^2-c^2}}\,(e^T \boldsymbol{x} \pm ct)} + C_2\, e^{-\sqrt{\frac{b}{a^2-c^2}}\,(e^T \boldsymbol{x} \pm ct)}$$

mit den willkürlichen Konstanten C_1, C_2 als allgemeine Lösung.

Die Fortschreitungsrichtung ist auch hier beliebig, außerdem kann die Phasengeschwindigkeit c bis auf die Ausnahmen $c = \pm a$ beliebig gewählt werden. Die Wellenformen werden dagegen durch (16.9) eingeschränkt. Eine bewährte Methode zum Aufsuchen von Lösungen der homogenen Wellengleichung (16.6) ist die „Separation der Variablen". Man sucht Lösungen der Form

$$(16.10) \qquad u = v(\boldsymbol{x})\, w(t),$$

wobei v und w zweimal stetig differenzierbare Funktionen sind. Setzt man (16.10) in (16.6) ein, so folgt zunächst für $v \neq 0$, $w \neq 0$

$$(16.11) \qquad \frac{w''(t)}{w(t)} = a^2\, \frac{\Delta_n v(\boldsymbol{x})}{v(\boldsymbol{x})} - b.$$

Da auf der linken Seite dieser Gleichung nur Ableitungen nach der Zeit, auf der rechten nur Ableitungen nach den Ortsvariablen vorkommen, müssen beide Seiten gleich einer gemeinsamen Konstanten $\varkappa$ sein. Aus (16.11) erhält man dann die beiden Gleichungen

$$w'' - \varkappa\, w = 0,$$
$$(16.12) \qquad \Delta_n v + \lambda\, v = 0, \qquad \lambda = -\frac{\varkappa + b}{a^2},$$

deren erste eine gewöhnliche Differentialgleichung ist. Wir suchen weiter nur zeitlich periodische Lösungen der Wellengleichung, d. h. periodische Lösungen der ersten Gl. (16.12). Dazu ist nach 4.4 $-\varkappa = k^2 > 0$ erforderlich, man erhält

$$(16.13) \qquad w = C \cos(k\,t - \alpha),$$

wobei C und α willkürliche Konstanten bedeuten.

Die zweite Differentialgleichung (16.12) ist für $\lambda = \dfrac{k^2 - b}{a^2} > 0$ die Schwingungsgleichung; sie ist vom elliptischen Typ für $n \geqq 2$. Für

$n = 1$ ist sie jedoch eine gewöhnliche Differentialgleichung mit der Integralbasis

$$\cos(\sqrt{\lambda}\,x), \quad \sin(\sqrt{\lambda}\,x),$$

so daß

$$(16.14) \qquad u = \left\{ A \cos(\sqrt{\lambda}\,x) + B \sin(\sqrt{\lambda}\,x) \right\} \cos(k\,t - \alpha)$$

eine partikuläre Lösung der Wellengleichung im R_1 ist. Durch Superposition solcher Lösungen erhält man weitere partikuläre Lösungen, und man benutzt diese Tatsache dazu, eine Lösung vorgeschriebenen Anfangs- und Anfangs-Randbedingungen anzupassen. Wir kommen hierauf in 16.2 noch zurück.

Die Methode der Separation der Variablen findet auch bei allgemeineren Differentialgleichungen Anwendung, wenn die Koeffizienten aller Ableitungen nach t nur Funktionen von t, die Koeffizienten aller Ableitungen nach Ortsvariablen nur Funktionen von x sind, ferner die Gleichung homogen ist und der Koeffizient von u entweder nur von x oder nur von t abhängt. Offenbar erfüllen lineare Differentialgleichungen mit konstanten Koeffizienten diese Voraussetzung. So ist die Methode z. B. bei der Differentialgleichung

$$A(t)\,u_{tt} + B(t)\,u_t = \sum_{i,\,k=1}^{n} A_{ik}(x)\,u_{x_i x_k} + \sum_{i=1}^{n} A_i(x)\,u_{x_i} + C(x)\,u$$

anwendbar; mit dem Ansatz (16.10) erhält man die beiden Gleichungen

$$A(t)\,w''(t) + B(t)\,w'(t) - \lambda\,w(t) = 0,$$

$$\sum_{i,\,k=1}^{n} A_{ik}(x)\,v_{x_i x_k} + \sum_{i=1}^{n} A_i(x)\,v_{x_i} + \big(C(x) - \lambda\big)\,v = 0.$$

Erfüllt die zweite dieser Gleichungen wieder die genannten Voraussetzungen, wobei an die Stelle von t eine der Variablen x_ν, $\nu = 1, \ldots, n$, tritt, so kann das Verfahren fortgesetzt werden. Man beachte, daß die oben angegebenen Voraussetzungen für die Anwendbarkeit der Methode nur hinreichend sind. So gibt es durchaus Differentialgleichungen anderer Struktur, wie z. B.

$$u_{xt} + f(x)\,g(t)\,u = 0, \quad g(t) \neq 0 \quad \text{oder} \quad u_{xt} = f(x)\,g(t),$$

bei denen das Verfahren zu partikulären Lösungen führt.

Die Gleichung der charakteristischen Mannigfaltigkeiten (15.1) lautet für die Wellengleichung (16.1)

$$(16.15) \qquad (F_t)^2 - a^2 \sum_{i=1}^{n} (F_{x_i})^2 = 0.$$

Man errechnet leicht, daß mit den Bezeichnungen (16.3) die Funktionen

$$(16.16) \qquad F(x,\,t) = e^T x \pm a\,t - \xi,$$

wobei ξ eine willkürliche Konstante bedeutet, Lösungen dieser Differentialgleichung sind. Die Hyperebenen

$$e^T \boldsymbol{x} \pm a\,t = \boldsymbol{\xi} = \text{const.}$$

gehören also zur charakteristischen Mannigfaltigkeit der Wellengleichung; sie erzeugen die unverzerrt fortschreitenden Wellen (16.4) bzw. (16.9).

16.2 Anfangswertprobleme und das Anfangs-Randwertproblem der speziellen homogenen Wellengleichung im R_1

Im Intervall $I = [0, l]$ seien die zweimal stetig differenzierbare Funktion $f_0(x)$ und die einmal stetig differenzierbare Funktion $f_1(x)$ vorgegeben. Wir stellen uns dann die Aufgabe, das *Cauchysche Anfangswertproblem*

$$(16.17) \qquad u_{tt} - a^2\,u_{xx} = 0, \quad u(x, 0) = f_0(x), \quad u_t(x, 0) = f_1(x)$$

für $0 \leq x \leq l$ zu lösen.

Nach (16.5) hat die gesuchte Lösung die Form

$$(16.18) \qquad u(x, t) = \varphi_1(x + a\,t) + \varphi_2(x - a\,t),$$

wobei wegen (16.17) die zunächst willkürlichen Funktionen φ_1 und φ_2 die Bedingungen

$$(16.19) \qquad \varphi_1(x) + \varphi_2(x) = f_0(x), \quad a\big(\varphi_1'(x) - \varphi_2'(x)\big) = f_1(x)$$

erfüllen müssen. Hieraus folgt

$$\begin{aligned}
2\varphi_1(x) &= f_0(x) + \frac{1}{a} \int_0^x f_1(\xi)\,d\xi + C = F_1(x) + C, \\
(16.20) \qquad & \\
2\varphi_2(x) &= f_0(x) - \frac{1}{a} \int_0^x f_1(\xi)\,d\xi - C = F_2(x) - C
\end{aligned}$$

mit der Integrationskonstanten C. Die gesuchte, eindeutige, zweimal stetig differenzierbare Lösung des Anfangswertproblems (16.17) ist somit [vgl. (15.27)]

$$\begin{aligned}
(16.21) \qquad u(x, t) &= \tfrac{1}{2}\{F_1(x + a\,t) + F_2(x - a\,t)\} \\
&= \frac{1}{2}\left\{ f_0(x + a\,t) + f_0(x - a\,t) + \frac{1}{a} \int_{x-a\,t}^{x+a\,t} f_1(\xi)\,d\xi \right\}.
\end{aligned}$$

Betrachtet man einen festen Punkt (x_0, t_0), so ist aus (16.21) zu entnehmen, daß der Wert $u(x_0, t_0)$ nur von den Anfangsvorgaben im Intervall $A(x_0, t_0) = [x_0 - a\,t_0, x_0 + a\,t_0]$ abhängt. Ändert man daher außerhalb $A(x_0, t_0)$ auf I die Anfangsvorgaben, so wird dadurch $u(x_0, t_0)$

nicht geändert.[1] Es ist daher nach den Definitionen in 15.7 $A(x_0, t_0)$ der zum Punkt (x_0, t_0) gehörige Abhängigkeitsbereich der Lösung. Er wird durch die beiden durch (x_0, t_0) gehenden Charakteristiken der Wellengleichung festgelegt. Durch Vorgabe von f_0 und f_1 auf $A(x_0, t_0)$ ist die Lösung in allen Punkten des Bestimmtheitsbereichs $B(x_0, t_0)$, der durch die vier durch $(x_0 - a t_0, 0)$ und $(x_0 + a t_0, 0)$ hindurchgehenden Charakteristiken begrenzt wird, eindeutig bestimmt. Schließlich beeinflussen die Anfangsvorgaben auf $A(x_0, t_0)$ die Lösung nur in dem in Abb. 16.1 schraffiert gezeichneten Einflußbereich $E(x_0, t_0)$, der ebenfalls von Charakteristiken begrenzt wird.

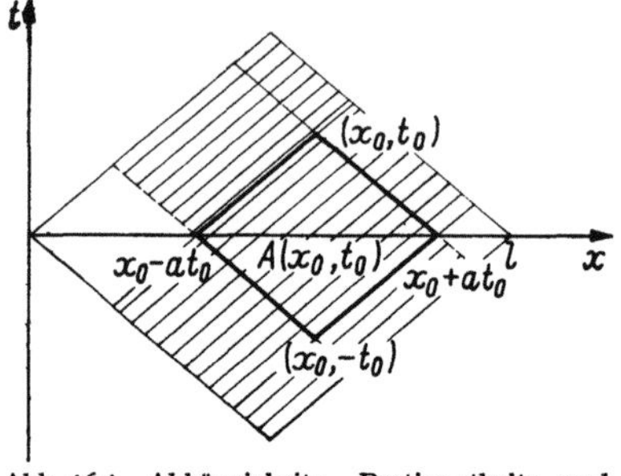

Abb. 16.1. Abhängigkeits-, Bestimmtheits- und Einflußbereich bei der Wellengleichung im R_1

Sei $f(x)$ eine beliebige stetige Funktion, so wird durch

$$(16.22) \qquad I(t) f \equiv \frac{1}{2a} \int\limits_{x-at}^{x+at} f(\xi)\, d\xi$$

ein Operator $I(t)$ definiert. Die Lösungsformel (16.21) kann dann auch in der Form

$$(16.23) \qquad u(x, t) = \frac{\partial}{\partial t}\big((I(t)\, f_0)\big) + I(t)\, f_1 = I_t(t)\, f_0 + I(t)\, f_1$$

geschrieben werden. Definieren wir weiter die Vektoren

$$(16.24) \qquad \mathbf{u}(x, t) = \begin{pmatrix} u(x, t) \\ u_t(x, t) \end{pmatrix}, \quad \mathbf{f}(x) = \begin{pmatrix} f_0(x) \\ f_1(x) \end{pmatrix}$$

und die formale Matrix

$$(16.25) \qquad \mathbf{I}(t) = \begin{pmatrix} I_t(t) & I(t) \\ I_{tt}(t) & I_t(t) \end{pmatrix},$$

so gilt

$$(16.26) \qquad \mathbf{u}(x, t) = \mathbf{I}(t)\mathbf{f}(x).$$

Diese Gleichung läßt sich wie folgt deuten: Durch die Operation $\mathbf{I}(t)$ wird der physikalische Zustand $\mathbf{u}(x, 0) = \mathbf{f}(x)$ zur Zeit $t = 0$ in den Zustand $\mathbf{u}(x, t)$ zur Zeit t transformiert. Demnach muß es auch möglich sein, den Zustand zur Zeit t über einen Zwischenzustand zur Zeit t_1 zu erreichen: Mit $0 < t_1 < t$ folgt zunächst

$$\mathbf{u}(x, t_1) = \mathbf{I}(t_1)\mathbf{f}(x)$$

---

[1] Daher stellt (15.21) formal auch die Lösung des Anfangswertproblems im Intervall $-\infty < x < +\infty$ dar.

und mit $t - t_1 = t_2$ sodann

$$(16.27) \qquad u(x, t) = I(t_2)\left(I(t_1) f(x)\right) = I(t_2)\, I(t_1) f(x).$$

Wegen (16.26) und $t_1 + t_2 = t$ muß somit

$$(16.28) \qquad I(t_2 + t_1) = I(t_2)\, I(t_1),$$

und allgemeiner, wenn $m - 1$ Zwischenzustände zu den Zeiten $t_1, \ldots, t_{m-1}$ eingeschaltet werden,

$$(16.29) \qquad I(t_m + \cdots + t_1) = I(t_m) \ldots I(t_1)$$

gelten. Diese Gleichung ist jedoch nur eine Folgerung von (16.28).

Auf Grund dieses Sachverhaltes muß sich der Anfangszustand $f(x)$ zur Zeit $t = 0$ in den Zustand $\bar{f}(x) = u(x, t_1) = I(t_1) f(x)$ fortsetzen lassen, wobei $\bar{f}^T(x) = \left(\bar{f}_0(x), \bar{f}_1(x)\right)$ gesetzt ist. Da nun $u(x, t)$ zweimal stetig differenzierbar ist, sind im Intervall $a\,t_1 \leqq x \leqq l - a\,t_1$ die Funktionen $\bar{f}_0(x)$ bzw. $\bar{f}_1(x)$ zweimal bzw. einmal stetig differenzierbar, es kann also $\bar{f}(x)$ als neuer Anfangszustand gewählt werden. Die Anfangsbedingungen sind daher beim Cauchy-Problem der Wellengleichung im R_1 unter den angegebenen Voraussetzungen *fortsetzbar* (Abb. 16.2). Man beachte, daß wir über die Anfangsvorgaben stärkere Voraussetzungen getroffen haben als beim Existenzsatz in 15.4.

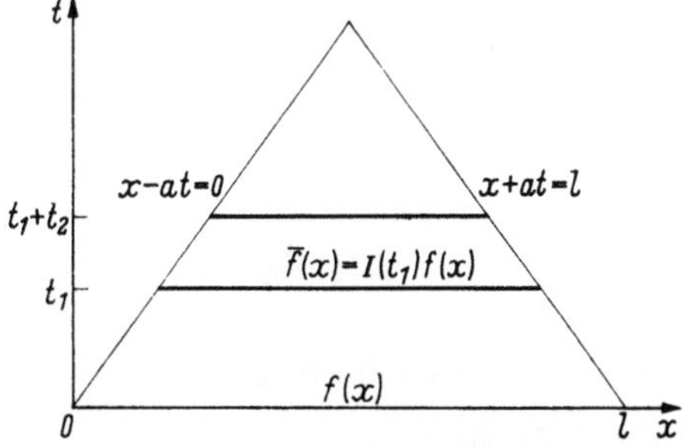

Abb. 16.2. Fortsetzbare Anfangsbedingungen bei der Wellengleichung im R_1

Durch die Transformation

$$\xi = x - a\,t, \qquad \eta = x + a\,t$$

reduziert sich die Wellengleichung $u_{tt} - a^2 u_{xx}$ auf ihre kanonische Form

$$u_{\xi\eta} = 0.$$

Wir betrachten das *charakteristische Anfangswertproblem*

$$(16.30) \qquad \begin{aligned} &u_{\xi\eta} = 0, \quad u(\xi, 0) = r(\xi), \quad u(0, \eta) = s(\eta), \quad r(0) = s(0), \\ &0 \leqq \xi \leqq \xi_0, \quad 0 \leqq \eta \leqq \eta_0, \end{aligned}$$

wobei wir r und s als zweimal stetig differenzierbar voraussetzen. Die gesuchte Lösung ist nach (15.49)

$$(16.31) \qquad u(\xi, \eta) = r(\xi) + s(\eta) - r(0).$$

Die Lösung des *Anfangs-Randwertproblems*

$$(16.32) \qquad \begin{aligned} u_{tt} - a^2\, u_{xx} = 0, \quad & u(x,0) = f_0(x), \quad u_t(x,0) = f_1(x), \\ 0 \leq x \leq l, \quad & u(0,t) = u(l,t) = 0, \quad 0 \leq t < \infty \end{aligned}$$

läßt sich ebenfalls leicht ermitteln, wenn $f_0(x) \in C^2\,(0 \leq x \leq l)$, $f_1(x) \in$ $\in C^1\,(0 \leq x \leq l)$ gilt. Offenbar muß notwendig $f_i(0) = f_i(l) = 0$, $i = 0,1$ gelten. Da wir nur an der Lösung für $0 \leq x \leq l$ interessiert sind, denken wir uns die Funktionen $f_i(x)$ als ungerade periodische Funktionen der Periode $2l$ über dieses Intervall hinaus fortgesetzt, es gelte also für $i = 0,1$

$$(16.33) \quad f_i(x) = -f_i(-x), \quad f_i(x) = f_i(x+2l), \quad -\infty < x < +\infty.$$

Hieraus folgt zunächst $f_i(0) = f_i(l) = 0$. Offenbar liefert (16.21) dann die eindeutige Lösung von (16.32), wenn die Randbedingungen $u(0,t)$ $= u(l,t) = 0$ erfüllt sind. Wir zeigen dies, indem wir nachweisen, daß die Lösung $u(x,t)$ unter den Voraussetzungen (16.33) ebenfalls eine bezüglich x ungerade periodische Funktion der Periode $2l$ ist. Wegen

$$\int\limits_{x+2l-at}^{x+2l+at} f_1(\xi)\, d\xi = \int\limits_{x+2l-at}^{x+2l+at} f_1(\xi+2l)\, d\xi = \int\limits_{x-at}^{x+at} f_1(\xi)\, d\xi$$

gilt nämlich nach (16.21)

$$u(x+2l,t)$$

$$= \frac{1}{2}\left\{ f_0(x+2l+at) + f_0(x+2l-at) + \frac{1}{a}\int\limits_{x+2l-at}^{x+2l+at} f_1(\xi)\, d\xi \right\} = u(x,t),$$

und weiter

$$-u(-x,t)$$

$$= -\frac{1}{2}\left\{ f_0(-x+at) + f_0(-x-at) + \frac{1}{a}\int\limits_{-x+at}^{-x-at} f_1(\xi)\, d\xi \right\} = u(x,t),$$

wie man nach Ersetzen von ξ durch $-\xi$ sofort ausrechnet.

Die Lösung des Anfangs-Randwertproblems (16.32) ist ein Anwendungsbeispiel der in 16.1 beschriebenen Methode der Separation der Variablen. Wir gehen dazu aus von (16.14) und verlangen, daß u die Randbedingungen $u(0,t) = u(l,t) = 0$ erfüllt. Wegen $b = 0$, und da k positiv gewählt werden kann, folgt daraus zunächst $A = 0$, $\sqrt{\lambda} = k/a = n\,\pi/l$, $n = 1, 2, \ldots$ Daher sind die Funktionen

$$(16.34) \qquad u_n(x,t) = B_n \sin\!\left(\frac{n\,\pi}{l}\, x\right) \cos\!\left(\frac{n\,\pi\,a}{l}\, t - \alpha_n\right)$$

sicher partikuläre Lösungen der Wellengleichung, welche die Randbedingungen erfüllen. Offenbar ist dann aber auch nach dem Superpositionsprinzip

$$(16.35) \qquad u(x, t) = \sum_{n=1}^{\infty} B_n \sin\left(\frac{n\pi}{l} x\right) \cos\left(\frac{n\pi a}{l} t - \alpha_n\right)$$

eine solche Lösung, wenn wir voraussetzen, daß die Reihe selbst und
diejenigen Reihen, die durch gliedweise Differentiation aus ihr hervorgehen, im Bereich $0 \leqq x \leqq l$, $0 \leqq t \leqq T < \infty$ konvergieren. Da $f_0(x)$
und $f_1(x)$ ungerade periodische Funktionen mit der Periode $2l$ sind,
lassen sie sich in Fourierreihen

$$(16.36) \qquad f_0(x) = \sum_{n=1}^{\infty} a_n \sin\frac{n\pi}{l} x, \qquad f_1(x) = \sum_{n=1}^{\infty} b_n \sin\frac{n\pi}{l} x$$

entwickeln. Andererseits folgt aus (16.35) mit (16.32)

$$(16.37)$$
$$f_0(x) = \sum_{n=1}^{\infty} B_n \cos\alpha_n \sin\left(\frac{n\pi}{l} x\right), \qquad f_1(x) = \sum_{n=1}^{\infty} \frac{n\pi a}{l} B_n \sin\alpha_n \sin\left(\frac{n\pi}{l} x\right),$$

also

$$(16.38) \qquad B_n \cos\alpha_n = a_n, \qquad B_n \sin\alpha_n = \frac{l}{2\pi a} b_n.$$

Damit ist die Lösung (16.35) des Anfangs-Randwertproblems (16.32)
eindeutig bestimmt.

Setzt man in (16.21) für f_0 und f_1 ihre Fourierreihen ein, so ergibt
sich nach leichter Rechnung die Lösung in der Form (16.35).

Bezüglich der in dieser Ziffer angeschnittenen Fragen vgl. man
[*9, 18, 30*].

16.3 Das Cauchy-Problem der speziellen homogenen Wellengleichung im R_3 und im R_2. Huygenssches Prinzip

Wir untersuchen zunächst das Cauchy-Problem der Wellengleichung
im R_3 (vgl. [*18, 30*]).

Die Funktionen $f_0(x)$ bzw. $f_1(x)$ seien im R_3 dreimal bzw. zweimal
stetig differenzierbar. Gesucht ist dann eine für $-\infty < x_1, x_2, x_3,$
$t < +\infty$ nach allen vier Veränderlichen zweimal stetig differenzierbare
Funktion $\varphi(x, t)$, welche Lösung des Cauchy-Problems

$$(16.39) \quad u_{tt} - a^2 \Delta_3 u = 0, \qquad u(x, 0) = f_0(x), \qquad u_t(x, 0) = f_1(x)$$

ist.

Unter den angegebenen Voraussetzungen besitzt dieses Problem
sogar genau eine Lösung, wie sich zeigen läßt. Man beachte jedoch,
daß über f_0 und f_1 stärkere Differenzierbarkeitsvoraussetzungen getroffen werden als beim Cauchy-Problem (16.17) im R_1. Auf Grund der

Tatsache, daß die Lösung von (16.39) eine zweimal stetig differenzierbare Funktion ist, können die Anfangswerte jedoch nicht in dem in 16.2 präzisierten Sinne fortgesetzt werden. Denn zur Zeit $t_0 > 0$ ist $u(x, t_0)$ zweimal, also $u_t(x, t_0)$ einmal stetig differenzierbar, weshalb diese Funktionen nicht als neue Anfangswerte gewählt werden können. Erst unter zusätzlichen Voraussetzungen ist die Fortsetzbarkeit der Anfangsbedingungen gesichert.

Es sei Ω die Oberfläche der Einheitskugel um den Punkt x [1], und mit $e^T = (e_1, e_2, e_3)$ seien die Radiusvektoren dieser Kugel bezeichnet. Ist dann $\psi(x)$ eine beliebige im R_3 definierte stetige Funktion, so stellt

$$(16.40) \qquad I(t)\,\psi = \frac{1}{4\pi} \iint\limits_{\Omega} \psi(x + a\,t\,e)\,d\omega$$

$$= \frac{1}{4\pi} \iint\limits_{\Omega} \psi(x_1 + a\,e_1\,t,\, x_2 + a\,e_2\,t,\, x_3 + a\,e_3\,t)\,d\omega$$

den Integralmittelwert der Funktion ψ auf der Oberfläche der Kugel um x mit dem Radius $a\,t$ dar. Die Lösung des Cauchy-Problems (16.39) wird dann durch (Poissonsche Lösung)

$$(16.41) \qquad \varphi(x, t) = \frac{\partial}{\partial t}\big(t\,I(t)\,f_0\big) + t\,I(t)\,f_1$$

gegeben. (Vgl. etwa [30], S. 178 ff., und [18], S. 21 ff.)

Mit Hilfe der *Hadamardschen Absteigemethode* läßt sich jetzt leicht durch „Absteigen" von der Dimension drei auf die Dimension zwei die Lösung des Cauchy-Problems der Wellengleichung im R_2 finden. Dazu nehmen wir an, daß in (16.39) die Funktionen f_0 und f_1 nicht von x_3 abhängen:

$$(16.42) \quad u(x, 0) = f_0(x^*), \qquad u_t(x, 0) = f_1(x^*), \qquad (x^*)^T = (x_1, x_2).$$

Aus (16.41) folgt, daß in diesem Fall auch die Lösung φ nicht von x_3 abhängt. Weiter ist das Oberflächenelement der Kugel $\|y - x\|_2^2 = a^2\,t^2$ um den Punkt x durch

$$(16.43) \qquad do = \frac{a\,t}{\sqrt{a^2\,t^2 - \|y^* - x^*\|_2^2}}\,dy^*$$

gegeben. Mit

$$(16.44) \qquad t\,I(t)\,\psi = \frac{1}{2\pi a} \iint\limits_{\|y^* - x^*\|_2 \leq a\,t} \frac{\psi(y^*)}{\sqrt{a^2\,t^2 - \|y^* - x^*\|_2^2}}\,dy^*$$

lautet dann die gesuchte Lösung des Cauchy-Problems im R_2

$$(16.45) \qquad \varphi(x^*, t) = \varphi(x_1, x_2, t) = \frac{\partial}{\partial t}\big(t\,I(t)\,f_0\big) + t\,I(t)\,f_1.$$

Wie man aus (16.40), (16.41) bzw. (16.44), (16.45) erkennt, sind die Abhängigkeitsbereiche der Lösung des Cauchy-Problems im R_3 die Kugel-

---

[1] Die Kugelgleichung ist also $\|y - x\|_2^2 = 1$.

oberflächen

$$(16.46) \qquad \|y - x\|_2^2 = a^2 t^2,$$

im R_2 die Kreisflächen

$$(16.47) \qquad \|y^* - x^*\|_2^2 \leqq a^2 t^2.$$

Die Abhängigkeitsbereiche sind demnach in gewisser Weise dimensionsabhängig. Die Tatsache, daß im R_3 nicht die Kugeln $\|y - x\|_2^2 \leqq a^2 t^2$ — wie man auf Grund der Ergebnisse im R_2 erwarten könnte —, sondern nur ihre Oberflächen die Abhängigkeitsbereiche der Lösung sind, bezeichnet man als *Huygenssches Prinzip*. Es läßt sich entsprechend für Räume R_{2m+1}, $m = 1, 2, \ldots$, verallgemeinern. In Räumen gerader Dimension und für $n = 1$ gilt das Huygenssche Prinzip nicht.

Das Cauchy-Problem der speziellen homogenen Wellengleichung im R_2 und R_3 läßt sich auch mit der Methode der Separation der Variablen lösen. Betrachten wir den R_3, so lauten die beiden (16.12) entsprechenden Gleichungen

$$w'' + k^2 w = 0, \qquad \Delta_3 v + \left(\frac{k}{a}\right)^2 v = 0.$$

Die zweite dieser Gleichungen, die Schwingungsgleichung, läßt sich durch den Ansatz (Separationsansatz)

$$v(x_1, x_2, x_3) = v_1(x_1) \, v_2(x_2) \, v_3(x_2)$$

auf die drei gewöhnlichen Differentialgleichungen

$$v_i'' + \alpha_i^2 v_i = 0, \quad i = 1, 2, 3, \quad \alpha_1^2 + \alpha_2^2 + \alpha_3^2 = \left(\frac{k}{a}\right)^2$$

zurückführen.

Oft ist es dem Problem angemessen, bei der Schwingungsgleichung an Stelle der kartesischen Koordinaten x_1, x_2, x_3 krummlinige Koordinaten einzuführen, etwa Zylinderkoordinaten, Kugelkoordinaten, elliptische Zylinderkoordinaten usw. Auch dann führt ein Separationsansatz zum Ziel. Unter den resultierenden linearen gewöhnlichen Differentialgleichungen befinden sich solche, deren Lösungen „spezielle Funktionen" sind. Einige Differentialgleichungen dieser Art haben wir in I, § 7 untersucht. Eine ausführliche Darstellung der Separation der Schwingungsgleichung findet sich in Teil I, B, 2.2, worauf hier verwiesen sei.

16.4 Ausstrahlungsprobleme im R_3

Mit $\|x\|_2 = r$ betrachten wir jetzt das *Ausstrahlungsproblem* der speziellen homogenen Wellengleichung im R_3

$$(16.48) \qquad u_{tt} - a^2 \Delta_3 u = 0, \quad u(x, 0) = u_t(x, 0) = 0, \quad x \neq 0,$$

$$(16.49) \qquad \lim_{\varepsilon \to 0} \left\{ \iint_{r=\varepsilon} \frac{\partial u}{\partial r} \, do \right\} = Q(t).$$

In der *Ausstrahlungsbedingung* (16.49) ist dabei die Integration über die Oberfläche der Kugel mit dem Radius ε um das Ausstrahlungszentrum 0 auszuführen. Die stetig differenzierbare Funktion $Q(t)$ heißt Quellenstärke.

Wir suchen nur kugelsymmetrische Lösungen des Ausstrahlungsproblems und setzen demgemäß

$$u = \varphi(r, t).$$

Die Funktion φ muß dann, wie man leicht errechnet, die Differentialgleichung

$$\frac{1}{a^2}\varphi_{tt} - \varphi_{rr} - \frac{2}{r}\varphi_r = 0$$

erfüllen, außerdem die Anfangsbedingungen und die Ausstrahlungsbedingung. Es läßt sich weiter zeigen, daß die Funktion

$$(16.50) \qquad \varphi(r, t) = -\frac{1}{4\pi r} Q\left(t - \frac{r}{a}\right)$$

das Ausstrahlungsproblem löst.

Mit Hilfe der in 16.3 beschriebenen Hadamardschen Absteigemethode läßt sich nun auch das Ausstrahlungsproblem der Wellengleichung im R_2 mit der Ausstrahlungsbedingung

$$\lim_{\varepsilon \to 0}\left\{\int\limits_{r=\varepsilon} \frac{\partial u}{\partial r}\,ds\right\} = Q(t)$$

lösen. Hierbei ist entsprechend die Integration über den Kreis mit dem Radius ε auszuführen. Man vgl. hierzu etwa [*30*], S. 188ff.

16.5 Das Cauchy-Problem der inhomogenen speziellen Wellengleichung

Wir betrachten das Cauchy-Problem

$$(16.51) \quad L u = f(\boldsymbol{x}, t), \quad u(\boldsymbol{x}, 0) = f_0(\boldsymbol{x}), \quad u_t(\boldsymbol{x}, 0) = f_1(\boldsymbol{x}),$$

wobei L ein linearer homogener Differentialoperator zweiter Ordnung ist und $\boldsymbol{x}$ einen gewissen Bereich $B \subset R_n$ durchläuft. Die Funktion $u^0(\boldsymbol{x}, t)$ sei Lösung des Cauchy-Problems

$$(16.52) \qquad L u = 0, \quad u(\boldsymbol{x}, 0) = f_0(\boldsymbol{x}), \quad u_t(\boldsymbol{x}, 0) = f_1(\boldsymbol{x}),$$

während die Funktion $u^1(\boldsymbol{x}, t)$ dem Anfangswertproblem

$$(16.53) \qquad L u = f(\boldsymbol{x}, t), \quad u(\boldsymbol{x}, 0) = u_t(\boldsymbol{x}, 0) = 0$$

genüge. Dann ist offenbar

$$(16.54) \qquad u(\boldsymbol{x}, t) = u^0(\boldsymbol{x}, t) + u^1(\boldsymbol{x}, t)$$

Lösung des Cauchy-Problems (16.51). Ist daher das Cauchy-Problem (16.52) der homogenen Gleichung $L\,u = 0$ bereits gelöst, so genügt es zum Aufsuchen einer Lösung von (16.51), das Problem (16.53) mit verschwindenden Anfangsvorgaben zu lösen.

Es sei nun speziell

$$(16.55) \qquad L\,u \equiv u_{tt} - T\,u,$$

wobei der lineare Differentialoperator zweiter Ordnung T keine Ableitungen zweiter Ordnung nach t enthält. Ferner sei $\varphi(x, t; \tau)$ Lösung des Cauchy-Problems

$$(16.56) \quad v_{tt} - T\,v = 0, \quad v(x, \tau) = 0, \quad v_t(x, \tau) = f(x, \tau),$$

$$0 \leqq \tau \leqq t.$$

Die noch von dem Parameter τ abhängende Funktion φ hat dann die Eigenschaften

$$(16.57) \qquad \varphi(x, \tau; \tau) = 0, \quad \varphi_t(x, \tau; \tau) = f(x, \tau),$$

und es gilt der

Satz 16.1. *Die Funktion*

$$(16.58) \qquad u^1(x, t) = \int\limits_0^t \varphi(x, t; \tau)\, d\tau$$

ist Lösung des Cauchy-Problems (16.53).

Es gilt nämlich wegen (16.57)

$$u_t^1(x, t) = \varphi(x, t; t) + \int\limits_0^t \varphi_t(x, t; \tau)\, d\tau = \int\limits_0^t \varphi_t(x, t; \tau)\, d\tau,$$

also $u_t^1(x, 0) = 0$, und weiter

$$u_{tt}^1(x, t) = \varphi_t(x, t; \tau) + \int\limits_0^t \varphi_{tt}(x, t; \tau)\, d\tau = f(x, t) + \int\limits_0^t \varphi_{tt}(x, t; \tau)\, d\tau.$$

Daher folgt

$$u_{tt}^1 - T\,u^1 = f(x, t) + \int\limits_0^t [\varphi_{tt}(x, t; \tau) - T\,\varphi(x, t; \tau)]\, d\tau = f(x, t).$$

Das hier verwendete Lösungsprinzip, in der Literatur als *Duhamel-Prinzip* bezeichnet, ähnelt der Methode der „Variation der Konstanten" bei gewöhnlichen Differentialgleichungen. Ist die Lösung des Cauchy-Problems (16.56) der homogenen Differentialgleichung bekannt, so kann die Lösung des Anfangswertproblems (16.53) der inhomogenen Gleichung auf eine Quadratur zurückgeführt werden.

Wir lösen jetzt zunächst das Anfangswertproblem der inhomogenen Wellengleichung im R_1:

$$(16.59) \quad u_{tt} - a^2 u_{xx} = f(x,t), \quad u(x,0) = f_0(x), \quad u_t(x,0) = f_1(x).$$

Zuerst ist die Lösung $\varphi(x,t;\tau)$ von

$$(16.60) \quad v_{tt} - a^2 v_{xx} = 0, \quad v(x,\tau) = 0, \quad v_t(x,\tau) = f(x,\tau)$$

zu bestimmen. Durch ganz entsprechende Überlegungen wie beim Anfangswertproblem (16.17) findet man leicht

$$(16.61) \qquad \varphi(x,t;\tau) = \frac{1}{2a} \int_{x-a(t-\tau)}^{x+a(t-\tau)} f(\xi,\tau)\,d\xi.$$

Daher ist

$$(16.62) \qquad u^1(x,t) = \frac{1}{2a} \int_0^t \int_{x-a(t-\tau)}^{x+a(t-\tau)} f(\xi,\tau)\,d\xi\,d\tau$$

die (eindeutige) Lösung des Cauchy-Problems (16.53). Bezeichnet man (16.21) mit $u^0(x,t)$, so ist

$$u(x,t) = u^0(x,t) + u^1(x,t) = \frac{1}{2}\Bigg[f_0(x+at) + f_0(x-at) +$$

$$+ \frac{1}{a} \int_{x-at}^{x+at} f_1(\xi)\,d\xi + \frac{1}{a} \int_0^t \int_{x-a(t-\tau)}^{x+a(t-\tau)} f(\xi,\tau)\,d\xi\,d\tau \Bigg]$$

die eindeutige Lösung von (16.59).

Die Lösung von (16.60) kann auch leicht mit Hilfe von (16.22) gefunden werden. Es gilt hiernach

$$(16.63) \quad \varphi(x,t;\tau) = I(t-\tau)\,f(x,\tau) = \frac{1}{2a} \int_{x-a(t-\tau)}^{x+a(t-\tau)} f(\xi,\tau)\,d\xi,$$

und somit nach (16.23), (16.54), (16.58)

$$(16.64) \qquad u(x,t) = I_t(t)\,f_0 + I(t)\,f_1 + \int_0^t I(t-\tau)\,f(x,\tau)\,d\tau.$$

Wegen

$$\int_0^t I(t-\tau)\,f(x,\tau)\,d\tau = \int_0^t I(\tau)\,f(x,t-\tau)\,d\tau$$

erhält man schließlich noch die Darstellung

$$(16.65) \qquad u(x,t) = I_t(t)\,f_0 + I(t)\,f_1 + \int_0^t I(\tau)\,f(x,t-\tau)\,d\tau.$$

Auf demselben Wege bestimmen wir jetzt die Lösung des Cauchy-Problems der Wellengleichung im R_3:

$$(16.66) \quad u_{tt} - a^2 \Delta_3 u = f(x, t), \quad u(x, 0) = f_0(x), \quad u_t(x, 0) = f_1(x).$$

Nach (16.41) ist hier

$$\varphi(x, t; \tau) = (t - \tau)\, I(t - \tau)\, f(x, \tau),$$

also

$$(16.67) \qquad u^1(x, t) = \int\limits_0^t (t - \tau)\, I(t - \tau)\, f(x, \tau)\, d\tau.$$

Ersetzen wir hierin $t - \tau$ durch τ, so folgt weiter
(16.68)

$$u^1(x, t) = \int\limits_0^t \tau\, I(\tau)\, f(x, t - \tau)\, d\tau = \frac{1}{4\pi} \int\limits_0^t \!\! \int\limits_\Omega \tau\, f(x + a\,\tau\, e, t - \tau)\, d\omega\, d\tau.$$

Somit ist mit (16.41)

$$(16.69) \quad u(x, t) = \frac{\partial}{\partial t}\left(t\, I(t)\, f_0\right) + t\, I(t)\, f_1 + \int\limits_0^t \tau\, I(\tau)\, f(x, t - \tau)\, d\tau$$

die eindeutige Lösung des Cauchy-Problems (16.66).

Das Aufsuchen der Lösung des Cauchy-Problems der inhomogenen Wellengleichung im R_2 mit Hilfe von (16.45) ist nach den vorhergehenden Betrachtungen einfach und kann dem Leser überlassen bleiben. Auch für das Cauchy-Problem der Wellengleichung $u_{tt} - a^2 \Delta_n u = f(x, t)$ im R_n läßt sich eine (16.69) analoge Darstellungsformel angeben. Hierüber und bezüglich weiterer Untersuchungen über die Wellengleichung vgl. man die Literatur, u. a. [9], S. 676—766, [18], [30], S. 195 ff.

§ 17. Lineare und quasilineare hyperbolische Systeme erster Ordnung

17.1 Charakteristikentheorie bei zwei unabhängigen Veränderlichen

Es sei durch $y = \varphi(x)$ in einem Bereich B der x—y-Ebene eine zweimal stetig differenzierbare Kurve k gegeben, und $f(x, y)$ sei eine in B nach beiden Veränderlichen stetig differenzierbare Vektorfunktion. Dann heißt

$$(17.1) \qquad \frac{df}{dx} = f_x + \varphi' f_y$$

Richtungsableitung von f in Richtung der Kurve k. In jedem Punkt der Kurve stellt sie die Ableitung von f in die Richtung der Tangente an die Kurve dar.

Mit Hilfe der Richtungsableitung $du/dx = u_x + \varphi' u_y$ läßt sich das quasilineare System (14.16) längs k auch in der Form

$$(17.2) \qquad (A_1 \varphi' - A_2)\, u_y = A_1 \frac{du}{dx} - b$$

schreiben. Dabei ist $A_i = A_i\big(x, \varphi(x), u(x, \varphi(x))\big)$, $i = 1, 2$, $b = b\big(x, \varphi(x), u(x, \varphi(x))\big)$, $u_y = u_y\big(x, \varphi(x)\big)$.

Wir fragen, wann das lineare Gleichungssystem (17.2) eine Lösung u_y besitzt und setzen

$$(17.3) \qquad C(\varphi') = \det(A_1 \varphi' - A_2).$$

Dann sind folgende Fälle möglich

$$\text{a)} \qquad C(\varphi') \neq 0, \quad A_1 \frac{du}{dx} - b \neq 0.$$

In diesem Fall ist φ' keine Wurzel der Gleichung $C(\varphi') = 0$, d. h., wenn wir A_1 wie in 14.3 als nichtsingulär voraussetzen, φ' ist kein Eigenwert von $A_1^{-1} A_2$. Das System (17.2) ist eindeutig nach u_y auflösbar, und aus $du/dx = u_x + \varphi' u_y$ ergibt sich auch u_x als eindeutige Funktion von x. Ist somit du/dx längs k vorgegeben, so sind die Ableitungen u_x, u_y längs k eindeutig bestimmt.

$$\text{b)} \qquad C(\varphi') = 0.$$

In diesem Fall besitzt das Gleichungssystem (17.2) genau dann Lösungen, wenn

$$(17.4) \qquad \mathrm{Rg}(A_1 \varphi' - A_2) = \mathrm{Rg}\left(A_1 \varphi' - A_2,\, A_1 \frac{du}{dx} - b\right)$$

gilt. Die Komponenten der rechten Seite von (17.2) müssen dieselbe lineare Abhängigkeitsrelation besitzen wie die Zeilen der Matrix $A_1 \varphi' - A_2$. Sei a ein zum Eigenwert φ' gehöriger Linkseigenvektor, so gilt

$$(17.5) \qquad a^T(\varphi' E - A_1^{-1} A_2) = 0^T.$$

Bezeichnen wir die Komponenten von a mit $a_1, \ldots, a_n$, die Zeilen von $\varphi' E - A_1^{-1} A_2$ für den Moment mit $r_1, \ldots, r_n$, so lautet die Gl. (17.5)

$$a_1 r_1 + \cdots + a_n r_n = 0.$$

Nach (17.4) besitzt das Gleichungssystem (17.2) somit genau dann Lösungen, wenn die Bedingung

$$(17.6) \qquad a^T\left(\frac{du}{dx} - A_1^{-1} b\right) = 0$$

erfüllt ist. Trägt man hierin wieder für die Richtungsableitung den Ausdruck $\boldsymbol{u}_x + \varphi'\,\boldsymbol{u}_y$ ein, so erhält man die *Verträglichkeitsbedingung*

$$(17.7) \qquad V = \boldsymbol{a}^T(\boldsymbol{u}_x + \varphi'\,\boldsymbol{u}_y) - \boldsymbol{a}^T A_1^{-1}\,\boldsymbol{b} = 0.$$

Die Bedingung $C(\varphi') = 0$ heißt *Richtungsbedingung*. Sind also Richtungs- und Verträglichkeitsbedingung erfüllt, so gibt es bei vorgeschriebener Richtungsableitung $d\boldsymbol{u}/dx$ längs k dort Lösungen $\boldsymbol{u}_y, \boldsymbol{u}_x$, die jedoch nicht mehr eindeutig sind.

$$\text{c)} \qquad\qquad C(\varphi') = 0, \quad V \neq 0.$$

In diesem Fall gibt es nach dem Vorhergehenden keine Lösungen $\boldsymbol{u}_y$ des Gleichungssystems (17.2).

Es sei jetzt $\boldsymbol{u}(x, y)$ eine Lösung des Systems (14.16). Durch die Richtungsbedingung

$$(17.8) \qquad\qquad \det(dy\,A_1 - dx\,A_2) = 0$$

wird dann in dem in Frage stehenden Bereich B der $x-y$-Ebene [im quasilinearen Fall denke man sich wieder $\boldsymbol{u}(x, y)$ in A_1, A_2 eingesetzt] ein Richtungsfeld definiert. Nehmen wir an, daß (17.8) nicht identisch erfüllt ist und setzen wir $dy/dx = \lambda$, so stellt die Richtungsbedingung die Bestimmungsgleichung für die Eigenwerte von $A_1^{-1} A_2$ dar. Setzen wir voraus, daß das System (14.16) bezüglich der Lösung $\boldsymbol{u}(x, y)$ in B hyperbolisch ist, so liefert (17.8) für jeden Punkt von B n reelle verschiedene Richtungen. Sie heißen *charakteristische Richtungen* des Systems, die Lösungen des Systems gewöhnlicher Differentialgleichungen

$$(17.9) \qquad\qquad \frac{dy}{dx} = \lambda_i(x, y), \quad i = 1, 2, \ldots, n,$$

bezeichnet man als *Charakteristiken*.[1] Im quasilinearen Fall hängen sie noch von der Wahl der Lösung $\boldsymbol{u}(x, y)$ ab, während sie im halblinearen und linearen Fall festliegen. Jede Lösung $\boldsymbol{u}(x, y)$ muß längs jeder Charakteristik noch die Verträglichkeitsbedingung (17.7) erfüllen.

Schon in 14.3 hatten wir bemerkt, daß es sinnvoll ist, den hyperbolischen Fall wie folgt zu erweitern: Die Matrix $A_1^{-1} A_2$ besitzt n reelle, jedoch nicht notwendig voneinander verschiedene Eigenwerte λ_i, aber genau n linear unabhängige Eigenvektoren. Nach Definition 14.3 heißt ein System mit k, $1 \leq k \leq n-1$, verschiedenen reellen Eigenwerten von $A_1^{-1} A_2$ parabolisch. Wir beziehen solche Systeme jetzt in unsere

---

[1] Auch hier müßte man, wie bei den hyperbolischen Gleichungen zweiter Ordnung, in Analogie zu den Einzelgleichungen erster Ordnung von charakteristischen Grundkurven sprechen. Wir schließen uns aber auch hier dem üblichen Sprachgebrauch an.

Betrachtungen ein. Das ist insbesondere aus zwei Gründen wichtig: 1. Das Cauchy-Problem ist für solche Systeme, wie wir sehen werden, ebenso wie für hyperbolische Systeme gemäß Definition 14.3 sachgemäß gestellt. 2. Reduziert man eine hyperbolische Differentialgleichung höherer Ordnung bei zwei unabhängigen Veränderlichen auf ein äquivalentes System erster Ordnung (vgl. 17.4), so besitzt dessen Matrix $A_1^{-1} A_2$ in der Regel mehrfache reelle Eigenwerte.

Es seien $\lambda_1, \lambda_2, \ldots, \lambda_n$ die in ihrer Vielfachheit gezählten n charakteristischen Richtungen des Systems (14.16), also die Eigenwerte der Matrix $A_1^{-1} A_2$, und $a_1, \ldots, a_n$ seien die zugehörigen, nach Voraussetzung linear unabhängigen Linkseigenvektoren. Dann müssen für jede Lösung $u(x, y)$ nach (17.7) die n Verträglichkeitsbedingungen

$$(17.10) \qquad a_\nu^T (u_x + \lambda_\nu\, u_y) - a_\nu^T A_1^{-1}\, b = 0, \qquad \nu = 1, 2, \ldots, n$$

gelten. Faßt man die Zeilenvektoren a_ν^T zur Matrix A zusammen und setzt $A A_1^{-1}\, b = d$, so erhält man mit $C = (\lambda_i)$ die Normalform (14.19), die somit nichts anderes als die Verträglichkeitsbedingungen längs der Charakteristiken darstellt.

Die Normalform (14.24) bzw. (14.25), welche im halblinearen und linearen Fall erreicht werden kann, enthält in jeder Gleichung sogar nur eine Richtungsableitung $dw^i/dx = w_x^i + c_i\, w_y^i$ in die charakteristische Richtung c_i. Man bezeichnet sie häufig als *charakteristische Normalform*.

Die dreidimensionale stationäre nichtisentropische drehsymmetrische Strömung eines idealen Gases genügt dem System von Differentialgleichungen (vgl. [*30*], S. 109f.)

$$(17.11) \quad \begin{cases} v(u_r - v_x) - \dfrac{a^2}{\varkappa(\varkappa - 1)}\, s_x = 0, \\[2ex] u(u_r - v_x) - \dfrac{a^2}{\varkappa(\varkappa - 1)}\, s_r = 0, \\[2ex] (a^2 - u^2)\, u_x - u\, v\,(u_r + v_x) + (a^2 - v^2)\, v_r = -a^2\, \dfrac{v}{r}. \end{cases}$$

Dabei sind die gesuchten Funktionen die beiden Geschwindigkeitskomponenten $u(x, r)$, $v(x, r)$ und die Entropie $s(x, r)$. Die Schallgeschwindigkeit $a(u, v)$ genügt der Gleichung

$$a^2(u, v) = a_0^2 - \frac{\varkappa - 1}{2}\, (u^2 + v^2),$$

und $\varkappa = c_p/c_v$ ist das Verhältnis der spezifischen Wärmen bei konstantem Druck bzw. konstantem Volumen.

Mit $\boldsymbol{u}^T = (u, v, s)$ und

$$A_1 = \begin{pmatrix} 0 & -v & -\dfrac{a^2}{\varkappa(\varkappa-1)} \\ 0 & -u & 0 \\ a^2-u^2 & -uv & 0 \end{pmatrix},$$

$$A_2 = \begin{pmatrix} v & 0 & 0 \\ u & 0 & \dfrac{a^2}{\varkappa(\varkappa-1)} \\ -uv & a^2-v^2 & 0 \end{pmatrix},$$

$$\boldsymbol{b}^T = \left(0, 0, a^2\,\frac{v}{r}\right)$$

hat das System (17.11) die Form

$$(17.12) \qquad\qquad A_1\,\boldsymbol{u}_x + A_2\,\boldsymbol{u}_r + \boldsymbol{b} = 0.$$

Es gilt $\det A_1 = -\dfrac{a^2 u(a^2-u^2)}{\varkappa(\varkappa-1)}$, $\det A_2 = -\dfrac{a^2 v(a^2-v^2)}{\varkappa(\varkappa-1)}$, und die Richtungsbedingung (17.8) lautet

$$(17.13)$$

$$\det(\lambda\,A_1 - A_2) = \begin{vmatrix} -v & -\lambda v & -\lambda\dfrac{a^2}{\varkappa(\varkappa-1)} \\ -u & -\lambda u & -\dfrac{a^2}{\varkappa(\varkappa-1)} \\ \lambda(a^2-u^2)+uv & -\lambda uv-(a^2-v^2) & 0 \end{vmatrix}$$

$$= \frac{a^2}{\varkappa(\varkappa-1)}\,[\lambda^2(a^2-u^2)+2\lambda uv+(a^2-v^2)]\,[v-\lambda u] = 0.$$

Die charakteristischen Richtungen sind daher

$$(17.14) \quad \begin{cases} \lambda_1(u,v) = -\dfrac{1}{a^2-u^2}\,(uv - a\sqrt{u^2+v^2-a^2}), \\[2mm] \lambda_2(u,v) = -\dfrac{1}{a^2-u^2}\,(uv + a\sqrt{u^2+v^2-a^2}), \\[2mm] \lambda_3(u,v) = \dfrac{v}{u}. \end{cases}$$

Für $u^2 + v^2 > a^2$, d. h. für Überschallströmungen, ist das System (17.11) hyperbolisch, die charakteristischen Differentialgleichungen sind

$$(17.15) \qquad\qquad \frac{dy}{dx} = \lambda_i(u,v), \quad i = 1, 2, 3.$$

Die Charakteristiken hängen noch von den Geschwindigkeitskomponenten, nicht aber von der Entropie ab. Das Gleichungssystem (17.11) ist typisch für die in der Gasdynamik auftretenden quasilinearen Systeme. Auf hyperbolische Gleichungen in der Gasdynamik wird in § 18 genauer eingegangen.

17.2 Charakteristikentheorie bei mehr als zwei unabhängigen Veränderlichen

Die Charakteristikentheorie der Systeme (14.15) für $p > 2$ läßt sich ähnlich wie im Fall $p = 2$ aufbauen. Wir folgen hierbei der Darstellung in [31].

Es sei mindestens eine der Matrizen A_ν, $\nu = 1, 2, \ldots, p$, etwa A_p, in dem in Frage stehenden Bereich B des x-Raumes nichtsingulär. Im quasilinearen Fall denke man sich wieder eine Lösung $u(x)$ in die A_ν eingesetzt. Mit

$$(17.16) \quad A_p^{-1} A_\nu = B_\nu, \quad \nu = 1, 2, \ldots, p - 1, \quad A_p^{-1} b = h$$

hat das System (14.15) die Gestalt

$$(17.17) \qquad u_{x_p} + \sum_{\nu = 1}^{p-1} B_\nu u_{x_\nu} - h = 0.$$

Durch

$$(17.18) \qquad F(x_1, \ldots, x_p) = F(x) = 0$$

sei in B eine $(p - 1)$-dimensionale Hyperfläche gegeben. Die Funktion F besitze stetige erste Ableitungen nach allen p Veränderlichen, und es gelte $F_{x_p} \neq 0$. Mit $-F_{x_\nu}/F_{x_p} = c_\nu$, $\nu = 1, 2, \ldots, p - 1$, sind dann die Flächenelemente der Fläche $F = 0$ durch die Differentialform

$$(17.19) \qquad d x_p = \sum_{\mu = 1}^{p-1} c_\mu(x) d x_\mu$$

festgelegt.

Jedes Flächenelement muß sich nun durch $n - 1$ linear unabhängige Richtungen aufspannen lassen. Für unsere Zwecke ist es besonders bequem, hierfür folgende $n - 1$ Richtungen auszuwählen:

1. Die durch

$$(17.20) \qquad \frac{d x_k}{d x_p} = \frac{1}{c_k}, \quad d x_i = 0, \quad i \neq k, \; 1 \leq k \leq p - 1$$

gegebene Richtung parallel zur x_p–x_k-Ebene,

2. die durch

$$(17.21) \qquad \frac{d x_k}{d x_i} = -\frac{c_i}{c_k}, \quad d x_p = 0, \quad d x_j = 0, \quad j \neq i, k,$$
$$1 \leq i \leq p - 1, \; i \neq k$$

gegebenen, zu den x_k–x_i-Ebenen parallelen $n - 2$ Richtungen. Die Richtungsableitungen in diese $n - 1$ Richtungen bezeichnen wir mit

$$(17.22) \qquad \begin{aligned} \frac{d}{d x_p} &= \frac{\partial}{\partial x_p} + \frac{1}{c_k} \frac{\partial}{\partial x_k}, \\ \frac{d}{d x_i} &= \frac{\partial}{\partial x_i} - \frac{c_i}{c_k} \frac{\partial}{\partial x_k}, \quad i \neq k. \end{aligned}$$

Dann gilt

$$(17.23) \quad \boldsymbol{u}_{x_p} = \frac{d\boldsymbol{u}}{dx_p} - \frac{1}{c_k}\boldsymbol{u}_{x_k}, \quad \boldsymbol{u}_{x_i} = \frac{d\boldsymbol{u}}{dx_i} + \frac{c_i}{c_k}\boldsymbol{u}_{x_k}, \quad i \neq k.$$

Setzt man diese Ausdrücke in (17.17) ein, so folgt das Gleichungssystem

$$(17.24) \quad \frac{1}{c_k}\sum_{\nu=1}^{p-1}(c_\nu\boldsymbol{B}_\nu - \boldsymbol{E})\boldsymbol{u}_{x_k} = \boldsymbol{h} - \left(\frac{d\boldsymbol{u}}{dx_p} + \sum_{\nu=1}^{p-1}\boldsymbol{B}_\nu\frac{d\boldsymbol{u}}{dx_\nu}\right).$$

Wie in 17.1 unterscheiden wir jetzt wieder drei Fälle:

$$\text{a)} \qquad \text{Det}\left(\sum_{\nu=1}^{p-1}c_\nu\boldsymbol{B}_\nu - \boldsymbol{E}\right) \neq 0.$$

Das durch die c_i, $i = 1, 2, \ldots, p - 1$, gegebene Flächenelement heißt dann *reguläres Flächenelement*. Sind die Richtungsableitungen $d\boldsymbol{u}/dx_i$, $i \neq k$, vorgegeben, so ist nach (17.24) $\boldsymbol{u}_{x_k}$ eindeutig bestimmt, und nach (17.23) sind dann auch die restlichen partiellen Ableitungen $\boldsymbol{u}_{x_i}$, $i \neq k$, eindeutig festgelegt.

$$\text{b)} \quad (17.25) \qquad \det\left(\sum_{\nu=1}^{p-1}c_\nu\boldsymbol{B}_\nu - \boldsymbol{E}\right) = 0.$$

Das durch c_i, $i = 1, 2, \ldots, p - 1$, gegebene Flächenelement erfüllt in diesem Fall die *Richtungsbedingung* (17.25), es heißt *charakteristisches Flächenelement*. Nach Definition 14.4 sind in dem hier betrachteten hyperbolischen Fall sämtliche c_i, $i = 1, 2, \ldots, p - 1$, reell. Notwendig und hinreichend für die Existenz von Lösungen $\boldsymbol{u}_{x_k}$ des Systems (17.24) ist dann genau wie für $p = 2$ das Bestehen der *Verträglichkeitsbedingung*

$$(17.26) \qquad \boldsymbol{a}^T\left(\frac{d\boldsymbol{u}}{dx_p} + \sum_{\substack{\nu=1\\ \nu \neq k}}^{p-1}\boldsymbol{B}_\nu\frac{d\boldsymbol{u}}{dx_\nu}\right) - \boldsymbol{a}^T\boldsymbol{h} = 0,$$

wobei $\boldsymbol{a}$ dem Gleichungssystem

$$(17.27) \qquad \boldsymbol{a}^T\left(\sum_{\nu=1}^{p-1}c_\nu\boldsymbol{B}_\nu - \boldsymbol{E}\right) = 0$$

genügt. Wegen (17.25) gibt es mindestens einen solchen Vektor $\boldsymbol{a}$. Für das betrachtete Flächenelement sind die partiellen Ableitungen $\boldsymbol{u}_{x_i}$, $i = 1, 2, \ldots, p$, im Fall b) jedoch nicht mehr eindeutig bestimmt.

c) Ist die Richtungsbedingung (17.25), nicht jedoch die Verträglichkeitsbedingung (17.26) erfüllt, so existieren keine Lösungen $\boldsymbol{u}_{x_k}$ von (17.24).

Besteht die Hyperfläche (17.18) nur aus charakteristischen Flächenelementen, so heißt sie *charakteristische Hyperfläche* oder auch charakteristische Fläche des Differentialgleichungssystems (14.15).

In den Anwendungen haben die Systeme (14.15) meist die Form

$$(17.28) \qquad u_t + \sum_{\nu=1}^{m} B_\nu \, u_{x_\nu} - h = 0,$$

wobei t die Zeit bedeutet. Durch

$$(17.29) \qquad c_1 = c_2 = \cdots = c_m = 0$$

wird dann ein reguläres Flächenelement gegeben. Insbesondere ist daher die Hyperebene $t = 0$ eine reguläre Hyperfläche.

17.3 Formulierung des Cauchy-Problems

Im R_p sei durch[1]

$$(17.30) \qquad H: \quad x_p = \Phi(x_1, \ldots, x_{p-1})$$

eine Hyperfläche gegeben. Gesucht ist eine Lösung $u(x)$ von (14.15), welche der Anfangsbedingung

$$(17.31) \qquad u\big(x_1, \ldots, x_{p-1}, \Phi(x_1, \ldots, x_{p-1})\big) = f(x_1, \ldots, x_{p-1})$$

mit vorgegebener, einmal stetig differenzierbarer Vektorfunktion f genügt.

Nun ist dieses Cauchy-Problem des Gleichungssystems (14.15) sicher nicht für beliebige Hyperflächen (17.30) lösbar. Denn liegt der in 17.2 betrachtete Fall c) vor, so sind durch die Anfangsvorgaben auf H die ersten Ableitungen u_{x_i} nicht bestimmt, und es existiert keine Lösung. Genügt H dagegen der Bedingung (17.25), so sind die u_{x_i} auf H nicht eindeutig bestimmt. Notwendig dafür, daß eine eindeutige Lösung des Cauchy-Problems existiert, ist daher, daß H kein charakteristisches Flächenelement enthält.

Diese Bedingung ist jedoch noch nicht hinreichend für die Existenz einer eindeutigen Lösung. Die Untersuchungen hierüber sind äußerst schwierig, insbesondere bei quasilinearen Gln. (14.15). Zudem kann, wenn die Elemente der Matrizen A_i noch gewisse Differenzierbarkeitsbedingungen bezüglich aller Veränderlichen erfüllen, die Existenz der eindeutigen Lösung nur in einer hinreichend kleinen Umgebung von H nachgewiesen werden. Der an diesen Fragen interessierte Leser vgl. dazu etwa [25] oder [9], Kap. VI.

Wie am Schluß von 17.2 ausgeführt, kann im Fall des Systems (17.28) das Cauchy-Problem wie folgt formuliert werden: Gesucht ist eine Lösung $u(x_1, \ldots, x_m, t) = u(x, t)$ des Systems (17.28), welche der Anfangsbedingung

$$(17.32) \qquad u(x, 0) = f(x)$$

---

[1] Allgemeiner durch $F(x_1, \ldots, x_p) = 0$. Fordert man jedoch $F_{x_p} \neq 0$, so ist $F = 0$ nach x_p auflösbar, und man erhält (17.30).

genügt. Für den durch (17.28) beschriebenen zeitlich sich ändernden Zustand wird zur Zeit $t = 0$ ein Anfangszustand vorgeschrieben. Dabei braucht $f(x)$ nicht für alle x erklärt zu sein, sondern es wird in der Regel $x \in B$ gefordert, wobei B ein beschränkter Bereich des R_m ist.

Im Fall von nur zwei unabhängigen Veränderlichen x, t kann das System (17.28) in der Normalform (14.22), hier

$$(17.33) \qquad A\,u_t + CA\,u_x - d = 0,$$

angenommen werden. Die Anfangsvorgabe lautet dann

$$(17.34) \qquad u\,(x, 0) = f(x), \quad a \leq x \leq b.$$

Auf Grund der Tatsache, daß C eine Diagonalmatrix ist, eignet sich (17.33) besonders zur numerischen Lösung des Cauchy-Problems, wie später in § 19 noch auszuführen sein wird.

Nur in seltenen Ausnahmefällen kann die Lösung des Cauchy-Problems von (14.15) explizit angegeben werden. Das ist z. B. bei konstanten Matrizen A_i der Fall. Aus diesem Grunde kommt den Näherungsverfahren, insbesondere den numerischen Verfahren, große Bedeutung zu. Wir werden auf solche Verfahren ebenfalls in § 19 eingehen.

17.4 Zurückführung allgemeiner Anfangswertprobleme auf Anfangswertprobleme quasilinearer Systeme erster Ordnung

Für die Theorie der partiellen Differentialgleichungen ist es von großem Vorteil, daß sich sehr viele Anfangswertprobleme von Differentialgleichungen höherer Ordnung und Systemen von solchen Gleichungen auf Anfangswertprobleme quasilinearer Systeme erster Ordnung zurückführen lassen. Bei zwei unabhängigen Veränderlichen gilt sogar: Jedes Anfangswertproblem läßt sich auf ein Anfangswertproblem eines quaslilinearen Systems erster Ordnung zurückführen.

Um die Klasse der Anfangswertprobleme, für die die genannte Reduktion möglich ist, näher zu kennzeichnen, betrachten wir das System partieller Differentialgleichungen

$$(17.35) \qquad \frac{\partial^{n_i}\,u_i}{\partial t^{n_i}} = f_i\left(t, x_1, \ldots, x_n, u^1, \ldots, u^N, \ldots \frac{\partial^k u^j}{\partial t^{k_0}\,\partial x_1^{k_1}\ldots\partial x_n^{k_n}}\right),$$

$$i, j = 1, \ldots, N, \; k_0 + \cdots + k_n = k \leq n_j, \; k_0 < n_j$$

bei $n + 1$ unabhängigen Veränderlichen $t, x_1, \ldots, x_n$ für N gesuchte Funktionen $u^1, \ldots, u^N$. Jede gesuchte Funktion u^i besitzt bezüglich ihrer Ableitungen die höchste Ordnung n_i. Das System (17.35) kann von beliebig hoher Ordnung sein.

Wir stellen dann folgendes Cauchy-Problem: Gesucht ist ein hinreichend oft differenzierbares Funktionensystem

$$u^i = \varphi^i(x_1, \ldots, x_n, t), \quad i = 1, 2, \ldots, N,$$

welches dem System (17.35) genügt und die Anfangsbedingungen

$$(17.36) \qquad \frac{\partial^k u^i}{\partial t^k} = g_k^i(x_1, \ldots, x_n) \quad \text{für} \quad t = 0,$$
$$i = 1, 2, \ldots, N, \qquad k = 0, 1, \ldots, n_j - 1,$$

erfüllt.

Es läßt sich nun zeigen, daß dieses Anfangswertproblem vollständig auf das Cauchy-Problem (17.28), (17.32) zurückgeführt werden kann, wobei (17.28) i. allg. ein quasilineares System ist. In der Regel sind dabei jedoch noch zusätzliche Differenzierbarkeitseigenschaften der Funktionen f_i in (17.35) zu fordern. Insbesondere läßt sich das Cauchy-Problem der allgemeinen nichtlinearen Differentialgleichung zweiter Ordnung (14.1) auf das genannte Cauchy-Problem zurückführen.

Auf Grund dieser Tatsache läßt sich z. B. die Charakteristikentheorie der hyperbolischen Differentialgleichungen zweiter Ordnung vollständig auf die der quasilinearen Systeme erster Ordnung zurückführen.

Als erstes Beispiel betrachten wir das Anfangswertproblem

$$(17.37) \qquad \begin{aligned} u_{yy} &= f(x, y, u, u_x, u_y, u_{xx}, u_{xy}), \\ u(x, 0) &= \Phi(x), \quad u_y(x, 0) = \psi(x)^1 \end{aligned}$$

Die Funktion $f(x, y, u, p, q, r, s)$ sei bezüglich aller Veränderlichen einmal stetig differenzierbar. Offenbar kann dann die Differentialgleichung durch das quasilineare System von sechs Gleichungen

$$(17.38) \qquad \begin{cases} u_y = q, & r_y = s_x, \\ p_y = q_x, & s_y = t_x, \\ q_y = t, & t_y = f_y + f_u q + f_p q_x + f_q t + f_r s_x + f_s t_x \end{cases}$$

ersetzt werden. Entsprechend hat man sechs Anfangsbedingungen zu stellen:

$$(17.39) \qquad \begin{cases} u(x, 0) = \Phi(x), & r(x, 0) = \Phi''(x), \\ p(x, 0) = \Phi'(x), & s(x, 0) = \psi'(x), \\ q(x, 0) = \psi(x), \\ t(x, 0) = f(x, 0, \Phi(x), \Phi'(x), \psi(x), \Phi''(x), \psi'(x)). \end{cases}$$

Das Anfangswertproblem (17.37) ist dann dem Anfangswertproblem (17.38), (17.39) äquivalent.

Als nächstes reduzieren wir die allgemeine Differentialgleichung zweiter Ordnung (14.1) für $n = 2$ auf ein quasilineares System. Durch

---

[1] Man beachte, daß damit durch die Streifenbedingung auch schon $u_x(x, 0) = \Phi'(x)$ festgelegt ist.

Differentiation nach y erhält man aus

$$(17.40) \qquad F(x, y, u, p, q, r, s, t) = 0,$$

wenn F bezüglich aller Veränderlichen einmal stetig differenzierbar ist, die Gleichung

$$(17.41) \qquad F_y + F_u q + F_p p_y + F_q q_y + F_r r_y + F_s s_y + F_t t_y = 0.$$

Nimmt man zu dieser noch die Gleichungen

$$(17.42) \qquad u_y = q, \quad p_y = s, \quad q_y = t, \quad r_y = s_x, \quad s_y = t_x$$

hinzu, so hat man schon das gewünschte quasilineare System.

Entsprechend folgt durch Differentiation nach x aus (17.40) die Gleichung

$$(17.43) \qquad F_x + F_u p + F_p p_x + F_q q_x + F_r r_x + F_s s_x + F_t t_x = 0.$$

Ein weiteres, der Gl. (17.40) äquivalentes quasilineares System erster Ordnung ist dann (17.43) zusammen mit den Gleichungen

$$(17.44) \qquad u_x = p, \quad p_x = r, \quad q_x = s, \quad s_x = r_y, \quad t_x = s_y.$$

Wir wollen untersuchen, wann dieses System hyperbolisch ist, und setzen dazu

$$(17.45) \quad u = u^1, \; p = u^2, \; q = u^3, \; r = u^4, \; s = u^5, \; t = u^6, \; \mathbf{u}^T = (u^1, \ldots, u^6).$$

Das System (17.43), (17.44) lautet dann

$$(17.46) \qquad \mathbf{F}\, \mathbf{u}_x + \mathbf{G}\, \mathbf{u}_y - \mathbf{h} = 0$$

mit den Matrizen

$$(17.47) \qquad \mathbf{F} = \begin{pmatrix} 1 & 0 & 0 & 0 & 0 & 0 \\ 0 & 1 & 0 & 0 & 0 & 0 \\ 0 & 0 & 1 & 0 & 0 & 0 \\ 0 & 0 & 0 & F_{u^4} & F_{u^5} & F_{u^6} \\ 0 & 0 & 0 & 0 & 1 & 0 \\ 0 & 0 & 0 & 0 & 0 & 1 \end{pmatrix},$$

$$\mathbf{G} = \begin{pmatrix} 0 & 0 & 0 & 0 & 0 & 0 \\ 0 & 0 & 0 & 0 & 0 & 0 \\ 0 & 0 & 0 & 0 & 0 & 0 \\ 0 & 0 & 0 & 0 & 0 & 0 \\ 0 & 0 & 0 & -1 & 0 & 0 \\ 0 & 0 & 0 & 0 & -1 & 0 \end{pmatrix}.$$

Die Matrix $\mathbf{F}$ ist nichtsingulär für $F_{u^4} \neq 0$. Wegen

$$\det(\mathbf{F}^{-1}\mathbf{G} - \lambda\, \mathbf{E}) = \lambda^4 \left(\lambda^2 - \frac{F_{u^5}}{F_{u^4}}\lambda + \frac{F_{u^6}}{F_{u^4}} \right)$$

sind die Eigenwerte von $F^{-1}G$ dann

$$(17.48) \qquad \lambda_{1/2} = \frac{1}{2F_{u^4}}\left[F_{u^5} \pm \sqrt{F_{u^5}^2 - 4F_{u^4}F_{u^6}}\right], \qquad \lambda_{3,\ldots,6} = 0.$$

Gilt

$$(17.49) \qquad F_{u^5}^2 - 4F_{u^4}F_{u^6} > 0,$$

so besitzt das System (17.46) sechs reelle charakteristische Richtungen, von denen allerdings vier zusammenfallen. Nach Definition 14.3 ist das System (17.46) parabolisch.

Ordnet man der Differentialgleichung (17.40) die algebraische Gl. (14.10)

$$(17.50) \qquad F_r\,\xi^2 - F_s\,\xi + F_t = 0$$

zu, so besitzt diese wegen (17.45), (17.49) die beiden reellen Wurzeln

$$(17.51) \qquad \xi_{1/2} = \frac{1}{2F_{u^4}}\left[F_{u^5} \pm \sqrt{F_{u^5}^2 - 4F_{u^4}F_{u^6}}\right],$$

die Gl. (17.40) ist somit hyperbolisch.

Zu den sechs Eigenwerten (17.48) von $F^{-1}G$ gehören, wie man leicht errechnet, sechs linear unabhängige Eigenvektoren. Daher ist es sinnvoll, wie schon in 17.1 ausgeführt, das System (17.46) als hyperbolisch zu kennzeichnen. Dies um so mehr, als es einer hyperbolischen Differentialgleichung zweiter Ordnung äquivalent ist.

Schließlich betrachten wir noch das der linearen oder quasilinearen Differentialgleichung

$$(17.52) \qquad L\,u \equiv A_{11}\,u_{xx} + A_{22}\,u_{yy} + A_{33}\,u_{zz} +$$
$$+ 2A_{12}\,u_{xy} + 2A_{13}\,u_{xz} + 2A_{23}\,u_{yz} - f = 0$$

äquivalente System. Mit

$$u_x = u^1, \quad u_y = u^2, \quad u_z = u^3$$

erhalten wir die drei Gleichungen

$$(17.53) \qquad \begin{cases} A_{11}\,u_x^1 + A_{12}\,u_y^1 + A_{13}\,u_z^1 + A_{21}\,u_x^2 + A_{22}\,u_y^2 + \\ \qquad + A_{23}\,u_z^2 + A_{31}\,u_x^3 + A_{32}\,u_y^3 + A_{33}\,u_z^3 = f, \\ u_z^1 \qquad\quad - u_x^3 \qquad\qquad\qquad = 0 \\ u_z^2 \qquad\qquad\qquad - u_y^3 \qquad\qquad = 0 \end{cases}$$

Die in dieser Ziffer angeschnittenen Fragen werden in [9, 18, 30] ausführlich untersucht.

§ 18. Hyperbolische Differentialgleichungen in der Gasdynamik

Ein breites Anwendungsgebiet für die Theorie hyperbolischer Differentialgleichungen ist die Gasdynamik. Da viele der hierbei auftretenden Fragen von großem Interesse für die Technik sind, ist über dieses Gebiet viel gearbeitet worden. In den folgenden Ziffern kann nur auf einige Grundgleichungen der Gasdynamik eingegangen werden. Für weitergehende Untersuchungen verweisen wir auf die Literatur, insbesondere auf [*16, 27, 30, 32, 34*].

18.1 Die wirbelfreie isentropische Strömung kompressibler Medien

In einem Bereich $B \subset R_3$ betrachten wir ein kompressibles Medium (Gas) mit der Dichte $\varrho\,(x, t)$ und dem Druck $p\,(x, t)$, dessen Strömungsgeschwindigkeit durch den Geschwindigkeitsvektor $v^T(x, t) = \big(v^1(x, t),\; v^2(x, t),\, v^3(x, t)\big)$ beschrieben wird. Die Funktionen ϱ, p, v seien bezüglich der drei Ortsvariablen x_1, x_2, x_3 und der Zeit t in B hinreichend oft stetig differenzierbar.

Ist die Strömung *wirbelfrei* und *isentropisch*, so gilt

$$(18.1) \qquad\qquad \operatorname{rot} v = 0.$$

Das Prinzip von der Erhaltung der Masse liefert ferner die *Kontinuitätsgleichung*

$$(18.2) \qquad\qquad \varrho_t + \operatorname{div}(\varrho\, v) = 0,$$

dasjenige von der Erhaltung des Impulses die *Bewegungsgleichung* (Eulersche Gleichung)

$$(18.3) \qquad\qquad \frac{d v}{d t} = -\frac{1}{\varrho}\operatorname{grad} p$$

mit

$$(18.4) \qquad\qquad \frac{d v}{d t} = v_t + v^1\, v_{x_1} + v^2\, v_{x_2} + v^3\, v_{x_3}.$$

Wir nehmen weiter an, daß p eine umkehrbar eindeutige stetige Funktion von ϱ ist: $p = p\,(\varrho)$, $\varrho = \varrho\,(p)$. Dann wird durch

$$(18.5) \qquad\qquad a^2 = \frac{d p}{d \varrho}$$

eine stetige Funktion a, die *Schallgeschwindigkeit*, definiert. Wegen $p_{x_i} = a^2\, \varrho_{x_i}$, $i = 1, 2, 3$ kann (18.3) dann auch in der Form

$$(18.6) \qquad\qquad \frac{d v}{d t} + \frac{a^2}{\varrho}\operatorname{grad} \varrho = 0$$

geschrieben werden. Das System von Gln. (18.2), (18.6) lautet ausführlich

$$(18.7) \quad \left\{ \begin{aligned}
& v_t^1 + v^1\, v_{x_1}^1 + v^2\, v_{x_2}^1 + v^3\, v_{x_3}^1 + \frac{a^2}{\varrho}\,\varrho_{x_1} = 0, \\[4pt]
& v_t^2 + v^1\, v_{x_1}^2 + v^2\, v_{x_2}^2 + v^3\, v_{x_3}^2 + \frac{a^2}{\varrho}\,\varrho_{x_2} = 0, \\[4pt]
& v_t^3 + v^1\, v_{x_1}^3 + v^2\, v_{x_2}^3 + v^3\, v_{x_3}^3 + \frac{a^2}{\varrho}\,\varrho_{x_3} = 0, \\[4pt]
& \varrho_t + \varrho\,(v_{x_1}^1 + v_{x_2}^2 + v_{x_3}^3) + v^1\, \varrho_{x_1} + v^2\, \varrho_{x_2} + v^3\, \varrho_{x_3} = 0.
\end{aligned} \right.$$

Es ist ein quasilineares Differentialgleichungssystem erster Ordnung bei vier unabhängigen Variablen x_1, x_2, x_3, t und vier gesuchten Funktionen v^1, v^2, v^3, ϱ.

Sei δ_{ij} das Kronecker-Symbol, also $\delta_{ij} = 0$, $i \neq j$, $\delta_{ii} = 1$, und setzen wir $\boldsymbol{u}^T = (v^1, v^2, v^3, \varrho)$,

$$\boldsymbol{B}_i = \begin{pmatrix} v^i & 0 & 0 & \delta_{i1}\dfrac{a^2}{\varrho} \\[2mm] 0 & v^i & 0 & \delta_{i2}\dfrac{a^2}{\varrho} \\[2mm] 0 & 0 & v^i & \delta_{i3}\dfrac{a^2}{\varrho} \\[2mm] \delta_{i1}\varrho & \delta_{i2}\varrho & \delta_{i3}\varrho & v^i \end{pmatrix}, \quad i = 1, 2, 3,$$

so hat das System (18.7) die Form (17.28):

$$(18.8) \qquad \boldsymbol{u}_t + \boldsymbol{B}_1\,\boldsymbol{u}_{x_1} + \boldsymbol{B}_2\,\boldsymbol{u}_{x_2} + \boldsymbol{B}_3\,\boldsymbol{u}_{x_3} = \boldsymbol{0}.$$

Wegen (18.1) besitzt $\boldsymbol{v}$ ein Potential φ:

$$(18.9) \qquad \boldsymbol{v}(\boldsymbol{x}, t) = \operatorname{grad}\varphi(\boldsymbol{x}, t).$$

Aus den Gln. (18.2), (18.6) läßt sich dann die *Wellengleichung des Geschwindigkeitspotentials* herleiten:

$$(18.10) \quad (a^2 - \varphi_{x_1}^2)\,\varphi_{x_1 x_1} + (a^2 - \varphi_{x_2}^2)\,\varphi_{x_2 x_2} + (a^2 - \varphi_{x_3}^2)\,\varphi_{x_3 x_3} - \varphi_{tt} -$$
$$- 2\varphi_{x_1}\varphi_{x_2}\varphi_{x_1 x_2} - 2\varphi_{x_1}\varphi_{x_3}\varphi_{x_1 x_3} - 2\varphi_{x_2}\varphi_{x_3}\varphi_{x_2 x_3} -$$
$$- 2(\varphi_{x_1}\varphi_{x_1 t} + \varphi_{x_2}\varphi_{x_2 t} + \varphi_{x_3}\varphi_{x_3 t}) = 0.$$

Im stationären Fall spezialisiert sie sich zu

$$(18.11) \quad (a^2 - \varphi_{x_1}^2)\,\varphi_{x_1 x_1} + (a^2 - \varphi_{x_2}^2)\,\varphi_{x_2 x_2} + (a^2 - \varphi_{x_3}^2)\,\varphi_{x_3 x_3} -$$
$$- 2\varphi_{x_1}\varphi_{x_2}\varphi_{x_1 x_2} - 2\varphi_{x_1}\varphi_{x_3}\varphi_{x_1 x_3} - 2\varphi_{x_2}\varphi_{x_3}\varphi_{x_2 x_3} = 0.$$

Die Größe a^2 ist eine Funktion von p und damit auch eine Funktion von

$$(18.12) \quad -\int_{P_0}^{p} \frac{dp}{\varrho} = \varphi_t + \frac{1}{2}(\varphi_{x_1}^2 + \varphi_{x_2}^2 + \varphi_{x_3}^2) = \varphi_t + \frac{1}{2}\|\operatorname{grad}\varphi\|_2^2,$$

wobei im stationären Fall $\varphi_t \equiv 0$ zu setzen ist.

Wir untersuchen, von welchem Typ die Gln. (18.10), (18.11) sind. Setzen wir für $i, k = 1, 2, 3$

$$a^2 - \varphi_{x_i}^2 = A_{ii}, \qquad -\varphi_{x_i}\varphi_{x_k} = A_{ik} = A_{ki}, \qquad -1 = A_{44},$$
$$-\varphi_{x_i} = A_{i4} = A_{4i},$$

so gilt mit $\boldsymbol{A} = (A_{ik})$, $i, k = 1, \ldots, 4$, $A_{ik} = A_{ki}$,

$$(18.13) \quad \det(\boldsymbol{A} - \lambda\,\boldsymbol{E}) = (a^2 - \lambda)^2\{\lambda^2 - (a^2 - \|\operatorname{grad}\varphi\|_2^2 - 1)\,\lambda - a^2\}.$$

Da die B_i in (14.6) die Eigenwerte von A sind, erhält man

$$(18.14) \qquad B_1 = B_2 = a^2, \qquad B_{3/4} = \tfrac{1}{2}(a^2 - \|\operatorname{grad}\varphi\|_2^2 - 1) \pm$$
$$\pm \tfrac{1}{2}\sqrt{(a^2 - \|\operatorname{grad}\varphi\|_2^2 - 1)^2 + 4a^2}.$$

Es gilt somit $B_1 > 0$, $B_2 > 0$, $B_3 > 0$, $B_4 < 0$, also $D = 0$, $T = 1$; die Gl. (18.10) ist somit hyperbolisch.

Mit $\bar{A} = (A_{ik})$, $i, k = 1, 2, 3$, $A_{ik} = A_{ki}$, folgt analog für (18.11)

$$(18.15) \qquad \det(\bar{A} - \lambda E) = (a^2 - \lambda)^2 (a^2 - \|\operatorname{grad}\varphi\|_2^2 - \lambda)$$

und somit

$$(18.16) \qquad B_1 = B_2 = a^2, \qquad B_3 = a^2 - \|\operatorname{grad}\varphi\|_2^2.$$

Demnach ist (18.11)

$$\text{hyperbolisch für} \quad \|\operatorname{grad}\varphi\|_2^2 > a^2,$$
$$\text{elliptisch für} \quad \|\operatorname{grad}\varphi\|_2^2 < a^2,$$
$$\text{parabolisch für} \quad \|\operatorname{grad}\varphi\|_2^2 = a^2.$$

Wegen $v = \operatorname{grad}\varphi$ ist $\|\operatorname{grad}\varphi\|_2$ der Betrag des Geschwindigkeitsvektors. Stationäre Überschallströmungen werden daher durch hyperbolische, Unterschallströmungen durch elliptische und Schallströmungen durch parabolische Gleichungen beschrieben. In Schallnähe ist die Gl. (18.11) von gemischtem Typ.

Die Gln. (18.7), (18.10) und (18.11) sind quasilinear, woraus sich für die theoretische Gasdynamik mannigfache Schwierigkeiten ergeben. Eine Methode zur exakten Lösung dieser Gleichungen ist nicht bekannt, weshalb man gezwungen ist, die Lösungen näherungsweise zu ermitteln. Das kann z. B. auch durch *Linearisierung* der Differentialgleichungen erfolgen. Wir erläutern dieses Vorgehen am Beispiel der Gl. (18.11) und nehmen an, daß v nur wenig abweicht von einem konstanten mittleren Geschwindigkeitsvektor $\tilde{v}$ parallel zur x_1-Ebene:

$$v = \tilde{v} + u(x), \qquad \tilde{v}^T = (\tilde{v}_0, 0, 0).$$

Entsprechend setzen wir

$$(18.17) \qquad \varphi = \tilde{\varphi} + \psi(x), \qquad \tilde{\varphi} = \tilde{v}_0 x_1.$$

Die Funktionen u und ψ seien im betrachteten (i. allg. klein zu wählenden) Bereich hinreichend klein. Ob diese Annahme berechtigt ist, muß in jedem Einzelfall untersucht werden.

Nach (18.12) ist $a^2 = a^2(\|\operatorname{grad}\varphi\|_2^2) = a^2(\|v\|_2^2)$. Setzen wir (18.17) in die Differentialgleichung (18.11) ein und vernachlässigen Potenzen zweiter und höherer Ordnung von ψ, so ergibt sich mit $\tilde{a}^2 = a^2(\|\tilde{v}\|_2^2)$ die lineare Differentialgleichung mit konstanten Koeffizienten

$$(18.18) \qquad (\tilde{a}^2 - \tilde{v}_0^2)\,\psi_{x_1 x_1} + \tilde{a}^2(\psi_{x_2 x_2} + \psi_{x_3 x_3}) = 0.$$

Sie ist hyperbolisch, elliptisch oder parabolisch, je nachdem, ob $\tilde{v}_0^2$ größer, kleiner oder gleich $\tilde{a}^2$ ist. Im hyperbolischen Fall reduziert sie sich mit

$$x_1 = \sqrt{\tilde{v}_0^2 - \tilde{a}^2}\,\xi$$

auf die spezielle Wellengleichung

$$(18.19) \qquad \psi_{\xi\xi} - \tilde{a}^2\,(\psi_{x_2 x_2} + \psi_{x_3 x_3}) = 0.$$

Ein entsprechendes Vorgehen ist auch im nichtstationären Fall und bei dem System (18.7) möglich. Eine ausführliche Darstellung hierüber findet sich in [34], S. 27—52.

Führt man an Stelle von x_1, x_2, x_3 Zylinderkoordinaten x, r, ω ein, so nimmt Gl. (18.11) die Gestalt an

$$(18.20) \quad \begin{aligned} &(a^2 - \varphi_x^2)\,\varphi_{xx} + (a^2 - \varphi_r^2)\,\varphi_{rr} + \frac{1}{r^2}\Big(a^2 - \frac{1}{r^2}\,\varphi_\omega^2\Big)\varphi_{\omega\omega} \\ &-2\varphi_x\varphi_r\varphi_{xr} - \frac{2}{r^2}\,\varphi_\omega(\varphi_x\varphi_{x\omega} + \varphi_\omega\varphi_{r\omega}) + \frac{1}{r}\Big(a^2 + \frac{1}{r^2}\,\varphi_\omega^2\Big)\varphi_r = 0. \end{aligned}$$

Ist die Strömung insbesondere drehsymmetrisch, so hängt das Potential φ nicht von ω ab und (18.20) reduziert sich weiter zu

$$(18.21) \quad (a^2 - \varphi_x^2)\,\varphi_{xx} + (a^2 - \varphi_r^2)\,\varphi_{rr} - 2\varphi_x\varphi_r\varphi_{xr} + \frac{a^2}{r}\,\varphi_r = 0.$$

18.2 Anwendung der Legendre-Transformation

Durch die in 13.3 und 15.6 beschriebene Legendre-Transformation kann die aus (18.10) mit $x_1 = x$ resultierende eindimensionale Wellengleichung

$$(18.22) \qquad (a^2 - \varphi_x^2)\,\varphi_{xx} - 2\varphi_x\varphi_{xt} - \varphi_{tt} = 0$$

linearisiert werden.

Wir schreiben dazu die Transformationsformeln aus 13.3, 15.6 in der Form

$$(18.23) \quad \left\{ \begin{aligned} &\varphi_x = \xi, &&\varphi_t = \tau, &&\varphi = x\,\xi + t\,\tau - \psi, \\ &\varphi_{xx} = D\psi_{\tau\tau}, &&\varphi_{xt} = -D\psi_{\xi\tau}, &&\varphi_{tt} = D\psi_{\xi\xi}, \\ &D = \xi_x\,\tau_t - \xi_t\,\tau_x = 0. \end{aligned} \right.$$

Dann entsteht aus (18.22) die Differentialgleichung

$$(18.24) \qquad \psi_{\xi\xi} - 2\xi\,\psi_{\xi\tau} - (a^2 - \xi^2)\,\psi_{\tau\tau} = 0.$$

Sie ist linear, da nach (18.12) a^2 eine Funktion von $\tau + \frac{1}{2}\xi^2$ ist. Handelt es sich bei dem strömenden Gas um ein ideales Gas mit konstanter spezifischer Wärme, so gilt

$$(18.25) \quad a^2 = a_0^2 - (\varkappa - 1)\,(\varphi_t + \tfrac{1}{2}\varphi_x^2) = a_0^2 - (\varkappa - 1)\,(\tau + \tfrac{1}{2}\xi^2).$$

Nach (15.11) errechnen sich die charakteristischen Richtungen von (18.22) bzw. (18.24) zu

$$(18.26) \qquad \frac{dt}{dx} = \frac{1}{a + \varphi_x}, \qquad \frac{dt}{dx} = -\frac{1}{a - \varphi_x},$$

bzw.

$$(18.27) \qquad \frac{d\tau}{d\xi} = -(a + \xi), \qquad \frac{d\tau}{d\xi} = a - \xi.$$

In entsprechenden Punkten x, t und ξ, τ sind die charakteristischen Richtungen (18.26) und (18.27) daher zueinander senkrecht, es besteht

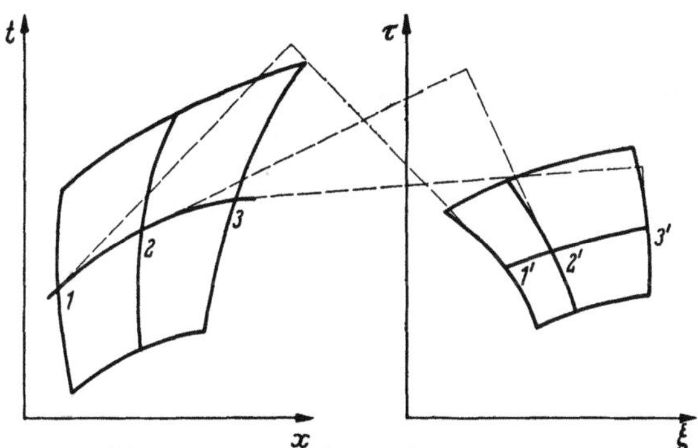

Abb. 18.1. Charakteristiken in der $x-t$- und $\xi-\tau$-Ebene

eine orthogonal-reziproke Zuordnung (Abb. 18.1). Diese Tatsache bietet die Möglichkeit zu einem graphischen Näherungsverfahren zur Ermittlung instationärer Strömungen (vgl. [*34*], S. 80ff.).

Da die Differentialgleichung (18.24) linear und hyperbolisch ist, läßt sie sich, wie in 15.3 gezeigt, auf die kanonische Form transformieren. Sie lautet hier mit $\psi(\xi, \tau) = \psi(\xi(\lambda, \mu), \tau(\lambda, \mu)) = \Phi(\lambda, \mu)$ (vgl. [*34*], S. 86)

$$(18.28) \qquad \Phi_{\lambda\mu} = q(\lambda - \mu)(\Phi_\lambda - \Phi_\mu),$$

wobei q eine stetige Funktion von $\lambda - \mu$ bedeutet. Im Falle eines idealen Gases mit konstanter spezifischer Wärme läßt sich diese Gleichung weiter auf

$$(18.29) \qquad \Phi_{\bar\lambda\bar\mu} = \frac{n}{\bar\lambda + \bar\mu}(\Phi_{\bar\lambda} + \Phi_{\bar\mu})$$

reduzieren (vgl. [*34*], S. 87). Dabei ist

$$n = \frac{3 - \varkappa}{2(\varkappa - 1)}$$

die Anzahl der Atome der Gasmoleküle. Gl. (18.29) hat die Form der *Darbouxschen Gleichung*

$$(18.30) \qquad u_{xy} = \frac{n}{x + y}(u_x + u_y),$$

deren allgemeine Lösung man für $n = -1, 0, 1, \ldots$ ähnlich einfach wie bei der Wellengleichung $u_{xy} = 0$ explizit angeben kann: Mit den willkürlichen, hinreichend oft stetig differenzierbaren Funktionen $\varphi_1(x)$, $\varphi_2(y)$ gilt

(18.31)
$$u(x,y) = \begin{cases} \varphi_1(x) + \varphi_2(y), & n = 0, \\[2mm] \varphi_1(x) + \varphi_2(y) - \dfrac{x+y}{2}\,[\varphi_1'(x) + \varphi_2'(y)], & n = -1, \\[2mm] \dfrac{\partial^{2n-2}}{\partial x^{n-1}\,\partial y^{n-1}}\left[\dfrac{\varphi_1(x) + \varphi_2(y)}{x+y}\right], & n = 1, 2, \ldots \end{cases}$$

Anfangswertprobleme der Gl. (18.30) können auch mit dem in 15.7 beschriebenen Riemannschen Verfahren gelöst werden.

Für die Praxis empfiehlt es sich in der Regel, das Cauchy-Problem der Differentialgleichung (18.22) numerisch zu lösen. Hierfür stehen die in § 19 betrachteten Methoden zur Verfügung.

18.3 Nichtisentropische Strömungen

Bisher haben wir ausschließlich isentropische Strömungen betrachtet, die dadurch gekennzeichnet sind, daß die Entropie konstant ist. Bei nichtisentropischen Strömungen besitzt der Geschwindigkeitsvektor kein Potential.

Sei $v^T = (v^1, v^2, v^3)$ der Geschwindigkeitsvektor, p der Druck und s die Entropie des Gases, so wird die dreidimensionale instationäre nichtisentropische Gasströmung durch das folgende quasilineare Gleichungssystem beschrieben (vgl. [34], S. 15):

(18.32)
$$\begin{cases} v_t^i + v^1 v_{x_1}^i + v^2 v_{x_2}^i + v^3 v_{x_3}^i + \dfrac{1}{\varrho}\,p_{x_i} = 0, & i = 1, 2, 3, \\[2mm] \dfrac{1}{a^2}\,p_t + \varrho\,(v_{x_1}^1 + v_{x_2}^2 + v_{x_3}^3) + \dfrac{1}{a_2}\,(v^1 p_{x_1} + v^2 p_{x_2} + v^3 p_{x_3}) = 0, \\[2mm] s_t + v^1 s_{x_1} + v^2 s_{x_2} + v^3 s_{x_3} = 0. \end{cases}$$

Wegen

$$\frac{ds}{dt} = s_t + \sum_{i=1}^{3} s_{x_i}\frac{dx_i}{dt}, \qquad \frac{dv^j}{dt} = v_t^j + \sum_{i=1}^{3} v_{x_i}^j\frac{dx_i}{dt}, \qquad \frac{dp}{dt} = p_t + \sum_{i=1}^{3} p_{x_i}\frac{dx_i}{dt}$$

und $dx_i/dt = v^i$ kann das System (18.32) auch kürzer in der Form

(18.33)
$$\frac{dv}{dt} + \frac{1}{\varrho}\,\mathrm{grad}\,p = 0, \qquad \frac{1}{a^2}\frac{dp}{dt} + \varrho\,\mathrm{div}\,v = 0, \qquad \frac{ds}{dt} = 0$$

geschrieben werden.

Für nichtisentropische Strömungen ist die Dichte eine Funktion von p und s: $\varrho = \varrho(p, s)$. Die Schallgeschwindigkeit wird durch

(18.34)
$$\frac{1}{a^2(p, s)} = \frac{\partial \varrho(p, s)}{\partial p}$$

definiert. Wegen $p_t = a^2 \varrho_t$, $p_{x_i} = a^2 \varrho_{x_i}$, $i = 1, 2, 3$, kann das System (18.32) auch in der folgenden Form geschrieben werden:

$$(18.35) \quad \begin{cases} v_t^i + v^1 v_{x_1}^i + v^2 v_{x_2}^i + v^3 v_{x_3}^i + \dfrac{a^2}{\varrho} \varrho_{x_i} = 0, \quad i = 1, 2, 3, \\[2mm] p_t + \varrho\,(v_{x_1}^1 + v_{x_2}^2 + v_{x_3}^3) + v^1 \varrho_{x_1} + v^2 \varrho_{x_2} + v^3 \varrho_{x_3} = 0, \\[2mm] s_t + v^1 s_{x_1} + v^2 s_{x_2} + v^3 s_{x_3} = 0. \end{cases}$$

Bei konstanter Entropie s geht es in (18.7) über.

Die eindimensionale nichtisentropische Strömung wird nach (18.32) mit $x_1 = x$ durch das Gleichungssystem

$$(18.36) \quad \begin{cases} v_t + v\,v_x + \dfrac{1}{\varrho}\,p_x = 0, \\[2mm] p_t + \varrho\,a^2\,v_x + v\,p_x = 0, \\[2mm] s_t + v\,s_x = 0, \end{cases}$$

beschrieben. Setzt man

$$\boldsymbol{u}^T = (v, p, s), \qquad \boldsymbol{B} = \begin{pmatrix} v & \dfrac{1}{\varrho} & 0 \\[2mm] \varrho\,a^2 & v & 0 \\[2mm] 0 & 0 & v \end{pmatrix},$$

so hat es die Form

$$\boldsymbol{u}_t + \boldsymbol{B}\,\boldsymbol{u}_x = \boldsymbol{0}.$$

Die charakteristischen Richtungen sind die Eigenwerte von $\boldsymbol{B}$ und lauten

$$(18.37) \qquad c_1 = v + a, \quad c_2 = v - a, \quad c_3 = v.$$

Sie sind reell und voneinander verschieden, zu ihnen gehören die bis auf einen konstanten Faktor eindeutigen linear unabhängigen Eigenvektoren

$$(18.38) \qquad \boldsymbol{b}_1 = \begin{pmatrix} 1 \\ \varrho\,a \\ 0 \end{pmatrix}, \quad \boldsymbol{b}_2 - \begin{pmatrix} 1 \\ -\varrho\,a \\ 0 \end{pmatrix}, \quad \boldsymbol{b}_3 - \begin{pmatrix} 0 \\ 0 \\ 1 \end{pmatrix}.$$

Wir wollen die Normalform (14.22) erreichen und setzen dazu

$$\boldsymbol{A}^{-1} = \begin{pmatrix} 1 & 1 & 0 \\ \varrho\,a & -\varrho\,a & 0 \\ 0 & 0 & 1 \end{pmatrix}, \qquad \boldsymbol{A} = \begin{pmatrix} \dfrac{1}{2} & \dfrac{1}{2\varrho\,a} & 0 \\[2mm] \dfrac{1}{2} & -\dfrac{1}{2\varrho\,a} & 0 \\[2mm] 0 & 0 & 1 \end{pmatrix}.$$

Dann gilt

$$\boldsymbol{B} = \boldsymbol{A}^{-1} \boldsymbol{C} \boldsymbol{A}$$

mit

$$C = \begin{pmatrix} v+a & 0 & 0 \\ 0 & v-a & 0 \\ 0 & 0 & v \end{pmatrix},$$

und das System (18.36) hat die Normalform

$$A\,u_t + C\,A\,u_x = 0.$$

Nach Multiplikation der ersten beiden Gleichungen mit $2\varrho\,a$ lautet es ausführlich

$$(18.39) \quad \begin{cases} \varrho\,a[v_t + (v+a)\,v_x] + [p_t + (v+a)\,p_x] = 0, \\ \varrho\,a[v_t + (v-a)\,v_x] - [p_t + (v-a)\,p_x] = 0, \\ s_t + v\,s_x \hphantom{aaaaaaaaaaaaaaaaaaaa} = 0. \end{cases}$$

In jeder Gleichung des Systems treten nur Richtungsableitungen nach einer charakteristischen Richtung auf.

Es gibt keine allgemeine Methode, das Cauchy-Problem des Systems (18.32) oder dessen Spezialisierungen (18.36), (18.39) exakt geschlossen zu lösen. Für die näherungsweise Lösung stehen in erster Linie die im nächsten § 19 untersuchten numerischen Methoden zur Verfügung.

Wir haben hier nicht die Frage untersucht, ob und unter welchen Voraussetzungen bei hyperbolischen Differentialgleichungen Unstetigkeiten der Lösungen und ihrer Ableitungen auftreten können. Dazu wäre ein tieferes Eindringen in die Theorie notwendig. Fragen nach Unstetigkeiten von Lösungen stellen sich z. B. in der Gasdynamik bei der Theorie der Verdichtungsstöße. Wir verweisen auf die Literatur, etwa auf [9, 16, 30, 34].

§ 19. Numerische Lösung von Anfangswertproblemen hyperbolischer Gleichungen mit Differenzenverfahren

Die bisherigen Betrachtungen haben deutlich gemacht, daß es bei Anfangswertproblemen partieller Differentialgleichungen mit veränderlichen Koeffizienten nur in Ausnahmefällen möglich ist, die Lösung explizit anzugeben. Da solche Probleme aber in der Physik — z. B. in der Gasdynamik — eine wesentliche Rolle spielen, hat man schon frühzeitig versucht, sie näherungsweise zu lösen. Hierfür sind zahlreiche Methoden entwickelt worden, unter denen die Diskretisationsverfahren den größten Anwendungsbereich haben, da sie nicht auf spezielle Gleichungstypen zugeschnitten sind. Entsprechend wie bei gewöhnlichen Differentialgleichungen (vgl. § 9) ersetzt man dabei alle partiellen Ableitungen durch entsprechende „partielle Differenzenquotienten".

Mit solchen „Differenzenverfahren" wollen wir uns hier ausschließlich beschäftigen. Während es bei den meisten Anfangswertproblemen leicht ist, ein solches Verfahren aufzustellen, ist die Frage nach der Güte der berechneten Näherungen ungleich schwieriger zu beantworten.

19.1 Numerische Lösung von Anfangswertproblemen der Gleichung $u_{xy} = f(x, y, u, u_x, u_y)$

Wir betrachten zunächst im Rechteck

$$R: \quad 0 \leq x \leq a, \quad 0 \leq y \leq b$$

das charakteristische Anfangswertproblem

$$(19.1) \qquad \begin{aligned} u_{xy} &= f(x, y, u, u_x, u_y), \\ u(x, 0) &= r(x), \quad u(0, y) = s(y), \quad r(0) = s(0). \end{aligned}$$

Offenbar läßt sich jedes charakteristische Anfangswertproblem (vgl. 15.4) durch Transformation der Variablen x, y in (19.1) überführen. Wir nehmen ferner an, daß (19.1) in R die Voraussetzungen des Existenz- und Eindeutigkeitssatzes 15.2 erfüllt.

Um zu Differenzapproximationen zu gelangen, überziehen wir das Rechteck R mit einem quadratischen Gitter G_h der Maschenweite h, so daß $a = M h$, $b = N h$ gilt, M, N ganz. Eventuell muß dabei b durch $\bar{b} < b$ ersetzt werden. Die Gitterpunkte von G_h bezeichnen wir mit

$$(19.2) \quad (x_r, y_s) = (r h, s h),$$

$$0 \leq r \leq M, \ 0 \leq s \leq N.$$

Wir stellen uns dann die Aufgabe, in den Gitterpunkten (x_r, y_s) Näherungen $u_{r,s}$ der exakten Lösungswerte $u(x_r, y_s)$ des Anfangswertproblems (19.1) zu berechnen (Abb. 19.1).

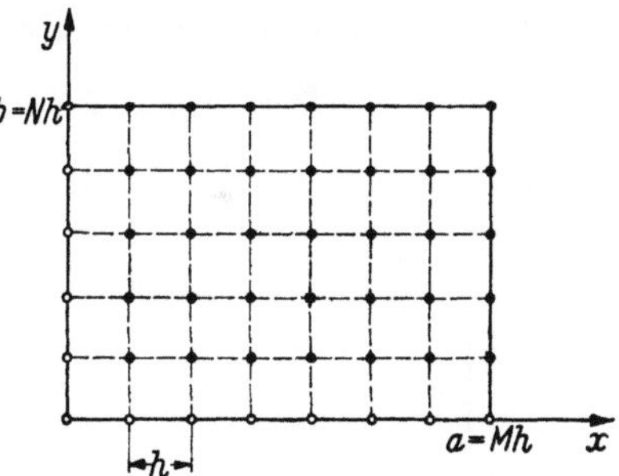

Abb. 19.1. Gitter für das charakteristische Anfangswertproblem

Mit $u_x = p$, $u_y = q$ und $(\bar{x}, \bar{y}) \in R$ gilt für die Lösung $u(x, y)$ des Anfangswertproblems und ihre Ableitungen:

$$(19.3) \quad \begin{cases} u(x, y) = u(x, \bar{y}) + u(\bar{x}, y) - u(\bar{x}, \bar{y}) + \int\limits_{\bar{y}}^{y} \int\limits_{\bar{x}}^{x} f(\xi, \eta, u, p, q) \, d\xi \, d\eta, \\[2ex] p(x, y) = p(x, \bar{y}) + \int\limits_{\bar{y}}^{y} f(x, \eta, u, p, q) \, d\eta, \\[2ex] q(x, y) = q(\bar{x}, y) + \int\limits_{\bar{x}}^{x} f(\xi, y, u, p, q) \, d\xi. \end{cases}$$

Diese Gleichungen bilden die Grundlage der nun zu entwickelnden numerischen Verfahren.

Es liegt zunächst nahe, Verfahren aufzustellen, welche den Adams-Verfahren bei gewöhnlichen Differentialgleichungen entsprechen (vgl. 9.4). Dazu setzen wir

$$(19.4) \qquad x = x_{r+1}, \qquad y = y_{s+1}, \qquad \bar{x} = x_r, \qquad \bar{y} = y_s$$

und bezeichnen

$$(19.5) \qquad f_{r,s} = f(x_r, y_s, u_{r,s}, p_{r,s}, q_{r,s}),$$

wobei $p_{r,s}, q_{r,s}$ die gesuchten Näherungen für $p(x_r, y_s)$, $q(x_r, y_s)$ bedeuten.

In der ersten Gl. (19.3) ersetzen wir dann $f(x, y, u, p, q)$ durch das Polynom $P_{n,n}(x, y)$, welches durch die Forderung

$$P_{n,n}(x_{r-\mu}, y_{s-\nu}) = f_{r-\mu, s-\nu}, \qquad \mu, \nu = 0, 1, \ldots, n$$

eindeutig bestimmt ist. Entsprechend ersetzen wir in der zweiten Gl. (19.3) bei festem $x = x_{r+1}$ die Funktion $f(x_{r+1}, y, u, p, q)$ durch das Polynom $\bar{P}_n(y)$ mit

$$\bar{P}_n(y_{s-\mu}) = f_{r+1, s-\mu}, \qquad \mu = 0, 1, \ldots, n,$$

schließlich bei festem $y = y_{s+1}$ in der dritten Gl. (19.3) die Funktion $f(x, y_{s+1}, u, p, q)$ durch das Polynom $\bar{P}_n(x)$ mit

$$\bar{P}_n(x_{r-\mu}) = f_{r-\mu, s+1}, \qquad \mu = 0, 1, \ldots, n.$$

Führen wir dann die Kubaturen bzw. Quadraturen in (19.3) aus, so erhalten wir folgenden Formelsatz, welcher der Formel (9.41) von ADAMS-BASHFORTH entspricht:

$$(19.6) \quad \begin{cases} u_{r+1,s+1} = u_{r+1,s} + u_{r,s+1} - u_{r,s} + h^2 \sum_{\mu=0}^{n} \sum_{\nu=0}^{n} \alpha_{n\mu} \alpha_{n\nu} f_{r-\mu, s-\nu}, \\[2ex] p_{r+1,s+1} = p_{r+1,s} + h \sum_{\nu=0}^{n} \alpha_{n\nu} f_{r+1, s-\nu}, \\[2ex] q_{r+1,s+1} = q_{r,s+1} + h \sum_{\mu=0}^{n} \alpha_{n\mu} f_{r-\mu, s+1}, \\[2ex] f_{r+1,s+1} = f(x_{r+1}, y_{s+1}, u_{r+1,s+1}, p_{r+1,s+1}, q_{r+1,s+1}). \end{cases}$$

Die Koeffizienten α_{ni} bestimmen sich dabei aus den in der ersten Tabelle von 9.4 gegebenen β_{jn}, es gilt

$$\alpha_{ni} = \beta_{n-i, n}, \qquad i = 0, 1, \ldots, n.$$

Durch das Gleichungssystem (19.6) werden Differenzenverfahren geliefert, die für größere Zahlen n sehr genau sind. Allerdings treten für $n \geqq 1$ bei der Anwendung dieser Formeln zusätzliche Schwierigkeiten auf, die einer genaueren Erörterung bedürfen, weshalb wir uns im folgenden auf den Fall $n = 0$ beschränken wollen. Eine allgemeine Untersuchung der durch (19.6) gegebenen Verfahren für beliebiges n findet sich in [40].

Für $n = 0$ folgen aus (19.6) die sehr einfachen Formeln

$$(19.7) \quad \begin{cases} u_{r+1,s+1} = u_{r+1,s} + u_{r,s+1} - u_{r,s} + h^2 f_{r,s}, \\ p_{r+1,s+1} = p_{r+1,s} + h f_{r+1,s}, \\ q_{r+1,s+1} = q_{r,s+1} + h f_{r+1,s}. \end{cases}$$

Dazu kommt noch die vierte Gl. (19.6), die wir aber hier und im folgenden nicht mehr explizit anschreiben.

Durch die Anfangsbedingungen sind nun die Werte

$$u_{0,s}, \; p_{0\,s}, \; q_{0,s} \quad \text{bzw.} \quad u_{r,0}, \; p_{r,0}, \; q_{r,0}$$

auf den Charakteristiken $x = 0$, $y = 0$ vorgegeben und somit dort auch $f_{0,s}, f_{r,0}$ bekannt. Mit Hilfe von (19.7) können dann die $u_{r,s}, p_{r,s},$ $q_{r,s}, f_{r,s}$ in allen übrigen Punkten des Gitters G_h berechnet werden. In Abb. 19.1 ist die Lage der Anfangswerte durch kleine Kreise, die der berechneten Näherungen durch Punkte gekennzeichnet. Für die praktische Rechnung ist es im Prinzip unwesentlich, ob man nacheinander die Werte auf den zu $y = 0$ oder auf den zu $x = 0$ parallelen Gittergeraden berechnet. Es ist jedoch nützlich, beide Rechnungen durchzuführen, um so eine Rechenkontrolle zu erhalten.

Während durch (19.6) die Extrapolationsverfahren (explizite Verfahren) gegeben sind, lassen sich auf ähnliche Art auch Interpolationsverfahren (implizite Verfahren) konstruieren, die den Adams-Moulton-Verfahren bei gewöhnlichen Differentialgleichungen entsprechen. Für $n = 0$ erhält man die (19.7) entsprechenden Gleichungen

$$(19.8) \quad \begin{cases} u_{r+1,s+1} = u_{r+1,s} + u_{r,s+1} - u_{r,s} + h^2 f_{r+1,s+1}, \\ p_{r+1,s+1} = p_{r+1,s} + h f_{r+1,s+1}, \\ q_{r+1,s+1} = q_{r,s+1} + h f_{r+1,s+1}. \end{cases}$$

Bezüglich $u_{r+1,s+1}, p_{r+1,s+1}, q_{r+1,s+1}$ stellt (19.8) ein nichtlineares Gleichungssystem dar, dessen explizite Auflösung i. allg. nicht möglich sein wird. Man kann das System jedoch iterativ lösen, indem man folgendermaßen vorgeht:

Der Wert $f_{r+1,s+1}$ wird durch einen Näherungswert $f^{[0]}_{r+1,s+1}$ ersetzt, der etwa vorher mit Hilfe von (19.7) berechnet wurde. Auf der linken Seite ergeben sich dann die ersten Näherungen $u^{[1]}_{r+1,s+1}, p^{[1]}_{r+1,s+1}, q^{[1]}_{r+1,s+1}$ und daraus $f^{[1]}_{r+1,s+1} = f(x_{r+1}, y_{s+1}, u^{[1]}_{r+1,s+1}, p^{[1]}_{r+1,s+1}, q^{[1]}_{r+1,s+1})$. Daraufhin ersetzt man auf der rechten Seite $f_{r+1,s+1}$ durch $f^{[1]}_{r+1,s+1}$ und berechnet die zweiten Näherungen, usf. Die $\lambda + 1$-ten Näherungen, $\lambda \geqq 1$, sind dann, wenn $f^{[\lambda]}_{r+1,s+1} - f^{[\lambda-1]}_{r+1,s+1} = \Delta^{[\lambda]} f_{r+1,s+1}$ gesetzt wird,

$$(19.9)\qquad \begin{cases} u^{[\lambda+1]}_{r+1,s+1} = u^{[\lambda]}_{r+1,s+1} + h^2\,\Delta^{[\lambda]} f_{r+1,s+1}, \\[4pt] p^{[\lambda+1]}_{r+1,s+1} = p^{[\lambda]}_{r+1,s+1} + h\,\Delta^{[\lambda]} f_{r+1,s+1}, \\[4pt] q^{[\lambda+1]}_{r+1,s+1} = q^{[\lambda]}_{r+1,s+1} + h\,\Delta^{[\lambda]} f_{r+1,s+1}. \end{cases}$$

Sei M die Lipschitz-Konstante der Funktion f bezüglich der Veränderlichen u, p, q, so läßt sich zeigen, daß das Iterationsverfahren für

$$(19.10)\qquad h < \sqrt{1 + \frac{1}{M}} - 1 < \frac{1}{M}$$

konvergiert.

Beispiel 19.1. Wir betrachten das Anfangswertproblem

$$(*)\qquad u_{xy} = \frac{u_x\,u_y}{u} + u, \qquad u(x,0) = e^{x^2}, \qquad u(0,y) = \cos y$$

in R: $0 \le x \le 1$, $0 \le y \le 1$.

Daraus folgt

$$p(x,0) = 2x\,e^{x^2}, \qquad q(0,y) = -\sin y.$$

Setzt man weiter in (*) einmal $x = 0$, ein andermal $y = 0$, so entstehen die beiden gewöhnlichen Anfangswertprobleme

$$\frac{dp(0,y)}{dy} = -p(0,y)\tan y + \cos y, \qquad p(0,0) = 0,$$

$$\frac{dq(x,0)}{dx} = 2q(x,0)\,x + e^{x^2}, \qquad q(0,0) = 0.$$

Die eindeutigen Lösungen sind

$$p(0,y) = y\cos y, \qquad q(x,0) = x\,e^{x^2}.$$

Die exakte Lösung des halblinearen Problems (*) ist bekannt, sie lautet

$$u = e^{x^2 + xy}\cos y.$$

Mit der Schrittweite $h = 0{,}01$ enthält Tab. 19.1 die nach (19.7), Tab. 19.2 die nach (19.8) berechneten Näherungswerte der Lösung von (*). Die Fehler $u_{r,s} - u(x_r, y_s)$ der Näherungen nach (19.7) bzw. (19.8) sind in Tab. 19.3 bzw. Tab. 19.4 aufgeführt.

Die Gln. (19.8) wurden iterativ gelöst, wobei als nullte Näherungen jeweils die nach (19.7) berechneten Näherungen verwendet wurden.

Man erkennt an den Tab. 19.3 und 19.4, daß sich die nach (19.7) ermittelten Näherungen praktisch nicht mehr verbessern lassen durch das Verfahren nach (19.8).

Wir wenden uns nun der numerischen Lösung des Cauchy-Problems zu. Auf einer Kurve $y = \varphi(x)$, welche streng monoton ist und durch die beiden Eckpunkte $(0,0)$ und (a,b) des Rechtecks R hindurchgeht,

Tabelle 19.1. *Näherungswerte* $u_{r,s}$ *nach* (19.7)

y_s \ x_r	0	0,1	0,2	0,3	0,4	0,5	0,6	0,7	0,8	0,9	1,0
1,0	0,540 302	0,603 762	0,688 022	0,799 581	0,947 638	1,145 332	1,411 614	1,774 106	2,273 553	2,970 807	3,957 944
0,9	0,621 610	0,687 490	0,775 448	0,892 040	1,046 538	1,252 145	1,527 809	1,901 000	2,411 998	3,120 587	4,116 637
0,8	0,696 707	0,762 706	0,851 581	0,969 749	1,126 291	1,334 101	1,611 612	1,985 411	2,494 262	3,195 355	4,174 116
0,7	0,764 842	0,828 827	0,916 090	1,032 749	1,187 480	1,392 587	1,665 599	2,031 684	2,527 342	3,206 109	4,147 470
0,6	0,825 336	0,885 374	0,968 775	1,081 229	1,230 846	1,429 131	1,692 430	2,044 120	2,517 938	3,163 094	4,052 217
0,5	0,877 583	0,931 971	1,009 562	1,115 521	1,257 274	1,445 378	1,694 811	2,026 928	2,472 406	3,075 758	3,902 315
0,4	0,921 061	0,968 350	1,038 502	1,136 087	1,267 765	1,443 053	1,675 456	1,984 180	2,396 710	2,952 738	3,710 202
0,3	0,955 336	0,994 349	1,055 764	1,143 506	1,263 422	1,423 941	1,637 049	1,919 772	2,296 397	2,801 848	3,486 845
0,2	0,980 067	1,009 915	1,061 630	1,138 463	1,245 429	1,389 856	1,582 218	1,837 396	2,176 571	2,630 087	3,241 811
0,1	0,995 004	1,015 097	1,056 484	1,121 734	1,215 030	1,342 618	1,513 504	1,740 514	2,041 885	2,443 661	2,983 344
0	1,000 000	1,010 050	1,040 811	1,094 174	1,173 511	1,284 025	1,433 329	1,632 316	1,896 481	2,247 908	2,718 282

Tabelle 19.2. *Näherungswerte* $u_{r,s}$ *nach* (19.8)

y_s \ x_r	0	0,1	0,2	0,3	0,4	0,5	0,6	0,7	0,8	0,9	1,0
1,0	0,540 302	0,602 509	0,685 708	0,796 462	0,944 163	1,142 346	1,410 701	1,778 187	2,287 933	3,005 103	4,029 466
0,9	0,621 610	0,686 491	0,773 707	0,889 915	1,044 615	1,251 450	1,530 160	1,909 614	2,432 525	3,162 979	4,198 407
0,8	0,696 707	0,761 938	0,850 343	0,968 455	1,125 596	1,335 107	1,616 206	1,996 834	2,518 080	3,241 168	4,258 526
0,7	0,764 842	0,828 264	0,915 278	1,032 119	1,187 701	1,394 752	1,671 530	2,044 448	2,552 104	3,251 638	4,228 713
0,6	0,825 336	0,884 987	0,968 308	1,081 101	1,231 694	1,431 970	1,698 921	2,057 009	2,541 793	3,205 550	4,126 120
0,5	0,877 583	0,931 729	1,009 360	1,115 740	1,258 483	1,448 466	1,701 213	2,038 976	2,493 925	3,113 067	3,965 923
0,4	0,921 061	0,968 221	1,038 486	1,136 507	1,269 096	1,446 027	1,681 232	1,994 622	2,414 837	2,983 481	3,761 675
0,3	0,955 336	0,994 301	1,055 858	1,143 992	1,264 665	1,426 493	1,641 775	1,928 044	2,310 414	2,825 163	3,525 252
0,2	0,980 067	1,009 914	1,061 759	1,138 892	1,246 403	1,391 738	1,585 572	1,843 107	2,186 043	2,645 567	3,266 926
0,1	0,995 004	1,015 112	1,056 581	1,121 997	1,215 580	1,343 632	1,515 253	1,743 419	2,046 606	2,451 247	2,995 470
0	1,000 000	1,010 050	1,040 811	1,094 174	1,173 511	1,284 025	1,433 329	1,632 316	1,896 481	2,247 908	2,718 282

Tabelle 19.3. *Fehler* $[u_{r,s} - u(x_r, y_s)]$ 10^6 *nach* (19.7)

$\dfrac{y_s}{x_r}$	0	0,1	0,2	0,3	0,4	0,5	0,6	0,7	0,8	0,9	1,0
1,0	0	635	1163	1565	1746	1512	508	−1911	− 6898	−16503	−34380
0,9	0	505	874	1068	973	377	− 1105	−4144	− 9915	−20464	−39381
0,8	0	387	622	653	361	− 469	− 2216	−5534	−11541	−22160	−40714
0,7	0	283	408	320	− 96	−1046	− 2883	−6205	−12024	−22057	−39236
0,6	0	195	235	69	−410	−1384	− 3167	−6280	−11595	−20576	−35697
0,5	0	122	102	−105	−590	−1511	− 3129	−5875	−10466	−18090	−30737
0,4	0	65	− 9	−206	−654	−1458	− 2826	−5096	− 8822	−14913	−24884
0,3	0	25	−45	−240	−612	−1253	− 2315	−4040	− 6823	−11312	−18568
0,2	0	1	−64	−212	−479	− 924	−14642	−2788	− 4607	− 7502	−12125
0,1	0	−7	−48	−130	−270	− 497	− 854	−1412	− 2285	− 3654	− 5814
0	0	0	0	0	0	0	0	0	0	0	0

Tabelle 19.4. *Fehler* $[u_{r,s} - u(x_r, y_s)] \cdot 10^6$ *nach* (19.8)

$\dfrac{y_s}{x_r}$	0	0,1	0,2	0,3	0,4	0,5	0,6	0,7	0,8	0,9	1,0
1,0	0	619	1151	1554	1729	1474	405	−2170	− 7481	−17793	−37142
0,9	0	495	866	1057	950	319	−1246	−4470	−10612	−21928	−42388
0,8	0	381	616	642	334	− 537	−2377	−5890	−12277	−23653	−43696
0,7	0	280	404	310	−126	− 119	−3048	−6559	−12738	−23472	−42007
0,6	0	193	232	59	−438	−1455	−3324	−6609	−12259	−21879	−38206
0,5	0	120	100	−114	−618	−1577	−3273	−6172	−11053	−19219	−32870
0,4	0	63	7	−214	−678	−1516	−2950	−5346	− 9305	−15823	−26588
0,3	0	24	−48	−247	−631	−1299	−2412	−4233	− 7193	−12003	−19839
0,2	0	0	−66	−217	−494	− 958	−1712	−2924	− 4865	− 7978	−12990
0,1	0	−7	−49	−133	−279	− 517	− 895	−1492	− 2436	− 3931	− 6312
0	0	0	0	0	0	0	0	0	0	0	0

seien die Werte der gesuchten Lösung vorgegeben (vgl. 15.4). Ohne Einschränkung der Allgemeinheit kann $\varphi(x)$ als monoton wachsend angenommen werden, so daß $a > 0$, $b > 0$ gilt. Durch die Transformation

$$(19.11) \qquad \xi = x, \qquad \eta = \varphi^{-1}(y)$$

geht dann die Kurve $y = \varphi(x)$ über in die Gerade $\eta = \xi$, während die Differentialgleichung in eine solche gleicher Gestalt, etwa in

$$u_{\xi\eta} = g(\xi, \eta, u, u_\xi, u_\eta)$$

übergeht. Wir können uns daher auf die Betrachtung des Cauchy-Problems

$$(19.12) \qquad \begin{aligned} u_{xy} &= f(x, y, u, p, q), \\ u(x, x) &= \alpha(x), \quad p(x, x) = \beta(x), \quad q(x, x) = \gamma(x), \end{aligned}$$

beschränken, wobei α, β, γ natürlich die Streifenbedingung erfüllen müssen.

Für die numerische Lösung dieses Anfangswertproblems sind ebenfalls sehr genaue Differenzenverfahren entwickelt und theoretisch untersucht worden [37, 41]. Wir wollen uns hier jedoch wieder auf die Betrachtung der einfachsten Differenzapproximationen beschränken.

Durch die Transformation (19.11) wird erreicht, daß für die Approximationen das gleiche Quadratgitter G_h verwendet werden kann wie beim charakteristischen Anfangswertproblem. Würden wir versuchen, das Problem in der ursprünglichen Form mit $\varphi(x) \neq x$ zu lösen, so ließe sich nur ein Rechteckgitter verwenden, welches in Richtung der x-Achse die feste Maschenweite h, in Richtung der y-Achse jedoch die variable Maschenweite $k_\nu = y_{\nu+1} - y_\nu = \varphi(x_{\nu+1}) - \varphi(x_\nu)$ besitzt.

Sei $u(x, y)$ eine mindestens dreimal stetig differenzierbare Lösung von $u_{xy} = f$, so gilt

$$(19.13) \qquad \left\{ \begin{aligned} u(x_{r-1}, y_s) &= u(x_r, y_s) - h\, p(x_r, y_s) + O(h^2), \\ (\text{bzw. } u(x_{r-1}, y_s) &= u(x_{r-1}, y_{s-1}) + h\, q(x_{r-1}, y_{s-1}) + O(h^2)), \\ p(x_{r-1}, y_s) &= p(x_{r-1}, y_{s-1}) + h\, p_y(x_{r-1}, y_{s-1}) + O(h^2), \\ q(x_{r-1}, y_s) &= q(x_r, y_s) - h\, q_x(x_r, y_s) + O(h^2). \end{aligned} \right.$$

Ersetzt man hierin unter Fortlassung der Glieder $O(h^2)$ die exakten Werte von u, p, q durch Näherungen, berücksichtigt $p_y = q_x = f$, so folgt das Differenzengleichungssystem:

$$(19.14) \qquad \left\{ \begin{aligned} u_{r-1,s} &= u_{r,s} - h\, p_{r,s}, \\ (\text{bzw. } u_{r-1,s} &= u_{r-1,s-1} + h\, q_{r-1,s-1}), \\ p_{r-1,s} &= p_{r-1,s-1} + h\, f_{r-1,s-1}, \\ q_{r-1,s} &= q_{r,s} - h\, f_{r,s}. \end{aligned} \right.$$

Mit dem hierdurch gegebenen Differenzenverfahren können die Näherungen $u_{r,s}$, $p_{r,s}$, $q_{r,s}$, $f_{r,s}$ für $s > r$, d. h. in allen Gitterpunkten „oberhalb" $y = x$ berechnet werden. Da nämlich die $u_{r,r}$, $p_{r,r}$, $q_{r,r}$, $f_{r,r}$ durch die Anfangswerte in (19.12) vorgegeben sind, lassen sich nach (19.14) nacheinander die Zahlen $u_{r,s}$, $p_{r,s}$, $q_{r,s}$, $f_{r,s}$ in allen Gitterpunkten der Geraden $y = x + h$, $y = x + 2h$, ... berechnen (Abb. 19.2).

Ganz entsprechend erhält man zur Berechnung der Näherungen in den Gitterpunkten „unterhalb" $y = x$, also für $s < r$, den Formelsatz

$$(19.15) \quad \begin{cases} u_{r,s-1} = u_{r-1,s-1} + h\,p_{r-1,s-1}, \\ (\text{bzw. } u_{r,s-1} = u_{r,s} - h\,q_{r,s}), \\ p_{r,s-1} = p_{r,s} - h\,f_{r,s}, \\ q_{r,s-1} = q_{r-1,s-1} + h\,f_{r-1,s-1}. \end{cases}$$

Abschließend wollen wir noch die Genauigkeit der mit den verschiedenen oben angeschriebenen Differenzapproximationen ermittelten Näherungen $u_{r,s}$, $p_{r,s}$, $q_{r,s}$ erörtern.

Es ist zunächst zu verlangen, daß die Differenzengleichungen in einem gewissen Sinne die Differentialgleichung approximieren. Genauer fordern wir, daß die Differenzengleichungen durch jede hinreichend oft differenzierbare Lösung der Gleichung $u_{xy} = f$ bis auf einen Defekt $O(h^{p+1})$, $h \to 0$, mit $p \geqq 1$ erfüllt werden. Ist p die größte ganze Zahl, für welche dies gesichert ist, so heißt das durch die Differenzengleichungen gegebene numerische Verfahren „von der Ordnung p". Die Approximationsbedingung heißt *Konsistenzbedingung* (vgl. § 9).

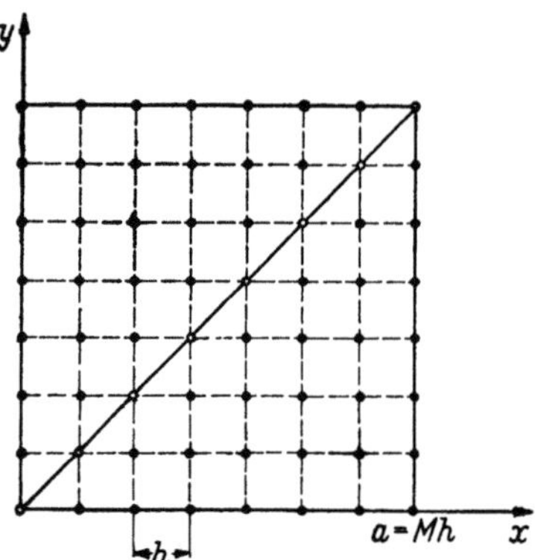

Abb. 19.2. Gitter beim Cauchy-Problem

Aus (19.13) erkennt man unmittelbar, daß das durch (19.14) gelieferte numerische Verfahren von der Ordnung 1 ist. Darüber hinaus bestätigt man leicht, daß auch alle anderen hier betrachteten einfachen Verfahren für beide Anfangswertprobleme die Ordnung 1 besitzen.

In 9.5 bei der numerischen Lösung gewöhnlicher Differentialgleichungen hatten wir festgestellt, daß nur solche Verfahren geeignet sind, welche bei fortlaufender Schrittverkleinerung die *Konvergenz* der Näherungen gegen die exakte Lösung gewährleisten.

Entsprechend fordern wir auch hier die Konvergenz der Verfahren: Es soll gelten:

$$\lim_{h \to 0} u_{r,s} = u(x, y), \quad (x, y) \in R,$$
$$(x_r, y_s) \to (x, y).$$

Es läßt sich nun zeigen, daß die durch (19.7), (19.8), (19.14), (19.15) gegebenen Differenzenverfahren sämtlich konvergent sind [*29*]. Für alle $h \leq h_0$ mit geeignetem hinreichend kleinen h_0 und alle $(x_r, y_s) \in R$ gelten darüber hinaus sogar die Ungleichungen

$$(19.16) \quad |u_{r,s} - u(x_r, y_s)| \leq K_1 h, \quad |p_{r,s} - p(x_r, y_s)| \leq K_2 h,$$
$$|q_{r,s} - q(x_r, y_s)| \leq K_3 h,$$

wobei K_1, K_2, K_3 von h unabhängige Konstanten bedeuten.

Für genauere Verfahren gibt es Konvergenzkriterien, die denen bei gewöhnlichen Differentialgleichungen sehr ähnlich sind. Eine Theorie findet sich in [*37*].

19.2 Numerische Charakteristikenverfahren

Ein System quasilinearer hyperbolischer Differentialgleichungen erster Ordnung bei zwei unabhängigen Veränderlichen läßt sich, wie wir in 14.3 gesehen haben, stets auf die Normalform (14.19) zurückführen. Wir betrachten dann das Anfangswertproblem

$$(19.17) \quad \begin{aligned} \sum_{j=1}^{n} a_{ij}(u_x^j + c_i u_y^j) - b_i &= 0, \\ u^i(x, \varphi(x)) = f^i(x), \quad \alpha &\leq x \leq \beta. \end{aligned} \qquad i = 1, 2, \ldots, n.$$

Dabei sei $y = \varphi(x)$ eine Kurve, welche von keiner Charakteristik berührt wird, und es gelte $\det(a_{ij}) \neq 0$.

Die besondere Bedeutung dieser Anfangswertprobleme beruht, wie früher bereits bemerkt, auf der Tatsache, daß beliebige Anfangswertprobleme hyperbolischer Differentialgleichungen bei zwei unabhängigen Veränderlichen auf sie zurückgeführt werden können.

In jeder Gl. (19.17) treten die Richtungsableitungen

$$(19.18) \quad \frac{du^j}{dx} = u_x^j + c_i u_y^j$$

nach nur einer charakteristischen Richtung $dy/dx = c_i$ auf. Während bei einem linearen oder halblinearen System (19.17) die Charakteristiken festliegen, hängen sie bei einem quasilinearen System noch von den gesuchten Funktionen u^j, $j = 1, 2, \ldots, n$, ab, was eine numerische Behandlung des Anfangswertproblems beträchtlich erschwert.

Zu den *numerischen Charakteristikenverfahren*, welche wir im folgenden, wie auch vielfach in der Literatur üblich, schlechthin als *Charakteristikenverfahren* bezeichnen wollen, gelangt man im Prinzip dadurch, daß man die Richtungsableitungen (19.18) durch finite ,,Richtungs-Differenzenquotienten'' ersetzt. Wir erläutern diese Verfahren zunächst am Beispiel eines halblinearen Systems (19.17) für $n = 2$.

Das Kurvenstück k: $y = \varphi(x)$, $\alpha \leq x \leq \beta$ wird in eine Anzahl Teilkurven unterteilt. Die Anzahl der Teilkurven sei N, die Trennpunkte bezeichnen wir mit P_ν, $\nu = 0, 1, \ldots, N$, den maximalen Abstand zweier Trennpunkte mit h. Durch Integration der beiden gewöhnlichen Differentialgleichungen

$$(19.19) \qquad \frac{dy}{dx} = c_1(x, y), \qquad \frac{dy}{dx} = c_2(x, y)$$

werden sodann die durch die Punkte P_ν, $\nu = 0, 1, \ldots, N$, hindurchgehenden Charakteristiken $y = \psi_1^{(\nu)}(x)$, $y = \psi_2^{(\nu)}(x)$ bestimmt. Sollte dies nicht exakt möglich sein, so stehen hierfür genügend genaue numerische Methoden, etwa die Runge-Kutta-Verfahren, zur Verfügung (vgl. 9.2).

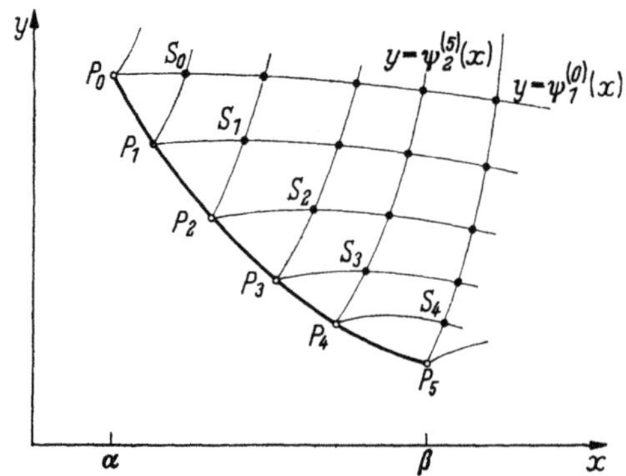

Abb. 19.3. Charakteristikennetz bei halblinearen Gleichungen

Die so berechneten Charakteristiken bilden ein „Charakteristikennetz", welches etwa die in Abb. 19.3 gezeichnete Form hat. Der Bereich, in dem die Lösung gesucht ist, wird durch die beiden äußeren Charakteristiken durch die Punkte P_0 und P_N begrenzt, er ist auch der zum Kurvenstück k gehörige Bestimmtheitsbereich der Lösung.

Es sei nun S_ν der Schnittpunkt der beiden Charakteristiken $y = \psi_1^{(\nu)}(x)$ und $y = \psi_2^{(\nu+1)}(x)$. Dann ersetzen wir das System (19.17) durch folgendes System von Differenzengleichungen in den Gitterfunktionen u_h^j, $j = 1, 2$:

$$(19.20) \qquad \begin{aligned} &\sum_{j=1}^{2} a_{1j}(S_\nu) \frac{u_h^j(S_\nu) - u_h^j(P_\nu)}{x(S_\nu) - x(P_\nu)} - b_1(S_\nu) = 0, \\[2mm] &\sum_{j=1}^{2} a_{2j}(S_\nu) \frac{u_h^j(S_\nu) - u_h^j(P_{\nu+1})}{x(S_\nu) - x(P_{\nu+1})} - b_2(S_\nu) = 0. \end{aligned}$$

Die Werte $u_h^j(P_\nu)$, $u_h^j(P_{\nu+1})$ auf der Anfangskurve sind hierbei bekannt. Daher ist (19.20) ein lineares inhomogenes Gleichungssystem, aus dem wegen $\det(a_{ij}(S_\nu)) \neq 0$ die gesuchten Werte $u_h^j(S_\nu)$, $j = 1, 2$, eindeutig bestimmt werden können.

Auf diese Weise lassen sich nacheinander die Werte von u_h^j in den Gitterpunkten S_ν, $\nu = 0, 1, \ldots, N - 1$, berechnen. Da diese Werte als neue Anfangswerte aufgefaßt werden können, ist das Verfahren fortsetzbar.

Wir wenden uns nun dem allgemeinen quasilinearen Problem (19.17) zu. Das Charakteristikennetz ist hier nicht von vornherein bekannt und muß daher durch eine Näherungskonstruktion ersetzt werden.

In den Punkten P_ν und $P_{\nu+1}$ der Kurve k sind die Werte der charakteristischen Richtungen c_i, $i = 1$, $2, \ldots, n$, bekannt. Unter den Richtungen $c_i(P_\nu)$ gibt es eine, die mit der Kurve k den kleinsten (im mathematisch positiven Sinn gemessenen) Winkel einschließt. Entsprechend gibt es unter den $c_i(P_{\nu+1})$ eine Richtung, welche mit k den größten Winkel einschließt. Den Schnittpunkt der durch diese beiden extremen Richtungen definierten Geraden bezeichnen wir mit S_ν (Abb. 19.4). Ohne Einschränkung der Allgemeinheit können

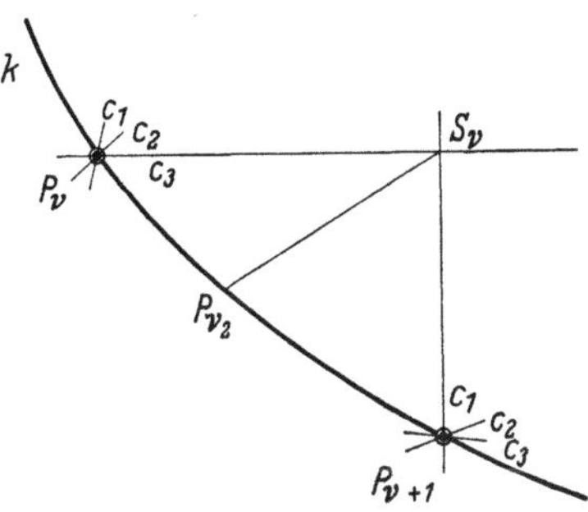

Abb. 19.4. Zum Charakteristikenverfahren bei quasilinearen Gleichungen ($n = 3$)

wir annehmen, daß diese extremen Richtungen $c_n(P_\nu)$ und $c_1(P_{\nu+1})$ sind, da dies sonst durch eine Umnumerierung der Gln. (19.17) erreichbar ist. Die restlichen Charakteristiken durch S_ν werden sodann durch die Geradenstücke mit den Richtungen $\frac{1}{2}\bigl(c_j(P_\nu) + c_j(P_{\nu+1})\bigr)$, $j = 2, 3, \ldots$, $n - 1$, ersetzt, die durch S_ν hindurchgehen und das Kurvenstück k etwa in den Punkten $P_{\nu j}$, $j = 2, 3, \ldots, n - 1$, schneiden.

Mit der Schreibweise $P_\nu = P_{\nu_1}$, $P_{\nu+1} = P_{\nu_n}$ sowie

$$a_{ij}(P_{\nu_1}) = a_{ij}\bigl(x(P_{\nu_1}), y(P_{\nu_1}), u^1(P_{\nu_1}), \ldots, u^n(P_{\nu_1})\bigr)$$

und entsprechender Definition von $b_i(P_{\nu_1})$ ersetzen wir dann das System (19.17) durch das System von Differenzengleichungen

$$(19.21) \qquad \sum_{j=1}^{n} a_{ij}(P_{\nu_1}) \frac{u_h^j(S_\nu) - u_h^j(P_{\nu i})}{x(S_\nu) - x(P_{\nu i})} - b_i(P_{\nu_1}) = 0, \qquad i = 1, 2, \ldots, n.$$

Da die Werte $u_h^j(P_{\nu i})$ auf k bekannt sind, stellt (19.21) wieder ein lineares inhomogenes Gleichungssystem für die $u_h^j(S_\nu)$, $j = 1, 2, \ldots, n$, dar, aus dem wegen $\det\bigl(a_{ij}(P_{\nu_1})\bigr) \neq 0$ diese Größen eindeutig bestimmt werden können.

Mit diesem Verfahren bestimmt man alle Punkte S_ν und anschließend die Näherungen $u_h^j(S_\nu)$, $\nu = 0, 1, \ldots, N - 1$; $j = 1, 2, \ldots, n$. Verbindet man die S_ν durch eine stetige Kurve, etwa durch einen Polygonzug, so kann dieser als neue Anfangskurve angesehen und das Charakteristikenverfahren fortgesetzt werden.

Charakteristikenverfahren lassen sich auch für Gleichungen bei mehr als zwei unabhängigen Veränderlichen aufstellen, wobei allerdings die Rechenvorschriften zum Teil recht unübersichtlich werden. Ein besonders übersichtliches Verfahren ist das von R. SAUER vorgeschlagene „Nebencharakteristikenverfahren" [*33*].

Über die Konvergenz von Charakteristikenverfahren ist bisher noch recht wenig bekannt. Ein Grund hierfür ist die Unregelmäßigkeit der benutzten „charakteristischen Gitter". Bei zwei unabhängigen Veränderlichen ist die Konvergenz jedoch nachweisbar.

Es ist auch häufig versucht worden, die Genauigkeit der betrachteten Verfahren zu verbessern. Zu dieser Frage vgl. man etwa [*1, 30*] und das dortige Literaturverzeichnis. In dem Spezialfall, daß das System (19.17) genau zwei Charakteristikenscharen besitzt, können diese im rechtwinkligen Koordinatensystem λ, μ in die Geraden $\lambda = \text{const}$, $\mu = \text{const}$ transformiert werden. Das charakteristische Gitter ist dann ein Quadratgitter. Für diesen Fall sind in [*36*] verfeinerte Verfahren höherer Ordnung und eine vollständige Konvergenztheorie gegeben worden.

19.3 Differenzenverfahren in Rechteckgittern zur numerischen Lösung hyperbolischer Systeme erster Ordnung bei zwei unabhängigen Veränderlichen

Der in der letzten Ziffer schon erwähnte Nachteil der Charakteristikenverfahren, daß die Rechnung in unregelmäßigen Gittern durchgeführt werden muß, hat zu einer stärkeren Beachtung der sog. *Differenzenverfahren in Rechteckgittern* geführt. Solche Verfahren besitzen i. allg. eine übersichtlichere Struktur und sind daher auch leichter theoretisch zu untersuchen. Man wird sie in der Regel dann verwenden, wenn die Charakteristiken selbst nicht interessieren.

Für die folgenden Betrachtungen ist es aus verschiedenen Gründen nützlich, von der Normalform (14.22) auszugehen. Das Cauchy-Problem läßt sich dann nach einer geeigneten Transformation der unabhängigen Variablen stets in der Form

$$\boldsymbol{F}\boldsymbol{u} \equiv \boldsymbol{A}(x,y,\boldsymbol{u})\,\boldsymbol{u}_y + \boldsymbol{C}(x,y,\boldsymbol{u})\,\boldsymbol{A}(x,y,\boldsymbol{u})\,\boldsymbol{u}_x = \boldsymbol{b}(x,y,\boldsymbol{u}),$$
$$\boldsymbol{u}(x,0) = \boldsymbol{f}(x), \qquad \alpha \leqq x \leqq \beta$$

(1922.)

stellen.

Es sei $\boldsymbol{B} = (B_{ij})$ eine beliebige $m \times n$-Matrix, $m, n \geqq 1$, insbesondere also ein Zeilen- oder Spaltenvektor. Dann definieren wir die Norm [vgl. (1.4), (1.10)]

(19.23)
$$\|\boldsymbol{B}\|_\infty = \operatorname*{Max}_i \sum_{j=1}^n |B_{ij}|.$$

Sei P ferner eine beliebige Punktmenge und $\boldsymbol{B}(p)$ eine auf ihr definierte Matrixfunktion, so schreiben wir

$$(19.24) \qquad \|\boldsymbol{B}\|_{\infty}^{P} = \sup_{p \in P} \|\boldsymbol{B}(p)\|_{\infty}.$$

Außerdem definieren wir den trapezförmigen Bereich

$$G(\tau, \delta) = \{(x, y) \mid \alpha + \tau y \leq x \leq \beta - \tau y; \; 0 \leq y \leq \delta; \; \tau, \delta > 0\},$$

und schließlich noch den $n + 2$-dimensionalen Bereich

$$G_{\Omega}(\tau, \delta) = \{(x, y, v) \mid (x, y) \in G(\tau, \delta), \|v - f_0\|_{\infty} \leq \Omega\},$$

wobei $f_0 = f(\alpha + \beta)/2$ gesetzt wurde.

Über das Anfangswertproblem (19.22) setzen wir voraus:

1. In $G_{\Omega}(\tau_0, \delta_0)$ sind die Elemente von $\boldsymbol{A}$, $\boldsymbol{C}$ und die Komponenten von $\boldsymbol{b}$ p mal, $p \geq 2$, bezüglich aller $n + 2$ Veränderlichen $x, y, u_1, \ldots, u_n$ stetig differenzierbar. Ferner gilt dort $|\det \boldsymbol{A}| \geq a > 0$ und $\|\boldsymbol{C}\|_{\infty}^{G_{\Omega}(\tau_0, \delta_0)} \leq \tau_1$.

2. Auf der Anfangsstrecke sind die Komponenten von $\boldsymbol{f}(x)$ p-mal stetig differenzierbar.

Dann existiert in einem Bereich $G = G(\tau_1, \delta_1)$, $\delta_1 \leq \delta_0$, die eindeutige, p-mal stetig differenzierbare Lösung $\boldsymbol{u}(x, y)$ des Anfangswertproblems (19.22) (vgl. [*12*]).

Den trapezförmigen Existenzbereich der Lösung überziehen wir nun mit einem Rechteckgitter der Maschenweiten $\Delta y = h$, $\Delta x = h/\lambda$ mit

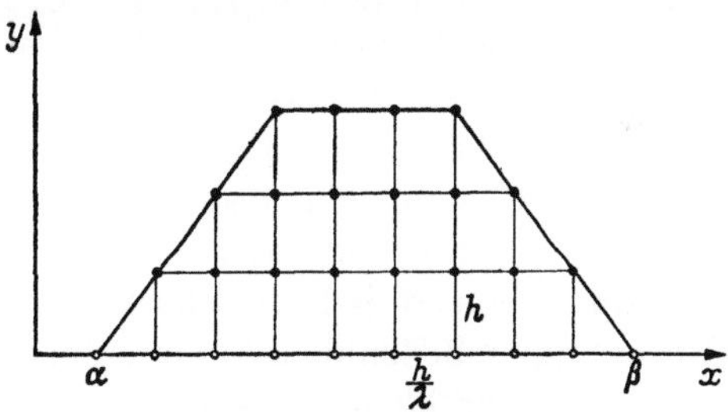

Abb. 19.5. Rechteckgitter

konstantem λ und bezeichnen die Menge aller Gitterpunkte mit G_h (Abb. 19.5). Die Menge der Gitterpunkte auf der Geraden $y = l h$ sei $S_h(l h)$.

Die einfachsten Differenzapproximationen für das Anfangswertproblem (19.22) lassen sich dann in der Form schreiben:

$$h\,\boldsymbol{F}_h\,\boldsymbol{u}_{k,l} \equiv \boldsymbol{A}(x_k, y_l, \boldsymbol{u}_{k,l})\,\boldsymbol{u}_{k,l+1} -$$

$$(19.25) \qquad - \sum_{\mu=-r}^{p-r} \boldsymbol{S}_{\mu}(x_k, y_l, \boldsymbol{u}_{k,l})\,\boldsymbol{A}(x_k, y_l, \boldsymbol{u}_{k,l})\,\boldsymbol{u}_{k+\mu,l}$$

$$= h\,\boldsymbol{b}(x_k, y_l, \boldsymbol{u}_{k,l}), \quad p > 0.$$

Dabei ist $x_k = \alpha + k\,h/\lambda$, $y_l = l\,h$, $k, l = 0, 1, \ldots$; $u_{k,l}$ ist der gesuchte Näherungsvektor der Lösung im Gitterpunkt (x_k, y_l), und die S_μ, $\mu = -r, -r + 1, \ldots, p - r$, sind Diagonalmatrizen.

Wir verlangen, daß das System von Differenzengleichungen (19.25) auf dem Gitter G_h das System von Differentialgleichungen (19.22) approximiert, und zwar soll für jede zweimal stetig differenzierbare Lösung $u(x, y)$ von (19.22) die *Konsistenzbedingung* gelten (vgl. § 9):

$$(19.26) \qquad F_h\, u(x, y) = b(x, y, u(x, y)) + O(h), \qquad h \to 0, \quad (x, y) \in G_h.$$

Hinreichend hierfür ist, wie man leicht bestätigt,

$$(19.27) \qquad 1. \quad \sum_{\mu = -r}^{p - r} S_\mu(x, y, u) = E \quad (E \text{ Einheitsmatrix}),$$

$$2. \quad \sum_{\mu = -r}^{p - r} \mu\, S_\mu(x, y, u) = -\lambda\, C(x, y, u).$$

Da dies ausschließlich Bedingungen für die Diagonalmatrizen S_μ sind, ist es leicht, eine Differenzapproximation (19.25) zu konstruieren.

Wir setzen voraus, daß die Werte $u_{k,0}$ auf der Anfangsstrecke vorgegeben sind, etwa durch $u_{k,0} = u(x_k, 0) + \varepsilon(x_k, 0)$ mit hinreichend kleiner Norm $\|\varepsilon(x_k, 0)\|_\infty \leq \varepsilon$. Ferner existiere für jedes h, $0 < h \leq h_0$, ein Teilgitter $B_h \subset G_h$, so daß für alle $(x_k, y_l) \in B_h$ die Ungleichung $\|u_{k,l} - f_0\|_\infty \leq \Omega$ und somit $\det A(x_k, y_l, u_{k,l}) \neq 0$ gilt. Dann ist das System (19.25) eindeutig nach den $u_{k,l+1}$, $l = 0, 1, \ldots$, auflösbar. Durch (19.25) ist somit ein Differenzenverfahren in Rechteckgittern zur numerischen Lösung des Anfangswertproblems (19.22) gegeben.

Bei konvergenten Verfahren läßt sich die Existenz von B_h nachweisen. Genauer existiert dann ein fester Bereich $B \subset G$, so daß $B_h = B \cap G_h$ für alle h, $0 < h \leq h_0$, gilt. Bei der praktischen Rechnung ist die Ermittlung von B jedoch sehr mühevoll. In der Regel kann aber die Rechnung unbedenklich weitergeführt werden, solange $|\det A(x_k, y_l, u_{k,l})|$ nicht sehr klein ausfällt.

Aus der durch (19.25) gegebenen Klasse von Differenzapproximationen wollen wir zwei einfache, aber hinreichend erprobte Verfahren explizit anführen.

Wir schreiben die Diagonalmatrix C als Summe zweier Diagonalmatrizen C^+ und C^-:

$$C(x_k, y_l, u_{k,l}) = C^+(x_k, y_l, u_{k,l}) + C^-(x_k, y_l, u_{k,l}).$$

Dabei enthalte C^+ nur die positiven, C^- nur die negativen Elemente von C und sonst jeweils nur Nullen. Setzt man dann

$$S_{-1} = \lambda\, C^+, \quad S_0 = E - \lambda\, C^+ + \lambda\, C^-, \quad S_1 = -\lambda\, C^-, \quad S_\mu = O,$$

$$\mu \neq -1, 0, 1,$$

so gilt

$$\sum_{\mu=-1}^{1} S_\mu = E, \qquad \sum_{\mu=-1}^{1} \mu\, S_\mu = -\lambda\, C^+ - \lambda\, C^- = -\lambda\, C.$$

Die Konsistenzbedingungen (19.27) sind daher erfüllt. Schreiben wir noch kürzer $A_{k,l}$ statt $A(x_k, y_l, u_{k,l})$, definieren entsprechend $C_{k,l}^+$, $C_{k,l}^-$, $b_{k,l}$, so lautet das System (19.25) in bereits aufgelöster Form
(19.28)

$$u_{k,l+1} = \lambda A_{k,l}^{-1} C_{k,l}^+ A_{k,l}\, u_{k-1,l} + \{E - \lambda A_{k,l}^{-1}(C_{k,l}^+ - C_{k,l}^-)\, A_{k,l}\}\, u_{k,l} -$$
$$- \lambda A_{k,l}^{-1} C_{k,l}^-\, A_{k,l}\, u_{k+1,l} + h\, A_{k,l}^{-1}\, b_{k,l}.$$

Das hierdurch gegebene Differenzenverfahren wurde zuerst in [10] untersucht.

Zu den Gln. (19.28) kann man natürlich auch durch direkte Ersetzung der u_y, u_x durch entsprechende Differenzenquotienten gelangen. Das System (19.22) hat in Komponentenschreibweise die Form

$$\sum_{j=1}^{n} a_{ij}(u_y^j + c_i\, u_x^j) = b_i, \quad i = 1, 2, \ldots, n.$$

In der i-ten Gleichung, $i = 1, 2, \ldots, n$, ersetzen wir dann

$$u_y^j(x_k, y_l) \quad \text{durch} \quad \frac{u_{k,l+1}^i - u_{k,l}^i}{h}$$

$$u_x^j(x_k, y_l) \quad \text{durch} \quad \begin{cases} \dfrac{u_{k,l}^i - u_{k-1,l}^i}{h/\lambda}, & \text{wenn} \quad c_i(x_k, y_l, u_{k,l}) > 0, \\[2mm] \dfrac{u_{k+1,l}^i - u_{k,l}^i}{h/\lambda}, & \text{wenn} \quad c_i(x_k, y_l, u_{k,l}) \leqq 0. \end{cases}$$

Je nachdem, ob die charakteristischen Richtungen positiv oder nicht positiv sind, hat man also die u_x^j durch rückwärtige oder vordere Differenzenquotienten zu ersetzen.

Zu einem weiteren ebenso einfachen Verfahren gelangt man durch die Setzung

$$S_{-1} = \tfrac{1}{2}(E + \lambda\, C), \quad S_1 = \tfrac{1}{2}(E - \lambda\, C), \quad S_\mu \equiv 0, \quad \mu \neq -1, 1.$$

Man übersieht sofort, daß auch hier die Konsistenzbedingungen (19.27) erfüllt sind. Die Differenzengleichungen (19.25) lauten dann

(19.29) $\quad u_{k,l+1} = \tfrac{1}{2}\{E + \lambda A_{k,l}^{-1} C_{k,l} A_{k,l}\}\, u_{k-1,l} +$

$$+ \tfrac{1}{2}\{E - \lambda A_{k,l}^{-1} C_{k,l} A_{k,l}\}\, u_{k+1,l} + h\, A_{k,l}^{-1}\, b_k.$$

Auch zu diesen Gleichungen kann man auf mehr direktem Wege gelangen, wenn man u_y, u_x wie folgt ersetzt:

$$u_y(x_k, y_l) \quad \text{durch} \quad \frac{u_{k,l+1} - \tfrac{1}{2}(u_{k+1,l} + u_{k-1,l})}{h},$$

$$u_x(x_k, y_l) \quad \text{durch} \quad \frac{u_{k+1,l} - u_{k-1,l}}{2h/\lambda}.$$

Besitzen sämtliche Diagonalmatrizen $\boldsymbol{S}_\mu$, $\mu = -r, \ldots, p - r$, nur nichtnegative Elemente, so bezeichnet man (19.25) als *Differenzapproximation vom positiven Typ*. Es läßt sich nachweisen, daß durch solche Differenzapproximationen stets konvergente Verfahren geliefert werden. Genauer gilt der

Satz 19.1. *Ist die Differenzapproximation (19.25) vom positiven Typ und erfüllt sie die Konsistenzbedingungen (19.27), so gibt es einen festen Bereich $D \subset G$, so daß für alle $(x_k, y_l) \in D$ und alle h, $0 < h \leqq h_0$, die Ungleichung*

$$\| \boldsymbol{u}_{k,l} - \boldsymbol{u}(x_k, y_l) \|_\infty \leqq K h$$

gilt. Dabei ist K eine von h unabhängige Konstante.

Hieraus folgt aber die Konvergenz des Verfahrens für $h \to 0$. Zum Beweis dieses Satzes vgl. man [*42*].

Der Bereich D kann sehr klein ausfallen. Sind jedoch die Elemente von $\boldsymbol{A}, \boldsymbol{C}$ und die Komponenten von $\boldsymbol{b}, \boldsymbol{f}$ des Anfangswertproblems (19.22) jeweils bezüglich aller Veränderlichen mindestens dreimal stetig differenzierbar, so läßt sich zeigen, daß D nur unwesentlich kleiner als der oben erwähnte Bereich B ist.

Die Approximationen (19.28) und (19.29) sind für $\lambda \| \boldsymbol{C} \|_\infty \leqq 1$ vom positiven Typ. Da wir $\| \boldsymbol{C} \|_\infty^{G_\Omega(\tau_0, \delta_0)} \leqq \tau_1$ vorausgesetzt hatten, sind die hierdurch gegebenen Verfahren für $\lambda = \Delta y / \Delta x \leqq 1/\tau_1$ sicher konvergent.

Beispiel 19.2. Bei den Gleichungen für die eindimensionale nicht-isentropische Gasströmung (18.36) gilt

$$\boldsymbol{A}^{-1} \boldsymbol{C} \boldsymbol{A} = \boldsymbol{B} = \begin{pmatrix} v & \dfrac{1}{\varrho} & 0 \\ \varrho\, a^2 & v & 0 \\ 0 & 0 & v \end{pmatrix}.$$

Setzt man für eine beliebige Gitterfunktion $\boldsymbol{u}_{k,l}$

$$\tfrac{1}{2}(\boldsymbol{u}_{k+1,l} + \boldsymbol{u}_{k-1,l}) = \tilde{\boldsymbol{u}}_{k,l}, \qquad \tfrac{1}{2}(\boldsymbol{u}_{k+1,l} - \boldsymbol{u}_{k-1,l}) = \delta \boldsymbol{u}_{k,l},$$

so lauten die Formeln (19.29)

$$v_{k,l+1} = \tilde{v}_{k,l} - \lambda\, v_{k,l}\, \delta v_{k,l} - \frac{\lambda}{\varrho_{k,l}}\, \delta p_{k,l},$$

$$p_{k,l+1} = \tilde{p}_{k,l} - \lambda\, \varrho_{k,l}\, (a_{k,l})^2\, \delta v_{k,l} - \lambda\, v_{k,l}\, \delta p_{k,l},$$

$$s_{k,l+1} = \tilde{s}_{k,l} - \lambda\, v_{k,l}\, \delta s_{k,l}.$$

Wegen $\| \boldsymbol{C} \|_\infty \leqq \underset{\varrho,\sigma \in G_h}{\text{Max}} \{|v_{\varrho,\sigma}| + a_{\varrho,\sigma}\} = \tau_1$ ist das Verfahren konvergent für $\lambda \leqq 1/\tau_1$.

Oft ist es zweckmäßig, das Verhältnis $\lambda = \Delta y/\Delta x$ nicht während der gesamten Rechnung konstant zu halten, sondern es auf jeder Gitterschicht passend zu wählen. Man wird ohnehin nur in seltenen Fällen das Maximum von $\|C\|_\infty$ auf dem ganzen Gitter a priori abschätzen können. Nun reicht es aber z. B. bei dem durch (19.29) gegebenen Verfahren zur Konvergenz schon aus, wenn das Verfahren bei jedem einzelnen Rechenschritt vom positiven Typ ist. Es genügt daher zur Berechnung der Werte auf der Gitterschicht $y = (l + 1)\,h$, $l = 0, 1, \ldots$, das Schrittweitenverhältnis λ so zu wählen, daß

$$\operatorname*{Max}_{k}\{\lambda\,\|C_{k,l}\|_\infty\} \leqq 1$$

gilt. Man erhält dann ein Rechteckgitter mit variabler Maschenweite in y-Richtung.

Für alle Verfahren (19.25) vom positiven Typ, die (19.27) erfüllen, gilt (19.26). Jede zweimal stetig differenzierbare Lösung von (19.22) erfüllt daher die Differenzengleichung (19.25) bis auf einen Fehler der Ordnung h. Man kann sich nun die Aufgabe stellen, Differenzengleichungen $F_h\,u_{k,l} = b\,(x_k, y_l, u_{k,l})$ zu finden, so daß für jede $p + 1$-mal stetig differenzierbare Lösung von (19.22)

$$(19.30) \qquad F_h\,u(x,y) = b\big(x, y, u(x,y)\big) + O(h^p), \qquad (x, y) \in G_h$$

gilt. Man sagt dann, das Verfahren sei konsistent von der Ordnung p. Das bedeutet auch, daß die Differenzengleichungen das System von Differentialgleichungen (19.22) von höherer — nämlich p-ter Ordnung — approximieren.

Wie bei gewöhnlichen Differentialgleichungen lassen sich solche Verfahren auch hier aufstellen; allerdings haben sie in der Regel nicht mehr die einfache Gestalt (19.25). Zudem läßt sich zeigen, daß für Verfahren vom positiven Typ stets $p = 1$ gilt.

Ein von der Ordnung 2 konsistentes Verfahren kann man folgendermaßen konstruieren:

Man berechnet für gerades $l = 2m$ nach (19.29) mit der Schrittweite h alle Werte auf den Gitterschichten $y = (l + 1)\,h$, $y = (l + 2)\,h$ und bezeichnet sie mit $u^{(h)}_{k,l+1}$, $u^{(h)}_{k,l+2}$. Daraufhin ermittelt man wieder nach (19.29), jetzt aber mit der Schrittweite $2h$, die Werte $u^{(2h)}_{k,l+2}$ auf der Gitterschicht $y = (l + 2)\,h$. Endlich bestimmt man

$$(19.31) \qquad\qquad u_{k,l+2} = 2u^{(h)}_{k,l+2} - u^{(2h)}_{k,l+2}$$

als endgültige Näherungswerte für $u(x_k, y_{l+2})$. Auf diese Weise erhält man $u_{k,0}, u_{k,2}, u_{k,4}, \ldots$ Man kann zeigen, daß dieses Verfahren konsistent von der Ordnung 2 ist.

Die expliziten Rechenvorschriften lauten, wenn wir der Einfachheit halber $A^{-1} C A = B$ und $b \equiv 0$ setzen, für gerades $l = 2m$ und alle k:

$$(19.32) \quad \begin{cases} u_{k,\,l+1}^{(h)} = \tfrac{1}{2}(u_{k+1,\,l} + u_{k-1,\,l}) - \tfrac{1}{2}\lambda\, B(x_k, y_l, u_{k,\,l})(u_{k+1,\,l} - u_{k-1,\,l}), \\[4pt] u_{k,\,l+2}^{(h)} = \tfrac{1}{2}(u_{k+1,\,l+1}^{(h)} + u_{k-1,\,l+1}^{(h)}) - \\[2pt] \qquad\quad - \tfrac{1}{2}\lambda\, B(x_k, y_{l+1}, u_{k,\,l+1}^{(h)})(u_{k+1,\,l+1}^{(h)} - u_{k-1,\,l+1}^{(h)}), \\[4pt] u_{k,\,l+2}^{(2h)} = \tfrac{1}{2}(u_{k+2,\,l} + u_{k-2,\,l}) - \tfrac{1}{2}\lambda\, B(x_k, y_l, u_{k,\,l})(u_{k+2,\,l} - u_{k-2,\,l}), \\[4pt] u_{k,\,l+2} = 2 u_{k,\,l+2}^{(h)} - u_{k,\,l+2}^{(2h)}. \end{cases}$$

Das Konstruktionsprinzip ist das gleiche wie in (9.6) bei der Extrapolationsmethode, die auch allgemein auf die hier betrachteten Fälle übertragen werden kann.

In einigen Fällen kann man auch bei quasilinearen Systemen (19.22) die Konvergenz des Verfahrens (19.32) direkt nachweisen. Auf Grund umfangreicher numerischer Experimente ist zu vermuten, daß es generell konvergent ist, wenn die Lösungen von (19.22) mindestens dreimal stetig differenzierbar sind.

Beispiel 19.3. Die eindimensionale wirbelfreie isentropische Gasströmung wird nach (18.7) durch das System

$$v_t + v\, v_x + \frac{a^2}{\varrho}\, \varrho_x = 0,$$

$$\varrho_t + \varrho\, v_x + v\, \varrho_x = 0$$

beschrieben. Wir transformieren es auf die Normalform und betrachten das Anfangswertproblem

$$\varrho\,[v_t + (v - a)\, v_x] - a\,[\varrho_t + (v - a)\, \varrho_x] = 0,$$

$$(*) \qquad \varrho\,[v_t + (v + a)\, v_x] + a\,[\varrho_t + (v + a)\, \varrho_x] = 0,$$

$$v(x, 0) = 0, \qquad \varrho(x, 0) =$$

$$= 0{,}132 \left[1{,}05 - \frac{0{,}1}{\pi}\arctan\left(200\,\frac{x}{[\text{m}]} - 100\right)\right]\left[\frac{\text{kg s}^2}{\text{m}^4}\right], \qquad 0 \leqq x \leqq 1\,[\text{m}].$$

Es gilt hier

$$C = \begin{pmatrix} v - a & 0 \\ 0 & v + a \end{pmatrix}, \qquad A = \begin{pmatrix} \varrho & -a \\ \varrho & a \end{pmatrix}.$$

Ferner setzen wir voraus, daß die Schallgeschwindigkeit annähernd konstant ist:

$$a = 332 \left[\frac{\text{m}}{\text{s}}\right].$$

Durch (*) kann etwa folgender physikalischer Vorgang beschrieben werden:

In einem mit Luft gefüllten Rohr befindet sich an der Stelle $x = 50$ [cm] eine schwach luftdurchlässige Membran. Die Geschwindigkeits- und Dichteverteilung zur Zeit $t = 0$ auf beiden Seiten der Membran wird durch $v(x, 0)$, $\varrho(x, 0)$ beschrieben. Auf ihrer linken Seite ($x < 50$ [cm]) ist die Anfangsdichte größer als auf ihrer rechten Seite ($x > 50$ [cm]). Wird bei $t = 0$ die Membran entfernt, so beschreibt (*) die Geschwindigkeits- und Dichteverteilung für $t > 0$. Zur numerischen Lösung verwenden wir das durch (19.29) gegebene Verfahren. Beginnt man die Rechnung mit

$$\frac{\Delta t}{\Delta x} = \lambda = 10^{-3} \left[\frac{\text{s}}{\text{m}} \right],$$

so zeigt sich, daß hiermit sogar für die gesamte Rechnung auszukommen ist.

Die Ergebnisse sind in den Abb. 19.6 bis 19.13 jeweils für verschiedene Zeiten t und Schrittweiten Δx angegeben. Die Kurven sind gezeichnet für (t in s)

$$t = 0: \qquad \underline{\hspace{3cm}}$$

$$t = 2,5 \cdot 10^{-4}: \text{-------------}$$

$$t = 5 \cdot 10^{-4}: \quad \text{—·—·—·—·}$$

$$t = 7,5 \cdot 10^{-4}: \dots\dots\dots$$

Als Schrittweiten Δx werden gewählt (in m)

$$\frac{1}{32}, \quad \frac{1}{128}, \quad \frac{1}{512}, \quad \frac{1}{2048}.$$

Um jeweils geschlossene Kurven zu erhalten, wurde zwischen den diskreten Näherungswerten linear interpoliert.

Die Abb. 19.6 bis 19.9 zeigen den Verlauf der Geschwindigkeit. Der Kenner sieht deutlich, daß das Verfahren konvergiert, daß also die Näherungslösungen mit kleiner werdenden Δx (also auch kleiner werdenden $\Delta t = \lambda \Delta x$) zunehmend genauer werden.

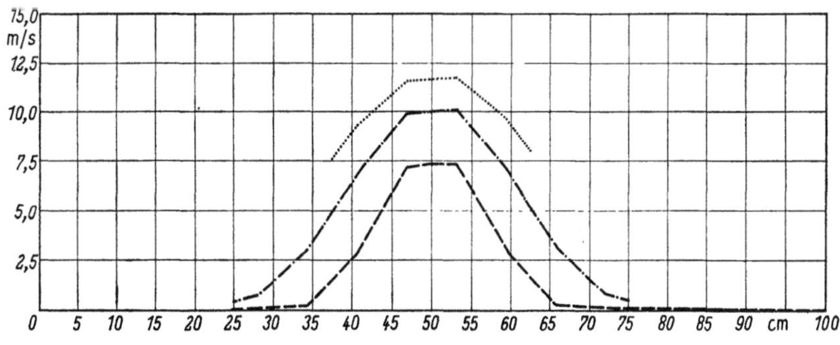

Abb. 19.6. Geschwindigkeit bei $\Delta x = 1/32$ m

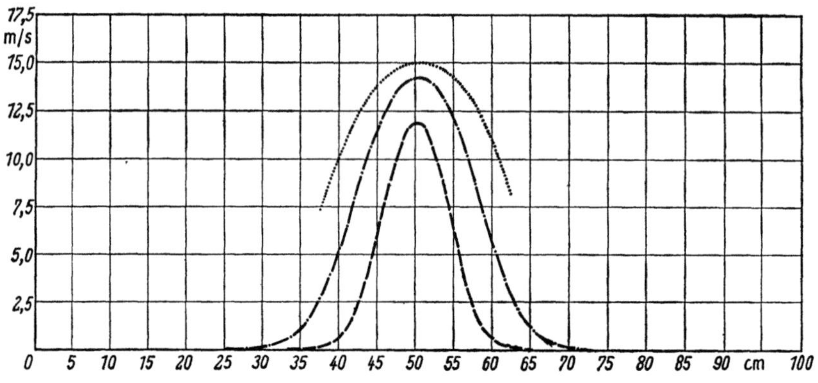

Abb. 19.7. Geschwindigkeit bei $\varDelta x = 1/128$ m

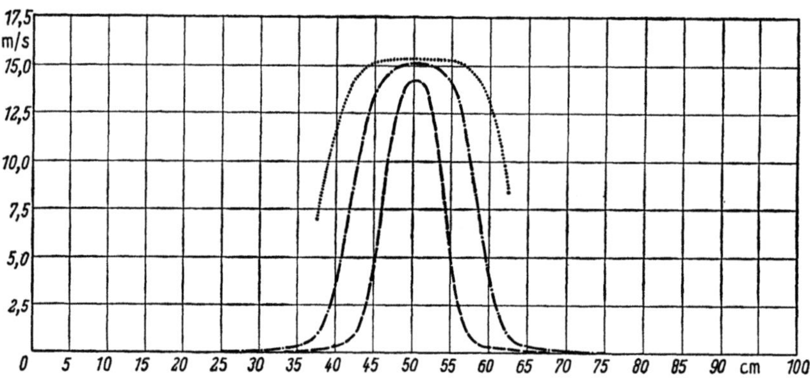

Abb. 19.8. Geschwindigkeit bei $\varDelta x = 1/512$ m

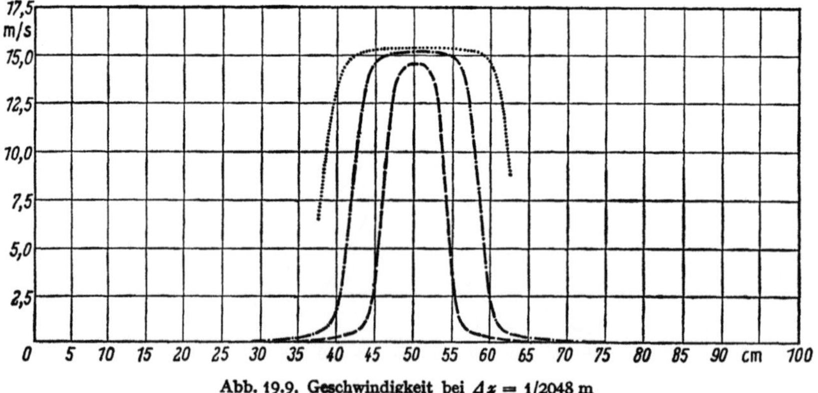

Abb. 19.9. Geschwindigkeit bei $\varDelta x = 1/2048$ m

In den Abb. 19.10 bis 19.13 ist die Druckverteilung angegeben, die sich aus der berechneten Dichteverteilung zu

$$p = \frac{\varrho\, a^2}{\varkappa} \left[\frac{\mathrm{kg}}{\mathrm{cm}^2} \right]$$

mit $\varkappa = 1{,}405$ (Luft im Normalzustand) errechnet. Auch hier wird die Konvergenz des Differenzenverfahrens sehr deutlich.

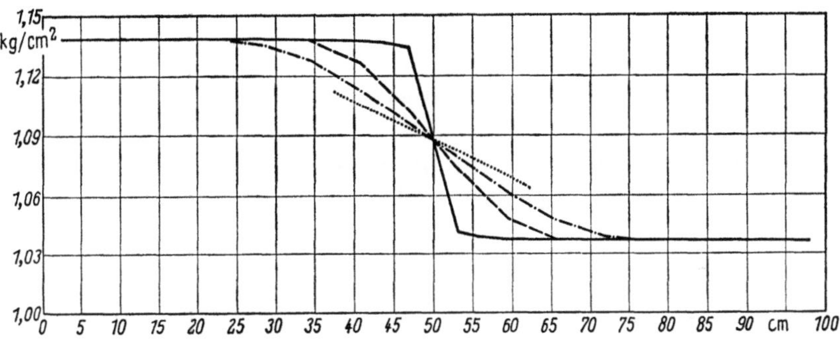

Abb. 19.10. Druck bei $\Delta x = 1/32$ m

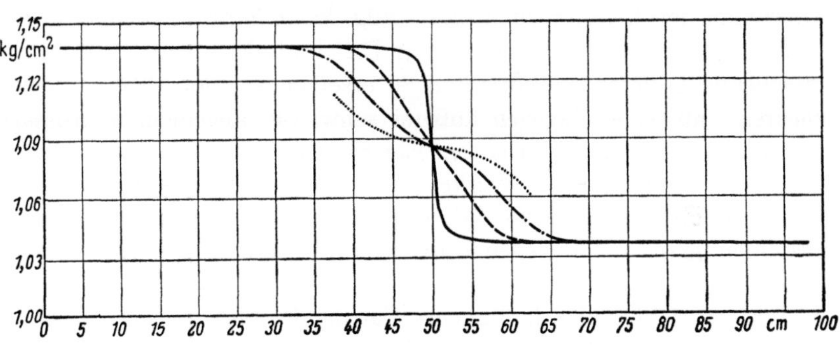

Abb. 19.11. Druck bei $\Delta x = 1/128$ m

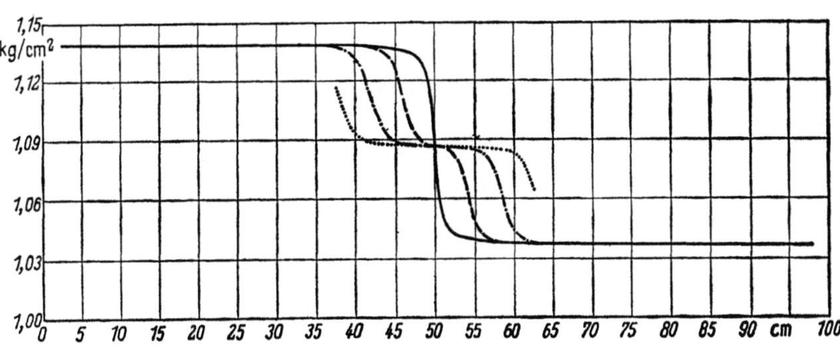

Abb. 19.12. Druck bei $\Delta x = 1/512$ m

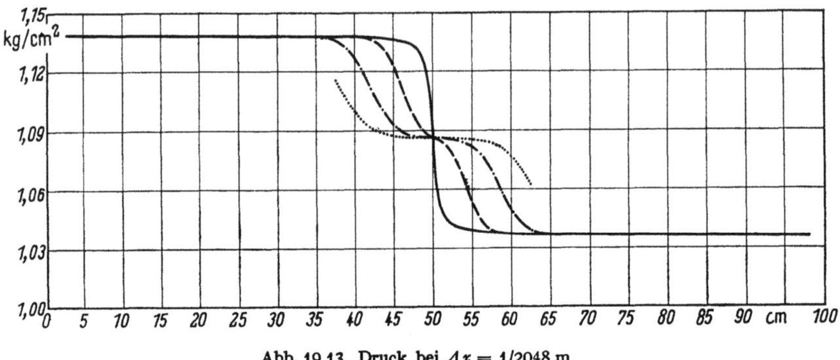

Abb. 19.13. Druck bei $\Delta x = 1/2048$ m

19.4 Differenzenverfahren zur numerischen Lösung hyperbolischer Systeme erster Ordnung bei mehr als zwei unabhängigen Veränderlichen

Differenzapproximationen der bisher betrachteten Art lassen sich auch für hyperbolische Anfangswertprobleme bei mehr als zwei unabhängigen Veränderlichen aufstellen. Dementsprechend sind die zugrunde gelegten Gitter G_h gleichmäßige räumliche Gitter. Die Konstruktion einer Approximation bereitet auch hier i. allg. keine Schwierigkeiten — man braucht ja nur alle vorkommenden Differentialquotienten durch entsprechende Differenzenquotienten zu ersetzen —, vor allem im quasilinearen Fall ist es dagegen äußerst schwierig, allgemeinere Aussagen über die Konvergenz zu erhalten. Ein Eingehen auf diese Fragen würde über den Rahmen dieses Werkes hinausgehen. Wir verweisen auf die Literatur, etwa auf [15, 28, 38]. Bei einigen linearen und halblinearen Systemen lassen sich dagegen konvergente Differenzenverfahren leichter konstruieren.

Wir betrachten das halblineare Cauchy-Problem

$$(19.33) \quad \boldsymbol{F}\boldsymbol{u} \equiv \boldsymbol{u}_t + \sum_{i=1}^{m} \boldsymbol{A}_i(\boldsymbol{x}, t)\, \boldsymbol{u}_{x_i} = \boldsymbol{b}(x, t, u), \quad \boldsymbol{u}(\boldsymbol{x}, 0) = f(\boldsymbol{x}).$$

Dabei sei $\boldsymbol{u}(\boldsymbol{x}, t) = u(x_1, \ldots, x_m, t)$ der gesuchte n-komponentige Lösungsvektor, und die $\boldsymbol{A}_i$, $i = 1, 2, \ldots, m$, seien symmetrische $n \times n$-Matrizen.

Die eindeutige Lösung von (19.33) möge in einem Bereich des $x{-}t$-Raumes, der die Hyperebene $t = 0$ enthält, existieren. Wir konstruieren entsprechend wie für $m = 1$ ein $m + 1$-dimensionales Gitter G_h mit den Maschenweiten $\Delta t = h$, $\Delta x_i = h/\lambda_i$, $i = 1, 2, \ldots, m$. Weiter werden die m-komponentigen Vektoren

$$(19.34) \quad \boldsymbol{\delta}_i^T = \left(0, 0, \ldots, \frac{1}{\lambda_i}, 0, \ldots, 0\right), \quad i = 1, 2, \ldots, m$$

definiert, deren Komponenten bis auf die i-te, welche den Wert $1/\lambda_i$ besitzt, verschwinden.

Für $(x, t) \in G_h$ ersetzen wir dann die partiellen Ableitungen u_t und u_{x_j} wie folgt durch Differenzenquotienten

$$(19.35) \quad u_t(x, t): \frac{w_h(x, t + h) - \dfrac{1}{2m} \sum\limits_{i=1}^{m} w_h(x + h\,\delta_i, t) + w_h(x - h\,\delta_i, t)}{h}$$

$$u_{x_j}(x, t): \frac{w_h(x + h\,\delta_j, t) - w_h(x - h\,\delta_j, t)}{2h}, \quad j = 1, 2, \ldots, m.$$

Dabei bedeutet $w_h(x, t)$ eine auf G_h definierte Gitter-Vektorfunktion, die im Punkte $(x, t) \in G_h$ die Lösung $u(x, t)$ approximieren soll und der Anfangsbedingung

$$w_h(x, 0) = u(x, 0) = f(x), \quad (x, 0) \in G_h$$

genügt.

Setzt man (19.35) in (19.33) ein, so entsteht das Differenzen-Anfangswertproblem

$$(19.36) \quad h\, F_h\, w_h(x, t) \equiv w_h(x, t + h) - \frac{1}{2} \sum\limits_{i=1}^{m} \left(\frac{1}{m} E - \lambda_i A_i(x, t) \right) \times$$

$$\times\, w_h(x + h\,\delta_i, t) - \frac{1}{2} \sum\limits_{i=1}^{m} \left(\frac{1}{m} E + \lambda_i A_i(x, t) \right) \times$$

$$\times\, w_h(x - h\,\delta_i, t) = h\, b\big(x, t, w_h(x, t)\big),$$

$$w_h(x, 0) = f(x).$$

Für die exakte Lösung von (19.33) gilt, wie man leicht errechnet,

$$(19.37) \quad F_h\, u(x, t) = b\big(x, t, u(x, t)\big) + O(h),$$

das durch (19.36) gegebene Verfahren ist daher konsistent von der Ordnung 1. Aus (19.37) folgt mit (19.33) noch

$$(19.38) \quad F_h\, u(x, t) - F\, u(x, t) = O(h).$$

Für $m = 1$ geht (19.36) in (19.29) über.

Die Konvergenz läßt sich im Fall $m \geq 2$ nicht in der scharfen Form des Satzes 19.1 beweisen, die möglichen Aussagen beschränken sich auf eine Art von „Konvergenz im Mittel". Auf eine genaue Definition muß hier verzichtet werden. Man kann zeigen, daß ein durch (19.36) gegebenes Verfahren in diesem Sinne konvergent ist, wenn folgende Voraussetzungen erfüllt sind (vgl. [28], S. 119ff.):

a) Die Matrizen A_i erfüllen eine Lipschitz-Bedingung

$$\|A_i(\overline{x}, \overline{t}) - A_i(x, t)\|_2 \leq L\{\|\overline{x} - x\|_2 + |\overline{t} - t|\}, \quad i = 1, 2, \ldots, m.$$

b) Die Matrizen $B_{\pm i} = \dfrac{1}{m} E \pm \lambda_i A_i$ sind symmetrisch und positiv definit.

Nun sind die A_i und damit die B_i nach Voraussetzung symmetrisch. Wir prüfen nach, wann sie außerdem positiv definit sind:

Wegen der Symmetrie lassen sich die A_i durch eine orthogonale Transformation auf Diagonalgestalt bringen:

$$T_i^T A_i T_i = C_i.$$

Dann gilt für einen beliebigen Vektor $a \neq 0$ und $T_i a = c_i$

$$a^T B_i a = a^T \left(\frac{1}{m} E \pm \lambda_i A_i \right) a = c_i^T \left(\frac{1}{m} E \pm \lambda_i C_i \right) c_i.$$

Ist daher[1]

$$(19.39) \qquad \lambda_i \| C_i \|_\infty < \frac{1}{m},$$

so folgt

$$a^T B_i a > 0$$

für jeden Vektor $a \neq 0$, die Matrizen B_i sind somit positiv definit. Für $m = 1$ folgt aus (17.39) die schon aus der vorigen Ziffer bekannte Bedingung $\lambda \| C \|_\infty < 1$.

Für $m = 2$ lauten die nach $w_h(x, t + h)$ aufgelösten Gln. (19.36)

$$w_h(x, t + h) = \frac{1}{2} \left\{ \left(\frac{1}{2} E - \lambda_1 A_1(x, t) \right) w_h\left(x_1 + \frac{h}{\lambda_1}, x_2, t \right) + \right.$$

$$+ \left(\frac{1}{2} E - \lambda_2 A_2(x, t) \right) w_h\left(x_1, x_2 + \frac{h}{\lambda_2}, t \right) +$$

$$(19.40) \qquad + \left(\frac{1}{2} E + \lambda_1 A_1(x, t) \right) w_h\left(x_1 - \frac{h}{\lambda_1}, x_2, t \right) +$$

$$\left. + \left(\frac{1}{2} E + \lambda_2 A_2(x, t) \right) w_h\left(x_1, x_2 - \frac{h}{\lambda_1}, t \right) \right\} + h\, b(x_1, x_2, t).$$

$$w_h(x_1, x_2, 0) = f(x_1, x_2).$$

Wir haben in diesem § 19 im Sinne einer möglichst großen Allgemeinheit halblineare und quasilineare Anfangswertprobleme betrachtet. Es ist selbstverständlich, daß die erhaltenen Ergebnisse auch auf lineare Probleme angewandt werden können. Bei der praktischen Rechnung ergeben sich dann häufig erhebliche Vereinfachungen. Auch über die Theorie der Differenzapproximationen für lineare Probleme, insbesondere bei konstanten Koeffizienten, liegen genauere Ergebnisse vor. Bezüglich dieser Fragen vgl. man [28].

---

[1] Ist C eine Diagonalmatrix mit den Diagonalelementen c_j, $j = 1, 2, \ldots, n$, so war in § 1 definiert $\| C \|_\infty = \mathop{\mathrm{Max}}\limits_j \{ |c_j| \}$.

IV. Parabolische Differentialgleichungen

Das bis heute umfangreichste Anwendungsgebiet parabolischer Differentialgleichungen ist die Theorie der Wärmeleitung, weshalb wir uns mit ihr in § 22 ausführlicher beschäftigen. Nichtlineare parabolische Differentialgleichungen treten in der Grenzschichttheorie auf.

In diesem Kapitel betrachten wir nicht nur reine Anfangswertprobleme, sondern in der Mehrzahl Anfangs-Randwertprobleme für Differentialgleichungen zweiter Ordnung. Bezüglich der grundlegenden Definitionen verweisen wir auf § 14.

§ 20. Lineare und quasilineare parabolische Differentialgleichungen zweiter Ordnung

20.1 Charakteristiken. Partikulärlösungen spezieller Gleichungen

Eine lineare, halblineare oder quasilineare partielle Differentialgleichung zweiter Ordnung

$$(20.1) \qquad L\,u \equiv \sum_{i,k=1}^{n} A_{ik}\, u_{x_i x_k} - f = 0$$

nannten wir in 14.1 *parabolisch*, wenn die dort definierte zugehörige quadratische Form

$$Q = \sum_{i=1}^{n} B_i\, \mu_i^2$$

einen positiven Defekt D besitzt. Dabei war D die Anzahl der verschwindenden B_i.

Als charakteristische Mannigfaltigkeit haben wir in 15.1 jede durch $F(x_1, \ldots, x_n) = 0$ gegebene Punktmenge bezeichnet, wenn F der zugeordneten partiellen Differentialgleichung erster Ordnung

$$(20.2) \qquad \sum_{i,k=1}^{n} A_{ik}(\boldsymbol{x})\, F_{x_i} F_{x_k} = 0, \qquad \boldsymbol{x}^T = (x_1, \ldots, x_n)$$

genügt. Dabei hat man sich im quasilinearen Fall eine Lösung $u(\boldsymbol{x})$ von (20.1) in die A_{ij} eingesetzt zu denken. Für $n = 2$ existiert im parabolischen Fall genau eine durch

$$\frac{dx_2}{dx_1} = \frac{A_{12} + A_{21}}{2 A_{11}}$$

definierte charakteristische Richtung, also auch genau eine charakteristische Mannigfaltigkeit, welche eine Schar glatter Kurven in der $x_1 - x_2$-Ebene darstellt.

Betrachtet man für $n = 2$ halblineare Gln. (20.1) und setzt $x_1 = x$, $x_2 = y$, ferner

$$A_{11} = A, \quad A_{12} + A_{21} = 2B, \quad A_{22} = C,$$

so ist

$$(20.3) \quad L\,u \equiv A\,(x, y)\,u_{xx} + 2B\,(x, y)\,u_{xy} + C\,(x, y)\,u_{yy} - $$
$$- f\,(x, y, u, u_x, u_y) = 0.$$

Sei weiter die charakteristische Mannigfaltigkeit dieser Gleichung durch $F\,(x, y) = \varphi\,(x, y) - c$ gegeben, so folgt nach Einführung der neuen unabhängigen Variablen

$$(20.4) \qquad \xi = x, \quad \eta = \varphi\,(x, y)$$

ähnlich wie in 15.3 im parabolischen Fall aus (20.3) die *Normalform*

$$(20.5) \qquad L_1\,u \equiv u_{\xi\xi} - f_1\,(\xi, \eta, u, u_\xi, u_\eta) = 0.$$

Ist (20.3) sogar linear, so lautet die Normalform (20.5)

$$(20.6) \quad L_1\,u \equiv u_{\xi\xi} + a\,(\xi, \eta)\,u_\xi + b\,(\xi, \eta)\,u_\eta + c\,(\xi, \eta)\,u + d\,(\xi, \eta) = 0.$$

Diese läßt sich noch weiter vereinfachen: Schreiben wir an Stelle von ξ, η wieder x, y, so geht mit der Transformation

$$u\,(x, y) = v\,(x, y)\,e^{-\frac{1}{2}a\,(x, y)}, \quad a\,(x, y) \neq 0$$

(20.6) über in

$$(20.7) \quad v_{xx} + b\,v_y + [c - \tfrac{1}{4}a_x^2 - \tfrac{1}{2}(a_{xx} + a\,a_x + b\,a_y)]\,v + d\,e^{\frac{1}{2}} = 0.$$

Eine entsprechende Form ergibt sich für $b\,(x, y) \neq 0$ mit der Transformation

$$u\,(x, y) = v\,(x, y)\,e^{-\frac{1}{2}b\,(x, y)}.$$

Ist die Differentialgleichung (20.1) für $n \geq 2$ linear mit konstanten Koeffizienten, hat sie also nach 14.1 die Gestalt

$$(20.8) \qquad L\,u \equiv \sum_{i,k=1}^{n} A_{ik}\,u_{x_i x_k} - \sum_{i=1}^{n} A_i\,u_{x_i} - A\,u - B\,(x) = 0,$$

so läßt sie sich ebenfalls auf eine einfachere Form transformieren.

Um diese zu erreichen, führen wir durch

$$(20.9) \qquad \xi_j = \sum_{l=1}^{n} t_{lj}\,x_l, \quad j = 1, 2, \ldots, n$$

mit den reellen Zahlen t_{lj} neue unabhängige Veränderliche $\xi^T = (\xi_1, \ldots, \xi_n)$ ein. Dann gilt

$$(20.10) \qquad u_{x_i} = \sum_{j=1}^{n} t_{ij}\,u_{\xi_j}, \quad u_{x_i x_k} = \sum_{j,l=1}^{n} t_{ij}\,t_{kl}\,u_{\xi_j \xi_l}.$$

Setzt man diese Ausdrücke in (20.8) ein, so folgt

$$(20.11) \qquad L u \equiv \sum_{j,l=1}^{n} \bar{A}_{jl}\, u_{\xi_j \xi_l} - \sum_{j=1}^{n} \bar{A}_j\, u_{\xi_j} - A\, u - \bar{B}(\xi) = 0$$

mit

$$(20.12) \qquad \bar{A}_{jl} = \sum_{i,k=1}^{n} t_{ji}\, t_{lk}\, A_{ik}, \qquad \bar{A}_j = \sum_{i=1}^{n} t_{ji}\, A_i, \qquad \bar{B}(\xi) = B(x).$$

Wie in 14.1 gezeigt wurde, kann die Matrix $A = (A_{ik})$ stets als symmetrisch angenommen werden. Dann gibt es eine orthogonale Matrix T, so daß $T^T A\, T = B$ eine reelle Diagonalmatrix ist, und zwar enthält B in der Hauptdiagonalen gerade die Eigenwerte B_i von A. Wählen wir nun $(t_{ik}) = T$, so folgt für (20.12) $\bar{A}_{jl} = \delta_{jl} B_j$, und die Differentialgleichung (20.11) hat die Gestalt

$$(20.13) \qquad L u \equiv \sum_{j=l}^{n} B_j\, u_{\xi_j \xi_j} - \sum_{j=l}^{n} \bar{A}_j\, u_{\xi_j} - A\, u - \bar{B}(\xi) = 0.$$

Die Anzahl der verschwindenden B_j, d. h. der Defekt (vgl. 14.1), sei $D = n - m \geqq 0$, es gelte etwa

$$B_j \neq 0, \quad j = 1, 2, \ldots, m,\ m \leqq n, \quad B_{m+i} = 0, \quad i = 1, 2, \ldots, n - m.$$

Dies kann durch eine einfache Umnumerierung stets erreicht werden. Durch die Transformation

$$(20.14) \qquad u(\xi) = v(\xi)\, e^{\frac{1}{2} \sum_{\mu=1}^{m} \frac{\bar{A}_\mu}{B_\mu} \xi_\mu}$$

geht die Differentialgleichung (20.13) dann über in

$$(20.15) \qquad L u \equiv \mathcal{L} v \equiv e^{\frac{1}{2} \sum_{\mu=1}^{m} \frac{\bar{A}_\mu}{B_\mu} \xi_\mu} \left\{ \sum_{j=1}^{m} B_j\, v_{\xi_j \xi_j} - \left(A + \frac{1}{4} \sum_{j=1}^{m} \frac{\bar{A}_j^2}{B_j} \right) v - \right.$$

$$\left. - \sum_{\nu=m+1}^{n} \bar{A}_\nu\, v_{\xi_\nu} \right\} - \bar{B}(\xi) = 0.$$

Führen wir schließlich noch einmal neue unabhängige Veränderliche x_j durch

$$(20.16) \qquad \begin{aligned} x_j &= \frac{1}{\sqrt{|B_j|}}\, \xi_j, & j &= 1, 2, \ldots, m, \\ x_{m+i} &= \xi_{m+i}, & i &= 1, 2, \ldots, n - m \end{aligned}$$

ein, so lautet (20.15)

$$(20.17) \qquad \mathcal{L} v \equiv e^{\frac{1}{2} \sum_{\mu=1}^{m} \frac{\bar{A}_\mu \sqrt{|B_\mu|}}{B_\mu} x_\mu} \left\{ \sum_{j=1}^{m} \frac{B_j}{|B_j|}\, v_{x_j x_j} - \left(A + \frac{1}{4} \sum_{j=1}^{m} \frac{\bar{A}_j^2}{B_j} \right) v - \right.$$

$$\left. - \sum_{\nu=m+1}^{n} \bar{A}_\nu\, v_{x_\nu} \right\} - \bar{B}(x) = 0, \qquad \bar{B}(x) = \bar{B}(\xi).$$

Aus (20.17) folgt nun unmittelbar:

Ist $D = 0$, d. h. $m = n$, und $T = 0$, bzw. $D = 0$ und $T = n$ (vgl. 14.1), so erhält man wegen $B_i/|B_i| = 1$ bzw. -1, $i = 1, 2, \ldots, n$, im elliptischen Fall die Normalform der Gl. (20.8)

$$(20.18) \qquad \Delta_n u + b\,u + f(\boldsymbol{x}) = 0.$$

Ist $D = 0$, $T = 1$, etwa $B_n < 0$, $B_j > 0$, $j = 1, 2, \ldots, n-1$, so erhält man im hyperbolischen Fall die Normalform

$$(20.19) \qquad u_{x_n x_n} - \sum_{j=1}^{n-1} u_{x_j x_j} + b\,u + f(\boldsymbol{x}) = 0.$$

Mit $x_n = t$, $n - 1 = m$ folgt hieraus die Wellengleichung (16.1) für $a = 1$:

$$u_{tt} - \Delta_m u + b\,u + f(\boldsymbol{x}, t) = 0.$$

Für eine parabolische Differentialgleichung (20.8) ist $D = n - m > 0$, die Form (20.17) läßt sich ohne zusätzliche Annahmen nicht mehr wesentlich vereinfachen. Wir betrachten aber noch folgenden für die Anwendung wichtigen Spezialfall: Es sei $n - 1 = m$, $x_n = t$, $B_n = 0$, $B_j > 0$, $j = 1, 2, \ldots, m$, also $D = 1$. Ferner sei $A_n = k^2 > 0$. Dann erhalten wir aus (20.17) die Normalform

$$(20.20) \qquad v_t = \frac{1}{k^2} \Delta_m v + b\,v + f(\boldsymbol{x}, t).$$

Für die lineare homogene parabolische Differentialgleichung

$$(20.21) \qquad u_t = \sum_{i,j=1}^{n} a_{ij}\, u_{x_i x_j}, \qquad a_{ij} = a_{ji},$$

lassen sich leicht partikuläre Lösungen finden. Mit dem Ansatz

$$(20.22) \qquad u = v(\xi, t), \qquad \xi = \boldsymbol{a}^T \boldsymbol{x}, \qquad \boldsymbol{a}^T = (\alpha_1, \ldots, \alpha_n) \neq \boldsymbol{0}^T,$$

folgt aus (20.21) die Differentialgleichung

$$(20.23) \qquad v_t - a\, v_{\xi\xi} = 0, \qquad a = \sum_{i,j=1}^{n} a_{ij}\, \alpha_i \alpha_j,$$

die sich für $a \neq 0$ mit $\tau = a\,t$ weiter auf die Gleichung

$$(20.24) \qquad v_\tau - v_{\xi\xi} = 0$$

reduziert. Der nun schon geläufige Lösungsansatz

$$(20.25) \qquad v(\xi, \tau) = \varphi(\xi)\, \psi(\tau)$$

für diese Gleichung liefert die beiden gewöhnlichen Differentialgleichungen

$$\varphi'' = \pm \lambda^2\, \varphi, \qquad \psi' = \pm \lambda^2\, \psi$$

mit den Lösungen

$$\varphi = c_1\,\xi + c_2, \quad \psi = c, \quad \text{wenn} \quad \lambda = 0,$$

$$(20.26) \qquad \varphi = \begin{cases} c_1\,e^{\lambda\xi} + c_2\,e^{-\lambda\xi} \\ c_1\cos\lambda\,\xi + c_2\sin\lambda\,\xi \end{cases}, \quad \psi = \begin{cases} c\,e^{\lambda^2\tau} \\ c\,e^{-\lambda^2\tau} \end{cases} \quad \text{wenn} \quad \lambda \neq 0.$$

Nach (20.22), (20.25) läßt sich hieraus eine Klasse von Partikulärlösungen von (20.21) gewinnen.

Offenbar hängt die Art der Lösungen von der Wahl von ξ ab. Wählen wir etwa an Stelle von (20.22)

$$(20.27) \qquad \xi = \sum_{i,j=1}^{n} D_{ij}\,x_i\,x_j,$$

wobei D_{ij} die zum Element a_{ij} der symmetrischen Matrix (a_{ij}) gehörige Adjunkte ist, so erhält man mit $u = v(\xi, t)$ und $D = \det(a_{ij}) \neq 0$ aus (20.21) die parabolische Differentialgleichung

$$(20.28) \qquad \xi\,v_{\xi\xi} + \frac{n}{2}\,v_\xi - \frac{1}{4D}\,v_t = 0.$$

Mit dem Ansatz (20.25) ergeben sich hieraus die beiden gewöhnlichen Differentialgleichungen

$$(20.29) \qquad \xi\,\varphi'' + \frac{n}{2}\,\varphi' - \lambda\,\varphi = 0, \quad \psi' = 4D\,\lambda\,\psi,$$

von denen die zweite elementar integrierbar ist und die erste sich mit der Transformation

$$\varphi(\xi) = \xi^{\frac{2-n}{4}}\,y(\eta), \quad \eta = 2\sqrt{-\lambda\,\xi}$$

auf die Besselsche Differentialgleichung (vgl. 7.4)

$$(20.30) \qquad \eta^2\,y'' + \eta\,y' + \left(\eta^2 - \left(\frac{n-2}{2}\right)^2\right)y = 0$$

reduziert. Daher besitzt die erste Gl. (20.29) die Lösung

$$(20.31) \qquad \varphi(\xi) = \xi^{\frac{2-n}{4}}\,Z_{\frac{n-2}{2}}\left(2\sqrt{-\lambda\,\xi}\right),$$

wobei Z_ν die in 7.4 definierte Zylinderfunktion bedeutet.

Schließlich führen wir mit (20.27) noch den Lösungsansatz

$$(20.32) \qquad u = v(\xi, t) = t^k\,\varphi\left(\alpha\,\frac{\xi}{t}\right)$$

in (20.21) ein. Aus der partiellen Gl. (20.28) entsteht dann mit $\sigma = \alpha\,\xi/t$ die gewöhnliche Differentialgleichung

$$(20.33) \qquad \sigma\,\varphi'' + \left(\sigma + \frac{n}{2}\right)\varphi' - k\,\varphi = 0.$$

Setzt man jetzt $k = -n/2$, so ergibt sich hieraus die Gleichung

$$\sigma(\varphi'' + \varphi') + \frac{n}{2}(\varphi' + \varphi) = 0,$$

und diese besitzt die Partikulärlösung $\varphi(\sigma) = e^{-\sigma}$. Daher ist nach (20.27), (20.32)

$$(20.34) \qquad u(\boldsymbol{x}, t) = t^{-\frac{n}{2}} e^{-\frac{1}{4Dt}\sum\limits_{i,j=1}^{n} D_{ij} x_i x_j}$$

eine Lösung der Gl. (20.21); sie wird in der Literatur als *Grundlösung* bezeichnet.

Gilt bei der Differentialgleichung (20.20) $b = 0$, $f(\boldsymbol{x}, t) \equiv 0$, so ist $a_{ij} = \frac{1}{k^2}\delta_{ij}$, $D_{ij} = \frac{1}{k^{2m-2}}\delta_{ij}$, $D = \frac{1}{k^{2m}}$. Die Grundlösung lautet dann

$$(20.35) \qquad u(\boldsymbol{x}, t) = t^{-\frac{m}{2}} e^{\frac{k^2}{4t}\sum\limits_{i=1}^{m} x_i^2}.$$

Wir werden hierauf noch in § 22 zurückkommen.

Beispiel 20.1. Die Differentialgleichung

$$(*) \qquad \tfrac{1}{2}u_{xx} + 2u_{xt} + 2u_{tt} - \sqrt{5}(u_x + u_t) + 0{,}9u = 0$$

soll auf eine möglichst einfache Form gebracht werden. Sie ist vom Typ (20.8) mit

$$A_{11} = \tfrac{1}{2}, \quad A_{12} = A_{21} = 1, \quad A_{22} = 2, \quad A_1 = A_2 = \sqrt{5}, \quad A = -0{,}9,$$
$$B(x, t) \equiv 0.$$

Die Eigenwerte der Matrix

$$A = (A_{ik}) = \begin{pmatrix} \tfrac{1}{2} & 1 \\ 1 & 2 \end{pmatrix}$$

sind

$$B_1 = 2{,}5, \quad B_2 = 0,$$

die Gleichung (*) ist also parabolisch. Zu den beiden Eigenwerten gehören die normierten Eigenvektoren

$$t_1 = \begin{pmatrix} \dfrac{1}{\sqrt{5}} \\ \dfrac{2}{\sqrt{5}} \end{pmatrix}, \quad t_2 = \begin{pmatrix} \dfrac{2}{\sqrt{5}} \\ -\dfrac{1}{\sqrt{5}} \end{pmatrix}$$

mit

$$T = (t_1, t_2) = \begin{pmatrix} \dfrac{1}{\sqrt{5}} & \dfrac{2}{\sqrt{5}} \\ \dfrac{2}{\sqrt{5}} & -\dfrac{1}{\sqrt{5}} \end{pmatrix} \quad \text{gilt} \quad T^T A T = \begin{pmatrix} 2{,}5 & 0 \\ 0 & 0 \end{pmatrix}.$$

Nach (20.12) folgt dann

$$\bar{A}_1 = t_{11}A_1 + t_{12}A_2 = 3, \quad \bar{A}_2 = t_{21}A_1 + t_{22}A_2 = 1.$$

Weiter gilt

$$A + \frac{1}{4}\,\frac{\bar{A}_1^2}{B_1} = -0{,}9 + \frac{1}{4}\,\frac{9}{2{,}5} = 0.$$

Nach (20.17) reduziert sich die Differentialgleichung (*) daher auf

$$v_{xx} - v_t = 0.$$

20.2 Lösung von Anfangs-Randwertproblemen allgemeinerer linearer Differentialgleichungen mit konstanten Koeffizienten

Es sei $z^T = (z_1, \ldots, z_n)$ und $A(z)$ eine $m \times m$-Matrix, deren Elemente Polynome in den Komponenten von z sind. Ferner sei $u^T = (u^1, \ldots, u^m)$ und ∂^T der formale Vektor $(\partial/\partial x_1, \ldots, \partial/\partial x_n)$.

Wir betrachten dann das Differentialgleichungssystem

$$(20.36) \qquad u_t = A(\partial)\,u,$$

welches bezüglich der Variablen t von erster Ordnung ist. Offenbar ist die Gl. (20.21) als Spezialfall in diesem System enthalten. Im folgenden braucht (20.36) jedoch nicht notwendig parabolisch zu sein. Gesucht ist für

$$-l_\nu \leq x_\nu \leq l_\nu, \quad \nu = 1, 2, \ldots, n, \quad t > 0$$

eine Lösung $u(x, t)$ des Systems, welche der Anfangsbedingung

$$u(x, 0) = f(x)$$

genügt. Durch die Transformation $\xi_\nu = \frac{\pi}{l_\nu} x_\nu$, $\nu = 1, 2, \ldots, n$, wird erreicht, daß sämtliche l_ν in π übergehen. Unser Anfangswertproblem kann also wie folgt formuliert werden:

$$(20.37) \quad u_t = A(\partial)\,u, \;\; u(x, 0) = f(x), \;\; -\pi \leq x_\nu \leq \pi, \;\; \nu = 1, 2, \ldots, n.$$

Wir denken uns $f(x)$ in den ganzen x-Raum periodisch fortgesetzt, und zwar so, daß $f(x)$ bezüglich jeder Variablen periodisch mit der Periode 2π ist. Sei ferner $f(x)$ stetig, so gilt insbesondere in

$$\bar{G}: \quad -\pi \leq x_\nu \leq \pi, \quad \nu = 1, 2, \ldots, n$$

die (komplex geschriebene) multiple Fourier-Entwicklung

$$(20.38) \qquad f(x) = \sum_{p} e^{i\,(p,\,x)}\,a(p).$$

Dabei bedeutet $a(p)$ einen m-dimensionalen Vektor, der noch vom Vektor $p^T = (p_1, \ldots, p_n)$ mit ganzzahligen Komponenten p_ν abhängt, (p, x) wie bisher das skalare Produkt, und die Summation erstreckt sich über alle Vektoren p. Die Vektoren $a(p)$ heißen die (komplexen) Fourier-Koeffizienten von $f(x)$.

Wir suchen zunächst Lösungen des Systems (20.36) in der Form

$$(20.39) \qquad u_p(x, t) = e^{i\,(p,\,x)}\,e^{t\,M(p)}\,a(p),$$

wobei M eine noch von p abhängende $m \times m$-Matrix bedeutet und e^{tM} die kürzere Schreibweise für die Reihe

$$E + \frac{tM}{1!} + \frac{(tM)^2}{2!} + \cdots$$

ist. Setzt man (20.39) in die Differentialgleichung (20.36) ein, so folgt die Bedingung

$$\{e^{i(p,\,x)} M(p) - A(\partial)\, e^{i(p,\,x)}\}\, e^{tM(p)}\, a(p) = 0.$$

Wie man leicht bestätigt, gilt aber bei beliebigem Vektor c

$$A(\partial)\, e^{i(p,\,x)}\, c = A(i\,p)\, e^{i(p,\,x)}\, c.$$

Somit ist (20.39) sicher Lösung des Systems (20.36), wenn $M(p) = A(i\,p)$ gilt. Wegen der Linearität von (20.36) ist dann auch

$$(20.40) \qquad u(x,\,t) = \sum_{p} e^{i(p,\,x)}\, e^{tA(ip)}\, a(p)$$

Lösung, wenn diese Reihe und die aus ihr durch gliedweise Differentiation nach x und t hervorgehenden Reihen in $\bar{G}$ konvergieren. Die Reihe (20.40) ist sicher konvergent, wenn (vgl. 1.1)

$$(20.41) \quad \sum_{p} \|a(p)\|_\infty < \infty, \quad \|e^{tA(ip)}\|_\infty \leq p(t), \quad 0 \leq t \leq T,$$

gilt, wobei $p(t)$ eine für alle betrachteten t beschränkte Funktion ist. Daher ist unter dieser Voraussetzung (20.40) die gesuchte Lösung des Anfangswertproblems (20.37), denn es gilt wegen (20.38) auch $u(x,\,0) = f(x)$.

Es sei Γ der Rand von G. Das allgemeinere Anfangs-Randwertproblem

$$(20.42) \quad u_t = A(\partial)\, u \quad \text{in } G, \quad t > 0, \quad u(x,\,0) = f(x), \quad u(x,\,t) = 0$$
$$\text{für } x \in \Gamma$$

kann dann auf ähnliche Art gelöst werden. Dazu ist zu fordern, daß $f(x)$ bezüglich aller Veränderlichen eine ungerade Funktion ist, d. h. sich in eine Fourier-Reihe der Form

$$f(x) = \sum_{p} i \sin(p,\,x)\, a(p)$$

entwickeln läßt, was sich stets erreichen läßt. Mit $i\,a(p) = b(p)$ erhält man dann die Lösung von (20.42) in der Form

$$(20.43) \qquad u(x,\,t) = \sum_{p} \sin(p,\,x)\, e^{tA(ip)}\, b(p).$$

Wir wenden dieses Ergebnis an auf das Anfangs-Randwertproblem der Differentialgleichung (20.21):

$$(20.44) \quad u_t = \sum_{i,\,j=1}^{n} a_{ij}\, u_{x_i x_j}, \quad u(x,\,0) = f(x), \quad u = 0 \quad \text{auf } \Gamma.$$

Hier ist $m = 1$ und

$$A(i\,p) = -\sum_{i,j=1}^{n} a_{ij}\,p_i\,p_j$$

zu setzen. Die Lösung von (20.44) ist somit nach (20.43)

$$(20.45) \qquad u(x,t) = \sum_{p} b(p) \sin(p,x)\, e^{-t\sum_{i,j=1}^{n} a_{ij}\,p_i\,p_j}.$$

Das gleiche Ergebnis erhält man nach (20.25), (20.26): Setzt man $\lambda\,\alpha_i = p_i$, so ist wegen $\lambda\,\xi = (\lambda\,a,\,x) = (p,\,x)$ gemäß (20.26)

$$u(x,t;p) = [c_1(p)\cos(p,x) + c_2(p)\sin(p,x)]\, e^{-t\sum_{i,j=1}^{n} a_{ij}\,p_i\,p_j}$$

und wegen der Linearität von (20.21) auch

$$(20.46) \quad u(x,t) = \sum_{p} [c_1(p)\cos(p,x) + c_2(p)\sin(p,x)]\, e^{-t\sum_{i,j=1}^{n} a_{ij}\,p_i\,p_j}$$

eine Lösung dieser Gleichung, wobei p alle Vektoren mit ganzzahligen Komponenten durchläuft. Die Anfangs- und Randbedingungen in (20.44) sind erfüllt, wenn $u(x,0) = f(x)$ eine ungerade und bezüglich aller Veränderlichen 2π-periodische Funktion ist, wenn also

$$f(x) = \sum_{p} b(p) \sin(p,x)$$

mit den Fourier-Koeffizienten $b(p)$ gilt. Hieraus folgt in (20.46) $c_1(p) = 0$, $c_2(p) = b(p)$, woraufhin (20.45) und (20.46) übereinstimmen.

Beispiel 20.2. A. Als einfachste Anwendung betrachten wir das Beispiel

$$u_t = u_{xx}, \ u(x,0) = f(x), \ u(0,t) = u(\pi,t) = 0, \ 0 \leqq x \leqq \pi, \ 0 \leqq t \leqq T.$$

Wir denken uns $f(x)$ als ungerade stetige 2π-periodische Funktion fortgesetzt. Dann gilt $f(-\pi) = f(0) = f(\pi) = 0$, es liegt das Problem (20.42) vor, denn es ist $G: -\pi \leqq x \leqq \pi$. Wegen $m = n = 1$ und $A(i\,p) = -p^2$ lautet nach (20.45) die gesuchte Lösung

$$u(x,t) = \sum_{p=1}^{\infty} \overline{b}_p\, e^{-p^2 t} \sin px, \qquad \overline{b}_p = b(p) - b(-p) = \frac{2}{\pi} \int_0^{\pi} f(x) \sin px\, dx.$$

B. Das Anfangs-Randwertproblem (20.42) für die parabolische Differentialgleichung (20.20) mit $f(x,t) \equiv 0$, $b = d$, lautet

$$u_t = \frac{1}{k^2} \Delta_m u + d\,u, \qquad u(x,0) = f(x), \qquad u = 0 \ \text{ auf } \Gamma.$$

Wegen $A(i\,p) = -\frac{1}{k^2} \sum_{j=1}^{m} p_j^2 + d$ erhält man gemäß (20.43) als Lösung

$$u(x,t) = \sum_{p} \sin(p,x)\, e^{-\frac{t}{k^2}\sum_{j=1}^{m} p_j^2}\, e^{dt}\, b(p).$$

§ 21. Das Maximum-Minimum-Prinzip. Abschätzungen

21.1 Das Maximum-Minimum-Prinzip und Folgerungen

Es ist i. allg. schwieriger, die Existenz von Lösungen parabolischer Anfangs-Randwertprobleme nachzuweisen als deren Eindeutigkeit. Ein Eindeutigkeitssatz sagt lediglich aus: Wenn überhaupt eine Lösung existiert, so ist sie eindeutig. Sätze dieser Art können für parabolische Gleichungen aus einem Maximum-Minimum-Prinzip, welches wir im folgenden beschreiben, hergeleitet werden.

Der Einfachheit halber beschränken wir uns auf lineare homogene Differentialgleichungen bei zwei unabhängigen Veränderlichen

$$(21.1) \qquad T u \equiv u_t - a(x, t)\, u_{xx} - b(x, t)\, u_x - c(x, t)\, u = 0$$

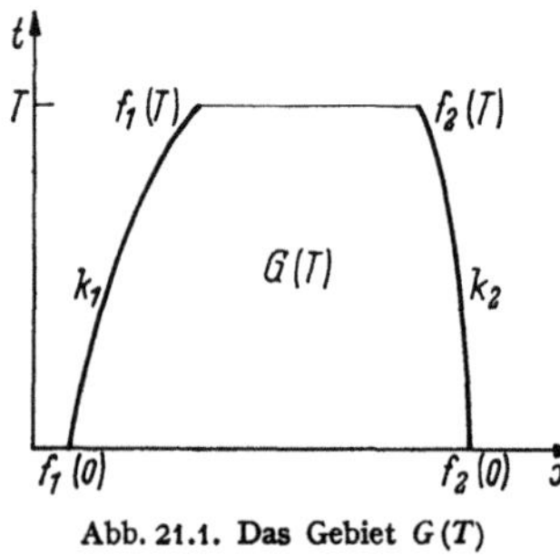

Abb. 21.1. Das Gebiet $G(T)$

mit stetigen Koeffizienten a, b, c. Durch die Geraden $t = 0,\, t = T$ einerseits und die Kurven $k_1: x = f_1(t)$, $k_2: x = f_2(t)$, $f_1(t) < f_2(t)$, wird der Rand $\Gamma(T)$ des Gebietes $G(T)$ beschrieben (Abb. 21.1). Denjenigen Teil von $\Gamma(T)$, der aus der Strecke $\overline{f_1(0)\, f_2(0)}$ und den Kurvenstücken k_1, k_2 (einschließlich der Punkte $f_1(T), f_2(T)$) besteht, bezeichnen wir mit $\Gamma_0(T)$. Dann gilt der

Satz 21.1 (*Maximum-Minimum-Prinzip*). *Die Koeffizienten* $a(x, t)$, $b(x, t), c(x, t)$ *der Differentialgleichung (21.1) seien in* $\bar{G}(T) = G(T) + {} + \Gamma(T)$ *stetig, und es gelte dort* $a(x, t) > 0$, $c(x, t) < 0$. *Dann nimmt jede in* $\bar{G}(T)$ *nicht konstante stetige Funktion* $u(x, t)$, *welche in* $\bar{G}(T) - \Gamma_0(T)$ *der Differentialgleichung (21.1) genügt, ihr negatives Minimum (falls vorhanden) bzw. ihr positives Maximum (falls vorhanden) auf* $\Gamma_0(T)$ *an.*

Satz 21.2. *Gilt unter den Voraussetzungen des Satzes 21.1* $u(x, t) = 0$ *auf* $\Gamma_0(T)$, *so folgt* $u(x, t) \equiv 0$ *in ganz* $\bar{G}(T)$.

Hieraus folgt weiter ein Eindeutigkeitssatz:

Satz 21.3. *Das Anfangs-Randwertproblem der Gl. (21.1)*

$$(21.2) \qquad T u = 0 \quad in \quad \bar{G}(T) - \Gamma_0(T), \quad u = \varphi(x, t) \quad für \quad (x, t) \in \Gamma_0(T)$$

mit stetiger Funktion φ *besitzt höchstens eine Lösung* $u(x, t)$, *welche in* $\bar{G}(T)$ *stetig ist und in* $\bar{G}(T) - \Gamma_0(T)$ *stetige partielle Ableitungen* u_t, u_{xx} *besitzt. Dabei können die Funktionen* $a(x, t), c(x, t)$ *in (21.1) sogar beliebiges Vorzeichen haben.*

Für den Fall $a > 0$, $c < 0$ ist der Satz trivial. Denn nimmt man die Existenz zweier Lösungen u, v an, so gilt mit $w = u - v$ auch $T w = 0$

in $\bar{G}(T) - \Gamma_0(T)$, $w \equiv 0$ auf $\Gamma_0(T)$, woraus nach Satz 21.2 sofort $w \equiv 0$ in $\bar{G}(T)$ folgt.

Aus Satz 21.1 lassen sich noch einige weitere Folgerungen ziehen, die in der Praxis von Nutzen sein können. Zwei von diesen seien hier angeführt:

1. Sind $u(x, t)$, $\underline{u}(x, t)$, $\bar{u}(x, t)$ drei Lösungen von (21.1) in $\bar{G}(T) - \Gamma_0(T)$ und gilt

$$(21.3) \qquad \underline{u}(x, t) \leqq u(x, t) \leqq \bar{u}(x, t) \quad \text{auf} \quad \Gamma_0(T),$$

so besteht diese Ungleichung in ganz $\bar{G}(T)$.

2. Sind $u_1(x, t)$, $u_2(x, t)$ zwei Lösungen von (21.1) in $\bar{G}(T) - \Gamma_0(T)$ und gilt auf $\Gamma_0(T)$

$$(21.4) \qquad \left| u_1(x, t) - u_2(x, t) \right| \leqq \varepsilon,$$

so gilt diese Abschätzung in ganz $\bar{G}(T)$.

Die Sätze lassen sich auf gewisse lineare und nichtlineare parabolische Differentialgleichungen bei mehr als zwei unabhängigen Variablen übertragen. Betrachten wir etwa die im $x—t$-Raum parabolische lineare Differentialgleichung

$$(21.5) \quad T u \equiv u_t - \sum_{i,k=1}^{n} a_{ik}(x, t)\, u_{x_i x_k} + \sum_{i=1}^{n} a_i(x, t)\, u_{x_i} + a(x, t)\, u = 0,$$

so ist hierbei zu fordern, daß für jedes feste t aus $0 \leqq t \leqq T$ die Matrix $A = (a_{ik})$ positiv definit ist. Es gibt dann eine Zahl $\mu > 0$, so daß für beliebige Vektoren $\lambda \neq 0$

$$(21.6) \qquad \lambda^T A\, \lambda \geqq \mu\, \lambda^T \lambda$$

gilt. Die aus (21.5) für festes t entstehende Differentialgleichung ist dann elliptisch. In Verschärfung der Definition für parabolische Differentialgleichungen (vgl. 14.1) nennt man (21.5) auch *eigentlich parabolisch*, wenn (21.6) erfüllt ist.

Entsprechende Voraussetzungen für die Gültigkeit eines Maximum-Minimum-Prinzips sind bei nichtlinearen Differentialgleichungen zu treffen. Man vgl. hierzu etwa [44].

Der Eindeutigkeitssatz 21.3 ist nicht nur von theoretischem Interesse. Hat man irgendeine Lösung von $T u = 0$ ermittelt, welche den Anfangs-Randbedingungen angepaßt werden kann — bei vielen Wärmeleitproblemen ist das z. B. nicht schwierig (vgl. § 22) —, so weiß man, daß diese unter den Voraussetzungen des Satzes 21.3 auch eindeutig ist.

21.2 Abschätzung von Lösungen und Näherungslösungen

Bei einigen parabolischen Anfangs-Randwertproblemen läßt sich der Fehler einer Näherungslösung abschätzen. Wir geben hierfür im folgenden einige Methoden an und beschränken uns auch hier auf Gleichungen bei zwei unabhängigen Veränderlichen, jedoch nicht mehr auf lineare Gleichungen. Die Definitionen für $G(T)$, $\Gamma(T)$, $\Gamma_0(T)$ werden aus 21.1 übernommen.

Für alle im Bereich $\bar{G}(T)$ definierten stetigen Funktionen $u(x, t)$, deren Ableitungen u_t, u_x, u_{xx} in $G(T)$ existieren, wird der Operator T durch

$$(21.7) \qquad T u \equiv u_t - F(x, t, u, u_x, u_{xx})$$

erklärt. Dann gilt zunächst der

Satz 21.4. *Die Funktion* $F(x, t, u, p, r)$ *sei für feste Werte* x, t, u, p *bezüglich* r *monoton nicht fallend und die Funktionen* $v(x, t)$, $w(x, t)$ *mögen im Definitionsbereich des Operators* T *liegen. Gilt dann* $T v < T w$ *in* $\bar{G}(T) - \Gamma_0(T)$ *und* $v < w$ *auf* $\Gamma_0(T)$, *so gilt* $v < w$ *in ganz* $\bar{G}(T)$.

Mit Hilfe dieses Satzes lassen sich nun weitere Abschätzungssätze aufstellen:

Satz 21.5. *In* $G(T) + \Gamma_0(T)$ *gelte* $|Tv| \leqq \varepsilon_1$, $|Tw| \leqq \varepsilon_2$, *auf* $\Gamma_0(T)$ *die Abschätzung* $|v - w| \leqq \delta$ *mit den Konstanten* $\varepsilon_1, \varepsilon_2, \delta$. *Ferner erfülle* F *die Bedingung*

$$|F(x, t, v, p, r) - F(x, t, w, p, r)| \leqq M$$

mit der Konstanten M. *Dann gilt in* $\bar{G}(T)$ *die Abschätzung*

$$(21.8) \qquad |v - w| \leqq \delta + t(M + \varepsilon_1 + \varepsilon_2).$$

Satz 21.6. *Mit der Konstanten* $K > 0$ *gelte*

$$f_1(t) \leqq -K, \qquad f_2(t) \geqq K,$$

und die Funktion F *erfülle bezüglich* u, p, r *die Lipschitz-Bedingung*

$$|F(x, t, u_2, p_2, r_2) - F(x, t, u_1, p_1, r_1)| \leqq$$
$$\leqq M_1 |u_2 - u_1| + M_2 |p_2 - p_1| + M_3 |r_2 - r_1|.$$

Es seien weiter v *und* w *zwei den Gleichungen* $T v = 0$, $T w = 0$ *genügende Funktionen mit* $|v - w| < \delta$ *auf* $\Gamma_0(T) - \overline{f_1(0) f_2(0)}$, $v = w$ *auf* $\overline{f_1(0) f_2(0)}$. *Dann gilt in* $\bar{G}(T)$ *die Abschätzung*

$$(21.9) \qquad |v - w| < \delta (e^{|x|} + \tfrac{1}{2}) \, e^{t(M_1 + M_2 + 2M_3) - K}.$$

Bei der praktischen Anwendung dieser Sätze hängt der Erfolg wesentlich von der Güte einer Näherungslösung ab. In Satz 21.5 sei $v(x, t)$ etwa die exakte Lösung des Anfangs-Randwertproblems (21.2) und $w(x, t)$ eine Näherungslösung. Dann ist $\varepsilon_1 = 0$ und die Abschätzung (21.8) lautet

$$(21.10) \qquad |v - w| \leqq \delta + t(M + \varepsilon_2).$$

Da die Konstante M im wesentlichen festliegt (kommt u in der Differentialgleichung nicht explizit vor, so ist $M = 0$), wird die Abschätzung um so besser, je kleiner δ und ε_2 gewählt werden können.

Die Sätze 21.4 bis 21.6 und darüber hinaus noch Abschätzungen anderer Art lassen sich auch für nichtlineare parabolische Differentialgleichungen bei mehr als zwei unabhängigen Veränderlichen aussprechen. Man vgl. hierzu etwa [44], S. 158ff., und [6], S. 309ff.

Beispiel 21.1. Wir betrachten für

$$G(T): \quad 0 < x < \pi, \quad 0 < t < T < \infty$$

das Anfangswertproblem

$$(*) \quad u_t = u_{xx}, \quad u(x, 0) = \frac{4}{\pi} x\left(1 - \frac{x}{\pi}\right) = f(x), \quad u(0, t) = u(\pi, t) = 0,$$

und approximieren die Anfangsfunktion $f(x)$ in $0 \le x \le \pi$ durch $\bar{f}(x) = \sin x$. Dann ist in $G(T) + \Gamma_0(T)$

$$w(x, t) = e^{-t} \sin x$$

die eindeutige Lösung des Anfangs-Randwertproblems

$$w_t = w_{xx}, \quad w(x, 0) = \sin x, \quad w(0, t) = w(\pi, t) = 0,$$

wie man nach dem in 20.2 beschriebenen Verfahren leicht ausrechnet. Wir fassen nun $w(x, t)$ als Näherungslösung für das Problem $(*)$ auf und wollen nach Satz 21.5 den Fehler abschätzen.

Es ist $T v = v_t - v_{xx}$, es gilt $M = 0$, $T u = T w = 0$ in $G(T) + \Gamma_0(T)$, also $\varepsilon_1 = \varepsilon_2 = 0$. Ferner errechnet man leicht

$$\operatorname*{Max}_{(x, t) \in \Gamma_0} |u(x, t) - w(x, t)| = \operatorname*{Max}_{0 \le x \le \pi} \left|\frac{4}{\pi} x\left(1 - \frac{x}{\pi}\right) - \sin x\right| < 0{,}1 = \delta.$$

Daher folgt nach (21.8) in $\bar{G}(T)$ die Abschätzung

$$|u(x, t) - w(x, t)| < 0{,}1 .$$

§ 22. Anfangs- und Anfangs-Randwertprobleme der Wärmeleitungsgleichung

22.1 Die Wärmeleitungsgleichung

Es sei G ein Körper im R_3, und zur Zeit t sei $u(x, t)$ dessen Temperatur im Punkt $x \in G$, $x^T = (x_1, x_2, x_3)$. Die Temperaturdifferenzen in G erzeugen dann einen Wärmefluß, der durch den Vektor (vgl. [18], S. 16f.)

$$(22.1) \qquad\qquad w(x, t) = -\alpha(x) \operatorname{grad} u(x, t)$$

beschrieben wird, wobei $\alpha(x) > 0$ gilt und $u(x, t)$ die Temperatur im Punkt x zur Zeit t bedeutet. Mit $\beta(x) > 0$ ist weiter die im Volumenelement dx enthaltene Wärmemenge durch $\beta(x) u(x, t) dx$ gegeben.

Es sei $G_0 \subseteq G$ ein Gebiet mit dem Rand Γ_0, das folgende Eigenschaften besitzt: Auf Γ_0 existiert ein Vektorfeld

$$n^T(x) = \big(n_1(x), n_2(x), n_3(x)\big), \quad (n, n) = 1,$$

so daß für alle Funktionen $v(x)$, welche im abgeschlossenen Gebiet $\bar{G}_0 = G_0 + \Gamma_0$ einmal stetig differenzierbar sind, d. h. für alle $v(x) \in C^1(\bar{G}_0)$, der Gaußsche Integralsatz

$$(22.2) \qquad \int\limits_{G_0} v_{x_i}(x) \, dx = \int\limits_{\Gamma_0} v(x) \, n_i(x) \, do, \quad i = 1, 2, 3,$$

gilt. Dabei ist do das Oberflächenelement von Γ_0. Man nennt G_0 dann ein Normalgebiet (vgl. [18], S. 10). Besitzt $\bar{G}_0$ im Punkt $x \in \Gamma_0$ eine äußere Normale, so ist der Vektor $n(x)$ mit dieser identisch. Ist $v^T(x) = \big(v_1(x), v_2(x), v_3(x)\big)$ eine Vektorfunktion mit $v_i \in C^1(\bar{G}_0)$, so gilt nach (22.2)

$$\int\limits_{G_0} \left\{ \sum_{i=1}^{3} \frac{\partial v_i(x)}{\partial x_i} \right\} dx = \int\limits_{\Gamma_0} \left\{ \sum_{i=1}^{3} v_i(x) \, n_i(x) \right\} do = \int\limits_{\Gamma_0} (v, n) \, do.$$

Mit

$$\operatorname{div} v = \sum_{i=1}^{n} \frac{\partial v_i(x)}{\partial x_i}$$

kann dann der Gaußsche Satz in der Form

$$(22.3) \qquad \int\limits_{G_0} \operatorname{div} v(x) \, dx = \int\limits_{\Gamma_0} (v, n) \, do$$

geschrieben werden.

Da der Wärmefluß durch das Oberflächenelement do nach (22.1) durch

$$(w, n) \, do = -\alpha(x) \, (\operatorname{grad} u, n) \, do$$

gegeben ist und die zeitliche Abnahme der Wärmemenge in G_0 gleich dem Wärmefluß durch Γ_0 sein muß, gilt

$$(22.4) \qquad -\frac{\partial}{\partial t} \int\limits_{G_0} \beta \, u \, dx = -\int\limits_{G_0} \beta \, u_t \, dx = -\int\limits_{\Gamma_0} \alpha (\operatorname{grad} u, n) \, do,$$

also nach (22.3)

$$(22.5) \qquad \int\limits_{G_0} \beta \, u_t \, dx = \int\limits_{G_0} \operatorname{div} (\alpha \, \operatorname{grad} u) \, dx.$$

Hieraus läßt sich dann schließlich folgern, daß die Funktion u in ganz G_0 die *Wärmeleitungsgleichung*

$$(22.6) \quad \beta(x) \, u_t = \operatorname{div}\big(\alpha(x) \, \operatorname{grad} u\big) = \sum_{i=1}^{3} \alpha_{x_i}(x) \, u_{x_i} + \alpha(x) \, u_{x_i x_i}$$

erfüllt. Wegen $\alpha, \beta > 0$ ist sie eigentlich parabolisch, d. h. im stationären Fall im R_3 elliptisch. Die gesuchte Funktion $u(x, t)$ ist die Temperatur.

Nehmen die Funktionen $\alpha(x), \beta(x)$ für alle x konstante Werte $\alpha > 0, \beta > 0$ an, und setzt man $\alpha/\beta = a^2$, so folgt aus (22.6) in bekannter Schreibweise die *spezielle Wärmeleitungsgleichung*

$$(22.7) \qquad u_t = a^2 \, \Delta_3 u.$$

Sie wird in der Literatur häufig schlechthin als Wärmeleitungsgleichung bezeichnet. Setzt man noch $a^2 t = \tau$, wählt also eine neue Zeitskala, so nimmt sie die Gestalt

$$(22.8) \qquad u_\tau = \Delta_3 u$$

an. Schreibt man statt τ wieder t, so reduziert sich (22.8) für lineare bzw. ebene Wärmeleiter auf

$$(22.9) \qquad u_t = \Delta_1 u = u_{x_1 x_1}$$

bzw.

$$(22.10) \qquad u_t = \Delta_2 u = u_{x_1 x_1} + u_{x_2 x_2}.$$

Im folgenden nehmen wir an, daß $G_0 = G$ gilt. Befinden sich innerhalb von G Wärmequellen, durch die pro Zeit und Volumeneinheit eine gewisse Wärmemenge frei wird, so ergibt sich an Stelle von (22.6) die inhomogene Differentialgleichung

$$(22.11) \qquad \beta(x)\, u_t = \operatorname{div}\big(\alpha(x)\,\operatorname{grad} u\big) + f(x, t).$$

Bei anisotropen Körpern ist $\alpha(x)$ keine skalare Größe, sondern ein symmetrischer Tensor: $\boldsymbol{\alpha} = (\alpha_{ij})$. Außerdem können im allgemeinsten Fall die Funktionen β, α_{ij}, f von x, t und u abhängen. Die allgemeinste Wärmeleitungsgleichung hat daher die Form[1]

$$(22.12) \qquad \beta(x, t, u)\, u_t = \sum_{i=1}^{3} \frac{\partial}{\partial x_i} \bigg(\sum_{j=1}^{3} \alpha_{ij}(x, t, u)\, u_{x_j} \bigg) + f(x, t, u).$$

Sie ist quasilinear und eigentlich parabolisch, wenn die symmetrische Matrix (α_{ij}) positiv definit für alle betrachteten x, t, u ist.

22.2 Anfangs- und Anfangs-Randwertprobleme der Gleichung
$$u_t = \Delta_n u$$

Wir betrachten jetzt allgemeiner die Differentialgleichung $u_t = \Delta_n u$ und spezialisieren von Fall zu Fall für $n = 1, 2, 3$. Einige Ergebnisse für beliebiges n stellen wir voran.

---

[1] Unter der Ableitung $\dfrac{\partial}{\partial x_i} \alpha_{ij}$ ist $\left\{ \dfrac{\partial}{\partial x_i} \alpha_{ij}(x, t, z) \right\}_{z=u}$ zu verstehen.

Zunächst untersuchen wir das reine Anfangswertproblem

$$(22.13) \quad u_t = \Delta_n u, \quad -\infty < x_1, \ldots, x_n < \infty, \quad t > 0, \quad u(x, 0) = u_0(x).$$

Gesucht wird eine stetige Funktion $u(x, t)$, die für $t > 0$ und alle x die Differentialgleichung $u_t = \Delta_n u$ erfüllt und für $t = 0$ mit der stetigen Funktion $u_0(x)$ übereinstimmt.

Das Problem (22.13) ist unter wenig einschränkenden natürlichen Voraussetzungen eindeutig lösbar, es gilt der

Satz 22.1. *Die Funktion $u_0(x)$ sei für alle x stetig und für jedes $c > 0$ gelte die Ungleichung*

$$(22.14) \qquad\qquad |u_0(x)| \leqq K(c)\, e^{c\|x\|_2^2}$$

mit der Konstanten $K(c)$. Dann ist, wenn wieder abkürzend $dy_1\, dy_2 \ldots dy_n = dy$ gesetzt wird,

$$(22.15)$$
$$u(x, t) = (4\pi t)^{-\frac{n}{2}} \int\limits_{-\infty < y_1, \ldots, y_n < \infty} u_0(y)\, e^{-\frac{\|x-y\|_2^2}{4t}}\, dy, \quad t > 0; \quad u(x, 0) = u_0(x),$$

die eindeutige Lösung des Anfangswertproblems (22.13).

Zum Beweis dieses Satzes vgl. man etwa [23], S. 177 ff.

Die Funktion

$$(22.16) \qquad\qquad s(z, t) = (4\pi t)^{-\frac{n}{2}}\, e^{-\frac{\|z\|_2^2}{4t}}$$

wird in der Literatur oft als *Singularitätenfunktion* oder *Fundamentallösung* bezeichnet. Sie ist für $t > 0$ Lösung der Gleichung $u_t = \Delta_n u$, während sie für $t = 0$ eine von n abhängende Singularität besitzt. Die Lösung (22.15) für $t > 0$ läßt sich dann auch in der Form

$$(22.17) \qquad u(x, t) = \int\limits_{-\infty < y_1, \ldots, y_n < \infty} u_0(y)\, s(x - y, t)\, dy$$

schreiben. Man nennt die noch von n Parametern $\xi^T = (\xi_1, \ldots, \xi_n)$ abhängende Funktion

$$s(x - \xi, t) = g(x, \xi, t) = (4\pi t)^{-\frac{n}{2}}\, e^{-\frac{\|x-\xi\|_2^2}{4t}}$$

Greensche Funktion der Gleichung $u_t = \Delta_n u$ für den R_n.

Für $n = 1$ mit $x_1 = x$ lautet das Anfangswertproblem (22.13)

$$(22.18) \quad u_t = u_{xx}, \quad u(x, 0) = u_0(x), \quad -\infty < x < \infty,$$

und dessen Lösung nach (22.15)

$$(22.19)$$
$$u(x, t) = \frac{1}{\sqrt{4\pi t}} \int\limits_{-\infty}^{\infty} u_0(y)\, e^{-\frac{(x-y)^2}{4t}}\, dy, \quad t > 0, \quad u(x, 0) = u_0(x).$$

Es sei $f(x)$ eine für alle x definierte und stetige Funktion. Dann wird durch

$$(22.20) \qquad T(t)\, f(x) = (4\pi t)^{-\frac{n}{2}} \int\limits_{-\infty < y_1, \ldots, y_n < \infty} f(y)\, e^{-\frac{\|x-y\|_2^2}{4t}}\, dy$$

ein linearer Operator $T(t)$ definiert, es gilt

$$T(t)\,[f_1(x) + f_2(x)] = T(t)\, f_1(x) + T(t)\, f_2(x).$$

Die Lösung (22.15) läßt sich dann durch

$$(22.21) \qquad\qquad u(x, t) = T(t)\, u_0(x)$$

darstellen. Man erhält daher den durch (22.13) beschriebenen physikalischen Zustand zur Zeit $t > 0$, indem man den Operator $T(t)$ auf den Zustand zur Zeit $t = 0$ anwendet. $T(t)$ ist jedoch nur für positive t definiert; ist $t < 0$, so wird der Ausdruck $T(t)\, u_0(x)$ sinnlos. Der durch (22.13) bestimmte physikalische Vorgang ist daher irreversibel.

Es bleibt noch die Frage, wie die Lösung (22.15) sich für $t \to 0$ verhält. Von der physikalischen Fragestellung her ist zu fordern, daß $u(x, t) = T(t)\, u_0(x)$ stetig von der Anfangsfunktion $u_0(x)$ abhängt. In der Tat läßt sich zeigen, daß $u(x, t)$ für $t \to 0$ stetig in $u_0(x)$ übergeht. Darüber hinaus gilt: Sind $u_1(x, t)$, $u_2(x, t)$ Lösungen von $u_t = \Delta_n u$ mit $u_1(x, 0) = u_{10}(x)$, $u_2(x, 0) = u_{20}(x)$, so folgt für die nach (22.15) eindeutigen Lösungen u_1, u_2 aus $|u_{10}(x) - u_{20}(x)| \leqq \delta$ auch $|u_1(x, t) - u_2(x, t)| \leqq \delta$. Ist insbesondere $u_{20}(x) \equiv 0$, also nach (22.15) auch $u_2(x, t) \equiv 0$, so folgt mit $u_1 = u$, $u_{10} = u_0$ hieraus

$$(22.22) \qquad\qquad |u(x, t)| \leqq |u_0(x)|.$$

Neben dem reinen Anfangswertproblem sind für die Gleichung $u_t = \Delta_n u$ auch gewisse Anfangs-Randwertprobleme sachgemäß gestellt. Es ist jedoch sehr schwierig, diese allgemein zu formulieren. In der Praxis treten zudem noch zahlreiche Varianten auf.

Um etwas Konkretes vor Augen zu haben, betrachten wir im R_3 einen festen Körper. Mathematisch idealisiert, stellen die Punkte des Körpers im R_3 ein zusammenhängendes Gebiet G mit dem Rand Γ dar. Wir setzen voraus, daß in jedem Punkt von Γ die äußere Normale n existiert. Sei $\bar{G} = G + \Gamma$, so herrsche zur Zeit $t = 0$ im Punkt $x \in \bar{G}$ die Temperatur $u_0(x)$. An der Oberfläche von G, also an der Berandung Γ, treten dann für $t > 0$ Wärmeübergänge auf. Sei $\varphi(x, t)$ die Temperatur an der Schicht zwischen G und dem Außenraum, $u(x, t)$ die Temperatur in G zur Zeit $t > 0$, so führt dies zu der Bedingung

$$(22.23) \qquad \frac{\partial u(x, t)}{\partial n} + \gamma\, u(x, t) = \gamma\, \varphi(x, t), \qquad x \in \Gamma, \qquad t > 0.$$

Die Zahl γ heißt relative Wärmeübergangszahl. Während die Bedingung $u(x, 0) = u_0(x)$ eine Anfangsbedingung ist, handelt es sich bei (22.23) um eine Bedingung für den Rand Γ, also um eine Randbedingung.

Das hier betrachtete Anfangs-Randwertproblem kann daher wie folgt formuliert werden:

$$(22.24) \qquad u_t = \Delta_3 u, \quad x \in G, \quad t > 0, \quad u(x, 0) = u_0(x),$$

$$\frac{\partial u(x, t)}{\partial n} + \gamma\, u(x, t) = \gamma\, \varphi(x, t), \quad x \in \Gamma, \quad t > 0.$$

Für sehr große γ erhält man aus (22.23) angenähert

$$(22.25) \qquad u(x, t) = \varphi(x, t), \quad x \in \Gamma, \quad t > 0.$$

Das zugehörige Problem (22.24) heißt *1. Anfangs-Randwertproblem*. Es beschreibt den Fall, daß eine bestimmte Oberflächentemperatur vorgegeben ist. Für $\gamma = 0$ folgt aus (22.23)

$$(22.26) \qquad \frac{\partial u(x, t)}{\partial n} = 0, \quad x \in \Gamma, \quad t > 0.$$

Das Problem (22.24) heißt dann *2. Anfangs-Randwertproblem*; es beschreibt den Temperaturverlauf in einem Körper mit wärmeundurchlässiger Umrandung. Das Problem (22.24) mit $\gamma \neq 0, \infty$ bezeichnet man gewöhnlich als *3. Anfangs-Randwertproblem*. Es heißt homogen, wenn $\varphi(x, t) \equiv 0$ gilt.

22.3 Einfache homogene Wärmeleitprobleme für beschränkte Gebiete

Eine allgemeine Methode zur Lösung von Anfangs-Randwertproblemen (22.24) mit $\varphi \equiv 0$ resultiert aus einem Separationsansatz

$$(22.27) \qquad u(x, t) = v(x)\, w(t).$$

Er liefert die beiden Gleichungen (vgl. 16.1)

$$(22.28) \qquad w'(t) + \lambda\, w(t) = 0, \quad \Delta_3 v(x) + \lambda\, v(x) = 0.$$

Die erste ist eine gewöhnliche Differentialgleichung; sie hat die allgemeine Lösung

$$(22.29) \qquad w(t) = C\, e^{-\lambda t}$$

mit der willkürlichen Konstanten C. Die zweite Gl. (22.28) ist die Schwingungsgleichung, sie ist vom elliptischen Typ.

Die Schwingungsgleichung kann nun weiter durch einen Separationsansatz

$$(22.30) \qquad v(x) = v_1(x_1)\, v_2(x_2)\, v_3(x_3)$$

auf drei gewöhnliche Differentialgleichungen zweiter Ordnung zurückgeführt werden. Es ist jedoch in vielen Fällen zweckmäßig, vor der Separation an Stelle der kartesischen Koordinaten orthogonale krummlinige Koordinaten einzuführen, also etwa Zylinderkoordinaten, Kugel-koordinaten, elliptische Zylinderkoordinaten usw. Ein (22.30) entspre-chender Separationsansatz führt dann auf gewöhnliche Differential-gleichungen zweiter Ordnung, deren Lösungen sog. spezielle Funktionen sind. Man vgl. hierzu die ausführliche Darstellung in Teil I, B, § 2.

Um die im Prinzip sehr einfache Methode zu erläutern, geben wir im folgenden die Lösung von drei typischen homogenen Wärmeleit-problemen explizit an. Es ist darüber hinaus unmittelbar einzusehen, welche Wärmeleitprobleme vom Typ des 1. An-fangs-Randwertproblems mit der in 20.2 beschriebenen Methode gelöst wer-den können, so daß wir hierauf nicht einzugehen brauchen. Offenbar ist hierbei in jedem Falle $A(i\,p) = -(p_1^2 + p_2^2 + p_3^2)$ zu setzen.

A. Abkühlung eines Rechtkants (vgl. [24], S. 309ff.).

Es sei G ein Rechtkant mit den Kan-tenlängen $2l_i$, $i = 1,2,3$ (Abb. 22.1), in dem zur Zeit $t = 0$ eine von $\boldsymbol{x}$ unab-

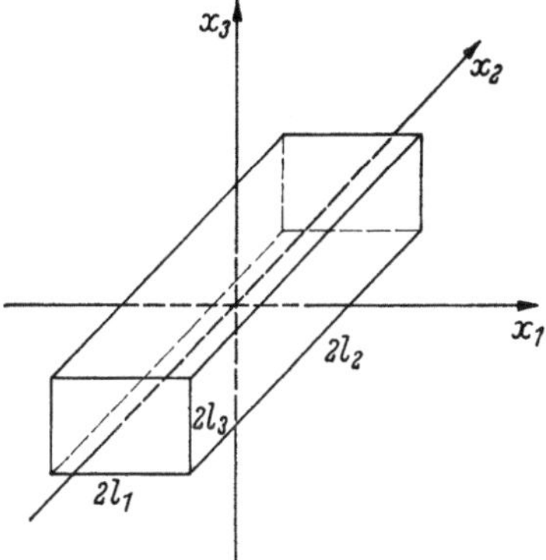

Abb. 22.1. Zur Abkühlung eines Rechtkants

hängige konstante Anfangstemperatur u_0 herrscht. Die Anfangs-Rand-wertaufgabe lautet dann unter Berücksichtigung der Symmetrie der Temperaturverteilung mit $\eta = 1/\gamma$

$$(22.31) \qquad u_t = \Delta_3 u, \quad \boldsymbol{x} \in G, \quad t > 0, \quad u(\boldsymbol{x}, 0) = u_0$$

$$u_{x_i}(\boldsymbol{x}, t) = 0 \quad \text{für} \quad x_i = 0, \quad \eta\, u_{x_i}(\boldsymbol{x}, t) + u(\boldsymbol{x}, t) = 0 \quad \text{für} \quad x_i = l_i,$$

$$i = 1, 2, 3, \quad t > 0.$$

Verwenden wir zur Lösung dieses Problems einen Separationsansatz, so kann dieser wegen (22.27), (22.29) auch

$$(22.32) \qquad u(\boldsymbol{x}, t) = v(\boldsymbol{x})\, e^{-\lambda t},$$

lauten, wobei $v(\boldsymbol{x})$ dem elliptischen Eigenwertproblem

$$(22.33) \qquad \Delta_3 v + \lambda v = 0$$

$$v_{x_i}(\boldsymbol{x}) = 0 \quad \text{für} \quad x_i = 0, \quad \eta\, v_{x_i}(\boldsymbol{x}) + v(\boldsymbol{x}) = 0 \quad \text{für} \quad x_i = l_i,$$

$$i = 1, 2, 3,$$

genügen muß. Es läßt sich zeigen, daß dieses Problem außer $v(\boldsymbol{x}) \equiv 0$ nur für nichtnegative Eigenwerte $\lambda = \delta^2$ Lösungen besitzt. Der Separa-tionsansatz (22.30) liefert weiter die drei gewöhnlichen Differential-gleichungen

$$(22.34) \quad v_i'' + k_i^2 v_i = 0, \quad i = 1, 2, 3, \quad k_1^2 + k_2^2 + k_3^2 = \delta^2$$

mit den Randbedingungen

$$(22.35) \qquad v_i'(0) = 0, \qquad \eta\, v_i'(l_i) + v_i(l_i) = 0, \qquad i = 1, 2, 3.$$

Die allgemeinen Lösungen von (22.34) sind

$$(22.36) \qquad v_i(x_i) = A_i \cos k_i\, x_i + B_i \sin k_i\, x_i, \qquad i = 1, 2, 3,$$

und wegen (22.35) gilt

$$(22.37) \qquad B_i = 0, \qquad \cot k_i\, l_i = \eta\, k_i, \qquad i = 1, 2, 3.$$

Durch die hieraus resultierenden Zahlen $k_{i\nu_i}$, $\nu_i = 1, 2, \ldots$, sind die Eigenwerte

$$(22.38) \qquad \lambda_{\nu_1 \nu_2 \nu_3} = \delta^2_{\nu_1 \nu_2 \nu_3} = k^2_{1\nu_1} + k^2_{2\nu_2} + k^2_{3\nu_3}$$

bestimmt. Die zugehörigen Eigenfunktionen sind nach (22.30), (22.36), (22.37)

$$(22.39) \qquad v_{\nu_1 \nu_2 \nu_3}(\boldsymbol{x}) = \cos(k_{1\nu_1}\, x_1) \cos(k_{2\nu_2}\, x_2) \cos(k_{3\nu_3}\, x_3).$$

Wenn daher die Reihe

$$(22.40) \qquad u(\boldsymbol{x}, t) = u_0 \sum_{\nu_1, \nu_2, \nu_3 = 1}^{\infty} C_{\nu_1 \nu_2 \nu_3}\, v_{\nu_1 \nu_2 \nu_3}(\boldsymbol{x})\, e^{-\delta^2_{\nu_1 \nu_2 \nu_3} t}$$

mit zunächst willkürlichen Konstanten $C_{\nu_1 \nu_2 \nu_3}$ konvergiert, so ist sie nach den vorhergehenden Betrachtungen sicher Lösung von $u_t = \Delta_3 u$ und erfüllt die Randbedingungen. Soll sie außerdem noch die Anfangsbedingung $u(\boldsymbol{x}, 0) = u_0$ erfüllen, so muß

$$(22.41) \qquad 1 = \sum_{\nu_1, \nu_2, \nu_3 = 1}^{\infty} C_{\nu_1 \nu_2 \nu_3}\, v_{\nu_1 \nu_2 \nu_3}(\boldsymbol{x})$$

$$= \sum_{\nu_1, \nu_2, \nu_3 = 1}^{\infty} C_{\nu_1 \nu_2 \nu_3} \cos(k_{1\nu_1}\, x_1) \cos(k_{2\nu_2}\, x_2) \cos(k_{3\nu_3}\, x_3)$$

gelten. Sei

$$(22.42) \qquad C_{i\nu_i} = \frac{4 \sin k_{i\nu_i}\, l_i}{\sin 2 k_{i\nu_i}\, l_i + 2 k_{i\nu_i}\, l_i}, \qquad i = 1, 2, 3,$$

so berechnen sich die Fourier-Koeffizienten in (22.41) zu

$$(22.43) \qquad C_{\nu_1 \nu_2 \nu_3} = C_{1\nu_1}\, C_{2\nu_2}\, C_{3\nu_3}.$$

Damit ist die eindeutige Lösung des Problems (22.31) bestimmt.

Ist insbesondere $\eta = 0$, so folgt aus (22.37) $\cos k_i\, l_i = 0$, also

$$k_{i\nu_i} = \frac{(2\nu_i - 1)\,\pi}{2 l_i}, \qquad i = 1, 2, 3.$$

Dann gilt weiter

$$(22.44) \qquad \delta^2_{\nu_1 \nu_2 \nu_3} = \frac{\pi^2}{4} \sum_{i=1}^{3} \left[\frac{(2\nu_i - 1)\,\pi}{2 l_i} \right]^2$$

und

$$(22.45) \qquad C_{i\nu_i} = (-1)^{\nu_i - 1} \frac{2}{k_{i\nu_i}\, l_i}.$$

Bezüglich der genauen Durchrechnung und der Erörterung weiterer Spezialfälle vgl. man [*24*], S. 309—312.

Die Betrachtungen verlaufen analog, wenn die Anfangstemperatur nicht mehr konstant ist, sondern sich mit x ändert: $u(x, 0) = u_0(x)$. Es ergibt sich formal die gleiche Lösung, wenn $u_0(x)$ so periodisch fortgesetzt werden kann, daß in (22.40)

$$u_0(x) = \sum_{\nu_1 \nu_2 \nu_3 = 1}^{\infty} \bar{C}_{\nu_1 \nu_2 \nu_3} \cos(k_{1 \nu_1} x_1) \cos(k_{2 \nu_2} x_2) \cos(k_{3 \nu_3} x_3)$$

mit $\bar{C}_{\nu_1 \nu_2 \nu_3} = u_0 \, C_{\nu_1 \nu_2 \nu_3}$ gilt.

B. Abkühlung eines Kreiszylinders (vgl. [*24*], S. 291 ff.).

Es sei G ein Kreiszylinder mit dem Radius R und der Länge $2l$ (Abb. 22.2), in dem zur Zeit $t = 0$ eine konstante Anfangstemperatur u_0 herrscht.

An Stelle der kartesischen Koordinaten x_i führen wir durch

(22.46) $$x_1 = r \cos\varphi, \quad x_2 = r \sin\varphi, \quad x_3 = z$$

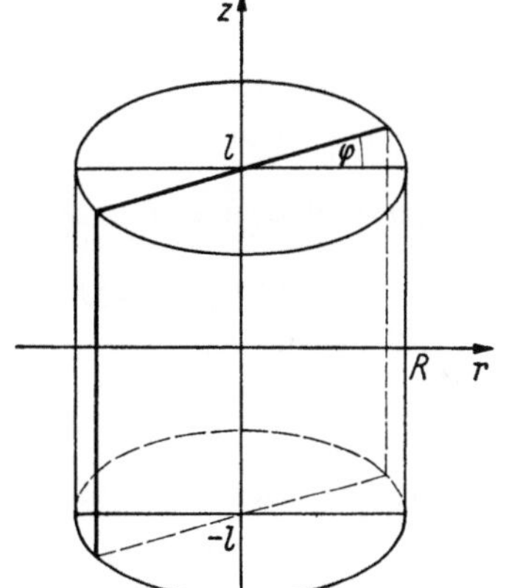

Abb. 22.2. Zur Abkühlung eines Kreiszylinders

Zylinderkoordinaten r, φ, z ein. Die Differentialgleichung $u_t = \Delta_3 u$ für die gesuchte Funktion $u(x, t)$ geht dann über in die Gleichung

$$u_t = u_{rr} + \frac{1}{r} u_r + \frac{1}{r^2} u_{\varphi\varphi} + u_{zz}$$

für $u(r, \varphi, z, t)$. Wir nehmen weiter an, daß die Temperatur nicht vom Winkel φ abhängt, woraufhin sich die Differentialgleichung zu

(22.47) $$u_t = u_{rr} + \frac{1}{r} u_r + u_{zz} \quad \text{in } G, \quad t > 0,$$

für die gesuchte Funktion $u(r, z, t)$ spezialisiert.

17*

Die Anfangs- und Randbedingungen lauten

$$(22.48) \qquad u(r, z, 0) = u_0,$$

$$(22.49) \quad \eta\, u_z(r, l, t) + u(r, l, t) = \eta\, u_z(r, -l, t) - u(r, -l, t)$$
$$= \eta\, u_r(R, z, t) + u(R, z, t) = 0, \quad t > 0.$$

Als weitere Nebenbedingung haben wir aus physikalischen Gründen

$$(22.50) \qquad u(0, z, t) < \infty$$

zu berücksichtigen.

Der zu (22.33) analoge Separationsansatz

$$(22.51) \qquad u(r, z, t) = v(r, z)\, e^{-\delta^2 t}$$

führt auf das (22.33) entsprechende Problem

$$(22.52) \qquad v_{rr} + \frac{1}{r}\, v_r + v_{zz} + \delta^2 v = 0$$

$$\eta\, v_z(r, l) + v(r, l) = \eta\, v_z(r, -l) - v(r, -l) = \eta\, v_r(R, z) + v(R, z) = 0,$$
$$v(0, z) < \infty.$$

Die weitere Separation der Schwingungsgleichung liefert die beiden Eigenwertprobleme

$$(22.53) \quad r\, v_1''(r) + v_1'(r) + k_1^2\, r\, v_1(r) = 0, \quad \eta\, v_1'(R) + v_1(R) = 0,$$

$$(22.54) \quad v_2''(z) + k_2^2 v_2(z) = 0, \quad \eta\, v_2'(l) + v_2(l) = \eta\, v_2'(-l) - v_2(-l) = 0.$$

Die Differentialgleichung (22.53) geht mit $z = k_1 r$ über in die Besselsche Differentialgleichung (vgl. 7.4)

$$z\, \frac{d^2 v_1}{dz^2} + \frac{dv_1}{dz} + z\, v_1(z) = 0,$$

welche die beiden linear unabhängigen Lösungen

$$v_1(z) = J_0(z), \quad v_2(z) = N_0(z)$$

besitzt. Wegen der Beschränktheit der Temperatur für $r = 0$ kommt hierbei nur die Besselsche Funktion $J_0(z)$ in Betracht.

Durch ganz entsprechende Betrachtungen wie bei A. erhält man als Lösung des Problems (22.47), (22.48), (22.49) (vgl. [24], S. 296)

$$(22.55) \quad u(r, z, t) = \frac{4\, u_0}{l} \sum_{\nu,\mu=1}^{\infty} (-1)^{\nu-1} \frac{\cos(k_\nu z)\, J_0\!\left(\dfrac{c_\mu}{R}\, r\right)}{c_\mu\, J_1(c_\mu)}\, e^{-\delta_{\mu\nu}^2 t},$$

wobei die k_ν, c_μ die Wurzeln der Gleichungen

$$(22.56) \qquad \frac{J_0(c)}{J_1(c)} = \frac{\eta\, c}{R}, \quad \cot k\, l = \eta\, k$$

sind und $\delta_{\mu\nu}^2 = k_\nu^2 + c_\mu^2/R^2$, $\mu, \nu = 1, 2, \ldots$, gesetzt wurde.

Für das folgende Wärmeleitproblem geben wir ohne Zwischenrechnung nur die Lösung an. Man gelangt zu ihr ebenfalls mit Hilfe eines Separationsansatzes.

C. Abkühlung einer Kugel (vgl. [24], S. 276ff.).

Eine Kugel mit dem Radius R besitze zur Zeit $t = 0$ die Anfangstemperatur $u(r, 0) = u_0(r)$. Das Anfangs-Randwertproblem lautet, wenn die Temperatur im Innern der Kugel nur von r abhängt, nach Transformation auf Kugelkoordinaten

$$(22.57) \qquad u_t = u_{rr} + \frac{2}{r} u_r$$

$$u(r, 0) = u_0(r), \qquad \eta\, u_r(R, t) + u(R, t) = 0, \qquad t > 0.$$

Die Lösung ist

$$(22.58)$$

$$u(r, t) = 2 \sum_{\nu=1}^{\infty} e^{-\delta_\nu^2 t}\, \frac{\delta_\nu}{\delta_\nu R - \sin \delta_\nu R \cos \delta_\nu R}\, \frac{\sin \delta_\nu r}{r} \int_0^R \varrho\, u_0(\varrho) \sin \delta_\nu \varrho\, d\varrho.$$

Dabei sind die δ_ν die positiven Wurzeln der Gleichung

$$(22.59) \qquad \tan \delta R = \delta R \frac{\eta}{\eta - R}.$$

Mit Hilfe eines Separationsansatzes lassen sich die Lösungen zahlreicher weiterer Anfangs-Randwertprobleme der speziellen homogenen Wärmeleitungsgleichung explizit angeben. Das eigentliche Problem hierbei ist immer die Lösung des entstehenden Eigenwertproblems der elliptischen Schwingungsgleichung. Ihre Separation führt je nach der Art des gewählten Koordinatensystems auf gewöhnliche Differentialgleichungen, deren Lösungen die speziellen Funktionen sind. Im Fall B. waren dies z. B. Zylinderfunktionen.

Auch die Separation der hyperbolischen Wellengleichung (vgl. 16.1) führte bereits auf die Schwingungsgleichung $\Delta_n u + \lambda u = 0$. Der Theorie der speziellen Funktionen kommt daher im Hinblick auf die explizite Lösung von partiellen Differentialgleichungen der Physik große Bedeutung zu. Wir verweisen wieder auf Teil I, B und Abschn. E dieses Bandes.

Eine größere Zahl von ausführlich erörterten Beispielen der Wärmeleitung findet sich u. a. in [24], S. 267—312, und [43], S. 189—244 und 442—457. Bei den hier betrachteten Problemen erhält man die Lösung in Form einer unendlichen Reihe, deren Konvergenzgeschwindigkeit im wesentlichen von den Fourier-Koeffizienten abhängt. Benötigt man Zahlenwerte der Lösung an verschiedenen Punkten, so wird man die Reihe nach einigen Gliedern abbrechen, den Wert der verkürzten Reihe berechnen und den so erhaltenen Zahlenwert als Näherungswert der

Lösung in dem betrachteten Punkt ansehen. Hierfür benötigt man zumindest eine grobe Abschätzung der Konvergenzgeschwindigkeit. Außerdem ist dieses Vorgehen in der Regel für den Einsatz eines Computers nicht besonders geeignet. Man wird in diesem Fall daher von vornherein ein numerisches Verfahren zur genäherten Lösung verwenden, welches die Zahlenwerte der Näherungslösung in sehr vielen Punkten liefert. Auf solche Verfahren gehen wir in § 24 ausführlich ein.

22.4 Inhomogene Wärmeleitprobleme für beschränkte Gebiete

Es sei G wieder das in 22.2 definierte Gebiet mit dem Rand Γ. Wir betrachten dann mit $\eta = 1/\gamma$ das Anfangs-Randwertproblem (22.24), jedoch jetzt mit inhomogener Differentialgleichung:

$$
\begin{aligned}
L\,u &\equiv u_t - \Delta_n u = f(\boldsymbol{x}, t), \quad \boldsymbol{x} \in G, \quad t > 0, \\
u(\boldsymbol{x}, 0) &= u_0(\boldsymbol{x}), \quad n = 1, 2, 3, \\
R\,u &\equiv \eta\, \frac{\partial u(\boldsymbol{x}, t)}{\partial n} + u(\boldsymbol{x}, t) = \varphi(\boldsymbol{x}, t), \quad \boldsymbol{x} \in \Gamma, \quad t > 0.
\end{aligned}
\tag{22.60}
$$

Hierdurch wird folgendes Wärmeleitproblem beschrieben: Ein isotroper Körper mit der Berandung Γ besitze zur Zeit $t = 0$ die Anfangstemperatur $u_0(\boldsymbol{x})$. Die den Körper umgebende Schicht hat für $t > 0$ die Temperatur $\varphi(\boldsymbol{x}, t)$. Außerdem wird im Punkt $\boldsymbol{x} \in G$ zur Zeit t je Volumen und Zeiteinheit eine Wärmemenge frei, die proportional $f(\boldsymbol{x}, t)$ ist, es gibt also Wärmequellen in G. Gesucht ist die Temperatur des Körpers im Punkt $\boldsymbol{x}$ zur Zeit t. Durch (22.60) wird ein durch die „Steuerungsfunktion" $\varphi(\boldsymbol{x}, t)$ *gesteuerter Wärmeleitvorgang* beschrieben.

Wir führen (22.60) zunächst auf ein Anfangs-Randwertproblem mit homogener Differentialgleichung zurück. Dies ist möglich, wenn eine Partikulärlösung von $L\,u = f(\boldsymbol{x}, t)$ für $\boldsymbol{x} \in G$, $t > 0$ bekannt ist. Es sei $v(\boldsymbol{x}, t)$ eine solche Lösung mit stetigen Werten $v(\boldsymbol{x}, 0)$, $R\,v(\boldsymbol{x}, t)$, $x \in \Gamma$, $t > 0$. Wir betrachten dann

$$
u(\boldsymbol{x}, t) = w(\boldsymbol{x}, t) + v(\boldsymbol{x}, t)
\tag{22.61}
$$

mit noch zu bestimmender Funktion $w(\boldsymbol{x}, t)$. Setzt man diesen Ausdruck in $L\,u = f$ ein, so folgt

$$
L\,w + L\,v = f,
$$

und, da $L\,v = f$ gilt,

$$
L\,w = 0, \quad \boldsymbol{x} \in G, \quad t > 0.
\tag{22.62}
$$

Aus der Anfangsbedingung in (22.60) folgt

$$
w(\boldsymbol{x}, 0) = u_0(\boldsymbol{x}) - v(\boldsymbol{x}, 0) = w_0(\boldsymbol{x})
\tag{22.63}
$$

und aus der Randbedingung

$$(22.64)\quad R\,w = \varphi(\boldsymbol{x},t) = R\,v = \varphi(\boldsymbol{x},t) - \eta\,\frac{\partial v(\boldsymbol{x},t)}{\partial \boldsymbol{n}} - v(\boldsymbol{x},t)$$

$$= \psi(\boldsymbol{x},t),\quad \boldsymbol{x}\in\Gamma,\quad t>0.$$

In der Tat läßt sich daher (22.60) auf

$$(22.65)\quad L\,w=0,\quad w(\boldsymbol{x},0)=w_0(\boldsymbol{x}),\quad R\,w=\psi(\boldsymbol{x},t),\quad \boldsymbol{x}\in\Gamma,\quad t>0,$$

d. h. auf (22.24) zurückführen. Erfüllt v zusätzlich die Anfangsbedingung, gilt also $v(\boldsymbol{x},0)=v_0(\boldsymbol{x})$, so ist nach (22.63) $w_0(\boldsymbol{x})\equiv 0$.

Das Problem (22.60) läßt sich aber auch auf ein solches mit homogener Randbedingung zurückführen, wenn man eine Funktion $v(\boldsymbol{x},t)$ kennt, welche in $\bar{G}$ bezüglich $\boldsymbol{x}$ zweimal und bezüglich t einmal, $t\geqq 0$, stetig differenzierbar ist und die Randbedingung in (22.60) erfüllt. Es gilt dann wieder mit dem Ansatz

$$u(\boldsymbol{x},t) = w(\boldsymbol{x},t) + v(\boldsymbol{x},t)$$

und $f - L\,v = g,\ u_0(\boldsymbol{x}) - v(\boldsymbol{x},0) = w_0(\boldsymbol{x})$

$$(22.66)\quad L\,w = g,\quad \boldsymbol{x}\in G,\quad t>0,\quad w(\boldsymbol{x},0)=w_0(\boldsymbol{x}),\quad R\,w(\boldsymbol{x},t)=0,$$

$$\boldsymbol{x}\in\Gamma,\quad t>0.$$

Dies ist aber ein Anfangs-Randwertproblem der behaupteten Art. Erfüllt v sogar die Anfangsbedingung, so gilt $w_0(\boldsymbol{x})\equiv 0$.

Wir betrachten weiter das Problem (22.65) und setzen

$$\psi(\boldsymbol{x},t) = f(\boldsymbol{x})\,g(t)$$

voraus. Schreiben wir an Stelle von w wieder u, so liegt jetzt das Problem

$$(22.67)\quad L\,u=0,\quad u(\boldsymbol{x},0)=u_0(\boldsymbol{x}),\quad R\,u(\boldsymbol{x},t)=f(\boldsymbol{x})\,g(t),$$

$$\boldsymbol{x}\in\Gamma,\quad t>0$$

zur Lösung vor. Durch den Ansatz

$$u(\boldsymbol{x},t) = u^0(\boldsymbol{x},t) + u^1(\boldsymbol{x},t)$$

kann (22.67) in die beiden Anfangs-Randwertprobleme

$$(22.68)\quad L\,u^0=0,\quad \boldsymbol{x}\in G,\quad t>0,\quad u^0(\boldsymbol{x},0)=u_0(\boldsymbol{x}),\quad R\,u^0(\boldsymbol{x},t)=0,$$

$$\boldsymbol{x}\in\Gamma,\quad t>0$$

und

$$(22.69)\quad L\,u^1=0,\quad \boldsymbol{x}\in G,\quad t>0,\quad u^1(\boldsymbol{x},0)=0,\quad R\,u^1(\boldsymbol{x},t)=f(\boldsymbol{x})\,g(t),$$

$$\boldsymbol{x}\in\Gamma,\quad t>0$$

zerlegt werden.

Bei (22.68) handelt es sich um ein homogenes Problem. Es kann für regelmäßige Gebiete G mit den in Ziffer 22.3 geschilderten Methoden behandelt werden. Auch für allgemeinere Gebiete G (vgl. etwa [24], S. 315 ff.) kann nachgewiesen werden, daß die Lösung die Gestalt

$$(22.70) \qquad u^0(x, t) = \sum_{\nu=1}^{\infty} A_\nu v_\nu(x) e^{-\delta_\nu^2 t}$$

besitzt mit

$$(22.71) \qquad u_0(x) = \sum_{\nu=1}^{\infty} A_\nu v_\nu(x), \qquad A_\nu = \int_G u_0(\xi) v_\nu(\xi) d\xi.$$

Dabei sind die $v_\nu(x)$ die Lösungen der Eigenwertaufgabe

$$\Delta_n v + \delta^2 v = 0 \quad \text{in } G, \qquad \eta \frac{\partial v}{\partial n} + v = 0 \quad \text{auf } \Gamma,$$

d. h. die Eigenfunktionen dieser Aufgabe (vgl. E, IV).

Wir lösen nun (22.69) und verwenden nach A. KNESCHKE (vgl. [24], S. 318 ff.) den Lösungsansatz

$$(22.72) \qquad u^1(x,t) = g(0) F(x,t) + \int_0^t g'(\tau) F(x,t-\tau) d\tau - g(t) F(x,0)$$

mit einer noch zu bestimmenden Funktion $F(x, t)$. Offenbar ist $u^1(x, 0) = 0$, so daß die Anfangsbedingung bis (22.69) bereits erfüllt ist. Es gilt weiter $L u^1 = 0$, wenn F den beiden Bedingungen

$$(22.73) \qquad L F(x, t) = 0, \qquad \Delta_n F(x, 0) = 0, \qquad x \in G, \qquad t > 0$$

genügt. Die Randbedingung in (22.69) ist erfüllt, wenn

$$(22.74) \qquad R F(x, t) = 0, \qquad R F(x, 0) = -f(x), \qquad x \in \Gamma, \qquad t > 0$$

gilt. Wegen (22.73), (22.74) genügt daher die Funktion $H(x) = F(x, 0)$ dem elliptischen Randwertproblem (vgl. E, II)

$$(22.75) \qquad \Delta_n H(x) = 0 \quad \text{in } G, \qquad R H(x) = -f(x), \qquad x \in \Gamma,$$

dessen Lösung unter den angenommenen Voraussetzungen eindeutig bestimmt ist. Kennt man $H(x)$, so ist nach (22.73), (22.74) noch die Lösung des homogenen Anfangs-Randwertproblems

$$(22.76) \qquad L F(x,t) = 0, \qquad F(x,0) = H(x), \qquad R F(x,t) = 0, \qquad x \in \Gamma, \qquad t > 0$$

zu bestimmen. Sie läßt sich für $x \in G$, $t > 0$ in der Form

$$(22.77) \qquad F(x, t) = \sum_{\nu=1}^{\infty} B_\nu v_\nu(x) e^{-\delta_\nu^2 t}$$

schreiben, und in G gilt

$$(22.78) \qquad F(x, 0) = H(x) = \sum_{\nu=1}^{\infty} B_\nu v_\nu(x).$$

Als Lösung von (22.69) erhält man dann endlich

(22.79)

$$u^1(x,t) = -\sum_{\nu=1}^{\infty} B_\nu \delta_\nu^2 v_\nu(x) \int_0^t g(\tau)\, e^{-\delta_\nu^2(t-\tau)}\, d\tau + g(t)\left[\sum_{\nu=1}^{\infty} B_\nu v_\nu(x) - H(x)\right].$$

Man beachte, daß (22.78) im Innern von G gilt, nicht notwendig jedoch auf Γ. Addiert man zu (22.79) noch (22.70), so erhält man die Lösung von (22.67). Bezüglich der Einzelheiten des Verfahrens vgl. man [24], S. 315—320.

Beispiel 22.1. Als einfaches Anfangs-Randwertproblem betrachten wir

$$L u \equiv u_t - u_{xx} = \sin\frac{\pi}{l}x, \quad u(x,0) = \left(\frac{l}{\pi}\right)^2 \sin\frac{\pi}{l}x, \quad u(0,t) = u(l,t) = t.$$

Es beschreibt eine lineare Aufheizung eines Stabes der Länge l mit Wärmequellen. Eine Partikulärlösung der Differentialgleichung, welche außerdem die Anfangsbedingung erfüllt, ist

$$v(x,t) = u(x,0) = \left(\frac{l}{\pi}\right)^2 \sin\frac{\pi}{l}x.$$

Der Ansatz

$$u(x,t) = w(x,t) + v(x,t)$$

führt daher auf

$$L w \equiv w_t - w_{xx} = 0, \quad w(x,0) = 0, \quad w(0,t) = w(l,t) = t.$$

Dies ist bereits ein Problem der Form (22.69), es ergibt sich mit dem Ansatz $w(x,t) = w^0(x,t) + w^1(x,t)$ wegen $w(x,0) = 0$ nach (22.68) offenbar $w^0(x,t) \equiv 0$, also $w^1(x,t) \equiv w(x,t)$.

Entsprechend (22.72) setzen wir [es gilt $f(x) \equiv 1$, $g(t) = t$, also $g(0) = 0$]:

$$w(x,t) = \int_0^t F(x,t-\tau)\, d\tau - t\, F(x,0).$$

Das Problem (22.75) lautet hier

$$H''(x) = 0, \quad H(0) = H(l) = -1,$$

es besitzt die eindeutige Lösung

$$H(x) \equiv -1,$$

und zwar für $0 \leq x \leq l$. Wir betrachten weiter die Funktion

$$F(x,0) = \begin{cases} 1, & -1 < x < 0, \\ -1, & 0 < x < 1 \end{cases}$$

und setzen sie $2l$-periodisch für alle x fort. Dann gilt

$$F(x,0) = -\frac{4}{l}\sum_{\nu=1}^{\infty}\frac{\sin\alpha_\nu x}{\alpha_\nu}$$

mit $\alpha_\nu = (2\nu - 1)\,\pi/l$, und diese Funktion stimmt mit $H(x)$ in $0 < x < l$ überein. Nach (22.77) gilt dann

$$F(x, t) = -\frac{4}{l} \sum_{\nu=1}^{\infty} \frac{\sin \alpha_\nu\, x}{\alpha_\nu}\, e^{-\alpha_\nu^2 t}$$

und nach (22.79) endlich

$$(*) \qquad w(x, t) = \frac{4}{l} \sum_{\nu=1}^{\infty} \frac{\sin \alpha_\nu\, x}{\alpha_\nu} \left(1 - e^{-\alpha_\nu^2 t}\right) + t \left[1 - \frac{4}{l} \sum_{\nu=1}^{\infty} \frac{\sin \alpha_\nu\, x}{\alpha_\nu}\right].$$

Man überzeugt sich sofort, daß die Anfangs- und Randbedingungen erfüllt sind, daß also $w(x, 0) = 0$, $w(0, t) = w(l, t) = t$ gilt. Für $0 < x < l$ hat (*) die Gestalt

$$w(x, t) = 1 + F(x, t),$$

wegen $L\,w = L\,1 + L\,F = 0$ erfüllt $w(x, t)$ im Innern von G, d. h. für $0 < x < l$, auch die Differentialgleichung.

Für Wärmeleitvorgänge in begrenzten Körpern ist im Laufe der Zeit eine große Anzahl von Verfahren entwickelt worden, auf die hier aus Raummangel nicht eingegangen werden kann. Viele dieser Verfahren beziehen sich auf sehr spezielle Probleme. Die Separationsmethode bei homogener Differentialgleichung führt stets auf ein Eigenwertproblem der elliptischen Schwingungsgleichung; man vgl. hierzu Abschn. E dieses Bandes. Eine große Zahl von Lösungsmethoden findet man in [24, 43], theoretische Untersuchungen in [23, 44].

22.5 Wärmeleitprobleme für unbeschränkte Gebiete

In dieser Ziffer beschränken wir uns auf $n = 1$ und betrachten zunächst das homogene Anfangs-Randwertproblem

$$(22.80) \qquad \begin{aligned} u_t = u_{xx}, \quad 0 < x,\ t < \infty, \quad u(x, 0) &= u_0(x), \quad 0 < x < \infty, \\ A\,u_x(0, t) + B\,u(0, t) &= 0, \quad 0 < t < \infty, \end{aligned}$$

mit den reellen Konstanten A und B. Physikalisch beschreibt es die Abkühlung eines einseitig begrenzten linearen Wärmeleiters.

Bereits in 22.2 hatten wir die Lösung des Cauchy-Problems (22.13) im R_n in Form von (22.15) explizit angegeben. Für $n = 1$ ergab sich (22.19), nämlich

$$u(x, t) = \frac{1}{\sqrt{4\pi t}} \int_{-\infty}^{\infty} u_0(y)\, e^{-\frac{(x-y)^2}{4t}}\, dy, \quad t > 0, \quad u(x, 0) = u_0(x).$$

Wir versuchen aus dieser Darstellungsformel die Lösung von (22.80) zu ermitteln, indem wir $u_0(x)$ für $x < 0$ in geeigneter Weise fortsetzen (vgl. [*18*], S. 55 ff.). Dabei setzen wir

$$u_0(x) \in C^0 \, (0 \leq x < \infty), \qquad |u_0(x)| \leq M,$$

(22.81)

$$u_0(0) = 0, \quad \text{wenn} \quad A = 0$$

voraus und untersuchen bei (22.80) nacheinander die Fälle $A = 0$, $B \neq 0$; $A \neq 0$, $B = 0$; $A \neq 0$, $B \neq 0$.

a) $A = 0$, $B \neq 0$. Es kann $B = 1$ gesetzt werden. Die Funktion $u_0(x)$ wird als ungerade Funktion fortgesetzt:

$$u_0(x) = -u_0(-x), \quad x < 0.$$

Dann gilt $u_0(x) \in C^0 \, (-\infty < x < \infty)$ und nach (22.19)

$$u(x,t) = \frac{1}{\sqrt{4\pi t}} \int\limits_0^\infty u_0(y)\, e^{-\frac{(x-y)^2}{4t}}\, dy - \frac{1}{\sqrt{4\pi t}} \int\limits_{-\infty}^0 u_0(-y)\, e^{-\frac{(x-y)^2}{4t}}\, dy.$$

Ersetzt man im zweiten Integral $-y$ durch y, so folgt

$$u(x,t) = \frac{1}{\sqrt{4\pi t}} \int\limits_0^\infty u_0(y) \left[e^{-\frac{(x-y)^2}{4t}} - e^{-\frac{(x+y)^2}{4t}} \right] dy$$

oder

(22.82)

$$u(x,t) = \frac{1}{\sqrt{\pi t}} \int\limits_0^\infty u_0(y)\, e^{-\frac{x^2+y^2}{4t}} \sinh \frac{x\,y}{2t}\, dy.$$

Die Anfangsbedingung $u(x,0) = u_0(x)$ ist a priori erfüllt. Da weiter das auf der rechten Seite von (22.82) stehende uneigentliche Integral für jedes endliche t-Intervall $t_1 \leq t \leq t_2$, $t_1 > 0$, gleichmäßig konvergiert, kann für diese t der Grenzübergang $x \to 0$ unter dem Integralzeichen durchgeführt werden. Man erhält $\lim\limits_{x \to 0} u(x,t) = u(0,t) = 0$ wegen $\sinh 0 = 0$. Daher ist (22.82) die Lösung des Anfangs-Randwertproblems (22.80) für $A = 0$.

b) $A \neq 0$, $B = 0$. Es kann hier $A = 1$ gesetzt werden. Wir definieren $u_0(x)$ als gerade Funktion und erhalten mit $u_0(x) = u_0(-x)$, $x < 0$, aus (22.19)

$$u(x,t) = \frac{1}{\sqrt{4\pi t}} \int\limits_0^\infty u_0(y)\, e^{-\frac{(x-y)^2}{4t}}\, dy + \frac{1}{\sqrt{4\pi t}} \int\limits_{-\infty}^0 u_0(-y)\, e^{-\frac{(x-y)^2}{4t}}\, dy$$

$$= \frac{1}{\sqrt{4\pi t}} \int\limits_0^\infty u_0(y) \left[e^{-\frac{(x-y)^2}{4t}} + e^{-\frac{(x+y)^2}{4t}} \right] dy$$

oder

(22.83)

$$u(x,t) = \frac{1}{\sqrt{\pi t}} \int\limits_0^\infty u_0(y)\, e^{-\frac{x^2+y^2}{4t}} \cosh \frac{x\,y}{2t}\, dy.$$

Für jedes endliche t ist die Differentiation nach x unter dem Integralzeichen erlaubt, es gilt

$$u_x(x,t) = \frac{1}{t\sqrt{4\pi t}} \int\limits_0^\infty u_0(y)\, e^{-\frac{x^2+y^2}{4t}} \left[y \sinh\frac{xy}{2t} - x \cosh\frac{xy}{2t} \right] dy.$$

Hieraus folgt $u_x(0,t) = 0$. Da außerdem die Anfangsbedingung erfüllt ist, stellt (22.83) die Lösung von (22.80) im Fall $B = 0$ dar.

c) $A \neq 0$, $B \neq 0$. Es kann $A = 1$ gewählt werden. Mit $B/A = \beta$ setzen wir die Lösung allgemein an in der Form (22.19) und schreiben sie

$$(22.84) \quad u(x,t) = \frac{1}{\sqrt{4\pi t}} \int\limits_0^\infty \left\{ u_0(y)\, e^{-\frac{(x-y)^2}{4t}} + u_0(-y)\, e^{-\frac{(x+y)^2}{4t}} \right\} dy.$$

Es gilt

$$u(0,t) = \frac{1}{\sqrt{4\pi t}} \int\limits_0^\infty \{u_0(y) + u_0(-y)\}\, e^{-\frac{y^2}{4t}}\, dy,$$

$$u_x(0,t) = \frac{1}{\sqrt{4\pi t}} \int\limits_0^\infty \{u_0(y) - u_0(-y)\}\, \frac{\partial}{\partial y} e^{-\frac{y^2}{4t}}\, dy,$$

oder nach einmaliger partieller Integration (vgl. [18], S. 56)

$$u_x(0,t) = \frac{1}{\sqrt{4\pi t}} \int\limits_0^\infty \frac{d}{dy}\{u_0(y) - u_0(-y)\}\, e^{-\frac{y^2}{4t}}\, dy.$$

Aus der Forderung $u_x(0,t) + \beta\, u(0,t) = 0$ ergibt sich

$$u_0'(-y) - \beta\, u_0(-y) = u_0'(y) + \beta\, u_0(y)$$

und hieraus mit $-y = z$

$$u_0(z) = e^{-\beta z} \left\{ u_0(0) + \int\limits_0^z [u_0'(-\xi) + \beta\, u_0(-\xi)]\, e^{\beta\xi}\, d\xi \right\}.$$

Nach partieller Integration erhält man hieraus schließlich mit $z = -y$

$$(22.85) \qquad u_0(-y) = u_0(y) + 2\beta\, e^{\beta y} \int\limits_0^y e^{-\beta\xi}\, u_0(\xi)\, d\xi.$$

Setzt man also für $y < 0$ die Anfangsfunktion in dieser Weise fort, so ist (22.84) die Lösung des Anfangs-Randwertproblems (22.80). Für $B = 0$ ergibt sich hieraus wieder der Fall b).

Wir betrachten jetzt das inhomogene Anfangs-Randwertproblem

$$(22.86) \quad \begin{aligned} &u_t = u_{xx} + f(x,t), \quad 0 < x,\ t < \infty, \quad u(x,0) = u_0(x), \quad 0 < x < \infty, \\ &u(0,t) = \varphi(t), \qquad 0 < t < \infty. \end{aligned}$$

Für die gesuchte Lösung verwenden wir den Ansatz

$$(22.87) \qquad u(x, t) = u_1(x, t) + u_2(x, t) + u_3(x, t),$$

wobei $u_1(x, t)$, $u_2(x, t)$ der homogenen Differentialgleichung und den Bedingungen

$$u_1(x, 0) = u_0(x), \quad u_2(x, 0) = 0, \qquad 0 < x < \infty,$$
$$u_1(0, t) = 0, \qquad u_2(0, t) = \varphi(t), \quad 0 < t < \infty,$$

genügen, während $u_3(x, t)$ Lösung der inhomogenen Differentialgleichung ist und

$$u_3(x, 0) = u_3(0, t) = 0$$

erfüllt. Die Funktion $u_0(x)$ sei auch hier wieder stetig in $0 \leqq x < \infty$.

Die Teillösung $u_1(x, t)$ ist identisch mit (22.82). Es läßt sich weiter zeigen, daß (vgl. [43], S. 228—230)

$$(22.88) \qquad u_2(x, t) = \frac{1}{\sqrt{4\pi}} \int\limits_0^t \frac{x}{(t-\tau)^{3/2}} e^{-\frac{x^2}{4(t-\tau)}} \varphi(\tau)\, d\tau$$

und

$$(22.89) \quad u_3(x, t) = \frac{1}{\sqrt{4\pi}} \int\limits_0^\infty \int\limits_0^t \frac{1}{(t-\tau)^{1/2}} \left\{ e^{-\frac{(x-y)^2}{4(t-\tau)}} - e^{-\frac{(x+y)^2}{4(t-\tau)}} \right\} f(y, \tau)\, d\tau\, dy$$

gilt. Damit ist die Lösung von (22.86) bestimmt.

Auf Grund dieser Darstellung kann vermutet werden, welche Form die Lösung des zu (22.13) gehörigen inhomogenen Cauchy-Problems

$$(22.90) \quad u_t = \Delta_n u + f(x, t), \quad -\infty < x_1, \ldots, x_n < \infty, \quad t > 0,$$
$$u(x, 0) = u_0(x)$$

besitzt. Sei

$$u(x, t) = u_1(x, t) + u_2(x, t),$$

wobei $u_1(x, t)$ die homogene Differentialgleichung mit $u_1(x, 0) = u_0(x)$ und $u_2(x, t)$ die inhomogene Differentialgleichung mit $u_2(x, 0) = 0$ erfüllt. Dann wird $u_1(x, t)$ durch (22.15) und nach (22.89) $u_2(x, t)$ vermutlich durch

$$(22.91) \quad u_2(x, t)$$
$$= (4\pi)^{-\frac{n}{2}} \int\limits_{-\infty < y_1, \ldots, y_n < \infty} \int\limits_0^t (t-\tau)^{-\frac{n}{2}} e^{-\frac{\|x-y\|_2^2}{4(t-\tau)}} f(y, \tau)\, d\tau\, dy, \quad t > 0$$

gegeben. Dies ist richtig, wenn das auf der rechten Seite stehende uneigentliche Integral existiert, woraus sich wiederum Forderungen an die Funktion $f(x, t)$ ergeben, auf die wir hier jedoch nicht eingehen wollen

22.6 Ergänzungen

Bisher sind wir nicht auf Anfangs- oder Anfangs-Randwertprobleme der allgemeinen linearen Wärmeleitungsgleichung mit veränderlichen Koeffizienten (22.6) und der quasilinearen Gl. (22.12) eingegangen. Die Untersuchungen hierüber sind schwierig, und es gibt kaum allgemeinere Methoden, die zu einer Lösung führen.

Die Gl. (22.6) mit $\beta(x) \neq 0$ kann durch den Separationsansatz

$$u(x, t) = v(x)\, w(t)$$

auf die beiden Differentialgleichungen

$$(22.92) \qquad\qquad\qquad w' + \lambda w = 0$$

$$(22.93) \qquad\qquad \alpha \Delta_3 v + \sum_{i=1}^{3} \alpha_{x_i} v_{x_i} + \lambda \beta v = 0$$

zurückgeführt werden. Damit ist jedoch i. allg. noch nicht viel gewonnen, denn zusammen mit den sich ergebenden Randbedingungen stellt (22.93) ein kompliziertes (elliptisches) Eigenwertproblem dar. Für $n = 1$ ergibt sich ein Eigenwertproblem mit der gewöhnlichen Differentialgleichung

$$(22.94) \qquad\qquad \alpha(x)\, v'' + \alpha'(x)\, v' + \lambda \beta(x)\, v = 0.$$

Bezüglich der Lösungsmöglichkeiten dieser Eigenwertprobleme vgl. man E, IV.

Die in den Anwendungen auftretenden nichtlinearen parabolischen Gleichungen lassen sich im Fall $n = 1$ oft auf

$$(22.95) \qquad\qquad \frac{\partial u}{\partial t} = \frac{\partial}{\partial x}\left(k(u)\, \frac{\partial u}{\partial x}\right)$$

zurückführen. Der Ansatz (vgl. [43], S. 247)

$$u(x, t) = f(z), \qquad z = \frac{x}{2}\, t^{-1/2}$$

führt auf die gewöhnliche Differentialgleichung zweiter Ordnung

$$(22.96) \qquad\qquad k(f)\, f''(z) + k'(f)\, [f'(z)]^2 + 2z\, f'(z) = 0$$

für die gesuchte Funktion $f(z)$. Betrachten wir (22.95) etwa für $0 < x$, $t < \infty$ und geben wir

$$(22.97) \qquad\qquad u(x, 0) = u_0, \qquad u(0, t) = u_1$$

mit konstanten u_0, u_1 vor, so lauten die entsprechenden Randbedingungen für die Gl. (22.96)

$$(22.98) \qquad\qquad f(0) = u_1, \qquad f(\infty) = u_0.$$

Das nichtlineare gewöhnliche Randwertproblem (22.96), (22.98) wird man in der Regel numerisch lösen; man vgl. E, insbesondere VII, § 28.

Natürlich läßt sich das Verfahren auch im Fall $k(u) \equiv 1$ anwenden, man erhält hier eine geschlossene Darstellung für $f(z)$. Die Gl. (22.96) lautet hier

$$f''(z) + 2z\, f'(z) = 0,$$

es folgt

$$f'(z) = C_0\, e^{-z^2}$$

und

$$f(z) = C_0 \int\limits_0^z e^{-\xi^2}\, d\xi + C_1.$$

Aus den Randbedingungen (22.98) ergeben sich C_0 und C_1:

$$C_0 = (u_0 - u_1)\, \frac{1}{\int\limits_0^\infty e^{-\xi^2} d\xi} = \frac{2}{\sqrt{\pi}}\, (u_0 - u_1), \quad C_1 = u_1.$$

Die Lösung lautet dann

$$f(z) = (u_0 - u_1)\, \Phi(z) + u_1,$$

wobei

$$\Phi(z) = \frac{2}{\sqrt{\pi}} \int\limits_0^z e^{-\xi^2}\, d\xi$$

das Gaußsche Fehlerintegral ist.[1] Die Lösung von (22.95), (22.97) mit $k(u) \equiv 1$ lautet dann ausführlich

$$u(x, t) = \frac{2}{\sqrt{\pi}}\, (u_0 - u_1) \int\limits_0^{\frac{x}{2\sqrt{t}}} e^{-\xi^2}\, d\xi + u_1.$$

Sie muß für $u_1 = 0$ mit (22.82) übereinstimmen, wenn dort $u_0(x) \equiv u_0$ gesetzt wird. Man bestätigt dies leicht, indem man die Darstellung

$$u(x, t) = \frac{u_0}{\sqrt{4\pi t}} \int\limits_0^\infty e^{-\frac{(x-y)^2}{4t}}\, dy - \frac{u_0}{\sqrt{4\pi t}} \int\limits_0^\infty e^{-\frac{(x+y)^2}{4t}}\, dy$$

heranzieht und im ersten Integral die Substitution $\dfrac{x-y}{2\sqrt{t}} = z$, im zweiten $\dfrac{x+y}{2\sqrt{t}} = z$ ausführt.

Ein wichtiges Wärmeleitproblem ist das sog. Erstarrungsproblem. Es beschreibt Vorgänge, bei denen infolge Temperaturänderung sich der Aggregatzustand ändert. Wir gehen hierauf nicht ein und verweisen auf die Literatur, etwa auf [24], S. 342ff., [43], S. 248ff.

---

[1] Die Werte $\Phi(z)$ findet man in zahlreichen Funktionentafeln.

Wir haben in diesem § 22 die Anfangs- und Randvorgaben als stetig vorausgesetzt. Einige der geschilderten Lösungsmethoden lassen sich auch bei unstetigen, insbesondere stückweise stetigen, Anfangs- und Randbedingungen anwenden. Bezüglich dieser Fragen sei wieder auf [*24, 43*] verwiesen.

§ 23. Weitere Anwendungen parabolischer Differentialgleichungen

23.1 Diffusionsprobleme

Die einfachsten Diffusionsvorgänge in Gasen und flüssigen Lösungen werden formal durch die gleichen Differentialgleichungen beschrieben wie Wärmeleitvorgänge. Sei $u(x, t)$ die Konzentration des Gases bzw. der Lösung im Punkt x zur Zeit t und $D(x) > 0$ der Diffusionskoeffizient, so gilt

$$(23.1) \qquad u_t = \operatorname{div}\big(D(x)\,\operatorname{grad} u\big) = \sum_{i=1}^{3} D_{x_i}(x)\,u_{x_i} + D(x)\,\Delta_3 u.$$

Kann der Diffusionskoeffizient als konstant angenommen werden, so folgt hieraus bei geeigneter Wahl der Zeitskala $(\tau = \sqrt{D}\,t)$

$$(23.2) \qquad\qquad u_t = \Delta_3 u.$$

Bei entsprechenden Anfangs- und Randvorgaben können Diffusionsprobleme daher wie Wärmeleitprobleme behandelt und gelöst werden.

Typisch für einige Diffusionsprobleme sind jedoch unstetige Anfangsvorgaben. Als erstes Beispiel betrachten wir folgendes Problem: In einem unendlich langen Rohr befindet sich an der Stelle $x = 0$ eine undurchlässige Trennwand, die zwei flüssige Lösungen mit den Konzentrationen $u_0 > 0$ und 0 trennt. Wird die Trennwand entfernt, so entsteht eine Diffusion von Stellen höherer Konzentration zu Stellen niederer Konzentration; sie wird durch folgendes Anfangswertproblem näherungsweise beschrieben (vgl. [*24*], S. 354)

$$(23.3) \qquad\qquad u_t = u_{xx}, \qquad -\infty < x < \infty, \qquad t > 0,$$

$$u(x, 0) = \begin{cases} u_0, & -\infty < x < 0, \\ 0, & 0 < x < \infty. \end{cases}$$

Die Lösung ist, wie man zeigen kann:

$$(23.4) \qquad u(x, t) = \frac{u_0}{\sqrt{\pi}} \int_{-\infty}^{-\frac{x}{2\sqrt{t}}} e^{-\xi^2}\, d\xi = \frac{u_0}{2}\left[1 - \Phi\left(\frac{x}{2\sqrt{t}}\right)\right].$$

Man erhält sie, ähnlich wie bei den Betrachtungen in 22.6, auf rein formalem Wege. Wegen $\Phi(-\infty) = -1$, $\Phi(\infty) = 1$, $\Phi(0) = 0$ erfüllt $u(x, t)$ die Bedingungen

$$(23.5) \quad u(x, 0) = \begin{cases} u_0, & -\infty < x < 0 \\ 0, & 0 < x < \infty \end{cases}, \quad u(0, t) = \frac{u_0}{2}, \quad 0 \leqq t < \infty.$$

Als zweites Beispiel betrachten wir den gleichen Diffusionsvorgang bei endlich langem Rohr. An den Rohrenden $x = 0$ und $x = 2l$ mögen sich zwei Begrenzungsflächen befinden, an denen keine Diffusion stattfinden kann. Der Vorgang wird näherungsweise durch das Anfangs-Randwertproblem (vgl. [24], S. 356)

$$u_t = u_{xx}, \quad 0 < x < 2l, \quad t > 0, \quad u(x, 0) = \begin{cases} u_0, & 0 \leqq x < l \\ 0, & l < x \leqq 2l \end{cases}$$

$$(23.6) \qquad u_x(0, t) = u_x(2l, t) = 0, \quad t > 0$$

beschrieben.

Die Lösung kann wieder durch einen Separationsansatz gewonnen werden; er führt auf die Fourier-Reihe

$$(23.7) \qquad u(x, t) = C_0 + \sum_{\nu=1}^{\infty} C_\nu \cos \frac{\nu \pi}{2l} x \, e^{-\frac{\nu^2 \pi^2}{4 l^2} t}.$$

Denkt man sich weiter die Funktion $u(x, 0)$ als gerade periodische Funktion mit der Periode $4l$ für alle x fortgesetzt, so gilt

$$u(x, 0) = \frac{u_0}{2} + \sum_{\nu=1}^{\infty} \frac{2u_0}{\pi} \frac{\sin \frac{\nu \pi}{2}}{\nu} \cos \frac{\nu \pi}{2l} x,$$

also

$$(23.8) \qquad C_0 = \frac{u_0}{2}, \quad C_\nu = \frac{2u_0}{\pi} \frac{\sin \frac{\nu \pi}{2}}{\nu}, \quad \nu = 1, 2, \ldots$$

Diffusionsprobleme werden sehr kompliziert, wenn die Lösungen mehrere chemische Komponenten enthalten. Die Konzentrationsänderung wird dann nicht nur durch die eigentliche Diffusion, sondern auch durch chemische Reaktionen der einzelnen Komponenten untereinander bewirkt. Sei $u^\nu(x, t)$ die Konzentration der ν-ten Komponente mit dem Diffusionskoeffizienten D_ν, so wird der genannte Vorgang durch das parabolische System zweiter Ordnung (vgl. [44], S. 245)

$$(23.9) \quad u_t^\nu = D_\nu \Delta_3 u^\nu + f_\nu(x, t, u^1, \ldots, u^n), \quad \nu = 1, 2, \ldots, n,$$

beschrieben. Die Funktionen f_ν sind durch die chemischen Reaktionen bestimmt und in der Regel bezüglich $u^1, \ldots, u^n$ nichtlinear. Daher ist (23.9) i. allg. ein halblineares parabolisches System zweiter Ordnung. Als Randbedingungen hat man meistens vorgeschriebene Ableitungen $\partial u^\nu / \partial n$ in Richtung der Normalen von G.

Mit Hilfe des Maximum-Minimum-Prinzips lassen sich in einigen Fällen über die Lösungen von (23.9) qualitative Aussagen herleiten. Zur Lösung der zu (23.9) gehörigen Anfangs-Randwertprobleme verwendet man fast ausschließlich numerische Verfahren, insbesondere Differenzenverfahren, die in diesem Falle aber für $n > 2$ schon recht kompliziert werden.

23.2 Differentialgleichungen der Grenzschichttheorie

Ein Anwendungsgebiet nichtlinearer parabolischer Differentialgleichungen ist die Grenzschichttheorie. Die Bewegung einer kompressiblen zähen Flüssigkeit in der Nähe einer festen Wand wird im stationären Fall angenähert durch die *Prandtlschen Grenzschichtgleichungen* (vgl. [44], S. 211)

$$u^1 u_x^1 + u^2 u_y^1 = U(x)\, U'(x) + v\, u_{yy}^1,$$

$$u_x^1 + u_y^2 = 0 \tag{23.10}$$

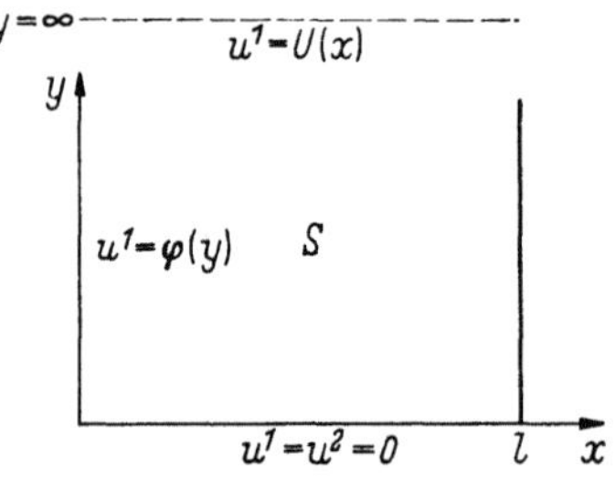

Abb. 23.1. Strömung entlang einer ebenen Wand

beschrieben. Sie entstehen aus den Navier-Stokesschen Bewegungsgleichungen durch Vernachlässigungen. Für den Fall der Strömung entlang einer ebenen Wand (Abb. 23.1) sind dabei x, y die Ortskoordinaten (x in Richtung der Wand, y senkrecht dazu), u^1, u^2 die Komponenten des Geschwindigkeitsvektors in x- und y-Richtung, $U(x)$ die sog. Außengeschwindigkeit und $v > 0$ die kinematische Zähigkeit. Als Anfangs- und Randbedingungen in

erhält man $$S: 0 \leqq x \leqq l, \quad 0 \leqq y < \infty,$$

$$u^1(x,0) = u^2(x,0) = 0, \quad u^1(0,y) = \varphi(y), \quad u^1(x,\infty) = U(x). \tag{23.11}$$

Hieraus folgt noch $$\lim_{y \to \infty} \varphi(y) = U(0).$$

Das Problem (23.10), (23.11) läßt sich durch die sog. *v. Mises-Transformation* auf ein Anfangs-Randwertproblem mit einer Differentialgleichung zweiter Ordnung zurückführen. Sei (vgl. [44], S. 212)

$$\xi = x, \quad \eta = \eta(x,y) = \int_0^y u^1(x,s)\, ds, \quad u^1(x,y) = u(\xi, \eta),$$

so folgt aus (23.10), (23.11) das nichtlineare Problem

$$u_\xi = \frac{U(\xi)\, U'(\xi)}{u} + v(u\, u_{\eta\eta} + u_\eta^2), \tag{23.12}$$

$$u(\xi, 0) = 0, \quad u(0, \eta) = \psi(\eta), \quad u(\xi, \infty) = U(\xi), \tag{23.13}$$

wobei ψ durch

$$\varphi(y) = \psi\left(\int\limits_0^y \varphi(s)\, ds\right)$$

bestimmt ist.

Kennt man eine Lösung $u(\xi, \eta) = u^1(x, y)$ des Problems (23.12), (23.13), so kennt man wegen

$$u^2(x, y) = -\int\limits_0^y u_x^1(x, s)\, ds$$

auch eine Lösung von (23.10), (23.11).

Obwohl die Grenzschicht-Differentialgleichungen schon durch Vereinfachungen bei den Navier-Stokesschen Gleichungen entstehen, ist ihre mathematische Behandlung äußerst schwierig. Ein Eingehen auf diese Fragen würde über den Rahmen dieses Werkes hinausgehen. Es seien deshalb nur einige Ergebnisse kurz erwähnt.

Zunächst kann man unter gewissen Voraussetzungen die Eindeutigkeit der Lösung von (23.10), (23.11) nachweisen. Von praktischer Bedeutung ist weiter, daß es einen Abschätzungssatz gibt, mit dessen Hilfe man Ober- und Unterfunktionen der Lösung, d. h. obere und untere Schrankenfunktionen $\underline{u}^i(x, t)$, $\bar{u}^i(x, t)$ mit

$$\underline{u}^i(x, t) \leqq u^i(x, t) \leqq \bar{u}^i(x, t), \quad i = 1, 2$$

gewinnen kann. Schließlich gelingt es, den Fehler einer Näherungslösung mit bestimmten Monotonieeigenschaften in untere und obere Schranken einzuschließen. Bezüglich dieser und anderer Aussagen über die Lösungen von (23.10), (23.11) vgl. man [44], S. 211—220 und die dortigen Literaturangaben.

Bei instationärer Bewegung haben die Grenzschicht-Differentialgleichungen die Form

$$\begin{aligned}
(23.14) \qquad u_t^1 + u^1 u_x^1 + u^2 u_y^1 &= U_t + U U_x + \nu\, u_{yy}, \\
u_x^1 + u_y^2 &= 0,
\end{aligned}$$

mit $u^i = u^i(x, y, t)$, $U = U(x, t)$. Die Anfangs- und Randbedingungen sind entsprechend komplizierter, und es gibt bisher nur wenige Aussagen über die Lösungen. Auf Grund der Tatsache, daß $U(x, t)$ selbst eine Lösung der ersten Gl. (23.13) ist, läßt sich jedoch $u^1(x, y, t) \leqq$ $\leqq U(x, t)$ beweisen, wenn $U(x, t) \geqq 0$, $U_x \geqq K$ mit einer Konstanten K gilt und die vorgeschriebenen Funktionen $\varphi(y, t) = u^1(0, y, t)$, $\psi(x, y) = u^1(x, y, 0)$ den Ungleichungen

$$\varphi(y, t) \leqq U(0, t), \quad \psi(x, y) \leqq U(x, 0)$$

genügen.

Auch bezüglich der Ergebnisse für (23.14) vgl. man [44], S. 248 bis 251 und das dortige Literaturverzeichnis.

18*

23.3 Differentialgleichungen vom gemischten Typ

In 14.1 hatten wir bereits die *Tricomi-Gleichung*

$$(23.15) \qquad y\,u_{xx} + u_{yy} = 0$$

als Beispiel einer Differentialgleichung vom gemischten Typ erwähnt. Sie ist für $y < 0$ hyperbolisch, für $y = 0$ parabolisch und für $y > 0$ elliptisch. Für $y \leqq 0$ sind die reellen Charakteristiken durch

$$(23.16) \qquad \frac{dx}{dy} = \pm \sqrt{-y}$$

gegeben.

Das Hauptproblem bei Differentialgleichungen vom gemischten Typ ist die Frage, unter welchen Nebenbedingungen (Anfangs-, Rand-, Anfangs-Randbedingungen) es Lösungen gibt und wann diese eindeutig sind. Wir wissen zwar, daß bei der Gl. (23.15) für $y < 0$ reine Anfangswertprobleme, für $y = 0$ Anfangs- oder Anfangs-Randwertprobleme und für $y > 0$ reine Randwertprobleme sachgemäß gestellt sind, jedoch nicht, wie diese Vorgaben zu kombinieren sind auf dem Rand eines Gebietes, in dem (23.15) vom gemischten Typ ist. In der Tat liegen als Antwort auf diese Frage bisher nur wenige Ergebnisse vor, die für die Anwendungen, namentlich für die Theorie schallnaher Strömungen, noch nicht ausreichen.

Einige Klassen von Partikulärlösungen der Tricomi-Gleichung sind bekannt. In den Anwendungen behilft man sich häufig damit, daß man die Existenz einer Lösung voraussetzt und versucht, eine Linearkombination von Partikulärlösungen vorgegebenen Anfangs-Randbedingungen anzupassen. Man vgl. hierzu etwa [*16*], S. 80—134 und 168—229.

Für einige Differentialgleichungen vom gemischten Typ gilt ein Maximum-Minimum-Prinzip. Wir betrachten etwa die Gleichung (vgl. [*18*], S. 112ff.)

$$(23.17) \qquad L\,u \equiv a(x,y)\,u_{xx} + u_{yy} = f(x,y),$$

wobei a in $-\infty < x, y < \infty$ zweimal, f einmal stetig differenzierbar sei. Ferner gelte $a > 0$ für $y > 0$, $a = 0$ für $y = 0$ und $a < 0$ für $y < 0$. Die Charakteristiken von (23.17) sind für $y \leqq 0$ durch

$$(23.18) \qquad c_1 : \frac{dy}{dx} = -\frac{1}{\sqrt{-a(x,y)}}, \qquad c_2 : \frac{dy}{dx} = \frac{1}{\sqrt{-a(x,y)}}$$

gegeben.

Durch zwei Punkte p_1, p_2 auf der x-Achse legen wir die Charakteristiken c_1, c_2, welche sich etwa in p_3 schneiden. Für $y \geqq 0$ verbinden wir p_1, p_2 durch eine Kurve c_3, die so beschaffen ist, daß das entstehende Gebiet G mit dem Rand $\Gamma = c_1 + c_2 + c_3$ ein Normalgebiet ist (Abb. 23.2). Weiter unterteilen wir mit $k: p_1 < x < p_2$, $\bar{k}: p_1 \leqq$ $\leqq x \leqq p_2$ das Gebiet G in G_1 und G_2 mit den Rändern $\Gamma_1 = c_1 + c_2 + k$, $\Gamma_2 = c_3 + k$. Nach (23.18) sind

$$(23.19) \quad \alpha = (-\sqrt{-a},\, 1), \quad \beta = (\sqrt{-a},\, 1)$$

die charakteristischen Richtungen. Die Ableitungen einer Funktion $v(x, y)$ in diese Richtungen bezeichnen wir mit v_α, v_β, $v_{\beta\beta}$ usf.

Das Gebiet G_1 betreffend, gilt dann zunächst folgender

Satz 23.1. *Es sei*

$$a \in C^2(\bar{G}_1 - k), \quad a_\beta > 0, \quad ((-a)^{-1/4})_{\beta\beta} \geqq 0,$$
$$u \in C^0(\bar{G}_1), \quad u \in C^1(\bar{G}_1 - p_1 - p_2).$$

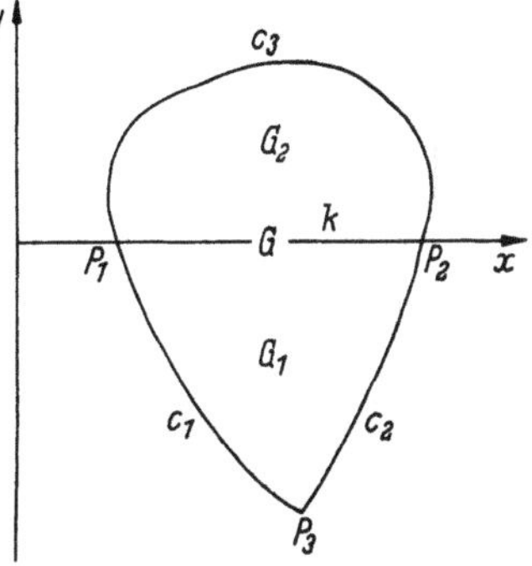

Abb. 23.2. Das Gebiet G

Ist $u \in C^2(G_1)$ Lösung von $L\,u = f$ mit $f \geqq 0$ bzw. $f \leqq 0$, so liegt das Maximum bzw. Minimum von u in $\bar{G}_1$ auf $\bar{k}$.

Der Satz ist in erster Linie von theoretischem Interesse, er gestattet eine Ausdehnung des Maximum-Minimum-Prinzips auf das Gebiet G:

Satz 23.2. *Unter den Voraussetzungen des Satzes 23.1 sei $u(x, y) \in$ $\in C^0(\bar{G})$ mit $u(x, y) \in C^1(G - c_3)$, $u(x, y) \in C^2(G)$ eine Lösung von (23.17) mit $f \geqq 0$ bzw. $f \leqq 0$, die bezüglich y auf c_1 monoton wachsend bzw. monoton fallend ist. Dann nimmt $u(x, y)$ ihr positives Maximum, falls vorhanden, bzw. ihr negatives Minimum, falls vorhanden, auf c_3 an.*

Wir stellen uns nun das *Tricomi-Problem*

$$(23.20) \quad L\,u = f(x, y), \quad u = \varphi(x, y) \quad \text{für} \quad (x, y) \in c_1 + c_3.$$

Die Werte von φ dürfen also nicht auf ganz Γ, sondern nur auf einem Teil des Randes vorgegeben sein.

Aus Satz 23.2 läßt sich die Eindeutigkeit einer Lösung von (23.20) beweisen, es gilt

Satz 23.3. *Unter den für die Differentialgleichung (23.17) und in den Sätzen 23.1, 23.2 angegebenen Voraussetzungen gibt es höchstens eine Lösung $u \in C^0(\bar{G})$, $\in C^1(\bar{G} - c_3)$, $\in C^2(G)$ des Tricomi-Problems (23.20).*

Wegen der Voraussetzungen über die Funktion $a(x, y)$ in (23.17) betreffen die Aussagen im wesentlichen nur die inhomogene Tricomi-Gleichung

$$y\,u_{xx} + u_{yy} = f(x, y).$$

Die Beweise der hier angeführten Sätze finden sich in [*18*], S. 112 bis 115. Wir sind hier der dort gegebenen Formulierung gefolgt.

§ 24. Numerische Lösung parabolischer Differentialgleichungen

Nachdem wir in den Kap. I und III ausführlich auf Differenzapproximationen für gewöhnliche und partielle Differentialgleichungen eingegangen sind, können wir uns hier etwas kürzer fassen. Die Tatsache, daß bei parabolischen Differentialgleichungen in der Mehrzahl Anfangs-Randwertprobleme zur Lösung anstehen, führt jedoch bei der Konstruktion und theoretischen Untersuchung von Differenzapproximationen teilweise zu neuen Fragestellungen.

Die Theorie solcher Differenzapproximationen für lineare parabolische Probleme ist ausführlich in [28] dargestellt. Unter Benutzung funktionalanalytischer Hilfsmittel lassen sich sehr allgemeine Aussagen machen, die zum Teil auch für nichtparabolische Probleme Gültigkeit besitzen.

Wir wollen uns hier auf die Betrachtung von Einschritt-Differenzenverfahren beschränken, welche bei sachgemäßer Anwendung für technische und physikalische Fragen schon hinreichend genau sind.

24.1 Differenzapproximationen für lineare Gleichungen bei zwei unabhängigen Veränderlichen

Wir betrachten zunächst in

$$(24.1) \qquad G(T): \quad 0 < x < l, \quad 0 < t < T$$

das lineare Anfangs-Randwertproblem

$$(24.2) \qquad F u \equiv u_t - a(x, t)\, u_{xx} - b(x, t)\, u_x - c(x, t)\, u$$
$$= f(x, t), \quad a(x, t) > 0,$$

$$(24.3) \qquad u(x, 0) = u_0(x), \quad 0 \leqq x \leqq l,$$
$$u(0, t) = \varphi(t), \quad u(l, t) = \psi(t), \quad 0 < t \leqq T.$$

Dabei sei $u_0(0) = \varphi(0)$, $u_0(l) = \psi(0)$.

Um für dieses Problem Differenzapproximationen aufzustellen, überziehen wir das abgeschlossene Gebiet $\bar{G}(T)$ mit einem Rechteckgitter $\bar{G}_\Delta(T)$ der Maschenweiten Δx, Δt, so daß $l = M\Delta x$, $T = N\Delta t$, M, N ganz (Abb. 24.1), gilt. Die Gitterpunkte von $\bar{G}_\Delta(T)$ sind

$$(x_r, t_s) = (r\,\Delta x, s\,\Delta t),$$
$$r = 0, 1, \ldots, M,$$
$$s = 0, 1, \ldots, N.$$

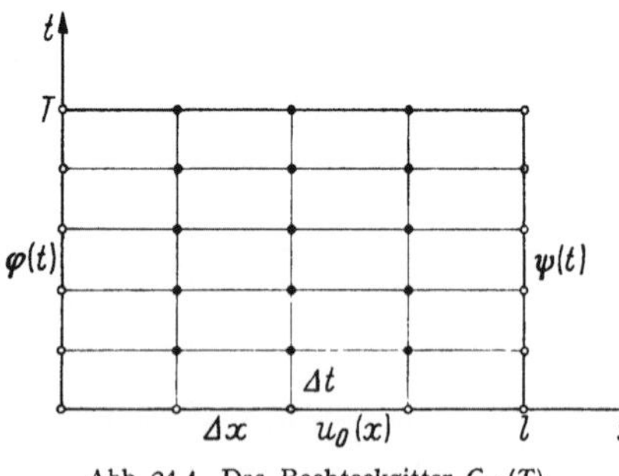

Abb. 24.1. Das Rechteckgitter $G_\Delta(T)$

Die Gesamtheit aller in $G(T)$ liegenden Gitterpunkte sei $G_\Delta(T)$.

Wir setzen jetzt stets

$$(24.4) \qquad \frac{\Delta t}{\Delta x^2} = \lambda$$

mit festem konstantem $\lambda > 0$ voraus und approximieren die Differentialgleichung (24.2) auf $G_\Delta(T)$ durch eine Differenzengleichung

$$(24.5) \qquad F_\Delta\, v(x, t) = f(x, t), \qquad (x, t) \in G_\Delta(T)$$

mit

$$(24.6) \qquad \Delta t\, F_\Delta\, v(x, t) = v(x, t + \Delta t) - \sum_{\nu = -k}^{k} p_\nu(x, t; \Delta)\, v(x + \nu\, \Delta x, t),$$

$$k > 0 \text{ ganz.}$$

Dabei sei v eine auf $G_\Delta(T)$ definierte Gitterfunktion und $p_\nu(x, t; \Delta)$ eine kürzere Schreibweise für $p_\nu(x, t; \Delta x, \Delta t)$. Wir verlangen, daß für jede hinreichend oft nach beiden Veränderlichen differenzierbare Funktion $w(x, t)$ die Gleichung

$$(24.7) \qquad F_\Delta\, w(x, t) - F\, w(x, t) = 0(\Delta t)$$

besteht. Dies ist eine Bedingung für die zunächst unbestimmten Funktionen p_ν. Setzt man nämlich w in (24.2) und (24.5), (24.6) ein, so liefert die Taylor-Entwicklung die *Konsistenzbedingungen* (man beachte $\Delta x^2 = \Delta t / \lambda$)

$$(24.8) \quad \begin{cases} 1. \quad \displaystyle\sum_{\nu = -k}^{k} p_\nu(x, t; \Delta) - 1 = \Delta t\, c(x, t), \\[2.5em] 2. \quad \displaystyle\sum_{\nu = -k}^{k} \nu\, p_\nu(x, t; \Delta) \quad = \sqrt{\lambda\, \Delta t}\, b(x, t), \\[2.5em] 3. \quad \displaystyle\sum_{\nu = -k}^{k} \nu^2\, p_\nu(x, t; \Delta) \quad = 2\lambda\, a(x, t), \\[2.5em] 4. \quad \displaystyle\sum_{\nu = -k}^{k} \nu^3\, p_\nu(x, t; \Delta) \quad = 0(\sqrt{\Delta t}). \end{cases}$$

Für $k = 1$ sind hierbei die p_ν bereits durch die ersten drei Gln. (24.8) bestimmt, man erhält

$$(24.9) \qquad p_{\pm 1} = \lambda\, a \pm \tfrac{1}{2} \sqrt{\lambda\, \Delta t}\, b, \qquad p_0 = 1 - 2\lambda\, a + \Delta t\, c.$$

Weiter gilt

$$\sum_{\nu = -1}^{1} \nu^3\, p_\nu(x, t; \Delta) = \sum_{\nu = -1}^{1} \nu\, p_\nu(x, t; \Delta) = \sqrt{\lambda\, \Delta t}\, b(x, t) = 0(\sqrt{\Delta t}),$$

so daß auch die vierte Gl. (24.8) erfüllt ist.

Man erhält diese Approximationen auch, indem man in $F\,w$

$$(24.10) \quad \begin{cases} w_t(x,t) & \text{durch} & \dfrac{w(x,\,t+\varDelta t)-w(x,t)}{\varDelta t}, \\[2ex] w_x(x,t) & \text{durch} & \dfrac{w(x+\varDelta x,\,t)-w(x-\varDelta x,\,t)}{2\varDelta x}, \\[2ex] w_{xx}(x,t) & \text{durch} & \dfrac{w(x+\varDelta x,\,t)-2w(x,t)+w(x-\varDelta x,\,t)}{\varDelta x^2} \end{cases}$$

ersetzt.

Für jede in $\overline{G}(T)$ mindestens viermal nach x und zweimal nach t stetig differenzierbare Lösung $u(x,t)$ von (24.2) gilt nach (24.7) wegen $F\,u=f$

$$(24.11) \qquad F_\varDelta\,u(x,t)=f(x,t)+0(\varDelta t).$$

Jede hinreichend glatte Lösung der Differentialgleichung erfüllt daher die Differenzengleichung bis auf einen Defekt der Ordnung $0(\varDelta t)$.

Wir betrachten weiter die Differenzapproximation (24.5) für $k=1$. Für einen Gitterpunkt $(x_r,t_s)\in G_\varDelta(T)$ angeschrieben und nach $v(x_r,t_{s+1})$ aufgelöst lautet sie

$$(24.12) \quad v(x_r,t_{s+1})=\sum_{\nu=-1}^{1} p_\nu(x_r,t_s;\varDelta)\,v(x_r+\nu\,\varDelta x,\,t_s)+\varDelta t\,f(x_r,t_s).$$

Nimmt man die aus (24.3) resultierenden Anfangs- und Randbedingungen

$$(24.13) \qquad v(x_r,0)=u_0(x_r), \quad v(0,t_s)=\varphi(t_s), \quad v(l,t_s)=\psi(t_s),$$
$$r=0,1,\ldots,M; \quad s=0,1,\ldots,N$$

hinzu, so wird durch (24.12), (24.13) ein Differenzenverfahren gegeben, das nacheinander alle Näherungen $v(x_r,t_1),v(x_r,t_2),\ldots,v(x_r,t_N)$, $r=1,2,\ldots,M-1$, liefert. Das Verfahren ist explizit, und man erhält die Werte auf der Gitterschicht $t=t_{s+1}$ sozusagen in einem Schritt aus den Werten auf der Schicht $t=t_s$. Aus diesem Grunde heißt das Verfahren ein *explizites Einschrittverfahren*.

Man hofft nun, in $v(x_r,t_s)$ eine Näherung für die exakte Lösung $u(x_r,t_s)$ in jedem Gitterpunkt $(x_r,t_s)\in G_\varDelta(T)$ und für $t_s=T$ gefunden zu haben. Allein durch die Konsistenz ist dies jedoch noch nicht gesichert, es muß außerdem noch

$$(24.14) \qquad \lim_{\substack{\varDelta t\to 0 \\ r\varDelta x\to x \\ s\varDelta t\to t}} v(r\,\varDelta x,\,s\,\varDelta t)=u(x,t)$$

gelten, d. h. das Verfahren für $\varDelta t\to 0$ konvergent sein (vgl. §§ 9, 19).

Man kann notwendige und hinreichende Bedingungen für die Konvergenz angeben. Für die Praxis ist es jedoch wichtiger, einfache, wenn auch nur hinreichende, Konvergenzkriterien zu kennen. Um eine solche Bedingung aussprechen zu können, benutzen wir wieder die in 21.1

eingeführten Bezeichnungen: Es sei $\Gamma(T)$ der Rand von $G(T)$ und $\Gamma_0(T)$ der Teil des Randes, der aus der Strecke $\overline{0l}$ und der Vertikalen $x = 0$, $x = l$ einschließlich der Punkte $(0, T)$ und (l, T) besteht. Die Menge aller Gitterpunkte auf $\Gamma_0(T)$ sei $\Gamma_{\Delta 0}(T)$. Dann gilt der

Satz 24.1. *Ein konsistentes Verfahren ist konvergent, wenn es eine nicht von Δt abhängende Konstante $R > 0$ gibt, so daß für jede Lösung $v(x, t)$ von (24.5) und jedes Gitter mit $\Delta t > 0$, $\Delta t/\Delta x^2 = \lambda$ die Ungleichung*

$$(24.15) \quad |v(x, t)| \leq R \left\{ \underset{(x,\,t)\,\in\,\Gamma_{\Delta 0}(T)}{\mathrm{Max}} |v(x, t)| + \underset{(x,\,t)\,\in\,\bar{G}_{\Delta}(T)}{\mathrm{Max}\,T} |f(x, t)| \right\},$$
$$(x, t) \in G_{\Delta}(T)$$

gilt. Die Bedingung (24.15) heißt Stabilitätsbedingung.

Die Richtigkeit des Satzes ist leicht einzusehen. Denn sei u die Lösung von $F u = f$, $u = \varphi$ auf $\Gamma_0(T)$, v die Lösung von $F_\Delta v = f$, $v = \varphi$ auf $\Gamma_{\Delta_0}(T)$, so gilt wegen der Konsistenz nach (24.11)

$$F_\Delta v - F_\Delta u = F_\Delta \varepsilon = 0(\Delta t), \quad \varepsilon = 0 \quad \text{auf} \quad \Gamma_{\Delta_0}(T).$$

Wegen (24.15) gilt dann für die Lösung ε der Differenzengleichung $F_\Delta \varepsilon = 0(\Delta t)$ mit $|0(\Delta t)| \leq S \Delta t$

$$(24.16) \qquad\qquad |\varepsilon(x, t)| \leq R S \Delta t,$$

d. h. $\lim\limits_{\Delta t \to 0} \varepsilon(x, t) = 0$.

Bei Differentialgleichungen mit variablen Koeffizienten ist auch die Bedingung (24.15) für allgemeinere Differenzapproximationen nur schwer nachprüfbar. Es gibt aber eine Klasse von Differenzengleichungen, welche (24.15) a priori erfüllt.

Definition 24.1. Eine Differenzengleichung (24.5) mit (24.6) heißt *vom positiven Typ*, wenn es zwei Zahlen λ_0, $(\Delta t)_0$ gibt, so daß für alle $0 < \lambda \leq \lambda_0$, $0 < \Delta t \leq (\Delta t)_0$ und $(x, t) \in G_\Delta(T)$

$$(24.17) \qquad\qquad p_\nu(x, t; \Delta) \geq 0, \quad \nu = -k, \ldots, k$$

gilt.

Bei der numerischen Behandlung hyperbolischer Systeme erster Ordnung in § 19 hatten wir bereits festgestellt, daß konsistente Verfahren vom positiven Typ konvergent sind. Hier gilt entsprechend der

Satz 24.2. *Differenzengleichungen vom positiven Typ erfüllen die Bedingung (24.15).*

Als **Bei**spiel betrachten wir die inhomogene Wärmeleitungsgleichung; sie entsteht aus (24.2), wenn $a(x, t) \equiv 1$, $b(x, t) \equiv c(x, t) \equiv 0$ gesetzt wird. Zur numerischen Lösung verwenden wir das durch (24.12), (24.13)

gegebene Verfahren. Die Gln. (24.9) lauten hierbei

$$(24.18) \qquad p_1 = p_{-1} = \frac{\Delta t}{\Delta x^2} = \lambda, \qquad p_0 = 1 - 2\lambda.$$

Das Verfahren ist vom positiven Typ, wenn $p_i \geqq 0$, $i = -1, 0, 1$, also $\lambda \leqq \frac{1}{2}$ ist. Für $\lambda = \frac{1}{2}$ erhält man die sehr einfache Differenzengleichung

$$(24.19) \quad v(x_r, t_{s+1}) = \tfrac{1}{2}[v(x_{r-1}, t_s) + v(x_{r+1}, t_s)] + \Delta t\, f(x_r, t_s).$$

Beispiel 24.1. Wir betrachten in G: $0 < x < 1$, $0 < t < 1$ das sehr einfache und durchsichtige Problem

$$u_t = u_{xx}, \qquad u(x, 0) = 4\cos\frac{\pi}{2}x, \qquad u(0, t) = e^{-\frac{\pi^2}{4}t}, \qquad u(1, t) = 0.$$

Die Lösung lautet

$$u(x, t) = \cos\frac{\pi}{2}x\, e^{-\frac{\pi^2}{4}t}.$$

Als Näherungsverfahren wählen wir (24.12), (24.13) mit $p_1 = p_{-1} = \lambda$, $p_0 = 1 - 2\lambda$, und setzen

1. $\lambda = \frac{1}{2}$, $\Delta t = 0,02$, also $\Delta x = \sqrt{2\Delta t} = 0,2$.

Die hiermit erhaltenen Näherungen sind in Tab. 24.1 gegeben.

2. $\lambda = 2$, $\Delta t = 0,02$, also $\Delta x = \sqrt{\Delta t/2} = 0,1$.

Die Näherungen sind in Tab. 24.2 eingetragen.

Tabelle 24.1

t \ x	0	0,2	0,4	0,6	0,8	1,0
0	4,00000	3,80422	3,23606	2,35113	1,23606	0
0,2	2,44199	2,31607	1,96670	1,42740	0,74998	0
0,4	1,49083	1,41331	1,19965	0,87038	0,45723	0
0,6	0,91015	0,86275	0,32259	0,53124	0,27906	0
0,8	0,55565	0,52670	0,44703	0,32431	0,17036	0
1,0	0,33921	0,32155	0,27291	0,19799	0,10400	0

Tabelle 24.2

t \ x	0	0,2	0,4	0,6	0,8	1,0
0	4,00000	3,80422	3,23606	2,35113	1,23606	0
0,2	2,44199	$-3,514 \cdot 10^3$	$-2,298 \cdot 10^3$	$-3,966 \cdot 10^2$	$5,730 \cdot 10^1$	0
0,4	1,49083	$-3,954 \cdot 10^{11}$	$-4,586 \cdot 10^{11}$	$-2,702 \cdot 10^{11}$	$-8,958 \cdot 10^{10}$	0
0,6	0,91015	$-6,276 \cdot 10^{19}$	$-8,741 \cdot 10^{19}$	$-7,062 \cdot 10^{19}$	$-3,558 \cdot 10^{19}$	0
0,8	0,55565	$-1,162 \cdot 10^{28}$	$-1,758 \cdot 10^{28}$	$-1,609 \cdot 10^{28}$	$-9,203 \cdot 10^{27}$	0
1,0	0,33921	$-2,321 \cdot 10^{36}$	$-3,648 \cdot 10^{36}$	$-3,515 \cdot 10^{36}$	$-2,106 \cdot 10^{36}$	0

Zum Vergleich enthält Tab. 24.3 die exakten Lösungswerte. Man erkennt deutlich, daß das Verfahren für $\lambda = \tfrac{1}{2}$ gute Näherungen liefert, für $\lambda = 2$ jedoch offenbar nicht konvergiert. In der Tat läßt sich zeigen, daß $\lambda \leq \tfrac{1}{2}$ sogar notwendig ist für die Konvergenz.

Tabelle 24.3

t \\ x	0	0,2	0,4	0,6	0,8	1,0
0	4,00000	3,80422	3,23606	2,35113	1,23606	0
0,2	2,44199	2,32247	1,97561	1,43536	0,75461	0
0,4	1,49083	1,41786	1,20611	0,87629	0,46069	0
0,6	0,91015	0,86560	0,73633	0,53497	0,28125	0
0,8	0,55565	0,52845	0,44953	0,32660	0,17170	0
1,0	0,33921	0,32262	0,27443	0,19939	0,10483	0

Bisher haben wir ausschließlich explizite Verfahren betrachtet, bei denen die approximierenden Differenzengleichungen explizit nach dem gesuchten Näherungswert $v(x, t + \varDelta t)$ aufgelöst werden können. Bei den nun zu besprechenden impliziten Verfahren erhält man die Näherungen auf den Gitterpunkten einer t-Schicht global als Lösungen eines linearen Gleichungssystems. Der einfacheren Beschreibung wegen beschränken wir uns hier auf Differentialgleichungen mit konstanten Koeffizienten. Es genügt dann, wie in 20.1 ausgeführt, die Gl. (20.20) für $m = 1$ zu betrachten, wobei sogar noch $k = 1$ gesetzt werden kann:

$$(24.20) \qquad F\, u \equiv u_t - u_{xx} - b\, u = f(x, t).$$

Zu einem impliziten Verfahren kann man z. B. durch den Ansatz

$$(24.21) \qquad F_\varDelta\, v(x, t + \alpha\, \varDelta t) = f(x, t + \alpha\, \varDelta t), \qquad 0 \leq \alpha \leq 1$$

gelangen, wobei jetzt aber

$$(24.22) \quad \varDelta t\, F_\varDelta\, v(x, t + \alpha\, \varDelta t)$$
$$= \sum_{\nu=-k}^{k} p_\nu^{(1)}(\varDelta)\, v(x + \nu\, \varDelta x, t + \varDelta t) - \sum_{\nu=-k}^{k} p_\nu^{(0)}(\varDelta)\, v(x + \nu\, \varDelta x, t)$$

gesetzt wird. Der Punkt $(x, t + \alpha\, \varDelta t)$ liegt in $G(T)$, jedoch nur für $\alpha = 0, 1$ auch auf dem Gitter $G_\varDelta(T)$. Wir verlangen, daß für jede hinreichend glatte Funktion $w(x, t)$

$$(24.23) \qquad F_\varDelta\, w(x, t + \alpha\, t) - F\, w(x, t + \alpha\, t) = 0(\varDelta t^\sigma), \qquad \sigma \geq 1,$$

gilt, daß also die Differenzengleichung die Differentialgleichung von der Ordnung $\sigma \geq 1$ approximiert. Durch Taylor-Entwicklung lassen sich hieraus wieder den Bedingungen (24.8) entsprechende Konsistenzbedingungen herleiten, deren Anzahl natürlich von der Größe σ abhängt. Es ist klar, daß der Ansatz (24.22) auch die expliziten Verfahren umfaßt.

Für den praktisch wichtigen Fall $k = 1$ läßt sich nur $\sigma = 1$ erreichen; man erhält die Konsistenzbedingungen

$$(24.24) \quad \sum_{\nu=-1}^{1} \nu^\beta [p_\nu^{(1)}(\Delta) - p_\nu^{(0)}(\Delta)] = \begin{cases} -\Delta t\, b, & \beta = 0, \\ 0, & \beta = 1, \\ -2\lambda, & \beta = 2, \end{cases}$$

$$\sum_{\nu=-1}^{1} \nu^\gamma [(1 - \alpha)\, p_\nu^{(1)}(\Delta) + \alpha\, p_\nu^{(0)}(\Delta)] = \begin{cases} 1, & \gamma = 0, \\ 0, & \gamma = 1. \end{cases}$$

Das sind fünf Gleichungen zur Bestimmung der sechs Größen $p_\nu^{(1)}$, $p_\nu^{(0)}$, $\nu = -1, 0, 1$. Wählen wir als weiteren Parameter etwa $p = p_1^{(0)}(\Delta)$, so folgt

$$(24.25) \quad \begin{aligned} p_{-1}^{(1)}(\Delta) &= p_1^{(1)}(\Delta) = -\lambda + p, & p_0^{(1)}(\Delta) &= 1 - \alpha\, \Delta t\, b + 2\lambda - 2p, \\ p_{-1}^{(0)}(\Delta) &= p_1^{(0)}(\Delta) = p, & p_0^{(0)}(\Delta) &= 1 + (1 - \alpha)\, \Delta t\, b - 2p. \end{aligned}$$

Setzt man diese Größen in (24.22) ein, so ergibt sich eine Klasse von Differenzapproximationen, bei der die Parameter α, p noch frei sind. Insbesondere erhält man für

a) $\alpha = \dfrac{1}{2}$, $p = \dfrac{\lambda}{2}$

$$(24.26) \quad \begin{aligned} p_{-1}^{(1)}(\Delta) &= p_1^{(1)}(\Delta) = -\frac{\lambda}{2}, & p_0^{(1)}(\Delta) &= 1 + \lambda - \frac{1}{2}\Delta t\, b, \\ p_{-1}^{(0)}(\Delta) &= p_1^{(0)}(\Delta) = \frac{\lambda}{2}, & p_0^{(0)}(\Delta) &= 1 - \lambda + \frac{1}{2}\Delta t\, b. \end{aligned}$$

b) $\alpha = 0$, $p = \lambda$

$$(24.27) \quad \begin{aligned} p_{-1}^{(1)}(\Delta) &= p_1^{(1)}(\Delta) = 0, & p_0^{(1)}(\Delta) &= 1, \\ p_{-1}^{(0)}(\Delta) &= p_1^{(0)}(\Delta) = \lambda, & p_0^{(0)}(\Delta) &= 1 + \Delta t\, b - 2\lambda, \end{aligned}$$

für $b = 0$ also wieder die Zahlen (24.18).

c) $\alpha = 1$, $p = 0$

$$(24.28) \quad \begin{aligned} p_{-1}^{(1)}(\Delta) &= p_1^{(1)}(\Delta) = -\lambda, & p_0^{(1)}(\Delta) &= 1 + 2\lambda - \Delta t\, b, \\ p_{-1}^{(0)}(\Delta) &= p_1^{(0)}(\Delta) = 0, & p_0^{(0)}(\Delta) &= 1. \end{aligned}$$

Wir setzen nun $p_{-1}^{(\nu)} = p_1^{(\nu)} = r^{(\nu)}$, $p_0^{(\nu)} = s^{(\nu)}$, $\nu = 0, 1$, ferner

$$
\boldsymbol{v}(t) = \begin{pmatrix} v(\Delta x, t) \\ v(2\Delta x, t) \\ \vdots \\ v(M-1)\Delta x, t \end{pmatrix}, \qquad
\boldsymbol{k}^{(\nu)}(t) = r^{(\nu)} \begin{pmatrix} \varphi(t) \\ 0 \\ \vdots \\ 0 \\ \psi(t) \end{pmatrix},
$$

$$
\boldsymbol{f}(t + \alpha \Delta t) = \begin{pmatrix} f(\Delta x, t + \alpha \Delta t) \\ f(2\Delta x, t + \alpha \Delta t) \\ \vdots \\ f((M-1)\Delta x, t + \alpha \Delta t) \end{pmatrix},
$$

$$
\boldsymbol{P}^{(\nu)} = \begin{pmatrix}
s^{(\nu)} & r^{(\nu)} & 0 & \dots\dots & 0 \\
r^{(\nu)} & s^{(\nu)} & r^{(\nu)} & 0 & \dots & 0 \\
\hline
0 & \dots & 0 & r^{(\nu)} & s^{(\nu)} & r^{(\nu)} \\
0 & \dots\dots & 0 & r^{(\nu)} & s^{(\nu)}
\end{pmatrix}.
$$

Dann bestimmen sich die $v(x, t + \Delta t)$ aus dem Gleichungssystem

$$(24.29) \quad \boldsymbol{P}^{(1)}\boldsymbol{v}(t + \Delta t) = \boldsymbol{P}^{(0)}\boldsymbol{v}(t) - \left(\boldsymbol{k}^{(1)}(t + \Delta t) - \boldsymbol{k}^{(0)}(t)\right) + \\ + \Delta t\boldsymbol{f}(t + \alpha \Delta t).$$

Hierdurch wird ein implizites Differenzenverfahren zur numerischen Lösung des Problems (24.20), (24.3) gegeben.

Für die exakte Lösung von (24.20), (24.3) gilt in leicht verständlicher Schreibweise

$$(24.30) \quad \boldsymbol{P}^{(1)}\boldsymbol{u}(t + \Delta t) = \boldsymbol{P}^{(0)}\boldsymbol{u}(t) - \left(\boldsymbol{k}^{(1)}(t + \Delta t) - \boldsymbol{k}^{(0)}(t)\right) + \\ + \Delta t\boldsymbol{f}(t + \alpha \Delta t) + \boldsymbol{O}(\Delta t^2).$$

Setzt man $\boldsymbol{v} - \boldsymbol{u} = \boldsymbol{\varepsilon}$ und subtrahiert (24.30) von (24.29), so folgt

$$(24.31) \qquad \boldsymbol{P}^{(1)}\boldsymbol{\varepsilon}(t + \Delta t) = \boldsymbol{P}^{(0)}\boldsymbol{\varepsilon}(t) + \boldsymbol{O}(\Delta t^2).$$

Das Verfahren ist konvergent, wenn hieraus (vgl. 1.1 bezüglich der Bezeichnungen)

$$(24.32) \qquad \|\boldsymbol{\varepsilon}(t)\|_\infty = O(\Delta t) \quad \text{oder} \quad \|\boldsymbol{\varepsilon}(t)\|_2 = O(\Delta t)$$

folgt. Dies ist der Fall, wie man zeigen kann, wenn

$$(24.33) \quad \|(\boldsymbol{P}^{(1)})^{-1}\boldsymbol{P}^{(0)}\|_\infty \leqq 1 + O(\Delta t) \quad \text{oder} \quad \|(\boldsymbol{P}^{(1)})^{-1}\boldsymbol{P}^{(0)}\|_2 \leqq 1 + O(\Delta t)$$

gilt. So ist z. B. das durch (24.28) bestimmte Verfahren für alle Werte von λ konvergent, man hat also nicht die Einschränkung $\lambda \leqq \lambda_0$ wie bei den expliziten Verfahren.

Wir haben in dieser Ziffer nur das erste Anfangs-Randwertproblem betrachtet. Beim zweiten und dritten Anfangs-Randwertproblem hat man auf den Geraden $x = 0$, $x = l$ Ableitungen nach x zu approximieren. Ersetzt man diese durch entsprechende Differenzenquotienten, so ist besonders darauf zu achten, daß die Genauigkeit der Differenzapproximation nicht herabgesetzt wird. Da eine Erörterung der hiermit zusammenhängenden Fragen eine ausführliche Untersuchung erfordert, verweisen wir auf die Literatur, etwa auf [7, 15, 28]. In diesen Werken finden sich auch Ausführungen über Mehrschrittverfahren. Bezüglich der Lösung der bei impliziten Verfahren auftretenden Gleichungssysteme sei auf [45] hingewiesen.

24.2 Verfahren bei mehr als zwei unabhängigen Veränderlichen

Für lineare Anfangs-Randwertprobleme parabolischer Differentialgleichungen bei mehr als zwei unabhängigen Veränderlichen lassen sich mit Hilfe der Taylor-Entwicklung oder auch durch direkte Ersetzung der Differentialquotienten durch Differenzenquotienten ebenfalls leicht Differenzapproximationen konstruieren. Bei $n + 1$ unabhängigen Veränderlichen $x_1, \ldots, x_n, t$ ist dabei ein Gitter $G_\Delta(T)$ mit den Maschenweiten Δx_i, $i = 1, 2, \ldots, n$, und Δt zugrunde zu legen. Wir fordern, daß die Δx_i Funktionen von Δt sind und daß

$$(24.34) \qquad \Delta x_i \to 0 \quad \text{für} \quad \Delta t \to 0$$

gilt.

Besonders eingehend sind Differenzapproximationen für Differentialgleichungen mit konstanten Koeffizienten untersucht worden. So gibt es z. B. für Anfangswertprobleme der Form (20.37) mit dem dort definierten Gleichungssystem

$$(24.35) \qquad F u \equiv u_t - A(\partial) u = 0$$

eine vollständige Theorie. Das approximierende System von Differenzengleichungen kann hierbei in Analogie zu (24.22) in der Form

$$(24.36) \quad F_\Delta v(x, t + \alpha \Delta t) \equiv \sum_{v_1, v_2, \ldots, v_n} P^{(1)}_{v_1, v_2, \ldots, v_n}(\Delta) \, v(x_v, t + \Delta t) +$$
$$+ \sum_{v_1, v_2, \ldots, v_n} P^{(0)}_{v_1, v_2, \ldots, v_n}(\Delta) \, v(x_v, t) = 0$$

angenommen werden. Dabei ist

$$x_v^T = (x_1 + v_1 \Delta x_1, \ldots, x_n + v_n \Delta x_n),$$

und die $P^{(i)}_{v_1, \ldots, v_n}$, $i = 1, 2$, sind $m \times m$-Matrizen. Die Summation erstreckt sich über eine endliche Anzahl von Gitterpunkten. Das System von Differenzengleichungen (24.36) möge das System (24.35) in der Weise approximieren, daß für jede hinreichend glatte Vektorfunktion w

$$(24.37) \qquad \lim_{\Delta t \to 0} F_\Delta w = w_t - A(\partial) w$$

gilt. Durch (24.36) wird dann unter Berücksichtigung der Anfangsbedingungen

$$(24.38) \qquad v(x, 0) = f(x), \qquad -\pi \leq x_\nu \leq \pi, \qquad \nu = 1, 2, \ldots, n,$$

mit den in 20.2 definierten Eigenschaften eine Klasse von expliziten
und impliziten Differenzenverfahren zur numerischen Lösung von
(20.37) gegeben.

Für die Konvergenz der Verfahren läßt sich ein hinreichendes Kriterium angeben (vgl. [15], S. 404 ff.): Sei

$$(24.39) \qquad H_m^{(i)}(\varDelta) = \sum_{\nu_1, \ldots, \nu_n} e^{i(m_1 \nu_1 \varDelta x_1 + \cdots + m_n \nu_n \varDelta x_n)} P_{\nu_1, \ldots, \nu_n}^{(i)}(\varDelta), \qquad i = 1, 2,$$

und

$$(24.40) \qquad \left(- H_m^{(1)}(\varDelta)\right)^{-1} H_m^{(0)}(\varDelta) = E_m(\varDelta),$$

so gilt der

Satz 24.3. *Unter den Voraussetzungen (20.41), (24.37) konvergiert ein
durch (24.36), (24.38) gegebenes Differenzenverfahren gegen die Lösung von
(20.37), wenn*

$$(24.41) \qquad \left\| E_m^{\frac{t}{\varDelta t}}(\varDelta) \right\|_\infty \leq q < \infty$$

*für alle m und $0 < t \leq T$, $0 < \varDelta t \leq (\varDelta t)_0$ bei hinreichend kleinem $(\varDelta t)_0$
gilt.*

Das Kriterium fordert also im wesentlichen, daß die Potenzen $E_m^s(\varDelta)$
mit $s \varDelta t = t$ bezüglich der Norm $\| \cdot \|_\infty$ beschränkt bleiben.

Offenbar ist für (24.41) wiederum

$$(24.42) \qquad \| E_m(\varDelta) \|_\infty \leq 1 + O(\varDelta t)$$

hinreichend. Mit $O(\varDelta t) \leq S \varDelta t$ folgt dann nämlich

$$\left\| E_m^{\frac{t}{\varDelta t}}(\varDelta) \right\|_\infty \leq \| E_m(\varDelta) \|_\infty^{\frac{t}{\varDelta t}} \leq (1 + S \varDelta t)^{\frac{t}{\varDelta t}} \leq e^{St} \leq e^{ST} = q < \infty.$$

Wir betrachten weiter $A(\partial) = \varDelta_2$, also die zweidimensionale Wärmeleitungsgleichung

$$(24.43) \qquad u_t = u_{x_1 x_1} + u_{x_2 x_2}$$

und ersetzen zunächst

$$(24.44) \qquad
\begin{aligned}
u_t \qquad & \text{durch} \qquad \frac{v(x_1, x_2, t + \varDelta t) - v(x_1, x_2, t)}{\varDelta t}, \\[2mm]
u_{x_1 x_1} \qquad & \text{durch} \qquad \frac{v(x_1 + \varDelta x_1, x_2, t) - 2v(x_1, x_2, t) + v(x_1 - \varDelta x_1, x_2, t)}{\varDelta x_1^2}
\end{aligned}$$

und entsprechend $u_{x_2 x_2}$. Mit $\Delta x_1 = \Delta x_2 = \Delta x$, $\Delta t = \lambda\,(\Delta x)^2$ resultiert eine Differenzapproximation (24.36), wobei die $P^{(i)}_{\nu_1,\nu_2}$ Skalare sind:

$$P^{(1)}_{\nu_1,\nu_2}(\Delta) = \begin{cases} 1, & \nu_1 = \nu_2 = 0, \\ 0, & \nu_1,\nu_2 \neq 0,\,0, \end{cases}$$

$$P^{(0)}_{0,0}(\Delta) = -(1 - 4\lambda),$$

$$P^{(0)}_{1,0}(\Delta) = P^{(0)}_{-1,0}(\Delta) = P^{(0)}_{0,1}(\Delta) = P^{(0)}_{0,-1}(\Delta) = -\lambda.$$

Die Koeffizienten $P^{(i)}_{\nu_1,\nu_2}$ hängen bei diesem Beispiel also nicht von Δt ab. Nach (24.39) gilt weiter

$$H^{(1)}_m = 1,$$

$$H^{(0)}_m = -(1 - 4\lambda) - \lambda(e^{i m_1 \Delta x} + e^{-i m_1 \Delta x} + e^{i m_2 \Delta x} + e^{-i m_2 \Delta x})$$

$$= -(1 - 4\lambda) - 2\lambda\,(\cos m_1\,\Delta x + \cos m_2\,\Delta x)$$

$$= -\left[1 - 4\lambda\left(1 - \cos\left(\frac{m_1 + m_2}{2}\Delta x\right)\cos\left(\frac{m_1 - m_2}{2}\Delta x\right)\right)\right],$$

also nach (24.40)

$$E_m = -H^{(0)}_m.$$

Für $\lambda \leq \tfrac{1}{4}$ gilt $|E_m| \leq 1$, das Verfahren ist dann wegen (24.42) konvergent.

Wir betrachten jetzt ein implizites Verfahren, welches durch die Koeffizienten

$$P^{(1)}_{-1,0} = P^{(1)}_{1,0} = P^{(1)}_{0,-1} = P^{(1)}_{0,1} = -\sigma\,\lambda, \qquad P^{(1)}_{0,0} = 1 + 4\sigma\,\lambda,$$

$$P^{(0)}_{-1,0} = P^{(0)}_{1,0} = P^{(0)}_{0,-1} = P^{(0)}_{0,1} = -(1 - \sigma)\,\lambda, \quad P^{(0)}_{0,0} = -1 + 4(1 - \sigma)\,\lambda$$

gegeben ist. Dabei bedeutet σ eine reelle Zahl mit $0 \leq \sigma \leq 1$.

Setzt man

$$\varrho = 1 - \cos\left(\frac{m_1 + m_2}{2}\Delta x\right)\cos\left(\frac{m_1 - m_2}{2}\Delta x\right),$$

so errechnet man

$$H^{(0)}_m = -1 + 4(1 - \sigma)\,\lambda\varrho,$$

$$H^{(1)}_m = 1 + 4\sigma\,\lambda\varrho,$$

also

$$E_m = \frac{1 - 4(1 - \sigma)\,\lambda\varrho}{1 + 4\sigma\,\lambda\varrho} = 1 - \frac{4\lambda\varrho}{1 + 4\sigma\,\lambda\varrho}.$$

Wegen $0 \leq \varrho \leq 2$ gilt $|E_m| \leq 1$ für

$$4\lambda(1 - 2\sigma) \leq 1.$$

Insbesondere ist das Verfahren konvergent, wenn

$$\sigma = 0 \quad \text{und} \quad \lambda \leq \tfrac{1}{4} \quad \text{(vgl. das erste explizite Verfahren),}$$

oder

$$\tfrac{1}{2} \leq \sigma \leq 1 \quad \text{und} \quad \lambda \text{ beliebig}$$

ist.

Bezüglich der Theorie der betrachteten Differenzapproximationen vgl. man [15] und [28]. Hier finden sich auch Untersuchungen für allgemeinere lineare Differential- und Differenzengleichungen.

24.3 Nichtlineare Differentialgleichungen

Die bis heute vorliegenden Untersuchungen über Differenzapproximationen bei nichtlinearen parabolischen Gleichungen beschränken sich im wesentlichen auf halblineare Gleichungen oder spezielle Typen von nichtlinearen Gleichungen.

Wir betrachten zunächst die halblineare Gleichung

$$(24.45) \qquad F u \equiv u_t - a(x, t)\, u_{xx} - b(x, t)\, u_x = d(x, t, u).$$

Explizite Einschritt-Differenzenverfahren ergeben sich wieder aus dem Ansatz

$$(24.46) \qquad F_\Delta\, v(x, t) = d\big(x, t, v(x, t)\big)$$

mit

$$(24.47) \qquad \Delta t\, F_\Delta\, v(x, t) \equiv v(x, t + \Delta t) - \sum_{\nu = -k}^{k} p_\nu(x, t; \Delta)\, v(x + \nu \Delta x, t),$$

$$(x, t) \in G_\Delta(T).$$

Aus der Forderung, daß für alle hinreichend oft differenzierbaren Funktionen $w(x, t)$

$$F_\Delta\, w(x, t) - F w(x, t) = 0(\Delta t)$$

gelten soll, ergeben sich wieder die Konsistenzbedingungen (24.8).

Man kann nun, etwas grob gesprochen, zeigen, daß eine konsistente Differenzapproximation konvergent ist, wenn jede Lösung der Differenzengleichung $F_\Delta\, v(x, t) = 0$ die Stabilitätsbedingung (24.15) erfüllt und außerdem die Funktion d bezüglich u für alle $0 \leqq |u| < \infty$ einer Lipschitz-Bedingung

$$(24.48) \qquad \big|f(x, t, u_2) - f(x, t, u_1)\big| \leqq L |u_2 - u_1|$$

genügt. Damit ist die Konstruktion von Differenzapproximationen für (24.25) in vielen Fällen auf die Konstruktion solcher Approximationen für lineare Gleichungen zurückgeführt. Auch für implizite Verfahren läßt sich ein ähnlicher Satz aussprechen.

Wesentlich kompliziertere Verhältnisse liegen bei streng nichtlinearen Differentialgleichungen vor. Nur um die prinzipiellen Schwierigkeiten anzudeuten, betrachten wir die Gleichung

$$F u \equiv u_t - a\, u_{xx} - b\, u_x^2, \quad a > 0.$$

In jeder expliziten Differenzapproximation kommen die Größen $[v(x + \nu \Delta x, t)]^2$ vor, man erhält also nichtlineare Ausdrücke bezüglich v. Zu gewissen Aussagen über die Güte der Näherungen kann man durch ,,Linearisieren'' der Differenzengleichungen gelangen, jedoch ist damit i. allg. noch keine exakte Aussage über die Konvergenz des Verfahrens verbunden.

Ein praktischer, wenn auch unsicherer Weg, die Güte einer Näherung zu beurteilen, ist folgender: Man rechnet mit demselben Verfahren bei verschiedenen Schrittweiten Δt und vergleicht die Ergebnisse. Stellt man fest, daß sich die Resultate für alle $\Delta t \leq (\Delta t)_0$ bei hinreichend kleinem $(\Delta t)_0$ nur noch wenig ändern, so darf man hoffen, daß das Verfahren gegen eine Funktion konvergiert. Ob diese freilich die exakte Lösung des in Frage stehenden Problems ist, bleibt dann noch offen.

Beispiele spezieller nichtlinearer Probleme finden sich in [15] und [28], worauf hier wieder verwiesen sei. Man beachte auch die dortigen Literaturangaben.

Literatur

[1] ANSORGE, R.: Die Adams-Verfahren als Charakteristikenverfahren höherer Ordnung zur Lösung von hyperbolischen Systemen halblinearer Differentialgleichungen. Num. Math. **5**, 443—460 (1963).

[2] BAUER, F. L., H. RUTISHAUSER and E. STIEFEL: New aspects in numerical quadrature. Proceedings of symposia in applied mathematics, Vol. XV, Amer. math. society 1963, S. 199—218.

[3] BIEBERBACH, L.: Theorie der gewöhnlichen Differentialgleichungen. Berlin/ Heidelberg/New York: Springer 1965.

[4] BULIRSCH, R., and J. STOER: Asymptotic upper and lower bounds for results of extrapolation methods. Num. Math. **8**, 93—104 (1966).

[5] BULIRSCH, R., and J. STOER: Numerical treatment of ordinary differential equations by extrapolation methods. Num. Math. **8**, 1—13 (1966).

[6] COLLATZ, L.: Funktionalanalysis und Numerische Mathematik. Berlin/Göttingen/Heidelberg: Springer 1964.

[7] COLLATZ, L.: Numerische Behandlung von Differentialgleichungen. Berlin/ Göttingen/Heidelberg: Springer 1955.

[8] COLLATZ, L.: Differentialgleichungen für Ingenieure, 2. Aufl. Stuttgart: Teubner 1960.

[9] COURANT, R., and D. HILBERT: Methods of mathematical physics, Bd. II. New York/London: Interscience publishers 1962.

[10] COURANT, R., E. ISAACSON and M. REES: On the solution of nonlinear hyperbolic differential equations by finite differences. Comm. Pure Appl. Math. **5**, 243—255 (1952).

[11] DAHLQUIST, G.: Convergence and stability in the numerical integration of ordinary differential equations. Math. Scand. **4**, 33—53 (1956).

[12] DOUGLIS, A.: Some existence theorems for hyperbolic systems of partial differential equations in two independent variables. Comm. Appl. Pure Math. **5**, 119—154 (1952).

[13] FEHLBERG, E.: Eine Methode zur Fehlerverkleinerung beim Runge-Kutta-Verfahren. ZAMM **38**, 421—426 (1958).

[14] FEHLBERG, E.: New high-order Runge-Kutta formulas with an arbitrarily small truncation error. ZAMM **46**, 1—16 (1966).

[15] FORSYTHE, G. E., and W. R. WASOW: Finite difference methods for partial differential equations. New York: John Wiley & Sons 1960.

[16] GUDERLEY, G.: Theorie schallnaher Strömungen. Berlin/Göttingen/Heidelberg: Springer 1957.

[17] HARTMAN, P.: Ordinary differential equations. New York/London/Sydney: John Wiley & Sons 1964.

[18] HELLWIG, G.: Partielle Differentialgleichungen. Stuttgart: B. G. Teubner Verlagsgesellschaft 1960.

[19] HENRICI, P.: Discrete variable methods in ordinary differential equations. New York/London: John Wiley & Sons 1962.

[20] HORN, J., u. H. WITTICH: Gewöhnliche Differentialgleichungen. Berlin: de Gruyter & Co. 1960.

[21] INCE, E. L.: Ordinary differential equations. London: Longmans Green 1927.

[22] KAMKE, E.: Differentialgleichungen I. 4. Aufl. Leipzig: Geest & Portig 1962.

[23] KAMKE, E.: Differentialgleichungen II. 4. Aufl. Leipzig: Geest & Portig 1962.

[24] KNESCHKE, A.: Differentialgleichungen und Randwertprobleme. 2. Aufl. Leipzig: Teubner 1961.

[25] LERAY, J.: Hyperbolic differential equations. Lecture notes, Institute for Advanced Study, Princeton 1952.

[26] MORGENSTERN, D., u. I. SZABÓ: Vorlesungen über Theoretische Mechanik. Berlin/Göttingen/Heidelberg: Springer 1961.

[27] OSWATITSCH, K.: Gasdynamik. Wien: Springer 1952.

[28] RICHTMYER, R. D., and K. W. MORTON: Difference methods for initial-value problems. 2. Ed. New York/London/Sydney: Interscience publishers 1967.

[29] ROTHE, R., u. I. SZABÓ: Höhere Mathematik, Teil VI. Stuttgart: Teubner 1965.

[30] SAUER, R.: Anfangswertprobleme bei partiellen Differentialgleichungen. Berlin/Göttingen/Heidelberg: Springer 1958.

[31] SAUER, R.: Herleitung der Richtungs- und Verträglichkeitsbedingungen der Charakteristikentheorie bei einer beliebigen Anzahl der unabhängigen Veränderlichen. Bayer. Akad. Wiss. Math. Nat. Klasse 9 (1964).

[32] SAUER, R.: Einführung in die theoretische Gasdynamik. 3. Aufl. Berlin/Göttingen/Heidelberg: Springer 1960.

[33] SAUER, R.: Differenzenverfahren für hyperbolische Anfangswertprobleme bei mehr als zwei unabhängigen Veränderlichen mit Hilfe von Nebencharakteristiken. Num. Math. **5**, 55—67 (1963).

[34] SAUER, R.: Nichtstationäre Probleme der Gasdynamik. Berlin/Heidelberg/New York: Springer 1966.

[35] SOMMERFELD, A.: Partielle Differentialgleichungen der Physik. 4. Aufl. Leipzig: Geest & Portig 1958.

[36] STETTER, H. J.: On the convergence of characteristic finite difference methods of high accuracy for quasi-linear hyperbolic equations. Num. Math. **3**, 321 bis 344 (1961).

[37] STETTER, H. J., and W. TÖRNIG: General multistep finite difference methods for the solution of $u_{xy} = f(x, y, u, u_x, u_y)$. Rend. Circ. Mat. Palermo XII, 1963, S. 1—18.

[38] STRANG, W. G.: Accurate partial difference methods II: non linear problems. Num. Math. **6**, 37—46 (1964).

[*39*] STRUBBLE, R. A.: Nonlinear differential equations. New York/Toronto/London: McGraw-Hill 1962.

[*40*] TÖRNIG, W.: Zur numerischen Behandlung von Anfangswertproblemen partieller hyperbolischer Differentialgleichungen in zwei unabhängigen Veränderlichen. I. Das charakteristische Anfangswertproblem. Arch. Rational Mech. Anal. **4**, 428—445 (1960).

[*41*] TÖRNIG, W.: Zur numerischen Behandlung von Anfangswertproblemen partieller hyperbolischer Differentialgleichungen in zwei unabhängigen Veränderlichen. II. Das Cauchy-Problem. Arch. Rational Mech. Anal. **4**, 446 bis 466 (1960).

[*42*] TÖRNIG, W., u. M. ZIEGLER: Bemerkungen zur Konvergenz von Differenzapproximationen für quasilineare hyperbolische Anfangswertprobleme in zwei unabhängigen Veränderlichen. ZAMM **46**, 201—210 (1966).

[*43*] TYCHONOFF, A. N., u. A. A. SAMARSKI: Differentialgleichungen der mathematischen Physik. Berlin: Deutscher Verlag der Wissenschaften 1959.

[*44*] WALTER, W.: Differential- und Integral-Ungleichungen. Berlin/Göttingen/Heidelberg/New York: Springer 1964.

[*45*] ZURMÜHL, R.: Matrizen. 3. Aufl. Berlin/Göttingen/Heidelberg: Springer 1961

E. Rand- und Eigenwertprobleme bei gewöhnlichen und partiellen Differentialgleichungen und Integralgleichungen

Von **Lothar Collatz** und **Rüdiger Nicolovius**, Hamburg[1]

Einleitung

Der Gesamtkonzeption dieses Werkes entsprechend wurde auch in dem folgenden Abschnitt versucht, die Darstellung kurz zu halten. Mit Rücksicht darauf wurde eine etwas uneinheitliche Gliederung des Stoffes in Kauf genommen. In den drei ersten Kapiteln, die im wesentlichen theoretische Aspekte inhomogener Aufgaben behandeln, geschieht die Einteilung nach Aufgabenklassen. Kap. IV über Eigenwertaufgaben und Kap. V über Variationsrechnung enthalten sowohl theoretisches Material als auch numerische Methoden; hier tritt als weiteres Klassifikationsprinzip die Gliederung nach Methoden hinzu. In den letzten drei Kapiteln, die der praktischen Behandlung der Probleme dieses Abschnitts ausschließlich gewidmet sind, herrscht die Einteilung nach Methoden vor.

Das Gesamtwerk wendet sich nicht an einen kleinen Kreis von Spezialisten, sondern an eine größere Zahl von Lesern mit sicherlich unterschiedlicher Vorbildung. Das bedingt eine weitere Inhomogenität: Bei vielen Gegenständen, die zum „klassischen Bestand" gehören und über die eine umfangreiche Buchliteratur existiert, wurde unter Hinweis auf diese Literatur die entsprechende Vorbildung vorausgesetzt. Andere Gebiete, die noch nicht so allgemein geläufig sind, wie z. B. die in Kap. VIII behandelten Iterationsverfahren, wurden zwar knapp, aber doch von den Grundlagen her entwickelt und erläutert, um die Einarbeitung zu erleichtern.

Eine dritte Uneinheitlichkeit betrifft die numerischen Beispiele: Ein Teil davon dient lediglich der Erläuterung der Methoden und theoretischen Ergebnisse und wurde daher nur mit wenigen Ansatzgliedern

---

[1] Kapitel I bis III und V bis VIII sind von R. NICOLOVIUS und Kapitel IV von L. COLLATZ bearbeitet.

bzw. Gitterpunkten durch Handrechnungen ausgeführt. Andere Beispiele sind mit einem Elektronenrechner bearbeitet worden, z. B. um das Konvergenzverhalten zu erfassen. Meist war es dabei nötig, die Anzahl der wiederzugebenden Zahlenwerte auf wenige, typische zu beschränken.

Bei dem großen Umfang des hier behandelten Gebietes war es naturgemäß nicht möglich, Vollständigkeit in irgend einem Sinne zu erreichen. Vor allem mußte auf viele Dinge verzichtet werden, die auf Spezialgebieten von großem Interesse sind.

Die Autoren sagen Dank für die Durchrechnung bzw. Programmierung von Beispielen den Herren HELMUT KRISCH, OTTO KÜHL und PETER MÜLLER-RÖMER, für das Lesen der Korrekturen den Herren INGBERT KUPKA und ROLAND WAIS.

I. Randwertaufgaben bei gewöhnlichen Differentialgleichungen, Integralgleichungen

§ 1. Lineare Randwertaufgaben

1.1 Definitionen, ein allgemeiner Existenz- und Eindeutigkeitssatz

Die beiden ersten §§ dieses Kapitels sind linearen Randwertaufgaben gewidmet, wobei jeweils zunächst Randwertaufgaben mit gewöhnlichen Differentialgleichungen n-ter Ordnung für eine unbekannte Funktion u und dann Systeme behandelt werden sollen.

Es sei in einem reellen, offenen Intervall (a, b) die Differentialgleichung n-ter Ordnung

$$(1.1) \qquad L\,u \equiv \sum_{i=0}^{n} f_i(x)\, u^{(i)}(x) = r(x)$$

gegeben, worin die $f_i(x)$ und $r(x)$ bekannte, im abgeschlossenen Intervall $[a, b]$ stetige Funktionen sind, $f_n(x) \neq 0$ gilt und die Schreibweise $u^{(0)}(x) = u(x),\, u^{(i)}(x) = d^i\, u(x)/dx^i\ (i = 1, \ldots, n)$ benutzt wird. Neben dieser *inhomogenen* wird die entsprechende *homogene* Differentialgleichung

$$(1.2) \qquad L\,u = 0$$

betrachtet werden. Die Randbedingungen werden als linear und linear unabhängig in der Form

$$(1.3) \qquad U_i\,u \equiv \sum_{j=0}^{n-1} [\alpha_{ij}\, u^{(j)}(a) + \beta_{ij}\, u^{(j)}(b)] = \gamma_i \qquad (i = 1, \ldots, m \leqq n)$$

angenommen. Auch hier werden die homogenen Randbedingungen

$$(1.4) \qquad U_i\, u = 0 \quad (i = 1, \ldots, m)$$

in die Betrachtungen einbezogen.

Da wegen der Linearität (c_1, c_2 reelle Zahlen) $L(c_1\, u + c_2\, v) = c_1\, L\, u + c_2\, L\, v$ ist (analog für die U_i), gilt das *Überlagerungsprinzip (Superpositionsprinzip)*: Eine Lösung der Randwertaufgabe (1.1)/(1.3) läßt sich stets als Summe einer speziellen Lösung u_0 der inhomogenen Differentialgleichung (1.1) und geeigneter Vielfacher von Lösungen der homogenen Differentialgleichung (1.2) darstellen. Kennt man ein *Fundamentalsystem (Hauptsystem)*, d. h. ein System von n in (a, b) linear unabhängigen Lösungen u_i $(i = 1, \ldots, n)$ von (1.2), so läßt sich jede Lösung der Randwertaufgabe in der Form

$$(1.5) \qquad u = u_0 + \sum_{j=1}^{n} c_j\, u_j$$

schreiben. Da dieser Ansatz für beliebige c_j die Gl. (1.1) erfüllt, reduziert sich die Frage nach der Existenz und Eindeutigkeit der Lösung der gegebenen Randwertaufgabe auf die entsprechende Frage bei dem linearen Gleichungssystem

$$(1.6) \qquad \sum_{j=1}^{n} U_i\, u_j \cdot c_j = \gamma_i - U_i\, u_0 \quad (i = 1, \ldots, m)$$

für die c_j, das durch Einsetzen von (1.5) in (1.3) entsteht. Es ergibt sich der

Satz 1.7: *Sind ein Fundamentalsystem von Lösungen von (1.2) und eine spezielle Lösung von (1.1) bekannt, so ist die Randwertaufgabe (1.1) und (1.3) genau dann lösbar, wenn die Ränge der einfachen und erweiterten Matrix von (1.6) übereinstimmen. Genau dann, wenn diese Ränge gleich n sind $(m = n)$, ist die Lösung eindeutig festgelegt.*

Die nach (1.1) gemachten Voraussetzungen verbürgen die Existenz eines Fundamentalsystems [vgl. E. KAMKE (1961) S. 73], jedoch erfordert die Untersuchung des Gleichungssystems (1.6) in Spezialfällen die explizite Kenntnis desselben.

1.2 Beispiel; fehlende Randbedingungen

Die Differentialgleichung

$$(1.8) \qquad L\, u \equiv u'' + 2x\, u' + (2 + x^2)\, u = e^{-x^2/2}$$

hat die spezielle Lösung $e^{-x^2/2}$ und die entsprechende homogene Gleichung die beiden linear unabhängigen Lösungen $e^{-x^2/2} \sin x$ und $e^{-x^2/2} \cos x$, so daß man die allgemeine Lösung in der Form

$$(1.9) \qquad u = e^{-x^2/2}(1 + c_1 \sin x + c_2 \cos x)$$

ansetzen kann. Sind etwa die Randbedingungen $U_1 u \equiv u(0) = 1$ und $U_2 u \equiv u(b) = \gamma$ $(b > 0)$ gegeben, erhält man das Gleichungssystem

$$(1.10) \qquad 0 \cdot c_1 + 1 \cdot c_2 = 0,$$

$$\sin b \cdot c_1 + \cos b \cdot c_2 = \gamma\, e^{b^2/2} - 1.$$

Es ist hier immer $c_2 = 0$, und die zweite Gleichung führt auf

$$(1.11) \qquad \sin b \cdot c_1 = \gamma\, e^{b^2/2} - 1.$$

Ist hierin $\sin b \neq 0$, also $b \neq k\pi$ $(k = 1, 2, 3, \ldots)$, so ist die Randwertaufgabe eindeutig lösbar, ist jedoch $\sin b = 0$, so existiert keine Lösung, wenn die rechte Seite von (1.11) nicht verschwindet. Wenn indessen $\gamma = \exp(-b^2/2)$ gilt, so kann c_1 frei gewählt werden, und es existiert

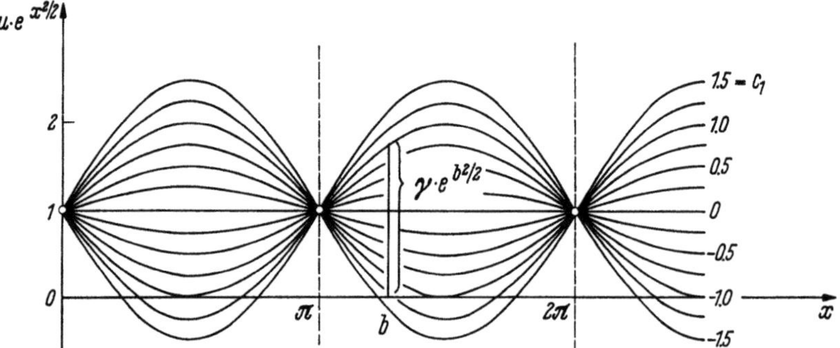

Abb. 1.12. Lösbarkeit einer Randwertaufgabe

eine einparametrige Schar von unendlich vielen Lösungen. Abb. 1.12 veranschaulicht diesen Sachverhalt.

Sind $m < n$ linear unabhängige Randbedingungen vorgegeben [beim Beispiel etwa nur die erste Gl. (1.10)], so ist die Lösung nach Satz 1.7, auch wenn sie existiert, nicht eindeutig festgelegt, sondern es bleiben gewisse c_j in (1.5) frei wählbar. In diesem Falle kann man eine bestimmte Lösung aus der Menge der Lösungen auswählen, indem man $n - m$ weitere Randbedingungen linear unabhängig von (1.3) wählt. Nach Bestimmung dieser Lösung wären dann Vielfache geeigneter $n - m$ Lösungen von (1.2) und (1.4) zu addieren. Aus diesem Grunde, und da außerdem in praxi meist $n = m$ ist, wird weiterhin $n = m$ vorausgesetzt.

1.3 Die adjungierte Randwertaufgabe

Zur Einführung der *adjungierten Randwertaufgabe* wird zunächst der zu dem Differentialoperator $L u$ in (1.1) *adjungierte Differentialoperator*

$$(1.13) \qquad M v \equiv \sum_{i=0}^{n} (-1)^i \left[f_i(x)\, v\right]^{(i)}$$

gebildet, wozu $f_i(x)$ als i-mal stetig differenzierbar in $[a, b]$ vorausgesetzt wird. Der Sinn für diese Festsetzung liegt in der *Lagrangeschen Identität*

$$(1.14) \qquad v\,L\,u - u\,M\,v = \frac{d}{dx}\,B[u, v]$$

begründet, in welcher $B[u, v]$ die Bilinearform

$$(1.15) \qquad B[u, v] = \sum_{i=0}^{n-1} \sum_{j=0}^{i} (-1)^j\, u^{(i-j)}\, [f_{i+1}(x)\, v]^{(j)}$$

bedeutet. Integriert man (1.14), so erhält man die *Greensche Formel*

$$(1.16) \qquad R = \int_a^b (v\,L\,u - u\,M\,v)\, dx = B[u, v]\,\Big|_a^b,$$

die für beliebige n-mal stetig differenzierbare u und v gilt. Die rechte Seite enthält die Größen

$$(1.17) \qquad u(a),\, u'(a),\, \ldots,\, u^{(n-1)}(a),\, u(b),\, u'(b),\, \ldots,\, u^{(n-1)}(b)$$

und

$$(1.18) \qquad v(a),\, v'(a),\, \ldots,\, v^{(n-1)}(a),\, v(b),\, v'(b),\, \ldots,\, v^{(n-1)}(b)$$

jeweils linear. Erfüllt nun u die homogenen Randbedingungen [(1.4) mit $m = n$], so können mit deren Hilfe n der Größen (1.17) aus R eliminiert werden. Die restlichen n sind mit gewissen Linearkombinationen $V_i v$ der Größen (1.18) multipliziert, so daß sich $R = 0$ erreichen läßt, wenn man von v das Erfülltsein der *adjungierten Randbedingungen*

$$(1.19) \qquad V_i v = 0 \quad (i = 1, \ldots, n)$$

fordert. Die zu (1.1)/(1.4) *adjungierte Randwertaufgabe* besteht nun aus der Differentialgleichung

$$(1.20) \qquad M\,v = s(x) \quad \text{in} \quad (a, b)$$

[$s(x)$ beliebig, stetig] und den Randbedingungen (1.19). Bildet man zu (1.19) und (1.20) wiederum die adjungierte Randwertaufgabe, so gelangt man zu einer Aufgabe der Form (1.1)/(1.4) zurück. Bei der Bildung der adjungierten Randwertaufgabe wird von der Berücksichtigung der rechten Seite der Differentialgleichung (1.1) bzw. (1.20) ganz abgesehen. Man betrachtet tatsächlich ganze Klassen von Differentialgleichungen, indem man die rechte Seite nicht genauer festlegt. Analoges kann mit den Randbedingungen durch Zulassung von (1.3) und $V_i v = \delta_i$ $(i = 1, \ldots, n)$ geschehen.

Zwei homogene, zueinander adjungierte Randwertaufgaben besitzen stets die gleiche Anzahl linear unabhängiger Lösungen. Hat (1.19)/(1.20) mit $s(x) \equiv 0$ nichttriviale (d. h. nicht identisch verschwindende) Lösungen $v_i(x)$ $(i = 1, \ldots, k)$, so ist das Bestehen der Gleichungen

$$(1.21) \qquad \int_a^b v_i(x)\, r(x)\, dx = 0 \quad (i = 1, \ldots, k)$$

für alle solche Lösungen notwendig und hinreichend dafür, daß (1.1)/(1.4) lösbar ist. Für die praktische Bestimmung der adjungierten Randwertaufgabe siehe die folgende Nr. 1.4.

1.4 Selbstadjungierte Randwertaufgaben

Der *Differentialoperator* L heißt *selbstadjungiert*, wenn $L u \equiv M u$ ist, $L u$ läßt sich dann in der Form

$$(1.22) \qquad L u \equiv \sum_{i=0}^{p} [g_i(x)\, u^{(i)}]^{(i)} \quad (n = 2p)$$

schreiben, es gibt also keine selbstadjungierten Differentialoperatoren von ungerader Ordnung. Man kann aber dann antiselbstadjungierte Differentialoperatoren betrachten, die durch die Forderung $L u \equiv -M u$ festgelegt sind. Von einer *selbstadjungierten Randwertaufgabe* spricht man, wenn außerdem die Randbedingungen (1.19) mit $v = u$ zu (1.4) äquivalent sind, sich die $V_i u$ $(i = 1, \ldots, n)$ also aus den $U_i u$ linear kombinieren lassen und umgekehrt.

Bei den in der Praxis besonders wichtigen Differentialgleichungen 2. Ordnung ist es unter den nach (1.1) getroffenen Voraussetzungen für stetig differenzierbares $f_2(x)$ immer möglich, die Differentialoperatoren auf selbstadjungierte Form zu bringen. Hierzu können folgende vier Methoden benutzt werden:

1. Einführung einer neuen unabhängigen Variablen $t = \varphi(x)$. Man wählt

$$(1.23) \qquad \varphi(x) = c_1 + c_2 \int_a^x \frac{1}{f_2(t)} \exp\left[\int_a^t \frac{f_1(s)}{f_2(s)}\, ds\right] dt,$$

eine Funktion, deren Ableitung $\varphi'(x)$ bei beliebigem $c_2 \neq 0$ nicht das Vorzeichen wechselt, so daß eine umkehrbar eindeutige Koordinatentransformation entsteht.

2. Einführung einer neuen abhängigen Variablen durch den Ansatz $u = v/\psi(x)$. Man wählt

$$(1.24) \qquad \psi(x) = \frac{\text{const}}{f_2(x)} \exp\left[\int_a^x \frac{f_1(t)}{f_2(t)}\, dt\right],$$

eine Funktion, die bei nichtverschwindender Konstante nirgends in $[a, b]$ verschwindet.

3. Multiplikation von (1.1) mit einem Faktor χ. Man wählt

$$(1.25) \qquad \chi(x) = \frac{\text{const}}{f_2(x)} \exp\left[\int_a^x \frac{f_1(t)}{f_2(t)}\, dt\right],$$

eine Funktion, die mit ψ von 2. übereinstimmt.

4. Elimination des Gliedes $f_1(x)\, u'$ mittels des Ansatzes von 2. Man wählt

$$(1.26) \qquad \psi(x) = \text{const} \cdot \exp\left[\int_a^x \frac{f_1(t)}{2\,f_2(t)}\, dt\right]$$

und hat anschließend durch den höchsten Koeffizienten zu dividieren.

Bei dem oben behandelten Beispiel (1.8ff.) ergibt sich als adjungierter Differentialoperator

$$(1.27) \qquad M v \equiv (1 \cdot v)'' - (2x\, v)' + (2 + x^2)\, v = v'' - 2x\, v' + x^2\, v$$

und als Bilinearform

$$(1.28) \qquad B[u, v] = u'\, v - u\, v' + 2x\, u\, v,$$

aus welcher man wegen $U_1 u \equiv u(0)$ und $U_2 u \equiv u(b)$

$$(1.29) \qquad R = U_2 u \cdot [-v'(b) + 2b\, v(b)] + U_1 u \cdot v'(0) +$$
$$+ u'(b)\, v(b) - u'(0)\, v(0)$$

erhält. Definiert man $V_1 v \equiv v(0)$ und $V_2 v \equiv v(b)$, so ergibt sich bei homogenen Randbedingungen für u und v, daß R verschwindet. Obwohl die Randbedingungen hier selbstadjungiert sind, ist es die Randwertaufgabe nicht, da $M u$ nicht mit $L u$ übereinstimmt.

1.5 Grundlösungen

In Satz 1.7 wurde eine spezielle Lösung von (1.1) als bekannt angenommen. Kennt man ein Fundamentalsystem $u_i(x)$ $(i = 1, \ldots, n)$ von (1.2), so ist die Auffindung einer solchen auf eine Quadratur zurückführbar. Setzt man nämlich mit einer sog. *Grundlösung (Elementarlösung, Grundfunktion)* $g(x, \xi)$ das gesuchte u_0 in der Form

$$(1.30) \qquad u_0(x) = \int_a^b g(x, \xi)\, r(\xi)\, d\xi$$

an, so erhält man durch Einsetzen in (1.1) folgende Forderungen an die Grundlösung:

A) In jedem der beiden Dreiecke $D_1: a \leqq \xi \leqq x \leqq b$ und $D_2: a \leqq$ $\leqq x \leqq \xi \leqq b$ ist $g(x, \xi)$ als Funktion von x Lösung von $L g = 0$ [vgl. (1.2); g wird n-mal stetig differenzierbar angenommen, an den Rändern $x = a$, $x = \xi$ und $x = b$ sind einseitige Ableitungen gemeint].

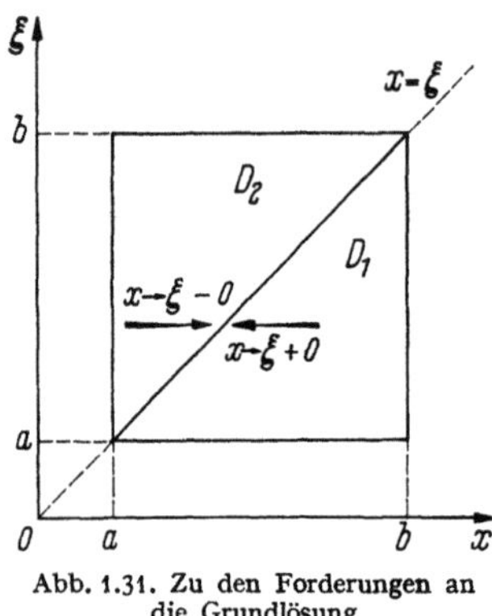

Abb. 1.31. Zu den Forderungen an die Grundlösung

B) Über die Diagonale hinweg sind die Ableitungen $g^{(k)}(x, \xi) = \dfrac{\partial^k g(x, \xi)}{\partial x^k}$ für $k = 0, \ldots, n - 2$ stetig, während für die $(n - 1)$-te Ableitung die Sprungrelation

$$(1.32) \qquad \lim_{x \to \xi + 0} g^{(n-1)}(x, \xi) -$$

$$- \lim_{x \to \xi - 0} g^{(n-1)}(x, \xi) = \frac{1}{f_n(\xi)}$$

$$(a < \xi < b)$$

gilt (vgl. Abb. 1.31).

Zwar ist durch diese Forderungen die Grundlösung nicht eindeutig festgelegt, jedoch kann man eine spezielle Grundlösung konstruieren, indem man das Gleichungssystem

$$(1.33) \qquad \sum_{j=1}^{n} b_j(\xi) u_j^{(i)}(\xi) = \begin{cases} 0 & \text{für } i = 0, 1, \ldots, n - 2 \\ \dfrac{1}{2 f_n(\xi)} & \text{für } i = n - 1 \end{cases}$$

nach den $b_j(\xi)$ auflöst und dann

$$(1.34) \qquad g_0(x, \xi) = \begin{cases} + \displaystyle\sum_{j=1}^{n} b_j(\xi)\, u_j(x) & \text{in } D_1 \\ - \displaystyle\sum_{j=1}^{n} b_j(\xi)\, u_j(x) & \text{in } D_2 \end{cases}$$

setzt (s. Abb. 1.31). Für eine Determinantenform dieser Grundlösung vgl. man E. KAMKE (1961), S. 75. Alle anderen Grundlösungen ergeben sich aus (1.34) gemäß

$$(1.35) \qquad g(x, \xi) = g_0(x, \xi) + \sum_{j=1}^{n} c_j(\xi)\, u_j(x),$$

worin die $c_j(\xi)$ beliebige, in $[a, b]$ stetige Funktionen sind.

1.6 Die Greensche Funktion

Während sich eine Grundlösung (1.34) unter den nach (1.1) genannten Voraussetzungen immer bilden läßt, ist zur Konstruktion einer weiteren speziellen Grundlösung, nämlich der *Greenschen Funktion* (oder *Einflußfunktion*) $G(x, \xi)$ die Nichtsingularität der Matrix der $U_i u_j$ (vgl. 1.6 mit $m = n$) erforderlich. Fordert man von einer Grundlösung zusätzlich das Erfülltsein der homogenen Randbedingungen (1.4) bzgl. x, so ergibt der Ansatz (1.35) das Gleichungssystem

$$(1.36) \qquad U_i G = \sum_{j=1}^{n} U_i u_j \cdot c_j(\xi) + U_i g_0 = 0 \qquad (i = 1, \ldots, n)$$

für die c_j, nach dessen Lösung man

$$(1.37) \qquad G(x, \xi) = \begin{cases} \sum_{j=1}^{n} [c_j(\xi) + b_j(\xi)] \, u_j(x) & \text{in } D_1 \\[2ex] \sum_{j=1}^{n} [c_j(\xi) - b_j(\xi)] \, u_j(x) & \text{in } D_2 \end{cases}$$

erhält. Diese Greensche Funktion, die ebenfalls in Determinantenform geschrieben werden kann [vgl. E. Kamke (1961), S. 189], gestattet es nun, die Lösung der Randwertaufgabe (1.1)/(1.4) in der zu (1.30) analogen Form

$$(1.38) \qquad u(x) = \int_{a}^{b} G(x, \xi) \, r(\xi) \, d\xi$$

einfach hinzuschreiben. Sind inhomogene Randbedingungen (1.3) gegeben, so kann man dieses u als u_0 in (1.5) verwenden, wodurch in (1.6) die $U_i u_0$ rechts fortfallen. Will man die Abhängigkeit der Lösung von den γ_i in (1.3) studieren, so kann man auch vorher die $u_j(x)$ so linear kombinieren, daß die Matrix $U_i u_j$ zur Einheitsmatrix wird.

Ein einfaches Beispiel für eine physikalische Deutung der Greenschen Funktion ist die Balkenbiegung. Hier bedeutet $G(x, \xi)$ die Durchbiegung des Balkens an der Stelle x, wenn an der Stelle ξ die Punktlast 1 angebracht wird.

Man kann zeigen, daß die zu der gegebenen adjungierte Randwertaufgabe die Funktion $H(x, \xi) = G(\xi, x)$ zur Greenschen Funktion hat, entsprechend ist bei selbstadjungierten Aufgaben die Greensche Funktion symmetrisch: $G(x, \xi) = G(\xi, x)$. Einige einfache Spezialfälle sind in der Tab. 4.32 zu finden.

Im Falle, daß die Determinante des Gleichungssystems (1.36) verschwindet, versagt die Konstruktion der Greenschen Funktion. Ist die gegebene Randwertaufgabe überhaupt lösbar, so kann dennoch eine zu (1.38) analoge Darstellungsform gefunden werden, indem man statt G sog. verallgemeinerte Greensche Funktionen benutzt. Für Einzelheiten vgl. man E. Kamke (1961), S. 191, R. Courant und D. Hilbert (1953), S. 354 ff. und für eine speziellere Aufgabenklasse Nr. 2.2.

Beim Beispiel (1.8) erhält man unter der Voraussetzung $\sin b \neq 0$ als spezielle Grundlösung (1.34)

$$(1.39) \quad g_0(x, \xi) = \begin{cases} \dfrac{1}{2} \exp\left(\dfrac{\xi^2 - x^2}{2}\right) \cdot \sin(x - \xi) \\ \qquad\qquad\qquad \text{in } D_1 \quad (0 \leq \xi \leq x \leq b) \\[2mm] -\dfrac{1}{2} \exp\left(\dfrac{\xi^2 - x^2}{2}\right) \cdot \sin(x - \xi) \\ \qquad\qquad\qquad \text{in } D_2 \quad (0 \leq x \leq \xi \leq b) \end{cases}$$

und als Greensche Funktion

$$(1.40) \quad G(x, \xi) = \begin{cases} -\dfrac{1}{\sin b} \exp\left(\dfrac{\xi^2 - x^2}{2}\right) \cdot \sin \xi \cdot \sin(b - x) \quad \text{in } D_1, \\[2mm] -\dfrac{1}{\sin b} \exp\left(\dfrac{\xi^2 - x^2}{2}\right) \cdot \sin(b - \xi) \cdot \sin x \quad \text{in } D_2. \end{cases}$$

Betrachtet man letztere als Funktion von ξ, so kann man als Fundamentalsystem der adjungierten Gleichung $M v = 0$ [vgl. (1.27)] $v_1 = e^{x^2/2} \sin x$, $v_2 = e^{x^2/2} \cos x$ fast direkt ablesen.

1.7 Systeme: Definitionen und allgemeiner Satz

Es sollen nun Systeme von Differentialgleichungen 1. Ordnung betrachtet werden. Systeme und Einzeldifferentialgleichungen höherer Ordnung lassen sich bekanntlich durch Einführung der Ableitungen als Hilfsvariable in Systeme 1. Ordnung überführen, so daß sich auch der oben behandelte Problemkreis hier unterordnet. Die Verhältnisse sind analog, daher soll die Darstellung kurz gefaßt werden. Führt man die Vektor- und Matrizenschreibweise durch

$$(1.41) \quad \boldsymbol{u}(x) = \begin{pmatrix} u_1(x) \\ \vdots \\ u_n(x) \end{pmatrix}, \quad \boldsymbol{\gamma} = \begin{pmatrix} \gamma_1 \\ \vdots \\ \gamma_n \end{pmatrix}, \quad \boldsymbol{F}(x) = \begin{pmatrix} f_{11}(x) \dots f_{1n}(x) \\ \vdots \qquad \vdots \\ f_{n1}(x) \dots f_{nn}(x) \end{pmatrix},$$

$$\boldsymbol{A} = \begin{pmatrix} \alpha_{11} \dots \alpha_{1n} \\ \vdots \qquad \vdots \\ \alpha_{n1} \dots \alpha_{nn} \end{pmatrix} \quad \text{usw.}$$

ein, so kann man mit dem vektoriellen Differentialoperator L das zu behandelnde System in der Form

$$(1.42) \qquad L\,\boldsymbol{u} \equiv \boldsymbol{u}'(x) + \boldsymbol{F}(x)\,\boldsymbol{u}(x) = \boldsymbol{r}(x)$$

schreiben. Sind die $f_{ij}(x)$ $(i, j = 1, \dots, n)$, oder wie man kurz sagt, ist $\boldsymbol{F}(x)$ in einem Intervall $[a, b]$ stetig — auch $\boldsymbol{r}(x)$ wird als stetig angenommen —, so existiert dort ein Fundamentalsystem $\boldsymbol{u}_{(j)}(x)$ $(j = 1, \dots, n)$ von linear unabhängigen Lösungen des homogenen Systems

$$(1.43) \qquad L\,\boldsymbol{u} = \boldsymbol{0} \quad (= \text{dem } n\text{-dimensionalen Nullvektor}).$$

Auch die Randbedingungen kann man sich in vektorieller Form geschrieben denken:

$$(1.44) \qquad U\,\boldsymbol{u} \equiv \mathbf{A}\,\boldsymbol{u}(a) + \mathbf{B}\,\boldsymbol{u}(b) = \boldsymbol{\gamma}$$

oder homogen

$$(1.45) \qquad U\,\boldsymbol{u} = \mathbf{0}.$$

(Sind weniger als n Randbedingungen gegeben, so denke man sich $\mathbf{A}$, $\mathbf{B}$ und $\boldsymbol{\gamma}$ durch Nullen aufgefüllt.) Analog zum Satz 1.7 gilt der

Satz 1.46: *Sind ein Fundamentalsystem* $\boldsymbol{u}_{(j)}(x)$ $(j = 1, \ldots, n)$ *von* (1.43) *und eine spezielle Lösung* $\boldsymbol{u}_{(0)}(x)$ *von* (1.42) *bekannt, so ist die Randwertaufgabe* (1.42)/(1.44) *genau dann durch*

$$(1.47) \qquad \boldsymbol{u}(x) = \boldsymbol{u}_{(0)}(x) + \sum_{j-1}^{n} c_j\,\boldsymbol{u}_{(j)}(x)$$

lösbar, wenn das Gleichungssystem

$$(1.48) \qquad \sum_{j=1}^{n} U\,\boldsymbol{u}_{(j)} \cdot c_j = \boldsymbol{\gamma} - U\,\boldsymbol{u}_{(0)}$$

lösbar ist. Auch die Frage der Eindeutigkeit kann durch (1.48) *entschieden werden.*

1.8 Adjungierte und selbstadjungierte Systeme

Es wird nun wieder vorausgesetzt, daß (1.44) n linear unabhängige Randbedingungen enthält. Das homogene, zu (1.42) *adjungierte Differentialgleichungssystem* lautet

$$(1.49) \qquad M\,\boldsymbol{v} \equiv -\,\boldsymbol{v}'(x) + \boldsymbol{F}^T(x)\,\boldsymbol{v}(x) = \mathbf{0}$$

[$\boldsymbol{F}^T$ bedeutet die transponierte Matrix von $\boldsymbol{F}$, vgl. (1.41)], und man erhält als *Lagrangesche Identität* und *Greensche Formel*

$$(1.50) \qquad \boldsymbol{v}^T L\,\boldsymbol{u} - \boldsymbol{u}^T M\,\boldsymbol{v} = \frac{d}{dx}\,(\boldsymbol{v}^T\,\boldsymbol{u}) = \frac{d}{dx}\,(\boldsymbol{u}^T\,\boldsymbol{v}),$$

$$(1.51) \qquad \int_a^b (\boldsymbol{v}^T L\,\boldsymbol{u} - \boldsymbol{u}^T M\,\boldsymbol{v})\,dx = (\boldsymbol{u}^T\,\boldsymbol{v})\,\Big|_a^b = \sum_{j=1}^{n}\,[u_j(b)\,v_j(b) - u_j(a)\,v_j(a)].$$

Die zu (1.44) *adjungierten Randbedingungen* lassen sich mit zwei $n \times n$-Matrizen $\varDelta$ und $\mathbf{E}$, die der Bedingung

$$(1.52) \qquad \mathbf{A}\,\varDelta^T = \mathbf{B}\,\mathbf{E}^T$$

genügen, in der Form

$$(1.53) \qquad V\,\boldsymbol{v} \equiv \varDelta\,\boldsymbol{v}(a) + \mathbf{E}\,\boldsymbol{v}(b) = 0$$

schreiben, womit die *adjungierte Randwertaufgabe* festgelegt ist.

Die homogenen Randwertaufgaben (1.43) und (1.45) sowie (1.49) und (1.53) haben die gleiche Vielfachheit von Lösungen, und für die Lösbarkeit von (1.42) und (1.45) ist es notwendig und hinreichend, daß die Bedingung

$$(1.54) \qquad \int_a^b \boldsymbol{v}^T \boldsymbol{r} \, dx = 0$$

für alle Lösungen $\boldsymbol{v}$ von (1.49) und (1.53) gilt.

Bei Systemen hat man zwischen zwei verschiedenen Definitionen der Selbstadjungiertheit zu unterscheiden. Man nennt den Differentialoperator L aus (1.42) *selbstadjungiert im engeren Sinne* (eigentlich müßte es anti-selbstadjungiert heißen), wenn $L\boldsymbol{u} \equiv -M\boldsymbol{u}$, d. h. $\boldsymbol{F}(x) \equiv -\boldsymbol{F}^T(x)$ gilt. Diese Bedingung muß aber als zu scharf angesehen werden, da beim Übergang von einer selbstadjungierten Differentialgleichung n-ter Ordnung (1.22) zu einem System erster Ordnung durch die Substitutionen $u = u_1$, $u' = u_2$, ..., $u^{(n-1)} = u_n$ die Selbstadjungiertheit verlorengeht. Sie bleibt indessen erhalten, wenn man L als *selbstadjungiert im weiteren Sinne* [vgl. E. Kamke (1961), S. 54] voraussetzt. Das heißt, daß eine in $[a, b]$ nichtsinguläre $n \times n$-Matrix $\boldsymbol{T}(x)$ existiert, so daß

$$(1.55) \qquad \boldsymbol{v}(x) = \boldsymbol{T}(x) \, \boldsymbol{u}(x)$$

alle Lösungen von (1.49) durchläuft, wenn $\boldsymbol{u}$ alle Lösungen von (1.43) durchläuft. Notwendig und hinreichend dafür ist, daß das Differentialgleichungssystem

$$(1.56) \qquad \boldsymbol{T}'(x) = \boldsymbol{T}(x) \, \boldsymbol{F}(x) + \boldsymbol{F}^T(x) \, \boldsymbol{T}(x)$$

eine Lösungsmatrix mit nichtverschwindender Determinante besitzt. Falls L selbstadjungiert im engeren Sinne ist, kann offenbar die Einheitsmatrix als $\boldsymbol{T}$ benutzt werden. Die *Randwertaufgabe* (1.42)/(1.45) heißt *selbstadjungiert im weiteren Sinne*, wenn L diese Eigenschaft hat und aus (1.53) nach Einsetzen von (1.55) Randbedingungen entstehen, die zu (1.45) äquivalent sind.

1.9 Grundlösungen und Greensche Matrix

Zur Formulierung der *Grundlösung* zu (1.42) wird die Matrix

$$(1.57) \qquad \boldsymbol{U}(x) = \begin{pmatrix} u_{1(1)}(x) & \ldots & u_{1(n)}(x) \\ \vdots & \ddots & \vdots \\ u_{n(1)}(x) & \ldots & u_{n(n)}(x) \end{pmatrix}$$

[$\boldsymbol{U}$ ist nicht mit dem Randoperator U in (1.44) und (1.45) zu verwechseln] eingeführt, deren Spalten das schon im Satz 1.46 erwähnte Fundamentalsystem bilden.

Die Forderungen an die Grundlösungsmatrizen $G(x, \xi)$ lauten:

A) In jedem der beiden Dreiecke D_1 und D_2 nach Abb. 1.31 sind alle Elemente der Matrix $G(x, \xi)$ stetig differenzierbar und jede Spalte für festes ξ Lösung von (1.43).

B) Für $a < \xi < b$ ist elementweise

$$(1.58) \quad \lim_{x \to \xi + 0} G(x, \xi) - \lim_{x \to \xi - 0} G(x, \xi) = E \quad (= \text{Einheitsmatrix}).$$

Der speziellen Grundlösung (1.34) bei Einzeldifferentialgleichungen entspricht hier

$$(1.59) \qquad G_0(x, \xi) = \begin{cases} +\tfrac{1}{2} U(x)\, U^{-1}(\xi) & \text{in } D_1, \\ -\tfrac{1}{2} U(x)\, U^{-1}(\xi) & \text{in } D_2. \end{cases}$$

Die der Greenschen Funktion analoge *Greensche Matrix* lautet

$$(1.60) \qquad G_1(x, \xi) = G_0(x, \xi) + \tfrac{1}{2} U(x)\, [A\, U(a) +$$
$$+ B\, U(b)]^{-1}\, [A\, U(a) - B\, U(b)]\, U^{-1}(\xi).$$

Sie existiert genau dann, wenn die Matrix $[A\, U(a) + B\, U(b)]$, die in anderer Schreibweise schon im Gleichungssystem (1.48) auftrat, nichtsingulär ist, und gestattet es, die Lösung der Randwertaufgabe (1.42)/(1.45) in der Form

$$(1.61) \qquad u(x) = \int\limits_a^b G_1(x, \xi)\, r(\xi)\, d\xi$$

zu schreiben, wobei der rechts unter dem Integral stehende Spaltenvektor komponentenweise zu integrieren ist.

Führt man das Beispiel (1.8 ff.) durch die Substitutionen $u = u_1$, $e^{x^2} u' = u_2$ in ein System über, so erhält man

$$(1.62) \quad F(x) = \begin{pmatrix} 0 & -e^{-x^2} \\ e^{x^2}(2 + x^2) & 0 \end{pmatrix}, \quad r(x) = \begin{pmatrix} 0 \\ e^{x^2/2} \end{pmatrix}, \quad A = \begin{pmatrix} 1 & 0 \\ 0 & 0 \end{pmatrix},$$

$$B = \begin{pmatrix} 0 & 0 \\ 1 & 0 \end{pmatrix}, \quad y = \begin{pmatrix} 1 \\ \gamma \end{pmatrix},$$

$$U(x) = \begin{pmatrix} e^{-x^2/2} \sin x & e^{-x^2/2} \cos x \\ e^{x^2/2}(-x \sin x + \cos x) & e^{x^2/2}(-x \cos x - \sin x) \end{pmatrix},$$

$$U^{-1}(\xi) = \begin{pmatrix} e^{\xi^2/2}(\xi \cos \xi + \sin \xi) & e^{-\xi^2/2} \cos \xi \\ e^{\xi^2/2}(-\xi \sin \xi + \cos \xi) & -e^{-\xi^2/2} \sin \xi \end{pmatrix},$$

$$[A\, U(0) + B\, U(b)]^{-1}\, [A\, U(0) - B\, U(b)] = \begin{pmatrix} -1 & -2 \cotan b \\ 0 & 1 \end{pmatrix}.$$

Die letzte Matrix existiert naturgemäß nur für $\sin b \neq 0$.

§ 2. Lineare Randwertaufgaben mit Eigenwertparametern, Singularitäten

2.1 Definitionen, der Alternativsatz

Viele praktisch vorkommende Aufgaben führen auf selbstadjungierte Randwertprobleme der Form

$$(2.1) \qquad L\,u \equiv M\,u - \lambda\,N\,u = r(x) \quad \text{in } (a,\,b),$$

$$(2.2) \qquad U_i[u,\,\lambda] = 0 \quad (i = 1,\,\ldots,\,2m)$$

mit

$$(2.3) \qquad M\,u = \sum_{i=0}^{m} [f_i(x)\,u^{(i)}(x)]^{(i)},$$

$$(2.4) \qquad N\,u = \sum_{i=0}^{n} [g_i(x)\,u^{(i)}(x)]^{(i)}.$$

Dabei werden die reellen Funktionen $f_i(x)$ und $g_i(x)$ als in $[a,\,b]$ i-mal stetig differenzierbar, $r(x)$ als stetig vorausgesetzt und $f_m(x) \neq 0$, $g_n(x) \neq 0$, $0 \leq n < m$ angenommen. Die Randausdrücke $U_i[u,\,\lambda]$ mögen die Form (1.3) haben, wobei die Größen α_{ij} und β_{ij} von λ abhängen dürfen und hier sinngemäß Ableitungen bis zur Ordnung $2m - 1$ auftreten können. Die homogene Aufgabe

$$(2.5) \qquad L\,u \equiv M\,u - \lambda\,N\,u = 0 \quad \text{in } (a,\,b)$$

mit den Randbedingungen (2.2) heißt *Eigenwertaufgabe*, da sie meist nur für bestimmte Werte von λ, die *Eigenwerte*, nichttriviale, d. h. in $(a,\,b)$ nicht identisch verschwindende Lösungen besitzt (*Eigenfunktionen*). Diese Aufgabe wird im Kap. IV dieses Abschnitts behandelt.

Für ein festes λ sind der Satz 1.7 und das Kriterium (1.21) anwendbar und liefern folgenden *Alternativsatz*.

Satz 2.6: *Unter den genannten Voraussetzungen ist* entweder λ *kein Eigenwert der homogenen Aufgabe* (2.5)/(2.2). *Dann ist die Randwertaufgabe* (2.1)/(2.2) *bei beliebigem* $r(x)$ *eindeutig lösbar.* Oder λ *ist Eigenwert von* (2.5)/(2.2); *dann existiert eine Anzahl* k $(1 \leq k \leq 2\,m)$ *von linear unabhängigen Eigenfunktionen* u_j $(j = 1,\,\ldots,\,k)$ *dieser Aufgabe. Dann ist die Randwertaufgabe* (2.1)/(2.2) *genau für alle diejenigen* $r(x)$ *lösbar, die die Bedingungen der Orthogonalität*

$$(2.7) \qquad \int_a^b r(x)\,u_j(x)\,dx = 0 \quad (j = 1,\,\ldots,\,k)$$

erfüllen, in welchem Falle die Lösung nur bis auf additive Vielfache der Eigenfunktionen festgelegt ist.

Ist die Eigenwertaufgabe (2.5)/(2.2) *volldefinit* (vgl. Nr. 16.3), so lassen sich die Eigenfunktionen u_j so angeben, daß

$$(2.8) \qquad \int_a^b u_j \, N \, u_l \, dx = \delta_{jl} = \begin{cases} 1 & \text{für} \quad j = l \\ 0 & \text{für} \quad j \neq l \end{cases} \qquad (j, l = 1, \ldots, k)$$

gilt, daß sie also in diesem verallgemeinerten Sinne orthonormal sind.

2.2 Die verallgemeinerte Greensche Funktion

Die Greensche Funktion, die nach dem Verfahren von § 1 konstruiert werden kann, existiert für alle λ, die keine Eigenwerte sind. Wenn nicht der Ausnahmefall eintritt, daß jedes λ Eigenwert ist und wenn alle Koeffizienten der Randbedingungen analytische Funktionen von λ sind (vgl. Abschn. A für die hier benutzten Begriffe der Funktionentheorie; meist tritt λ in den Randbedingungen linear wie in der Differentialgleichung auf, so daß diese Voraussetzung erfüllt ist), so ist die Greensche Funktion $G(x, \xi, \lambda)$ eine meromorphe Funktion von λ. Wenn man einen bestimmten Eigenwert λ_0 mit den im Sinne von (2.8) orthonormierten Eigenfunktionen $u_j(x)$ $(j = 1, \ldots, k)$ genauer ins Auge faßt, so erkennt man, daß sich die Greensche Funktion (hier auch *Greensche Resolvente* genannt) in der Form

$$(2.9) \qquad G(x, \xi, \lambda) = \frac{1}{\lambda - \lambda_0} \sum_{j=1}^{k} a_j \, u_j(x) \, u_j(\xi) + \tilde{G}(x, \xi, \lambda)$$

schreiben läßt, worin die a_j gewisse Konstanten sind und die Funktion $\tilde{G}$ an der Stelle $\lambda = \lambda_0$ sich regulär verhält. Man kann nun durch Grenzübergang $\lambda \to \lambda_0$ zeigen, daß

$$(2.10) \qquad u(x) = \int_a^b \tilde{G}(x, \xi, \lambda_0) \, r(\xi) \, d\xi$$

die Randwertaufgabe (2.1)/(2.2) löst, wenn (2.7) gilt, welche Bedingung nun eben für den Fortfall der Summe in (2.9) verantwortlich ist. $\tilde{G}$ ist also eine *verallgemeinerte Greensche Funktion* des Problems. Für Einzelheiten vgl. man etwa L. COLLATZ (1963), S. 76—85.

Dort findet sich auch das Beispiel $(m = 1, \, n = 0)$

$$(2.11) \qquad L\,u \equiv u'' + \lambda\,u = r(x) \quad \text{in } (0, 1),$$
$$u(0) = 0, \quad u'(1) - \lambda\,u(1) = 0,$$

welches folgende Greensche Resolvente hat

$$(2.12) \qquad G(x, \xi, \lambda) = -\frac{1}{\mu} \cdot \frac{\sin \mu + \mu \cos \mu}{\cos \mu - \mu \sin \mu} \sin \mu\,x \sin \mu\,\xi -$$

$$- \begin{cases} \dfrac{1}{\mu} \cos \mu\,x \sin \mu\,\xi & \text{in } D_1 \\[2mm] \dfrac{1}{\mu} \sin \mu\,x \cos \mu\,\xi & \text{in } D_2 \end{cases}$$

($\mu^2 = \lambda$, vgl. Abb. 1.31). Die Eigenwerte lassen sich aus der transzendenten Gleichung $\cos\mu = \mu \sin\mu$ ermitteln, sie sind einfach. Ist μ_0 eine Lösung dieser Gleichung, so läßt sich die Singularität von (2.12) durch Abziehen von $c \cdot \sin\mu\, x \sin\mu\, \xi/(\mu - \mu_0)$ heben, wenn man $c = (1 + \mu_0^2)/[\mu_0(2 + \mu_0^2)]$ setzt. Eine Lösung der Randwertaufgabe ist in diesem Falle $u_0(x) = (2 - \mu_0^2)\, x - (1 - \mu_0^2)\, x^2$, wenn man $r(x) =$ $= -2(1 - \mu_0^2) + \mu_0^2(2 - \mu_0^2)\, x - \mu_0^2(1 - \mu_0^2)\, x^2$ setzt. Dieses $r(x)$ ist gemäß (2.7) zur Eigenfunktion $\sin\mu_0\, x$ orthogonal, und (2.10) führt zu $u(x) = u_0(x) - (1 + \mu_0^2)\sin\mu_0 \cdot \sin\mu_0\, x$, welche Funktion ebenfalls Lösung von (2.11) ist, eine Lösung, die sich nur um ein Vielfaches der Eigenfunktion von $u_0(x)$ unterscheidet.

2.3 Umwandlung in Integralgleichungen

Für die Aufgabe (2.5)/(2.2) sei $\lambda = 0$ kein Eigenwert. Dann existiert die Greensche Funktion $G(x, \xi)$ zu der Aufgabe (2.1)/(2.2) mit $\lambda = 0$, und man kann für alle λ das Glied $\lambda N u$ in (2.1) auf die rechte Seite schaffen und wenn λ in den Randbedingungen nicht auftritt, die Formel (1.38) anwenden, woraus sich

$$(2.13) \qquad u(x) = \lambda \int_a^b G(x, \xi)\, N_\xi\, u(\xi)\, d\xi + \int_a^b G(x, \xi)\, r(\xi)\, d\xi$$

ergibt. Wegen der Selbstadjungiertheit gilt nun aber für alle $2n$-mal stetig differenzierbaren Funktionen v, w, die die Randbedingungen erfüllen,

$$(2.14) \qquad \int_a^b (v N w - w N v)\, dx = 0,$$

so daß man eine sog. Fredholmsche Integralgleichung 2. Art

$$(2.15) \qquad u(x) = \lambda \int_a^b K(x, \xi)\, u(\xi)\, d\xi + s(x)$$

für die Lösung von (2.1)/(2.2) erhält, wenn man

$$(2.16) \qquad K(x, \xi) = N_\xi\, G(x, \xi), \qquad s(x) = \int_a^b G(x, \xi)\, r(\xi)\, d\xi$$

definiert. Aus der Theorie dieser Gleichungen wird in §3 einiges mitgeteilt werden. Diese Umwandlung ist nicht ganz befriedigend, da die Symmetrie der Greenschen Funktion $G(x, \xi)$ und damit eine Reihe bemerkenswerter Eigenschaften der Integralgleichung verlorengeht. In dem Spezialfall der sog. *Eingliedklasse* [vgl. (16.10)] ist es jedoch möglich, diese Symmetrie zu bewahren. Hier sei nur das Beispiel ($n = 0$)

$N u \equiv g_0(x)\, u(x)$ mit $g_0(x) > 0$ in $[a, b]$ angeführt, bei welchem man [vgl. (2.13)]

$$(2.17) \qquad u(x) = \lambda \int_a^b G(x, \xi)\, g_0(\xi)\, u(\xi)\, d\xi + \int_a^b G(x, \xi)\, r(\xi)\, d\xi$$

hat. Multiplikation mit $\sqrt{g_0(x)}$ und Einführung der Funktion $w(x) = \sqrt{g_0(x)}\, u(x)$ führt auf (2.15), hier aber mit w statt u und

$$(2.18) \qquad K(x, \xi) = G(x, \xi)\, \sqrt{g_0(x)\, g_0(\xi)};$$

$$s(x) = \int_a^b G(x, \xi)\, \sqrt{g_0(x)}\, r(\xi)\, d\xi.$$

Offenbar ist hier $K(x, \xi) = K(\xi, x)$, da $G(x, \xi)$ wegen der Selbstadjungiertheit von M diese Eigenschaft hat. Für die Umwandlung von Randwertaufgaben der Eingliedklasse in Volterrasche Integralgleichungen vgl. man L. COLLATZ (1963), S. 105, für den Fall $N u \equiv g_0(x)\, u(x)$ s. auch E. KAMKE (1961), S. 210.

2.4 Systeme mit Eigenwertparametern

Hängt die Matrix $F(x)$ in (1.42) linear von einem Parameter ab, so kann man dort $F(x) = P(x) - \lambda\, Q(x)$ schreiben, und eine entsprechende Aufspaltung kommt auch für die Matrizen der Randbedingungen (1.44) bzw. (1.45) in Frage. Das *adjungierte Problem* wird wie in (1.49)/(1.53) festgelegt, und der *Alternativsatz* 2.6 findet hier sein Analogon, wenn man den Satz 1.46 und das Kriterium (1.54) heranzieht. *Selbstadjungiertheit im engeren Sinne* wird durch $P(x) = -P^T(x)$, $Q(x) = -Q^T(x)$ und Äquivalenz der Randbedingungen festgelegt, und bei der *Selbstadjungiertheit im weiteren Sinne* spaltet sich (1.56) in die beiden Gleichungen

$$(2.19) \qquad T'(x) = T(x)\, P(x) + P^T(x)\, T(x),$$

$$0 = T(x)\, Q(x) + Q^T(x)\, T(x)$$

auf, durch welche P und Q zusätzliche Einschränkungen auferleg werden. Existiert für $\lambda = 0$ eine Greensche Matrix (1.60), so kann, falls λ in den Randbedingungen nicht auftritt, an Stelle der Darstellungsformel (1.61) hier das *System von Integralgleichungen*

$$(2.20) \qquad u(x) = \lambda \int_a^b G_1(x, \xi)\, Q(\xi)\, u(\xi)\, d\xi + \int_a^b G_1(x, \xi)\, r(\xi)\, d\xi$$

geschrieben werden, dessen Theorie der der einzelnen Integralgleichungen (2.15) analog ist.

2.5 Singularitäten

Die bisher getroffenen Voraussetzungen über die Differentialgleichung sind in vielen praktischen Fällen nicht erfüllt. Besonders häufig tritt der Fall ein, daß die Voraussetzung $f_n(x) \neq 0$ verletzt ist [vgl. (1.1)]. Dividiert man dann (1.1) durch $f_n(x)$, so können in den übrigen Koeffizienten *Singularitäten* auftreten. Über die Behandlung dieser Fälle können hier nur einige Hinweise gegeben werden, die gleichermaßen für Einzeldifferentialgleichungen und Systeme gelten.

Über das Verhalten der Lösungen eines Fundamentalsystems in der Umgebung einer singulären Stelle existiert eine ausgebaute Theorie. Besonders einfach zu behandeln sind die *Singularitäten erster Art*, welche bei Systemen (1.43) dadurch definiert sind, daß die $f_{ij}(x)$ [vgl. (1.41)] höchstens Pole erster Ordnung haben dürfen. Bei Einzeldifferentialgleichungen (1.1) mit $f_n(x) \equiv 1$ darf f_i höchstens einen Pol der Ordnung $n - i$ haben. Eine Singularität erster Art ist auch immer eine *Stelle der Bestimmtheit (regular singular point, außerwesentlich singuläre Stelle)*, während die Umkehrung nur für Einzeldifferentialgleichungen gilt. An solchen Stellen lassen sich die Lösungen in Reihen mit Logarithmusgliedern und allgemeinen Potenzen entwickeln. *Singularitäten zweiter Art*, bei denen die Ordnung der Pole nicht (s. o.) beschränkt ist, führen bei Einzeldifferentialgleichungen immer, bei Systemen meist zu *Stellen der Unbestimmtheit (irregular singular point, wesentlich singuläre Stelle)*. Hier muß man Exponentialausdrücke der Form $\exp(x^k)$ $(k = 1, 2, \ldots)$ hinzunehmen und erhält oft semikonvergente asymptotische Reihen (vgl. Nr. 25.4). Für Einzelheiten vergleiche man neben dem Material der Abschn. D und L z. B. die Bücher L. BIEBERBACH (1953), S. 108ff., E. A. CODDINGTON und N. LEVINSON (1955), A. DUSCHEK (1961), S. 127ff., und E. KAMKE (1961), S. 57ff. und 78ff.

Für Randwertaufgaben ist besonders die Frage nach der Anzahl derjenigen Lösungen interessant, die im singulären Punkt regulär, stetig oder einige Male stetig differenzierbar bleiben. Hier ist jedenfalls eine Einzeluntersuchung erforderlich. Wenn es Lösungen gibt, die nicht endlich bleiben, wird üblicherweise eine entsprechende Anzahl von Randbedingungen durch Regularitätsforderungen ersetzt, da das Problem sonst unlösbar sein kann.

Bei den oft auftretenden Singularitäten in einem Randpunkte, z. B. $x = b$, ist es meist möglich, durch eine Koordinatentransformation, z. B. $z = 1/(b - x)$, die Singularität in den Punkt ∞ zu schieben. Dadurch ergibt sich ein weiterer Zugang zur Theorie der Randwertaufgaben mit Singularitäten. Er beruht darauf, daß eine Folge von Intervallen benutzt wird, die gegen das gegebene (unendliche) Intervall strebt. Bei diesem Grenzübergang wird man zu dem *Grenzkreisfall* oder dem *Grenzpunktfall* geführt, je nachdem ob alle Lösungen quadratisch integrabel bleiben oder nicht. Es lassen sich so auch Probleme mit Eigenwertparametern behandeln. Man vgl. Abschn. L und E. A. CODDINGTON und N. LEVINSON (1955), S. 222ff.

§ 3. Lineare Integralgleichungen

3.1 Definitionen und Voraussetzungen

Viele Differentialgleichungsprobleme (vgl. §§ 1 und 2 und Abschn. D) lassen sich in Integralgleichungen transformieren, woraus schon deren Bedeutung erhellt. Mit der in einem Intervall $[a, b]$ unbekannten Funktion $u(x)$ betrachtet man vier Typen, nämlich

die *Fredholmsche Integralgleichung erster Art*

$$(3.1) \qquad \int_a^b K(x, \xi)\, u(\xi)\, d\xi = r(x),$$

die *Volterrasche Integralgleichung erster Art*

$$(3.2) \qquad \int_a^x K(x, \xi)\, u(\xi)\, d\xi = r(x),$$

die *Fredholmsche Integralgleichung zweiter Art*

$$(3.3) \qquad u(x) - \lambda \int_a^b K(x, \xi)\, u(\xi)\, d\xi = r(x)$$

und die *Volterrasche Integralgleichung zweiter Art*

$$(3.4) \qquad u(x) - \int_a^x K(x, \xi)\, u(\xi)\, d\xi = r(x).$$

Hierin sind der *Kern* $K(x, \xi)$ und die rechte Seite $r(x)$ als gegeben anzusehen für $a \leqq x, \xi \leqq b$. Es wird vorausgesetzt, daß r reell und *quadratisch integrabel* (im Lebesgueschen Sinne) ist, daß also $\int_a^b r(x)\, dx$ und $\int_a^b r^2(x)\, dx$ existieren, und daß auch das reelle K bzgl. x, ξ und über das Quadrat $a \leqq x, \xi \leqq b$ quadratisch integrabel ist, was z. B. bei endlichem $[a, b]$ dann erfüllt ist, wenn r und K beschränkt und stückweise stetig sind. Ferner wird von K die *mittlere* quadratische *Stetigkeit*

$$(3.5) \qquad \lim_{x^* \to x} \int_a^b [K(x^*, \xi) - K(x, \xi)]^2 \, d\xi = 0 \quad \text{für} \quad a \leqq x^*, x \leqq b,$$

$$\lim_{\xi^* \to \xi} \int_a^b [K(x, \xi^*) - K(x, \xi)]^2 \, dx = 0 \quad \text{für} \quad a \leqq \xi^*, \xi \leqq b$$

gefordert.

3.2 Volterrasche Integralgleichungen

Bei den Volterraschen Integralgleichungen wird der Kern nur für $\xi \leqq x$ benötigt. Unterstellt man $K(x, \xi) \equiv 0$ für $a \leqq x < \xi \leqq b$, so kann man in (3.2) und (3.4) die oberen Integrationsgrenzen durch b ersetzen und erhält Spezialfälle der Fredholmschen Integralgleichungen (3.1) und (3.3), wenn man in (3.3) den Faktor λ zum Kern schlägt.

Über Volterrasche Integralgleichungen zweiter Art gilt der

Satz 3.6: *Ist neben den genannten Voraussetzungen der Kern von (3.4) beschränkt, so ist (3.4) eindeutig lösbar, und man kann die Lösung durch das Iterationsverfahren*

$$(3.7) \quad u_0(x) \equiv 0, \quad u_n(x) = r(x) + \int_a^x K(x, \xi) \, u_{n-1}(\xi) \, d\xi \quad (n = 1, 2, \ldots)$$

erhalten, wobei $\lim_{n \to \infty} \int_a^b [u_n(x) = u(x)]^2 \, dx = 0$ *gilt.*

Es existiert dann auch eine *Resolvente* $\Gamma(x, \xi)$, mit der sich die Lösung in der Form

$$(3.8) \qquad u(x) = r(x) + \int_a^x \Gamma(x, \xi) \, r(\xi) \, d\xi$$

darstellen läßt. Γ läßt sich mit den *iterierten Kernen*

$$(3.9) \qquad K_1(x, \xi) = K(x, \xi), \quad K_i(x, \xi) = \int_\xi^x K_{i-1}(x, \eta) \, K(\eta, \xi) \, d\eta$$
$$(i = 2, 3, 4, \ldots)$$

in die *Neumannsche Reihe*

$$(3.10) \qquad \Gamma(x, \xi) = \sum_{i=1}^\infty K_i(x, \xi)$$

entwickeln.

Die Volterrasche Integralgleichung erster Art soll hier [abgesehen davon, daß sie einen Spezialfall der Fredholmschen Integralgleichung erster Art darstellt und abgesehen von der Abelschen Integralgleichung (3.38)] nur unter den Voraussetzungen: $r(a) = 0$, $r(x)$ und $K(x, \xi)$ in $[a, b]$ stetig und stetig nach x differenzierbar, $K(x, x) \neq 0$ behandelt werden. Dann erhält man durch Differenzieren von (3.2) und Division durch $K(x, x)$

$$(3.11) \qquad u(x) + \int\limits_a^x \frac{1}{K(x, x)} \cdot \frac{\partial}{\partial x} K(x, \xi)\, u(\xi)\, d\xi = \frac{r'(x)}{K(x, x)},$$

eine Volterrasche Integralgleichung zweiter Art, für die nach Satz 3.6 die Existenz und Eindeutigkeit der Lösung gilt.

Die obere Grenze b ist übrigens meist frei wählbar, u. U. kann man sie über alle Grenzen wachsen lassen.

3.3 Der Alternativsatz

Neben der Fredholmschen Integralgleichung zweiter Art (3.3) werden weiterhin die entsprechende homogene Integralgleichung

$$(3.12) \qquad u(x) - \lambda \int\limits_a^b K(x, \xi)\, u(\xi)\, d\xi = 0$$

und die *adjungierte* (oder *transponierte*) homogene *Integralgleichung*

$$(3.13) \qquad v(x) - \lambda \int\limits_a^b K^*(x, \xi)\, v(\xi)\, d\xi = 0 \quad \text{mit} \quad K^*(x, \xi) = K(\xi, x)$$

betrachtet. Analog zu dem Alternativsatz 2.6 ist der

Satz 3.14: *Unter den in Nr. 3.1 genannten Voraussetzungen ist entweder λ kein Eigenwert von (3.12), d. h. (3.12) besitzt nur die Lösung $u(x) \equiv 0$. Dann besitzt auch (3.13) nur die Lösung $v(x) \equiv 0$, und (3.3) ist bei beliebigem $r(x)$ eindeutig lösbar. Oder λ ist Eigenwert von (3.12), dann ist es auch Eigenwert von (3.13), und beide Gleichungen haben die gleiche endliche Anzahl k linear unabhängiger, nichtverschwindender Lösungen $u_j(x)$ und $v_j(x)$ $(j = 1, \ldots, k)$. Dann ist (3.3) genau dann lösbar, wenn $r(x)$ die Orthogonalitätsbedingungen*

$$(3.15) \qquad \int\limits_a^b r(x)\, v_j(x)\, dx = 0 \quad (j = 1, \ldots, k)$$

erfüllt; in diesem Falle ist die Lösung nur bis auf beliebige additive Vielfache der Eigenfunktionen $u_j(x)$ $(j = 1, \ldots, k)$ bestimmt.

3.4 Die Resolvente

Da (3.12) für $\lambda = 0$ nur die Lösung $u(x) \equiv 0$ hat, ist $\lambda = 0$ kein Eigenwert. Es gilt vielmehr für die Beträge aller etwaigen Eigenwerte nach ERHARD SCHMIDT die untere Schranke

$$(3.16) \qquad |\lambda| \geq S = \left\{ \int\limits_a^b \int\limits_a^b K^2(x, \xi)\, dx\, d\xi \right\}^{-1/2}.$$

Mindestens für alle reellen oder komplexen Werte λ mit $|\lambda| < S$ konvergiert demgemäß im quadratischen Mittel die mittels der *iterierten Kerne*

$$(3.17) \quad K_1(x, \xi) = K(x, \xi), \quad K_i(x, \xi) = \int_a^b K_{i-1}(x, \eta)\, K(\eta, \xi)\, d\eta$$
$$(i = 2, 3, \ldots)$$

gebildete *Neumannsche Reihe*

$$(3.18) \qquad \Gamma(x, \xi, \lambda) = \sum_{i=1}^\infty \lambda^{i-1} K_i(x, \xi).$$

Sie stellt in diesem λ-Kreise um 0 die *Resolvente (lösender Kern)* $\Gamma(x, \xi, \lambda)$ der Gl. (3.3) dar, deren Lösungen in der Form

$$(3.19) \qquad u(x) = r(x) + \lambda \int_a^b \Gamma(x, \xi, \lambda)\, r(\xi)\, d\xi$$

geschrieben werden können. Genauere Untersuchungen zeigen, daß die Neumannsche Reihe in jedem Kreise (ohne Rand) um $\lambda = 0$ konvergiert, der keinen Eigenwert von (3.12) enthält. In jedem solchen Kreis ergibt sich die Lösung von (3.3) auch nach dem Iterationsverfahren

$$(3.20) \quad u_0(x) \equiv 0, \quad u_n(x) = r(x) + \lambda \int_a^b K(x, \xi)\, u_{n-1}(\xi)\, d\xi$$
$$(n = 1, 2, \ldots)$$

als Grenzelement analog Satz 3.6 (vgl. auch Kap. VIII). Der Satz 3.6 und die Bemerkung davor zeigen, daß es durchaus Probleme ohne Eigenwerte gibt. Wenn es aber Eigenwerte gibt, so läßt sich zeigen, daß diese sich im Endlichen nicht häufen und bei festem x und ξ Pole von $\Gamma(x, \xi, \lambda)$ sind. Daher läßt sich $\Gamma(x, \xi, \lambda)$ in die ganze λ-Ebene analytisch fortsetzen und ist eine meromorphe Funktion von λ (für die hier benutzten Begriffe der Funktionentheorie vgl. man Abschn. A). Es gilt überdies die Darstellung

$$(3.21) \qquad \Gamma(x, \xi, \lambda) = \frac{\gamma(x, \xi, \lambda)}{D(\lambda)}$$

mit in λ ganzen Funktionen γ und D. Für Einzelheiten vgl. man etwa R. Courant und D. Hilbert (1953), S. 142ff. und A. Duschek (1961), S. 68ff.

3.5 Ausgeartete Kerne

Man nennt einen Kern *ausgeartet* oder *entartet* oder einen *Produktkern*, wenn er die Gestalt

$$(3.22) \qquad K(x, \xi) = \sum_{i=1}^n f_i(x)\, g_i(\xi)$$

mit je linear unabhängigen Funktionen $f_i(x)$ und $g_i(\xi)$ hat. Setzt man die Lösung von (3.3) mit diesem Kern in der Form

$$(3.23) \qquad u(x) = r(x) + \lambda \sum_{j=1}^{n} s_j f_j(x)$$

an, so ergibt sich nach dem Einsetzen in (3.3) mit den Abkürzungen

$$(3.24) \qquad a_{ij} = \int_a^b g_i(\xi) f_j(\xi)\, d\xi, \qquad b_i = \int_a^b g_i(\xi)\, r(\xi)\, d\xi,$$

$$\delta_{ij} = \begin{cases} 1 & \text{für } i = j \\ 0 & \text{für } i \neq j \end{cases} \qquad (i, j = 1, \ldots, n)$$

für $\lambda \neq 0$ das lineare Gleichungssystem

$$(3.25) \qquad \sum_{j=1}^{n} (\delta_{ij} - \lambda\, a_{ij})\, s_j = b_i.$$

Ist $r(x) = 0$, so sind auch die $b_i = 0$, und nichtverschwindende Lösungen können nur für $D(\lambda) = \det(\delta_{ij} - \lambda\, a_{ij}) = 0$ auftreten (vgl. Nr. 16.6). Ist $D(\lambda) \neq 0$, so kann man die Lösung (3.23) durch Auflösung von (3.25) eindeutig festlegen. Die Resolvente zu (3.22) ist ein ebenfalls ausgearteter Kern, der in λ rational ist und den Nenner $D(\lambda)$ hat. Zwar sind die praktisch auftretenden Kerne selten ausgeartet, jedoch ist die Approximation beliebiger Kerne durch Produktkerne für Theorie und Praxis wichtig; vgl. A. DUSCHEK (1961), S. 55 und die in Nr. 32.2 beschriebene Batemansche Methode.

3.6 Symmetrische Kerne

Wegen der Symmetrie der Greenschen Funktion bei selbstadjungierten Randwertaufgaben und der Transformationsmöglichkeit der Eingliedklasse [vgl. (2.17) und (2.18)] in Fredholmsche Integralgleichungen 2. Art mit symmetrischen Kernen spielen diese eine besonders wichtige Rolle. Es sei also in (3.3)

$$(3.26) \qquad K(x, \xi) = K(\xi, x).$$

Dann gilt unter den Voraussetzungen von Nr. 3.1: Sämtliche Eigenwerte sind reell (bei antisymmetrischen Kernen $K(x, \xi) = -K(\xi, x)$ rein imaginär), und es existiert mindestens ein Eigenwert, höchstens aber gibt es abzählbar viele Eigenwerte (ist deren Anzahl endlich, so ist der Kern ausgeartet), die sich im Endlichen nicht häufen und nur endliche Vielfachheit haben, d. h., daß nur endlich viele linear unabhängige Eigenfunktionen zu einem Eigenwert existieren. Schreibt man jeden Eigenwert so oft an, wie seine Vielfachheit beträgt, so kann man alle Eigenwerte numerieren und ordnen

$$(3.27) \qquad |\lambda_1| \leq |\lambda_2| \leq |\lambda_3| \leq \cdots.$$

Von den entsprechenden Eigenfunktionen $u_i(x)$ $(i = 1, 2, 3, \ldots)$ sind je zwei zu verschiedenen Eigenwerten gehörige orthogonal im Sinne von (3.15); bei mehrfachen Eigenwerten kann man die Eigenfunktionen so linear kombinieren, daß sie ebenfalls orthogonal sind. Multipliziert man jede Eigenfunktion noch mit einem geeigneten Faktor, so entsteht ein *Orthonormalsystem*, das durch die Gleichungen

$$(3.28) \qquad \int_a^b u_i(x)\, u_j(x)\, dx = \delta_{ij} \quad (i, j = 1, 2, 3, \ldots)$$

gekennzeichnet ist, deren Erfülltsein nun vorausgesetzt wird. Es gilt dann nämlich für die Lösung von (3.3) mit $\lambda \neq \lambda_i$ die im quadratischen Mittel konvergente Entwicklung (bei ausgearteten Kernen sind hier und weiterhin nur endlich viele Glieder vorhanden)

$$(3.29) \qquad u(x) = r(x) + \sum_{i=1}^{\infty} \frac{\lambda\, b_i}{\lambda_i - \lambda}\, u_i(x) \quad \text{mit} \quad b_i = \int_a^b r(x)\, u_i(x)\, dx$$

$$(i = 1, 2, \ldots).$$

Für den Kern gilt die entsprechende Entwicklung

$$(3.30) \qquad K(x, \xi) = \sum_{i=1}^{\infty} \frac{1}{\lambda_i}\, u_i(x)\, u_i(\xi),$$

wenn die Reihe der rechten Seite absolut und in x (oder ξ) gleichmäßig konvergiert. Dies ist etwa unter den Voraussetzungen des Satzes von MERCER (vgl. 16.66) der Fall. Ist der Kern *positiv definit*, d. h. ist für alle über $[a, b]$ quadratisch integrablen Funktionen $\varphi(x)$ mit $\int_a^b \varphi^2(x)\, dx \neq 0$

$$(3.31) \qquad J\varphi = \int_a^b \int_a^b K(x, \xi)\, \varphi(x)\, \varphi(\xi)\, dx\, d\xi > 0,$$

oder *positiv semidefinit* $(J\varphi \geq 0)$, so existieren nur positive, bei negativer Definitheit $(J\varphi < 0)$ oder Semidefinitheit $(J\varphi \leq 0)$ nur negative Eigenwerte.

Gelten die Voraussetzungen des Satzes von MERCER, so erhält man für die Resolvente

$$(3.32) \qquad \Gamma(x, \xi, \lambda) = \sum_{i=1}^{\infty} \frac{1}{\lambda_i - \lambda}\, u_i(x)\, u_i(\xi) \quad (\lambda \neq \lambda_i).$$

Ohne Definitheitsvoraussetzungen ist immerhin

$$(3.33) \qquad \Gamma(x, \xi, \lambda) = K(x, \xi) + \sum_{i=1}^{\infty} \frac{\lambda}{\lambda_i(\lambda_i - \lambda)}\, u_i(x)\, u_i(\xi) \quad (\lambda \neq \lambda_i),$$

und für die iterierten Kerne (3.17) gilt

$$(3.34) \qquad K_n(x, \xi) = \sum_{i=1}^{\infty} \frac{1}{\lambda_i^n} u_i(x)\, u_i(\xi) \qquad (n = 2, 3, 4, \ldots).$$

Diese sind mit $K(x, \xi)$ symmetrisch und haben die $u_i(x)$ als Eigenfunktionen zu den Eigenwerten λ_i^n $(i = 1, 2, \ldots)$; man vgl. die Formeln (16.67) bis (16.70).

3.7 Fredholmsche Integralgleichungen erster Art

Man sagt von der Funktion $r(x)$ in (3.1), sie sei durch K *quellenmäßig darstellbar*, wenn ein quadratisch integrierbares $u(x)$ existiert, so daß (3.1) gilt. Quellenmäßige Darstellbarkeit der rechten Seite ist also äquivalent mit der Lösbarkeit von (3.1) durch ein quadratisch integrables $u(x)$. Betrachtet man ausgeartete Kerne (3.22), so sieht man unmittelbar, daß (3.1) genau dann lösbar ist, wenn $r(x)$ eine Linearkombination der $f_i(x)$ $(i = 1, \ldots, n)$ ist. Keineswegs ist eine solche Lösung eindeutig bestimmt, da es unendlich viele quadratisch integrable Funktionen gibt, die die Null quellenmäßig darstellen.

Die Eindeutigkeit[1] ist genau dann gesichert, wenn es keine quadratisch integrable Funktion $\varphi(x)$ mit $\int_a^b \varphi^2(x)\, dx \neq 0$ gibt, für die

$$(3.35) \qquad \int_a^b K(x, \xi)\, \varphi(\xi)\, d\xi \equiv 0 \quad \text{in } [a, b]$$

gilt, was z. B. für definite Kerne [vgl. (3.31)] erfüllt ist. Ist (3.35) bei einem symmetrischen Kern unmöglich, so bilden die nach (3.28) orthonormierten Eigenfunktionen ein *vollständiges Orthonormalsystem*, d. h., es existiert keine nicht identisch verschwindende, quadratisch integrierbare Funktion, die zu allen Funktionen $u_i(x)$ orthogonal ist. Jede beliebige quadratisch integrierbare Funktion läßt sich dann nach diesen Funktionen entwickeln. Keineswegs ist aber (3.1) für alle solchen $r(x)$ lösbar. Hat man nämlich

$$(3.36) \qquad r(x) = \sum_{i=1}^{\infty} b_i\, u_i(x) \quad \text{mit} \quad b_i = \int_a^b r(x)\, u_i(x)\, dx \qquad (i = 1, 2, \ldots),$$

so ergibt sich formal

$$(3.37) \qquad u(x) = \sum_{i=1}^{\infty} b_i\, \lambda_i\, u_i(x),$$

---

[1] Hier wird Eindeutigkeit in dem Sinne verstanden, daß man u und v als gleich ansieht, wenn $\int_a^b [u(x) - v(x)]^2\, dx = 0$ gilt.

und als notwendig und hinreichend dafür, daß $u(x)$ eine quadratisch integrable Lösung von (3.1) ist, erweist sich die Konvergenz der Reihe $\sum\limits_{i=1}^{\infty} (b_i\,\lambda_i)^2$, womit natürlich noch nichts über die Existenz von nicht quadratisch integrierbaren Lösungen gesagt ist. Für die Verallgemeinerung dieses Kriteriums auf nicht symmetrische Kerne vgl. R. COURANT und D. HILBERT (1953), S. 159.

Notwendig für die Existenz einer quadratisch integrablen Lösung von (3.1) ist ferner unter den Voraussetzungen von Nr. 3.1 die Stetigkeit von $r(x)$ und evtl. auch einer Anzahl von Ableitungen von $r(x)$, wenn nämlich die linke Seite entsprechend oft differenziert werden kann. Abgesehen von diesen Warnungen kann auf die Theorie der Integralgleichungen erster Art hier nicht näher eingegangen werden, man vgl. etwa W. SCHMEIDLER (1950).

3.8 Singuläre Integralgleichungen

Bei *singulären Integralgleichungen erster Art* ist die Menge der möglichen rechten Seiten nicht so stark eingeschränkt wie bei regulären (s. o.). Erwähnt sei hier nur die *Abelsche Integralgleichung*

$$(3.38) \qquad \int\limits_{a}^{x} \frac{u(\xi)}{(x-\xi)^{\alpha}}\, d\xi = r(x) \quad \text{mit} \quad r(a) = 0 \quad \text{und} \quad 0 < \alpha < 1,$$

die bei stetig differenzierbarem $r(x)$ gelöst wird durch

$$(3.39) \qquad u(x) = \frac{\sin \pi \alpha}{\pi} \int\limits_{a}^{x} \frac{r'(\xi)}{(x-\xi)^{1-\alpha}}\, d\xi.$$

Man sieht, daß höchstens einer der Kerne bei (3.38) und (3.39) quadratisch integrabel ist. Integralgleichungen mit unendlichem Grundgebiet können ebenfalls singulär sein, da sich Singularitäten vielfach durch Transformation der unabhängigen Variablen ins Unendliche schieben lassen.

Der Kern von (3.38) ist für $\alpha \geq \tfrac{1}{2}$ ein Beispiel für einen *quasiregulären* Kern. Das sind Kerne, die zwar nicht selbst die Voraussetzungen von Nr. 3.1 erfüllen, für die aber ein geeigneter iterierter Kern (3.17) diese Eigenschaften hat. Ersetzt man in einer der Gln. (3.1) bis (3.4) x durch η, multipliziert mit $K(x,\eta)$ und integriert, so erhält man leicht eine entsprechende Gleichung mit K_2 statt K. Typisch für diese *Glättung* sind die aus Kernen der Form

$$(3.40) \qquad K(x,\xi) = k(x,\xi) \cdot |x-\xi|^{-\alpha} \quad (\tfrac{1}{2} \leq \alpha < 1),$$

etwa mit stetigem $k(x,\xi)$, erhaltenen iterierten Kerne

$$(3.41) \qquad K_2(x,\xi) = k_2(x,\xi) \cdot |x-\xi|^{1-2\alpha} \quad (k_2 \text{ stetig}).$$

War $\alpha < \frac{3}{4}$, so ist K_2 bereits quadratisch integrabel, wenn nicht, muß der Prozeß wiederholt werden.

Wäre in (3.40) $\alpha = 1$, so würde die Glättung keinen Erfolg mehr haben. Allgemeiner nennt man Kerne, die nicht mehr quasiregulär sind, *eigentlich singulär*. Für solche Kerne sind die oben erwähnten Ergebnisse über Eigenwerte nicht mehr gültig, vielmehr können Eigenwerte unendlicher Vielfachheit und kontinuierliche Eigenwertmengen, wie z. B. Intervalle der reellen Achse, auftreten. Man spricht dann von *kontinuierlichen Spektren* oder *Streckenspektren*; diese kommen insbesondere bei quantenmechanischen Problemen vor. Entsprechend ändern sich auch die Lösbarkeitseigenschaften der inhomogenen Gleichungen.

Es seien hier das Buch von W. SCHMEIDLER (1950) und für Integralgleichungen mit Cauchyschem Hauptwert das Buch von N. I. MUSKHELISHVILI (1953) genannt.

3.9 Systeme und mehrdimensionale Integralgleichungen

Ist für n gesuchte Funktionen $u_i(x)$ $(i = 1, \ldots, n)$ das System von Integralgleichungen

$$(3.42) \qquad u_i(x) - \lambda \sum_{j=1}^{n} \int_a^b K_{ij}(x, \xi)\, u_j(\xi)\, d\xi = r_i(x)$$

$$(i = 1, \ldots, n; \; a \leqq x \leqq b)$$

vorgelegt, so kann man es durch „Hintereinandersetzen" der u_i, der K_{ij} und der r_i in eine einzelne Integralgleichung transformieren. Definiert man etwa

$$(3.43) \qquad v(y) = \begin{cases} u_1(x) & \text{für} \quad y = x \\ u_2(x) & \text{für} \quad y = x + (b-a) \\ \vdots & \qquad \vdots \\ u_n(x) & \text{für} \quad y = x + (n-1)(b-a) \end{cases} \qquad (a \leqq x \leqq b)$$

und setzt man die r_i analog zu einer Funktion $s(y)$ und die Kerne zu einem Kern $L(y, \eta)$ gemäß Abb. 3.44 zusammen, so erhält man

$$(3.45) \quad v(y) - \lambda \int_a^{a+n(b-a)} L(y, \eta)\, v(\eta)\, d\eta$$

$$= s(y) \quad (a \leqq y \leqq a + n(b-a)).$$

Damit ist aber die Theorie der einzelnen Integralgleichungen anwendbar und liefert analoge Ergebnisse für Systeme. Etwas Aufmerksamkeit erfordert dabei die oft notwendige Erweiterung der Begriffe Stetigkeit und mittlere quadratische Stetigkeit

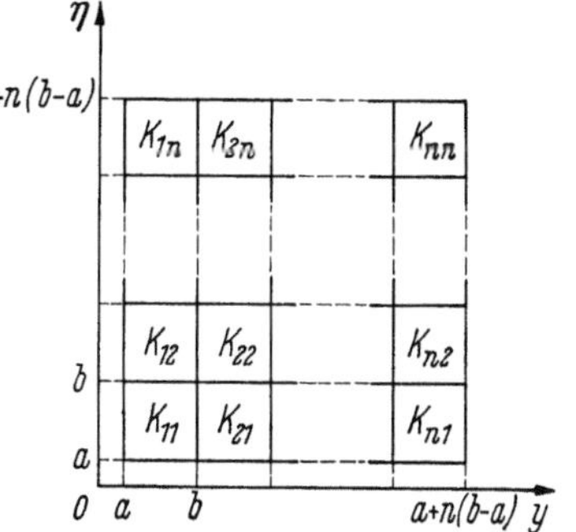

Abb. 3.44. Hintereinandersetzen der Kerne

auf die entsprechenden stückweise in den einzelnen Teilintervallen geltenden Eigenschaften bzw. Voraussetzungen. Auch Systeme von Integralgleichungen erster Art können analog transformiert werden.

Auch die Verallgemeinerung auf mehrdimensionale Aufgaben bietet keinerlei Schwierigkeiten. Ist etwa ein endlicher, zusammenhängender, n-dimensionaler Bereich B der Grundbereich einer Integralgleichung, so sind einfach alle Integrale über diesen Bereich zu erstrecken, statt über das Intervall $[a, b]$.

§ 4. Nichtlineare Aufgaben

4.1 Einführende Beispiele

Bei nichtlinearen Randwertaufgaben sind Existenz- und Eindeutigkeitsaussagen bei weitem nicht so leicht zu erhalten, wie bei linearen Problemen. Wie verschiedenartig die Verhältnisse sein können, zeigt schon das einfache Beispiel der Differentialgleichung

$$(4.1) \qquad u'' = -(u'^2 + 1)$$

mit der allgemeinen Lösung

$$(4.2) \qquad u = \ln \cos(x - x_0) + c,$$

die durch Translation aus $\ln \cos x$ entsteht (vgl. Abb. 4.3). Mit den Abkürzungen $u_0 = u(0)$, $u_b = u(b)$ und $u_0' = u'(0)$ sollen einige Fälle von Randwertaufgaben im Intervall $[0, b]$ betrachtet werden.

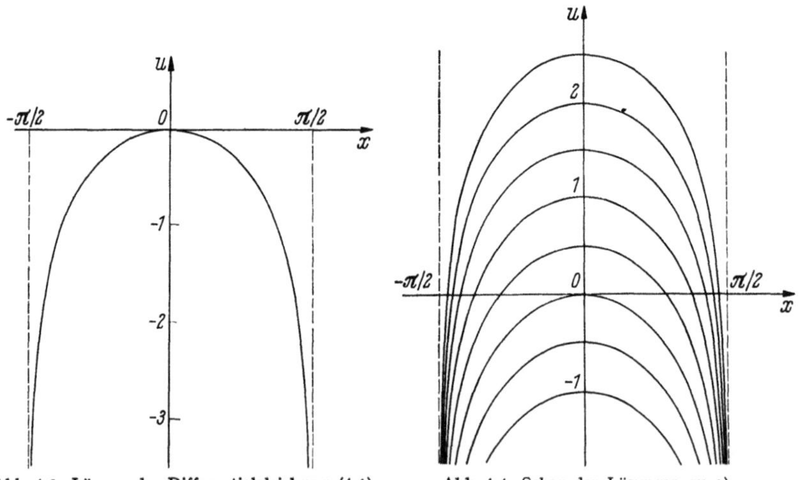

Abb. 4.3. Lösung der Differentialgleichung (4.1) Abb. 4.4. Schar der Lösungen zu a)

a) $u_0' = 0$, $u_b = B$: Es wird $u = \ln \cos x + c$ (Abb. 4.4); es existiert für $0 < b < \pi/2$ genau eine Lösung, für $b \geq \pi/2$ keine Lösung.

b) $u_0 = 0$, $u_b = B$: $u = \ln(\cos x + u_0' \sin x)$. Für $0 < b < \pi$ genau eine Lösung, für $b \geqq \pi$ keine Lösung (Abb. 4.5).

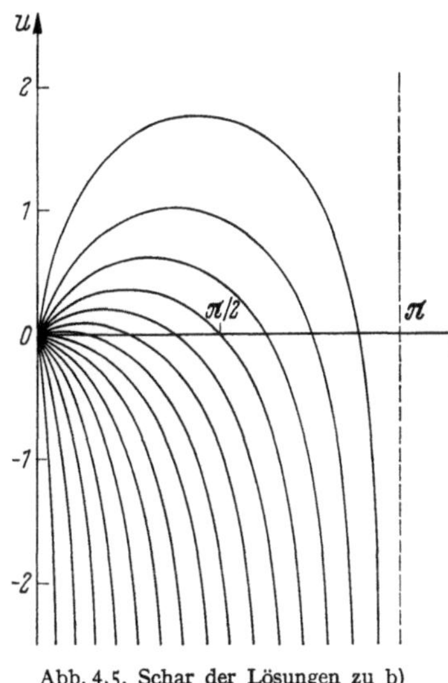

Abb. 4.5. Schar der Lösungen zu b)

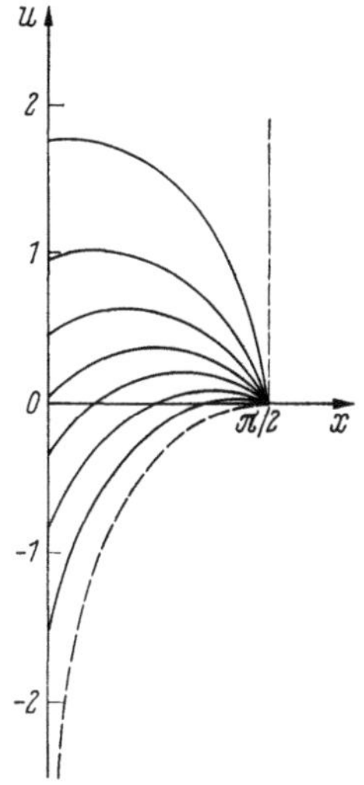

Abb. 4.6. Schar der Lösungen zu c)

c) $u_0' = e^{-u_0}$, $u(\pi/2) = B$: $u = \ln(\cos x + u_0' \sin x) - \ln u_0'$. Alle Funktionen der Schar der Abb. 4.6 gehen durch den Punkt $(\pi/2, 0)$.

Also existiert bei $B = 0$ eine ganze einparametrige Schar von Lösungen, bei $B \neq 0$ keine Lösung. Dies ist analog zu linearen Problemen, etwa dem Beispiel (1.8ff.).

d) ${u_0'}^2 = e^{-2u_0} - 1$, $u_b = B$: $u = \ln \cos(x - x_0)$. Die Schar hat $u = 0$ zur Enveloppe, welche Funktion aber nicht die Differentialgleichung löst. Es existieren für $0 < b < \pi/2$, $\ln \cos(b - \pi/2) < B < 0$ genau zwei Lösungen, für $0 < b < \pi/2$, $B = 0$ sowie für $0 < b < \pi/2$, $B \leqq \ln \cos(b - \pi/2)$ und für $\pi/2 \leqq b < \pi$, $B < \ln \cos(b - \pi/2)$ genau eine Lösung. Sonst gibt es keine Lösung (Abb. 4.7).

e) $u_0 = -\ln u_0' + \sin u_0'$, $u(\pi/2) = B$: Es wird $u = \ln(\cos x + u_0' \sin x) - \ln u_0' + \sin u_0'$, woraus sich $u(\pi/2) = \sin u_0'$ ergibt. Also existiert für $|B| > 1$ keine Lösung, für $|B| \leqq 1$ abzählbar unendlich

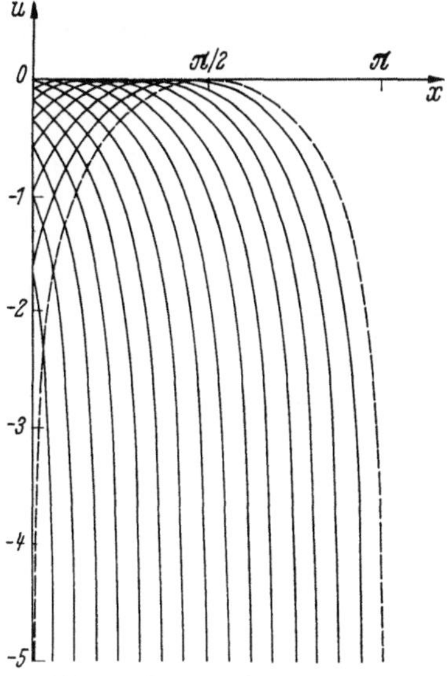

Abb. 4.7. Schar der Lösungen zu d)

viele Lösungen, die einzeln liegen und nicht eine Schar bilden wie bei c).

Ein anderes Beispiel ist die Randwertaufgabe

$$(4.8) \qquad u''(u^2 - 1) = u\, u'^2, \quad u(a) = A, \quad u(b) = B.$$

Die Differentialgleichung hat die Lösungen $u = \cos(c_1 x + c_2)$ und $u = \pm \cosh(c_1 x + c_2)$, die die Geraden $u = \pm 1$ zu Enveloppen haben. Läßt man für u'' in der Differentialgleichung auch einseitige Ableitungen zu, so kann man auf diesen Geraden Lösungen stetig differenzierbar anstückeln und auf diese Weise die Randwertaufgabe unendlich vieldeutig lösen. Auch können u. U. weitere Randbedingungen $u(c) = C$ usw. hinzugenommen werden. Weitere Beispiele finden sich u. a. bei L. COLLATZ (1960a), S. 111 ff.

4.2 Ein Existenz- und Eindeutigkeitssatz

Ein wichtiges Hilfsmittel sowohl zur praktischen Ermittlung der Lösung nichtlinearer Randwertaufgaben als auch zur Herleitung von Existenz- und Eindeutigkeitssätzen sind die in Kap. VIII untersuchten Iterationsverfahren. Die folgenden Betrachtungen sollen über das Thema dieses § hinaus auch die praktische Aufstellung von Iterationsvorschriften erläutern.

Es sei die Randwertaufgabe

$$(4.9) \qquad L u = r_0(x) + r(x, u, u', \ldots, u^{(n-1)}) \quad \text{in } (a, b),$$

$$(4.10) \qquad U_i u = \gamma_{i0} + \gamma_i\big(u(a), \ldots, u^{(n-1)}(a), u(b), \ldots, u^{(n-1)}(b)\big)$$

$$(i = 1, \ldots, n)$$

gegeben, worin L und die U_i linear und wie in (1.1) und (1.3) definiert sind. $r_0(x)$ sei stetig. Es wird vorausgesetzt

a) die Existenz der Greenschen Funktion $G(x, \xi)$ (1.37) für die Aufgabe $L v = s(x)$, $U_i v = 0$ $(i = 1, \ldots, n)$.

Damit existiert eine Lösung $g(x)$ von $Lg = r_0(x)$, $U_i g = \gamma_{i0}$, und wenn die Funktionen $g_j(x)$ $(j = 1, \ldots, n)$ ein Fundamentalsystem bilden, welches $L g_j = 0$, $U_i g_j = \delta_{ij}$ (Kroneckersymbol) erfüllt, läßt sich die gegebene Aufgabe als Integrodifferentialgleichung schreiben:

$$(4.11) \qquad u(x) = g(x) + \sum_{j=1}^{n} g_j(x) \cdot \gamma_j\big(u(a), \ldots, u^{(n-1)}(b)\big) +$$

$$+ \int_a^b G(x, \xi)\, r(\xi, u(\xi), \ldots)\, d\xi.$$

Diese Gleichung ist $(n - 1)$-mal differenzierbar, so daß man, wenn man durch die Substitutionen $u(x) = u_1(x)$, $u'(x) = u_2(x)$, $\ldots$, $u^{(n-1)}(x)$

$= u_n(x)$ zu Funktionenvektoren übergeht, zu dem Integralgleichungssystem

$$(4.12) \qquad u_i(x) = g^{(i-1)}(x) + \sum_{j=1}^{n} g_j^{(i-1)}(x) \cdot \gamma_j\big(\boldsymbol{u}(a), \boldsymbol{u}(b)\big) +$$

$$+ \int_a^b G^{(i-1)}(x, \xi)\, r\big(\xi, \boldsymbol{u}(\xi)\big)\, d\xi \quad (i = 1, \ldots, n;\ a \leqq x \leqq b)$$

geführt wird, welches man kurz als $\boldsymbol{u} = T\,\boldsymbol{u}$ schreiben kann. Das erwähnte Iterationsverfahren ist dann $\boldsymbol{u}_{(m+1)} = T\,\boldsymbol{u}_{(m)}$ $(m = 0, 1, 2, \ldots)$. In einem Teilraum D des Raumes der in $[a, b]$ stetigen Vektoren $\boldsymbol{u}(x)$, $\boldsymbol{v}(x)$, $\boldsymbol{w}(x)$, ..., der etwa durch Ungleichungen $\varphi_i(x) \leqq w_i(x) \leqq \psi_i(x)$ $(i = 1, \ldots, n)$ gegeben sei, wird nun

   b) die Gültigkeit folgender Lipschitz-Bedingungen angenommen:

$$(4.13) \qquad \big|r(x, \boldsymbol{u}) - r(x, \boldsymbol{v})\big| \leqq \sum_{k=1}^{n} l_k(x)\, \big|u_k(x) - v_k(x)\big|$$

$$(l_k\ in\ [a, b]\ stetig),$$

$$(4.14) \qquad \big|\gamma_j\big(\boldsymbol{u}(a), \boldsymbol{u}(b)\big) - \gamma_j\big(\boldsymbol{v}(a), \boldsymbol{v}(b)\big)\big| \leqq$$

$$\leqq \sum_{k=1}^{n} \{\mu_{jk}\, \big|u_k(a) - v_k(a)\big| + \nu_{jk}\, \big|u_k(b) - v_k(b)\big|\} \quad (j = 1, \ldots, n).$$

Wählt man geeignete nichtnegative, stetige Funktionen $\tau_i(x)$ $(i = 1, \ldots, n)$ mit höchstens endlich vielen Nullstellen (oft ist $\tau_i(x) \equiv 1$ möglich), so kann man Zahlen p_{ik} $(i, k = 1, \ldots, n)$ als obere Schranken gewinnen:

$$(4.15) \qquad p_{ik} \geqq \operatorname*{Max}_{[a, b]} \frac{1}{\tau_i(x)} \left\{ \sum_{j=1}^{n} \big|g_j^{(i-1)}(x)\big| \cdot [\mu_{jk}\, \tau_k(a) + \nu_{jk}\, \tau_k(b)] + \right.$$

$$\left. + \int_a^b \big|G^{(i-1)}(x, \xi)\big|\, \tau_k(\xi)\, l_k(\xi)\, d\xi \right\}.$$

Es wird nun vorausgesetzt, daß

   c) die Eigenwerte der Matrix $\boldsymbol{P} = (p_{ik})$ sämtlich dem Betrage nach kleiner als 1 sind.

   Dann läßt sich die Matrix $\boldsymbol{E} - \boldsymbol{P}$ ($\boldsymbol{E} = $ Einheitsmatrix) invertieren. Führt man noch n-dimensionale Zahlenvektoren als Pseudoabstände ein

$$(4.16) \qquad \varrho(\boldsymbol{u}, \boldsymbol{v}) = \left\{ \operatorname*{Max}_{[a, b]} \frac{1}{\tau_i(x)} \big|u_i(x) - v_i(x)\big| \right\}$$

(vgl. § 33), so gilt $\varrho(T\,\boldsymbol{u}, T\,\boldsymbol{v}) \leqq \boldsymbol{P}\,\varrho(\boldsymbol{u}, \boldsymbol{v})$, und man hat, wenn $\boldsymbol{u}_{(0)}$ ein Element von D und $\boldsymbol{u}_{(1)} = T\,\boldsymbol{u}_{(0)}$ ist, als letzte Voraussetzung

   d) die „Kugel" S aller Elemente $\boldsymbol{w}$ mit

$$(4.17) \quad \varrho(\boldsymbol{w}, \boldsymbol{u}_{(1)}) \leqq (\boldsymbol{E} - \boldsymbol{P})^{-1}\, \boldsymbol{P}\, \varrho(\boldsymbol{u}_{(0)}, \boldsymbol{u}_{(1)}) \quad (\leqq komponentenweise)$$

ist ganz in D enthalten.

Diese Voraussetzung stellt sicher, daß alle Iterierten $u_{(k)}$ $(k = 1, 2, \ldots)$ in D liegen. Wenn D wie oben durch Ungleichungen gegeben ist, so ist D vollständig, und man kann statt d) auch fordern

d_1) *für beliebiges $u_{(0)}$ aus D ist auch $u_{(1)}$ in D.*
Damit gilt der

Satz 4.18: *Unter den Voraussetzungen a) bis d) existiert in S [bei a) bis c) und d_1) in D] genau eine Lösung der Aufgabe (4.9)/(4.10). Diese Lösung ist Grenzelement der Iterationsfolge $u_{(0)}$, $u_{(1)} = T\,u_{(0)}$, $\ldots$ im Sinne von (4.16); die Lösung und ihre ersten $n - 1$ Ableitungen werden gleichmäßig approximiert.*

4.3 Ein Spezialfall zweiter Ordnung

Obwohl dieser Satz einen großen Anwendungsbereich hat, erfordert seine Benutzung einige Mühe, die u. U. dadurch verringert werden kann, daß man die Abschätzungen etwas vergröbert und sich auf speziellere Problemklassen beschränkt. Ist etwa die Aufgabe 2. Ordnung

$$(4.19) \qquad L\,u \equiv u'' = r_0(x) + r(x, u, u') \quad \text{in } (a, b),$$

$$(4.20) \qquad U_1 u \equiv u(a) = A, \quad U_2 u \equiv u(b) = B$$

gegeben, so ist a) erfüllt, und man hat

$$(4.21) \qquad G(x, \xi) = \begin{cases} \dfrac{(x - b)\,(\xi - a)}{(b - a)} & \text{für} \quad a \leqq \xi \leqq x \leqq b, \\[2mm] \dfrac{(x - a)\,(\xi - b)}{(b - a)} & \text{für} \quad a \leqq x \leqq \xi \leqq b. \end{cases}$$

Nimmt man in b) $l_k = \text{const}$ (etwa das Maximum von möglichen $l_k(x)$, $k = 1, 2$), so erhält man wegen $\mu_{ik} = \nu_{ik} = 0$ mit $\tau_i(x) \equiv 1$ $(i, k = 1, 2)$

$$(4.22) \qquad P = \begin{pmatrix} \dfrac{l_1(b - a)^2}{8} & \dfrac{l_2(b - a)^2}{8} \\[3mm] \dfrac{l_1(b - a)}{2} & \dfrac{l_2(b - a)}{2} \end{pmatrix}.$$

Diese Matrix hat die Eigenwerte $\lambda_1 = 0$, $\lambda_2 = p_{11} + p_{22}$, so daß die Voraussetzung c) erfüllt ist, wenn

$$(4.23) \qquad \frac{l_1(b - a)^2}{8} + \frac{l_2(b - a)}{2} < 1$$

ist. $g(x)$ läßt sich hier durch

$$(4.24) \qquad g(x) = \frac{B - A}{b - a}\,x + \frac{b\,A - a\,B}{b - a} + \int_a^b G(x, \xi)\,r_0(\xi)\,d\xi$$

festlegen [ist also im Falle $r_0(x) \equiv 0$ eine Gerade], und es sei der Bereich D durch

$$(4.25) \qquad |u_1(x) - g(x)| \leqq K, \quad |u_2(x) - g'(x)| \leqq L$$

gegeben. Ist r durch $|r(x, u_1, u_2)| \leqq M$ in D beschränkt, so genügen die Ungleichungen

$$(4.26) \qquad M \frac{(b-a)^2}{8} \leqq K, \qquad M \frac{(b-a)}{2} \leqq L,$$

um d_1) nachzuweisen. Damit ist dann die Existenz und Eindeutigkeit in D gesichert. Im Falle $r_0(x) \equiv 0$ ergibt sich hieraus leicht ein Kriterium, bei welchem statt (4.25) und (4.26)

$$(4.25\,a) \qquad \left| u_1(x) - \frac{A+B}{2} \right| \leqq K, \qquad |u_2(x)| \leqq L$$

und

$$(4.26\,a) \qquad \frac{|B-A|}{2} + M \frac{(b-a)^2}{8} \leqq K, \qquad \frac{|B-A|}{b-a} + M \frac{(b-a)}{2} \leqq L$$

zu verwenden sind. Man vgl. E. KAMKE (1961), S. 278, Fall (h). Die Zahlenfaktoren $\frac{1}{8}$ und $\frac{1}{2}$ in (4.23) lassen sich durch Benutzung von Funktionen $\tau_i(x) \not\equiv 1$ etwas verbessern, man vgl. etwa L. COLLATZ (1955), S. 180, auch für die Randausdrücke $U_1 u \equiv u(0)$, $U_2 u \equiv u'(b)$. Siehe ferner J. SCHRÖDER (1956).

4.4 Tabelle weiterer Spezialfälle

Ist in (4.19) $L u \equiv u'' - 2C\,u' + D\,u$ mit konstanten C und D, so kann man durch die Substitution $u = e^{Cx} v$ das Glied $-2C\,u'$ eliminieren. Es soll hier die Differentialgleichung

$$(4.27) \qquad L u \equiv u'' + Du = r_0(x) + r(x, u, u')$$

unter verschiedenen linearen Randbedingungen behandelt werden. Es wird wieder $l_i(x) = \text{const}$, $\tau_i(x) \equiv 1$ unterstellt, (4.25) übernommen und statt (4.26)

$$(4.28) \qquad M\,q_1 \leqq K, \qquad M\,q_2 \leqq L$$

vorausgesetzt, worin die Abkürzungen

$$(4.29) \quad q_1 = \operatorname*{Max}_{a \leqq x \leqq b} \int_a^b |G(x, \xi)|\,d\xi, \qquad q_2 = \operatorname*{Max}_{a \leqq x \leqq b} \int_a^b \left| \frac{\partial G(x, \xi)}{\partial x} \right| d\xi$$

benutzt wurden. Damit wird dann

$$(4.30) \qquad P = \begin{pmatrix} q_1\,l_1 & q_1\,l_2 \\ q_2\,l_1 & q_2\,l_2 \end{pmatrix},$$

und die Ungleichung (4.23) ist durch

$$(4.31) \qquad q_1\,l_1 + q_2\,l_2 < 1$$

zu ersetzen. Die Tab. 4.32 enthält neben der Bedingung a) für die Existenz der Greenschen Funktion $G(x, \xi)$ diese selbst für $\xi \leqq x$ [in allen Fällen gilt $G(x, \xi) = G(\xi, x)$] und die Größen q_i oder Abschätzungen dafür.

Tabelle 4.32

Randbedingungen	Bezeichnung	$Lu \equiv u'' + k^2 u$ $(k>0,$ Fall $D>0)$	$Lu \equiv u''$ (Fall $D=0$)	$Lu \equiv u'' - k^2 u$ $(k>0,$ Fall $D<0)$
$u(a) = A$ $u(b) = B$	Bed. a)	$k(b-a) \neq j\pi$ $(j=1,2,3,\ldots)$	erfüllt	immer erfüllt
	$G(x,\xi) =$	$-\dfrac{\sin k(b-x)\sin k(\xi-a)}{k\sin k(b-a)}$	$-\dfrac{(b-x)(\xi-a)}{(b-a)}$	$-\dfrac{\sinh k(b-x)\sinh k(\xi-a)}{k\sinh k(b-a)}$
	$q_1 =$	$\dfrac{1}{k^2}\left(\dfrac{1}{\cos k\dfrac{b-a}{2}}-1\right)$ falls $k(b-a)<\pi$	$\dfrac{1}{8}(b-a)^2$	$\dfrac{1}{k^2}\left(1-\dfrac{1}{\cosh k\dfrac{b-a}{2}}\right)$
	$q_1 <$	$\dfrac{b-a}{k\,\lvert\sin k(b-a)\rvert}$ allgemein		
	$q_2 =$	$\dfrac{1}{k}\tan k\dfrac{b-a}{2}$ falls $k(b-a)<\pi$	$\dfrac{1}{2}(b-a)$	$\dfrac{1}{k}\tanh k\dfrac{b-a}{2}$
	$q_2 <$	$\dfrac{b-a}{\lvert\sin k(b-a)\rvert}$ allgemein		
$u(a) = A$ $u'(b) = B$	Bed. a)	$k(b-a) \neq (j-\tfrac{1}{2})\pi$ $(j=1,2,\ldots)$	erfüllt	immer erfüllt
	$G(x,\xi) =$	$-\dfrac{\cos k(b-x)\sin k(\xi-a)}{k\cos k(b-a)}$	$-(\xi-a)$	$-\dfrac{\cosh k(b-x)\sinh k(\xi-a)}{k\cosh k(b-a)}$
	$q_1 =$	$\dfrac{1}{k^2}\left(\dfrac{1}{\cos k(b-a)}-1\right)$ falls $k(b-a)<\pi/2$	$\dfrac{1}{2}(b-a)^2$	$\dfrac{1}{k^2}\left(1-\dfrac{1}{\cosh k(b-a)}\right)$
	$q_1 <$	$\dfrac{b-a}{k\,\lvert\cos k(b-a)\rvert}$ allgemein		
	$q_2 =$	$[\tan k(b-a)]/k$ falls $k(b-a)<\pi/2$	$(b-a)$	$[\tanh k(b-a)]/k$
	$q_2 <$	$\dfrac{b-a}{\lvert\cos k(b-a)\rvert}$ allgemein		

$u'(a)=A$ $u(b)=B$	$G(x,\xi)=$	$-\dfrac{\sin k(b-x)\cos k(\xi-a)}{k\cos k(b-a)}$	$-(b-x)$	$-\dfrac{\sinh k(b-x)\cosh k(\xi-a)}{k\cosh k(b-a)}$
	Bed. a), q_1 und q_2 sind identisch mit dem vorhergehenden Fall $u(a)=A$, $u'(b)=B$			
$u'(a)=A$ $u'(b)=B$	Bed. a)	$k(b-a)\neq j\,\pi\quad(j=1,2,3,\ldots)$	Es existiert keine Greensche Funktion	immer erfüllt
	$G(x,\xi)=$	$+\dfrac{\cos k(b-x)\cos k(\xi-a)}{k\sin k(b-a)}$		$-\dfrac{\cosh k(b-x)\cosh k(\xi-a)}{k\sinh k(b-a)}$
	$q_1=$	$1/k^2$ falls $k(b-a)\leqq\pi/2$		$1/k^2$
	$q_1<$	$\dfrac{b-a}{k\,|\sin k(b-a)|}$ allgemein		
	$q_2=$	$\dfrac{1}{k}\tan k\,\dfrac{b-a}{2}$ falls $k(b-a)\leqq\pi/2$		$\dfrac{1}{k}\tanh k\,\dfrac{b-a}{2}$
	$q_2<$	$\dfrac{b-a}{|\sin k(b-a)|}$ allgemein		
$u(a)-u(b)=A$ $u'(a)-u'(b)=B$	Bed. a)	$k(b-a)\neq 2j\,\pi\quad(j=1,2,3,\ldots)$	Es existiert keine Greensche Funktion	immer erfüllt
	$G(x,\xi)=$	$\dfrac{\cos k\left(\dfrac{b-a}{2}-x+\xi\right)}{2k\sin k\,\dfrac{b-a}{2}}$		$-\dfrac{\cosh k\left(\dfrac{b-a}{2}-x+\xi\right)}{2k\sinh k\,\dfrac{b-a}{2}}$
	$q_1=$	$1/k^2$ falls $k(b-a)\leqq\pi$		$1/k^2$
	$q_1<$	$\dfrac{b-a}{2k\left|\sin k\,\dfrac{b-a}{2}\right|}$ allgemein		
	$q_2=$	$\dfrac{1}{k}\tan k\,\dfrac{b-a}{4}$ falls $k(b-a)\leqq\pi$		$\dfrac{1}{k}\tanh k\,\dfrac{b-a}{4}$
	$q_2<$	$\dfrac{b-a}{2\left|\sin k\,\dfrac{b-a}{2}\right|}$ allgemein		

Die aus den Größen dieser Tabelle fließenden Kriterien sind dann besonders einfach anzuwenden, wenn in (4.19) $r = r(x, u)$ nicht von u' abhängt. Dann wird nämlich $l_2 = 0$. Wenn $\partial r(x, z)/\partial z$ existiert und etwa für $z = u$ im Intervall $[a, b]$ nur wenig schwankt (was man durch Aufstellung einer Näherungslösung testen kann), so kann man den (genäherten) Mittelwert mit u multipliziert auf jeder Seite von (4.19) subtrahieren und erhält die Form (4.27) mit einem neuen r, das meist kleinere Werte für l_1 und M liefert.

Die Tabelle könnte leicht verlängert werden, jedoch ist damit die einigermaßen vollständige Erfassung aller möglichen Fälle keineswegs zu erreichen. Das hier angedeutete Verfahren der Subtraktion linearer Glieder entspricht dem Newtonschen Verfahren (vgl. § 35) und ist auch für die direkte Anwendung des Satzes 4.18 wichtig. Der näheren Erläuterung dient folgendes Beispiel.

4.5 Praktische Anwendung

Es wird hier der Fall d) des ersten Beispiels von Nr. 4.1 wieder aufgegriffen, die zweite Randbedingung zu $u(\pi/6) = -\frac{1}{2}\ln 2$ spezialisiert und angenommen, daß die beiden exakten Lösungen nicht bekannt sind. Schreibt man die Differentialgleichung in der Form (4.1), also $L u \equiv u''$ und die erste Randbedingung als $u(0) = -\frac{1}{2}\ln[1 + u'^2(0)]$, so gelingt es nicht, die Voraussetzungen des Satzes 4.18 zu erfüllen. Daher wird hier die Form

$$(4.33) \qquad L u \equiv -u'' - \varphi(x)\, u' = 1 + u'[u' - \varphi(x)] = 1 + r(x, u'),$$

$$(4.34) \qquad U_1 u \equiv u(0) + q\, u'(0) = q\, u'(0) - \tfrac{1}{2}\ln[1 + u'^2(0)]$$
$$= \gamma_1(u'(0)),$$

$$(4.35) \qquad U_2 u \equiv u(b) = B \quad \left(b = \frac{\pi}{6},\; B = -\frac{1}{2}\ln 2\right)$$

benutzt, wobei $\varphi(x)$ und q noch geeignet zu bestimmen sind. Man wird versuchen,

$$(4.36) \qquad \varphi(x) \approx 2u'(x) \quad \text{und} \quad q \approx \frac{u'(0)}{1 + u'^2(0)}$$

zu erreichen, damit die entsprechenden Ableitungen von r und γ_1 klein werden. Um ferner alle Integrale geschlossen auswerten zu können, wird gefordert, daß $L v = 0$ ein einfaches Fundamentalsystem haben soll, was bei beliebigem $\varphi(x)$ nicht gewährleistet ist. Setzt man $v = c_1\, \psi(x) + c_2$ an, so erhält man

$$(4.37) \qquad \varphi(x) = -\frac{\psi''(x)}{\psi'(x)}$$

und sieht, daß man zusätzlich $\psi(0) = 0$ und $\psi'(0) = 1$ fordern darf, ohne φ zu ändern. Mit der Abkürzung $\psi_b = \psi(b) = \psi(\pi/6)$ erhält man dann

$$(4.38) \qquad G(x, \xi) = \begin{cases} \dfrac{[\psi(x) - \psi_b][\psi(\xi) - q]}{\psi'(\xi)(q - \psi_b)} & \text{für} \quad \xi \leqq x \\[2ex] \dfrac{[\psi(x) - q][\psi(\xi) - \psi_b]}{\psi'(\xi)(q - \psi_b)} & \text{für} \quad x \leqq \xi, \end{cases}$$

so daß für $q \neq \psi_b$ und $\psi'(\xi) \neq 0$ in $[a, b]$ die Voraussetzung a) erfüllt ist. Schreibt man $\dfrac{\partial}{\partial x} G(x, \xi) = G'(x, \xi)$, $u(x) = u_1(x)$ und $u'(x) = u_2(x)$, so hat man das Integralgleichungssystem

$$u_1(x) = g(x) + \frac{\psi(x) - \psi_b}{q - \psi_b} \left\{ q\, u_2(0) - \frac{1}{2} \ln[1 + u_2^2(0)] \right\} +$$
$$+ \int_0^b G(x, \xi)\, [u_2^2 - \varphi\, u_2]_\xi\, d\xi,$$

$$(4.39) \quad u_2(x) = g'(x) + \frac{\psi'(x)}{q - \psi_b} \left\{ q\, u_2(0) - \frac{1}{2} \ln[1 + u_2^2(0)] \right\} +$$
$$+ \int_0^b G'(x, \xi)\, [u_2^2 - \varphi\, u_2]_\xi\, d\xi$$

$$\text{mit} \quad g(x) = B\, \frac{q - \psi(x)}{q - \psi_b} + \int_0^b G(x, \xi)\, d\xi.$$

Zur Festlegung von D ist keine Einschränkung von $w_1(x)$ nötig (s. Nr. 4.2), $w_2(x)$ möge

$$(4.40) \qquad \left| w_2(x) - \tfrac{1}{2} \varphi(x) \right| \leqq L \quad \text{in} \quad [a, b]$$

erfüllen. Damit erhält man $l_1(x) \equiv 0$, $l_2(x) \equiv 2L$, und es sind alle $\mu_{ik} = \nu_{ik} = 0$ $(i, k = 1, 2)$ bis auf μ_{12}, für welches $\mu_{12} \geqq \left| \dfrac{w_2(0)}{1 + w_2^2(0)} - q \right|$ gelten soll ($w \in D$). Es ergibt sich weiterhin $p_{11} = p_{21} = 0$ und

$$p_{12} \geqq \operatorname*{Max}_{a \leqq x \leqq b} \frac{1}{\tau_1(x)} \times$$
$$\times \left\{ \frac{|\psi(x) - \psi_b|}{|q - \psi_b|} \mu_{12}\, \tau_2(0) + l_2 \int_0^b |G(x, \xi)|\, \tau_2(\xi)\, d\xi \right\},$$

$$(4.41) \qquad p_{22} \geqq \operatorname*{Max}_{a \leqq x \leqq b} \frac{1}{\tau_2(x)} \times$$
$$\times \left\{ \frac{|\psi'(x)|}{|q - \psi_b|} \mu_{12}\, \tau_2(0) + l_2 \int_0^b |G'(x, \xi)|\, \tau_2(\xi)\, d\xi \right\}.$$

Damit wird aus c) $p_{22} < 1$, unabhängig von p_{12}, was der Tatsache entspricht, daß $u_1(x)$ in der zweiten Gl. (4.39) nicht auftritt. Auch kann durch Wahl eines genügend großen $\tau_1(x)$ die Zahl p_{12} beliebig klein gemacht werden. Die Wahl $\tau_2(x) = |\psi'(x)|$ ist bequem und führt zu

$$(4.42) \qquad p_{22} \geqq \frac{1}{|q - \psi_b|} \times$$

$$\times \left\{ \mu_{12} + l_2 \operatorname*{Max}_{a \leqq x \leqq b} \left[\int_0^x |\psi(\xi) - q|\, d\xi + \int_x^b |\psi(\xi) - \psi_b|\, d\xi \right] \right\}.$$

Das Polynom

$$(4.43) \qquad \psi(x) = x + 0.26795\, x^2 + 0.09963\, x^3 + 0.87613\, x^4$$

führt nach (4.37) zu einer Näherung für $2u_2(x)$, und der Wert $q = -0.25$ ist eine entsprechende Schätzung. Iteriert man mit der zweiten Gl. (4.39) von $u_{2(0)} = -0.23964 - 1.3981\,x$ ausgehend, so erhält man

$$(4.44) \qquad u_{2(1)}(x) = u_{2(0)}(x) + \psi'(x)\,[0.12085 + 0.00661 \ln(x + 0.60726) -$$

$$- 0.28219 \ln(3.50450\, x^2 - 1.82925\, x + 1.64674) +$$

$$+ 0.01210 \arctan(1.57763\, x - 0.41174)]$$

(Koeffizienten gerundet). Damit kann man dann das Erfülltsein von d) nachweisen, wenn man $L = 0.1$ wählt, woraus sich $l_2 = 0.2$, $\mu_{12} = 0.088$ und schließlich $p_{22} \leqq 0.1574$ ergibt. Damit folgt die Existenz und Eindeutigkeit in D, welcher Bereich die gemäß Abb. 4.7 existierende zweite (untere) Lösung nicht enthält. Zur Einschließung dieser zweiten Lösung wäre ein anderes $\psi(x)$ zu benutzen.

4.6 Zurückführung auf Anfangswertaufgaben

Führt man, von einer in $[a, b]$ stetigen Funktion $s(x)$ ausgehend, die Abkürzungen

$$(4.45) \qquad \begin{cases} {}'s(x) = {}^{(1)}s(x) = \int_a^x s(\xi)\, d\xi, \\[2mm] {}''s(x) = {}^{(2)}s(x) = \int_a^x {}'s(\xi)\, d\xi, \dots, \\[2mm] {}^{(k+1)}s(x) = \int_a^x {}^{(k)}s(\xi)\, d\xi \qquad (k = 1, 2, 3, \dots) \end{cases}$$

ein, so kann man durch partielle Integration die Formeln

$$(4.46) \qquad {}^{(k)}s(x) = \int_a^x \frac{(x - \xi)^{k-1}}{(k - 1)!}\, s(\xi)\, d\xi \qquad (k = 1, 2, 3, \dots)$$

leicht nachweisen.

Es sei nun die Randwertaufgabe

$$(4.47) \qquad u^{(n)}(x) = r(x, u, u', \dots, u^{(n-1)}) \text{ in } (a, b), \qquad U_i u = \gamma_i$$

$$(i = 1, \dots, n)$$

mit linearen Randbedingungen (1.3) vorgelegt und ein Bereich D durch $\varphi_i(x) \leqq w_i(x) \leqq \psi_i(x)$ $(i = 1, \ldots, n)$ wie in Nr. 4.2 festgelegt. Dort sei r in allen Argumenten stetig und gemäß

$$(4.48) \qquad s(x) \leqq r\big(x, w_1(x), \ldots, w_n(x)\big) \leqq t(x)$$

beschränkt, worin s und t selbst in $[a, b]$ stetig sein sollen. Durch Einsetzen von u, Integration von a bis x und Addition entsprechender Anfangswerte erhält man nacheinander die Formeln

$$u^{(n-1)}(a) + {}^{(1)}s(x) \leqq u^{(n-1)}(x) \leqq u^{(n-1)}(a) + {}^{(1)}t(x),$$

$$u^{(n-2)}(a) + (x - a)\, u^{(n-1)}(a) + {}^{(2)}s(x) \leqq u^{(n-2)}(x) \leqq$$

$$(4.49) \qquad \leqq u^{(n-2)}(a) + (x - a)\, u^{(n-1)}(a) + {}^{(2)}t(x), \ldots,$$

$$u(a) + (x - a)\, u'(a) + \cdots + \frac{(x - a)^{n-1}}{(n-1)!}\, u^{(n-1)}(a) + {}^{(n)}s(x) \leqq u(x) \leqq$$

$$\leqq u(a) + (x - a)\, u'(a) + \cdots + \frac{(x - a)^{n-1}}{(n-1)!}\, u^{(n-1)}(a) + {}^{(n)}t(x).$$

Diese Formeln gelten für alle Lösungen der Differentialgleichung, für die r die Ungleichungen (4.48) erfüllt. Setzt man $x = b$, so kann man durch Linearkombination Ungleichungen für diejenigen $U_i\, u$, die $u(b)$, $u'(b), \ldots$ oder $u^{(n-1)}(b)$ enthalten, also für gewisse γ_i aufstellen. Wenn dann nach Berücksichtigung der übrigen $U_i\, u$ keine Widersprüche auftreten und rechts und links noch freie $u^{(i)}(a)$ stehen, ergeben sich daraus Abschätzungen für diese $u^{(i)}(a)$ $(i = 0, \ldots, n - 1)$, mittels derer die rechten und linken Seiten von (4.49) durch die γ_i, ${}^{(i)}s(x)$ und ${}^{(i)}t(x)$ abgeschätzt werden können. Liegt der durch diese Ungleichungen gegebene Bereich D^* ganz in D, so läßt sich mit Hilfe des Fixpunktsatzes von Schauder (vgl. § 34) die Existenz einer Lösung der gegebenen Randwertaufgabe (4.47) in D^* beweisen. Die Eindeutigkeit der Lösungen der Anfangswertaufgaben in D^* ist aber nur dann gewährleistet, wenn r zusätzlich gemäß (4.13) lipschitzbeschränkt ist, wobei hier aber außer der Beschränktheit keine Voraussetzungen analog (4.15) und c) an die $l_k(x)$ $(k = 1, \ldots, n)$ zu stellen sind. Besonders einfach zu behandeln ist der Fall, in dem (4.48) überall gilt, denn dann kann man die $\varphi_i(x)$ und $\psi_i(x)$ nachträglich wählen. Man vgl. hierzu E. Kamke (1961), S. 277, Fall (a) und S. 287 oben.

4.7 Randwertaufgaben zweiter Ordnung

Hier erhält man aus (4.49)

$$(4.50) \qquad u'(a) + {}'s(b) \leqq u'(b) \leqq u'(a) + {}'t(b),$$

$$u(a) + (b - a)\, u'(a) + {}''s(b) \leqq u(b) \leqq u(a) + (b - a)\, u'(a) + {}''t(b).$$

Sind die Randbedingungen $u'(a) = \gamma_1$, $u'(b) = \gamma_2$, so kann die erste Gleichung einen Widerspruch enthalten; sie enthält dann auch keinen freien Anfangsparameter, so daß die weitere Abschätzung nicht möglich ist. Ist neben $u'(b) = \gamma_2$ die Randbedingung $u(a) + \alpha\, u'(a) = \gamma_1$ gegeben, so erhält man $u'(a) + {}'s(b) \leqq \gamma_2 \leqq u'(a) + {}'t(b)$ und nach leichten Rechnungen

$$(4.51) \quad \begin{cases} \gamma_2 - {}'t(b) + {}'s(x) \leqq u'(x) \leqq \gamma_2 - {}'s(b) + {}'t(x), \\[4pt] \gamma_1 + (b - a - \alpha)\,[\gamma_2 - {}'t(b)] + {}''s(x) \leqq u(x) \leqq \gamma_1 + \\[4pt] \qquad + (b - a - \alpha)\,[\gamma_2 - {}'s(b)] + {}''t(x) \quad \text{falls } b - a \geqq \alpha, \\[4pt] \gamma_1 + (b - a - \alpha)\,[\gamma_2 - {}'s(b)] + {}''s(x) \leqq u(x) \leqq \gamma_1 + \\[4pt] \qquad + (b - a - \alpha)\,[\gamma_2 - {}'t(b)] + {}''t(x) \quad \text{falls } b - a \leqq \alpha. \end{cases}$$

Hat man hingegen die Randbedingungen $u(a) = \gamma_1$, $u(b) = \gamma_2$, so ergibt sich der Bereich D^* aus

$$\frac{1}{b-a}\,[\gamma_2 - \gamma_1 - {}''t(b)] + {}'s(x) \leqq u'(x) \leqq \frac{1}{b-a} \times$$

$$(4.52) \qquad\qquad\qquad\qquad\qquad \times [\gamma_2 - \gamma_1 - {}''s(b)] + {}'t(x),$$

$$\gamma_1 + \frac{x-a}{b-a}\,[\gamma_2 - \gamma_1 - {}''t(b)] + {}''s(x) \leqq u(x) \leqq \gamma_1 + \frac{x-a}{b-a} \times$$

$$\times [\gamma_2 - \gamma_1 - {}''s(b)] + {}''t(x),$$

was man mit Hilfe der Ungleichung (vgl. 4.50)

$$(4.53) \quad \gamma_1 + (b - a)\,u'(a) + {}''s(b) \leqq \gamma_2 \leqq \gamma_1 + (b - a)\,u'(a) + {}''t(b)$$

leicht nachweisen kann. Hieran zeigt sich das Prinzip der Methode: Durch geeignete Wahl von $u'(a)$ kann man erreichen, daß γ_2 durch ein Intervall der Länge $''t(b) - {}''s(b)$ erfaßt wird. Wegen der stetigen Abhängigkeit von dem Anfangswert $u'(a)$ wird für ein gewisses $u'(a)$ der Wert $u(b) = \gamma_2$ angenommen. [Wenn die Lösung der Anfangswertaufgabe nicht eindeutig ist, wähle man etwa jeweils diejenige mit maximalem $u(b)$ aus.] Schon das erste Beispiel von Nr. 4.1 wurde ähnlich behandelt.

Der konkrete Einzelfall

$$(4.54) \qquad u'' = \frac{4 - x + x^2}{2u}, \qquad u(0) = u(1) = 2$$

führt, wenn man für D $1 \leqq u(x) < \infty$, $-\infty < u'(x) < \infty$ annimmt und dementsprechend $s(x) \equiv 0$ und $t(x) \equiv 2$ setzt, zu

$$(4.55) \quad \begin{aligned} u'(0) &\leqq u'(x) \leqq u'(0) + 2x, \\ 2 + x\,u'(0) &\leqq u(x) \leqq 2 + x\,u'(0) + x^2 \end{aligned}$$

und mit $u(1) = 2$ zu $-1 \leqq u'(0) \leqq 0$ und zu

$$(4.56) \quad \left.\begin{aligned} -1 &\leqq u'(x) \leqq 2x \\ 2 - x &\leqq u(x) \leqq 2 + x^2 \end{aligned}\right\} D^*.$$

Wegen der Lipschitz-Beschränktheit existiert in D^* genau eine Lösung jeder Anfangswertaufgabe. Die Abschätzungen sind noch sehr grob, man kann aber hier wie in vielen anderen Fällen iterativ vorgehen. Leicht schätzt man ab

$$(4.57) \qquad s(x) \equiv 1 - \frac{7}{18}\,x + \frac{1}{18}\,x^2 \leqq \frac{4 - x + x^2}{2(2 + x^2)} \leqq \frac{4 - x + x^2}{2u(x)} \leqq$$

$$\leqq \frac{4 - x + x^2}{2(2 - x)} \leqq 1 + \frac{1}{4}\,x + \frac{3}{4}\,x^2 \equiv t(x)$$

und erhält neue Schranken, die die exakte Lösung $u(x) = 2 - \frac{1}{2}\,x + \frac{1}{2}\,x^2$ bis auf $\pm\,0.165$ festlegen.

4.8 Weitere Methoden für Existenz- und Eindeutigkeitssätze

In vielen Fällen gelingt es nicht, den Bereich D^* der Methode von Nr. 4.6 in den Ausgangsbereich D hineinzubringen; in solchen Fällen kann man aber wie bei der Methode von Nr. 4.2 lineare Terme auf die linke Seite schaffen, um r zu verkleinern. Statt der Differentialgleichung von (4.47) behandelt man dann die Gleichung

$$(4.58) \qquad\qquad L\,u = r(x,\,u,\,u',\,\ldots,\,u^{(n-1)})$$

mit linearem Differentialoperator $L\,u$ nach (1.1). Die Kerne $\dfrac{(x - \xi)^{k-1}}{(k - 1)!}$ in (4.46) stellen nämlich eine spezielle Grundlösung g von $L\,g \equiv g^{(n)}(x) = 0$ (und ihre Ableitungen) dar, die die Anfangsbedingungen $g(a) = g'(a) = \cdots = g^{(n-1)}(a) = 0$ erfüllt; man kann $g(x,\,\xi) = 2g_0(x,\,\xi)$ in D_1, $= 0$ in D_2 setzen, vgl. (1.34). Dies geht auch für beliebige andere $L\,u$ mit stetigen Koeffizienten, und man erhält genau die Ungleichungen (4.49) mit entsprechend geänderter Bedeutung von $^{(k)}s(x)$ und $^{(k)}t(x)$, wenn nur $g(x,\,\xi)$ und seine Ableitungen nach x in $a \leqq \xi \leqq x \leqq b$ nicht negativ sind. Man hat dazu die Ungleichung (4.48) mit g und seinen Ableitungen zu multiplizieren und von a bis x zu integrieren. Beim Auftreten von Vorzeichenwechseln in den Kernen kann man sich dadurch helfen, daß man stückweise integriert, wobei dort, wo ein Kern negativ ist, s und t zu vertauschen sind. Für die Beweisgrundlagen vgl. L. Collatz (1964), S. 67ff. und 350ff.

Eine andere Methode beruht auf der Störungsrechnung, die in Nr. 26.6 geschildert wird und die nicht nur für numerische Zwecke, sondern auch zum Existenzbeweis benutzt werden kann. Die Konvergenz der entstehenden Reihe muß dazu natürlich nachgewiesen werden.

Auch die Heranziehung von Monotonieeigenschaften ist vielfach nützlich, siehe den folgenden § 5. Für eine ganze Reihe von Einzelkriterien vgl. man das schon mehrfach zitierte Buch von E. Kamke (1961), S. 277ff.

4.9 Nichtlineare Systeme

Die Methode von Nr. 4.2 läßt sich ohne weiteres auf Randwertaufgaben mit Systemen von Differentialgleichungen übertragen. Schreibt man in Anlehnung an (1.42) und (1.44) statt (4.9) und (4.10)

$$(4.59) \qquad \begin{aligned} L\,\boldsymbol{u} &\equiv \boldsymbol{u}'(x) + \boldsymbol{F}(x)\,\boldsymbol{u}(x) = \boldsymbol{r}_0(x) + \boldsymbol{r}(x,\boldsymbol{u}), \\ U\,\boldsymbol{u} &\equiv \boldsymbol{A}\,\boldsymbol{u}(a) + \boldsymbol{B}\,\boldsymbol{u}(b) = \boldsymbol{\gamma}_0 + \boldsymbol{\gamma}\big(\boldsymbol{u}(a),\boldsymbol{u}(b)\big), \end{aligned}$$

so ist als a) die Existenz der Greenschen Matrix $\boldsymbol{G}_1(x,\xi)$ nach (1.60) zu fordern. Ist der Vektor $\boldsymbol{g}(x)$ Lösung von $L\,\boldsymbol{g} = \boldsymbol{r}_0(x)$, $U\,\boldsymbol{g} = \boldsymbol{\gamma}_0$ und erfüllen die Vektoren des Fundamentalsystems (1.57) das homogene Differentialgleichungssystem und die Randbedingungen $\boldsymbol{A}\,\boldsymbol{U}(a) + \boldsymbol{B}\,\boldsymbol{U}(b) = \boldsymbol{E}$ (Einheitsmatrix), so ergibt sich statt (4.12) das Integralgleichungssystem

$$(4.60) \qquad \boldsymbol{u}(x) = \boldsymbol{g}(x) + \boldsymbol{U}(x)\,\boldsymbol{\gamma}\big(\boldsymbol{u}(a),\boldsymbol{u}(b)\big) + \int\limits_{a}^{b} \boldsymbol{G}_1(x,\xi)\,\boldsymbol{r}(\xi,\boldsymbol{u}(\xi))\,d\xi.$$

Sind r_j die Komponenten von $\boldsymbol{r}$, so ist (4.13) zu ersetzen durch

$$(4.61) \qquad \big|r_j(x,\boldsymbol{u}) - r_j(x,\boldsymbol{v})\big| \leq \sum_{k=1}^{n} l_{jk}(x)\,\big|u_k(x) - v_k(x)\big| \quad (j = 1,\dots,n),$$

während (4.14) unverändert bleibt. (4.15) wird entsprechend zu

$$(4.62) \qquad p_{ik} \geq \operatorname*{Max}_{[a,b]} \frac{1}{\tau_i(x)}\left\{ \sum_{j=1}^{n}\big|u_{i(j)}(x)\big| \cdot [\mu_{jk}\,\tau_k(a) + \nu_{jk}\,\tau_k(b)] + \right.$$
$$\left. + \int\limits_{a}^{b} \sum_{j=1}^{n} \big|G_{1\,ij}(x,\xi)\big|\,l_{jk}(\xi)\,\tau_k(\xi)\,d\xi \right\}.$$

Alles weitere bleibt wörtlich gültig.

In analoger Weise können auch die Methode der Anfangswertaufgaben und andere Methoden auf Systeme erweitert werden.

4.10 Nichtlineare Integralgleichungen

Bei nichtlinearen Integralgleichungen tritt eine der Einteilung der linearen in Volterrasche und Fredholmsche Integralgleichungen entsprechende Einteilung nach der oberen Integralgrenze auf (vgl. § 3). Ein typisches Beispiel für den Fall der oberen Grenze x sind die bei dem Beweis des Picard-Lindelöfschen Existenz- und Eindeutigkeitssatzes für Anfangswertaufgaben (vgl. Abschn. D) auftretenden Integralgleichungen bzw. Systeme. Dabei werden die Existenz und Eindeutigkeit der Lösung der Anfangswertaufgabe auf die gleichen Eigenschaften der entsprechenden Integralgleichungen zurückgeführt. Die Betrachtungen sind ohne weiteres auf allgemeinere Fälle übertragbar, liefern aber die Existenz und Eindeutigkeit nur in einer Umgebung eines Anfangspunktes.

Dem Typus der den Fredholmschen entsprechenden nichtlinearen Integralgleichungen gehören die aus Randwertproblemen gewonnenen Integralgleichungen an [vgl. (4.12) und (4.60)]. Daher erkennt man, daß es durchaus unlösbare oder mehrfach lösbare Integralgleichungen dieses Typs gibt.

Gerade der Weg der Methode von Nr. 4.2 erlaubt deren unmittelbare Anwendung auf Integralgleichungssysteme bzw. einzelne Integralgleichungen für $n = 1$. Dabei werden die Bedeutungen von $g(x)$, $U(x)$, $G_1(x, \xi)$ [vgl. (4.60)] von den Differentialgleichungen unabhängig; hier können beliebige, bekannte, stetige Vektoren, Matrizen bzw. einzelne Funktionen eintreten, wenn nur die weiteren Voraussetzungen erfüllt sind. Auch die Methode des Hinüberschaffens linearer Terme auf die linke Seite ist möglich (siehe das Ende von Nr. 4.4); man hat sich dabei der Lösungsformel (3.19) zu bedienen, in der r hier auch von u abhängen darf.

Auf Einzelheiten muß hier verzichtet werden. Für Ergebnisse von E. BOHL und daraus folgende Sätze von HAMMERSTEIN und SCHÄFER vgl. man L. COLLATZ (1964), S. 292ff. Siehe auch Nr. 5.4.

§ 5. Monotonieeigenschaften

5.1 Definitionen

Es kann hier ein sog. *Halbordnungs-Banach-Raum R* zugrunde gelegt werden, das ist ein Banach-Raum (vgl. Definition 35.1), in dem eine Halbordnung definiert ist, die den Axiomen der Definition 33.15.2 und 3 genügt. Man kann sich aber auch beschränken auf die im Rahmen dieses Kapitels wichtigen Räume $R = C[a, b]$ der in $[a, b]$ stetigen Funktionen mit der Norm (35.2) und $R = C_n[a, b]$ entsprechender n-dimensionaler Vektoren. Dabei erklärt man die Halbordnung $u \geq v$ (bzw. $u \geq v$) durch $u(x) \geq v(x)$ in $[a, b]$ [bzw. $u_i(x) \geq v_i(x)$ in $[a, b]$ für $i = 1, \ldots, n$, vgl. Tab. 33.20]. Es sei nun ein Operator T gegeben, der einen Definitionsbereich D aus R in einen Wertebereich W abbildet, der ebenfalls in R liegt. Damit erklärt man:

Definition 5.1: Der Operator T heißt

1. *isoton*, wenn aus $u \geq v$ für beliebige $u, v \in D$ $Tu \geq Tv$ folgt,
2. *antiton*, wenn aus $u \geq v$ für beliebige $u, v \in D$ $Tu \leq Tv$ folgt,
3. *monoton*, wenn er entweder isoton oder antiton ist,
4. *von isotoner Art*, wenn aus $Tu \geq Tv$ für beliebige $Tu, Tv \in W$ $u \geq v$ folgt,
5. *von antitoner Art*, wenn aus $Tu \geq Tv$ für beliebige $Tu, Tv \in W$ $u \leq v$ folgt,

6. *von monotoner Art*, wenn er von isotoner oder antitoner Art ist,

7. *monoton zerlegbar*, wenn in D $T u = T^+ u + T^- u$ geschrieben werden kann, wobei T^+ dort isoton, T^- antiton ist.

Hat T in W eine Inverse T^{-1}, so bedeuten die Fälle 4 bis 6 dasselbe wie 1 bis 3 für T^{-1}. Daher spricht man bei den Eigenschaften 4 bis 6 auch von *invers isotonen, antitonen* bzw. *invers monotonen* Operatoren.

Für Theorie und Praxis der Randwertaufgaben ist naturgemäß die Betrachtung von Aufgaben monotoner Art wichtiger als die Betrachtung monotoner Aufgaben. Ist etwa eine Gleichung $T u = r$ mit einem T von isotoner Art nach u aufzulösen, so kann man vielfach ganz leicht Funktionen v und w so bestimmen, daß $T v \leq r \leq T w$ gilt, und hat damit sofort die Abschätzung $v \leq u \leq w$. Dies sagt natürlich noch nichts über die Existenz von u, jedoch kann man auch bei Existenzbeweisen Nutzen aus Monotonieeigenschaften ziehen.

5.2 Lineare Aufgaben

Es sei eine lineare Randwertaufgabe (1.1) mit homogenen Randbedingungen (1.4) gegeben. Existiert zu diesem Problem eine Greensche Funktion (1.37), so kann man die Abbildung (1.38) als inversen Operator von L auffassen, wenn man nur solche Funktionen u in Betracht zieht, die (1.4) erfüllen. Schreibt man demgemäß $u = L^{-1} r$, so stellt man leicht fest, daß L^{-1} genau dann $\left(\genfrac{}{}{0pt}{}{\text{isoton}}{\text{antiton}}\right)$ ist, wenn $G(x, \xi)$ überall in $a \leq x$, $\xi \leq b$ $\left(\genfrac{}{}{0pt}{}{\text{nicht negativ}}{\text{nicht positiv}}\right)$ ist. Auf jeden Fall ist L^{-1} monoton zerlegbar, man hat nur nötig, $G(x, \xi) = G^+(x, \xi) + G^-(x, \xi)$ zu setzen mit

$$
(5.2) \quad
\begin{aligned}
G^+(x, \xi) &= \left\{ \begin{array}{ll} G(x, \xi) & \text{dort, wo } G \geq 0 \text{ ist} \\ 0 & \text{dort, wo } G \leq 0 \text{ ist} \end{array} \right\}, \\
G^-(x, \xi) &= \left\{ \begin{array}{ll} 0 & \text{dort, wo } G \geq 0 \text{ ist} \\ G(x, \xi) & \text{dort, wo } G \leq 0 \text{ ist} \end{array} \right\}.
\end{aligned}
$$

Hierfür ist die explizite Kenntnis der Greenschen Funktion kaum zu umgehen, während man in vielen Fällen von monotonen L^{-1} diese Eigenschaft auch auf anderem Wege nachweisen kann. So findet sich bei L. COLLATZ (1964), S. 300 ein ganz elementarer Beweis für folgenden Satz.

Satz 5.3: *Die Randwertaufgabe mit der Differentialgleichung*

$$
(5.4) \qquad L u \equiv -f_2(x) u'' + f_1(x) u' + f_0(x) u = r(x) \quad in \ (a, b)
$$

mit in $[a, b]$ stetig differenzierbarem $f_2(x) > 0$ und in (a, b) stetigen $f_0(x) \geq 0$, $f_1(x)$ und $r(x)$ und den Randbedingungen

$$
(5.5) \qquad
\begin{aligned}
U_1 u &\equiv u(a) = \gamma_1 \quad oder \quad U_1 u \equiv c\, u(a) - u'(a) = \gamma_1 \quad und \\
U_2 u &\equiv u(b) = \gamma_2 \quad oder \quad U_2 u \equiv d\, u(b) + u'(b) = \gamma_2
\end{aligned}
$$

mit $c \geqq 0$, $d \geqq 0$, aber $f_0(x) \not\equiv 0$ falls $c = d = 0$ ist, ist von isotoner Art:
Aus $r(x) \geqq 0$ in (a, b) und $\gamma_i \geqq 0$ $(i = 1, 2)$ folgt $u(x) \geqq 0$ in $[a, b]$.

Dieser Satz (in den man unmittelbar $u - v$ statt u einsetzen kann, um zu der Formulierung der Definition zu kommen) zeigt, wie man inhomogene Randbedingungen in die Betrachtungen einbezieht. Übrigens können hier die Voraussetzungen manchmal gemildert werden; so bleibt der Satz bei $-u'' + C u = r(x)$, $u(a) = u(b) = 0$ ($C = $ const) bis zu $f_0(x) \equiv C > - \left(\dfrac{\pi}{b - a}\right)^2$ gültig, wie man der Tab. 4.32 entnehmen kann.

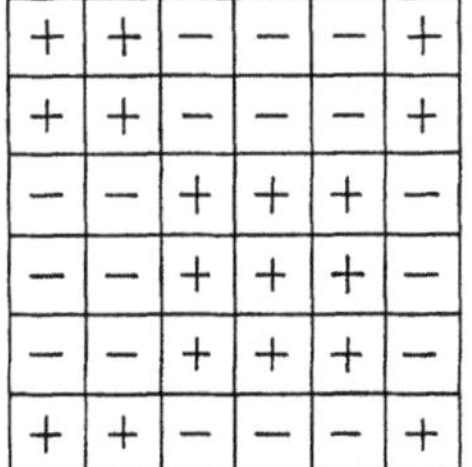

Abb. 5.6. Beispiel für Vorzeichenverteilung bei einer Greenschen Matrix

Bei linearen Integralgleichungen können analoge Monotoniebetrachtungen angestellt werden, wenn man — etwa im Falle Fredholmscher Integralgleichungen 2. Art — anstatt der Greenschen Funktion die Resolvente (3.18) benutzt.

Bei Systemen gewöhnlicher Differentialgleichungen 1. Ordnung liegt dann $\left(\substack{\text{isotone} \\ \text{antitone}}\right)$ Art vor, wenn alle Elemente der Greenschen Matrix in (1.61) in $a \leqq x$, $\xi \leqq b$ $\left(\substack{\text{nicht negativ} \\ \text{nicht positiv}}\right)$ sind. Liegt eine quasi „schachbrettartige" Vorzeichenverteilung dieser Elemente, wie z. B. in Abb. 5.6 vor, so kann man sich durch Einführung von neuen Veränderlichen $\tilde{u}_i = -u_i$ für gewisse i und von $\tilde{r}_i = -r_i$ für die gleichen i ($1 \leqq i \leqq n$) helfen.

5.3 Beispiel

Bei dem Beispiel (1.8ff.) kennt man die Greensche Funktion (1.40), die für $b < \pi$ überall negativ ist, die Aufgabe ist dann also von antitoner Art, und die Existenz der Greenschen Funktion sichert auch die Existenz und Eindeutigkeit der Lösung. Jedoch nützt die Kenntnis der Greenschen Funktion nicht eben viel bei der Berechnung der Lösung, wenn die Integrale nicht elementar auswertbar sind. Jedoch kann man leicht Schranken ermitteln. Ist etwa in Abänderung von (1.8) die Randwertaufgabe

$$(5.7) \qquad L u \equiv u'' + 2x u' + (2 + x^2) u = 1, \qquad u(0) = u(1) = 1$$

gegeben, so führt der Ansatz

$$(5.8) \qquad v(x) = 1 + x(1 - x)(a_0 + a_1 x + a_2 x^2)$$

auf die Formel

$$(5.9) \quad L v = 1 + x(1 - x)[(2 + \tfrac{1}{2}x^2) + \\ + a_2 \cdot \tfrac{1}{5}(38 - 22x + 46x^2 - 4x^3 + 5x^4)],$$

wenn man zwei der Parameter durch $L\,v = 1$ für $x = 0$ und $x = 1$ festlegt $(a_1 = -\tfrac{4}{5}\,a_2,\ a_0 = \tfrac{1}{2} + a_1)$. a_2 kann nun dazu benutzt werden, $L\,v \leqq 1$ oder $\geqq 1$ zu erreichen. Durch Probieren kann man ohne Rechenhilfsmittel

$$(5.10) \qquad v = 1 + x(1 - x)\,(0.656 + 0.156\,x - 0.195\,x^2) \leqq u \leqq$$

$$\leqq w = 1 + x(1 - x)\,(0.740 + 0.240\,x - 0.300\,x^2)$$

erhalten. Die Mittelkurve $\tfrac{1}{2}(v + w)$ hat einen maximalen Fehler von 1.2%. Die Abb. 5.11 zeigt $v,\ w,\ L\,v,\ L\,w$. Man vgl. auch Nr. 27.4.

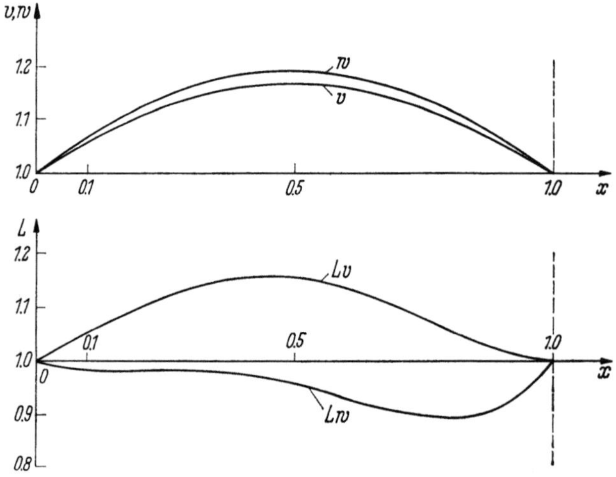

Abb. 5.11. Schranken für Fehler und Defekt

5.4 Existenzsätze für nichtlineare Aufgaben

Es wird zunächst die Aufgabe $u = T\,u$ in einem Halbordnungs-Banach-Raum R (vgl. Nr. 5.1) betrachtet, in dem zusätzlich aus $u \in R$, $v \in R,\ \Theta \leqq u \leqq v$ immer $\|u\| \leqq \|v\|$ folgt. In R gilt ein Satz von E. Bohl (1964) [vgl. auch L. Collatz (1964), S. 292], der hier etwas spezialisiert wiedergegeben werden soll.

Satz 5.12: *Der Operator T bilde ein Intervall $D = \{u : v \leqq u \leqq w\} \subset R$ stetig in eine kompakte (s. § 34) Teilmenge von R ab. Ferner gebe es zwei Hilfsoperatoren $S_1[\tilde{v},\,\tilde{w}]$ und $S_2[\tilde{v},\,\tilde{w}]$, die allen Paaren $[\tilde{v},\,\tilde{w}]$ von Elementen aus D mit $\tilde{v} \leqq \tilde{w}$ je ein Element aus R zuordnen. Wenn dann für alle $u \in D$*

$$(5.13) \qquad v \leqq S_1[v,\,w] \leqq T\,u \leqq S_2[v,\,w] \leqq w$$

ist, existiert in D mindestens ein Fixpunkt $u_0 = T\,u_0$. Alle solchen Fixpunkte liegen in dem Intervall $S_1[v,\,w] \leqq u_0 \leqq S_2[v,\,w]$.

Der Beweis benutzt den Fixpunktsatz von Schauder, vgl. § 34. Durch Spezialisierung kann man eine ganze Reihe von Existenzsätzen für Randwertaufgaben und Integralgleichungen gewinnen. Es seien nur zwei Sätze hier genannt, von denen der erste unmittelbar aus Satz 5.12 folgt.

Satz 5.14: *In einem endlichen Intervall B ($= [a, b]$ oder auch einem mehrdimensionalen Gebiet B) sei das Integralgleichungssystem (komponentenweise Integration)*

$$(5.15) \qquad \boldsymbol{u}(x) = \int\limits_B \boldsymbol{f}(x, \xi, u_1(\xi), \ldots, u_n(\xi))\, dB_\xi \equiv T\,\boldsymbol{u}$$

gegeben, wobei die Komponenten $u_i(x)$ ($i = 1, \ldots, n$) des Lösungsvektors $\boldsymbol{u}(x)$ und f_i des Integranden $\boldsymbol{f}$ stetig in allen Variablen sein sollen, solange $x, \xi \in B$ und $\boldsymbol{u} \in D$ gilt. Dabei sei D durch $v_i(x) \leqq u_i(x) \leqq w_i(x)$ ($i = 1, \ldots, n$) festgelegt. Setzt man (Min und Max ebenfalls komponentenweise)

$$(5.16) \quad
\begin{aligned}
S_1[\boldsymbol{v}, \boldsymbol{w}] &= \int\limits_B \operatorname*{Min}_{\substack{v \leqq u \leqq w \\ x,\,\xi \text{ fest}}} \boldsymbol{f}\big(x, \xi, \boldsymbol{u}(\xi)\big)\, dB_\xi, \\[2ex]
S_2[\boldsymbol{v}, \boldsymbol{w}] &= \int\limits_B \operatorname*{Max}_{\substack{v \leqq u \leqq w \\ x,\,\xi \text{ fest}}} \boldsymbol{f}\big(x, \xi, \boldsymbol{u}(\xi)\big)\, dB_\xi,
\end{aligned}$$

so folgen aus $\boldsymbol{v} \leqq S_1[\boldsymbol{v}, \boldsymbol{w}]$ und $S_2[\boldsymbol{v}, \boldsymbol{w}] \leqq \boldsymbol{w}$ Existenz und Einschließung wie in Satz 5.12.

Unter diesen Satz fallen neben entsprechenden Einzeldifferentialgleichungen ($n = 1$) auch die Randwertaufgaben der Nr. 4.2, wenn dort die Randbedingungen (4.10) linear und homogen sind ($\gamma_i = \gamma_{i0} = 0$, $i = 1, \ldots, n$). Schlägt man noch $r_0(x)$ zu r, so bleiben in (4.12) rechts nur die Integrale stehen, und man hat dann die Form (5.15). Zwar ist $G^{(n-1)}(x, \xi)$ bei $x = \xi$ nicht mehr stetig, doch bleibt der Satz gültig (s. Nr. 34.3). Unter entsprechender Spezialisierung sind auch die Randwertaufgaben mit nichtlinearen Systemen von Nr. 4.9 hier einzuordnen.

Bei E. BOHL (1964) findet sich auch folgender Satz, der allerdings weitere Beweishilfsmittel benötigt.

Satz 5.17: *Mit dem linearen Differentialoperator (1.1) und den linearen Randausdrücken (1.3) besitze die Randwertaufgabe (1.1)/(1.4) eine nichtnegative Greensche Funktion, und es sei in der Randwertaufgabe*

$$(5.18) \qquad L\,u = r(x, u) \quad in\ (a, b), \quad U_i u = 0 \quad (i = 1, \ldots, n)$$

die Funktion $r(x, z)$ für $x \in [a, b]$ und $0 \leqq z \leqq c = \text{const}$ abschätzbar durch

$$(5.19) \qquad h_1(x)\, z + g_1(x) \leqq r(x, z) \leqq h_2(x)\, z + g_2(x)$$

mit $h_i(x) \geqq 0$, $g_i(x) \geqq 0$ für $i = 1, 2$. Wenn dann die lineare Randwertaufgabe

$$(5.20) \qquad L\,w = h_2(x)\, w + g_2(x) \quad in\ (a, b), \quad U_i w = 0 \quad (i = 1, \ldots, n)$$

eine Lösung $w(x)$ mit $0 \leq w(x) \leq c$ für alle $x \in [a, b]$ besitzt, so sind auch die Randwertaufgaben (5.18) und

$$(5.21) \qquad L v = h_1(x) v + g_1(x) \quad \text{in } (a, b), \quad U_i v = 0 \quad (i = 1, \ldots, n)$$

lösbar, und es gilt in $[a, b]$ die Einschließung

$$(5.22) \qquad v(x) \leq u(x) \leq w(x).$$

5.5 Beispiel

Schreibt man bei dem Beispiel (4.54) v statt u und führt man dann durch die Substitution $v = 2 - u$ eine neue Variable ein, so erhält man die Aufgabe

$$(5.23) \qquad L u \equiv -u'' = \frac{4 - x + x^2}{4 - 2u} \quad \text{in } (0, 1), \quad u(0) = u(1) = 0$$

mit homogenen Randbedingungen. Mit der Greenschen Funktion $G(x, \xi) = (1 - x)\,\xi$ für $\xi \leq x$ und $= x(1 - \xi)$ für $\xi \geq x$ (Tab. 4.32) ergibt sich die Integralgleichung

$$(5.24) \qquad u(x) = \int_0^1 G(x, \xi)\,(4 - \xi + \xi^2)\,\frac{1}{4 - 2u(\xi)}\,d\xi.$$

Nimmt man v und w als konstante Funktionen und < 2 an, so erhält man nach (5.16)

$$(5.25) \qquad \begin{aligned} S_1[v, w] &= \frac{\varphi(x)}{4 - 2v}, \\[2mm] S_2[v, w] &= \frac{\varphi(x)}{4 - 2w} \quad \text{mit} \quad \varphi(x) = \frac{1}{12}(x - x^2)(23 - x + x^2). \end{aligned}$$

Aus $v \leq S_1$ und $S_2 \leq w$ erhält man $v = 0$ und $w = 0.1265$ und damit

$$(5.26) \qquad 0.250\,\varphi(x) \leq u(x) \leq 0.267\,\varphi(x).$$

In diesem Intervall existiert nach Satz 5.14 mindestens eine Lösung. Die Mittelkurve $0.2585\,\varphi(x)$ gibt eine Näherung für alle solche Lösungen $u(x)$ mit einem Fehler von maximal 3.3%.

Auch der Satz 5.17 ist anwendbar. Setzt man $h_1 \equiv h_2 \equiv 0$ und nimmt konstante g_1 und g_2, so erhält man ohne große Mühe mit $c = 1 - \frac{1}{2}\sqrt{3} \approx 0.1340$ statt (5.19)

$$(5.27) \qquad 0.9375 = \frac{15}{16} \leq \frac{4 - x + x^2}{4 - 2z} \leq 8c \approx 1.0718$$

und weiter das Intervall

$$(5.28) \qquad 0.4687\,(x - x^2) \leq u(x) \leq 0.5359\,(x - x^2),$$

welches eine Lösung von (5.23) enthält und dessen Mittelkurve höchstens um 6.7% falsch ist. Allerdings sind die Verhältnisse nicht immer so gutartig wie bei diesem Beispiel.

5.6 Monoton zerlegbare Operatoren

Ist in einem Halbordnungs-Banach-Raum R eine Aufgabe der Form $u = T u + r$ mit einem monoton zerlegbaren Operator T vorgelegt (vgl. Def. 5.1.7), so kann das Iterationsverfahren

$$(5.29) \qquad \left. \begin{array}{l} v_{k+1} = T^+ v_k + T^- w_k + r \\ w_{k+1} = T^+ w_k + T^- v_k + r \end{array} \right\} \quad (k = 0, 1, 2, \ldots)$$

gute Dienste leisten. Setzt man voraus, daß $v_0 \leq w_0$ ist und das durch $v_0 \leq u \leq w_0$ definierte Intervall D ganz zum Definitionsbereich von T gehört, so ist der Satz 5.12 anwendbar, wenn man nur $S_1[v_0, w_0] = v_1$ und $S_2[v_0, w_0] = w_1$ setzt. Ist $v_0 \leq v_1$ und $w_1 \leq w_0$, so sind Existenz und Einschließung unter den weiteren Voraussetzungen jenes Satzes gesichert. Ebenso kann man das Intervall $v_k \leq u \leq w_k$ für die höheren k behandeln.

Das Verfahren soll hier an der (evtl. aus einer Randwertaufgabe entstandenen) Integralgleichung

$$(5.30) \qquad u(x) = \int\limits_a^b K(x, \xi)\, f(\xi, u(\xi))\, d\xi + r(x)$$

erläutert werden, die sich auch dem Satz 5.14 unterordnet. Damit die Zerlegung des Operators unabhängig von u geschehen kann, wird f als isoton angenommen, d. h., aus $u(x) \geq v(x)$ folgt $f(x, u(x)) \geq f(x, v(x))$ (ist f antiton, so kehre man das Vorzeichen bei f und K um). Für festes x wird nun das ξ-Intervall $[a, b]$ in zwei punktfremde Teilmengen $B^+(x)$ und $B^-(x)$ eingeteilt, je nachdem, ob $K(x, \xi) \geq 0$ oder < 0 gilt [es sei etwa $K(x, \xi)$ stetig und besitze für festes x nur endlich viele Nullstellen in ξ]. Dann hat man

$$(5.31) \qquad T^\pm u = \int\limits_{B^\pm(x)} K(x, \xi)\, f(\xi, u(\xi))\, d\xi.$$

Für Beispiele von Kernen mit Vorzeichenwechsel vgl. man etwa die Greenschen Funktionen der Tab. 4.32 im Fall $D > 0$. Weitere Einzelheiten finden sich bei L. COLLATZ (1964), S. 277 ff.

5.7 Extrapolation

Es sei die Aufgabe $u = T u$ wie am Anfang von Nr. 5.4 gegeben. Dabei sei T auf einem Intervall D erklärt und stetig, das etwa durch $\varphi \leq u \leq \psi$ gekennzeichnet ist; es soll auch kurz $D = \langle \varphi, \psi \rangle$ geschrieben werden. T sei auf D *linear eingeschlossen*, d. h., es gebe zwei lineare, stetige Operatoren S^- und S^+, die auf dem Intervall $D_0 = \langle \Theta, \psi - \varphi \rangle$ definiert sind und die Eigenschaft haben, daß

$$(5.32) \qquad S^-[u - v] \leq T u - T v \leq S^+[u - v]$$

für alle $u, v \in D$ mit $u \geq v$ gilt.

Von einem $u_0 \in D$ ausgehend werden nun zwei Iterationsschritte $u_1 = T u_0$ und $u_2 = T u_1$ ausgeführt und die Differenzen mit $\delta_1 = u_1 - u_0$

und $\delta_2 = u_2 - u_1$ bezeichnet. Es seien auch u_1 und u_2 Elemente von D. In vier wichtigen Fällen läßt sich eine Einschließung der Lösung erreichen. Daher sollen hier vier entsprechende Sätze zu einem Satz zusammengefaßt werden.

Satz 5.33: *Unter den obengenannten Voraussetzungen sei in den Fällen a) und b) S^- isoton, c) und d) S^+ antiton, dann haben T und S^+ bzw. S^- die gleiche Eigenschaft. Ferner gelte*

$$(5.34) \quad \left.\begin{array}{ll} a) & \Theta \leqq + m\,\delta_1 \leqq + \delta_2 \leqq + M\,\delta_1 \\ b) & \Theta \leqq - m\,\delta_1 \leqq - \delta_2 \leqq - M\,\delta_1 \\ c) & \Theta \leqq + m\,\delta_1 \leqq - \delta_2 \leqq + M\,\delta_1 \\ d) & \Theta \leqq - m\,\delta_1 \leqq + \delta_2 \leqq - M\,\delta_1 \end{array}\right\} \quad \begin{array}{l} (m \text{ und } M \text{ reelle Zahlen,} \\ 0 \leqq m < M < 1) \end{array}$$

und für ein reelles μ $(\geqq 1)$

$$(5.35) \quad \left.\begin{array}{l} a) \; S^+[+\delta_1] \leqq \mu\,S^-[+\delta_1] \\ b) \; S^+[-\delta_1] \leqq \mu\,S^-[-\delta_1] \end{array}\right\} \quad \mu\,M < 1,$$

$$\left.\begin{array}{l} c) \; S^-[+\delta_1] \geqq \mu\,S^+[+\delta_1], \\ \quad\; S^-[-\delta_2] \geqq \mu\,S^+[-\delta_2] \\ d) \; S^-[-\delta_1] \geqq \mu\,S^+[-\delta_1], \\ \quad\; S^-[+\delta_2] \geqq \mu\,S^+[+\delta_2] \end{array}\right\} \quad \mu^2\,M < 1.$$

Dann wird das Intervall I,

$$(5.36) \quad \begin{array}{ll} a) & I = \left\langle u_2 + \dfrac{m}{\mu - m}\,\delta_2, \quad u_2 + \dfrac{\mu\,M}{1 - \mu\,M}\,\delta_2 \right\rangle, \\[3mm] b) & I = \left\langle u_2 + \dfrac{\mu\,M}{1 - \mu\,M}\,\delta_2, \quad u_2 + \dfrac{m}{\mu - m}\,\delta_2 \right\rangle, \\[3mm] c) & I = \left\langle u_2 - \dfrac{m(1 - \mu^2\,M)}{\mu(1 - m\,M)}\,\delta_2, \quad u_2 - \dfrac{M(\mu^2 - m)}{\mu(1 - m\,M)}\,\delta_2 \right\rangle, \\[3mm] d) & I = \left\langle u_2 - \dfrac{M(\mu^2 - m)}{\mu(1 - m\,M)}\,\delta_2, \quad u_2 - \dfrac{m(1 - \mu^2\,M)}{\mu(1 - m\,M)}\,\delta_2 \right\rangle, \end{array}$$

wenn es ganz in D enthalten ist, durch T in sich abgebildet. Bei linearen Operatoren kann $S^- = T = S^+$ gesetzt werden, dann ist (5.35) entbehrlich und $\mu = 1$.

Über die Existenz einer Lösung von $u = T\,u$ in I wird durch diesen Satz noch nichts ausgesagt, jedoch können Fixpunktsätze bei vielen T zur Anwendung kommen. So läßt sich etwa der Satz 5.12 leicht auf das Intervall I beziehen. Natürlich kann auch weiter iteriert und der Satz auf die jeweils letzten drei Iterierten angewandt werden. Oft zeigt sich dabei eine fortlaufende Verkleinerung der beiden Zahlen $M - m$ und μ, wenn man D jeweils möglichst eng wählt. An Literatur seien hier J. ALBRECHT (1962) und L. COLLATZ (1964), S. 268ff. genannt.

5.8 Beispiel

Es soll hier die Anwendung des Falles b) von Satz 5.33 erläutert werden. Die Randwertaufgabe

$$(5.37) \qquad u'' = \frac{32}{(1+x)^4} - \frac{1}{2}\,u^2 \quad \text{in } (0,1),\ u(0) = 4,\ u(1) = 1$$

kann mittels der Greenschen Funktion zu $-u''$ (vgl. Nr. 5.5) übergeführt werden in die Integralgleichung

$$(5.38) \qquad u = T\,u \equiv \frac{16}{3(1+x)^2} - \frac{1}{3}(4 - 3x) + \frac{1}{2}\int_0^1 G(x,\xi)\,u^2(\xi)\,d\xi.$$

Wählt man das Intervall

$$(5.39) \qquad D = \langle \varphi, \psi \rangle = \left\langle \frac{6}{(1+x)^2} - \frac{1}{2}(4 - 3x),\ \ 4 - 3x \right\rangle,$$

so ergeben sich als einschließende Operatoren

$$(5.40) \qquad S^- w = \int_0^1 G(x,\xi)\,\varphi(\xi)\,w(\xi)\,d\xi, \quad S^+ w = \int_0^1 G(x,\xi)\,\psi(\xi)\,w(\xi)\,d\xi.$$

Setzt man $u_0 = 4 - 3x$, so erhält man eine fallende Folge von Iterierten, $m = 0.151$, $M = 0.259$, $\mu = 1.623$ und damit die Einschließung (5.36b) wie in Abb. 5.41. Die Existenz und Eindeutigkeit kann nun auf anderem Wege gewonnen werden.

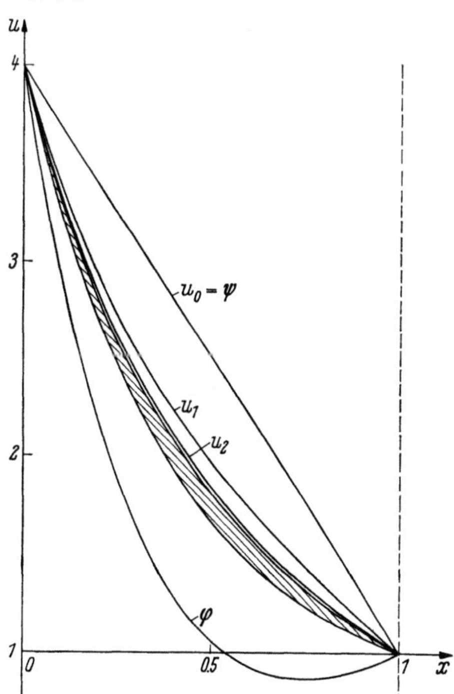

Abb. 5.41. Einschließung durch Extrapolation

5.9 Vergleich benachbarter Aufgaben und Greenscher Funktionen

Es seien in einem Halbordnungs-Banach-Raum R zwei „benachbarte" Aufgaben $S u = q$ und $T v = r$ mit bekannten q und r gegeben. In einem Teilbereich D von R existiere mindestens je eine Lösung dieser Aufgaben und es gelte dort $S w \leq T w$. Wenn dann $r \leq q$ gilt, kann man abschätzen

$$(5.42) \qquad S v \leq T v = r \leq q = S u \leq T u,$$

woraus man $S v \leq S u$ und $T v \leq T u$ entnehmen kann. Ist also S *oder* T von isotoner bzw. antitoner Art, so erhält man sofort $v \leq u$ bzw. $v \geq u$. Dies gilt für alle in D liegenden Lösungen der gegebenen Aufgaben, so daß man bei mehrfacher Lösbarkeit sich besonders große bzw. kleine u oder v auswählen kann.

Diese Betrachtung ist auf nichtlineare Probleme anwendbar, hier sollen jedoch lediglich spezielle lineare Randwertaufgaben weiter behandelt werden. Alle auftretenden Funktionen sollen dem Raum $R = C\,[a, b]$ (vgl. Nr. 5.1) angehören und feste homogene Randbedingungen (1.4) erfüllen. Dann kann man bei der Definition der Aufgaben diese Randbedingungen fortlassen. Es sei mit dem Differentialoperator von (1.1) unter den dortigen Voraussetzungen

$$(5.43) \qquad \begin{aligned} S u &\equiv L u + s(x)\,u = q(x), \\ T v &\equiv L v + t(x)\,v = r(x). \end{aligned}$$

Ist D der Bereich aller n-mal stetig differenzierbaren $w \geq 0$ und gilt $s(x) \leq t(x)$ in $[a, b]$, so ist in D offenbar $S w \leq T w$. Existieren zu beiden Aufgaben nichtnegative Greensche Funktionen $G(x, \xi)$ bzw. $H(x, \xi)$, so sind S und T von isotoner Art, und daher liegen für beliebige $q \geq r \geq 0$ beide Lösungen in D. Obiges Ergebnis liefert dann $0 \leq v \leq u$, d. h. nach (1.38)

$$(5.44) \qquad 0 \leq \int_a^b H(x, \xi)\,r(\xi)\,d\xi \leq \int_a^b G(x, \xi)\,q(\xi)\,d\xi \quad (a \leq x \leq b).$$

Hier ist auch $q = r$ zugelassen, woraus

$$(5.45) \qquad \int_a^b [G(x, \xi) - H(x, \xi)]\,r(\xi)\,d\xi \geq 0 \quad (a \leq x \leq b)$$

folgt. Da $r \geq 0$ weitgehend beliebig ist, läßt sich hieraus leicht

$$(5.46) \qquad G(x, \xi) \geq H(x, \xi) \quad (a \leq x, \xi \leq b)$$

gewinnen, was man so ausdrücken kann, daß eine Vergrößerung von $s(x)$ nicht zu einer Vergrößerung von $G(x, \xi)$ führt. Die letzte Spalte der Tab. 4.32 gibt einige Beispiele, wenn man dort das Vorzeichen umkehrt.

Durch Kombination mit Iterationsverfahren ergeben sich hieraus Anwendungsmöglichkeiten auch auf nichtlineare Randwertaufgaben. Deren Transformation mittels Greenscher Funktionen hat in diesem und dem vorhergehenden Paragraphen eine große Rolle gespielt. Da es aber oft praktische Schwierigkeiten mit sich bringt, mit der Greenschen Funktion explizit zu arbeiten, kann der Übergang zu benachbarten Aufgaben gute Dienste leisten. Für eine Möglichkeit, beim Newtonschen Verfahren (s. § 35) die Benutzung Greenscher Funktionen zu vermeiden, vgl. man L. COLLATZ (1964), S. 316—320. Die dortigen Betrachtungen gelten auch für partielle Differentialgleichungen.

II. Randwertaufgaben bei partiellen Differentialgleichungen

§ 6. Elliptische Einzeldifferentialgleichungen zweiter Ordnung

6.1 Bezeichnungen, Typeneinteilung

Die meisten praktischen Probleme, die auf mehrdimensionale Randwertaufgaben führen, sind entweder zwei- oder dreidimensional. Beide Fälle können weitgehend gemeinsam behandelt werden, wenn man den Betrachtungen einen N-dimensionalen euklidischen Raum E_N mit den kartesischen Koordinaten $x_1, x_2, \ldots, x_N$ zugrunde legt, wie es in diesem Kapitel geschehen soll. Dabei darf natürlich auch $N > 3$ sein. Die Koordinaten lassen sich zu einem Vektor x zusammenfassen, und es wird hier auch x als Argument von Funktionen geschrieben, wenn die Abhängigkeit dieser Funktionen von den einzelnen Koordinaten gemeint ist. Ferner bezeichnet dB oder dB_x, dB_ξ usw. bei Integralen über Gebiete aus E_N das Produkt $dx_1 dx_2 \ldots dx_N$; es wird bei mehrfachen Integralen meist nur ein Integralzeichen geschrieben.

Die partiellen Ableitungen einer Funktion nach den Koordinaten werden nicht nur als $\dfrac{\partial u}{\partial x_k}$, $\dfrac{\partial^2 u}{\partial x_k \partial x_l}$ usw. geschrieben, sondern auch kürzer als $u_{,k}$, $u_{,kl}$ usw. Wo kein Anlaß zu Verwechslungen besteht, wie z. B. im Falle nur einer unbekannten Funktion, wird das Komma weggelassen. Neben diesen Bezeichnungen wird in Spezialfällen auch die anschaulichere Bezeichnung x, y bzw. x, y, z der Koordinaten benutzt, wobei x und dB ihre Bedeutung nicht ändern und bei partiellen Ableitungen u_x, u_{xy} usw. geschrieben wird.

Es wird ferner die Summationskonvention benutzt (vgl. Abschn. G II), die besagt, daß über innerhalb eines Terms doppelt auftretende Indizes von 1 bis N summiert zu denken ist, wenn nicht durch eine Angabe hinter der Formel für den betreffenden Index oder durch ein Summenzeichen mit anderen Grenzen etwas anderes vorgeschrieben wird. Vgl. z. B. untenstehende Formel (6.2), in der über i und k zu summieren ist.

Dieser § befaßt sich mit einzelnen Differentialgleichungen zweiter Ordnung für eine unbekannte Funktion u; die *allgemeine Form* lautet

$$(6.1) \qquad A\,u \equiv F(x, u, u_1, \ldots, u_N, u_{11}, u_{12}, \ldots, u_{NN}) = 0.$$

Spezialfälle dieser Form haben eigene Namen, die durch stufenweise Beschränkung der Allgemeinheit eingeführt werden können. Fast alle Anwendungen führen auf die *quasilineare* Differentialgleichung

$$(6.2) \qquad Q\,u \equiv a_{ik}(x, u, u_1, \ldots, u_N)\,u_{ik} - f(x, u, u_1, \ldots, u_N) = 0.$$

Eine Unterklasse dieser Klasse bilden die *fastlinearen* Gleichungen

$$(6.3) \qquad S\,u \equiv a_{ik}(x)\,u_{ik} - f(x, u, u_1, \ldots, u_N) = 0,$$

die auch *semilinear* genannt werden. Ist auch die Funktion f linear in $u, u_1, \ldots, u_N$, so nennt man die Gleichung schließlich *linear*:

$$(6.4) \qquad L\,u \equiv a_{ik}(x)\,u_{ik} + b_i(x)\,u_i + c(x)\,u = f(x).$$

Die jeweils links angegebene Operatorenschreibweise wird zur Abkürzung benutzt werden. Als Spezialfälle der linearen Differentialgleichungen kann man nennen die Differentialgleichung *mit konstanten Koeffizienten*

$$(6.5) \qquad K\,u \equiv a_{ik}\,u_{ik} + b_i\,u_i + c\,u = f(x),$$

die *reduzierte Wellengleichung (Schwingungsgleichung)*

$$(6.6) \qquad \Delta u + k^2\,u \equiv u_{ii} + k^2\,u = f(x) \quad [\text{meist } f(x) \equiv 0],$$

die *Poissonsche Gleichung*

$$(6.7) \qquad \Delta u \equiv u_{ii} = f(x)$$

und die *Laplacesche* oder *Potentialgleichung*

$$(6.8) \qquad \Delta u \equiv u_{ii} = 0.$$

Es wird angenommen, daß bei den zweiten Ableitungen die Reihenfolge der Differentiationen vertauschbar ist. Daraus folgt, daß die bei den Gln. (6.2) bis (6.5) auftretenden Matrizen als symmetrisch angesehen werden können, da man sie sonst durch $a_{ik}^{*} = \tfrac{1}{2}(a_{ik} + a_{ki})$ ohne Änderung der Gleichungen symmetrisieren kann.

6.2 Elliptizität

Um den Begriff der *Elliptizität* einzuführen, wird die Matrix G der partiellen Ableitungen

$$(6.9) \qquad g_{ik}(\boldsymbol{x}, u, u_1, \ldots, u_N, u_{11}, \ldots, u_{NN}) = \frac{\partial F}{\partial u_{ik}} \quad (i, k = 1, \ldots, N)$$

von F (vgl. 6.1) nach den N^2 letzten Argumenten betrachtet. Ist für eine feste Lösung $\tilde{u}$ von (6.1) in einem festen Punkt $\tilde{x}$ diese Matrix G positiv definit, d. h. gilt für einen beliebigen Vektor $\xi \in E_N$, der nicht gleich dem Nullvektor ist,

$$(6.10) \qquad \xi^T G \xi = g_{ik} \xi_i \xi_k > 0$$

[bei < 0 kann man die Gl. (6.1) mit -1 multiplizieren], so heißt die *Lösung $\tilde{u}$* von (6.1) im *Punkte $\tilde{x}$* elliptisch. Gilt (6.10) für jeden Punkt eines (offenen oder abgeschlossenen) Gebietes B, so heißt $\tilde{u}$ in B *elliptisch*. Gilt (6.10) in einem Punkt $\tilde{x}$ oder Gebiet B für alle Lösungen von (6.1), so heißt die *Differentialgleichung im Punkte $\tilde{x}$ bzw. Gebiet B elliptisch*. Die letzte Definition kann man schließlich noch so modifiziert denken, daß Einschränkungen für die Lösungsmannigfaltigkeit hinzugenommen werden [z. B. kann man bei $(1 - u^2) u_{xx} + u_{yy} = 0$ nicht nur alle Lösungen $\tilde{u}$ dort elliptisch nennen, wo $|\tilde{u}| < 1$ ist, sondern man kann auch die Gleichung „elliptisch für $|u| < 1$" nennen]. Der

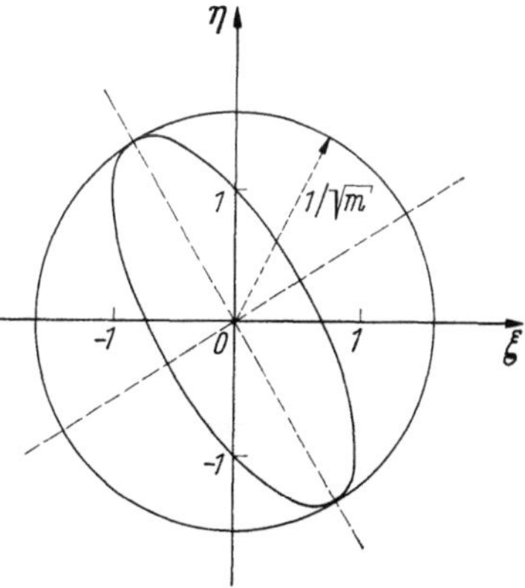

Abb. 6.11. Ellipse $2\,\xi^2 + 2\,\xi\,\eta + \eta^2 = 1$ bei der Differentialgleichung $2u_{xx} + 2u_{xy} + u_{yy} = f(x, y)$

Name „elliptisch" rührt daher, daß die Schar von Hyperflächen $g_{ik} \xi_i \xi_k$ $= $ const unter der Bedingung (6.10) eine Schar von Ellipsoiden darstellt (s. Abb. 6.11).

Bei quasilinearen Gln. (6.2) wird $g_{ik} = a_{ik}$, und diese Größen hängen nicht mehr von den zweiten Ableitungen von u ab. Bei fastlinearen Differentialgleichungen (6.3) hängen die $g_{ik} = a_{ik}$ gar nicht mehr von u oder seinen Ableitungen ab, so daß aus der Elliptizität einer Lösung die Elliptizität der Differentialgleichung in dem betreffenden Punkt oder Gebiet folgt. Das gilt erst recht für lineare Gln. (6.4). Bei konstanten Koeffizienten (6.5) ist die Gleichung entweder überall oder nirgends elliptisch, während die Gln. (6.6) bis (6.8) überall elliptisch sind.

6.3 Sachgemäße Aufgaben

Der nächste Begriff, der hier einzuführen ist, ist der der *sachgemäßen Aufgabe (properly posed problem)*. Darunter versteht man eine Aufgabe,

bei der Differentialgleichung und zusätzliche Anfangs- bzw. Randbedingungen so gestellt sind, daß

1. eine Lösung existiert;
2. diese Lösung eindeutig bestimmt ist;
3. die Lösung stetig von den in der Aufgabe benutzten Daten (z. B.
Randwerte, rechte Seite der Differentialgleichung) abhängt.

Es kann nun gesagt werden, daß bei hyperbolischen und parabolischen Gleichungen Anfangs- und Anfangsrandwertprobleme sachgemäß
sind, während Randwertprobleme unsachgemäß sind. Bei elliptischen
Differentialgleichungen ist es genau umgekehrt, d. h., Randwertprobleme
sind die sachgemäßen Probleme. Hyperbolische und parabolische Aufgaben wurden in Abschn. D (siehe die Defi-
nitionen des dortigen § 14) behandelt, so daß
dieser Abschnitt lediglich elliptische Differentialgleichungen zu berücksichtigen hat.

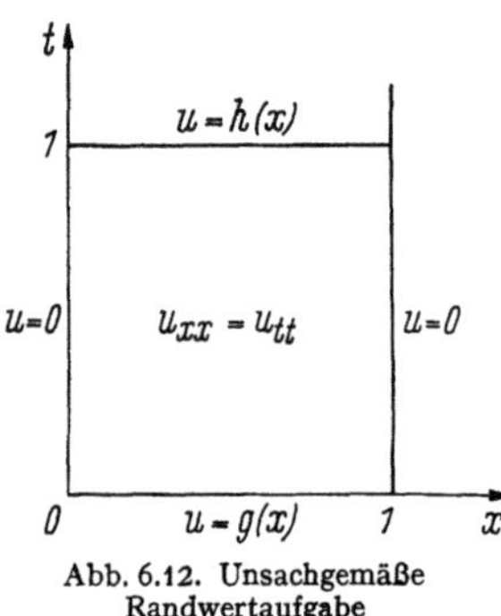

Abb. 6.12. Unsachgemäße
Randwertaufgabe

So „vernünftig" die drei Forderungen
der Sachgemäßheit aussehen, sie sind es nicht
in allen Fällen. Oft wird man auf die Eindeutigkeit verzichten, wie z. B. bei additiven
Konstanten beim Neumann-Problem (vgl.
Nr. 12.2) oder im Falle freier Faktoren oder
Linearkombinationen bei Eigenfunktionen
usw. Auch erfüllen nicht alle physikalischen
Probleme die drei Forderungen. Man denke etwa an Resonanzprobleme
oder folgendes Beispiel für die Unsachgemäßheit einer Randwertaufgabe
für eine hyperbolische Gleichung: Eine an beiden Enden eingespannte
homogene Saite (Abb. 6.12) schwingt angenähert nach den Gleichungen

$$(6.13) \qquad \begin{aligned} u_{xx} &= u_{tt} \quad \text{in} \quad 0 < x, t < 1, \\ u(0, t) &= u(1, t) = 0 \quad \text{für} \quad 0 \leq t \leq 1. \end{aligned}$$

Fragt man nach der Anfangsgeschwindigkeit $u_t(x, 0)$, die erforderlich
ist, um bei einer gegebenen Anfangsauslenkung $u(x, 0) = g(x)$ ($0 \leq x \leq
\leq 1$) die Endauslenkung $u(x, 1) = h(x)$ zu erreichen, so ist das eine
Randwertaufgabe. Die Methoden von Abschn. D erlauben es nun,
festzustellen: Unabhängig von der gesuchten Anfangsgeschwindigkeit
ist $h(x) = -g(1 - x)$; d. h. entweder war ein anderes $h(x)$ vorgegeben,
dann existiert keine Lösung (1. Forderung verletzt) oder es wurde tatsächlich $h(x) = -g(1 - x)$ vorgegeben, dann ist die Anfangsgeschwindigkeit frei wählbar, also die Lösung mehrdeutig (2. Forderung verletzt).

Ein weiteres Beispiel zeigt die Unsachgemäßheit einer Anfangswertaufgabe bei der Potentialgleichung

$$(6.14) \qquad \Delta u = u_{xx} + u_{yy} = 0 \quad (-\infty < x < \infty, y > 0).$$

Sind die Anfangsbedingungen

(6.15) $$u(x, 0) = e^{-a} \cos a^2 x, \quad u_y(x, 0) = 0,$$

so ergibt sich als exakte Lösung (vgl. Abb. 6.17)

(6.16) $$u(x, y) = e^{-a} \cos a^2 x \cdot \cosh a^2 y.$$

Läßt man hierin $a > 0$ über alle Grenzen wachsen, so stellt man fest, daß für $y = 0$ die Anfangswerte und auch sämtliche Ableitungen der Lösung gleichmäßig für alle x gegen Null konvergieren, während für $x = 0$ und ein beliebig kleines $y > 0$ für wachsendes a beliebig große Werte angenommen werden. Damit ist die dritte Forderung verletzt.

Abb. 6.17. $z = \cos x \cdot \cosh y$

6.4 Gleichmäßige Elliptizität

Geht man dem Begriff der Elliptizität etwas genauer nach, so kommt man zu folgender Definition:

Eine Lösung $\tilde{u}$ oder Differentialgleichung (6.1) heißt in einem (offenen oder abgeschlossenen) Gebiet B *gleichmäßig elliptisch*, wenn dort (vgl. 6.9)

(6.18) $$\xi^T G \xi = g_{ik} \xi_i \xi_k \geqq m \xi_i \xi_i$$

gilt mit konstantem $m > 0$.

Wenn $\tilde{u}$ oder (6.1) in einem offenen Gebiet B elliptisch sind, so können auf dem Rand Γ immerhin noch parabolische Punkte liegen, selbst wenn die g_{ik} stetig sind. Es gilt aber folgender

Satz 6.19: *Das Gebiet B sei beschränkt. Eine Lösung $\tilde{u}$ oder Differentialgleichung (6.1), für die die g_{ik} in $B + \Gamma$ stetig sind, ist genau dann in $B + \Gamma$ elliptisch, wenn sie in B gleichmäßig elliptisch ist.*

Als Beispiel kann die Tricomi-Gleichung

(6.20) $$y\, u_{xx} + u_{yy} = 0 \quad \text{in } B: 0 < x < 1, y_0 < y < 1$$

gelten, bei der die Ungleichung (6.18) die Form

$$y\, \xi^2 + \eta^2 > y_0(\xi^2 + \eta^2)$$

hat; für $y_0 > 0$ ist die Gleichung in B gleichmäßig elliptisch, für $y_0 = 0$ in $B + \Gamma$ nicht mehr elliptisch.

Übrigens ist für einen festen Punkt aus B die Zahl m aus (6.18) nicht größer als der kleinste Eigenwertbetrag der Matrix G, beim Beispiel der Abb. 6.11 ergibt sich $m = \frac{1}{2}(3 - \sqrt{5}) \approx 0.382$. Gleichmäßige Elliptizität fordert die Existenz einer Kugel (bzw. eines Kreises bei $N = 2$) von endlichem Radius $(1/\sqrt{m})$, in der alle Ellipsoide $g_{ik}\,\xi_i\,\xi_k = 1$ für das Grundgebiet Platz finden.

6.5 Beziehungen zur Tensoranalysis

Das Verhalten elliptischer Differentialgleichungen zweiter Ordnung gegenüber Koordinatentransformationen kann mit Hilfe der Tensoranalysis untersucht werden [vgl. Abschn. G II und G. F. D. DUFF (1956)]. Beschränkt man sich auf lineare Gln. (6.4), so stellt man zunächst fest, daß die Größen $a_{ik}(x) = a_{ki}(x)$ einen kontravarianten Tensor zweiter Stufe bilden, so daß die Indizes (in der üblichen Schreibweise) oben stehen müssen. Man kann etwa $a_{ik}(x) = p^{ik}(x)$ definieren und auch bei den Koordinaten x^i den Index oben schreiben. Die Inverse p_{ik} der Matrix p^{ik} ist ein kovarianter Tensor zweiter Stufe, zu p^{ik} konjugiert und assoziiert und kann zur Einführung der positiv definiten Riemannschen Metrik

$$(6.21) \qquad ds^2 = p_{ik}\,dx^i\,dx^k$$

und des Volumenelements

$$(6.22) \qquad dV = \sqrt{p}\,dx^1 \ldots dx^N$$

dienen, worin $p = \det(p_{ik})$ ist. Für die Gl. (6.4) gewinnt man schließlich die Form

$$(6.23) \qquad L\,u \equiv \frac{1}{\sqrt{p}}\,\frac{\partial}{\partial x^i}\left(\sqrt{p}\,p^{ik}\,\frac{\partial u}{\partial x^k}\right) + q^i\,\frac{\partial u}{\partial x^i} + c\,u = f.$$

Diese Form ist invariant gegen Koordinatentransformationen in dem Sinne, daß bei invariantem u die Größen p^{ik} und q^i kontravariant zu transformieren sind, während $\sqrt{p}$ mit der Funktionaldeterminante zu multiplizieren ist. Es zeigt sich weiterhin u. a., daß $L\,u$ für $N \geq 3$ genau dann in eine Gleichung mit konstanten Koeffizienten p^{ik} transformiert werden kann, wenn der Riemannsche Krümmungstensor identisch verschwindet. Für Einzelheiten und weiteren Ausbau dieser Theorie vgl. man DUFF a. a. O. Die Tensorschreibweise wird nun wieder außer Kraft gesetzt.

6.6 Die Beltramischen Gleichungen

Bei elliptischen Gleichungen mit konstanten Koeffizienten ist unmittelbar ersichtlich, daß sie durch *affine* Koordinatentransformationen auf die Form

$$(6.24) \qquad K^*\,u = \Delta u + b_i^*\,u_i + c\,u = f(x)$$

gebracht werden können. Beschränkt man sich bei den allgemeineren fastlinearen Gleichungen auf zwei unabhängige Variable, so führt die Aufgabe, die Differentialgleichung

$$(6.25) \quad a(x, y)\, u_{xx} + 2b(x, y)\, u_{xy} + c(x, y)\, u_{yy} = f(x, y, u, u_x, u_y)$$

durch eine Koordinatentransformation

$$(6.26) \qquad \xi = \xi(x, y), \quad \eta = \eta(x, y)$$

mit nichtverschwindender Funktionaldeterminante $\delta = \xi_x \eta_y - \xi_y \eta_x$ auf die Form

$$(6.27) \qquad u_{\xi\xi} + u_{\eta\eta} = \tilde{f}(\xi, \eta, u, u_\xi, u_\eta)$$

zu bringen, zu den Beltramischen Gleichungen

$$(6.28) \qquad \xi_x = \frac{b}{W}\,\eta_x + \frac{c}{W}\,\eta_y, \quad \xi_y = - \frac{a}{W}\,\eta_x - \frac{b}{W}\,\eta_y$$

$$\text{mit } W = W(x, y) = \sqrt{ac - b^2}.$$

($ac - b^2 > 0$ wegen der Elliptizität, das Vorzeichen der Wurzel ist beliebig.) Aus diesen Gleichungen läßt sich ξ eliminieren, man erhält

$$(6.29) \qquad \left(\frac{a}{W}\,\eta_x + \frac{b}{W}\,\eta_y\right)_x + \left(\frac{b}{W}\,\eta_x + \frac{c}{W}\,\eta_y\right)_y = 0$$

und für die Funktionaldeterminante

$$(6.30) \qquad \delta = \frac{1}{W}\,(a\,\eta_x^2 + 2b\,\eta_x\eta_y + c\,\eta_y^2).$$

Bei $N > 2$ ist die Situation schwieriger: Man erhält für die N Funktionen der Koordinatentransformation $\binom{N+1}{2} - 1 > N$ Differentialgleichungen, also ein überbestimmtes System.

Die Existenz einer Lösung der Beltrami-Gleichungen (6.28) in einer kleinen Umgebung eines festen Punktes kann bewiesen werden unter der Voraussetzung, daß a, b und c in dieser Umgebung hölderstetig mit einem Exponenten α in $0 < \alpha < 1$ sind (vgl. Nr. 6.9). Sind a, b, c in einem ganzen Gebiet B hölderstetig, so kann man analog zu dem in der Funktionentheorie üblichen Kreiskettenverfahren (s. Abschn. A) die Lösung von einer Umgebung in das ganze Gebiet fortsetzen, wobei man allerdings Riemannsche Flächen zulassen muß [vgl. R. Courant und D. Hilbert (1962), S. 160].

Beispiel 1: Die Tricomi-Gleichung (6.20) führt mit der Transformation $\xi = \frac{3}{2}x$, $\eta = y^{3/2}$ auf die Gleichung

$$(6.31) \qquad \frac{9}{4}\,\eta^{2/3}\left(u_{\xi\xi} + u_{\eta\eta} + \frac{1}{3\eta}\,u_\eta\right) = 0,$$

die für Bereiche mit $y > 0$ im Großen gilt.

Beispiel 2: Es seien x und y Koordinaten auf einer Kugel (entsprechend der geographischen Länge und Breite), und es sei die Differentialgleichung

$$(6.32) \qquad u_{xx} + \cos^2 y \cdot u_{yy} = f(x, y, u, u_x, u_y)$$

gegeben. Es wird $W = -\cos y$, und die Beltrami-Gleichungen lauten:

$$\eta_x = -\cos y \cdot \xi_y, \qquad \eta_y = \frac{1}{\cos y} \xi_x.$$

Sie sind z. B. lösbar durch

$$\xi(x, y) = \xi(x) = x, \qquad \eta(x, y) = \eta(y) = \ln\left(\frac{1 + \sin y}{\cos y}\right) = \ln\left(\frac{\cos y}{1 - \sin y}\right).$$

Die Kugel wird auf den Streifen $0 \leqq \xi \leqq 2\pi$, $-\infty < \eta < +\infty$ konform abgebildet (vgl. Abb. 6.33) und die Differentialgleichung transformiert in

$$u_{\xi\xi} + u_{\eta\eta} = g(\xi, \eta, u, u_\xi, u_\eta).$$

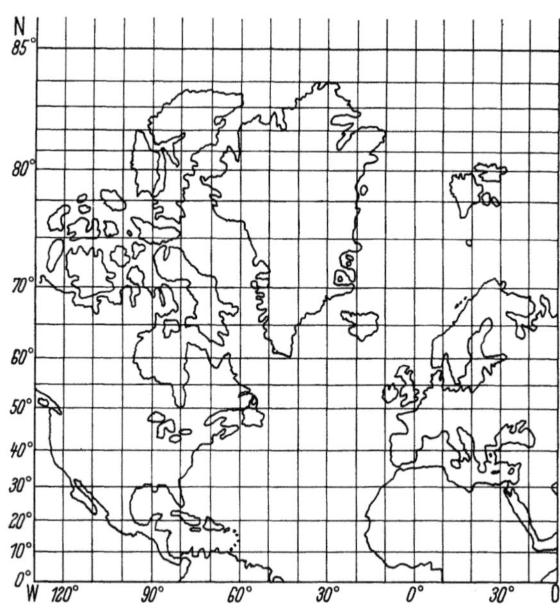

Abb. 6.33. Konforme Abbildung der Kugel (Ausschnitt, Merkator-Karte)

6.7 Elimination der ersten Ableitungen, der Bernoulli-Ansatz

Hat man bei einer fastlinearen Gleichung die Form

$$(6.34) \qquad u_{ii} + b_i(x) u_i + c(x) u = r(x, u)$$

erreicht, so kann man durch den Ansatz $u(x) = v(x) \cdot \Phi(x)$ versuchen, die ersten Ableitungen zu eliminieren. Es ergibt sich das Differentialgleichungssystem

$$(6.35) \qquad \Phi_i + \tfrac{1}{2} b_i(x)\,\Phi = 0,$$

dessen Lösung in Spezialfällen möglich ist. Hängt z. B. ein b_i (i fest) nur von x_i ab: $b_i(x) = b_i(x_i)$, so integriert man b_i unbestimmt: $d_i(x_i) = \int^{x_i} b_i(t)\,dt$ und kann dann mit $\Phi = \exp(-\tfrac{1}{2} d_i + \text{const})$ das betreffende Glied eliminieren. Entsprechend für weitere b_i. Bei $b_i = \text{const}$ ($i = 1, \ldots, N$) ergibt sich $\Phi = \exp(-\tfrac{1}{2} b_i\,x_i)$.

Beim Beispiel der Tricomi-Gleichung in der Form (6.31) ergibt sich mit $u = v \cdot \exp(-\tfrac{1}{6} \ln\eta) = v\,\eta^{-1/6}$

$$(6.36) \qquad \frac{9}{4}\,\eta^{1/2}\left(v_{\xi\xi} + v_{\eta\eta} + \frac{5}{36\eta^2}\,v\right) = 0.$$

Das Prinzip dieser Transformation ist ähnlich dem Prinzip der *Separation* oder *Trennung der Variablen* durch einen *Bernoulli-Ansatz*

$$(6.37) \qquad v(x) = \prod_{k=1}^{N} \varphi_k(x_k),$$

das nicht mit dem gleichnamigen Verfahren bei gewöhnlichen Differentialgleichungen (vgl. Abschn. D) zu verwechseln ist. Das Ziel des Ansatzes (6.37) ist die Aufstellung spezieller Lösungen der gegebenen Differentialgleichung durch Lösung von Differentialgleichungen kleinerer Dimension, i. allg. gewöhnlichen Differentialgleichungen. Ein Beispiel erläutert die Methode wohl am besten:

Die soeben gewonnene Gl. (6.36) ergibt bei dem Ansatz $v(\xi, \eta) = \varphi(\xi) \cdot \psi(\eta)$ die Form $\varphi''(\xi)\,\psi(\eta) + \varphi(\xi)\,\psi''(\eta) + \dfrac{5}{36\eta^2}\,\varphi(\xi)\,\psi(\eta) = 0$, die, durch v dividiert[1], auf die Gleichung

$$(6.38) \qquad -\frac{\varphi''(\xi)}{\varphi(\xi)} = \frac{\psi''(\eta)}{\psi(\eta)} + \frac{5}{36\eta^2}$$

führt. Da hier die rechte Seite nicht von ξ abhängt, hängt auch die linke Seite nicht von ξ ab, ebenso ändern sich beide Seiten nicht, wenn man η ändert, da dies von der linken Seite gilt; somit sind beide Seiten einer Konstante c gleich, und es ergibt sich

$$(6.39) \qquad \varphi'' + c\,\varphi = 0, \qquad \psi'' + \left(-c + \frac{5}{36\eta^2}\right)\psi = 0,$$

---

[1] Man setzt zunächst $\varphi(\xi)\,\psi(\eta) \neq 0$ voraus, kann aber nachträglich zeigen, daß die Originalgleichung auch in den Punkten mit $\varphi(\xi)\,\psi(\eta) = 0$ von den Funktionen (6.40) erfüllt wird.

woraus man die Lösungen ($I_{\pm 1/3}$ und $J_{\pm 1/3}$ sind Zylinderfunktionen, vgl. Abschn. B)

$$(6.40) \quad v(\xi, \eta) = \begin{cases} (a\,\xi + b)\,(d\,\eta^{1/6} + e\,\eta^{5/6}) & \text{für } c = 0 \\[2mm] \left.\begin{array}{l} [a\cos(\sqrt{c}\,\xi) + b\sin(\sqrt{c}\,\xi)] \times \\ \times\,[d\sqrt{\eta}\,I_{1/3}(\sqrt{c}\,\eta) + e\sqrt{\eta}\,I_{-1/3}(\sqrt{c}\,\eta)] \end{array}\right\} & \text{für } c > 0 \\[2mm] \left.\begin{array}{l} [a\exp(\sqrt{-c}\,\xi) + b\exp(-\sqrt{-c}\,\xi)] \times \\ \times\,[d\sqrt{\eta}\,J_{1/3}(\sqrt{-c}\,\eta) + e\sqrt{\eta}\,J_{-1/3}(\sqrt{-c}\,\eta)] \end{array}\right\} & \text{für } c < 0 \end{cases}$$

erhält, (a, b, d, e freie Konstanten), die leicht auf die Formen (6.31) und (6.20) umgerechnet werden können.

6.8 Die Legendre-Transformation

Die *Legendre-Transformation* läßt sich geometrisch deuten als Übergang von Punktkoordinaten zu Ebenenkoordinaten, wie er in der projektiven Geometrie üblich ist. Dabei werden die Koordinaten x_i ($i = 1, \ldots, N$) und eine Funktion $u(x)$ gleichzeitig in neue Koordinaten ξ_i ($i = 1, \ldots, N$) und eine neue Funktion $\omega(\xi)$ transformiert durch die Formeln

$$(6.41) \quad \frac{\partial u}{\partial x_i} = \xi_i, \qquad \frac{\partial \omega}{\partial \xi_i} = x_i \quad (i = 1, \ldots, N), \qquad u(x) + \omega(\xi) = x_i\,\xi_i$$

Die zweiten Ableitungen von u und ω hängen zusammen durch

$$(6.42) \quad \frac{\partial^2 u}{\partial x_i \partial x_j} \cdot \frac{\partial^2 \omega}{\partial \xi_j \partial \xi_k} = \delta_{ik} \quad (\text{Kronecker-Symbol, } i, k = 1, \ldots, N).$$

Die Anwendung der Legendre-Transformation empfiehlt sich besonders dann, wenn eine Differentialgleichung in komplizierter Weise von den ersten Ableitungen von u abhängt, aber in einfacher Weise von den Koordinaten x_i. Für Beispiele vgl. man die Nr. 14.3 und 14.7.

6.9 Hölder-Stetigkeit und Funktionenklassen

Der Begriff der Hölder-Stetigkeit wird in diesem Kapitel noch öfter gebraucht werden. Man nennt eine Funktion $a(x)$ in einem Punkte x oder einem Gebiet B *hölderstetig* mit dem Exponenten α (meist <1), wenn sie dort der *Hölder-Bedingung*

$$(6.43) \qquad |a(x') - a(x)| \leqq \text{const} \left|\sqrt{\sum_{i=1}^{N} (x_i' - x_i)^2}\right|^{\alpha}$$

für alle x' einer Umgebung von x bzw. alle x, x' aus B genügt. Für $\alpha = 1$ heißt (6.43) eine *Lipschitz-Bedingung*.

Um eine abkürzende Schreibweise zur Verfügung zu haben, werden die Funktionenklassen $C^{(\lambda)}$ eingeführt. Man sagt, daß eine Funktion $a(x)$

in einem offenem Gebiet B oder abgeschlossenen Bereich $B + \Gamma$ zur Klasse $C^{(k)}$ ($k = 0, 1, \ldots$) gehört, wenn $a(x)$ und alle seine Ableitungen bis zur k-ten Ordnung einschließlich stetig sind. Sind die k-ten Ableitungen überdies hölderstetig mit dem Exponenten α ($0 < \alpha < 1$), so nennt man $a(x)$ zur Klasse $C^{(k+\alpha)}$ gehörig und schreibt auch $a(x) \in$ $\in C^{(k+\alpha)}$ oder $a(x) \in C^{(k+\alpha)}(B + \Gamma)$ usw.

Im Intervall $(-1, 1)$ z. B. gehört die Funktion $a(x) = x\sqrt[3]{x}$ zur Klasse $C^{(4/3)}$, während $a(x) = |x|^\tau \ln|x|$ zur Klasse $C^{(\alpha)}$ mit $\alpha < \tau$ gehört, aber nicht mehr zu $C^{(\tau)}$.

Man kann weiterhin den Rand Γ eines Gebietes des euklidischen Raumes E_N von der Klasse $C^{(\lambda)}$ nennen, wenn in einer Umgebung U jedes Punktes von Γ für mindestens ein festes i ($1 \leq i \leq N$) eine Parameterdarstellung der Form

$$x_i = f(x_1, \ldots, x_{i-1}, \ x_{i+1}, \ldots, x_N) \quad \text{mit} \quad f \in C^{(\lambda)}(T)$$

existiert, wo T die Projektion von U auf die Ebene $x_i = 0$ ist.

§ 7. Randbedingungen, elliptische Systeme

7.1 Drei Arten von Randbedingungen

Die zu einer Randwertaufgabe gehörigen *Randbedingungen* stellen einen wichtigen Bestandteil der Aufgabe dar, der großen Einfluß auf Existenz, Eindeutigkeit und Eigenschaften der Lösung hat. Bei Differentialgleichungen 2. Ordnung [(6.1) oder Spezialfälle] unterscheidet man drei Typen von Randwertaufgaben mit linearen Randbedingungen:

1. die *erste Randwertaufgabe*, auch *Dirichlet-Problem* genannt, bei der auf dem Rande Γ eines zusammenhängenden offenen Gebietes B des E_N die Bedingung

$$(7.1) \qquad u(x) = \gamma(x) \quad (x \in \Gamma)$$

gegeben ist mit einer auf ganz Γ definierten Funktion $\gamma(x)$. Die Aufgabe besteht dann in der Auffindung einer Funktion $u(x)$, die im Gebiet B die gegebene Differentialgleichung und auf Γ die Gleichung (7.1) erfüllt.

2. Bei der *zweiten Randwertaufgabe*, dem *Neumann-Problem*, lautet die entsprechende Bedingung

$$(7.2) \qquad u_\nu(x) \equiv \frac{\partial u(x)}{\partial \nu} \equiv \nu_i(x)\, u_i(x) = \gamma(x) \quad (x \in \Gamma).$$

Dabei sind $u_\nu(x)$ und $\dfrac{\partial u(x)}{\partial \nu}$ als abkürzende Schreibweisen für die *Ableitung in Richtung der inneren Normale* — kurz die *Normalableitung* — $\nu_i(x)\, u_i(x)$ zu verstehen. Es wird meist vorausgesetzt, daß der

Rand Γ aus endlich vielen glatten Hyperflächenstücken besteht, so daß eine stetig sich ändernde innere Einheitsnormale im Inneren der Hyperflächenstücke existiert.[1] Ecken, Kanten usw. bis zu $(N-2)$-dimensionalen „Hyperkanten" werden dann zu angrenzenden Hyperflächenstücken geschlagen.

3. Die *dritte Randwertaufgabe* [verschiedentlich als *Robin-Problem* bezeichnet, vgl. G. F. D. DUFF (1956), S. 101] läßt sich allgemein mit der Randbedingung

$$(7.3) \qquad \alpha(x)\, u(x) + \beta(x)\, u_\nu(x) = \gamma(x) \quad (x \in \Gamma,\ \alpha^2(x) + \beta^2(x) > 0)$$

formulieren; dann sind die erste und zweite Randwertaufgabe Spezialfälle der dritten Randwertaufgabe. Verschiedentlich finden sich auch die Formen

$$(7.5) \qquad u_\nu(x) - \alpha(x)\, u(x) = \gamma(x) \quad (x \in \Gamma) \quad \text{und}$$

$$(7.6) \qquad u(x) - \beta(x)\, u_\nu(x) = \gamma(x) \quad (x \in \Gamma)$$

für diese Randbedingungen, wobei meist Bedingungen $\alpha(x) \geqq 0$ bzw. $\beta(x) \geqq 0$ hinzugesetzt werden. Allerdings muß zur Sicherstellung der Allgemeinheit von (7.3) zugelassen werden, daß auf Teilen des Randes (7.1) statt (7.5) bzw. (7.2) statt (7.6) gegeben ist.

Die Typen 2 und 3 der Randbedingungen lassen bei linearen Aufgaben (6.4) eine Variante zu, bei der die durch

$$(7.7) \qquad \sigma_i = \frac{a_{ik}\, v_k}{\sqrt{a_{jl}\, v_l\, a_{jm}\, v_m}}$$

definierte *Konormale* σ an Stelle der Normale in (7.2) bzw. (7.3) tritt. Man schreibt dann analog

$$(7.8) \qquad u_\sigma(x) \equiv \sigma_i(x)\, u_i(x) = \gamma(x) \quad (x \in \Gamma) \quad \text{und}$$

$$(7.9) \qquad \alpha(x)\, u(x) + \beta(x)\, u_\sigma(x) = \gamma(x) \quad (x \in \Gamma,\ \alpha^2 + \beta^2 > 0).$$

Bei Verwendung des schon oben (Nr. 6.5) benutzten Tensorkalküls kann man die Längennormierung nach der Riemannschen Metrik (6.21) vornehmen und erhält dann das Ergebnis, daß die Komponenten der Normale kovariant transformiert werden, während die *Konormale* aus den *kontra*varianten Komponenten desselben Vektors besteht[2]. Daraus

---

[1] Ist ein Hyperflächenstück durch eine Gleichung $F(x) = 0$ gegeben, so heißt „glatt", daß die ersten Ableitungen $F_i(x)$ $(i = 1, \ldots, N)$ existieren und nebst $F(x)$ stetig sind, wobei $F_i(x)\, F_i(x) > 0$ ist. In diesem Falle ist der Vektor der

$$(7.4) \qquad v_i(x) = \frac{F_i(x)}{\sqrt{F_k(x)\, F_k(x)}}$$

eine Normale der Länge 1. Je nach Wahl des Vorzeichens der Wurzel zeigt diese Normale nach innen oder außen.

[2] Die sprachliche Inkonsequenz dieser Ausdrucksweise dürfte historische Gründe haben: Vor EINSTEIN sagte man kogredient statt kontravariant und kontragredient statt kovariant [A. SOMMERFELD (1947), S. 360].

ergibt sich als invariante Formulierung der „Normalableitung", daß diese als Tensorprodukt der Normale mit dem Gradienten von $u(x)$ geschrieben wird [$u_i \, v^i = u^i \, v_i$, man vgl. G. F. D. DUFF (1956)].

Randbedingungen, in denen Ableitungen in beliebigen, nicht tangentialen Richtungen vorkommen, betrachtet C. MIRANDA (1955), S. 6, indem er Bedingungen der Form (7.9) schon zum Neumann-Problem rechnet.

Es bleibt hinzuzufügen, daß auch nichtlineare Randbedingungen Sinn haben können, daß aber die Vielfalt der möglichen Formen eine Klassifikation wenig sinnvoll erscheinen läßt.

7.2 Äußere Probleme und Transformation durch reziproke Radien

Bei allen drei Typen von Randwertaufgaben hat man zu unterscheiden zwischen *inneren* Problemen (d. h. solchen, bei denen das Grundgebiet endlich ist) und *äußeren* Problemen (bei denen das nicht der Fall ist). Beispiele für letztere finden sich u. a. in der Strömungslehre und bei Ausstrahlungsvorgängen. Eine Schwierigkeit besteht in dem „Fehlen" von Randteilen und der Unmöglichkeit, Randbedingungen ohne Rand zu formulieren. Man hilft sich oft dadurch, daß man ein endliches Teilgebiet (z. B. einen großen Kreis) mit Randbedingungen am äußeren Rand versieht und die bei fortlaufender Vergrößerung des Teilgebietes aus diesen Randbedingungen sich ergebenden Limesbeziehungen als Ersatz für Randbedingungen benutzt.

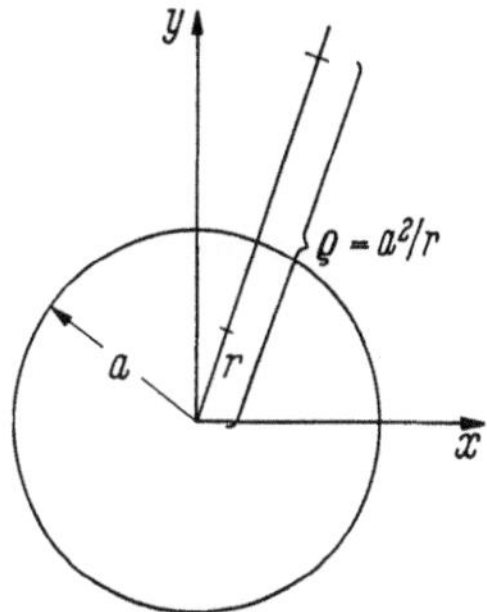

Abb. 7.11. Abbildung durch reziproke Radien

Von Nutzen ist bei äußeren Problemen oft die *Abbildung durch reziproke Radien*, auch *Spiegelung am Kreis* bzw. *an der Kugel* genannt, die durch die Formeln

$$(7.10) \qquad \xi_i = \frac{a^2 \, x_i}{r^2}, \qquad x_i = \frac{a^2 \, \xi_i}{\varrho^2}, \qquad r^2 = x_k \, x_k, \qquad \varrho^2 = \frac{a^4}{r^2} = \xi_k \, \xi_k$$

$$(i = 1, \ldots, N)$$

beschrieben wird (Abb. 7.11)[1]. Hat man nämlich als Koordinatenursprung einen Punkt gewählt, der nicht zum abgeschlossenen Gebiet $B + \Gamma$ gehört, so ist nach der Transformation das Gebiet endlich geworden.

---

[1] Für $N = 2$ ist dies bei komplexer Schreibweise $z = x_1 + i\,x_2$, $\zeta = \xi_1 + i\,\xi_2$ die winkeltreue Abbildung $\zeta = 1/\bar{z}$, durch nachfolgende Spiegelung an der x_1-Achse ergibt sich die konforme Abbildung mit Erhaltung des Drehsinns $1/z$, vgl. Abschn. A. Für $N \geq 3$ sind die Spiegelungen an allen Kugeln außer den Ähnlichkeitstransformationen die einzigen winkeltreuen Abbildungen.

Im Spezialfall $a = 1$ erhält man für die Ableitungen der neuen nach den alten Koordinaten

$$\frac{\partial \xi_k}{\partial x_i} = \delta_{ik}\,\varrho^2 - 2\,\xi_i\,\xi_k \quad \left(\delta_{ik} = \begin{cases} 1 & \text{für } i = k \\ 0 & \text{für } i \neq k \end{cases}\right),$$

(7.12)
$$\frac{\partial^2 \xi_k}{\partial x_i\,\partial x_j} = -2\varrho^2(\delta_{ij}\,\xi_k + \delta_{jk}\,\xi_i + \delta_{ki}\,\xi_j) + 8\,\xi_i\,\xi_j\,\xi_k$$
$$(i, j, k = 1, \ldots, N).$$

Dementsprechend werden die Ableitungen einer Funktion $u(x)$ $= u(\xi/\varrho^2) = \tilde{u}(\xi)$ wie folgt transformiert:

$$\frac{\partial u}{\partial x_i} = \frac{\partial \xi_k}{\partial x_i} \cdot \frac{\partial \tilde{u}}{\partial \xi_k} = (\delta_{ik}\,\varrho^2 - 2\,\xi_i\,\xi_k)\,\frac{\partial \tilde{u}}{\partial \xi_k} \quad (i = 1, \ldots, N),$$

$$\frac{\partial^2 u}{\partial x_i\,\partial x_j} = \frac{\partial \xi_k}{\partial x_j} \cdot \frac{\partial \xi_l}{\partial x_i} \cdot \frac{\partial^2 \tilde{u}}{\partial \xi_k\,\partial \xi_l} + \frac{\partial^2 \xi_k}{\partial x_i\,\partial x_j} \cdot \frac{\partial \tilde{u}}{\partial \xi_k}$$

(7.13)
$$= (\delta_{jk}\,\varrho^2 - 2\,\xi_j\,\xi_k)\,(\delta_{il}\,\varrho^2 - 2\,\xi_i\,\xi_l)\,\frac{\partial^2 \tilde{u}}{\partial \xi_k\,\partial \xi_l} +$$
$$+ [-2\varrho^2(\delta_{ij}\,\xi_k + \delta_{jk}\,\xi_i + \delta_{ki}\,\xi_j) + 8\,\xi_i\,\xi_j\,\xi_k]\,\frac{\partial \tilde{u}}{\partial \xi_k}$$
$$(i, j = 1, \ldots, N).$$

Für die Transformation der Potentialgleichung vgl. man Nr. 12.5.

Nicht mehr in das Schema dieses § passen die *Aufgaben mit freien Rändern*, die z. B. bei Wasserwellen und Elastizitätsproblemen auftreten. Dabei sind meist überzählige Randbedingungen gegeben, die eine Bestimmung des Randes ermöglichen sollen.

7.3 Einzeldifferentialgleichungen und Systeme

Es werden nun Systeme von P partiellen Differentialgleichungen erster Ordnung für P unbekannte Funktionen[1] betrachtet, wieder in einem Gebiet B des N-dimensionalen euklidischen Raumes E_N. Einzelne Differentialgleichungen und Systeme höherer Ordnung können in einfacher Weise in Systeme erster Ordnung übergeführt werden, indem man Ableitungen als Hilsvariable einführt, z. B. ergibt die zweidimensionale Potentialgleichung

(7.14)
$$u_{xx} + u_{yy} = 0$$

das System ($P = 3$)

(7.15)
$$p_x + q_y = 0, \quad u_x = p, \quad u_y = q,$$

wenn man p und q gemäß den letzten beiden Gleichungen einführt. In vielen Fällen kann man durch andere Manipulationen P klein halten;

---

[1] Ist die Anzahl der Gleichungen größer (oder kleiner) als P und sind die Gleichungen voneinander unabhängig, so spricht man von überbestimmten (bzw. unterbestimmten) Systemen; diese werden hier nicht betrachtet.

hat man beim Beispiel (7.14) (nur in Gedanken) eine Funktion $U(x, y)$, die (7.14) genügt und für die $U_x = u$ ist, so kann man $-U_y = v$ setzen und erhält

$$(7.16) \qquad u_x = v_y, \qquad u_y = -v_x,$$

ein System von nur zwei Gleichungen, nämlich der bekannten *Cauchy-Riemannschen Differentialgleichungen*, die den Zusammenhang zwischen Funktionentheorie (Abschn. A) und ebener Potentialtheorie herstellen.

Die Frage, ob sich umgekehrt aus jedem System von Differentialgleichungen 1. Ordnung alle abhängigen Variablen bis auf eine eliminieren lassen, so daß eine einzelne Differentialgleichung höherer Ordnung für eine unbekannte Funktion entsteht, muß verneint werden. Immerhin ist dies in Spezialfällen möglich, von denen nur zwei genannt seien:

a) lineare Systeme unabhängiger Gleichungen mit konstanten Koeffizienten;

b) zwei Gleichungen der Form

$$v_x = a(x, y)\, v + A(x, y, u, u_x, u_y),$$

$$v_y = b(x, y)\, v + B(x, y, u, u_x, u_y),$$

wenn $a_y = b_x$ ist (etwas allgemeiner bei R. COURANT und D. HILBERT (1962), S. 61).

7.4 Systeme erster Ordnung

Bei der allgemeinen Formulierung verschiedener Typen von Systemen ist es nützlich, auch die abhängigen Variablen u_μ ($\mu = 1, \ldots, P$) zu Vektoren u zusammenzufassen und die Summationskonvention so zu erweitern, daß über doppelt auftretende griechische Indizes von 1 bis P, über lateinische Indizes von 1 bis N zu summieren ist. Ableitungen werden durch Indizes nach einem Komma gekennzeichnet: $\dfrac{\partial u_\mu}{\partial x_i} = u_{\mu, i}$, $\dfrac{\partial u}{\partial x_i} = u_{, i}$ (komponentenweise).

Analog zu (6.1) bis (6.5) unterscheidet man bei Systemen erster Ordnung *allgemeine Systeme*

$$(7.17) \qquad A_\mu u \equiv F_\mu(x, u, u_{,1} \ldots, u_{,N}) = 0 \qquad (\mu = 1, \ldots, P),$$

quasilineare Systeme

$$(7.18) \qquad Q_\mu u \equiv a_{\mu\nu k}(x, u)\, u_{\nu, k} - f_\mu(x, u) = 0 \qquad (\mu = 1, \ldots, P),$$

fastlineare Systeme

$$(7.19) \qquad S_\mu u \equiv a_{\mu\nu k}(x)\, u_{\nu, k} - f_\mu(x, u) = 0 \qquad (\mu = 1, \ldots, P),$$

lineare Systeme

$$(7.20) \qquad L_\mu \, u \equiv a_{\mu\nu k}(x) \, u_{\nu,k} + b_{\mu\nu}(x) \, u_\nu = f_\mu(x) \quad (\mu = 1, \ldots, P)$$

und *Systeme mit konstanten Koeffizienten*

$$(7.21) \qquad K_\mu \, u \equiv a_{\mu\nu k} \, u_{\nu,k} + b_{\mu\nu} \, u_\nu = f_\mu(x) \qquad (\mu = 1, \ldots, P).$$

Speziellere Gleichungen sollen hier keine Erwähnung finden, zumal die meisten Systeme der Mathematischen Physik (vgl. Kap. III) so als Systeme erster Ordnung geschrieben werden können, daß die u_μ auch physikalisch einen Sinn haben.

Zur Definition des Begriffs „elliptisch" bildet man zunächst die partiellen Ableitungen von (7.17)

$$(7.22) \qquad h_{\mu\nu k} = \frac{\partial F_\mu}{\partial u_{\nu,k}} \quad (\mu, \nu = 1, \ldots, P; \, k = 1, \ldots, N)$$

und mit einem beliebigen Vektor $\boldsymbol{\xi} = \{\xi_i\} \in E_N$ die Matrix $\boldsymbol{G}$:

$$(7.23) \qquad g_{\mu\nu} = h_{\mu\nu k} \, \xi_k \quad (\mu, \nu = 1, \ldots, P).$$

Elliptisch heißt dann, daß für keinen reellen Vektor $\boldsymbol{\xi}$ mit Ausnahme des Nullvektors die *charakteristische Form*

$$(7.24) \qquad\qquad Q(\boldsymbol{\xi}) = \det(g_{\mu\nu})$$

verschwindet. Die im Anschluß an (6.10) eingeführten Redeweisen gelten auch hier.

Zur Überführung von Systemen in möglichst einfache Formen können außer Koordinatentransformationen entsprechende Transformationen im Raum der abhängigen Variablen benutzt werden. So z. B. läßt sich bei Systemen von zwei fastlinearen Gleichungen mit 2 Unbekannten im zweidimensionalen Raum unter geeigneten Voraussetzungen die Normalform

$$(7.25) \qquad \begin{aligned} u_{1,1} - u_{2,2} &= f_1(x, u), \\ u_{1,2} + u_{2,1} &= f_2(x, u) \end{aligned}$$

erreichen, die für $f_1 \equiv f_2 \equiv 0$ die Cauchy-Riemannschen Gleichungen (7.16) darstellt [vgl. G. Hellwig (1960), S. 78].

§ 8. Adjungiertheit, Greensche Formeln und Funktionen

8.1 Adjungierte und selbstadjungierte Differentialoperatoren

Besonders wichtig für die Behandlung partieller Differentialgleichungen sind die Greenschen Formeln, die den Hauptinhalt dieses § bilden. Obwohl sie sich auf lineare Differentialoperatoren beziehen, sind sie auch für allgemeinere Klassen von Differentialgleichungen von Nutzen.

Zunächst werden Differentialoperatoren zweiter Ordnung der Form (6.4) mit $a_{ik} \equiv a_{ki}$ behandelt. Einem solchen Differentialoperator [die a_{ik} seien zweimal, die b_i einmal stetig differenzierbare, c eine stetige Funktion von x]

$$(8.1) \qquad L\,u \equiv a_{ik}\,u_{,ik} + b_i\,u_{,i} + c\,u$$

ordnet man den *adjungierten Differentialoperator*

$$(8.2) \qquad M\,v \equiv a_{ik}\,v_{,ik} + (2a_{ik,k} - b_i)\,v_{,i} + (c - b_{i,i} + a_{ik,ik})\,v$$

zu, der durch die Forderung bestimmt ist, $v\,L\,u - u\,M\,v$ solle einen *Divergenzausdruck* $w_{i,i}$ mit einem gewissen Vektor $\{w_i\}$ bilden. Leicht rechnet man nach:

$$(8.3) \qquad v\,Lu - u\,Mv = [a_{ik}(v\,u_{,k} - u\,v_{,k}) + (b_i - a_{ik,k})\,u\,v]_{,i} = w_{i,i}.$$

Der Differentialoperator L heißt *selbstadjungiert*, wenn $L\,u \equiv M\,u$ gilt, wofür $b_i = a_{ik,k}$ $(i = 1, \ldots, N)$ notwendig und hinreichend ist. Definiert man $\tilde{b}_i = b_i - a_{ik,k}$ $(i = 1, \ldots, N)$, so erhält man die für viele Zwecke günstigere Schreibweise (die a_{ik} brauchen nun nur noch einmal stetig differenzierbar zu sein, bei konstanten Koeffizienten unterscheiden sich diese Gleichungen von den obigen nicht)

$$(8.1\,\text{a}) \qquad L\,u \equiv (a_{ik}\,u_{,i})_{,k} + \tilde{b}_i\,u_{,i} + c\,u,$$

$$(8.2\,\text{a}) \qquad M\,v \equiv (a_{ik}\,v_{,i})_{,k} - (\tilde{b}_i\,v)_{,i} + c\,v,$$

$$(8.3\,\text{a}) \qquad v\,L\,u - u\,M\,v = [a_{ik}(v\,u_{,k} - u\,v_{,k}) + \tilde{b}_i\,u\,v]_{,i} = w_{i,i},$$

und die Selbstadjungiertheit wird durch $\tilde{b}_i \equiv 0$ $(i = 1, \ldots, N)$ gekennzeichnet [vgl. (6.23), dort entsprechend $q^i \equiv 0$]. Verschiedentlich (z. B. bei konstanten Koeffizienten) gelingt es, einen nicht selbstadjungierten Operator in einen selbstadjungierten zu transformieren, man vgl. etwa (6.34).

Man sieht leicht ein, daß der adjungierte Ausdruck von M wieder L ist und daß M bei gegebenem L eindeutig festgelegt ist, wenn auch bei M $a_{ki} \equiv a_{ik}$ gilt. Hingegen ist die rechte Seite von (8.3a) nicht der einzige Divergenzausdruck, man kann für festes $i \neq k$ zu w_i einen Ausdruck der Form $(\alpha\,u\,v)_{,k}$ addieren und von w_k zum Ausgleich $(\alpha\,u\,v)_{,i}$ abziehen. Für den Begriff der selbstadjungierten Randwertaufgabe vgl. man Nr. 8.4.

8.2 Drei Greensche Formeln

Im Anschluß an G. Hellwig (1960), S. 10, kann man ein Gebiet B des E_N mit dem Rand Γ ein *Normalgebiet* nennen, falls es einfach zusammenhängend und beschränkt und die Anwendung des *Integralsatzes von Gauß*

$$(8.4) \qquad \int\limits_B w_{,i}\, dB = - \int\limits_\Gamma w\, v_i\, d\Gamma \qquad (i = 1, \ldots, N;\ i \text{ fest})$$

auf jede stetig differenzierbare Funktion möglich ist. Die innere Normale $\{v_i\}$ wurde nach (7.2) eingeführt; $dB = dx_1 \ldots dx_N$ ist das Volumenelement, $d\Gamma$ das $(N-1)$-dimensionale Oberflächenelement. Setzt man in (8.4) statt w die i-te Komponente w_i eines Vektors ein, so erhält man nach Summation die *Gaußsche Divergenzformel*

$$(8.5) \qquad \int\limits_B w_{i,i}\, dB = - \int\limits_\Gamma w_i\, v_i\, d\Gamma,$$

worin nach Abschn. G auch $w_{i,i} = \operatorname{div} w$ geschrieben werden kann und rechts unter dem Integral das Skalarprodukt von w mit der Normale steht.

Die *erste Greensche Formel* wird hier nur für selbstadjungierte Differentialoperatoren der Gestalt (8.1 a mit $\tilde{b}_i = 0$) angegeben:

$$(8.6) \qquad \int\limits_B v\, L\, u\, dB + \int\limits_B (a_{ik}\, u_{,i}\, v_{,k} - c\, u\, v)\, dB = - \int\limits_\Gamma (a_{ik}\, v_k)\, u_{,i}\, v\, d\Gamma$$

$$= - \int\limits_\Gamma A\, v\, u_{,\sigma}\, d\Gamma.$$

Im letzten Integral ist mit $u_{,\sigma} = u_{,i}\, \sigma_i$ die Konormalableitung gemeint und es ist $A = A(x) = \left| \sqrt{a_{jl}\, v_l\, a_{jm}\, v_m} \right|$, vgl. (7.7). Das zweite Integral, das sich bei Vertauschung von u und v nicht ändert, heißt für $u = v$ auch (verallgemeinertes) *Dirichletsches Integral* oder *Energieintegral*, da es physikalisch oft eine Energie darstellt. Es ist für $c \leqq 0$ bei elliptischen Differentialgleichungen nicht negativ und stellt einen Variationsausdruck für $L\, u$ dar (vgl. Nr. 19.7).

Die *zweite Greensche Formel*

$$(8.7) \qquad \int\limits_B (v\, L\, u - u\, M\, v)\, dB = - \int\limits_\Gamma \left[(a_{ik}\, v_k)\, (v\, u_{,i} - u\, v_{,i}) + (\tilde{b}_k\, v_k)\, u\, v \right] d\Gamma$$

$$= - \int\limits_\Gamma \left[A\, v\, u_{,\sigma} - A\, u\, v_{,\sigma} + (\tilde{b}_k\, v_k)\, u\, v \right] d\Gamma$$

gilt auch für nicht selbstadjungierte Differentialoperatoren und folgt unmittelbar aus (8.3 a) und (8.5). Sie läßt sich bei selbstadjungierten Operatoren auch aus (8.6) herleiten, indem man dort u und v vertauscht und dann subtrahiert. Wieder bezeichnet σ die Konormale. Die Gaußschen und Greenschen Identitäten (8.4) bis (8.7) können als Verallgemeinerungen der eindimensionalen Regel über die partielle Integration auf mehrere Variable gedeutet werden.

Die *dritte Greensche Formel*

$$(8.8) \quad u(\boldsymbol{x}) = -\int\limits_{B} g(\boldsymbol{x},\boldsymbol{\xi})\, f(\boldsymbol{\xi})\, dB_{\xi} - \int\limits_{\Gamma} \{(a_{ik}\, v_k)\,|_{\xi}\, [g(\boldsymbol{x},\boldsymbol{\xi})\, u_{,i}(\boldsymbol{\xi}) -$$

$$-\, g_{,\xi_i}(\boldsymbol{x},\boldsymbol{\xi})\, u(\boldsymbol{\xi})] + (\tilde{b}_k\, v_k)\,|_{\xi}\, g(\boldsymbol{x},\boldsymbol{\xi})\, u(\boldsymbol{\xi})\}\, d\Gamma_{\xi}$$

$$= -\int\limits_{B} g(\boldsymbol{x},\boldsymbol{\xi})\, f(\boldsymbol{\xi})\, dB_{\xi} - \int\limits_{\Gamma} \{A(\boldsymbol{\xi})\, g(\boldsymbol{x},\boldsymbol{\xi})\, u_{,\sigma}(\boldsymbol{\xi}) +$$

$$+\, [-A(\boldsymbol{\xi})\, g_{,\sigma_\xi}(\boldsymbol{x},\boldsymbol{\xi}) + (\tilde{b}_k\, v_k)\,|_{\xi}\, g(\boldsymbol{x},\boldsymbol{\xi})]\, u(\boldsymbol{\xi})\}\, d\Gamma_{\xi}$$

bedarf näherer Erläuterung. Sie entsteht aus (8.7), wenn man zunächst die Integrationsvariable $\boldsymbol{\xi}$ und das Volumen- bzw. Oberflächenelement dementsprechend dB_{ξ} bzw. $d\Gamma_{\xi}$ nennt und für u eine Lösung der Differentialgleichung $L\, u = f$ einsetzt. Nun wird für $v(\boldsymbol{\xi})$ eine sog. adjungierte Grundlösung eingesetzt, die sogleich definiert werden wird.

8.3 Grundlösungen

Eine *Grundlösung* (auch *Hauptlösung*, *Fundamentallösung*, *Elementarlösung* oder *Grundfunktion* genannt) ist eine Funktion $g(\boldsymbol{x},\boldsymbol{\xi})$ zweier Punkte $\boldsymbol{x}$ (Aufpunkt) und $\boldsymbol{\xi}$ aus B, die durch folgende Forderungen festgelegt werden kann:

1. Es ist in ganz B bzgl. $\boldsymbol{x}$ die homogene Differentialgleichung

$$(8.9) \qquad L_x\, g(\boldsymbol{x},\boldsymbol{\xi}) = 0$$

erfüllt, wenn $\boldsymbol{x} \neq \boldsymbol{\xi}$ ist.

2. Für $\boldsymbol{x} \to \boldsymbol{\xi} \in B$ wird $g(\boldsymbol{x},\boldsymbol{\xi})$ singulär, und zwar so, daß für eine kleine Kugel B_ε um $\boldsymbol{\xi}$,

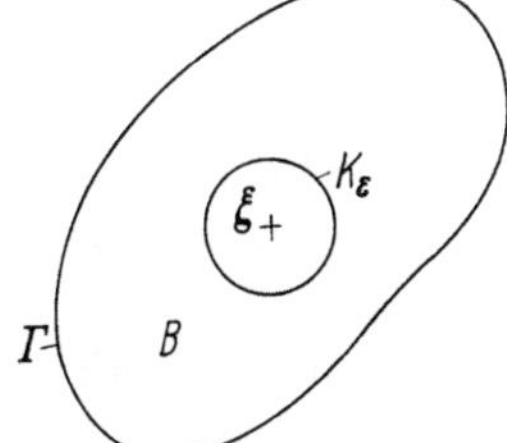

Abb. 8.10. Die Kugel K_ε

deren Radius ε gegen Null strebt (Abb. 8.10) [es kann nützlich sein, hier Ellipsoide entsprechend der Metrik (6.21) zu benutzen] noch

$$(8.11) \qquad \lim_{\varepsilon \to 0} \int\limits_{K_\varepsilon} g(\boldsymbol{x},\boldsymbol{\xi})\, d\Gamma_x = 0,$$

(K_ε ist der Rand von B_ε) aber doch schon

$$(8.12) \qquad \lim_{\varepsilon \to 0} \int\limits_{K_\varepsilon} (a_{ik}\, v_k)\,|_x\, g_{,x_i}(\boldsymbol{x},\boldsymbol{\xi})\, d\Gamma_x = \lim_{\varepsilon \to 0} \int\limits_{K_\varepsilon} A(\boldsymbol{x})\, g_{,\sigma_x}(\boldsymbol{x},\boldsymbol{\xi})\, d\Gamma_x = 1$$

gilt.

Dagegen ist die *adjungierte Grundlösung* durch

$$(8.13) \qquad M_\xi\, g(\boldsymbol{x},\boldsymbol{\xi}) = 0 \quad \text{für} \quad \boldsymbol{x} \neq \boldsymbol{\xi},$$

$$(8.14) \qquad \lim_{\varepsilon \to 0} \int\limits_{K_\varepsilon} g(\boldsymbol{x},\boldsymbol{\xi})\, d\Gamma_\xi = 0,$$

$$(8.15) \qquad \lim_{\varepsilon \to 0} \int\limits_{K_\varepsilon} (a_{ik}\, v_k)\,|_{\xi}\, g_{,\xi_i}(\boldsymbol{x},\boldsymbol{\xi})\, d\Gamma_\xi = \lim_{\varepsilon \to 0} \int\limits_{K_\varepsilon} A(\boldsymbol{\xi})\, g_{,\sigma_\xi}(\boldsymbol{x},\boldsymbol{\xi})\, d\Gamma_\xi = 1$$

festgelegt. Wendet man nun (8.7) auf $B - B_\varepsilon$ mit diesem $g(\boldsymbol{x}, \boldsymbol{\xi})$ als $v(\boldsymbol{\xi})$ an, so erhält man für $\varepsilon \to 0$ (8.8). Unter geeigneten Voraussetzungen gibt es Grundlösungen, die zugleich adjungierte Grundlösungen sind, vgl. Satz 8.32.

Beispiel und Prototyp für Grundlösungen sind die [nur vom Abstand $r = \sqrt{(x_i - \xi_i)(x_i - \xi_i)}$ abhängenden] Lösungen der Potentialgleichung $\Delta u = 0$:

$$(8.16) \qquad g(\boldsymbol{x}, \boldsymbol{\xi}) = \begin{cases} -\dfrac{1}{2\pi} \ln r & \text{für} \quad N = 2, \\[3mm] \dfrac{1}{(N-2)\,\omega_N}\, r^{2-N} & \text{für} \quad N \geqq 3 \end{cases}$$

$\left(\omega_N = \dfrac{2\pi^{N/2}}{\Gamma(N/2)}\right.$ = Oberfläche der N-dimensionalen Einheitskugel, dabei ist Γ die Gammafunktion). Diese Grundlösungen können als Potentiale von Punktladungen oder Punktmassen gedeutet werden, vgl. Nr. 11.4.

Auch für die reduzierte Wellengleichung $\Delta u + k^2 u = 0$ können entsprechende Lösungen angegeben werden. Es ist mit $K = (N-2)/2$ (r wie oben, J_K und N_K sind Zylinderfunktionen, vgl. Abschn. B)

$$(8.17) \quad g(\boldsymbol{x}, \boldsymbol{\xi}) = \begin{cases} \dfrac{1}{4}\left(\dfrac{k}{2\pi}\right)^K r^{-K} N_K(k\,r) & \text{für gerades } N \geqq 2, \\[3mm] \dfrac{(-1)^{K-1/2}}{4}\left(\dfrac{k}{2\pi}\right)^K r^{-K} J_{-K}(k\,r) & \begin{array}{l}\text{für ungerades } N \geqq 3 \\ (K \text{ halbzahlig}).\end{array} \end{cases}$$

Für Differentialgleichungen $L u \equiv M u \equiv a_{ik} u_{,ik} = 0$ mit konstanten a_{ik} hat man analog (8.16) [$a_{ik}^{(-1)}$ sind die Elemente der Inversen der Matrix (a_{ik})]

$$(8.18) \; g(\boldsymbol{x}, \boldsymbol{\xi}) = \begin{cases} -\dfrac{1}{2\pi\sqrt{\det(a_{ik})}} \ln\left\{\sqrt{a_{ik}^{(-1)}(x_i - \xi_i)(x_k - \xi_k)}\right\} \quad (N = 2) \\[3mm] \dfrac{1}{(N-2)\,\omega_N\sqrt{\det(a_{ik})}} \times \\[3mm] \times \left\{\sqrt{a_{ik}^{(-1)}(x_i - \xi_i)(x_k - \xi_k)}\right\}^{2-N} \quad (N \geqq 3). \end{cases}$$

8.4 Die Resolvente

Es ist nun unmittelbar nach (8.13), (8.14) und (8.15) ersichtlich, daß man zu einer adjungierten Grundlösung beliebige, in ganz B reguläre Lösungen von (8.13) addieren kann und so weitere adjungierte Grundlösungen erhält. Man kann auf diese Weise versuchen, eine solche Grundlösung zu ermitteln, daß bei einer gegebenen Randwertaufgabe das Oberflächenintegral in (8.8) aus den Randwerten berechnet werden kann. Gelingt dies, so heißt die entsprechende Grundlösung $G(\boldsymbol{x}, \boldsymbol{\xi})$ allgemein *Resolvente (lösender Kern,* verschiedentlich auch Greensche Funktion, wenn nicht zwischen den drei folgenden Fällen unterschieden werden muß) oder spezieller nach der Art der Randbedingungen [vgl. (7.1) bis (7.7)]:

1. *Greensche Funktion* beim Dirichlet-Problem. Nach (8.8) ergibt sich für dieselbe die Forderung

$$(8.19) \qquad G(\boldsymbol{x}, \boldsymbol{\xi}) = 0 \quad (\boldsymbol{x} \in B, \, \boldsymbol{\xi} \in \Gamma).$$

2. *Neumannsche Funktion* beim Neumannschen Problem [es sei in (8.1) $c \not\equiv 0$], wobei hier nicht $u_{,\nu}$, sondern $u_{,\sigma}$ gegeben sei, woraus sich für $G(\boldsymbol{x}, \boldsymbol{\xi})$ die Randbedingung

$$(8.20) \qquad -A(\boldsymbol{\xi})\, G_{,\sigma_\xi}(\boldsymbol{x}, \boldsymbol{\xi}) + (\tilde{b}_k\, \nu_k)|_\xi\, G(\boldsymbol{x}, \boldsymbol{\xi}) = 0 \quad (\boldsymbol{x} \in B, \, \boldsymbol{\xi} \in \Gamma)$$

ergibt. Bei selbstadjungierten Differentialoperatoren (8.1a) und (8.2a). heißt das, daß die Konormalableitung von $G(\boldsymbol{x}, \boldsymbol{\xi})$ bzgl. $\boldsymbol{\xi}$ verschwindet.

3. *Robinsche Funktion* bei der dritten Randwertaufgabe mit der Randbedingung $\alpha\, u + \beta\, u_{,\sigma} = \gamma$, die hier zu

$$(8.21) \qquad \beta(\boldsymbol{\xi})\, A(\boldsymbol{\xi})\, G_{,\sigma_\xi}(\boldsymbol{x}, \boldsymbol{\xi}) + [\alpha(\boldsymbol{\xi})\, A(\boldsymbol{\xi}) - \beta(\boldsymbol{\xi})\, (\tilde{b}_k\, \nu_k)|_\xi]\, G(\boldsymbol{x}, \boldsymbol{\xi}) = 0$$

$(\boldsymbol{x} \in B, \, \boldsymbol{\xi} \in \Gamma)$ führt. Auch hier entsteht bei selbstadjungierten Differentialoperatoren die homogene Form der Randbedingung für u.

Die Randbedingungen (8.19) bis (8.21) für die Resolvente heißen zu den entsprechenden Randbedingungen für u *adjungiert*; wenn sie mit letzteren übereinstimmen, *selbstadjungiert*. Man spricht von *adjungierten* bzw. *selbstadjungierten Randwertaufgaben*, wenn sowohl die Differentialoperatoren als auch die Randbedingungen adjungiert bzw. selbstadjungiert sind. Bei (8.19) ist die Selbstadjungiertheit der Randbedingungen selbstverständlich, bei (8.20) und (8.21) folgt sie, wenn L selbstadjungiert ist; dies ist für die Konormale kennzeichnend. Wichtig wird der Begriff der Adjungiertheit besonders bei Randbedingungen, die Ableitungen in anderen Richtungen enthalten [vgl. C. MIRANDA (1955), Kap. I].

Bei der Potentialgleichung lassen sich Resolventen physikalisch als Potentiale von Punktladungen in endlichen Gebieten deuten, s. § 11.

Die explizite Angabe von Resolventen ist nur selten möglich, jedoch kann man in manchen Fällen Reihenentwicklungen angeben. Zum Beispiel kennt man bei der Randwertaufgabe

$$(8.22) \qquad \Delta u + \lambda\, u \equiv u_{xx} + u_{yy} + \lambda\, u = f(x, y) \quad \text{in } B: 0 < x < \pi,$$
$$0 < y < \pi,$$
$$u(x, y) = \gamma(x, y) \quad \text{auf dem Rand } \Gamma \text{ des Quadrats}$$

die Eigenfunktionen und Eigenwerte der entsprechenden homogenen Aufgabe:

$$(8.23) \qquad u_{mn}(x, y) = \frac{2}{\pi} \sin(m\, x) \sin(n\, y), \qquad \lambda_{mn} = m^2 + n^2.$$

Für jedes λ, das von allen λ_{mn} verschieden ist und für alle Punkte $(\xi,\eta) \neq$ $\neq (x, y)$ gilt die Reihenentwicklung

$$(8.24) \qquad G(x, y; \xi, \eta; \lambda) = \frac{4}{\pi^2} \sum_{m,n=1}^{\infty} \frac{\sin(m\,x)\sin(n\,y)\sin(m\,\xi)\sin(n\,\eta)}{m^2 + n^2 - \lambda}.$$

Untenstehende Abb. 8.25 zeigt das Aussehen dieser Funktion für den Aufpunkt $(x, y) = \left(\dfrac{\pi}{4}, \dfrac{\pi}{3}\right)$ und die Werte $\lambda = 0$ und $\lambda = 15$. Numerisch günstiger als (8.24) ist übrigens folgende Reihenentwicklung für die gleiche Funktion

$$(8.26) \qquad G(x, y; \xi, \eta; \lambda) = \frac{2}{\pi} \sum_{k=1}^{\infty} \Phi_k(y, \eta) \sin(k\,x) \sin(k\,\xi)$$

$$\text{mit } \Phi_k(y, \eta) =$$

$$= \frac{\sin\mu_k(\pi - y)\sin\mu_k\eta}{\mu_k \sin\mu_k\pi} \quad = \frac{\sin\mu_k y \sin\mu_k(\pi - \eta)}{\mu_k \sin\mu_k\pi} \quad \text{für} \quad k^2 < \lambda$$

$$= \frac{(\pi - y)\eta}{\pi} \quad\qquad = \frac{y(\pi - \eta)}{\pi} \quad\qquad \text{für} \quad k^2 = \lambda$$

$$= \frac{\sinh\mu_k(\pi - y)\sinh\mu_k\eta}{\mu_k \sinh\mu_k\pi} \quad = \frac{\sinh\mu_k y \sinh\mu_k(\pi - \eta)}{\mu_k \sinh\mu_k\pi} \quad \text{für} \quad k^2 > \lambda$$

$$\text{für } 0 \leq \eta \leq y \leq \pi \quad\Big|\quad \text{für } 0 \leq y \leq \eta \leq \pi \quad \text{mit } \mu_k^2 = |\lambda - k^2|.$$

Kennt man zu einem Problem eine adjungierte Grundlösung, so führt die Aufgabe der Bestimmung der Resolvente auf die Aufgabe, eine zur Grundlösung zu addierende reguläre Lösung von (8.13) aufzufinden, die gewissen Randbedingungen (8.19) bis (8.21) genügt, welche natürlich

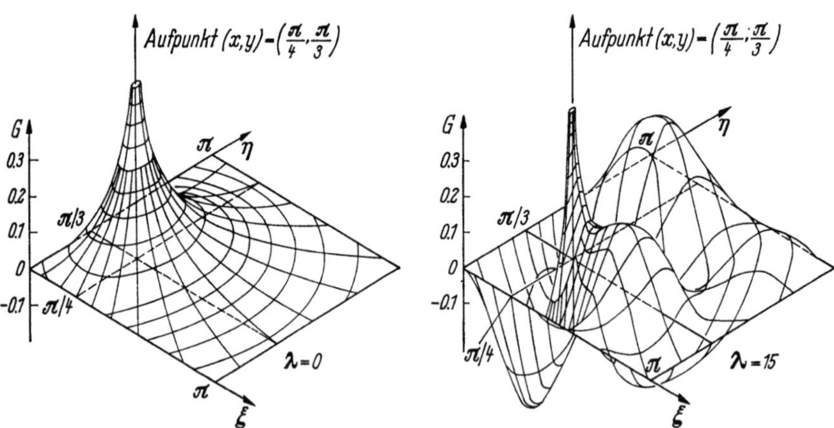

Abb. 8.25. Greensche Funktion zu $\Delta u + \lambda u$

mit dem Aufpunkt veränderlich zu denken sind. Das ist meist eine umfangreichere Arbeit als die Auflösung der gegebenen Aufgabe auf anderem Wege. Daher verdient die Resolvente größeres theoretisches als praktisches Interesse, wenn nicht Ausnahmefälle vorliegen, wie z. B. der

Fall, daß man die Abhängigkeit des Wertes der Lösung in einem oder nur wenigen festen Aufpunkten von den verschiedensten rechten Seiten von Differentialgleichung und Randbedingungen studieren will.

8.5 Existenz von Grundlösungen, Levische Funktionen

Über die Existenz von Grundlösungen gilt folgender Satz, bei dem die in Nr. 6.9 eingeführte Funktionenklasse $C^{(\lambda)}$ mit beliebigem λ aus $0 < \lambda < 1$ benutzt wird.

Satz 8.27: *Wenn die Koeffizienten a_{ik}, b_i, c des Differentialoperators L von (8.1) in einem offenen Gebiet $D \subset E_N$ der Klasse $C^{(\lambda)}$ angehören, so existiert wenigstens eine Grundlösung in jedem abgeschlossenen Teilbereich $B + \Gamma$ von D mit $\Gamma \in C^{(1+\lambda)}$.*

Der Beweis kann für genügend kleine Gebiete mit Hilfe eines Iterationsverfahrens geführt werden, das von der sog. *Parametrix* ausgeht, die genau die Gestalt (8.18) hat, wobei die Größen $a_{ik}(x)$ und $a_{ik}^{(-1)}(x)$ nunmehr vom Aufpunkt abhängen. Diese Parametrix hat in jedem Aufpunkt die richtige Singularität, was sich nicht ändert, wenn man beliebige Funktionen aus $C^{(2)}$ addiert [man kann auch „schwächere" Singularitäten zulassen, vgl. C. MIRANDA (1955), S. 14]. So kommt man zur Klasse der Levischen Funktionen $H(x, \xi)$, die die Parametrix enthält. Wählt man $H(x, \xi)$ geschickt so, daß $L_x H(x, \xi) = K_0(x, \xi)$ „klein" wird, so ist die Konvergenz der Iteration (für $x \neq \xi$)

$$(8.28) \qquad K_n(x, \xi) = K_0(x, \xi) + \int\limits_B K_0(x, \eta)\, K_{n-1}(\eta, \xi)\, dB_\eta$$

$$(n = 1, 2, 3, \ldots)$$

für ein nicht zu großes Gebiet $B \subset D \subset E_N$ mit dem Rand Γ aus der Klasse $C^{(1+\lambda)}$ zu erwarten. Kennt man den Grenzkern $K_\infty(x, \xi) = \lim\limits_{n \to \infty} K_n(x, \xi)$, so hat man in

$$(8.29) \qquad g(x, \xi) = H(x, \xi) + \int\limits_B H(x, \eta)\, K_\infty(\eta, \xi)\, dB_\eta$$

die gesuchte Grundlösung. Die auf diese Weise erhaltene Grundlösung ist, wenn die $a_{ik} \in C^{(1+\lambda)}(D)$ sind und die Voraussetzungen von Satz 8.27 gelten, für $x \neq \xi$ nach den ξ_i differenzierbar; die Ableitungen $\partial g/\partial \xi_i$ wiederum sind zweimal nach den x_k differenzierbar und Lösungen von (8.9).

Unter obigen Bezeichnungen gilt unter den Voraussetzungen von Satz 8.27 der

Satz 8.30: *Jede in $B - \{\xi\}$ (d. h. mit Ausnahme von ξ) zweimal stetig differenzierbare Lösung $u(x)$ von $L u = 0$, für die $\lim\limits_{x \to \xi} [u(x)/H(x, \xi)] = 0$*

gilt, ist mit ihren ersten und zweiten Ableitungen in ganz B stetig und erfüllt auch in ξ die Differentialgleichung. Zwei Grundlösungen von (8.9) mit demselben ξ unterscheiden sich nur um eine Lösung von (8.9), die auch für $x = \xi$ regulär ist.

8.6 Existenz der Resolvente, Ergänzungen

Das Iterationsverfahren (8.28) läßt sich u. U. so ausbauen, daß auch Resolventen erhalten werden können, wenn man von $H(x, \xi)$ entsprechende Randbedingungen fordert. Zusatzbetrachtungen gestatten dann die Behandlung von Gebieten, die die Einschränkung der „Kleinheit" nicht erfüllen. Beim Dirichlet-Problem gilt der

Satz 8.31: *Die Koeffizienten des Differentialoperators L von (8.1) mögen in $B + \Gamma$ mit $\Gamma \in C^{(1+\lambda)}$ den Klassen: $a_{ik} \in C^{(1+\lambda)}$, $b_i, c \in C^{(\lambda)}$ angehören, ferner sei $f \in C^{(\lambda)}$ in B, $f \in C^{(0)}$ in $B + \Gamma$ und $\gamma \in C^{(0)}(\Gamma)$. Wenn dann für die Randwertaufgabe $L u = f$ in B, $u = \gamma$ auf Γ ein Eindeutigkeitssatz gilt, wie es z. B. für $c \leq 0$ der Fall ist, so existiert die Greensche Funktion, und es gilt die dritte Greensche Identität (8.8).*

Die Forderung der Eindeutigkeit ist nicht zu umgehen, da beim Auftreten von Eigenfunktionen tatsächlich keine Greensche Funktion existiert, vgl. § 2. Ähnliche Sätze gelten auch für die Resolventen der zweiten und dritten Randwertaufgabe. Schließlich sei noch ein Satz über die Symmetrie notiert.

Satz 8.32: *Wenn die Resolventen $G(x, \xi)$ und $\tilde{G}(x, \xi)$ zweier adjungierter Probleme existieren und für $x \neq \xi$ in $B + \Gamma$ stetige erste Ableitungen nach den ξ_i $(i = 1, \ldots, N)$ besitzen, so gilt dort*

$$(8.33) \qquad\qquad G(x, \xi) = \tilde{G}(\xi, x).$$

Die Resolvente einer selbstadjungierten Aufgabe ist unter den gleichen Voraussetzungen also symmetrisch: $G(x, \xi) = G(\xi, x)$.

Die Voraussetzungen dieser Sätze werden meist als zu scharf für praktische Probleme angesehen, da Gebiete mit Ecken und Kanten ausgeschlossen sind. Oft kann man sich aber durch Grenzübergänge mit „abgerundeten" Gebieten helfen. Für die Potentialgleichung vgl. man § 13.

Wenn bei Randwertaufgaben mit fastlinearen Differentialgleichungen (6.3) f nicht oder nur linear von den Ableitungen von u abhängt, also die Form

$$(8.34) \qquad L u = a_{ik}(x)\, u_{ik} + b_i(x)\, u_i + c(x)\, u = f(x, u)$$

vorliegt, kann man, wenn die Resolvente der entsprechenden linearen Aufgabe bekannt ist, eine Integralgleichung herstellen, indem man in die dritte Greensche Formel (8.8) $f(\xi, u(\xi))$ statt $f(\xi)$ einträgt.

8.7 Systeme erster Ordnung

Bei linearen Systemen der Gestalt (7.20) lassen sich die adjungierten Operatoren durch

$$(8.35) \qquad M_\nu v \equiv -[a_{\mu\nu k}(\boldsymbol{x}) v_\mu]_{,k} + b_{\mu\nu}(\boldsymbol{x}) v_\mu \quad (\nu = 1, \ldots, P)$$

einführen, und man erhält den Divergenzausdruck

$$(8.36) \qquad v_\mu L_\mu u - u_\nu M_\nu v = [a_{\mu\nu k}(\boldsymbol{x}) u_\nu v_\mu]_{,k}$$

und die zweite Greensche Formel

$$(8.37) \qquad \int_B (v_\mu L_\mu u - u_\nu M_\nu v)\, dB = -\int_\Gamma [a_{\mu\nu k}(\boldsymbol{x}) v_k]\, u_\nu v_\mu\, d\Gamma$$

($\{\nu_k\}$ = innere Normale). In vielen Fällen kann man auch Matrizen von Grundlösungen und Greenschen Funktionen einführen und die dritte Greensche Formel aufstellen, jedoch soll dies hier nicht weiter verfolgt werden. Man sieht ferner, daß die M_ν nicht eindeutig festgelegt sind, so muß man etwa Vertauschungen und Linearkombinationen der einzelnen Gleichungen bei (7.20) durch entsprechende Transformation der Variablen bei (8.35) wettmachen und umgekehrt, wenn man nicht ganz andere Operatoren M_ν erhalten will. Definiert man Selbstadjungiertheit etwa durch $M_\mu = L_\mu$ oder $M_\mu = -L_\mu$, so geht dieselbe unter den genannten Transformationen meist verloren.

§ 9. Existenz und Eindeutigkeit

9.1 Eindeutigkeitssätze

Im vorigen Paragraphen wurde für einzelne elliptische Differentialgleichungen 2. Ordnung, auf die sich dieser Paragraph beschränkt, die dritte Greensche Identität und die Greensche Funktion behandelt. Dieser Weg läßt sich weiterverfolgen und führt dann zu Existenz- und Eindeutigkeitssätzen für lineare Randwertaufgaben. Dabei werden verschiedentlich auch andere Beweisgedanken herangezogen, wie z. B. die Randmaximumsätze des folgenden § 10. Für die Randwertaufgaben mit der Differentialgleichung (6.4) in B

$$(9.1) \qquad L u \equiv a_{ik}(\boldsymbol{x}) u_{,ik} + b_i(\boldsymbol{x}) u_{,i} + c(\boldsymbol{x}) u = f(\boldsymbol{x})$$
$$= (a_{ik} u_{,i})_{,k} + \bar{b}_i u_{,i} + c u \quad \text{(vgl. 8.1 a)}$$

und den Randbedingungen auf Γ

$$(9.2) = (7.1) \quad u(\boldsymbol{x}) = \gamma(\boldsymbol{x}) \qquad\qquad \text{(1. Randwertaufgabe)}$$

oder

$$(9.3) = (7.8) \quad u_{,\sigma}(\boldsymbol{x}) = \gamma(\boldsymbol{x}) \qquad\qquad \text{(2. Randwertaufgabe)}$$

oder

$$(9.4) = (7.9) \quad \alpha(x)\,u(x) + \beta(x)\,u_{,\sigma}(x) = \gamma(x) \quad (3.\ \text{Randwertaufgabe})$$
$$(\alpha^2 + \beta^2 > 0)$$

gelten folgende Sätze (es wird auf die Definition der diversen Funktionenklassen in Nr. 6.9 hingewiesen):

Satz 9.5: *Die drei Randwertaufgaben haben in einem beschränkten, zusammenhängenden Gebiet B höchstens eine Lösung, wenn $c(x) \leqq 0$ in B gilt, wenn im Falle der 2. Randwertaufgabe Γ zur Klasse $C^{(1+\lambda)}$ mit $0 < \lambda < 1$ gehört und $c(x)$ nicht identisch verschwindet und wenn im Falle der dritten Randwertaufgabe ebenfalls $\Gamma \in C^{(1+\lambda)}$, $\alpha(x) \cdot \beta(x) \leqq 0$ ist und $\alpha(x)$ nicht identisch verschwindet. Wenn bei der 2. Randwertaufgabe $c(x) \equiv 0$ ist, unterscheiden sich zwei eventuelle Lösungen höchstens um eine Konstante. Wenn das Gebiet nicht beschränkt ist, genügt die Zusatzforderung $\lim\limits_{x \to \infty} u(x) = 0$ in allen drei Fällen.*

Satz 9.6: *Wenn das Gebiet B klein genug ist, besitzt die 1. Randwertaufgabe höchstens eine Lösung, auch wenn $c(x) \leqq 0$ nicht erfüllt ist.*

Für einen ähnlichen Satz bei der 3. Randwertaufgabe vgl. man C. MIRANDA (1955), S. 52 und untenstehenden Satz 9.11.

9.2 Existenz- und Alternativsätze

Die Existenz erfordert etwas schärfere Voraussetzungen; es gilt der

Satz 9.7: *In einem endlichen, zusammenhängenden Gebiet $B + \Gamma$ mit $\Gamma \in C^{(1+\lambda)}$ $(0 < \lambda < 1)$ gelte für die Koeffizienten von L: $a_{ik} \in C^{(1+\lambda)}$, $b_i \in C^{(\lambda)}$, $c \in C^{(\lambda)}$, $\tilde{b}_i = b_i - a_{ik,k} \in C^{(1+\lambda)}$ und es sei dort $f \in C^{(0)}$ (stetig), während $f \in C^{(\lambda)}$ in B gelte. Wenn schließlich auf $\Gamma\ \gamma(x) \in C^{(0)}$ ist, gilt für das Dirichletsche Problem mit der Randbedingung (9.2) die Fredholmsche Alternative:*

Entweder *besitzt das homogene adjungierte Problem (vgl. 8.2) nur die identisch verschwindende Lösung, dann besitzt die gegebene Randwertaufgabe eine und nur eine Lösung (f und γ sind beliebig, wenn sie nur obige Voraussetzungen erfüllen), dies ist für $c \leqq 0$ der Fall und auch für genügend kleine Gebiete (s. o.).*

Oder *das homogene adjungierte Problem besitzt eine Anzahl p von linear unabhängigen[1] Lösungen $v_j(x)$ ($j = 1, \ldots, p$), dann ist das gegebene Problem genau dann lösbar, wenn die Kompatibilitätsbedingungen (Verträglichkeitsbedingungen)*

$$(9.8) \quad \int\limits_B f(x)\,v_j(x)\,dB = \int\limits_\Gamma A(x)\,\gamma(x)\,v_{j,\sigma}(x)\,d\Gamma \quad (j = 1, \ldots, p)$$

---

[1] Keine dieser Lösungen ist die Nullösung, da letztere von beliebigen Funktionen linear abhängig ist.

(vgl. 8.7, dort setzt man u und v_j ein) erfüllt sind. Es besitzt dann auch das homogene Problem $L\,w = 0$ in B, $w = 0$ auf Γ genau p linear unabhängige Lösungen $w_j(x)$, die einer beliebigen festen Lösung $u_0(x)$ überlagert werden können. Das Ausgangsproblem hat dann genau die Lösungen

$$(9.9) \qquad u(x) = u_0(x) + \sum_{j=1}^{p} t_j\, w_j(x)$$

mit beliebigen Konstanten t_j $(j = 1, \ldots, p)$.

Satz 9.10: *Im Falle $\gamma(x) \equiv 0$ können die Voraussetzungen gemildert werden: Der Satz 9.7 gilt dann schon, wenn alle Koeffizienten von L in $B + \Gamma$ nur der Klasse $C^{(\lambda)}$ angehören.*

Satz 9.11: *Unter den Voraussetzungen von Satz 9.7 gilt auch für das Neumannsche Problem und für die dritte Randwertaufgabe, wenn $\alpha(x)$ und $\beta(x)$ auf Γ stetig sind, die Fredholmsche Alternative. Bei der zweiten Randwertaufgabe ist für $c \equiv 0$ die konstante Funktion eine Lösung des homogenen Problems. Auch für $c \not\equiv 0$ lauten die Kompatibilitätsbedingungen*

$$(9.12) \qquad \int\limits_{B} f(x)\, v_j(x)\, dB = -\int\limits_{\Gamma} A(x)\, \gamma(x)\, v_j(x)\, d\Gamma \qquad (j = 1, \ldots, p)$$

bei der zweiten Randwertaufgabe und

$$(9.13) \qquad \int\limits_{B} f(x)\, v_j(x)\, dB = -\int\limits_{\Gamma_1} A(x)\, \frac{\gamma(x)}{\beta(x)}\, v_j(x)\, d\Gamma +$$

$$+ \int\limits_{\Gamma_2} \frac{A^2(x)\, \gamma(x)\, v_{j,\sigma}(x)}{\alpha(x)\, A(x) - \beta(x)\, (\mathfrak{d}_k\, v_k)}\, d\Gamma \qquad (j = 1, \ldots, p)$$

bei der dritten Randwertaufgabe, wobei der Rand so in zwei punktfremde Teilmengen Γ_1 und Γ_2 aufzuteilen ist, daß die Nenner in den Integranden nicht verschwinden.

Für Randbedingungen mit Ableitungen in anderen Richtungen als σ vgl. man C. Miranda (1955), S. 71.

9.3 Verallgemeinerte und schwache Lösungen

Die Voraussetzungen der obigen Sätze können durch Verallgemeinerung der Aufgabenstellung gemildert werden. Von den zahlreichen Möglichkeiten können der Kürze halber nur wenige hier erwähnt werden.

Die Verallgemeinerung des Differentialoperators von (9.1) kann z. B. geschehen, indem man zunächst die quadratische Form mit den $a_{ik}(x)$ als Summe von Quadraten schreibt:

$$(9.14) \qquad a_{ik}(x)\, \xi_i\, \xi_k = \sum_{i=1}^{N} (g_{ij}(x)\, \xi_j)^2 \qquad (\xi_i \text{ beliebig}).$$

Definiert man dann $[\boldsymbol{g}_i(\boldsymbol{x}) = $ Vektor der Komponenten $g_{ij}(\boldsymbol{x})$, $j = 1, \ldots, N]$

$$(9.15) \qquad \overset{\circ}{L}\,u \equiv \lim_{h \to 0} \sum_{i=1}^{N} \frac{1}{h^2} \left[u(\boldsymbol{x} + h\,\boldsymbol{g}_i) - 2u(\boldsymbol{x}) + u(\boldsymbol{x} - h\,\boldsymbol{g}_i) \right] +$$
$$+ b_i(\boldsymbol{x})\,u_{,\,i} + c(\boldsymbol{x})\,u,$$

so kann man eine Funktion $u(\boldsymbol{x})$ *verallgemeinerte Lösung* von $\overset{\circ}{L}\,u = f(\boldsymbol{x})$ in einem Gebiet B nennen, wenn u dort mit seinen ersten Ableitungen stetig ist und wenn auch der Grenzwert in (9.15) dort existiert und stetig ist. Versteht man „Lösung" in diesem Sinne, so gelten die Sätze 9.10 und 9.11 schon, wenn $a_{ik} \in C^{(1)}$, $\tilde{b}_i \in C^{(1)}$, $b_i \in C^{(0)}$, $c \in C^{(0)}$, $f \in C^{(0)}$ sind in $B + \Gamma$. Man kann durch Einbeziehung von Singularitäten weiter verallgemeinern, vgl. C. Miranda (1955), S. 82ff. und die dort zitierte Literatur.

Eine andere Möglichkeit zur Abschwächung der Differentialgleichung geht von der zweiten Greenschen Formel (8.7) aus. Setzt man hierin an Stelle von $L\,u$ die gegebene rechte Seite $f(\boldsymbol{x})$ ein und verlangt, daß $v \in C^{(2)}(B)$ ist und außerhalb einer ganz in dem beschränkten, offenen Gebiet B liegenden beliebigen, abgeschlossenen Punktmenge (z. B. ein Teilgebiet von B mit Rand) verschwindet, so fällt das Randintegral fort, und man erhält

$$(9.16) \qquad \int_B \big(v(\boldsymbol{x})\,f(\boldsymbol{x}) - u(\boldsymbol{x})\,M\,v(\boldsymbol{x}) \big)\,dB = 0.$$

Man nennt nun eine Funktion $u(\boldsymbol{x})$, die diese Gleichung für alle $v(\boldsymbol{x})$ — im Rahmen der genannten Voraussetzungen — erfüllt, eine *schwache Lösung der Differentialgleichung* (9.1). Für die Einschränkung dieses Begriffs zum Begriff der *schwachen Lösung einer Randwertaufgabe* und die Benutzung schwacher Lösungen für Existenzbeweise vgl. man G. Hellwig (1960), S. 167ff.

9.4 Verallgemeinerungen der Annahme der Randwerte

Eine weitere Verallgemeinerung betrifft den Rand des Gebiets. Betrachtet man die erste Randwertaufgabe mit homogener Gleichung $L\,u = 0$ und gegebenen Randwerten $u = \gamma(\boldsymbol{x})$, so zeigt sich, daß bei allgemeinem Gebiet B selbst bei stetigem $\gamma(\boldsymbol{x})$ keine Lösung zu existieren braucht. Man kann aber zu jedem $\gamma(\boldsymbol{x})$ eine Lösung $u_\gamma(\boldsymbol{x})$ der Differentialgleichung angeben, die im Falle der Existenz einer Lösung u der Randwertaufgabe mit dieser übereinstimmt, die aber auch sonst die Randwerte wenigstens in Punkten annimmt, die *regulär* genannt werden. Das heißt, daß die Randwerte in einem solchen Punkt $\boldsymbol{x}_0$ im Sinne von $\lim_{\boldsymbol{x} \to \boldsymbol{x}_0} u_\gamma(\boldsymbol{x}) = \gamma(\boldsymbol{x}_0)$ für beliebiges, stetiges γ angenommen werden, gleichgültig, auf welchem Wege sich $\boldsymbol{x} \in B$ dem $\boldsymbol{x}_0 \in \Gamma$ nähert.

Andernfalls heißt der Randpunkt *singulär* (*irregulär*). $u_\gamma(x)$ heißt *verallgemeinerte Lösung im Sinne von Wiener*. Entscheidend ist nun, daß diese Regularität der Randpunkte vom Differentialoperator L unabhängig ist, wenn $a_{ik} \in C^{(1+\lambda)}$, $b_i, c \in C^{(\lambda)}$, $c \leqq 0$ gilt. Die Ableitung von Kriterien für die Regularität wird daher in § 13 geschehen, in welchem die Potentialgleichung näher behandelt wird. Wenn die Funktion $\gamma(x)$ nicht mehr stetig, aber noch beschränkt ist, läßt sich $u_\gamma(x)$ so angeben, daß bei Annäherung des regulären $x_0 \in \Gamma$ durch $x \in B$ die Grenzwerte die gleichen Schranken einhalten, die sich für die Grenzwerte von $\gamma(x)$ für $x \in \Gamma$, $x \to x_0$ ergeben. Unter obigen Voraussetzungen über L gilt dann die Existenz und Eindeutigkeit der verallgemeinerten Lösung im Wienerschen Sinne.

Fordert man von $\gamma(x)$ hingegen nicht mehr Beschränktheit, sondern nur quadratische Integrabilität, so kann man den Begriff der *Annahme der Randwerte im Mittel* einführen. Ist etwa in der Ebene ($N = 2$) ein einfach zusammenhängendes Gebiet B mit dem Rand $\Gamma \in C^{(3)}$ (stetig differenzierbare Krümmung) gegeben und ist $x_1 = \psi_1(s)$, $x_2 = \psi_2(s)$ eine Parameterdarstellung des Randes, wobei s die Bogenlänge des Randes ist ($0 \leqq s \leqq l$), so kann man eine Schar von Kurven $x_1 = x_1(s, t)$ $= \psi_1(s) - t\psi_2'(s)$, $x_2 = x_2(s, t) = \psi_2(s) + t\psi_1'(s)$ definieren, die für genügend kleine $t > 0$ aus $C^{(2)}$ sind und für $t \to 0$ von innen gegen Γ streben (Abb. 9.17). Man sagt von einer in B definierten (und dort etwa stetigen) Funktion $u(x)$, daß sie die Randwerte $\gamma(s) \in L^{(2)}(\Gamma)$ (d. h.: γ ist Element des Raumes der über Γ quadratisch integrierbaren Funktionen, analog spricht man vom Raum $L^{(p)}$, wenn die p-te Potenz integrierbar ist für ein reelles $p \geqq 1$) im Mittel annimmt, wenn für eine geeignete positive Gewichtsfunktion $P(s, t)$

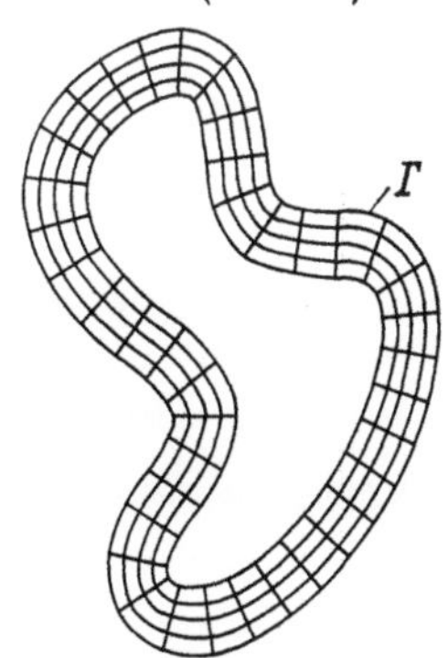

Abb. 9.17. Kurvenschar, die von innen gegen Γ konvergiert

$$(9.18) \qquad \lim_{t \to 0} \int_0^l P(s, t) \{u[x_1(s, t), x_2(s, t)] - \gamma(s)\}^2 \, ds = 0$$

gilt. Setzt man die Koeffizienten der Operatoren L und M (9.1 und 8.2a) als aus $C^{(2)}(B + \Gamma)$ voraus und hat man $f \in C^{(\lambda)}(B + \Gamma)$, so gilt der Alternativsatz 9.7, und bei stetigem γ ist auch u in $B + \Gamma$ stetig. Für eine entsprechende Verallgemeinerung bei der zweiten und dritten Randwertaufgabe vgl. man C. Miranda (1955), S. 104ff.

9.5 A priori-Abschätzungen

Eine wichtige Methode, Existenzbeweise ohne Greensche Funktionen oder Grundlösungen zu führen, ist die Schaudersche Methode, die neben funktionalanalytischen Hilfsmitteln (vgl. Kap. VIII) sog. *a priori-Abschätzungen* benutzt, von denen es heute eine ganze Reihe gibt. Man vgl. z. B. R. COURANT und D. HILBERT (1962), G. HELLWIG (1960) und C. MIRANDA (1955). Typisch ist hier die Unterscheidung zwischen Abschätzungen in einem abgeschlossenen Bereich $B + \Gamma$ und solchen in einem offenen Bereich B, wobei ein gewisses Anwachsen von Ableitungen gegen den Rand hin statthaft ist. Für beide Fälle soll hier je ein wichtiges Beispiel gegeben werden, wobei nur die erste Randwertaufgabe (9.1) und (9.2) in endlichen Gebieten betrachtet wird. Bezeichnet man mit sup die obere Grenze (kleinste obere Schranke) einer Menge reeller Zahlen, so kann man zunächst die Konstante in der Hölder-Bedingung (6.43) genauer spezifizieren, indem man definiert

$$(9.19) \qquad H_\alpha^{B+\Gamma}[a(x)] = \sup_{\substack{x,\,x' \in B+\Gamma \\ x \neq x'}} \frac{|a(x') - a(x)|}{\left|\sqrt{\sum\limits_{i=1}^{N} (x_i' - x_i)^2}\right|^\alpha},$$

wobei natürlich die Existenz der oberen Grenze vorauszusetzen ist. Nun kann man in den Funktionenklassen $C^{(k)}$ und $C^{(k+\lambda)}$ folgende Normen einführen, die diese Klassen zu Banach-Räumen machen (vgl. § 35):

$$(9.20) \qquad \|a\|_k^{B+\Gamma} = \sum_{i=0}^{k} \sup_{x \in B+\Gamma} \sup_{\substack{\text{Alle } i\text{-ten} \\ \text{Ableitungen}}} |D^i a(x)|,$$

$$(9.21) \qquad \|a\|_{k+\lambda}^{B+\Gamma} = \|a\|_k^{B+\Gamma} + \sup_{\substack{\text{Alle } k\text{-ten} \\ \text{Ableitungen}}} H_\lambda^{B+\Gamma}[D^k a(x)],$$

$$(9.22) \qquad \|a\|_k^{B} = \sum_{i=0}^{k} \sup_{x \in B} \sup_{\substack{\text{Alle } i\text{-ten} \\ \text{Ableitungen}}} |[d(x)]^i D^i a(x)|,$$

$$(9.23) \qquad \|a\|_{k+\lambda}^{B} = \|a\|_k^{B} + \sup_{\substack{x',x \in B \\ x \neq x'}} \sup_{\substack{\text{Alle } k\text{-ten} \\ \text{Ableitungen}}} \{\text{Min}\,[d(x'), d(x)]\}^{k+\lambda} \times$$

$$\times \frac{|D^k a(x') - D^k a(x)|}{\left|\sqrt{\sum\limits_{i=1}^{N} (x_i' - x_i)^2}\right|^\alpha}.$$

Dabei ist $D^0 a(x) = a(x)$, $D^i a(x)$ $(i = 1, \ldots, k)$ eine beliebige i-te Ableitung von $a(x)$, und $d(x)$ ist der Abstand des Punktes x vom Rand Γ. Das zweite Glied von (9.23) ist analog (9.19) gebildet. Bei (9.22) und (9.23) können die i-ten Ableitungen $D^i a(x)$ bei Annäherung von x an den Rand wie $[d(x)]^{-i}$ singulär werden.

Es wird jetzt von den Koeffizienten des Differentialoperators von (9.1) $\|a_{ik}\|_\lambda^{B+\Gamma} \leqq M$, $\|b_i\|_\lambda^{B+\Gamma} \leqq M$, $\|c\|_\lambda^{B+\Gamma} \leqq M$ vorausgesetzt und ferner die gleichmäßige Elliptizität $a_{ik}\,\xi_i\,\xi_k \geqq m\,\xi_i\,\xi_i$ $(m > 0$, vgl. 6.18$)$. Für den offenen Bereich B gilt dann der

Satz 9.24: *Wenn u in B eine Lösung von (9.1) ist und $u \in C^{(2+\lambda)}$ in jedem abgeschlossenen Teilgebiet von B, so existiert $\|u\|_{2+\lambda}^{B}$, und es gilt die Abschätzung*

$$(9.25) \qquad \|u\|_{2+\lambda}^{B} \leqq K_1(\|u\|_0^{B} + \|f\|_{\lambda}^{B}),$$

wobei K_1 nur von M, m, λ und dem Durchmesser der kleinsten B umfassenden Hyperkugel abhängt.

Zur Abschätzung in $B + \Gamma$ wird zusätzlich der Rand $\Gamma \in C^{(2+\lambda)}$ vorausgesetzt. Dann kann man die Norm der Funktion $\gamma(x) = u(x)$ in (9.2) auf dem Rande Γ analog (9.20) und (9.21) bilden, wobei nur innere Ableitungen (d. h. Ableitungen nach Parametern einer geeignet zu wählenden Parameterdarstellung des Randes für kleine Umgebungen jedes Randpunktes) zu betrachten sind. Hiermit hat man den

Satz 9.26: *Wenn u in B eine Lösung von (9.1)/(9.2) ist und $u \in C^{(2+\lambda)} (B + \Gamma)$, so existiert $\|u\|_{2+\lambda}^{B+\Gamma}$, und es gilt die Abschätzung*

$$(9.27) \qquad \|u\|_{2+\lambda}^{B+\Gamma} \leqq K_2(\|u\|_0^{B+\Gamma} + \|f\|_{\lambda}^{B+\Gamma} + \|\gamma\|_{2+\lambda}^{\Gamma}),$$

wobei K_2 nur von m, M, λ und B abhängt.

Unter der Voraussetzung $c \leqq 0$ läßt sich u aus den rechten Seiten von (9.25) und (9.27) eliminieren, und man erhält

$$(9.28) \qquad \|u\|_{2+\lambda}^{B} \leqq K_1'(\|f\|_{\lambda}^{B} + \|\gamma\|_0^{\Gamma}) \quad \text{bzw.}$$

$$(9.29) \qquad \|u\|_{2+\lambda}^{B+\Gamma} \leqq K_2'(\|f\|_{\lambda}^{B+\Gamma} + \|\gamma\|_{2+\lambda}^{\Gamma}),$$

woraus die entsprechenden Eindeutigkeitsaussagen unmittelbar abzulesen sind. Weiterer Ausbau dieser Theorie führt schließlich zu dem

Satz 9.30: *Es sei für ein $k \geqq 0$ $a_{ij}, b_i, c, f \in C^{(k+\lambda)}$, $\Gamma, \gamma \in C^{(k+2+\lambda)}$. Wenn dann $c \leqq 0$ gilt, hat das Dirichlet-Problem (9.1)/(9.2) genau eine Lösung mit $u \in C^{(k+2+\lambda)}(B + \Gamma)$. Wenn $c \leqq 0$ nicht vorausgesetzt wird, so gilt der Alternativsatz. Hat das homogene Problem eine Lösung $v \in C^{(2+\lambda)} (B + \Gamma)$, so ist auch $v \in C^{(k+2+\lambda)} (B + \Gamma)$. Für jede Lösung $w \in C^{(2)}(B)$ von (9.1) gilt auch $w \in C^{(k+2+\lambda)} (B)$.*

Da funktionalanalytische Methoden hier zu den Beweisen herangezogen werden, liegen die oben erwähnten Verallgemeinerungen des Begriffs „Lösung" nahe. Für verallgemeinerte Lösungen im Sinne von WIENER vergleiche man etwa R. COURANT und D. HILBERT (1962), S. 340 ff., für schwache Lösungen C. MIRANDA (1955), S. 134.

9.6 Die Variationsgleichung

Der Rest dieses Paragraphen ist dem Dirichletschen Problem mit nichtlinearer elliptischer Differentialgleichung der Gestalt [vgl. (6.1)]

$$(9.31) \qquad F(x, u, u_1, \ldots, u_N, u_{11}, u_{12}, \ldots, u_{NN}) = 0$$

und der Randbedingung (9.2) gewidmet. Außerdem werden quasilineare Differentialgleichungen der Form

$$(9.32) \qquad \tilde{Q}\, u \equiv a_{ik}(x, u, u_1, \ldots, u_N)\, u_{ik} + 2 b_i(x, u, u_1, \ldots, u_N)\, u_i +$$
$$+ c(x, u, u_1, \ldots, u_N) = 0$$

betrachtet; die Funktionen F, a_{ik}, b_i und c seien stetig und nach allen Argumenten stetig differenzierbar. Man kann hier etwas andere Normdefinitionen gut verwenden, nämlich

$$(9.33) \qquad |u|_{k+\lambda}^{B+\Gamma} = ||u||_0^{B+\Gamma} + \sup_{\substack{\text{Alle } k\text{-ten} \\ \text{Ableitungen}}} H_\lambda^{B+\Gamma}[D^k u],$$

$$(9.34) \qquad |u|_{k+\lambda}^{\Gamma} = ||u||_0^{\Gamma} + \sup_{\substack{\text{Alle } k\text{-ten} \\ \text{Ableitungen}}} H_\lambda^{\Gamma}[D^k u].$$

Für die Hilfsgleichung

$$(9.35) \qquad F(x, u, u_1, \ldots, u_N, u_{11}, u_{12}, \ldots, u_{NN}) = f(x)$$

läßt sich unter geeigneten Differenzierbarkeitsvoraussetzungen durch eine der Variationsrechnung entnommene Prozedur (vgl. § 19) die sog. *Variationsgleichung* aufstellen. Faßt man die Argumente von F als unabhängig auf, so kann man die ersten partiellen Ableitungen von F nach u und den folgenden Argumenten der Reihe nach mit F_u, F_1, $\ldots$, F_N, F_{11}, F_{12}, $\ldots$, F_{NN} bezeichnen. Die Variationsgleichung entsteht nun, wenn man (mit konstantem ε) $u + \varepsilon v$ für u und $f + \varepsilon g$ für f in (9.35) einsetzt, nach ε differenziert und $\varepsilon = 0$ setzt:

$$(9.36) \qquad F_{ik}(x, u, \ldots, u_{NN})\, v_{ik} + F_i(x, u, \ldots, u_{NN})\, v_i +$$
$$+ F_u(x, u, \ldots, u_{NN})\, v = g(x).$$

Denkt man sich hierin ein festes u eingesetzt, so erhält man eine lineare Differentialgleichung für die Funktion v, die bei kleinem ε angenähert gleich der durch g hervorgerufenen Änderung von u ist. In der Sprache der Funktionalanalysis ist die linke Seite von (9.36) die *Fréchetsche Ableitung* des Operators F an der Stelle u angewandt auf v. Beim Beweis der unten folgenden Sätze wird entsprechend dem Newton-Verfahren vorgegangen, das im § 35 dieses Abschnitts geschildert wird.

9.7 Existenz und Eindeutigkeit bei nichtlinearen Randwertaufgaben

Um die folgenden Sätze kurz formulieren zu können, werden hier drei Gruppen von Voraussetzungen vorher notiert:

A 1. Für jede (eventuell existierende) Lösung $u \in C^{(k+\lambda)}(B+\Gamma)$ der Differentialgleichung (9.31) ist das Dirichlet-Problem für die Variationsgleichung (9.36) unbeschränkt lösbar, wenn $g(x) \in C^{(k-2+\lambda)}(B+\Gamma)$ ($k \geqq 2$) und $\gamma(x) \in C^{(k+\lambda)}(\Gamma)$ ist.

A 2. Für das Dirichlet-Problem mit der Differentialgleichung (9.35) bzw. der inhomogenen Gleichung zu (9.32) gilt ein Eindeutigkeitssatz.

B 1. Für jede eventuelle Lösung $u \in C^{(k+\lambda)}$ $(B + \Gamma)$ des Ausgangsproblems gilt die a priori-Abschätzung $|u|_{k+\lambda}^{B+\Gamma} \leqq K_1 |\gamma|_{k+\lambda}^{\Gamma}$.

B 2. Für jede eventuelle Lösung $u \in C^{(k+\lambda)}$ des Ausgangsproblems gilt die a priori-Abschätzung $|u|_{k-1+\lambda}^{B+\Gamma} \leqq K_2 |\gamma|_{k+\lambda}^{\Gamma}$.

B 3_m $(m = 0, 1, 2, \ldots)$. $\gamma \in C^{(k+\lambda)}$ (Γ) durchlaufe die Familie aller Funktionen, für die $|\gamma|_{k+\lambda}^{\Gamma}$ unterhalb einer festen Schranke bleibt. Dann sollen die eventuellen Lösungen $u \in C^{(k+\lambda)}$ der Differentialgleichung und deren Ableitungen bis zur Ordnung $m \leqq k$ einschließlich gleichmäßig beschränkt und gleichgradig stetig sein [vgl. L. COLLATZ (1964), S. 64].

B 4_m $(m = 0, 1, 2, \ldots)$. Wie B 3_m, nur wird lediglich gleichmäßige Beschränktheit gefordert.

C 1. Für ein spezielles γ ist die Aufgabe eindeutig lösbar.

C 2. Für ein spezielles γ hat die Aufgabe eine endliche, ungerade Anzahl von Lösungen.

Damit gelten folgende Sätze.

Satz 9.37: *Der Bereich B sei beschränkt, sein Rand $\Gamma \in C^{(k+\lambda)}$ $(k \geqq 2)$ und es sei dort $\gamma(x) \in C^{(k+\lambda)}$. Die Existenz einer Lösung des Dirichlet-Problems (9.31)/(9.2) in $C^{(k+\lambda)}$ ist gesichert, wenn A 1 und C 2 und $\langle B\,1$ oder B 3_2 oder im Falle $N = 2$ B $4_2\rangle$ gelten. Die Existenz und Eindeutigkeit sind gesichert, wenn $\langle A\,1$ oder A $2\rangle$ und C 1 und $\langle B\,1$ oder B 3_2 oder im Falle $N = 2$ B $4_2\rangle$ gelten.*

Satz 9.38: *Der Bereich B sei beschränkt, sein Rand $\Gamma \in C^{(k+\lambda)}$ $(k \geqq 2)$ und es sei dort $\gamma(x) \in C^{(k+\lambda)}$. Die Existenz einer Lösung $u \in C^{(k+\lambda)}$ des Dirichlet-Problems mit der quasilinearen Gl. (9.32) ist (abgesehen vom Satz 9.37) gesichert, wenn A 1 und C 2 und $\langle B\,2$ oder B 3_1 oder für $N = 2$ B $4_1\rangle$ gelten. Die Existenz und Eindeutigkeit sind gesichert, wenn* entweder *A 1 und C 1 und $\langle B\,2$ oder B 3_1 oder für $N = 2$ B $4_1\rangle$* oder aber *A 2 und C 1 und $\langle B\,3_1$ oder für $N = 2$ B $4_1\rangle$ gelten. Hängen die a_{ij}, b_i, c nur von x und u ab und besitzen die a_{ij} stetige Ableitungen bis zur Ordnung 3, so ist die Existenz gesichert, wenn A 1 und B 3_0 und C 2 gelten, darüber hinaus die Eindeutigkeit, wenn $\langle A\,1$ oder A $2\rangle$ und B 3_0 und C 1 gelten. Wenn die a_{ij} nur von x abhängen, kann an beiden Stellen B 4_0 statt B 3_0 stehen.*

Einige Sätze über die Abschwächung der Voraussetzungen an $\gamma(x)$ findet man bei C. MIRANDA (1955), S. 155. Dort (S. 139) finden sich auch Sätze über die Differenzierbarkeitseigenschaften der Lösung in Abhängigkeit von den Ableitungen von F (analog zum Satz 9.30). Wenn F bzw. die Koeffizienten von (9.32) in allen Argumenten analytisch sind, gilt z. B., daß jede Lösung $u \in C^{(2+\lambda)}$ von (9.31) bzw. jede Lösung $u \in C^{(2)}$ von (9.32) ebenfalls analytisch ist.

Für Existenz- und Eindeutigkeitsfragen bei allgemeinen Systemen elliptischer Differentialgleichungen wird auf G. HELLWIG (1960), S. 219 und C. MIRANDA (1955), S. 175 und die dort angegebene Literatur verwiesen.

§ 10. Randmaximum- und Monotoniesätze

10.1 Der Randmaximumsatz bei linearen Differentialgleichungen

Die in diesem Paragraphen zu schildernden Ergebnisse stellen nicht nur wichtige theoretische Hilfsmittel dar, sie sind auch für die Praxis von großer Bedeutung, da sie einfache Fehlerabschätzungen gestatten. Zunächst werden lineare Differentialgleichungen der Gestalt (6.4)

$$(10.1) \qquad L\,u \equiv a_{ik}(\boldsymbol{x})\,u_{ik} + b_i(\boldsymbol{x})\,u_i + c(\boldsymbol{x})\,u = f(\boldsymbol{x})$$

behandelt und es wird ein offener, beschränkter Bereich B mit dem Rand Γ zugrunde gelegt. Dann gilt der

Satz 10.2: *Ist $L\,u$ in B gleichmäßig elliptisch und sind seine Koeffizienten a_{ik}, b_i, $c \le 0$ dort gleichmäßig beschränkt, so folgt für $\left\{ \begin{array}{l} f \le 0 \\ f \ge 0 \end{array} \right\}$ in B, daß keine nicht konstante Lösung $u(\boldsymbol{x})$ von (10.1) in B ein $\left\{ \begin{array}{l} \text{negatives Minimum} \\ \text{positives Maximum} \end{array} \right\}$ annimmt.*

Wenn $u(\boldsymbol{x})$ im abgeschlossenen Bereich $B + \Gamma$ stetig ist, wird das negative Minimum bzw. positive Maximum, sofern es überhaupt existiert, auf Γ angenommen. Dieser Eigenschaft wegen heißt der auf E. HOPF zurückgehende Satz 10.2 *Randmaximumsatz* (bzw. Randminimumsatz, in der englischsprachigen Literatur oft maximum principle oder maximum-minimum-principle, welche Bezeichnung die Gefahr der Verwechslung mit Variationsprinzipien in sich trägt, vgl. Kap. IV und V). Unter geeigneten Zusatzvoraussetzungen kann man auf die gleichmäßige Elliptizität verzichten, man vgl. G. HELLWIG (1960), S. 86.

Im Spezialfall $f \equiv 0$ wird weder ein negatives Minimum noch ein positives Maximum in B angenommen; im Spezialfall $c \equiv 0$ kann man zu u eine beliebige Konstante addieren, ohne f zu ändern. Daher wird für $f \le 0$ kein Minimum, für $f \ge 0$ kein Maximum **angenommen**, unabhängig vom Vorzeichen von u. Ist schließlich $c \equiv f \equiv 0$, wie z. B. bei der Potentialgleichung, so wird generell weder Maximum noch Minimum in B angenommen. Bei $f \equiv 0$ gilt über den Satz 10.2 hinaus, daß bei $c > 0$ weder ein positives Minimum noch ein negatives Maximum angenommen wird.

Der Beweis für den Satz 10.2 benutzt u. a. einfache Eigenschaften der Ableitungen von u, wie es schon im Spezialfall der Gleichung

$$(10.3) \qquad u_{ii} + b_i(\boldsymbol{x})\, u_i + c(\boldsymbol{x})\, u = f(\boldsymbol{x})$$

mit $c < 0$ in B deutlich wird: Nimmt u im Punkte $\boldsymbol{x_0} \in B$ ein Minimum an und ist $u(\boldsymbol{x_0}) < 0$, so ist $c(\boldsymbol{x_0}) \cdot u(\boldsymbol{x_0}) > 0$. Ferner ist dort $u_i = 0$ und $u_{ii} \geqq 0$ für $i = 1, \ldots, N$; daher ist die linke Seite von (10.3) ebenfalls > 0 und man erhält einen Widerspruch, wenn man $f(\boldsymbol{x}) \leqq 0$ in B voraussetzt.

Die Anwendung von Randmaximumsätzen zur Abschätzung der Lösung soll hier an einem ganz einfachen Beispiel erläutert werden; für weitere Beispiele vgl. die Nr. 23.5 und 27.8. Von der Torsionsaufgabe für einen Stab vom Querschnitt der Abb. 10.4 gelangt man durch Addition von $(x^2 + y^2)/4$ zur Torsionsfunktion leicht zu der Aufgabe

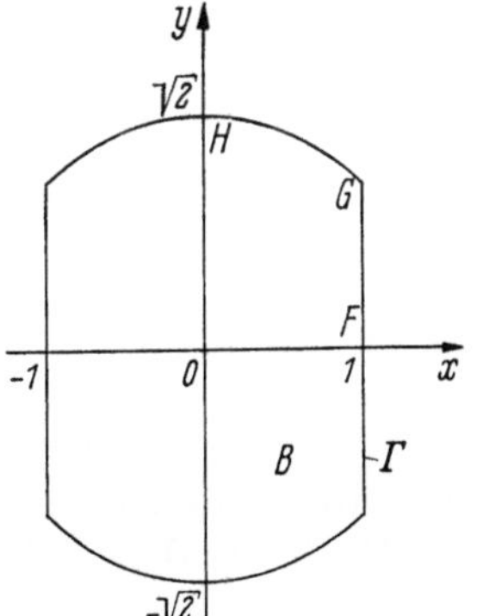

Abb. 10.4. Querschnitt eines tordierten Stabes

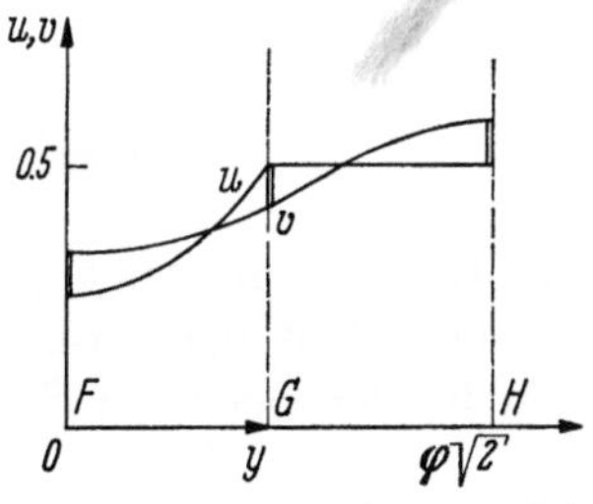

Abb. 10.6. Randwerte von Lösung und Approximation

$$(10.5) \qquad \Delta u = 0 \ \text{ in } B, \quad u = \tfrac{1}{4}(x^2 + y^2) \ \text{ auf } \Gamma.$$

Abb. 10.6 stellt die Randwerte über der Abwicklung eines Viertels des Randes dar. Macht man den Näherungsansatz

$$(10.7) \qquad v = a + b(x^2 - y^2),$$

der die Differentialgleichung erfüllt, so kann man aus der Forderung, daß $u - v$ in den Punkten F, G und H gleichen Betrag aber abwechselndes Vorzeichen haben soll, leicht $a = 5/12$ und $b = -1/12$ ermitteln. Danach gilt auf dem Rand

$$(10.8) \qquad |u - v| \leqq \frac{1}{12}, \ \text{ also } \ v - \frac{1}{12} \leqq u \leqq v + \frac{1}{12}.$$

Nach dem Satz 10.2 gilt diese Abschätzung, die sich leicht durch Hinzunahme weiterer Ansatzfunktionen verschärfen läßt, aber auch in ganz B.

10.2 Annäherung an ein Randmaximum

Über das Verhalten von u bei Annäherung an ein Randmaximum bzw. -minimum gibt Auskunft der

Satz 10.9: *Es seien die Voraussetzungen von Satz 10.2 erfüllt und es sei $\Gamma \in C^{(1+\lambda)}$ (vgl. Nr. 6.9), u in $B + \Gamma$ stetig und $\neq$ const. Es nehme $u(x)$ im Punkte $x_0 \in \Gamma$ gemäß Satz 10.2 ein $\begin{Bmatrix} \text{negatives Minimum} \\ \text{positives Maximum} \end{Bmatrix}$ an. Nähert sich dann der Punkt $x \in B$ dem Punkt x_0 auf einem Strahl, der mit der inneren Normale einen spitzen Winkel einschließt, so existiert eine Konstante $K > 0$, so daß für genügend kleines*

$$\varrho = \left| \sqrt{\sum_{i=1}^{N} (x_i - x_{i0})^2} \right| \quad \begin{Bmatrix} u(x) - u(x_0) > K\varrho \\ u(x) - u(x_0) < -K\varrho \end{Bmatrix}$$

gilt. Ist u in x_0 differenzierbar, so ist die Ableitung in Richtung des genannten Strahls $\begin{Bmatrix} \text{positiv} \\ \text{negativ} \end{Bmatrix}$.

Bei in $B + \Gamma$ stetigem, nicht konstantem u folgt aus dem Satz 10.2 für $c \leq 0$, $f \equiv 0$ die Abschätzung

$$(10.10) \qquad |u(x)| < \underset{\Gamma}{\text{Max}}\,|u| \quad \text{für} \quad x \in B,$$

die die Stetigkeit der Abhängigkeit der Lösung von den Randwerten und die Eindeutigkeit der Lösung der ersten Randwertaufgabe zeigt. Man vgl. die Forderungen der Sachgemäßheit in Nr. 6.3 und den Satz 9.5.

10.3 Monotonie bei linearen Randwertaufgaben

Im § 5 finden sich verschiedene Methoden zur (theoretischen und praktischen) Ausnutzung von Monotonieeigenschaften in Halbordnungs-Banach-Räumen. Diese Methoden sind analog auf die hier betrachteten Aufgaben anwendbar, was nicht näher erläutert werden soll. Die folgenden Sätze sind vielmehr Hilfsmittel zum Nachweis der Monotonie.

In Nr. 5.1 wurden verschiedene Monotoniebegriffe bei Operatoren allgemein definiert. Von Differentialoperatoren wie L bei (9.1) kann naturgemäß keine Monotonie erwartet werden; wichtiger ist hier daher der Begriff der monotonen Art.

Nun ist $Lu = f(x)$, oder wie man hier besser schreibt $L^* u = -Lu = -f(x) = f^*(x)$ ohne Zusatzforderungen nicht eindeutig lösbar; daher werden die Randbedingungen hinzugenommen. Wählt man die erste Randbedingung $u(y) = \gamma(y)$ auf Γ, so läßt sich der Operator T definieren als Abbildung von $u(x)$ auf das Paar von Funktionen $\{f^*(x), \gamma(y)\}$. T kann als von isotoner Art angesehen werden, wenn die Voraussetzungen von Satz 10.2 erfüllt sind. Es gilt nämlich folgender *Monotoniesatz*.

Satz 10.11: *Ist unter den Voraussetzungen von Satz 10.2 $L^* u = f^* \geqq$ $\geqq g^* = L^* v$ in B und $u = \gamma \geqq \delta = v$ auf Γ, so folgt, falls die Lösungen beider Dirichlet-Probleme existieren, daß $u \geqq v$ auch in B gilt.*

Der Beweis benutzt lediglich Satz 10.2, angewandt auf $u - v$. Die dritte Greensche Identität (8.8) kann in diesem Falle in der Form

$$(10.12) \quad u(\boldsymbol{x}) = \int\limits_B G(\boldsymbol{x}, \boldsymbol{\xi}) \, f^*(\boldsymbol{\xi}) \, dB_{\boldsymbol{\xi}} + \int\limits_\Gamma A(\boldsymbol{\xi}) \, G_{,\sigma_{\boldsymbol{\xi}}}(\boldsymbol{x}, \boldsymbol{\xi}) \, \gamma(\boldsymbol{\xi}) \, d\Gamma_{\boldsymbol{\xi}}$$

geschrieben werden. Ist $G(\boldsymbol{x}, \boldsymbol{\xi})$ für alle $\boldsymbol{x}$, $\boldsymbol{\xi} \in B$, $\boldsymbol{x} \neq \boldsymbol{\xi}$ positiv, so ist die Ableitung nach der inneren Konormale unter dem Randintegral nicht negativ, und es ergibt sich der Satz 10.11 auf neue Weise. Es gilt sogar der

Satz 10.13: *Existiert zu dem Dirichletschen Problem $L^* u = f^*$ in B, $u = \gamma$ auf Γ die Greensche Funktion, so ist für die Gültigkeit des Satzes 10.11 notwendig und hinreichend, daß sie für alle $\boldsymbol{x} \neq \boldsymbol{\xi}$ aus B positiv ist.*

Für die dritte Randwertaufgabe mit der speziellen Form (vgl. 7.6) der Randbedingungen

$$(10.14) \qquad u(\boldsymbol{x}) - \beta(\boldsymbol{x}) \, u_{,\tau}(\boldsymbol{x}) = \gamma(\boldsymbol{x}), \quad (\boldsymbol{x} \in \Gamma)$$

gilt der

Satz 10.15: *Sind die Voraussetzungen der Sätze 10.2 und 10.9 erfüllt und bezeichnet τ die Richtung des im Satz 10.9 genannten Strahls, so ist die Randwertaufgabe mit der Randbedingung (10.14) von isotoner Art, wenn auf ganz Γ $\beta(\boldsymbol{x}) \geqq 0$ gilt: Aus $L^* u \geqq L^* v$ in B und $u - \beta u_{,\tau} \geqq$ $\geqq v - \beta v_{,\tau}$ auf Γ folgt $u \geqq v$ in B.*

Beim Neumannschen Problem mit der Randbedingung $-u_{,\sigma} = \gamma(\boldsymbol{x})$ läßt sich im Falle $c \leqq 0$, $c \not\equiv 0$ die Monotonie mit Hilfe der Neumannschen Funktion zeigen. [Für den Beweis der Positivität der Neumannschen Funktion vgl. man G. F. D. Duff (1956), S. 160.].

Satz 10.16: *Wenn die Voraussetzungen von Satz 10.2 erfüllt sind, die Randwertaufgabe selbstadjungiert ist, der Rand $\Gamma \in C^{(1+\lambda)}$ ist und die Neumannsche Funktion existiert, so ist das Neumann-Problem von isotoner Art: Aus $L^* u \geqq L^* v$ in B und $-u_\sigma \geqq -v_\sigma$ auf Γ folgt $u \geqq v$ in B.*

Leider ist dieser Satz auf den wichtigen Fall $c \equiv 0$ nicht anwendbar, in welchem die Neumannsche Funktion nicht existiert, da das homogene Problem die konstante Funktion als Lösung zuläßt. Daher kann auch die Ungleichung $u \geqq v$ durch Addition einer genügend großen Konstante zu v immer verletzt werden.

10.4 Quasilineare Differentialgleichungen

Bei der jetzt folgenden Behandlung nichtlinearer Aufgaben sollen zunächst quasilineare Gleichungen der Form (6.2)

$$(10.17) \qquad Q\,u \equiv a_{ik}(x, u, u_1, \ldots, u_N)\, u_{ik} - f(x, u, u_1, \ldots, u_N) = 0$$

betrachtet werden. Es gilt darüber ein Randmaximumsatz von R. REDHEFFER, der hier unter geringfügigen Verschärfungen der Voraussetzungen wiedergegeben wird [vgl. L. COLLATZ (1964), S. 301 ff.].

Satz 10.18: *B sei ein offener, zusammenhängender, beschränkter Bereich mit dem Rand Γ. Es existiere eine Lösung $u \in C^{(2)}\,(B)$ von (10.17), für die $f(x, u, 0, \ldots, 0) \geqq 0$ und $a_{ik}(x, u, 0, \ldots, 0)\,\xi_i\,\xi_k \geqq m\,\xi_i\,\xi_i$ mit $m > 0$ in B gilt. Ferner mögen dort die Lipschitz-Bedingungen*

$$(10.19) \qquad \begin{aligned} &\left| a_{ik}(x, u, u_1, \ldots, u_N) - a_{ik}(x, u, 0, \ldots, 0) \right| \leqq K\left| \sqrt{u_j\,u_j}\right|, \\ &\left| f(x, u, u_1, \ldots, u_N) - f(x, u, 0, \ldots, 0) \right| \leqq K\left| \sqrt{u_j\,u_j}\right| \end{aligned}$$

$(i, k = 1, \ldots, N)$ erfüllt sein, wobei die $u_1, \ldots, u_N$ hier nicht als Ableitungen von u, sondern als unabhängig aufzufassen sind. Wenn dann $u \leqq d$ (d konstant) auf Γ gilt, gilt es auch in B.

Diesem Satz entspricht folgender Monotoniesatz.

Satz 10.20: *B sei ein offener, zusammenhängender, beschränkter Bereich mit dem Rand Γ. Die a_{ik} mögen nicht von u abhängen, es sei $f(x, u, u_1, \ldots, u_N)$ in u monoton nicht fallend und $a_{ik}(x, u_1, \ldots, u_N) \times \xi_i\,\xi_k \geqq m\,\xi_i\,\xi_i$ mit $m > 0$ in B. Ferner mögen dort die Lipschitz-Bedingungen*

$$(10.21) \qquad \begin{aligned} &\left| a_{ik}(x, u_1 + v_1, \ldots, u_N + v_N) - a_{ik}(x, u_1, \ldots, u_N) \right| \leqq K\left| \sqrt{v_j\,v_j}\right|, \\ &\left| f(x, u, u_1 + v_1, \ldots, u_N + v_N) - f(x, u, u_1, \ldots, u_N) \right| \leqq K\left| \sqrt{v_j\,v_j}\right| \end{aligned}$$

für $i, k = 1, \ldots, N$ erfüllt sein (u_j und v_j wieder unabhängig). Wenn dann $-Q\,u \leqq 0 \leqq -Q\,v$ in B und $u \leqq v$ auf Γ gilt, so ist auch $u \leqq v$ in B.

Eine weitere Folgerung aus Satz 10.18 ist folgender *Dualitätssatz.*

Satz 10.22: *Der Operator*

$$(10.23) \qquad T\,u \equiv f\left(x, \frac{u_j}{u}\right) - a_{jk}(x)\left(\frac{u_{jk}}{u}\right)$$

sei in einem Gebiet B gemäß Satz 10.18 definiert, $a_{ik}(x)\,\xi_i\,\xi_k \geqq m\,\xi_i\,\xi_i$ ($m > 0$) und es sei dort f lipschitzbeschränkt gemäß

$$(10.24) \qquad \left| f(x, v_1, \ldots, v_N) - f(x, w_1, \ldots, w_N) \right| \leqq K\left| \sqrt{(v_j - w_j)\,(v_j - w_j)}\right|.$$

Wenn dann mit $u, v \in C^2(B)$ $u = 0$ auf Γ und $T\,u \leqq 0$, $T\,v \geqq 0$ überall dort in B gilt, wo $u \neq 0$ bzw. $v \neq 0$ ist, so folgt (inf bedeutet die untere

Grenze oder größte untere Schranke) aus $\inf_{B} |v| > 0$, daß in B $u \equiv 0$

ist. Ist dort $u \not\equiv 0$, so wird also $\inf_{B} |v| = 0$.

Dieser Satz kann angewandt werden zu Eigenwertabschätzungen und zu Untersuchungen von Nullstellengebilden und Vorzeichenfragen bei Differentialgleichungen der Form $u\,T\,u = 0$.

10.5 Nichtlineare Differentialgleichungen

Über nichtlineare elliptische Differentialgleichungen der Gestalt (6.1)

$$(10.25) \qquad F(x, u, u_1, \ldots, u_N, u_{11}, u_{12}, \ldots, u_{NN}) = 0,$$

worin F stetig und nach allen Argumenten stetig differenzierbar sei, gilt der

Satz 10.26: *Wenn in einem offenen, zusammenhängenden, beschränkten Bereich B $\partial F/\partial u \leq 0$ gilt, so kann die Differenz $u - v$ zweier Lösungen von (10.25) in keinem Punkte P von B ein positives Maximum oder ein negatives Minimum annehmen, ohne in einer Umgebung von P konstant zu sein.*

Über die Monotonie gilt ein Satz von A. G. MEYER, der eine größere Anzahl von Voraussetzungen benötigt, die aber im Einzelfall leicht nachzuprüfen sind. Faßt man zunächst alle Argumente von F als Koordinaten $x_1, \ldots, x_N, p, p_1, \ldots, p_N, p_{11}, p_{12}, \ldots, p_{NN}$ eines $(N^2 + 2N + 1)$-dimensionalen Raumes auf, so sei es zuerst möglich, einen Teilbereich H dieses Raumes so auszuwählen, daß

A 1. der abgeschlossene Bereich $B + \Gamma$ ganz in der Projektion von H in den x-Raum enthalten ist und

A 2. H bzgl. der Koordinaten $p, p_1, \ldots, p_N, p_{11}, p_{12}, \ldots, p_{NN}$ konvex ist, d. h., daß mit zwei Punkten aus H mit gleichen x auch die Verbindungsstrecke in H liegt.

Nun können leicht die Voraussetzungen an F hingeschrieben werden:

B 1. F sei in H stetig und nach $p, p_1, \ldots, p_N, p_{11}, p_{12}, \ldots, p_{NN}$ einmal stetig differenzierbar.

B 2. F sei in H gleichmäßig elliptisch (vgl. 6.18).

B 3. Es sei in H $\partial F/\partial p \leq 0$.

Auf dem Rande wird eine nichtlineare Randbedingung erster Ordnung

$$(10.27) \qquad G(x, u, u_1, \ldots, u_N) = \gamma(x)$$

vorgegeben, die folgende Voraussetzungen erfüllt:

C 1. G sei in H für $x \in \Gamma$ stetig und nach den letzten $N + 1$ Argumenten einmal stetig differenzierbar.

C 2. Es seien dort $\dfrac{\partial G}{\partial p} = A_1(x, p, p_1, \ldots, p_N) \geqq 0$ und

$$A_2(x, p, p_1, \ldots, p_N) = \left| \sqrt{\sum_{k=1}^{N} \left(\frac{\partial G}{\partial p_k} \right)^2} \right| \text{ so beschaffen, daß } A_1 + A_2 > 0$$
ist.

Der Rand Γ des Gebiets läßt sich damit in drei Punktmengen Γ_1, Γ_2 und Γ_3 aufteilen, je nachdem, ob $A_1 > 0$, $A_2 = 0$ bzw. $A_1 = 0$, $A_2 > 0$ bzw. $A_1 > 0$, $A_2 > 0$ ist. Diese Aufteilung entspricht der Einteilung in erste, zweite und dritte Randwertaufgabe in Nr. 7.1. Über den Rand wird vorausgesetzt

D 1. Γ_i bestehe aus endlich vielen Hyperflächenstücken Γ_{ik} ($i = 1$, 2, 3; $k = 1, \ldots, m_i$), die Γ_{3k} seien $\in C^{(1)}$, die $\Gamma_{2k} \in C^{(2)}$.

Auf Γ_2 und Γ_3 läßt sich wegen $A_2 > 0$ der Einheitsvektor $\boldsymbol{\mu}$ mit den Komponenten

$$(10.28) \qquad\qquad \mu_k = -\frac{1}{A_2} \frac{\partial G}{\partial p_k}$$

einführen. Über diesen Vektor und die innere Normale $\boldsymbol{\nu}$ gelten die Voraussetzungen

E 1. Es sei auf Γ_2 und Γ_3 das Skalarprodukt $\mu_k \nu_k \geqq d > 0$ mit einer festen Konstante d.

E 2. Liegt ein Punkt P nicht auf Γ_1, aber auf $s > 1$ verschiedenen Flächen Γ_{2k} und Γ_{3k}, so sei es möglich, aus den je s Vektoren $\boldsymbol{\nu}^{(l)}$ und $\boldsymbol{\mu}^{(l)}$ ($l = 1, \ldots, s$) mit positiven Koeffizienten α_l, β_l Einheitsvektoren

$$(10.29) \qquad\qquad \tilde{\boldsymbol{\mu}} = \sum_{l=1}^{s} \alpha_l \boldsymbol{\mu}^{(l)} \quad und \quad \tilde{\boldsymbol{\nu}} = \sum_{l=1}^{s} \beta_l \boldsymbol{\nu}^{(l)}$$

zu bilden, so daß $\tilde{\mu}_k \mu_k^{(l)} > 0$, $\tilde{\nu}_k \nu_k^{(l)} > 0$ ($l = 1, \ldots, s$) und $\tilde{\mu}_k \tilde{\nu}_k \geqq d > 0$ gilt.

E 3. Liegt P auf s Stücken von Γ_2, so sei überdies $\tilde{\nu}_k(P) \tilde{\mu}_k(Q) \geqq \varepsilon > 0$ mit festem ε und für alle Punkte $Q \in \Gamma_2$ einer Umgebung von P.

$\tilde{\boldsymbol{\mu}}$ und $\tilde{\boldsymbol{\nu}}$ ersetzen also $\boldsymbol{\mu}$ und $\boldsymbol{\nu}$ in den Hyperkanten, Kanten und Ecken. Die Voraussetzungen sind so gewählt, daß Schnitte in spitzen Winkeln gestattet sind, aber keine Berührungen der Randstücke. Damit gilt der

Satz 10.30: *Ist unter den genannten Voraussetzungen für zwei Funktionen u und v, für die die Vektoren $\{x, u, u_1, \ldots, u_N, u_{11}, u_{12}, \ldots, u_{NN}\}$ und $\{x, v, v_1, \ldots, v_N, v_{11}, v_{12}, \ldots, v_{NN}\}$ für alle $x \in B + \Gamma$ in H liegen,*

$$-F(x, u, u_1, \ldots, u_{NN}) \leqq -F(x, v, v_1, \ldots, v_{NN}) \quad in \ B$$
und
$$G(x, u, u_1, \ldots, u_N) \quad \leqq \quad G(x, v, v_1, \ldots, v_N) \quad auf \ \Gamma,$$

so ist, wenn $v - u$ nicht konstant ist, $u \leqq v$ in $B + \Gamma$.

10.6 Monotonie bei einer speziellen Differentialgleichungsform

Zum Abschluß dieses § wird ein Satz von REDHEFFER angegeben, der eine gewisse Ähnlichkeit mit dem Satz von NAGUMO-WESTPHAL (vgl. Abschn. D) aufweist.

Satz 10.31: *Es sei in einem offenen, zusammenhängenden, beschränkten Bereich B der Differentialoperator*

$$(10.32) \qquad T\,u \equiv u - f(x, u_1, \ldots, u_N, u_{11}, u_{12}, \ldots, u_{NN})$$

gegeben und auf dem stückweise glatten Rand Γ, für den ein endliches Stück der inneren Normale v auf den glatten Randteilen zu B gehöre, der Randoperator

$$(10.33) \qquad\qquad\qquad R\,u \equiv u - g(x, u_v)$$

definiert. Es mögen für zwei Funktionen $u, v \in C^{(2)}(B)$, $\in C^{(1)}(B + \Gamma)$ folgende Monotonievoraussetzungen gelten:

1. Wenn in B $u_{ik}\,\xi_i\,\xi_k \leqq v_{ik}\,\xi_i\,\xi_k$ für beliebige Vektoren $\{\xi_i\}$ gilt (negative Semidefinitheit der Differenzmatrix), so soll daraus entweder

$$(10.34) \quad f(x, u_1, \ldots, u_N, u_{11}, u_{12}, \ldots, u_{NN}) \leqq$$
$$\leqq f(x, u_1, \ldots, u_N, v_{11}, v_{12}, \ldots, v_{NN})$$

oder

$$(10.35) \quad f(x, v_1, \ldots, v_N, u_{11}, u_{12}, \ldots, u_{NN}) \leqq$$
$$\leqq f(x, v_1, \ldots, v_N, v_{11}, v_{12}, \ldots, v_{NN})$$

folgen.

2. Aus $u_v \leqq v_v$ folge $g(x, u_v) \leqq g(x, v_v)$.

Wenn dann $T\,u - T\,v \leqq \varepsilon$ in B und $R\,u - R\,v \leqq \varepsilon$ auf Γ ist, so gilt $u - v \leqq \varepsilon$ in $B + \Gamma$.

III. Potentialprobleme und andere Aufgaben der Mathematischen Physik

§ 11. Die Potentialgleichung in zwei und mehr Dimensionen

11.1 Einleitung, die Greensche Funktion der Kugel

In diesem Paragraphen werden die Poissonsche Differentialgleichung (6.7)

$$(11.1) \qquad\qquad\qquad \Delta u \equiv u_{ii} = f(x)$$

und die Potentialgleichung [(6.8), $f(x) \equiv 0$] als die wichtigsten Typen elliptischer Differentialgleichungen etwas genauer untersucht. Die drei

Greenschen Formeln (8.6) bis (8.8) lauten in diesem Spezialfall

$$(11.2) \qquad \int_B v\,\Delta u\,dB + \int_B u_i\,v_i\,dB = -\int_\Gamma v\,u_\nu\,d\Gamma,$$

$$(11.3) \qquad \int_B (v\,\Delta u - u\,\Delta v)\,dB = -\int_\Gamma (v\,u_\nu - u\,v_\nu)\,d\Gamma,$$

$$(11.4) \qquad u(\boldsymbol{x}) = -\int_B g(\boldsymbol{x},\boldsymbol{\xi})\,f(\boldsymbol{\xi})\,dB_\xi -$$

$$-\int_\Gamma [g(\boldsymbol{x},\boldsymbol{\xi})\,u_\nu(\boldsymbol{\xi}) - g_{\nu_\xi}(\boldsymbol{x},\boldsymbol{\xi})\,u(\boldsymbol{\xi})]\,d\Gamma_\xi.$$

Übernimmt man die Grundlösungen (8.16) der Potentialgleichung, so kann man als weiteres Beispiel für eine Resolvente [vgl. (8.19) bis (8.26)]

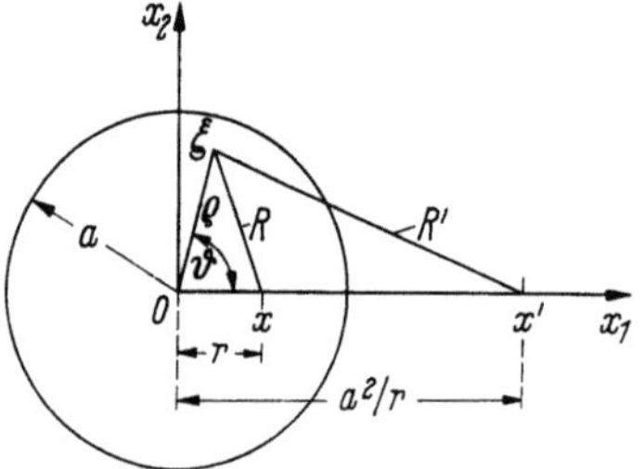

Abb. 11.5. Spiegelungsmethode bei der Kugel

die Greensche Funktion für die N-dimensionale Kugel vom Radius a leicht aufstellen. Legt man den Koordinatenursprung in den Mittelpunkt der Kugel, den Aufpunkt $\boldsymbol{x}$ auf die x_1-Achse und den laufenden Punkt $\boldsymbol{\xi}$ in die x_1-x_2-Ebene, so ergibt sich die Abb. 11.5. Man hat die Grundlösung für den Aufpunkt $\boldsymbol{x}$ nur mit der Grundlösung für den mit Hilfe der Transformation durch reziproke Radien (7.10) konstruierten Spiegelpunkt $\boldsymbol{x}'$ zu kombinieren (ω_N ist dabei der Oberflächeninhalt der N-dimensionalen Einheitskugel):

$$(11.6) \qquad G(\boldsymbol{x},\boldsymbol{\xi}) = \begin{cases} -\dfrac{1}{2\pi}\left[\ln R - \ln\left(\dfrac{r}{a}R'\right)\right] & \text{für}\quad N = 2, \\[2ex] \dfrac{1}{(N-2)\,\omega_N}\left[R^{2-N} - \left(\dfrac{r}{a}R'\right)^{2-N}\right] & \text{für}\quad N \geq 3. \end{cases}$$

G verschwindet, wenn $\boldsymbol{\xi}$ auf den Rand der Kugel rückt, da dann nach dem Satz des Apollonius $R = \dfrac{r}{a}R'$ ist. Geht man zu Polarkoordinaten ϱ,ϑ in der Zeichenebene der Abb. 11.5 über, so erhält man

$$(11.7) \quad G(\boldsymbol{x},\boldsymbol{\xi}) = \begin{cases} -\dfrac{1}{4\pi}\ln\dfrac{r^2 + \varrho^2 - 2r\varrho\cos\vartheta}{a^2 + \varrho^2 r^2 a^{-2} - 2r\varrho\cos\vartheta} & \text{für}\quad N = 2, \\[3ex] \dfrac{1}{(N-2)\,\omega_N}\Big[(r^2 + \varrho^2 - 2r\varrho\cos\vartheta)^{1-\frac{N}{2}} - \\[1ex] \qquad -\Big(a^2 + \dfrac{\varrho^2 r^2}{a^2} - 2r\varrho\cos\vartheta\Big)^{1-\frac{N}{2}}\Big] & \text{für}\quad N \geq 3. \end{cases}$$

Diese Formeln lassen die Symmetrie $G(x,\xi) = G(\xi,x)$ erkennen; sie gelten unabhängig von Drehungen des in Abb. 11.5 gewählten Koordinatensystems und sind meist praktischer als diejenigen, die durch die Substitutionen $r^2 = x_i x_i$, $\varrho^2 = \xi_i \xi_i$ und $r\varrho\cos\vartheta = x_i\xi_i$ hieraus entstehen.

11.2 Die Poissonsche Formel und der Mittelwertsatz

G wird nun in (11.4) für g eingesetzt. Um die dort auftretende Normalableitung zu bilden, hat man $-G_\varrho$ für $\varrho = a$ zu berechnen. Damit ergibt sich als Lösung des Dirichlet-Problems für die Kugel K_a vom Radius a mit dem Rand Γ_a, mit der Potentialgleichung und gegebenen Randwerten für $u(x)$ die *Poissonsche Integralformel*

$$(11.8)\qquad u(x) = \frac{a^2 - r^2}{a\,\omega_N} \int_{\Gamma_a} \frac{u(\xi)}{(a^2 + r^2 - 2r\,a\cos\vartheta)^{N/2}}\, d\Gamma_\xi \qquad (N \geqq 2),$$

wobei r, ϑ oben, ω_N bei (8.16) erklärt wurden. Für den Mittelpunkt $x = 0$ (also auch $r = 0$) gilt

$$(11.9)\qquad u(0) = \frac{1}{\omega_N\, a^{N-1}} \int_{\Gamma_a} u(\xi)\, d\Gamma \qquad (N \geqq 2).$$

Diese Formel heißt *Mittelwertsatz für harmonische Funktionen* (so bezeichnet man Lösungen von $\Delta u = 0$), da $a^{N-1}\omega_N$ der Oberflächeninhalt der Kugel vom Radius a ist. Er gilt für alle Kugeln, auf deren Rand u stetig ist und in deren Innerem $u \in C^{(2)}$ und harmonisch ist. Umgekehrt gilt auch der

Satz 11.10: *Gilt für eine in einem offenen Bereich B stetige Funktion u für jede in B enthaltene Kugel der Mittelwertsatz (11.9), so ist u in B harmonisch.*

Die Erweiterung von (11.9) auf Lösungen der Poissonschen Gleichung (11.1) kann mit Hilfe von (11.7) leicht geschehen. Es gilt

$$(11.11)\quad u(0) = \begin{cases} \displaystyle +\frac{1}{2\pi}\int_{K_a}\ln\frac{\varrho}{a}\,f(\xi)\,dB + \frac{1}{2\pi a}\int_{\Gamma_a} u(\xi)\,d\Gamma \quad \text{für } N = 2, \\[2ex] \displaystyle \frac{1}{(N-2)\omega_N}\int_{K_a}(a^{2-N} - \varrho^{2-N})\,f(\xi)\,dB + \\[2ex] \displaystyle \qquad\qquad + \frac{1}{\omega_N\, a^{N-1}}\int_{\Gamma_a} u(\xi)\,d\Gamma \quad \text{für } N \geqq 3. \end{cases}$$

Wenn die Formel (11.9) [analog bei (11.11)] für eine Schar von konzentrischen Kugeln K_a mit $0 < a \leqq b$ richtig ist, kann man sie mit einer geeigneten Funktion $\varphi(a)$ multiplizieren und von 0 bis b integrieren, woraus sich Mittelwertsätze für das Innere von K_b ergeben. So z. B. wird für $\varphi(a) = a^{N-1}$

$$(11.12) \qquad u(0) = \frac{1}{V_N\, b^N} \int\limits_{K_b} u(\xi)\, dB \qquad (N \geq 2),$$

worin $V_N = \omega_N/N$ das Volumen der N-dimensionalen Einheitskugel ist ($V_2 = \pi$, $V_3 = 4\pi/3$). Dem Satz 11.10 entsprechende Umkehrsätze für (11.11) und (11.12) und Mittelwertsätze für andere Differentialgleichungen findet man bei R. COURANT und D. HILBERT (1962), S. 277 ff.

11.3 Folgerungen

Poissonsche Formel und Mittelwertsatz ziehen eine ganze Reihe wichtiger Folgerungen nach sich, von denen nur einige hier genannt werden können:

Satz 11.13: *u sei in einem Gebiet B harmonisch und ≥ 0, K_a eine Kugel vom Radius a in B um den Punkt x und es sei ξ ein Punkt von K_a (s. Abb. 11.14). Dann gilt mit $r^2 = (x_i - \xi_i)(x_i - \xi_i)$ die Harnacksche Ungleichung*

$$(11.15) \qquad \frac{a^{N-2}(a-r)}{(a+r)^{N-1}}\, u(x) \leq u(\xi) \leq \frac{a^{N-2}(a+r)}{(a-r)^{N-1}}\, u(x) \qquad (N \geq 2).$$

Daraus folgt der Satz von LIOUVILLE, daß eine in jedem endlichen Gebiet harmonische Funktion konstant ist, wenn überall $u \geq c$ oder $u \leq c$ mit einer beliebigen Konstanten c gilt. Also nimmt eine nicht konstante, überall harmonische Funktion alle reellen Werte an (vgl. Abschn. A).

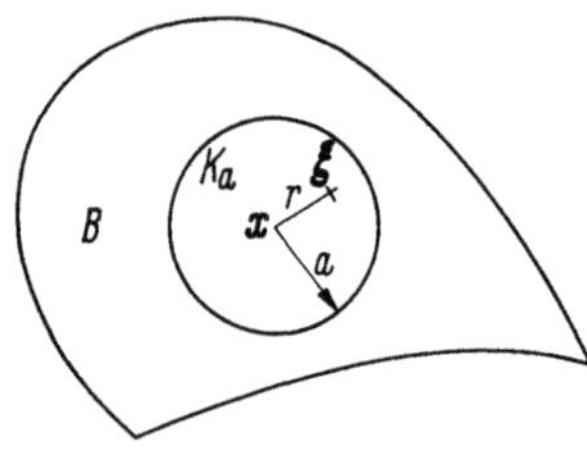

Abb. 11.14.
Zur Harnackschen Ungleichung

Satz 11.16 (*Harnackscher Satz*): *Eine in einem offenen Gebiet B monoton nicht fallende oder nicht wachsende Folge von regulären [d. h. hier aus $C^{(2)}(B)$ entnommenen] harmonischen Funktionen, die in einem einzigen Punkt von B konvergiert, konvergiert in ganz B und konvergiert gleichmäßig in jedem beschränkten, abgeschlossenen Teilbereich von B.*

Satz 11.17 (WEIERSTRASS): *Eine Folge von in B regulären harmonischen und in $B + \Gamma$ stetigen Funktionen, die auf dem Rande Γ gleichmäßig gegen $\gamma(x)$ konvergiert, konvergiert in B gleichmäßig gegen eine Funktion $u(x)$ mit $\Delta u = 0$.*

Satz 11.18: *Eine in einem offenen Gebiet B reguläre harmonische Funktion ist dort analytisch, d. h. in der Umgebung aller Punkte von B in eine konvergente Potenzreihe entwickelbar.*

Satz 11.19: *Ist eine Menge regulärer harmonischer Funktionen in dem offenen Gebiet B gleichmäßig beschränkt ($|u(x)| \leq M$), so sind die Mengen der Ableitungen dieser Funktionen in jedem beschränkten, abgeschlossenen Teilgebiet von B ebenfalls gleichmäßig beschränkt.*

Außerdem gilt ein das Schwarzsche Spiegelungsprinzip (vgl. Abschn. A, III, § 2) auf N Dimensionen verallgemeinernder Satz, vgl. R. Courant und D. Hilbert (1962), S. 272. Für Fragen der Existenz und Eindeutigkeit wird auf § 9 verwiesen, für Randmaximum- und Monotonieeigenschaften auf § 10.

11.4 Dreiteilung, das Potential einer Raumladung

Die durch (11.4) gegebene Dreiteilung der Lösung von (11.1) soll jetzt näher untersucht werden. Durch Einsetzen von (8.16) in (11.4) entsteht

$$(11.20) \qquad u(x) = u_1(x) + u_2(x) - u_3(x)$$

mit $[r^2 = (x_i - \xi_i)(x_i - \xi_i)]$

$$(11.21) \qquad u_1(x) = \begin{cases} \displaystyle\int_B (-\ln r)\left(\frac{-\Delta u(\xi)}{2\pi}\right) dB_\xi & \text{für } N = 2, \\[2ex] \displaystyle\frac{1}{N-2}\int_B \frac{1}{r^{N-2}}\left(\frac{-\Delta u(\xi)}{\omega_N}\right) dB_\xi & \text{für } N \geq 3, \end{cases}$$

$$(11.22) \qquad u_2(x) = \begin{cases} \displaystyle\int_\Gamma (-\ln r)\left(\frac{u_\nu(\xi)}{2\pi}\right) d\Gamma_\xi & \text{für } N = 2, \\[2ex] \displaystyle\frac{1}{N-2}\int_\Gamma \frac{1}{r^{N-2}}\left(\frac{u_\nu(\xi)}{\omega_N}\right) d\Gamma_\xi & \text{für } N \geq 3, \end{cases}$$

$$(11.23) \qquad u_3(x) = \int_\Gamma \frac{(x_i - \xi_i)\nu_i(\xi)}{r^N}\left(\frac{u(\xi)}{\omega_N}\right) d\Gamma_\xi \qquad \text{für } N \geq 2.$$

Bei dem ersten dieser *Potentiale*, dem *Volumenpotential* (Potential einer räumlichen Massen-, Ladungs- oder Quellenverteilung) nennt man üblicherweise $\varphi(\xi) = -\Delta u(\xi)/\omega_N = -f(\xi)/\omega_N$ [vgl. (11.1)] die Dichte der Verteilung[1]). Liegt x außerhalb von $B + \Gamma$, so kann man, wenn ein gegebenes $\varphi(\xi)$ lediglich integrabel ist, unter dem Integralzeichen beliebig nach den x_i differenzieren und erhält $\Delta u_1(x) = 0$. Liegt x in B, so gilt, wenn $\varphi(\xi) \in C^{(\lambda)}(B + \Gamma)$ (hölderstetig, vgl. Nr. 6.9) ist, daß $u_1(x)$ mit seinen ersten und zweiten Ableitungen stetig ist und $\Delta u_1(x) = -\omega_N \varphi(x)$. In diesem Fall sind $u_1(x)$ und seine ersten Ableitungen im ganzen Raum gleichmäßig stetig und letztere durch Differentiation unter dem Integralzeichen erhältlich.

---

[1] Dabei ist es bequem, für $N \geq 3$ den Faktor $\dfrac{1}{N-2}$ vor dem Integral zu belassen, da er beim Differenzieren unter dem Integral fortfällt. Bei dem praktisch wichtigsten Fall $N = 3$ ist er sowieso $= 1$.

Im Falle eines Kreises vom Radius A und Mittelpunkt 0 ergibt sich z. B. für $\varphi(\xi) \equiv 1$ mit $R^2 = x^2 + y^2$ (Abb. 11.24)

$$(11.25) \quad u_1(x) = u_1(R) = \begin{cases} -\pi A^2 \ln R & \text{für} \quad R \geqq A, \\ \dfrac{\pi}{2}(A^2 - R^2) - \pi A^2 \ln A & \text{für} \quad R \leqq A. \end{cases}$$

Entsprechend wird bei der Kugel ($N = 3$, Abb. 11.26)

$$(11.27) \qquad u_1(R) = \begin{cases} \frac{4}{3}\pi A^3 R^{-1} & \text{für} \quad R \geqq A, \\ \frac{2}{3}\pi(3 A^2 - R^2) & \text{für} \quad R \leqq A. \end{cases}$$

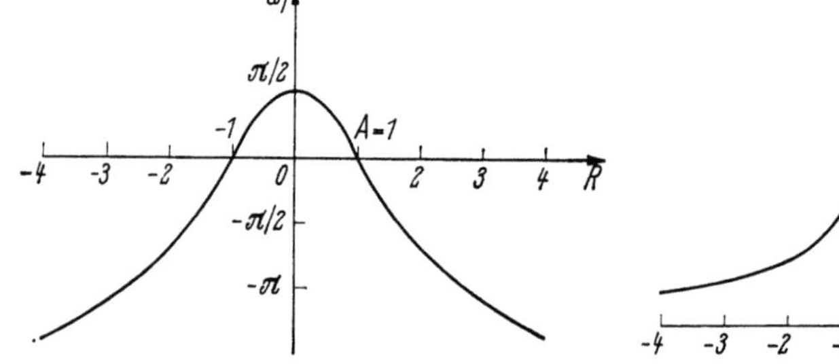

Abb. 11.24. Potential eines Kreises mit $\varphi \equiv 1$

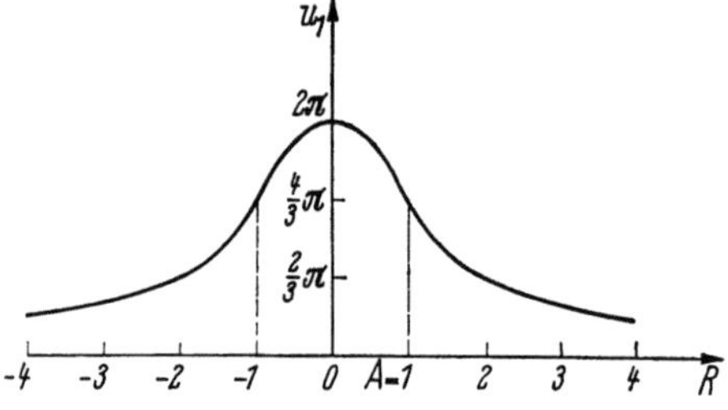

Abb. 11.26. Potential einer Kugel mit $\varphi \equiv 1$

11.5 Das Potential einer einfachen Schicht

Bei dem *Potential der einfachen Schicht* (*Flächenpotential* bzw. *Linienpotential* bei $N = 2$) $u_2(x)$ (11.22) kann man statt $u_\nu(\xi)/\omega_N$ die (Flächen-) Dichte $\psi(\xi)$ schreiben. Dieses Potential hat natürlich auch für nicht geschlossene Flächen Sinn. Für $\psi(\xi) \equiv 1$ ergibt sich für den Rand des obigen Kreises (Abb. 11.28)

$$(11.29) \qquad u_2(R) = \begin{cases} -2\pi A \ln R & \text{für} \quad R \geqq A, \\ -2\pi A \ln A & \text{für} \quad R \leqq A \end{cases}$$

und für die Kugeloberfläche (Abb. 11.30)

$$(11.31) \qquad u_2(R) = \begin{cases} 4\pi A^2 R^{-1} & \text{für} \quad R \geqq A, \\ 4\pi A & \text{für} \quad R \leqq A. \end{cases}$$

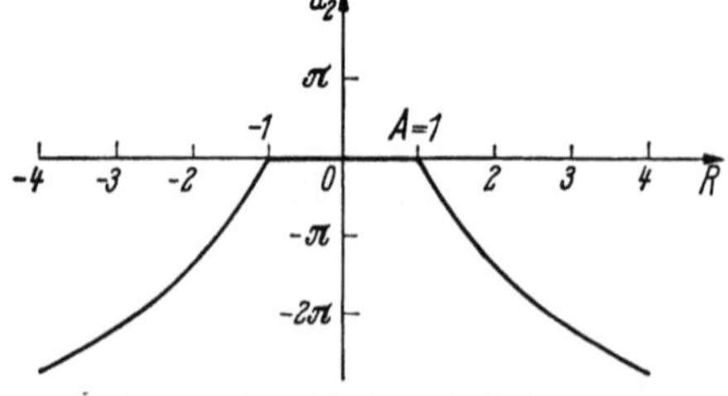

Abb. 11.28. Potential eines Kreisrandes mit $\psi \equiv 1$

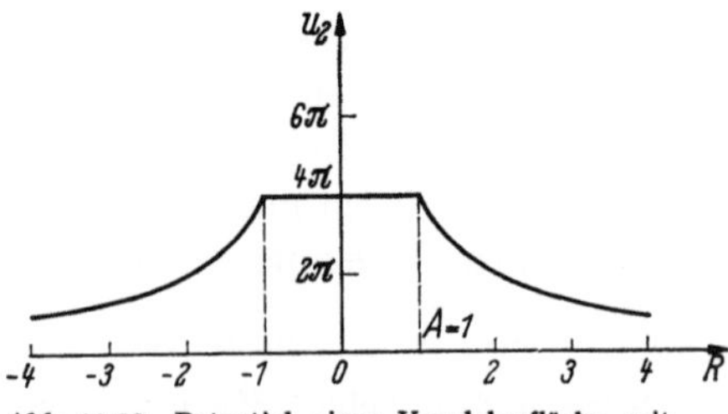

Abb. 11.30. Potential einer Kugeloberfläche mit $\psi \equiv 1$

Das Verhalten des Potentials der einfachen Schicht beim Durchgang durch die geladene Fläche wird in diesen Figuren deutlich; es gilt der

Satz 11.32: *Ist $N \leq 3$, $\Gamma \in C^{(2)}$ und $\psi \in C^{(2)}$ in der Umgebung eines Punktes $x_0 \in \Gamma$, so verhalten sich $u_2(x)$ und seine tangentialen Ableitungen stetig, wenn x auf der Normale durch x_0 wandert, während die Normalableitung von $u_2(x)$ um $|\omega_N \psi(x_0)|$ springt.*

11.6 Das Potential einer Doppelschicht

Das *Potential der Doppelschicht (Dipolpotential)* $u_3(x)$ (11.23) bedarf zu seiner Erläuterung des Begriffes des *Dipols*, der z. B. für magnetische Phänomene typisch ist. Man setzt zwei Punktladungen der Intensitäten

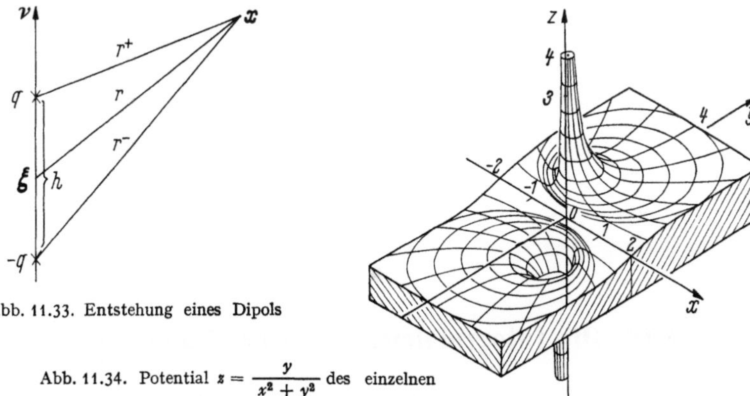

Abb. 11.33. Entstehung eines Dipols

Abb. 11.34. Potential $z = \dfrac{y}{x^2 + y^2}$ des einzelnen Dipols, $N = 2$

q und $-q$ im Abstand h auf eine Achse v (vgl. Abb. 11.33) und läßt sie gegen den Mittelpunkt ξ rücken, wobei das Produkt $q \cdot h$ konstant gehalten wird, so daß also q über alle Grenzen wächst. Dabei entsteht aus der Summe der Potentiale das Potential des Dipols proportional zu $(-\ln r)_{v_\xi}$ bzw. $(r^{2-N})_{v_\xi}$ [s. Abb. 11.34]. Belegt man nun eine nicht notwendig geschlossene Fläche $\Gamma (\in C^{(1)})$ mit Dipolen in Normalenrichtung, so entsteht die

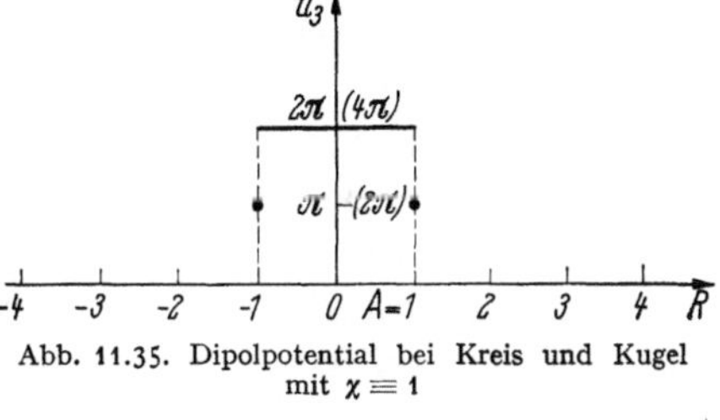

Abb. 11.35. Dipolpotential bei Kreis und Kugel mit $\chi \equiv 1$

Form (11.23), und man kann statt $u(\xi)/\omega_N$ wieder eine Dichte $\chi(\xi)$ einführen. Für den Kreis bzw. die Kugel entstehen für $\chi(\xi) \equiv 1$ die Potentiale (Abb. 11.35)

$$(11.36) \qquad u_3(R) = \begin{cases} 0 & \text{bzw.} \quad 0 & \text{für } R > A, \\ \pi & \text{bzw.} \quad 2\pi & \text{für } R = A, \\ 2\pi & \text{bzw.} \quad 4\pi & \text{für } R < A. \end{cases}$$

Dem Satz 11.32 entspricht hier der

Satz 11.37: *Unter den Voraussetzungen des Satzes 11.32 verhält sich die Normalableitung von $u_3(x)$ stetig, die Funktion selbst springt um $|\omega_N \chi(x_0)|$ und die Tangentialableitungen (in Richtung τ) um $|\omega_N \chi_\tau(x_0)|$, wobei sie auf Γ den Mittelwert annehmen.*

Darüber hinaus gilt folgende

Regel 11.38: *Ist $\chi(\xi) \equiv 1$, $N \leq 3$ und die nicht notwendig geschlossene Fläche bzw. Kurve Γ stückweise glatt, so ist der Betrag des Doppelschichtpotentials in einem Punkt P proportional dem (bei $N = 3$ Raum-) Winkel, unter dem die Fläche von P aus gesehen wird. Weiterhin ist das Vorzeichen durch die P zugekehrte Seite der Fläche festgelegt, und es sind, wenn ein Sehkegel den Rand mehrfach schneidet, die Potentiale zu addieren (vgl. Abb. 11.39). (11.36) gilt demgemäß für alle geschlossenen glatten Ränder.*

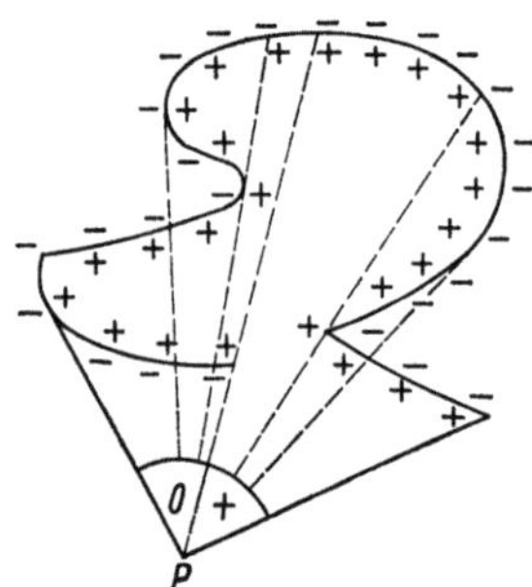

Abb. 11.39. Zur Winkelregel

§12. Die Integralgleichungen der Potentialtheorie

12.1 Inhomogene Differentialgleichung, die erste Randwertaufgabe

Es ist nun die Frage zu stellen, ob und in welcher Weise diese Potentiale zur Lösung von Randwertaufgaben mit der Poissonschen bzw. Laplaceschen Differentialgleichung (11.1) ausgenutzt werden können. Ist zunächst die Differentialgleichung inhomogen, d. h. $f(x) \not\equiv 0$, so kann man (jedenfalls bei beschränktem Bereich B), wenn $f(x) \in C^{(\lambda)} (B + \Gamma)$ ist, nach (11.21) (oder auch auf anderem Wege) eine Funktion $u_1(x)$ bestimmen, die die inhomogene Differentialgleichung löst, und man kann durch Subtraktion dieses bekannten $u_1(x)$ von der Lösung der gegebenen Randwertaufgabe eine äquivalente Aufgabe mit $f(x) \equiv 0$ erhalten. Daher sei das Volumenpotential hiermit abgetan und weiterhin $f(x) \equiv 0$ vorausgesetzt. Ferner wird im folgenden B als beschränkt und einfach zusammenhängend, der Rand Γ als glatt und stetig gekrümmt angenommen und das Äußere von $B + \Gamma$ mit B^* bezeichnet. $\gamma(x)$ wird als stetig angenommen.

Die erste Randwertaufgabe, das Dirichlet-Problem hat (vgl. 7.1) die Randbedingung

$$(12.1) \qquad\qquad u(x) = \gamma(x) \quad (x \in \Gamma),$$

so daß nach (11.4), wenn man für $g(x, \xi)$ die auf Γ verschwindende Greensche Funktion $G(x, \xi)$ einsetzt, $u(x)$ gemäß

$$(12.2) \qquad u(x) = \int\limits_{\Gamma} G_{\nu_\xi}(x, \xi)\, \gamma(\xi)\, d\Gamma_\xi$$

berechenbar ist. Dieser Anteil von (11.4) entspricht dem Doppelschichtpotential $u_3(x)$ (11.23), so daß es sinnvoll erscheint, falls die Greensche Funktion unbekannt ist, $u(x)$ in Form eines solchen Potentials anzusetzen (vgl. 11.20):

$$(12.3) \qquad u(x) = -u_3(x) = -\int\limits_{\Gamma} \frac{(x_i - \xi_i)\, \nu_i(\xi)}{r^N}\, \chi(\xi)\, d\Gamma_\xi \quad (x \notin \Gamma).$$

Läßt man x gegen den Rand rücken, so kann man unter Subtraktion des Potentials der konstanten Dipoldichte $\chi(x_0)$ des Punktes $x_0 \in \Gamma$, gegen welchen x strebt, den Grenzübergang unter Benutzung des Satzes 11.37 vornehmen. Für das innere Dirichlet-Problem erhält man, indem man x von innen gegen Γ streben läßt, die Integralgleichung

$$(12.4) \quad \chi(x) + \frac{2}{\omega_N} \int\limits_{\Gamma} \frac{(x_i - \xi_i)\, \nu_i(\xi)}{r^N}\, \chi(\xi)\, d\Gamma_\xi = -\frac{2}{\omega_N} \gamma(x) \quad (x \in \Gamma),$$

während sich für das äußere Dirichlet-Problem die Integralgleichung

$$(12.5) \qquad \chi(x) - \frac{2}{\omega_N} \int\limits_{\Gamma} \frac{(x_i - \xi_i)\, \nu_i(\xi)}{r^N}\, \chi(\xi)\, d\Gamma_\xi = +\frac{2}{\omega_N} \gamma(x) \quad (x \in \Gamma)$$

ergibt[1].

12.2 Die zweite Randwertaufgabe

Beim Neumann-Problem mit der Randbedingung (s. 7.2)

$$(12.6) \qquad u_\nu(x) = \gamma(x) \quad (x \in \Gamma)$$

kann man die Lösung in Form des Potentials $u(x) = u_2(x)$ (11.22) der einfachen Schicht ansetzen:

$$(12.7) \qquad u(x) = u_2(x) = \begin{cases} \int\limits_{\Gamma} (-\ln r)\, \psi(\xi)\, d\Gamma_\xi & \text{für} \quad N = 2, \\[2ex] \dfrac{1}{N-2} \int\limits_{\Gamma} \dfrac{1}{r^{N-2}}\, \psi(\xi)\, d\Gamma_\xi & \text{für} \quad N \geqq 3. \end{cases}$$

Bevor man hierin zur Grenze übergeht, bildet man

$$(12.8) \qquad u_\nu(x) = -\int\limits_{\Gamma} \frac{(x_i - \xi_i)\, \nu_i(x)}{r^N}\, \psi(\xi)\, d\Gamma_\xi \quad (x \notin \Gamma).$$

Dabei ist die Richtung ν zunächst frei, sie kann vor dem Grenzübergang aber so festgelegt werden, daß sie mit der inneren Normalenrichtung

---

[1] Auch hierin bedeutet ν die von Γ in B hineinweisende Normale, die also aus dem Gebiet B^* der Randwertaufgabe hinausweist.

in dem auf Γ liegenden Grenzpunkt übereinstimmt. Es ergeben sich die Integralgleichungen

$$(12.9) \qquad \psi(\boldsymbol{x}) + \frac{2}{\omega_N} \int\limits_{\Gamma} \frac{(x_i - \xi_i)\,v_i(\boldsymbol{x})}{r^N}\,\psi(\boldsymbol{\xi})\,d\Gamma_{\boldsymbol{\xi}} = - \frac{2}{\omega_N}\gamma(\boldsymbol{x}) \qquad (\boldsymbol{x} \in \Gamma)$$

für das innere und

$$(12.10) \qquad \psi(\boldsymbol{x}) - \frac{2}{\omega_N} \int\limits_{\Gamma} \frac{(x_i - \xi_i)\,v_i(\boldsymbol{x})}{r^N}\,\psi(\boldsymbol{\xi})\,d\Gamma_{\boldsymbol{\xi}} = + \frac{2}{\omega_N}\gamma(\boldsymbol{x}) \qquad (\boldsymbol{x} \in \Gamma)$$

für das äußere Neumannsche Problem [vgl. die Fußnote zu (12.5)].

Die Kerne $r^{-N}(x_i - \xi_i)\,v_i(\boldsymbol{\xi})$ bzw. $r^{-N}(x_i - \xi_i)\,v_i(\boldsymbol{x})$ lassen sich schreiben als $r^{-N+1}\cos\alpha$ bzw. $-r^{-N+1}\cos\beta$, worin α und β die aus Abb. 12.11 ersichtliche Bedeutung haben. Diese Kerne sind unter Vorzeichenwechsel zu vertauschen, wenn man $\boldsymbol{x}$ und $\boldsymbol{\xi}$ vertauscht. Daher sind die Integralgleichungen (12.4) zu (12.10) und (12.5) zu (12.9) adjungiert.

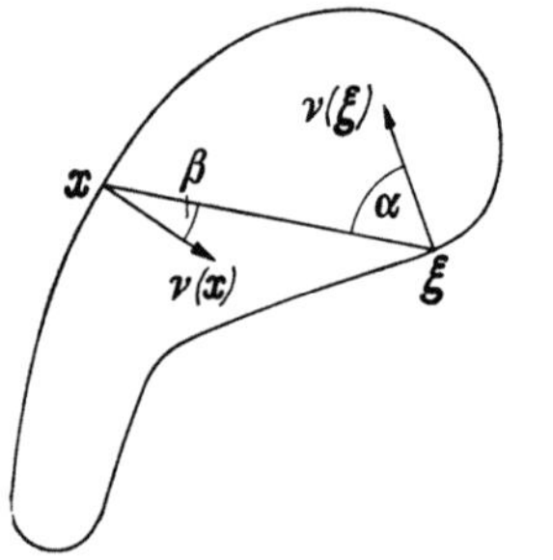

Hat man für $N = 2$ eine Parameterdarstellung des Randes der Form $x_1 = x(s)$, $x_2 = y(s)$ bzw. $\xi_1 = \xi(t)$, $\xi_2 = \eta(t)$, worin s bzw. t die Bogenlänge auf Γ bedeuten (mathematisch positiver Umlaufsinn), so gelten die Darstellungen

Abb. 12.11. Geometrische Deutung der Kerne

$$(12.12) \qquad \frac{(x_i - \xi_i)\,v_i(\boldsymbol{\xi})}{r^2} = \frac{\partial}{\partial t}\arctan\frac{\eta(t) - y(s)}{\xi(t) - x(s)},$$

$$(12.13) \qquad \frac{(x_i - \xi_i)\,v_i(\boldsymbol{x})}{r^2} = -\frac{\partial}{\partial s}\arctan\frac{\eta(t) - y(s)}{\xi(t) - x(s)}$$

für diese Kerne. Aus der ersten dieser Formeln ergibt sich leicht, daß die homogene Gl. (12.5) die Lösung $\chi = $ const hat. Auch wenn s und t eine andere Parameterdarstellung des Randes vermitteln und nicht die Bogenlänge bedeuten, gelten diese Darstellungen, wenn man in den Ansätzen (12.3) bzw. (12.7) den gleichen Randparameter benutzt; dabei verlieren allerdings die Belegungsdichten ihre ursprüngliche Bedeutung.

12.3 Lösbarkeit dieser Integralgleichungen

Es gilt der

Satz 12.14: *Die beschränkte, geschlossene, ein einfach zusammenhängendes Gebiet begrenzende Hyperfläche Γ besitze eine stetige Krümmung, $\gamma(\boldsymbol{x})$ $(\boldsymbol{x} \in \Gamma)$ sei stetig. Dann besitzen die Integralgleichungen (12.4) und (12.10) eine eindeutig bestimmte Lösung. Die homogenen Gleichungen $[\gamma(\boldsymbol{x}) \equiv 0]$ (12.5) und (12.9) besitzen, abgesehen von einem freien Faktor, je eine und nur eine nichtverschwindende Lösung, 1 bzw. $\psi^*(\boldsymbol{x})$. Der*

Fredholmschen Alternative entsprechend, sind die inhomogenen Gleichungen genau dann lösbar, wenn $\int_\Gamma \psi^*(\xi)\,\gamma(\xi)\,d\Gamma_\xi = 0$ *bzw.* $\int_\Gamma \gamma(\xi)\,d\Gamma_\xi = 0$ *gilt, in welchem Falle die Lösungen nur bis auf additive Vielfache von 1 bzw.* $\psi^*(x)$ *bestimmt sind.*

Dementsprechend ist das innere Dirichlet-Problem eindeutig lösbar, und zu der beim inneren Neumann-Problem im Falle der Lösbarkeit freien additiven Konstante existiert eine Einzelladungsdichte $\psi^*(x)$ gemäß (12.7) (z. B. elektrische Ladungsdichte auf der Oberfläche eines Leiters). Die Diskussion der äußeren Probleme wird in Nr. 12.5 fortgesetzt. Für Fälle, in denen die Krümmung nicht stetig oder der Bereich mehrfach zusammenhängend ist, vgl. man N. I. MUSKHELISHVILI (1953).

12.4 Die dritte Randwertaufgabe

Versucht man, die Lösung des Dirichlet-Problems durch den Ansatz (12.7) des Einzelschichtpotentials darzustellen, so kann man mit x ohne weiteres auf den Rand rücken, da nach Satz 11.32 dieses Potential sich dabei stetig verhält. Ersetzt man dann die linke Seite von (12.7) durch $\gamma(x)$, so hat man eine Integralgleichung erster Art, deren Lösung nicht uneingeschränkt möglich ist. Immerhin kann man bei der dritten Randwertaufgabe mit der Randbedingung (vgl. 7.3)

$$(12.15) \qquad \alpha(x)\,u(x) + \beta(x)\,u_\nu(x) = \gamma(x) \qquad (x \in \Gamma,\ \alpha^2 + \beta^2 > 0)$$

hiernach (12.7) und (12.8) linear kombinieren und wie bei der zweiten Randwertaufgabe zur Grenze gehen. Man erhält die Integralgleichungen

$$\beta(x)\,\psi(x) \pm \frac{2}{\omega_N} \int_\Gamma \left\{ \frac{\beta(x)\,(x_i - \xi_i)\,v_i(x)}{r^2} + \alpha(x)\ln r \right\} \times$$

$$\times\ \psi(\xi)\,d\Gamma_\xi = \mp \frac{2}{\omega_N}\gamma(x) \qquad (N = 2),$$

$$(12.16)$$

$$\beta(x)\,\psi(x) \pm \frac{2}{\omega_N} \int_\Gamma \left\{ \frac{\beta(x)\,(x_i - \xi_i)\,v_i(x)}{r^N} - \frac{\alpha(x)}{(N-2)\,r^{N-2}} \right\} \times$$

$$\times\ \psi(\xi)\,d\Gamma_\xi = \mp \frac{2}{\omega_N}\gamma(x) \qquad (N \geq 3),$$

in denen bei inneren Problemen das obere, bei äußeren das untere Vorzeichen und die Fußnote von (12.5) gilt. Besonders bei der speziellen Form (7.5) der Randbedingungen erscheint dieses Vorgehen angebracht.

12.5 Transformation durch reziproke Radien

Zur Transformation von äußeren Problemen in innere kann man die Transformation durch reziproke Radien [(7.10), hier $a = 1$] heranziehen, wobei hier der Koordinatenursprung in B, also außerhalb $B^* + \Gamma$ angenommen wird. Für die Transformation von (11.1) ergibt sich aus (7.13)

$$(12.17) \qquad \Delta_x u(x) = \varrho^4 \, \Delta_\xi \tilde{u}(\xi) - 2(N-2)\, \varrho^2 \, \xi_k \frac{\partial \tilde{u}(\xi)}{\partial \xi_k}$$

$$= \varrho^{N+2} \Delta_\xi (\varrho^{2-N} \tilde{u}) = \tilde{f}(\xi),$$

worin $u(\xi/\varrho^2) = \tilde{u}(\xi)$ und $f(\xi/\varrho^2) = \tilde{f}(\xi)$ gesetzt wurde. Man erkennt, daß zur Anwendung von Existenz- oder Eindeutigkeitssätzen deren Forderungen an die rechte Seite (z. B. Hölder-Stetigkeit) hier an $\varrho^{-N-2} \tilde{f}(\xi)$ zu stellen sind und daß es vernünftig ist, $\varrho^{2-N} \tilde{u}(\xi) = v(\xi)$ zu setzen. Es wird nun wieder vorausgesetzt, daß die Differentialgleichung $\Delta_\xi v = \varrho^{-N-2} \tilde{f}$ in die entsprechende homogene Aufgabe $\Delta_\xi v = 0$ transformiert werden kann, und daß diese Transformation bereits durchgeführt ist, so daß $\tilde{f}(\xi) \equiv 0$ angenommen werden kann. Dann kann mit der Grundlösung (8.16) als Levi-Funktion der Satz 8.30 angewandt werden. Daraus ergeben sich für v und damit für u die Forderungen

$$(12.18) \qquad \lim_{\xi \to 0} \left(\frac{v(\xi)}{-\ln \varrho} \right) = 0, \quad \text{also} \quad \lim_{x \to \infty} \left(\frac{u(x)}{\ln r} \right) = 0 \quad \text{für} \quad N = 2,$$

$$\lim_{\xi \to 0} [\varrho^{N-2} v(\xi)] = 0, \quad \text{also} \quad \lim_{x \to \infty} u(x) = 0 \quad \text{für} \quad N \geq 3.$$

Wenn die der Dimension entsprechende dieser Forderungen erfüllt ist, sind alle Sätze über innere Probleme nach der Transformation auch auf äußere Probleme anwendbar. So gilt etwa nach dem Randmaximumsatz 10.2 für v [bei $f(x) \equiv 0$] der entsprechende Randmaximumsatz für $r^{N-2} u(x)$ bei unendlichem Grundgebiet; auch sei auf die Sätze des § 9 verwiesen.

Tritt in den Randbedingungen die Normalableitung auf, so ist auch diese zu transformieren. Sind zunächst n_i $(i = 1, \ldots, N)$ die Komponenten eines Einheitsvektors n, der vom Punkte x aus abgetragen ist, so hat der vom Bildpunkt $\xi = x/r^2$ abzutragende Bildvektor v die Komponenten

$$(12.19) \qquad v_i = n_i - 2 \frac{(n_k x_k)}{r^2} x_i \quad (i = 1, \ldots, N).$$

Für die Normalableitung (wenn n in den Außenbereich von Γ weist, weist v in den Innenbereich des Bildes von Γ) rechnet man damit aus

$$(12.20) \qquad \frac{\partial u}{\partial n} = n_k \frac{\partial u}{\partial x_k} = \varrho^2 \, v_k \frac{\partial \tilde{u}}{\partial \xi_k} = \varrho^2 \frac{\partial \tilde{u}}{\partial v}.$$

Führt man allerdings wie oben $v = \varrho^{2-N} \tilde{u}$ ein, so erhält man

$$(12.21) \qquad \frac{\partial u}{\partial n} = \varrho^N \frac{\partial v}{\partial v} + (N-2)\, \varrho^{N-2} (v_k \, \xi_k)\, v,$$

woraus zu ersehen ist, daß nur bei $N = 2$ die zweite Randwertaufgabe in eine zweite Randwertaufgabe transformiert wird, während für $N \geq 3$ sich eine dritte Randwertaufgabe ergibt.

12.6 Ergänzende Bemerkungen

Der Satz 12.14 stellte fest, daß die Lösung der Integralgleichung (12.5) des äußeren Dirichlet-Problems unter Umständen nicht möglich ist, während unter den gleichen Voraussetzungen und (12.18) für das Dirichlet-Problem selbst Existenz und Eindeutigkeit gesichert sind. Das bedeutet, daß im Falle $\int_{\Gamma} \psi^*(\xi)\, \gamma(\xi)\, d\Gamma_\xi \neq 0$ keine Dipolbelegung angegeben werden kann, die die Lösung in der Form (12.3) darstellt. Ist dieses Integral aber 0, so ist die Lösung von (12.5) nur bis auf eine additive Konstante bestimmt, das ist plausibel, da nach der Regel 11.38 sich u durch Addition einer Konstanten zu $\chi(x)$ in B^* nicht ändert. Übrigens kann man durch die Substitution $u = w + \mathrm{const}$ das $\int_{\Gamma} \psi^*(\xi)\, \gamma(\xi)\, d\Gamma_\xi$ annullieren.

Für die Integralgleichung des äußeren Neumann-Problems gilt Existenz und Eindeutigkeit, während man für $N = 2$ doch offenbar beim Neumann-Problem selbst eine Konstante addieren darf und an eine Lösbarkeitsbedingung gebunden ist. Letztere läßt sich als Forderung an das Einzelschichtpotential deuten, für $r \to \infty$ zu verschwinden, die etwas schärfer als die erste Gl. (12.18) ist. Die Addition einer Konstanten ist in der Potentialtheorie durchaus üblich, diese Konstante ging übrigens beim Übergang von (12.7) zu (12.8) durch Differentiation verloren.

Bei $N = 2$ kann man die (innere oder äußere) zweite Randwertaufgabe mit $\Delta u = 0$ in eine erste Randwertaufgabe für denselben Bereich überführen, wenn man mittels der Cauchy-Riemannschen Differentialgleichungen $u_1 = v_2$, $u_2 = -v_1$ die *konjugierte Potentialfunktion* v einführt, die ebenfalls $\Delta v = 0$ erfüllt. Da die Cauchy-Riemannschen Differentialgleichungen und die Laplace-Gleichung gegen Koordinatendrehungen invariant sind, ergibt sich aus $u_\nu = \gamma$ auf Γ die Forderung, daß dort die Tangentialableitung $v_\tau = \gamma$ sei. Hier kann man, wenn Γ ein einfach zusammenhängendes Gebiet berandet, längs Γ integrieren, wobei die Verträglichkeitsbedingung $\int_{\Gamma} \gamma(\xi)\, d\Gamma_\xi = 0$ sicherstellt, daß man nach einem Umlauf um Γ wieder zum selben Wert der Integralfunktion $\tilde{\gamma}(x)$ kommt, bei welcher wiederum eine additive Konstante frei ist. $v = \tilde{\gamma}(x)$ ist dann die gesuchte Randbedingung für v.

Bei $N = 2$ ist es schließlich nicht nur mittels der Transformation (12.17), sondern auch mit jeder anderen konformen Abbildung möglich, das Grundgebiet so zu transformieren, daß die Gleichung $\Delta_x u = 0$ in $\Delta_\xi \tilde{u} = 0$ übergeht. Gelingt beim Dirichlet-Problem die Abbildung des Gebietes auf einen Kreis, so ist die Lösung auf die Auswertung der Poissonschen Integralformel (11.8) zurückgeführt.

§ 13. Regularität von Randpunkten

13.1 Die Kapazität, ein Regularitätskriterium

Es soll in diesem Paragraphen die Regularität von Randpunkten und die Annahme der Randwerte beim Dirichletschen Problem untersucht werden, wobei auf die Definition der Regularität für allgemeinere Differentialgleichungen in Nr. 9.4 Bezug genommen wird.

Nicht nur in diesem Zusammenhang ist der Begriff der *Kapazität* einer geschlossenen Oberfläche Γ_1 im E_N wichtig. Denkt man sich das Dirichlet-Problem für ein Ringgebiet B (dort $\Delta u = 0$) zwischen Γ_1 und einer Γ_1 umschließenden Hyperfläche Γ_2 (vgl. Abb. 13.1) mit den Rand-

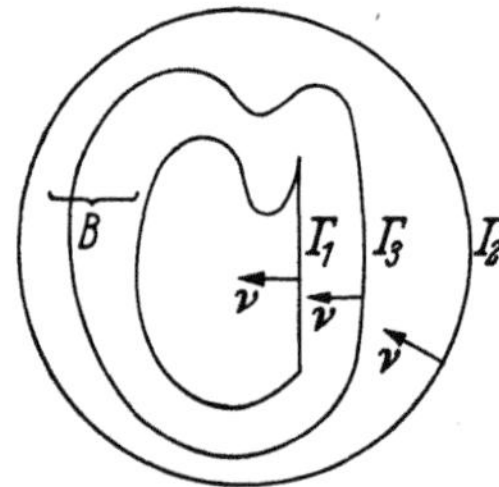

Abb. 13.1. Zur Definition der Kapazität

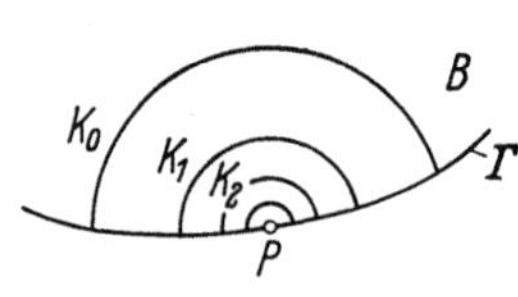

Abb. 13.4. Zum Satz von WIENER

bedingungen $u = 1$ auf Γ_1 und $u = 0$ auf Γ_2 gelöst, so kann man über eine beliebige glatte Zwischenfläche $\Gamma_3 \subset B$, die ebenfalls Γ_1 umschließt, das Integral

$$(13.2) \qquad \varkappa = \int\limits_{\Gamma_3} u_\nu \, d\Gamma$$

bilden, welches von der speziellen Wahl von $\Gamma_3 \subset B$ unabhängig ist und als die *Kapazität von B* (oder auch *Kapazität von Γ_1 und Γ_2*) bezeichnet wird. Läßt man Γ_2 sich auf den ganzen Raum ausdehnen, kann man auch von der *Kapazität von Γ_1* reden. So ergibt sich z. B. für die Kugel (11.31) die Kapazität $4\pi A$. Für das Dirichlet-Problem in einem beliebigen Gebiet B mit dem Rand Γ gilt folgender Satz von WIENER.

Satz 13.3: *Um einen Randpunkt $P \in \Gamma$ konstruiere man eine Folge von Kugeln K_i ($i = 0, 1, 2, \ldots$) mit den Radien $A_i = A_0 \cdot (1/2)^i$ (Abb. 13.4). Für die Oberflächen, die aus den Rändern der Durchschnitte $K_i \cap B$ bestehen, bilde man die Kapazitäten $\varkappa_i$ ($i = 0, 1, 2, \ldots$). Dann ist P genau dann regulär, wenn die Reihe $\sum\limits_{i=0}^{\infty} \varkappa_i^2$ divergiert.*

Die praktische Anwendung dieses Satzes, dessen Aussage notwendig und hinreichend ist, kann auf Schwierigkeiten stoßen. Daher soll in den folgenden Nummern die Poincaré-Perronsche Methode kurz besprochen werden, die, zum Zwecke des Existenzbeweises entwickelt, auch zu einfachen hinreichenden Kriterien für die Regularität von Randpunkten führt. Sie ist überdies auf allgemeinere elliptische Differentialgleichungen übertragbar.

13.2 Super- und subharmonische Funktionen, Ober- und Unterfunktionen

Ist B ein beliebiges, offenes Gebiet des E_N mit dem Rand Γ, K eine Kugel vom Radius a aus B mit dem Rand $\Gamma_K \subset B$, so kann man eine beliebige, in B stetige Funktion v „glätten", indem man ihr die Funktion

$$(13.5) \qquad v_K = \begin{cases} v & \text{in } B - K \\ \dfrac{a^2 - r^2}{a\,\omega_N} \displaystyle\int\limits_{\Gamma_K} \dfrac{v(\xi)}{(a^2 + r^2 - 2\,a\,r \cos\vartheta)^{N/2}}\, d\Gamma_\xi & \text{in } K \end{cases}$$

zuordnet, d. h. im Inneren der Kugel die Poissonsche Integralformel (11.8) mit den gegebenen Randwerten für v anwendet. Diese Hilfsfunktionen gestatten nun die

Definition 13.6: *Eine in B stetige Funktion v heißt dort $\left\{\begin{smallmatrix} superhar-\\ subhar- \end{smallmatrix}\right.$ $\left.\begin{smallmatrix} monisch\\ monisch \end{smallmatrix}\right\}$, wenn für jede Kugel K mit $K + \Gamma_K \subset B$ $\left\{\begin{smallmatrix} v \geq v_K\\ v \leq v_K \end{smallmatrix}\right\}$ gilt. Eine in $B + \Gamma$ stetige und in B $\left\{\begin{smallmatrix} superharmonische\\ subharmonische \end{smallmatrix}\right\}$ Funktion v heißt $\left\{\begin{smallmatrix} Ober-\\ Unter- \end{smallmatrix}\right.$ $\left.\begin{smallmatrix} funktion\\ funktion \end{smallmatrix}\right\}$ zu einer auf Γ fest gegebenen und stetigen Funktion γ, wenn dort $\left\{\begin{smallmatrix} v \geq \gamma\\ v \leq \gamma \end{smallmatrix}\right\}$ gilt.*

Im eindimensionalen Fall sind die Geraden ($u_{xx} = 0$) die einzigen harmonischen Funktionen, die nach oben schwach konvexen Funktionen superharmonisch usw.; die Bildung von v_K bedeutet das „Abschneiden einer Kuppe".

Es ist leicht einzusehen, daß Funktionen $v \in C^{(2)}(B)$ mit $-\Delta v \geq 0$ superharmonisch, solche mit $-\Delta v \leq 0$ subharmonisch sind, während harmonische Funktionen ($\Delta v \equiv 0$) beide Eigenschaften haben. Ist v superharmonisch, so ist $-v$ subharmonisch und umgekehrt, und man kann die Funktionen jeder der beiden Klassen mit positiven Koeffizienten linear kombinieren ohne aus der Klasse herauszukommen. Mit v ist auch jedes v_K super- bzw. subharmonisch. Mit $v_1, v_2, \ldots, v_m$ ist auch

$$v = \left\{\begin{smallmatrix} \mathrm{Min}(v_1, \ldots, v_m)\\ \mathrm{Max}(v_1, \ldots, v_m) \end{smallmatrix}\right\} \left\{\begin{smallmatrix} superharmonisch\\ subharmonisch \end{smallmatrix}\right\}.$$ Das gleiche gilt für $\left\{\begin{smallmatrix} Ober-\\ Unter- \end{smallmatrix}\right.$ $\left.\begin{smallmatrix} funktionen\\ funktionen \end{smallmatrix}\right\}$. $v_1 = \underset{x\in\Gamma}{\mathrm{Max}}\,\gamma(x)$ und $v_2 = \underset{x\in\Gamma}{\mathrm{Min}}\,\gamma(x)$ sind Beispiele, die die Existenz von Ober- bzw. Unterfunktionen belegen. Ferner gelten folgende Sätze.

Satz 13.7: *Eine nicht konstante, in B $\left\{\begin{array}{c}\textit{superharmonische}\\ \textit{subharmonische}\end{array}\right\}$ Funktion v nimmt dort kein $\left\{\begin{array}{c}\textit{Minimum}\\ \textit{Maximum}\end{array}\right\}$ an.*

Satz 13.8: *Die untere Grenze aller Oberfunktionen und die obere Grenze aller Unterfunktionen zu einem festen, stetigen γ sind in B harmonisch und stimmen dort überein. Sind alle Randpunkte regulär, so ist diese Grenze u die Lösung des Dirichlet-Problems $\Delta u = 0$ in B, $u = \gamma$ auf Γ.*

Wenn nicht alle Randpunkte regulär sind, verzichtet man gewöhnlich auf die Annahme der Randwerte in den irregulären Punkten (Ausnahmepunkten) und nennt das dennoch existierende und eindeutig bestimmte u, wie schon in Nr. 9.4 bemerkt, *verallgemeinerte Lösung im Wienerschen Sinne.*

13.3 Die Sperrfunktion, ein weiteres Kriterium

Man kann weiterhin eine *Sperrfunktion (barrier function)* einführen durch folgende

Definition 13.9: *Man schlage um den Randpunkt $P \in \Gamma$ eine Kugel K mit dem Rand Γ_K und bilde die Durchschnitte $F = B \cap K$ und $F + \Phi = (B + \Gamma) \cap (K + \Gamma_K)$ (vgl. Abb. 13.4). Eine Funktion w_P heißt dann Sperrfunktion zu P, wenn sie*
1. *in $F + \Phi$ stetig ist,*
2. *in F superharmonisch ist,*
3. *in P verschwindet, aber sonst in $F + \Phi$ echt positiv ist.*

Man kann leicht w_P unter Erhaltung von 1. bis 3. auf ganz $B + \Gamma$ fortsetzen und hat dann zwischen *lokaler* und *globaler Sperrfunktion* zu unterscheiden. Für beide gilt der wichtige

Satz 13.10: *Jeder Randpunkt, zu dem eine Sperrfunktion existiert, ist regulär.*

Man hat hiernach nur nötig, Sperrfunktionen zu konstruieren, um der Regularität sicher zu sein.

13.4 Spezialfälle verschiedener Dimension

In der Ebene ($N = 2$) kann man versuchen, nach Einführung von Polarkoordinaten r, φ um den Punkt P die harmonische Funktion

$$(13.11) \qquad w_2 = - \frac{\ln r}{(\ln r)^2 + \varphi^2} \qquad (r < 1, \text{ s. Abb. 13.12})$$

zu benutzen. Es ergibt sich zunächst, daß jeder Randpunkt regulär ist, zu dem ein Kurvenbogen C existiert, der mit Ausnahme von P außerhalb $B + \Gamma$ liegt und der P in endlich vielen Umläufen um P mit einem Punkte P_0 eines kleinen Kreises K um P verbindet (Abb. 13.12). Dann kann nämlich über φ so $(+ 2k\,\pi, k = 0, \pm 1, \pm 2, \ldots)$ verfügt werden, daß w_2 mit Ausnahme der Kurve C, also in $F + \Phi$ (Definition 13.9) Sperrfunktion ist. Als Grenzfall ist auch der Fall zugelassen, bei dem C ganz zum Rande gehört, wenn man das Dirichlet-Problem so formuliert, daß bei Annäherung an C von jeder der beiden Seiten i. allg. verschiedene

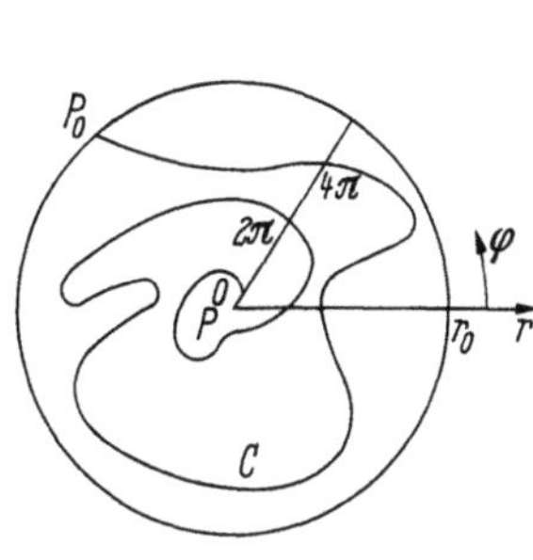

Abb. 13.12. Regulärer Randpunkt bei $N = 2$

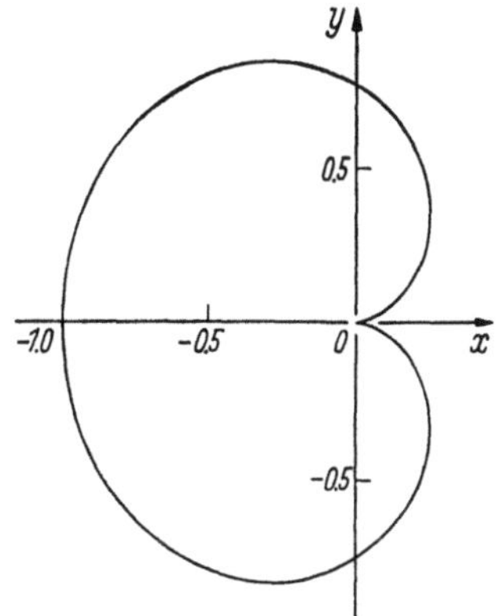

Abb. 13.13. Einspringende Spitze
$$\left(\frac{x}{x^2 + y^2} = \cosh \frac{y}{x^2 + y^2} - 2 \right)$$

Randwerte angenommen werden. Man kann sogar überlappende Gebiete zulassen, wenn man statt der Ebene die Riemannsche Windungsfläche des Logarithmus (vgl. Abschn. A) um P zugrunde legt. Auch ins Gebiet einspringende Spitzen gemäß Abb. 13.13 sind regulär. Für $N = 3$ kann das nicht für jede Spitze (man denke sich die Abb. 13.13 um die x-Achse rotiert) behauptet werden, wie ein Gegenbeispiel von LEBESGUE zeigt [vgl. R. COURANT und D. HILBERT (1962), S.303].

Immerhin gilt bei $N = 3$, daß jeder Randpunkt P regulär ist, zu dem ein Kreis oder eine Kugelkalotte existiert, der bzw. die P auf dem Rande enthält, sonst aber ganz außerhalb von $B + \Gamma$ liegt. In beiden Fällen legt man eine Kugel durch P um den gegenüberliegenden Punkt 0 (Abb. 13.14) und führt die Transformation durch reziproke Radien (7.10) durch, die den Kreis oder die Kalotte in eine Halbebene transformiert. Führt

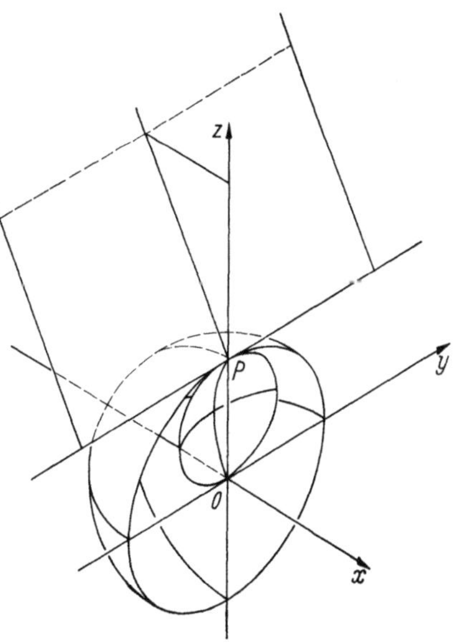

Abb. 13.14. Spiegelung einer Kugelkalotte

man Zylinderkoordinaten r, φ, z bzgl. der Kante (z) dieser Halbebene ein, so ist (13.11) Sperrfunktion. Demgemäß sind also einspringende Schneiden, wie sie z. B. aus Abb. 13.13 durch Verschiebung senkrecht zur Zeichenebene entstehen, regulär.

Wichtig ist das für alle $N \geq 3$ gültige Kriterium, daß jeder Randpunkt P regulär ist, zu dem ein N-dimensionaler Kegel existiert, dessen Spitze in P liegt und der sonst ganz außerhalb $B + \Gamma$ liegt. Führt man um P N-dimensionale Polarkoordinaten r, $\varphi = \vartheta_1, \vartheta_2, \ldots, \vartheta_{N-1}$ [vgl. z. B. E. MADELUNG (1957), S. 244] so ein, daß die Kegelachse in die Richtung $\varphi = 0$ fällt, so ist

$$(13.15) \qquad w_3 = r^\alpha\, g_\alpha\,(\cos\varphi)$$

für beliebiges $\alpha > 0$ Sperrfunktion. Dabei ist $g_\alpha(t)$ eine Lösung der Differentialgleichung der Kugelfunktionen (vgl. Abschn. B)

$$(13.16) \qquad (1 - t^2)\, g_\alpha'' - (N - 1)\, t\, g_\alpha' + \alpha\,(\alpha + N - 2)\, g_\alpha = 0$$

unter der Anfangsbedingung $g_\alpha(-1) = 1$ (Abb. 13.17). Durch Ver-

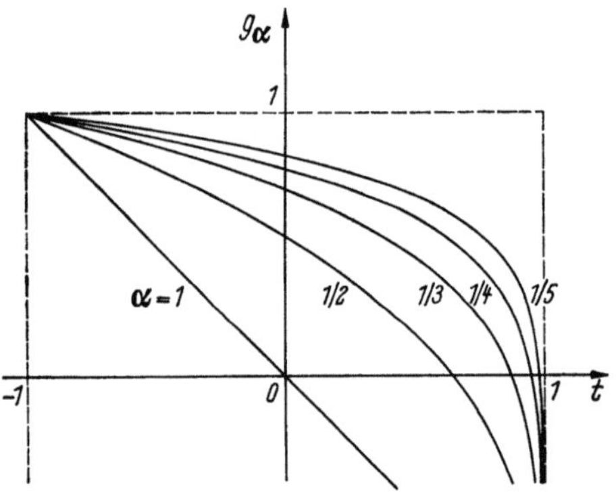

Abb. 13.17. Funktionen $g_\alpha(t)$ für $N = 3$, $\alpha = 1, \dfrac{1}{2}, \dfrac{1}{3}, \dfrac{1}{4}, \dfrac{1}{5}$

kleinerung von α verkleinert sich auch der Öffnungswinkel des Kegels auf eine beliebig klein vorgegebene Größe.

13.5 Kriterien für einspringende Spitzen

I. G. PETROWSKY (1954), S. 230 gibt folgendes schärfere Kriterium an: Es sind solche Spitzen P regulär, die durch mit Ausnahme von $P = (0, \ldots, 0)$ ganz außerhalb von $B + \Gamma$ liegende Rotationskörper $(0 \leq x_1 \leq \varepsilon < 1)$

$$(13.18) \quad \varrho = \sqrt{x_2^2 + x_3^2 + \cdots + x_N^2} \leq \begin{cases} x_1^k \ (k > 0,\ \text{beliebig}) & \text{für } N = 3, \\ x_1(-\ln x_1)^{-1/(N-3)} & \text{für } N > 3 \end{cases}$$

erreicht werden können. Werden dagegen in einer kleinen Umgebung von P alle Punkte, die nicht zu B gehören, von dem Rotationskörper ($\varepsilon > 0$, beliebig klein)

$$(13.19) \qquad \varrho = \sqrt{x_2^2 + x_3^2 + \cdots + x_N^2} \leqq \begin{cases} x_1^{(-\ln x_1)^\varepsilon} = \exp\left[-(-\ln x_1)^{1+\varepsilon}\right] \\ \qquad\qquad\qquad\qquad \text{für} \quad N = 3, \\ x_1\,(-\ln x_1)^{-1/(N-3)-\varepsilon} \\ \qquad\qquad\qquad\qquad \text{für} \quad N > 3 \end{cases}$$

umfaßt, so ist P irregulär.

§ 14. Die Wellengleichung und die Gleichungen der Minimalflächen und der Hydrodynamik

14.1 Komplexe Lösungen der Wellengleichung

Die reduzierte Wellengleichung (6.6)

$$(14.1) \qquad\qquad \Delta u + k^2\,u = 0$$

tritt bei inneren Problemen meist als Eigenwertaufgabe auf und wird in Kap. IV dieses Abschnitts in diesem Zusammenhang behandelt. Sie kommt aber auch bei Ausstrahlungs- und Streuungsproblemen vor, wobei das Grundgebiet meist nicht endlich ist. Es wird hier $N = 3$ angenommen und das Grundgebiet B^* als das Äußere eines einfach zusammenhängenden Gebietes B mit dem Rand Γ. Die Grundlösung (8.17) kann für $N = 3$ in der Form $\left(r = \sqrt{\sum_{i=1}^{3} (x_i - \xi_i)^2}\right)$

$$(14.2) \qquad g(x, \xi) = \frac{\cos(k\,r)}{4\pi r} = \frac{e^{-ikr}}{8\pi r} + \frac{e^{+ikr}}{8\pi r} = h(x, \xi) + \overline{h(x, \xi)}$$

geschrieben werden. Diese komplexe Aufspaltung hat folgenden physikalischen Sinn: $h(x, \xi)$ entspricht einer vom Punkt x ausstrahlenden, $\overline{h(x, \xi)}$ einer einstrahlenden Kugelwelle. Mittels der dritten Greenschen Formel läßt sich diese Aufspaltung auf die Lösungen von (14.1) übertragen. Weiterhin gilt der

Satz 14.3: *Jede komplexe, in B^* reguläre Lösung u von (14.1) kann eindeutig aufgespalten werden in*

$$(14.4) \qquad\qquad u = v + w,$$

wobei w der Sommerfeldschen Ausstrahlungsbedingung

$$(14.5) \qquad\qquad \lim_{r \to \infty} \int_{\Gamma_r} \left|\frac{\partial w}{\partial r} + i\,k\,w\right|^2 d\Gamma = 0$$

(Γ_r ist die Oberfläche einer Kugel vom Radius r um einen festen Punkt) genügt und v eine im ganzen Raum reguläre Lösung von (14.1) ist. v genügt darüber hinaus der Bedingung $\lim_{r \to \infty} \int_{\Gamma_r} \left|\dfrac{\partial v}{\partial r} - i\,k\,v\right|^2 d\Gamma = 0.$

(14.5) ist jedenfalls erfüllt, wenn $r^2 \left| \dfrac{\partial w}{\partial r} + i\,k\,w \right| \leqq K < \infty$ für alle genügend großen r gilt.

Bei Streuungsproblemen ist eine einstrahlende Welle v gegeben (z. B. eine ebene Welle), die auf ein Hindernis in $B + \Gamma$ stößt, und es ist nach der ausstrahlenden Sekundärwelle gefragt. Ähnlich wie in der Potentialtheorie (§ 12) lassen sich Fredholmsche Integralgleichungen aufstellen, man vgl. R. Courant und D. Hilbert (1962), S. 312 ff.

14.2 Ein Mittelwertsatz, die Maxwellschen Gleichungen

Dem Mittelwertsatz (11.9) für harmonische Funktionen entspricht hier die Formel

$$(14.6) \qquad u(x) = \frac{k}{4\pi a \sin(k a)} \int\limits_{\Gamma_a} u(\xi)\, d\Gamma_\xi,$$

wobei das Integral über die Oberfläche einer Kugel vom Radius a um x zu erstrecken ist.

Die reduzierte Wellengleichung findet u. a. Anwendung in der Elektrodynamik. Geht man von den *Maxwellschen Gleichungen* für ruhende, isotrope, ungeladene, nicht ferromagnetische Medien

$$(14.7) \qquad \mathrm{rot}\,\mathfrak{E} = -\frac{\mu}{c}\frac{\partial \mathfrak{H}}{\partial t}, \qquad \mathrm{rot}\,\mathfrak{H} = \frac{4\pi\sigma}{c}\mathfrak{E} + \frac{\varepsilon}{c}\frac{\partial \mathfrak{E}}{\partial t},$$
$$\mathrm{div}\,\mathfrak{E} = \mathrm{div}\,\mathfrak{H} = 0^1$$

aus, so kann man [vgl. G. Hellwig (1960), S. 13] leicht nachweisen, daß für die 6 einzelnen Komponenten von $\mathfrak{E}$ und $\mathfrak{H}$ die Gleichung

$$(14.8) \qquad \Delta u = \frac{\varepsilon\mu}{c^2}\frac{\partial^2 u}{\partial t^2} + \frac{4\pi\sigma\mu}{c^2}\frac{\partial u}{\partial t}$$

gilt, die mit geeigneten Anfangs- und Randbedingungen zu lösen ist. Betrachtet man gedämpfte Schwingungen, so kann man durch den Ansatz

$$(14.9) \qquad u = v \cdot \exp\left\{ \left[-\frac{2\pi\sigma}{\varepsilon} \pm i\sqrt{\frac{k^2 c^2}{\mu\varepsilon} - \frac{4\pi^2\sigma^2}{\varepsilon^2}}\, \right] t \right\}$$

(σ sei so klein, daß der Radikand > 0 ausfällt) die Gl. (14.1) für v erreichen. Man vgl. Abschn. G, II, § 20.

14.3 Drei Formulierungen des Minimalflächenproblems

Das Problem, durch eine über dem (doppelpunktfreien) Rand Γ eines ebenen Bereichs B durch eine (etwa stetige) Funktion $\gamma(x)$

---

[1] Hierin bedeuten $\mathfrak{E}$ und $\mathfrak{H}$ die Vektoren des elektrischen und magnetischen Feldes, c die Lichtgeschwindigkeit, ε die Dielektrizitätskonstante, μ die magnetische Permeabilität und σ die spezifische Leitfähigkeit.

$= \gamma(x, y)$ $(x \in \Gamma)$ gegebene Randkurve eine *Minimalfläche*, d. h. eine Fläche mit kleinstem Oberflächeninhalt zu legen, heißt auch *Plateausches Problem* und führt auf die erste Randwertaufgabe

$$(14.10) \qquad (1 + u_y^2)\, u_{xx} - 2 u_x\, u_y\, u_{xy} + (1 + u_x^2)\, u_{yy} = 0 \quad \text{in} \quad B,$$

$$(14.11) \qquad u = \gamma(x) \qquad\qquad\qquad\qquad\qquad \text{auf} \quad \Gamma.$$

Diese quasilineare *Differentialgleichung der Minimalflächen* ist unabhängig von der Lösung gleichmäßig elliptisch und läßt sich durch die Legendre-Transformation (6.41) auf die Form

$$(14.12) \qquad (1 + \eta^2)\, \omega_{\eta\eta} + 2\,\xi\,\eta\,\omega_{\xi\eta} + (1 + \xi^2)\, \omega_{\xi\xi} = 0,$$

$$(14.13) \qquad \xi\,\omega_\xi + \eta\,\omega_\eta - \omega = \gamma(\omega_\xi, \omega_\eta),$$

bringen, worin die Differentialgleichung linear ist, dafür aber die Randbedingung meist nichtlinear. Durch eine Modifikation der Legendre-Transformation gelingt auch die Überführung von (14.10) in eine dreidimensionale Laplace-Gleichung mit nichtlinearer Randbedingung, vgl. R. Courant und D. Hilbert (1962), S. 57. Abgesehen von dieser Schwierigkeit werden durch alle diese Formulierungen solche Minimalflächen nicht erfaßt, die gar nicht eineindeutig in die x-y-Ebene projiziert werden können. Daher ist es angebracht, nach anderen Abbildungen geeigneter Gebiete in einer ξ-η-Ebene auf die Minimalfläche zu suchen, d. h. Parameterdarstellungen der Form [da die Gestalt $u = u(x, y)$ nicht mehr gilt, wird hier z statt u geschrieben]

$$(14.14) \qquad x = x(\xi, \eta), \quad y = y(\xi, \eta), \quad z = z(\xi, \eta)$$

einzuführen. Es zeigt sich, daß man eine konforme Abbildung eines geeigneten Gebietes $\tilde{B}$ mit dem Rand $\tilde{\Gamma}$ der ξ-η-Ebene auf die Minimalfläche erhält, wenn

$$\Delta x = \Delta y = \Delta z = 0 \qquad\qquad \text{in } \tilde{B},$$

$$(14.15) \qquad x_\xi^2 + y_\xi^2 + z_\xi^2 = x_\eta^2 + y_\eta^2 + z_\eta^2 \quad \text{auf } \tilde{\Gamma},$$

$$x_\xi x_\eta + y_\xi y_\eta + z_\xi z_\eta = 0 \quad \text{in einem festen Punkt von } \tilde{B} + \tilde{\Gamma}$$

erfüllt ist und außerdem $\tilde{\Gamma}$ auf den gegebenen Rand der Minimalfläche umkehrbar eindeutig abgebildet wird. Bei zusammenhängender, doppelpunktfreier Randkurve kann in der ξ-η-Ebene für $\tilde{B} + \tilde{\Gamma}$ der Einheitskreis genommen werden. Dementsprechend gilt, daß alle Minimalflächen durch die Realteile dreier analytischer Funktionen $x = \mathrm{Re}\,[f_1(\zeta)]$, $y = \mathrm{Re}\,[f_2(\zeta)]$, $z = \mathrm{Re}\,[f_3(\zeta)]$ mit $\zeta = \xi + i\,\eta$ dargestellt werden können, die der Nebenbedingung $\sum\limits_{k=1}^{3} [f_k'(\zeta)]^2 = 0$ genügen.

14.4 Eigenschaften von Minimalflächen, Beispiel

Indem für Einzelheiten auf das Buch von R. Courant (1950) verwiesen wird, sollen noch drei wichtige Eigenschaften der Lösungen von (14.10) notiert und ein Beispiel gegeben werden:

1. Jede Lösung $u(x)$ von (14.10), die in der ganzen x-y-Ebene definiert ist, hat die Gestalt $u = a + b\,x + c\,y$.

2. Ist u in einer Umgebung U eines Punktes x mit Ausnahme von x Lösung von (14.10), so kann u in x so definiert werden, daß es überall in U eine reguläre Lösung von (14.10) ist. (Einschränkungen, wie etwa im Satz 8.30, sind hier nicht nötig.)

3. Jede nicht konstante Lösung u von (14.10) nimmt im Inneren eines Bereiches $B + \Gamma$ weder ein Maximum noch ein Minimum an.

Als Beispiel wird die rotationssymmetrische Minimalfläche durch zwei Parallelkreise vomRadius a und Abstand $2b$ betrachtet. Das Rechteck $-\pi < \eta \leqq +\pi,\ -\beta \leqq \xi \leqq +\beta$ wird konform auf die Fläche abgebildet durch

$$(14.16) \qquad x = \frac{b\,\xi}{\beta}, \qquad y = a\,\frac{\cosh\xi}{\cosh\beta}\cos\eta,$$

$$z = a\,\frac{\cosh\xi}{\cosh\beta}\sin\eta,$$

wobei β aus

$$(14.17) \qquad \frac{\beta}{\cosh\beta} = \frac{b}{a}$$

zu bestimmen ist. Man sieht, daß diese Gleichung bei zu großem Verhältnis b/a keine reelle Lösung besitzt. Abb. 14.18 zeigt einen radialen Schnitt für $a = 1$, $b = 0.6625$, in der Nähe des kritischen Wertes.

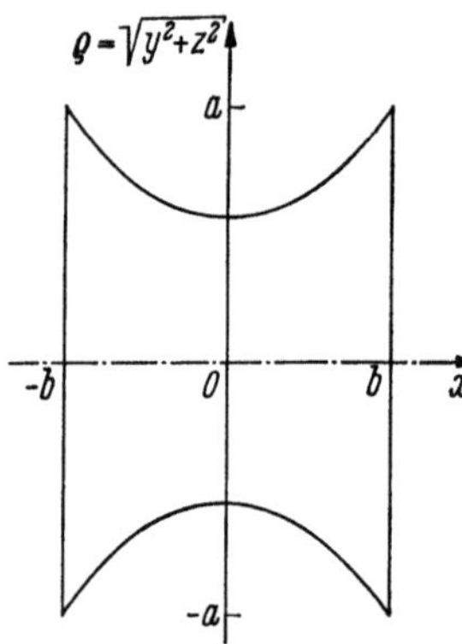

Abb. 14.18. Schnitt durch eine rotationssymmetrische Minimalfläche

14.5 Die Gleichungen der Hydrodynamik und Spezialfälle

Die Grundgleichungen für die Bewegung von Flüssigkeiten und Gasen sind im Unterschallbereich bei stationären oder periodischen Vorgängen elliptisch; diese Fälle sollen hier behandelt werden, um die Betrachtungen von Abschn. D zu ergänzen. Wenn man den dreidimensionalen x_1-x_2-x_3-Raum zugrunde legt und die Zeit mit t, die Komponenten des Geschwindigkeitsvektors mit $v_i = v_i(x_1, x_2, x_3, t)$ $(i = 1, 2, 3)$, den Druck mit p, die Dichte mit ϱ, die Komponenten der Kraft (z. B. Gewicht) pro Volumeneinheit mit f_i $(i = 1, 2, 3)$ und die Zähigkeitskoeffizienten mit μ und λ bezeichnet, erhält man die *Navier-Stokesschen*

Gleichungen in der Form

$$(14.19) \qquad \mu\, v_{i,kk} + (\lambda + \mu)\, v_{k,ki} - \varrho \left(\frac{\partial v_i}{\partial t} + v_k\, v_{i,k} \right) - p_{,i} + f_i = 0$$

$$(i = 1, 2, 3).$$

[Man beachte eine gewisse Ähnlichkeit mit (15.5)]. Setzt man hierin $\mu = \lambda = 0$, so entstehen die *Eulerschen Gleichungen* für ideale, d. h. reibungsfreie Flüssigkeiten und Gase. Für manche Anwendungen ist es vorteilhaft, die Gln. (14.19) durch ϱ zu dividieren und durch $f_i = \varrho\, g_i$ die Kräfte (g_i) auf die Masseneinheit zu beziehen. Die drei Gln. (14.19) für die fünf unbekannten Funktionen v_i, ϱ und p sind durch die *Kontinuitätsgleichung*

$$(14.20) \qquad \frac{\partial \varrho}{\partial t} + (\varrho\, v_i)_{,i} = 0$$

und eine *Zustandsgleichung* $p = p(\varrho, T)$ zu ergänzen. Hier wird die Barotropie bzw. die Polytropie, d. h. eine der Formeln

$$(14.21) \qquad p = p(\varrho) \quad \text{bzw.} \quad p = C\,\varrho^{\varkappa}$$

angenommen, wodurch die Temperaturabhängigkeit herausfällt, wenn auch μ und λ als von T unabhängig angesehen werden. Die zweite Gleichung (14.21) umfaßt isotherme $(\varkappa = 1)$ und adiabatische Vorgänge.

Die Gln. (14.19) sind (etwa wegen der Glieder $-\varrho\, v_k\, v_{i,k}$) nichtlinear, worauf die besonderen Schwierigkeiten bei ihrer theoretischen und numerischen Behandlung beruhen. Diese Glieder können immerhin in Spezialfällen vernachlässigt werden. In der Akustik der kleinen Schwingungen läßt man neben diesen Gliedern meist auch die Zähigkeitsglieder und die Kräfte f_i fort, so daß sich die einfachen Gleichungen

$$(14.22) \qquad \varrho \frac{\partial v_i}{\partial t} + p_{,i} = 0 \quad (i = 1, 2, 3)$$

ergeben. Nimmt man an, daß die Dichte nur wenig schwankt, kann man hierin eine mittlere Dichte $\varrho_0 = \text{const}$ für ϱ einsetzen und erhält für den Fall der Wirbelfreiheit mit dem Geschwindigkeitspotential u $(v_i = u_{,i})$ die Wellengleichungen

$$(14.23) \qquad \frac{\partial^2 u}{\partial t^2} = c^2\, u_{,ii}; \qquad \frac{\partial^2 \varrho}{\partial t^2} = c^2\, \varrho_{,ii};$$

$$\frac{\partial^2 p}{\partial t^2} = c^2\, p_{,ii} \qquad \left[c^2 = \left(\frac{dp}{d\varrho} \right)_{\varrho = \varrho_0} \right].$$

Bei periodischen Vorgängen ergibt sich leicht die schon oben behandelte reduzierte Wellengleichung (14.1).

14.6 Stationäre Zustände, die Grenzschichtgleichungen

Weiterhin werden hier nur stationäre Vorgänge betrachtet, bei denen in (14.19) $\partial v_i/\partial t \equiv 0$ und in (14.20) $\partial \varrho/\partial t \equiv 0$ ist. Die Zähigkeit ist von besonderem Einfluß bei der Strömung von Flüssigkeiten, die andererseits meist als inkompressibel angesehen werden können. In diesem Falle gilt $\varrho = \text{const}$, und die Gl. (14.21) fällt fort. Da sich aus (14.20) hier $v_{i,i} = 0$ als Kontinuitätsgleichung ergibt, fällt aus den Gln. (14.19) das zweite Glied heraus, und man erhält

$$(14.24) \qquad \mu \, v_{i,kk} - \varrho \, v_k \, v_{i,k} - p_{,i} + f_i = 0 \qquad (i = 1, 2, 3).$$

Führt die Strömung an einer Wand entlang, so ist wegen der Zähigkeit zu fordern, daß nicht nur die Normalkomponente, sondern auch die Tangentialkomponenten der Geschwindigkeit an der Wand verschwinden. Ist die Wand etwa die x_1-x_3-Ebene und die Strömung von x_3 unabhängig, so kann man aus (14.24) und (14.20) durch Vernachlässigung einiger bei großen Reynoldsschen Zahlen kleiner Glieder die *Prandtlschen Grenzschichtgleichungen* erhalten [$p = p(x_1)$, $f_i \equiv 0$]:

$$(14.25) \qquad \begin{aligned} v_1 \, v_{1,1} + v_2 \, v_{1,2} &= -\frac{1}{\varrho} \, p_{,1} + \frac{\mu}{\varrho} \, v_{1,22}, \\ v_{1,1} + v_{2,2} &= 0. \end{aligned}$$

Dabei wird $p_{,1} = dp/dx_1$ als bekannt angesehen, da man es bei bekannter „Außenströmung" für große x_2 aus der Formel $-\dfrac{1}{\varrho} \, p_{,1} = v_1 \, v_{1,1}$ berechnen kann. Die Gln. (14.25) beschreiben das Verhalten der Strömung in Wandnähe auch bei im Vergleich zur Grenzschichtdicke schwach gekrümmten Wänden oder Kanten. Für Einzelheiten vgl. man H. SCHLICHTING (1958).

14.7 Das Geschwindigkeitspotential

Ein weiterer Spezialfall von (14.19) bis (14.21) ist der Fall des *idealen*, d. h. reibungsfreien Gases, wobei $\mu = \lambda = 0$ zu setzen ist. Dadurch entstehen im stationären Fall die *Eulerschen Gleichungen*

$$(14.26) \qquad \varrho \, v_k \, v_{i,k} + p_{,i} = f_i \qquad (i = 1, 2, 3).$$

Bei wirbelfreier Strömung und $f_i = 0$ existiert ein *Geschwindigkeitspotential* u mit $v_i = u_{,i}$, für welches man unter Benutzung von (14.21) mit der Bezeichnung $a = a(u_{,1}^2 + u_{,2}^2 + u_{,3}^2) = \sqrt{\dfrac{dp}{d\varrho}}$ (lokale Schallgeschwindigkeit) die quasilineare Einzeldifferentialgleichung 2. Ordnung

$$(14.27) \qquad (a^2 - u_{,1}^2) \, u_{,11} + (a^2 - u_{,2}^2) \, u_{,22} + (a^2 - u_{,3}^2) \, u_{,33} -$$
$$- 2u_{,1} \, u_{,2} \, u_{,12} - 2u_{,1} \, u_{,3} \, u_{,13} - 2u_{,2} \, u_{,3} \, u_{,23} = 0$$

erhält [vgl. R. SAUER (1960), S. 25 und 82 ff.].

Bei zweidimensionalen Aufgaben kann diese Gleichung durch Anwendung der Legendre-Transformation (6.41) linearisiert werden; man erhält

$$(14.28) \qquad (a^2 - v_2^2) \, \omega_{,11} + 2v_1 \, v_2 \, \omega_{,12} + (a^2 - v_1^2) \, \omega_{,22} = 0,$$

wobei die Geschwindigkeitskomponenten nunmehr als unabhängige Variable fungieren.

Die Ordnung der Gln. (14.26) ist im Gegensatz zu (14.19) nur noch eins; es entspricht dieser Tatsache, daß man wegen der Reibungsfreiheit an Wänden nur das Verschwinden der Normalkomponente der Geschwindigkeit zu fordern hat.

Ist schließlich eine ideale und inkompressible Flüssigkeit gegeben (langsame Flüssigkeitsströmungen), so führt die Kontinuitätsgleichung $v_{i,i} = 0$ bei Wirbelfreiheit unmittelbar zu der Gleichung

$$(14.29) \qquad \varDelta u = u_{,ii} = 0$$

für das Geschwindigkeitspotential u. In diesem Falle ist die in den § § 11 bis 13 entwickelte Potentialtheorie anwendbar. Bei Unterschallströmungen um schlanke Körper bzw. Profile kann ferner (14.29) durch die Prandtl-Glauertsche Affintransformation erreicht werden, man vgl. auch hierfür R. SAUER (1960).

§15. Die Gleichungen der Elastizitätslehre

15.1 Die linearen Elastizitätsgleichungen

Das System der *Differentialgleichungen der linearen Elastizitätslehre* kann hier nur für homogene, isotrope Medien und isotherme Vorgänge behandelt werden. Um die Vorteile der Summationskonvention (vgl. § 6) ausnutzen zu können, werden die Verschiebungen, Dehnungen und Spannungen mit u_1, u_2, u_3; ε_{11}, ε_{22}, ε_{33}, $\varepsilon_{12} = \varepsilon_{21}$, $\varepsilon_{13} = \varepsilon_{31}$, $\varepsilon_{23} = \varepsilon_{32}$; σ_{11}, σ_{22}, σ_{33}, $\sigma_{12} = \sigma_{21}$, $\sigma_{13} = \sigma_{31}$, $\sigma_{23} = \sigma_{32}$ bezeichnet[1] und die zu verschiedenen Zuständen gehörenden Größen durch eingeklammerte obere Indizes unterschieden. Verschiebungen und Dehnungen hängen zusammen durch die (im wesentlichen) 6 *Kompatibilitätsbedingungen*

$$(15.1) \qquad \varepsilon_{ij}\ (= \varepsilon_{ji}) = \tfrac{1}{2}(u_{i,j} + u_{j,i}) \qquad (i, j = 1, 2, 3).$$

Dehnungen und Spannungen gehorchen den 6 *Spannungs-Dehnungs-Beziehungen* (*stress strain relations, Hookesches Gesetz*)

$$(15.2) \qquad \sigma_{ij} = \frac{E}{1+\nu}\left[\varepsilon_{ij} + \frac{\nu}{1-2\nu}\,\delta_{ij}\,\varepsilon_{kk}\right] \qquad (i, j = 1, 2, 3),$$

in denen E den (Youngschen) Elastizitätsmodul, ν das Poissonsche Verhältnis des Materials und δ_{ij} das Kronecker-Symbol ($\delta_{ii} = 1$, $\delta_{ij} = 0$ für $i \neq j$) bedeuten. Diese Gleichungen sind keine Differentialgleichungen, sie sind vielmehr als reine Umrechnungsvorschriften anzusehen und

---

[1] Vielfach sind die Bezeichnungen u, v, w; $\varepsilon_x, \varepsilon_y, \varepsilon_z, \tfrac{1}{2}\gamma_{xy}, \tfrac{1}{2}\gamma_{xz}, \tfrac{1}{2}\gamma_{yz}$; $\sigma_x, \sigma_y, \sigma_z, \tau_{xy}, \tau_{xz}, \tau_{yz}$ dafür üblich, vgl. I. SZABÓ (1958), S. 132ff.

lassen sich leicht auflösen:

$$(15.3) \qquad \varepsilon_{ij} = \frac{1}{E}\left[(1+v)\,\sigma_{ij} - v\,\delta_{ij}\,\sigma_{kk}\right] \qquad (i,j=1,2,3).$$

Die Spannungen schließlich müssen mit den in einem Punkt x angreifenden Kräften im Gleichgewicht sein. Hier werden nur zwei Arten von Kräften berücksichtigt, nämlich zeitunabhängige Kräfte $f_i = f_i(x)$ $(i=1,2,3)$ wie z. B. die Schwerkraft und Trägheitskräfte $-\varrho\,\partial^2 u_i/\partial t^2$ bei konstanter Dichte ϱ. Damit ergeben sich die 3 *Gleichgewichtsbedingungen*

$$(15.4) \qquad \sigma_{ij,j} + f_i - \varrho\frac{\partial^2 u_i}{\partial t^2} = 0 \qquad (i=1,2,3),$$

die zusammen mit (15.1) und (15.2) 15 Gleichungen für 15 Unbekannte bilden. Für die Behandlung im Tensorkalkül siehe Abschn. G, II, § 25.

15.2 Elimination von Dehnungen oder Spannungen, Randbedingungen

Man kann in (15.4) die Spannungen mittels (15.2) und dann die Dehnungen nach (15.1) eliminieren und erhält folgendes System von drei Differentialgleichungen 2. Ordnung für die Verschiebungen allein

$$(15.5)\quad \frac{E}{2(1+v)}\left[u_{i,kk} + \frac{1}{1-2v}\,u_{k,ki}\right] + f_i - \varrho\,\frac{\partial^2 u_i}{\partial t^2} = 0 \quad (i=1,2,3),$$

worin $u_{i,kk} = \Delta u_i$ und mit der Volumendilatation $\bar\varepsilon = \varepsilon_{kk} = u_{k,k}$ auch $u_{k,ki} = \bar\varepsilon_{,i}$ geschrieben werden kann. Ist $f_i = 0$, so lassen sich diese Gleichungen bei verschiedenen Fällen periodischer elastischer Schwingungen auf die oben (Nr. 14.1) behandelte reduzierte Wellengleichung zurückführen, vgl. etwa A. SOMMERFELD II (1947), S. 101 ff., S. 312 ff. Daher beschränkt sich alles weitere auf den statischen Fall $\partial^2 u_i/\partial t^2 = 0$ $(i=1,2,3)$.

Die Elimination von Dehnungen und Verschiebungen ist ebenfalls möglich und führt auf

$$\sigma_{ii,kk} + \frac{1}{1+v}\,\sigma_{kk,ii} = -2f_{i,i} - \frac{v}{1-v}\,f_{k,k}$$

$$(15.6) \qquad\qquad\qquad \text{(über } i=1,2,3 \text{ nicht summiert)},$$

$$\sigma_{ij,kk} + \frac{1}{1+v}\,\sigma_{kk,ij} = -(f_{i,j} + f_{j,i}) \quad (ij = 12, 13, 23).$$

Darin ist $\bar\sigma = \sigma_{kk}$ die Summe der Hauptspannungen und $\sigma_{ij,kk} = \Delta\sigma_{ij}$. Im Falle $f_i \equiv 0$ kann man leicht hieraus zeigen, daß die Volumendilatation $\bar\varepsilon$ und die Summe der Hauptspannungen $\bar\sigma$ harmonische Funktionen sind, für die also Randmaximumsatz, Mittelwertsatz und andere Ergebnisse des § 11 gültig sind.

Es sei B ein zusammenhängendes Gebiet des E_3 mit dem Rand Γ. Entsprechend den drei Differentialgleichungen (15.5) sind in jedem Randpunkt drei unabhängige Randbedingungen vorzuschreiben. Hierbei kommen in Frage die Randverschiebungen

$$(15.7) \qquad u_i = \gamma_i \quad (i = 1, 2, 3)$$

oder die Randspannungen $\tilde{\sigma}_i = \sigma_{ij} \tilde{v}_j$ dort, wo die innere Normale $\tilde{v}$ existiert,

$$(15.8) \qquad \tilde{\sigma}_i + \gamma_i = 0 \quad (i = 1, 2, 3)$$

oder gewisse Kombinationen

$$(15.9) \qquad \alpha_{ij} u_j + \beta_{ij} \tilde{\sigma}_j = \gamma_i \quad (i = 1, 2, 3)$$

mit geeigneten, auf Γ definierten Funktionen $\alpha_{ij}(x)$, $\beta_{ij}(x)$, $\gamma_i(x)$ $(i, j = 1, 2, 3)$. Diese drei Arten von Randbedingungen entsprechen den drei Randwertaufgaben bei der Poissonschen Gleichung, treten aber sehr häufig gemischt auf.

15.3 Die Greenschen Formeln, Grundlösungsmatrizen

Wird ein zunächst spannungsfreier Körper elastisch deformiert, so ist dazu eine *Deformationsarbeit W* (*Dehnungsenergie, elastische Energie*) erforderlich, die als

$$(15.10) \qquad W = \tfrac{1}{2} \int_B \sigma_{ij}\, \varepsilon_{ij}\, dB$$

geschrieben werden kann, welcher Ausdruck in Variationsprinzipien auftritt, vgl. Kap. V, bes. Nr. 23.3. Nach dem Gaußschen Satz (8.4) erhält man für zwei verschiedene Zustände folgende Analoga zur *ersten und zweiten Greenschen Formel* (8.6) und (8.7)

$$(15.11) \qquad \int_B \varepsilon_{ij}^{(2)}\, \sigma_{ij}^{(1)}\, dB = \int_B \varepsilon_{ij}^{(1)}\, \sigma_{ij}^{(2)}\, dB = \int_B u_{i,j}^{(1)}\, \sigma_{ij}^{(2)}\, dB$$

$$= -\int_\Gamma u_i^{(1)}\, \tilde{\sigma}_i^{(2)}\, d\Gamma - \int_B u_i^{(1)}\, \sigma_{ij,j}^{(2)}\, dB,$$

$$(15.12) \qquad \int_B (u_i^{(1)}\, \sigma_{ij,j}^{(2)} - u_i^{(2)}\, \sigma_{ij,j}^{(1)})\, dB = -\int_\Gamma (u_i^{(1)}\, \tilde{\sigma}_i^{(2)} - u_i^{(2)}\, \tilde{\sigma}_i^{(1)})\, d\Gamma.$$

Die *dritte Greensche Formel*

$$(15.13) \qquad u_k(x) = \int_B u_i^{(k)}(x, \xi)\, f_i(\xi)\, dB_\xi - \int_\Gamma [u_i^{(k)}(x, \xi)\, \tilde{\sigma}_i(\xi) -$$

$$- \tilde{\sigma}_i^{(k)}(x, \xi)\, u_i(\xi)]\, d\Gamma_\xi \quad (k = 1, 2, 3)$$

setzt voraus, daß die Elemente der aus 3 Verschiebungsvektoren $u_i^{(k)}(x, \xi)$ $(i, k = 1, 2, 3)$ bestehenden *Matrix der Grundlösungen* für $\xi \to x$ geeignet singulär werden [vgl. (8.13) bis (8.15)] und daß für festes k die homogenen Gln. (15.5) erfüllt sind. Die $\tilde{\sigma}_i^{(k)}(x, \xi)$ sind die aus diesen Vektoren gemäß (15.1), (15.2) und der vor (15.8) stehenden Formel berechneten Randspannungen. Dabei ist x fest zu denken. Eine spezielle

Grundlösungsmatrix ist

$$(15.14) \qquad u_i^{(k)}(\boldsymbol{x}, \boldsymbol{\xi}) = -\frac{1+\nu}{4\pi E}\left[\frac{1}{2(1-\nu)}\,r_{,ik} - \delta_{ik}\,r_{,jj}\right],$$

wobei $r^2 = (x_i - \xi_i)(x_i - \xi_i)$ ist und die Differentiationen sich auf die ξ-Variablen beziehen. Andere Grundlösungen, u. a. auch *Resolventen* von Randwertproblemen, ergeben sich durch Addition regulärer Lösungsmatrizen der homogenen Gln. (15.5) zu (15.14).

Existenz und Eindeutigkeit der Lösungen von Randwertaufgaben der Elastostatik können unter geeigneten Regularitätsvoraussetzungen bewiesen werden; sind auf ganz Γ die Randspannungen nach (15.8) gegeben, bleibt die Addition eines konstanten Vektors zum Verschiebungsvektor frei, d. h. eine Parallelverschiebung des belasteten Körpers. Dagegen ist für die Lösbarkeit in diesem Falle

$$(15.15) \qquad \int_B f_i\, dB + \int_\Gamma \gamma_i\, d\Gamma = 0 \qquad (i = 1, 2, 3)$$

erforderlich, d. h. das Gleichgewicht aller gegebenen Kräfte, da ja keine Auflagerkräfte möglich sind.

15.4 Torsion und ebener Spannungszustand

In Spezialfällen lassen sich die Elastizitätsgleichungen vereinfachen; es seien hier genannt das Problem der Torsion von Stäben, bei welchem sich nach Auflösung der Randwertaufgabe $\Delta w = -1$ im Querschnitt des Stabes mit den Randwerten $w = 0$ die Schubspannungen durch Differentiation gewinnen lassen, und der ebene Spannungszustand mit $f_i \equiv 0$, der mit Hilfe der Airyschen Spannungsfunktion behandelt werden kann, die der Differentialgleichung $\Delta\Delta w = 0$ in zwei Raumdimensionen genügt und aus der nach $\sigma_{11} = w_{,22}$; $\sigma_{12} = -w_{,12}$; $\sigma_{22} = w_{,11}$ die Spannungen ermittelt werden können, vgl. I. Szabó (1958), S. 138ff.

15.5 Die Plattengleichung

Ein weiterer wichtiger Spezialfall ist die Biegung ebener, homogener Platten, die nun behandelt werden soll. Der Anschluß an die Elastizitätstheorie kann dadurch geschehen, daß man willkürlich $\sigma_{13} = \sigma_{23} = \sigma_{33} = \varepsilon_{13} = \varepsilon_{23} = \varepsilon_{33} = 0$ setzt, wenn die Platte einen Bereich der x_1-x_2-Ebene bedeckt, und daß man $\sigma_{11}, \sigma_{22}, \sigma_{12}$ als proportional zu x_3 annimmt: $\sigma_{ij} = x_3\,\sigma_{ij}^*(x_1, x_2)$. Dann kann man die *Biegemomente* M_{11}, M_{22} und das *Torsionsmoment* M_{12} durch Integration in der x_3-Richtung einführen

$$(15.16) \qquad M_{ij} = \int_{-h/2}^{h/2} x_3\,\sigma_{ij}(\boldsymbol{x})\, dx_3 = \int_{-h/2}^{h/2} x_3^2\,\sigma_{ij}^*(x_1, x_2)\, dx_3$$
$$= \frac{h^3}{12}\,\sigma_{ij}^*(x_1, x_2) \qquad (i, j = 1, 2),$$

worin h die Plattendicke ist. Weiterhin ergeben sich aus der Auslenkung $w(x_1, x_2)$ der Platte die *Krümmungen*

$$(15.17) \qquad K_{ij} = -w_{,ij} \quad (i, j = 1, 2),$$

die mit den Dehnungen als durch $\varepsilon_{ij} = x_3 K_{ij}$ verknüpft angenommen werden können. Nun ergeben die Spannungs-Dehnungs-Beziehungen (15.3)

$$(15.18) \qquad K_{ij} = \frac{1}{N(1-v)} \left(M_{ij} - \frac{v}{1+v} \delta_{ij} M_{kk} \right) \qquad (i, j = 1, 2)$$

oder aufgelöst

$$(15.19) \qquad M_{ij} = N[(1-v) K_{ij} + v \delta_{ij} K_{kk}]$$
$$= -N[(1-v) w_{,ij} + v \delta_{ij} w_{kk}] \qquad (i, j = 1, 2)[1],$$

wobei $N = \dfrac{E h^3}{.12(1-v^2)}$ die *Plattensteifigkeit* bedeutet. Als Gleichgewichtsbedingung hat man schließlich

$$(15.20) \qquad -\frac{1}{N} M_{ij, ij} = w_{,1111} + 2 w_{,1122} + w_{,2222} = \Delta \Delta w$$
$$= \frac{1}{N} p(x_1, x_2) = f(\boldsymbol{x}),$$

die *Plattengleichung*, nach deren Lösung sich Biegemomente, Krümmungen usw. durch Differentiation bestimmen lassen. $p(x_1, x_2)$ ist dabei die auf die Platte wirkende Flächenbelastung.

15.6 Die Randbedingungen der Plattenbiegung

Zu (15.20) treten gewöhnlich zwei Randbedingungen in jedem Punkt des (stückweise glatten) Randes. Erstens ist zu fragen, ob der Randpunkt der Platte unterstützt ist. Wenn ja, so hat man die Randbedingung $w = 0$ oder etwas allgemeiner

$$(15.21) \qquad w = \gamma(\boldsymbol{x}) \quad (\boldsymbol{x} \in \Gamma),$$

wenn nicht, können an diesem Randpunkt keine Auflagerkräfte wirken, woraus sich $w_{,vvv} + (2-v) w_{,v\tau\tau} = 0$ bzw. bei nicht verschwindenden Randkräften

$$(15.22) \qquad S w \equiv w_{,vvv} + (2-v) w_{,v\tau\tau} = \gamma(\boldsymbol{x}) \quad (\boldsymbol{x} \in \Gamma)$$

ergibt. Dabei bedeuten v als Index nicht das Poissonsche Verhältnis, sondern Ableitung in Richtung der inneren Normale $\tilde{\boldsymbol{v}}$, τ die Differentiation in Richtung der Tangente.

---

[1] Diese Formel kann nicht aus (15.2) gefolgert werden, wofür die obigen willkürlichen Festsetzungen verantwortlich sind. Auch lassen sich die Gleichgewichtsbedingungen (15.4) nicht mehr direkt benutzen.

Zur Bequemlichkeit: Wenn die innere Normale $\tilde{\nu}$ die Komponenten ν_1, ν_2 hat, hat die Tangente die Komponenten ν_2, $-\nu_1$, und es gilt (Abb. 15.23)

$$
\begin{array}{ll}
w,_\nu = \nu_1 w,_1 + \nu_2 w,_2 & w,_1 = \nu_1 w,_\nu + \nu_2 w,_\tau \\
w,_\tau = \nu_2 w,_1 - \nu_1 w,_2 & w,_2 = \nu_2 w,_\nu - \nu_1 w,_\tau
\end{array}
$$

$$
\begin{aligned}
w,_{\nu\nu} &= \nu_1^2 w,_{11} + 2\nu_1\nu_2 w,_{12} + \nu_2^2 w,_{22} & \cdots \\
w,_{\nu\tau} &= \nu_1\nu_2 w,_{11} + (\nu_2^2 - \nu_1^2) w,_{12} - \nu_1\nu_2 w,_{22} & \cdots \\
w,_{\tau\tau} &= \nu_2^2 w,_{11} - 2\nu_1\nu_2 w,_{12} + \nu_1^2 w,_{22} & \cdots
\end{aligned}
$$

$$
\begin{aligned}
w,_{\nu\nu\nu} &= \nu_1^3 w,_{111} + 3\nu_1^2\nu_2 w,_{112} + 3\nu_1\nu_2^2 w,_{122} + \nu_2^3 w,_{222} & \cdots \\
w,_{\nu\nu\tau} &= \nu_1^2\nu_2 w,_{111} - (\nu_1^3 - 2\nu_1\nu_2^2) w,_{112} + (\nu_2^3 - 2\nu_1^2\nu_2) w,_{122} - \nu_1\nu_2^2 w,_{222} & \cdots \\
w,_{\nu\tau\tau} &= \nu_1\nu_2^2 w,_{111} + (\nu_2^3 - 2\nu_1^2\nu_2) w,_{112} + (\nu_1^3 - 2\nu_1\nu_2^2) w,_{122} + \nu_1^2\nu_2 w,_{222} & \cdots \\
w,_{\tau\tau\tau} &= \nu_2^3 w,_{111} - 3\nu_1\nu_2^2 w,_{112} + 3\nu_1^2\nu_2 w,_{122} - \nu_1^3 w,_{222} & \cdots
\end{aligned}
$$

Auch bei den höheren Ableitungen ist die Umkehrtransformation mit der Transformation selbst identisch.

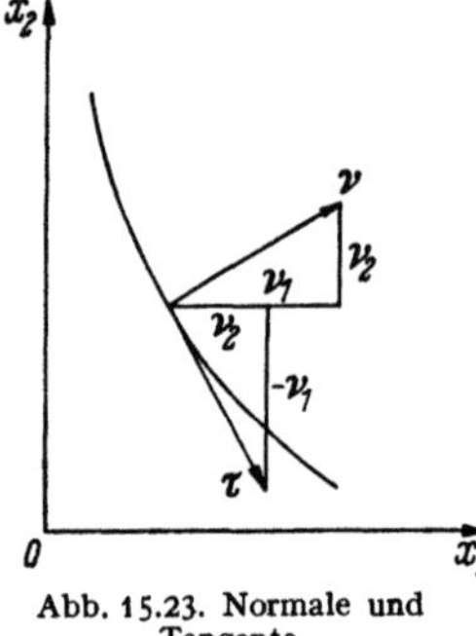

Abb. 15.23. Normale und Tangente

Die zweite Randbedingung betreffend fragt es sich, ob der Rand eingespannt ist,

$$(15.24) \qquad w,_\nu = \delta(x) \quad (x \in \Gamma),$$

oder ob am Rand ein (um die Tangente drehendes) Moment gegeben ist:

$$(15.25) \quad T w \equiv w,_{\nu\nu} + \nu\, w,_{\tau\tau} = \delta(x) \quad (x \in \Gamma).$$

Sind auf ganz Γ (15.21) und (15.24) vorgegeben, so spricht man von der ersten Platten-Randwertaufgabe. Ferner ist wichtig der Fall der überall aufliegenden Platten (15.21) und (15.25), während freie Ränder (15.22) und (15.25) fast nur bei gemischten Randbedingungen auftreten. Bei geradlinigen Rändern ist $w,_{\tau\tau}$ bei aufliegender Platte aus (15.21) berechenbar, so daß man statt (15.25) auch

$$w,_{\nu\nu} = \tilde{\delta}(x) \quad \text{oder}$$

$$(15.25\,\mathrm{a}) \qquad \Delta w = \delta^*(x) \quad (x \in \Gamma)$$

schreiben kann.

Zu den Randbedingungen treten bei freien Ecken noch Eckenbedingungen. Für deren Herleitung vgl. man etwa P. Funk (1962), S. 600ff.

15.7 Die Greenschen Formeln
und die Grundlösung der Plattenbiegung

Die *drei Greenschen Formeln* [vgl. (8.6) bis (8.8)] für die Plattengleichung lauten

$$(15.26) \quad \int_B [\nu\,\varDelta u\,\varDelta v + (1-\nu)\,u_{,ik}\,v_{,ik}]\,dB = \int_B u\,\varDelta\,\varDelta v\,dB + \\ + \int_\Gamma (u\,S\,v - u_{,\nu}\,T\,v)\,d\Gamma,$$

$$(15.27) \quad \int_B (v\,\varDelta\,\varDelta u - u\,\varDelta\,\varDelta v)\,dB = \int_\Gamma (u\,S\,v - v\,S\,u - u_{,\nu}\,T\,v + \\ + v_{,\nu}\,T\,u)\,d\Gamma,$$

$$(15.28) \quad w(\boldsymbol{x}) = \int_B g(\boldsymbol{x},\boldsymbol{\xi})\,f(\boldsymbol{\xi})\,dB_\xi - \int_\Gamma [w(\boldsymbol{\xi})\,S_\xi\,g(\boldsymbol{x},\boldsymbol{\xi}) - \\ - g(\boldsymbol{x},\boldsymbol{\xi})\,S_\xi\,w(\boldsymbol{\xi}) - \\ - w_{,\nu}(\boldsymbol{\xi})\,T_\xi\,g(\boldsymbol{x},\boldsymbol{\xi}) + g_{,\nu_\xi}(\boldsymbol{x},\boldsymbol{\xi})\,T_\xi\,w(\boldsymbol{\xi})]\,d\Gamma_\xi.$$

In der letzten Formel ist $g(\boldsymbol{x},\boldsymbol{\xi})$ eine beliebige *Grundlösung*, die für $\boldsymbol{\xi}\to\boldsymbol{x}$ wie

$$(15.29) \quad g_0(\boldsymbol{x},\boldsymbol{\xi}) = \frac{1}{8\pi}\,r^2\ln r \quad [r^2 = (x_1-\xi_1)^2 + (x_2-\xi_2)^2]$$

singulär wird und $\varDelta_\xi\varDelta_\xi g = 0$ erfüllt. Man sieht, daß die *Greensche Funktion* neben diesen Bedingungen die den Randbedingungen der gegebenen Aufgabe entsprechenden homogenen Randbedingungen erfüllen muß, damit w nach (15.28) berechnet werden kann. (15.26) ist übrigens für $u = v$ das $2/N$-fache der Deformationsarbeit, solange ν das Poissonsche Verhältnis bedeutet (vgl. Nr. 23.4). Bei der ersten Platten-Randwertaufgabe kommt ν in den Randbedingungen nicht vor, und man kann daher in (15.26) bis (15.28) eine beliebige Zahl für ν einsetzen, wenn man S und T entsprechend abändert.

15.8 Ergänzungen

Nach dem Superpositionsprinzip kann man eine spezielle Lösung w_0 von (15.20) von w subtrahieren und erhält für die Differenz $u = w - w_0$ die *biharmonische Gleichung* $\varDelta\,\varDelta u = 0$, deren Lösungen *biharmonische Funktionen* genannt werden. Sind u_i $(i = 0, 1, 2, 3)$ harmonische Funktionen $(\varDelta u_i = 0)$, so ist $u_0 + x_1 u_1 + x_2 u_2 + (x_1^2 + x_2^2)\,u_3$ biharmonisch, was in vielen Fällen zur Konstruktion von biharmonischen Funktionen aus harmonischen ausreicht.

Sind zu (15.20) die Randbedingungen (15.21) und (15.25a) gegeben, so hat man zwei ineinandergeschachtelte Dirichlet-Probleme: Setzt man $\varDelta w = v^1$, so hat man zunächst $\varDelta v = f$ mit (15.25a) zu lösen und dann mit bekanntem v die Gleichung $\Delta w = v$ mit der Randbedingung (15.21). Für diese spezielle Aufgabe gilt der

Satz 15.30: *Die genannte Aufgabe ist von monotoner Art (vgl. die §§ 5 und 10), d. h. aus $\Delta\Delta w \geqq \Delta\Delta u$ in B und $-\Delta w \geqq -\Delta u$, $w \geqq u$ auf Γ folgt $w \geqq u$ (und $-\Delta w \geqq -\Delta u$) in $B + \Gamma$.*

Dieser Satz hat zur Folge, daß eine von Geradenstücken berandete, überall frei aufliegende Platte bei Belastung in einer Richtung nirgends im ganzen Gebiet nach der anderen Seite ausgelenkt werden kann. Man hüte sich hier aber vor leichtfertigen Verallgemeinerungen: Bei langgestreckten eingespannten Platten ist es leicht zu erreichen, daß bei Belastung an einem Ende am anderen Ende eine entgegengesetzte Auslenkung auftritt.

Auf der Basis der dritten Greenschen Formel (15.28) läßt sich bei der Plattengleichung bzw. biharmonischen Gleichung eine ähnliche „Potentialtheorie" aufbauen wie bei der Poissonschen bzw. Laplace-Gleichung. Für Integralgleichungen vgl. man z. B. E. WEINEL (1931).

Es hat sich auch die Einführung komplexer Koordinaten $z = x_1 + i x_2$ bewährt, siehe etwa A. E. GREEN und W. ZERNA (1954), S. 231 ff.

IV. Eigenwertaufgaben bei Differential- und Integralgleichungen[2]

Die Eigenwertaufgaben, mit denen es der theoretische Physiker insbesondere in der Quantentheorie oft zu tun hat, und die Eigenwertaufgaben, die dem Ingenieur normalerweise begegnen, gehören verschiedenen Typen an.

Dieses Kapitel beschäftigt sich nur mit der zweiten Typenklasse, das sind Eigenwertaufgaben bei gewöhnlichen und partiellen Differentialgleichungen mit endlichem Grundgebiet und bei Integralgleichungen; Eigenwertaufgaben bei unendlichem Grundgebiet, z. B. bei der Schrödinger-Gleichung in der theoretischen Physik, sind hier nicht behandelt. Für solche Aufgaben ist eine weitreichende Spektraltheorie von Operatoren in Hilbertschen Räumen entwickelt worden; man arbeitet dabei mit Funktionen, die z. B. im Lebesgueschen Sinn quadratisch integrabel sind.

In diesem Kapitel jedoch können alle Integrale im Riemannschen Sinn aufgefaßt werden. Während bezüglich des Grundgebietes die Eigen-

---

[1] Es ist $v = -\dfrac{1}{N(1 + v)}(M_{11} + M_{22})$, also ein Vielfaches der sog. *Momentensumme* $M = \dfrac{1}{(1 + v)}(M_{11} + M_{22})$, die der Poissonschen Differentialgleichung $\Delta M = -p$ genügt, vgl. (15.19) und (15.20).

[2] In diesem Kapitel werden Volumendifferentiale statt mit dB, dB_t, ... mit $d\boldsymbol{x}$, $d\boldsymbol{t}$, ... bezeichnet.

wertaufgaben der theoretischen Physik viel schwieriger sind als die der Ingenieurwissenschaften, sind sie in anderer Hinsicht einfacher, indem sie *spezielle Eigenwertaufgaben* sind, d. h. Gleichungen von der Form (16.9) mit nur einem Operator M, während man es in den Ingenieurwissenschaften oft mit den *allgemeinen Eigenwertaufgaben* mit Paaren M, N von Operatoren in Gleichungen der Form (16.5) zu tun hat.

Meistens können die im folgenden auftretenden Größen als reell betrachtet werden. Die Theorie für spezielle Eigenwertaufgaben hat in den letzten Jahrzehnten eine übersichtliche und schöne Form durch Verwendung funktionalanalytischer Hilfsmittel erhalten. Mit Rücksicht auf die unmittelbare Anwendbarkeit auf technische vorliegende Aufgaben wurde hier jedoch darauf verzichtet, die Theorie und ihre Ergebnisse in abstrakter funktionalanalytischer Weise darzustellen; jedoch wurde von manchen Ideen der Funktionalanalysis Gebrauch gemacht, insbesondere von der Schreibweise (16.4) bzw. (16.12) des inneren Produktes, die vielleicht manchem Ingenieur noch nicht geläufig ist, die aber sicher leicht verständlich ist und vieles kürzer auszudrücken gestattet.

§ 16. Einige allgemeine Begriffe und Sätze

16.1 Einige Typen von Eigenwertaufgaben

Die für die Anwendungen in den Ingenieurwissenschaften wichtigsten Typen von Eigenwertaufgaben haben die folgende Form:

Für eine Funktion $y(x)$ von einer unabhängigen Veränderlichen x, oder $u(x, y)$ von zwei unabhängigen oder allgemein $u(x) = u(x_1, x_2, \ldots, x_n)$ von n unabhängigen Veränderlichen $x_1, x_2, \ldots, x_n$ ist in einem offenen, beschränkten, meßbaren Gebiet B eine Funktionalgleichung

$$(16.1) \qquad P(u, \lambda) = 0 \quad \text{in } B$$

vorgegeben und auf dem Rand Γ oder auf gewissen Teilen Γ_μ des Randes von B eine Anzahl k von Randbedingungen (k kann auch 0 sein)

$$(16.2) \qquad U_\mu(u, \lambda) = 0 \quad \text{auf } \Gamma_\mu \ (\mu = 1, 2, \ldots, k).$$

Die Randbedingungen sind oft von λ unabhängig

$$(16.3) \qquad U_\mu(u) = 0 \quad \text{auf } \Gamma_\mu.$$

P ist ein linearer Differential- oder Integraloperator in u, und die U_μ sind meist lineare Ausdrücke in Funktionswerten von u und oft auch in den Ableitungen von u; gefragt ist nach denjenigen Werten von λ, den *Eigenwerten*, für welche die Aufgabe (16.1) und (16.2) eine *nichttriviale Lösung* u (d. h. eine Lösung u, die nicht identisch in B verschwindet) besitzt; eine solche Funktion u heißt dann eine Eigenfunktion zum Eigenwert λ; mit u ist auch $c\,u$ für eine beliebige Konstante $c \neq 0$ eine Eigenfunktion zum gleichen Eigenwert λ.

Es sei hierbei gleich eine Bezeichnung genannt, die im folgenden immer wieder benutzt wird: Für irgend zwei in B integrable Funktionen v, w bedeute das Symbol (v, w) oder *inneres Produkt*:

$$(16.4) \qquad (v, w) = \int\limits_B v\, w\, d\boldsymbol{x},$$

wobei das Integral das über den Bereich B erstreckte Integral ist.

Mit $C^{(q)}(B + \varGamma)$ bezeichnet man die Menge der in $B + \varGamma$ stetigen und mit stetigen partiellen Ableitungen bis zur q-ten Ordnung einschließlich versehenen Funktionen, mit $C(B + \varGamma)$ die Menge der in $B + \varGamma$ stetigen Funktionen. Für die Definition allgemeinerer Funktionenklassen mit Hilfe des Begriffs der Hölder-Stetigkeit vgl. man Nr. 6.9.

Es seien nun die wichtigsten Klassen von Eigenwertaufgaben genannt, mit denen sich der folgende Artikel beschäftigt.

16.1.1 Eigenwertaufgaben bei Differentialgleichungen, insbesondere bei gewöhnlichen Differentialgleichungen

Meist tritt der Eigenwert λ in der Differentialgleichung linear auf, so daß (16.1) die Gestalt hat

$$(16.5) \qquad M\,u = \lambda\,N\,u$$

mit linearen Differentialoperatoren M, N.

I a. Bei gewöhnlichen Differentialgleichungen ist das zugrunde gelegte Gebiet gewöhnlich ein Intervall $I = [a, b]$ der reellen x-Achse, und M und N haben, wenn wieder $y(x)$ statt $u(x)$ geschrieben wird, oft die *selbstadjungierte Form*

$$(16.6) \qquad M\,y = \sum_{\nu=0}^{m} (-1)^{\nu}\, [f_{\nu}(x)\, y^{(\nu)}(x)]^{(\nu)},$$

$$(16.7) \qquad N\,y = \sum_{\nu=0}^{n} (-1)^{\nu}\, [g_{\nu}(x)\, y^{(\nu)}(x)]^{(\nu)},$$

dabei sind die $f_{\nu}(x)$ und $g_{\nu}(x)$ im Intervall I ν-mal stetig differenzierbare gegebene Funktionen mit

$$(16.8) \qquad f_m(x) \neq 0, \quad g_n(x) \neq 0, \quad m > n \geq 0.$$

Enthält die Summe in (16.7) nur das Glied $\nu = 0$, lautet also die Differentialgleichung

$$(16.9) \qquad M\,y = \lambda\,N\,y = \lambda\,g_0(x)\,y,$$

so spricht man von einer *speziellen Eigenwertaufgabe*; enthält die Summe in (16.7) nur ein Glied $\nu = n$, lautet also

$$(16.10) \qquad N\,y = (-1)^n\, [g_n(x)\, y^{(n)}]^{(n)},$$

so gehört die Differentialgleichung zur *Eingliedklasse*; enthält die Summe in (16.7) mehrere Summanden, so hat man eine *allgemeine Eigenwertaufgabe*.

Zu der Differentialgleichung (16.5) treten dann noch Nebenbedingungen der Form

$$(16.11) \qquad U_\mu y = \sum_{\nu=0}^{2m-1} [\alpha_{\mu\nu}\, y^{(\nu)}(a) + \beta_{\mu\nu}\, y^{(\nu)}(b)] = 0 \qquad (\mu = 1, 2, \ldots, 2m).$$

Diese $2m$ Randbedingungen werden als voneinander linear unabhängig angenommen; die $\alpha_{\mu\nu}$, $\beta_{\mu\nu}$ sind dabei gegebene Konstanten (oder manchmal auch gegebene Funktionen von λ). Die Nebenbedingungen können auch Übergangsbedingungen sein oder Intervalle enthalten, wie z. B.

$$(16.12) \qquad (y, q) = \int_a^b y(x)\, q(x)\, dx = 0$$

mit einer gegebenen Funktion $q(x)$.

Wenn die Randbedingungen die Form (16.11) haben, ist es oft zweckmäßig, sie in *wesentliche* und *restliche* Randbedingungen einzuteilen; man versucht aus den $2m$ Randbedingungen durch Linearkombination möglichst viele voneinander linear unabhängige Randbedingungen aufzustellen, in denen die m-ten und höheren Ableitungen von y nicht mehr auftreten. Die auf diese Weise erhältlichen Randbedingungen (ihre Anzahl sei q) heißen wesentliche Randbedingungen. Man ergänzt sie durch $(2m - q)$ restliche Randbedingungen derart, daß der gesamte Satz von wesentlichen und restlichen Randbedingungen den Ausgangsbedingungen (16.11) äquivalent ist (vgl. Nr. 19.4).

Beispiel: $-y'' = \lambda y$; $y'(0) + y(0) = 0$, $2y'(0) - y(1) = 0$; hier hat man eine wesentliche Randbedingung, nämlich $2y(0) + y(1) = 0$ und eine restliche Randbedingung, als welche man z. B. $y'(0) + y(0) = 0$ wählen kann.

16.1.2 Partielle Differentialgleichungen

Auch hier tritt die Differentialgleichung häufig in der selbstadjungierten Form auf, z. B. bei der elliptischen Differentialgleichung

$$(16.13) \qquad M u = -\sum_{j,k=1}^{n} \frac{\partial}{\partial x_j}\left(a_{jk}\frac{\partial u}{\partial x_k}\right) + c u = \lambda g u \quad \text{in } B,$$

wobei a_{jk}, c, g in einem abgeschlossenen Bereich $B + \Gamma$ gegebene stetige (und die a_{jk} sogar stetig differenzierbare) Funktionen sind mit $g > 0$. Die Matrix der a_{jk} wird im ganzen Gebiet als positiv definit vorausgesetzt (elliptischer Charakter der Differentialgleichung).

Als Randbedingung kann dann z. B. auftreten

$$(16.14) \qquad \alpha u + \beta \frac{\partial u}{\partial \nu} = 0 \quad \text{auf } \Gamma,$$

wobei ν die innere Normale bedeutet (die allerdings nicht auf dem ganzen Rand eindeutig definiert zu sein braucht). Gelegentlich tritt auch eine

Randbedingung der Form auf

$$\alpha\,u + \beta\,\frac{\partial u}{\partial \sigma} = 0 \quad \text{auf } \Gamma,$$

wobei σ die *Konormale* (vgl. Nr. 7.1) bedeutet. (Im Fall des Laplaceschen Operators $a_{jk} = \delta_{jk}$ stimmt die Konormale σ mit der gewöhnlichen Normale ν überein.) Im folgenden wird der Rand Γ stets als stückweise glatt vorausgesetzt. α und β sind gegebene Randfunktionen, die nicht zugleich verschwinden dürfen; auf den Teilen des Randes mit $\beta = 0$ liegt dann die 1. Randbedingung, für $\alpha = 0$ die 2. Randbedingung und für $\alpha\,\beta \neq 0$ die 3. Randbedingung vor. Auch hier kann man die Eigenwertaufgaben einteilen in allgemeine und spezielle, je nachdem der in der Differentialgleichung (16.5) mit λ multiplizierte Term partielle Ableitungen von u enthält oder nicht; auch die Einteilung der Randbedingungen bei einer Differentialgleichung der Ordnung $2m$ in wesentliche und restliche überträgt sich. Die wesentlichen Randbedingungen enthalten Ableitungen höchstens bis zur Ordnung $(m-1)$ einschließlich; so ist bei der Gl. (16.13) die 1. Randbedingung wesentlich und die 2. und 3. Randbedingung restlich (s. auch Nr. 19.6). Viel untersucht ist die Differentialgleichung der selbstadjungierten Gestalt

$$(16.15) \qquad M\,u = -\sum_{j=1}^{n} \frac{\partial}{\partial x_j}\left(p\,\frac{\partial u}{\partial x_j}\right) + c\,u = \lambda\,g\,u \quad \text{in } B,$$

wobei $p = p(x) = p(x_1, \ldots, x_n)$ eine gegebene Ortsfunktion ist. Hierin ist als Spezialfall $p = g = 1$, $c = 0$ die bekannte Gleichung der Membranschwingungen (Tabelle 16.22.13) enthalten.

Bei Gleichungen höherer Ordnung können mehrere Randbedingungen gegeben sein, z. B. bei der Schubbeulung einer Platte hat man die allgemeine Eigenwertaufgabe

$$(16.16) \qquad \Delta\,\Delta u = \lambda\,\frac{\partial^2 u}{\partial x\,\partial y} \quad \text{in } B,$$

wenn die mittlere Fläche der Platte vor der Ausbeulung den Bereich B der x-y-Ebene bedeckt. Ist die Platte am Rand Γ eingespannt, so hat man dort die Randbedingungen

$$(16.17) \qquad u = \frac{\partial u}{\partial \nu} = 0.$$

16.1.3 Weitere Typen von Eigenwertaufgaben

Es können auch Systeme linearer Differentialgleichungen mit entsprechend mehr Randbedingungen auftreten, oder Differentialgleichungen mit mehreren Parametern; ein sehr bekanntes Beispiel hierfür ist die Mathieusche Differentialgleichung

$$(16.18) \qquad -y'' = (\lambda - 2h^2 \cos 2x)\,y$$

mit den Parametern λ und h^2.

16.1.4 Eigenwertaufgaben bei Integralgleichungen

Es gibt physikalische Fragestellungen, die unmittelbar auf Eigenwertaufgaben bei Integralgleichungen führen; häufig aber treten solche Aufgaben auf, indem man Eigenwertaufgaben bei gewöhnlichen oder partiellen Differentialgleichungen mit Hilfe der Greenschen Funktion (vgl. die Nr. 1.6 und 8.4) auf Aufgaben bei Integralgleichungen zurückführt.

Für die Fredholmschen Integralgleichungen 2. Art

$$(16.19) \qquad y(s) = \lambda \int_B K(s, t)\, y(t)\, dt$$

mit *hermiteschem Kern* $K(s, t) = \overline{K(t, s)}$ oder im Reellen:
mit *symmetrischem Kern*

$$(16.20) \qquad K(s, t) = K(t, s)$$

und *vollstetigem Integraloperator* gibt es eine weit ausgebaute Theorie, vgl. Nr. 16.6; B ist ein Bereich wie bei (16.1). s bzw. t stehen jeweils für n Veränderliche, so wie früher x für $x_1, \ldots, x_n$. Hier sollen der Einfachheit halber nur reelle Kerne $K(s, t)$ betrachtet werden.

Der Kern K vermittelt eine Integraltransformation

$$(16.21) \qquad N\, y(s) = \int_B K(s, t)\, y(t)\, dt.$$

Ist M der *Einheitsoperator*, der jede Funktion in sich überführt:

$$M\, y(s) = y(s),$$

so geht die Integralgleichung, wenn man noch u statt y schreibt, wieder in die Form (16.5) über.

Auch hier gibt es kompliziertere Gleichungen, Integrodifferentialgleichungen und Gleichungen mit Besonderheiten.

16.2 Beispiele technischer Eigenwertaufgaben

In der folgenden Tabelle sind einige sehr einfache typische technische Eigenwertaufgaben zusammengestellt, ohne daß alle Größen c_v, E, $\varkappa$, $\ldots$ erklärt sind. Es sind jeweils einfache Randbedingungen gewählt.

16.3 Die Begriffe selbstadjungiert und volldefinit

Hat die Differentialgleichung die Ordnung m, so heißt jede Funktion $u(x) \in C^{(m)}(B + \Gamma)$, die $\not\equiv 0$ ist und alle Randbedingungen erfüllt, eine *Vergleichsfunktion*; ist m gerade, $m = 2q$, so heißt jede Funktion $u(x) \in C^{(q)}(B + \Gamma)$, die $\not\equiv 0$ ist und alle wesentlichen Randbedingungen er-

Tabelle 16.22. *Beispiele von Eigenwertaufgaben bei Differentialgleichungen*

Nr.	Beschreibung	Differentialgleichung	Randbedingungen
1 2 3	Querschwingungen einer Saite der Länge l Endpunkte $x = 0$ und $x = l$	$-y'' = \lambda c_1 y$	Enden fest: $y(0) = y(l) = 0$ ein Ende frei: $y(0) = y'(l) = 0$ Enden elastisch gestützt: $c_2 y(0) = y'(0)$ $-c_3 y(l) = y'(l)$
4	Längsschwingungen eines Stabes mit veränderlichem Querschnitt $F(x)$	$-(F(x) y')' = \lambda c_1 F(x) y$	Enden fest: $y(0) = y(l) = 0$
5	Torsionsschwingungen eines Stabes veränderlichen Querschnitts	$-(\varphi_1(x) y')' = \lambda \varphi_2(x) y$	ein Ende fest, ein Ende drehbar gelagert: $y(0) = y'(l) = 0$
6	Knickung eines Stabes, Enden gelenkig, Knickung eines Stabes, Enden eingespannt	$-y'' = \dfrac{\lambda}{EJ(x)} y$ $y^{IV} = -\lambda y''$	$y(0) = y(l) = 0$ $y(0) = y'(0) = y(l)$ $= y'(l) = 0$
7	Biegeschwingung eines Stabes Flächenträgheitsmoment $J(x)$	$(EJ(x) y'')'' = \lambda \varrho F(x) y$	eingespanntes Ende: $y(0) = y'(0) = 0$ freies Ende: $y''(l) = y'''(l) = 0$
8	Biegeschwingung mit Berücksichtigung von rotatorischer Trägheit	$(EJ(x) y'')''$ $= \lambda(F(x) y - \varphi(x) y'')$	Randbedingungen wie im vorigen Fall
9	elastisch gebetteter Druckstab	$(EJ(x) y'')'' +$ $+ \varkappa y = -\lambda y''$	elastische Stützung: $y(0) + c_1 y'''(0) = 0$ $y(l) - c_2 y'''(l) = 0$
10	Stabilität eines radial gedrückten Kreisbogens	$-(y^{VI} + 2y^{IV} + y'')$ $= \lambda(y^{IV} + y'')$	$y = y' = y''' = 0$ an beiden Enden
11	Schwingung eines herabhängenden Seiles mit Endmasse	$-[(G + \gamma \varrho F x) y']'$ $= \lambda \varrho F y$	$y(l) = 0$ $y'(0) + \dfrac{\lambda}{g} y(0) = 0$
12	Dehnungsschwingung zylindrischer Schalen	$-y''\left(1 - \dfrac{c_1}{c_2 - \lambda}\right)$ $= \lambda c_3 y$	$y(0) = y(l) = 0$

Tabelle 16.22 (Fortsetzung)

Nr.	Beschreibung	Differentialgleichung	Randbedingungen
13	Transversalschwingung einer Membrane	$-\Delta u = -u_{xx} - u_{yy} = \lambda u$	$u = 0$ auf Γ
14	Desgleichen bei elastischer Lagerung	$-\Delta u + c_1 u = \lambda u$	$u = 0$ auf Γ
15	Biegeschwingung einer dünnen Platte	$\Delta \Delta u = \lambda u$	geradliniger, gestützter Randteil $u = 0,\ \Delta u = 0$ eingespannter Randteil $u = 0,\ \dfrac{\partial u}{\partial v} = 0$
16	Knickung einer Platte, einseitiger Druck Knickung einer Platte, allseitiger Druck	$\Delta \Delta u = -\lambda \dfrac{\partial^2 u}{\partial x^2}$ $\Delta \Delta u = -\lambda \Delta u$	geradliniger, gestützter Randteil $u = 0,\ \Delta u = 0$ eingespannter Randteil $u = 0,\ \dfrac{\partial u}{\partial v} = 0$

füllt, eine *zulässige Funktion*. Für Eigenwertaufgaben bei der Integralgleichung (16.19) heißt jede nicht identisch verschwindende Funktion $v(x) \in C\,(B + \Gamma)$ eine Vergleichsfunktion.

Tritt in den Randbedingungen (16.2) der Eigenwert λ nicht auf, so kann man die folgenden Begriffe einführen: Die Eigenwertaufgabe (16.5)/(16.3) oder (16.19) heißt *selbstadjungiert* (vgl. die Nrn. 1.3, 8.1 und 8.4), wenn für je 2 Vergleichsfunktionen v, w gilt

$$(M\,v, w) = (v, M\,w), \qquad (N\,v, w) = (v, N\,w).$$

Bei den Integralgleichungen (16.19) ist diese Bedingung bei symmetrischem Kern $K(s, t)$, vgl. (16.20), von selbst erfüllt.

Die Eigenwertaufgabe heißt *volldefinit*, wenn für jede Vergleichsfunktion v gilt

$$(16.24) \qquad (M\,v, v) > 0, \qquad (N\,v, v) > 0.$$

Bei Integralgleichungen (16.19) ist diese Bedingung erfüllt, wenn für alle Vergleichsfunktionen v gilt

$$(16.25) \qquad \int\limits_{B}\int\limits_{B} K(s, t)\,v(s)\,v(t)\,ds\,dt > 0.$$

Der Operator M bzw. N heißt *positiv definit*, wenn für alle Vergleichsfunktionen v gilt

$$(M\,v, v) > 0 \quad \text{bzw.} \quad (N\,v, v) > 0.$$

Die Eigenwertaufgabe heißt *halbdefinit*, wenn mindestens einer der beiden Operatoren M, N definit ist.

Tabelle 16.23. *Einige in geschlossener Form lösbare Eigenwertaufgaben*

Differentialgleichung	Randbedingungen, Abkürzungen $y_0 = y(0)$, $y_l' = y'(l)$ usw.	Eigenwerte bzw. Gleichung für die Eigenwerte	Eigenfunktionen
$-y'' = \lambda y$ $\lambda = k^2$	$y(0) = y(l) = 0$	$\left(\dfrac{n\pi}{l}\right)^2$	$\sin \dfrac{n\pi x}{l}$
	$y(0) = y'(l) = 0$	$\left[\dfrac{2n-1}{2}\dfrac{\pi}{l}\right]^2$	$\sin\left[\left(n - \dfrac{1}{2}\right)\dfrac{\pi x}{l}\right]$
	$y(0) = y'(l) + A\,y(l) = 0$	$A \tan k\,l = -k$	
	$a\,y'(0) + b\,y(0) = 0$ $c\,y'(l) + d\,y(l) = 0$	$\tan k\,l = \dfrac{(a\,d - b\,c)\,k}{b\,d + a\,c\,k^2}$	
	$a\,y(l) + b\,y(0) = 0$ $c\,y'(l) + d\,y'(0) = 0$	$\cos k\,l = -\dfrac{a\,c + b\,d}{b\,c + a\,d}$	
$-y'' = \dfrac{\lambda y}{(x+c)^2}$	$y(a) = y(b) = 0$ $x + c \neq 0$ in $[a, b]$	$\dfrac{1}{4} + \left(\dfrac{n\pi}{\ln\dfrac{a+c}{b+c}}\right)^2$	$(x+c)^{1/2} \times$ $\times \sin \dfrac{n\pi \ln \dfrac{x+c}{b+c}}{\ln \dfrac{a+c}{b+c}}$
$-[(c\,x+d)^2 y']'$ $= \lambda(c\,x+d)^2 y$	$y(a) = y(b) = 0$ $c\,x + d \neq 0$ in $[a, b]$	$\left(\dfrac{n\pi}{b-a}\right)^2$	$\dfrac{1}{c\,x+d} \times$ $\times \sin\left(n\pi\dfrac{x-a}{b-a}\right)$
$-[p(x)\,y']'$ $= \lambda\dfrac{\nu}{p(x)}$ $P(x) = \int\limits_a^x [p(s)]^{-1}\,ds$	$y(a) = y(b) = 0$	$[n\pi P(b)]^2$	$\sin \dfrac{n\pi P(x)}{P(b)}$
$y^{IV} = \lambda y$ $\lambda = k^4$	$y_0 = y_0'' = y_l = y_l'' = 0$	$\left(\dfrac{n\pi}{l}\right)^4$	$\sin \dfrac{n\pi x}{l}$
	$y_0 = y_0'' = y_l = y_l' = 0$	$\tan k\,l = \tanh k\,l$	
	$y_0 = y_0' = y_l = y_l' = 0$	$\cos k\,l \cdot \cosh k\,l = 1$	
	$y_0 = y_0' = y_l'' = y_l''' = 0$	$\cos k\,l \cdot \cosh k\,l = -1$	
$y^{IV} = -\lambda y''$ $\lambda = k^2$	$y_0 = y_0'' = 0$ $a\,y_l'' + b\,y_l' = 0$ $c\,y_l''' + d\,y_l = 0$	$b\,k(k^2 c + l\,d) \cos k\,l$ $= d(k^2 l\,a + b) \sin k\,l$	
	$y_0 = y_0' = 0$ $a\,y_l'' + b\,y_l' = 0$ $c\,y_l''' + d\,y_l = 0$	$k^4 a\,c + A\,k \sin k\,l +$ $+ k^2 l\,a\,d \cos k\,l$ $= 2b\,d(1 - \cos k\,l);$ $A = k^2 b\,c + d(b\,l - a)$	

Weitere geschlossen lösbare Fälle sind bei Collatz (1962) zusammengestellt. Siehe auch Nr. 24.2.

Die Selbstadjungiertheit einer Eigenwertaufgabe prüft man bei Differentialgleichungen oft mit Hilfe von partieller Integration nach. Zum Beispiel ist die Eigenwertaufgabe

$$(16.26) \qquad -y'' = \lambda\, g(x)\, y, \qquad y(0) = 0, \qquad y'(1) = a\, y(1)$$

mit a als gegebener Zahl und $g(x)$ als gegebener Funktion selbstadjungiert; für 2 Vergleichsfunktionen v, w gilt nämlich:

$$\int_0^1 [v(-w'') - w(-v'')]\, dx = [-v\, w' + w\, v']_0^1 +$$
$$+ \int_0^1 [-v'\, w' + v'\, w']\, dx = 0;$$

denn wenn man $w'(1) = a\, w(1)$ und $v'(1) = a\, v(1)$ einsetzt, fallen alle Terme fort.

Allgemein erhält man bei dem Differentialausdruck $M\, y$ nach (16.6) mit Hilfe von Teilintegration die *Dirichletsche Umformung*:

$$(16.27) \quad (v, M\, w) - (w, M\, v) = \left[\sum_{\nu=0}^{m} \sum_{\varrho=0}^{\nu-1} (-1)^{\nu+\varrho} \{v^{(\varrho)} [f_\nu(x)\, w^{(\nu)}]^{(\nu-1-\varrho)} - \right.$$
$$\left. - w^{(\varrho)} [f_\nu(x)\, v^{(\nu)}]^{(\nu-1-\varrho)}\} \right]\Big|_a^b .$$

Sind die Randbedingungen so beschaffen, daß die Summe auf der rechten Seite verschwindet, und zwar auch für den entsprechenden Fall mit dem Ausdruck N, so ist die Eigenwertaufgabe selbstadjungiert (siehe auch Nr. 1.3). Ebenso kann man die Definitheit untersuchen; hier liefert Teilintegration die *Dirichletsche Formel*:

$$(16.28) \qquad (v, M\, v) = \int_a^b \sum_{\nu=0}^{m} f_\nu [v^{(\nu)}]^2\, dx + M_0\, v$$

mit dem *Dirichletschen Randteil*

$$(16.29) \qquad M_0\, v = \left[\sum_{\nu=0}^{m} \sum_{\varrho=0}^{\nu-1} (-1)^{\nu+\varrho}\, v^{(\varrho)} [f_\nu\, v^{(\nu)}]^{(\nu-1-\varrho)} \right]_a^b .$$

Wenn auf Grund der Randbedingungen $M_0\, v \equiv 0$ ist für Vergleichsfunktionen (und entsprechend der mit dem Differentialausdruck N gebildete Dirichletsche Randteil $N_0\, v$ verschwindet), alle f_ν, $g_\nu \geqq 0$ sind und f_m, g_n, f_0, $g_0 > 0$ gilt, so ist die Aufgabe volldefinit. Es gibt aber auch Fälle, bei denen Volldefinitheit vorliegt, ohne daß $M_0\, v \equiv N_0\, v \equiv 0$ ist, man kann das an Hand der quadratischen Formen M_0 und N_0 sofort erkennen. Bei partiellen Differentialgleichungen tritt an Stelle der gewöhnlichen Teilintegration die Gaußsche Formel, siehe (8.4) und (8.5). So ist z. B. die Aufgabe (16.13)/(16.14) selbstadjungiert, wenn man statt der Normale die Konormale nimmt, vgl. (7.9).

So kann man bei folgenden Typen von Eigenwertaufgaben ein für alle Mal die Selbstadjungiertheit und Volldefinitheit feststellen:

Tabelle 16.30

Differentialgleichung	Randbedingung	Selbstadjungiert	Volldefinit
$-[f_1 y']' + f_0 y$ $= \lambda g_0 y$	bei $x = a$: $y' = 0$ oder $y - c_1 y' = 0$ bei $x = b$: $y' = 0$ oder $y + c_2 y' = 0$	stets selbstadjungiert	für $f_1 > 0$, $f_0 \geqq 0$, $g_0 > 0$, $c_1 \geqq 0$, $c_2 \geqq 0$; aber $y'(a)$ $= y'(b) = 0$ (2. Randwertaufgabe ist auszuschließen);
	oder Periodizität $y(a) = y(b)$, $y'(a) = y'(b)$	$f_1(a) = f_1(b)$	im allgemeinen nicht volldefinit
$(f_2 y'')'' - (f_1 y')' +$ $+ f_0 y = \lambda g_0 y$	bei $x = a \begin{cases} \alpha y + \beta (f_2 y'')' \\ = 0 \\ \gamma y' + \delta y'' = 0 \end{cases}$ bei $x = b \begin{cases} \hat{\alpha} y - \hat{\beta} (f_2 y'')' \\ = 0 \\ \hat{\gamma} y' - \hat{\delta} y'' = 0 \end{cases}$ keine Randbedingung „leer" (d.h. $\|\alpha\| + \|\beta\| >$ $> 0, \ldots$)	im Fall $f_1(x) \equiv 0$ stets selbstadjungiert; im Fall $f_1(x) \not\equiv 0$, $\beta = \hat{\beta} = 0$ stets selbstadjungiert	für $f_2 > 0$, $f_1 \geqq 0$, $f_0 \geqq 0$, $g_0 > 0$ und z. B. für $\beta = \hat{\beta} = 0$, $\mathrm{sgn}\,(\gamma\,\delta) \geqq 0$, $\mathrm{sgn}\,(\hat{\gamma}\,\hat{\delta}) \geqq 0$

Jede Gleichung der Form

$$-y'' + h_1(x)\, y' + h_0(x)\, y = \lambda\, g_0(x)\, y$$

mit in $[a, b]$ integrablen Koeffizientenfunktionen kann durch Multiplikation mit

$$(16.31) \qquad k(x) = \exp\left[- \int_a^x h_1(s)\, ds \right]$$

auf die Gestalt einer selbstadjungierten Gleichung

$$- \left\{ \exp\left[- \int_a^x h_1(s)\, ds \right] y' \right\}' + \tilde{h}_0(x)\, y = \lambda\, \tilde{g}_0(x)\, y$$

mit neuen Funktionen $\tilde{h}_0, \tilde{g}_0$ gebracht werden. Für andere Wege zur Transformation in die selbstadjungierte Gestalt vgl. man Nr. 1.4.

16.4 Minimaleigenschaften der Eigenwerte

Eine wichtige Rolle spielt der *Rayleighsche Quotient* $R\,v$, den man mit einer Vergleichsfunktion v bilden kann, für welche $(N\,v, v) \neq 0$ ist:

$$(16.32) \qquad R\,v = \frac{(M\,v, v)}{(N\,v, v)}.$$

Ist v eine zum Eigenwert λ gehörige Eigenfunktion, so ist $R\,v = \lambda$. Ist die Eigenwertaufgabe volldefinit, so sind alle vorhandenen Eigenwerte positiv; ist die Eigenwertaufgabe selbstadjungiert und halbdefinit, so sind alle vorhandenen Eigenwerte reell; ist die Eigenwertaufgabe nur selbstadjungiert, so brauchen die Eigenwerte nicht reell zu sein, (Beispiel hierfür bei COLLATZ (1962), S. 59).

Nun sei die Eigenwertaufgabe selbstadjungiert und halbdefinit (N definit), dann sind zu verschiedenen Eigenwerten λ_j, λ_k gehörige Eigenfunktionen u_j, u_k *im verallgemeinerten Sinn zueinander orthogonal,* d. h. es gilt

$$(16.33) \qquad (u_j, M\,u_k) = (u_j, N\,u_k) = 0 \quad \text{für} \quad \lambda_j \neq \lambda_k.$$

Für die spezielle Eigenwertaufgabe (16.9) lautet das ausführlich geschrieben, um das Wort *orthogonal* mit bekannten Eigenschaften in Verbindung zu bringen:

$$(16.34) \qquad \int\limits_a^b g_0(x)\,y_j(x)\,y_k(x)\,dx = 0 \quad \text{für} \quad \lambda_j \neq \lambda_k.$$

Oft werden die Eigenfunktionen *normiert* durch die Bedingung

$$(16.35) \qquad (u_j, N\,u_j) = 1 \quad (j = 1, 2, \ldots),$$

dann wird

$$(16.36) \qquad (u_j, M\,u_j) = \lambda_j.$$

Ein Eigenwert λ heißt p-fach, wenn es zu ihm p voneinander linear unabhängige Eigenfunktionen gibt, wenn aber $(p + 1)$ zu λ gehörige Eigenfunktionen stets linear abhängig sind. Man kann dann mit Hilfe des Erhard Schmidtschen Orthonormalisierungsverfahrens [z. B. COLLATZ (1964), S. 34] p Eigenfunktionen so auswählen, daß sie ein Orthonormalsystem bilden, so daß dann allgemein gilt

$$(16.37) \qquad \begin{cases} (u_j, N\,u_k) = \delta_{jk} \\ (u_j, M\,u_k) = \lambda_j\,\delta_{jk} \end{cases} \quad (j, k = 1, 2, \ldots),$$

wobei $\delta_{jk} = \begin{cases} 0 \ \text{für} \ j \neq k \\ 1 \ \text{für} \ j = k \end{cases}$ das Kroneckersche Symbol bedeutet.

Bei Integralgleichungen nimmt man oft die umgekehrte Normierung vor:

$$(16.38) \qquad (y_j, M\,y_k) = (y_j, y_k) = \delta_{jk}.$$

Minimaleigenschaften bei selbstadjungierten volldefiniten Aufgaben. Hier sind alle Eigenwerte positiv. Es werden Eigenwertaufgaben betrachtet, die entweder zu gewöhnlichen Differentialgleichungen gehören und vom Typ (16.5) bis (16.11) sind oder zu Integralgleichungen (16.19), etwa mit reellem symmetrischem Kern $K(s, t)$ mit existierenden Werten (16.57), oder zu partiellen Differentialgleichungen gehören, bei denen sich die Eigenwertaufgabe mit Hilfe der Greenschen Funktion in eine Integralgleichung vom obengenannten Typ überführen läßt.

Es gibt abzählbar unendlich viele Eigenwerte λ_ν, die sich der Größe nach anordnen lassen.

$$(16.39) \qquad 0 < \lambda_1 \leqq \lambda_2 \leqq \lambda_3 \leqq \ldots$$

Dabei sind mehrfache Eigenwerte entsprechend mehrfach gezählt.

Der Rayleighsche Quotient hat die für die numerische Behandlung fundamentale Eigenschaft, daß er stets eine obere Schranke für λ_1 liefert. $R\,v \geqq \lambda_1$, wenn v irgendeine Vergleichsfunktion ist; ist überdies v im verallgemeinerten Sinn zu y_1 orthogonal, so wird $R\,v \geqq \lambda_2$ und allgemein gilt der

Satz (*rekursive Minimaleigenschaften der Eigenwerte*): *Die Eigenwertaufgabe sei selbstadjungiert und volldefinit; dann hat die Aufgabe, den Rayleighschen Quotienten im Bereich V der Vergleichsfunktionen zum Minimum zu machen*

$$(16.40) \qquad R\,v = Min, \quad v \in V$$

die Lösung $v = y_1$, und das Minimum ist λ_1. Es ist also

$$(16.41) \qquad R\,v \geqq \lambda_1 \quad \text{für alle} \quad v \in V.$$

Ist V_p die Menge der Vergleichsfunktionen v, die zu den ersten p Eigenfunktionen $y_1, \ldots, y_p$ im verallgemeinerten Sinn orthogonal sind, so hat die Aufgabe, R im Bereich V_p zum Minimum zu machen

$$(16.42) \qquad R\,v = Min, \quad (v, N\,y_\varrho) = 0 \quad \text{für} \quad \varrho = 1, \ldots, p$$

die Lösung $v = y_{p+1}$, und das Minimum ist λ_{p+1}, also

$$(16.43) \qquad R\,v \geqq \lambda_{p+1} \quad \text{für alle} \quad v \in V_p.$$

Satz (*Courant's Maximum-Minimum-Prinzip*). *Unter den Voraussetzungen des vorigen Satzes seien $v_1, \ldots, v_p$ voneinander linear unabhängige Vergleichsfunktionen und $F(v_1, \ldots, v_p)$ das Minimum von $R\,v$, wenn v die Gesamtheit der Vergleichsfunktionen mit*

$$(16.44) \qquad (v, v_\varrho) = 0 \quad \text{für} \quad \varrho = 1, \ldots, p$$

durchläuft.

Dann ist $\lambda_{p+1} = Max\, F(v_1, \ldots, v_p)$, wenn man alle möglichen Systeme $v_1, \ldots, v_p$ betrachtet. Das Maximum wird angenommen für $v_\varrho = N\,y_\varrho$ ($\varrho = 1, \ldots, p$).

Aus den Minimalprinzipien folgt unmittelbar der

Vergleichungssatz: *Die drei Eigenwertaufgaben vom Typ (16.5)/(16.2),*

$$(16.45) \qquad \hat{M}\,u = \hat{\lambda}\,N\,u, \quad M\,u = \lambda\,N\,u, \quad M\,u = \lambda^*\,N^*\,u$$

mit denselben von λ unabhängigen Randbedingungen (16.11) seien selbstadjungiert und volldefinit und es gelte für alle Vergleichsfunktionen v

$$(16.46) \qquad (v, M\,v) \geqq (v, \hat{M}\,v) > 0, \quad (v, N\,v) \geqq (v, N^*\,v) > 0.$$

Dann gilt für alle Eigenwerte $\hat{\lambda}_s$, λ_s, λ_s^* der drei Probleme, wenn diese jeweils nach (16.39) angeordnet sind,

$$(16.47) \qquad \hat{\lambda}_s \leq \lambda_s \leq \lambda_s^*.$$

Dieser Satz wird oft benutzt, um ganz grob die Größenordnung der Eigenwerte abzuschätzen, indem man z. B. in der gewöhnlichen Differentialgleichung (16.5) bis (16.7) veränderliche Koeffizienten durch Konstanten ersetzt.

Wenn die Eigenwertaufgabe nicht volldefinit, sondern nur halbdefinit ist, können je abzählbar unendlich viele positive und negative Eigenwerte auftreten. E. KAMKE hat eine Klasse solcher Aufgaben, die *polaren Eigenwertaufgaben*, untersucht; zu ihnen gehören z. B. Eigenwertaufgaben mit Gleichungen vom Typ (16.9), bei denen $g_0(x)$ im Grundintervall $[a, b]$ Werte von verschiedenem Vorzeichen annimmt. Da solche Aufgaben aber bei technischen Problemen seltener auftreten, möge hier dieser Literaturhinweis genügen.

Aus den Extremaleigenschaften der Eigenwerte können insbesondere Folgerungen über das Verhalten der Eigenwerte bei Abänderung des Gebietes, der Differentialgleichung oder der Randbedingungen gezogen werden (vgl. COURANT-HILBERT I). Besonders schöne Erfolge wurden hier bei partiellen Differentialgleichungen erzielt. Es seien hier nur einige Resultate herausgegriffen. Der n-te Eigenwert λ_n der Aufgabe (16.15)/ (16.14) ändert sich stetig mit den Koeffizienten der Differentialgleichung (16.15) und denen der Randbedingung (16.14).

Nun sei λ_n der n-te Eigenwert bei der Differentialgleichung (16.15) mit der Randbedingung $u = 0$ auf Γ, und μ_n der n-te Eigenwert bei derselben Differentialgleichung, wenn

$$(16.48) \qquad \frac{\partial u}{\partial \nu} - \sigma u = 0 \quad \text{auf } \Gamma', \quad u = 0 \quad \text{auf } \Gamma - \Gamma'$$

gefordert ist; dabei sei σ eine gegebene positive Ortsfunktion auf dem Rand und Γ' ein echter oder unechter Teil des Randes Γ. Dann gilt

$$(16.49) \qquad \mu_n \leq \lambda_n.$$

Über die Änderung der Eigenwerte von (16.15)/(16.48) gilt: Jeder einzelne Eigenwert kann höchstens wachsen, wenn

    a) in (16.48) der Koeffizient σ teilweise oder überall vergrößert wird oder

    b) in (16.15) der Koeffizient p oder c teilweise oder überall vergrößert wird oder

    c) in (16.15) der Koeffizient g teilweise oder überall verkleinert wird, aber positiv bleibt oder

    d) bei der Randbedingung $u = 0$ auf ganz Γ das Gebiet verkleinert wird.

16.5 Der Entwicklungssatz

Bei speziellen Eigenwertaufgaben mit gewöhnlichen Differentialgleichungen (16.9) und Randbedingungen (16.11) gilt unter den Voraussetzungen (16.8) bei Selbstadjungiertheit und Volldefinitheit, daß jede Vergleichsfunktion $v(x)$ in eine Reihe nach den Eigenfunktionen $y_j(x)$ entwickelt werden kann:

$$(16.50) \qquad v(x) = \sum_{j=1}^{\infty} a_j \, y_j(x);$$

dabei sind die „Fourier-Koeffizienten" a_j gegeben durch

$$(16.51) \qquad a_j = (v, N\, y_j) = (v, g_0\, y_j) \qquad (j = 1, 2, \ldots).$$

Die Reihe (16.50) konvergiert absolut und gleichmäßig im Grundintervall $[a, b]$ und darf gliedweise $(m-1)$-mal differenziert werden.

Nun liege eine allgemeine Eigenwertaufgabe (16.5) bis (16.11) vor, welche wieder selbstadjungiert und volldefinit sei. Wieder sei v eine Vergleichsfunktion mit den Fourier-Koeffizienten

$$(16.52) \qquad a_j = (v, N\, y_j) \qquad (j = 1, 2, \ldots),$$

dann konvergieren die beiden folgenden Reihen

$$(16.53) \qquad \sum_{j=1}^{\infty} a_j^2 = (v, N\, v) \qquad \text{(Parsevalsche Gleichung)},$$

$$(16.54) \qquad \sum_{j=1}^{\infty} a_j^2\, \lambda_j \leqq (v, M\, v) \qquad \text{(Besselsche Ungleichung)}.$$

Es konvergiert die Fourier-Reihe

$$(16.55) \qquad \sum_{j=1}^{\infty} a_j\, y_j(x) = \psi(x),$$

und zwar konvergiert die Reihe der absoluten Beträge gleichmäßig in $[a, b]$, und die Reihe darf gliedweise $(m-1)$-mal differenziert werden. Jedoch ist die Frage, ob $\psi(x) = v(x)$ ist, ob also $v(x)$ nach den Eigenfunktionen entwickelbar ist, sehr tiefliegend. Es sei hier ein Ergebnis von H. SCHUBERT (1948) genannt, welches für die meisten praktisch vorkommenden Fälle die Frage beantwortet:

Es seien alle $g_\nu(x) \geqq 0$ in $[a, b]$; das Intervall $[a, b]$ sei in endlich viele Teilintervalle zerlegbar derart, daß in jedem dieser Teilintervalle mindestens ein $g_\nu(x) \neq 0$ ist; es sei k der kleinste Index mit $g_k(x) \neq 0$ in $[a, b]$; es gebe kein Polynom $\neq 0$ von kleinerem Grad als k, das alle wesentlichen Randbedingungen erfüllt; für je 2 Vergleichsfunktionen w, $\hat{w}$ gelte zufolge der Randbedingungen

$$(16.56) \qquad (w, N\, \hat{w}) = \sum_{\nu=0}^{n} (g_\nu\, w^{(\nu)}, \hat{w}^{(\nu)}),$$

dann ist jede Vergleichsfunktion $v(x)$ durch ihre Fourier-Reihe (16.55) darstellbar: $v(x) = \psi(x)$. Diese Bedingungen klingen etwas kompliziert, es ist aber in jedem einzelnen Fall bequem nachprüfbar, ob die hier getroffenen Voraussetzungen erfüllt sind oder nicht.

Ein Entwicklungssatz für Eigenwertaufgaben bei Integralgleichungen ist in Nr. 16.6 angegeben; dieser Satz ist auch bei Eigenwertaufgaben mit partiellen Differentialgleichungen anwendbar, sofern sich diese in Integralgleichungsaufgaben von dem in Nr. 16.6 betrachteten Typ überführen lassen.

16.6 Aus der Theorie der Eigenwerte bei Integralgleichungen

Für Integralgleichungen 2. Art vom Fredholmschen Typ (16.19) mit symmetrischem, gewisse Stetigkeitsforderungen erfüllendem Kern $K(s, t) \not\equiv 0$ gibt es eine weitausgebaute Theorie, deren wichtigste Ergebnisse kurz zusammengestellt seien. Der Kern wird als quadratisch integrabel und von mittlerer quadratischer Stetigkeit vorausgesetzt, d. h. die Integrale

$$(16.57) \qquad \int_B K(s, t)\, dt, \quad \int_B K^2(s, t)\, dt,$$

$$\int_B \int_B K(s, t)\, ds\, dt, \quad \int_B \int_B K^2(s, t)\, ds\, dt$$

mögen existieren und beschränkt sein und für jedes feste $s_0 \in B$ gelte

$$(16.58) \qquad \lim_{s \to s_0} \int_B [K(s, t) - K(s_0, t)]^2\, dt = 0.$$

Wenn der Kern für s, t in $B + \Gamma$ stetig ist, sind alle diese Voraussetzungen erfüllt; jedoch kann die Theorie auf viele Fälle von Greenschen Funktionen bei partiellen Differentialgleichungen angewandt werden, bei denen der Kern nicht mehr stetig ist.

Ein Kern $K(s, t)$ heißt ausgeartet, wenn er als endliche Summe der Gestalt

$$(16.59) \qquad K(s, t) = \sum_{p=1}^{r} a_p(s)\, b_p(t)$$

dargestellt werden kann; ein solcher ausgearteter Kern hat höchstens r Eigenwerte, die man als Nullstellen des Polynoms

$$(16.60) \qquad \det(\lambda A - E) = 0$$

mit der Matrix

$$(16.61) \qquad A = (a_{jk}), \quad a_{jk} = \int_B b_j(t)\, a_k(t)\, dt$$

und E als Einheitsmatrix berechnen kann, wie man aus dem Ansatz

$$u(s) = \sum_{p=1}^{r} c_p\, a_p(s) \text{ mit unbekannten } c_p \text{ sofort erhält (vgl. Nr. 3.5).}$$

Hierauf beruht eine Möglichkeit der angenäherten Berechnung von Eigenwerten einer Integralgleichung (16.19) bei nicht entarteten Kernen $K(s, t)$, indem man diese durch entartete Kerne approximiert, deren Eigenwerte nach der oben beschriebenen Methode ermittelt werden können (vgl. Nr. 3.5 und Nr. 32.2).

Wenn der Kern nicht entartet ist, besitzt er unter den obigen Voraussetzungen eine abzählbare Folge von Eigenwerten, die mit λ_ν bzw. $\lambda_{-\nu}$ je nach dem Vorzeichen des betreffenden Eigenwertes bezeichnet seien und die man der Größe nach anordnen kann:

$$(16.62) \qquad \ldots \lambda_{-3} \leqq \lambda_{-2} \leqq \lambda_{-1} < 0 < \lambda_1 \leqq \lambda_2 \leqq \lambda_3 \leqq \ldots$$

Die Zahl 0 kann kein Eigenwert sein. Die Kennzeichnung der Eigenwerte durch Minimaleigenschaften wurde schon durch (16.42), (16.43) zum Ausdruck gebracht. Häufig werden sie in einer äquivalenten Form als Maximaleigenschaften der reziproken Eigenwerte ausgesprochen, was sich besser in die Theorie der hermiteschen Operatoren einfügt, vgl. auch SMIRNOW IV, S. 583.

Es kann eintreten, daß eine der beiden Folgen λ_ν bzw. $\lambda_{-\nu}$ nur aus endlich vielen Gliedern besteht oder ganz fehlt; treten nur positive (bzw. nur negative) Eigenwerte auf, so heißt der Kern und die Eigenwertaufgabe positiv (bzw. negativ) definit. Diese Definition stimmt mit der bei (16.25) überein. Es seien $y_{-\nu}$, y_ν zu $\lambda_{-\nu}$ bzw. λ_ν gehörige Eigenfunktionen.

Die Eigenwerte können sich im Endlichen nirgends häufen, und jeder Eigenwert kann nur eine endliche Vielfachheit haben.

Wie schon erwähnt, ist es bei Integralgleichungen üblich, die Normierung der Eigenfunktionen $y(s)$ gemäß (16.38) durch

$$(16.63) \qquad (y_j, y_k) = \delta_{jk} \quad \text{für} \quad j, k = \pm 1, \pm 2, \pm 3, \ldots$$

festzulegen. Dann kann man die *Entwicklungskoeffizienten* bequem festlegen. Eine Funktion $h(s)$ heißt *quellenmäßig darstellbar*, wenn es eine integrable Funktion $\psi(s)$ gibt mit

$$(16.64) \qquad h(s) = \int_B K(s, t)\, \psi(t)\, dt.$$

Entwicklungssatz: *Unter obigen Voraussetzungen über den Kern $K(s, t)$ besitzt jede quellenmäßig darstellbare Funktion $h(s)$ eine in B absolut und gleichmäßig konvergente Entwicklung nach den Eigenfunktionen $y_\nu(s)$:*

$$(16.65) \qquad h(s) = \sum_{\nu=-\infty}^{\infty} h_\nu\, y_\nu(s) \quad mit \quad h_\nu = (h, y_\nu).$$

Aus diesem Satz ergeben sich auch Entwicklungssätze bei allen Typen von Eigenwertaufgaben mit partiellen Differentialgleichungen, die in

Integralgleichungen der oben beschriebenen Art überführbar sind. Als wichtiger Fall sei hier genannt (SMIRNOW IV, S. 579):

Es seien u_k die Eigenfunktionen der Aufgabe $-\Delta u = \lambda u$ in B, $u = 0$ auf Γ; dabei sei Γ der Rand von B; B sei ein einfach zusammenhängendes, beschränktes Gebiet mit nur regulären (vgl. § 13) Randpunkten. Jede Funktion $v(x)$, die mit ihren Ableitungen bis zur 2. Ordnung einschließlich in $B + \Gamma$ stetig ist und $v = 0$ auf Γ erfüllt, läßt sich in eine Fourier-Reihe nach den Eigenfunktionen u_k entwickeln, wobei die Reihe der Beträge in $B + \Gamma$ gleichmäßig konvergiert.

Ist der Kern $K(s, t)$ stetig und besitzt er nur endlich viele negative Eigenwerte, so gilt für ihn in B die absolut und gleichmäßig konvergente Entwicklung (Satz von MERCER)

$$(16.66) \qquad K(s, t) = \sum_\nu \frac{y_\nu(s)\, y_\nu(t)}{\lambda_\nu}$$

und daraus folgt

$$(16.67) \qquad \int_B K(s, s)\, ds = \sum_\nu \frac{1}{\lambda_\nu}.$$

Die *iterierten Kerne* $K^{(p)}(s, t)$ sind definiert durch:

$$(16.68) \qquad K^{(p)}(s, t) = \int_B K^{(p-1)}(s, v)\, K(v, t)\, dv,$$
$$K^{(1)}(s, t) = K(s, t) \qquad (p = 2, 3, \ldots).$$

Der 2. iterierte Kern läßt sich in eine in B absolut und gleichmäßig konvergente Reihe entwickeln

$$(16.69) \qquad K^{(2)}(s, t) = \sum_\nu \frac{y_\nu(s)\, y_\nu(t)}{\lambda_\nu^2}.$$

Dieser Kern $K^{(2)}(s, t)$ ist stets positiv definit, und es gilt

$$(16.70) \qquad \int_B K^{(2)}(s, s)\, ds = \int_B \int_B [K(s, t)]^2\, ds\, dt = \sum_\nu \frac{1}{\lambda_\nu^2}.$$

Die Formeln (16.67), (16.70) können dazu benutzt werden, um durch Auswertung der Integrale untere Schranken für Eigenwerte zu gewinnen.

Einschließungssatz: *Unter den obigen Voraussetzungen über den Kern $K(s, t)$ gilt: Ist $\varphi(s)$ eine in B stetige Funktion und liegt die Funktion*

$$(16.71) \qquad \Phi(s) = \frac{\varphi(s)}{N\,\varphi(s)}$$

[mit dem durch (16.21) definierten Operator] in B zwischen endlichen Schranken $\Phi_{\min}$ und $\Phi_{\max}$, so liegt auch mindestens ein Eigenwert λ_s zwischen diesen Schranken; d. h. es gilt die Formel (17.20).

Die Iterationsverfahren von Nr. 17.1 sind, wie dort vermerkt, auch für Integralgleichungen verwendbar; das klassische Iterationsverfahren lautet, wenn man es für die Gl. (16.19) anschreibt:

$$(16.72) \qquad y_{k+1}(\boldsymbol{s}) = \int\limits_B K(\boldsymbol{s}, \boldsymbol{t})\, y_k(\boldsymbol{t})\, d\boldsymbol{t} \qquad (k = 0, 1, 2, \ldots),$$

wobei man von einer in B integrablen Funktion $y_0(\boldsymbol{s})$ ausgeht. Mit Hilfe der iterierten Kerne nach (16.68) kann man dafür auch schreiben

$$(16.73) \qquad y_k(\boldsymbol{s}) = \int\limits_B K^{(k)}(\boldsymbol{s}, \boldsymbol{t})\, y_0(\boldsymbol{t})\, d\boldsymbol{t}.$$

16.7 Spezielle Sätze für Eigenwertaufgaben bei gewöhnlichen und partiellen Differentialgleichungen zweiter Ordnung. Asymptotische Formeln

Viel untersucht ist die Eigenwertaufgabe mit der Differentialgleichung zweiter Ordnung

$$(16.74) \qquad -\big(f_1(x)\, y'\big)' + f_0(x)\, y = \lambda\, g_0(x)\, y$$

und den Randbedingungen

$$(16.75) \qquad y(a) \cos\alpha - f_1(a)\, y'(a) \sin\alpha = 0,$$

$$(16.76) \qquad y(b) \cos\beta - f_1(b)\, y'(b) \sin\beta = 0.$$

Hierbei sind die Funktionen $f_1'(x)$, $f_0(x)$, $g_0(x)$ im Grundintervall $[a, b]$ stetig, $f_1(x) > 0$, $g_0(x) > 0$ und α, β gegebene reelle Zahlen. Bei manchen Untersuchungen führt man die Aufgabe auf eine Anfangswertaufgabe zurück, indem man zu der Differentialgleichung (16.74) und der Randbedingung (16.75) noch eine inhomogene Randbedingung hinzunimmt, deren homogener Teil von (16.75) linear unabhängig ist; gewöhnlich kann man $y(a) = 1$ oder $y'(a) = 1$ wählen; die Lösung $y(x, \lambda)$ dieser Anfangswertaufgabe hängt dann von dem Parameter λ ab, und man variiert λ so, daß auch die zweite Randbedingung (16.76) erfüllt ist; dies ist sogar eine oft numerisch gut brauchbare Methode, indem man $y(x, \lambda)$ für mehrere Werte von λ durch numerische Integration berechnet und dann zwischen diesen Werten λ so interpoliert, daß (16.76) gilt. Das so interpolierte λ ist dann ein Eigenwert. Man kann dann elementar zeigen [vgl. z. B. CODDINGTON-LEVINSON (1955), S. 212], daß es eine abzählbare Folge monoton wachsender Eigenwerte λ_ν mit

$$(16.77) \qquad \lambda_0 < \lambda_1 < \lambda_2 < \cdots \quad \text{mit} \ \lim_{n \to \infty} \lambda_n = \infty$$

gibt, und daß jede zu λ_n gehörige Eigenfunktion im offenen Intervall (a, b) genau n Nullstellen besitzt, die sämtlich einfach sind. Ferner seien $x_{k,\lambda}$ $(k = 1, 2, \ldots)$ die der Größe nach geordneten Nullstellen der oben eingeführten Lösung $y(x, \lambda)$ der Anfangswertaufgabe im Intervall (a, b), dann ist $x_{k,\lambda}$ für jedes k eine stetige und monoton fallende Funktion von λ.

Es sei nebenbei bemerkt, daß man die Methode der Zurückführung auf Anfangswertaufgaben auch bei Eigenwertaufgaben mit gewöhnlichen Differentialgleichungen 4. Ordnung anwenden kann; ist z. B. die Aufgabe für den einseitig eingespannten, Biegeschwingungen ausführenden Träger (16.22.7) vorgelegt, so wählt man zunächst einen Wert für λ und integriert die Differentialgleichung numerisch zweimal unter den Anfangsbedingungen:

$$y(0) = y'(0) = 0, \quad y''(0) = 1, \quad y'''(0) = 0$$

bzw.

$$y(0) = y'(0) = 0, \quad y''(0) = 0, \quad y'''(0) = 1$$

und erhält die Lösungen $y_1(x, \lambda)$ bzw. $y_2(x, \lambda)$; diese werden linear so kombiniert, daß eine Lösung

$$(16.78) \qquad y(x, \lambda) = y_2'''(l)\, y_1(x, \lambda) - y_1'''(l)\, y_2(x, \lambda)$$

entsteht, welche bereits die Randbedingung $y'''(l) = 0$ erfüllt. Nun wählt man andere Werte von λ und interpoliert λ so, daß auch $y''(l) = 0$ wird.

Unter den getroffenen Voraussetzungen kann man für die Aufgabe (16.74) bis (16.76) das folgende Gesetz der asymptotischen Verteilung der Eigenwerte

$$(16.79) \qquad \lim_{n \to \infty} \frac{\lambda_n}{n^2} = \left(\frac{\pi}{K}\right)^2 \quad \text{mit} \quad K = \int\limits_a^b \left[\frac{g_0(x)}{f_1(x)}\right]^{1/2} dx$$

herleiten; es ist bemerkenswert, daß in diese Formel die Randbedingungen (16.75), (16.76) und die Funktion $f_0(x)$ nicht eingehen.

Man kann auch einen asymptotischen Ausdruck für die Eigenfunktionen $y_n(x)$ angeben [SMIRNOW (1958) IV, S. 485]:

$$(16.80) \qquad y_n(x) = \frac{\sqrt{2}}{\sqrt{b-a}\,\sqrt[4]{f_1(x)\,g_0(x)}} \sin\left[\frac{n\pi}{b-a} \int\limits_a^x \sqrt{\frac{g_0(s)}{f_1(s)}}\, ds\right] + \frac{r_n(x)}{n}.$$

Hierbei sind die Eigenfunktionen durch $(y_n, g_0\, y_n) = 1$ normiert; die Funktionen $r_n(x)$ im Restglied sind dem Betrage nach für alle n und alle x aus $[a, b]$ gleichmäßig beschränkt.

Von Interesse ist der Fall der Periodizität. Sei $f_j(a) = f_j(b)$ $(j = 0, 1)$ und $g_0(a) = g_0(b)$, und als Randbedingungen

$$(16.81) \qquad y(a) = y(b), \qquad y'(a) = y'(b)$$

bzw.

$$(16.82) \qquad y(a) = -y(b), \qquad y'(a) = -y'(b)$$

vorgegeben. Dann existieren je eine Folge von Eigenwerten λ_j $(j \geqq 0)$ für (16.74)/(16.81) bzw. $\hat{\lambda}_j$ $(j \geqq 1)$ für (16.74)/(16.82), mit $y_j(x)$ bzw. $\hat{y}_j(x)$ als zugehörigen Eigenfunktionen; es gilt

$$(16.83) \qquad -\infty < \lambda_0 < \hat{\lambda}_1 \leqq \hat{\lambda}_2 < \lambda_1 \leqq \lambda_2 < \hat{\lambda}_3 \leqq \hat{\lambda}_4 < \lambda_3 \leqq \lambda_4 < \cdots$$

Der Eigenwert λ_0 ist einfach, aber die weiteren Eigenwerte können doppelt sein. y_{2j+1} und y_{2j+2} haben je genau $2j+2$ Nullstellen in $[a, b)$ und $\tilde{y}_{2j+1}$ und $\tilde{y}_{2j+2}$ haben je genau $2j+1$ Nullstellen in $[a, b)$ (für $j = 0, 1, 2, \ldots$).

Die Aussagen über die Nullstellen gründen sich auf den

Oszillationssatz: *Seien $z_j(x)$ für $j = 1, 2$ nicht identisch verschwindende reelle Lösungen von*

$$(16.84) \qquad (f_1(x)\, y')' + h_j(x)\, y = 0$$

im Intervall (a, b); seien $f_1'(x)$ und $h_j(x)$ stetig in (a, b) und dort $h_2(x) > h_1(x)$; sind x_1, x_2 zwei aufeinanderfolgende Nullstellen von $z_1(x)$, so hat $z_2(x)$ im Intervall (x_1, x_2) mindestens eine Nullstelle.

In drei Dimensionen gilt folgendes asymptotische Gesetz. $B + \Gamma$ sei ein abgeschlossener Bereich des x_1-x_2-x_3-Raumes mit dem Rand Γ, wie in Nr. 16.1.2 und auch mit den dort getroffenen Voraussetzungen. Es seien λ_n die Eigenwerte der Aufgabe

$$(16.85) \qquad L u = - \sum_{j,k=1}^{3} a_{jk} \frac{\partial^2 u}{\partial x_j \partial x_k} + \sum_{j=1}^{3} a_j \frac{\partial u}{\partial x_j} + a\, u = \lambda\, u \quad \text{in } B,$$
$$u = 0 \quad \text{auf } \Gamma.$$

Die a_{jk}, a_j, a seien in $B + \Gamma$ gegebene stetige reelle Funktionen, und die Matrix der a_{jk} sei in ganz $B + \Gamma$ positiv definit, insbesondere sei also die Determinante

$$\delta = \det(a_{jk}) > 0 \quad \text{in} \quad B + \Gamma.$$

Dann gilt (nach CARLEMAN, vgl. SMIRNOW IV, S. 610)

$$(16.86) \qquad \lim_{n \to \infty} \frac{n}{(\lambda_n)^{3/2}} = \frac{1}{6\pi^2} \int_B \frac{d\boldsymbol{x}}{\sqrt{\delta}},$$

wobei $d\boldsymbol{x} = dx_1\, dx_2\, dx_3$ das Volumenelement bedeutet.

Für $L u = -\Delta u$ erhält man hieraus mit V als Volumen von B:

$$(16.87) \qquad \lim_{n \to \infty} n\, (\lambda_n)^{-3/2} = \frac{V}{6\pi^2},$$

während die entsprechende Formel für einen ebenen Bereich mit dem Flächeninhalt S lautet

$$(16.88) \qquad \lim_{n \to \infty} \frac{n}{\lambda_n} = \frac{S}{4\pi}.$$

Für die Differentialgleichung (16.13) im Falle $a_{jk} = p\, \delta_{jk}$, also

$$- \sum_{j=1}^{3} \frac{\partial}{\partial x_j} \left(p \frac{\partial u}{\partial x_j} \right) + c\, u = \lambda\, g\, u \quad \text{in } B$$

und die Randbedingung (16.14) gilt [vgl. z. B. COURANT-HILBERT I (1931), S. 379]

$$\lim_{n \to \infty} n\, (\lambda_n)^{-3/2} = \frac{1}{6\pi^2} \int_B \left(\frac{g}{p} \right)^{3/2} dx_1\, dx_2\, dx_3,$$

während sich in zwei Dimensionen

$$\lim_{n \to \infty} n\, \lambda_n^{-1} = \frac{1}{4\pi} \int_B \frac{g}{p}\, dx_1\, dx_2$$

ergibt.

§ 17. Iteration und Ritzsches Verfahren

17.1 Schwarzsche Konstanten und Templescher Einschließungssatz

Wenn die Eigenwertaufgabe in λ linear ist, kann man Iterationsverfahren (s. auch Kap. VIII) aufstellen, nach welchen man eine Folge von Näherungsfunktionen $u^{[0]}(x)$, $u^{[1]}(x)$, ... nach folgender Vorschrift berechnet: Man wählt eine Ausgangsnäherung $u^{[0]}(x) \not\equiv 0$, die möglichst schon die Randbedingungen erfüllt. Hat man das Verfahren bis zur Funktion $u^{[p]}$ durchgeführt, so erhält man die Gleichungen für $u^{[p+1]}$, indem man in der Differentialgleichung bzw. Integralgleichung und in den Randbedingungen in allen Termen, die λ als Faktoren enthalten, u durch $u^{[p]}$, und in allen anderen Termen u durch $u^{[p+1]}$, und schließlich λ durch 1 ersetzt; z. B. bei der Eigenwertaufgabe $-u'' = \lambda\, g_0(x)\, u$, $u(0) = 0$, $u(1) - \lambda\, u'(1) = 0$ würde die Iterationsvorschrift lauten

$$-(u^{[p+1]})'' = g_0(x)\, u^{[p]}, \qquad u^{[p+1]}(0) = 0, \qquad u^{[p+1]}(1) - (u^{[p]})'(1) = 0$$

$$(p = 0, 1, \ldots)$$

und bei der Integralgleichung (16.19) mit der Abkürzung (16.21)

$$(17.1) \qquad y^{[p+1]}(s) = \int_B K(s, t)\, y^{[p]}(t)\, dt = N\, y^{[p]}(s).$$

Allgemein hätte man bei der Eigenwertaufgabe (16.5), (16.3)

$$(17.2) \qquad M\, u^{[p+1]} = N\, u^{[p]} \quad \text{in } B$$
$$(17.3) \qquad U_\mu\, u^{[p+1]} = 0 \quad \text{auf } \Gamma_\mu \qquad (p = 0, 1, 2, \ldots).$$

Es sind viele Varianten des Iterationsverfahrens in der Literatur untersucht worden; man kann z. B. statt (17.2)

$$(17.4) \qquad M\, u^{[p+1]} = N\, u^{[p]} + \alpha\, M\, u^{[p]}$$

setzen und für α eine geeignete, evtl. noch von der Schrittnummer p abhängige Konstante wählen oder zur Berechnung von $u^{[p+1]}$ mehrere frühere Näherungen $u^{[p]}$, $u^{[p-1]}$, ... heranziehen usw.

Aus den Näherungen $u^{[k]}$ werden nun Schwarzsche Konstanten a_ν und Quotienten μ_ν berechnet nach

$$(17.5) \qquad \left\{ \begin{aligned} a_{2k} &= (u^{[k]}, N\, u^{[k]}) \\ a_{2k+1} &= (u^{[k+1]}, N\, u^{[k]}) \\ \mu_{k+1} &= \frac{a_k}{a_{k+1}}, \quad \text{falls} \quad a_{k+1} \neq 0 \end{aligned} \right\} \qquad (k = 0, 1, 2, \ldots).$$

Es ist
$$(17.6) \qquad \mu_2 = R\, u^{[1]}$$
der mit der Vergleichsfunktion $u^{[1]}$ gebildete Rayleighsche Quotient. Bei selbstadjungierten Eigenwertaufgaben gilt allgemein
$$(17.7) \qquad a_k = (u^{[s]}, N\, u^{[k-s]}) \quad \text{für} \quad s = 0, 1, \ldots, k.$$
Ist die Aufgabe überdies volldefinit, so sind alle μ_ν positiv und bilden eine monoton nicht wachsende konvergente Folge
$$(17.8) \qquad \mu_1 \geqq \mu_2 \geqq \mu_3 \geqq \cdots \geqq \lambda_1.$$
Wählt man als $u^{[0]}$ eine Eigenfunktion u_r, so stimmen alle Schwarzschen Quotienten μ_ν mit dem zugehörigen Eigenwert λ_r überein, der Grenzwert der μ_ν ist dann λ_r; um nun weitere Aussagen über die Quotienten μ_ν zu erhalten, wird der Templesche Quotient
$$(17.9) \qquad \varphi(t) = \frac{a_0 - t\, a_1}{a_1 - t\, a_2}$$
gebildet. Dann gilt der

Templesche Einschließungssatz: *Bei der selbstadjungierten volldefiniten Eigenwertaufgabe (16.5)/(16.3) seien, ausgehend von einer Vergleichsfunktion $u^{[0]}(x)$ eine weitere Näherung $u^{[1]}(x)$ nach (17.2)/(17.3) und die Schwarzschen Konstanten a_0, a_1, a_2 nach (17.7) berechnet. Es sei ein Intervall $[c, d]$ bekannt, welches den Rayleighschen Quotienten $\mu_2 = \dfrac{a_1}{a_2}$ im Inneren und genau einen Eigenwert λ_s enthält. Dann liegt dieser Eigenwert λ_s auch in dem Intervall*
$$(17.10) \qquad \varphi(d) \leqq \lambda_s \leqq \varphi(c).$$
Dieses Intervall wird im allgemeinen viel kleiner sein als das Ausgangsintervall $[c, d]$.

Dieser Satz wird oft angewendet auf den Fall, daß man den kleinsten Eigenwert λ_1 einzuschließen wünscht. Man kann dann $c = -\infty$ wählen. Man muß dann allerdings eine untere Schranke d für den zweiten Eigenwert λ_2 kennen, die jedoch $> \mu_2$ sein muß; $\mu_2 < d \leqq \lambda_2$. Dann geht (17.10) über in
$$(17.11) \qquad \varphi(d) = \mu_2 - \frac{\mu_1 - \mu_2}{\dfrac{d}{\mu_2} - 1} \leqq \lambda_1 \leqq \mu_2 = \varphi(-\infty).$$

Entsprechend verfährt man bei den höheren Eigenwerten. Es sei λ_s ein (einfacher oder mehrfacher) Eigenwert und λ_{s-} und λ_{s+} benachbarte Eigenwerte; $\lambda_{s-} < \lambda_s < \lambda_{s+}$. Man braucht dann eine obere Schranke c für λ_{s-} und eine untere Schranke d für λ_{s+}; man muß wissen, daß in $[c, d]$ der Eigenwert λ_s und kein weiterer Eigenwert liegt, und daß $c < \mu_2 < d$ gilt, um (17.10) aussagen zu können. Man braucht also eine ungefähre Kenntnis der Lage der benachbarten Eigenwerte; solche groben Schranken für die Eigenwerte kann man oft nach Nr. 16.4 erhalten.

17.2 Beispiele zur Durchführung des Iterationsverfahrens mit Fehlerabschätzung

Bei analytisch formulierten Aufgaben kann man oft von einer Vergleichsfunktion $u^{[1]}$ ausgehen und aus ihr $u^{[0]}$ ermitteln; man spart dann bei speziellen Eigenwertaufgaben die Lösung einer Randwertaufgabe.

I. Das Knickproblem für einen einseitig eingespannten, am anderen Ende mit einer Kraft P belasteten Träger der Länge l vom veränderlichen axialen Flächenträgheitsmoment $J(x)$ und dem Elastizitätsmodul E führt bei einer Festlegung des Koordinatensystems wie in Abb. 17.12 auf die Eigenwertaufgabe (es ist λ statt P geschrieben)

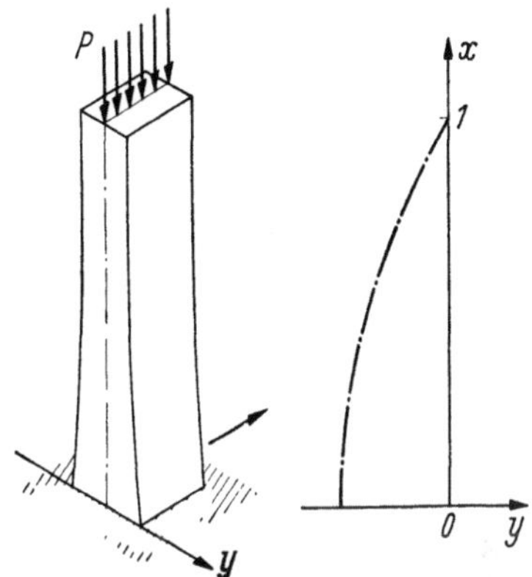

Abb. 17.12. Knickender Träger und Form der Auslenkung

$$-y'' = \frac{\lambda}{E\,J(x)}\,y, \quad y'(0) = y(l) = 0.$$

Hier werde $J(x) = J_0 \left[1 + \frac{x}{l} + \left(\frac{x}{l}\right)^2\right]^{-1}$ angenommen; in dimensionslosen Größen hat man dann

$$(17.13) \qquad -y'' = \lambda(1 + x + x^2)\,y, \quad y'(0) = y(1) = 0.$$

Die Iterationsvorschrift (17.2), (17.3) lautet hier, wenn man in Abweichungen vom Früheren der Einfachheit halber u_0, u_1 statt $u^{[0]}$, $u^{[1]}$ schreibt:

$$(17.14) \qquad -u_1'' = (1 + x + x^2)\,u_0, \quad u_1'(0) = u_1(1) = 0.$$

Wählt man $u_0 = 1 - x^2$, so erhält man leicht aus (17.14) durch Lösen der hier sehr einfachen Randwertaufgabe

$$u_1 = \frac{1}{60}\left[35 - 30x^2 - 10x^3 + 3x^5 + 2x^6\right]$$

und damit nach (17.5) mit $g_0 = 1 + x + x^2$

$$(17.15) \qquad
\begin{cases}
a_0 = \displaystyle\int_0^1 g_0\,u_0^2\,dx = 0.77619048, \\[2ex]
a_1 = \displaystyle\int_0^1 g_0\,u_0\,u_1\,dx = 0.45272367, \\[2ex]
a_2 = \displaystyle\int_0^1 g_0\,u_1^2\,dx = 0.26408450, \\[2ex]
\mu_1 = \dfrac{a_0}{a_1} = 1.71449062, \quad \mu_2 = \dfrac{a_1}{a_2} = 1.71428118.
\end{cases}$$

Man weiß nun bereits $\mu_1 \geqq \mu_2 \geqq \lambda_1$.

Um nun auch eine untere Schranke für λ_1 nach (17.11) zu erhalten, braucht man eine grobe untere Schranke d für λ_2 mit $\mu_2 \leqq d \leqq \lambda_2$, die man hier am einfachsten aus dem Vergleichssatz von Nr. 16.4 erhält; hier ist $1 + x + x^2 \leqq 3$ im Intervall $[0, 1]$.

Die Aufgabe $-y'' = 3\sigma y$, $y'(0) = y(1) = 0$ hat nach der Tab. 16.23 die Eigenwerte

$$\sigma_n = \frac{(2n-1)^2 \pi^2}{3 \cdot 4} \leqq \lambda_n \quad (n = 1, 2, \ldots),$$

also ist

$$\sigma_2 = d = \tfrac{3}{4}\pi^2 \leqq \lambda_2,$$

damit ergibt (17.11) unmittelbar

$$1.714\,218\,03 \leqq \lambda_1 \leqq 1.714\,281\,18.$$

II. Torsionsschwingungen eines Trägers von veränderlichem Querschnitt, vgl. (16.22.5).

Hier soll in dimensionslosen Größen der kleinste Eigenwert λ_1 der Aufgabe in Schranken eingeschlossen werden:

$$(17.16) \qquad -[(2 - x^2)\, y']' = \lambda (2 - x^2)\, y, \qquad y(\pm 1) = 0.$$

Wieder mit der Bezeichnung u_0, u_1 an Stelle von $u^{[0]}$, $u^{[1]}$ erhält man hier aus

$$-[(2 - x^2)\, u_1]' = (2 - x^2)\, u_0, \qquad u_1(\pm 1) = 0$$

mit $u_0 = 1 - x^2$

$$u_1 = \frac{1}{20}\,[5 - 6x^2 + x^4 + 8\ln(2 - x^2)]$$

und damit nach den Formeln (17.15), wobei jetzt nur $g_0 = 2 - x^2$ zu setzen ist (sogar die Integralgrenzen 0 und 1 können aus Symmetriegründen beibehalten werden)

$$\tfrac{1}{2} a_0 = \int\limits_0^1 (2 - x^2)\, u_0^2\, dx = 0.990476, \qquad \tfrac{1}{2} a_1 = 0.526999,$$

$$\tfrac{1}{2} a_2 = 0.280\,4479;$$

$$\mu_1 = 1.879\,464, \qquad \mu_2 = 1.879\,133.$$

Dabei wurde das Integral $\int\limits_0^1 (2 - x^2)\, [\ln(2 - x^2)]^2\, dx = 0.5164778$ numerisch auf einer Rechenanlage ausgewertet.

Eine untere Schranke für λ_2 erhält man wieder aus dem Vergleichsproblem $-y'' = 2\lambda y$, $y(\pm 1) = 0$:

$$\lambda_2 \geqq d = \frac{\pi^2}{2}.$$

Damit wird $1.878\,929 \leqq \lambda_1 \leqq 1.879\,133$.

III. Es soll die Grundfrequenz einer am Rand eingespannten Membran von elliptischer Grundfläche bestimmt werden. In dimensionslosen Größen bedecke die Membran das Innere der Ellipse $\psi = 0$ mit $\psi = 9 - x^2 - 9y^2$ in einer x-y-Ebene. Man hat dann die Eigenwertaufgabe

$$(17.17) \qquad \begin{cases} -\Delta u = \lambda u & \text{in} \quad B, \text{ d. h. für } \quad \psi > 0, \\ u = 0 & \text{auf} \quad \Gamma, \text{ d. h. für } \quad \psi = 0. \end{cases}$$

Die gleiche Vorgehensweise wie in den anderen Beispielen liefert hier

$$u_0 = \frac{4080}{9 \cdot 161}\, \psi,$$

$$u_1 = \left(1 - \frac{5}{63}\, x^2 - \frac{5}{23}\, y^2\right) \psi,$$

$$a_0 = \int\limits_B u_0^2\, dx\, dy = \left(\frac{4080}{161}\right)^2 \pi = 2017.52,$$

$$a_1 = \int\limits_B u_0\, u_1\, dx\, dy = 633.071,$$

$$a_2 = \int\limits_B u_1^2\, dx\, dy = 201.505,$$

$$\mu_1 = \frac{a_0}{a_1} = 3.1868,$$

$$\mu_2 = \frac{a_1}{a_2} = 3.1417.$$

Grobe Schranken für die Eigenwerte liefert die Aussage d) am Ende von Nr. 16.4, wenn man das Gebiet verändert, also z. B. die Ellipse mit ein- und umbeschriebenem Rechteck vergleicht, für welche man die Eigenwerte in geschlossener Form angeben kann. Eine eingespannte rechteckige Membran mit den Seiten a und b hat die Eigenwerte

$$(17.18) \qquad \lambda = \frac{\pi^2}{a^2}\, k^2 + \frac{\pi^2}{b^2}\, m^2 \quad (k, m = 1, 2, 3, \ldots).$$

Bei Vergrößerung des Grundgebietes können alle Eigenwerte nach Nr. 16.4 höchstens kleiner werden [COURANT-HILBERT I (1931), S. 355], entsprechend bei Verkleinerung des Grundgebietes können alle Eigenwerte höchstens wachsen.

Wenn man nur die Eigenwerte λ_n zu symmetrischen Schwingungsformen betrachtet (das entspricht einem Ellipsenquadranten als Grundgebiet mit den Randbedingungen: $u = 0$ auf dem Ellipsenbogen, $\frac{\partial u}{\partial n} = 0$ auf der x- und y-Achse; es ist $\lambda_1 = \hat{\lambda}_1$), so erhält man die Schranken

n	Untere Schranke für $\hat{\lambda}_n$	Obere Schranke für $\hat{\lambda}_n$
1	$\dfrac{5}{18}\,\pi^2 = 2.742$	$\dfrac{4}{9}\,\pi^2 = 4.387$ für $k=1,\ m=1,\ a^2=\dfrac{9}{4},\ b^2=\dfrac{3}{4}$
2	$\dfrac{1}{2}\,\pi^2 = 4.935$	$\pi^2 = 9.870$ für $k=3,\ m=1,\ a^2=\dfrac{9}{2},\ b^2=\dfrac{1}{2}$
3	$\dfrac{17}{18}\,\pi^2 = 9.321$	$\dfrac{16}{9}\,\pi^2 = 17.546$ für $k=5,\ m=1,\ a^2=\dfrac{45}{8},\ b^2=\dfrac{3}{8}$
4	$\dfrac{29}{18}\,\pi^2 = 15.901$	$\dfrac{25}{9}\,\pi^2 = 27.416$ für $k=7,\ m=1,\ a^2=\dfrac{63}{10},\ b^2=0.3$

Mit der unteren Schranke $d = \dfrac{\pi^2}{2} \leqq \lambda_2$ ergibt dann Formel (17.11)

$$3.0627 \leqq \lambda_1 \leqq 3.1417 .$$

17.3 Quotienteneinschließungssatz

Die Eigenwertaufgabe (16.5) und (16.3) gehöre jetzt zur Eingliedklasse und sei selbstadjungiert und volldefinit. Es seien $u^{[0]}$, $u^{[1]}$ zwei Vergleichsfunktionen, die auseinander durch einen Iterationsschritt (17.2) und (17.3) hervorgehen, und man bilde den Quotienten ihrer n-ten Ableitungen:

$$(17.19) \qquad \Phi(x) = \frac{u^{[0](n)}}{u^{[1](n)}} .$$

Liegt dann $\Phi(x)$ im Intervall $[a, b]$ zwischen endlichen positiven Schranken $\Phi_{\min}$ und $\Phi_{\max}$, so schließen diese Schranken mindestens einen Eigenwert λ_s ein:

$$(17.20) \qquad \Phi_{\min} \leqq \lambda_s \leqq \Phi_{\max} .$$

Diese Voraussetzungen lassen sich noch mildern [EHRMANN (1965), HADELER (1964)].

Von den Übertragungen des Einschließungssatzes auf partielle Differentialgleichungen seien nur die Fälle genannt:

I. Differentialgleichung 2. Ordnung. Bei der Differentialgleichung (16.13)/(16.14) (wieder mit der Konormale statt der Normale) sei bekannt, daß eine Eigenfunktion u zum Eigenwert λ existiere, die im Bereich B positiv ist, ebenso sei $g > 0$ in B; dann wähle man eine Vergleichsfunktion v so, daß Mv/gv in B nicht das Vorzeichen wechselt, und es gilt die Einschließung

$$(17.21) \qquad \inf_B \frac{Mv}{gv} \leqq \lambda \leqq \sup_B \frac{Mv}{gv} .$$

II. Bei der Plattenschwingungsgleichung $\Delta\Delta u = \lambda u$ seien die Randbedingungen vorgelegt

$$(17.22) \qquad \begin{aligned} R_1 u &= \alpha\,\Delta u - \beta\,u_\nu = 0 \quad \text{auf } \Gamma \text{ mit } |\alpha| + |\beta| > 0, \\ R_2 u &= \gamma\,(\Delta u)_\nu - \delta\,u = 0 \quad \text{auf } \Gamma \text{ mit } |\gamma| + |\delta| > 0. \end{aligned}$$

Hiermit werden die üblicherweise auftretenden Randbedingungen erfaßt. Wieder gebe es zum Eigenwert $\hat\lambda$ eine in B positive Eigenfunktion u, und v sei eine in B positive Vergleichsfunktion; dann gilt

$$(17.23) \qquad \inf_B \frac{\Delta\,\Delta\,v}{v} \leqq \hat\lambda \leqq \sup_B \frac{\Delta\,\Delta\,v}{v}.$$

III. Bei der Knickgleichung $\Delta\Delta u = -\lambda\,\Delta u$ mit den Randbedingungen (17.22) gebe es wieder eine in B positive Eigenfunktion u zum Eigenwert $\hat\lambda$, und unter der gleichen Voraussetzung über Δv wie im vorigen Fall für v gilt

$$(17.24) \qquad \inf_B \frac{-\Delta\,\Delta\,v}{\Delta v} \leqq \hat\lambda \leqq \sup_B \frac{-\Delta\,\Delta\,v}{\Delta v}.$$

Allgemeinere Fälle werden bei COLLATZ (1963 a) aufgeführt.

Beispiele: I. [vgl. Collatz (1963)] Bei der Eigenwertaufgabe (17.13) liefert der Einschließungssatz Schranken für den kleinsten und für höhere Eigenwerte; ersetzt man x durch $1 - x$, so lautet die Aufgabe

$$(17.25) \quad -y'' = \lambda\,g_0\,y \quad \text{mit} \quad g_0(x) = 3 - 3x + x^2; \quad y(0) = y'(1) = 0;$$

mit $v_n = \sqrt{x+c}\,\sin\!\left(\gamma_n \ln \frac{x+c}{c}\right)$ wird

$$\Phi = -\frac{v_n''}{g_0 v_n} = \left(\frac{1}{4} + \gamma_n^2\right)\frac{1}{(x+c)^2\,g_0(x)}.$$

Damit $(x+c)^2\,g_0(x)$ möglichst konstant wird, wählt man $c = \frac{1}{2}\left(1 + \sqrt{3}\right)$ ≈ 1.366025; die eine Randbedingung $v(0) = 0$ ist für beliebige γ_n erfüllt; um auch $v'(1) = 0$ zu erfüllen, muß γ_n Wurzel der Gleichung

$$\gamma_n = -\frac{1}{2}\tan\left(\gamma_n \ln \frac{1+c}{c}\right)$$

sein; so bekommt man bei Benutzung der ersten 7 positiven Nullstellen dieser transzendenten Gleichung die Eigenwertschranken $\Phi_{\min}$ und $\Phi_{\max}$:

n	γ_n	$\Phi_{\min}$	$\Phi_{\max}$
1	3.14649	1.6604	1.8132
2	8.6835	12.375	13.514
3	14.3614	33.78	36.89
4	20.063	65.88	71.95
5	25.772	108.7	118.7
6	31.485	162.2	177.1
7	37.199	226.4	247.2

Der prozentuale Fehler $\dfrac{\Phi_{\max} - \Phi_{\min}}{\Phi_{\min}}$ ist hierbei für alle Eigenwerte konstant.

II. Für die Membranschwingungen von (17.17) wird eine Funktion v mit freien Parametern a, b, c, d so angesetzt, daß bei der Bildung der

Quotienten in (17.21) sich der Ausdruck $\psi = 9 - x^2 - 9y^2$ bei v und Δv forthebt:

$$(17.26) \qquad v = \psi \{1 - a\,x^2 - b\,y^2 - c\,x^4 - d\,x^2\,y^2\}.$$

Das ist der Fall für $63\,a = 5 - 729\,c$, $b = \dfrac{5}{23}$, $d = \dfrac{81}{25}\,c$.

Der Quotient $\Phi = -\dfrac{\Delta v}{v}$ liefert für $c = -\dfrac{1}{207}$ die Schranken nach (17.21)

$$\Phi_{\min} = 2.9275 \leqq \lambda_1 \leqq \Phi_{\max} = 4.1810.$$

Das liefert zusammen mit dem Ritzschen Verfahren in Nr. 17.4 die Schranken

$$2.9275 \leqq \lambda_1 \leqq 3.1163.$$

17.4 Ritzsches Verfahren

Das Ritzsche Verfahren[1] bei selbstadjungierten, volldefiniten Aufgaben basiert auf den Minimaleigenschaften (16.40), (16.41) der Eigenwerte. Man macht für v einen Ansatz

$$(17.27) \qquad v(x) = \sum_{\nu=1}^{p} a_\nu\, v_\nu(x)$$

mit z. B. voneinander linear unabhängigen Vergleichsfunktionen $v_\nu(x)$ und freien Konstanten a_ν, die man so zu bestimmen sucht, daß der Rayleighsche Quotient $R\,v$ möglichst klein ausfällt. $R\,v$ wird dann ein Quotient zweier quadratischer Formen $Q_1 = (v, M\,v)$ und $Q_2 = (v, N\,v)$ in den Variablen a_ν. Für ein Minimum von $R\,v$ als Funktion der a_ν sind (der Wert des Minimums sei Λ)

$$(17.28) \qquad \frac{\partial R\,v}{\partial a_j} = \frac{\partial}{\partial a_j}\left\{\frac{Q_1}{Q_2}\right\} = 0 \quad (j = 1, \ldots, p)$$

notwendige Bedingungen. Nach Erweiterung mit Q_2 nehmen diese Gleichungen die Form an

$$(17.29) \qquad \frac{\partial Q_1}{\partial a_j} - \Lambda\,\frac{\partial Q_2}{\partial a_j} = 0 \quad (j = 1, \ldots, p);$$

in der Form

$$(17.30) \qquad (v_j, M\,v - \Lambda N\,v) = 0 \quad (j = 1, \ldots, p)$$

werden sie auch als Galerkinsche Gleichungen bezeichnet.

Sie stellen ein lineares homogenes Gleichungssytem in den a_j dar:

$$(17.31) \qquad \sum_{k=1}^{p} (m_{jk} - \Lambda\,n_{jk})\,a_k = 0 \quad (j = 1, \ldots, p),$$

---

[1] Vgl. auch § 22.

wobei wegen der Selbstadjungiertheit der Operatoren M und N die Matrizen

$$(17.32) \qquad \begin{cases} \tilde{M} = (m_{jk}) = (v_j, M\, v_k) \\ \tilde{N} = (n_{jk}) = (v_j, N\, v_k) \end{cases} \qquad (j, k = 1, \ldots, p)$$

symmetrisch sind. Faßt man die a_k $(k = 1, \ldots, p)$ als Komponenten eines Vektors z auf, so lautet (17.31) in Matrizenschreibweise

$$(17.33) \qquad (\tilde{M} - \Lambda\, \tilde{N})\, z = 0.$$

Das ist eine sog. allgemeine Matrizeneigenwertaufgabe; es existiert genau dann eine nichttriviale Lösung z (ein nicht identisch verschwindender Eigenvektor z), wenn

$$(17.34) \qquad \varphi(\Lambda) = \det(\tilde{M} - \Lambda\, \tilde{N}) = 0$$

ist; das ist, da $\tilde{N}$ nichtsingulär ist, eine algebraische Gleichung p-ten Grades in Λ mit den p Nullstellen $\Lambda_1, \Lambda_2, \ldots, \Lambda_p$. Weil $\tilde{N}$ positiv definit ist [das ist stets der Fall, da für N die zweite Ungleichung in (16.24) erfüllt ist], sind nach einem bekannten Satz der Algebra alle Λ_ν reell, und man kann sie der Größe nach ordnen:

$$(17.35) \qquad \Lambda_1 \leqq \Lambda_2 \leqq \cdots \leqq \Lambda_p.$$

Nach (16.41) ist $\Lambda_1 \geqq \lambda_1$; wenn jedoch bei gewöhnlichen Differentialgleichungen die Eigenwertaufgabe selbstadjungiert und volldefinit ist, sind auch die höheren *Ritzschen Näherungswerte* Λ_ν obere Schranken für die zugehörigen Eigenwerte:

$$(17.36) \qquad \Lambda_\nu \geqq \lambda_\nu \quad \text{für} \quad \nu = 1, \ldots, p.$$

Die Güte der Ritzschen Näherungswerte Λ_ν hängt entscheidend von der Wahl geeigneter Ansatzfunktionen v_ν ab. Man beobachtet häufig die Erscheinung, daß der *letzte* Näherungswert Λ_p ziemlich schlecht (viel zu groß) ausfällt; man kann diese Verhältnisse bei einem zweigliedrigen Ansatz $v = a_1 v_1 + a_2 v_2$ vollständig überblicken; es seien Λ_1^0 und Λ_2^0 die mit v_1 bzw. v_2 gebildeten Rayleighschen Quotienten und Λ_1, Λ_2 die mit v erhaltenen Ritzschen Näherungswerte. Ist die Eigenwertaufgabe selbstadjungiert und volldefinit, so gilt

$$(17.37) \qquad 0 < \lambda_1 \leqq \Lambda_1 \leqq \Lambda_1^0 \leqq \Lambda_2^0 \leqq \Lambda_2.$$

Ist nun z. B. v_2 eine gute Näherung für die zweite Eigenfunktion und Λ_2^0 ein wenig größer als λ_2, so fällt der neue Näherungswert Λ_2 schlechter aus als Λ_2^0 oder zumindest nicht besser! $(\lambda_2 < \Lambda_2^0 \leqq \Lambda_2)$

Varianten von Kamke und Grammel. Man erhält eine Variante des Ritzschen Verfahrens, wenn man in dem Rayleighschen Quotienten in Zähler und Nenner die Dirichletsche Formel (16.28) verwendet:

$$(17.38) \qquad R\,v = \frac{\int\limits_a^b \sum\limits_{\nu=0}^m f_\nu\,[v^{(\nu)}]^2\,dx + M_0\,v}{\int\limits_a^b \sum\limits_{\nu=0}^n g_\nu\,[v^{(\nu)}]^2\,dx + N_0\,v}$$

und hier mit einem Ritzschen Ansatz (17.27) für v eingeht. Hierbei brauchen die v_ν keine Vergleichsfunktionen, sondern nur zulässige Funktionen zu sein, was für den Fall des Auftretens von restlichen Randbedingungen eine starke Vereinfachung der Rechnung bedeuten kann. Die dann erhaltenen (17.31) entsprechenden Gleichungen heißen Kamkesche Gleichungen.

Die Benutzung des Rayleighschen Quotienten $R\,v$ beruht auf der Minimaleigenschaft des Schwarzschen Quotienten $\mu_2 \geqq \lambda_1$ nach (17.5). Bei selbstadjungierten volldefiniten Aufgaben gilt nun $\mu_1 \geqq \mu_2$ nach (17.8), also ergibt sich hiermit ein weiteres Minimalprinzip

$$(17.39) \qquad \lambda_1 = \operatorname*{Min}_v \mu_1(v).$$

Nun hat auch μ_1 die Form eines Quotienten zweier quadratischer Formen $Q_1^\square$, $Q_2^\square$, und der Ritzsche Ansatz (17.27) führt jetzt auf

$$(17.40) \qquad \frac{\partial Q_1^\square}{\partial a_j} - \Lambda^\square \frac{\partial Q_2^\square}{\partial a_j} = 0 \quad (j = 1,\ldots,p).$$

Für die speziellen Eigenwertaufgaben (16.9) erhält man die übersichtliche Form der Grammelschen Gleichungen

$$(17.41) \qquad \sum_{k=1}^p (m_{jk}^\square - \Lambda^\square\, n_{jk}^\square)\, a_k = 0 \quad (j = 1,\ldots,p)$$

mit

$$(17.42) \qquad \begin{aligned} m_{jk}^\square &= \int\limits_a^b \frac{1}{g_0(x)}\, M\,[v_j(x)]\, M\,[v_k(x)]\, dx, \\ n_{jk}^\square &= \int\limits_a^b v_j(x)\, M\,[v_k(x)]\, dx. \end{aligned}$$

Bei der praktischen Durchführung geht man dabei häufig nicht von Funktionen $v_j(x)$ aus, sondern von Funktionen $M[v_j(x)]$ und gewinnt aus ihnen durch Integration (*Vorschaltung einer Iteration*) die Vergleichsfunktionen $v_j(x)$.

17.5 Beispiele zur Durchführung des Ritzschen Verfahrens

I. Bei der Eigenwertaufgabe (17.13) hat man formal

$$(17.43) \qquad \int\limits_0^1 [\varphi'^2 - \Lambda\, q(x)\, \varphi^2]\, dx \quad \text{mit } q(x) = 1 + x + x^2$$

unter den wesentlichen Randbedingungen $\varphi(1) = 0$ stationär zu machen. Man braucht also im Ansatz (17.27) nicht zu verlangen, daß die $v_\nu(x)$ die restlichen Randbedingungen $\varphi'(0) = 0$ erfüllen, es sind jedoch numerisch bessere Resultate zu erwarten, wenn man die $v_\nu(x)$ trotzdem so wählt, daß $v_\nu'(0) = 0$ ist. (Die Randbedingung $\varphi'(0) = 0$ braucht hier gar nicht berücksichtigt zu werden, weil sie eine *natürliche* Randbedingung ist; es fallen bei ihr in (17.38) die Randteile M_0 und N_0 fort; im Falle restlicher Randbedingungen, welche nicht natürliche Randbedingungen sind, werden diese durch M_0 und N_0 erfaßt.)

Hier kann man etwa wählen $v_\nu(x) = 1 - x^{\nu+1}$ ($\nu = 1, 2, \ldots, p$), vgl. (17.32)

$$m_{jk} = \int_0^1 v_j'(x)\, v_k'(x)\, dx = \frac{(j+1)(k+1)}{(j+k+1)},$$

$$n_{jk} = \int_0^1 q(x)\, v_j(x)\, v_k(x)\, dx =$$

$$= \frac{11}{6} + \sum_{s=2}^{4} \left[\frac{1}{1+s+j+k} - \frac{1}{s+j} - \frac{1}{s+k} \right].$$

Man hat dann die Wurzeln $\varLambda_r$ der Gl. (17.34), geordnet nach (17.35), zu berechnen und erhält die Werte der Tabelle

Zahl der Ansatz-glieder	Ritzsche Näherungswerte (obere Schranken für die Eigenwerte)				
	$\varLambda_1$	$\varLambda_2$	$\varLambda_3$	$\varLambda_4$	$\varLambda_5$
$p = 1$	1.717 79	—	—	—	—
$p = 2$	1.716 68	13.0614	—	—	—
$p = 3$	1.714 324	13.0314	37.173	—	—
$p = 4$	1.714 261	12.7831	37.135	79.322	—
$p = 5$	1.714 261	12.7761	34.961	78.081	134.23

II. Bei der Eigenwertaufgabe (17.16) tritt an Stelle des Integrals (17.43) jetzt

$$(17.44) \qquad \int_0^1 [q(x)\, \varphi'^2 - \varLambda\, q(x)\, \varphi^2]\, dx$$

mit den Randbedingungen $\varphi(\pm 1) = 0$ und $q(x) = 2 - x^2$.

Die Ansatzfunktionen $v_\nu(x) = 1 - x^{2\nu}$ ($\nu = 1, 2, \ldots$) liefern hier die Tabelle der oberen Schranken:

Zahl der Ansatz-glieder	Ritzsche Näherungswerte				
	$\varLambda_1$	$\varLambda_2$	$\varLambda_3$	$\varLambda_4$	$\varLambda_5$
$p = 1$	1.8846	—	—	—	—
$p = 2$	1.879 647	22.986	—	—	—
$p = 3$	1.879 126	21.4830	78.513	—	—
$p = 4$	1.879 110	21.455 38	61.9593	196.41	—
$p = 5$	1.879 110	21.455 264	60.936 41	128.383	416.40

Ein weiteres Beispiel 2. Ordnung findet sich in Nr. 22.2.

III. Die Gleichungen

$$(17.45) \qquad [(1 + x)^3 \, y'']'' = \lambda (1 + x) \, y,$$
$$y(1) = y'(1) = y''(0) = y'''(0) = 0$$

beschreiben Biegeschwingungen eines Trägers veränderlichen Querschnittes, der am einen Ende eingespannt, am anderen Ende frei ist; der Träger hat konstante Breite, aber die Höhe wächst linear mit der in Stabachsenrichtung gestellten x-Achse (Abb. 17.46). Hier ist das Integral

$$\int_0^1 [p^3 \, (\varphi'')^2 - \Lambda \, p \, \varphi^2] \, dx \quad \text{mit} \quad p(x) = 1 + x$$

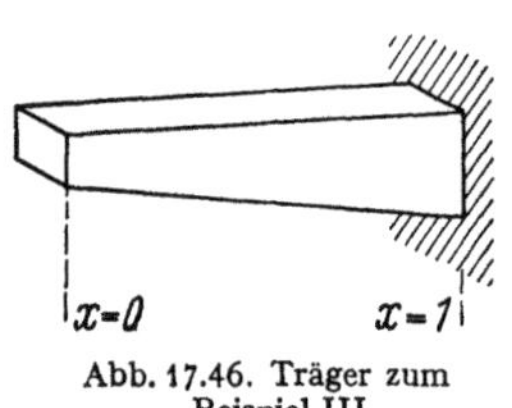

Abb. 17.46. Träger zum Beispiel III

stationär zu machen unter den wesentlichen Randbedingungen $\varphi(1) = \varphi'(1) = 0$.

Mit den Ansatzfunktionen $v_\nu (x) = x^{\nu-1} (1 - x)^2$ $(\nu = 1, 2, \ldots)$ lauten die Matrizen (17.32) für $p = 3$

$$35 \widetilde{M} = \begin{pmatrix} 175 & 469 & 91 \\ 49 & 175 & 157 \\ 21 & 87 & 111 \end{pmatrix}, \qquad 2520 \widetilde{N} = \begin{pmatrix} 588 & 108 & 33 \\ 108 & 33 & 13 \\ 33 & 13 & 6 \end{pmatrix}.$$

Man erhält die hier noch recht groben oberen Schranken

Zahl der Ansatzglieder	Ritzsche Näherungswerte		
	Λ_1	Λ_2	Λ_3
$p = 1$	21.43	—	—
$p = 2$	10.95	479.6	—
$p = 3$	7.626	189.6	3942

IV. Bei den Membranschwingungen von (17.17) lautet die entsprechende Variationsaufgabe

$$(17.47) \qquad J \varphi = \int\!\!\int_B [- \varphi_x^2 - \varphi_y^2 + \lambda \, \varphi^2] \, dx \, dy = \text{stationär}$$

unter den Nebenbedingungen $\varphi = 0$ auf dem Rand Γ.

Wählt man hier als (17.27) den Ansatz

$$(17.48) \qquad v = \psi[a_1 + a_2 \, x^2 + a_3 \, y^2] \quad \text{mit} \quad \psi = 9 - x^2 - 9y^2,$$

so lautet (17.34) hier

$$\begin{vmatrix} 240 - 72\Lambda & 360 - 81\Lambda & 40 - 9\Lambda \\ 360 - 81\Lambda & 1539 - 218.7\Lambda & 45 - 8.1\Lambda \\ 40 - 9\Lambda & 45 - 8.1\Lambda & 51 - 2.7\Lambda \end{vmatrix} = 0.$$

Man erhält die Ergebnisse:

Ansatz	Ritzsche Näherungswerte		
	Λ_1	Λ_2	Λ_3
$\psi \cdot a_1$	3.333	—	—
$\psi \cdot (a_1 + a_2\, x^2)$	3.1548	8.2737	—
$\psi \cdot (a_1 + a_2\, x^2 + a_3\, y^2)$	3.1163	8.2587	28.996

17.6 Energiemethode bei Schwingungsaufgaben

Ein schwingungsfähiges System, etwa ein elastischer Körper, führe kleine ungedämpfte Schwingungen um eine Gleichgewichtslage aus; bei einer Eigenschwingung werden die Schwingungen von Teilchen, deren Ruhelagen durch die Koordinaten $x_1, \ldots, x_n$ gekennzeichnet seien, als sinusförmig angenommen, und zwar für alle Teilchen mit derselben Phase und derselben Kreisfrequenz ω: Eine Auslenkungskomponente sei

$$z(x_1, \ldots, x_n, t) = y(x_1, \ldots, x_n)\, \cos\omega\, t.$$

Die Amplitude y der Schwingung des Teilchens ist eine Ortsfunktion. Es seien ϱ die Dichte, $d\boldsymbol{x}$ das Volumelement, B der vom Körper im Ruhezustand bedeckte Bereich, T die kinetische und U die potentielle Energie; es wird

$$T = T(t) = \tfrac{1}{2}\int_B \varrho \left(\frac{\partial z}{\partial t}\right)^2 d\boldsymbol{x}$$
$$= \tfrac{1}{2}\int_B \varrho\, \omega^2\, y^2\, (\sin^2\omega\, t)\, d\boldsymbol{x} = T^*\, \omega^2 \sin^2\omega\, t$$

mit

$$(17.49) \qquad T^* = \tfrac{1}{2}\int_B \varrho\, y^2\, d\boldsymbol{x}.$$

Die potentielle Energie kann in Arbeit gegen äußere Kraft, in Formänderungsarbeit usw. bestehen und ist die Arbeit, die geleistet werden muß, um die durch $z(\boldsymbol{x}, t)$ beschriebene Lageänderung des Körpers hervorzurufen. Sie ist als bekannt anzusehen und wird bei kleinen Ausschlägen aus der Ruhelage als proportional zum Quadrat der Auslenkung angenommen (wodurch eine noch freie Konstante bei der potentiellen Energie festgelegt wird) also

$$(17.50) \qquad U = U(t) = U_{\max} \cdot \cos^2\omega\, t.$$

Nach dem Energiesatz ist die gesamte mechanische Energie $E = T(t) + U(t)$ zeitlich konstant:

$$E = T(0) + U(0) = U_{\max} = T\left(\frac{\pi}{2\omega}\right) + U\left(\frac{\pi}{2\omega}\right) = \omega^2\, T^*,$$

also

$$(17.51) \qquad \omega^2 = \frac{U_{\max}}{T^*}.$$

Das besagt das *Rayleighsche Prinzip*: Wenn man im Quotienten auf der rechten Seite für $y(x)$ nicht die tatsächliche Amplitudenverteilung, sondern eine geschätzte mit den Randbedingungen verträgliche Verteilung $w(x)$ einsetzt, so ist der entstehende Wert größer oder gleich dem Quadrat ω_1^2 der kleinsten Eigenkreisfrequenz. Dieses Prinzip ist bewiesen z. B. für die Fälle, in denen (16.41) gilt, der Beweis ist aber auch schon in vielen allgemeineren Fällen gelungen (vgl. die Arbeiten über *natürliche Eigenwertaufgaben*).

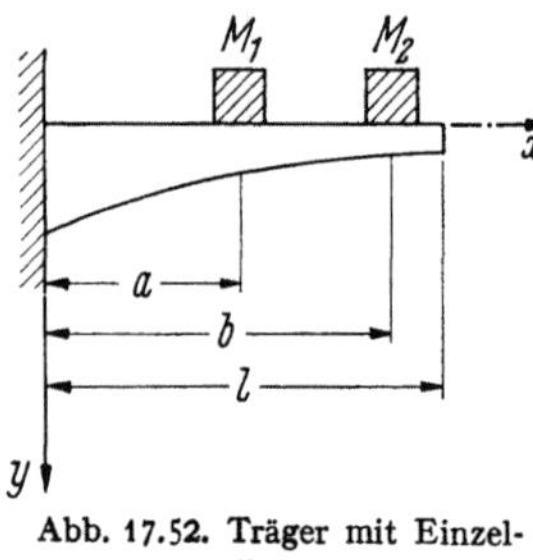

Abb. 17.52. Träger mit Einzelmassen

Mit großem Erfolg ist das Rayleighsche Prinzip in komplizierteren Fällen, die nicht mehr alle Voraussetzungen der obigen Theorie von Nr. 16.4 erfüllen, z. B. bei zusammengesetzten Systemen, angewandt worden.

Beispiel: Auf dem einseitig eingespannten Träger der Abb. 17.52 mögen sich zwei aufgesetzte Einzelmassen M_1, M_2 befinden. Mit den Bezeichnungen der Abbildung (ϱ = Dichte, F = Querschnitt, J = axiales Flächenträgheitsmoment) wird

$$T^* = \tfrac{1}{2} \int_0^l \varrho\, F(x)\, y^2\, dx + \tfrac{1}{2} M_1 [y(a)]^2 + \tfrac{1}{2} M_2 [y(b)]^2,$$

$$U_{\max} = \tfrac{1}{2} \int_0^l E\, J(x)\, [y'']^2\, dx.$$

Man kann somit nach (17.51) den Quotienten ω^2 bilden und das Rayleighsche Prinzip bequem anwenden.

Es sind auch Theorien für kompliziertere Systeme, z. B. für Torsionsschwingungen bei Wellen mit aufgesetzten Einzeldrehmassen und dergleichen aufgestellt worden, wobei große Teile der bisherigen Theorie gelten, manche Formeln aber Modifikationen erleiden, indem z. B. bei der Orthonormalität (16.35), (16.36) Zusatzglieder auftreten (man spricht dann von *belasteter Orthonormalität*) usw.

§ 18. Weitere Näherungsverfahren

18.1 Differenzenverfahren

Das Differenzenverfahren ist eine sehr allgemein anwendbare Methode; sie ist in Kap. VII ausführlich beschrieben, so daß es hier genügen möge, sie an einigen einfachen Beispielen zu illustrieren.

I. Gewöhnliche Differentialgleichung

a) Bei der Eigenwertaufgabe (17.13)

$$-y'' = \lambda(1 + x + x^2)\, y, \quad y'(0) = y(1) = 0$$

werde zunächst zur Erläuterung eine ganz grobe Maschenweite $h = 0.4$ gewählt, und zwar derart, daß $x = 1$ ein Gitterpunkt ist, aber $x = 0$ zwischen zwei Gitterpunkten liegt, Abb. 18.1. Mit y_j als Näherungswerten für die Funktionswerte $y(x_j)$ an den Gitterpunkten $x_j = -0.2 + j\,h$, mit $\varLambda$ als Näherungswert für den Eigenwert λ entsprechen der Differentialgleichung die gewöhnlichen Differenzengleichungen (28.31.7)

$$h^{-2}(y_{j+1} - 2y_j + y_{j-1}) +$$
$$+ \varLambda(1 + x_j + x_j^2)\, y_j = 0 \quad (j = 1, 2),$$

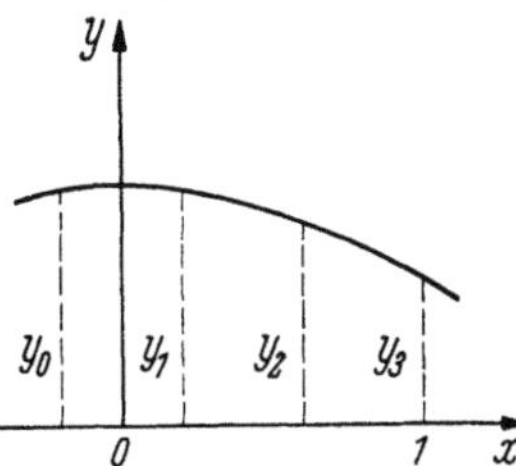

und die Randbedingungen besagen

$$(18.2) \qquad y_0 = y_1, \qquad y_3 = 0.$$

Abb. 18.1. Gitter beim Beispiel I

So erhält man die beiden in y_1, y_2 homogenen linearen Gleichungen

$$\frac{25}{4}(y_2 - y_1) + \varLambda\left(1 + \frac{1}{5} + \frac{1}{25}\right)y_1 = 0,$$

$$\frac{25}{4}(-2y_2 + y_1) + \varLambda\left(1 + \frac{3}{5} + \frac{9}{25}\right)y_2 = 0,$$

deren Koeffizientendeterminante, gleich Null gesetzt, für $\varLambda$ die quadratische Gleichung

$$24304\,\varLambda^2 - 277500\,\varLambda + 390625 = 0$$

mit den Lösungen ergibt

$$\varLambda_1 = 1.6445, \qquad \varLambda_2 = 9.773.$$

b) Zum Vergleich soll mit derselben Maschenweite $h = 0.4$ das Mehrstellenverfahren (28.35.5) durchgeführt werden; hier wird die Formel verwendet

$$y_{j+1} - 2y_j + y_{j-1} - \frac{h^2}{12}(y_{j+1}'' + 10y_j'' + y_{j-1}'') = 0 \quad (j = 1, 2),$$

wobei y_j'' eine Näherung für $y''(x_j)$ bedeutet und durch $-\varLambda(1 + x_j + x_j^2)\, y_j$ ersetzt wird.

Man könnte $y'(0) = 0$ nun ebenfalls durch eine genauere Formel als durch (18.2) ersetzen. Nimmt man aber die grobe Annäherung (18.2) für die Randbedingungen, so erhält man die quadratische Gleichung

$$160671\,\varLambda^2 - 2310000\,\varLambda + 3515625 = 0$$

mit den Näherungswerten

$$\varLambda_1 = 1.7301, \qquad \varLambda_2 = 12.647.$$

Natürlich wäre es in beiden Fällen leicht, die Genauigkeit durch Verfeinerung des Gitters zu steigern.

II. Partielle Differentialgleichung

Bei den Schwingungen der elliptischen Membran (17.17) wird ein quadratisches Gitter der groben Maschenweite $h = \tfrac{2}{3}$ zugrunde gelegt,

Abb. 18.3, vgl. 28.4, und nur nach den zu den Achsen symmetrischen Schwingungsformen gefragt, so daß man sich auf ein Viertel der Ellipse beschränken kann. Mit u_{jk} als Näherungswert für den Funktionswert $u(x_j, y_k)$ im Gitterpunkt x_j, y_k entspricht der Differentialgleichung (17.17) beim gewöhnlichen Differenzenverfahren nach (28.39.8)

$$-h^2(u_{j+1,k} + u_{j-1,k} + u_{j,k+1} + u_{j,k-1} - 4u_{j,k}) - \Lambda u_{jk} = 0.$$

Bezeichnet man hier abkürzend die Funktionswerte mit $u_1, u_2, \ldots, u_{10}$ entsprechend Abb. 18.3, so lautet z. B. die erste dieser Gleichungen

$$-h^2(u_2 + u_6 + u_1 + u_1 - 4u_1) - \Lambda u_1 = 0.$$

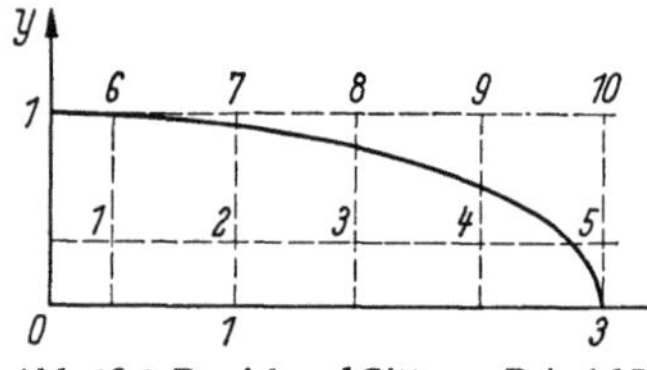
Abb. 18.3. Bereich und Gitter zu Beispiel II

Nun ergeben sich verschiedene Möglichkeiten der Behandlung des krummlinigen Randes.

a) Man setzt die Funktionswerte außerhalb der Ellipse gleich Null:

$$u_5 = u_6 = \cdots = u_9 = 0.$$

Dann bleiben vier lineare homogene Gleichungen für $u_1, \ldots, u_4$ übrig, deren gleich Null gesetzte Koeffizientendeterminante die Werte ergibt

$$\Lambda_1 = 2.5213, \quad \Lambda_2 = 4.5, \quad \Lambda_3 = 7.538, \quad \Lambda_4 = 10.206.$$

b) Man führt die Werte $u_5, \ldots, u_9$ durch lineare Interpolation auf $u_1, \ldots, u_4$ zurück unter Benutzung der Formel (28.39.18). Das ergibt

$$\Lambda_1 = 2.7906, \quad \Lambda_2 = 5.606, \quad \Lambda_3 = 9.035, \quad \Lambda_4 = 11.927.$$

c) Man benutzt eine Differenzenformel für Δu, welche berücksichtigt, daß nicht alle 4 Nachbarpunkte eines Gitterpunktes den Abstand h von diesem Gitterpunkt haben, vgl. (28.39.21); man erhält:

$$\Lambda_1 = 2.8526, \quad \Lambda_2 = 5.921, \quad \Lambda_3 = 9.581, \quad \Lambda_4 = 14.299.$$

d) Es wird die Neunpunktformel (28.39.9) des Mehrstellenverfahrens genommen, wobei die Werte $u_5, \ldots, u_9$ wie bei b) mittels linearer Interpolation durch $u_1, \ldots, u_4$ ausgeführt werden; das ergibt

$$\Lambda_1 = 3.0595, \quad \Lambda_2 = 6.567, \quad \Lambda_3 = 12.128, \quad \Lambda_4 = 18.678.$$

Durch Benutzung abgeänderter Differenzenverfahren gelingt es WEINBERGER (1956), in gewissen Fällen exakte untere und obere Schranken für die Eigenwerte aufzustellen, siehe Nr. 30.7.

18.2 Kollokation

Eine ebenso wie das Differenzenverfahren sehr allgemein anwendbare Methode ist die *Kollokation*, deren Prinzip in Nr. 27.3 allgemein beschrieben ist, so daß hier nur einige einfache Beispiele genannt seien: Die

Methode ist sehr einfach in der Durchführung und liefert manchmal durchaus brauchbare Resultate, obgleich durch die Wahl der Kollokationspunkte eine starke Willkür und damit eine große Unsicherheit hineinkommt.

Bei der Membranschwingung (17.17) wird für $u(x, y)$ der Näherungsansatz $v(x, y) = \psi(a_0 + a_1 x^2)$ in die Differentialgleichung (17.17) eingesetzt und verlangt, daß die Differentialgleichung an den *Kollokationspunkten* $P_\nu = (x_\nu, y_\nu)$ für $\nu = 1, 2$ erfüllt ist; man erhält dann zwei lineare homogene Gleichungen in a_0, a_1, deren gleich Null gesetzte Koeffizientendeterminante eine quadratische Gleichung für die Näherungswerte Λ_1, Λ_2 für die beiden ersten

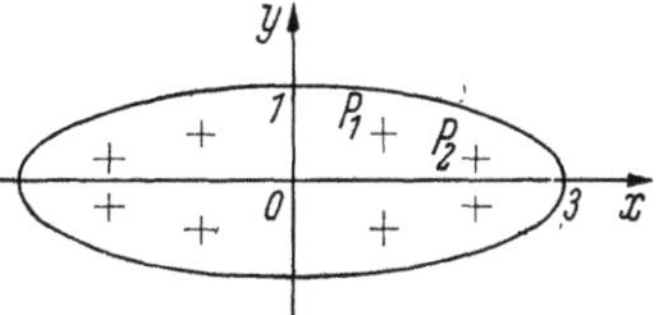

Abb. 18.4 Zur Wahl der Kollokationspunkte (zweiter Fall der Tabelle)

Eigenwerte λ_1, λ_2 darstellt; man wird die Punkte P_ν so wählen, daß die acht bei Spiegelung an der x- und y-Achse entstehenden Punkte sich einigermaßen gleichmäßig über das Grundgebiet verteilen, im allgemeinen aber näher am Rand liegen und sich nicht zu sehr in der Mitte häufen, Abb. 18.4. Man erhält so die Werte der Tabelle

Punkt P_1		Punkt P_2		Näherungswerte	
x	y	x	y	für λ_1	für λ_2
1	1/3	1.7	1/2	3.083	7.520
1	1/2	2	1/4	3.551	6.375
3/4	1/2	1.7	1/2	3.502	7.172

18.3 Störungsrechnung

Diese Methode (vgl. auch Nr. 26.6) findet Anwendung, wenn man zu einer Eigenwertaufgabe (16.5), (16.2) eine andere Eigenwertaufgabe (die *ungestörte Aufgabe*)

$$M^* u = \lambda^* N^* u$$

mit denselben Randbedingungen (16.2) (es wird hier nur dieser einfachste Fall beschrieben, die Methode ist auch bei Abänderung der Randbedingungen anwendbar) angeben kann, bei der die Koeffizienten in der Differentialgleichung sich wertemäßig nur wenig von denen in der Gl. (16.5) unterscheiden und von der man etwa die m-te Eigenfunktion $u_m^* = u_{m,0}$ mit dem Eigenwert $\lambda_m^* = \lambda_{m,0}$ kennt. Es sei λ_m^* ein einfacher Eigenwert.

Nun wird ein *Störparameter* ε eingeführt und die Schar von Eigenwertaufgaben betrachtet

$$(18.5) \qquad \begin{aligned} M^* u + \varepsilon(M u - M^* u) &= \lambda[N^* u + \varepsilon(N u - N^* u)], \\ U_\mu u &= 0, \end{aligned}$$

dann hat man für $\varepsilon = 0$ die ungestörte und für $\varepsilon = 1$ die *gestörte* Eigenwertaufgabe. Bei der neuen Aufgabe (18.5) hängen dann m-te Eigenfunktion u_m und m-ter Eigenwert λ_m von ε ab, und man denkt sich formal $u_m(\varepsilon)$ und $\lambda_m(\varepsilon)$ in Potenzreihen von ε entwickelt:

$$\begin{cases} u_m = u_{m,0} + \varepsilon\, u_{m,1} + \varepsilon^2\, u_{m,2} + \cdots, \\ \lambda_m = \lambda_{m,0} + \varepsilon\, \lambda_{m,1} + \varepsilon^2\, \lambda_{m,2} + \cdots. \end{cases}$$

Bei folgendem Einsetzen und Gleichsetzen der Faktoren von ε, ε^2, $\ldots$ erhält man Gleichungen, aus denen man bei selbstadjungierten Aufgaben nacheinander $\lambda_{m,1}$, $u_{m,1}$, $\lambda_{m,2}$, $u_{m,2} \ldots$ ermitteln kann; z. B. aus

$$M^* u_{m,1} + (M - M^*)\, u_{m,0}$$
$$= \lambda_{m,1} N^* u_{m,0} + \lambda_{m,0}[N^* u_{m,1} + (N - N^*)\, u_{m,0}]$$

folgt durch Multiplikation mit $u_{m,0}$ und Integration über das Grundgebiet (dabei fallen die Glieder mit $u_{m,1}$ heraus)

$$(18.6) \qquad \lambda_{m,1} = \frac{\int\limits_B u_{m,0}[(M - M^*)\, u_{m,0} - \lambda_{m,0}(N - N^*)\, u_{m,0}]\, dx}{\int\limits_B u_{m,0}\, N^*\, u_{m,0}\, dx}.$$

Dies ist nur der formale Rechengang; viele Arbeiten befassen sich damit, wie weit man dieses Vorgehen rechtfertigen kann, was man im Falle mehrfacher Eigenwerte zu erwarten hat usw.

18.4 Weitere Methoden

18.4.1 Zusammengesetzte Systeme

In der Aufgabe (16.5), (16.6), (16.7), (16.11) habe $N y$ die Gestalt

$$(18.7) \qquad N y = \sum_{\varrho=1}^{r} N_\varrho\, y,$$

und jedes Teilproblem

$$(18.8) \qquad M y = \lambda^{(\varrho)}\, N_\varrho\, y, \qquad U_\mu y = 0 \quad (\mu = 1, \ldots, 2m)$$

sei selbstadjungiert und volldefinit und besitze $\lambda_1^{(\varrho)}$ als kleinsten Eigenwert. Dann gilt für den kleinsten Eigenwert λ_1 der Ausgangsaufgabe die Dunkerleysche Formel

$$(18.9) \qquad \lambda_1 \geqq \left[\sum_{\varrho=1}^{r} (\lambda_1^{(\varrho)})^{-1} \right]^{-1}.$$

Ist entsprechend $M y = \sum\limits_{\varrho=1}^{r} M_\varrho\, y$ und jedes Teilproblem

$$M_\varrho\, y = \mu^{(\varrho)}\, N y, \qquad U_\mu y = 0 \quad (\mu = 1, \ldots, 2m)$$

selbstadjungiert und volldefinit und hat den kleinsten Eigenwert $\mu_1^{(\varrho)}$, so gilt für das Ausgangsproblem die Southwellsche Formel

$$(18.10) \qquad \lambda_1 \geqq \sum_{\varrho=1}^{r} \mu_1^{(\varrho)}.$$

18.4.2 Methode der Zwischenaufgaben

Diese Methode wurde von ALEXANDER WEINSTEIN 1935 zunächst für eingespannte Platten entwickelt, dann aber funktionalanalytisch dargestellt und dadurch auf viel allgemeinere Typen von Eigenwertaufgaben anwendbar; die folgende Fassung knüpft an eine von WEINSTEIN (1963) gegebene Darstellung an. Vorgelegt sei die Eigenwertaufgabe

$$(18.11) \qquad A\,u = \lambda\,f(x)\,u,$$

wobei A ein symmetrischer Integraloperator oder ein selbstadjungierter Differentialoperator sein kann; hier werden etwa die zwei genannten Möglichkeiten herausgegriffen; x steht wieder für $x_1, \ldots, x_n$; $f(x)$ sei gegeben, so daß die Gleichung die Form (16.9) hat. Es kommen Randbedingungen (16.3) hinzu und der Einfachheit halber werde die Aufgabe als selbstadjungiert und volldefinit betrachtet. Dann existiert eine abzählbare Folge von Eigenwerten λ_n mit (16.39). Die *Basisaufgabe*

$$(18.12) \qquad A\,u = \mu\,u$$

mit den Randbedingungen (16.3) sei in geschlossener Form lösbar und besitze die normierten Eigenfunktionen u_n zu den Eigenwerten μ_n ($n = 1, 2, \ldots$). Dann wird die *Zwischenaufgabe* betrachtet

$$(18.13) \qquad A\,u = \lambda\left\{\alpha\,u - \left(\int\limits_B u\,u_n\,dx\right)\left(\int\limits_B \frac{u_n^2\,dx}{\alpha - f(x)}\right)^{-1} u_n\right\}$$

wieder mit den Randbedingungen (16.3), wobei jetzt n eine fest gewählte natürliche Zahl ist und α eine Konstante bedeutet mit

$$\alpha \geqq M = \operatorname*{Max}_B f(x).$$

Die Zwischenaufgabe besitze die Eigenfunktionen $u_m^{(1)}$ zu den Eigenwerten $\lambda_m^{(1)}$ ($m = 1, 2, \ldots$). Mit Hilfe der Maximum-Minimum-Eigenschaften der Eigenwerte läßt sich dann zeigen, daß $\lambda_m^{(1)}$ zwischen $\frac{\mu_m}{\alpha}$ und λ_m liegt für jedes $m = 1, 2, \ldots$

Vergleicht man Basisaufgabe und Zwischenaufgabe, so sind alle u_m zugleich Eigenfunktionen der Zwischenaufgabe, und zwar für $m \neq n$ gehören sie wegen $(u_m, u_n) = 0$ zu den Eigenwerten $\lambda_m^{(1)} = \mu_m/\alpha$, aber für $m = n$ ist der neue Eigenwert gegeben durch

$$(18.14) \qquad \varrho = \frac{\mu_n}{D(\alpha)} \quad \text{mit} \quad D(\alpha) = \alpha - \left(\int\limits_B \frac{u_n^2}{\alpha - f(x)}\,dx\right)^{-1}.$$

Es ist $\dfrac{\mu_n}{D(\alpha)} \geqq \dfrac{\mu_n}{\alpha}$.

Die Zwischenaufgabe hat also die Eigenwerte $\frac{1}{\alpha}\mu_m$ ($m = 1, 2, \ldots$, aber $m \neq n$) und $\varrho = \frac{\mu_n}{D(\alpha)}$, wobei man ϱ so zwischen die $\frac{1}{\alpha}\mu_m$ einzuordnen hat, daß für alle diese Zahlen wieder die Ordnung

$$\lambda_1^{(1)} \leq \lambda_2^{(1)} \leq \lambda_3^{(1)} \leq \ldots$$

gilt.

Im Falle $\mu_n < \mu_{n+1}$ kommt WEINSTEIN zu weitergehenden Aussagen; es werden die 3 Fälle $\frac{\mu_{n+1}}{M} >, =, < \frac{\mu_n}{D(M)}$ betrachtet. In dem praktisch häufig vorkommenden Fall $\frac{\mu_{n+1}}{M} > \frac{\mu_n}{D(M)}$ bestimmt man die Wurzel α_0 der Gleichung $\frac{\mu_{n+1}}{\alpha} = \frac{\mu_n}{D(\alpha)}$ oder eine obere Schranke $\hat{\alpha}$ für α_0; dann gilt die wichtige Beziehung

$$(18.15) \qquad \lambda_n \geq \frac{\mu_{n+1}}{\hat{\alpha}}.$$

WEINSTEIN gibt Beispiele, bei denen die so erhaltenen unteren Schranken für die Eigenwerte numerisch sehr gut ausfallen.

18.4.3 Reihenansätze

Unter den zahlreichen weiteren speziellen Methoden seien noch Reihenansätze genannt, die manchmal zu sehr guten Resultaten führen und in bestimmten Fällen allen anderen Methoden überlegen sein können; z. B. hat man trigonometrische Reihen mit großem Erfolg bei der Mathieuschen Differentialgleichung angewandt. Auch Potenzreihenansätze können mitunter zu sehr guten Ergebnissen führen (vgl. die §§ 24 und 25).

Hier soll nur zur Erläuterung die Potenzreihenmethode an einem der früheren Beispiele, nämlich an (17.13) vorgeführt werden, obwohl dieses Beispiel für einen Potenzreihenansatz sehr ungünstig ist. Der Ansatz

$$y(x) = \sum_{\nu=0}^{\infty} a_\nu x^\nu$$

mit $a_0 = 1$, $a_1 = 0$ liefert bei (17.13):

$$\lambda + \lambda x + \lambda \sum_{\nu=2}^{\infty} (a_\nu + a_{\nu-1} + a_{\nu-2}) x^\nu + \sum_{\nu=0}^{\infty} (\nu+2)(\nu+1) a_{\nu+2} x^\nu = 0.$$

Setzt man die Koeffizienten von x^ν gleich Null, so folgt

$$a_2 = \frac{\lambda}{2}, \; a_3 = \frac{\lambda}{6}, \; a_4 = \frac{\lambda^2}{24} - \frac{\lambda}{12}, \; a_5 = \frac{\lambda^2}{30}, \ldots$$

Die Bedingung $\sum\limits_{\nu=0}^{N} a_\nu = 0$ liefert dann Näherungswerte für λ, die mit wachsendem N bei dem vorliegenden ungünstigen Fall nur langsam besser werden:

N	Gleichung für λ	Näherungswerte	
2	$1 - \dfrac{1}{2}\lambda = 0$	2	
3	$1 - \dfrac{2}{3}\lambda = 0$	1.5	
4	$1 - \dfrac{3}{4}\lambda + \dfrac{\lambda^2}{24} = 0$	1.450	16.55
5	$1 - \dfrac{3}{4}\lambda + \dfrac{3}{40}\lambda^2 = 0$	1.584	8.416

Es sei daher noch ein anderes Beispiel genannt, bei welchem die entstehende Potenzreihe sehr gut konvergiert:

Bei der Eigenwertaufgabe

$$-(x\,y')' = \lambda\,x\,y, \quad y'(0) = y(1) = 0$$

führt der Potenzreihenansatz $y = \sum\limits_{\nu=0}^{\infty} a_\nu\,x^\nu$ mit $a_1 = 0$ auf die Reihe

$$y = a_0\left(1 - \frac{\lambda}{(1!)^2}\,\frac{x^2}{4} + \frac{\lambda^2}{(2!)^2}\left(\frac{x^2}{4}\right)^2 - \frac{\lambda^3}{(3!)^2}\left(\frac{x^2}{4}\right)^3 + \cdots\right).$$

$y(1) = 0$ liefert dann für λ die transzendente Gleichung

$$\sum\limits_{\nu=0}^{\infty} \frac{(-\lambda/4)^\nu}{(\nu!)^2} = 0,$$

welche für nicht zu große $|\lambda|$ durch gute Konvergenz bekannt ist und welche für die niederen Eigenwerte gut geeignet ist.

Hier läßt sich $y(x)$ durch die Besselsche Funktion $J_0(z)$ ausdrücken; es ist $y = a_0\,J_0(\lambda^{1/2}\,x)$.

18.5 Vorschläge für die Wahl des zu benutzenden Näherungsverfahrens

Man kann nicht allgemein angeben, welches der verschiedenen genannten Näherungsverfahren in einem vorgelegten Einzelfall am besten ist; es seien daher hier nur einige allgemeine Hinweise für Eigenwertaufgaben bei Differentialgleichungen gegeben.

18.5.1 Formelmäßige Lösung

a) Bei gewöhnlichen Differentialgleichungen mit konstanten Koeffizienten kann man die allgemeine Lösung der Differentialgleichung

angeben und hat die Integrationskonstanten den gegebenen Randbedingungen anzupassen.

b) Bei gewöhnlichen Differentialgleichungen mit nichtkonstanten
Koeffizienten und bei partiellen Differentialgleichungen kann man die
Lösung der Eigenwertaufgabe nur in besonders günstig gelagerten Fällen
in geschlossener Form angeben, vgl. Tab. 16.23. Bei L. Collatz (1962),
Tafel V, VI sind einige solche geschlossen lösbare Eigenwertaufgaben
aufgeführt. Im allgemeinen aber muß man dann jedoch Näherungsverfahren benutzen.

18.5.2 Überschlagsmethoden

a) Einen Anhalt für die Größenordnung der Eigenwerte erhält man
oft durch Vergleich der Aufgabe mit einer geschlossen lösbaren, indem man z. B. bei gewöhnlichen Differentialgleichungen die Koeffizienten durch Konstanten ersetzt; für den ersten und die niederen
Eigenwerte liefert oft der Einschließungssatz grobe Schranken, die man
manchmal durch Hinzunahme freier Parameter sehr verbessern kann;
gelegentlich liefert der Einschließungssatz sogar Schranken für unendlich viele Eigenwerte.

b) Ein sehr generell anwendbares Überschlagsverfahren ist das gewöhnliche Differenzenverfahren, welches bei geringen Genauigkeits-
ansprüchen für die niederen Eigenwerte häufig völlig ausreichen wird.
Will man die Eigenwerte genauer bestimmen, so benutze man nicht das
gewöhnliche Differenzenverfahren mit sehr kleinen Maschenweiten,
sondern eines der verbesserten Differenzenverfahren.

18.5.3 Genauere Rechnung

a) Für den ersten und die niederen Eigenwerte eignet sich in den
Fällen, in denen die Voraussetzungen von Nr. 17.3 erfüllt sind, das
Iterationsverfahren mit der unteren und oberen Schranke nach (17.11);
auch das Ritzsche Verfahren liefert für die niederen Eigenwerte oft sehr
gute Näherungen, wobei aber die Güte dieser Näherungswerte sehr von
der günstigen Wahl der Ansatzfunktionen abhängt; auch beachte man,
daß man genügend viele Glieder beim Ansatz mitnehmen muß, z. B. für
Bestimmung des 3. Eigenwertes mindestens 4 Glieder.

b) Es stehen noch viele andere Methoden zu Verfügung; es gibt
Fälle, in denen Reihenentwicklungen, Störungsrechnung usw. am
raschesten zum Ziele führen, oder Methoden, die man sich durch Kombination verschiedener der genannten Methoden gerade für den vorliegenden Fall selbst bildet.

V. Beziehungen zur Variationsrechnung

§ 19. Grundbegriffe der Variationsrechnung

19.1 Die Grundaufgabe, erste und zweite Variation

Die Variationsrechnung untersucht Extrema gewisser Funktionale; das sind Abbildungen, die Elementen eines abstrakten Raumes oder einer Teilmenge davon je eine Zahl zuordnen. Diese Kapitel beschränkt sich auf lineare Räume, deren Elemente reelle Funktionen $u(x)$ oder Vektoren u solcher Funktionen $u_i(x)$ $(i = 1, \ldots, P)$ von einer reellen Variablen x oder mehreren reellen Variablen x_j $(\{x_j\} = x, j = 1, \ldots, N)$ sind, die in einem Intervall oder Bereich B definiert und evtl. an Nebenbedingungen

$$(19.1) \qquad U_\mu u = \gamma_\mu \quad (\mu = 1, \ldots, k)$$

gebunden sind. Es werden ferner lediglich reelle Funktionale $J u$ betrachtet, die sich aus Integralen über das Gebiet B und seinen Rand Γ bzw. aus Ausdrücken zusammensetzen, die die Funktionswerte von u an einzelnen Punkten enthalten. Da ferner, wenn $J u$ ein Maximum annimmt, $-J u$ zum Minimum wird, kann man sich auf Minima beschränken und die Grundaufgabe folgendermaßen formulieren:

Gesucht ist ein Element $u(x)$, das die Nebenbedingungen (19.1) erfüllt und für das

$$(19.2) \qquad J u = \text{Min}$$

ist.

Man nennt ein Element *zulässig* (*zulässige Funktion, Konkurrenzfunktion* oder *-vektor*), wenn es dem gegebenen Raum angehört und die Nebenbedingungen erfüllt.

Zunächst soll hier der Fall linearer Nebenbedingungen (insbesondere Randbedingungen) behandelt werden, bei dem also $U_\mu[u + v] = U_\mu u + U_\mu v$ und $U_\mu[c \cdot u] = c\, U_\mu u$ mit reellem c für $\mu = 1, \ldots, k$ gilt. Setzt man die Existenz einer (festen) Lösung u von (19.2) voraus, so kann man eine Schar von Elementen $v = u + \varepsilon \eta$ betrachten. Darin sei ε eine kleine — etwa durch $|\varepsilon| \leq \varepsilon_0$ eingeschränkte — reelle Zahl und η ein beliebiges, aber festes Element, das den homogenen Nebenbedingungen $U_\mu \eta = 0$ $(\mu = 1, \ldots, k)$ genügt, so daß also v zulässig ist. $J v$ wird dadurch zu einer Funktion von ε, die bei $\varepsilon = 0$ ein Minimum annimmt. Ist diese Funktion hinreichend oft stetig differenzierbar, so läßt sie sich nach dem Taylorschen Satz entwickeln:

$$(19.3) \qquad J[u + \varepsilon \eta] = J u + \varepsilon \left(\frac{d}{d\varepsilon} J[u + \varepsilon \eta] \right)_{\varepsilon=0} +$$

$$+ \frac{\varepsilon^2}{2!} \left(\frac{d^2}{d\varepsilon^2} J[u + \varepsilon \eta] \right)_{\varepsilon=0} + \cdots .$$

460 E. Rand- und Eigenwertprobleme bei Differential- und Integralgleichungen

Nach LAGRANGE führt man nun die Bezeichnungen

erste Variation

$$(19.4) \qquad \delta J[\boldsymbol{u}, \boldsymbol{\eta}] = \left(\frac{d}{d\varepsilon} J[\boldsymbol{u} + \varepsilon\,\boldsymbol{\eta}] \right)_{\varepsilon=0}{}^{1},$$

zweite Variation

$$(19.5) \qquad \delta^2 J[\boldsymbol{u}, \boldsymbol{\eta}] = \left(\frac{d^2}{d\varepsilon^2} J[\boldsymbol{u} + \varepsilon\,\boldsymbol{\eta}] \right)_{\varepsilon=0}$$

(und analog höhere Variationen) ein, womit man (19.3) auch in der Form

$$(19.6) \qquad J[\boldsymbol{u} + \varepsilon\,\boldsymbol{\eta}] = J\,\boldsymbol{u} + \varepsilon\,\delta J[\boldsymbol{u}, \boldsymbol{\eta}] + \frac{\varepsilon^2}{2!}\,\delta^2 J[\boldsymbol{u}, \boldsymbol{\eta}] + \cdots$$

schreiben kann. Unmittelbar ergibt sich der

Satz 19.7: *Existieren die erste und zweite Variation, so ist, wenn* $\boldsymbol{u}$ *das Funktional* $J\,\boldsymbol{u}$ *zum Minimum macht, notwendig*

$$(19.8) \qquad \delta J[\boldsymbol{u}, \boldsymbol{\eta}] = 0$$

und

$$(19.9) \qquad \delta^2 J[\boldsymbol{u}, \boldsymbol{\eta}] \geqq 0$$

für beliebiges $\boldsymbol{\eta}$, *das die homogenen (linearen) Nebenbedingungen erfüllt.*

Dieser Satz läßt sich selbst dann nicht umkehren, wenn in (19.9) nicht $\geqq$, sondern $>$ steht. Die Aufstellung hinreichender Kriterien erfordert vielmehr eingehendere Betrachtungen, die ihres Umfanges wegen hier keine Aufnahme finden konnten. Man vgl. etwa P. FUNK (1962), G. GRÜSS und W. MEYER-KÖNIG (1955) oder W. I. SMIRNOW IV (1958), S. 165.

19.2 Das Fundamentallemma

Um aus (19.8) die Eulersche Gleichung zu erhalten, sind bei speziellen Problemklassen verschiedene Umformungen vonnöten, die das Ziel haben, das weitgehend frei wählbare $\boldsymbol{\eta}$ zu eliminieren und Gleichungen für $\boldsymbol{u}$ allein aufzustellen. Dabei ist von großem Nutzen das sog. *Fundamentallemma der Variationsrechnung:*

Satz 19.10: *Ist in einem offenen Gebiet B der Dimension* $N \geqq 1$ *eine stetige Funktion* $f(\boldsymbol{x})$ *gegeben, so ist dort* $f(\boldsymbol{x}) \equiv 0$, *wenn*

$$(19.11) \qquad \int\limits_{B} \eta(\boldsymbol{x})\,f(\boldsymbol{x})\,dB = 0$$

---

[1] Dies ist ein Spezialfall der Fréchetschen Ableitung, die im Zusammenhang mit Iterationsverfahren in Kap. VIII dieses Abschnitts behandelt wird, vgl. § 35. Ferner sei bemerkt, daß viele Autoren den klassischen Definitionen entsprechend hier auf der rechten Seite einen Faktor ε hinzusetzen, entsprechend ε^2 oder $\varepsilon^2/2$ bei (19.5).

für alle Funktionen η der Form $\left\{ r^2 = \sum\limits_{i=1}^{N} (x_i - \xi_i)^2 \right\}$

$$(19.12) \qquad \eta(\boldsymbol{x}) = \begin{cases} \exp\left(1 - \dfrac{\varrho^2}{\varrho^2 - r^2}\right) & \text{für } r < \varrho, \\[2mm] 0 & \text{für } r \geqq \varrho \end{cases}$$

gilt, wobei ξ ein beliebiger Punkt aus B ist und ϱ so klein, daß die Kugel (der Kreis oder das Intervall) $r < \varrho$ ganz in B liegt (Abb. 19.13).

Die Funktionen $\eta(\boldsymbol{x})$ sind auch auf der Kugel $r = \varrho$ mit allen Ableitungen (im Reellen) stetig und verschwinden auf dem Rand $\varGamma$ von B

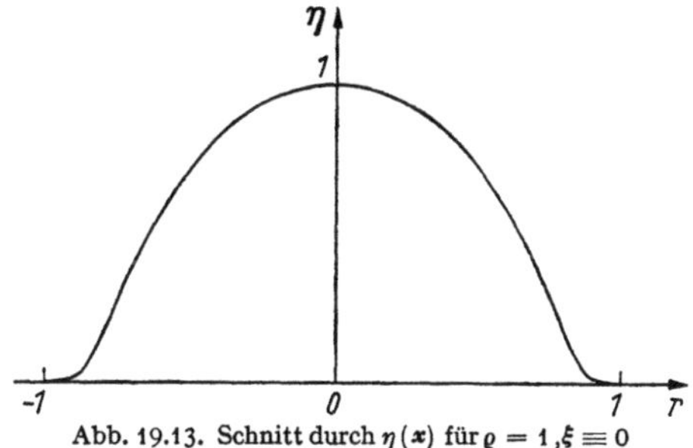

Abb. 19.13. Schnitt durch $\eta(\boldsymbol{x})$ für $\varrho = 1, \xi \equiv 0$

ebenfalls mit allen Ableitungen. Das Fundamentallemma gilt erst recht, wenn man von den $\eta(\boldsymbol{x})$ nur Stetigkeit oder Stetigkeit einer endlichen Zahl von Ableitungen und entsprechendes Verschwinden am Rande fordert.

Der Beweis ist indirekt: Ist $f(\boldsymbol{x})$ in einem Punkte ξ von B etwa positiv, so wegen der Stetigkeit auch in einer Umgebung von ξ, und man erhält, wenn man ϱ so klein wählt, daß die Kugel $r < \varrho$ um dieses ξ ganz in jener Umgebung liegt, $\int\limits_B \eta(\boldsymbol{x}) f(\boldsymbol{x}) \, dB > 0$ im Widerspruch zu (19.11). Analog schließt man $f(\boldsymbol{x}) < 0$ aus.

19.3 Integralgleichungen

Die Aufstellung der Eulerschen Gleichung ist bei Integralfunktionalen besonders einfach. Es sei die Variationsaufgabe ohne Nebenbedingungen für eine einzige Funktion u in einem N-dimensionalen Bereich B ($N \geqq 1$)

$$(19.14) \quad J\,u \equiv \iint\limits_{B\,B} F(\boldsymbol{x}, \xi, u(\boldsymbol{x}), u(\xi))\,dB_x\,dB_\xi + \int\limits_B G(\boldsymbol{x}, u(\boldsymbol{x}))\,dB = \text{Min}$$

gegeben. Bezeichnet man die Ableitungen von F nach den beiden letzten Argumenten mit $F_1(\boldsymbol{x}, \xi, z_1, z_2) = \dfrac{\partial}{\partial z_1} F(\boldsymbol{x}, \xi, z_1, z_2)$, $F_2(\boldsymbol{x}, \xi, z_1, z_2)$ $= \dfrac{\partial}{\partial z_2} F(\boldsymbol{x}, \xi, z_1, z_2)$, $F_{11} = \dfrac{\partial}{\partial z_1} F_1(\boldsymbol{x}, \xi, z_1, z_2)$ usw. und entsprechend $G_1(\boldsymbol{x}, z_1) = \dfrac{\partial}{\partial z_1} G(\boldsymbol{x}, z_1)$, $G_{11} = \dfrac{\partial}{\partial z_1} G_1(\boldsymbol{x}, z_1)$ usw., so erhält man im

Falle der Existenz aller auftretenden Ableitungen durch Taylor-Entwicklung von F und G (vgl. 19.4)

$$(19.15) \qquad \delta J[u, \eta] = \iint_{BB} \eta(x)\, F_1\big(x, \xi, u(x), u(\xi)\big)\, d B_x\, d B_\xi +$$

$$+ \iint_{BB} \eta(\xi)\, F_2\big(x, \xi, u(x), u(\xi)\big)\, d B_x\, d B_\xi +$$

$$+ \int_B \eta(x)\, G_1\big(x, u(x)\big)\, d B.$$

Hier hat man nur noch die Integrationsvariablen im zweiten Integral umgekehrt zu benennen, um die Form $\int_B \eta(x)\, \Phi(x)\, dB$ zu erhalten, die über das Fundamentallemma die *Eulersche Gleichung* ergibt:

$$(19.16) \qquad \Phi(x) = \int_B \big\{ F_1\big(x, \xi, u(x), u(\xi)\big) + F_2\big(\xi, x, u(\xi), u(x)\big) \big\}\, d B_\xi +$$

$$+ G_1\big(x, u(x)\big) = 0.$$

Die zweite Variation lautet hier

$$(19.17) \qquad \delta^2 J[u, \eta] = \iint_{BB} \big\{ \eta^2(x)\, F_{11}\big(x, \xi, u(x), u(\xi)\big) +$$

$$+ 2\eta(x)\, \eta(\xi)\, F_{12}\big(x, \xi, u(x), u(\xi)\big) +$$

$$+ \eta^2(\xi)\, F_{22}\big(x, \xi, u(x), u(\xi)\big) \big\}\, d B_x\, d B_\xi +$$

$$+ \int_B \eta^2(x)\, G_{11}\big(x, u(x)\big)\, d B.$$

Man erkennt, daß im Spezialfall $F\big(x, \xi, u(x), u(\xi)\big) = -\frac{\lambda}{2} K(x, \xi) \times$ $\times\, u(x)\, u(\xi)$ mit $K(x, \xi) = K(\xi, x), G\big(x, u(x)\big) = \frac{1}{2} u^2(x) - f(x)\, u(x)$ aus (19.16) die Fredholmsche Integralgleichung 2. Art

$$(19.18) \qquad u(x) - \lambda \int_B K(x, \xi)\, u(\xi)\, d B_\xi = f(x)$$

entsteht, während sich als zweite Variation

$$(19.19) \qquad \delta^2 J[u, \eta] = \int_B \eta^2(x)\, d B - \lambda \iint_{BB} K(x, \xi)\, \eta(x)\, \eta(\xi)\, d B_x\, d B_\xi$$

ergibt. Wie es für lineare Aufgaben typisch ist, hängt die zweite Variation nicht mehr von u ab, und die höheren Variationen verschwinden. Man sieht ferner leicht ein, daß die notwendige Bedingung (19.9) auf $|\lambda| \leq$ $\leq |\lambda_1|$ führt, worin λ_1 der betragsmäßig kleinste Eigenwert der zu (19.18) gehörenden homogenen Aufgabe ist, vgl. § 3.

Läßt man zu, daß die Funktionen F und G in (19.14) auch von den

Ableitungen von u abhängen, so erhält man als Eulersche Gleichung eine Integrodifferentialgleichung. Man vgl. hierzu L. COLLATZ (1955), S. 455 und die Formeln der Tab. 21.19.

19.4 Gewöhnliche Differentialgleichungen, Einteilung der Randbedingungen

Jetzt sollen eindimensionale Variationsaufgaben betrachtet werden, die auf gewöhnliche Differentialgleichungen führen. Dabei wird die Existenz und Stetigkeit aller auftretenden Ableitungen vorausgesetzt. Die Variationsaufgabe $(n \geqq 1)$

$$(19.20) \quad J u = \int_a^b F\big(x, u(x), u'(x), \ldots, u^{(n)}(x)\big)\,dx +$$
$$+ G\big(u(a), \ldots, u^{(n-1)}(a), u(b), \ldots, u^{(n-1)}(b)\big) = \text{Min}$$

wird zunächst ohne Nebenbedingungen betrachtet. Bezeichnet man die partiellen Ableitungen von F und G mit

$$(19.21) \quad F_i(x, z_0, \ldots, z_n) = \frac{\partial}{\partial z_i} F(x, z_0, \ldots, z_n) \quad (i = 0, \ldots, n),$$

$$\left. \begin{aligned} &G_i^a(y_0, \ldots, y_{n-1}, z_0, \ldots, z_{n-1}) \\ &\quad = \frac{\partial}{\partial y_i} G(y_0, \ldots, y_{n-1}, z_0, \ldots, z_{n-1}) \\ &G_i^b(y_0, \ldots, y_{n-1}, z_0, \ldots, z_{n-1}) \\ &\quad = \frac{\partial}{\partial z_i} G(y_0, \ldots, y_{n-1}, z_0, \ldots, z_{n-1}) \end{aligned} \right\} \quad (i = 0, \ldots, n-1),$$

so ergibt sich [mit $\eta^{(0)}(x) = \eta(x)$ usw.] als erste Variation

$$(19.22) \quad \delta J[u, \eta] = \int_a^b \sum_{i=0}^n \eta^{(i)}(x)\, F_i\big(x, u(x), \ldots, u^{(n)}(x)\big)\,dx +$$
$$+ \sum_{i=0}^{n-1} [\eta^{(i)}(a)\, G_i^a(u(a), \ldots, u^{(n-1)}(b)) +$$
$$+ \eta^{(i)}(b)\, G_i^b\big(u(a), \ldots, u^{(n-1)}(b)\big)].$$

Um das Fundamentallemma auf das Integral anwenden zu können, müssen zunächst die Ableitungen von η eliminiert werden, was durch i-malige partielle Integration geschehen kann, etwa nach der Formel

$$(19.23) \quad \int_a^b \varphi^{(i)}(x)\, \psi(x)\,dx = \sum_{j=0}^{i-1} (-1)^j\, [\varphi^{(i-j-1)}(x)\, \psi^{(j)}(x)]\big|_a^b +$$
$$+ (-1)^i \int_a^b \varphi(x)\, \psi^{(i)}(x)\,dx.$$

Es ergibt sich nach geeigneter Zusammenfassung

$$(19.24) \quad \delta J[u, \eta] = \int_a^b \eta(x) \sum_{i=0}^n (-1)^i \frac{d^i}{dx^i} F_i(x, u(x), \ldots, u^{(n)}(x)) \, dx +$$

$$+ \sum_{i=0}^{n-1} \eta^{(i)}(a) \left\{ G_i^a(u(a), \ldots, u^{(n-1)}(b)) - \right.$$

$$- \sum_{j=0}^{n-i-1} (-1)^j \left[\frac{d^j}{dx^j} F_{i+j+1}(x, u(x), \ldots, u^{(n)}(x)) \right]_{x=a} \right\} +$$

$$+ \sum_{i=0}^{n-1} \eta^{(i)}(b) \left\{ G_i^b(u(a), \ldots, u^{(n-1)}(b)) + \right.$$

$$+ \sum_{j=0}^{n-i-1} (-1)^j \left[\frac{d^j}{dx^j} F_{i+j+1}(x, u(x), \ldots, u^{(n)}(x)) \right]_{x=b} \right\}.$$

Das Fundamentallemma 19.10 ergibt nun die *Eulersche Gleichung*

$$(19.25) \quad \sum_{i=0}^n (-1)^i \frac{d^i}{dx^i} F_i(x, u(x), \ldots, u^n(x)) = 0,$$

die unter der Voraussetzung, daß F_n von $u^{(n)}$ wirklich abhängt, von der Ordnung $2n$ ist. Dann tritt in den geschweiften Klammern der Randausdrücke als höchste Ableitung $u^{(2n-i-1)}(a)$ bzw. $u^{(2n-i-1)}(b)$ auf, so daß diese Ausdrücke unabhängig voneinander sind. Sind zu der Variationsaufgabe keine Randbedingungen gegeben, so sind die $\eta^{(i)}(a)$ und $\eta^{(i)}(b)$ frei wählbar, womit das Verschwinden der geschweiften Klammern aus $\delta J[u, \eta] = 0$ folgt. Diese $2n$ Randbedingungen nennt man *natürliche (freie) Randbedingungen*. Sind andererseits $k \leq 2n$ (lineare) unabhängige Randbedingungen $U_\mu u = \gamma_\mu$ ($\mu = 1, \ldots, k$) zu dem Variationsproblem gegeben, so erfüllt η die homogenen Randbedingungen $U_\mu \eta = 0$ ($\mu = 1, \ldots, k$). Nimmt man an, daß diese nur Ableitungen bis zur $(n-1)$-ten Ordnung in a und b enthalten, so kann man k der Ableitungen $\eta^{(i)}(a)$, $\eta^{(i)}(b)$ ($i = 0, \ldots, n-1$) durch die anderen $2n - k$ ausdrücken. Aus der freien Wählbarkeit der letzteren erhält man nach (19.24) $2n - k$ natürliche Randbedingungen, zu welchen die k Randbedingungen $U_\mu u = \gamma_\mu$ treten, die man auch *wesentliche (erzwungene) Randbedingungen* nennt. Sind umgekehrt zu einer Differentialgleichung $(2n)$-ter Ordnung $2n$ lineare Randbedingungen gegeben, so kann man durch Linearkombination eine Maximalzahl von wesentlichen Randbedingungen erzeugen. Die *restlichen Randbedingungen*, die also höhere als $(n-1)$-te Ableitungen enthalten, sind mit den natürlichen Randbedingungen äquivalent, wenn die Randwertaufgabe sich aus der Variationsaufgabe (19.20) mit den gleichen wesentlichen Randbedingungen gemäß (19.24) ergibt.

Als weitere notwendige Bedingung läßt sich aus (19.9) die Ungleichung [Bezeichnung analog (19.21)]

$$(19.26) \qquad F_{nn}\big(x, u(x), \ldots, u^{(n)}(x)\big) \geqq 0$$

beweisen.

Setzt man in (19.20)

$$(19.27) \qquad F\big(x, u(x), \ldots, u^{(n)}(x)\big) \equiv \tfrac{1}{2} \sum_{i=0}^{n} f_i(x)\, [u^{(i)}(x)]^2 - r(x)\, u(x),$$

so erhält man aus (19.25) die lineare Eulersche Gleichung

$$(19.28) \qquad \sum_{i=0}^{n} (-1)^i\, [f_i(x)\, u^{(i)}(x)]^{(i)} = r(x)$$

(und aus (19.26) die Bedingung $f_n(x) \geqq 0$), in der man die eckigen Klammern nach der Leibnizschen Regel differenzieren und dann die Ableitungen ordnen kann. Durch einen analogen quadratischen Ansatz für G erhält man lineare natürliche Randbedingungen.

19.5 Systeme gewöhnlicher Differentialgleichungen zweiter Ordnung, das Hamiltonsche Prinzip

Zur Formulierung von Variationsaufgaben, die auf Systeme führen, werden nun P-dimensionale Vektoren $u(x)$ mit den Komponenten $u_i(x)$ $(i = 1, \ldots, P)$ eingeführt. Geht man von der Aufgabe

$$(19.29) \qquad J\, u = \int_a^b F\big(x, u(x), u'(x)\big)\, dx + G\big(u(a), u(b)\big) = \text{Min}$$

aus, so erhält man mit den Bezeichnungen

$$(19.30) \qquad
\begin{cases}
F_i^0(x, y_1, \ldots, y_P, z_1, \ldots, z_P) \\
\qquad = \dfrac{\partial}{\partial y_i} F(x, y_1, \ldots, y_P, z_1, \ldots, z_P), \\[2mm]
F_i^1(x, y_1, \ldots, y_P, z_1, \ldots, z_P) \\
\qquad = \dfrac{\partial}{\partial z_i} F(x, y_1, \ldots, y_P, z_1, \ldots, z_P), \\[2mm]
G_i^a(y_1, \ldots, y_P, z_1, \ldots, z_P) \\
\qquad = \dfrac{\partial}{\partial y_i} G(y_1, \ldots, y_P, z_1, \ldots, z_P), \\[2mm]
G_i^b(y_1, \ldots, y_P, z_1, \ldots, z_P) \\
\qquad = \dfrac{\partial}{\partial z_i} G(y_1, \ldots, y_P, z_1, \ldots, z_P) \qquad (i = 1, \ldots, P)
\end{cases}$$

und nach partieller Integration wie bei (19.22) die erste Variation

$$(19.31) \quad \delta J[\boldsymbol{u}, \boldsymbol{\eta}] = \sum_{i=1}^{P} \int_{a}^{b} \eta_i(x) \left\{ F_i^0(x, \boldsymbol{u}(x), \boldsymbol{u}'(x)) - \right.$$

$$\left. - \frac{d}{dx} F_i^1(x, \boldsymbol{u}(x), \boldsymbol{u}'(x)) \right\} dx +$$

$$+ \sum_{i=1}^{P} \eta_i(a) \left\{ G_i^a(\boldsymbol{u}(a), \boldsymbol{u}(b)) - F_i^1(a, \boldsymbol{u}(a), \boldsymbol{u}'(a)) \right\} +$$

$$+ \sum_{i=1}^{P} \eta_i(b) \left\{ G_i^b(\boldsymbol{u}(a), \boldsymbol{u}(b)) + F_i^1(b, \boldsymbol{u}(b), \boldsymbol{u}'(b)) \right\}.$$

Das Fundamentallemma kann nun komponentenweise angewandt werden, indem man jeweils alle $\eta_i(x) \equiv 0$ setzt bis auf eines. So folgt das System der *Eulerschen Gleichungen*

$$(19.32) \quad F_i^0(x, \boldsymbol{u}(x), \boldsymbol{u}'(x)) - \frac{d}{dx} F_i^1(x, \boldsymbol{u}(x), \boldsymbol{u}'(x)) = 0$$

$$(i = 1, \ldots, P).$$

Deutet man x als die Zeit t, die u_i als verallgemeinerte Koordinaten q_i eines holonomen, skleronomen Systems von Massenpunkten, die u_i' als entsprechende Geschwindigkeitskoordinaten $\dot{q}_i \left(\cdot = \frac{d}{dt} \right)$ und setzt man $G = 0$ und F gleich der Lagrange-Funktion $L =$ kinetische Energie — potentielle Energie, so stellt (19.29) das *Hamiltonsche Prinzip* der kleinsten Wirkung dar, während (19.32) in der Form

$$(19.33) \quad \frac{d}{dt} \frac{\partial L}{\partial \dot{q}_i} - \frac{\partial L}{\partial q_i} = 0 \quad (i = 1, \ldots, P)$$

geschrieben werden kann. Dies sind aber die *Lagrangeschen Bewegungsgleichungen* (2. Art) des Punktmassensystems.

Denkt man sich in $L = L(t, q_k, \dot{q}_k)$ die Größen t und q_k als feste Parameter, so kann man bzgl. der $\dot{q}_k$ die Legendre-Transformation (6.41) anwenden. Man erhält als zu den $\dot{q}_k$ *kanonisch konjugierte Variable*

$$(19.34) \quad p_i = \frac{\partial L}{\partial \dot{q}_i} \quad (i = 1, \ldots, P)$$

und nennt q_i und p_i zusammen *kanonische Variable*. L wird transformiert in die *Hamiltonsche Funktion*

$$(19.35) \quad H = \sum_{i=1}^{P} p_i \dot{q}_i - L = \text{Gesamtenergie},$$

und es ergeben sich aus (19.33) die *Hamiltonschen Differentialgleichungen* (1. Ordnung)

$$(19.36) \quad \dot{q}_i = \frac{\partial H}{\partial p_i} \quad \text{und} \quad \dot{p}_i = -\frac{\partial H}{\partial q_i} \quad (i = 1, \ldots, P).$$

Diese Gleichungen sind invariant gegen die sog. *Berührungstransformationen* $P_i = P_i(p_k, q_k)$, $Q_i = Q_i(p_k, q_k)$, die der Bedingung

$$(19.37) \qquad \sum_{i=1}^{P} p_i \dot{q}_i = \sum_{i=1}^{P} P_i \dot{Q}_i + \frac{d}{dt} W(q_k, Q_k)$$

genügen mit einer willkürlichen, stetig differenzierbaren Funktion W.

Schließlich zeigt sich, daß die *Wirkungsfunktion* $S = \int_{t_0}^{t} L \, dt$ der kanonischen Form der *Hamilton-Jacobischen Differentialgleichung*

$$(19.38) \qquad \frac{\partial S}{\partial t} + H\left(t, q_k, \frac{\partial S}{\partial q_k}\right) = 0$$

genügt. Für Einzelheiten vgl. man P. FUNK (1962), etwa S. 110, A. SOMMERFELD I (1949), S. 173 ff. und I. SZABÓ (1958), Kap. I.

Die Diskussion von Randbedingungen folgt dem gleichen Schema, wie bei einzelnen Differentialgleichungen höherer Ordnung. Zu (19.32) sind $2P$ Randbedingungen zu stellen, von denen eine gewisse Anzahl k von *wesentlichen* (linearen) *Randbedingungen*, die hier nur die Funktionswerte $u_i(a)$ und $u_i(b)$ enthalten, auch von den Lösungen von (19.29) zu fordern sind. Nachdem mit Hilfe der entsprechenden homogenen Randbedingungen k der Größen $\eta_i(a)$, $\eta_i(b)$ aus den Randgliedern von (19.31) eliminiert sind, ergeben sich aus der freien Wählbarkeit der übrigen $2P - k$ *natürliche Randbedingungen*, die den *restlichen Randbedingungen* zu (19.32) gleichwertig sein müssen.

19.6 Partielle Differentialgleichungen zweiter Ordnung

Von den mehrdimensionalen Differentialgleichungsaufgaben wird hier nur der Fall einer unbekannten Funktion u behandelt, von der nur die ersten Ableitungen im Variationsausdruck auftreten. Es sei also ein N-dimensionaler Bereich B mit dem stückweise glatten Rand Γ gegeben. Die Variationsaufgabe $[u_i = \partial u/\partial x_i \; (i = 1, \ldots, N)]$

$$(19.39) \qquad J u = \int_{B} F(x, u, u_1, \ldots, u_N) \, dB + \int_{\Gamma} G(x, u) \, d\Gamma = \text{Min}$$

führt, wenn man die Bezeichnungen

$$(19.40) \qquad F_i(x, z_0, z_1, \ldots, z_N) = \frac{\partial}{\partial z_i} F(x, z_0, z_1, \ldots, z_N)$$

$$G_0(x, z_0) = \frac{\partial}{\partial z_0} G(x, z_0) \qquad (i = 0, \ldots, N),$$

benutzt, zu der ersten Variation

$$(19.41) \qquad \delta J[u, \eta] =$$

$$= \int_{B} \left\{ \eta(x) F_0(x, u, u_1, \ldots, u_N) + \sum_{i=1}^{N} \eta_i(x) F_i(x, u, u_1, \ldots, u_N) \right\} dB +$$

$$+ \int_{\Gamma} \eta(x) G_0(x, u) \, d\Gamma.$$

Die Elimination der Ableitungen von $\eta(x)$ läßt sich mit Hilfe des Gaußschen Integralsatzes (8.4) durchführen, der hier an die Stelle der partiellen Integration bei eindimensionalen Aufgaben tritt. Man erhält

$$(19.42) \quad \delta J[u, \eta] =$$

$$= \int\limits_B \eta(x) \left\{ F_0(x, u, u_1, \ldots, u_N) - \sum_{i=1}^{N} \frac{\partial}{\partial x_i} F_i(x, u, u_1, \ldots, u_N) \right\} dB +$$

$$+ \int\limits_\Gamma \eta(x) \left\{ G_0(x, u) - \sum_{i=1}^{N} \nu_i F_i(x, u, u_1, \ldots, u_N) \right\} d\Gamma.$$

Dabei ist ν_i die i-te Komponente der inneren Normale auf Γ, und die Differentiation nach x_i unter dem Volumenintegral ist so ausgeführt zu denken, daß zuerst $u(x)$ und die $u_j(x)$ ($j = 1, \ldots, N$) in F_i eingesetzt werden und dann differenziert wird. Die Anwendung des Fundamantallemmas liefert die *Eulersche Gleichung*

$$(19.43) \quad F_0(x, u, u_1, \ldots, u_N) - \sum_{i=1}^{N} \frac{\partial}{\partial x_i} F_i(x, u, u_1, \ldots, u_N) = 0.$$

Zu dieser Differentialgleichung zweiter Ordnung tritt auf einem Teil Γ_1 von Γ (evtl. ist $\Gamma_1 = \Gamma$ oder auch Γ_1 leer) die *wesentliche Randbedingung*

$$(19.44) \qquad u(x) = \gamma(x) \quad (x \in \Gamma_1),$$

wenn diese Randbedingung als Nebenbedingung zu (19.39) gestellt wurde. Bleibt ein Randteil Γ_2 übrig, auf dem keine Randbedingung zum Variationsproblem gegeben ist, so kann man $\eta(x)$ dort weitgehend frei wählen. In jedem Punkt $x \in \Gamma_2$, in dem Γ_2 eine eindeutig bestimmte innere Normale besitzt und der von Γ_1 einen nichtverschwindenden Abstand hat, läßt sich die Schlußweise des Fundamentallemmas auf das Randintegral von (19.42) anwenden und führt zu der *natürlichen Randbedingung*

$$(19.45) \qquad G_0(x, u) - \sum_{i=1}^{N} \nu_i F_i(x, u, u_1, \ldots, u_N) = 0.$$

Diese ist als *restliche Randbedingung* auf Γ_2 zu (19.43) zu stellen.

19.7 Einige Spezialfälle

In dem Spezialfall (Hier wird wieder die Summationskonvention benutzt, vgl. Nr. 6.1.)

$$(19.39\mathrm{a}) \qquad J u = \tfrac{1}{2} \int\limits_B (a_{ik} u_{,i} u_{,k} - c u^2 + 2f u) \, dB +$$

$$+ \tfrac{1}{2} \int\limits_\Gamma (\alpha u^2 - 2\gamma u) \, d\Gamma = \text{Min}$$

ergibt sich durch direkte Anwendung der ersten Greenschen Formel (8.6) die Differentialgleichung $L\,u = f$ mit dem durch (8.1a; $\bar{b}_i = 0$) erklärten linearen, selbstadjungierten Differentialoperator L. Die natürlichen Randbedingungen haben die Form (7.9). Für den noch spezielleren Fall der Poissonschen Gleichung vgl. man (11.2) und (12.15); bei der 1. Randwertaufgabe der Potentialtheorie hat man schließlich das *Dirichletsche Prinzip*

$$(19.39\,\mathrm{b}) \qquad J\,u = \tfrac{1}{2} \int\limits_B u_{,i}\,u_{,i}\,d\,B = \mathrm{Min}$$

mit der wesentlichen Randbedingung $u(\boldsymbol{x}) = \gamma(\boldsymbol{x})$ auf Γ.

Die gleiche Randbedingung ist auch zu der Variationsaufgabe $(N = 2)$

$$(19.39\,\mathrm{c}) \qquad J\,u = \int\limits_B \sqrt{1 + u_x^2 + u_y^2}\,d\,x\,d\,y = \mathrm{Min}$$

zu stellen, die das Plateausche Problem der Auffindung einer Minimalfläche beschreibt und zu der Randwertaufgabe (14.10) und (14.11) führt.

Um zu der Gl. (14.27) des Geschwindigkeitspotentials der Strömung idealer Gase ein Variationsproblem zu finden, kann man ansetzen

$$(19.39\,\mathrm{d}) \qquad J\,u = \int\limits_B \Phi(u_{,1}^2 + u_{,2}^2 + u_{,3}^2)\,d\,B = \mathrm{Min}.$$

Die Funktion $\Phi(t)$ ist dann so zu bestimmen, daß die gewöhnliche Differentialgleichung

$$(19.46) \qquad \frac{\Phi''(t)}{\Phi'(t)} = -\frac{1}{2a^2(t)}$$

erfüllt ist. Der bei R. Sauer (1960), S. 25 angegebene Fall der vollkommenen Gase mit konstanten spezifischen Wärmen $(c_p/c_v = \varkappa)$ führt mit $a^2(t) = \dfrac{\varkappa - 1}{2}\,(w_{\mathrm{Max}}^2 - t)$ auf die Funktion

$$(19.47) \qquad \Phi(t) = (w_{\mathrm{Max}}^2 - t)^{\frac{\varkappa}{\varkappa - 1}},$$

also auf

$$(19.39\,\mathrm{e}) \qquad J\,u = \int\limits_B (w_{\mathrm{Max}}^2 - u_{,1}^2 - u_{,2}^2 - u_{,3}^2)^{\frac{\varkappa}{\varkappa - 1}}\,d\,B = \mathrm{Min}.$$

Auf Variationsaufgaben für allgemeine partielle Differentialgleichungen höherer Ordnung und für Systeme kann des Umfangs wegen nicht eingegangen werden. Für die Gleichungen der Elastizitätslehre und die Plattengleichung vgl. man die Nr. 23.3 und 23.4.

§ 20. Die Lagrangesche Multiplikatorenmethode

20.1 Nebenbedingungen mit Funktionalen

Bei Problemen mit nichtlinearen Nebenbedingungen ist es meist nicht so einfach, Elementscharen $v = u + \varepsilon\,\eta$ anzugeben, wie es in Nr. 19.1 für lineare Nebenbedingungen geschildert wurde. Hier hilft die *Lagrangesche Multiplikatorenmethode*, die zunächst für den Fall betrachtet wird, daß in den Nebenbedingungen (19.1) die U_μ ($\mu = 1, \ldots, k$) Funktionale bedeuten, deren Wert durch die reellen Zahlen γ_μ festgelegt wird. Nennt man das J in (19.2) auch U_0 und bildet den Variationsausdruck

$$(20.1) \qquad H\,u \equiv \lambda_0\,J\,u + \sum_{\nu=1}^{k} \lambda_\nu\,U_\nu\,u = \sum_{\nu=0}^{k} \lambda_\nu\,U_\nu\,u$$

mit beliebigen Konstanten λ_ν ($\lambda_0 \neq 0$), so ergibt sich, wenn man gemäß $v = u + \varepsilon_0\,\eta_0$ variiert, für das Verschwinden der ersten Variation von H die Gleichung

$$(20.2) \qquad \delta H[u, \eta_0] = \sum_{\nu=0}^{k} \lambda_\nu\,\delta U_\nu[u, \eta_0] = 0.$$

Die Lagrangesche Multiplikatorenmethode besteht nun einfach darin, die λ_ν zunächst als frei wählbar zu betrachten und die zu (20.2) gehörige Eulersche Gleichung (mit evtl. zusätzlich auftretenden oder natürlichen Randbedingungen) zu lösen. Anschließend werden dann die λ_ν aus den Nebenbedingungen (19.1) berechnet.

Zur Motivierung dieser Vorgehensweise mögen folgende Betrachtungen dienen. Nimmt man die Lösung u und die ersten und zweiten Variationen von U_μ ($\mu = 0, \ldots, k$) als existent an, so kann man mit dem Variationsansatz

$$(20.3) \qquad v = u + \sum_{\nu=0}^{k} \varepsilon_\nu\,\eta_\nu$$

in (19.1) und (19.2) eingehen und erhält (O ist das Landau-Symbol, vgl. etwa A. Duschek (1956), S.80)

$$(20.4) \qquad U_\mu\,v = U_\mu\,u + \sum_{\nu=0}^{k} \varepsilon_\nu\,\delta U_\mu[u, \eta_\nu] + \mathrm{O}\left(\sum_{\nu=0}^{k} \varepsilon_\nu^2\right) \quad (\mu = 0, \ldots, k).$$

Die Forderung, u solle U_0 zum Minimum machen, führt auf die Forderung, daß die Summe in der ersten Gl. (20.4) ($\mu = 0$) verschwindet; die Nebenbedingungen $U_\mu\,v = U_\mu\,u = \gamma_\mu$ ($\mu = 1, \ldots, k$) führen in der Grenze ($\varepsilon_\nu \to 0$) zum Verschwinden der weiteren Summen. Es ergeben sich also die $k + 1$ homogenen, linearen Gleichungen

$$(20.5) \qquad \sum_{\nu=0}^{k} \varepsilon_\nu\,\delta U_\mu[u, \eta_\nu] = 0 \quad (\mu = 0, 1, \ldots, k).$$

Soll dieses Gleichungssystem mit nicht sämtlich verschwindenden ε_ν lösbar sein, so ist dazu das Verschwinden der Determinante

$$(20.6) \qquad D = \det\left(\delta U_\mu[\boldsymbol{u}, \boldsymbol{\eta}_\nu]\right) = 0$$

notwendig und hinreichend. Entwickelt man diese Determinante nach der ersten Spalte, so erhält man

$$(20.7) \qquad D = \sum_{=0}^{k} \varkappa_\nu\, \delta U_\nu[\boldsymbol{u}, \boldsymbol{\eta}_0] = 0,$$

worin die Kofaktoren der Elemente der ersten Spalte zur Abkürzung mit $\varkappa_\nu$ $(\nu = 0, \ldots, k)$ bezeichnet wurden. (20.7) stimmt mit (20.2) formal überein; man kann, wenn $\varkappa_0 \neq 0$ ist, die $\varkappa_\nu$ mit den λ_ν $(\nu = 0, \ldots, k)$ identifizieren und erhält so die Rechtfertigung der Lagrangeschen Multiplikatorenmethode. $\varkappa_0 \neq 0$, d. h. das Nichtverschwinden der in der Matrix von (20.5) rechts unten stehenden, k-reihigen Unterdeterminante kann im Normalfall durch geeignete Wahl von $\boldsymbol{\eta}_1$ bis $\boldsymbol{\eta}_k$ erreicht werden; es dürfen aber weder die Nebenbedingungen linear abhängig sein, noch darf $\boldsymbol{u}$ eines der $U_\mu\, \boldsymbol{v}$ $(\mu = 1, \ldots, k)$ zum Minimum machen, da sonst eine Zeile von Nullen auftritt.

20.2 Beispiel der Kettenlinie

Für die Durchführung der Lagrangeschen Multiplikatorenmethode bei speziellen Aufgabenklassen vgl. man die obigen Betrachtungen über die analogen Aufgaben ohne Nebenbedingungen. Hier soll zur Erläuterung das Beispiel der *Kettenlinie* behandelt werden, das durch die Forderung der tiefsten Schwerpunktslage bei fester Länge L und festen Aufhängepunkten definiert ist:

$$(20.8) \qquad J\, u = \int_a^b u\, \sqrt{1 + u'^2}\, dx = \text{Min} \qquad \text{(zu minimierender Ausdruck)},$$

$$(20.9) \qquad U_1\, u = \int_a^b \sqrt{1 + u'^2}\, dx = L \qquad (= \gamma_1,\ \text{Nebenbedingung}),$$

$$(20.10) \qquad u(a) = u_a, \qquad u(b) = u_b \qquad \text{(wesentliche Randbedingungen)}.$$

Mit $\lambda_0 = 1$, $\lambda_1 = \lambda$ hat man zunächst

$$(20.11) \qquad H\, u = \int_a^b (u + \lambda)\, \sqrt{1 + u'^2}\, dx = \text{Min}$$

mit der Eulerschen Gleichung [vgl. (19.25)]

$$(20.12) \qquad \sqrt{1 + u'^2} - \frac{d}{dx}\left[\frac{(u + \lambda)\, u'}{\sqrt{1 + u'^2}}\right] = 0,$$

die auch in der Form

$$(20.13) \qquad u''(u + \lambda) = 1 + u'^2$$

geschrieben werden kann. Mit zwei Integrationskonstanten c und d lautet das allgemeine Integral dieser Differentialgleichung

$$(20.14) \qquad u = -\lambda + c \cdot \cosh \frac{x+d}{c} \,.$$

Aus (20.9) und der Differenz der Gln. (20.10) ergibt sich leicht

$$c\left(\sinh \frac{b+d}{c} - \sinh \frac{a+d}{c}\right) \equiv$$

$$\equiv 2c \cdot \cosh \frac{a+b+2d}{2c} \sinh \frac{b-a}{2c} = L\,,$$

$$(20.15)$$

$$c\left(\cosh \frac{b+d}{c} - \cosh \frac{a+d}{c}\right) \equiv$$

$$\equiv 2c \cdot \sinh \frac{a+b+2d}{2c} \sinh \frac{b-a}{2c} = u_b - u_a\,,$$

woraus sich durch Quadrieren, Subtrahieren und Radizieren die transzendente Gleichung

$$(20.16) \qquad 2c \cdot \sinh \frac{b-a}{2c} = \sqrt{L^2 - (u_b - u_a)^2}$$

für c ergibt. Diese hat für $L^2 > (u_b - u_a)^2 + (b - a)^2$ genau eine positive Lösung c, die numerisch bestimmbar ist. Ist c bekannt, so kann man d aus einer der Gln. (20.15) und schließlich λ aus einer der Randbedingungen (20.10) nach (20.14) berechnen.

20.3 Das Prinzip von Kamke für Eigenwertaufgaben

Als weiteres Beispiel soll hier eine zu einem Eigenwertproblem führende Variationsaufgabe behandelt werden. Geht man von der eindimensionalen Aufgabe

$$(20.17) \qquad J u = \int_a^b [p(x)\, u'^2 + q(x)\, u^2]\, dx + A\, u^2(a) + B\, u^2(b) = \text{Min}$$

aus, wobei $p(x) > 0$ und stetig differenzierbar, $q(x) \geqq 0$ und stetig in $[a, b]$, $A, B \geqq 0$ seien, so sieht man, daß ohne Nebenbedingungen das Minimum für $u \equiv 0$ in $[a, b]$ erreicht wird. Verlangt man jedoch

$$(20.18) \qquad U_1 u = - \int_a^b r(x)\, u^2\, dx = -1$$

mit stetigem $r(x) \geqq 0$, $\not\equiv 0$, so wird die triviale Lösung ausgeschlossen, und die Lagrangesche Multiplikatorenmethode führt über ($\lambda_0 = 1$)

$$(20.19) \qquad H u = J u + \lambda\, U_1 u =$$

$$= \int_a^b [p\, u'^2 + (q - \lambda\, r)\, u^2]\, dx + A\, u^2(a) + B\, u^2(b) = \text{Min}$$

zu der Gleichung [vgl. (19.24)]

$$(20.20) \qquad \tfrac{1}{2}\,\delta H[u,\eta] = \int\limits_a^b [-(p\,u')' + (q - \lambda\,r)\,u]\,\eta\,(x)\,dx +$$

$$+ [-p\,(a)\,u'\,(a) + A\,u\,(a)]\,\eta\,(a) +$$

$$+ [p\,(b)\,u'\,(b) + B\,u\,(b)]\,\eta\,(b) = 0.$$

Daraus ergibt sich als Eulersche Gleichung

$$(20.21) \qquad -(p\,u')' + q\,u = \lambda\,r\,u,$$

zu der bei $x = a$ entweder die wesentliche Randbedingung $u\,(a) = 0$ oder die restliche Randbedingung $-p\,(a)\,u'\,(a) + A\,u\,(a) = 0$ und eine der analogen Randbedingungen für $x = b$ treten. Die zulässigen Funktionen $u + \varepsilon\,\eta$ sind wieder so zu wählen, daß die wesentlichen Randbedingungen erfüllt sind. Unter den angegebenen Voraussetzungen kann die Existenz einer Lösung bewiesen werden, vgl. G. GRÜSS und W. MEYER-KÖNIG (1955). Denkt man sich eine Lösung λ_1, $u_1\,(x)$ bekannt, so kann man durch die weitere Nebenbedingung

$$(20.22) \qquad U_2\,u = -\int\limits_a^b r\,(x)\,u_1\,(x)\,u\,(x)\,dx = 0$$

zu einem Variationsproblem für einen zweiten Eigenwert und eine zweite Eigenfunktion von (20.21) gelangen usw.

Ferner sieht man, daß bei Multiplikation von u mit einem konstanten Faktor $(\neq 0,\, \neq \pm 1)$ (20.21) und die Randbedingungen erfüllt bleiben, während $J\,u$ und $U_1\,u$ mit dem Quadrat dieses Faktors multipliziert werden, so daß (20.18) nicht mehr gilt. Will man sich von dieser Einschränkung befreien, so kann man (20.19) durch $1 = -U_1\,u$ dividieren und erhält

$$(20.23) \qquad -\frac{H\,u}{U_1\,u} = -\frac{J\,u}{U_1\,u} - \lambda = \text{Min.}$$

Das Glied $-\lambda$ hat bei fest gewähltem λ keinen Einfluß auf die Minimaleigenschaften und kann daher weggelassen werden, so daß sich das *Kamkesche Prinzip*

$$(20.24) \qquad K\,u = -\frac{J\,u}{U_1\,u}$$

$$= \frac{\int\limits_a^b [p\,u'^2 + q\,u^2]\,dx + A\,u^2(a) + B\,u^2(b)}{\int\limits_a^b r\,u^2\,dx} = \text{Min}$$

ergibt. Verallgemeinerungen und andere Variationsprinzipien bei Eigenwertaufgaben finden sich in Kap. IV, vgl. Nr. 17.4.

20.4 Nebenbedingungen mit Operatoren

Der Fall, daß in den Nebenbedingungen (19.1) die $U_\mu\, u$ ($\mu = 1,\ldots, k$) Ausdrücke in den abhängigen Variablen, ihren Ableitungen und den unabhängigen Variablen bedeuten, die jedem u in B definierte Funktionen γ_μ zuordnen, allgemein gesprochen also Operatoren, kann hier nur kurz behandelt werden unter der Voraussetzung, daß J die Gestalt eines Integrals

$$(20.25) \qquad J\, u = \int\limits_B U_0\, u\, dB = \text{Min}$$

über einen ein- oder mehrdimensionalen Bereich B hat, worin auch die Anzahl P der abhängigen Variablen u_i beliebig ist und der Ausdruck U_0 auch von den Ableitungen dieser u_i und den unabhängigen Variablen x_j ($j = 1,\ldots, N$) abhängen darf. Sind die Nebenbedingungen

$$(20.26) \qquad U_\mu\, u = \gamma_\mu(x) \qquad (x \in B; \mu = 1,\ldots, k)$$

ebenso wie U_0 beschaffen, so lautet die Regel der *Lagrangeschen Multiplikatorenmethode* folgendermaßen: Man löse für beliebige Faktoren $\lambda_\mu = \lambda_\mu(x)$ ($x \in B; \mu = 1,\ldots, k$) die Variationsaufgabe

$$(20.27) \qquad H\, u = \int\limits_B \left\{ U_0\, u + \sum_{\mu=1}^{k} \lambda_\mu(x)\, U_\mu\, u \right\} dB = \text{Min}$$

und bestimme dann die λ_μ aus den Nebenbedingungen (20.26). Treten in letzteren Ableitungen auf, so handelt es sich um Differentialgleichungen für die $\lambda_\mu(x)$; man tut dann gut daran, die λ_μ als zusätzliche abhängige Veränderliche zu den u_i ($i = 1,\ldots, P$) zu schlagen. Für Einzelheiten vgl. man die in Nr. 19.1 zitierte Literatur, wo auch das typische Beispiel der geodätischen Linien als der kürzesten Verbindungen von Punktepaaren auf beliebigen Flächen behandelt wird.

§ 21. Aufstellung von Variationsaufgaben

21.1 Das Umkehrproblem der Variationsrechnung

Geht man, dem Thema dieses Abschnitts entsprechend, von einer gegebenen Randwertaufgabe, Eigenwertaufgabe oder Integralgleichung aus, so stellen sich ganz naturgemäß die Fragen, ob überhaupt ein dazugehöriges Variationsproblem angegeben werden kann und wenn ja, wie man es findet. Diese hier zu behandelnde Aufgabe wird auch *inverses Problem* oder *Umkehrproblem der Variationsrechnung* genannt.

Zunächst sollen hier einige Ergebnisse mitgeteilt werden, die die Existenzfrage betreffen.

Satz 21.1: *Ist die Eulersche Gleichung eine Differentialgleichung, so ist ihre Ordnung gerade, daher existiert zu einer Differentialgleichung ungerader (besonders erster) Ordnung kein Variationsproblem.*

Satz 21.2: *Zu jeder gewöhnlichen Differentialgleichung der Form $u'' = G(x, u, u')$ mit stetig differenzierbarem G, deren Lösungen eine zweiparametrige Schar zweimal stetig differenzierbarer Kurven bilden, läßt sich eine Variationsaufgabe aufstellen.*

Leider weiß man von dieser Variationsaufgabe weder etwas über die Lösbarkeit, noch darüber, ob etwa ein Minimum, Maximum oder ein anderer stationärer Wert vorliegt. Auch ist die Eindeutigkeit des Variationsausdruckes generell nicht zu erwarten, wie schon ganz einfache Beispiele zeigen.

21.2 Die Variationsgleichung, ein notwendiges und hinreichendes Kriterium

Der für den folgenden Satz von HIRSCH und KURSCHAK wichtige Begriff der *Variationsgleichung* wurde für elliptische Differentialgleichungen 2. Ordnung schon in (9.35) und (9.36) benutzt; er wird hier in einer etwas modifizierten Weise benötigt. Denkt man sich eine gewöhnliche oder partielle Differentialgleichung mit $N \geq 1$ unabhängigen Variablen für eine unbekannte Funktion u in der Form

$$(21.3) \qquad F(x, u, u_1, \ldots, u_N, u_{11}, \ldots) = 0$$

geschrieben, so soll hier nicht eine allgemeine Variation der Lösung u betrachtet werden, sondern es soll $w = w(x, \varepsilon)$ eine einparametrige Schar von Lösungen von (21.3) durchlaufen, und zwar so, daß sich für $\varepsilon = 0$ eine Lösung von (21.3) mit gegebenen Randbedingungen ergibt. w sei ferner in der Form

$$(21.4) \qquad w(x, \varepsilon) = u(x) + \varepsilon\,\eta(x) + \varepsilon^2\,\zeta(x, \varepsilon)$$

darstellbar. Ist F nach allen seinen Argumenten stetig differenzierbar, so kann man (21.4) in (21.3) einsetzen, nach ε differenzieren und dann $\varepsilon = 0$ setzen. Man erhält mit zu (9.36) analogen Bezeichnungen die Variationsgleichung

$$(21.5) \quad F_u(x, u, \ldots)\,\eta(x) + F_i(x, u, \ldots)\,\eta_i(x) +$$

$$+ F_{ik}(x, u, \ldots)\,\eta_{ik}(x) + \cdots = 0.$$

Ist (21.3) die Eulersche Gleichung eines Variationsproblems, so nennt man (21.5) auch die *Jacobische Gleichung* dieses Variationsproblems. Es gilt nun der

Satz 21.6: *Es sei eine gewöhnliche Differentialgleichung beliebiger gerader Ordnung oder eine partielle Differentialgleichung zweiter Ordnung*

gegeben, und es werde eine Lösung $u(x)$ dieser Differentialgleichung, die die ebenfalls gegebenen Randbedingungen befriedigt, in (21.5) eingesetzt. Genau dann, wenn die Variationsgleichung (21.5), als Differentialgleichung für η aufgefaßt, selbstadjungiert ist, läßt sich ein Variationsproblem angeben, dessen Eulersche Gleichung die gegebene Differentialgleichung ist.

Bei linearen, homogenen Differentialgleichungen ist die Variationsgleichung mit der gegebenen Differentialgleichung identisch, also ist die Selbstadjungiertheit der letzteren zu untersuchen. Man vergleiche für gewöhnliche Differentialgleichungen (1.22) und für partielle Differentialgleichungen 2. Ordnung (8.3). Es ist zu bemerken, daß viele Differentialgleichungen, die nicht selbstadjungiert sind, doch in die selbstadjungierte Form transformiert werden können; dies ist z. B. bei allen linearen, gewöhnlichen Differentialgleichungen 2. Ordnung möglich (vgl. Nr. 1.4).

Der Satz 21.6 gestattet zwar den schematischen Test einer vorgelegten Differentialgleichung, sagt aber nichts über Randausdrücke und ihre Anpassung an die gegebenen Randbedingungen aus. Bei den wesentlichen Randbedingungen entstehen zwar keine Schwierigkeiten, da sie einfach übernommen werden, jedoch bedürfen restliche Randbedingungen besonderer Untersuchung, da nicht in jedem Fall ein zugehöriges Variationsproblem angegeben werden kann. Dabei und überhaupt bei der praktischen Aufstellung von Variationsaufgaben können die Tabellen am Ende dieses § von Nutzen sein, deren Anwendung an Spezialfällen erläutert werden soll.

21.3 Gewöhnliche Differentialgleichungen zweiter Ordnung

Ist die selbstadjungierte Form einer linearen Differentialgleichung 2. Ordnung

$$(21.7) \qquad -[p(x)\,u']' + q(x)\,u = r(x) \qquad (a \leq x \leq b)$$

gegeben, so erhält man durch Einsetzen von $-r$, q und p für f in die Formeln (21.17.1), (21.17.5) bzw. (21.17.6) und Addition

$$(21.8) \qquad J\,u = \tfrac{1}{2} \int_a^b [p(x)\,u'^2 + q(x)\,u^2 - 2r(x)\,u]\,dx + R\,u = \text{Min},$$

wobei über den Randausdruck $R\,u$ nach Maßgabe der Randbedingungen zu verfügen ist. Die wesentlichen Randbedingungen $u(a) = u_a = \gamma_a$ und bzw. oder $u_b = \gamma_b$ sind als Nebenbedingungen zu (21.8) zu stellen; für den betreffenden Randpunkt fallen wegen $\eta = 0$ alle Randterme aus $\delta J[u, \eta]$ fort, so daß keine Randglieder vonnöten sind. Ist in einem Randpunkt, etwa b, die restliche Randbedingung (evtl. analog bei a)

$$(21.9) \qquad u_b' + \alpha\,u_b = \gamma$$

gegeben, so kann man nach (21.17.21) und (21.17.24) $R\,u = R_a\,u + R_b\,u$ mit

$$(21.10) \qquad R_b\,u = \tfrac{1}{2}\alpha\,p_b\,u_b^2 - \gamma\,p_b\,u_b$$

wählen, woraus sich mit dem Randterm von (21.17.6) zusammen

$$(21.11) \qquad p_b[u_b' + \alpha\,u_b - \gamma] = 0$$

ergibt. In dem Sonderfall $p_b = 0$ hat die gegebene Differentialgleichung bei $x = b$ eine Singularität (z. B. die Differentialgleichung der Kugelfunktionen bei $x = 1$, vgl. Abschn. B); dann sind $R_b\,u = 0$ und (21.11) von selbst erfüllt. In diesem Fall kann zu (21.7) überhaupt nur eine Randbedingung frei gestellt werden, wenn u bei $x = b$ endlich bleiben soll; verlangt man (21.9), so handelt es sich um eine Anfangswertaufgabe, die der Behandlung als Variationsproblem nicht zugänglich ist. Wohl aber kann bei $p_a \neq 0$ eine Randbedingung bei $x = a$ gestellt werden.

Bei Aufgaben, bei denen unter der Voraussetzung, daß p, q und r die Periode $(b - a)$ haben, nach einer mit der gleichen Periode periodischen Lösung gefragt ist, lauten die Randbedingungen $u_a = u_b$ und $u_a' = u_b'$. Hier kann ebenfalls $R\,u = 0$ gesetzt werden, denn die Randterme von (21.17.6) ergeben wegen $\eta_a = \eta_b$ und $p_a = p_b$

$$(21.12) \qquad p_b\,u_b'\,\eta_b - p_a\,u_a'\,\eta_a = p_b(u_b' - u_a')\,\eta_b = 0.$$

Bei anderen Verknüpfungen der Randwerte können (21.17.29), (21.17.30) und (21.17.33) benutzt werden.

21.4 Selbstadjungierte Differentialgleichungen vierter Ordnung

Bei der selbstadjungierten Differentialgleichung

$$(21.13) \qquad [f_2(x)\,u'']'' - [f_1(x)\,u']' + f_0(x)\,u = r(x)$$

ist nach (21.17.1), (21.17.5), (21.17.6) und (21.17.7)

$$(21.14) \qquad J\,u = \tfrac{1}{2}\int_a^b [f_2(x)\,u''^2 + f_1(x)\,u'^2 + f_0(x)\,u^2 - 2r(x)\,u]\,dx + {} $$
$$ + R\,u = \text{Min},$$

und es ergibt sich bei Hinzunahme der Randterme

$$(21.15) \qquad R_b\,u = \tfrac{1}{2}A\,u_b'^2 + B\,u_b'\,u_b + \tfrac{1}{2}C\,u_b^2 - D\,u_b' - E\,u_b,$$
$$R_a\,u = \cdots \text{(analog)}$$

die Forderung

$$(21.16) \qquad \tilde{R}\,u = [f_{2b}\,u_b'' + A\,u_b' + B\,u_b - D]\,\eta_b' + [\cdots]\,\eta_a' + {}$$
$$ + [-f_{2b}\,u_b''' - f_{2b}'\,u_b'' + f_{1b}\,u_b' + B\,u_b' + C\,u_b - E]\,\eta_b + [\cdots]\,\eta_a = 0.$$

Bei den wesentlichen Randbedingungen $u_b = \gamma$, $u_b' = \delta$ kann wegen $\eta_b' = \eta_b = 0$ $A = B = C = D = E = 0$ gesetzt werden. Ist nur $u_b = \gamma$

21.5 Tabellen (vgl. Nr. 21.3 und Nr. 21.4)

Tabelle 21.17. *Variationsausdrücke bei gewöhnlichen Differentialgleichungen*

Nr.	Glieder des Variationsausdrucks	Glieder der Eulerschen Gleichung	Randglieder
	Einzelne Differentialgleichungen, vgl. (19.20ff)		
1	$\int f(x)\, u(x)\, dx\;*$	$+f(x)$	0
2	$\int f(x)\, u'(x)\, dx$	$-f'(x)$	$f(x)\, \eta(x)\,\big|_a^b\;*$
3	$\int f(x)\, u''(x)\, dx$	$+f''(x)$	$f(x)\, \eta'(x) - f'(x)\, \eta(x)\,\big|_a^b$
	$\ldots$	$\ldots$	$\ldots$
4	$\int f(x)\, u^{(n)}(x)\, dx$	$(-1)^n\, f^{(n)}(x)$	$\sum_{j=0}^{n-1} (-1)^j\, f^{(j)}\, \eta^{(n-j-1)}\,\big|_a^b$
5	$\frac{1}{2}\int f(x)\, u^2(x)\, dx$	$+f(x)\, u(x)$	0
6	$\frac{1}{2}\int f(x)\, [u'(x)]^2\, dx$	$-[f(x)\, u'(x)]'$	$f(x)\, u'(x)\, \eta(x)\,\big|_a^b$
7	$\frac{1}{2}\int f(x)\, [u''(x)]^2\, dx$	$+[f(x)\, u''(x)]''$	$f\,u''\,\eta' - (f\,u''' + f'\,u'')\,\eta\,\big|_a^b$
	$\ldots$	$\ldots$	$\ldots$
8	$\frac{1}{2}\int f(x)\, [u^{(n)}(x)]^2\, dx$	$(-1)^n\, [f(x)\, u^{(n)}(x)]^{(n)}$	$\sum_{j=0}^{n-1} (-1)^j\, [f\,u^{(n)}]^{(j)}\, \eta^{(n-j-1)}\,\big|_a^b$
9	$\int [f(x)\, u(x)]'\, dx$	0	$f(x)\, \eta(x)\,\big|_a^b$
10	$\int [f(x)\, u'(x)]'\, dx$	0	$f(x)\, \eta'(x)\,\big|_a^b$
	$\ldots$	$\ldots$	$\ldots$
11	$\int [f(x)\, u^{(n)}(x)]'\, dx$	0	$f(x)\, \eta^{(n)}(x)\,\big|_a^b$
12	$\frac{1}{2}\int [f(x)\, u^2(x)]'\, dx$	0	$f(x)\, u(x)\, \eta(x)\,\big|_a^b$
13	$\frac{1}{2}\int [f(x)\, u'^2(x)]'\, dx$	0	$f(x)\, u'(x)\, \eta'(x)\,\big|_a^b$
	$\ldots$	$\ldots$	$\ldots$
14	$\int [f\,u^{(i)}\,u^{(j)}]'\, dx$	0	$f\,u^{(i)}\,\eta^{(j)} + f\,u^{(j)}\,\eta^{(i)}\,\big|_a^b$

15	$\int F(x, u(x))\, dx$	$F_u(x, u(x)) = \dfrac{\partial F(x, z)}{\partial z}\Big|_{z = u(x)}$	0
16	$\int F(x, u)\, u'^n\, dx \quad (n = 1, 2, \ldots)$	$-u'^{n-2}[(n - 1)\, F_u\, u'^2 + {}$ $\qquad + n(n - 1)\, F\, u'' + n\, F_x\, u']$	$n\, u'^{n-1}\, F\, \eta\, \big|_a^b$
17	$\int F(x, u(x))\, u''(x)\, dx$	$2 F_u\, u'' + F_{xx} + 2 F_{xu}\, u' + F_{uu}\, u'^2$	$F\, \eta' - (F_x + F_u\, u')\, \eta\, \big|_a^b$
18	$\int [F(x, u(x), \ldots)]'\, dx$	0	$F_u\, \eta + F_{u'}\, \eta' + \cdots \big|_a^b$
19	$\int F(x, u'(x))\, dx$	$-F_{xu'} - F_{u'u'}\, u''$	$F_{u'}\, \eta\, \big|_a^b$
20	$\int F(x, u''(x))\, dx$	$F_{u''u''}\, u'''' + F_{xxu''} + 2 F_{xu''u''}\, u''' + {}$ $\qquad + F_{u''u''u''}\, u'''^2$	$F_{u''}\, \eta' - (F_{xu''} + F_{u''u''}\, u''')\, \eta\, \big|_a^b$
21	$A\, u_a,\ B\, u_b$ *	0	$A\, \eta_a,\ B\, \eta_b$
22	$A\, u_a',\ B\, u_b'$	0	$A\, \eta_a',\ B\, \eta_b'$
23	$A\, u_a^{(n)},\ B\, u_b^{(n)}$	0	$A\, \eta_u^{(n)},\ B\, \eta_b^{(n)}$
24	$\tfrac{1}{2} A\, u_a^2,\ \tfrac{1}{2} B\, u_b^2$	0	$A\, u_a\, \eta_a,\ B\, u_b\, \eta_b$
25	$\tfrac{1}{2} A\, u_a'^2,\ \tfrac{1}{2} B\, u_b'^2$	0	$A\, u_a'\, \eta_a',\ B\, u_b'\, \eta_b'$
26	$\tfrac{1}{2} A\, (u_a^{(n)})^2,\ \tfrac{1}{2} B\, (u_b^{(n)})^2$	0	$A\, u_a^{(n)}\, \eta_u^{(n)},\ B\, u_b^{(n)}\, \eta_b^{(n)}$
27	$A\, u_a\, u_a',\ \ldots$	0	$A\, u_a\, \eta_a' + A\, u_a'\, \eta_a, \ldots$
28	$A\, u_a^{(i)}\, u_a^{(j)},\ \ldots$	0	$A\, u_a^{(i)}\, \eta_a^{(j)} + A\, u_a^{(j)}\, \eta_{\cdot}^{(i)}, \ldots$
29	$C\, u_a\, u_b$	0	$C\, u_a\, \eta_b + C\, u_b\, \eta_a$
30	$C\, u_a'\, u_b$ usw.	0	$C\, u_a'\, \eta_b + C\, u_b\, \eta_a'$ usw.
31	$G\, (u_a)$	0	$G_{u_a}(u_a)\, \eta_a$
32	$G\, (u_a, u_a', \ldots, u_a^{(n)})$	0	$G_{u_a}\, \eta_a + G_{u_a'}\, \eta_a' + \cdots + G_{u_a^{(n)}}\, \eta_a^{(n)}$
33	$G\, (u_a, u_b)$	0	$G_{u_a}\, \eta_a + G_{u_b}\, \eta_b$

* $\int$ heißt in dieser Tabelle immer $\int_a^b$, u_a heißt $u(a)$, u_a' heißt $u'(a)$ usw.; $\big|_a^b$ heißt, daß der vorhergehende Ausdruck an der Stelle a von dem gleichen Ausdruck an der Stelle b zu subtrahieren ist.

Tabelle 21.17 (Fortsetzung)

Nr.	Glieder des Variationsausdrucks	Glieder der Eulerschen Gleichung		Randglieder
	Systeme, vgl. (19.29ff.); für Ausdrücke, die nur von einer Komponente $u_i(x)$ abhängen, können obige Formeln benutzt werden.			
34	$\int f(x)\,u_i(x)\,u_k(x)\,dx$	$f(x)\,u_i(x)$	zur k-ten Gleichung	0
		$f(x)\,u_k(x)$	zur i-ten Gleichung	
35	$\int f(x)\,u_i(x)\,u_k'(x)\,dx$	$-[f\,u_i]'$	zur k-ten Gleichung	$f(x)\,u_i(x)\,\eta_k(x)\,\big|_a^b$
		$f\,u_k'$	zur i-ten Gleichung	
36	$\int f(x)\,u_i'(x)\,u_k'(x)\,dx$	$-[f\,u_i']'$	zur k-ten Gleichung	$f\,u_i'\,\eta_k + f\,u_k'\,\eta_i\,\big|_a^b$
		$-[f\,u_k']'$	zur i-ten Gleichung	
37	$\int F(x,u_i(x))\,u_k(x)\,dx$	$F(x,u_i)$	zur k-ten Gleichung	0
		$F_{u_i}(x,u_i)\,u_k$	zur i-ten Gleichung	
38	$\int F(x,u_i(x))\,u_k'(x)\,dx$	$-F_x - F_{u_i}u_i'$	zur k-ten Gleichung	$F(x,u_i(x))\,\eta_k(x)\,\big|_a^b$
		$F_{u_i}u_k'$	zur i-ten Gleichung	
39	$\int F(x,u_i'(x))\,u_k(x)\,dx$	$F(x,u_i')$	zur k-ten Gleichung	$F_{u_i'}\,u_k\,\eta_i\,\big|_a^b$
		$-u_k'\,F_{u_i'} - u_k\,F_{xu_i'} - u_k\,F_{u_i'u_i'}\,u_i''$		
			zur i-ten Gleichung	
40	$\int F(x,u_i'(x))\,u_k'(x)\,dx$	$-F_x - F_{u_i'}u_i''$	zur k-ten Gleichung	$F\,\eta_k + F_{u_i'}\,u_k'\,\eta_i\,\big|_a^b$
		$-u_k''\,F_{u_i'} - u_k'\,F_{xu_i'} - u_k'\,F_{u_i'u_i'}\,u_i''$		
			zur i-ten Gleichung	
41	$A\,u_{ia}\,u_{ka}$	0		$A\,u_{ia}\,\eta_{ka} + A\,u_{ka}\,\eta_{ia}$
42	$G(u_{ia},u_{ka})$	0		$G_{u_{ia}}\,\eta_{ia} + G_{u_{ka}}\,\eta_{ka}$

Tabelle 21.18. *Variationsausdrücke bei partiellen Differentialgleichungen*

Nr.	Glieder des Variationsausdrucks	Glieder der Eulerschen Gleichung	Randglieder
	Differentialgleichungen 2. Ordnung, vgl. (19.39ff.), $x = \{x_1, \ldots, x_N\}$, $i, j, k, l = 1, \ldots, N \geqq 2$.		
1	$\int f(x)\, u(x)\, dB$ [1]	$+f(x)$	0
2	$\int f(x)\, u_{,i}(x)\, dB$	$-f_{,i}(x)$	$-\int f(x)\, v_i(x)\, \eta(x)\, d\Gamma$ [1]
3	$\tfrac{1}{2}\int f(x)\, u^2(x)\, dB$	$f(x)\, u(x)$	0
4	$\int f(x)\, u(x)\, u_{,i}(x)\, dB$	$-f_{,i}(x)\, u(x)$	$-\int f(x)\, u(x)\, v_i(x)\, \eta(x)\, d\Gamma$
5	$\tfrac{1}{2}\int f(x)\, [u_{,i}(x)]^2\, dB$	$-[f\, u_{,i}]_{,i} = -f_{,i}\, u_{,i} - f\, u_{,ii}$	$-\int f\, u_{,i}\, v_i\, \eta\, d\Gamma$ [2]
6	$\int f(x)\, u_{,i}(x)\, u_{,k}(x)\, dB$	$-(f\, u_{,i})_{,k} - (f\, u_{,k})_{,i}$ $= -2f\, u_{,ik} - f_{,k}\, u_{,i} - f_{,i}\, u_{,k}$	$-\int f\, [u_{,i}\, v_k + u_{,k}\, v_i]\, \eta\, d\Gamma$
7	$\int F(x, u(x))\, dB$	$F_u(x, u) = \left.\dfrac{\partial F(x, z)}{\partial z}\right|_{z = u(x)}$	0
8	$\int F(x, u(x))\, u_{,i}(x)\, dB$	$-F_{x_i} = -\left.\dfrac{\partial F(x, z)}{\partial x_i}\right|_{z = u(x)}$	$-\int F(x, u)\, v_i(x)\, \eta_i(x)\, d\Gamma$
9	$\int F(x, u_{,i}(x))\, dB$	$-F_{x_i u_{,i}} - F_{u_{,i} u_{,i}}\, u_{,ii}$	$-\int F_{u_{,i}}(x, u_{,i})\, v_i\, \eta\, d\Gamma$
10	$\int F(x, u)\, [u_{,i}(x)]^n\, dB$	$-u_{,i}^{n-2}[(n-1)\, F_u\, u_{,i}^2 + n(n-1)\, F\, u_{,ii} + {}$ $+ n\, F_{x_i}\, u_{,i}]$	$-n\int F\, u_{,i}^{n-1}\, v_i\, \eta\, d\Gamma$
11	$\int [F(x, u(x), \ldots)]_{,i}\, dB$	0	$-\int (F_u\, \eta + F_{u_{,1}}\, \eta_{,1} + \cdots)\, v_i\, d\Gamma$
12	$\int f(x)\, u(x)\, d\Gamma$ [3]	0	$\int f(x)\, \eta(x)\, d\Gamma$
13	$\tfrac{1}{2}\int f(x)\, u^2(x)\, d\Gamma$	0	$\int f(x)\, u(x)\, \eta(x)\, d\Gamma$
14	$\int F(x, u(x))\, d\Gamma$	0	$\int F_u(x, u(x))\, \eta(x)\, d\Gamma$

[1] $\int \ldots dB$ heißt hier $\int_B \ldots dB$, $\int \ldots d\Gamma$ heißt $\int_\Gamma \ldots d\Gamma$ (Randintegral); $v_i(x)$ ist die i-te Komponente der inneren Normale auf Γ

[2] Keine Summationskonvention, die Formeln gelten für die einzelnen Glieder.

[3] Eventuell über Teile von Γ integriert.

$$Tabelle\ 21.18\ \text{(Fortsetzung)}$$

Nr.	Glieder des Variationsausdrucks	Glieder der Eulerschen Gleichung	Randglieder
	Differentialgleichungen 4. Ordnung, für die Plattengleichung vgl. man Nr. 23.4.		entweder
15	$\int f(x)\, u(x)\, u_{,ik}(x)\, dB$	$f\, u_{,ik} + (f\,u)_{,ik} = 2f\, u_{,ik} + f_{,i}\, u_{,k} + {} + f_{,k}\, u_{,i} + f_{,ik}\, u$	$-\int f\, u\, v_k\, \eta_{,i}\, d\Gamma + \int (f\,u)_{,k}\, v_i\, \eta\, d\Gamma$ oder $-\int f\, u\, v_i\, \eta_{,k}\, d\Gamma + \int (f\,u)_{,i}\, v_k\, \eta\, d\Gamma$ d.h. $(i{:}k)$ [1]
16	$\int f(x)\, u_{,j}(x)\, u_{,ik}(x)\, dB$	$(f\, u_{,j})_{,ik} - (f\, u_{,ik})_{,j} = f_{,ik}\, u_{,j} + f_{,i}\, u_{,jk} + {} + f_{,k}\, u_{,ij} - f_{,j}\, u_{,ik}$	$-\int f\, u_{,j}\, v_k\, \eta_{,i}\, d\Gamma + \int [(f\, u_{,j})_{,k}\, v_i - f\, u_{,ik}\, v_j]\, \eta\, d\Gamma$ $(i{:}k)$
17	$\int f\, u_{,ik}\, u_{,jl}\, dB$	$(f\, u_{,ik})_{,jl} + (f\, u_{,jl})_{,ik}$	$-\int f\, u_{,ik}\, v_l\, \eta_{,j}\, d\Gamma - \int f\, u_{,jl}\, v_k\, \eta_{,i}\, d\Gamma + {} + \int [(f\, u_{,ik})_{,l}\, v_j + (f\, u_{,jl})_{,k}\, v_i]\, d\Gamma$ $(i{:}k,\ j{:}l)$
18	$\int f(x)\, u_{,i}(x)\, d\Gamma$	0	$\int f(x)\, \eta_{,i}(x)\, d\Gamma$
19	$\tfrac{1}{2} \int f(x)\, [u_{,i}(x)]^2\, d\Gamma$	0	$\int f(x)\, u_{,i}(x)\, \eta_{,i}(x)\, d\Gamma$
20	$\int f(x)\, u(x)\, u_{,i}(x)\, d\Gamma$	0	$\int f[u\, \eta_{,i} + u_{,i}\, \eta]\, d\Gamma$

[1] $i{:}k$ heißt, daß i und k vertauschbar sind.

Tabelle 21.19. *Variationsausdrücke bei Integralgleichungen und Integrodifferentialgleichungen*

Nr.	Glieder des Variationsausdrucks	Glieder der Eulerschen Gleichung	Randglieder
	Integralgleichungen, vgl. (19.14), besonders für einfache Integrale, hierzu auch (21.17.1, 5, 15) und (21.18.1, 3, 7). $x = \{x_1, \ldots, x_N\}$, $N \geqq 1$.		
1	$\iint K(x,\xi)\, u(\xi)\, dB_x\, dB_\xi$	$\int K(\xi, x)\, dB_\xi$	0
2	$\iint K(x,\xi)\, u(x)\, dB_x\, dB_\xi$	$\int K(x,\xi)\, dB_\xi$	0
3	$\iint K(x,\xi)\, u(x)\, u(\xi)\, dB_x\, dB_\xi$	$\int [K(x,\xi) + K(\xi, x)]\, u(\xi)\, dB_\xi$	0
4	$\tfrac{1}{2} \iint K(x,\xi)\, u^2(\xi)\, dB_x\, dB_\xi$	$u(x) \int K(\xi, x)\, dB_\xi$	0

5	$\frac{1}{2}\iint K(x,\xi)\,u^2(x)\,dB_x\,dB_\xi$	$u(x)\int K(x,\xi)\,dB_\xi$	0
6	$\iint K(x,\xi)\,F(u(\xi))\,dB_x\,dB_\xi$	$F'(u(x))\int K(\xi,x)\,dB_\xi$	0
7	$\iint K(x,\xi)\,F(u(x))\,dB_x\,dB_\xi$	$F'(u(x))\int K(x,\xi)\,dB_\xi$	0
8	$\iint K(x,\xi)\,F(u(x)\cdot u(\xi))\,dB_x\,dB_\xi$	$\int [K(x,\xi) + K(\xi,x)]\,F'(u(x)\cdot u(\xi))\,u(\xi)\,dB_\xi$	0
9	$\iint K(x,\xi)\,F(u(x)+u(\xi))\,dB_x\,dB_\xi$	$\int [K(x,\xi) + K(\xi,x)]\,F'(u(x) + u(\xi))\,dB_\xi$	0
10	$\iint K(x,\xi)\,F(u(x),u(\xi))\,dB_x\,dB_\xi$	$\int [K(x,\xi)\,F_1(u(x),u(\xi)) + K(\xi,x)\,F_2(u(\xi),u(x))]\,dB_\xi$	0

mit $\quad F_i(z_1,z_2) = \dfrac{\partial F(z_1,z_2)}{\partial z_i}\quad (i=1,2)$

Eindimensionale Integrodifferentialgleichungen, s. auch alle Formeln der Tab. 21.17 und obige Formeln 1 bis 10 für $N = 1$.

11	$\frac{1}{2}\int_a^b\int_a^b K(x,\xi)\,[u'(x)]^2\,dx\,d\xi$	$-\left[\int_a^b K(x,\xi)\,d\xi\cdot u'(x)\right]'$	$\int_a^b K(x,\xi)\,d\xi\cdot u'(x)\,\eta(x)\big|_a^b$
12	$\iint K(x,\xi)\,u(x)\,u'(\xi)\,dx\,d\xi$	$\int\left[K(x,\xi)\,u'(\xi) - \dfrac{\partial}{\partial x}K(\xi,x)\,u(\xi)\right]d\xi$	$\int K(\xi,x)\,u(\xi)\,d\xi\cdot\eta(x)\big|_a^b$
13	$\iint K(x,\xi)\,u'(x)\,u'(\xi)\,dx\,d\xi$	$-\int u'(\xi)\dfrac{\partial}{\partial x}[K(x,\xi) + K(\xi,x)]\,d\xi$	$\int [K(x,\xi) + K(\xi,x)]\,u'(\xi)\,d\xi\cdot\eta(x)\big|_a^b$
14	$\iint K(x,\xi)\,u''(x)\,u''(\xi)\,dx\,d\xi$	$+\int u''(\xi)\dfrac{\partial^2}{\partial x^2}[K(x,\xi) + K(\xi,x)]\,d\xi$	$\left\{\int [K(x,\xi) + K(\xi,x)]\,u''(\xi)\,d\xi\cdot\eta'(x) - \int\dfrac{\partial}{\partial x}[K(x,\xi) + K(\xi,x)]\,u''(\xi)\,d\xi\cdot\eta(x)\right\}\big|_a^b$
15	$\iint F(x,\xi,u(x),u(\xi),\ldots,u^{(n)}(x),u^{(n)}(\xi))\,dx\,d\xi$	$\sum_{i=0}^n (-1)^i\dfrac{d^i}{dx^i}\int F_i(\ldots)\,d\xi$	$\sum_{k=0}^{n-1}\eta^{(k)}(x)\sum_{j=0}^{n-k-1}(-1)^j\dfrac{d^j}{dx^j}\int F_{j+k+1}\,d\xi\big|_a^b$

Dabei sind mit $F = F(x,\xi,y_0,z_0,\ldots,y_n,z_n)$ die F_i für $i = 0,\ldots,n$ definiert durch

$$F_i = \frac{\partial F}{\partial y_i}\bigg|_{\substack{y_k=u^{(i)}(x)\\ z_k=u^{(k)}(\xi)}} + \frac{\partial F}{\partial z_i}\bigg|_{\substack{y_k=u^{(k)}(\xi)\\ z_k=u'^{k)}(x)}}$$

31*

gegeben, so kann man die erste Klammer in (21.16) durch Wahl von A, B und D zwar an eine lineare restliche Randbedingung der Ordnung 2, aber nicht an eine solche der Ordnung 3 anpassen. Ist nur $u_b' = \delta$ wesentliche Randbedingung, so kann die dritte Klammer in (21.16) zwar an gewisse Randbedingungen 3. Ordnung, aber nicht an alle und auch nicht an restliche Randbedingungen 2. Ordnung angepaßt werden. In dem weiteren Fall, daß gar keine wesentlichen, sondern zwei lineare, unabhängige restliche Randbedingungen gegeben sind, kann man diese eindeutig so linear kombinieren, daß die Koeffizienten der 2. und 3. Ableitungen denen der 1. und 3. Klammer in (21.16) gleich werden (es sei $f_{2b} \neq 0$). Paßt man dann in der ersten Klammer A, B und D an, so ist B in der dritten Klammer festgelegt. Da auch f_{1b} gegeben ist, kann volle Anpassung nur erreicht werden, wenn zufällig $f_{1b} + B$ gleich dem Koeffizienten von u_b' in der entsprechenden Randbedingung ist.

Bei Gleichungen 4. Ordnung sind offenbar neben Anfangswertaufgaben auch solche Randwertaufgaben, die in einem Randpunkt 3, im anderen eine Randbedingung enthalten, Variationsproblemen inadäquat. Hier wie bei Gleichungen 2. Ordnung kann man manche Randbedingungen statt durch Hinzufügung von Randtermen auch durch die Formeln (21.17.9) bis (21.17.14) und (21.17.18) erreichen. Dabei ist f bzw. F weitgehend frei wählbar.

Für die linearen, selbstadjungierten partiellen Differentialgleichungen zweiter Ordnung vergleiche man (19.39a); es lassen sich keine anderen restlichen Randbedingungen erreichen als die natürlichen der Form (7.9).

§ 22. Die Methoden von Ritz und Galerkin

22.1 Das Ritzsche Verfahren

Die in diesem und dem folgenden Paragraphen zu besprechenden Methoden werden als *direkte Methoden der Variationsrechnung* bezeichnet. Dieser Name läßt sich dadurch erklären, daß man nicht die Randwertaufgabe oder Integralgleichung in den Mittelpunkt der Betrachtungen rückt, wie es dem Thema dieses Abschnitts entspricht, sondern das Variationsproblem, wie es in § 19 geschah. Dann muß es natürlich als Umweg erscheinen, zuerst die Eulersche Gleichung und evtl. Randbedingungen aufzustellen und das so transformierte Problem ohne Benutzung der Variationsaufgabe weiter zu behandeln.

Das Rezept des *Ritzschen Verfahrens* ist leicht zu umreißen: Man wähle sich eine Schar geeigneter Funktionen oder Funktionenvektoren, die von n Parametern c_i $(i = 1, \ldots, n)$ abhängt, etwa

$$(22.1) \qquad v = v(x, c_1, \ldots, c_n)$$

(für theoretische Zwecke läßt man oft abzählbar viele Parameter zu), so daß alle Elemente der Schar zulässig sind, d. h. die gegebenen Nebenbedingungen (19.1) erfüllen. Nun setzt man v in den Variationsausdruck (19.2) ein und versucht, denselben bzgl. der Parameter c_i zu minimisieren. Dadurch wird die Aufgabe zu einer n-dimensionalen Extremalaufgabe, und statt des Verschwindens der ersten Variation hat man

$$(22.2) \qquad \frac{\partial}{\partial c_i} J\, v(x, c_1, \ldots, c_n) = 0 \qquad (i = 1, \ldots, n),$$

also n Gleichungen für die n Unbekannten c_i. Abgesehen von zufälligen Ausnahmefällen kann man nicht erwarten, daß die Schar (22.1) die (als existent vorauszusetzende) Lösung u des gegebenen Problems enthält. Man kann aber meist damit rechnen, daß ein Wert $J\, v$ erreicht wird, der nicht wesentlich über $J\, u$ liegt und daß v auch eine mit der Parameterzahl besser werdende Approximation für u ist. Konvergenzbeweise für wachsendes n setzen meist die *relative Vollständigkeit* der Schar (22.1) voraus: Jedes beliebige zulässige Element kann gleichmäßig mit allen in J auftretenden Ableitungen bis auf den Betrag ε approximiert werden durch ein Element von (22.1) für genügend großes n $[n \geq n_0(\varepsilon)]$. Man vgl. z. B. L. W. KANTOROWITSCH und W. I. KRYLOW (1956), S. 244.

Es kann vorkommen, daß die Erfassung von Nebenbedingungen Schwierigkeiten macht. In diesem Fall kann man diese Nebenbedingungen ohne weiteres mittels der Lagrangeschen Multiplikatorenmethode (§ 20) zu J schlagen und dann das Ritzsche Verfahren anwenden.

22.2 Eine Eigenwertaufgabe

Als Beispiel soll hier die Aufgabe

$$(22.3) \qquad J\, u = \tfrac{1}{2} \int_{-1}^{1} [u'^2 - \lambda(1 + x^2)\, u^2]\, dx = \text{Min}$$

$$\text{mit} \quad u(-1) = u(+1) = 0$$

als Randbedingungen behandelt werden, die ein Spezialfall von (20.17) ist und zu dem Eigenwertproblem [vgl. L. COLLATZ (1955), S. 235]

$$(22.4) \qquad -[u'' + \lambda(1 + x^2)\, u] = 0, \qquad u(\pm 1) = 0$$

führt. Die Normierungsbedingung (20.18) lautet hier

$$(22.5) \qquad \int_{-1}^{1} (1 + x^2)\, u^2\, dx = 1$$

und erzwingt $u \not\equiv 0$. Macht man den linearen Ansatz

$$(22.6) \qquad v = \sum_{i=1}^{n} c_i\, w_i(x) \qquad [w_i(\pm 1) = 0,\; w_i \not\equiv 0],$$

so läßt sich die Normierung (22.5) durch Anbringung eines gemeinsamen Faktors an die c_i erreichen, wenn nicht alle c_i verschwinden. (22.2) nimmt hier die Form

$$(22.7) \qquad \sum_{j=1}^{n} (A_{ij} - \Lambda B_{ij}) c_j = 0 \qquad (i = 1, \ldots, n)$$

an, wenn man

$$(22.8) \quad A_{ij} = \int_{-1}^{1} w_i' w_j' \, dx, \quad B_{ij} = \int_{-1}^{1} (1 + x^2) w_i w_j \, dx \quad (i, j = 1, \ldots, n)$$

definiert. Nach Lösung der Matrizen-Eigenwertaufgabe (22.7) (symmetrische Matrizen, vgl. Abschn. F) kann man die Eigenvektoren $\{c_i^{(k)}\}$ ($k = 1, \ldots, n$) gemäß [vgl. (22.5) und (22.8)]

$$(22.9) \qquad \sum_{i, j = 1}^{n} B_{ij} c_i^{(k)} c_j^{(k)} = 1 \qquad (k = 1, \ldots, n)$$

oder in anderer Weise normieren und die genäherten Eigenfunktionen aus (22.6) bestimmen. Bei n einfachen Eigenwerten sind die weiteren, (20.22) entsprechenden Nebenbedingungen erfüllt.

Übrigens kann man, wenn man auf A_{ij} (22.8) wie bei der Herleitung der Eulerschen Gleichung Teilintegration anwendet, (22.7) auch in der Form

$$(22.10) \qquad \int_{-1}^{1} \sum_{j=1}^{n} c_j [-w_j'' - \Lambda (1 + x^2) w_j] w_i \, dx$$

$$= - \int_{-1}^{1} [v'' + \Lambda (1 + x^2) v] w_i \, dx = 0 \qquad (i = 1, \ldots, n)$$

schreiben, die unten beim Galerkinschen Verfahren zu besprechen ist.

Zur praktischen Auswahl der Funktionen $w_i(x)$ ist zunächst zu sagen, daß man, wenn man etwa ein w_i als gerade Funktion, ein anderes w_j als ungerade Funktion wählt, $A_{ij} = B_{ij} = 0$ erhält.[1] Dadurch zerfällt das Problem (22.7) in zwei gleichartige von kleinerem Rang. Man tut also gut daran, symmetrische und antisymmetrische Eigenlösungen getrennt durch entsprechende Ansätze zu approximieren.

Bei kleineren n-Werten kann man etwa

$$(22.11) \quad w_i = (1 - x^2) x^{2i-2} \quad \text{und} \quad w_i = (1 - x^2) x^{2i-1} \quad (i = 1, \ldots, n)$$

wählen [vgl. die vor (22.4) zitierte Literaturstelle] und erhält einfache Ausdrücke für die A_{ij} und B_{ij}, während es bei größeren n numerisch vielfach günstiger ist, Orthogonalfunktionen im Sinne eines der beiden

---

[1] Man sieht, daß z. B. durch einen Ansatz mit geraden Funktionen die ungeraden Eigenlösungen nicht erfaßt werden können, was als warnendes Beispiel gedeutet werden kann, die oben erwähnte relative Vollständigkeit der Funktionenschar nicht außer acht zu lassen.

Integrale (22.8) oder ähnliche Funktionen zu benutzen. Die folgenden oberen Schranken Λ_k für die Eigenwerte λ_k wurden mit den Funktionen

$$(22.12) \qquad w_i = -\frac{2}{\pi(2i-1)} \cos\frac{\pi(2i-1)x}{2} \quad \text{bzw.} \quad w_i = \frac{1}{\pi i}\sin\pi i x$$

$$(i = 1,\ldots,n)$$

berechnet, für die die Matrix der A_{ij} zur Einheitsmatrix wird:

(22.13)

n	Λ_1	Λ_3	Λ_5	Λ_7	Λ_9
2	2.17720269	17.2487893	—	—	—
3	2.17713276	17.0503063	48.0904723	—	—
4	2.17712863	17.0430739	47.0712371	95.0757057	—
6	2.17712801	17.0423907	47.0037889	91.9851190	152.672739
8	2.17712798	17.0423653	47.0026178	91.9530879	151.904003
12	2.17712797	17.0423621	47.0025165	91.9515615	151.884182
16	2.17712797	17.0423620	47.0025126	91.9515223	151.883914
24	2.17712797	17.0423620	47.0025121	91.9515180	151.883889
32	2.17712797	17.0423620	47.0025121	91.9515178	151.883888
48	2.17712797	17.0423620	47.0025121	91.9515177	151.883888

Bei den zu den antisymmetrischen Eigenfunktionen gehörenden Eigenwerten $\Lambda_2, \Lambda_4, \ldots$ und den Eigenfunktionen ist ähnlich gute Konvergenz zu beobachten. Abgesehen von ungünstigen Fällen lehrt die Erfahrung, daß zur Berechnung guter Näherungen für die ersten k Eigenwerte etwa $5k$ bis $10k$ Ansatzfunktionen ausreichen. Weitere Beispiele von und theoretische Grundlagen für Eigenwertaufgaben finden sich in den Nr. 17.4 und 17.5, eine Fehlerabschätzung für diese Aufgabe in Nr. 35.7.

22.3 Das Verfahren von Galerkin

Das *Galerkinsche Verfahren* geht von dem Ansatz (w_i bekannt)

$$(22.14) \qquad v = w_0(x) + \sum_{i=1}^{n} c_i\, w_i(x)$$

aus, der spezieller als der Ansatz (22.1) des Ritzschen Verfahrens ist. Die Nebenbedingungen (19.1) werden wie nach (19.2) als linear vorausgesetzt, sofern sie nicht durch die Lagrangesche Multiplikatorenmethode (§ 20) an $J\,u$ angeschlossen wurden. Damit (22.14) die Nebenbedingungen erfüllt, ist demgemäß zu fordern

$$(22.15) \qquad U_\mu\, w_0 = \gamma_\mu, \qquad U_\mu\, w_i = 0 \quad (i = 1,\ldots,n;\; \mu = 1,\ldots,k).$$

Geht man nun mit (22.14) in (19.2) ein, so erhält man das Ersatzproblem

$$(22.16) \qquad\qquad J\,v = \text{Min.}$$

Während aber beim Ritzschen Verfahren die Bestimmungsgleichungen für die c_i hieraus direkt durch Differentiation gewonnen werden [vgl. (22.2)], versucht man hier, den Kalkül der Variationsrechnung auszunutzen. Führt etwa (19.2) zu der schon umgeformten ersten Variation

$$(22.17) \qquad \delta J[\boldsymbol{u}, \boldsymbol{\eta}] = \int_B (T\,\boldsymbol{u})\,\boldsymbol{\eta}\,dB + \text{Randglieder} = 0.$$

(Dabei dürfen sowohl B eindimensional als auch die Funktionenvektoren $\boldsymbol{u}, \boldsymbol{\eta}$ einzelne Funktionen sein; zur Erläuterung dieser etwas abstrakten Formulierung vgl. man die in § 19 besprochenen Spezialfälle), so hat man bei allgemeinem $\boldsymbol{\eta}$ die Eulersche Gleichung

$$(22.18) \qquad T\,\boldsymbol{u} = 0 \quad \text{in } B.$$

Dabei ist T etwa als Differential-, Integral- oder Integrodifferentialoperator zu verstehen.

Denkt man sich die Lösung $\tilde{\boldsymbol{v}} = \boldsymbol{w}_0 + \sum_{i=1}^{n} \tilde{c}_i\,\boldsymbol{w}_i$ von (22.16) bekannt, so hat man, wenn man

$$(22.19) \qquad \tilde{\eta} = \sum_{i=1}^{n} \tilde{d}_i\,\boldsymbol{w}_i(\boldsymbol{x})$$

mit beliebig wählbaren $\tilde{d}_i$ ansetzt, in

$$(22.20) \qquad \boldsymbol{v} = \tilde{\boldsymbol{v}} + \varepsilon\,\tilde{\eta}$$

einen Variationsansatz, der alle Variationsmöglichkeiten von (22.14) erfaßt. J ist in (19.2) und (22.16) der gleiche Ausdruck, also erhält man analog zu (22.17)

$$(22.21) \qquad \delta J[\tilde{\boldsymbol{v}}, \tilde{\eta}] = \int_B (T\,\tilde{\boldsymbol{v}})\,\tilde{\eta}\,dB + \text{Randglieder} =$$

$$= \sum_{i=1}^{n} \tilde{d}_i \int_B (T\,\boldsymbol{v})\,\boldsymbol{w}_i\,dB + \text{Randglieder} = 0.$$

Da $\tilde{\eta}$ hier nicht beliebig variiert werden kann, ist das Fundamentallemma nicht anwendbar. Um zunächst die evtl. Randglieder zu annullieren, wird von $\boldsymbol{v}$ das Erfülltsein auch der natürlichen Randbedingungen gefordert, d. h. von den $\boldsymbol{w}_i$ das Erfülltsein der entsprechenden homogenen Randbedingungen. Dann sind die $\tilde{d}_i$ immer noch frei wählbar, und wenn man je eines $=1$, die übrigen dann $=0$ wählt, erhält man die *Galerkinschen Gleichungen*

$$(22.22) \qquad \int_B (T\,\tilde{\boldsymbol{v}})\,\boldsymbol{w}_i\,dB = 0 \quad (i = 1, \ldots, n).$$

Dies sind n Gleichungen zur Bestimmung der in $\tilde{\boldsymbol{v}}$ stehenden $\tilde{c}_i$ $(i = 1, \ldots, n)$.

22.4 Vergleich des Ritzschen und Galerkinschen Verfahrens, Beispiel

Bei nur wesentlichen Randbedingungen stimmen Ritzsches und Galerkinsches Verfahren überein, wenn man den Ansatz (22.14) benutzt. Das wird auch durch die Formel (22.10) des Beispiels belegt. Man vgl. ferner J. ALBRECHT (1955). Auch beim Auftreten natürlicher Randbedingungen kann man den dadurch eingeschränkten Ansatz (22.14) benutzen, um beide Verfahren identisch werden zu lassen. Der Eindruck, daß die Galerkinsche Methode ein Spezialfall der Ritzschen sei, täuscht jedoch. Man kann nämlich das Galerkinsche Verfahren auch als Spezialfall der Fehlerorthogonalitätsmethode auffassen (vgl. die Nr. 25.1 und 27.5). Als solche ist es von Variationsproblemen völlig unabhängig, da die Gln. (22.22) zusammen mit der Erfüllung aller Randbedingungen durch (22.14) genügen, um das Verfahren durchzuführen. Daher ist es auch auf viele Aufgaben anwendbar, zu denen gar kein Variationsprinzip existiert.

Als Beispiel kann die Randwertaufgabe

$$(22.23) \qquad u'' + a\,u' + (2 + 2a\,x - 4x^2)\,u = 0, \quad u'(0) = 0, \quad u(1) = 1$$

($a = \mathrm{const}$) dienen, deren Differentialgleichung durch Multiplikation mit e^{ax} in die selbstadjungierte Form

$$(22.24) \qquad (e^{ax}\,u')' + e^{ax}(2 + 2a\,x - 4x^2)\,u = 0$$

übergeht. Dies ist, abgesehen vom Vorzeichen, die Eulersche Gleichung des Variationsproblems

$$(22.25) \qquad J\,u = \tfrac{1}{2} \int_0^1 e^{ax} \{u'^2 - (2 + 2a\,x - 4x^2)\,u^2\}\,dx = \mathrm{Min}$$

unter der Nebenbedingung $u(1) = 1$.

Mit dem Ansatz

$$(22.26) \qquad v = 1 + \sum_{i=1}^{n} c_i (1 - x^2)\,x^{2i-2}$$

erhält man das Gleichungssystem

$$(22.27) \qquad \sum_{j=1}^{n} B_{ij}\,c_j = r_i \quad (i = 1, \ldots, n).$$

Hierin ist beim Ritzschen Verfahren nach (22.25) mit $l = 2i + 2j$

$$(22.28) \qquad B_{ij} = \int_0^1 e^{ax} \{4(i-1)(j-1)\,x^{l-6} - [4(2i\,j - i - j) + 2]\,x^{l-4} -$$

$$- 2a\,x^{l-3} + (4i\,j + 8)\,x^{l-2} + 4a\,x^{l-1} - 10x^l - 2a\,x^{l+1} + 4x^{l+2}\}\,dx,$$

$$r_i = \int_0^1 e^{ax} \{2x^{2i-2} + 2a\,x^{2i-1} - 6x^{2i} - 2a\,x^{2i+1} + 4x^{2i+2}\}\,dx,$$

während beim Galerkinschen Verfahren, wenn man es direkt auf (22.23) anwendet, keine Exponentialfunktionen mehr auftreten:

$$(22.29) \quad B_{ij} = \int_0^1 \{ -(2j-2)(2j-3)\, x^{l-6} - a(2j-2)\, x^{l-5} +$$

$$+ 2(2j-1)(2j-2)\, x^{l-4} + 2a(2j-2)\, x^{l-3} +$$

$$+ [8 - 2j(2j-1)]\, x^{l-2} - a(2j-4)\, x^{l-1} - 10 x^l -$$

$$- 2a\, x^{l+1} + 4 x^{l+2} \}\, dx,$$

$$r_i = \int_0^1 \{ 2x^{2i-2} + 2a\, x^{2i-1} - 6 x^{2i} - 2a\, x^{2i+1} + 4 x^{2i+2} \}\, dx.$$

Es sei hier nur erwähnt, daß bei $n = 6$ für nicht zu große $|a|$ eine Genauigkeit von etwa 10^{-7} von beiden Verfahren erreicht wird. Für welche Werte von a und n das Ritzsche oder das Galerkinsche Verfahren (R oder G) besser ist, zeigt folgendes Schema [die exakte Lösung ist bei beliebigem a $u = \exp(1 - x^2)$].

(22.30)

n	$a=$ -16	-8	-4	-2	-1	$+1$	$+2$	$+4$	$+8$	$+16$
1	G	R	R	R	R	G	G	R	R	R
2	G	R	R	R	R	G	G	G	G	G
3	G	R	R	R	R	R	G	G	G	G
4	R	R	R	R	R	R	R	G	G	G
5	R	R	R	R	R	R	G	G	G	G
6	R	R	R	R	R	R	G	G	G	G

Bei diesem Beispiel kann also von der Überlegenheit des einen oder anderen Verfahrens nicht gesprochen werden.

22.5 Das Verfahren von Kantorowitsch, Anmerkungen

Wenn bei mehrdimensionalen Aufgaben eine unabhängige Variable (etwa x_N) ausgezeichnet ist, kann oft mit Erfolg das *Verfahren von Kantorowitsch* angewandt werden, das auf dem Ansatz

$$(22.31) \qquad v = w_0(x) + \sum_{i=1}^{n} c_i(x_N)\, w_i(x)$$

[vgl. (22.14)] beruht, wobei die w_i bekannt, die c_i zunächst noch unbekannte Funktionen der einen Koordinate x_N sind. Die zweite Formel von (22.15) ist hier abzuändern in

$$(22.32) \qquad U_\mu[c_i\, w_i] = 0 \quad (i = 1, \ldots, n, \; \mu = 1, \ldots, k).$$

Dadurch können u. U. die Voraussetzungen an die w_i gemildert werden. Geht man analog (22.16) bis (22.21) vor, so erhält man statt (22.21) die Gleichung

$$(22.33) \qquad \sum_{i=1}^{n} \int_a^b \tilde{d}_i(x_N) \left\{ \int_{Q(x_N)} (T\,\tilde{v})\, w_i\, dx_1 \ldots dx_{N-1} \right\} dx_N = 0,$$

worin $[a, b]$ die Projektion des gegebenen Bereichs B auf die x_N-Achse bedeutet und $Q(x_N)$ den dazu senkrechten Querschnitt von B durch den Punkt $(0, \ldots, 0, x_N)$. Die weitgehend freie Variierbarkeit der $\tilde{d}_i$ unter geeigneten Voraussetzungen liefert das Verschwinden der geschweiften Klammern in $a < x_N < b$ für $i = 1, \ldots, n$. Da für festes x_N die c_i konstant sind, sind die Integrale über $Q(x_N)$ grundsätzlich auswertbar. Es ergibt sich ein System gewöhnlicher Differentialgleichungen für die $c_i(x_N)$, durch dessen Lösung die Näherung (22.31) festgelegt wird [vgl. L. W. KANTOROWITSCH und W. I. KRYLOW (1956), S. 282ff.].

Auf Fehlerabschätzungen zum Ritzschen und Galerkinschen Verfahren kann hier nicht eingegangen werden. Eine besondere Schwierigkeit bei der Abschätzung der Näherungslösung besteht darin, daß Funktionswerte durch Integrale abgeschätzt werden müssen. Man vgl. G. BERTRAM (1959), W. BÖRSCH-SUPAN (1960), L. W. KANTOROWITSCH und W. I. KRYLOW (1956), S. 303, N. J. LEHMANN (1960) und (1961). Abschätzungen für Eigenwerte finden sich bei G. BERTRAM (1957), L. W. KANTOROWITSCH und W. I. KRYLOW (1956), S. 312.

Für die Abschätzung der Variationsausdrücke selbst siehe den folgenden § 23. Es sei noch darauf hingewiesen, daß man nach Bestimmung einer Näherung mittels der Verfahren dieses § alle allgemeinen, d. h. vom Verfahren unabhängigen Fehlerabschätzungen benutzen kann, man vgl. hierzu etwa Kap. VIII.

§ 23. Die Verfahren von Friedrichs, Trefftz und Synge

23.1 Die Friedrichssche Transformation

Für viele Zwecke ist es wichtig, den Wert eines Variationsausdrucks in Schranken einzuschließen. Nun liefern die Methoden des § 22, wenn etwa ein Minimalproblem gegeben ist, nur obere Schranken, so daß sich die Frage erhebt, ob und wie man ein Maximalproblem konstruieren kann, dessen Maximum gleich dem Minimalwert des Ausgangsproblems ist. Diesem Zweck dient die *Friedrichssche Transformation*, die hier an dem eindimensionalen Spezialfall mit einer unbekannten Funktion

$$(23.1) \qquad J_0\, u = \int_a^b F(x, u, u')\, dx = \text{Min}$$

erläutert werden soll. Dabei werden drei Unterfälle unterschieden, je nachdem, ob die Randbedingungen

$$
\begin{aligned}
&\text{I)} \quad u(a) = u_a, \quad u(b) = u_b \quad \text{oder}\\
(23.2) \quad &\text{II)} \quad u(a) = u_a \quad\quad\quad\quad\quad\quad \text{oder}\\
&\text{III)} \quad \text{keine Randbedingung}
\end{aligned}
$$

zu (23.1) gestellt sind. [Die einzelne Randbedingung $u(b) = u_b$ ist analog II zu behandeln.] Nach FRIEDRICHS wird zunächst statt $u' = \dfrac{du}{dx}$ eine neue Funktion $\tilde{u}$ in (23.1) eingesetzt und dementsprechend die Nebenbedingung

$$(23.3) \qquad u' = \tilde{u} \quad \text{in } (a, b)$$

zu den evtl. Randbedingungen (23.2) gesellt. Es entsteht die Variationsaufgabe

$$(23.4) \qquad J_1[u, \tilde{u}] = \int_a^b F(x, u, \tilde{u})\, dx = \text{Min}$$

mit den Nebenbedingungen (23.2) und (23.3). Der Sinn dieser Maßnahme ergibt sich unten. Nun kann man alle Nebenbedingungen mittels der Lagrangeschen Multiplikatorenmethode (vgl. § 20) an (23.4) anschließen und erhält das sog. (von den Nebenbedingungen) *befreite Problem*

$$(23.5) \qquad J_2[u, \tilde{u}, v, v_{a,\,\text{I, II}}, v_{b\,\text{I}}] = \int_a^b [F(x, u, \tilde{u}) + v(x)(u' - \tilde{u})]\, dx +$$

$$+\, v_a[u(a) - u_a]_{\text{I, II}} - v_b[u(b) - u_b]_{\text{I}} = \text{Min},$$

worin die Lagrangeschen Multiplikatoren mit $v(x)$, v_a und $-v_b$ bezeichnet wurden und die Indizes I, II andeuten, daß die betreffenden Glieder nur in den entsprechenden Unterfällen von (23.2) hinzuschreiben sind. In (23.5) können nun alle links angegebenen Argumente frei variiert werden. Der Kalkül von § 19 [für die Bezeichnungen vgl. (19.21)] liefert aus dem Verschwinden der ersten Variation die *Bedingungsgleichungen*

$$(23.6) \quad
\begin{aligned}
&u'(x) - \tilde{u}(x) = 0 \quad \text{in } (a, b),\\
&[u(a) - u_a = 0]_{\text{I, II}}, \quad [u(b) - u_b = 0]_{\text{I}}
\end{aligned}
$$

und die *Variationsgleichungen*

$$(23.7) \quad F_0(x, u, \tilde{u}) = v'(x), \quad F_1(x, u, \tilde{u}) = v(x) \quad \text{in } (a, b),$$

$$
v(a) = \begin{cases} v_a \\ v_a, \\ 0 \end{cases} \quad
v(b) = \begin{cases} v_b & \text{im Falle I,} \\ 0 & \text{im Falle II,} \\ 0 & \text{im Falle III.} \end{cases}
$$

Setzt man (23.6) in (23.5) ein, so gelangt man zu (23.4) bzw. (23.1) zurück. Man kann hier (wie oben für u') für v' eine neue Funktion $\tilde{v}$

einführen und dann eine Legendre-Transformation nach den beiden ersten Gln. (23.7) durchführen (vgl. Nr. 6.8), wenn

$$(23.8) \qquad F_{11} > 0, \; F_{11} F_{00} - F_{01}^2 > 0 \quad \text{in } (a, b)$$

ist. Dieser von vielen Autoren [vgl. P. FUNK (1962), S. 507 ff.] gewählte Weg soll hier jedoch nicht beschritten werden.

Man kann auch, wie es schon K. O. FRIEDRICHS in seiner Originalarbeit (1929) bemerkte, einfach Bedingungsgleichungen und Variationsgleichungen vertauschen und versuchen, die Lagrange-Multiplikatoren mit Hilfe von (23.7) aus (23.5) wieder zu eliminieren. Nach partieller Integration des Gliedes $u'\,v$ in (23.5) erhält man

$$(23.9) \qquad J_3[u, \tilde{u}] = \int_a^b [F(x, u, \tilde{u}) - u\,F_0(x, u, \tilde{u}) - \tilde{u}\,F_1(x, u, \tilde{u})]\,dx +$$

$$+ [F_1(b, u(b), \tilde{u}(b))\,u_b]_I - [F_1(a, u(a), \tilde{u}(a))\,u_a]_{I,\,II} = \text{Max}$$

mit der (den) Nebenbedingung(en)

$$(23.10) \qquad \frac{d}{dx} F_1(x, u, \tilde{u}) - F_0(x, u, \tilde{u}) = 0 \quad \text{in } (a, b),$$

$$[F_1(a, u(a), \tilde{u}(a)) = 0]_{III}, \qquad [F_1(b, u(b), \tilde{u}(b)) = 0]_{II,\,III},$$

wobei wieder (23.8) vorausgesetzt wird. Die Friedrichssche Transformation ist übrigens, wie man leicht einsieht, involutorisch, d. h., wenn man sie auf (23.9), (23.10) anwendet, kommt man zu der Aufgabe (23.2), (23.3), (23.4) zurück. Für den Beweis der Maximaleigenschaft und den Spezialfall $F(x, u, \tilde{u}) = G(x, \tilde{u}) + u \cdot H(x)$, in welchem $F_{00} \equiv F_{01} \equiv 0$ wird, vgl. man P. FUNK a. a. O. Für das lineare Problem (21.8) mit $R\,u = 0$ und den Randbedingungen I ergibt sich aus (23.9) und (23.10)

$$(23.11) \qquad J_3[u, \tilde{u}] = -\tfrac{1}{2} \int_a^b [p(x)\,\tilde{u}^2 + q(x)\,u^2]\,dx + p(b)\,\tilde{u}(b)\,u_b -$$

$$- p(a)\,\tilde{u}(a)\,u_a = \text{Max},$$

$$-(p\,\tilde{u})' + q\,u = r \quad \text{in } (a, b),$$

und (23.8) ist erfüllt, wenn $p(x) > 0$, $q(x) > 0$ in (a, b) gilt.

Hätte man $\tilde{u}$ nicht eingeführt, so würde als Nebenbedingung in (23.10) bzw. (23.11) die Eulersche Differentialgleichung von (23.1) auftreten, und man hätte bei der Behandlung des Variationsproblems (23.9), etwa mit den Verfahren von § 22, ein Fundamentalsystem von Lösungen der homogenen Differentialgleichung zu benutzen, was in den meisten Fällen der exakten Lösung der gegebenen Aufgabe gleichwertig ist. Durch Benutzung von $\tilde{u}$ können also auch Aufgaben behandelt werden, bei denen die Differentialgleichung nicht geschlossen lösbar ist.

In Worten läßt sich die Friedrichs-Transformation wie folgt umreißen: Wenn man den gegebenen Minimalausdruck nach unten abschätzen will, so kann man Funktionen, die die Nebenbedingungen erfüllen, nicht verwenden. Letztere müssen also abgeschwächt oder aufgegeben werden. Andererseits darf der Minimalwert aber auch nicht überschritten werden, wozu die Einführung neuer Nebenbedingungen erforderlich ist. Sind gar keine Nebenbedingungen zum Ausgangsproblem gestellt, so müssen durch Einführung von Hilfsvariablen solche geschaffen werden.

23.2 Mehrdimensionale Aufgaben für eine unbekannte Funktion

Für allgemeine Aufgaben mit Vektoren von Lösungsfunktionen von einer oder mehreren unabhängigen Variablen wird auf P. FUNK (1962), S. 510 verwiesen; hier sollen lediglich einige lineare, praktisch besonders wichtige Fälle behandelt werden.

Ist B ein N-dimensionales, zusammenhängendes Gebiet mit dem stückweise glatten Rand $\Gamma = \Gamma_1 + \Gamma_2$ (Γ_1 und Γ_2 punktfremd, es darf auch $\Gamma_1 = \Gamma$ oder $\Gamma_2 = \Gamma$ sein), so führt die Aufgabe (Summationskonvention, vgl. Nr. 6.1)

$$(23.12) \quad J_0 u = \tfrac{1}{2} \int_B [a_{ik}(\boldsymbol{x})\, u_{,i}\, u_{,k} - c(\boldsymbol{x})\, u^2 + 2f(\boldsymbol{x})\, u]\, dB +$$
$$+ \tfrac{1}{2} \int_{\Gamma_2} [\alpha(\boldsymbol{x})\, u^2 - 2\gamma(\boldsymbol{x})\, u]\, d\Gamma = \text{Min}$$

[Dabei sei in B $c(\boldsymbol{x}) \leqq 0$, die Matrix der $a_{ik} = a_{ki}$ positiv definit, auf Γ_2 sei $\alpha(\boldsymbol{x}) \geqq 0$.] mit der Randbedingung

$$(23.13) \qquad\qquad u = \gamma(\boldsymbol{x}) \quad \text{auf } \Gamma_1$$

durch Einführung der Größen u_i statt $u_{,i} \equiv \dfrac{\partial u}{\partial x_i}$ $(i = 1, \ldots, N)$ zu dem Problem

$$(23.14) \qquad J_1[u, u_i] = \tfrac{1}{2} \int_B [a_{ik}\, u_i\, u_k - c\, u^2 + 2f\, u]\, dB +$$
$$+ \tfrac{1}{2} \int_{\Gamma_2} [\alpha\, u^2 - 2\gamma\, u]\, d\Gamma = \text{Min}$$

mit den Nebenbedingungen (23.13) und

$$(23.15) \qquad\qquad u_{,i} = u_i \quad (\text{in } B,\ i = 1, \ldots, N).$$

Analog zu (23.5) kommt man weiter zu dem *befreiten Problem*

$$(23.16) \quad J_2[u, u_i, v_i, v_\Gamma] =$$
$$= \tfrac{1}{2} \int_B [a_{ik}\, u_i\, u_k - c\, u^2 + 2f\, u + 2v_i(\boldsymbol{x})\, (u_{,i} - u_i)]\, dB +$$
$$+ \tfrac{1}{2} \int_{\Gamma_2} [\alpha\, u^2 - 2\gamma\, u]\, d\Gamma + \int_{\Gamma_1} v_\Gamma(\boldsymbol{x})\, (u - \gamma)\, d\Gamma = \text{Min},$$

den *Bedingungsgleichungen* (23.13) und (23.15) und den *Variations-gleichungen*

$$(23.17) \quad \begin{aligned} a_{ik}\, u_k &= v_i \quad (i = 1, \ldots, N), \qquad v_{i,i} + c\, u = f \quad \text{(in } B\text{)}, \\ v_i\, \nu_i &= v_\Gamma \quad \text{auf } \Gamma_1, \qquad -v_i\, \nu_i + \alpha\, u = \gamma \quad \text{auf } \Gamma_2 \end{aligned}$$

(ν_i = Komponenten der inneren Normale auf Γ). Vertauschung von Bedingungs- und Variationsgleichungen führt nach Elimination der Lagrange-Multiplikatoren v_i und v_Γ zu

$$(23.18) \quad J_3[u, u_i] = -\tfrac{1}{2} \int\limits_B [a_{ik}\, u_i\, u_k - c\, u^2]\, dB - \tfrac{1}{2} \int\limits_{\Gamma_2} \alpha\, u^2\, d\Gamma -$$
$$- \int\limits_{\Gamma_1} a_{ik}\, \nu_k\, u_i\, \gamma\, d\Gamma = \text{Max}$$

mit den Nebenbedingungen

$$(23.19) \qquad (a_{ik}\, u_k)_{,i} + c\, u = f \quad \text{in } B,$$

$$(23.20) \qquad -a_{ik}\, \nu_k\, u_i + \alpha\, u = \gamma \quad \text{auf } \Gamma_2.$$

Führt man gemäß (7.7) die bei (8.6) ebenfalls benutzte Konormale ein, so kann im letzten Integral von (23.18) und in (23.20) $a_{ik}\, \nu_k = A\, \sigma_i$ geschrieben werden.

Bei mehrdimensionalen Aufgaben ist die Situation von der nach (23.11) geschilderten etwas verschieden: Vielfach (besonders bei $\Gamma_1 = \Gamma$) ist es möglich, Lösungen der Eulerschen Gleichung (23.22) von J_0 anzugeben, die auch (23.23) erfüllen, ohne daß (23.12), (23.13) damit leicht exakt lösbar wird. In solchen Fällen ist es sinnvoll, die Einführung der u_i nach (23.15) rückgängig zu machen. Da die Gln. (23.15) aus (23.18) als Variationsgleichungen folgen, können sie als sog. *unschädliche Nebenbedingungen* betrachtet und daher einfach in (23.18) bis (23.20) eingesetzt werden. Man erhält

$$(23.21) \qquad J_4\, u = -\tfrac{1}{2} \int\limits_B [a_{ik}\, u_{,i}\, u_{,k} - c\, u^2]\, dB -$$
$$- \tfrac{1}{2} \int\limits_{\Gamma_2} \alpha\, u^2\, d\Gamma - \int\limits_{\Gamma_1} A\, u_{,\sigma}\, \gamma\, d\Gamma = \text{Max}$$

mit den Nebenbedingungen [vgl. (8.1 a) mit $\tilde{b}_i \equiv 0$ und (7.9)]

$$(23.22) \quad L\, u \equiv (a_{ik}\, u_{,k})_{,i} + c\, u = f \quad \text{in } B,$$

$$(23.23) \qquad -A\, u_{,\sigma} + \alpha\, u = \gamma \quad \text{auf } \Gamma_2 \; [\text{natürliche Randbedingung zu } (23.12)].$$

23.3 Die Prinzipien der Elastostatik

Um die Variationsaufgaben der Elastizitätslehre zu formulieren, wird ein dreidimensionales, zusammenhängendes Gebiet B mit dem stückweise glatten Rand Γ zugrunde gelegt; Γ zerfalle wieder in zwei punktfremde, eventuell leere Teilmengen Γ_1 und Γ_2. Dann läßt sich das *Dirichletsche Prinzip* vom Minimum der Differenz von Deformationsarbeit [vgl. (15.10)] und Arbeit der äußeren Kräfte unter alleiniger Benutzung der Verschiebungen (Bezeichnungen s. Nr. 15.1) in der Form

$$(23.24) \quad J_0\,u = \frac{E}{2(1+\nu)} \int\limits_B \left[\frac{1}{4}\,(u_{i,j} + u_{j,i})\,(u_{i,j} + u_{j,i}) + \right.$$

$$\left. + \frac{\nu}{1-2\nu}\,u_{i,i}\,u_{j,j} \right] dB - \int\limits_B u_i\,f_i\,dB - \int\limits_{\Gamma_2} u_i\,\gamma_i\,d\Gamma = \text{Min}$$

schreiben unter der Randbedingung (15.7) auf Γ_1. Als Variationsgleichungen ergeben sich hieraus (15.5)[1] in B und (15.8) auf Γ_2, wenn man dort die $\tilde{\sigma}_i$ durch die Verschiebungen ausdrückt. Führt man mittels der Kompatibilitätsbedingungen (15.1) die Dehnungen ein, so hat man eine andere Form des Dirichletschen Prinzips

$$(23.25) \quad J_1[u, \varepsilon] = \frac{E}{2(1+\nu)} \int\limits_B \left[\varepsilon_{ij}\,\varepsilon_{ij} + \frac{\nu}{1-2\nu}\,\varepsilon_{ii}\,\varepsilon_{jj} \right] dB -$$

$$- \int\limits_B u_i\,f_i\,dB - \int\limits_{\Gamma_2} u_i\,\gamma_i\,d\Gamma = \text{Min}$$

unter den Nebenbedingungen (15.1) in B und (15.7) auf Γ_1. Diese sind auch die Bedingungsgleichungen des befreiten Problems

$$(23.26) \quad J_2[u, \varepsilon, \sigma, \tilde{\sigma}] = \int\limits_B \left\{ \frac{E}{2(1+\nu)} \left[\varepsilon_{ij}\,\varepsilon_{ij} + \frac{\nu}{1-2\nu}\,\varepsilon_{ii}\,\varepsilon_{jj} \right] - \right.$$

$$\left. - u_i\,f_i - \sigma_{ij} \left[\varepsilon_{ij} - \frac{1}{2}\,(u_{i,j} + u_{j,i}) \right] \right\} dB -$$

$$- \int\limits_{\Gamma_2} u_i\,\gamma_i\,d\Gamma + \int\limits_{\Gamma_1} \tilde{\sigma}_i\,(u_i - \gamma_i)\,d\Gamma = \text{Min}$$

ohne Nebenbedingungen. Hierbei sind die Größen $-\sigma_{ij}$ und $\tilde{\sigma}_i$ zunächst als frei variierbare Lagrangesche Multiplikatoren aufzufassen, das Verschwinden der ersten Variation ergibt dann, daß diese Größen den Spannungen in B (negativ) und auf Γ_1 gleich sind. Ferner ergeben sich die eben erwähnten Bedingungsgleichungen und als Variationsgleichungen außer den Spannungs-Dehnungs-Beziehungen (15.2) die Gleichgewichtsbedingungen (15.4) und die (auch bei J_0 und J_1) natürlichen Randbedingungen (15.8) auf Γ_2. Vertauschung von Variations- und Bedingungsgleichungen führt nun zu dem *Castiglianoschen Prinzip* vom

---

[1] Es wird nur der statische Fall $\partial^2 u_i / \partial t^2 = 0$ betrachtet.

Minimum der Ergänzungsarbeit, das — als Maximum der negativen Ergänzungsarbeit formuliert — lautet:

$$(23.27) \qquad J_3\,\varepsilon = -\frac{E}{2(1+\nu)}\int_B \left[\varepsilon_{ij}\,\varepsilon_{ij} + \frac{\nu}{1-2\nu}\,\varepsilon_{ii}\,\varepsilon_{jj}\right] dB -$$

$$-\frac{E}{(1+\nu)}\int_{\Gamma_1}\left[\varepsilon_{ij} + \frac{\nu}{1-2\nu}\,\delta_{ij}\,\varepsilon_{kk}\right]\nu_j\,\gamma_i\,d\Gamma = \text{Max.}$$

Nebenbedingungen sind hier die mittels der Spannungs-Dehnungs-Beziehungen auf ε-Form umgeschriebenen Gleichgewichtsbedingungen (15.4) und Randbedingungen (15.8) auf Γ_2. J_1 und J_3 können in der kürzeren Form

$$J_1[\boldsymbol{u},\,\varepsilon] = \tfrac{1}{2}\int_B [\varepsilon_{ij}\,\sigma_{ij} - 2u_i\,f_i]\,dB - \int_{\Gamma_2} u_i\,\gamma_i\,d\Gamma = \text{Min,}$$

$$(23.28)$$

$$J_3\,\varepsilon = -\tfrac{1}{2}\int_B \varepsilon_{ij}\,\sigma_{ij}\,dB - \int_{\Gamma_1}\tilde{\sigma}_i\,\gamma_i\,d\Gamma = \text{Max}$$

geschrieben werden, wobei die σ_{ij} und $\tilde{\sigma}_i$ als Abkürzungen der entsprechenden Ausdrücke in den ε_{ij} (15.2) und (15.8) anzusehen sind, während sie in J_2 unabhängig sind. Ferner ist es möglich, wenn auch nicht üblich, J_3 ganz auf die Verschiebungen umzuschreiben. Da indessen J_3 nicht von den u_i abhängt, kann man mittels (15.3) die ε_{ij} durch die σ_{ij} ausdrücken und erhält

$$(23.29) \qquad J_3\,\sigma = -\frac{1}{2E}\int_B [(1+\nu)\,\sigma_{ij}\,\sigma_{ij} - \nu\,\sigma_{ii}\,\sigma_{jj}]\,dB -$$

$$-\int_{\Gamma_1}\tilde{\sigma}_i\,\gamma_i\,d\Gamma = \text{Max.}$$

Diese Form hängt wie die Nebenbedingungen (15.4) und (15.8) nur von den 6 Spannungen ab, man kann also mit diesen allein arbeiten und kommt über einen Umweg zu den Gln. (15.6).

23.4 Die Prinzipien der Plattenbiegung

Bei der Plattengleichung (15.20) werde der stückweise glatte Rand Γ des ebenen, zusammenhängenden Gebietes B in 4 punktfremde Teilmengen Γ_1 bis Γ_4 aufgeteilt. Es seien auf Γ_1 die wesentlichen Randbedingungen (15.21) und (15.24), auf Γ_2 (15.21), auf Γ_3 (15.24) und auf Γ_4 keine Randbedingungen gegeben. Dann ist

$$(23.30) \qquad J_0\,w = \tfrac{1}{2}\int_B [\nu(\Delta w)^2 + (1-\nu)\,w_{,ik}\,w_{,ik} - 2w\,f]\,dB -$$

$$-\int_{\Gamma_3+\Gamma_4} w\,\gamma\,d\Gamma + \int_{\Gamma_2+\Gamma_4} w_{,\nu}\,\delta\,d\Gamma = \text{Min}$$

ein Minimalprinzip, das (15.20) zur Eulerschen Gleichung und (15.25) auf Γ_2, (15.22) auf Γ_3 und (15.22) und (15.25) auf Γ_4 zu natürlichen Randbedingungen hat. Die Friedrichs-Transformation führt hier ohne die Einführung der Ableitungen von w als Hilfsvariable zu

$$(23.31) \qquad J_3\,w = -\tfrac{1}{2} \int\limits_{B} \left[\nu(\Delta w)^2 + (1-\nu)\, w_{,ik}\, w_{,ik} \right] dB +$$

$$+ \int\limits_{\Gamma_1+\Gamma_2} \gamma\, S\, w\, d\Gamma - \int\limits_{\Gamma_1+\Gamma_3} \delta T\, w\, d\Gamma = \text{Max.}$$

Dazu sind (15.20) und die natürlichen Randbedingungen von (23.30) als Nebenbedingungen zu stellen, während sich die wesentlichen Randbedingungen von (23.30) hier als Variationsgleichungen ergeben. Wie schon nach (15.29) bemerkt, kann bei der ersten Platten-Randwertaufgabe ν auch vom Poissonschen Verhältnis verschieden gewählt werden; für die Definitheit von J_0 und J_3 ist jedoch $|\nu| \leq 1$ erforderlich. Die Lösung von (23.31) ist (falls sie existiert) nur bis auf gewisse Klassen additiver Funktionen bestimmt; ohne J_3 zu ändern, kann man zu w alle linearen Funktionen $a + b\,x + c\,y$ addieren, bei $\nu = -1$ dazu ein Vielfaches von $x^2 + y^2$, bei $\nu = +1$ alle harmonischen Funktionen.

23.5 Das Trefftzsche Verfahren

Nunmehr sollen einige numerische Verfahren besprochen werden, die auf den durch die Friedrichssche Transformation erhaltenen Maximalprinzipien beruhen und abgesehen von der beiderseitigen Abschätzung von Variationsausdrücken auch weitere Möglichkeiten zur Gewinnung von Näherungslösungen aufzeigen.

Das *Trefftzsche Verfahren*, das vor der Friedrichsschen Transformation entstand, soll hier am Beispiel der einzelnen elliptischen Differentialgleichungen 2. Ordnung [vgl. (23.21) bis (23.23)] erläutert werden. Es kann auch auf andere Aufgaben angewandt werden und benutzt einen Funktionsansatz

$$(23.32) \qquad v(\boldsymbol{x}) = w_0(\boldsymbol{x}) + \sum_{j=1}^{n} c_j\, w_j(\boldsymbol{x})$$

analog (22.14), wobei von $w_0(\boldsymbol{x})$ das Erfülltsein von (23.22) und (23.23) vorausgesetzt wird und von den $w_j(\boldsymbol{x})$ $(j = 1, \ldots, n)$ das Erfülltsein der entsprechenden homogenen Bedingungen, so daß dann $v(\boldsymbol{x})$ bei beliebigen c_j ebenfalls (23.22) und (23.23) genügt. Wie beim Ritzschen Verfahren (§ 22) wird nun (23.32) in (23.21) eingesetzt, und es werden die partiellen Ableitungen nach den c_j gleich Null gesetzt, um eben diese Größen zu berechnen. Man erhält das Gleichungssystem

$$(23.33) \qquad \sum_{l=1}^{n} A_{jl}\, c_l = r_j \qquad (j = 1, \ldots, n)$$

mit den Abkürzungen

$$(23.34) \quad A_{jl} = \int_B [a_{ik} w_{j,k} w_{l,i} - c w_j w_l] dB + \int_{\Gamma_2} \alpha w_j w_l d\Gamma =$$

$$= -\int_{\Gamma_1} A w_{j,\sigma} w_l d\Gamma \quad (j, l = 1, \ldots, n),$$

$$(23.35) \quad r_j = -\int_B [a_{ik} w_{0,i} w_{j,k} - c w_0 w_j] dB -$$

$$- \int_{\Gamma_2} \alpha w_0 w_j d\Gamma - \int_{\Gamma_1} A \gamma w_{j,\sigma} d\Gamma =$$

$$= \int_{\Gamma_1} A w_{j,\sigma} [w_0 - \gamma] d\Gamma \quad (j = 1, \ldots, n).$$

Dabei wird die jeweils zweite Zeile durch Anwendung der ersten Green-schen Identität (8.6) erhalten. Diese Umformung zeigt, daß das Trefftz-sche Verfahren eine Randmethode ist, da nur Randintegrale auszuwerten sind. Darüber hinaus erhält man rückwärts

$$(23.36) \quad -\sum_{l=1}^{n} A_{jl} c_l + r_j = \int_{\Gamma_1} A w_{j,\sigma} \left[\sum_{l=1}^{n} c_l w_l + w_0 - \gamma \right] d\Gamma =$$

$$= \int_{\Gamma_1} A w_{j,\sigma} [v - \gamma] d\Gamma \quad (j = 1, \ldots, n).$$

Hierin zeigt sich eine gewisse Entsprechung mit den Galerkinschen Gleichungen (22.22); auch das Trefftzsche Verfahren kann als Spezial-fall der (Rand-) Fehlerorthogonalitätsmethode aufgefaßt werden, vgl. § 22, Nr. 27.5 und J. ALBRECHT (1955). Es versagt offenbar bei $\Gamma = \Gamma_2$, dann ist aber w_0 wegen (23.22) und (23.23) exakte Lösung. Bei $c \equiv 0$, $\Gamma = \Gamma_1$ oder $c \equiv 0$, $\alpha \equiv 0$ ist das Verfahren durchführbar, jedoch bleibt in (23.32) eine additive Konstante frei, die nachträglich auf andere Weise bestimmt werden muß. Die Funktion $w \equiv 1$ darf dann nicht unter den w_j vorkommen. Grund-sätzlich läßt sich das Trefftzsche Verfahren

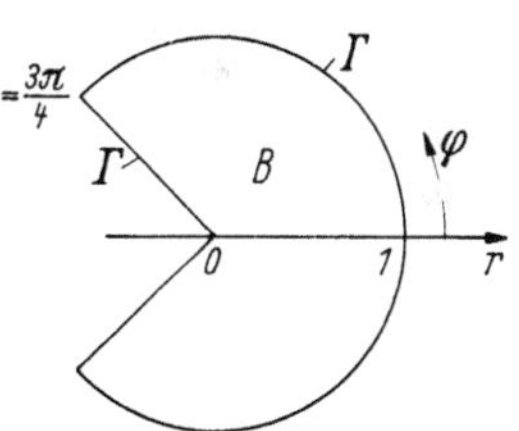

Abb. 23.37. Querschnitt eines tor-dierten Stabes (r, φ = Polar-koordinaten)

auch auf nichtlineare Aufgaben anwenden, jedoch kann die Erfüllung der (23.22) entsprechenden nichtlinearen Differentialgleichung Schwierig-keiten machen.

Als Beispiel soll hier die Torsion eines Stabes betrachtet werden, dessen Querschnitt ein Dreiviertelkreis ist (s. Abb. 23.37 mit den Polar-koordinaten r, φ). Wegen der einspringenden Ecke ist hier die An-wendung des Ritzschen Verfahrens erschwert. Die dabei auftretende Randwertaufgabe (vgl. die Nr. 15.4 und 24.7)

$$(23.38) \quad \Delta u^* = -1 \text{ in } B, \quad u^* = 0 \text{ auf } \Gamma (= \Gamma_1)$$

geht durch die Substitution $u^* = \frac{1}{4}(u - r^2)$ in die Aufgabe

$$(23.39) \qquad \Delta u = 0 \quad \text{in } B, \quad u = r^2 \quad \text{auf } \Gamma$$

über. Benutzt man die Ansatzfunktionen $w_0 = 0$ und $w_j = r^{\frac{2}{3}j} \cos \frac{2}{3} j \varphi$ $(j = 1, \ldots, n)$, für die $\Delta w_j = 0$ ist, so erhält man (23.33) mit

$$(23.40) \qquad A_{jl} = \begin{cases} \dfrac{\pi}{2} j & \text{für } j = l \\[2ex] \dfrac{2lj}{j^2 - l^2} \sin \dfrac{\pi}{2}(j - l) & \text{für } j \neq l \end{cases} \qquad (j, l = 1, \ldots, n),$$

$$r_j = \frac{6}{j+3} \sin \frac{\pi}{2} j \qquad\qquad (j = 1, \ldots, n).$$

Die Fehler am Rande verhalten sich etwa so, wie es für $n = 16$ in Abb. 23.41 dargestellt ist; in der Nähe der Ecken treten besonders große

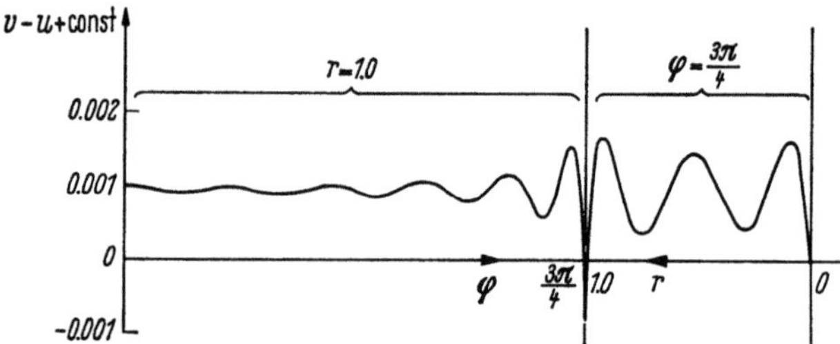

Abb. 23.41. Randabweichung ohne Abspaltung der Singularitäten

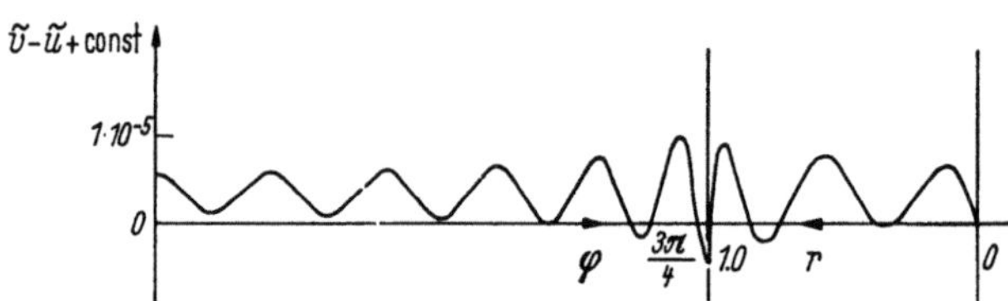

Abb. 23.42. Randabweichung mit Abspaltung der Singularitäten

Schwankungen auf. Setzt man noch die bisher freie additive Konstante gleich dem negativen Mittel aus der maximalen und minimalen Randabweichung, so erhält man nach dem Randmaximumsatz (vgl. Nr. 10.1) als Fehlerabschätzungen für ganz B die Werte

$$(23.43)$$

$n =$	1	2	4	8	16
$|v - u| \leqq$	0.5	0.220	0.0819	0.00789	0.00125

Die Konvergenz ist sehr schlecht, wofür hauptsächlich die Singularitäten in den drei Ecken des Bereichs verantwortlich sind: Hier hat man $\Delta u \neq 0$, wie man leicht aus den Randwerten ermittelt. Diese Singularitäten können aber abgezogen werden, indem man etwa die Substitution ($z = r\,e^{i\varphi}$, vgl. Nr. 26.3)

$$(23.44) \quad u = \tilde{u} + \frac{4}{3\pi}\,\mathrm{Re}\,(z^2 \ln z) + \frac{36}{\pi}\sum_{k=0}^{\infty}\frac{(-1)^k}{(2k+1)^3}\,\mathrm{Re}\left(z^{\frac{2}{3}(2k+1)}\right)$$

$$= \tilde{u} + \frac{4}{3\pi}\,(r^2 \ln r \cdot \cos 2\varphi - r^2\,\varphi\,\sin 2\varphi) +$$

$$+ \frac{36}{\pi}\sum_{k=0}^{\infty}\frac{(-1)^k}{(2k+1)^3}\,r^{\frac{2}{3}(2k+1)}\cos\left[\frac{2}{3}(2k+1)\,\varphi\right]$$

ausführt. Es ergibt sich die Aufgabe

$$(23.45)\quad \Delta\tilde{u} = 0 \;\;\text{in } B, \quad \tilde{u} = 0 \;\;\text{für}\;\; \varphi = \pm\frac{3\pi}{4},\quad r \leqq 1,$$

$$\tilde{u} = 1 + \frac{4}{3\pi}\,\varphi\,\sin 2\varphi + \left(\frac{9\pi^2}{8} - 2\varphi^2\right)$$

$$\text{für}\;\; r = 1,\quad |\varphi| \leqq \frac{3\pi}{4}$$

mit den gleichen A_{jl} wie in (23.40), aber mit

$$(23.46)\quad \tilde{r}_j = \begin{cases} -7/2 & \text{für}\;\; j = 3,\\[2mm] -\dfrac{162}{j^2(j^2-9)}\sin\dfrac{\pi}{2}j - \left(\dfrac{9\pi}{j} + \dfrac{4j(j^2+9)}{\pi(j^2-9)^2}\right)\cos\dfrac{\pi}{2}j & \\[2mm] & \text{für}\;\; j \neq 3. \end{cases}$$

Für $n = 16$ ergibt sich der Randfehler wie in Abb. 23.42. Abgesehen von dessen Verkleinerung sind die Schwankungen hier gleichmäßiger verteilt. In ganz B gelten nach Bestimmung der additiven Konstante wie oben die Abschätzungen

$$(23.47)$$

$n =$	1	2	4	8	16
$|v - u| \leqq$	0.758	0.457	0.0138	0.000419	0.0000074

Es hat sich also gelohnt, die Singularitäten abzuspalten, zumal für $n = 32$ bereits numerische Schwierigkeiten durch Rundungsfehler eintreten.

23.6 Orthogonalität im Funktionenraum

Die folgende Methode ist unter den Namen *Methode der orthogonalen Projektionen* [vgl. S. G. Michlin (1962), S. 267 ff.] und *Hyperkreismethode* [vgl. J. L. Synge (1957)] bekannt. Sie setzt die Linearität der Aufgabe voraus und soll am Beispiel der Variationsaufgaben (23.14) und (23.18) hergeleitet werden. Die dabei auftretenden geometrischen Bezeichnungen entstammen der Theorie der Hilbert-Räume (vgl. Abschn. C, Kap. I, § 2), die hier jedoch nicht benutzt werden soll. Die zu definierenden Begriffe des *Skalarprodukts*

$$(23.48)\quad (v,\,w) = \tfrac{1}{2}\int_B [a_{ik}\,v_i\,w_k - c\,v\,w]\,dB + \tfrac{1}{2}\int_{\Gamma_2} \alpha\,v\,w\,d\Gamma$$

und der *Norm* (oder Länge)

$$(23.49) \quad \| v \| = \sqrt{(v, v)} = \left\{ \tfrac{1}{2} \int_B [a_{ik} v_i v_k - c v^2] \, dB + \tfrac{1}{2} \int_{\Gamma_2} \alpha \, v^2 \, d\Gamma \right\}^{1/2}$$

können als Abkürzungen für die rechts stehenden Ausdrücke aufgefaßt werden. Dabei ist mit v der $(N + 1)$-dimensionale Vektor der Funktionen $v(x)$, $v_1(x)$, ..., $v_N(x)$ mit $x \in B + \Gamma$ bezeichnet, analog w usw. Die Elemente v, w, ..., für die (23.49) endlich ist, bilden einen Funktionenraum, der hier mit H bezeichnet wird, der aber nicht mit dem Raum $L^2(B)$ (s. Abschn. C a. a. O.) identisch ist. Für die Voraussetzungen an B, $c(x)$ und $\alpha(x)$ vgl. Nr. 23.2. Wegen $c(x) \leqq 0$ in B und $\alpha(x) \geqq 0$ auf Γ_2 gilt die *Semidefinitheit* $(v, v) \geqq 0$ des Skalarprodukts, das mit dem gewöhnlichen Skalarprodukt zweier reeller, k-dimensionaler Vektoren die Eigenschaften $(a \, v, w) = a(v, w)$ $(a = \text{const}, \text{reell})$, $(u + v, w) = (u, w) + (v, w)$ und $(v, w) = (w, v)$ gemein hat.

Im folgenden bezeichnet v einen Vektor, dessen Komponenten die Gleichungen [vgl. (23.13) und (23.15)]

$$(23.50) \qquad v_i = v_{,i} \quad \text{in } B \ (i = 1, \ldots, N), \qquad v = \gamma \quad \text{auf } \Gamma_1$$

erfüllen, während von w [vgl. (23.19) und (23.20)]

$$(23.51) \qquad (a_{ik} w_k)_{,i} + c \, w = f \quad \text{in } B$$
und
$$(23.52) \qquad -A \, \sigma_i w_i + \alpha \, w = \gamma \quad \text{auf } \Gamma_2$$

vorausgesetzt wird. Dann kann man J_1 und J_3 in der Form

$$(23.53) \qquad J_1 v = (v, v) + \int_B v \, f \, dB - \int_{\Gamma_2} v \, \gamma \, d\Gamma = \text{Min,}$$

$$(23.54) \qquad J_3 w = -(w, w) - \int_{\Gamma_1} A \, \sigma_i w_i \gamma \, d\Gamma = \text{Max}$$

schreiben.

Bedeutet u die gemeinsame Lösung von (23.53) und (23.54), die also (23.50) bis (23.52) erfüllt, so kann man die Gleichung

$$(23.55) \quad (v - u, w - u) = 0$$

durch Umformung der entsprechenden Integrale (23.48) mittels der ersten Greenschen Identität (8.6) unter Benutzung von (23.50) bis (23.52) leicht nachweisen. Die damit gezeigte *Orthogonalität* von $v - u$ und $w - u$ läßt sich in der Ebene (wenn auch unvollkommen) durch Abb. 23.56 veranschaulichen. Die Gesamtheit aller $v - u$ und $w - u$ bilden zwei

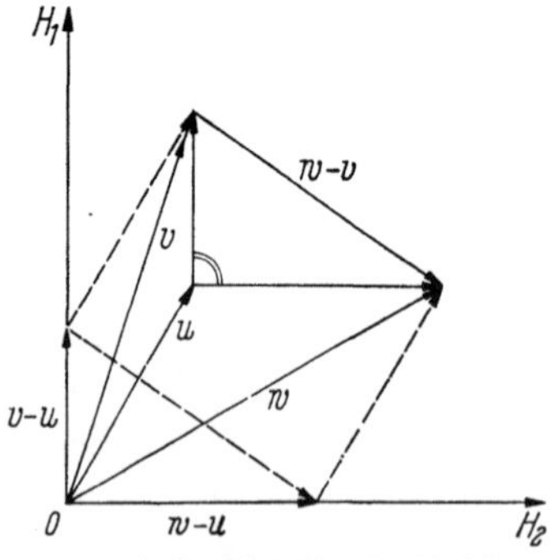

Abb. 23.56. Zweidimensionales Modell zu (23.55)

orthogonale Teilräume H_1 und H_2 des gegebenen Raumes H. Zur Gewinnung des unbekannten u kann man nun versuchen, den bekannten Vektor $w - v$ entweder auf H_1 oder auf H_2 orthogonal zu projizieren und das Ergebnis dann zu v zu addieren bzw. von w zu subtrahieren. Da H_1 und H_2 aber (im Gegensatz zu Abb. 23.56) i. allg. unendlich viele Dimensionen haben, ist meist nur eine Approximation möglich.

Hat man einige *Koordinatenvektoren* $v^{(i)}$ $(i = 1, \ldots, m)$ von H_1, die (23.50) mit $\gamma \equiv 0$ auf Γ_1 erfüllen und die im Sinne von

$$(23.57) \quad (v^{(i)}, v^{(k)}) = \delta_{ik} \quad (= 1 \text{ für } i = k, = 0 \text{ sonst}; i, k = 1, \ldots, m)$$

orthonormiert sind (was sich durch das Orthonormierungsverfahren von ERHARD SCHMIDT — vgl. Abschn. F — erreichen läßt, wenn überhaupt m linear unabhängige $v^{(i)}$ angegeben werden können), so ist die gesuchte Projektion auf H_1

$$(23.58) \qquad v^* = \sum_{i=1}^{m} (w - v, v^{(i)})\, v^{(i)}.$$

Als verbesserte Näherung ergibt sich entsprechend

$$(23.59) \qquad \tilde{v} = v + v^* = v + \sum_{i=1}^{m} (w - v, v^{(i)})\, v^{(i)}.$$

Dieses Ergebnis ist identisch mit dem des Ritzschen Verfahrens, wenn man den Ansatz $\tilde{v} = v + \sum_{i=1}^{m} c_i\, v^{(i)}$ zur Lösung von (23.53) benutzt. $\tilde{v}$ hängt nur scheinbar von w ab.

Hat man dagegen orthonormale Koordinatenvektoren $w^{(j)}$ $(j = 1, \ldots, n)$ von H_2, die (23.51) mit $f \equiv 0$ in B und (23.52) mit $\gamma \equiv 0$ auf Γ_2 erfüllen, so ergibt sich durch Projektion auf H_2 die verbesserte Näherung

$$(23.60) \qquad \tilde{w} = w - \sum_{j=1}^{n} (w - v, w^{(j)})\, w^{(j)},$$

die nicht echt von v abhängt und als Anwendung des auf den Ausdruck (23.54) verallgemeinerten Trefftzschen Verfahrens gedeutet werden kann. Zusammengenommen gilt die Abschätzung

$$(23.61) \qquad J_3\, \tilde{w} \leqq J_3\, u = J_1\, u \leqq J_1\, \tilde{v}.$$

23.7 Die Hyperkreismethode

(23.55) läßt sich elementar zu

$$(23.62) \quad (u - \tfrac{1}{2}(w + v),\, u - \tfrac{1}{2}(w + v)) = \tfrac{1}{4}(w - v,\, w - v)$$
$$\{ = \tfrac{1}{4}(J_1\, v - J_3\, w) \}$$

umformen, woraus sich

$$(23.63) \qquad \| u - \tfrac{1}{2}(w + v) \| = \tfrac{1}{2} \| w - v \|$$

ergibt. Diese Gleichung läßt sich als Gleichung einer Hyperkugel um $\frac{1}{2}(w + v)$ durch u, v und w deuten (Abb. 23.64). Subtrahiert man (23.59) von (23.60), so erhält man

$$(23.65) \qquad (\tilde{w} - \tilde{v}) = (w - v) - \sum_{i=1}^{m} (w - v, v^{(i)})\, v^{(i)} -$$
$$- \sum_{j=1}^{n} (w - v, w^{(j)})\, w^{(j)}.$$

Genau diese Gleichung ergibt sich aber, wenn man versucht, mittels der Ansatzvektoren $v^{(i)}$ und $w^{(j)}$ [Es ist $(v^{(i)}, w^{(j)}) = 0$ für alle $i = 1, \ldots, m$; $j = 1, \ldots, n$.] den Radius $\frac{1}{2}\|w - v\|$ zu minimalisieren. Da außerdem wegen $v^{(i)} \in H_1$ und $w^{(j)} \in H_2$

$$(23.66) \quad (v^{(i)}, w - u) = (v - u, w^{(j)}) = 0 \quad (i = 1, \ldots, m; j = 1, \ldots, n)$$

gilt, liegt u nicht nur auf der Hyperkugel (23.63), sondern auch auf $m + n$ Hyperebenen, so daß sich insgesamt ein *Hyperkreis* ergibt. (Im euklidischen E_3: Schnitt von Kugel und Ebene, vgl. Abb. 23.67.) Die Minimalisierung von $\frac{1}{2}\|w - v\|$ bedeutet dann, daß man die kleinstmögliche Kugel durch den Hyperkreis legt.

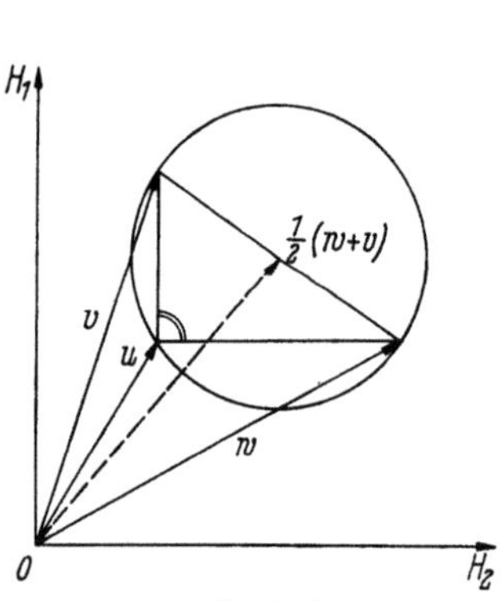

Abb. 23.64
Zweidimensionales Modell zu (23.63).

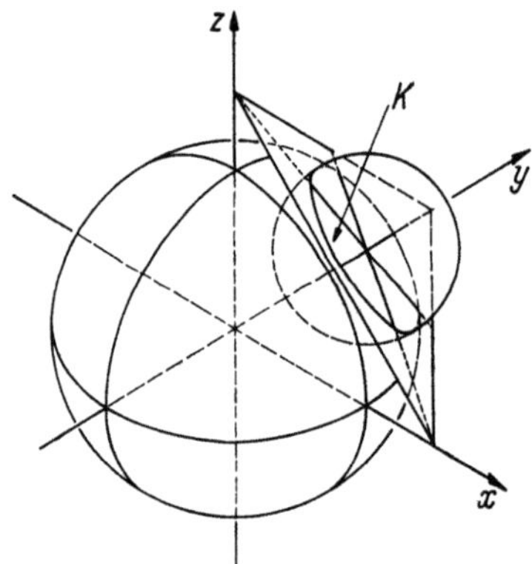

Abb. 23.67
Dreidimensionales Modell für einen Hyperkreis K

Die Hyperkreismethode erlaubt bei $\alpha \not\equiv 0$ eine oft günstige Variante: Läßt man bei der Definition (23.48) des Skalarproduktes das Integral über Γ_2 fort und ersetzt man (23.52) durch

$$(23.68) \qquad -A\, \sigma_i w_i + \alpha v = \gamma \quad \text{auf } \Gamma_2,$$

so erhält man mit $\alpha \geqq 0$ auf Γ_2 statt (23.55) die Beziehung

$$(23.69) \qquad (v - u, w - u) = -\frac{1}{2} \int_{\Gamma_2} \alpha\,(v - u)^2\, d\Gamma \leqq 0,$$

und es ist auch in (23.62) und (23.63) $\leqq$ statt $=$ zu schreiben. Die Ansatzvektoren sind dann paarweise so zu wählen, daß (23.68) mit $\gamma \equiv 0$

gilt. Besonders bei großem α ist bei gegebenen v und w die rechte Seite von (23.63) hier kleiner als bei dem Skalarprodukt (23.48).

Bei den Gleichungen der Elastizitätslehre und der Plattengleichung sind die Skalarprodukte

$$(23.70) \qquad (\boldsymbol{v},\, \boldsymbol{w}) = \tfrac{1}{2} \int\limits_B \varepsilon_{ij}^{(v)}\, \sigma_{ij}^{(w)}\, dB$$

bzw.

$$(23.71) \qquad (\boldsymbol{v},\, \boldsymbol{w}) = \tfrac{1}{2} \int\limits_B \left[v\, \Delta v\, \Delta w + (1 - v)\, v_{,ik}\, w_{,ik} \right] dB$$

zur Durchführung der Hyperkreismethode geeignet.

Punktweise Fehlerabschätzungen zur Hyperkreismethode wurden von MAPLE, DIAZ, GREENBERG u. a. angegeben. Sie gelingen mittels der Darstellung der Lösung durch die dritte Greensche Identität [s. (8.8), (11.4), (15.13) und (15.28)]. Für Einzelheiten und Beispiele vgl. man R. NICOLOVIUS (1957) und die dort zitierte Literatur.

VI. Exakte Lösung und Einführung
in die numerische Behandlung

§ 24. Geschlossen lösbare Aufgaben und Potenzreihen

24.1 Hinweise

Unter einer geschlossenen Lösung wird hier eine Lösung verstanden, die als endlicher Ausdruck unter Benutzung von Differentiation und Integration geschrieben werden kann, wobei neben den gegebenen algebraische, elementare und höhere transzendente Funktionen auftreten können.

Bei Rand- und Eigenwertproblemen mit gewöhnlichen Differentialgleichungen ist es besonders günstig, wenn man das allgemeine Integral der Differentialgleichung angeben kann. Dann hat man nur noch nötig, die darin auftretenden Integrationskonstanten (und evtl. den Eigenwertparameter) an die Randbedingungen anzupassen. Das bedeutet praktisch die Auflösung von je nach der Aufgabe linearen oder nichtlinearen, algebraischen oder transzendenten Gleichungen. Über die Aufstellung der allgemeinen Lösung wird hier nicht berichtet; die Abschn. B und D bieten dafür ein reichhaltiges Material. Auch sei auf die Sammlung von Einzeldifferentialgleichungen in E. KAMKE (1961) und auf E. MADELUNG (1957), S. 264ff. verwiesen.

24.2 Zwei Klassen geschlossen lösbarer Eigenwertaufgaben

Es sei die Differentialgleichung

$$(24.1) \qquad A(x)\, u'' + B(x)\, u' + \big(C(x) + \lambda D(x)\big)\, u = 0 \quad \text{in } (0, 1)$$

mit linearen, homogenen Randbedingungen bei 0 und 1 vorgelegt, die λ nicht enthalten mögen. Wenn dann in $[0, 1]$ $D(x)/A(x) > 0$ und endlich ist und eine Konstante k so angegeben werden kann, daß unter entsprechenden Differenzierbarkeitsvoraussetzungen für $A(x)$ bis $D(x)$ die „Schlüsselgleichung"

$$(24.2) \qquad 4\frac{A''}{A} - 3\left(\frac{A'}{A}\right)^2 - 2\frac{A'}{A}\cdot\frac{D'}{D} + 5\left(\frac{D'}{D}\right)^2 - 4\frac{D''}{D} =$$

$$= 4\left(\frac{B}{A}\right)^2 + 8\left(\frac{B}{A}\right)' - 16\frac{C + kD}{A}$$

erfüllt ist, so ist die Aufgabe geschlossen lösbar. Denkt man sich schon in (24.1) C durch $C + kD$ und entsprechend λ durch $\lambda - k$ ersetzt, so gilt für die neuen C und λ (24.2) mit $k = 0$, und man erhält

$$(24.3) \qquad u_n(x) = \frac{\text{const}}{\sqrt[4]{D/A}} \cdot \exp\left\{-\frac{1}{2}\int_0^x \frac{B}{A}\, dx\right\} \cdot \sin\left\{\sqrt{\lambda_n}\int_0^x \sqrt{D/A}\, dx + p_n\right\}$$

$$(n = 1, 2, \ldots).$$

Hieraus lassen sich nach den gegebenen Randbedingungen die Phasenkonstanten p_n und Eigenwerte λ_n leicht gewinnen. Sind z. B. die Randbedingungen $u(0) = u(1) = 0$ gegeben, so erhält man $p_n = 0$,

$$\lambda_n = \pi^2\, n^2\left[\int_0^1 \sqrt{D/A}\, dx\right]^{-2} \quad \text{und}$$

$$(24.4) \qquad u_n(x) = \frac{\text{const}}{\sqrt[4]{D/A}} \cdot \exp\left\{-\frac{1}{2}\int_0^x \frac{B}{A}\, dx\right\} \cdot \sin\left\{\pi n \frac{\int_0^x \sqrt{D/A}\, dx}{\int_0^1 \sqrt{D/A}\, dx}\right\}$$

$$(n = 1, 2, \ldots).$$

In Spezialfällen, z. B. bei selbstadjungierter Differentialgleichung ($B = A'$) oder bei $A = 1$ vereinfachen sich (24.3) und (24.4); für Beispiele vgl. man die Tab. 16.23 und L. Collatz (1963), S. 454—457.

Auch der zweite Fall, der hier erwähnt werden soll, geht aus von (24.1), wobei jetzt aber bei $x = 0$ eine Singularität erster Art (vgl. Nr. 2.5 und Nr. 25.4) zugelassen ist. Hier lautet die Schlüsselgleichung

$$(24.5) \qquad 4\frac{A''}{A} - 3\left(\frac{A'}{A}\right)^2 - 2\frac{A'}{A}\cdot\frac{D'}{D} + 5\left(\frac{D'}{D}\right)^2 -$$

$$- 4\frac{D''}{D} + 4\,(4p^2 - 1)\frac{D}{A}\left[\int_0^x \sqrt{D/A}\, dx\right]^{-2} =$$

$$= 4\left(\frac{B}{A}\right)^2 + 8\left(\frac{B}{A}\right)' - 16\frac{C}{A},$$

worin die Anpassung von C durch Verschiebung des Spektrums wie oben geschehen kann; p ist darin geeignet zu wählen. Hier erhält man

$$(24.6) \quad u_n(x) = \frac{\text{const}}{\sqrt[4]{D/A}} \left\{ \int_0^x \sqrt{D/A}\, dx \right\}^{1/2} \cdot \exp\left\{ -\frac{1}{2} \int_0^x \frac{B}{A}\, dx \right\} \times$$

$$\times Z_p \left\{ \sqrt{\lambda_n} \int_0^x \sqrt{D/A}\, dx \right\} \quad (n = 1, 2, \ldots),$$

worin Z_p eine Zylinderfunktion der Ordnung p bedeutet. Meist wird bei Aufgaben dieser Art die Regularität bei $x = 0$ statt einer Randbedingung gefordert, und man bestimmt die λ_n aus der Randbedingung bei $x = 1$. Ein Beispiel mit $p = 1$ findet sich bei L. COLLATZ (1963), S. 454. Vergleiche auch das Beispiel der Nr. 35.7, wo ein Spezialfall mit (24.2) sich als nützlich erweist.

Andere Eigenwertaufgaben lassen sich geschlossen mit Hilfe der sogenannten Polynommethode lösen, die bei E. MADELUNG (1957), S. 304—306 beschrieben ist.

24.3 Partielle Differentialgleichungen

Obwohl es eine ganze Reihe geschlossener Lösungen von technisch wichtigen mehrdimensionalen Rand- und Eigenwertaufgaben gibt, werden dadurch nur Spezialfälle erfaßt. Für die Mehrzahl muß auf die technische Literatur verwiesen werden; in den Büchern von I. SZABÓ (1958) und (1963) finden sich u. a. Lösungen von folgenden Elastizitätsproblemen: Lange Wandkonsole von Dreiecksquerschnitt unter Eigenlast, axialsymmetrischer Spannungszustand in langem Rohr, Kreisplatte unter axialsymmetrischer Last, Beulen einer Kreiszylinderschale.

Bei der Torsion von zylindrischen Stäben tritt die Randwertaufgabe

$$(24.7) \qquad \Delta u = -1 \quad \text{in } B, \quad u = 0 \quad \text{auf } \Gamma$$

auf, worin B den Querschnitt des Stabes und Γ dessen Rand bedeuten. Nach Bestimmung der Torsionsfunktion $u(x, y)$ erhält man die Torsionssteifigkeit $G J_t$ nach (Bezeichnungen ähnlich Szabó a. a. O.)

$$(24.8) \qquad J_t = 4 \int_B u\, dB$$

und die Schubspannungen aus

$$(24.9) \qquad \tau_{xz} = 2 \frac{M_t}{J_t} u_y; \quad \tau_{yz} = -2 \frac{M_t}{J_t} u_x.$$

Zwei bekannte Beispiele für geschlossene Lösungen sind der gleichseitige *Dreiecksstab* (Abb. 24.10; 0 ist der Schwerpunkt des Dreiecks) mit

$$(24.11) \quad u = \frac{1}{4h}\left(y^3 - 3x^2 y - h y^2 - h x^2 + \frac{4}{27} h^3\right),$$

$$J_t = \frac{\sqrt{3}}{80} a^4, \quad \tau_{\max} = \tau_{xz}\left(0, -\frac{h}{3}\right) = \frac{20 M_t}{a^3}$$

und der *elliptische Stab* (Abb. 24.12, $b \leq a$) mit

$$(24.13) \quad u = \frac{a^2 b^2}{2(a^2 + b^2)}\left(1 - \frac{x^2}{a^2} - \frac{y^2}{b^2}\right),$$

$$J_t = \frac{\pi a^3 b^3}{a^2 + b^2}, \quad \tau_{\max} = \tau_{xz}(0, -b) = \frac{2 M_t}{\pi a b^2}.$$

Für $a = b$ ergibt sich der Spezialfall des kreiszylindrischen Stabes. Ist etwa $\tau_{\max}$ fest vorgegeben, so kann man nach der Ellipsenform fragen, die das Maximum der Torsionssteifigkeit pro Flächeneinheit

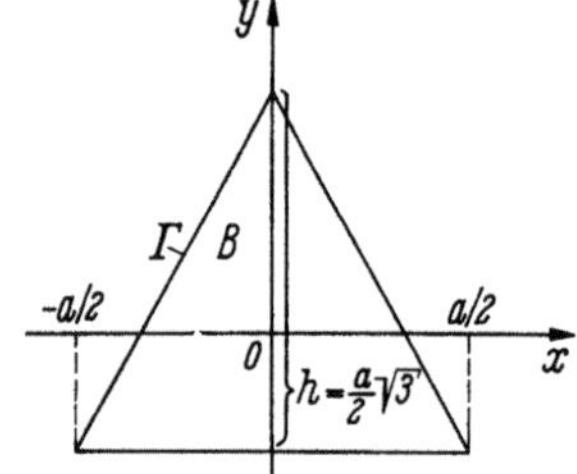

Abb. 24.10. Torsion des Dreiecksstabs

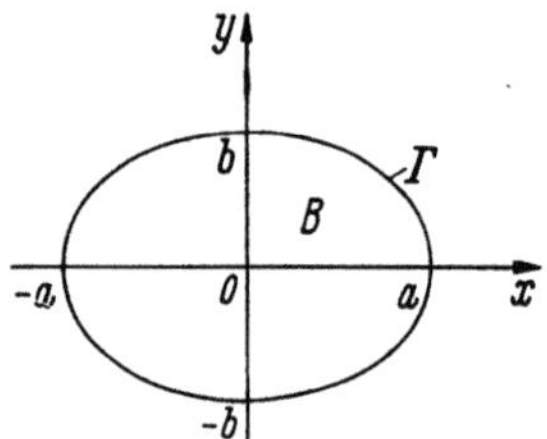

Abb. 24.12. Torsion des elliptischen Stabes

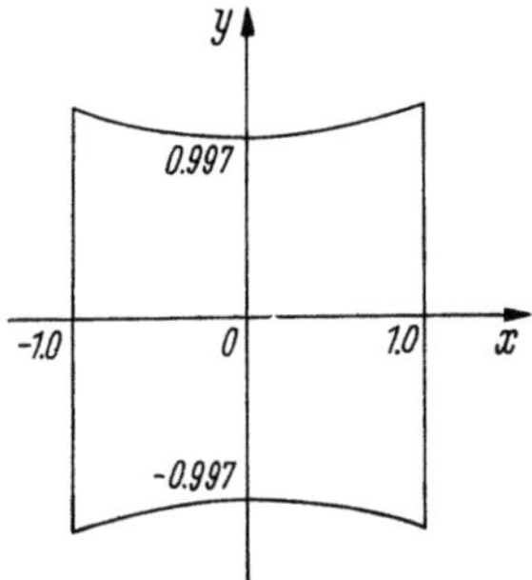

Abb. 24.14. Nullstellengebilde zu (24.16)

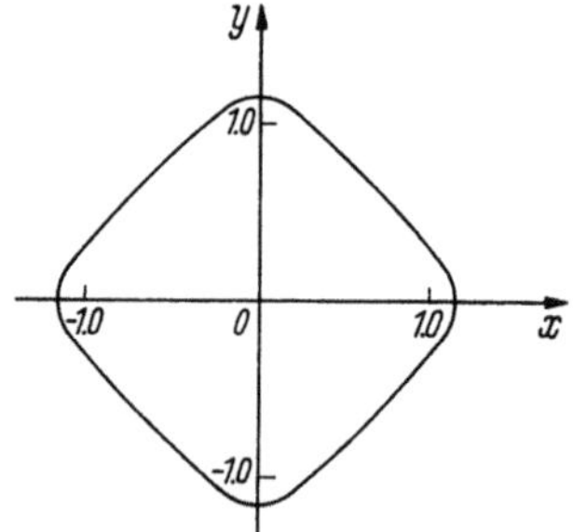

Abb. 24.15. Nullstellengebilde zu (24.17)

(Gewicht) liefert. Es ergibt sich das Achsenverhältnis $b : a = 1 : \sqrt{2}$, wofür man eine um 5.8 % höhere Torsionssteifigkeit erhält als beim Kreisstab gleicher Querschnittsfläche.

Wenn man bei der Formgebung eines Torsionsstabes Spielraum hat, kann man leicht Querschnittsformen mit geschlossenen Lösungen konstruieren, indem man Potentialfunktionen zu einer festen Lösung von $\Delta u = -1$ addiert. Zwei Beispiele zeigen die Abb. 24.14 und 24.15, die folgende Torsionsfunktionen haben

(24.16)

$$u = \frac{1}{2}\,(1 - x^2) - 0.2 \cdot \cos\frac{\pi}{2}\,x \cdot \cosh\frac{\pi}{2}\,y\,,$$

(24.17)

$$u = \frac{1}{4}\,(1 - x^2 - y^2) + \frac{3}{64}\,(x^4 - 6x^2 y^2 + y^4)\,.$$

Die *Torsionsfunktion des Rechtecks* ist nicht mehr elementar; zur Ergänzung sei hier eine Reihenentwicklung angegeben, die sich aus einer geringfügigen Verallgemeinerung

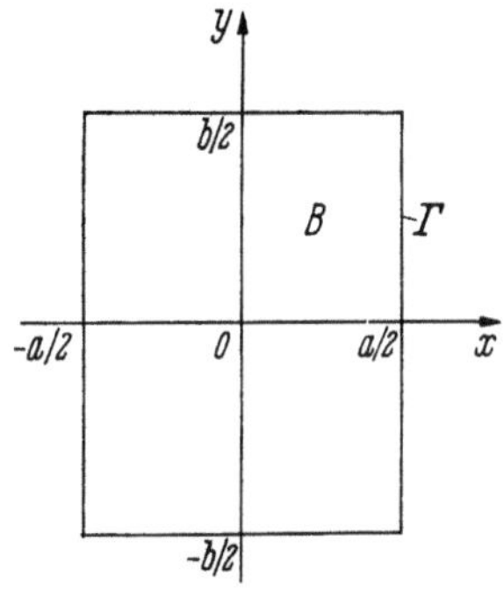

Abb. 24.18
Torsion des Rechtecksstabs

von (8.26) mit $\lambda = 0$ leicht herleiten läßt. Mit den Bezeichnungen der Abb. 24.18 gilt

$$(24.19) \quad u = \sum_{k=0}^{\infty} \frac{4a^2(-1)^k}{(2k+1)^3\pi^3}\left(1 - \frac{\cosh\dfrac{(2k+1)\pi y}{a}}{\cosh\dfrac{(2k+1)\pi b}{2a}}\right)\cos\frac{(2k+1)\pi x}{a}$$

$$= \frac{1}{2}\left(\frac{a^2}{4} - x^2\right) - \sum_{k=0}^{\infty}\frac{4a^2(-1)^k\cosh\dfrac{(2k+1)\pi y}{a}\cos\dfrac{(2k+1)\pi x}{a}}{(2k+1)^3\pi^3\cosh\dfrac{(2k+1)\pi b}{2a}}\,.$$

Für die Torsion einiger Kreisausschnittstäbe vgl. man A. Herzig (1953) und die Nr. 23.5 und 24.7.

Nicht nur für die Eigenschwingungen von Membranen sind die Lösungen der Eigenwertaufgabe

$$(24.20) \qquad \Delta u + \lambda u = 0 \quad \text{in } B, \quad u = 0 \quad \text{auf } \Gamma$$

wichtig. Für den Kreis vom Radius a und die Gebiete der Abb. 24.10 und 24.18 erhält man die Eigenwerte λ_n und Eigenfunktionen $u_n(x,y)$:

<table>
<tr><td align="center">Kreis</td><td align="center">Rechteck</td></tr>
<tr><td align="center">$\lambda_{m,n} = \left(\dfrac{\xi_{m,n}}{a}\right)^2$</td><td align="center">$\pi^2\left(\dfrac{m^2}{a^2} + \dfrac{n^2}{b^2}\right)$</td></tr>
<tr><td align="center">$(m, n = 0, 1, 2, \ldots)$</td><td align="center">$(m, n = 1, 2, \ldots)$</td></tr>
<tr><td align="center">$u_{m,n} = J_m\left(\xi_{m,n}\dfrac{r}{a}\right)\cdot\begin{Bmatrix}\sin m\varphi\\\cos m\varphi\end{Bmatrix}$</td><td align="center">$\sin m\pi\left(\dfrac{x}{a} + \dfrac{1}{2}\right)\sin n\pi\left(\dfrac{y}{b} + \dfrac{1}{2}\right)$</td></tr>
</table>

(24.21)

$$\text{mit} \quad r = \sqrt{x^2 + y^2} \quad \text{und}$$

$$\varphi = \arctan\frac{y}{x}$$

$$\text{gleichseitiges Dreieck}$$

$$\lambda_{m,n} = \left(\frac{4\pi}{3a}\right)^2 (m^2 + mn + n^2) \quad (m, n = 1, 2, \ldots)$$

$$u_{m,n} = \begin{cases} \sin m\,s \cdot \cos(m+2n)\,t + \sin n\,s \cdot \cos(2m+n)\,t - \\ \qquad\qquad - \sin(m+n)\,s \cdot \cos(m-n)\,t \\ -\sin m\,s \cdot \sin(m+2n)\,t + \sin n\,s \cdot \sin(2m+n)\,t + \\ \qquad\qquad + \sin(m+n)\,s \cdot \sin(m-n)\,t \end{cases}$$

$$\text{mit} \quad s = \pi\left(\frac{2}{3} - \frac{y}{h}\right) \quad \text{und} \quad t = \frac{2\pi x}{3a}.$$

Beim Kreis bedeutet $\xi_{m,n}$ die n-te positive Nullstelle der Bessel-Funktion $J_m(z)$, und für $m > 0$ sind die Eigenwerte doppelt. Beim Quadrat $a = b$ sind die Eigenwerte mit $m \neq n$ ebenfalls mindestens doppelt.

24.4 Allgemeines über Potenzreihenentwicklung

Weiterhin soll nicht von dem theoretischen Hilfsmittel „Potenzreihe" die Rede sein, sondern von einem Weg, Werte der Lösung einer Rand- oder Eigenwertaufgabe zu berechnen. In diesem Sinne stellen auch viele geschlossene Lösungen Potenzreihen dar, z. B. die Reihen der elementaren transzendenten Funktionen. Nur selten ist es möglich, den Wert einer Potenzreihe exakt zu berechnen; man muß vielmehr meist zufrieden sein, wenn man mit Hilfe einer *endlichen Anzahl von Gliedern* und einer *endlichen Zahl von Dezimalen bei der Rechnung* einen Zahlenwert erhält, von dem man die *Richtigkeit einer endlichen Zahl von Dezimalen* zeigen kann. Daher soll es hier auch nur darauf ankommen, von einer endlichen Anzahl von Koeffizienten je endlich viele Dezimalen zu bestimmen.

Im Gegensatz zu Anfangswertaufgaben, bei denen vielfach die rekursive Bestimmung der Koeffizienten möglich ist, wird man hier auf ein je nach der Aufgabe lineares oder nichtlineares unendliches Gleichungssystem geführt. Seine Auflösung kann abschnittsweise erfolgen, d. h. man setzt alle bis auf die ersten, etwa n Koeffizienten gleich Null und berücksichtigt nur die ersten n Gleichungen. Oft ist auch die iterative Lösung möglich. Das Aussehen des Gleichungssystems hängt von dem Ansatz und der Methode der Aufstellung ab. Es kann sinnvoll sein, die Glieder der Reihe so zusammenzufassen, daß die Randbedingungen oder bei mehrdimensionalen Aufgaben die Differentialgleichung a priori erfüllt sind. Neben der Methode des Koeffizientenvergleichs bieten sich zur Aufstellung des Gleichungssystems auch viele andere Methoden an, wie etwa die Variationsmethoden der §§ 22 und 23 oder die Defektabgleichsprinzipien des § 27. Die Iterationsverfahren des Kap. VIII können verschiedentlich als Methoden zur direkten

Ermittlung der Koeffizienten ohne explizite Aufstellung des unendlichen Gleichungssystems aufgefaßt werden. Der Vielfalt der Möglichkeiten wegen kann hier nur an einigen Beispielen die Handhabung erläutert werden. Für Eigenwertaufgaben wird auf Nr. 18.4 verwiesen.

24.5 Eindimensionale Aufgaben

Bei linearen, eindimensionalen Randwertaufgaben ist es möglich, das Superpositionsprinzip der Aufspaltung in eine spezielle Lösung der inhomogenen Differentialgleichung und eine Linearkombination der allgemeinen Lösung der homogenen Differentialgleichung zu benutzen. Ist z. B. die Aufgabe [vgl. L. COLLATZ (1955), S. 209]

$$(24.22) \qquad u'' + (1 + x^2)\, u = -1 \quad \text{in } (-1, 1), \ u(\pm 1) = 0$$

gegeben, so zerlegt man gemäß $u = v + c \cdot w$ mit

$$(24.23) \qquad \begin{aligned} v'' + (1 + x^2)\, v &= -1 \quad \text{in } (-1, 1), \ v(0) = v'(0) = 0, \\ w'' + (1 + x^2)\, w &= 0 \qquad \text{in } (-1, 1), \ w(0) = 1, \ w'(0) = 0 \end{aligned}$$

(die zweite Lösung der homogenen Gleichung wird wegen der Symmetrie nicht benötigt). Sind v und w bestimmt, erhält man c aus $v(1) + c \cdot w(1) = 0$. Die Ansätze

$$(24.24) \qquad v = \sum_{j=0}^{\infty} a_j\, x^j, \qquad w = \sum_{j=0}^{\infty} b_j\, x^j$$

ergeben, in die Differentialgleichungen (24.23) eingesetzt, wenn man noch $a_{-2} = a_{-1} = b_{-2} = b_{-1} = 0$ definiert,

$$(24.25) \qquad \begin{aligned} \sum_{j=0}^{\infty} [(j + 2)\, (j + 1)\, a_{j+2} + a_j + a_{j-2}]\, x^j &= -1, \\ \sum_{j=0}^{\infty} [(j + 2)\, (j + 1)\, b_{j+2} + b_j + b_{j-2}]\, x^j &= 0. \end{aligned}$$

Durch Koeffizientenvergleich und nach den Randbedingungen (24.23) wird $a_1 = a_3 = a_5 = \cdots = b_1 = b_3 = b_5 = \cdots = 0$, $a_0 = 0$, $b_0 = 1$ und

$$(24.26) \qquad \left\{ \begin{aligned} 2 \cdot 1\, a_2 &= -1 \\ 4 \cdot 3\, a_4 + a_2 &= 0 \\ 6 \cdot 5\, a_6 + a_4 + a_2 &= 0 \\ \cdots\cdots\cdots\cdots\cdots\cdots \end{aligned} \right. \qquad \left| \begin{aligned} 2 \cdot 1\, b_2 + b_0 &= 0 \\ 4 \cdot 3\, b_4 + b_2 + b_0 &= 0 \\ 6 \cdot 5\, b_6 + b_4 + b_2 &= 0 \\ \cdots\cdots\cdots\cdots\cdots\cdots \end{aligned} \right.$$

Hieraus sind nun sämtliche Koeffizienten leicht berechenbar. Bricht man die Reihen etwa hinter dem Glied mit x^{2k-2} ab, so zeigt sich, daß für die Reste die Abschätzungen

$$(24.27) \qquad \begin{aligned} |R_a| &< \frac{2}{(2k-1)^2}\, (|a_{2k-2}| + |a_{2k-4}|), \\ |R_b| &< \frac{2}{(2k-1)^2}\, (|b_{2k-2}| + |b_{2k-4}|) \end{aligned}$$

gelten, so daß schon für kleinere k die Reste gegenüber den Rundungsfehlern verschwinden, wenn die beiden letzten Koeffizienten es tun. Hätte man hier einfach angesetzt

$$(24.28) \qquad u = \sum_{j=0}^{\infty} c_{2j}\, x^{2j},$$

so wäre man zu dem Gleichungssystem

$$(24.29) \quad
\begin{cases}
c_0 + \quad\ c_2 + \quad\ c_4 + \quad\ c_6 + \quad\ c_8 + \cdots = 0 & \text{(Rand-}\\
& \text{bedingung)}\\[4pt]
c_0 + 2 \cdot 1\, c_2 \qquad\qquad\qquad\qquad\qquad\ = -1 & \\
c_0 + \quad\ c_2 + 4 \cdot 3\, c_4 \qquad\qquad\qquad\ = 0 & \text{(Differen-}\\
& \text{tial-}\\
\quad\ c_2 + \quad\ c_4 + 6 \cdot 5\, c_6 \qquad\qquad\ = 0 & \text{gleichung)}\\
\quad\qquad\ c_4 + \quad\ c_6 + 8 \cdot 7\, c_8 \ = 0 &
\end{cases}$$

gekommen. Obiges Verfahren kann als eine Methode zur Lösung dieses Gleichungssystems aufgefaßt werden: Läßt man $c_0 = c$ zunächst unbestimmt, so erhält man $c_{2j} = a_{2j} + c_0\, b_{2j}$ für $j = 1, 2, \ldots, k - 1$ aus der zweiten und den $k - 2$ folgenden Gleichungen. Einsetzen in die erste Gleichung liefert dann c_0.

Eine ähnliche Auflösungstechnik kann auf das durch den Ansatz (mit Erfüllung der Randbedingungen)

$$(24.30) \qquad u = (1 - x^2) \sum_{j=0}^{\infty} d_{2j}\, x^{2j}$$

erhältliche Gleichungssystem

$$(24.31) \quad
\begin{cases}
(1 - 2 \cdot 1)\, d_0 + \qquad\ 2 \cdot 1\, d_2 \qquad\qquad\qquad\qquad\quad = -1\\[4pt]
\qquad\qquad + (1 - 4 \cdot 3)\, d_2 + \qquad 4 \cdot 3\, d_4 \qquad\qquad\ = 0\\
\quad -d_0 \qquad\qquad\quad + (1 - 6 \cdot 5)\, d_4 + 6 \cdot 5\, d_6 \qquad = 0\\
\qquad\qquad -d_2 \qquad\qquad\quad + (1 - 8 \cdot 7)\, d_6 + 8 \cdot 7\, d_8 = 0
\end{cases}$$

angewandt werden.

Setzt man schließlich (24.30) in den Variationsausdruck

$$(24.32) \qquad J\, u = \tfrac{1}{2} \int_{-1}^{1} [u'^2 - (1 + x^2)\, u^2 - 2u]\, dx = \text{Min}$$

ein, so führt das Ritzsche Verfahren (vgl. § 22) zu dem unendlichen Gleichungssystem $(l = 2j + 2k)$

$$(24.33) \qquad \sum_{j=0}^{\infty} \left\{ \frac{2(8jk + l - 1)}{(l - 1)(l + 1)(l + 3)} - \frac{8(l + 4)}{(l + 1)(l + 3)(l + 5)(l + 7)} \right\} d_{2j} =$$

$$= \frac{1}{(2k + 1)(2k + 3)} \qquad (k = 0, 1, 2, \ldots).$$

Seine abschnittsweise Lösung bedeutet die Durchführung des Ritzschen Verfahrens mit fortlaufender Vermehrung der Ansatzfunktionen. Als Muster für ein Zahlenergebnis sei hier nur der Wert $u(0) = c = c_0 = d_0 = 0.9320537\ldots$ genannt.

24.6 Beispiel mit nicht existierender Potenzreihe

Besonders wichtig ist die Frage nach der Existenz einer Potenzreihe. Das folgende Beispiel dient zur Warnung vor unbedachter Anwendung der Potenzreihenmethode. Die Randwertaufgabe

$$(24.34) \qquad (1 + x^2)\, u'' + 2x \cdot u' = 0, \quad u(0) = 0, \quad u'(2) = 0.2$$

führt mit dem Ansatz

$$(24.35) \qquad u = \sum_{j=0}^{\infty} a_j\, x^j$$

zu den Rekursionsformeln

$$(24.36) \qquad (j + 2)\, a_{j+2} + j\, a_j = 0 \quad (j = 0, 1, 2, \ldots),$$

die nach der Randbedingung $u(0) = 0$ $a_0 = a_2 = a_4 = \cdots = 0$ und außerdem $a_3 = -\dfrac{a_1}{3}$, $a_5 = \dfrac{a_1}{5}$, $a_7 = -\dfrac{a_1}{7}$, $\ldots$ ergeben. Nimmt man nur n Glieder und bestimmt man dann a_1 aus der zweiten Randbedingung $\left(a_1 = 0.2 \middle/ \sum_{j=0}^{n} (-4)^j\right)$, so ergeben sich Polynome, von denen einige in Abb. 24.37 überhöht dargestellt sind. Offenbar konvergieren die „Näherungen" gegen $u \equiv 0$, welche Funktion aber die Randbedingung $u'(2) = 0.2$ nicht erfüllt.

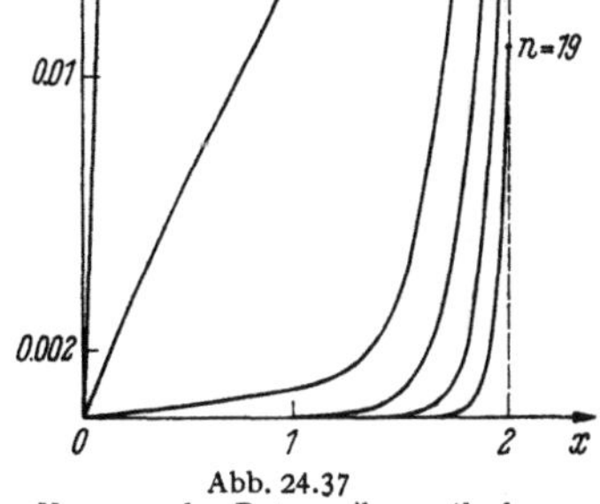

Die exakte Lösung $u = \arctan x$ hat bekanntlich bei $\pm i$ Singularitäten, die hier an der Differentialgleichung ablesbar sind, wenn man diese in der Form

$$(24.38) \qquad u'' + \frac{2x}{1 + x^2}\, u' = 0$$

schreibt. Das ist allerdings nicht immer möglich. So haben die Differentialgleichungen

$$(24.39)$$
$$u'' + 2x u'^2 = 0 \quad \text{und} \quad u'' + 2u'^2 \tan u = 0$$

mit den obigen Randbedingungen die gleiche Lösung.

Abb. 24.37
Versagen der Potenzreihenmethode

Verschiebt man den Koordinatenursprung um $+1$, so erhält man die Randwertaufgabe

$$(24.40) \qquad (2 + 2x + x^2)\, u'' + 2(1 + x)\, u' = 0, \quad u(-1) = 0, \quad u'(1) = 0.2,$$

bei der der Ansatz (24.35) zu den Rekursionsformeln

$$(24.41) \quad 2(j+2)\,a_{j+2} + 2(j+1)\,a_{j+1} + j\,a_j = 0 \quad (j = 0, 1, 2, \ldots)$$

führt. a_0 tritt darin nicht auf, es kann nachträglich aus der ersten Randbedingung bestimmt werden, während die zweite wieder a_1 liefert. Der Konvergenzradius der entstehenden Reihe ist $\sqrt{2}$; es wird wirklich die exakte Lösung approximiert; man braucht für eine fünf- bzw. zehnstellige Genauigkeit etwa 35 bzw. 75 Glieder.

24.7 Mehrdimensionale Aufgaben

In ähnlicher Weise wie in Nr. 24.5 kann man auch bei mehrdimensionalen Aufgaben Potenzreihenansätze verwenden und die entstehenden unendlichen Gleichungssysteme — etwa abschnittsweise — lösen. Es ergeben sich meist mehrdimensionale Koeffizientenmengen, wodurch oft die Berücksichtigung einer großen Anzahl von Gliedern erforderlich wird. Für die praktische Durchführung vgl. man L. COLLATZ (1955), S. 392ff. Man kann die Randbedingungen durch den Ansatz berücksichtigen, man kann aber auch, und dies ist eine Besonderheit gegenüber den eindimensionalen Aufgaben, Ansätze verwenden, die bereits die Differentialgleichung lösen. Besonders bei Potential- und Torsionsproblemen können die harmonischen Polynome (24.53) und (24.59) sehr brauchbar sein. Als Beispiel sei die Torsion eines zylindrischen Stabes mit einem Halbkreis als Querschnitt (Abb. 24.42) behandelt, die auf die Randwertaufgabe (24.7) führt. Der Ansatz

$$(24.43) \qquad u = -\tfrac{1}{2}x^2 + \sum_{i=0}^{\infty} a_{2\,i+1}\, p_{2\,i+1}(x, y)$$

erfüllt für beliebige $a_{2\,i+1}$ die Differentialgleichung und die Randbedingung für $x = 0$, so daß nur noch die Randbedingung auf dem Halbkreis zu erfüllen ist. Ersetzt man die $p_{2\,i+1}$ (in Polarkoordinaten) nach (24.50), so ergibt sich das Problem, aus

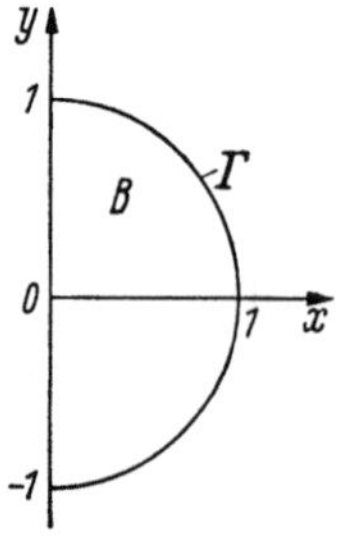

$$(24.44) \qquad \sum_{i=0}^{\infty} a_{2\,i+1} \cos(2i+1)\,\varphi =$$

$$= \frac{1}{4}(1 + \cos 2\varphi) \quad \text{in} \quad -\frac{\pi}{2} \leqq \varphi \leqq +\frac{\pi}{2}$$

Abb. 24.42. Zur Torsion eines Halbkreiszylinders

die Fourier-Koeffizienten zu bestimmen. Durch elementare Integration ergibt sich schließlich

$$(24.45) \quad u = -\frac{1}{4} r^2 (1 + \cos 2\varphi) -$$

$$-\frac{4}{\pi} \sum_{i=0}^{\infty} \frac{(-1)^i}{(2i-1)(2i+1)(2i+3)} r^{2i+1} \cos(2i+1)\varphi =$$

$$= -\frac{1}{2} x^2 + \frac{4}{\pi} \left[\frac{1}{3} x + \frac{1}{15} (x^3 - 3x y^2) - \right.$$

$$\left. -\frac{1}{105} (x^5 - 10 x^3 y^2 + 5 x y^4) + - \cdots \right].$$

In ähnlicher Form läßt sich auch das in Nr. 23.5 behandelte Beispiel des Dreiviertelkreises lösen; das Ergebnis, obwohl keine Potenzreihe, sei hier ergänzend genannt:

$$(24.46) \quad u^* = \frac{r^2}{12\pi} \left[-3\pi + (4\ln r - 2) \cos 2\varphi - 4\varphi \sin 2\varphi \right] -$$

$$-\frac{9}{\pi} \sum_{\substack{i=0 \\ i \neq 1}}^{\infty} \frac{(-1)^i}{(2i-2)(2i+1)(2i+4)} r^{\frac{2}{3}(2i+1)} \cos \frac{2}{3}(2i+1)\varphi.$$

24.8 Anhang: Lösungen der Potentialgleichung und der reduzierten Wellengleichung in verschiedenen Koordinatensystemen

Für eine ausführliche Darstellung wird auf E. MADELUNG (1957), S. 223 und S. 294ff. verwiesen. Der Laplace-Operator lautet in ebenen und dreidimensionalen kartesischen Koordinaten

$$(24.47) \quad \Delta u = u_{xx} + u_{yy} \quad \text{bzw.} \quad \Delta u = u_{xx} + u_{yy} + u_{zz}.$$

In ebenen Polarkoordinaten $x = r\cos\varphi$, $y = r\sin\varphi$ bzw. Zylinderkoordinaten wird

$$(24.48) \quad \Delta u = \frac{1}{r}(r u_r)_r + \frac{1}{r^2} u_{\varphi\varphi} \quad \text{bzw.} \quad \Delta u = \frac{1}{r}(r u_r)_r + \frac{1}{r^2} u_{\varphi\varphi} + u_{zz},$$

während sich in Kugelkoordinaten (räumlichen Polarkoordinaten) $x = r\cos\varphi \sin\vartheta$, $y = r\sin\varphi \sin\vartheta$, $z = r\cos\vartheta$

$$(24.49) \quad \Delta u = \frac{1}{r^2}(r^2 u_r)_r + \frac{1}{r^2 \sin\vartheta}(\sin\vartheta \cdot u_\vartheta)_\vartheta + \frac{1}{r^2 \sin^2\vartheta} u_{\varphi\varphi}$$

ergibt. Die ebene Potentialgleichung hat, wenn man $z = x + iy = r e^{i\varphi}$ setzt, die Real- und Imaginärteile aller analytischen Funktionen zu Lösungen. So entstehen aus den Potenzen z^n die harmonischen Polynome

$$(24.50) \quad p_k(x, y) = \text{Re}\,[z^k] = r^k \cos k\varphi$$
$$(24.51) \quad q_k(x, y) = \text{Im}\,[z^k] = r^k \sin k\varphi \quad (k = 0, 1, \ldots),$$

die den Rekursionsformeln

$$(24.52) \qquad p_{j+k} = p_j\, p_k - q_j\, q_k\,, \qquad q_{j+k} = p_j\, q_k + q_j\, p_k$$

genügen, und von denen die ersten lauten:

$$(24.53)$$

k	p_k	q_k
0	1	(0)
1	x	y
2	$x^2 - y^2$	$2xy$
3	$x^3 - 3xy^2$	$3x^2y - y^3$
4	$x^4 - 6x^2y^2 + y^4$	$4x^3y - 4xy^3$

Ferner gelten die Differentialgleichungen ($k \geqq 1$)

$$(24.54) \qquad (p_k)_x = (q_k)_y = k\, p_{k-1}; \qquad (q_k)_x = -(p_k)_y = k\, q_{k-1}.$$

Abgesehen vom Punkte $x = y = 0$ können auch nicht-ganzzahlige und negative k genommen werden. Übrigens entstehen aus $\ln z$ die Funktionen $\tilde{p}_0 = \tfrac{1}{2}\ln(x^2 + y^2)$ und $\tilde{q}_0 = \arctan(y/x)$, die durch Differenzieren die Reihe der p_k und q_k mit $k = -1, -2, \ldots$ ergeben, welche u. a. bei äußeren Problemen verwendbar sind.

Während die Nullstellengebilde von (24.50) und (24.51) aus Geraden durch den Koordinatenursprung bestehen, erhält man parallele Geraden, wenn man von der komplexen Exponentialfunktion und ihren Verwandten ausgeht (vgl. Abb. 6.17):

$$(24.55) \qquad \begin{aligned} &\sin a\,x \cdot e^{ay}, \;\; \sin a\,x \cdot e^{-ay}, \;\; \sin a\,x \cdot \cosh a\,y, \;\; \sin a\,x \cdot \sinh a\,y, \\ &\cos a\,x \cdot e^{ay}, \;\; \cos a\,x \cdot e^{-ay}, \;\; \cos a\,x \cdot \cosh a\,y, \;\; \cos a\,x \cdot \sinh a\,y \end{aligned}$$

und die durch Vertauschung von x und y entstehenden Funktionen sind für beliebiges reelles a Lösungen von $\Delta u = 0$. Die beiden rechts stehenden dieser Funktionen verschwinden auch für $y = 0$ und werden bei der Fourier-Methode benutzt, vgl. Nr. 25.2.

Hier ist die unmittelbare Verallgemeinerung auf die reduzierte Wellengleichung $\Delta u + \lambda u = 0$ möglich; sie ergibt in zusammenfassender Schreibweise

$$(24.56) \quad \left\{ \begin{aligned} &\begin{Bmatrix} \sin a\,x \\ \cos a\,x \end{Bmatrix} \cdot \begin{Bmatrix} \sin \sqrt{\lambda - a^2}\,y \\ \cos \sqrt{\lambda - a^2}\,y \end{Bmatrix} && \text{falls } a^2 \leqq \lambda, \\[3ex] &\begin{Bmatrix} \sin a\,x \\ \cos a\,x \end{Bmatrix} \cdot \begin{Bmatrix} \exp(\pm \sqrt{a^2 - \lambda}\,y) \\ \sinh \sqrt{a^2 - \lambda}\,y \\ \cosh \sqrt{a^2 - \lambda}\,y \end{Bmatrix} && \text{falls } a^2 \geqq \lambda, \\[4ex] &\begin{Bmatrix} \exp(\pm a\,x) \\ \sinh a\,x \\ \cosh a\,x \end{Bmatrix} \cdot \begin{Bmatrix} \exp(\pm \sqrt{-\lambda - a^2}\,y) \\ \sinh \sqrt{-\lambda - a^2}\,y \\ \cosh \sqrt{-\lambda - a^2}\,y \end{Bmatrix} && \text{falls } a^2 \leqq -\lambda \end{aligned} \right.$$

und als Grenzfälle

$$(a + b\,x) \cdot \begin{Bmatrix} \sin \sqrt{\lambda}\,y \\ \cos \sqrt{\lambda}\,y \end{Bmatrix} \qquad \text{für} \quad \lambda > 0 \quad \text{und}$$

$$(24.57) \qquad (a + b\,x) \cdot \begin{Bmatrix} \exp(\pm \sqrt{-\lambda}\,y) \\ \sinh \sqrt{-\lambda}\,y \\ \cosh \sqrt{-\lambda}\,y \end{Bmatrix} \qquad \text{für} \quad \lambda < 0.$$

In Polarkoordinaten hat man die Lösungen

$$(24.58) \qquad \begin{Bmatrix} \sin n\,\varphi \\ \cos n\,\varphi \end{Bmatrix} \cdot Z_n(\sqrt{\lambda}\,r) \qquad (\lambda > 0,\; n = 0, 1, 2, \ldots),$$

wobei Z_n eine der Bessel-Funktionen der Ordnung n bedeutet; besonders J_n tritt häufig auf. Als zweite Funktion für $n = 0$ kann $\varphi \cdot Z_0(\sqrt{\lambda}\,r)$ genommen werden, wenn nicht eine volle Umgebung des Nullpunktes in dem betrachteten Gebiet liegt. Dann sind auch nicht ganzzahlige n möglich.

Die dreidimensionale Potentialgleichung hat je $(2n + 1)$ linear unabhängige Polynomlösungen vom Grade n, man kann etwa wählen

$$(24.59) \quad \begin{cases} n = 0: & 1, \\[4pt] n = 1: & x, y, z, \\[4pt] n = 2: & x^2 - y^2,\; x^2 - z^2,\; 2x\,y,\; 2x\,z,\; 2y\,z, \\[4pt] n = 3: & x^3 - 3x\,y^2,\; x^3 - 3x\,z^2,\; y^3 - 3x^2\,y,\; y^3 - 3y\,z^2, \\ & z^3 - 3x^2\,z,\; z^3 - 3y^2\,z,\; 6x\,y\,z, \\[4pt] n = 4: & x^4 - 6x^2\,y^2 + y^4,\; x^4 - 6x^2\,z^2 + z^4,\; y^4 - 6y^2\,z^2 + z^4, \\ & 4x^3\,y - 4x\,y^3,\; 4x^3\,z - 4x\,z^3,\; 4y^3\,z - 4y\,z^3, \\ & 4x^3\,y - 12x\,y\,z^2,\; 4x^3\,z - 12x\,y^2\,z,\; 4y^3\,z - 12x^2\,y\,z. \end{cases}$$

Linearkombinationen dieser Polynome werden durch die Vorschrift $(r^2 = x^2 + y^2 + z^2)$

$$(24.60) \qquad p_{nij}(x, y, z) = r^{2n+1}\,\frac{\partial^n (1/r)}{\partial x^i\,\partial y^j\,\partial z^{n-i-j}},$$

erhalten, wobei für $n \geqq 2$ linear abhängige Polynome auszusondern sind. Die Einführung von Kugelkoordinaten führt auf die Form

$$(24.61) \qquad p_{nij}(r, \vartheta, \varphi) = r^n\,Y_n(\vartheta, \varphi),$$

worin statt r^n auch $r^{-(n+1)}$ stehen kann und Y_n eine der Kugelflächenfunktionen bedeutet, die durch trigonometrische und zugeordnete Kugelfunktionen dargestellt werden können, man vgl. Abschn. B, Nr. 5.5 und E. MADELUNG (1957), S. 107 und 295. Bei der reduzierten Wellengleichung $\Delta u + \lambda u = 0$ treten in die letzte Formel statt r^n die Ausdrücke $r^{-1/2} Z_{n+\frac{1}{2}}(\sqrt{\lambda}\, r)$ ein mit den *sphärischen* Zylinderfunktionen $Z_{n+\frac{1}{2}}$, die durch elementare Funktionen ausdrückbar sind, vgl. Abschn. B.

Auch (24.55) und (24.56) gelten analog in drei Dimensionen. Man schreibt meist allgemein komplex

$$(24.62) \qquad u = \exp(a\,x + b\,y + c\,z),$$

und hat dann $a^2 + b^2 + c^2 = \lambda$ bzw. $= 0$ zu fordern, was sich etwa durch reelle oder rein imaginäre a, b, c erreichen läßt. In Zylinderkoordinaten erhält man Ausdrücke ähnlich (24.58), die noch mit einem trigonometrischen oder Exponentialfaktor in z multipliziert sind.

§ 25. Orthogonal-, Eigenfunktions- und asymptotische Reihen

25.1 Orthogonalreihen bei eindimensionalen Aufgaben

Die im vorigen Paragraphen beschriebene Potenzreihenmethode ist schon wegen der Existenzfrage nicht allgemein anwendbar, auch treten oft numerische Schwierigkeiten auf. Daher erhebt sich die Frage der Entwicklung nach allgemeineren Funktionensystemen. Numerisch haben sich orthogonale Funktionensysteme besonders bewährt, jedoch kann die Forderung der Orthogonalität in dieser Nr. vielfach durch die schwächere der linearen Unabhängigkeit ersetzt werden. Ferner wird hier die Existenz der Lösung des gegebenen Problems vorausgesetzt und angenommen, daß eine Funktionenklasse (etwa ein Teilraum eines Hilbert-Raumes), die diese Lösung und beide Seiten der gegebenen Differential- oder Integralgleichung enthält, so angegeben werden kann, daß alle ihre Elemente in eindeutiger Weise nach dem gegebenen Orthogonalsystem entwickelt werden können. Wie bei Potenzreihen gibt es auch hier viele Methoden zur Aufstellung und approximativen Lösung unendlicher Gleichungssysteme (vgl. den letzten Absatz von Nr. 24.4).

Sehr gebräuchlich ist die Verwendung der Fehlerorthogonalitätsmethode von Nr. 27.5, die für eindimensionale Aufgaben allgemein bei L. COLLATZ (1955), S. 208 beschrieben ist. Sie soll hier an dem Beispiel (24.22) $u'' + (1 + x^2)\, u = -1$ in $(-1, 1)$, $u(\pm 1) = 0$ erläutert werden. Die Symmetrie und die Randbedingungen berücksichtigt der Ansatz

$$(25.1) \qquad u = \sum_{j=0}^{\infty} c_j \cos \frac{\pi}{2}(2j + 1)\, x$$

mit in $(-1, 1)$ gemäß

$$(25.2) \qquad \int_{-1}^{1} \cos \frac{\pi}{2}(2i + 1)\, x \cos \frac{\pi}{2}(2j + 1)\, x\, dx = \delta_{ij} \qquad (i, j = 0, 1, 2, \ldots)$$

orthogonalen und normierten Ansatzfunktionen. Zweimalige gliedweise Differenzierbarkeit vorausgesetzt, erhält man aus der Differential-gleichung durch Einsetzen von (25.1)

$$(25.3) \qquad \sum_{j=0}^{\infty} c_j \left[-\frac{\pi^2}{4}(2j+1)^2 + 1 + x^2 \right] \cos\frac{\pi}{2}(2j+1)\,x = -1.$$

Multiplikation dieser Gleichung mit $\cos\dfrac{\pi}{2}(2i+1)\,x$ und anschließende Integration über $(-1,1)$ liefert das unendliche Gleichungssystem

$$(25.4) \qquad \sum_{j=0}^{\infty} a_{ij}\,c_j = r_i \qquad (i = 1, 2, \ldots)$$

mit

$$(25.5) \qquad a_{ij} = \begin{cases} -\dfrac{\pi^2}{4}(2i+1)^2 + \dfrac{4}{3} - \dfrac{2}{\pi^2(2i+1)^2} \\ \qquad\qquad\qquad\qquad \text{für} \quad i = j \\[2mm] \dfrac{2(-1)^{i+j}(2i+1)(2j+1)}{\pi^2(i+j+1)^2(i-j)^2} \\ \qquad\qquad\qquad\qquad \text{für} \quad i \neq j \end{cases} \qquad (i, j = 0, 1, 2, \ldots)$$

und

$$(25.6) \qquad r_i = -\frac{4(-1)^i}{\pi(2i+1)} \qquad (i = 0, 1, 2, \ldots).$$

Löst man (25.4) abschnittsweise, so stellt man nur mäßig gute Konvergenz fest. Dies ist darauf zurückzuführen, daß in (25.3) für $x = \pm 1$ die linke Seite verschwindet, aber die rechte Seite $\neq 0$ ist. Substituiert man zur Hebung dieser Unstetigkeit $u = v + \frac{1}{2}(1 - x^2)$ in (24.22), so erhält man

$$(25.7) \qquad v'' + (1 + x^2)\,v = -\tfrac{1}{2}(1 - x^4),$$

und in (25.4) sind die rechten Seiten durch

$$(25.8) \qquad r_i^* = \frac{96(-1)^i}{\pi^3(2i+1)^3}\left(\frac{8}{\pi^2(2i+1)^2} - 1 \right) \qquad (i = 0, 1, 2, \ldots)$$

zu ersetzen. Folgende Zahlenwerte für den absoluten Fehler bei $x = 0$ demonstrieren den Genauigkeitsgewinn:

(25.9)

Zahl der Ansatzfunktionen	2	4	8	16	32
Rechnung mit (25.6)	$3.7 \cdot 10^{-3}$	$4.9 \cdot 10^{-4}$	$6.3 \cdot 10^{-5}$	$7.9 \cdot 10^{-6}$	$9.8 \cdot 10^{-7}$
Rechnung mit (25.8)	$5.5 \cdot 10^{-4}$	$2.4 \cdot 10^{-5}$	$8.5 \cdot 10^{-7}$	$2.8 \cdot 10^{-8}$	$8.6 \cdot 10^{-10}$

Die Vorhergehensweise, die zu (25.4) führt, kann übrigens so aufgefaßt werden, daß man nach Entwicklung beider Seiten von (25.3) in Reihen der Form (25.1) einen Koeffizientenvergleich durchführt. In Spezialfällen kann auch ein direkter Koeffizientenvergleich möglich

sein. Bei L. COLLATZ (1963), S. 419 findet sich das Beispiel der Eigenwertaufgabe (Mathieusche Differentialgleichung, vgl. Abschn. B)

$$(25.10) \qquad u'' + \lambda(2 + \cos x)\, u = 0 \quad \text{in } (0, \pi), \quad u(0) = u(\pi) = 0,$$

welche mittels des Ansatzes

$$(25.11) \qquad u = \sum_{j=1}^{\infty} c_j \sin j\, x$$

und der elementaren Formel $2 \cos x \sin j\, x = \sin(j + 1)\, x + \sin(j - 1)\, x$
übergeführt werden kann in die unendliche Matrizen-Eigenwertaufgabe
mit der Matrix $(\mu = 2/\lambda)$

$$(25.12) \qquad \begin{pmatrix} 4 - \mu & 1 & 0 & 0 & \ldots \\ 1 & 4 - 4\mu & 1 & 0 & \ldots \\ 0 & 1 & 4 - 9\mu & 1 & \ldots \\ 0 & 0 & 1 & 4 - 16\mu & \ldots \\ \cdots & \cdots & \cdots & \cdots & \cdots \end{pmatrix}.$$

Bei solchen *Tridiagonalmatrizen* ist es neben der abschnittsweisen
Lösung auch möglich, die unendliche Determinante von (25.12) in
eine Kettenbruchgleichung überzuführen, man vgl. J. ALBRECHT (1964),
L. COLLATZ (1963), S. 417 und für den Zusammenhang mit Rhombus-
Algorithmen F. L. BAUER (1959).

25.2 Die Fourier-Methode für Potentialprobleme in Rechtecksbereichen

Ausführlich ist der zu behandelnde Gegenstand dargestellt in
L. W. KANTOROWITSCH und W. I. KRYLOW (1956), S. 1 ff., wo auch die
analoge Behandlung von Kreisringbereichen durchgeführt ist. Ferner
wird auf unmittelbare Verallgemeinerungen auf Quaderbereiche [vgl.
(24.62)], auf die reduzierte Wellengleichung [inhomogene Randbedingungen, vgl. (24.56)] und solche Gebiete hingewiesen, die in einfacher
Weise konform auf ein Rechteck abgebildet werden können. Noch allgemeinere lineare Aufgaben können u. U. durch Verzicht auf die Orthogonalität zugänglich sein (s. u.). Inhomogene lineare Differentialgleichungen sind durch Abspaltung einer speziellen Lösung zu homogenisieren.

Es sei nunmehr in dem Rechteck $0 < x < a$, $0 < y < b$ die Potentialgleichung (6.8) $\Delta u = 0$ mit Randbedingungen der Form (7.3) $\alpha\, u + \beta\, u_v$
$= r$ vorgelegt, wobei α und β auf jeder Rechteckseite konstant sein
sollen. Das Prinzip der Fourier-Methode beruht auf der Zerlegung der
Lösung in vier Summanden, deren jeder auf einer anderen der Rechtecks-
seiten die inhomogene Randbedingung, auf den drei übrigen jedoch die
homogene Randbedingung erfüllt. Ist dazu jeder Summand Lösung der

Potentialgleichung, so ist die Summe der vier Terme Lösung der gegebenen Aufgabe. Weiterhin ist daher nur nötig, eine der vier Teilaufgaben zu betrachten, etwa die Aufgabe

$$(25.13) \quad \begin{cases} \Delta u = 0 & \text{in } 0 < x < a, \, 0 < y < b, \\ \alpha_1 u + \beta_1 u_y = r(x) & \text{auf } 0 < x < a, \, y = 0, \\ \alpha_2 u + \beta_2 u_x = 0 & \text{auf } x = a, \qquad 0 \leqq y \leqq b, \\ \alpha_3 u + \beta_3 u_y = 0 & \text{auf } 0 < x < a, \, y = b, \\ \alpha_4 u + \beta_4 u_x = 0 & \text{auf } x = 0, \qquad 0 \leqq y \leqq b \end{cases}$$

mit stetigem $r(x)$ und $|\alpha_i| + |\beta_i| \neq 0$ $(i = 1, 2, 3, 4)$. Die Lösung wird nun in der Form

$$(25.14) \qquad u = \sum_{k=1}^{\infty} a_k \, w_k(x, y)$$

angesetzt mit den Potentialfunktionen

$$(25.15) \quad w_k(x, y) = (A_k \sin \mu_k x + B_k \cos \mu_k x)(C_k \sinh \mu_k y + D_k \cosh \mu_k y)$$

gemäß (24.55), wobei die Koeffizienten A_k, B_k, C_k, D_k und die μ_k $(k = 1, 2 \ldots)$ so zu bestimmen sind, daß die homogenen Randbedingungen von jedem w_k erfüllt werden. Die Randbedingungen für $x = 0$ und $x = a$ führen für festes k auf das lineare homogene Gleichungssystem

$$(25.16) \quad \begin{aligned} \beta_4 \mu_k A_k \qquad\qquad\qquad + \alpha_4 B_k \qquad\qquad\qquad &= 0 \\ (\alpha_2 \sin \mu_k a + \beta_2 \mu_k \cos \mu_k a) A_k + (\alpha_2 \cos \mu_k a - \beta_2 \mu_k \sin \mu_k a) B_k &= 0, \end{aligned}$$

das nur dann nichttrivial lösbar ist, wenn die Determinante verschwindet:

$$(25.17) \quad (\alpha_2 \alpha_4 + \mu_k^2 \beta_2 \beta_4) \sin \mu_k a + (\alpha_4 \beta_2 - \beta_4 \alpha_2) \mu_k \cos \mu_k a = 0.$$

Da mit einem μ_k auch $-\mu_k$ Lösung ist, ist hier die Bestimmung aller positiven Lösungen einer i. allg. transzendenten Gleichung erforderlich. $\mu_1 = 0$ löst zwar immer (25.17), führt aber nur im Falle $\alpha_2 = \alpha_3 = \alpha_4 = 0$ zu einem nichtverschwindenden, konstanten w_1. In diesem Spezialfall (2. Randwertaufgabe) ergibt sich weiter unter freier Festlegung der gemeinsamen Faktoren in den Klammern von (25.15)

$$(25.18) \quad w_k(x, y) = \cos \frac{\pi(k-1)}{a} x \cdot \cosh \frac{\pi(k-1)}{a} (b - y) \quad (k = 2, 3, \ldots).$$

Es gibt noch eine ganze Reihe weiterer Spezialfälle, in denen (25.17) geschlossen gelöst werden kann. Ist etwa $\alpha_2 = \alpha_4 = 1$ und $\beta_4 = \beta_2$, so wird $\mu_k = \pi k/a$ und $B_k = -\beta_4 \mu_k A_k$ $(k = 1, 2, 3, \ldots)$, in dem Unterfall der 1. Randwertaufgabe ist $\beta_2 = \beta_4 = 0$, also $B_k = 0$; wegen $\beta_3 = 0$ erhält man

$$(25.19) \quad w_k(x, y) = \sin \frac{\pi k}{a} x \cdot \sinh \frac{\pi k}{a} (b - y) \quad (k = 1, 2, \ldots).$$

Schließlich führen die Fälle $\alpha_2 = \beta_4 = 0$ und $\alpha_4 = \beta_2 = 0$ auf

$$\mu_k = \frac{\pi}{2a}(2k-1) \qquad (k = 1, 2, 3, \ldots).$$

In allen Fällen lassen sich aber nach Bestimmung eines μ_k A_k und B_k nach der ersten Gl. (25.16) und C_k und D_k nach der dritten Randbedingung leicht festlegen Dabei entstehen unabhängig von den α_i und β_i ($i = 1, 2, 3, 4$) Funktionen, die für $y = 0$ gemäß

$$(25.20) \qquad \int_0^a w_j(x, 0)\, w_k(x, 0)\, dx = 0 \qquad (j \neq k;\ j, k = 1, 2, 3, \ldots)$$

orthogonal sind. Entsprechend sind auch die Bildungen der linken Seiten der ersten Randbedingung $\alpha_1 w_j(x, 0) + \beta_1 w_{jy}(x, 0) = \text{const} \cdot w_j(x, 0)$ orthogonal, so daß man zur Bestimmung der Koeffizienten a_j in (25.14) nur nötig hat, (25.14) in diese Randbedingung einzusetzen, mit je einem festen $w_j(x, 0)$ zu multiplizieren und beide Seiten von 0 bis a zu integrieren. So wird bei der 1. Randwertaufgabe ($\alpha_i = 1$, $\beta_i = 0$, $i = 1, 2, 3, 4$) mit (25.19)

$$(25.21) \qquad a_j = \frac{2}{a \sinh \dfrac{\pi j b}{a}} \int_0^a r(x) \sin \frac{\pi j x}{a}\, dx \qquad (j = 1, 2, 3, \ldots).$$

Auch bei der Betrachtung der Konvergenz kann die 1. Randwertaufgabe als Musterbeispiel gelten: Hier verschwindet die linke Seite der ersten Randbedingung (25.13) bei $x = y = 0$, wenn man (25.14) einsetzt. Wenn nun $r(x)$ in der Grenze für $x \to 0$ nicht verschwindet, ergibt sich nach bekannten Sätzen über das Abklingen der Fourier-Koeffizienten am Rande $y = 0$ eine Reihe, deren Glieder nur wie $1/j$ abnehmen. In diesem und ähnlichen Fällen ist zu empfehlen, die Aufgabe vorher so zu transformieren, daß die linke und rechte Seite der Randbedingung angeglichen werden. Sind bei der 1. Randwertaufgabe die ursprünglichen Randwerte stetig, so genügt das Abziehen einer Potentialfunktion der Gestalt $b_0 + b_1 x + b_2 y + b_3 x y$, um in allen vier Ecken den Randwert 0 zu erreichen. Je nach den Differenzierbarkeitseigenschaften der Randbedingung kann es auch sinnvoll sein, die 2. Ableitung, 4. Ableitung usw. auf ähnliche Weise anzupassen.

Als Beispiel sei hier die Torsion eines Rechtecksstabes nur genannt, in etwas anderen Koordinaten ergibt die Fourier-Methode das Resultat (24.19). Vergleiche auch Nr. 36.6.

25.3 Entwicklung nach Eigenfunktionen

Die Methode der Entwicklung der Lösung einer inhomogenen, linearen Aufgabe nach den Eigenfunktionen der entsprechenden homogenen Aufgabe kann als Spezialfall der Entwicklung nach Orthogonalfunktionen (vgl. Nr. 25.1) angesehen werden und ist bei ein- und mehrdimensionalen Randwertaufgaben und Integralgleichungen anwendbar, wenn entsprechende Entwicklungssätze gelten. Dafür wird auf die Nrn. 16.5 und 16.6 verwiesen, indem hier die Entwickelbarkeit vorausgesetzt wird.

Die Einführung von Koordinatenvektoren $x = \{x_1, \ldots x_N\}$ wie in Kap. II, erlaubt bei Randwertaufgaben die Schreibweise

$$(25.22) \qquad \begin{aligned} L\,u &= r(x) \quad \text{in } B, \\ U_i\,u &= 0 \qquad \text{auf } \Gamma \quad (i = 1, \ldots, k). \end{aligned}$$

Bei eindimensionalen Aufgaben ist das als offen, beschränkt und zusammenhängend angenommene Gebiet B ein Intervall (a, b), und sein Rand Γ besteht aus den beiden Punkten a und b (vgl. §§ 1 und 2). Inhomogene Randbedingungen sind vorher durch Subtraktion einer diese erfüllenden Funktion von der Lösung zu homogenisieren.

Kennt man das (vollständige) System der Eigenwerte λ_j und Eigenlösungen $v_j(x)$ $(j = 1, 2, \ldots)$ der Aufgabe

$$(25.23) \qquad \begin{aligned} L\,v &= \lambda\,v \quad \text{in } B, \\ U_i\,v &= 0 \qquad \text{auf } \Gamma \quad (i = 1, \ldots, k), \end{aligned}$$

so kann man, wenn alle $\lambda_j \neq 0$ sind und $r(x)$ in die gleichmäßig konvergente Reihe

$$(25.24) \qquad r(x) = \sum_{j=1}^{\infty} a_j\,v_j(x)$$

entwickelbar ist, für die Lösung von (25.22)

$$(25.25) \qquad u(x) = \sum_{j=1}^{\infty} \frac{a_j}{\lambda_j}\,v_j(x)$$

schreiben, wenn hier L gliedweise angewandt werden darf. Steht allgemeiner in (25.23) rechts $\lambda\,N\,v$, so hat man auch in (25.24) $N\,v_j$ statt v_j zu nehmen (s. Nr. 16.5).

Bei Integralgleichungen fallen die Randbedingungen fort, die Entwicklung nach Eigenfunktionen wird aber völlig analog durchgeführt. Wegen der vielfach benutzten etwas anderen Schreibweise sollen die (25.22) bis (25.25) entsprechenden Formeln für Fredholmsche Integralgleichungen 2. Art hier angegeben werden (man vgl. auch die §§ 3 und 16):

$$(25.26) \qquad u(x) - \lambda \int_B K(x, \xi)\,u(\xi)\,dB_\xi = r(x) \quad (\lambda \text{ fest}),$$

$$(25.27) \qquad v_j(x) - \lambda_j \int_B K(x, \xi)\,v_j(\xi)\,dB_\xi = 0 \quad (j = 1, 2, \ldots, \lambda \neq \lambda_j),$$

$$(25.28) \qquad r(x) = \sum_{j=1}^{\infty} a_j\,v_j(x),$$

$$(25.29) \qquad u(x) = \sum_{j=1}^{\infty} \frac{a_j\,\lambda_j}{(\lambda_j - \lambda)}\,v_j(x) = r(x) + \lambda \sum_{j=1}^{\infty} \frac{a_j}{(\lambda_j - \lambda)}\,v_j(x).$$

Auch Differential- und Integralgleichungssysteme können entsprechend behandelt werden. Allgemein sollte gesagt werden, daß die Voraussetzung über die Kenntnis der Eigenwerte und -funktionen sehr einschneidend ist, daß es aber doch eine Reihe von Aufgaben gibt, bei denen die Methode ihrer Einfachheit wegen erfolgversprechend ist. Ein ganz simples Beispiel möge dies belegen.

Die Randwertaufgabe

$$(25.30) \quad u'' + u = -\sqrt{1 - x^2} \quad \text{in } (0, 1), \quad u'(0) = u(1) = 0$$

ist natürlich mittels der Greenschen Funktion aus der Tab. 4.32 leicht lösbar in der Form

$$(25.31) \quad u(x) = \frac{1}{\cos 1}\left[\sin(1 - x)\int_0^x \cos\xi\,\sqrt{1 - \xi^2}\,d\xi + \right.$$
$$\left. + \cos x \int_x^1 \sin(1 - \xi)\,\sqrt{1 - \xi^2}\,d\xi\right],$$

jedoch ist hierdurch die Schwierigkeit lediglich auf die Auswertung der unbestimmten Integrale verschoben, die sich z. B. im ersten Teil der Integraltafel von W. GRÖBNER und N. HOFREITER (1957/58) nicht finden. Die Eigenwertaufgabe

$$(25.32) \quad v'' + v = \lambda\,v \quad \text{in } (0, 1), \quad v'(0) = v(1) = 0$$

hat indessen die Lösungen

$$(25.33) \quad \lambda_j = 1 - \frac{\pi^2}{4}(2j - 1)^2, \quad v_j = \cos\frac{\pi}{2}(2j - 1)\,x \quad (j = 1, 2, 3, \ldots),$$

so daß man (25.24) und (25.25) anwenden kann mit

$$(25.34) \quad a_j = -2\int_0^1 \cos\frac{\pi}{2}(2j - 1)\,x\,\sqrt{1 - x^2}\,dx = \frac{-2}{2j - 1}J_1\left(\frac{\pi(2j - 1)}{2}\right).$$

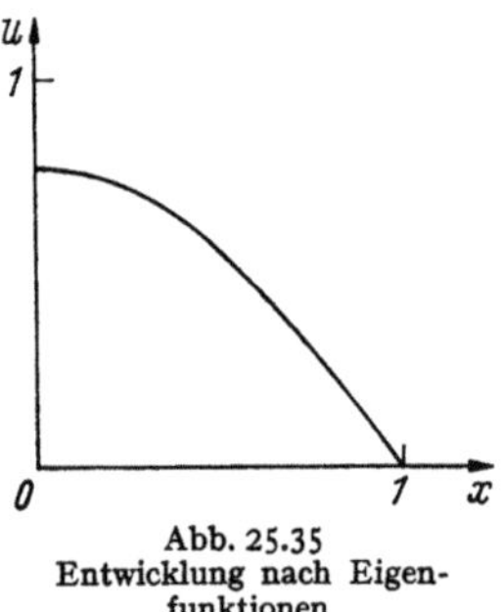

Abb. 25.35
Entwicklung nach Eigenfunktionen

J_1 bedeutet die Bessel-Funktion; die Integrationsformel wurde dem zweiten Teil der erwähnten Integraltafel entnommen. Da die Koeffizienten von u etwa wie $(2j - 1)^{-7/2}$ abnehmen, genügen wenige Glieder, wenn nur eine mäßige Genauigkeit gefordert wird. Abb. 25.35 gibt den Verlauf der Lösung wieder.

Ein Beispiel einer partiellen Differentialgleichung kann aus L. COLLATZ (1955), S. 395—397 ersehen werden.

25.4 Asymptotische Reihen

Diese Nummer beschränkt sich auf homogene, lineare, gewöhnliche Differentialgleichungen 2. Ordnung; Literaturhinweise finden sich in Nr. 2.5. Im Zusammenhang mit Randwertaufgaben treten asymptotische

Reihen meist in der Weise auf, daß die entsprechende wesentliche Singularität mit einem der Randpunkte zusammenfällt, in dem also eine Rand- oder Regularitätsbedingung gestellt ist. Meist wird es nach Aufstellung der entsprechenden asymptotischen Reihe notwendig sein, diese in einem inneren Punkt des gegebenen Intervalls an eine andere — exakte oder numerische — Darstellung der Lösung anzuschließen, um so das ganze Intervall zu überdecken.

Wie schon in Nr. 2.5 bemerkt, lassen sich Singularitäten durch linear gebrochene Transformation der unabhängigen Variablen in den Punkt ∞ verlegen, auch sind in praxi unendliche Grundintervalle häufig. Daher wird weiterhin die Singularität als im Punkte ∞ befindlich angenommen und die Differentialgleichung in der Form

$$(25.36) \qquad u'' + f(x)\,u' + g(x)\,u = 0$$

geschrieben, wobei

$$(25.37) \qquad \begin{aligned} f(x) &= x^k \sum_{j=0}^{\infty} f_j\,x^{-j}, \\ g(x) &= x^{2k} \sum_{j=0}^{\infty} g_j\,x^{-j} \end{aligned}$$

gelten soll mit minimalem ganzzahligem k. So wird der Fall von bei $x = \infty$ wesentlich singulären Koeffizienten ausgeschlossen. Ist der *Rang* $k + 1$ der Singularität ≤ -1, so handelt es sich um eine reguläre Stelle, und es ist in einer Umgebung von $x = \infty$ (etwa $|x| > R$ mit geeignetem R) die Entwicklung der Lösung in eine Potenzreihe von x^{-1} möglich. Ist der Rang $= 0$, so handelt es sich um eine Stelle der Bestimmtheit, in welchem Falle man mit konvergenten Reihen auskommt, bei denen Potenzreihen in x^{-1} mit Faktoren x^ϱ oder $x^\varrho \cdot \ln x$ multipliziert auftreten. Dieser Fall ordnet sich formal dem folgenden unter. Zu asymptotischen Reihen gelangt man erst im Falle $k \geqq 0$, wenn der Rang $\geqq 1$ ist.

Macht man nach THOMÉ den Ansatz

$$(25.38) \qquad u = \exp[a(x)] \cdot v(x) \quad \text{mit} \quad v(x) = x^\varrho \sum_{j=0}^{\infty} b_j\,x^{-j},$$

worin $a(x)$ ein Polynom vom Grad $k + 1$ bedeutet, so erhält man aus (25.36) nach Division durch $\exp[a(x)]$

$$(25.39) \qquad v'' + (2a' + f)\,v' + (a'' + a'^2 + f\,a' + g)\,v = 0.$$

Nach dem Einsetzen von v und $a(x) = \sum_{j=1}^{k+1} a_j\,x^j$ (das Glied a_0 kann fortfallen, da bei u ein Faktor frei ist; ebenso ist ein gemeinsamer Faktor aller b_i frei) zeigt sich, daß die höchsten x-Potenzen [von der $(2k + \varrho)$-ten bis zur $(k + \varrho)$-ten] nur von den Gliedern $(a'^2 +$

$+ f\, a' + g)\, v$ herrühren. Das höchste Glied führt zu der *charakteristischen Gleichung*

$$(25.40) \qquad [(k+1)\, a_{k+1}]^2 + f_0\,[(k+1)\, a_{k+1}] + g_0 = 0.$$

Ist hierin $f_0^2 \neq 4g_0$, so ergeben sich zwei verschiedene a_{k+1}-Werte und aus jedem derselben nacheinander Werte für die übrigen a_j, für ϱ und für die b_j, so daß man zwei linear unabhängige Reihen erhält. Im Falle $f_0^2 = 4g_0$ ist der Ansatz für $v(x)$ u. U. zu erweitern auf

$$(25.41) \qquad v(x) = x^\varrho \left(\sum_{j=0}^\infty b_j\, x^{-j} + \ln x \sum_{j=0}^\infty c_j\, x^{-j} \right).$$

Die so gewonnenen Reihen konvergieren allerdings in den wenigsten Fällen, sie zeigen meist *Semikonvergenz*, d. h., die Beträge der Glieder nehmen zunächst ab und anschließend wieder über alle Grenzen zu. Bei vielen asymptotischen Reihen ist es richtig, nach dem Glied mit dem kleinsten Betrag abzubrechen, auch gibt es in manchen Fällen (wie z. B. bei Bessel-Funktionen, vgl. Abschn. B) Fehlerabschätzungen, die besagen, daß die Größenordnung des Fehlers mit der Größenordnung jenes Gliedes übereinstimmt. Jedoch ist hier große Vorsicht am Platze, vor allem, wenn das Bildungsgesetz der Koeffizienten nicht ganz einfach ist. Indessen kann man erwarten, daß immer weniger Glieder gebraucht werden und daß die mögliche Rechengenauigkeit steigt, wenn man x gegen die Singularität streben läßt.

Betrachtet man komplexe x, so hat man für verschiedene Argumente $\varphi\, (x = r \cos\varphi + i\, r \sin\varphi)$ oder Argumentbereiche oft nötig, verschiedene asymptotische Reihen zu benutzen. Bei reeller Behandlungsweise hingegen treten, da a_{k+1} nach (25.40) komplex werden kann, entsprechende trigonometrische Funktionen statt der Exponentialfunktion auf.

Für eine Methode von FUBINI, die gleichmäßig konvergente Reihen liefert, vgl. man E. KAMKE (1961), S. 135.

25.5 Beispiele für asymptotische Entwicklungen

Als erstes Beispiel sei die Differentialgleichung [vgl. (1.8)]

$$(25.42) \qquad u'' + 2x\, u' + (2 + x^2)\, u = 0$$

genannt, die den Rang 2 hat. Der Ansatz $u = v \cdot \exp(a_2\, x^2 + a_1\, x)$ führt auf

$$(25.43) \quad v'' + [(4a_2 + 2)\, x + 2a_1]\, v' + [(4a_2^2 + 4a_2 + 1)\, x^2 +$$
$$+ (4a_2 + 2)\, a_1\, x + (a_1^2 + 2a_2 + 2)]\, v = 0,$$

woraus man als charakteristische Gleichung $4a_2^2 + 4a_2 + 1 = (2a_2 + 1)^2$ $= 0$ aus dem höchsten Glied der letzten eckigen Klammer abliest. Man hat hier also die Doppelwurzel $a_2 = -\tfrac{1}{2}$, die (25.43) in

$$(25.44) \qquad v'' + 2a_1\, v' + (a_1^2 + 1)\, v = 0$$

überführt und mit dem Ansatz (25.41) durch getrennten Koeffizientenvergleich der Glieder mit $x^{\varrho-j}$ und $x^{\varrho-j}\ln x$ $(j=0,1,2,\ldots)$ folgende
Rekursionsformeln ergibt $(a_1^2+1=P$ gesetzt):

$$(25.45)\quad \begin{cases} b_0\,P=0, \\[4pt] c_0\,P=0, \\[4pt] b_1\,P+2a_1\,(b_0\,\varrho+c_0)=0, \\[4pt] c_1\,P\qquad\;+2a_1\,c_0\,\varrho=0, \\[4pt] b_j\,P+2a_1[b_{j-1}(\varrho-j+1)+c_{j-1}]+ \\[4pt] \qquad +b_{j-2}(\varrho-j+2)(\varrho-j+1)+c_{j-2}(2\varrho-2j+3)=0, \\[4pt] c_j\,P+2a_1\,c_{j-1}(\varrho-j+1)+c_{j-2}(\varrho-j+2)(\varrho-j+1)=0 \\[4pt] \qquad\qquad\qquad\qquad\qquad\qquad \text{für } j=2,3,4,\ldots \end{cases}$$

Ersichtlich erzwingt $P\neq 0$ das Verschwinden aller b_j und c_j $(j=0,$
$1,2,\ldots)$, und dies tritt auch immer dann ein, wenn bei $P=0$ $\varrho<0$
oder ϱ nicht ganzzahlig ist. Alle ganzzahligen $\varrho\geqq 0$ führen zu dem gleichen Ergebnis, so daß man $\varrho=0$ wählen kann. Dann verschwinden
alle Koeffizienten bis auf b_0, das einen freien Faktor der Lösung ver-
körpert. Aus $P=a_1^2+1=0$ erhält man $a_1=\pm i$ und dementsprechend

$$(25.46)\qquad\qquad u=b_0\,e^{-x^2/2}(\cos x\pm i\sin x).$$

Natürlich können Real- und Imaginärteil einzeln als Lösungen gelten
[vgl. (1.9)]. Da die Reihe in x^{-1} abbricht, entfallen hier Konvergenzbetrachtungen; die Darstellung (25.46) ist nicht mehr asymptotisch,
sondern exakt. Da hier beide Lösungen für $x\to\infty$ verschwinden, ist
etwa die Randbedingung $\lim\limits_{x\to\infty} u(x)=0$ keine echte Bedingung, und
ein nicht verschwindender Grenzwert läßt sich gar nicht erreichen.

Auf das bekannte Beispiel der asymptotischen Entwicklungen der
Bessel-Funktionen soll nur ganz kurz hingewiesen werden: Die Methode
der vorigen Nummer führt bei der Differentialgleichung

$$(25.47)\qquad\qquad u''+\frac{1}{x}\,u'+\left(1-\frac{v^2}{x^2}\right)u=0$$

mit $k=0$ auf $a_1=\pm i$ und $\varrho=-\tfrac{1}{2}$ und weiter zu zwei komplexen
Reihen, die sich durch Trennung von Real- und Imaginärteil und
Linearkombination leicht auf die bekannten Formen bringen lassen
(vgl. Abschn. B).

Die Randwertaufgabe mit unendlichem Grundgebiet

$$(25.48)\qquad u''-\frac{1+x}{2+x}\,u=0,\qquad u(0)=1,\qquad \lim\limits_{x\to\infty} u(x)=0,$$

die bei L. Collatz (1955), S. 143 und S. 171 mit anderen Methoden
behandelt wird, soll hier durch Aneinandersetzen einer Potenzreihe und

einer asymptotischen Reihe gelöst werden. Zunächst wird hier aus (25.37) mit $k = 0$

$$(25.49) \quad \begin{aligned} f(x) &= 0, \\ g(x) &= -1 + \frac{1}{x} - \frac{2}{x^2} + \frac{4}{x^3} - \frac{8}{x^4} + \frac{16}{x^5} - + \cdots \quad \text{für } |x| > 2, \end{aligned}$$

und der Ansatz (25.38) führt nach (25.40) auf die beiden verschiedenen Werte $a_1 = +1$ und $a_1 = -1$. Nun ist aber unmittelbar ersichtlich, daß die Lösung mit dem Faktor e^x für $x \to \infty$ nicht beschränkt bleibt. Daher interessiert hier nur die Lösung mit $a_1 = -1$, die für $x \to \infty$ gegen Null konvergiert und damit die zweite Randbedingung von (25.48) erfüllt. Es ergibt sich weiterhin $\varrho = \frac{1}{2}$ und für die Koeffizienten der gesuchten Reihe

$$(25.50) \qquad u = e^{-x} \sqrt{x} \sum_{j=0}^{\infty} b_j \, x^{-j}$$

das Gleichungssystem

$$(25.51) \quad \begin{cases} 2b_1 - \dfrac{9}{4} b_0 = 0, \\[2mm] 4b_2 - \dfrac{5}{4} b_1 + 4b_0 = 0, \\[2mm] 6b_3 + \dfrac{7}{4} b_2 + 4b_1 - 8b_0 = 0, \\[2mm] 8b_4 + \dfrac{27}{4} b_3 + 4b_2 - 8b_1 + 16b_0 = 0, \\[2mm] \cdots \cdots \cdots \cdots \cdots \cdots \cdots \cdots \cdots \\[2mm] 2j\,b_j + \left[(j-1)^2 - \dfrac{9}{4}\right] b_{j-1} + 4b_{j-2} - 8b_{j-3} + - \cdots \\[2mm] \qquad\qquad\qquad\qquad \cdots + (-2)^j \, b_0 = 0. \end{cases}$$

Setzt man hierin willkürlich $b_0 = 1$, so kann man aus diesen Gleichungen eine Anzahl von b_j sukzessive berechnen und erhält ein Vielfaches der Lösung dort, wo die Semikonvergenz die Berechnung einer hinreichenden Stellenzahl gestattet. Als Anhaltspunkt hierfür kann der Betrag des absolut kleinsten Gliedes gelten. Man ermittelt für verschiedene x-Werte:

$$(25.52)$$

x	2	4	8	16	32
j mit $|b_j \cdot x^{-j}|_{\min}$	5	10	18	34	66
$|b_j \cdot x^{-j}|_{\min}$	0.070	$4.1 \cdot 10^{-4}$	$4.2 \cdot 10^{-8}$	$1.6 \cdot 10^{-15}$	$7.0 \cdot 10^{-30}$

Entscheidet man sich wegen der hier angebrachten äußersten Vorsicht für den Bereich $16 \leq x < \infty$, so hat man im Bereich $0 \leq x \leq 16$ eine Potenzreihe zu benutzen. Diese setzt man zweckmäßig mit dem Mittelpunkt $x_0 = 8$ an. Sie hat den Konvergenzradius 10 (wegen des Pols von $g(x)$ bei -2) und kann mit zwei freien Konstanten nach Nr. 24.5 ermittelt werden. Die Bestimmung dieser Konstanten und des Faktors b_0 der obigen asymptotischen Reihe kann mittels der drei Forderungen geschehen, daß $u(0) = 1$ ist und daß u und u' bei $x = 16$ stetig sein sollen.

Da die Lösung schnell abklingt $(u(16) \approx 3.2 \cdot 10^{-7})$ stellt Abb. 25.53 die Funktion $v = x + \ln u$ dar. Man erkennt, daß die asymptotische Reihe (trotz Rechnung mit fester Gliederzahl) bis etwa $x = 8$ der Lösung folgt.

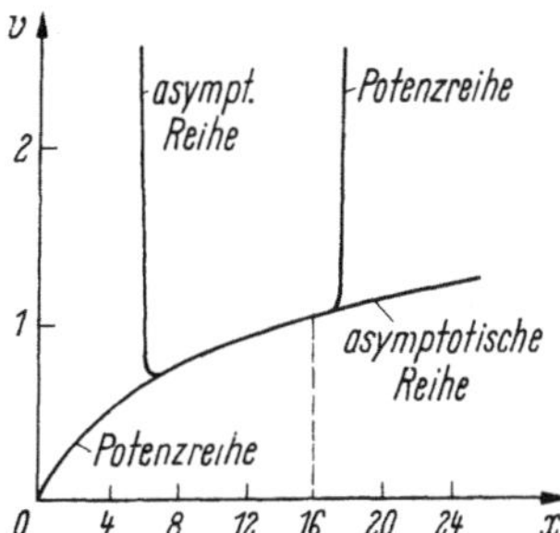

Abb. 25.53. Asymptotische und Potenzreihe

§ 26. Numerische Behandlung: Allgemeines und zwei Methoden

26.1 Einige Prinzipien numerischer Methoden

Es sollen hier allgemeine Grundsätze kurz besprochen werden, die einzeln oder kombiniert wohl den meisten bekannten numerischen Methoden zugrunde liegen. Dabei werden die numerische Weiterbehandlung von Darstellungen der exakten Lösung (etwa durch Reihen oder Integrale) und allgemeine Transformationen (wie etwa Koordinatentransformationen, Transformationen von Randwertaufgaben in Integralgleichungen usw.) bewußt ausgeschlossen, um Weitläufigkeiten zu vermeiden. In alphabetischer Reihenfolge seien genannt:

1. Abänderung der Aufgabe. Diese hat meist zum Ziel, eine der gegebenen Aufgabe benachbarte, aber exakt lösbare Aufgabe zu konstruieren. Als Beispiele finden sich in diesem Abschnitt die Störungsrechnung (Nr. 18.3 und 26.6), die Kollokation (Nr. 18.2 und 27.3), die Kernersetzung bei Integralgleichungen (Nr. 32.1) und die Monotonieeinschließung (Nr. 5.3). Vor allem für Fehlerabschätzungen ist es wichtig, die Änderung möglichst so vorzunehmen, daß der Einfluß auf die Lösung überschaubar bleibt. Diese letzte Frage sollte man vor Anwendung einer Methode klären, die dieses Prinzip enthält. Ändert man etwa nur die rechte Seite einer Differentialgleichung, wie z. B. bei der Kollokation, so ist das sicher nur sinnvoll, wenn die Lösung stetig von der rechten Seite abhängt. Volle Sicherheit kann natürlich nur eine Fehlerabschätzung geben.

2. Diskretisierung und Interpolation. Hierdurch versucht man, statt einer in unendlich vielen Punkten eines Intervalls oder Bereichs definierten Funktion nur die Werte in endlich vielen Punkten zu benutzen. Neben den Differenzen- und Quadraturverfahren des Kap. VII

(s. auch Nr. 18.1) können wieder die Kollokation und als Spezialfall der Kernersetzung die Batemansche Methode genannt werden. So bequem und so allgemein Diskretisierungsverfahren anwendbar sind, stellen sie doch der Fehlerabschätzung meist Hindernisse in den Weg. Soweit sie auf Taylor-Entwicklungen beruhen, stellt sich dabei immer wieder das Problem der Abschätzung höherer Ableitungen. Die Forderung nach allgemein gültigen und dabei doch scharfen und mit geringem Mehraufwand durchführbaren Fehlerabschätzungen kann bisher kaum als erfüllt angesehen werden, wenn auch bei speziellen Aufgabenklassen schon gute Erfolge erzielt werden konnten (vgl. § 30). Trotz dieser Situation sollte vor unbedachter Diskretisierung gewarnt werden.

3. Iteration. Diese verfolgt die Absicht, eine Ausgangsnäherung schrittweise zu verbessern. Neben der direkten Anwendung von Iterationsverfahren (vgl. Kap. VIII und § 17) treten diese auch vielfach mit anderen Methoden kombiniert auf. Das hat darin seinen Grund, daß Iterationsverfahren, sofern sie auf Fixpunktsätzen fußen, die Möglichkeit einer einfachen Fehlerabschätzung in sich schließen, welchen Vorteil man gern für andere Methoden nutzen möchte. Da außerdem öfter die Durchführung des ersten Iterationsschrittes leichter als die der weiteren Schritte ist, kann die Ermittlung einer guten Ausgangsnäherung mittels einer anderen Methode großen Wert haben. Man spricht dann auch von der *Nachiteration*.

4. Minimalprinzipien. Die gegebene Aufgabe wird vor der Weiterbehandlung in eine Minimalaufgabe transformiert. Es seien hier die Variationsprinzipien (§ 17 und Kap. V) und die Fehlerquadrat- und Fehlerbetragsmethode (Nr. 27.6 und 27.8) genannt; verwandt sind auch die Fehlerorthogonalitäts- und Teilgebietsmethode (Nr. 27.5). Für die Kombination mit anderen Prinzipien seien hier die Diskretisierung von Variationsprinzipien (Nr. 32.3) und die Abschätzung von Eigenwerten nach Iteration (§ 17) genannt. Die Verwendung von Minimalprinzipien ist besonders dann naheliegend, wenn der Minimalausdruck selbst realen Sinn besitzt. Oft ist ja ursprünglich die Bestimmung oder Abschätzung des Minimalwertes gefordert. Die Abschätzung der Lösung einer Rand- oder Eigenwertaufgabe ist allerdings meist nicht ganz einfach.

5. Spezielle Eigenschaften der Aufgabe geben vielfach Anlaß zu speziellen neuen Methoden und zu verbesserten Varianten allgemeinerer Verfahren. An Beispielen seien hier nur Monotonieeigenschaften (§§ 5 und 10) und der Quotienteneinschließungssatz (Nr. 17.3) genannt. Die Vielfalt der Möglichkeiten verbietet eine allgemeine Diskussion.

Neben dem Zweck, eine Übersicht zu geben, verfolgt diese Aufzählung auch das Ziel, den Praktiker zu eigenen Kombinationen der genannten Prinzipien anzuregen. Am Schluß sei noch auf die bei mehrdimensionalen Aufgaben auftretende Unterscheidung zwischen Rand- und Gebietsmethoden hingewiesen, man vgl. die Nr. 23.5 und 27.3.

26.2 Hebung von Singularitäten

Singularitäten haben meist die Wirkung, daß die Konvergenz bei exakter oder numerischer Lösung einer Aufgabe stark herabgemindert, wenn nicht gar aufgehoben wird. Vor allem bei höheren Genauigkeitsforderungen ist ihre „Hebung" kaum zu umgehen, wobei mit Hebung hier die Berücksichtigung der Auswirkung der Singularität auf die Lösung gemeint ist. Für Beispiele der eintretenden Konvergenzverbesserung vgl. man die Beispiele der Nrn. 23.5 und 27.8.

Es kann auch eintreten, daß die Konvergenz durch Transformation der Aufgabe verbessert werden kann, wenn gar keine Singularität vorliegt, man vgl. Nr. 24.6 und 25.1.

Zwei typische Vorgehensweisen bei gewöhnlichen Differentialgleichungen sollen nun an zwei einfachen Beispielen 2. Ordnung erläutert werden. Ist die Randwertaufgabe

(26.1)
$$u'' + \frac{1}{x}\, u' + \left(1 - \frac{0{.}25}{x^2}\right) u = 0 \quad \text{in} \quad \left(0, \frac{\pi}{2}\right), \quad u(0) \text{ endlich}, \quad u\left(\frac{\pi}{2}\right) = 1$$

vorgelegt, so gewinnt man durch Einsetzen von $u = x^\varrho$ analog Nr. 25.4 die Gleichung

(26.2)
$$x^{\varrho-2}[\varrho^2 - 0{.}25 + x^2] = 0,$$

die für kleine x annähernd durch $\varrho = \pm\frac{1}{2}$ befriedigt wird. Damit ist bekannt, daß sich jede Lösung der Differentialgleichung in der Umgebung des Nullpunktes wie $a\sqrt{x} + b/\sqrt{x}$ verhält. Zwar erzwingt die Forderung, daß $u(0)$ endlich ist, $b = 0$, jedoch empfiehlt sich auch die Berücksichtigung dieses Terms. Der Faktor a läßt sich erst aus der zweiten Randbedingung ermitteln, so daß hier der multiplikative Ansatz $u = v/\sqrt{x}$ naheliegt. Er führt zu der Differentialgleichung

(26.3)
$$v'' + v = 0,$$

die keine Singularität mehr enthält ($u = v \cdot \sqrt{x}$ ergäbe die nach wie vor singuläre Differentialgleichung $v'' + \frac{2}{x} v' + v = 0$). Leicht erhält man nun als Lösung ($J_{1/2}$ bedeutet die Zylinderfunktion)

(26.4)
$$u = \frac{\pi}{2} J_{1/2}(x) = \sqrt{\frac{\pi}{2x}}\, \sin x.$$

Die hier gezeigte Singularitätenhebung kann auch dann nützlich sein, wenn die Singularität außerhalb des Integrationsintervalls liegt. Ist beim Beispiel etwa das Intervall $\left(0.1, \dfrac{\pi}{2}\right)$ gegeben, so liegt die Singularität „nahe" an diesem Intervall und kann daher die Konvergenz von Reihen oder Methoden stören.

Bei inhomogenen Differentialgleichungen kommt vielfach durch obige multiplikative Transformation eine Singularität in die rechte Seite hinein, zu deren Hebung additives Vorgehen angebracht ist.

Die Aufgabe

$$(26.5) \qquad u'' + u = \frac{1}{x} \quad \text{in} \quad \left(0, \frac{\pi}{2}\right), \qquad u(0) = 1, \qquad u\left(\frac{\pi}{2}\right) = 0$$

führt, wenn man sie etwa mittels der Greenschen Funktion aus Tab. 4.32 behandelt, auf nicht mehr elementare Integrale. Auf diesem oder anderem Wege gelingt es aber verhältnismäßig leicht, die Funktion

$$(26.6) \qquad u_0 = -x \cos x + \sin x \cdot \ln \sin x$$

ausfindig zu machen, die der Differentialgleichung

$$(26.7) \qquad u_0'' + u_0 = \frac{1}{\sin x}$$

genügt. Da sich für kleine x die beiden rechten Seiten einander nähern, ist es venünftig, den Ansatz $u = u_0 + v$ zu machen, der (26.5) in

$$(26.8) \qquad v'' + v = \frac{1}{x} - \frac{1}{\sin x} = \frac{\sin x - x}{x \sin x}, \qquad v(0) = 1, \qquad v\left(\frac{\pi}{2}\right) = 0$$

überführt. Diese neue rechte Seite ist offenbar in eine Potenzreihe entwickelbar, die in dem Kreise $|x| < \pi$ konvergiert, der das gegebene Intervall ganz im Inneren enthält. Also kann nun z. B. die Potenzreihenmethode von Nr. 24.5 benutzt werden.

Grundsätzlich können auch bei nichtlinearen Aufgaben Singularitäten gehoben werden, jedoch ist deren Erkennung meist schwierig; vielfach hängt die Lage der Singularitäten von der Auswahl einer speziellen Lösung ab.

Bei Verfahren, die wie das Differenzenverfahren auf der Diskretisierung beruhen, besteht auch die Möglichkeit, die Singularität durch Aufstellung spezieller Formeln, also „lokal" zu heben. Da indessen von Singularitäten auch Wirkungen in eine gewisse Umgebung ausgehen, ist es meist vorteilhafter, die ebengenannten Methoden vorher, also „global" anzuwenden. Gleiches gilt für die folgende Nr. 26.3 (vgl. Nr. 29.5).

26.3 Das Verhalten von Potentialfunktionen in der Nähe von Randsingularitäten

Hier soll nicht von Singularitäten in den Koeffizienten oder rechten Seiten partieller Differentialgleichungen die Rede sein, die, wenn überhaupt, analog zur vorigen Nummer gehoben werden können. Viel

häufiger treten Singularitäten der Lösungen auf, die ihren Grund in
unstetigen Randwerten oder Ecken und Kanten des gegebenen Bereichs haben. Während bei drei und mehr Dimensionen die Verhältnisse
sehr verwickelt sein können, gibt es im zweidimensionalen Falle — vor
allem durch funktionentheoretische Me-
thoden — oft die Möglichkeit, das Verhalten der Lösung zu klären.

Besonders einfach ist der Fall eines
geradlinigen Randstückes, das hier auf der
x-Achse so liegend angenommen wird, daß
die Unstetigkeitsstelle in den Ursprung
fällt. Der Bereich B liege auf der Seite
$y > 0$, Abb. 26.9. Es seien zu der Potentialgleichung $\Delta u = 0$ die Randbedin-

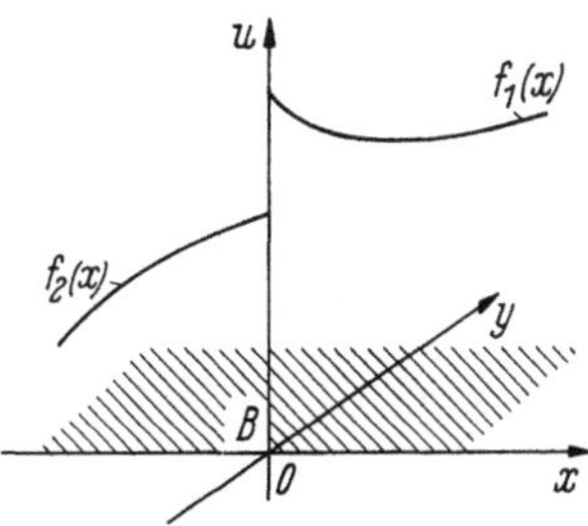

Abb. 26.9. Unstetige Randwerte

gungen $u = f_1(x)$ für $x > 0$ und $u = f_2(x)$ für $x < 0$ gegeben mit
in $x \geqq 0$ bzw. $x \leqq 0$ $(n + 1)$-mal stetig differenzierbaren Funktionen
$f_1(x)$ und $f_2(x)$. Zur Abkürzung sei noch

$$(26.10) \qquad f_2^{(k)}(-0) - f_1^{(k)}(+0) = a_k \qquad (k = 0, 1, 2, \ldots, n)$$

gesetzt. Dann hat die Funktion $(z = x + i y = r\, e^{i\varphi})$

$$(26.11)\ u_0 = \operatorname{Im}\left\{ \frac{1}{\pi} \sum_{k=0}^{n} \frac{a_k}{k!}\, z^k \ln z \right\} =$$

$$= \frac{1}{\pi} \sum_{k=0}^{n} \frac{a_k}{k!}\, r^k (\varphi \cdot \cos k\, \varphi + \ln r \cdot \sin k\, \varphi) =$$

$$= \frac{1}{\pi} \arctan\frac{y}{x} \sum_{k=0}^{n} \frac{a_k}{k!}\, p_k(x, y) + \frac{1}{2\pi} \ln(x^2 + y^2) \sum_{k=1}^{n} \frac{a_k}{k!}\, q_k(x, y)$$

[für die Definition der p_k und q_k vgl. (24.50) und (24.51)] die gleichen
Ableitungsdifferenzen wie u, so daß die Substitution $u = u_0 + v$ zu
Randwerten für v führt, die mit den ersten n Ableitungen bei 0 stetig
sind. Dabei soll $\ln z$ auf der negativen reellen Achse das Argument $+\pi$
haben. Weiterhin gilt $u_0(x, 0) = 0$ für $x > 0$ und

$$u_0(x, 0) = \sum_{k=0}^{n} \frac{a_k}{k!}\, x^k \quad \text{für} \quad x < 0,$$

so daß man nur noch

$$u_1 = \sum_{k=0}^{n} \frac{1}{k!}\, f_1^{(k)}(0)\, p_k(x, y)$$

zu u_0 zu addieren hat, um jene Ableitungen für $u - u_0 - u_1$ zu annullieren. u nimmt übrigens alle Zwischenwerte zwischen $f_2(-0)$ und
$f_1(+0)$ an, je nach der Richtung, aus der man sich dem Ursprung
nähert, ähnlich die Ableitungen.

Ist die Normalableitung durch $u_y = f_1(x)$ für $x > 0$ und $u_y = f_2(x)$ für $x < 0$ analog gegeben, so kann man die Funktion

$$(26.12) \quad u_0 = -\operatorname{Re}\left\{\frac{1}{\pi}\sum_{k=0}^{n}\frac{a_k}{(k+1)!}z^{k+1}\ln z\right\} =$$

$$= -\frac{1}{\pi}\sum_{k=0}^{n}\frac{a_k}{(k+1)!}r^{k+1}\big(\ln r \cdot \cos(k+1)\varphi - \varphi \cdot \sin(k+1)\varphi\big)$$

$$= -\frac{1}{2\pi}\ln(x^2+y^2)\sum_{k=0}^{n}\frac{a_k}{(k+1)!}p_{k+1}(x,y) +$$

$$+ \frac{1}{\pi}\arctan\frac{y}{x}\sum_{k=0}^{n}\frac{a_k}{(k+1)!}q_{k+1}(x,y)$$

statt (26.11) wählen.

Gewisse andere Singularitäten lassen sich ähnlich erfassen, wenn man auf die Ganzzahligkeit der Exponenten in (26.11) verzichtet und auch allgemeine Potenzen ohne Logarithmusfaktor zuläßt. So ergibt z. B. $\operatorname{Im}[z^{1/2}] = \sqrt{r}\sin\dfrac{\varphi}{2}$ die Funktion $f_1(x) = 0$, $f_2(x) = \sqrt{-x}$.

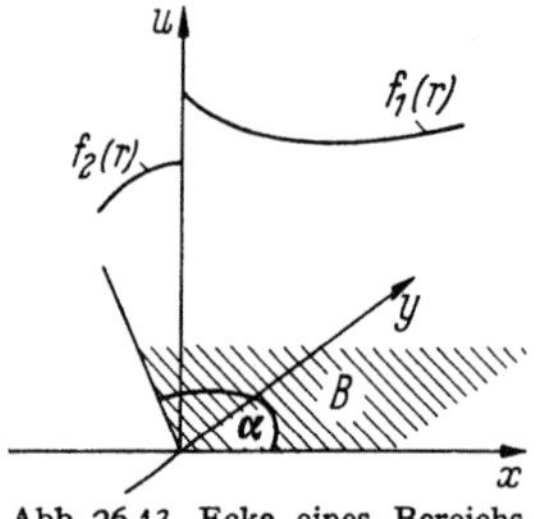

Abb. 26.13. Ecke eines Bereichs

Bei Unendlichkeitsstellen kommen negative Potenzen in Betracht. Auch der Fall der Umgebung einer Ecke des Bereichs läßt sich hier unterordnen. Es seien auf den Strahlen $\varphi = 0$ ($r = x$) und $\varphi = \alpha > 0$ die Randwerte $u = f_1(r)$ bzw. $u = f_2(r)$ gegeben (Abb. 26.13). Durch die konforme Abbildung $\zeta = z^{\pi/\alpha}$ wird der Rand geglättet, dafür treten aber in f_1 und f_2 gebrochene Potenzen ein, falls wie oben die f_i ($i = 1, 2$) bei 0 bis zur Ordnung n nach Taylor entwickelbar sind. Von dieser Abbildung soll aber hier kein weiterer Gebrauch gemacht werden.

Subtrahiert man wie oben $u_1 = \sum_{k=0}^{n}\frac{1}{k!}f_1^{(k)}(0)\,p_k(x,y)$, so wird wieder $f_1(r)$ mit seinen n ersten Ableitungen bei $r = 0$ annulliert, und man hat in Verallgemeinerung von (26.10) (dort ist $r = -x$ für $x \leqq 0$ das Argument von f_2)

$$(26.14) \quad f_2^{(k)}(+0) - f_1^{(k)}(+0) \cdot \cos k\alpha = a_k \quad (k = 0, \dots, n)$$

zu setzen. Falls α nicht ein ganzzahliges Vielfaches von $\dfrac{\pi}{k}$ ($k = 1, 2, \dots, n$) ist, hat man

$$(26.15) \qquad u_0 = \operatorname{Im}\left\{\frac{1}{\alpha}a_0\ln z + \sum_{k=1}^{n}\frac{a_k}{k!\sin k\alpha}z^k\right\} =$$

$$= a_0\frac{\varphi}{\alpha} + \sum_{k=1}^{n}\frac{a_k}{k!}\cdot\frac{\sin k\varphi}{\sin k\alpha}r^k =$$

$$= \frac{a_0}{\alpha}\arctan\frac{y}{x} + \sum_{k=1}^{n}\frac{a_k}{k!\sin k\alpha}q_k(x,y).$$

Falls jedoch bei einem oder mehreren Gliedern der Summe im Nenner $\sin k\,\alpha$ verschwinden würde, hat man diese Glieder durch Glieder der Form

$$(26.16) \qquad \operatorname{Im}\left\{\frac{a_k}{k!\,\alpha\cos k\,\alpha}\,z^k\ln z\right\} =$$

$$= \frac{a_k\,r^k}{k!\,\alpha\cos k\,\alpha}\,(\varphi\cdot\cos k\,\varphi + \ln r\cdot\sin k\,\varphi) =$$

$$= \frac{a_k}{k!\,\alpha\cos k\,\alpha}\left[\arctan\frac{y}{x}\cdot p_k(x,y) + \frac{1}{2}\ln(x^2+y^2)\cdot q_k(x,y)\right]$$

analog (26.11) zu ersetzen, worin $\cos k\,\alpha$ einen der Werte $+1$ oder -1 annimmt. In dem Spezialfall $\alpha = \pi/2$ haben alle Glieder mit geradem k diese Form.

Auf krummlinige Randteile kann hier nicht eingegangen werden. Grundsätzlich ist dabei die Benutzung obiger Fälle möglich, wenn man vorher eine entsprechende konforme Abbildung durchführt. Je nach der Maximalordnung n kann dies näherungsweise geschehen. Beispiele finden sich in den Nrn. 23.5 und 27.8.

26.4 Behandlung von Randwertaufgaben als Anfangswertaufgaben

In dieser Nummer ist von eindimensionalen Randwertaufgaben die Rede. Lineare Aufgaben kann man wegen der Möglichkeit der Superposition relativ leicht auf Anfangswertaufgaben zurückführen. Es sei etwa die Aufgabe (1.1) $L\,u = r(x)$ in (a,b) mit n Randbedingungen (1.3) $U_i\,u = \gamma_i$ $(i=1,\ldots,n)$ gegeben. Diese seien so numeriert, daß sich die ersten $k < n$ nur auf den Punkt a beziehen $(\beta_{ij}=0$ für $i=1,\ldots,k;\ j=0,\ldots,n-1)$. Es werden nun die zusätzlichen Anfangsbedingungen

$$(26.17) \qquad V_i\,u = \sum_{j=0}^{n-1}\varepsilon_{ij}\,u^{(j)}(a) = 0 \qquad (i=k+1,\ldots,n)$$

frei so gewählt, daß sie von den $U_i\,u$ $(i=1,\ldots,k)$ linear unabhängig sind, d. h. daß die aus den α_{ij} $(i=1,\ldots,k)$ und ε_{ij} $(i=k+1,\ldots,n)$ gebildete $n\times n$-Matrix nichtsingulär ist. Kennt man Lösungen u_0, $u_{k+1},\ldots,u_n$ der Anfangswertaufgaben

$$(26.18)\qquad \begin{aligned} &L\,u_0 = r(x), \qquad U_i\,u_0 = \gamma_i \quad (i=1,\ldots,k), \qquad V_i\,u_0 = 0 \\ &\hspace{9cm}(i=k+1,\ldots,n),\\ &L\,u_j = 0, \qquad\ \ U_i\,u_j = 0 \quad (i=1,\ldots,k), \qquad V_i\,u_j = \delta_{ij}\\ &\hspace{6.5cm}(i=k+1,\ldots,n;\ j=k+1,\ldots,n) \end{aligned}$$

(Kronecker-Symbol $\delta_{ij} = 1$ für $i=j$, sonst $=0$; es können auch andere rechte Seiten genommen werden, sofern die u_j linear unabhängig bleiben.), so erfüllt für beliebige c_j $(j=k+1,\ldots,n)$ die Funktion

$$(26.19) \qquad u = u_0 + \sum_{j=k+1}^{n} c_j\,u_j$$

die inhomogene Differentialgleichung und die ersten k Randbedingungen. Setzt man nun (26.19) in die übrigen Randbedingungen $U_i u = \gamma_i$ $(i = k + 1, \ldots, n)$ ein, so entsteht ein lineares System von $n - k$ Gleichungen, welches lösbar ist, falls die Randwertaufgabe überhaupt lösbar ist. Nach Bestimmung der c_j liefert dann (26.19) die Lösung.

Nach welcher Methode dabei u_0 und die u_j $(j = k + 1, \ldots, n)$ — exakt oder numerisch — bestimmt werden, ist nicht festgelegt, so daß auf sämtliche Methoden des Abschn. D zurückgegriffen werden kann. Bei numerischer Bestimmung jener Funktionen ist es empfehlenswert, die Fehlerfortpflanzung auch bei der Auflösung des Gleichungssystems für die c_j zu verfolgen. Für ein Beispiel mit Verwendung von Potenzreihen vgl. man Nr. 24.5; dort ersetze man die Randbedingung $u(-1) = 0$ von (24.22) durch $u'(0) = 0$ und betrachte das Intervall $(0, 1)$.

Bei nichtlinearen Aufgaben, zu denen hier auch die Eigenwertaufgaben zu rechnen sind, da die Lösungen der Differentialgleichung nichtlinear von λ abhängen, ist die Superposition nicht mehr möglich. Hier kann man zwar die Randbedingungen im Punkt a — ihre Anzahl sei wieder k — immer noch beibehalten, hat aber meist nötig, weitere $n - k$ Parameter vorher so zu schätzen, daß nach Rechnung bis zum Punkte b die übrigen Randbedingungen erfüllt sind. Aus etwaigen Abweichungen verbessert man dann — etwa durch Interpolation — die Schätzungen so lange, bis die gewünschte Genauigkeit erreicht ist. Dieses Verfahren wird gemeinhin (leider etwas militaristisch, aber sehr treffend) als *Schießverfahren* bezeichnet. Wieder ist die Hilfsmethode zur Lösung der Anfangswertaufgaben frei, neben den Methoden des Abschn. D sei hier die Verwendung von Analogrechnern erwähnt. Bei einem Analogrechner bedeutet die Anpassung der Schätzparameter meist nur die richtige Einstellung entsprechender Potentiometer.

Die Möglichkeit einer Fehlerabschätzung ist dann gegeben, wenn die Hilfsmethode eine solche zuläßt und man die Abhängigkeit von den Schätzparametern beherrscht.

Es muß übrigens davon abgeraten werden, die Differenzenverfahren von Kap. VII so umzuschreiben, daß sie die fortlaufende Rechnung gestatten, da dann vielfach numerische Instabilität eintritt. In diesem Zusammenhang wird auch auf die Arbeit von I. Babuska und M. Prager (1961) verwiesen.

26.5 Nichtlineares Beispiel

Bei L. Collatz (1960a), S. 53 und S. 116 findet sich das Beispiel kleiner Schwingungen einer Masse zwischen zwei Federn senkrecht zur Ruhelage dieser Federn (Abb. 26.20), das zu einer Differentialgleichung der Form (dimensionslose Größen)

$$(26.21) \qquad u'' = -u^3$$

führt. Stellt man die Frage, bei welcher Anfangsamplitude die Schwingungsdauer $T = 4$ wird, so ergeben sich die Randbedingungen

$$(26.22) \qquad u'(0) = 0, \quad u(1) = 0.$$

Abb. 26.23 zeigt links einige Lösungskurven, die man nach Schätzung von $u(0)$ berechnen kann. Dabei wurde ein Runge-Kutta-Verfahren benutzt. Rechts ist $u(1)$ als Funktion von $u(0)$ dargestellt. Man erkennt, daß (abgesehen von der trivialen Lösung $u \equiv 0$) die kleinste Amplitude zwischen 1.8 und 1.9 liegt. Durch lineare Interpolation zwischen den jeweils beiden letzten $u(1)$-Werten und nachfolgende Neuberechnung der Lösung erhält man sukzessive folgende Werte:

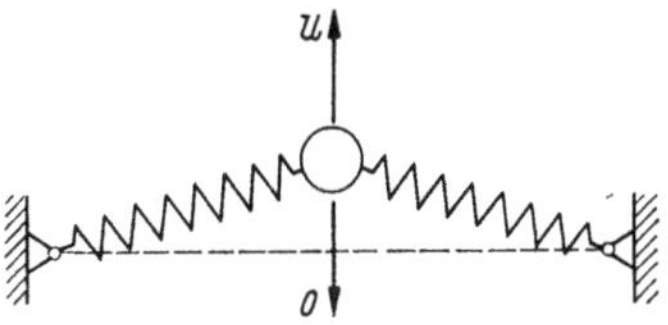

Abb. 26.20. Nichtlinearer Schwinger

$$(26.24) \quad \left\{ \begin{array}{lll} u(0) = 1.8; & u(1) = & 0.068826, \\ u(0) = 1.9; & u(1) = & -0.061701, \\ u(0) = 1.852729; & u(1) = & 0.001763, \\ u(0) = 1.854042; & u(1) = & 0.000043, \\ u(0) = 1.854075; & u(1) \approx & -3 \cdot 10^{-8}. \end{array} \right.$$

Die praktische Genauigkeit wird also bereits nach etwa 3 Interpolationsschritten erreicht. Bei der Anfangsschätzung kann man übrigens so vorgehen: Da $u(0) = u_0$ (es sei $u_0 > 0$) die Amplitude ist, gilt $u(x) \leq u_0$, also $u'' \geq -u_0^3$, also $u(x) \geq u_0 - \frac{1}{2} u_0^3 x^2$ und $u(1) \geq u_0(1 - \frac{1}{2} u_0^2)$. Soll $u(1) = 0$ sein, so ist demgemäß notwendig $u_0 \geq \sqrt{2}$. Man kann also etwa mit $u_0 = 1.5$ beginnen und befindet sich damit schon auf dem absteigenden Teil der Kurve von Abb. 26.23 rechts.

Zur Ermittlung weiterer Lösungen hätte man allgemein $u(0)$ weiter zu erhöhen, bis $u(\frac{1}{2}) = 0$, $u(\frac{1}{3}) = 0$ usw. eintritt. Bei dieser speziellen Aufgabe erhält man die Oberschwingungen jedoch leichter durch die Transformation

$$(26.25) \qquad x = a\,\xi, \quad u = \frac{\eta}{a},$$

die (26.21) in $\eta'' = -\eta^3$, also in sich überführt. Daraus ist ersichtlich, daß Amplitude und Schwingungsdauer umgekehrt proportional sind, so daß die Amplituden der Oberschwingungen die ganzzahligen Vielfachen der Grundamplitude sind. Übrigens hätte man nach dieser Transformation auch die Grundamplitude durch Bestimmung der Nullstelle der Lösung mit $u(0) = 1$ ermitteln können, also durch Berechnung der Lösung nur einer Anfangswertaufgabe. Man sieht, daß man in Spezialfällen auch bei nichtlinearen Aufgaben dem Schießverfahren ausweichen kann.

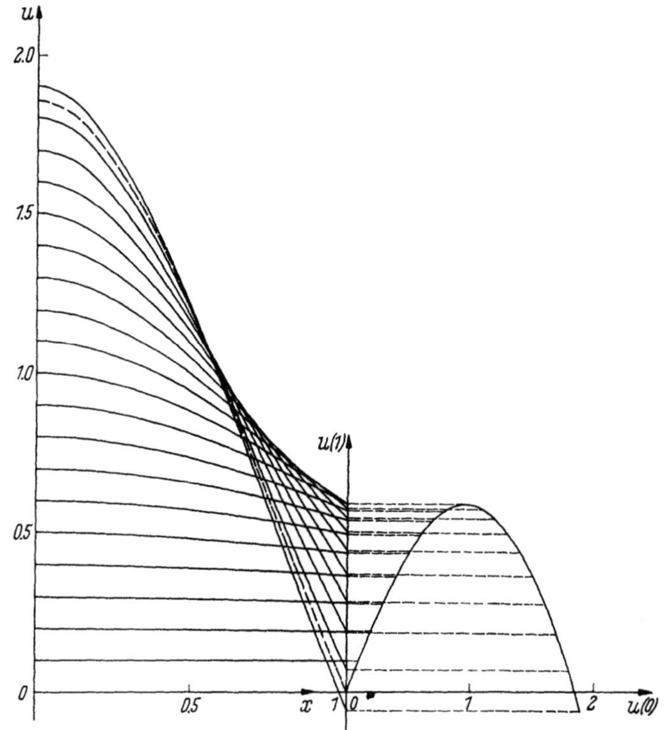

Abb. 26.23. Einige Lösungen von (26.21); Abhängigkeit des Endwerts vom Anfangswert

26.6 Störungsrechnung

Es sollen hier nur inhomogene Aufgaben betrachtet werden, indem für Eigenwertaufgaben auf Nr. 18.3 verwiesen wird. Auch soll das Verfahren hier nur für eindimensionale Randwertaufgaben formelmäßig beschrieben werden; mehrdimensionale Randwertaufgaben und Integralgleichungen können ganz analog behandelt werden. Für lineare Integralgleichungen (also auch für lineare Randwertaufgaben mit Greenscher Funktion) finden sich Konvergenzbeweis und eine Fehlerabschätzung bei H. BÜCKNER (1952), S. 95.

Die Störungsrechnung nimmt ihren Ausgang von einer von einem *Störungsparameter* ε abhängigen Schar von Randwertaufgaben, die die gegebene (gestörte) Aufgabe (für $\varepsilon = 1$) und die ungestörte Aufgabe (für $\varepsilon = 0$) enthält, welche als in geschlossener Form lösbar angenommen wird. Die Differentialgleichung habe die Form

$$(26.26) \qquad F(\varepsilon, x, u, u', \ldots, u^{(n)}) = 0 \quad \text{in} \quad a < x < b.$$

Entsprechend allgemeine Randbedingungen $G_i(\varepsilon, u(a), \ldots, u^{(n-1)}(a),$ $u(b), \ldots, u^{(n-1)}(b)) = 0$ $(i = 1, \ldots, n)$ sind ohne weiteres zulässig, würden aber zu schwerfälligen Formeln führen. Mit Rücksicht auf die gebotene Kürze werden daher hier nur die besonders wichtigen linearen und von ε unabhängigen Randbedingungen (1.3) $U_i u = \gamma_i$ $(i = 1, \ldots, n)$ behandelt. Diese Randbedingungen werden auch von der Lösung $u_0(x)$ der ungestörten Aufgabe ($\varepsilon = 0$) erfüllt, während die in dem Ansatz

$$(26.27) \quad u(x, \varepsilon) = \sum_{j=0}^{\infty} \varepsilon^j u_j(x) = u_0(x) + \varepsilon u_1(x) + \varepsilon^2 u_2(x) + \cdots$$

auftretenden Korrekturglieder $u_j(x)$ $(j = 1, 2, 3, \ldots)$ die homogenen Randbedingungen erfüllen sollen, damit dann (1.3) von $u(x, \varepsilon)$ für beliebiges ε befriedigt wird, also auch für die gegebene Aufgabe ($\varepsilon = 1$). Es sei nun $F = F(\delta, x, z_0, z_1, \ldots, z_n)$ nach allen Argumenten außer x beliebig oft differenzierbar für eine Umgebung von $(0, x, u_0, u_0', \ldots, u_0^{(n)})$, und es mögen die Ableitungen nach $\delta, z_0, \ldots, z_n$ durch Anhängen der Indizes $\delta, 0, 1, 2, \ldots, n$ bezeichnet werden. Dann liefert Einsetzen von (26.27) in (26.26) und Taylor-Entwicklung

$$
\begin{aligned}
(26.28) \quad & F + \varepsilon \{ F_n u_1^{(n)} + \cdots + F_1 u_1' + F_0 u_1 + F_\delta \} + \\
& + \varepsilon^2 \{ F_n u_2^{(n)} + \cdots + F_1 u_2' + F_0 u_2 + \tfrac{1}{2} F_{\delta\delta} + \\
& + F_{\delta n} u_1^{(n)} + \cdots + F_{\delta 0} u_1 + \tfrac{1}{2} F_{nn} [u_1^{(n)}]^2 + \\
& + F_{n, n-1} u_1^{(n)} u_1^{(n-1)} + \cdots + F_{10} u_1' u_1 + \tfrac{1}{2} F_{00} u_1^2 \} + \cdots = 0,
\end{aligned}
$$

worin F und alle seine Ableitungen an der Stelle $(0, x, u_0, u_0', \ldots, u_0^{(n)})$ zu nehmen sind. F verschwindet gemäß der Wahl von $u_0(x)$, und man kann die weiteren $u_j(x)$ dadurch bestimmen, daß man die geschweiften Klammern nacheinander $= 0$ setzt, also *lineare* Randwertaufgaben der Form

$$
\begin{aligned}
(26.29) \quad & F_n u_j^{(n)} + \cdots + F_1 u_j' + F_0 u_j = R_j(x) \quad \text{in} \quad a < x < b, \\
& U_i u_j = 0 \quad (i = 1, \ldots, n; \ j = 1, 2, 3, \ldots)
\end{aligned}
$$

löst, worin sich lediglich die rechte Seite der Differentialgleichung mit j ändert. Vielfach ist daher die Benutzung der Greenschen Funktion opportun. Nach Bestimmung genügend vieler $u_j(x)$ ergibt sich dann die gesuchte Lösung $u(x) = u(x, 1)$ aus (26.27), wenn alle Entwicklungen für $\varepsilon = 1$ noch konvergieren. Die Konvergenzfrage kann hier nicht erörtert werden, jedenfalls ist plausibel, daß die Verhältnisse um so günstiger sind, je „benachbarter" ungestörte und gestörte Aufgabe sind.

26.7 Lineare Aufgaben

Mit den gleichen Randbedingungen (1.3) sei nun die Differentialgleichung

$$(26.30) \qquad L_\varepsilon u \equiv \sum_{i=0}^{n} f_i(x,\varepsilon)\, u^{(i)}(x,\varepsilon) = r(x,\varepsilon)$$

gegeben, worin die Reihenentwicklungen

$$(26.31) \qquad f_i(x,\varepsilon) = \sum_{j=0}^{\infty} \varepsilon^j f_{ij}(x), \qquad r(x,\varepsilon) = \sum_{j=0}^{\infty} \varepsilon^j r_j(x)$$

gelten mögen. Dann erhält man mit (26.27) nach leichten Umformungen die Randwertaufgaben [vgl. (26.29), in (26.28) fallen alle höheren Ableitungen F_{ij}, $F_{\delta ij}$ usw. fort]

$$(26.32)
\begin{aligned}
&\sum_{i=0}^{n} f_{i0}(x)\, u_0^{(i)}(x) = r_0(x), \qquad U_l u_0 = \gamma_l \quad (l = 1, \ldots, n), \\
&\sum_{i=0}^{n} f_{i0}(x)\, u_j^{(i)}(x) = r_j(x) - \sum_{k=1}^{j} \sum_{i=1}^{n} f_{ik}(x)\, u_{j-k}^{(i)}(x), \qquad U_l u_j = 0 \\
&\hspace{6cm} (l = 1, \ldots, n; \; j = 1, 2, 3, \ldots).
\end{aligned}$$

Also ordnet sich hier auch die ungestörte Gleichung der Schar (26.29) unter. Oft kommt man mit $r(x,\varepsilon) = r_0(x)$ und $f_i(x,\varepsilon) = f_{i0}(x) + \varepsilon f_{i1}(x)$ aus, dann tritt in den Gln. (26.32) rechts für $j = 1, 2, \ldots$ nur eine einfache Summe auf.

Das Beispiel

$$(26.33)
\begin{aligned}
&u'' + (4 + \varepsilon \cos 2x)\, u = 0 \quad \text{in} \quad 0 < x < \frac{\pi}{2}, \\
&u'(0) = 0, \qquad u\left(\frac{\pi}{2}\right) = 1
\end{aligned}$$

mit der Mathieuschen Differentialgleichung führt mit (26.27) zu den Randwertaufgaben

$$(26.34)
\left\{
\begin{aligned}
&u_0'' + 4u_0 = 0 && \text{in} \; \left(0, \tfrac{\pi}{2}\right), \; u_0'(0) = 0, \; u_0\left(\tfrac{\pi}{2}\right) = 1, \\
&u_1'' + 4u_1 = -u_0 \cos 2x && \text{in} \; \left(0, \tfrac{\pi}{2}\right), \; u_1'(0) = 0, \; u_1\left(\tfrac{\pi}{2}\right) = 0, \\
&u_2'' + 4u_2 = -u_1 \cos 2x && \text{in} \; \left(0, \tfrac{\pi}{2}\right), \; u_2'(0) = 0, \; u_2\left(\tfrac{\pi}{2}\right) = 0. \\
&\;\cdots\cdots\cdots\cdots\cdots\cdots\cdots\cdots\cdots\cdots\cdots\cdots\cdots
\end{aligned}
\right.$$

Mit der Greenschen Funktion gemäß Tab. 4.32

$$(26.35) \qquad G(x,\xi) =
\begin{cases}
\tfrac{1}{2} \sin 2x \cos 2\xi & \text{für} \quad \xi \leqq x \\
\tfrac{1}{2} \cos 2x \sin 2\xi & \text{für} \quad \xi \geqq x
\end{cases}$$

hat man

$$(26.36) \qquad u_j(x) = -\int_0^{\pi/2} G(x,\xi) \cos 2\xi \, u_{j-1}(\xi) \, d\xi \qquad (j = 1, 2, 3, \ldots)$$

und ermittelt sukzessive

$$(26.37) \begin{cases} u_0 = -\cos 2x, \\[2mm] u_1 = \dfrac{1}{8} + \dfrac{1}{12}\cos 2x - \dfrac{1}{24}\cos 4x, \\[2mm] u_2 = -\dfrac{5}{192}\,x\sin 2x - \dfrac{1}{96} - \dfrac{29}{4608}\cos 2x + \dfrac{1}{288}\cos 4x - \\[2mm] \qquad - \dfrac{1}{1536}\cos 6x, \\[2mm] u_3 = \dfrac{5}{2304}\,x\sin 2x - \dfrac{5}{4608}\,x\sin 4x + \dfrac{29}{36864} - \dfrac{79}{276480}\cos 2x - \\[2mm] \qquad - \dfrac{7}{6912}\cos 4x + \dfrac{1}{18432}\cos 6x - \dfrac{1}{184320}\cos 8x. \end{cases}$$

Abb. 26.38 verdeutlicht die Annäherung. Führt man die Norm

$$(26.39) \qquad \|v\| = \operatorname*{Max}_{0 \leq x \leq \frac{\pi}{2}} |v(x)|$$

ein, so schätzt man nach (26.36) leicht ab

$$(26.40) \qquad \|u_j\| \leq K \cdot \|u_{j-1}\|$$

mit

$$(26.41) \qquad K = \operatorname*{Max}_{0 \leq x \leq \frac{\pi}{2}} \int_0^{\pi/2} |G(x,\xi)\cos 2\xi|\, d\xi = \tfrac{1}{4}.$$

Damit ist die Konvergenz (sogar für alle $|\varepsilon| < 4$) bewiesen, und man hat die Fehlerabschätzung

$$(26.42) \quad \left[\left\| \sum_{j=k+1}^{\infty} u_j \right\| \leq \sum_{j=k+1}^{\infty} \|u_j\| \leq \right.$$
$$\left. \leq \|u_k\| \cdot \left(\frac{1}{4} + \frac{1}{4^2} + \frac{1}{4^3} + \dots \right) \right]$$
$$\left| \sum_{j=0}^{k} u_j(x) - u(x,1) \right| \leq \tfrac{1}{3} \|u_k\|$$
$$(k = 1, 2, 3, \dots),$$

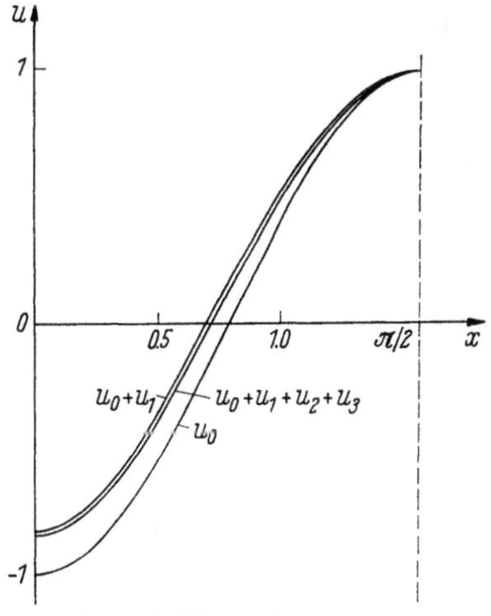

Abb. 26.38. Lineare Störungsaufgabe

woraus sich mit (26.37) ergibt

$$(26.43) \begin{cases} |u_0 - u| \leq 0.33334, \\[1mm] |u_0 + u_1 - u| \leq 0.06250, \\[1mm] |u_0 + u_1 + u_2 - u| \leq 0.01178, \\[1mm] |u_0 + u_1 + u_2 + u_3 - u| \leq 0.00149. \end{cases}$$

§27. Defektabgleich

27.1 Defekt und Fehler

In diesem Paragraphen sollen einige Methoden beschrieben werden, die einen großen Anwendungsbereich besitzen. Dementsprechend sei die Aufgabe in der abstrakten Form

$$(27.1) \qquad T\,u = 0 \quad \text{in} \quad B,$$

$$(27.2) \qquad U_i\,u = 0 \quad \text{auf Teilen } \Gamma_i \text{ von } \Gamma \quad (i = 1, \ldots, k)$$

geschrieben. Dabei sei B ein Gebiet des N-dimensionalen euklidischen x_1-x_2-$\cdots$-x_N-Raumes [bei $N = 1$ ein Intervall (a, b)] mit dem Rand Γ (bei $N = 1$ die beiden Punkte a und b), u der als existent angenommene Lösungsvektor bzw. die einzelne Lösungsfunktion, T ein Differential-, Integral- oder Integrodifferentialoperator oder ein System solcher Operatoren und die U_i entsprechende Funktionale oder Randoperatoren zur Festlegung eventueller Nebenbedingungen (Beispiele s. u.).

Kennt man eine Näherung v von u, so hat man , wenn T und die U_i anwendbar sind

$$(27.3) \qquad\qquad T\,v = \varepsilon \quad \text{in} \quad B,$$

$$(27.4) \qquad\qquad U_i\,v = \varepsilon_i \quad \text{auf} \quad \Gamma_i \quad (i = 1, \ldots, k)$$

mit gewissen, mehr oder weniger kleinen rechten Seiten, die als *Defekte* (*Residuen*) bezeichnet werden, um sie deutlich von dem Fehler (bzw. den Fehlern) $v - u$ zu unterscheiden. Läßt man v von Parametern abhängen, so hängen auch die Defekte (weiterhin wird einfach „der Defekt" gesagt werden) von diesen Parametern ab. Damit wird die Anwendung der Methoden der Ausgleichsrechnung [vgl. Abschn. I und G. Meinardus (1964)] möglich mit dem Ziel, den Defekt in dem einen oder anderen Sinne zu minimieren. Diese Vorhergehensweise wird *Defektabgleich* genannt. Es sollen aber die in der Ausgleichsrechnung gebräuchlichen Namen der Methoden, wie z. B. Fehlerquadratmethode, beibehalten werden, obwohl eigentlich das Wort Fehler hier sinngemäß durch Defekt zu ersetzen wäre, im Beispiel also „Defektquadratmethode".

27.2 Fehlerabschätzungen

Nicht nur für Methoden des Defektabgleichs, sondern allgemein für alle numerischen Methoden, bei denen die Defekte leicht zu ermitteln sind, spielt die Frage nach der Fehlerabschätzung durch den Defekt eine große Rolle. Diese Frage richtet sich an die Aufgabe selbst und kann naturgemäß in dem oben eingeführten allgemeinen Rahmen nicht beantwortet werden. Hier sollen daher nur zwei Prinzipien solcher Abschätzungen geschildert werden: Die Abschätzung mittels Resolventen und die Benutzung von Monotonie- und Randmaximumseigenschaften. Es werden nur inhomogene Aufgaben betrachtet, für Eigenwertaufgaben vgl. man die §§ 17 und 18.

Schreibt man bei linearen Randwertaufgaben (1.1) und (1.3)

$$(27.5) \qquad T u = L u - r = 0 \quad \text{in} \quad (a, b),$$

$$U_i u - \gamma_i = 0 \quad (i = 1, \ldots, k; \text{ in den Punkten } a \text{ bzw. } b),$$

so hat man nach (27.3), wenn auch $U_i v = \gamma_i$ ist $(i = 1, \ldots, k)$, was sich meist leicht erreichen läßt,

$$(27.6) \qquad T v - T u = L[v - u] = \varepsilon,$$

$$U_i[v - u] = 0 \quad (i = 1, \ldots, k).$$

Somit wird nach (1.38)

$$(27.7) \qquad v(x) - u(x) = \int_a^b G(x, \xi)\, \varepsilon(\xi)\, d\xi,$$

woraus man leicht die Abschätzung

$$(27.8) \qquad |v(x) - u(x)| \leq \int_a^b |G(x, \xi)|\, d\xi \cdot \operatorname*{Max}_{a \leq x \leq b} |\varepsilon(x)|$$

erhält. Nun ist natürlich einzuwenden, daß man bei bekanntem G auch (27.7) direkt auswerten kann. Jedoch kann man vielfach das Betragsintegral in (27.8) abschätzen, ohne daß G bekannt ist. Man vgl. hierzu Nr. 5.9. Die Betrachtung von Systemen (Nr. 1.7 und 1.9), Aufgaben mit Eigenwertparametern, die eindeutig lösbar sind (Nr. 2.1), und linearen Integralgleichungen (Nr. 3.1 und 3.4) ist völlig analog. Auch kann in einigen Fällen partieller Differentialgleichungen genauso vorgegangen werden, vgl. die Nr. 8.4 und 11.1. Für ein Beispiel s. Nr. 27.4; über die Fehlerabschätzung bei nichtlinearen Aufgaben bei Kombination von Defektabgleich und Iteration wird in Nr. 36.3 berichtet. Eine verwandte Methode wird beim Beispiel der Nr. 27.6 benutzt.

In welcher Weise die monotone Art bei eindimensionalen Randwertaufgaben direkt zur Einschließung der Lösung herangezogen werden kann, wurde in Nr. 5.3 bereits an einem Beispiel erläutert. Zur Anwendung solcher Abschätzungen benötigt man allerdings zwei Näherungen mit Defekten, die das Vorzeichen nicht wechseln, während die Defektabgleichsmethoden meist einen Defekt mit Vorzeichenwechsel liefern. Bei linearen Aufgaben kann man sich damit helfen, daß man eine Funktion ohne Vorzeichenwechsel im Defekt konstruiert und geeignete Vielfache addiert bzw. subtrahiert. Bei dem erwähnten Beispiel ist die Funktion $x(1 - x)$ dazu geeignet, da ihr Defekt in $[0, 1]$ negativ ist (vgl. Nr. 27.4).

Nichtlineare Aufgaben lassen diese Behandlungsweise nicht zu. Man kann jedoch einige Defektabgleichsmethoden durch Hinzufügung von Bedingungen $\varepsilon \leq 0$ oder $\varepsilon \geq 0$ modifizieren. Dabei entstehen zwar nichtlineare Optimierungsaufgaben (vgl. Abschn. J), die aber bei kleineren Parameterzahlen durchaus lösbar sein können. Manchmal ist es auch möglich, durch Anbringung eines oder einiger Zusatzparameter, die nicht dem Defektabgleich unterworfen werden, jene Ungleichungen nachträglich zu erfüllen (vgl. das lineare Beispiel von Nr. 27.4).

Wiederum gelten diese Erörterungen auch für Systeme, Integralgleichungen und mehrdimensionale Aufgaben. Bei letzteren treten die Randmaximumsätze (§ 10) als weiteres wichtiges Hilfsmittel zur Fehlerabschätzung hinzu. Sie werden vor allem im Zusammenhang mit Randmethoden benutzt, bei denen in (27.3) $\varepsilon = 0$ ist (vgl. Nr. 27.8).

27.3 Kollokation

Für die Näherung v aus (27.3) und (27.4) wird wie in Nr. 22.1 der Ansatz

$$(27.9) \qquad v = v(x, c_1, \ldots, c_n)$$

gemacht, der von n freien Parametern abhängt. Dann hängt auch der Defekt von diesen Parametern ab. Bei der Kollokation wählt man zur Festlegung der Parameter n geeignete Punkte x_l in B oder auf den Γ_i und verlangt das Verschwinden des Defekts in diesen Punkten, also

$$(27.10) \quad \left. \begin{array}{l} \varepsilon(x_l, c_1, \ldots, c_n) = 0 \quad \text{bzw.} \\ \varepsilon_i(x_l, c_1, \ldots, c_n) = 0 \quad \text{für gewisse } i \end{array} \right\} \ (l = 1, \ldots, n).$$

Dann lassen sich oft die c_j $(j = 1, \ldots, n)$ aus den entstehenden n Gleichungen bestimmen. Wenn nicht besondere Gründe für einen nichtlinearen Ansatz sprechen, bevorzugt man den linearen Ansatz

$$(27.11) \qquad v = v_0(x) + \sum_{j=1}^{n} c_j\, v_j(x),$$

der bei einer linearen Aufgabe auch zu einem linearen Gleichungssystem für die c_j führt.

Bei eindimensionalen Aufgaben ist man meist in der Lage, den Ansatz schon so einzurichten, daß die Randbedingungen erfüllt sind, daß also in (27.4) $\varepsilon_i = 0$ $(i = 1, \ldots, k)$ gilt. Dies kann auch bei mehrdimensionalen Aufgaben möglich sein, in welchem Falle man von einer Gebietsmethode spricht, da die Kollokationspunkte dann in B liegen. Im Gegensatz dazu entsteht eine Randmethode, wenn es gelingt, in (27.3) $\varepsilon = 0$ durch den Ansatz a priori zu realisieren. Da die Dimension von Γ um eins kleiner ist als die von B, sind Randmethoden in vielen Fällen einfacher zu handhaben und daher überlegen.

Einige praktische Aspekte der Kollokationsmethode sollen an folgendem Beispiel gezeigt werden. Für ein Beispiel einer nichtlinearen zweidimensionalen Randwertaufgabe vgl. man L. Collatz (1955), S. 433.

27.4 Ein Beispiel

Die Aufgabe von Nr. 5.3

$$(27.12) \quad L u \equiv u'' + 2x\,u' + (2 + x^2)\,u = 1, \quad u(0) = u(1) = 1$$

führt, wenn man den Ansatz mit $n + 1$ Parametern a_j

$$(27.13) \quad v(x) = 1 + x(1 - x)\,(a_0 + a_1 x + a_2 x^2 + \cdots + a_n x^n)$$

macht, der schon die Randbedingung erfüllt, zu dem Defekt

$$(27.14) \quad \varepsilon(x) = L[v - u] = (1 + x^2) + a_0(-2 + 4x - 6x^2 + x^3 - x^4) +$$
$$+ a_1(2 - 6x + 6x^2 - 8x^3 + x^4 - x^5) + \cdots +$$
$$+ a_n x^{n-1}[(n + 1)\,n - (n + 2)\,(n + 1)\,x +$$
$$+ 2(n + 2)\,x^2 - 2(n + 3)\,x^3 + x^4 - x^5].$$

Mit diesem Ausdruck ist praktisch die Funktion 0 zu interpolieren. Man weiß aus der Interpolationstheorie, daß äquidistante Stützstellen bei Interpolation durch Polynome und verwandte Ausdrücke zu einem Anwachsen des Defekts von der Mitte des Intervalls zum Rand hin führt, daß also die Stützstellen zur Abwendung dieser Erscheinung (die aber z. B. bei trigonometrischer Interpolation nicht auftritt) gegen die Endpunkte zu häufen sind (vgl. Abschn. H). Hier sollen die auf das Intervall $(0, 1)$ transformierten Nullstellen der Tschebyscheff-Polynome (vgl. Abschn. I)

$$(27.15) \quad x_l = \frac{1}{2} + \frac{1}{2}\cos\frac{\pi(2l + 1)}{2(n + 1)} \quad (l = 0, \ldots, n)$$

benutzt werden. Setzt man (27.14) an diesen Stellen $= 0$, so entsteht ein lineares Gleichungssystem für die a_j $(j = 0, \ldots, n)$, nach dessen Lösung $v(x)$ festgelegt ist. Die Abb. 27.16 belegt am Falle $n = 5$, daß

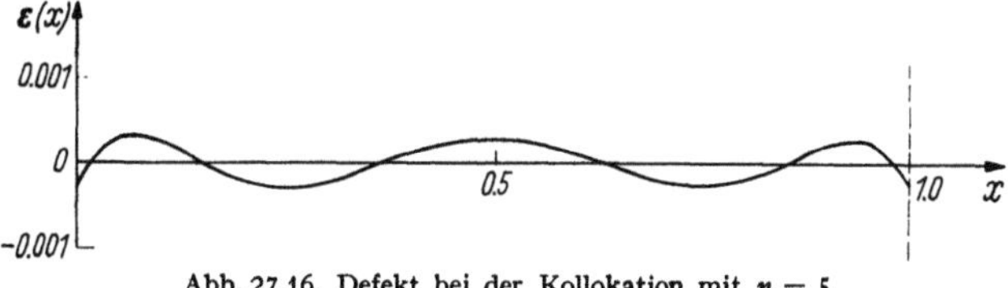

Abb. 27.16. Defekt bei der Kollokation mit $n = 5$

die Maximalbeträge von $\varepsilon(x)$ durch obige Wahl der Kollokationspunkte sich nur wenig unterscheiden. Die Fehlerabschätzung soll hier für den Punkt $x = \frac{1}{2}$ auf zwei Wegen durchgeführt werden (vgl. Nr. 27.2).

1. Die Greensche Funktion (1.40) läßt sich hier leicht abschätzen, und man hat nach (27.8)

$$(27.17) \qquad \left| v\left(\tfrac{1}{2}\right) - u\left(\tfrac{1}{2}\right) \right| \leqq 0.15 \cdot \operatorname*{Max}_{0 \leqq x \leqq 1} \left| \varepsilon(x) \right|.$$

2. Wegen der antitonen Art (s. § 5) der Aufgabe kann man das Vielfache der Funktion $w(x) = -\tfrac{1}{5} x(1-x)(4-x)$, für die $L\,w \geqq 1$, $w(0) = w(1) = 0$ und $w\left(\tfrac{1}{2}\right) = -0.175$ gilt, zu $v(x)$ addieren, um ein einheitliches Vorzeichen des Defektes zu erreichen. Damit erhält man

$$(27.18) \qquad -0.175 \operatorname*{Max}_{0 \leqq x \leqq 1} \varepsilon(x) \leqq v\left(\tfrac{1}{2}\right) - u\left(\tfrac{1}{2}\right) \leqq -0.175 \operatorname*{Min}_{0 \leqq x \leqq 1} \varepsilon(x).$$

Neben dem Maximalbetrag von $\varepsilon(x)$ und den halben Schrankendifferenzen wird die wirkliche Abweichung $v\left(\tfrac{1}{2}\right) - u\left(\tfrac{1}{2}\right)$ hier angegeben (alle Zahlen gerundet):
(27.19)

$n =$	1	2	3	4	5	6	8
$\operatorname{Max} \| \varepsilon(x) \|$	0.39	0.066	0.0158	$2.0 \cdot 10^{-3}$	$3.2 \cdot 10^{-4}$	$3.6 \cdot 10^{-5}$	$4.6 \cdot 10^{-7}$
$\tfrac{1}{2} \cdot$ Schrankendiff. 1	0.059	0.0099	0.0024	$2.9 \cdot 10^{-4}$	$4.8 \cdot 10^{-5}$	$5.4 \cdot 10^{-6}$	$6.9 \cdot 10^{-8}$
$\tfrac{1}{2} \cdot$ Schrankendiff. 2	0.065	0.0100	0.0027	$3.3 \cdot 10^{-4}$	$5.7 \cdot 10^{-5}$	$6.3 \cdot 10^{-6}$	$8.0 \cdot 10^{-8}$
Abweichung	-0.032	$+0.0014$	-0.00036	$8.9 \cdot 10^{-6}$	$-1.8 \cdot 10^{-6}$	$1.6 \cdot 10^{-8}$	$\sim 2 \cdot 10^{-10}$

Bei $n = 12$ verschwindet der Defekt im Rahmen der benutzten 11-stelligen Rechengenauigkeit; er wird ab $n = 16$ durch Rundungsfehler wieder größer.

Um den Zusammenhang mit der (hier linearen) Optimierung zu zeigen, soll eine weitere Variante betrachtet werden. Mit dem Ansatz (27.13) für $n = 5$ kann man fordern, daß $\varepsilon(0) = \varepsilon(1) = \varepsilon\left(\tfrac{1}{2}\right) = \varepsilon'\left(\tfrac{1}{2}\right) = 0$ ist (27.14). Diese 4 Gleichungen gestatten, a_0 bis a_3 durch a_4 und a_5 auszudrücken; so wird z. B.

$$(27.20) \qquad a_3 = \frac{7880}{166\,993} - \frac{328\,065}{166\,993}\, a_4 - \frac{1\,777\,079}{4 \cdot 166\,993}\, a_5.$$

a_4 und a_5 sollen nun so bestimmt werden, daß unter der Nebenbedingung $\varepsilon(x) \leqq 0$ (bzw. $\geqq 0$) die obere (untere) Schranke $v(x) \geqq u(x)$ ($\leqq u(x)$, das gilt wegen der antitonen Art) in einem geeigneten Sinne möglichst klein (groß) werden soll. Man kann etwa $v\left(\tfrac{1}{2}\right) = $ Extr. verlangen; hier soll $\int\limits_{0}^{1} v(x)\, dx = $ Extr. benutzt werden, was, da eine additive Konstante und ein positiver Faktor frei sind, zu

$$(27.21) \qquad a_4 + 2.54047\, a_5 = \text{Extr.}$$

führt. Nach Einsetzen der Ausdrücke (27.20) usw. in (27.13) entsteht die Form

$$(27.22) \qquad \varepsilon(x) = \alpha(x) + a_4\,\beta(x) + a_5\,\gamma(x),$$

für festes x ist also $\varepsilon(x) = 0$ die Gleichung einer Geraden in der a_4-a_5-Ebene. Einige Geraden zeigt die Abb. 27.23; dabei wurde aus rein zeichentechnischen Gründen die affine Koordinatentransformation

$$a_5 = \xi, \qquad a_4 = \eta - 2.5\,\xi$$

(also $\eta = a_4 + 2.5\,a_5$) durchgeführt. Bei der Optimierung ist natürlich die ganze Geradenschar für $0 \leqq x \leqq 1$ zu betrachten. Die obere und untere Lösung sind mit den Zielrichtungen ebenfalls in die Abb. 27.23 eingetragen. Abb. 27.24 stellt die entsprechenden Defekte dar: Während der positive, zur

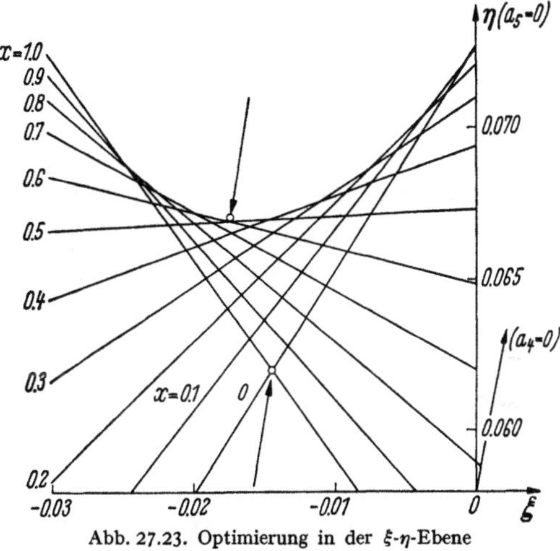

Abb. 27.23. Optimierung in der ξ-η-Ebene

oberen Lösung von Abb. 27.23 gehörige Defekt eine weitere Doppelnullstelle bei etwa 0.54 hat, werden bei der unteren Lösung die ursprünglich einfachen Nullstellen bei 0 und 1 verdoppelt. Die Schwankung der Defekte ist hier übrigens größer als bei der Kollokation mit ebenfalls 6 Parametern, vgl. die im gleichen Maßstab gezeichnete Abb. 27.16. Man erhält hier als Abschätzung

$$(27.25) \qquad \left| v\left(\tfrac{1}{2}\right) - u\left(\tfrac{1}{2}\right) \right| \leqq 6.6 \cdot 10^{-5},$$

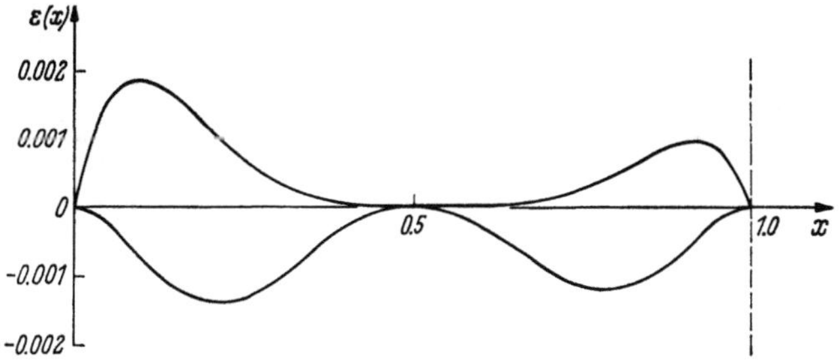

Abb. 27.24. Der Verlauf der optimalen $\varepsilon(x)$

welche natürlich besser als die bei der Kollokation mit $n = 3$ erhaltenen (das entspricht etwa $a_4 = a_5 = 0$), aber etwas schlechter als die mit $n = 5$ erhaltene Abschätzung 2) ist. Wollte man letztere unterbieten, so hätte man nach allen 6 Parametern zu optimieren.

27.5 Die Fehlerorthogonalitätsmethode

Hängt der Defekt (27.3) und (27.4) gemäß dem Ansatz (27.9) bzw. (27.11) von n Parametern ab, so hat man allgemein je n Vektoren oder Funktionen $\boldsymbol{w}_l(\boldsymbol{x})$ $(\boldsymbol{x} \in B)$ und $\boldsymbol{w}_{li}(\boldsymbol{x})$ $(\boldsymbol{x} \in \Gamma_i;\ l = 1, \ldots, n;\ i = 1, \ldots, k)$ zu wählen und damit die n Gleichungen

$$(27.26) \quad \int\limits_B \boldsymbol{\varepsilon}(\boldsymbol{x}, c_1, \ldots, c_n)\, \boldsymbol{w}_l(\boldsymbol{x})\, dB + \sum_{i=1}^{k} \int\limits_{\Gamma_i} \boldsymbol{\varepsilon}_i(\boldsymbol{x}, c_1, \ldots, c_n)\, \boldsymbol{w}_{li}(\boldsymbol{x})\, d\Gamma = 0$$
$$(l = 1, \ldots, n)$$

für die c_j zu bilden (wie in Nr. 6.1 ist dB das Volumen-, $d\Gamma$ das Oberflächendifferential, bei Vektoren ist die Produktbildung unter den Integralen als Skalarprodukt zu verstehen). Bei eindimensionalen Aufgaben fällt die Integration über die Γ_i fort, es ist dann dort $x = a$ bzw. $x = b$ zu setzen. Kann durch den Ansatz schon $\boldsymbol{\varepsilon}_i = 0$ $(i = 1, \ldots, k)$ erreicht werden, so entfällt die Summe ganz. Ebenso verschwindet bei $\boldsymbol{\varepsilon} = 0$ das erste Integral, dann ist die Methode eine Randmethode; man vgl. die entsprechenden Bemerkungen in Nr. 27.3.

Die *Fehlerorthogonalitätsmethode* (auch *Momentenmethode* genannt; die Orthogonalität wird hier etwa im Sinne von Nr. 23.6 verstanden) ist eine sehr allgemeine Methode, die je nach Wahl der $\boldsymbol{w}_l(\boldsymbol{x})$ und $\boldsymbol{w}_{li}(\boldsymbol{x})$ eine Reihe anderer Methoden umfaßt. So wurde schon in Nr. 22.4 auf die Verwandtschaft mit dem Ritz-Galerkinschen Verfahren, in Nr. 23.5 auf die Beziehung zur Methode von TREFFTZ hingewiesen. Daher können auch die dort behandelten Beispiele als Beispiele zu dieser Nummer gelten (s. auch Nr. 27.6).

Eine weitere Methode sei am Spezialfall einer einzigen Lösungsfunktion mit $\varepsilon_i = 0$ $(i = 1, \ldots, k)$ abgeleitet. Statt (27.26) hat man hier einfach

$$(27.27) \quad \int\limits_B \varepsilon(\boldsymbol{x}, c_1, \ldots, c_n)\, w_l(\boldsymbol{x})\, dB = 0 \quad (l = 1, \ldots, n).$$

Teilt man den Bereich B nun in n Teile B_l $(l = 1, \ldots, n)$, und setzt man $w_l = 1$ in B_l und $w_l = 0$ sonst in B, so erhält man die Gleichungen der *Teilgebietsmethode*

$$(27.28) \quad \int\limits_{B_l} \varepsilon(\boldsymbol{x}, c_1, \ldots, c_n)\, dB = 0 \quad (l = 1, \ldots, n).$$

Meist wird man dabei die B_l ohne Überlappungen und so wählen, daß sie B ganz erfüllen, jedoch ist dies nicht zwingend. Wählt man für die B_l kleine Umgebungen (z. B. Kugeln bzw. Kreise) gewisser Punkte $\boldsymbol{x}_l$ $(l = 1, \ldots, n)$, so kommt man, wenn man die B_l auf die Punkte $\boldsymbol{x}_l$ zusammenzieht, durch geeignete Grenzübergänge zur Kollokationsmethode von Nr. 27.3, die also auch als Spezialfall der Fehlerorthogonalitätsmethode gedeutet werden kann. Die Teilgebietsmethode kann natürlich auch als Randmethode und auf Systeme angewandt werden.

Das Beispiel der nichtlinearen Integralgleichung

$$(27.29) \quad u(x) - 2 \int_{-1/2}^{1/2} G(x, \xi)\, u^3(\xi)\, d\xi = \tfrac{1}{8}(11 + 7x + 4x^2 + 4x^3)$$

$$\text{für } -\tfrac{1}{2} \leqq x \leqq \tfrac{1}{2}$$

mit $G(x, \xi) = -(\tfrac{1}{2} - x)(\tfrac{1}{2} + \xi)$ für $\xi \leqq x$ und $= -(\tfrac{1}{2} + x)(\tfrac{1}{2} - \xi)$ für $\xi \geqq x$ kann aus der Randwertaufgabe

$$(27.30) \quad u'' = (1 + 3x) + 2u^3 \text{ in } (-\tfrac{1}{2}, \tfrac{1}{2}),\; u(-\tfrac{1}{2}) = 1,\; u(\tfrac{1}{2}) = 2$$

erhalten werden. Zu (27.29) sind keine Randbedingungen gegeben, und so hat man als Defekt

$$(27.31) \quad v(x) - 2 \int_{-1/2}^{1/2} G(x, \xi)\, v^3(\xi)\, d\xi - \tfrac{1}{8}(11 + 7x + 4x^2 + 4x^3) = \varepsilon(x).$$

Setzt man an

$$(27.32) \qquad\qquad v(x) = \sum_{j=0}^{n} c_j\, x^j,$$

so erhält man mit $w_l(x) = x^l$ $(l = 0, \ldots, n;$ die Zählung läuft hier schon von 0 an) das Gleichungssystem

$$(27.33) \quad \sum_{j=0}^{n} \frac{[1 + (-1)^{j+l}]}{(j + l + 1)2^{j+l+1}}\, c_j - 2 \int_{-1/2}^{1/2} \int_{-1/2}^{1/2} G(x, \xi)\, x^l\, v^3(\xi)\, d\xi\, dx -$$

$$- \frac{(6l + 17)[1 + (-1)^l]}{(l + 1)(l + 3)2^{l+3}} - \frac{(4l + 15)[1 - (-1)^l]}{(l + 2)(l + 4)2^{l+4}} = 0 \qquad (l = 0, \ldots, n).$$

Das Doppelintegral führt auf je ein Polynom 3. Grades in den c_j, dessen Koeffizienten mittels der Formel

$$(27.34) \quad -2 \int_{-1/2}^{1/2} \int_{-1/2}^{1/2} G(x, \xi)\, x^l\, \xi^k\, d\xi\, dx =$$

$$= \begin{cases} \dfrac{1}{(k + 1)(l + 1)(k + l + 3)2^{k+l+1}} & \text{für } k, l = 0, 2, 4, \ldots, \\[2ex] \dfrac{1}{(k + 2)(l + 2)(k + l + 3)2^{k+l+1}} & \text{für } k, l = 1, 3, 5, \ldots, \\[2ex] 0 & \text{für } k + l \text{ ungerade} \end{cases}$$

bestimmt werden können. Dies explizit zu tun, ist bei kleinem n durchaus möglich. Bei größerem n kann man, falls eine elektronische Rechenanlage zur Verfügung steht, ein Unterprogramm schreiben, das die Potenzierung von v (numerisch gegeben durch die c_j) vornimmt und die Formeln (27.34) anwendet. Damit kann man dann ein iteratives Verfahren zur Lösung von (27.33) aufbauen. Zum Vergleich mit der exakten Lösung mögen folgende Zahlenwerte für $x = -\frac{1}{2}$, 0, $\frac{1}{2}$ dienen:

(27.35)

$n =$	1	2	4	6	8	10	$u(x)$
$x = -\frac{1}{2}$	0.727	1.0624	1.00501	1.000480	1.0000406	1.00000335	1.00000000
$x = 0$	1.146	1.0113	1.02193	1.021258	1.0213083	1.02130460	1.02130486
$x = \frac{1}{2}$	1.565	1.8884	1.99034	1.999124	1.9999267	1.99999401	2.00000000

Die Abb. 27.36 zeigt, daß der Defekt hier analog zur Kollokation so viele Nullstellen wie Parameter hat.

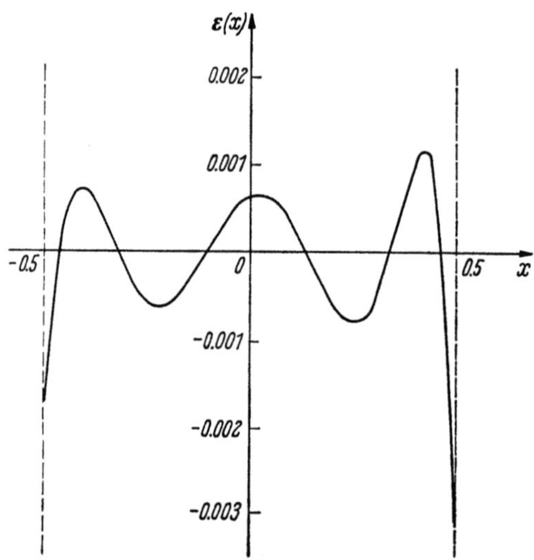

Abb. 27.36. Defekt bei der Fehlerorthogonalitätsmethode ($n = 5$)

27.6 Die Fehlerquadratmethode

Die Bezeichnungen der vorigen Nummer werden übernommen. Wählt man positive Gewichtsfunktionen $p(x)$ ($x \in B$) und $p_i(x)$ ($x \in \Gamma_i$, $i = 1, \ldots, k$), so stellt man allgemein die Forderung, das bewichtete Mittel des Defektquadrates zum Minimum zu machen:

$$(27.37) \qquad J\,v = \int_B p(x)\,\varepsilon^2(x, c_1, \ldots, c_n)\,dB +$$

$$+ \sum_{i=1}^{k} \int_{\Gamma_i} p_i(x)\,\varepsilon_i^2(x, c_1, \ldots, c_n)\,d\Gamma = \text{Min.}$$

Dabei bedeutet bei Vektoren wieder ε^2 das Skalarprodukt von ε mit sich selbst usw. Nun geht man analog zum Ritzschen Verfahren (vgl.

Nr. 22.1) vor und differenziert partiell nach den c_l $(l = 1, \ldots, n)$. Es ergibt sich das Gleichungssystem

$$(27.38) \qquad \frac{1}{2} \frac{\partial}{\partial c_l} J\, v = \int\limits_B \varepsilon(\boldsymbol{x}, c_1, \ldots, c_n) \left[p(\boldsymbol{x}) \frac{\partial \varepsilon}{\partial c_l} \right] dB +$$

$$+ \sum_{i=1}^{k} \int\limits_{\Gamma_i} \varepsilon_i(\boldsymbol{x}, c_1, \ldots, c_n) \left[p_i(\boldsymbol{x}) \frac{\partial \varepsilon_i}{\partial c_l} \right] d\Gamma = 0 \qquad (l = 1, \ldots, n).$$

Die Schreibweise deutet die Verwandtschaft mit der Fehlerorthogonalitätsmethode an, indem die eckigen Klammern den $w_l(\boldsymbol{x})$ bzw. $w_{li}(\boldsymbol{x})$ von Nr. 27.5 entsprechen. Ist insbesondere die Aufgabe linear und wurde der lineare Ansatz (27.11) benutzt, so hängen diese eckigen Klammern nicht mehr von den c_j $(j = 1, \ldots, n)$ ab. Dann ist die Fehlerquadratmethode ein echter Spezialfall der Fehlerorthogonalitätsmethode.

Bei nichtlinearen Aufgaben bedeutet diese Abhängigkeit der eckigen Klammern von den c_j $(j = 1, \ldots, n)$ oft eine Vermehrung des Arbeitsaufwandes gegenüber der Fehlerorthogonalitätsmethode, jedoch kann u. U. dadurch eine Verbesserung des Ergebnisses möglich sein.

Zur Erläuterung soll hier die Aufgabe

$$(27.39) \qquad \left. \begin{aligned} u_1' &= u_2 + \frac{1}{10} u_1^2 \\ u_2' &= -u_1 + \frac{1}{10} u_1 u_2 \end{aligned} \right\} \quad \text{in } (0, 2), \quad \left\{ \begin{aligned} u_1(0) &= 0 \\ u_2(2) &= -\frac{1}{2} \end{aligned} \right.$$

behandelt werden. Läßt man die nichtlinearen Glieder der Differentialgleichungen fort, so erhält man als Lösung der Differentialgleichungen $w_1' = w_2$, $w_2' = -w_1$ mit den gleichen Randbedingungen

$$(27.40) \qquad w_1 = -\frac{1}{2\cos 2} \sin x, \qquad w_2 = -\frac{1}{2\cos 2} \cos x.$$

Da ferner aus der ersten Randbedingung mit der zweiten Differentialgleichung $\lim\limits_{x \to 0} u_2'(x) = 0$ folgt, liegt nach (27.11) der Ansatz

$$(27.41) \quad v = c_1 \begin{pmatrix} 0 \\ 1 \end{pmatrix} + c_2 \begin{pmatrix} \sin x \\ 0 \end{pmatrix} + c_3 \begin{pmatrix} 0 \\ \cos x \end{pmatrix} + c_4 \begin{pmatrix} \sin 2x \\ 0 \end{pmatrix} + c_5 \begin{pmatrix} 0 \\ \cos 2x \end{pmatrix} +$$

$$+ \cdots = \begin{pmatrix} v_1 \\ v_2 \end{pmatrix} = \begin{pmatrix} c_2 \sin x + c_4 \sin 2x + c_6 \sin 3x + \cdots \\ c_1 + c_3 \cos x + c_5 \cos 2x + c_7 \cos 3x + \cdots \end{pmatrix}$$

nahe, der die erste Randbedingung bereits erfüllt. Die zweite Randbedingung kann durch Ersetzung etwa von c_1 gemäß $c_1 + c_3 \cos 2 +$ $+ c_5 \cos 4 + c_7 \cos 6 + \cdots = -\frac{1}{2}$ erfüllt werden; da dies aber zu komplizierteren Formeln führt, soll hier darauf verzichtet und der entsprechende Term in (27.41) beibehalten werden. Mit $p(x) \equiv 1$ erhält man

$$(27.42) \qquad J\,\boldsymbol{v} = \int\limits_0^2 \left[\left(v_1' - v_2 - \frac{1}{10}\,v_1^2 \right)^2 + \left(v_2' + v_1 - \frac{1}{10}\,v_1 v_2 \right)^2 \right] dx +$$
$$+ p_2 \left[v_2(2) + \frac{1}{2} \right]^2 = \text{Min.}$$

Die Auswertung dieses Integrals [bzw. der Ableitungen (27.38)] macht keine grundsätzlichen Schwierigkeiten, ist aber mit erheblichem Aufwand verbunden. So erhält man bei Berücksichtigung von nur 3 Ansatzgliedern mit $p_2 = 1$ (Zahlen gerundet)

$$(27.43) \quad J\,\boldsymbol{v} = 0.25 + c_1 - 0.41615\,c_3 + 3c_1^2 - 1.81859\,c_1 c_2 +$$
$$+ 0.98630\,c_1 c_3 + 2c_2^2 - 4c_2 c_3 + 2.17318\,c_3^2 +$$
$$+ 0.23784\,c_1 c_2 c_3 - 0.05012\,c_2^3 + 0.05012\,c_2 c_3^2 +$$
$$+ 0.01189\,c_1^2 c_2^2 + 0.00501\,c_1 c_2^2 c_3 + 0.00970\,c_2^4 +$$
$$+ 0.00219\,c_2^2 c_3^2.$$

Bei 5 Ansatzfunktionen treten schon 56 Glieder auf, die Anzahl nimmt mit wachsenden n in (27.11) rasch zu.

Die Berechnung der Koeffizienten dieser biquadratischen Formen und der kubischen Gln. (27.38) kann durchaus programmiert und inklusive der Auflösung dieser Gleichungen einer elektronischen Rechenanlage übertragen werden.

Betreffend die Wahl der Randgewichte kann allgemein nur empfohlen werden, diese nicht zu klein zu wählen; bei diesem Beispiel ergaben Versuche, daß unterhalb eines „kritischen Punktes", der bei etwa $p_2 = 0.1$ liegt, die Ergebnisse schnell schlechter werden, während oberhalb dieses Punktes kaum ein Einfluß feststellbar ist.

Mit $p_2 = 1$ erhält man folgende Werte für die Maximalbeträge der Defekte und der Abweichungen von der exakten Lösung
$[u_1 = 10\sin x/(-21\cos 2 + \cos x); \quad u_2 = 10\cos x/(-21\cos 2 + \cos x)]$:

(27.44)

$n =$	3	5	7	9	11	13	15
$|\varepsilon_1| \leqq$	$5.75\cdot10^{-2}$	$9.32\cdot10^{-3}$	$9.34\cdot10^{-4}$	$5.87\cdot10^{-5}$	$3.24\cdot10^{-6}$	$1.67\cdot10^{-7}$	$8.4\cdot10^{-9}$
$|\varepsilon_2| \leqq$	$5.43\cdot10^{-2}$	$5.85\cdot10^{-3}$	$3.70\cdot10^{-4}$	$2.40\cdot10^{-5}$	$1.38\cdot10^{-6}$	$7.51\cdot10^{-8}$	$9.1\cdot10^{-9}$
$|u_1 - v_1| \leqq$	$2.06\cdot10^{-1}$	$1.42\cdot10^{-2}$	$3.03\cdot10^{-4}$	$7.84\cdot10^{-6}$	$2.33\cdot10^{-7}$	$7.4\ \cdot10^{-9}$	$\sim 8\cdot10^{-10}$
$|u_2 - v_2| \leqq$	$1.21\cdot10^{-1}$	$1.08\cdot10^{-2}$	$2.48\cdot10^{-4}$	$6.00\cdot10^{-6}$	$1.50\cdot10^{-7}$	$4.7\ \cdot10^{-9}$	$\sim 6\cdot10^{-10}$

Die beiden letzten Spalten sind durch Rundungsfehler verfälscht. Übrigens haben die Defekte je $\frac{n-1}{2}$ Nullstellen, also qualitativ einen ähnlichen Verlauf wie in Abb. 27.36.

27.7 Fehlerabschätzung für ein nichtlineares System

Zur Fehlerabschätzung wird die Greensche Matrix (vgl. Nr. 1.9) der nach (27.39) genannten linearisierten Aufgabe

$$(27.45) \qquad G(x, \xi) = \begin{pmatrix} G_{11}(x, \xi) & G_{12}(x, \xi) \\ G_{21}(x, \xi) & G_{22}(x, \xi) \end{pmatrix}$$

$$= \begin{cases} \dfrac{1}{\cos 2} \begin{pmatrix} \cos(2-x)\cos\xi & -\cos(2-x)\sin\xi \\ \sin(2-x)\cos\xi & -\sin(2-x)\sin\xi \end{pmatrix} & \text{für} \quad \xi \leqq x \\[3mm] \dfrac{1}{\cos 2} \begin{pmatrix} \sin x \sin(2-\xi) & -\sin x \cos(2-\xi) \\ \cos x \sin(2-\xi) & -\cos x \cos(2-\xi) \end{pmatrix} & \text{für} \quad \xi \geqq x \end{cases}$$

benutzt, mit deren Hilfe aus der Aufgabe (27.39) das System nichtlinearer Integralgleichungen

$$(27.46) \qquad \begin{aligned} u_1(x) &= -\frac{\sin x}{2\cos 2} + \\ &\quad + \frac{1}{10} \int_0^2 [G_{11}(x, \xi)\, u_1^2(\xi) + G_{12}(x, \xi)\, u_1(\xi)\, u_2(\xi)]\, d\xi, \\[2mm] u_2(x) &= -\frac{\cos x}{2\cos 2} + \\ &\quad + \frac{1}{10} \int_0^2 [G_{21}(x, \xi)\, u_1^2(\xi) + G_{22}(x, \xi)\, u_1(\xi)\, u_2(\xi)]\, d\xi \end{aligned}$$

entsteht. Nun ist aber v Lösung einer ähnlichen Aufgabe, bei der in den Differentialgleichungen rechts die Defekte ε_1 bzw. ε_2 zu addieren sind und in der zweiten Randbedingung $v_2(2)$ statt $-1/2$ steht. Bildet man die entsprechenden Integralgleichungen und subtrahiert (27.46), so kommt man zu

$$(27.47) \qquad \begin{aligned} v_1 - u_1 &= \varrho_1 + \frac{1}{10} \int_0^2 [G_{11}(v_1^2 - u_1^2) + G_{12}(v_1 v_2 - u_1 u_2)]\, d\xi, \\[2mm] v_2 - u_2 &= \varrho_2 + \frac{1}{10} \int_0^2 [G_{21}(v_1^2 - u_1^2) + G_{22}(v_1 v_2 - u_1 u_2)]\, d\xi, \end{aligned}$$

mit

$$(27.48) \qquad \begin{aligned} \varrho_1(x) &= \frac{v_2(2) + 0.5}{\cos 2}\sin x + \\ &\quad + \int_0^2 [G_{11}(x, \xi)\, \varepsilon_1(\xi) + G_{12}(x, \xi)\, \varepsilon_2(\xi)]\, d\xi, \\[2mm] \varrho_2(x) &= \frac{v_2(2) + 0.5}{\cos 2}\cos x + \\ &\quad + \int_0^2 [G_{21}(x, \xi)\, \varepsilon_1(\xi) + G_{22}(x, \xi)\, \varepsilon_2(\xi)]\, d\xi. \end{aligned}$$

Führt man noch die Normstriche $\|\ \|$ als Abkürzung für den Maximalbetrag einer Funktion in $[0, 2]$ ein (das entspricht der Einführung des pseudometrischen Raumes der zweidimensionalen Vektoren von in $[0, 2]$ stetigen Funktionen mit dem zweidimensionalen gewöhnlichen Vektorraum als Abstandsraum, s. Nr. 4.2 und § 33), so kann man durch Übergang zu diesen Maximalbeträgen und Herausziehung von $\|u_1 - v_1\|$ und $\|u_2 - v_2\|$ aus den Integralen zu den Abschätzungen

$$(27.49) \qquad \begin{aligned} (1 - p_{11})\,\|v_1 - u_1\| - \qquad p_{12}\,\|v_2 - u_2\| &\leq \|\varrho_1\|, \\ - p_{21}\,\|v_1 - u_1\| + (1 - p_{22})\,\|v_2 - u_2\| &\leq \|\varrho_2\| \end{aligned}$$

mit

$$(27.50) \qquad \left\{ \begin{aligned} p_{11} &= \left\| \frac{1}{5} \int_0^2 |G_{11}\,\varphi_1|\, d\xi \right\| + \left\| \frac{1}{10} \int_0^2 |G_{12}\,\varphi_2|\, d\xi \right\|, \\[2ex] p_{12} &= \left\| \frac{1}{10} \int_0^2 |G_{12}\,\varphi_1|\, d\xi \right\|, \\[2ex] p_{21} &= \left\| \frac{1}{5} \int_0^2 |G_{21}\,\varphi_1|\, d\xi \right\| + \left\| \frac{1}{10} \int_0^2 |G_{22}\,\varphi_2|\, d\xi \right\|, \\[2ex] p_{22} &= \left\| \frac{1}{10} \int_0^2 |G_{22}\,\varphi_1|\, d\xi \right\| \end{aligned} \right.$$

kommen. Hierin sind φ_1 und φ_2 obere Schranken für $|u_1|$ und $|v_1|$ bzw. $|u_2|$ und $|v_2|$, die vorher geeignet zu schätzen sind. Ist $p_{11} < 1$, $p_{22} < 1$ und $D = (1 - p_{11})\,(1 - p_{22}) - p_{12}\,p_{21} > 0$, so kann man (27.49) durch Linearkombination mit positiven Koeffizienten auflösen und erhält

$$(27.51) \qquad \begin{aligned} \|v_1 - u_1\| &\leq \frac{1 - p_{22}}{D}\,\|\varrho_1\| + \frac{p_{12}}{D}\,\|\varrho_2\|, \\[2ex] \|v_2 - u_2\| &\leq \frac{p_{21}}{D}\,\|\varrho_1\| + \frac{1 - p_{11}}{D}\,\|\varrho_2\|. \end{aligned}$$

Da v_1 und v_2 bekannt sind, ist hiernach leicht zu prüfen, ob φ_1 und φ_2 groß genug angesetzt wurden. Als Zahlenwerte seien für $n = 11$ genannt $(\varphi_i = |v_i| + 0.001;\ i = 1, 2)$

$$(27.52) \quad \|v_1 - u_1\| \leq 5.45 \cdot 10^{-5}, \qquad \|v_2 - u_2\| \leq 8.41 \cdot 10^{-5}.$$

Aus (27.44) entnimmt man, daß der wahre Fehler um 2 Zehnerpotenzen überschätzt wird, die Abschätzung also als grob bezeichnet werden muß. Das liegt hier wesentlich an den zahlreichen Vorzeichenwechseln des Defektes. Immerhin kann die Abschätzung, absolut genommen, als brauchbar angesehen werden; sie liefert jedenfalls eine gesicherte Aussage.

27.8 Die Fehlerbetragsmethode

In völliger Analogie zu (27.37) kann das Prinzip der *Fehlerbetragsmethode* (Tschebyscheff-Approximation des Defektes) in der Form

$$(27.53) \quad J\,v = \operatorname*{Max}_{x \in B} \{p(x)\,|\varepsilon(x)|\} + \sum_{i=1}^{k} \operatorname*{Max}_{x \in \Gamma_i} \{p_i(x)\,|\varepsilon_i(x)|\} = \text{Min}$$

geschrieben werden, wenn die Defekte eindimensional sind. Sind es Vektoren, so hat man noch das Maximum über die Komponenten zu bilden. Obwohl die Formulierung denkbar einfach ist, liegen doch in der Betragsbildung besondere Schwierigkeiten der Methode begründet, die bewirken, daß man im allgemeinen mehr Rechenaufwand treiben muß als bei den bisher besprochenen Prinzipien. So gibt es schon kein Analogon zu den Gln. (27.38). Für Methoden zur Tschebyscheff-Approximation wird auf Abschn. I verwiesen. Diese stehen in enger Beziehung zu den Optimierungsaufgaben. Beide Gebiete sind zur Zeit noch in der Entwicklung begriffen.

Die große Wichtigkeit der Fehlerbetragsmethode wird deutlich durch die Formel (27.8) und die darauf folgenden Ausführungen über die Fehlerabschätzungen nach Monotonie- und Randmaximumsätzen. Zu dem letzten Punkt vgl. man auch L. COLLATZ (1955), S. 371ff., für eindimensionale Aufgaben G. MEINARDUS und H.-D. STRAUER (1963).

Als Beispiel soll hier die Torsion eines quadratischen Stabes mit der Randmethode behandelt werden. Dazu wird die Aufgabe in der Form [vgl. (23.38) und (23.39)]

$$(27.54) \quad \begin{aligned} \Delta u &= 0 \quad \text{in } B\colon |x| < 1,\ |y| < 1, \\ u &= \tfrac{1}{4}(x^2 + y^2) \quad \text{auf } \Gamma,\ \text{dem Rand von } B, \end{aligned}$$

geschrieben und mit den harmonischen Polynomen (24.50) der Ansatz

$$(27.55) \quad v(x,y) = \sum_{j=0}^{n} c_j\, p_{4j}(x,y)$$

gemacht, der alle Symmetrien der Aufgabe (bzgl. der Geraden $x = 0$, $y = 0$ und $y = x$; folglich auch bezüglich $y = -x$) berücksichtigt. Aus (27.53) wird mit $p(x) \equiv 0$ in B, $p_1(x) \equiv 1$ auf Γ, wenn man auch hier die Symmetrien ausnutzt,

$$(27.56) \quad \operatorname*{Max}_{0 \le x \le 1} |\varepsilon_1(x)| = \operatorname*{Max}_{0 \le x \le 1} \Big| \sum_{j=0}^{n} c_j\, p_{4j}(x,1) - \tfrac{1}{4}(x^2 + 1) \Big| = \text{Min}.$$

Entscheidend für die Fehlerabschätzung nach dem Randmaximumsatz der Nr. 10.1 ist nun, wie groß dieses Minimum δ wirklich ausfällt, denn man hat in dieser Größe unmittelbar eine Schranke für $|v - u|$ in ganz

B in der Hand. Daher sollen hier nur einige Werte von δ angegeben werden:

(27.57)

$n =$	0	1	2	3	4	8	12	16
$\delta =$	0.125	0.00625	$1.23 \cdot 10^{-3}$	$4.15 \cdot 10^{-4}$	$1.85 \cdot 10^{-4}$	$2.46 \cdot 10^{-5}$	$7.36 \cdot 10^{-6}$	$3.12 \cdot 10^{-6}$

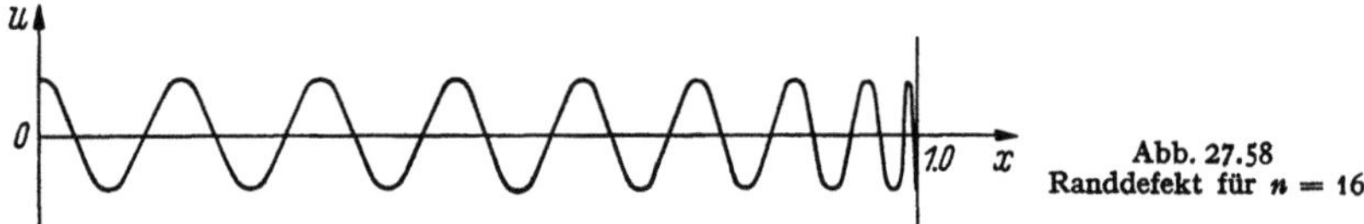

Abb. 27.58
Randdefekt für $n = 16$

Abb. 27.58 zeigt den Defekt für $n = 16$; die Häufung der Nullstellen gegen die Ecke ($x = y = 1$) und die aus den Zahlen ersichtliche, sehr schlechte Konvergenz sind Indizien für Singularitäten in den Ecken. Man ermittelt aus den Randwerten auch sofort $\Delta u = 1$, die Differentialgleichung ist also in den Ecken nicht erfüllt. Zur Hebung der Singularitäten ist (26.15) bzw. (26.16) an das hier gestellte Problem anzupassen. Man erhält unter Bewahrung der Symmetrien

$$(27.59) \qquad u_0 = -(x^2 - y^2) +$$

$$+ \frac{1}{\pi} \left\{ [(x+1)^2 - (y+1)^2] \left[\frac{\pi}{4} - \arctan \frac{y+1}{x+1} \right] - \right.$$

$$\left. - (x+1)(y+1) \ln[(x+1)^2 + (y+1)^2] \right\} +$$

$$+ 3 \text{ entsprechende Glieder für die Ecken } (-1, 1),$$

$(1, -1), (1, 1)$.

Die Randwertaufgabe für $u - u_0$ unterscheidet sich von (27.54) nur dadurch, daß u_0 von der rechten Seite der Randbedingung subtrahiert ist. Entsprechend wird (27.56) korrigiert. Man errechnet die Zahlenwerte

(27.60)

$n =$	0	1	2
$\delta =$	$1.86 \cdot 10^{-2}$	$6.27 \cdot 10^{-5}$	$2.81 \cdot 10^{-8}$

VII. Differenzen- und Quadraturverfahren

§ 28. Die Formeln des Differenzenverfahrens

28.1 Einleitung

Einige allgemeine Worte über das Prinzip der hier zu behandelnden Methoden finden sich bereits in Nr. 26.1, Punkt 2. Wegen der bequemen Anwendbarkeit durch die Benutzung fertiger Formeln und leichter

Programmierung und auch wegen der Möglichkeit physikalischer Veranschaulichung haben Differenzenverfahren eine weite Verbreitung gefunden, und es ist daher eine umfangreiche Spezialliteratur vorhanden. Es sei hier nur verwiesen auf L. COLLATZ (1955), L. FOX (1957 und 1962), W. E. MILNE (1953) und G. E. FORSYTHE und W. R. WASOW (1960).

Die Diskretisierung kann auf verschiedene Weise vorgenommen werden. Sehr anschaulich sind Methoden, die physikalische Modellvorstellungen verwenden oder auf der Ersetzung der in der Differentialgleichung auftretenden „Differentialquotienten" durch solche Differenzenquotienten beruhen, aus denen sie durch Grenzübergang bei der klassischen Definition der Ableitung entstanden sind (s. Abb. 28.1). Äquivalent, nur vorteilhafter ist die Benutzung von Taylor-Entwicklungen, die es gestatten, den Fehler durch höhere Ableitungen auszudrücken, was die Beurteilung der Anwendbarkeit und u. U. eine Fehlerabschätzung gestattet. Von anderen Diskretisierungsverfahren

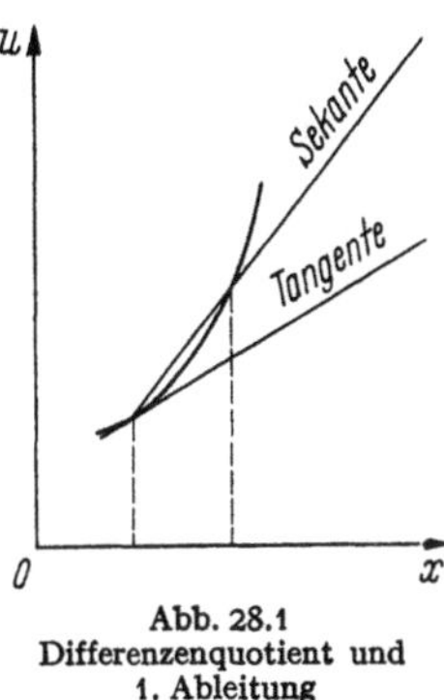

Abb. 28.1
Differenzenquotient und
1. Ableitung

sei nur noch die Anwendung von Quadraturformeln auf Variationsausdrücke erwähnt, die in Nr. 32.3 behandelt wird.

Als *gewöhnliches Differenzenverfahren* bezeichnet man gemeinhin die Anwendung von Formeln mit minimaler Anzahl von Funktionswerten. *Verbesserte Verfahren* benutzen zusätzliche Funktionswerte zur Erhöhung der Ordnung des Taylor-Abgleichs, während *Mehrstellenverfahren* zu dem gleichen Zweck den zu approximierenden Differentialausdruck an mehreren Stellen heranziehen.

28.2 Eindimensionale Differenzenausdrücke

Zur Approximation einer Ableitung $u^{(n)}$ an der Stelle x_0 durch eine Linearkombination von Funktionswerten von u an $m + 1$ $(m \geqq n)$ verschiedenen Stellen $x_i = x_0 + \alpha_i h$ $(i = 1, \ldots, m + 1)$[1] in der Nachbarschaft von x_0 werden diese Werte durch Taylor-Entwicklungen

$$(28.2) \quad u(x_i) = \sum_{l=0}^{m} \frac{(\alpha_i h)^l}{l!} u^{(l)}(x_0) + R_i^{(m+1)} = u(x_0) + \frac{(\alpha_i h)}{1!} u'(x_0) +$$

$$+ \frac{(\alpha_i h)^2}{2!} u''(x_0) + \cdots + \frac{(\alpha_i h)^m}{m!} u^{(m)}(x_0) + R_i^{(m+1)} \quad (i = 1, \ldots, m + 1)$$

____

[1] Bei beliebiger Lage der Punkte x_i kann man hier $h = 1$ setzen; wenn die Abstände $|x_i - x_0|$ ganze Vielfache eines dieser Abstände sind, setzt man letzteren $= h$ und erhält ganzzahlige α_i.

dargestellt, wobei die Restglieder die Formen

$$(28.3) \quad R_i^{(m+1)} = \frac{1}{m!} \int\limits_{x_0}^{x_i} u^{(m+1)}(x) \cdot (x_i - x)^m \, dx =$$

$$= \frac{(\alpha_i h)^{m+1}}{(m+1)!} \vartheta_i \operatorname*{Max}_{[x_0,\, x_i]} \left| u^{(m+1)}(x) \right| \qquad (i = 1, \ldots, m+1; \; -1 \leq \vartheta_i \leq 1)$$

annehmen können. u wird hier als $(m+1)$-mal stetig differenzierbar vorausgesetzt. Multipliziert man die Gln. (28.2) mit Konstanten c_i $(i = 1, \ldots, m+1)$ und addiert, so erhält man

$$(28.4) \quad \sum_{i=1}^{m+1} c_i \, u(x_i) = u(x_0)\left[\sum_{i=1}^{m+1} c_i\right] + \frac{h}{1!}\, u'(x_0)\left[\sum_{i=1}^{m+1} \alpha_i c_i\right] +$$

$$+ \frac{h^2}{2!}\, u''(x_0)\left[\sum_{i=1}^{m+1} \alpha_i^2 c_i\right] + \cdots + \frac{h^m}{m!}\, u^{(m)}(x_0)\left[\sum_{i=1}^{m+1} \alpha_i^m c_i\right] + \sum_{i=1}^{m+1} c_i\, R_i^{(m+1)}.$$

Um nun die Approximation für $u^{(n)}(x_0)$ zu gewinnen, hat man hierin die eckigen Klammern $=0$ zu setzen, bis auf diejenige bei dem Glied mit $u^{(n)}(x_0)$, diese setzt man $= n!/h^n$ (evtl. für die Rechnung zunächst $=1$). Das entstehende lineare Gleichungssystem für die c_i ist wegen der Verschiedenheit der α_i immer eindeutig lösbar (Vandermondesche Determinante). Nach Bestimmung der c_i läßt sich der Rest von (28.4) nach (28.3) folgendermaßen abschätzen

$$|R| = \left|\sum_{i=1}^{m+1} c_i\, R_i^{(m+1)}\right| \leq \frac{1}{m!} \operatorname*{Max}_I \left| u^{(m+1)}(x) \right| \int\limits_I |\varphi(x)|\, dx = R^{(m+1)},$$

$$(28.5)$$

$$|R| \leq \frac{h^{m+1}}{(m+1)!} \operatorname*{Max}_I \left| u^{(m+1)}(x) \right| \cdot \sum_{i=1}^{m+1} |c_i|\, |\alpha_i|^{m+1}.$$

Dabei ist I das kleinste Intervall, das alle x_i $(i = 0, 1, \ldots, m+1)$ enthält, und die Funktion φ ist aus den Potenzen $(x_i - x)^m$ unter den Integralen von (28.3) mittels der c_i zusammenzusetzen. Da die c_i i. allg. nicht alle das gleiche Vorzeichen haben, ist die erste Abschätzung meist schärfer, wenn auch etwas umständlicher zu handhaben.

Ist die Differentialgleichung

$$(28.6) \qquad L\,u = \sum_{k=0}^{n} f_k(x)\, u^{(k)}(x) = r(x, u)$$

gegeben, so kann man, wenn man nicht fertige Formeln für die einzelnen $u^{(k)}(x)$ verwendet, die Aufstellung und vor allem die Abschätzung auf den ganzen Ausdruck $L\,u$ beziehen, indem man das Gleichungssystem

$$(28.7) \qquad \sum_{i=1}^{m+1} \alpha_i^k c_i = \begin{cases} \dfrac{k!}{h^k} f_k(x_0) & \text{für } k = 0, 1, \ldots, n, \\[2ex] 0 & \text{für etwaige } k = n + 1, \ldots, m \end{cases}$$

löst, das sich nur in den rechten Seiten von dem obigen Fall unterscheidet.

Das gewöhnliche Differenzenverfahren ist entsprechend der Erklärung in Nr. 28.1 durch $m = n$ zu kennzeichnen. Liegen jedoch die Punkte x_i zu x_0 symmetrisch, so entstehen bei $\left\{ \begin{array}{c} \text{geraden} \\ \text{ungeraden} \end{array} \right\}$ Einzelableitungen $\left\{ \begin{array}{c} \text{symmetrische} \\ \text{antisymmetrische} \end{array} \right\}$ Differenzenausdrücke, und man kann $m = n + 1$ setzen, da die Glieder mit $u^{(n+1)}(x_0)$ sich dann herausheben. Die Ordnung des Restgliedes wird auf diese Weise um 1 erhöht.

Bei Systemen von in den Ableitungen linearen Differentialgleichungen kann man entweder ebenfalls Formeln für die Einzelableitungen benutzen, oder man faßt alle Glieder einer Gleichung zusammen, die eine Lösungskomponente enthalten.

28.3 Beziehungen zur Differenzenrechnung

Die in Abschn. H dargestellte Differenzenrechnung [vgl. auch H. HEINRICH (1963), S. 164 ff.] liefert Methoden, die die Auflösung der aus (28.4) fließenden Gleichungen umgehen oder jedenfalls vereinfachen. Bei beliebigen α_i sind dividierte Differenzen anzuwenden, während man bei äquidistanten Abszissen mit einfachen Differenzen auskommt.

Der Zusammenhang soll hier nur an dem Beispiel $\alpha_i = i - 3$ $(i = 1, 2, 3, 4, 5)$, $n = 2$, $m = 4$ veranschaulicht werden. Führt man die Abkürzungen

$$(28.8) \qquad u(x_0) = G_0, \qquad \frac{h}{1!} u'(x_0) = G_1, \ldots, \qquad \frac{h^k}{k!} u^{(k)}(x_0) = G_k, \ldots$$

ein und setzt man $u(x_i) - R_i = U_{i-3}$ $(i = 1, 2, 3, 4, 5)$, so kann man, wenn man wegen der zu erwartenden Symmetrie die 5. Ableitungen noch beibehält, also Restglieder 6. Ordnung benutzt, statt (28.2) schreiben:

$$(28.9) \qquad \begin{cases} U_{-2} = G_0 - 2G_1 + 4G_2 - 8G_3 + 16G_4 - 32G_5 \\ U_{-1} = G_0 - G_1 + G_2 - G_3 + G_4 - G_5 \\ U_0 = G_0 \\ U_1 = G_0 + G_1 + G_2 + G_3 + G_4 + G_5 \\ U_2 = G_0 + 2G_1 + 4G_2 + 8G_3 + 16G_4 + 32G_5. \end{cases}$$

Bildet man die zentralen Differenzen, so erhält man nacheinander

$$(28.10) \quad \begin{aligned}
\delta U_{-3/2} &= U_{-1} - U_{-2} = G_1 - 3G_2 + 7G_3 - 15G_4 + 31G_5 \\
\delta U_{-1/2} &= U_0 \ - U_{-1} = G_1 - \ G_2 + \ G_3 - \ G_4 + \ G_5 \\
\delta U_{1/2} &= U_1 \ - U_0 \ = G_1 + \ G_2 + \ G_3 + \ G_4 + \ G_5 \\
\delta U_{3/2} &= U_2 \ - U_1 \ = G_1 + 3G_2 + 7G_3 + 15G_4 + 31G_5
\end{aligned}$$

$$(\times) \quad \begin{aligned}
\delta^2 U_{-1} &= U_0 - 2U_{-1} + U_{-2} = 2G_2 - 6G_3 + 14G_4 - 30G_5 \\
\delta^2 U_0 \ &= U_1 - 2U_0 \ + U_{-1} = 2G_2 \qquad\quad + 2G_4 \\
\delta^2 U_1 \ &= U_2 - 2U_1 \ + U_0 \ = 2G_2 + 6G_3 + 14G_4 + 30G_5
\end{aligned}$$

$$\begin{aligned}
\delta^3 U_{-1/2} &= U_1 - 3U_0 \ + 3U_{-1} - U_{-2} = 6G_3 - 12G_4 + 30G_5 \\
\delta^3 U_{1/2} \ &= U_2 - 3U_1 \ + 3U_0 \ - U_{-1} = 6G_3 + 12G_4 + 30G_5
\end{aligned}$$

$$(\times) \quad \delta^4 U_0 \ = U_2 - 4U_1 + 6U_0 - 4U_{-1} + U_{-2} = 24G_4.$$

Die angekreuzten Gleichungen führen nun ganz leicht zu

$$(28.11) \quad G_2 = \frac{1}{2}\delta^2 U_0 - G_4 = \frac{1}{24}\left(12\,\delta^2 U_0 - \delta^4 U_0\right) =$$

$$= \frac{1}{24}\left(-U_2 + 16U_1 - 30U_0 + 16U_{-1} - U_{-2}\right)$$

und damit zu der Formel (28.31.24). Im übrigen sieht man, daß die Symmetrie bei der Herleitung nicht benutzt wurde, das Verfahren also auch unsymmetrische Formeln liefern kann. Die Symmetrie kann z. B. dadurch ausgenutzt werden, daß man vorher $\frac{1}{2}(U_1 + U_{-1})$ und $\frac{1}{2}(U_2 + U_{-2})$ bildet, wodurch alle G_k mit ungeradem k fortfallen.

28.4 Mehrdimensionale Differenzenausdrücke

Den Punkten x_0 und x_i im eindimensionalen Fall entsprechen bei N Dimensionen Punkte $x^{(0)}$ und $x^{(i)}$ mit den Koordinaten $x_j^{(0)}$ bzw. $x_j^{(i)}$ $(j = 1, \ldots, N)$. Deren Differenzen werden analog Nr. 28.2 als $\alpha_{ij} h_j$ $(j = 1, \ldots, N)$ geschrieben, so daß unter Verwendung der Vektorklammern $\{\}$ die Darstellung $x^{(i)} = x^{(0)} + \{\alpha_{ij} h_j\}$ gilt. Als Taylor-Entwicklung hat man, falls alle partiellen Ableitungen bis zur $(m + 1)$-ten Ordnung existieren und stetig sind,

$$(28.12) \quad u(x^{(i)}) = \sum_{l=0}^{m} \sum_{\substack{k_1 + k_2 + \cdots + k_N = l \\ k_\nu \geq 0}} \left[\frac{1}{k_1! \, k_2! \ldots k_N!} \prod_{\substack{\tau = 1 \\ k_\tau > 0}}^{N} (\alpha_{i\tau} h_\tau)^{k_\tau} \right] \times$$

$$\times \frac{\partial^l u(x^{(0)})}{\partial x_1^{k_1} \partial x_2^{k_2} \ldots \partial x_N^{k_N}} + R_i^{(m+1)} =$$

$$= u(x^{(0)}) + \sum_{k=1}^{N} \frac{(\alpha_{ik} h_k)}{1!} \frac{\partial u(x^{(0)})}{\partial x_k} +$$

$$+ \sum_{j=1}^{N} \left[\frac{(\alpha_{ij} h_j)^2}{2!} \frac{\partial^2 u(x^{(0)})}{\partial x_j^2} + \sum_{k=j+1}^{N} \frac{(\alpha_{ij} h_j)(\alpha_{ik} h_k)}{1! \, 1!} \frac{\partial^2 u(x^{(0)})}{\partial x_j \partial x_k} \right] +$$

$$+ \cdots + R_i^{(m+1)} \quad (i = 1, \ldots, M).$$

Die Anzahl M der benötigten Punkte $x^{(i)}$ hängt hier von ihrer Lage ab, sie kann bei Symmetrien kleiner als die Gliederzahl in (28.12) sein. Bei der üblichen Herleitung von (28.12) verbindet man $x^{(0)}$ und $x^{(i)}$ durch eine Gerade und faßt u dort als Funktion einer einzelnen Variablen, etwa t, auf. Die Punkte der Verbindungsstrecke werden dann durch $x = x^{(0)} + t\{\alpha_{ij} h_j\}$ $(0 \leq t \leq 1)$ dargestellt, und man kann dort $u(x) = u(x^{(0)} + t\{\alpha_{ij} h_j\}) = F_i(t)$ schreiben. Die Glieder der Summe über l in (28.12) sind dann $= \frac{1}{l!} F_i^{(l)}(0)$, und ebenso wird

$$(28.13) \quad \frac{1}{(m+1)!} F_i^{(m+1)}(t) =$$

$$= \sum_{\substack{k_1 + k_2 + \cdots + k_N = m+1 \\ k_\nu \geq 0}} \left[\frac{1}{k_1! \, k_2! \ldots k_N!} \prod_{\substack{\tau=1 \\ k_\tau > 0}}^{N} (\alpha_{i\tau} h_\tau)^{k_\tau} \right] \frac{\partial^{m+1} u(x^{(0)} + t\{\alpha_{ij} h_j\})}{\partial x_1^{k_1} \partial x_2^{k_2} \ldots \partial x_N^{k_N}}.$$

Damit hat man aber für die Reste analog (28.3)

$$(28.14) \quad R_i^{(m+1)} = \frac{1}{m!} \int_0^1 F_i^{(m+1)}(t)\,(1-t)^m\,dt =$$

$$= \frac{\vartheta_i}{(m+1)!} \operatorname*{Max}_{0 \leq t \leq 1} \left| F_i^{(m+1)}(t) \right| \quad (i = 1, \ldots, M;\ -1 \leq \vartheta_i \leq 1).$$

Die Linearkombination der $u(x^{(i)})$ mit Koeffizienten c_i führt hier auf

$$(28.15) \quad \sum_{i=1}^{M} c_i\, u(x^{(i)}) = \sum_{l=0}^{m} \sum_{\substack{k_1 + \cdots + k_N = l \\ k_\nu \geq 0}} \left[\frac{1}{k_1! \ldots k_N!} \sum_{i=1}^{M} c_i \prod_{\substack{\tau=1 \\ k_\tau > 0}}^{N} (\alpha_{i\tau} h_\tau)^{k_\tau} \right] \times$$

$$\times \frac{\partial^l u(x^{(0)})}{\partial x_1^{k_1} \ldots \partial x_N^{k_N}} + \sum_{i=1}^{M} c_i\, R_i^{(m+1)}.$$

Wie in Nr. 28.2 sind nun die eckigen Klammern den Koeffizienten des zu approximierenden Differentialausdrucks oder der Null gleichzusetzen und die c_i zu ermitteln. Allerdings ist die Auflösbarkeit hier nicht so einfach zu sichern wie im eindimensionalen Fall. Man tut daher gut daran, zunächst mehr Punkte als Glieder in den Ansatz einzubeziehen.

Die Gestalt (28.13)/(28.14) der Einzelreste läßt erkennen, daß der Gesamtrest hier schwieriger abzuschätzen ist, da über verschiedene Strahlen verschiedene Ausdrücke in den $(m+1)$-ten Ableitungen zu integrieren sind bzw. dort das Betragsmaximum zu suchen ist. Jedenfalls kann man aber Ausdrücke angeben, die Schranken für alle $(m+1)$-ten Ableitungsbeträge in einem Gebiet verwenden, das alle benutzten Punkte enthält (vgl. Nr. 30.6). Die Tab. 28.39 begnügt sich mit der vielfach üblichen Angabe der niedrigsten nicht abgeglichenen Glieder, die immerhin Anhaltspunkte für den Fehler liefern.

28.5 Aufstellung einer speziellen Differenzenformel

Auch bei mehrdimensionalen Aufgaben können die Methoden der Differenzenrechnung angewandt werden, was hier an einem Beispiel erläutert werden soll. In einem zweidimensionalen Bereich mit einer rechtwinkligen Ecke (Abb. 28.16) soll die Ableitung $u_{xy} = \partial^2 u/\partial x\, \partial y$[1]

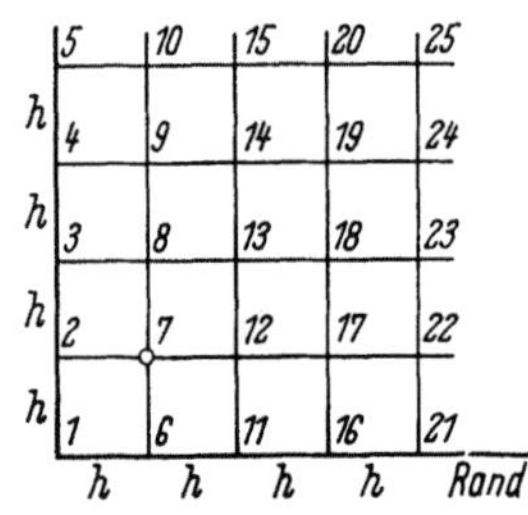

Abb. 28.16
Gitter zur Approximation von u_{xy}

in dem der Ecke nächsten inneren Gitterpunkt (7) durch die u-Werte in den 25 Punkten der Abb. 28.16 möglichst bis zur 5. Ordnung inklusive approximiert werden. Die Taylor-Entwicklungen für die 25 u-. Werte mit dem Punkt 7 als Ursprung lassen sich als Schema wie in Tab. (28.17, S. 563) schreiben.

Um hieraus eine der Taylor-Entwicklungen zu entnehmen, hat man die unter der Punktnummer stehenden Zahlen mit den links angegebenen Gliedern (alle im Punkte 7) zu multiplizieren und dann zu summieren. Hier wurden auch die Glieder 6. Ordnung notiert, sie können einfach mitverfolgt werden. Die Zeilen mit den Gliedern bis zur 5. Ordnung bilden die 21 × 25-Matrix des unterbestimmten Gleichungssystems für die c_i $(i = 1, \ldots, 25)$. Der Spaltenvektor der rechten Seiten enthält offenbar in der 5. Zeile $1/h^2$ und sonst Nullen.

Nun werden zuerst in der y-Richtung statt der u-Werte deren vorwärts genommene Differenzen eingeführt (s. Abschn. H), also z. B. statt u_1 bis u_5 die Werte $u_1, \Delta_y u_1 = u_2 - u_1, \Delta_y^2 u_1 = u_3 - 2u_2 + u_1,$ $\Delta_y^3 u_1, \Delta_y^4 u_1$ und entsprechend in den weiteren Gruppen zu 5 Punkten. Die zu jeweils einer Gruppe von 5 Punkten gehörigen Teilzeilen sind dazu von rechts mit der Matrix

$$(28.18) \qquad \begin{pmatrix} 1 & -1 & 1 & -1 & 1 \\ 0 & 1 & -2 & 3 & -4 \\ 0 & 0 & 1 & -3 & 6 \\ 0 & 0 & 0 & 1 & -4 \\ 0 & 0 & 0 & 0 & 1 \end{pmatrix}$$

zu multiplizieren. Dabei geht z. B. die 21. Zeile von (28.17) über in $-1\ 1\ 0\ 30\ 120\ |\ -1\ 1\ 0\ 30\ 120\ |\ \ldots$ Die entsprechende Transformation in der x-Richtung führt zu den Differenzen $\Delta_x^j \Delta_y^k u_1$ $(j, k = 0, \ldots, 4)$ und ist durch Anwendung von (28.18) auf die Elemente 1, 6, 11, 16, 21, dann auf 2, 7, 12, 17, 22 usw. jeder Zeile des Zwischenergebnisses erhältlich. Damit erhält das Schema die Form wie in Tabelle (28.19, S. 564).

---

[1] Bei elliptischen Differentialgleichungen 2. Ordnung tritt diese natürlich nur gemeinsam mit u_{xx} und u_{yy} auf.

(28.17)

VII., § 28. Die Formeln des Differenzenverfahrens

Punkt:	1	2	3	4	5	6	7	8	9	10	11	12	13	14	15	16	17	18	19	20	21	22	23	24	25
u	1	1	1	1	1	1	1	1	1	1	1	1	1	1	1	1	1	1	1	1	1	1	1	1	1
$h\,u_x$	−1	−1	−1	−1	−1	0	0	0	0	0	1	1	1	1	1	2	2	2	2	2	3	3	3	3	3
$h\,u_y$	−1	0	1	2	3	−1	0	1	2	3	−1	0	1	2	3	−1	0	1	2	3	−1	0	1	2	3
$h^2\,u_{xx}/2$	1	1	1	1	1	0	0	0	0	0	1	1	1	1	1	4	4	4	4	4	9	9	9	9	9
$2\,h^2\,u_{xy}/2$	1	0	−1	−2	−3	0	0	0	0	0	−1	0	1	2	3	−2	0	2	4	6	−3	0	3	6	9
$h^2\,u_{yy}/2$	1	0	1	4	9	1	0	1	4	9	1	0	1	4	9	1	0	1	4	9	1	0	1	4	9
$h^3\,u_{xxx}/6$	−1	−1	−1	−1	−1	0	0	0	0	0	1	1	1	1	1	8	8	8	8	8	27	27	27	27	27
$3\,h^3\,u_{xxy}/6$	−1	0	1	2	3	0	0	0	0	0	−1	0	1	2	3	−4	0	4	8	12	−9	0	9	18	27
$3\,h^3\,u_{xyy}/6$	−1	0	−1	−4	−9	0	0	0	0	0	1	0	1	4	9	2	0	2	8	18	3	0	3	12	27
$h^3\,u_{yyy}/6$	−1	0	1	8	27	−1	0	1	8	27	−1	0	1	8	27	−1	0	1	8	27	−1	0	1	8	27
$h^4\,u_{xxxx}/24$	1	1	1	1	1	0	0	0	0	0	1	1	1	1	1	16	16	16	16	16	81	81	81	81	81
$4\,h^4\,u_{xxxy}/24$	1	0	−1	−2	−3	0	0	0	0	0	−1	0	1	2	3	−8	0	8	16	24	−27	0	27	54	81
$6\,h^4\,u_{xxyy}/24$	1	0	1	4	9	0	0	0	0	0	1	0	1	4	9	4	0	4	16	36	9	0	9	36	81
$4\,h^4\,u_{xyyy}/24$	1	0	−1	−8	−27	0	0	0	0	0	−1	0	1	8	27	−2	0	2	16	54	−3	0	3	24	81
$h^4\,u_{yyyy}/24$	1	0	1	16	81	1	0	1	16	81	1	0	1	16	81	1	0	1	16	81	1	0	1	16	81
$h^5\,u_{xxxxx}/120$	−1	−1	−1	−1	−1	0	0	0	0	0	1	1	1	1	1	32	32	32	32	32	243	243	243	243	243
$5\,h^5\,u_{xxxxy}/120$	−1	0	1	2	3	0	0	0	0	0	−1	0	1	2	3	−16	0	16	32	48	−81	0	81	162	243
$10\,h^5\,u_{xxxyy}/120$	−1	0	−1	−4	−9	0	0	0	0	0	1	0	1	4	9	8	0	8	32	72	27	0	27	108	243
$10\,h^5\,u_{xxyyy}/120$	−1	0	1	8	27	0	0	0	0	0	−1	0	1	8	27	−4	0	4	32	108	−9	0	9	72	243
$5\,h^5\,u_{xyyyy}/120$	−1	0	−1	−16	−81	0	0	0	0	0	1	0	1	16	81	2	0	2	32	162	3	0	3	48	243
$h^5\,u_{yyyyy}/120$	−1	0	1	32	243	−1	0	1	32	243	−1	0	1	32	243	−1	0	1	32	243	−1	0	1	32	243
$h^6\,u_{xxxxxx}/720$	1	1	1	1	1	0	0	0	0	0	1	1	1	1	1	64	64	64	64	64	729	729	729	729	729
$6\,h^6\,u_{xxxxxy}/720$	1	0	−1	−2	−3	0	0	0	0	0	−1	0	1	2	3	−32	0	32	64	96	−243	0	243	486	729
$15\,h^6\,u_{xxxxyy}/720$	1	0	1	4	9	0	0	0	0	0	1	0	1	4	9	16	0	16	64	144	81	0	81	324	729
$20\,h^6\,u_{xxxyyy}/720$	1	0	−1	−8	−27	0	0	0	0	0	−1	0	1	8	27	−8	0	8	64	216	−27	0	27	216	729
$15\,h^6\,u_{xxyyyy}/720$	1	0	1	16	81	0	0	0	0	0	1	0	1	16	81	4	0	4	64	324	9	0	9	144	729
$6\,h^6\,u_{xyyyyy}/720$	1	0	−1	−32	−243	0	0	0	0	0	−1	0	1	32	243	−2	0	2	64	486	−3	0	3	96	729
$h^6\,u_{yyyyyy}/720$	1	0	1	64	729	1	0	1	64	729	1	0	1	64	729	1	0	1	64	729	1	0	1	64	729

36*

(28.19)

Punkt:	1	2	3	4	5	6	7	8	9	10	11	12	13	14	15	16	17	18	19	20	21	22	23	24	25
u	1	0	0	0	0	0	0	0	0	0	0	0	0	0	0	0	0	0	0	0	0	0	0	0	0
$h\,u_x$	−1	0	0	0	0	1	0	0	0	0	0	0	0	0	0	0	0	0	0	0	0	0	0	0	0
$h\,u_y$	−1	1	0	0	0	0	0	0	0	0	0	0	0	0	0	0	0	0	0	0	0	0	0	0	0
$h^2 u_{xx}/2$	1	0	0	0	0	−1	0	0	0	0	2	0	0	0	0	0	0	0	0	0	0	0	0	0	0
$2h^2 u_{xy}/2$	1	−1	0	0	0	−1	1	0	0	0	0	0	0	0	0	0	0	0	0	0	0	0	0	0	0
$h^2 u_{yy}/2$	1	−1	2	0	0	0	0	0	0	0	0	0	0	0	0	0	0	0	0	0	0	0	0	0	0
$h^3 u_{xxx}/6$	−1	0	0	0	0	1	0	0	0	0	0	0	0	0	0	6	0	0	0	0	0	0	0	0	0
$3h^3 u_{xxy}/6$	−1	1	0	0	0	1	−1	0	0	0	−2	2	0	0	0	0	0	0	0	0	0	0	0	0	0
$3h^3 u_{xyy}/6$	−1	1	−2	0	0	1	−1	2	0	0	0	0	0	0	0	0	0	0	0	0	0	0	0	0	0
$h^3 u_{yyy}/6$	−1	1	0	6	0	0	0	0	0	0	0	0	0	0	0	0	0	0	0	0	0	0	0	0	0
$h^4 u_{xxxx}/24$	1	0	0	0	0	−1	0	0	0	0	2	0	0	0	0	12	0	0	0	0	24	0	0	0	0
$4h^4 u_{xxxy}/24$	1	−1	0	0	0	−1	1	0	0	0	0	0	0	0	0	−6	6	0	0	0	0	0	0	0	0
$6h^4 u_{xxyy}/24$	1	−1	2	0	0	−1	1	−2	0	0	2	−2	4	0	0	0	0	0	0	0	0	0	0	0	0
$4h^4 u_{xyyy}/24$	1	−1	0	−6	0	−1	1	0	6	0	0	0	0	0	0	0	0	0	0	0	0	0	0	0	0
$h^4 u_{yyyy}/24$	1	−1	2	12	24	0	0	0	0	0	0	0	0	0	0	0	0	0	0	0	0	0	0	0	0
$h^5 u_{xxxxx}/120$	−1	0	0	0	0	1	0	0	0	0	0	0	0	0	0	30	0	0	0	0	120	0	0	0	0
$5h^5 u_{xxxxy}/120$	−1	1	0	0	0	1	−1	0	0	0	−2	2	0	0	0	−12	12	0	0	0	−24	24	0	0	0
$10h^5 u_{xxxyy}/120$	−1	1	−2	0	0	1	−1	2	0	0	0	0	0	0	0	6	−6	12	0	0	0	0	0	0	0
$10h^5 u_{xxyyy}/120$	−1	1	0	6	0	1	−1	0	−6	0	−2	2	0	12	0	0	0	0	0	0	0	0	0	0	0
$5h^5 u_{xyyyy}/120$	−1	1	−2	−12	−24	1	−1	2	12	24	0	0	0	0	0	0	0	0	0	0	0	0	0	0	0
$h^5 u_{yyyyy}/120$	−1	1	0	30	120	0	0	0	0	0	0	0	0	0	0	0	0	0	0	0	0	0	0	0	0
$h^6 u_{xxxxxx}/720$	1	0	0	0	0	−1	0	0	0	0	2	0	0	0	0	60	0	0	0	0	480	0	0	0	0
$6h^6 u_{xxxxxy}/720$	1	−1	0	0	0	−1	1	0	0	0	0	0	0	0	0	−30	30	0	0	0	−120	120	0	0	0
$15h^6 u_{xxxxyy}/720$	1	−1	2	0	0	−1	1	−2	0	0	2	−2	4	0	0	12	−12	24	0	0	24	−24	48	0	0
$20h^6 u_{xxxyyy}/720$	1	−1	0	−6	0	−1	1	0	6	0	0	0	0	0	0	−6	6	0	36	0	0	0	0	0	0
$15h^6 u_{xxyyyy}/720$	1	−1	2	12	24	−1	1	−2	−12	−24	2	−2	4	24	48	0	0	0	0	0	0	0	0	0	0
$6h^6 u_{xyyyyy}/720$	1	−1	0	−30	−120	−1	1	0	30	120	0	0	0	0	0	0	0	0	0	0	0	0	0	0	0
$h^6 u_{yyyyyy}/720$	1	−1	2	60	480	0	0	0	0	0	0	0	0	0	0	0	0	0	0	0	0	0	0	0	0
Koeffizient d_i:	0	0	0	0	0	0	1	$\frac{1}{2}$	$-\frac{1}{6}$	$+\frac{1}{12}$	0	$\frac{1}{2}$	$\frac{1}{4}$	$-\frac{1}{12}$	0	0	$-\frac{1}{6}$	$-\frac{1}{12}$	0	0	0	$+\frac{1}{12}$	0	0	0

Diese Transformation ist offenbar von der rechten Seite unabhängig und kann daher auch bei anderen Differentialausdrücken unverändert benutzt werden. Nennt man die Koeffizienten der Differenzen d_i $(i = 1, \ldots, 25)$, so hat man in den oberen 21 Zeilen von (28.19) die Matrix des Gleichungssystems für die d_i. Dieses ist so geartet, daß es von oben nach unten zeilenweise gelöst werden kann. So erhält man der Reihe nach $d_1 = 0$, $d_6 = 0$, $d_2 = 0$, $d_{11} = 0$, $d_7 = 1/h^2$, $d_3 = 0, \ldots$; die Zahlenwerte, abgesehen vom Faktor $1/h^2$, stehen unter dem Schema (28.19). d_{15}, d_{19}, d_{20}, d_{23}, d_{24} und d_{25} sind nicht bestimmbar, da die Matrix in den entsprechenden Spalten nur Nullen enthält (drei von ihnen könnten aus den mittleren Zeilen 6. Ordnung bestimmt werden, jedoch sind nicht alle Glieder 6. Ordnung eliminierbar). Sie werden hier $= 0$ gesetzt. Die c_i ergeben sich durch Rücktransformation aus den d_i $(i = 1, \ldots, 25)$.

Immerhin hat die Formel 19 u-Glieder, und so lohnt sich die schematische Schreibweise in Gestalt eines der Abb. 28.16 entsprechenden *Differenzensterns*, wovon auch in Tab. 28.39 Gebrauch gemacht wird. Man erhält hier

$$(28.20) \quad \frac{1}{12h^2} \left(-u_1 + 8u_2 - 11u_3 + 5u_4 - u_5 + 8u_6 - 8u_7 + 3u_8 - 4u_9 + u_{10} - 11u_{11} + 3u_{12} + 9u_{13} - u_{14} + 5u_{16} - 4u_{17} - u_{18} - u_{21} + u_{22} \right) =$$

$$= \begin{array}{ccccc} -1 & 1 & & & \\ 5 & -4 & -1 & & \\ -11 & 3 & 9 & -1 & \\ 8 & -8 & 3 & -4 & 1 \\ -1 & 8 & -11 & 5 & -1 \end{array} \cdot \frac{u}{12\,h^2} =$$

$$= u_{xy} + \frac{h^4}{360} \left(18 \frac{\partial^6 u}{\partial x^5\, \partial y} - 15 \frac{\partial^6 u}{\partial x^4\, \partial y^2} - 10 \frac{\partial^6 u}{\partial x^3\, \partial y^3} - 15 \frac{\partial^6 u}{\partial x^2\, \partial y^4} + 18 \frac{\partial^6 u}{\partial x\, \partial y^5} \right) + \cdots.$$

28.6 Das Mehrstellenverfahren

Das Mehrstellenverfahren basiert auf der Idee, die Differentialgleichung bei der Aufstellung von Differenzenformeln an mehreren Stellen heranzuziehen, statt nur im Ursprung der Taylor-Entwicklung. Hier sollen zunächst lineare ein- und mehrdimensionale Differentialgleichungen der Form

$$(28.21) \qquad L\,u = f(x)$$

behandelt werden, worin L im eindimensionalen Falle das Aussehen (28.6) hat. Beispiele partieller Differentialgleichungen sind etwa (6.4) bis (6.8) und (15.20). Leicht kann man hier auch noch Ableitungen der Differentialgleichung (28.21) oder Kombinationen davon einbeziehen: Sind die Differentialoperatoren M_l ($l = 1, \ldots, p$) auf beide Seiten von (28.21) anwendbar, so erhält man

$$(28.22) \qquad M_l L u = M_l f(x) \quad (l = 1, \ldots, p),$$

worin die rechten Seiten bekannt sind.

Wählt man, wie in Nr. 28.4, $M + 1$ Punkte $x^{(i)}$ ($i = 0, \ldots, M$; im eindimensionalen Fall der Nr. 28.2 ist $M = m + 1$), so kann man die entstehende Mehrstellenformel in der Form schreiben

$$(28.23) \qquad \sum_{i=1}^{M} c_i\, u(x^{(i)}) + \sum_{i=1}^{M} d_i (L u)_{x^{(i)}} + \sum_{l=1}^{p} \sum_{i=1}^{M} e_{l\,i} (M_l L u)_{x^{(i)}} = R^{(m+1)}.$$

Falls der Punkt $x^{(0)}$ unter den $x^{(i)}$ vorkommt (sei z. B. $x^{(0)} = x^{(1)}$), lassen sich (28.4) und (28.15) leicht dieser Form unterordnen, indem man ein d_i (im Beispiel d_1) $= -1$ setzt und die anderen d_i und alle $e_{l\,i} = 0$. Zur Bestimmung der Koeffizienten c_i, d_i, $e_{l\,i}$ und des Restgliedes setzt man (28.2) bzw. (28.12) in (28.23) ein und auch die analogen Formeln für die in $L u$ und den $M_l L u$ vorkommenden Ableitungen von u, wobei alle Taylor-Entwicklungen die gleiche Restgliedordnung ($m + 1$) haben sollten. Ordnet man nach Ableitungen von u, so erhält man eine Reihe von eckigen Klammern analog (28.4) bzw. (28.15), die hier aber sämtlich zum Verschwinden zu bringen sind. Zweckmäßigerweise setzt man daher einen Koeffizienten fest (etwa $=1$) und löst dann nach den übrigen auf. Das soll hier nicht formelmäßig durchgeführt werden; es sei nur auf die in den Nrn. 28.3 und 28.5 geschilderten Wege zur schematischen Auflösung verwiesen, die ganz analog begangen werden können.

Dem Mehrstellenverfahren ist eigentümlich, daß die Verwendung fertiger Formeln für die Einzelableitungen nur selten direkt möglich ist. Vielfach hat man nötig, Werte von Ableitungen in die Rechnungen mit einzubeziehen, was etwa der Verwandlung der gegebenen Differentialgleichung in ein System erster Ordnung entspricht. Dadurch wird aber die Anzahl der Unbekannten u. U. erheblich vergrößert, wovon man eigentlich nur in den Fällen Nutzen hat, in denen die Ableitungen besonderen (z. B. physikalischen) Sinn haben. Für lineare, gewöhnliche Differentialgleichungen ist bei L. Collatz (1955), S. 161 ein Verfahren zur Umgehung dieser Schwierigkeit geschildert.

Bei nichtlinearen Aufgaben kann man, wenn man Werte von Ableitungen von u oder Linearkombinationen davon als Unbekannte hinzunimmt, vorgehen wie L. Collatz (1955), S. 360: Hat man die Differentialgleichung

$$(28.24) \qquad f(x, u, L_1 u, L_2 u, \ldots, L_p u) = 0,$$

worin die L_i lineare Differentialoperatoren sind, so daß also $L_i u$ die erwähnten Einzelableitungen oder Linearkombinationen sind, und sind eventuell weitere Differentialausdrücke $L_{p+1} u, \ldots, L_q u$ in den Randbedingungen gegeben, so stellt man für diese linearen Ausdrücke Mehrstellenformeln nach obigem Schema auf; unter Weglassung der Ableitungsglieder $(M_l L u)_{x^{(i)}}$ erhält man gemäß (28.23)

$$(28.25) \qquad \sum_{i=1}^{M} c_{ik}\, u(x^{(i)}) + \sum_{i=1}^{M} d_{ik} (L_k u)_{x^{(i)}} = R_k^{(m+1)} \qquad (k = 1, \ldots, q).$$

Bei Einzelableitungen und häufig gebrauchten L_k, wie z. B. dem Laplace-Operator, können solche Formeln aus Tabellen entnommen werden. Zu jedem der gewählten etwa N Gitterpunkte (Teilungspunkte) stellt man q unabhängige Gln. (28.25) auf; dazu tritt für jeden Punkt die Differentialgleichung oder Randbedingung, je nachdem, ob der Punkt im Gebiet (Intervall) oder auf dem Rand (Endpunkte) liegt. Zusammen hat man dann $N \cdot (q + 1)$ Gleichungen für ebenso viele Unbekannte, wovon aber höchstens N Gleichungen nichtlinear sind.

28.7 Zusammenstellung eindimensionaler Differenzenformeln

Zu den Tabellen sollen einige Erläuterungen und Ergänzungen gegeben werden, zunächst zu Tab. 28.31:

Die Größen G_k $(k = 0, 1, 2, \ldots)$ wurden in (28.8) definiert; im ersten Teil der Tabelle sind die Ableitungen $u^{(i)}(x_0) = u_0^{(i)}$ $(i = 1, 2, \ldots)$ direkt hingeschrieben worden. Die Gleichungen sind durch die bei den Ableitungen stehenden Faktoren (evtl. nach Einsetzen der G_k) dividiert zu denken, da diese nur der Ganzzahligkeit wegen heraufmultipliziert wurden. Die Größen U_i sind definiert durch

$$(28.26) \qquad U_i = u(x_0 + i h) - \frac{1}{m!} \int_{x_0}^{x_0 + i h} u^{(m+1)}(x)\, (x_0 + i h - x)^m\, dx,$$

und man hat, wenn man die U_i durch die $u(x_0 + i h)$ ersetzt, nur angenäherte Gleichheit und die Fehlerabschätzung gemäß (28.5)

$$(28.27) \qquad \left| u^{(n)}(x_0) - \frac{1}{h^n} \sum_i c_i\, u(x_0 + i h) \right| \leqq h^{m+1-n}\, F_{m+1}\, \underset{I}{\mathrm{Max}}\, \left| u^{(m+1)}(x) \right|.$$

Dabei sind die c_i die Koeffizienten der gekürzten Formeln.

Die F_{m+1} stehen auch in der Tabelle und beziehen sich auf das mit angegebene $m + 1$; die im zweiten Teil der Tabelle hinter der durchbrochenen Linie stehenden weiteren Glieder sind demgemäß bei dieser Abschätzung fortzulassen. Die mit einem * versehenen F_{m+1} wurden durch numerische Integration gewonnen und sind daher nur als Rohwerte anzusehen; sie sind nach oben gerundet. In den anderen Fällen wechselt $\varphi(x)$ in (28.5) das Vorzeichen nicht, und man erhält dann den

Koeffizientenbetrag des ersten nicht verschwindenden Gliedes der Entwicklung (28.4), wenn man diese über die Ordnung $m + 1$ fortgesetzt denkt.

In der Tabelle stehen nur die Formeln, die links von x_0 nicht mehr Punkte als rechts berücksichtigen. Die anderen entsprechenden Formeln können durch Spiegelung (i statt $-i$) gewonnen werden, wobei die Vorzeichen aller ungeraden Ableitungen umzukehren sind.

Einige in der Tabelle nicht vorhandene Formeln können mittels der angegebenen weiteren Glieder leicht gewonnen werden. Braucht man z. B. eine Formel für die erste Ableitung, die links von x_0 zwei Punkte verwendet und für die $m + 1 = 8$ ist, so hat man nur nötig, die Formel (28.31.37) mit 7 zu multiplizieren und dazu das Vierfache der Formel (28.31.61) zu addieren. Für noch höhere Formeln würde man anschließend eine der Formeln für G_8, dann für G_9 und G_{10} analog benutzen. Für die Fehlerabschätzung vergleiche man (28.27) und (28.5). Umfangreiche Tabellen finden sich bei R. V. Southwell (1946).

Allgemeine Ausdrücke für die symmetrischen und antisymmetrischen Formeln wurden von E. Pflanz (1937) angegeben. Es gilt für die Punkte $x_0 + i h$ ($-p \leq i \leq p$) und $1 \leq \lambda \leq p$ mit den Werten $u_i = u(x_0 + i h)$ bei $(2p + 2)$-maliger stetiger Differenzierbarkeit im Intervall $I = [x_0 - p h, x_0 + p h]$

$$(28.28) \quad u^{(2\lambda - 1)}(x_0) =$$

$$= \frac{(2\lambda - 1)! \, (p!)^2}{h^{2\lambda - 1}} \sum_{\varrho = 1}^{p} \frac{(-1)^{\varrho + 1} f(\lambda, p, \varrho)}{\varrho^{2\lambda - 1} (p - \varrho)! \, (p + \varrho)!} (u_\varrho - u_{-\varrho}) + R_{2\lambda - 1}^p,$$

$$u^{(2\lambda)}(x_0) = \frac{(-1)^\lambda (2\lambda)!}{h^{2\lambda}} C_\lambda^p u_0 +$$

$$+ \frac{(2\lambda)! \, (p!)^2}{h^{2\lambda}} \sum_{\varrho = 1}^{p} \frac{(-1)^{\varrho + 1} f(\lambda, p, \varrho)}{\varrho^{2\lambda} (p - \varrho)! \, (p + \varrho)!} (u_\varrho + u_{-\varrho}) + R_{2\lambda}^p$$

mit den Abschätzungen (vgl. 28.5, zweite Zeile)

$$(28.29) \quad \left| R_{2\lambda - 1}^p \right| \leq h^{2p + 2 - 2\lambda} \times$$

$$\times \left\{ \frac{2(2\lambda - 1)! \, (p!)^2}{(2p + 1)!} \sum_{\varrho = 1}^{p} \frac{|f(\lambda, p, \varrho)| \varrho^{2p + 2 - 2\lambda}}{(p - \varrho)! \, (p + \varrho)!} \right\} \operatorname*{Max}_I \left| u^{(2p + 1)}(x) \right|,$$

$$\left| R_{2\lambda}^p \right| \leq h^{2p + 2 - 2\lambda} \times$$

$$\times \left\{ \frac{2(2\lambda)! \, (p!)^2}{(2p + 2)!} \sum_{\varrho = 1}^{p} \frac{|f(\lambda, p, \varrho)| \varrho^{2p + 2 - 2\lambda}}{(p - \varrho)! \, (p + \varrho)!} \right\} \operatorname*{Max}_I \left| u^{(2p + 2)}(x) \right|.$$

Dabei ist $f(1, p, \varrho) = 1$, $f(\lambda, p, \varrho) = 1 - \varrho^2 C_1^p + \varrho^4 C_2^p - \cdots + (-1)^{\lambda - 1} \varrho^{2(\lambda - 1)} C_{\lambda - 1}^p$ ($\lambda = 2, 3, \ldots$), und die C_λ^p sind definiert als die Summen über die Produkte der Kombinationen der $1/v^2$ ($v = 1, \ldots, p$) zur λ-ten Klasse ohne Wiederholung. Definiert man $C_0^k = 1$, $C_{k+1}^k = 0$

Tabelle 28.31. *Eindimensionale Differenzenformeln*

Lfd. Nr.	n	$m+1$	F_{m+1}	Formel
1	1	2	1/2	$h\,u_0' = -U_0 + U_1$
2	1	3	1/6	$2h\,u_0' = -U_{-1} + U_1$
3	1	3	1/3	$2h\,u_0' = -3U_0 + 4U_1 - U_2$
4	2	3	1	$h^2\,u_0'' = U_0 - 2U_1 + U_2$
5	1	4	1/12	$6h\,u_0' = -2U_{-1} - 3U_0 + 6U_1 - U_2$
6	1	4	1/4	$6h\,u_0' = -11U_0 + 18U_1 - 9U_2 + 2U_3$
7	2	4	1/12	$h^2\,u_0'' = U_{-1} - 2U_0 + U_1$
8	2	4	11/12	$h^2\,u_0'' = 2U_0 - 5U_1 + 4U_2 - U_3$
9	3	4	0.59*	$h^3\,u_0''' = -U_{-1} + 3U_0 - 3U_1 + U_2$
10	3	4	3/2	$h^3\,u_0''' = -U_0 + 3U_1 - 3U_2 + U_3$
11	1	5	1/30	$12h\,u_0' = U_{-2} - 8U_{-1} + 8U_1 - U_2$
12	1	5	1/20	$12h\,u_0' = -3U_{-1} - 10U_0 + 18U_1 - 6U_2 + U_3$
13	1	5	1/5	$12h\,u_0' = -25U_0 + 48U_1 - 36U_2 + 16U_3 - 3U_4$
14	2	5	1/12	$12h^2\,u_0'' = 11U_{-1} - 20U_0 + 6U_1 + 4U_2 - U_3$
15	2	5	5/6	$12h^2\,u_0'' = 35U_0 - 104U_1 + 114U_2 - 56U_3 + 11U_4$
16	3	5	1/4	$2h^3\,u_0''' = -U_{-2} + 2U_{-1} - 2U_1 + U_2$
17	3	5	0.29*	$2h^3\,u_0''' = -3U_{-1} + 10U_0 - 12U_1 + 6U_2 - U_3$
18	3	5	7/4	$2h^3\,u_0''' = -5U_0 + 18U_1 - 24U_2 + 14U_3 - 3U_4$
19	4	5	1.02*	$h^4\,u_0^{IV} = U_{-1} - 4U_0 + 6U_1 - 4U_2 + U_3$
20	4	5	2	$h^4\,u_0^{IV} = U_0 - 4U_1 + 6U_2 - 4U_3 + U_4$
21	1	6	1/60	$60h\,u_0' = 3U_{-2} - 30U_{-1} - 20U_0 + 60U_1 - 15U_2 + 2U_3$
22	1	6	1/30	$60h\,u_0' = -12U_{-1} - 65U_0 + 120U_1 - 60U_2 + 20U_3 - 3U_4$
23	1	6	1/6	$60h\,u_0' = -137U_0 + 300U_1 - 300U_2 + 200U_3 - 75U_4 + 12U_5$
24	2	6	1/90	$12h^2\,u_0'' = -U_{-2} + 16U_{-1} - 30U_0 + 16U_1 - U_2$
25	2	6	13/180	$12h^2\,u_0'' = 10U_{-1} - 15U_0 - 4U_1 + 14U_2 - 6U_3 + U_4$
26	2	6	137/180	$12h^2\,u_0'' = 45U_0 - 154U_1 + 214U_2 - 156U_3 + 61U_4 - 10U_5$
27	3	6	1/8	$4h^3\,u_0''' = -U_{-2} - U_{-1} + 10U_0 - 14U_1 + 7U_2 - U_3$
28	3	6	0.15*	$4h^3\,u_0''' = -7U_{-1} + 25U_0 - 34U_1 + 22U_2 - 7U_3 + U_4$
29	3	6	15/8	$4h^3\,u_0''' = -17U_0 + 71U_1 - 118U_2 + 98U_3 - 41U_4 + 7U_5$
30	4	6	1/6	$h^4\,u_0^{IV} = U_{-2} - 4U_{-1} + 6U_0 - 4U_1 + U_2$
31	4	6	0.85*	$h^4\,u_0^{IV} = 2U_{-1} - 9U_0 + 16U_1 - 14U_2 + 6U_3 - U_4$
32	4	6	17/6	$h^4\,u_0^{IV} = 3U_0 - 14U_1 + 26U_2 - 24U_3 + 11U_4 - 2U_5$
33	5	6	0.67*	$h^5\,u_0^{V} = -U_{-2} + 5U_{-1} - 10U_0 + 10U_1 - 5U_2 + U_3$
34	5	6	1.51*	$h^5\,u_0^{V} = -U_{-1} + 5U_0 - 10U_1 + 10U_2 - 5U_3 + U_4$
35	5	6	5/2	$h^5\,u_0^{V} = -U_0 + 5U_1 - 10U_2 + 10U_3 - 5U_4 + U_5$

* Siehe den Text dieser Nummer.

Tabelle 28.31 (Fortsetzung)

Lfd. Nr.	n	$m+1$	F_{m+1}	Formel
36	1	7	1/140	$-U_{-3} + 9U_{-2} - 45U_{-1} + 45U_1 - 9U_2 + U_3$
37	1	7	1/105	$2U_{-2} - 24U_{-1} - 35U_0 + 80U_1 - 30U_2 + 8U_3 - U_4$
38	1	7	1/42	$-10U_{-1} - 77U_0 + 150U_1 - 100U_2 + 50U_3 - 15U_4 + 2U_5$
39	1	7	1/7	$-147U_0 + 360U_1 - 450U_2 + 400U_3 - 225U_4 + 72U_5 - 10U_6$
40	2	8	1/560	$2U_{-3} - 27U_{-2} + 270U_{-1} - 490U_0 + 270U_1 - 27U_2 + 2U_3$
41	2	7	1/90	$-13U_{-2} + 228U_{-1} - 420U_0 + 200U_1 + 15U_2 - 12U_3 + 2U_4$
42	2	7	11/180	$137U_{-1} - 147U_0 - 255U_1 + 470U_2 - 285U_3 + 93U_4 - 13U_5$
43	2	7	7/10	$812U_0 - 3132U_1 + 5265U_2 - 5080U_3 + 2970U_4 - 972U_5 + 137U_6$
44	3	7	7/120	$U_{-3} - 8U_{-2} + 13U_{-1} - 13U_1 + 8U_2 - U_3$
45	3	7	1/15	$-U_{-2} - 8U_{-1} + 35U_0 - 48U_1 + 29U_2 - 8U_3 + U_4$
46	3	7	0.070*	$-15U_{-1} + 56U_0 - 83U_1 + 64U_2 - 29U_3 + 8U_4 - U_5$
47	3	7	29/15	$-49U_0 + 232U_1 - 461U_2 + 496U_3 - 307U_4 + 104U_5 - 15U_6$
48	4	8	7/240	$-U_{-3} + 12U_{-2} - 39U_{-1} + 56U_0 - 39U_1 + 12U_2 - U_3$
49	4	7	1/6	$5U_{-2} - 18U_{-1} + 21U_0 - 4U_1 - 9U_2 + 6U_3 - U_4$
50	4	7	0.68*	$17U_{-1} - 84U_0 + 171U_1 - 184U_2 + 111U_3 - 36U_4 + 5U_5$
51	4	7	7/2	$35U_0 - 186U_1 + 411U_2 - 484U_3 + 321U_4 - 114U_5 + 17U_6$
52	5	7	1/3	$-U_{-3} + 4U_{-2} - 5U_{-1} + 5U_1 - 4U_2 + U_3$
53	5	7	0.27*	$-3U_{-2} + 16U_{-1} - 35U_0 + 40U_1 - 25U_2 + 8U_3 - U_4$
54	5	7	1.67*	$-5U_{-1} + 28U_0 - 65U_1 + 80U_2 - 55U_3 + 20U_4 - 3U_5$
55	5	7	25/6	$-7U_0 + 40U_1 - 95U_2 + 120U_3 - 85U_4 + 32U_5 - 5U_6$
56	6	8	1/4	$U_{-3} - 6U_{-2} + 15U_{-1} - 20U_0 + 15U_1 - 6U_2 + U_3$
57	6	7	1.06*	$U_{-2} - 6U_{-1} + 15U_0 - 20U_1 + 15U_2 - 6U_3 + U_4$
58	6	7	2.1*	$U_{-1} - 6U_0 + 15U_1 - 20U_2 + 15U_3 - 6U_4 + U_5$
59	6	7.	3	$U_0 - 6U_1 + 15U_2 - 20U_3 + 15U_4 - 6U_5 + U_6$
60	7	8	0.75*	$-U_{-3} + 7U_{-2} - 21U_{-1} + 35U_0 - 35U_1 + 21U_2 - 7U_3 + U_4$
61	7	8	1.52*	$-U_{-2} + 7U_{-1} - 21U_0 + 35U_1 - 35U_2 + 21U_3 - 7U_4 + U_5$
62	7	8	2.6*	$-U_{-1} + 7U_0 - 21U_1 + 35U_2 - 35U_3 + 21U_4 - 7U_5 + U_6$
63	7	8	7/2	$-U_0 + 7U_1 - 21U_2 + 35U_3 - 35U_4 + 21U_5 - 7U_6 + U_7$
64	8	10	1/3	$U_{-4} - 8U_{-3} + 28U_{-2} - 56U_{-1} + 70U_0 - 56U_1 + 28U_2 - 8U_3 + U_4$
65	8	9	1.09*	$U_{-3} - 8U_{-2} + 28U_{-1} - 56U_0 + 70U_1 - 56U_2 + 28U_3 - 8U_4 + U_5$
66	8	9	2.1*	$U_{-2} - 8U_{-1} + 28U_0 - 56U_1 + 70U_2 - 56U_3 + 28U_4 - 8U_5 + U_6$
67	8	9	3.1*	$U_{-1} - 8U_0 + 28U_1 - 56U_2 + 70U_3 - 56U_4 + 28U_5 - 8U_6 + U_7$
68	8	9	4	$U_0 - 8U_1 + 28U_2 - 56U_3 + 70U_4 - 56U_5 + 28U_6 - 8U_7 + U_8$
69	9	10	0.81*	$-U_{-4} + 9U_{-3} - 36U_{-2} + 84U_{-1} - 126U_0 + 126U_1 - 84U_2 + 36U_3 - 9U_4 + U_5$
70	9	10	1.53*	$-U_{-3} + 9U_{-2} - 36U_{-1} + 84U_0 - 126U_1 + 126U_2 - 84U_3 + 36U_4 - 9U_5 + U_6$
71	9	10	2.6*	$-U_{-2} + 9U_{-1} - 36U_0 + 84U_1 - 126U_2 + 126U_3 - 84U_4 + 36U_5 - 9U_6 + U_7$
72	9	10	3.6*	$-U_{-1} + 9U_0 - 36U_1 + 84U_2 - 126U_3 + 126U_4 - 84U_5 + 36U_6 - 9U_7 + U_8$
73	9	10	9/2	$-U_0 + 9U_1 - 36U_2 + 84U_3 - 126U_4 + 126U_5 - 84U_6 + 36U_7 - 9U_8 + U_9$
74	10	—	—	$U_{i-5} - 10U_{i-4} + 45U_{i-3} - 120U_{i-2} + 210U_{i-1} - 252U_i + 210U_{i+1} - 120U_{i+2} + 45U_{i+3} - 10U_{i+4} + U_{i+5}$ $(i = 0, 1, 2, 3, 4, 5)$

---

* Siehe den Text dieser Nummer.

Weitere Glieder $(G_n = h^n u_0^{(n)}/n!)$					Lfd. Nr.
$= 60\,G_1$	$+\;2160\,G_7$		$+\;30240\,G_9$		36
$= 60\,G_1$	$-\;2880\,G_7$	$-\;20160\,G_8$	$-\;120960\,G_9$	$-\;604800\,G_{10}$	37
$= 60\,G_1$	$+\;7200\,G_7$	$+\;100800\,G_8$	$+\;907200\,G_9$	$+\;6652800\,G_{10}$	38
$= 60\,G_1$	$-\;43200\,G_7$	$-\;907200\,G_8$	$-\;11491200\,G_9$	$-\;114307200\,G_{10}$	39
$= 360\,G_2$		$+\;12960\,G_8$		$+\;181440\,G_{10}$	40
$= 360\,G_2$	$+\;10080\,G_7$	$+\;53280\,G_8$	$+\;302400\,G_9$	$+\;1391040\,G_{10}$	41
$= 360\,G_2$	$-\;55440\,G_7$	$-\;732960\,G_8$	$-\;6380640\,G_9$	$-\;45783360\,G_{10}$	42
$= 360\,G_2$	$+\;635040\,G_7$	$+\;13076640\,G_8$	$+\;163477440\,G_9$	$+\;1611368640\,G_{10}$	43
$= 48\,G_3$	$-\;2352\,G_7$		$-\;31200\,G_9$		44
$= 48\,G_3$	$+\;2688\,G_7$	$+\;20160\,G_8$	$+\;120000\,G_9$	$+\;604800\,G_{10}$	45
$= 48\,G_3$	$-\;2352\,G_7$	$-\;40320\,G_8$	$-\;394080\,G_9$	$-\;3024000\,G_{10}$	46
$= 48\,G_3$	$-\;77952\,G_7$	$-\;1552320\,G_8$	$-\;18991680\,G_9$	$-\;184464000\,G_{10}$	47
$= 144\,G_4$		$-\;7056\,G_8$		$-\;93600\,G_{10}$	48
$= 144\,G_4$	$-\;5040\,G_7$	$-\;27216\,G_8$	$-\;151200\,G_9$	$-\;698400\,G_{10}$	49
$= 144\,G_4$	$+\;20160\,G_7$	$+\;275184\,G_8$	$+\;2419200\,G_9$	$+\;17445600\,G_{10}$	50
$= 144\,G_4$	$+\;105840\,G_7$	$+\;1988784\,G_8$	$+\;23496480\,G_9$	$+\;223077600\,G_{10}$	51
$= 240\,G_5$	$+\;3360\,G_7$		$+\;35280\,G_9$		52
$= 240\,G_5$	$-\;1680\,G_7$	$-\;20160\,G_8$	$-\;115920\,G_9$	$-\;604800\,G_{10}$	53
$= 240\,G_5$	$-\;16800\,G_7$	$-\;201600\,G_8$	$-\;1658160\,G_9$	$-\;11491200\,G_{10}$	54
$= 240\,G_5$	$-\;42000\,G_7$	$-\;705600\,G_8$	$-\;7857360\,G_9$	$-\;71971200\,G_{10}$	55
$= 720\,G_6$		$+\;10080\,G_8$		$+\;105840\,G_{10}$	56
$= 720\,G_6$	$+\;5040\,G_7$	$+\;30240\,G_8$	$+\;151200\,G_9$	$+\;710640\,G_{10}$	57
$= 720\,G_6$	$+\;10080\,G_7$	$+\;90720\,G_8$	$+\;665280\,G_9$	$+\;4339440\,G_{10}$	58
$= 720\,G_6$	$+\;15120\,G_7$	$+\;191520\,G_8$	$+\;1905120\,G_9$	$+\;16435440\,G_{10}$	59
$=$	$5040\,G_7$	$+\;20160\,G_8$	$+\;151200\,G_9$	$+\;604800\,G_{10}$	60
$=$	$5040\,G_7$	$+\;60480\,G_8$	$+\;514080\,G_9$	$+\;3628800\,G_{10}$	61
$=$	$5040\,G_7$	$+\;100800\,G_8$	$+\;1239840\,G_9$	$+\;12096000\,G_{10}$	62
$=$	$5040\,G_7$	$+\;141120\,G_8$	$+\;2328480\,G_9$	$+\;29635200\,G_{10}$	63
$=$		$40320\,G_8$		$+\;1209600\,G_{10}$	64
$=$		$40320\,G_8$	$+\;362880\,G_9$	$+\;3024000\,G_{10}$	65
$=$		$40320\,G_8$	$+\;725760\,G_9$	$+\;8467200\,G_{10}$	66
$=$		$40320\,G_8$	$+\;1088640\,G_9$	$+\;17539200\,G_{10}$	67
$=$		$40320\,G_8$	$+\;1451520\,G_9$	$+\;30240000\,G_{10}$	68
$=$			$362880\,G_9$	$+\;1814400\,G_{10}$	69
$=$			$362880\,G_9$	$+\;5443200\,G_{10}$	70
$=$			$362880\,G_9$	$+\;9072000\,G_{10}$	71
$=$			$362880\,G_9$	$+\;12700800\,G_{10}$	72
$=$			$362880\,G_9$	$+\;16329600\,G_{10}$	73
$=$				$3628800\,G_{10}$	74

für $k = 0, 1, 2, \ldots$, so kann man die Rekursion

$$(28.30) \qquad C_k^p = C_k^{p-1} + \frac{1}{p^2} C_{k-1}^{p-1} \qquad (k = 1, \ldots, p; \; p = 1, 2, \ldots)$$

zur Bestimmung dieser Zahlen benutzen.

Sowohl die Formeln von PFLANZ als auch die davor angegebene Eliminationsmethode sind programmierbar; so wurde auch die Tab. 28.31 mit Hilfe eines Digitalrechners gewonnen.

Für aus Variationsausdrücken entstehende Formeln siehe Nr. 32.3. Zu Tab. 28.35: Zusätzlich zu (28.26) ist hier definiert

$$(28.32) \qquad U_i^{(k)} = u^{(k)}(x_0 + i\,h) -$$

$$- \frac{1}{(m-k)!} \int\limits_{x_0}^{x_0+i\,h} u^{(m+1)}(x)\,(x_0 + i\,h - x)^{m-k}\,dx \qquad (k = 1, \ldots, m);$$

in der Tabelle wird dann statt (k) die entsprechende Anzahl von Strichen oder eine römische Zahl geschrieben. Die Faktoren F_{m+1} der Abschätzungen beziehen sich im Gegensatz zu (28.27) und Tab. 28.31 auf die ungekürzten Formeln, so daß rechts immer die Potenz h^{m+1} auftritt. Für die erste Formel hat man z. B.

$$(28.33) \qquad \left| h(u_0' + u_1') + 2(u_0 - u_1) \right| \leqq h^3 \cdot \tfrac{1}{6} \cdot \underset{[x_0,\, x_0 + h]}{\mathrm{Max}} \left| u'''(x) \right|.$$

Für den $*$ bei der 9. Formel gilt das schon zu Tab. 28.31 Gesagte.

Die Formel (28.35.20) ist speziell auf Differentialgleichungen der Form

$$(28.34) \qquad\qquad L\,u = u'' + q(x)\,u' = r(x, u)$$

zugeschnitten [linearer Unterfall: $r(x, u) = -p(x)\,u + f(x)$]. Dabei ist zur Abkürzung $Q_i = \frac{h}{2}\,q(x_0 + i\,h)$ $(i = -1, 0, 1)$ gesetzt worden, so daß in den ersten Gliedern gerade die Größen $h^2\,U_i'' + 2h\,Q_i\,U_i' \approx$ $\approx h^2(L\,u)_{x_0+i\,h}$ auftreten, die durch $r(x_0 + i\,h, U_i)$ zu ersetzen sind; dadurch wird die Einführung von Ableitungswerten als Hilfsvariable vermieden. Übrigens ist zu erwarten, daß die zweite Form des Abschätzungsfaktors meist gröbere Schranken liefert.

Einige weitere Mehrstellenformeln finden sich bei L. COLLATZ (1955), S. 501 und S. 162.

28.8 Zusammenstellung mehrdimensionaler Differenzenformeln

Zunächst wieder einige Erläuterungen:

Den durch (28.8) definierten Größen G_i im eindimensionalen Fall entsprechen im zweidimensionalen die Abkürzungen

$$(28.36) \qquad\qquad G_{n,j} = \binom{n}{j} \frac{h^{n-j} k^j}{n!} \cdot \frac{\partial^n u}{\partial x^{n-j}\,\partial y^j}\bigg|_{(x_0,\, y_0)}$$
$$(j = 0, \ldots, n; \; n = 0, 1, 2, \ldots),$$

Tabelle 28.35. *Eindimensionale Mehrstellenformeln*

Lfd. Nr.	n	$m+1$	F_{m+1}	Formel
1	1	3	1/6	$h(U_0' + U_1') + 2(U_0 - U_1) = 0$ (Trapezregel)
2	1	5	1/30	$h(U_{-1}' + 4U_0' + U_1') + 3(U_{-1} - U_1) = 0$ (Simpson-Regel)
3	1	7	3/140	$3h(U_{-1}' + 9U_0' + 9U_1' + U_2') + (11U_{-1} + 27U_0 - 27U_1 - 11U_2) = 0$
4	1	9	1/105	$6h(U_{-2}' + 16U_{-1}' + 36U_0' + 16U_1' + U_2') + 5(5U_{-2} + 32U_{-1} - 32U_1 - 5U_2) = 0$
5	2	6	1/20	$h^2(U_{-1}'' + 10U_0'' + U_1'') - 12(U_{-1} - 2U_0 + U_1) = 0$
6	2	7	1/20	$h^2(U_{-1}'' + 9U_0'' - 9U_1'' - U_2'') - 12(U_{-1} - 3U_0 + 3U_1 - U_2) = 0$
7	2	10	79/1260	$h^2(23U_{-2}'' + 688U_{-1}'' + 2358U_0'' + 688U_1'' + 23U_2'') - 15(31U_{-2} + 128U_{-1} - 318U_0 + 128U_1 + 31U_2) = 0$
8	3	7	1/120	$h^3(U_0''' + U_1''') + 2(U_{-1} - 3U_0 + 3U_1 - U_2) = 0$
9	3	9	0.022*	$h^3(U_{-2}''' + 56U_{-1}''' + 126U_0''' + 56U_1''' + U_2''') + 120(U_{-2} - 2U_{-1} + 2U_1 - U_2) = 0$
10	4	10	5/21	$h^4(U_{-2}^{IV} - 124U_{-1}^{IV} - 474U_0^{IV} - 124U_1^{IV} + U_2^{IV}) + 720(U_{-2} - 4U_{-1} + 6U_0 - 4U_1 + U_2) = 0$
11	$\leqq 2$	5	1/60	$h^2(U_0'' - U_1'') + 6h(U_0' + U_1') + 12(U_0 - U_1) = 0$
12	$\leqq 3$	7	1/840	$h^3(U_0''' + U_1''') + 12h^2(U_0'' - U_1'') + 60h(U_0' + U_1') + 120(U_0 - U_1) = 0$
13	$\leqq 4$	9	1/15120	$h^4(U_0^{IV} - U_1^{IV}) + 20h^3(U_0''' + U_1''') + 180h^2(U_0'' - U_1'') + 840h(U_0' + U_1') + 1680(U_0 - U_1) = 0$
14	$\leqq 2$	6	1/180	$2h^2 U_0'' - h(U_{-1}' - U_1') - 4(U_{-1} - 2U_0 + U_1) = 0$
15	$\leqq 2$	7	1/315	$h^2(U_{-1}'' - U_1'') + h(7U_{-1}' + 16U_0' + 7U_1') + 15(U_{-1} - U_1) = 0$
16	$\leqq 2$	8	1/2520	$h^2(U_{-1}'' - 8U_0'' + U_1'') + 9h(U_{-1}' - U_1') + 24(U_{-1} - 2U_0 + U_1) = 0$
17	$\leqq 3$	9	1/7560	$8h^3 U_0''' + 3h^2(U_{-1}'' - U_1'') + 3h(11U_{-1}' + 48U_0' + 11U_1') + 105(U_{-1} - U_1) = 0$
18	$\leqq 3$	10	1/37800	$h^3(U_{-1}''' - U_1''') + 3h^2(5U_{-1}'' - 16U_0'' + 5U_1'') + 87h(U_{-1}' - U_1') + 192(U_{-1} - 2U_0 + U_1) = 0$
19	2,4	10	59/5040	$h^4(13U_{-1}^{IV} - 626U_0^{IV} + 13U_1^{IV}) - 60h^2(11U_{-1}'' + 230U_0'' + 11U_1'') + 15120(U_{-1} - 2U_0 + U_1) = 0$
20	$\leqq 2$	$\geqq 5$		(siehe unten)

Für Lfd. Nr. 20:

$$A(h^2 U_{-1}'' + 2h Q_{-1} U_{-1}') + B(h^2 U_0'' + 2h Q_0 U_0') + C(h^2 U_1'' + 2h Q_1 U_1') + (a U_{-1} + b U_0 + c U_1) = 0 \quad \text{mit}$$

$$A = 3 - 5Q_0 + 2Q_1 - 2Q_0 Q_1, \qquad B = 30 - 16Q_{-1} + 16Q_1 - 8Q_{-1} Q_1,$$

$$C = 3 - 2Q_{-1} + 5Q_0 - 2Q_{-1} Q_0.$$

$$a = -36 + 27Q_{-1} + 30Q_0 - 21Q_1 - 29Q_{-1} Q_0 + 16Q_{-1} Q_1 + 13Q_0 Q_1 - 12Q_{-1} Q_0 Q_1,$$

$$b = 72 - 48Q_{-1} + 48Q_1 + 16Q_{-1} Q_0 - 32Q_{-1} Q_1 + 16Q_0 Q_1,$$

$$c = -36 + 21Q_{-1} - 30Q_0 - 27Q_1 + 13Q_{-1} Q_0 + 16Q_{-1} Q_1 - 29Q_0 Q_1 + 12Q_{-1} Q_0 Q_1 \quad \text{und}$$

$$F_5 = \frac{h^{-5}}{24} \int_0^h \left\{ |a t^4 - 8A h Q_{-1} t^3 + 12A h^2 t^2| + |c t^4 + 8C h Q_1 t^3 + 12C h^2 t^2| \right\} dt \leqq$$

$$\leqq \frac{1}{120} \left\{ |a| + |c| + 10|A| (2 + |Q_{-1}|) + 10|C| (2 + |Q_1|) \right\}$$

---

* Siehe den Text dieser Nummer.

die es gestatten, (28.12) für $N = 2$ in der einfacheren Form

$$(28.37) \qquad u(x_0 + \varrho\, h, y_0 + \sigma\, k) = \sum_{n=0}^{\infty} \sum_{j=0}^{n} \varrho^{n-j}\, \sigma^j\, G_{n,j} \qquad (\varrho, \sigma \text{ reell})$$

zu schreiben.

In den meisten Fällen wird eine schematische Schreibweise mittels eines *Differenzensterns* benutzt, die etwa so verstanden werden kann, daß man sich zunächst ein Gitter durch Mittelpunkte der Zahlenfelder gelegt denkt (evtl. nach geeigneter affiner Abbildung des Schemas). Dann nimmt man die Werte des jeweils hinter dem Schema angegebenen Ausdrucks in diesen Gitterpunkten, multipliziert mit den entsprechenden Zahlenkoeffizienten und summiert über alle Gitterpunkte. Die außerhalb der Schemata auftretenden Glieder sind in dem Punkt anzusetzen, der in das fett umrahmte Feld fällt (bei Formel 28.39.10 in der Mitte der Masche, die von den um • herumliegenden Gitterpunkten gebildet wird). So erhält man z. B. aus der Formel (28.39.8) ausführlicher

$$(28.38) \qquad u(x_0 + h, y_0) + u(x_0 - h, y_0) + u(x_0, y_0 + h) +$$
$$+ u(x_0, y_0 - h) - 4u(x_0, y_0) = (h^2\, \Delta u + 2G_{40} + 2G_{44} +$$
$$+ 2G_{60} + 2G_{66} + \cdots)\big|_{(x_0, y_0)}.$$

Die ersten 7 Formeln dienen zur Approximation von Einzelableitungen. Ableitungen in einer Richtung, wie u_x, u_{xx}, u_{xxx}, $\ldots$, u_y, u_{yy}, u_{yyy}, $\ldots$, können natürlich durch entsprechende eindimensionale Ausdrücke approximiert werden. So sind (28.39.1) und (28.39.2) nur als Muster dafür anzusehen, daß man mitunter durch Mittelung eindimensionaler Ausdrücke Formeln gewinnt, die zwar keinen höheren Taylor-Abgleich haben, aber in manchen Fällen numerisch günstig sein können. Auch kann man durch Anpassung des frei wählbaren A erreichen, daß die Glieder 3. Ordnung sich zu $h^3\, \Delta u_x/6$ zusammenfassen, welche Größe bei der Poissonschen Gleichung $\Delta u = f(x, y)$ als bekannt angesehen werden kann.

Für eben diese Poissonsche und einige verwandte Gleichungen sind auch die Formeln (28.39.11), (28.39.15) und (28.39.28) besonders vorgesehen, in denen neben Δu auch $\Delta\Delta u$ auftritt.

Die Formel (28.39.12) ist durch Diskretisierung entsprechender Variationsausdrücke (vgl. Kap. V und Nr. 32.3) herzuleiten und hat die Eigenschaft, daß man bei Gebieten, die ganz in Quadrate der Seitenlänge h eingeteilt werden können, obere Schranken für die Eigenwerte der Membranschwingungsgleichung $\Delta u + \lambda u = 0$, $u = 0$ auf dem Rand, erhält. Weitere Formeln finden sich bei L. Collatz (1955), S. 505 (s. auch S. 367), G. E. Forsythe und W. R. Wasow (1960); für die Plattengleichung vgl. man R. Zurmühl (1957).

Tabelle 28.39. *Mehrdimensionale Differenzen- und Mehrstellenformeln*

Lfd. Nr.	Formel für	Ordnung	Formel
1	u_x	3	$\begin{array}{ccc} -A & 0 & A \\ -2(1-A) & 0 & 2(1-A) \\ -A & 0 & A \end{array}$ $\cdot \dfrac{u}{4} = h\,u_x + G_{30} + A\,G_{32} + G_{50} + A\,G_{52} + A\,G_{54} + \cdots$
2	u_x	3	$\begin{array}{ccc} -3A & 4A & -A \\ -6(1-A) & 8(1-A) & -2(1-A) \\ -3A & 4A & -A \end{array}$ $\cdot \dfrac{u}{4} = h\,u_x - 2G_{30} + A\,G_{32} - 6G_{40} + \cdots$
3	u_{xy}	4	$\begin{array}{ccc} -1 & 0 & 1 \\ 0 & 0 & 0 \\ 1 & 0 & -1 \end{array}$ $\cdot \dfrac{u}{4} = h\,k\,u_{xy} + G_{41} + G_{43} + \cdots$
4	u_{xy}	4	$\begin{array}{ccc} 0 & -1 & 1 \\ -1 & 2 & -1 \\ 1 & -1 & 0 \end{array}$ $\cdot \dfrac{u}{2} = h\,k\,u_{xy} + G_{41} + G_{42} + G_{43} + \cdots$
5	u_{xy}	4	$\begin{array}{ccc} -3 & 4 & -1 \\ 0 & 0 & 0 \\ 3 & -4 & 1 \end{array}$ $\cdot \dfrac{u}{4} = h\,k\,u_{xy} - 2G_{41} + G_{43} + \cdots$
6	u_{xy}	4	$\begin{array}{ccc} 1 & -1 & 0 \\ -5 & 6 & -1 \\ 4 & -5 & 1 \end{array}$ $\cdot \dfrac{u}{2} = h\,k\,u_{xy} - 2G_{41} - G_{42} - 2G_{43} + \cdots$
7	u_{xy}	4	$\begin{array}{ccc} 3 & -4 & 1 \\ -12 & 16 & -4 \\ 9 & -12 & 3 \end{array}$ $\cdot \dfrac{u}{4} = h\,k\,u_{xy} - 2G_{41} - 2G_{43} + \cdots$
8	Δu $(h = k)$	4	$\begin{array}{ccc} & 1 & \\ 1 & -4 & 1 \\ & 1 & \end{array}$ $\cdot u = h^2 \Delta u + 2G_{40} + 2G_{44} + 2G_{60} + 2G_{66} + \cdots$
9	Δu $(h = k)$	6	$\begin{array}{ccc} 1 & 4 & 1 \\ 4 & -20 & 4 \\ 1 & 4 & 1 \end{array}$ $\cdot u +$ $\ \ \begin{array}{ccc} A & -1-2A & A \\ -1-2A & -8+4A & -1-2A \\ A & -1-2A & A \end{array}$ $\ \dfrac{h^2}{2}\Delta u = \begin{cases} -18(G_{60} + G_{66}) + \\ + (4 + 48A)\cdot(G_{62} + G_{64}) \\ + \cdots \end{cases}$ (*A* frei wählbar)

Tabelle 28.39 (Fortsetzung)

Lfd. Nr.	Formel für	Ordnung	Formel

10 — Δu ($h = k$) — Ordnung 8:

$$\begin{bmatrix} 1 & 3 & -3 & -1 \\ 3 & -27 & 27 & -3 \\ -3 & 27 & -27 & 3 \\ -1 & -3 & 3 & 1 \end{bmatrix} \cdot u +$$

$$+ \begin{bmatrix} & -1 & 1 & \\ -1 & -6 & 6 & 1 \\ 1 & 6 & -6 & -1 \\ & 1 & -1 & \end{bmatrix} \cdot \frac{h^2}{2}\,\Delta u = \begin{cases} 126\,(G_{81} + G_{87}) - \\ -\,30\,(G_{83} + G_{85}) + \cdots \end{cases}$$

11 — $\Delta u,\ \Delta\Delta u$ ($h = k$) — Ordnung 8:

$$\begin{bmatrix} 1 & 4 & 1 \\ 4 & -20 & 4 \\ 1 & 4 & 1 \end{bmatrix} \cdot 5u + \begin{bmatrix} -1 & -1 & -1 \\ -1 & -82 & -1 \\ -1 & -1 & -1 \end{bmatrix} \cdot \frac{h^2}{3}\,\Delta u - \frac{3h^4}{2}\,\Delta\Delta u =$$

$$= -\,52\,(G_{80} + G_{88}) - 24\,(G_{82} + G_{86}) - 6\,G_{84} + \cdots$$

12 — Δu ($h = k$) — Ordnung 4:

$$\begin{bmatrix} 1 & 1 & 1 \\ 1 & -8 & 1 \\ 1 & 1 & 1 \end{bmatrix} \cdot 12u + \begin{bmatrix} -1 & -4 & -1 \\ -4 & -16 & -4 \\ -1 & -4 & -1 \end{bmatrix} \cdot h^2\,\Delta u = -\,72\,G_{40} - 72\,G_{44} + \cdots$$

13 — $\Delta\Delta u$ ($h = k$) — Ordnung 6:

$$\begin{bmatrix} & & 1 & & \\ & 2 & -8 & 2 & \\ 1 & -8 & 20 & -8 & 1 \\ & 2 & -8 & 2 & \\ & & 1 & & \end{bmatrix} \cdot u = h^4\,\Delta\Delta u + 120\,(G_{60} + G_{66}) + 8\,(G_{62} + G_{64}) + \cdots$$

14 — $\Delta\Delta u$ — Ordnung 6:

$$\begin{bmatrix} & & h^4 & & \\ & 2h^2k^2 & -4h^4 - 4h^2k^2 & 2h^2k^2 & \\ k^4 & -4h^2k^2 - 4k^4 & 6h^4 + 8h^2k^2 + 6k^4 & -4h^2k^2 - 4k^4 & k^4 \\ & 2h^2k^2 & -4h^4 - 4h^2k^2 & 2h^2k^2 & \\ & & h^4 & & \end{bmatrix} \cdot u$$

$$= h^4 k^4\,\Delta\Delta u + 120\,k^4\,G_{60} + 120\,h^4\,G_{66} + 8\,h^2 k^2\,(G_{62} + G_{64}) + \cdots$$

15 — $\Delta u,\ \Delta\Delta u$ — Ordnung 4, 6:

Gleichseitige Dreiecke der Seitenlänge h:

$$\begin{bmatrix} & 1 & 1 & \\ 1 & -6 & 1 \\ & 1 & 1 & \end{bmatrix} \cdot u = \frac{3}{2}\,h^2\,\Delta u + \frac{3}{32}\,h^4\,\Delta\Delta u +$$

$$+ \frac{3}{16}\,(11\,G_{60} + G_{62} + 3\,G_{64} + 9\,G_{66}) + \cdots$$

16 — Δu — Ordnung 6:

$$\begin{bmatrix} & 1 & 1 & \\ 1 & -6 & 1 \\ & 1 & 1 & \end{bmatrix} \cdot u + \begin{bmatrix} & -1 & -1 & \\ -1 & -18 & -1 \\ & -1 & -1 & \end{bmatrix} \cdot \frac{h^2}{16}\,\Delta u$$

$$= \frac{3}{32}\,(23\,G_{60} + 7\,G_{62} + 3\,G_{64} + 27\,G_{66}) + \cdots$$

Tabelle 28.39 (Fortsetzung)

Lfd. Nr.	Formel für	Ordnung	Formel
17	Δu	4	**Parallelogramme:** $\quad k\cos\varphi = c,\ k\sin\varphi = s$ $\begin{array}{ c c c }\ & hc & h^2 - hc & \\ k^2 - hc & -2(h^2 + k^2 - hc) & k^2 - hc \\ & h^2 - hc & hc & \end{array}\cdot u$ $= h^2 s^2 \Delta u + \dfrac{1}{12} h^2 (-3c^4 + 6hc^3 - 4h^2 c^2 + h^2 k^2)\, u_{xxxx} +$ $+ \dfrac{1}{3} h^2 c s (-2c^2 + 3hc - h^2)\, u_{xxxy} + \dfrac{1}{2} h^2 c s^2 (-c + h)\, u_{xxyy} +$ $+ \dfrac{1}{12} h^2 s^4\, u_{yyyy} + \cdots$ (8 und 15 sind Spezialfälle; $\varphi = \dfrac{\pi}{2}$, $h \neq k$ verallgemeinert 8 auf Rechtecke)
18	u	2	**Interpolation:** $u_{-1} = \left(1 - \dfrac{1}{\alpha}\right) u_0 + \dfrac{1}{\alpha} u_{-\alpha} + (1 - \alpha)\, G_2 + \cdots$
19	u	3	$u_{-1} = \dfrac{2 u_{-\alpha}}{\alpha(1 + \alpha)} - \dfrac{2(1 - \alpha) u_0}{\alpha} + \dfrac{(1 - \alpha) u_1}{(1 + \alpha)} - 2(1 - \alpha)\, G_3 + \cdots$
20	u	4	$u_{-1} = \dfrac{6 u_{-\alpha}}{\alpha(1 + \alpha)(2 + \alpha)} - \dfrac{3(1 - \alpha) u_0}{\alpha} + \dfrac{3(1 - \alpha) u_1}{1 + \alpha} -$ $- \dfrac{(1 - \alpha) u_2}{2 + \alpha} + 6(1 - \alpha)\, G_4 + \cdots$
21	Δu	3	**Ungleiche Abstände bei rechtem Winkel:** $\dfrac{u_1}{\alpha_1(\alpha_1 + \alpha_3)} + \dfrac{u_2}{\alpha_2(\alpha_2 + \alpha_4)} +$ $+ \dfrac{u_3}{\alpha_3(\alpha_1 + \alpha_3)} + \dfrac{u_4}{\alpha_4(\alpha_2 + \alpha_4)} -$ $- u_0 \left(\dfrac{1}{\alpha_1 \alpha_3} + \dfrac{1}{\alpha_2 \alpha_4}\right) = \dfrac{h^2}{2} \Delta u_0 +$ $+ (\alpha_1 - \alpha_3)\, G_{30} + (\alpha_2 - \alpha_4)\, G_{33} + (\alpha_1^2 - \alpha_1 \alpha_3 + \alpha_3^2)\, G_{40} +$ $+ (\alpha_2^2 - \alpha_2 \alpha_4 + \alpha_4^2)\, G_{44} + \cdots$

Tabelle 28.39 (Fortsetzung)

Lfd. Nr.	Formel für	Ordnung	Formel
22	Δu $(h=k)$	4	$\dfrac{6\,u(x_0-\alpha h,\,y_0)}{\alpha(1+\alpha)(2+\alpha)}+\begin{array}{c}1\\ \boxed{\dfrac{-(3+\alpha)}{\alpha}}\quad \dfrac{2(2-\alpha)}{1+\alpha}\quad \dfrac{-(1-\alpha)}{2+\alpha}\\ 1\end{array}\cdot u$ $$= h^2\,\Delta u_0+2(3\alpha-2)\,G_{40}+2G_{44}+\cdots$$ (siehe die Abbildung zu 18 bis 20)
23	u_ν $(h=k)$	2	$\sin\varphi\cdot u_2+(\cos\varphi-\sin\varphi)\,u_1-\cos\varphi\cdot u_0$ $$= h\left(\frac{\partial u}{\partial\nu}\right)_3+\text{Glieder 2. Ordnung}+\cdots$$
24	$u_\nu,\ \Delta u$ $(h=k)$	3	$\left(1-m+2\alpha\,\dfrac{1+m^2}{1-m^2}+\dfrac{\alpha h}{\varrho}\cdot\dfrac{m\sqrt{1+m^2}}{1-m}\right)u_2+$ $+\,2\left(1+\dfrac{\alpha h}{\varrho}\cdot\dfrac{m^2\sqrt{1+m^2}}{1-m^2}\right)u_3+\left(1+m+2\alpha\,\dfrac{1+m^2}{1-m^2}-\right.$ $\left.-\,\dfrac{\alpha h}{\varrho}\cdot\dfrac{m\sqrt{1+m^2}}{1+m}\right)u_4-4\left(1+\alpha\,\dfrac{1+m^2}{1-m^2}+\dfrac{\alpha h}{\varrho}\cdot\dfrac{m^2\sqrt{1+m^2}}{1-m^2}\right)u_0$ $$=\left(1+\dfrac{2\alpha}{1-m^2}\right)h^2(\Delta u)_0+2\sqrt{1+m^2}\cdot h\,(u_\nu)_1-$$ $$-\,2\alpha m\,\dfrac{1+m^2}{1-m^2}\cdot h^2(u_{\nu s})_1+\text{Glieder 3. Ordnung}+\cdots$$ (Es bedeuten $m=\tan\varphi$ und ϱ den Krümmungsradius der Randkurve im Punkt 1, der Index s die Ableitung in Richtung der Tangente, die aus der Normale ν durch Rechtsdrehung um $90°$ entsteht.)

Tabelle 28.39 (Fortsetzung)

Lfd. Nr.	Formel für	Ordnung	Formel
25	Δu	5	$\sum\limits_{i=0}^{8}\left(a_i u_i - b_i \dfrac{h^2}{2}\Delta u_i\right) = $ Glieder 5. oder in Spezialfällen 6. Ordnung $+\cdots$.

h wird meist so gewählt, daß $\operatorname{Max}\delta_i = 1$ wird. Die Größen a_i und b_i berechnen sich sukzessive aus:

1. $d_i = \delta_i - \delta_{i+4}$, $s_i = \delta_i + \delta_{i+4}$, $p_i = \delta_i \cdot \delta_{i+4}$, $q_i = p_i d_i$, $e_i = d_i^2 + p_i$ $(i = 1, 2, 3, 4)$,

2. $h_{ik} = p_i + 2p_k$ $(i = 1, 3;\ k = 2, 4)$, $\alpha = h_{12} h_{34} + h_{32} h_{14}$,

3. $\lambda_1 = -d_1 h_{34} - d_3 h_{14}$, $\lambda_2 = -2(d_4 - d_2) h_{34} + 2(d_4 + d_2) h_{14}$,
$\lambda_3 = +d_1 h_{32} - d_3 h_{12}$, $\lambda_4 = +2(d_4 - d_2) h_{32} + 2(d_4 + d_2) h_{12}$,

4. $\mu_1 = e_1 + e_3$, $\mu_2 = 4(e_2 + e_4)$, $\mu_3 = q_1 + q_3 + 4q_2$, $\mu_4 = -q_1 + q_3 + 4q_4$,
$v_1 = \mu_1 \alpha + \lambda_1 \mu_3 + \lambda_3 \mu_4$, $v_2 = -\mu_2 \alpha + \lambda_2 \mu_3 + \lambda_4 \mu_4$,

5. Wenn $|v_1| + |v_2| > 0$ ist, setze man $B_1 = B_3 = -v_2$, $B_2 = B_4 = v_1$, sonst $B_1 = B_2 = B_3 = B_4 = 1$,

6. $A_2 = -(\lambda_1 B_1 + \lambda_2 B_2)/\alpha$, $A_4 = -(\lambda_3 B_1 + \lambda_4 B_2)/\alpha$, $A_1 = -A_2 + A_4$,
$A_3 = -A_2 - A_4$,

7. $C_1 = p_2 A_2 - p_4 A_4 + d_2 B_2 - d_4 B_4$, $C_3 = p_2 A_2 + p_4 A_4 + d_2 B_2 + d_4 B_4$,
$C_2 = C_4 = 0$,
$D_1 = \tfrac{1}{6}(q_1 A_1 + q_2 A_2 + q_4 A_4 + e_1 B_1 + e_2 B_2 + e_4 B_4) + 2\tau$,
$D_3 = \tfrac{1}{6}(q_2 A_2 + q_3 A_3 + q_4 A_4 + e_2 B_2 + e_3 B_3 + e_4 B_4) + 2\tau$,
$D_2 = \tfrac{1}{6}(q_2 A_2 - q_4 A_4 + e_2 B_2 - e_4 B_4) - \tau$, $D_4 = -\tfrac{1}{6}(q_2 A_2 - q_4 A_4 + e_2 B_2 - e_4 B_4) - \tau$,

8. $a_i = (A_i \delta_{i+4} + B_i)/(\delta_i s_i)$, $a_{i+4} = (-A_i \delta_i + B_i)/(\delta_{i+4} s_i)$, $\Big\}$
$b_i = (C_i \delta_{i+4} + D_i)/(\delta_i s_i)$, $b_{i+4} = (-C_i \delta_i + D_i)/(\delta_{i+4} s_i)$, $\Big\}$ $(i = 1, 2, 3, 4)$,

9. $a_0 = -\sum\limits_{i=1}^{8} a_i$, $b_0 = B_2 + B_3 + B_4 - \sum\limits_{i=1}^{8} b_i$.

10. Es empfiehlt sich, anschließend durch Division aller a_i und b_i durch a_0 oder auf andere Weise die Größenordnung der Koeffizienten zu fixieren. Siehe auch den Text dieser Nummer.

| 26 | Δu | 4 | Würfelgitter der Kantenlänge h: |

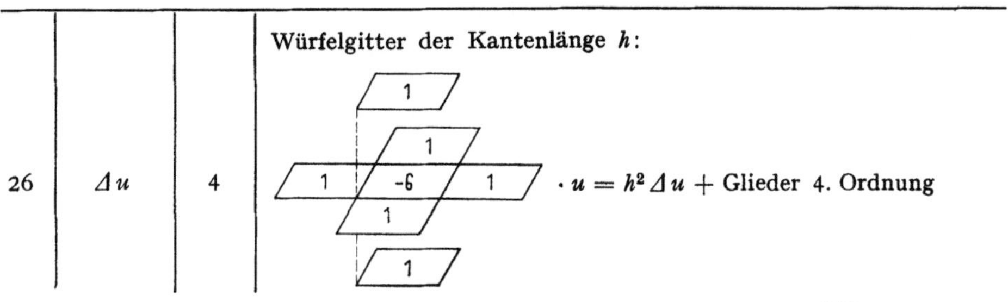

$\cdots u = h^2 \Delta u + $ Glieder 4. Ordnung

Tabelle 28.39 (Fortsetzung)

Lfd. Nr.	Formel für	Ord-nung	Formel
27	Δu	6	(siehe Differenzenstern unten) $\cdot\,u-$ (Stern) $\cdot \tfrac{1}{2} h^2 \Delta u$ $=$ Glieder 6. Ordnung
28	$\Delta u,\ \Delta\Delta u$	8	(siehe Differenzenstern unten) $\cdot\,u-$ (Stern) $\cdot \tfrac{1}{3} h^2 \Delta u$ $= \tfrac{3}{2} h^4 \Delta\Delta u +$ $+$ Glieder 8. Ordnung

Formel 27, Stern für u:

```
           1
       1   2   1
           1
     1   2   1
     2 -24   2
     1   2   1
           1
       1   2   1
           1
```

Formel 27, Stern für $\tfrac{1}{2}h^2\Delta u$:

```
           1

           1
       1   6   1
           1

           1
```

Formel 28, Stern für u:

```
     1    3    1
     3   14    3
     1    3    1
     3   14    3
    14 -128   14
     3   14    3
     1    3    1
     3   14    3
     1    3    1
```

Formel 28, Stern für $\tfrac{1}{3}h^2\Delta u$:

```
            1
      1    -1    1
            1
      1    -1    1
     -1    84   -1
      1    -1    1
            1
      1    -1    1
            1
```

Die Formeln (28.39.18) bis (28.39.25) dienen zur Behandlung krummliniger Ränder. Die ersten drei sind reine Interpolationsformeln, die dazu benutzt werden können, eventuelle Werte in äußeren Punkten zu eliminieren. So entsteht z. B. (28.39.22) durch Kombination von (28.39.20) und (28.39.8). Bei W. E. MILNE (1953) findet sich eine weitere Formel mit 11 Punkten zur Behandlung der ersten Randwertaufgabe mit der Poissonschen Gleichung. Die Formel (28.39.25) ist aus J. ALBRECHT und W. UHLMANN (1957) entnommen, wo sich auch eine entsprechende Formel für Dreiecksnetze findet. Die Berechnung der Hilfsgrößen erscheint etwas umständlich, jedoch sind die Formeln der Reihe nach leicht in ein ALGOL-Programm umzusetzen (vgl. Abschn. K). τ ist frei wählbar und entspricht dem A in Formel (28.39.9). Wenn man nicht einfach $\tau = 0$ setzt, kann man versuchen, durch geeignete Wahl allen b_i gleiches Vorzeichen zu geben.

§ 29. Die praktische Durchführung des Differenzenverfahrens

29.1 Allgemeines zur Aufstellung der Differenzengleichungen

Die Aufstellung der Differenzengleichungen ist an sich nicht problematisch und kann durch Einsetzen selbst aufgestellter oder aus Tabellen entnommener Differenzenformeln in die Differentialgleichung(en) erfolgen (bei manchen Mehrstellenformeln bequemer umgekehrt durch Einsetzen der Differentialgleichung). Dennoch erscheint es angebracht, dazu einige Bemerkungen zu machen.

Zunächst ist es wichtig, vor Auswahl der Differenzenformeln zu prüfen, ob die Lösung überhaupt $(m + 1)$-mal differenzierbar sein kann, wenn $m + 1$ die Ordnung des Restgliedes ist. Die Antwort ist oft — namentlich bei nichtlinearen Problemen — schwer zu geben. Mindestens sollte man aber untersuchen, ob Singularitäten im oder am Rande des Integrationsgebietes (-intervalls) liegen. Man vgl. hierzu das Beispiel (29.29). Auch außerhalb, aber in der Nähe liegende Singularitäten können sich störend auswirken.

Zwar wird gemeinhin das Erfülltsein der Differentialgleichung in Randpunkten nicht gefordert, und man pflegt dementsprechend am Rand auch nur die Randbedingungen zu benutzen. Jedoch kann es, besonders bei mehrdimensionalen Aufgaben, leicht eintreten, daß sich Randbedingungen und Differentialgleichung widersprechen und auf diese Weise eine versteckte Singularität bilden.

Will man Punkte außerhalb des Integrationsgebietes verwenden, so ist natürlich auch nach der dortigen Differenzierbarkeit zu fragen. Bei aufkommenden Zweifeln sollte man die äußeren Werte mit Interpolationsformeln gleicher Restgliedordnung eliminieren und dann prüfen, ob die entstehenden neuen Formeln noch die fragliche Differenzierbarkeit erfordern. Meist ist das nicht mehr der Fall.

Alle benutzten Formeln sollten möglichst die gleiche Ordnung bzw. im gekürzten Zustand (siehe Nr. 28.7) die gleiche h-Potenz beim Restglied haben, letzteres besonders dann, wenn man einen Extrapolationsalgorithmus anwenden will (vgl. Nr. 29.3). Für mehrfache Anwendung solcher Methoden ist es vorteilhaft, wenn auch weitere Entwicklungsglieder in ihren h-Potenzen übereinstimmen, z. B. also nur gerade oder ungerade Potenzen auftreten, wie es bei symmetrischen Formeln vorkommt.

Man achte ferner darauf, ob die gegebene Aufgabe Symmetrien besitzt, die es gestatten, sich auf ein Teilgebiet (-intervall) zu beschränken. Oft bringt es Vorteile, das Gitter (die Einteilung) so zu wählen, daß etwaige Spiegelgeraden (das Symmetriezentrum) zwischen die Gitterpunkte fallen. Auch Halbierungen der Schrittweite in Teilgebieten kommen in Frage.

Besonders bei mehrdimensionalen Aufgaben führt die Benutzung kleiner Maschenweiten zu Gleichungssystemen mit sehr vielen Unbekannten, die einen großen Arbeitsaufwand zu ihrer Lösung erfordern. Das bei der numerischen Auswertung einfacher Integrale verbreitete Verfahren, die Schrittweite immer wieder zu halbieren, bis die gewünschte Genauigkeit erreicht ist, läßt sich daher nur schwer auf partielle Differentialgleichungen übertragen. Da speziell beim gewöhnlichen Differenzenverfahren der Fehler nur mit einer kleinen Potenz der Maschenweite abzunehmen pflegt, dürfte deren fortgesetzte Verfeinerung nur in Ausnahmefällen von Wert sein. Sie kann wegen ihres infiniten Charakters von der technischen Entwicklung der elektronischen Rechenanlagen prinzipiell nicht aufgefangen werden und muß daher immer dann als Mißbrauch bezeichnet werden, wenn die Verwendung verbesserter Verfahren möglich ist. Das schließt natürlich nicht aus, daß eine kleine Zahl von Maschenweitenverkleinerungen durchgeführt wird, etwa um die obengenannten Extrapolationen auszuführen.

Bei mehrdimensionalen Aufgaben ist die Numerierung der Punkte nicht mehr selbstverständlich, und es muß daher Sorgfalt bei der Aufstellung der Gleichungen walten. Während eine zweidimensionale Aufgabe durch eine einfache Zeichnung des Bereichs und des Gitters mit danebengeschriebenen Variablennummern (Abb. 29.1) erfaßt werden kann, empfiehlt es sich bei mehr Dimensionen, zweidimensionale Schnitte durch die Punkte zu legen und einzeln zu zeichnen. Oft kann man dann durch Anfertigung einer Schablone die Aufstellung der Gleichungen erleichtern (s. Abb. 29.2).

Bei der Benutzung elektronischer Rechenanlagen läßt sich meist auch die Aufstellung der Gleichungen programmieren, und viele Rechenzentren besitzen Programme, die die Arbeit des Benutzers bei gewissen Aufgabentypen weitgehend reduzieren.

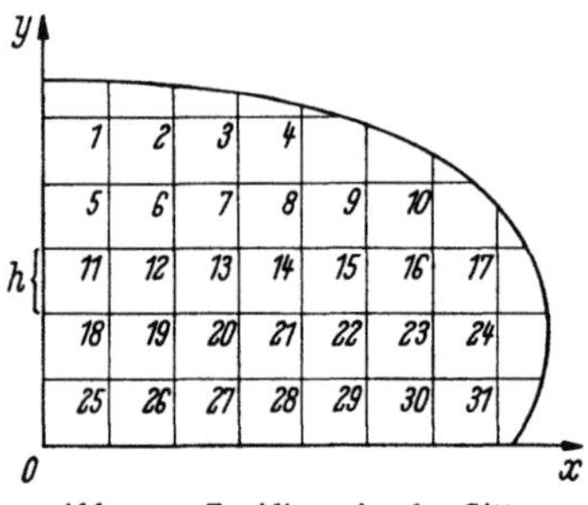

Abb. 29.1. Zweidimensionales Gitter

29.2 Auflösung der Differenzengleichungen

Bei linearen, inhomogenen Aufgaben erfüllen die Differenzengleichungen vielfach eines der in Abschn. F genannten Zeilensummenoder anderen Kriterien, so daß die Anwendung iterativer Methoden möglich ist, welche ebenfalls in Abschn. F beschrieben wurden. Auch Methoden der Eigenwertbestimmung bei Matrizen sind dort zu finden, womit die entsprechenden Differentialgleichungsaufgaben in Angriff genommen werden können.

Hier sei nur eine Bemerkung zu den Zeilensummenkriterien gemacht: Da die Summen der Koeffizienten der u-Glieder aller üblichen Diffe-

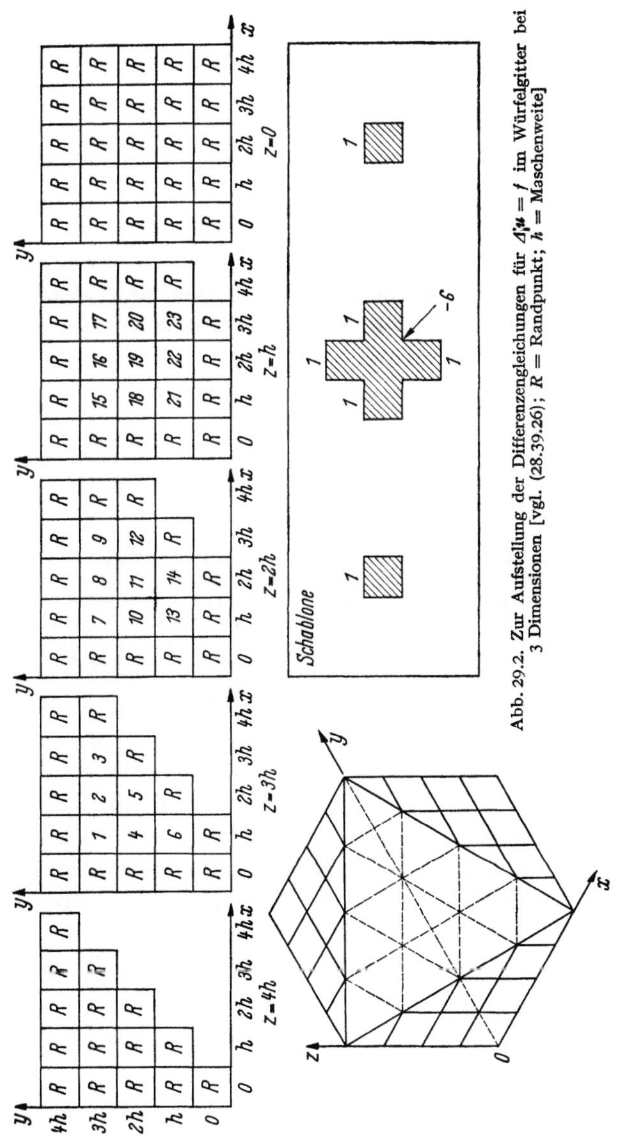

Abb. 29.2. Zur Aufstellung der Differenzengleichungen für $\Delta_i^* u = f$ im Würfelgitter bei 3 Dimensionen [vgl. (28.39.26); R = Randpunkt; h = Maschenweite]

renzenformeln verschwinden, hat man vielfach dann Schwierigkeiten, wenn unter den Koeffizienten außerhalb des „Mittelpunktes" solche mit verschiedenem Vorzeichen vorkommen. Jedoch können solche Formeln am Rand durchaus brauchbar sein, da die Randwerte nicht zu der Zeilensumme beitragen. So ist z. B. bei der Formel (28.39.22) das Zeilensummenkriterium für $0 \leq \alpha \leq 2$ erfüllt, wenn $u(x_0 - \alpha h, y_0)$ bekannt ist.

Nichtlineare Randwertaufgaben führen auf nichtlineare Gleichungssysteme, und man muß hier Sorgfalt auf die Auswahl der Lösungsmethode legen. Sind die nichtlinearen Glieder klein, so überträgt sich meist diese Eigenschaft auf die Differenzengleichungen. Dadurch wird in vielen Fällen die Anwendung des reinen Iterationsverfahrens möglich, das in den §§ 33 und 34 abgehandelt wird. Dabei wird die Auflösung des nichtlinearen auf die Lösung einer gewissen Anzahl linearer Gleichungssysteme zurückgeführt. Diese Methode versagt aber bei stärkeren Nichtlinearitäten. Dann können die Konvergenzerzeugungsprinzipien des § 35 herangezogen werden, wie z. B. das Newtonsche Verfahren. Alle diese Verfahren setzen neben der Existenz voraus, daß man eine Ausgangsnäherung schätzt. Bei Aufgaben mit mehreren Lösungen hängt es gewöhnlich von dieser Schätzung ab, gegen welche Lösung das Verfahren konvergiert.

Als eine besondere Variante zur Auflösung von Differenzengleichungen kann die Methode der Differenzenkorrektur [vgl. L. Fox (1957)] angesehen werden, die am einfachsten an einem Beispiel erläutert wird. Die Formel (28.31.24) läßt sich leicht in die Gestalt

$$(29.3) \qquad U_{-1} - 2U_0 + U_1 = h^2\, u_0'' + \frac{1}{12}\, (U_{-2} - 4U_{-1} + $$
$$+ 6U_0 - 4U_1 + U_2)$$

bringen. Dies ist aber bis auf den Korrekturterm rechts die Formel (28.31.7) des gewöhnlichen Differenzenverfahrens. Man benutzt diese Formel nun so, daß man zunächst nach dem gewöhnlichen Differenzenverfahren rechnet, mit den erhaltenen Werten die Korrekturen ausführt und wieder die Gleichungen des gewöhnlichen Verfahrens löst. Erfahrungsgemäß ändern sich schon nach wenigen Schritten die Werte nicht mehr. Natürlich kann man durch Hinzunahme weiterer Korrekturterme zu immer höheren Formeln aufsteigen und gewinnt so auch einen gewissen Eindruck von der Güte der Ergebnisse. Allerdings vermehrt sich durch dieses Vorgehen der Rechenaufwand.

Für Dreipunkteformeln wurde ein spezieller Algorithmus von J. Schröder (1956a) angegeben.

29.3 Extrapolationsverfahren

Es sollen nunmehr zwei Korrekturmöglichkeiten besprochen werden, die von einer Maschenverfeinerung ausgehen, nämlich die Extrapolationsverfahren von Aitken und Richardson. Beide gehen von der meist plausiblen und durch praktische Experimente bestätigten, aber oft nicht bewiesenen Annahme aus, daß sich der Fehler der Differenzennäherung U_h (Schritt- oder Maschenweite h) für die Lösung u einer Randwertaufgabe an einer festen Stelle x des (ein- oder mehr-dimensionalen) Grundgebietes in der Form

$$(29.4) \qquad U_h(x) - u(x) = \sum_{k=1}^{\infty} A_k(x) \cdot h^{\nu_k}$$

schreiben läßt. Dabei sind die Exponenten ν_k nicht notwendig ganze Zahlen, jedoch wird vorausgesetzt, daß die Glieder dieser Reihe mit wachsendem k schnell abnehmen, so daß nur wenige Glieder von Be-deutung sind.

Der Aitken-Prozeß ist auch dann anwendbar, wenn die Exponenten ν_k nicht bekannt sind. Man benutzt eine Folge von Näherungen zu den Schrittweiten $h,\ q\,h,\ q^2\,h,\ \ldots,\ q^{2n}\,h\ (0 < q < 1)$ und kann dann die ersten n Glieder der Reihe (29.4) mit Hilfe der Formel ($\tilde{u}$ = korrigierte Näherung)

$$(29.5) \qquad \det \begin{pmatrix} U_h - \tilde{u} & U_{qh} - \tilde{u} & \ldots & U_{q^n h} - \tilde{u} \\ U_{qh} - \tilde{u} & U_{q^2 h} - \tilde{u} & \ldots & U_{q^{n+1}h} - \tilde{u} \\ \cdots\cdots & \cdots\cdots & \cdots & \cdots\cdots \\ U_{q^n h} - \tilde{u} & U_{q^{n+1}h} - \tilde{u} & \ldots & U_{q^{2n}h} - \tilde{u} \end{pmatrix} = 0$$

eliminieren. Wichtig ist besonders der Fall $n = 1$, bei dem diese Deter-minante (die immer in $\tilde{u}$ linear ist) leicht nach $\tilde{u}$ aufgelöst werden kann:

$$(29.6) \qquad \tilde{u} = \frac{U_h \cdot U_{q^2 h} - U_{qh}^2}{U_h - 2U_{qh} + U_{q^2 h}} = U_{q^2 h} - \frac{(U_{q^2 h} - U_{qh})^2}{U_h - 2U_{qh} + U_{q^2 h}}.$$

Diese Formel beschreibt das Aitkensche Verfahren. Etwas allgemeiner kann man im Falle $n = 1$ schreiben

$$(29.7) \qquad \left(\frac{U_{qh} - \tilde{u}}{U_h - \tilde{u}} \right) = \left(\frac{U_{rh} - \tilde{u}}{U_h - \tilde{u}} \right)^{\tau} \quad \text{mit} \quad \tau = \frac{\ln q}{\ln r},$$

wenn die Schrittweiten $h,\ q\,h,\ r\,h\ (0 < r < q < 1)$ unabhängig ge-wählt wurden. Man kann das Aitkensche Verfahren auch in der Weise be-nutzen, daß man die Formel (29.6) wiederholt anwendet.

Das Richardsonsche Verfahren setzt voraus, daß die Exponenten ν_k der zu hebenden Glieder in (29.4) bekannt sind. Demgemäß braucht man hier nur $n + 1$ statt $2n + 1$ Näherungen zur Hebung von n Gliedern. Die allgemeine Formel für die Schrittweiten $h,\ q_1\,h,\ q_2\,h,\ \ldots,\ q_n\,h$ mit $0 < q_n < q_{n-1} < \cdots < q_2 < q_1 < 1$ lautet

$$(29.8) \qquad \det \begin{pmatrix} U_h - \tilde{u} & 1 & \ldots & 1 \\ U_{q_1 h} - \tilde{u} & q_1^{\nu_1} & \ldots & q_1^{\nu_n} \\ \cdots\cdots & \cdots & \cdots & \cdots \\ U_{q_n h} - \tilde{u} & q_n^{\nu_1} & \ldots & q_n^{\nu_n} \end{pmatrix} = 0.$$

Im Falle $n = 1$ hat man

$$(29.9) \qquad \tilde{u} = \frac{U_{q_1 h} - q_1^{\nu_1} U_h}{1 - q_1^{\nu_1}} = U_{q_1 h} + \frac{q_1^{\nu_1}}{1 - q_1^{\nu_1}} (U_{q_1 h} - U_h).$$

Für $n \geq 2$ kann unter der Voraussetzung $q_i = q^i$ $(i = 1, \ldots, n)$ so vorgegangen werden, daß zunächst aus je zwei aufeinanderfolgenden Näherungen das erste Glied der Summe (29.4) nach (29.9) entfernt wird, wobei die restlichen A_k $(k = 2, \ldots, n)$ in den verbleibenden $n - 1$ Gleichungen den Faktor $(q^{\nu_k} - q^{\nu_1})/(1 - q^{\nu_1})$ aufnehmen. Da dieser Faktor nicht von dem Exponenten i in der Schrittweite $h\,q^i$ abhängt, kann man den Prozeß für das zweite, dritte usw. bis zum n-ten Glied wiederholen und hat dann dasselbe $\bar{u}$ erreicht, wie bei Auflösung von (29.8).

Weitere Einzelheiten finden sich in Abschn. H. Für Beispiele siehe die folgenden Nummern. Dort werden auch Eigenwerte mit einem zu (29.4) analogen Ansatz behandelt.

29.4 Eindimensionale Beispiele

Bei L. Collatz (1960a) findet sich in anderem Zusammenhang das Beispiel

$$(29.10) \qquad u'' + \lambda\, p(x)\, u = 0, \qquad u(-1) = u(+1) = 0$$

$$\text{mit} \quad p(x) = \begin{cases} 1 & \text{für} \quad -1 \leq x \leq 0, \\ 0 & \text{für} \quad 0 < x \leq 1. \end{cases}$$

Teilt man das Intervall $[-1, +1]$ in $2n$ gleiche Teile, so kann man in den Teilpunkten $x_k = -1 + k\,h$ mit $h = 1/n, k = 1, \ldots, n - 1, n + 1, \ldots, 2n - 1$ nach der Formel (28.31.7) die Differenzengleichungen

$$(29.11) \quad \begin{cases} -2U_1 \quad + U_2 \qquad\qquad + h^2 \Lambda\, U_1 = 0 \\[2pt] \quad U_{k-1} - 2U_k + U_{k+1} + h^2 \Lambda\, U_k = 0 \\[2pt] \qquad\qquad\qquad\qquad\qquad (k = 2, \ldots, n - 1) \\[2pt] \quad U_{k-1} - 2U_k + U_{k+1} \qquad = 0 \\[2pt] \qquad\qquad\qquad\qquad\qquad (k = n + 1, \ldots, 2n - 2) \\[2pt] \quad U_{2n-2} - 2U_{2n-1} \qquad\quad = 0 \end{cases}$$

aufstellen (Λ ist eine Näherung für λ), während die schematische Anwendung der entsprechenden Formel

$$(29.12) \qquad U_{n-1} - 2U_n + U_{n+1} + h^2 \Lambda\, U_n = 0$$

nicht statthaft wäre, da u'' (falls $u(0) \neq 0$) bei 0 unstetig ist. Man kann sich über diesen Sprung hinweghelfen, indem man einseitige Formeln benutzt und bei $x = 0$ die Stetigkeit der Funktion und der ersten Ableitung fordert. Während rechts von $x = 0$ wegen $u'' \equiv 0$ die Formel (28.31.1) exakt gilt, können links vom Nullpunkt die Formeln (28.31.3) oder (28.31.6 gespiegelt) benutzt werden, die zu

$$(29.13) \qquad U_{n-2} - 4U_{n-1} + 5U_n - 2U_{n+1} = 0 \qquad\qquad \text{(3. Ordnung)}$$

bzw.

$$(29.14) \qquad -2U_{n-3} + 9U_{n-2} - 18U_{n-1} + 17U_n - 6U_{n+1} = 0$$

(4. Ordnung)

führen. Eine andere Möglichkeit ist die direkte Benutzung von Taylor-Entwicklungen:

$$(29.15) \qquad \begin{cases} u(h) = u(0) + h\,u'(0), \\[2mm] u(-h) = u(0) - h\,u'(0) + \dfrac{h^2}{2!}u''(0) - \dfrac{h^3}{3!}u'''(0) + \cdots, \\[2mm] u(-2h) = u(0) - 2h\,u'(0) + \dfrac{4h^2}{2!}u''(0) - \dfrac{8h^3}{3!}u'''(0) + \cdots, \end{cases}$$

wobei die höheren Ableitungen als linksseitige Ableitungen zu verstehen sind. Man erhält

$$(29.16) \qquad U_{n-1} - 2U_n + U_{n+1} + \tfrac{1}{2}h^2 \varLambda\, U_n = 0 \qquad \text{(3. Ordnung)}$$

oder

$$(29.17) \qquad -U_{n-2} + 8U_{n-1} - 13U_n + 6U_{n+1} + 2h^2 \varLambda\, U_n = 0$$

(4. Ordnung).

Die exakte Lösung ist

$$(29.18) \qquad u = \begin{cases} -\dfrac{1}{\alpha}\sin\alpha\,x + \cos\alpha\,x & \text{für} \quad -1 \leqq x \leqq 0, \\[2mm] 1 - x & \text{für} \quad\ \ 0 \leqq x \leqq 1, \end{cases}$$

$$\lambda = \alpha^2,$$

worin α die Lösungen der transzendenten Gleichung $\alpha + \tan\alpha = 0$ durchläuft. Der kleinste Eigenwert ist $\lambda_1 \approx 4.1158583657$, durch Subtraktion dieser Zahl von allen Näherungswerten erhält man den Fehler. Mit den Schrittweiten $h = 1/4$, $1/8$, $1/16$, $1/32$, $1/64$ ergeben sich je 5 Werte, so daß der Aitken-Algorithmus (vgl. Nr. 29.3, dort $n = 1$) zweimal angewandt werden kann. Auch die Richardson-Extrapolation (h-Potenz in Klammern angegeben) wurde zweimal ausgeführt. Die Tab. 29.19 gibt eine Auswahl von Werten des Fehlers von λ_1 wieder.

(29.19)

Formel	Diffverf. $h = 1/64$	AITKEN 1/16, 1/32, 1/64	AITKEN 1/4, …, 1/64	RICHARDSON 1/32, 1/64	RICHARDSON 1/16, 1/32, 1/64
(29.12)	$-4.32\cdot10^{-2}$	$+4.13\cdot10^{-4}$	$+4.26\cdot10^{-5}$	$-1.61\cdot10^{-4}\ (h)$	$+2.80\cdot10^{-5}\ (h^2)$
(29.13)	$-7.73\cdot10^{-4}$	$+5.19\cdot10^{-5}$	$+1.67\cdot10^{-5}$	$-3.05\cdot10^{-5}\ (h^2)$	$+1.29\cdot10^{-6}\ (h^3)$
(29.14)	$-3.67\cdot10^{-4}$	$-3.15\cdot10^{-5}$	$+9.08\cdot10^{-5}$	$+3.04\cdot10^{-5}\ (h^2)$	$-1.06\cdot10^{-6}\ (h^3)$
(29.16)	$-1.19\cdot10^{-4}$	$+7.66\cdot10^{-8}$	$-7.8\ \cdot10^{-9}$	$-2.67\cdot10^{-8}\ (h^2)$	$-6.0\ \cdot10^{-9}\ (h^4)$
(29.17)	$-3.37\cdot10^{-4}$	$+1.54\cdot10^{-5}$	$+3.16\cdot10^{-6}$	$-9.88\cdot10^{-6}\ (h^2)$	$+1.73\cdot10^{-7}\ (h^3)$

Obwohl die Formel (29.16) nur von 3. Ordnung ist, liefert sie bei diesem Beispiel die besten Werte.

Für ein weiteres Eigenwertproblem werden Werte aus dem gewöhnlichen Differenzenverfahren in Nr. 35.7 zwecks Vergleich mit dem Newton-Verfahren angegeben, s. auch Nr. 18.1. Es zeigt sich, daß man beim gewöhnlichen Differenzenverfahren oft zu kleine Werte erhält, von denen vor allem die höchsten aus der Matrizenaufgabe zu bestimmenden schlecht ausfallen. Als Regel kann gelten, daß man etwa fünfmal soviel Punkte wählen sollte, wie man Eigenwerte bestimmen will.

Das zweite Beispiel

$$(29.20) \quad u'' + x\,u' + u = 0 \quad \text{in } (0, 1), \quad u'(0) = 0, \quad u(1) = 1,$$

dessen exakte Lösung $u = \exp[0.5\,(1 - x^2)]$ ebenfalls bekannt ist, soll dazu dienen, verschiedene Differenzenverfahren zu vergleichen; in einer Übersicht lassen sich die benutzten Formeln und der Fehler an der Stelle $x = 0$ (exakter Wert $u(0) = \sqrt{e} = 1.64872\,12707\ldots$) für verschiedene Schrittweiten $h = 1/n$ kurz zusammenfassen:

(29.21)

Verfahren:	gewöhnliches	verbessertes	verbessertes	Mehrstellen-verfahren (ohne Ableitungswerte)	Mehrstellen-verfahren (mit Ableitungswerten)
Restglied-ordnung:	$\geqq 3$	$\geqq 5$	$\geqq 7$	$\geqq 5$	$\geqq 9$
Formel für Randbed. $x = 0$	(28.31.3)	(28.31.13)	(28.31.39)	(28.31.13)	—
Formeln bei $x = h$ und $1 - h$	(28.31.2) und (28.31.7)	(28.31.12) und (28.31.14)	(28.31.38) und (28.31.42)	(28.35.20)	(28.35.17) und (28.35.18)
Formeln bei $x = 2h$ und $1 - 2h$	(28.31.2) und (28.31.7)	(28.31.11) und (28.31.24)	(28.31.37) und (28.31.41)	(28.35.20)	(28.35.17) und (28.35.18)
Formeln bei $x = k\,h$, $k = 3, \ldots, n - 3$	(28.31.2) und (28.31.7)	(28.31.11) und (28.31.24)	(28.31.36) und (28.31.40)	(28.35.20)	(28.35.17) und (28.35.18)
Formel bei $x = 0$ und 1	—	—	—	—	(28.35.13)
Fehler ($x = 0$)					
$h = 1/4$	$-6.24 \cdot 10^{-3}$	—	—	—	$3.71 \cdot 10^{-8}$
$h = 1/8$	$9.37 \cdot 10^{-4}$	$4.95 \cdot 10^{-4}$	$-6.92 \cdot 10^{-5}$	$2.95 \cdot 10^{-4}$	$(-4.66 \cdot 10^{-9})$
$h = 1/16$	$5.81 \cdot 10^{-4}$	$1.79 \cdot 10^{-5}$	$-6.41 \cdot 10^{-7}$	$1.01 \cdot 10^{-5}$	$(3.78 \cdot 10^{-9})$
$h = 1/32$	$1.90 \cdot 10^{-4}$	$6.45 \cdot 10^{-7}$	$1.35 \cdot 10^{-8}$	$3.78 \cdot 10^{-7}$	$(3.47 \cdot 10^{-8})$
$h = 1/64$	$5.31 \cdot 10^{-5}$	$-4.19 \cdot 10^{-9}$	$(2.75 \cdot 10^{-8})$	$3.26 \cdot 10^{-9}$	—

Zur Anwendung der Formeln (28.35.13), (28.35.17) und (28.35.18) ist es nötig, durch Differentation der Differentialgleichung die Formeln

$$(29.22) \quad u''' = (x^2 - 2)\, u' + x\, u, \quad u^{\mathrm{IV}} = (-x^3 + 5x)\, u' + (-x^2 + 3)\, u$$

herzuleiten, deren Erfülltsein auch in den Endpunkten angenommen werden kann. Bei den eingeklammerten Zahlen haben offenbar die bei der 11stelligen Rechnung auftretenden Rundungsfehler die Verfahrensfehler überwuchert, bei genauerer Rechnung sind hier bessere Werte zu erwarten. In Nr. 31.6 wird dieses Beispiel als Integralgleichung und durch Diskretisierung des entsprechenden Variationsproblems behandelt.

Für ein weiteres lineares Beispiel mit Fehlerabschätzung s. Nr. 30.5.

Als drittes Beispiel schließlich sollen zwei nichtlineare Randwertaufgaben zum Vergleich mit dem gewöhnlichen Differenzenverfahren behandelt werden. Beide sind vom Typ

$$(29.23) \quad u'' = f(x,\, u,\, u') \quad \text{in } (0, 1), \quad u'(0) = a, \quad u(1) = b,$$

woraus sich die Gleichungen (U ist der Vektor $\{U_0, \ldots, U_{n-1}\}$, $h = 1/n$)

$$(29.24) \quad
\begin{cases}
F_0(U) \equiv -3 U_0 + 4 U_1 - U_2 - 2h\, a = 0, \\[4pt]
F_i(U) \equiv U_{i-1} - 2 U_i + U_{i+1} - \\[4pt]
\qquad - h^2 f\left(i\, h,\, U_i,\, \dfrac{1}{2h}(-U_{i-1} + U_{i+1})\right) = 0 \\[4pt]
\hfill (i = 1, \ldots, n - 2), \\[4pt]
F_{n-1}(U) \equiv U_{n-2} - 2 U_{n-1} + b - \\[4pt]
\qquad - h^2 f\left((n-1)h,\, U_{n-1},\, \dfrac{1}{2h}(-U_{n-2} + b)\right) = 0
\end{cases}$$

ergeben, die sich nach Schätzung einer Ausgangsnäherung $U^{(0)}$ nach dem Newtonschen Verfahren

$$(29.25) \quad U^{(k+1)} = U^{(k)} - A^{-1} \cdot F(U^{(k)}) \quad (k = 0, 1, 2, \ldots)$$

numerisch lösen lassen. Dabei ist A die Matrix der $a_{ij} = \partial F_i / \partial U_j$ $(i, j = 0, \ldots, n - 1)$ mit eingesetztem $U^{(k)}$.

Bei den beiden Aufgaben (exakte Lösung in Klammern)

$$(29.26) \quad u'' = u'^2/u - u, \qquad u'(0) = 0, \qquad u(1) = 1$$
$$\left(u = \exp\left(\frac{1 - x^2}{2}\right)\right)$$

$$(29.27) \quad u'' = (u' \cos u)/(1 - x^2), \quad u'(0) = -1, \quad u(1) = 0$$
$$(u = \arccos x)$$

ergeben sich mit verschiedenen Schrittweiten an der Stelle $x = 0$ folgende Werte des Fehlers $U_0 - u(0)$:

(29.28)

Aufgabe	$h = 1/5$	$h = 1/10$	$h = 1/20$	$h = 1/40$	$h = 1/80$
(29.26)	$1.23 \cdot 10^{-3}$	$1.40 \cdot 10^{-3}$	$4.99 \cdot 10^{-4}$	$1.44 \cdot 10^{-4}$	$3.84 \cdot 10^{-5}$
(29.27)	$-8.88 \cdot 10^{-2}$	$-6.63 \cdot 10^{-2}$	$-4.65 \cdot 10^{-2}$	$-3.22 \cdot 10^{-2}$	$-2.24 \cdot 10^{-2}$

Man sieht, daß beim Beispiel (29.26) die Abnahme des Fehlers normal, bei (29.27) jedoch ganz unbefriedigend ist, wofür die Singularität bei $x = 1$ verantwortlich ist. Für die Hebung solcher Singularitäten vgl. man Nr. 26.2. Meist wird man dabei nötig haben, die Gleichung vorher zu linearisieren, also beim Beispiel (29.27) das Verhalten der Lösungen der wegen $u(1) = 0$ in der Umgebung von $x = 1$ geltenden Näherungsgleichung $v'' = v'/(2 - 2x)$ zu untersuchen.

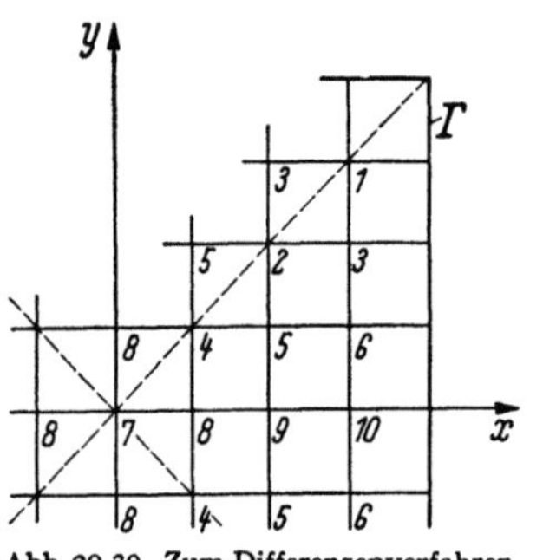

Abb. 29.30. Zum Differenzenverfahren bei Symmetrien

29.5 Zweidimensionale Beispiele

Die schon in Nr. 27.8 behandelte Aufgabe der Torsion eines quadratischen Prismas führt auf

(29.29)
$$\Delta u = 0 \quad \text{in } B: |x| < 1, \ |y| < 1,$$
$$u = \frac{x^2 + y^2}{4} \quad \text{auf } \Gamma, \text{ dem Rand von } B.$$

Der Symmetrien der Aufgabe wegen kann man sich auf ein Achtel des Bereiches beschränken (Abb. 29.30), wobei man zu beachten hat, daß Lösungswerte in solchen Punkten gleich sind, die durch Spiegelung an einer der gestrichelten Geraden auseinander hervorgehen. Dementsprechend ist die Numerierung der Punkte für $h = 1/4$ in der Abb. 29.30 durchgeführt. Für das gewöhnliche Differenzenverfahren ergibt die Formel (28.39.8) das Gleichungssystem

$$
\begin{aligned}
+4U_1 \quad\quad -2U_3 &\quad\quad\quad\quad\quad\quad\quad\quad\quad\quad\quad\quad\quad = 25/32 \\
+4U_2 - 2U_3 \quad\quad -2U_5 &\quad\quad\quad\quad\quad\quad\quad\quad\quad\quad\quad = 0 \\
-U_1 \ -U_2 + 4U_3 \quad\quad\quad\quad\quad -U_6 &\quad\quad\quad\quad\quad\quad\quad\quad = 5/16 \\
+4U_4 - 2U_5 \quad\quad -2U_8 &\quad\quad\quad\quad\quad\quad = 0 \\
-U_2 \quad\quad -U_4 + 4U_5 \ -U_6 \quad\quad -U_9 &\quad\quad\quad = 0 \\
-U_3 \quad\quad -U_5 + 4U_6 \quad\quad\quad\quad\quad -U_{10} &= 17/64 \\
+4U_7 - 4U_8 &\quad\quad\quad\quad\quad = 0 \\
-2U_4 \quad\quad\quad\quad -U_7 + 4U_8 \ -U_9 &\quad\quad = 0 \\
-2U_5 \quad\quad\quad\quad -U_8 + 4U_9 \ -U_{10} &= 0 \\
-2U_6 \quad\quad\quad\quad\quad -U_9 + 4U_{10} &= 1/4,
\end{aligned}
$$

(29.31)

welches mittels Iterations- bzw. Relaxationsverfahren gelöst werden kann, s. Abschn. F.

Um den Fehler verschiedener Verfahren wieder direkt erkennbar zu machen, werden in der Tab. (29.33) für einige Schrittweiten die Differenzen zwischen den Ergebnissen und dem exakten Wert im Mittelpunkt (Punkt 7 in Abb. 29.30) angegeben; letzterer ist etwa nach (24.19) bestimmbar, es ist auf 10 Stellen $u(0, 0) = 0.2946854131$.

Wie zu erwarten, nimmt beim gewöhnlichen Differenzenverfahren der Fehler mit h^2 ab [(28.39.8) ist durch h^2 zu kürzen, damit Δu den Koeffizienten 1 bekommt], jedoch ist die z. B. bei $h = 1/32$ erreichte 4stellige Genauigkeit in Anbetracht der dabei zu lösenden 528 Gleichungen nur als mäßiges Ergebnis zu bezeichnen.

Da hier nur eine einzige Formel benutzt wird, erscheinen die Extrapolationsverfahren der Nr. 29.3 zur Verbesserung besonders geeignet. In der Tat sind die in (29.33) angegebenen Ergebnisse der Richardson-Extrapolation mit den Potenzen h^2 und h^4 erheblich besser als die Ausgangswerte; erst bei h^6 tritt keine weitere Verbesserung ein. Auch das Aitkensche Verfahren ist anwendbar.

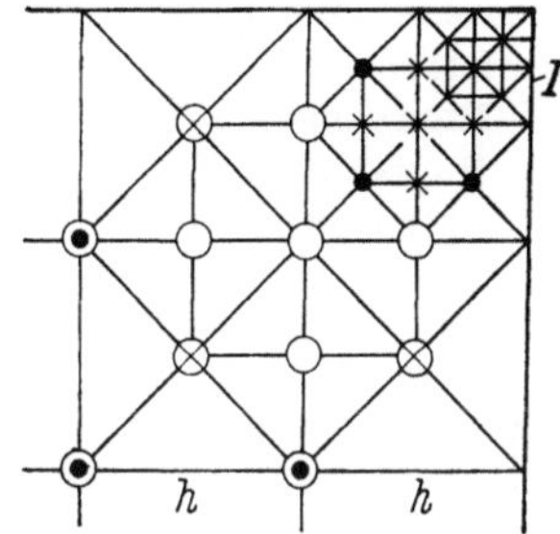

Abb. 29.32
Lokale Maschenverfeinerung

Wie in Nr. 27.8 bereits festgestellt wurde, liegen in den Ecken des Bereichs Singularitäten mit $\Delta u = 1$. Diese Kenntnis legt nun den Versuch nahe, zur Verbesserung der Ergebnisse die Maschenweite zu den Ecken hin zu verfeinern. Dies kann etwa in der durch die Abb. 29.32 verdeutlichten Weise geschehen, indem auch schräg liegende „Sterne" benutzt werden (Δu ist invariant gegen Drehungen des Koordinatensystems). Während diese Methode in regulären Fällen oft und besonders dann von Nutzen ist, wenn man in einem Teilgebiet ein dichteres Gitter von Werten benötigt, ist sie bei diesem Beispiel zur Erfassung der Singularitäten fast nutzlos; so erhält man bei $h = 1/4$, wenn man in der Ecke bis zu $h = 1/256$ verfeinert, im Mittelpunkt den Fehler $-3.36 \cdot 10^{-3}$, was gegenüber der ersten Zahl der Tab. (29.33) kaum eine Verbesserung bedeutet.

Hebt man indessen die Singularitäten durch Subtraktion von u_0 nach (27.59), so tritt wirklich eine Verbesserung ein. In der Tab. (29.33) finden sich auch zu diesem und dem folgenden Verfahren Werte aus der Richardson-Extrapolation.

Eine weitere Verbesserungsmöglichkeit ist natürlich die Verwendung höherer Differenzenformeln. In die Tabelle sind Werte aus dem Mehrstellenverfahren (28.39.9) aufgenommen worden, ohne und mit Subtraktion von u_0. Da bei diesem Beispiel $\Delta u = 0$ ist, brauchte man A in (28.39.9) nicht festzulegen, indessen erfordert das Nichterfülltsein der Differentialgleichung in den Ecken dort $A = 0$. Wohl könnte man daran denken, für geeignetes $A \neq 0$ in den Ecken $\Delta u = 1$ einzusetzen, jedoch fehlt jeder Anhaltspunkt für dessen Bestimmung.

(29.33)

Verfahren	$h = 1/4$	$h = 1/8$	$h = 1/16$	$h = 1/32$
Gewöhnl. Differenzen- verfahren	$-3.55 \cdot 10^{-3}$	$-9.02 \cdot 10^{-4}$	$-2.26 \cdot 10^{-4}$	$-5.67 \cdot 10^{-5}$
Richardson (h^2)	$-$	$-1.82 \cdot 10^{-5}$	$-1.17 \cdot 10^{-6}$	$-8.39 \cdot 10^{-8}$
Richardson (h^4)	$-$	$-$	$-3.84 \cdot 10^{-8}$	$-1.14 \cdot 10^{-8}$
Richardson (h^6)	$-$	$-$	$-$	$-1.10 \cdot 10^{-8}$
Gewöhnl. Differenzen- verfahren für $u - u_0$	$+5.40 \cdot 10^{-4}$	$+1.36 \cdot 10^{-4}$	$+3.42 \cdot 10^{-5}$	$+8.57 \cdot 10^{-6}$
Richardson (h^2)	$-$	$+1.60 \cdot 10^{-6}$	$+1.10 \cdot 10^{-7}$	$+3.66 \cdot 10^{-8}$
Richardson (h^4)	$-$	$-$	$+1.07 \cdot 10^{-8}$	$+3.17 \cdot 10^{-8}$
Mehrstellenverfahren	$+1.81 \cdot 10^{-4}$	$+1.12 \cdot 10^{-6}$	$+6.69 \cdot 10^{-8}$	$-$
Richardson (h^4)	$-$	$-1.66 \cdot 10^{-8}$	$-3.2 \cdot 10^{-9}$	$-$
Mehrstellenverfahren für $u - u_0$	$+1.40 \cdot 10^{-8}$	$\sim +1 \cdot 10^{-10}$	$-$	$-$

Als zweites Beispiel soll die Aufgabe

$$(29.34) \qquad \Delta u = -\pi^2 u - \pi^2 \sin \pi x \cdot \sin \pi y \quad \text{in } B,$$

$$u = \sin \pi x \cdot \sin \pi y \qquad\qquad \text{auf } \Gamma$$

behandelt werden, wobei B der durch vier Dreiviertelkreise berandete Bereich der Abb. 29.35 ist. Das Beispiel ist konstruiert, aber die exakte Lösung $u = \sin \pi x \cdot \sin \pi y$ ist bekannt und hat in den Spitzen des Randes keine Singularitäten; die Differentialgleichung ist auch auf dem Rand erfüllt, so daß die Mehrstellenformeln (28.39.9) und (28.39.25) benutzt werden können. Sie liefern mit $A = \tau = 0$ für den Mittelpunkt folgende Werte, die wieder nach Richardson extrapoliert werden sollen:

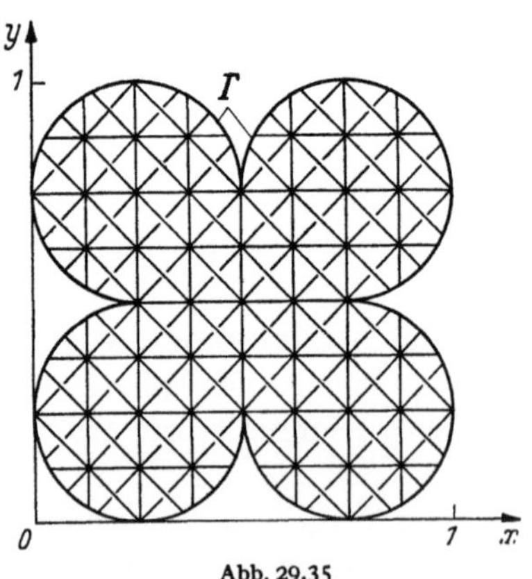

Abb. 29.35
Bereich der Aufgabe (29.34), $h = 1/8$

	h	$U(\tfrac{1}{2},\tfrac{1}{2})$	Richardson (h^3)
	1/4	0.99976 46154	—
(29.36)	1/6	0.99993 90645	1.00001 25168
	1/8	0.99998 37082	1.00001 62860
	1/10	0.99999 20584	1.00000 08193
	1/12	0.99999 60230	1.00000 14689

Die Extrapolation liefert zwar verbesserte Werte, die jedoch so stark schwanken, daß weitere Extrapolationsschritte nicht sinnvoll wären. Das liegt offenbar daran, daß die Schnitte des Gitters mit dem Rand nicht einem so einfachen Gesetz gehorchen wie beim vorigen Beispiel.

§ 30. Möglichkeiten zur Fehlerabschätzung

30.1 Verschiedene Wege zur Gewinnung von Schranken

Wie schon in Nr. 26.1 angedeutet, stehen der direkten Fehlerabschätzung bei Differenzenverfahren, die das Thema dieses § ist, gewisse Schwierigkeiten entgegen. Daher erscheint es angebracht, vorher einige Möglichkeiten zu schildern, wie man die Abschätzung indirekt durchführen kann, d. h. mit Hilfe von Methoden, die nicht auf der Diskretisierung des Problems beruhen.

Dazu muß man zunächst von den berechneten diskreten Werten wieder zu Funktionen übergehen, was durch Interpolation geschehen kann. Nach Wahl einer geeigneten Funktionenklasse kann man lokal oder global interpolieren. Interpoliert man global, also im ganzen Integrationsbereich, so kann es vernünftig sein, zur Vereinfachung nur einen Teil der diskreten Werte zu benutzen. Dann ist natürlich nach der Fehlerabschätzung zu berücksichtigen, daß sich diese in den nicht benutzten Punkten auf die Interpolationsfunktion und nicht auf die Werte des Differenzenverfahrens bezieht. Teilt man hingegen den Bereich in mehrere Teile, so kann man lokal in den einzelnen Teilen interpolieren; bei manchen der anzuschließenden Methoden muß man dabei allerdings darauf achten, daß die Interpolationsfunktion über die Grenzen der Teilgebiete bzw. -intervalle hinweg oft genug differenzierbar ist.

Neben Methoden für Spezialprobleme kommen für die Abschätzung vor allem zwei Methoden in Betracht:

1. Iterationsverfahren. Ausgehend von der Interpolationsfunktion macht man noch einen Iterationsschritt und schätzt dann nach dem entsprechenden Fixpunktsatz ab. Je nach Lage des Problems wird man direkt iterieren oder ein Konvergenzerzeugungsprinzip heranziehen, wie z. B. das Newtonsche Verfahren. Man vgl. Kap. VIII. Der Einwand, daß man, wenn man schon nötig habe, zu iterieren, unter Verzicht auf das Differenzenverfahren nur die Iteration benutzen könne, ist in vielen Fällen nicht stichhaltig. Besonders bei Integraloperatoren kommt es oft vor, daß beim ersten Schritt die ursprüngliche Funktionenfamilie derart erweitert wird, daß weitere Schritte auf nicht mehr elementar auswertbare Integrale führen. Dann ist es vorteilhaft, schon vorher eine gute Näherung zu haben (vgl. Nr. 36.3).

2. Monotonie- und Randmaximumsabschätzungen. Da die Anwendung der entsprechenden Sätze (vgl. § 5, § 10 und Nr. 27.8) oft auf Optimierungsprobleme führt, ist es zur Umgehung einer Optimierungsmethode durchaus nötig, vorher eine entsprechend genaue Approximation zu bestimmen.

Die Schwierigkeiten bei der direkten Fehlerabschätzung beruhen vor allem darauf, daß die Kenntnis von höheren Ableitungen der exakten Lösung in gewissen Intervallen [vgl. (28.3) und (28.14)] gefordert wird, oder wenigstens Schranken für diese Größen [vgl. (28.5) und (28.14)]. Nun hat man aber nur Näherungswerte für die Lösung und evtl. ihre niederen Ableitungen. Zwar kann man bei eindimensionalen Problemen oft durch Differentiation der Differentialgleichung die höheren durch niedere Ableitungen und die Lösung ausdrücken, jedoch ergeben sich so nur Näherungswerte und auch diese nur in diskreten Punkten und nicht in ganzen Intervallen.

Will man sich mit einer genäherten Fehlerabschätzung begnügen und auf eine exakte Aussage verzichten, so kann man natürlich aus den genannten Näherungswerten, evtl. unter Benutzung von Differenzenformeln, die höheren Ableitungen roh abschätzen und damit wenigstens einen gewissen Eindruck von den Fehlerschranken erhalten. Dies ist vor allem dann angebracht, wenn eine exakte Abschätzung undurchführbar ist. In den folgenden Nummern wird unterstellt, daß Schranken für die höheren Ableitungen bereits verfügbar sind. Das Beispiel der Nr. 30.5 zeigt, daß man, wenn man sich exakte Schranken mittels anderer Methoden vorher beschafft, dabei recht grob vorgehen kann.

Eigenwertaufgaben werden in diesem § außer in Nr. 30.7 nicht behandelt, man vgl. die Nr. 31.4 und 32.3.

30.2 Lineare, eindimensionale Aufgaben

Legt man die Differentialgleichung (28.6) mit einer von u unabhängigen rechten Seite $r(x, u) = r(x)$ zugrunde, so erhält man durch die Auflösung von (28.7) für diverse Punkte x_i statt x_0 und unter entsprechender Einbeziehung der ebenfalls linearen Randbedingungen ein lineares Gleichungssystem der Form

$$(30.1) \qquad \sum_{j=1}^{n} a_{ij} U_j = r_i \quad (i = 1, \ldots, n) \quad \text{oder} \quad A\,U = r$$

in Matrizenschreibweise, wobei die Indexgrenzen (hier 1 und n) noch an das jeweilige Problem angepaßt werden können. Allerdings kann die Definition der Näherungswerte in der Form (28.26) nicht mehr aufrechterhalten werden, da ja der Punkt x_0 von Gleichung zu Gleichung wechselt. Bezieht man sich auf (28.7), so hat man vielmehr an Stelle der U_j in der i-ten Gleichung die Größen

$$(30.2) \qquad U_j^{(i)} = u(x_j) - \frac{1}{m!} \int_{x_i}^{x_j} u^{(m+1)}(x)\,(x_j - x)^m\,dx = u_j - s_{ij}$$

einzusetzen. Auch bei Verwendung anderer Differenzen- oder Mehrstellenformeln kann man entsprechende Fehlerglieder $-s_{ij}$ leicht bestimmen; sie bestehen meist aus mehreren Integralen der angegebenen Art. Man erhält

$$(30.3) \qquad \sum_{j=1}^{n} a_{ij} u_j = r_i + \sum_{j=1}^{n} a_{ij} s_{ij} \quad (i = 1, \ldots, n)$$

und durch Subtraktion von (30.1) für die Fehler $\varepsilon_j = U_j - u_j$

$$(30.4) \qquad \sum_{j=1}^{n} a_{ij} \varepsilon_j = - \sum_{j=1}^{n} a_{ij} s_{ij} = \delta_i \quad (i = 1, \ldots, n), \quad A\,\varepsilon = \delta.$$

Ist die Matrix A nichtsingulär, so sind beide Gleichungssysteme (30.1) und (30.4) eindeutig lösbar, und man kann die Lösungen mit der Inversen A^{-1} von A in der Form

$$(30.5) \qquad U = A^{-1}\,r, \quad \varepsilon = A^{-1}\,\delta$$

schreiben. Bildet man noch die Beträge komponentenweise, so hat man die Abschätzung

$$(30.6) \qquad |\varepsilon| \leqq |A^{-1}| \cdot |\delta|,$$

jedoch kann man u. U. bessere Ergebnisse erzielen, wenn man etwas vorsichtiger abschätzt. Besonders in dem sehr häufig eintretenden Fall, daß alle Elemente von A^{-1} positiv sind (ähnlich, wenn alle negativ sind), kann man, wenn obere und untere Schranken für δ bekannt sind, also etwa $\delta^- \leqq \delta \leqq \delta^+$ gilt, die Abschätzung

$$(30.7) \qquad A^{-1}\,\delta^- \leqq \varepsilon \leqq A^{-1}\,\delta^+$$

(komponentenweise) folgern, die auch beim Beispiel der Nr. 30.5 benutzt wird.

Natürlich hat man auch mehr Arbeit aufzuwenden, wenn man sorgfältigere Abschätzungen durchführt. Daher soll hier noch eine weitere Vereinfachung und Vergröberung von (30.6) angegeben werden. Häufig liegen die Beträge der δ_i in der gleichen Größenordnung, so daß man ohne allzu großen Verlust durch $|\delta_i| \leqq \delta_{\max}$ $(i = 1, \ldots, n)$ abschätzen kann. Mit dem Vektor $e = \{1, 1, \ldots, 1\}$ hat man dann

$$(30.8) \qquad |\varepsilon| \leqq \delta_{\max} \cdot |A^{-1}| \cdot e.$$

Wenn die Elemente von A^{-1} positiv sind (A also von isotoner Art, vgl. § 5), hat man nur nötig, das Gleichungssystem $A\,w = e$ zu lösen. Bei L. Collatz (1955), S. 168 findet sich eine Methode, nach der man mit einer Approximation für w auskommt.

Die hier geschilderte Methode kann auf nichtlineare Probleme ebenfalls angewandt werden, jedoch muß dabei die Fehlerfortpflanzung genau verfolgt werden. Daher sollen für einige Klassen solcher Aufgaben und gewisse Differenzenverfahren rezeptmäßig anwendbare, einfachere Methoden angegeben werden.

30.3 Nichtlineare Aufgaben der Klasse M

Bei P. Henrici (1962) ist für Aufgaben der folgenden „Klasse M" und entsprechende Differenzenverfahren eine abgerundete Theorie zu finden, aus welcher einige Ergebnisse hier genannt werden sollen.

Definition 30.9: *Die Randwertaufgabe*

$$u'' + f(x, u) = 0 \quad in \ -\infty < a \leqq x \leqq b < \infty,$$
$$u(a) = A, \quad u(b) = B$$

gehört zur Klasse M, wenn in dem Streifen $a \leqq x \leqq b$, $-\infty < u < \infty$ die Funktion $f(x, u)$
   a) stetig und stetig nach u partiell differenzierbar und
   b) lipschitzbeschränkt ist:

$$|f(x, u) - f(x, u^*)| \leqq L\,|u - u^*|.$$

   c) Ferner sei dort $f_u(x, u) \leqq 0$.

Es gilt zunächst, daß jede Aufgabe der Klasse M genau eine Lösung besitzt (vgl. die §§ 4 und 5).

Die benutzten Differenzenverfahren mögen sich der Form

$$(30.10) \quad L_h U_i \equiv U_{i-1} - 2U_i + U_{i+1} + h^2[\beta_0\,f(x_{i-1}, U_{i-1}) +$$
$$+ \beta_1\,f(x_i, U_i) + \beta_2\,f(x_{i+1}, U_{i+1})] = 0$$
$$\left(i = 1, \ldots, n-1; \quad h = \frac{b-a}{n}; \quad x_i = a + i\,h; \right.$$
$$\left. \beta_k \geqq 0 \ \text{für} \ k = 0, 1, 2; \ \beta_0 + \beta_1 + \beta_2 = 1 \right)$$

unterordnen [vgl. die Formeln (28.31.7) und (28.35.5)], und es soll die Restgliedabschätzung [vgl. (28.27)]

$$(30.11) \qquad |L_h u(x)| \leqq h^{m+1} F_{m+1} \underset{x-h \leqq t \leqq x+h}{\mathrm{Max}} |u^{(m+1)}(t)| \leqq h^{m+1} F_{m+1} Z$$

mit $Z = \underset{a \leqq t \leqq b}{\mathrm{Max}} |u^{(m+1)}(t)|$ gelten, wozu die $(m+1)$-malige Differenzierbarkeit der exakten Lösung erforderlich ist. Wenn dann noch $L h^2 < 1$ ist und $f_{uu}(x, u)$ existiert und gemäß $|f_{uu}(x, u)| \leqq L_2$ in $a \leqq x \leqq b$, $-\infty < u < \infty$ beschränkt ist, so besitzt auch das Gleichungssystem (30.10) eine eindeutig bestimmte Lösung für alle h, die der Ungleichung

$$(30.12) \qquad h^{m-1} \leqq \frac{32}{(b-a)^4 L_2 F_{m+1} Z}$$

genügen. Besitzt man ferner Ausgangswerte $U_i^{(0)} = z(x_i)$ $(i = 1, \ldots, n-1)$ mit einer $(m+1)$-mal stetig differenzierbaren Interpolationsfunktion $z(x)$, so ist für die Konvergenz des Newtonschen Verfahrens gegen die Lösung von (30.10) das Erfülltsein von

$$(30.13) \qquad \underset{a \leqq x \leqq b}{\mathrm{Max}} |z''(x) + f(x, z(x))| +$$
$$+ h^{m-1} F_{m+1} \underset{a \leqq x \leqq b}{\mathrm{Max}} |z^{(m+1)}(x)| \leqq \frac{32}{(b-a)^4 L_2}$$

hinreichend. Wenn (30.12) erfüllt ist, gilt die Fehlerabschätzung

$$(30.14) \qquad |U_i - u(x_i)| \leqq \tfrac{1}{2}(x_i - a)(b - x_i)(F_{m+1} Z h^{m-1} + \varepsilon h^{-2})$$
$$(i = 1, \ldots, n-1),$$

worin ε eine Schranke für die Beträge der „lokalen Rundungsfehler"

$$(30.15) \qquad \varepsilon_i = L_h U_i \quad (i = 1, \ldots, n-1)$$

ist. Ferner kann man statistische Methoden auf die Rundungsfehler anwenden. Eine (30.14) entsprechende Berücksichtigung der Rundungsfehler ist auch bei den Methoden der Nr. 30.2 und 30.4 möglich.

30.4 Zwei weitere Klassen nichtlinearer Probleme

J. Schröder (1956a) betrachtet die beiden Differentialgleichungen

$$(30.16\mathrm{a}) \qquad u'' + f(x, u) = 0$$

oder

$$(30.16\mathrm{b}) \qquad u'' + f(x, u, u') = 0$$

in $0 \leq x \leq 1$ mit den Sturmschen Randbedingungen

(30.16c) $\qquad a\, u(0) - b\, u'(0) = A, \qquad c\, u(1) + d\, u'(1) = B$

$$(a, b, c, d \geq 0, \; \Delta = a\,c + a\,d + b\,c > 0).$$

Setzt man in (30.10) $h = 1/n$ und $\beta_0 = \beta_2 = \dfrac{\alpha}{12}$ $\left(\text{daraus folgt } \beta_1 = 1 - \right.$ $\left. - \dfrac{2\alpha}{12}\right)$, so erhält man die Differenzengleichungen

$$(30.17) \quad (U_{i-1} - 2U_i + U_{i+1}) + h^2 F_i + \frac{\alpha\, h^2}{12}(F_{i-1} - 2F_i + F_{i+1}) = 0$$

$$(i = 1, \ldots, n-1),$$

wobei die Operation $\dot{\,}$, die durch

$$(30.18) \qquad \dot{Z}_i = \begin{cases} \dfrac{1}{h}(Z_1 - Z_0) & \text{für } i = 0, \\[2mm] \dfrac{1}{2h}(Z_{i+1} - Z_{i-1}) & \text{für } i = 1, \ldots, n-1, \\[2mm] \dfrac{1}{h}(Z_n - Z_{n-1}) & \text{für } i = n \end{cases}$$

erklärt ist, die Definition der F_i in (30.17) erleichtert:

$$(30.19) \quad F_i = \begin{cases} f(i\,h, U_i) & \text{im Falle (30.16a)}, \\ f(i\,h, U_i, \dot{U}_i) & \text{im Falle (30.16b)}. \end{cases}$$

Ersetzt man noch die Randbedingungen durch

$$(30.20) \qquad \begin{aligned} a\,U_0 - b\,\dot{U}_0 &= A + \beta\,\frac{b\,h}{6}(2F_0 + F_1), \\[2mm] c\,U_n + d\,\dot{U}_n &= B + \beta\,\frac{d\,h}{6}(2F_n + F_{n-1}), \end{aligned}$$

so sind in (30.17) und (30.20) $n+1$ Gleichungen für $n+1$ Unbekannte gegeben. Es wird $0 \leq \alpha \leq 6$, $0 \leq \beta$ vorausgesetzt, für $\alpha = \beta = 0$ ist (30.17) das gewöhnliche Differenzenverfahren (28.31.7), für $\alpha = \beta = 1$ das Mehrstellenverfahren (28.35.5). Es werden nun die Schranken für die Ableitungen

$$\operatorname*{Max}_{0 \leq x \leq h} \left| u^{(k)}(x) \right| \leq M_0^{(k)}, \qquad \operatorname*{Max}_{1-h \leq x \leq 1} \left| u^{(k)}(x) \right| \leq M_n^{(k)},$$

$$\operatorname*{Max}_{(i-1)h \leq x \leq (i+1)h} \left| u^{(k)}(x) \right| \leq M_i^{(k)}$$

$$(30.21) \qquad\qquad (i = 1, \ldots, n-1; \; k = 4, 5, 6),$$

$$\operatorname{Max}(M_0^{(4)}, M_n^{(4)}) = M^{(4)}, \qquad \operatorname*{Max}_{0 \leq x \leq 1} \left| u^{(k)}(x) \right| = M^{(k)}$$

$$(k = 5, 6)$$

und folgende Hilfsgrößen eingeführt (λ' bedeutet nicht die Ableitung von λ):

$$
\text{(30.22)}
\begin{cases}
\gamma_i = \dfrac{1}{\varDelta}\,[c\,(1 - i\,h) + d], \qquad \delta_i = \dfrac{1}{\varDelta}\,(a\,i\,h + b) \qquad (i = 0, \ldots, n), \\[2ex]
\lambda(\xi) = \begin{cases}
\dfrac{1}{2\varDelta}\,b\,(c + 2d)\,(1 + \xi) \\
\qquad \text{falls} \quad \xi\,(a\,d - b\,c) < -a\,(c + 2d), \\[1ex]
\dfrac{1}{2\varDelta}\,d\,(a + 2b)\,(1 + \xi) \\
\qquad \text{falls} \quad \xi\,(a\,d - b\,c) > c\,(a + 2b), \\[1ex]
\dfrac{1}{8} + \dfrac{1}{4\varDelta}\,(a\,d + b\,c + 4b\,d)\,(1 + \xi) + \\
\qquad + \dfrac{1}{8\varDelta^2}\,(a\,d - b\,c)^2\,(1 + \xi)^2 \quad \text{sonst,}
\end{cases} \\[2ex]
\lambda'(\xi) = \dfrac{1}{2} + \dfrac{1}{2\varDelta}\,\{|a\,d - b\,c| + \xi\,(a\,d + b\,c)\}, \\[1.5ex]
\lambda = \lambda(0), \qquad \lambda' = \lambda'(0), \qquad \xi = \dfrac{25\,M^{(4)}}{h\,M^{(6)}} - h, \\[2ex]
\omega_i = \begin{cases}
h^2\,(1 - \beta)\,(2F_0 + F_1) & \text{für } i = 0, \\
h^2\,(1 - \alpha)\,(F_{i-1} - 2F_i + F_{i+1}) & \text{für } i = 1, \ldots, n - 1, \\
h^2\,(1 - \beta)\,(2F_n + F_{n-1}) & \text{für } i = n,
\end{cases} \\[3ex]
\left.\begin{aligned}
\sigma_i &= h^2[\gamma_i\,(a\,F_0 - b\,\dot F_0) + \delta_i\,(c\,F_n + d\,\dot F_n) - F_i] \\
\tau_i &= h[\gamma_i\,b\,(2F_0 + F_1) + \delta_i\,d\,(2F_n + F_{n-1})] \\
Q_i &= \dfrac{1}{12}\,[(1 - \alpha)\,\sigma_i + 2\,(1 - \beta)\,\tau_i] \\
\sigma_i^* &= h^2[\gamma_i\,a\,F_0 + \delta_i\,c\,F_n - F_i] + \\
&\quad + h[\gamma_i\,b\,(5F_0 + F_1) + \delta_i\,d\,(5F_n + F_{n-1})]
\end{aligned}\right\} \quad (i = 0, \ldots, n), \\[3ex]
\tau_i^* = \dot\sigma_i^* + \begin{cases}
2h\,(2F_0 + F_1) & \text{für } i = 0, \\
2h^2\,\dot F_i & \text{für } i = 1, \ldots, n - 1, \\
2h\,(2F_n + F_{n-1}) & \text{für } i = n.
\end{cases}
\end{cases}
$$

Weiterhin werden für den Fall (30.16a) [(30.16b)] folgende beiden Voraussetzungen gemacht:

1. $f(x, y)$ $[f(x, y, z)]$ sei in einem bzgl. y [y und z] konvexen Gebiet $G\,[G^*]$ der x-y-Ebene [des x-y-z-Raumes] samt aller partiellen Ableitungen bis zur 4. Ordnung inklusive stetig.

2. Es existiere sowohl eine Lösung u der gegebenen Randwertaufgabe als auch eine Lösung der Gln. (30.17) und (30.20), die ganz in $G\,[G^*]$ verlaufen.

Unter diesen Voraussetzungen gelten für (30.16a) folgende 4 Sätze (Von den Hilfsgrößen brauchen bei deren Anwendung natürlich nur die in dem jeweiligen Satz vorkommenden berechnet zu werden.):

Satz 30.23: *Ist in* G $|f_y(x, y)| \leqq L$ *mit* $L < 1/\lambda$, *so gilt*

$$|U_i - u_i| \leqq \frac{1}{1 - \lambda L}\left\{ \operatorname*{Max}_{0 \leqq i \leqq n} |Q_i| + h^4 \frac{M^{(6)} \lambda(\xi)}{100} \right\} \qquad (i = 0, \ldots, n).$$

Satz 30.24: *Ist in* G $-6/h^2 < f_y(x, y) \leqq 0$ *und*

$$|\omega_i| \geqq \begin{cases} 0.12\, h^6\, M_i^{(6)} & \textit{für alle}\;\; i = 1, \ldots, n - 1, \\ 0.75\, h^4\, M_i^{(4)} & \textit{für}\;\; i = 0\;\textit{und}\; n, \end{cases}$$

so folgt aus

$$\omega_i \leqq 0\;\; [\textit{bzw.}\;\; \omega_i \geqq 0]\quad \textit{für alle}\;\; i = 0, 1, \ldots, n,$$

daß

$$u_i \leqq U_i\;\; [\textit{bzw.}\;\; u_i \geqq U_i]\quad \textit{für}\;\; i = 0, \ldots, n$$

gilt.

Satz 30.25: *Wenn alle* $U_i - u_i \geqq 0$ *oder alle* $\leqq 0$ *sind, gilt*

$$|U_i - u_i| \leqq |Q_i| + h^4 \frac{M^{(6)} \lambda(\xi)}{100} \qquad (i = 0, \ldots, n).$$

Dieser Satz kann im Anschluß an Satz 30.24 benutzt werden, er gilt auch für $|f_y| \geqq 1/\lambda$.

Satz 30.26: *Ist in* G $0 \leqq f_y(x, y) \leqq L$ *mit einem* $L \leqq 1/\lambda$ *und ist ferner*

$$|Q_i| \geqq \frac{h^4 M^{(6)} \lambda(\xi)}{100} \quad \textit{für alle}\;\; i = 0, \ldots, n,$$

so folgt aus

$$Q_i \leqq 0\;\; [\text{bzw.}\;\; Q_i \geqq 0]\quad \textit{für alle}\;\; i = 0, \ldots, n,$$

daß

$$u_i \leqq U_i\;\; [\text{bzw.}\;\; u_i \geqq U_i]\quad \textit{für alle}\;\; i = 0, \ldots, n$$

gilt.

Man beachte, daß beim Mehrstellenverfahren ($\alpha = \beta = 1$) nach Definition alle Q_i verschwinden.

Für Aufgaben der Klasse (30.16b) gilt der

Satz 30.27: *Ist in* G^* $|f_y(x, y, z)| \leqq L$, $|f_z(x, y, z)| \leqq L'$ *mit solchen* L, L', *daß die Größe*

$$\frac{1}{D} = 1 - \left[L\lambda + L'\left(\lambda' + h\lambda' + \frac{h}{6} + \frac{h^2}{2}\right)\right] > 0$$

ist, so gilt koordinatenweise (Matrixschreibweise)

$$\begin{pmatrix} \operatorname*{Max}_{0 \le i \le n} |U_i - u_i| \\ \operatorname*{Max}_{1 \le i \le n-1} |\dot{U}_i - u_i'| \\ \operatorname*{Max}_{i=0,n} |\dot{U}_i - u_i'| \end{pmatrix} \le$$

$$\le \begin{pmatrix} \lambda\,LD + 1 & \lambda\,L'D & h\,\lambda\,L'D \\ \left(\lambda' + \dfrac{h}{6}\right)LD & \left(\lambda' + \dfrac{h}{6}\right)L'D + 1 & h\left(\lambda' + \dfrac{h}{6}\right)L'D \\ \left(\lambda' + \dfrac{h}{2}\right)LD & \left(\lambda' + \dfrac{h}{2}\right)L'D & h\left(\lambda' + \dfrac{h}{2}\right)L'D + 1 \end{pmatrix} \times$$

$$\times \begin{pmatrix} \dfrac{1}{12}\operatorname*{Max}_{0 \le i \le n} |\sigma_i^*| + h^4\,\dfrac{M^{(6)}\,\lambda(\xi)}{100} \\[2ex] \dfrac{1}{12}\operatorname*{Max}_{1 \le i \le n-1} |\tau_i^*| + h^4\,\dfrac{M^{(6)}\,\lambda'(\xi)}{100} + h^4\,\dfrac{13\,M^{(5)}}{360} \\[2ex] \dfrac{1}{12}\operatorname*{Max}_{i=0,n} |\tau_i^*| + h^4\,\dfrac{M^{(6)}\,\lambda'(\xi)}{100} + h^3\,\dfrac{M^{(4)}}{8} \end{pmatrix}.$$

30.5 Vergleich verschiedener Abschätzungen an einem Beispiel

Um auch die Abschätzungen der Nr. 30.2 einbeziehen zu können, wird ein lineares Problem betrachtet, nämlich

$$(30.28) \qquad u'' - (1 + x^2)\,u = -(1 + x^2) \quad \text{in } (-1, 1), \quad u(\pm 1) = 0.$$

Schreibt man diese Aufgabe mittels der Greenschen Funktion zu u'' (vgl. Tab. 4.32) als Integralgleichung

$$(30.29) \qquad u(x) = T\,u \equiv \frac{1}{12}(1 - x^2)(7 + x^2) + \int_{-1}^{1} G(x, \xi)(1 + \xi^2)\,u(\xi)\,d\xi$$

$$\text{mit } G(x, \xi) = \begin{cases} -\tfrac{1}{2}(1 - x)(1 + \xi) & \text{für } \xi \le x, \\ -\tfrac{1}{2}(1 + x)(1 - \xi) & \text{für } \xi \ge x, \end{cases}$$

so kann man nach Ausführung eines Iterationsschrittes $u_1 = T\,u_0$ leicht nach dem Fixpunktsatz mit Zahlennorm und Zahlenmajorante (vgl. §§ 33 und 34) abschätzen. Mit der Norm

$$(30.30) \qquad \|v\| = \operatorname*{Max}_{[-1,1]} \frac{|v(x)|}{1 - x^2}$$

wird $\|T\,v - T\,w\| \le \dfrac{7}{15}\,\|v - w\|$ und weiter

$$(30.31) \qquad \|u - u_1\| \le \tfrac{7}{8}\,\|u_1 - u_0\|.$$

Wählt man $u_0 = a\,(1 - x^2)$, so wird $\|u_1 - u_0\|$ zum Minimum für $a = 75/172$, und man erhält

$$(30.32) \qquad \left| u(x) - \frac{1}{1032}(1 - x^2)(392 + 101\,x^2 + 15\,x^4) \right| \le \frac{203}{4128}(1 - x^2).$$

Wegen der Symmetrie der Aufgabe weiß man, daß $u'(0) = 0$ wird, und kann daher schreiben

$$(30.33) \qquad u'(x) = \int_0^x u''(\xi)\, d\xi = -\left(x + \frac{x^3}{3}\right) + w(x)$$

mit

$$w(x) = \int_0^x (1 + \xi^2)\, u(\xi)\, d\xi$$

und

$$\left| w(x) - \frac{1}{1032}\left(392x + \frac{101}{3}x^3 - \frac{377}{5}x^5 - \frac{101}{7}x^7 - \frac{5}{3}x^9\right)\right| \leqq$$
$$\leqq \frac{203}{4128}\left|x - \frac{x^5}{5}\right|.$$

Differenziert man die Differentialgleichung einige Male und eliminiert jeweils die zweite Ableitung mit Hilfe der Differentialgleichung und schließlich die erste mittels (30.33), so kommt man leicht u. a. zu

$$(30.34) \quad \begin{aligned} u^{\mathrm{IV}}(x) &= -(3 + 6x^2 + \tfrac{7}{3}x^4) + (3 + 2x^2 + x^4)\, u(x) + 4x\, w(x),\\ u^{\mathrm{VI}}(x) &= -(15 + 45x^2 + 19x^4 + 5x^6) + (15 + 33x^2 + 3x^4 +\\ &\qquad + x^6)\, u(x) + (12x + 12x^3)\, w(x). \end{aligned}$$

Hiermit ergeben sich aber nach (30.32) und (30.33) obere und untere Schranken für diese höheren Ableitungen. Alle dafür nötigen Rechnungen lassen sich leicht ohne Hilfsmittel durchführen.

Als Differenzenverfahren soll das gewöhnliche Differenzenverfahren benutzt werden, wobei wegen der Symmetrie nur das halbe Intervall $[0, 1]$ betrachtet wird und $u(-h) = u(h)$ gesetzt wird. Das (30.3) entsprechende Gleichungssystem lautet hier explizit ($h = 1/n$)

$$(30.35)$$
$$(2 + h^2)\, u_i - 2u_{i+1} =$$
$$= h^2 - \frac{2}{3!}\int_0^h u^{\mathrm{IV}}(x)\, [h - x]^3\, dx \quad \text{für} \quad i = 0,$$

$$-u_{i-1} + (2 + h^2 + i^2 h^4)\, u_i - u_{i+1} =$$
$$= h^2 + i^2 h^4 - \frac{1}{3!}\int_{(i-1)h}^{ih} u^{\mathrm{IV}}(x)\, [x - (i-1)h]^3\, dx -$$
$$- \frac{1}{3!}\int_{ih}^{(i+1)h} u^{\mathrm{IV}}(x)\, [(i+1)h - x]^3\, dx$$
$$\text{für} \quad i = 1, \ldots, n-2,$$

$$-u_{i-1} + (2 + h^2 + i^2 h^4)\, u_i =$$
$$= h^2 + i^2 h^4 - \frac{1}{3!}\int_{1-2h}^{1-h} u^{\mathrm{IV}}(x)\, [x - (1-2h)]^3\, dx -$$
$$- \frac{1}{3!}\int_{1-h}^{1} u^{\mathrm{IV}}(x)\, [1 - x]^3\, dx \quad \text{für} \quad i = n-1.$$

Die Inverse der Matrix A dieses Gleichungssystems hat nur positive Elemente, und die Faktoren von $u^{\mathrm{IV}}(x)$ unter den Integralen sind ebenfalls positiv. Nun zu den einzelnen Abschätzungen:

a) Unmittelbare Abschätzung. Leicht kann man nach (30.32) bis (30.34) Größen V_i und W_i $(i = 0, \ldots, n - 1)$ so bestimmen, daß

$$(30.36) \qquad V_i \leqq u^{\mathrm{IV}}(x) \leqq W_i \quad \text{in } i\,h \leqq x \leqq (i + 1)\,h$$

gilt. Dann ersetzt man in (30.35) die Integralglieder der Reihe nach durch

$$(30.37) \qquad -\frac{h^4}{4!} \cdot 2V_0 \quad (i = 0) \quad \text{und} \quad -\frac{h^4}{4!}(V_{i-1} + V_i)$$
$$(i = 1, \ldots, n - 1),$$

löst das entsprechende Gleichungssystem und erhält, indem man mit den W_i statt der V_i die gleiche Rechnung durchführt, die gewünschten Schranken.

b) Abschätzung nach (30.8). Hier ersetzt man, da nach (30.34) $u^{\mathrm{IV}} < 0$ in $[0, 1]$ gilt, die Integralglieder einerseits durch

$$(30.38) \qquad +\frac{h^4}{12} V_{\mathrm{Max}} \quad (i = 0, \ldots, n - 1) \quad \text{mit} \quad V_{\mathrm{Max}} = \operatorname*{Max}_{0 \leqq i \leqq n-1} |V_i|$$

und andererseits durch $-\dfrac{h^4}{12} V_{\mathrm{Max}}$ und verfährt sonst wie bei a).

c) Abschätzung nach Henrici. Die Formel (30.14) führt hier auf [(30.12) und (30.13) sind erfüllt, da man wegen $f_{uu} \equiv 0$ die Zahl L_2 beliebig klein wählen kann]

$$(30.39) \qquad |U_i - u_i| \leqq \frac{1}{2}(1 - i^2 h^2)\left(\frac{h^2}{12} V_{\mathrm{Max}} + \varepsilon\, h^{-2}\right)$$
$$(i = 0, \ldots, n - 1).$$

Nachdem man (30.35) unter Fortlassung der Integralglieder gelöst hat, kann man durch Einsetzen der ermittelten U_i die ε_i nach (30.15) und ε ermitteln und dann (30.39) anwenden. Bei den unten angegebenen Zahlen ist $\varepsilon\, h^{-2}$ von kleinerer Größenordnung, als $h^2\, V_{\mathrm{Max}}/12$, jedoch können allgemein, besonders bei großem n, durchaus andere Verhältnisse vorliegen.

d) Abschätzung nach Schröder. Nach Berechnung der Hilfsgrößen stellt man fest, daß nur die Sätze 30.24 und 30.25 angewandt werden können, wobei $\omega_i \geqq 0$ $(i = 0, \ldots, n - 1)$ gilt. Da die Aufgabe auf das Intervall $[0, 1]$ transformiert werden muß, sollen hier zur Vermeidung von Konfusionen keine weiteren Formeln angegeben werden.

Die folgenden Zahlen für den Punkt $x = 0$ sind die Abweichungen von dem Wert der exakten Lösung $u = 1 - \exp[\frac{1}{2}(x^2 - 1)]$, nämlich $u(0) = 0.39346\ 93403\ \dots$.

(30.40)

		$h=1/4$	$h=1/8$	$h=1/16$	$h=1/32$	$h=1/64$
$U_0 - u(0)$		$-4.73 \cdot 10^{-3}$	$-1.20 \cdot 10^{-3}$	$-3.02 \cdot 10^{-4}$	$-7.54 \cdot 10^{-5}$	$-1.89 \cdot 10^{-5}$
	a)	$+1.74 \cdot 10^{-3}$ $-7.98 \cdot 10^{-4}$	$+2.34 \cdot 10^{-4}$ $-1.46 \cdot 10^{-4}$	$+3.90 \cdot 10^{-5}$ $-2.63 \cdot 10^{-5}$	$+7.65 \cdot 10^{-6}$ $-5.07 \cdot 10^{-6}$	$+1.67 \cdot 10^{-6}$ $-1.07 \cdot 10^{-6}$
Schranken $-\ u(0)$	b)	$+1.33 \cdot 10^{-2}$ $-2.28 \cdot 10^{-2}$	$+3.32 \cdot 10^{-3}$ $-5.72 \cdot 10^{-3}$	$+8.28 \cdot 10^{-4}$ $-1.44 \cdot 10^{-3}$	$+2.07 \cdot 10^{-4}$ $-3.58 \cdot 10^{-4}$	$+5.18 \cdot 10^{-5}$ $-8.95 \cdot 10^{-5}$
	c)	$+2.19 \cdot 10^{-2}$ $-3.13 \cdot 10^{-2}$	$+5.44 \cdot 10^{-3}$ $-7.84 \cdot 10^{-3}$	$+1.36 \cdot 10^{-3}$ $-1.96 \cdot 10^{-3}$	$+3.40 \cdot 10^{-4}$ $-4.91 \cdot 10^{-4}$	$+8.50 \cdot 10^{-5}$ $-1.23 \cdot 10^{-4}$
	d)	$+3.98 \cdot 10^{-3}$ $-4.73 \cdot 10^{-3}$	$+7.05 \cdot 10^{-4}$ $-1.20 \cdot 10^{-3}$	$+1.59 \cdot 10^{-4}$ $-3.02 \cdot 10^{-4}$	$+3.84 \cdot 10^{-5}$ $-7.54 \cdot 10^{-5}$	$+9.53 \cdot 10^{-6}$ $-1.89 \cdot 10^{-5}$

Bei b) und c) liegt die Näherung in der Mitte des abschätzenden Intervalls, bei d) auf der unteren Grenze, während sie bei a) gar nicht in dem Intervall enthalten ist. Auch ist a) der einzige Fall, bei dem sich durch Verbesserung der Schranken (30.32) noch eine wesentliche Verkleinerung dieses Intervalls erreichen ließe. Der Vergleich der Zahlen sollte aber nicht zu einem vorschnellen Werturteil führen, da sowohl der Arbeitsaufwand unterschiedlich ist als auch der Anwendungsbereich der Methoden nicht übereinstimmt.

30.6 Lineare, zweidimensionale Aufgaben

Bei mehrdimensionalen Aufgaben ist es fast nie möglich, die höheren Ableitungen der Lösung mittels der Differentialgleichung durch die niederen und die Lösung selbst auszudrücken. Dennoch wird auch hier an der Voraussetzung festgehalten, daß Schranken M_k ($k = 2, 3, 4$) für die Ableitungsbeträge $|\partial^k u/\partial x^k|$ und $|\partial^k u/\partial y^k|$ im ganzen Integrationsgebiet B bekannt sind. B sei zusammenhängend, und es sei die Randwertaufgabe

$$(30.41) \qquad L u \equiv a\,u_{xx} + c\,u_{yy} + d\,u_x + e\,u_y - g\,u = r \quad \text{in } B,$$

$$u = \gamma \quad \text{auf } \Gamma, \text{ dem Rand von } B$$

gegeben, worin die Koeffizientenfunktionen $a(x, y), \dots, r(x, y)$ in $B + \Gamma$ stetig sein sollen und die Ungleichungen $a > 0$, $c > 0$, $g \geqq 0$ erfüllen mögen. Legt man ein quadratisches, achsenparalleles Gitter G auf B, so kann man, wenn man die Gittergeraden in der x- und y-Richtung getrennt numeriert (Abb. 30.43), jeden Gitterpunkt durch ein Paar (i, k) solcher Nummern kennzeichnen. Dementsprechend kann das gewöhnliche Differenzenverfahren (vgl. die Tab. 28.31 und 28.39) geschrieben werden als

$$(30.42) \quad L_h\, U_{ik} \equiv \left(a_{ik} - \frac{h}{2}\, d_{ik}\right) U_{i-1,k} + \left(a_{ik} + \frac{h}{2}\, d_{ik}\right) U_{i+1,k} +$$

$$+ \left(c_{ik} - \frac{h}{2}\, e_{ik}\right) U_{i,k-1} + \left(c_{ik} + \frac{h}{2}\, e_{ik}\right) U_{i,k+1} -$$

$$- (2a_{ik} + 2c_{ik} + h^2\, g_{ik})\, U_{ik} = h^2\, r_{ik}.$$

Diese Formel wird in allen Punkten (i, k) aus B benutzt, für die die vier darin vorkommenden Nachbarpunkte ebenfalls in B oder auf Γ liegen, wie z. B. die Punkte $(4,3)$ bzw. $(2,4)$ der Abb. 30.43. In den anderen Punkten wird die Formel (28.39.18) mit $1 < \alpha < 2$, $\alpha = \beta + 1$ in einer Richtung so angewandt, daß neben dem Randpunkt zwei innere Punkte beteiligt sind, so hat man z. B. vom Punkt P der Abbildung in der y-Richtung die Formel

$$(30.44) \quad U_{52} = \frac{\beta\, U_{53} + \gamma(P)}{1 + \beta}.$$

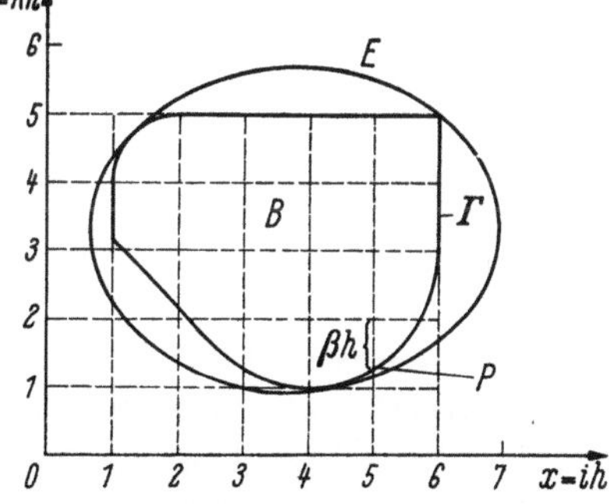

Abb. 30.43. Muster eines Bereichs mit Gitter

Nun wird eine achsenparallele Ellipse E (Abb. 30.43)

$$(30.45) \quad \left(\frac{x - x_{\text{Mitte}}}{p}\right)^2 + \left(\frac{y - y_{\text{Mitte}}}{q}\right)^2 = 1$$

möglichst klein, aber so bestimmt, daß sie ganz B enthält, und es wird der Ausdruck

$$(30.46) \quad Q = Q(x, y) = \frac{a}{p^2} + \frac{c}{q^2} - \frac{|d|}{p} - \frac{|e|}{q}$$

gebildet.

Wenn dann die Voraussetzung $Q > 0$ in $B + \Gamma$ erfüllt ist, gilt die Abschätzung

$$(30.47) \quad |U_{ik} - u_{ik}| \leqq 3 h^2\, M_2 +$$

$$+ \frac{h^2}{12} \operatorname*{Max}_{B+\Gamma} \left\{ \frac{1}{Q} \left[M_4(a + c) + 2 M_3(|d| + |e|) \right] \right\}.$$

In dem Spezialfall, daß keine Punkte vorhanden sind, in denen nach (28.39.18) analog (30.44) interpoliert werden muß, in welchem man also mit der Formel (30.42) auskommt, gilt schärfer

$$(30.48) \quad |U_{ik} - u_{ik}| \leqq \frac{h^2}{24} \operatorname*{Max}_{B+\Gamma} \left\{ \frac{1}{Q} \left[M_4(a + c) + 2 M_3(|d| + |e|) \right] \right\}.$$

Für den Beweis siehe L. COLLATZ (1955), S. 326ff. Es sei noch erwähnt, daß bei der Poissonschen Gleichung wegen $d \equiv e \equiv 0$ die Voraussetzung $Q > 0$ immer erfüllt ist.

30.7 Eigenwertschranken bei mehrdimensionalen Aufgaben

Indem für obere Eigenwertschranken auf Variationsmethoden verwiesen wird [vgl. Kap. IV, Formel (28.39.12) und Nr. 32.3], soll hier über einen Teil der Ergebnisse von H. F. WEINBERGER (1956 und 1958) referiert werden. Es wird ausgegangen von der Aufgabe (Bezeichnungen wie in § 6)

$$(30.49) \qquad -\sum_{i=1}^{N} (a_i\, u_{,i})_{,i} + b\, u = \lambda\, c\, u \quad \text{in } B,$$

$$u = 0 \quad \text{auf } \Gamma, \text{ dem Rand von } B,$$

wobei B endlich und zusammenhängend sei und in $B + \Gamma$ die Koeffizientenfunktionen $a_i(x_1, \ldots, x_N) = a_i(x) > 0$, $b(x) \geqq 0$, $c(x) > 0$ und stückweise stetig differenzierbar seien.

Als Bereich für das Differenzenverfahren mit der Maschenweite h wird nun der kleinste, aus N-dimensionalen, achsenparallelen Kuben der Kantenlänge h zusammengesetzte Bereich B_h gewählt, der außer ganz B auch alle N Bereiche enthält, die durch Translation von B um $-h$ in allen Koordinatenrichtungen entstehen.

Numeriert man die zu den Koordinatenhyperebenen parallelen Hyperebenen des Würfelgitters durch Nummern $n_i = 1, 2, 3, \ldots$ $(i = 1, \ldots, N)$, so läßt sich ein Punkt des Gitters durch Angabe des Vektors $n = \{n_1, \ldots, n_N\}$ kennzeichnen. Verschiebt man das Koordinatensystem geeignet, so erhält dieser Punkt die Koordinaten $x = h \cdot n$.

Außerdem soll der Würfel, der an einen solchen Punkt in Richtung wachsender Koordinaten anschließt, mit $W(n) = W(n_1, \ldots, n_N)$ bezeichnet werden und der Teil dieses Würfels, der zu $B + \Gamma$ gehört, mit $W_B(n)$. Für die entsprechenden Volumina wird $V_B(n) = \int\limits_{W_B(n)} dB$ geschrieben.

Zur Aufstellung des hier zu benutzenden Differenzenverfahrens werden (nach Art der harmonischen Mittelung) folgende Mittelwerte der Koeffizienten gebildet

$$(30.50) \quad \bar{a}_i(n) = [V_B(n) + V_B(n_1, \ldots, n_{i-1}, n_i + 1, n_{i+1}, \ldots, n_N)] \times$$

$$\times \left\{ \int\limits_{W_B(n)} \frac{2(x_i - h\,n_i)}{a_i(x)}\, dB + \int\limits_{W_B(n_1, \ldots, n_i+1, \ldots, n_N)} \frac{2[(n_i + 2)\,h - x_i]}{a_i(x)}\, dB \right\}^{-1}$$

$$(i = 1, \ldots, N),$$

$$\bar{b}(n) = V_B(n) \left\{ \int\limits_{W_B(n)} \frac{dB}{b(x)} \right\}^{-1}, \qquad \bar{c}(n) = V_B(n) \left\{ \int\limits_{W_B(n)} \frac{dB}{c(x)} \right\}^{-1}.$$

Dabei sei n ein innerer Punkt von B_h, dann kann es höchstens eintreten, daß das Integral bei $\bar{b}(n)$ wegen etwaiger Nullstellen von $b(x)$

nicht gebildet werden kann, in welchem Falle $\bar{b}(\boldsymbol{n}) = 0$ zu setzen ist. Die Differenzengleichungen lauten

$$(30.51) \quad -h^2 \sum_{i=1}^{N} \{\bar{a}_i(\boldsymbol{n})\,[U(n_1, \ldots, n_i + 1, \ldots, n_N) - U(\boldsymbol{n})] +$$

$$+ \bar{a}_i(n_1, \ldots, n_i - 1, \ldots, n_N)\,[U(n_1, \ldots, n_i - 1, \ldots, n_N) - U(\boldsymbol{n})]\} +$$

$$+ \bar{b}(\boldsymbol{n})\,U(\boldsymbol{n}) = \Lambda\,\bar{c}(\boldsymbol{n})\,U(\boldsymbol{n}).$$

Die Lösung der entsprechenden Matrizeneigenwertaufgabe liefert eine Anzahl p reeller Eigenwerte Λ_k, die der Größe nach sortiert zu denken sind: $\Lambda_1 \leqq \Lambda_2 \leqq \cdots \leqq \Lambda_p$. Mit den Hilfsgrößen (ggf. ist hier inf und sup statt Min bzw. Max zu schreiben)

$$(30.52) \quad c_{\mathrm{Min}} = \underset{x \in B + \Gamma}{\mathrm{Min}}\, c(x), \qquad K = \frac{h^2}{\pi^2\,c_{\mathrm{Min}}}\, \underset{i=1,\ldots\, n}{\mathrm{Max}}\,\underset{x \in B + \Gamma}{\mathrm{Max}}\left(\frac{c^2(x)}{a_i(x)}\right),$$

$$L = \frac{h^2}{\pi^2\,c_{\mathrm{Min}}}\, \underset{x \in B + \Gamma}{\mathrm{Max}}\left(\frac{|\operatorname{grad} c(x)|}{c(x)}\right)$$

gelten, wenn auch die Eigenwerte λ_k des Ausgangsproblems (30.49) der Größe nach sortiert sind, die Ungleichungen

$$(30.53) \quad \lambda_k \geqq \Lambda_k \left\{\frac{\sqrt{1 - L + K\,\Lambda_k} - \sqrt{K\,L\,\Lambda_k}}{1 + K\,\Lambda_k}\right\}^2 \qquad (k = 1, \ldots, p).$$

Diese Formel vereinfacht sich, wenn $c(x) \equiv 1$ ist, wegen $L = 0$ zu

$$(30.54) \quad \lambda_k \geqq \frac{\Lambda_k}{1 + K\,\Lambda_k} = \Lambda_k - \frac{K\,\Lambda_k^2}{1 + K\,\Lambda_k} \qquad (k = 1, \ldots, p).$$

Sind auch die $a_i(x) \equiv 1$, hat man also die Differentialgleichung $-\Delta u + b\,u = \lambda\,u$, so wird $K = h^2/\pi^2$, und (30.51) geht in das gewöhnliche Differenzenverfahren über, vgl. (28.39.8) und (28.39.26).

Ist die Gleichung $-\Delta u = \lambda\,u$ gegeben, so gilt für den kleinsten Eigenwert schärfer als (30.54)

$$(30.55) \qquad\qquad \lambda_1 \geqq \Lambda_1.$$

§31. Das Summenverfahren bei Integralgleichungen

31.1 Diskretisierung mittels Quadraturformeln

Die dem Differenzenverfahren für Differentialgleichungsaufgaben bei Integralgleichungen entsprechende Methode wird oft als *Summenverfahren* bezeichnet, da sie auf der Ersetzung von Integralen durch endliche Summen beruht. Diese Ersetzung kann mit Hilfe von Quadraturformeln (s. Abschn. H) geschehen, weswegen auch der Name *Quadraturverfahren* gebräuchlich ist. Auf die Herleitung von Quadraturformeln wird hier nicht näher eingegangen.

Gegeben sei in einem Bereich B des N-dimensionalen Raumes (natürlich ist auch der Fall $N = 1$ eingeschlossen) die nichtlineare Integralgleichung

$$(31.1) \qquad \Phi\left\{ \boldsymbol{x}, \boldsymbol{u}(\boldsymbol{x}), \int_B \Psi[\boldsymbol{x}, \boldsymbol{\xi}, \boldsymbol{u}(\boldsymbol{x}), \boldsymbol{u}(\boldsymbol{\xi})]\, d B_{\boldsymbol{\xi}} \right\} = 0.$$

Hat man dann eine numerische Quadraturformel

$$(31.2) \qquad \int_B f(\boldsymbol{x})\, d B = \sum_{k=1}^n A_k\, f(\boldsymbol{x}_k) + \text{Restglied},$$

die eine Menge fester Punkte $\boldsymbol{x}_1, \ldots, \boldsymbol{x}_n$ benutzt, so kann man Näherungen U_i $(i = 1, \ldots, n)$ für die Lösung von (31.1) in den Punkten $\boldsymbol{x}_i$ einführen und erhält unmittelbar das Gleichungssystem

$$(31.3) \qquad \Phi\left\{ \boldsymbol{x}_i, U_i, \sum_{k=1}^n A_k\, \Psi[\boldsymbol{x}_i, \boldsymbol{x}_k, U_i, U_k] \right\} = 0 \qquad (i = 1, \ldots, n),$$

welches bei linearen Integralgleichungen auch linear ausfällt.

Die Formulierung (31.1) der Integralgleichung ist zwar nicht die allgemeinste, sie enthält aber die beiden wichtigen Typen der Fredholmschen Integralgleichungen 1. und 2. Art und ist auch auf Systeme von Integralgleichungen für Vektoren unbekannter Funktionen leicht zu verallgemeinern (vgl. § 3).

Die Summenformel (31.2) ist für den ganzen Bereich B angeschrieben, vielfach wird man in der Praxis den Bereich aufteilen und Summenformeln für die Teilbereiche zu einer Formel der Gestalt (31.2) zusammensetzen.

Über die Lösbarkeit von (31.1) und (31.3) kann ohne weitere Voraussetzungen nichts gesagt werden, sie muß im Einzelfall untersucht werden, s. § 3 und Kap. VIII.

Die Aufstellung der Gleichungen und ihre Auflösung steht in weitgehender Analogie zu den Differenzenverfahren, so daß dafür — abgesehen von den Hinweisen in Nr. 31.3 — nur auf § 29 verwiesen zu werden braucht. Auch kann auf die Kombination von Differenzen- und Quadraturverfahren bei Integrodifferentialgleichungen hier nicht eingegangen werden.

31.2 Vergleich von Differenzen- und Quadraturverfahren

Folgender Spezialfall zeigt u. a., daß zwischen Differenzen- und Summenverfahren vielfach eine mehr als formale Übereinstimmung besteht. Wandelt man die eindimensionale Randwertaufgabe

$$(31.4) \qquad -u'' = f(x, u) \quad \text{in } 0 \leqq x \leqq 1, \quad u(0) = u(1) = 0$$

mittels der $-u''$ entsprechenden Greenschen Funktion (vgl. Tab. 4.32)

$$(31.5) \qquad G(x, \xi) = \begin{cases} \xi(1 - x) & \text{für} \quad 0 \leqq \xi \leqq x \leqq 1, \\ x(1 - \xi) & \text{für} \quad 0 \leqq x \leqq \xi \leqq 1 \end{cases}$$

in die Integralgleichung

$$(31.6) \qquad u(x) = \int_0^1 G(x, \xi)\, f(\xi, u(\xi))\, d\xi$$

um, so kommt man, wenn man das gegebene Intervall in n gleiche Teile teilt, $h = 1/n$ setzt und in jedem Teilintervall $[\xi_i, \xi_{i+1}]$ ($\xi_i = i\,h$, $i = 0, \ldots, n$) die Trapezregel (vgl. Abschn. H) anwendet, zu dem Gleichungssystem

$$(31.7) \qquad U_i = \frac{h}{2} G(i\,h, 0)\, f(0, U_0) + \sum_{k=1}^{n-1} h\, G(i\,h, k\,h)\, f(k\,h, U_k) +$$
$$+ \frac{h}{2} G(i\,h, 1)\, f(1, U_n) \qquad (i = 0, \ldots, n).$$

Setzt man hier (31.5) ein, so erhält man $U_0 = U_n = 0$ und die Gleichungen

$$(31.8) \qquad U_i = \sum_{k=1}^{n-1} h^2\, g_{ik}\, f(k\,h, U_k) \qquad (i = 1, \ldots, n-1)$$

mit der Matrix

$$(31.9) \quad (g_{ik}) = h \begin{pmatrix} 1 \cdot (n-1) & 1 \cdot (n-2) & 1 \cdot (n-3) & \ldots & 1 \cdot 1 \\ 1 \cdot (n-2) & 2 \cdot (n-2) & 2 \cdot (n-3) & \ldots & 2 \cdot 1 \\ 1 \cdot (n-3) & 2 \cdot (n-3) & 3 \cdot (n-3) & \ldots & 3 \cdot 1 \\ \vdots & \vdots & \vdots & \ddots & \vdots \\ 1 \cdot 1 & 2 \cdot 1 & 3 \cdot 1 & \ldots & (n-1) \cdot 1 \end{pmatrix}.$$

Diese Matrix ist die Inverse der Matrix

$$(31.10) \qquad (d_{ji}) = \begin{pmatrix} 2 & -1 & 0 & \ldots & 0 \\ -1 & 2 & -1 & \ldots & 0 \\ 0 & -1 & 2 & \ldots & 0 \\ \vdots & \vdots & \vdots & \ddots & \vdots \\ 0 & 0 & 0 & \ldots & 2 \end{pmatrix},$$

wie man durch Nachrechnen leicht bestätigt. Multiplikation von (31.8) mit dieser Matrix ergibt die Gleichungen

$$(31.11) \quad -(U_{j-1} - 2 U_j + U_{j+1}) = h^2\, f(j\,h, U_j) \qquad (j = 1, \ldots, n-1).$$

Dies sind genau die Gleichungen, die sich auch bei Anwendung des gewöhnlichen Differenzenverfahrens auf das Ausgangsproblem (31.4) ergeben, wenn man nach den Randbedingungen $U_0 = U_n = 0$ setzt. Beide Verfahren führen also zum gleichen Ergebnis, wenn (31.8) bzw. (31.11) überhaupt lösbar sind. Man hat es hier daher nicht nötig, den Umweg über die Integralgleichung zu gehen, wenn nicht besondere Gründe dafür sprechen. Gleichzeitig zeigt dieses Beispiel, daß die Lösung von Randwertaufgaben mit Hilfe Greenscher Funktionen ihre Analogie bei der Lösung von Differenzengleichungen findet, vgl. § 1.

In diesem Sinne können die Beispiele der Nr. 29.4 und 30.5 auch als Beispiele für die Summenmethode angesehen werden. Man vgl. ferner Nr. 31.5.

31.3 Hinweise zur Anwendung der Summenmethode

Es sei zunächst erwähnt, daß die Benutzung von Quadraturformeln, deren Herleitung auf Taylor-Entwicklungen beruht, vom Integranden die Differenzierbarkeit bis zur Ordnung des Restgliedes fordert. Daher ist vor der Benutzung des Summenverfahrens dessen Anwendbarkeit zu prüfen. Es können hier nur zwei Hinweise für Fredholmsche Integralgleichungen 2. Art gegeben werden.

Zuerst ist zu bemerken, daß die Lösung von (3.3) n-mal stetig differenzierbar ist, wenn der Kern und die rechte Seite diese Eigenschaft haben, da man dann aus dieser Gleichung

$$(31.12) \qquad u^{(n)}(x) = \lambda \int_a^b \frac{\partial^n K(x, \xi)}{\partial x^n} u(\xi) \, d\xi + r^{(n)}(x)$$

erhält. In diesem Falle können alle Quadraturformeln mit der Restgliedordnung $\leq n$ Verwendung finden. Ist zwar der Kern n-mal stetig differenzierbar, aber nicht $r(x)$, so kann man sich u. U. durch die Einführung von $v(x) = u(x) - r(x)$ helfen, was auf die Integralgleichung

$$(31.13) \qquad v(x) - \lambda \int_a^b K(x, \xi) v(\xi) \, d\xi = \lambda \int_a^b K(x, \xi) r(\xi) \, d\xi = r_1(x)$$

führt.

Ist andererseits $r(x)$ genügend oft differenzierbar, haben aber der Kern oder seine Ableitungen nach ξ Sprünge längs gewisser Kurven, so wird man versuchen, die Quadraturformeln so anzusetzen, daß ihre Integrationsintervalle nicht über diese Kurven hinwegreichen. Am häufigsten sind (Greensche Funktion) Sprünge bei $x = \xi$; Abb. 31.14 gibt ein Beispiel, wie man dabei etwa mit der Trapezregel (T), der Simpson-Regel (S) und der 3/8-Regel (R) bei 6 Teilintervallen einteilen kann. Oft hat auch der Übergang zu iterierten Kernen (vgl. Nr. 3.4) oder die Umformung

$$(31.15)$$

$$u(x) \left[1 - \lambda \int_a^b K(x, \xi) \, d\xi \right] + \lambda \int_a^b K(x, \xi) [u(x) - u(\xi)] \, d\xi = r(x)$$

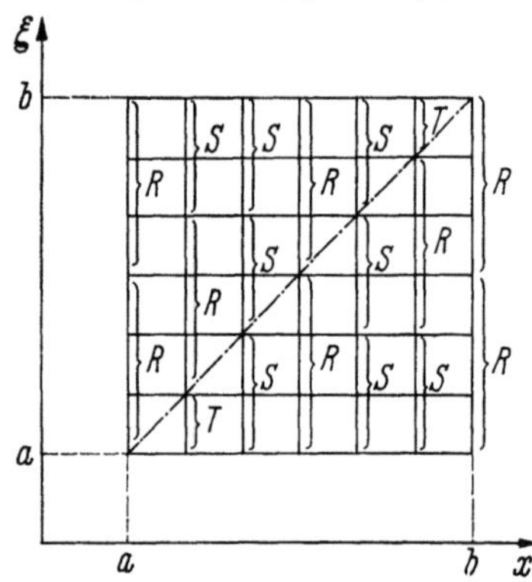

Abb. 31.14. Beispiel für Aufteilungen des Integrationsintervalls

eine glättende Wirkung [vgl. L. W. KANTOROWITSCH und W. I. KRYLOW (1956), S. 98].

31.4 Fehlerabschätzungen

Wie bei Differenzenformeln enthalten auch bei Quadraturformeln die Restglieder Ableitungen der betrachteten Funktion. Da die Herleitung vielfach ebenfalls von den Taylor-Entwicklungen des § 28 ausgehen kann, ist meist auch die Angabe von Integralrestgliedern möglich, so kann z. B. die (Sehnen-) Trapezregel als

$$(31.16) \qquad \int_0^h f(x)\, dx = \frac{h}{2}\left[f(0) + f(h)\right] - \frac{1}{2}\int_0^h f''(x) \cdot x(h - x)\, dx$$

geschrieben werden. Diese Tatsachen zeigen, daß die Probleme der Fehlerabschätzung bei der Summenmethode denen beim Differenzenverfahren gleich sind. Daher ist hier zunächst auf den § 30 zu verweisen und besonders auf die Nr. 30.1 und 30.2. Die Abschätzung bei inhomogenen Aufgaben kann hier wie in der letztgenannten Nummer durchgeführt werden, so daß eine Wiederholung der dortigen Betrachtungen unnötig erscheint. Es sei darüber hinaus auf L. W. KANTOROWITSCH und W. I. KRYLOW (1956), S. 101 ff. verwiesen, wo eine zwar grobe, aber rezeptmäßig anwendbare Abschätzung angegeben wird.

Weiterhin sollen hier Abschätzungen für die Eigenwerte bei homogenen Fredholmschen Integralgleichungen zweiter Art (3.3) betrachtet werden. Statt des Eigenwertparameters λ wird hier indessen der Parameter $\varkappa = 1/\lambda$ eingeführt, mit dem man

$$(31.17) \qquad \int_a^b K(x, \xi)\, u(\xi)\, d\xi = \varkappa\, u(x)$$

schreiben kann. Die Werte $\varkappa_i = 1/\lambda_i$ $(i = 1, 2, \ldots)$, für die (31.17) eine Lösung $u_i(x) \not\equiv 0$ besitzt, werden hier *charakteristische Zahlen* genannt.

Zur Formulierung der folgenden Ergebnisse von H. WIELANDT und G. HÄMMERLIN werden die Schranken

$$(31.18) \qquad \left| \frac{\partial^{j+k} K(x, \xi)}{\partial^j x\, \partial^k \xi} \right| \leq M_{j,k} \qquad (j, k = 0, 1, 2, \ldots, a \leq x, \xi \leq b)$$

unter der Voraussetzung entsprechender stückweiser Differenzierbarkeit eingeführt. Teilt man das Intervall $[a, b]$ in n Teile der Länge $h = (b - a)/n$, so kann man Näherungswerte $\tilde{\varkappa}_i$ durch Lösung entsprechender Matrizeneigenwertprobleme nach Anwendung eines der folgenden Verfahren gewinnen $(x_j = a + j\,h, \quad \xi_k = a + k\,h; \quad j, k = 0, \ldots, n)$:

A) die Rechtecksregel, B) die Sehnentrapezregel, C) die Simpson-Regel und D) die Interpolation von K in den genannten Gitterpunkten (x_j, ξ_k) durch ein Stück eines hyperbolischen Paraboloids in jeder Masche. Führt man die Abkürzung $K_{jk} = K(x_j, \xi_k)$ ein, so schreibt sich der Interpolationskern als

$$(31.19) \qquad \overset{\approx}{K}(x, \xi) = \frac{1}{h^2} \{ K_{jk}(x_{j+1} - x)(\xi_{k+1} - \xi) +$$

$$+ K_{j+1,k}(x - x_j)(\xi_{k+1} - \xi) + K_{j,k+1}(x_{j+1} - x)(\xi - \xi_k) +$$

$$+ K_{j+1,k+1}(x - x_j)(\xi - \xi_k)\}$$

$$(x_j \leqq x \leqq x_{j+1}, \xi_k \leqq \xi \leqq \xi_{k+1}, \; j, k = 0, \ldots, n - 1),$$

und es ergibt sich für die Näherung ein Polygonzug durch die Näherungswerte U_i, für die die Gleichungen

$$(31.20) \quad \tilde{\varkappa} U_j = \frac{h}{6}(2K_{j0} + K_{j1}) U_0 + \frac{h}{6} \sum_{k=1}^{n-1} (K_{j,k-1} + 4K_{jk} + K_{j,k+1}) U_k +$$

$$+ \frac{h}{6}(K_{j,n-1} + 2K_{jn}) U_n \quad (j = 0, \ldots, n)$$

gelten.

Bei korrespondierender Numerierung der $\varkappa_i$ und $\tilde{\varkappa}_i$ und wenn man alle aus der endlichen Aufgabe nicht mehr bestimmbaren (höheren) $\tilde{\varkappa}_i = 0$ setzt, gelten für alle i für $|\varkappa_i - \tilde{\varkappa}_i|$ folgende Schranken ($c = b - a$):

$$(31.21)$$

Ver- fahren	$K(x, \xi) \not\equiv K(\xi, x)$	$K(x, \xi) \equiv K(\xi, x)$
A	$0.573\, h\, c\, (M_{1,0} + M_{0,1})$	$1.077\, h\, c\, M_{1,0}$
B	$0.286\, h\, c\, (M_{1,0} + M_{0,1})$	$0.538\, h\, c\, M_{1,0}$
C	$-$	$0.75\, h^2\, c\, M_{2,0}$
D	$0.0910\, h^2\, c\, (M_{2,0} + M_{0,2} + {} \\ + 0.0916\, h^2\, M_{2,2})$	$0.175\, h^2\, c\, (M_{2,0} + 0.0477\, h^2\, M_{2,2})$
D*	$-$	$0.175\, h^2\, c\, \left\{ \left(1 - \dfrac{1}{n}\right)(M_{2,0} + 0.0477\, h^2\, M_{2,2})^2 + {} \\ + \dfrac{1}{n}(M_{2,0} + 0.603\, \tilde{M}_{1,1})^2 \right\}^{1/2}$

Die Schranke D^* bezieht sich auf den Fall, daß der Kern bei $x = \xi$ einen Knick hat, und auf das Verfahren D, wobei in

$$(31.22) \qquad \tilde{M}_{1,1} = \operatorname*{Max}_{j} \left| \left(\frac{\partial^2 K}{\partial x\, \partial \xi}\right)_{j,j} - \frac{1}{h^2}(K_{j+1,j+1} - 2K_{j,j+1} + K_{j,j}) \right|$$

das Maximum nur über die Maschen längs der Diagonale läuft.

Da meist die Folge der $\varkappa_i$ gegen Null strebt, werden die relativen Schranken mit kleiner werdendem $|\varkappa_i|$ immer schlechter. Das ist auch so bei der folgenden Methode von H. BRAKHAGE (1961) (dort weitere

Literatur), die sich auf das Intervall [0, 1] bezieht und die Integrationsformel in der Form [(31.2), eindimensional] annimmt. Der Kern $K(x, \xi)$ in (31.17) sei stetig, er darf komplexwertig sein. Bildet man die Differenzen

$$
\begin{aligned}
D_1(x, \xi) &= \int\limits_0^1 K(x, \eta)\, K(\eta, \xi)\, d\eta - \sum_{k=1}^n A_k\, K(x, x_k)\, K(x_k, \xi), \\
D_2(x, \xi) &= \int\limits_0^1 \overline{K(\eta, x)}\, K(\eta, \xi)\, d\eta - \sum_{k=1}^n A_k\, \overline{K(x_k, x)}\, K(x_k, \xi)
\end{aligned}
\tag{31.23}
$$

($\overline{}$ bedeutet den Übergang zum konjugiert Komplexen; es ist $D_2 = D_1$ für hermitesche und speziell reelle, symmetrische Kerne), und hat man eine Schranke δ mit

$$
\operatorname*{Max}_{0 \leq x, \xi \leq 1} |D_i(x, \xi)| \leq \delta \qquad (i = 1, 2),
\tag{31.24}
$$

so weiß man, daß zu jedem Näherungswert $\tilde{\varkappa}_i$, für den die Voraussetzung $|\tilde{\varkappa}_i|^2 > \delta$ erfüllt ist, ein $\varkappa_i$ für (31.17) existiert mit

$$
|\varkappa_i - \tilde{\varkappa}_i| \leq \frac{\delta}{\sqrt{|\tilde{\varkappa}_i|^2 - \delta}}.
\tag{31.25}
$$

Diese Schranke kann unabhängig von den Differenzierbarkeitseigenschaften von K angewandt werden; hat man jedoch Schranken M_j mit

$$
\left| \frac{\partial^j}{\partial \eta^j} [K(x, \eta)\, K(\eta, \xi)] \right| \leq M_j \qquad (0 \leq x, \xi, \eta \leq 1),
\tag{31.26}
$$

so gelten bei hermiteschen (reellen, symmetrischen) Kernen, wenn man $x_j = j \cdot h = j/n \; (j = 0, \ldots, n)$ setzt, die Schranken

$$
\begin{aligned}
\delta &\leq \frac{1}{12} h^2 M_2 \qquad \text{(Sehnentrapezregel)}, \\
\delta &\leq \frac{1}{90} h^4 M_4 \qquad \text{(Simpson-Regel)}.
\end{aligned}
\tag{31.27}
$$

Benutzt man im ganzen Intervall die Gaußsche Quadraturformel mit n Punkten, so wird schließlich

$$
\delta \leq \frac{M_{2n}}{\binom{2n}{n}^2 (2n + 1)!}.
\tag{31.28}
$$

31.5 Interpolation der Lösung

Für manche Anwendungen ist es vorteilhaft, nicht oder nicht nur fertige Integrationsformeln zu verwenden, wie (31.2), sondern spezielle Formeln aufzustellen, indem man interpolierende Ansätze

$$
U(x) = \sum_{i=0}^n U_i\, \varphi_i(x)
\tag{31.29}
$$

für $u(x)$ in (31.1) einsetzt und dann das Integral auswertet. Der Vorteil ist darin zu sehen, daß man auf diese Weise spezielle Eigenschaften der Funktion Ψ besser berücksichtigen kann.

Ist z. B. eine Fredholmsche Integralgleichung 2. Art (3.3) gegeben, so erhält man als Näherungsgleichungen

$$(31.30) \quad \sum_{i=0}^{n} \left\{ \varphi_i(x_k) - \lambda \int_a^b K(x_k, \xi)\, \varphi_i(\xi)\, d\xi \right\} U_i = r(x_k) \quad (k = 0, \ldots, n).$$

Interpoliert man mit äquidistanten Stützstellen $x_k = a + k \cdot h$ $(h = \dfrac{b-a}{n}$, $k = 0, \ldots, n)$ zwischen den Stützwerten geradlinig, d. h. setzt man einen Polygonzug an Stelle der Lösung ein, so ist das gleichbedeutend mit der Benutzung von Funktionen

$$(31.32) \quad \varphi_i^{(1)}(\xi) = \begin{cases} 1 - \dfrac{1}{h}\,|\xi - x_i| & \text{für } \mathrm{Max}\,(x_{i-1}, a) \leq \xi \leq \mathrm{Min}\,(x_{i+1}, b) \\ 0 & \text{sonst} \end{cases}$$

im Ansatz (31.29), die die Gestalt der beiden oberen Teilfiguren von Abb. 31.31 haben. Die beiden unteren Figuren geben diejenigen Funktionen wieder, die bei Zusammenfassung je zweier Intervalle und Parabelinterpolation analog der Simpsonregel entstehen.

Behandelt man das Beispiel von Nr. 31.2 mit der Polygonapproximation, so erhält man in der Matrix (31.9) Diagonalglieder $i(n-i) - n/6$ statt $i(n-i)$, während die Nichtdiagonalglieder sich nicht ändern. Hieraus ist zu ersehen, daß die Methode mit der Anwendung der Trapezregel nicht identisch, sondern nur verwandt ist.

Verwandt ist ferner die Methode, mit dem Ansatz (31.29) in Variationsausdrücke einzugehen. Beschränkt man sich auf Variationsaufgaben der Form (vgl. Nr. 19.3)

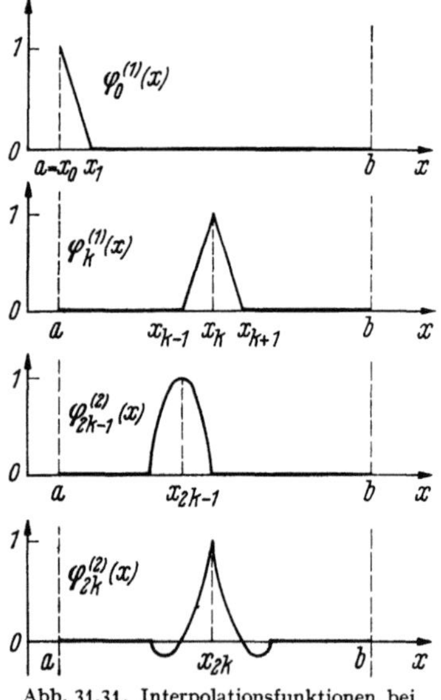

Abb. 31.31. Interpolationsfunktionen bei Polygon- und Parabelzügen

$$(31.33) \quad Ju = \frac{\lambda}{2} \int_a^b \int_a^b K(x, \xi)\, u(x)\, u(\xi)\, dx\, d\xi + \int_a^b f(\xi)\, u(\xi)\, d\xi - \frac{1}{2} \int_a^b u^2(\xi)\, d\xi = \mathrm{Extr.,}$$

so erhält man

$$(31.34) \qquad J\,U = \frac{\lambda}{2} \sum_{i,j=0}^{n} A_{ij}\,U_i\,U_j + \sum_{i=0}^{n} B_i\,U_i - \frac{1}{2} \sum_{i,j=0}^{n} C_{ij}\,U_i\,U_j = \text{Extr.}$$

mit

$$(31.35)\ \left\{ \begin{aligned} &A_{ij} = A_{ji} = \int_a^b \int_a^b K(x,\xi)\,\varphi_i(x)\,\varphi_j(\xi)\,dx\,d\xi \qquad (i,j=0,\dots,n), \\[2mm] &B_i \phantom{= A_{ji}} = \int_a^b f(\xi)\,\varphi_i(\xi)\,d\xi, \\[2mm] &C_{ij} = C_{ji} = \int_a^b \varphi_i(\xi)\,\varphi_j(\xi)\,d\xi \\[2mm] &\qquad \left(= \frac{h}{6} \cdot \begin{cases} 0 & \text{für } |j-i| > 1 \\ 1 & \text{für } |j-i| = 1 \\ 2 & \text{für } j=i=0,\,n \\ 4 & \text{für } j=i=1,\dots,n-1 \end{cases} \quad \begin{array}{l}\text{im Fall der}\\ \text{Polygon-}\\ \text{approximation}\end{array} \right). \end{aligned} \right.$$

Durch Differenzieren von (31.34) nach den U_i erhält man leicht die Bestimmungsgleichungen für diese Größen.

Ein besonderer Vorteil der direkten Interpolation der Lösung ist die Anwendbarkeit auf Probleme mit Singularitäten. Hat man z. B. das Integral

$$(31.36) \qquad \int_{\xi_0-\nu}^{\xi_0+\nu} \frac{H(\xi)\,U(\xi)}{|\xi-\xi_0|^{\alpha}}\,d\xi \qquad (0 < \alpha < 1,\ H \text{ und } U \text{ seien stetig})$$

mit $H(\xi_0) \cdot U(\xi_0) \neq 0$ auszuwerten, so sind Quadraturformeln für den ganzen Integranden nicht anwendbar, da dieser bei $\xi = \xi_0$ nicht endlich bleibt. Setzt man (31.29) für U in (31.36) ein, so kann man bei bekanntem $H(\xi)$ das Integral grundsätzlich auswerten.

Entsprechendes gilt bei Integralen mit Cauchyschem Hauptwert, wie

$$(31.37) \qquad \unicode{x2A0F}_{\xi_0-\nu}^{\xi_0+\nu} \frac{H(\xi)\,U(\xi)}{\xi-\xi_0}\,d\xi =$$

$$= \lim_{\varepsilon \to 0} \left\{ \int_{\xi_0-\nu}^{\xi_0-\varepsilon} \frac{H(\xi)\,U(\xi)}{\xi-\xi_0}\,d\xi + \int_{\xi_0+\varepsilon}^{\xi_0+\nu} \frac{H(\xi)\,U(\xi)}{\xi-\xi_0}\,d\xi \right\},$$

in welchen (31.29) mit Erfolg benutzt werden kann. Andere Fälle, die hierher gehören, sind solche, bei denen zwar nicht der Integrand, aber eine seiner niederen Ableitungen Unendlichkeitsstellen hat, und auch Fälle, bei denen man nicht durch eine Singularität hindurch, aber sehr dicht daran vorbei integrieren muß, man denke etwa an den Fall, daß der Nenner in (31.36) $[(\xi - \xi_0)^2 + \delta^2]^{\alpha/2}$ lautet mit kleinem δ.

Für die Interpolation des Kerns s. Nr. 32.2.

31.6 Beispiel

Die Aufgabe (29.20) geht durch die Substitution $u = v \cdot \exp\left(\dfrac{1 - x^2}{4}\right)$ nach (1.26) über in die Aufgabe

$$(31.38) \qquad v'' + \left(\frac{1}{2} - \frac{x^2}{4}\right) v = 0 \quad \text{in } (0, 1), \quad v'(0) = 0, \quad v(1) = 1,$$

die mittels der Greenschen Funktion zu $-v''$ (Tab. 4.32)

$$(31.39) \qquad G(x, \xi) = \begin{cases} 1 - x & \text{für} \quad \xi \leqq x, \\ 1 - \xi & \text{für} \quad \xi \geqq x \end{cases}$$

leicht in die Integralgleichung

$$(31.40) \qquad v(x) = 1 + \int\limits_0^1 G(x, \xi) \left(\frac{1}{2} - \frac{\xi^2}{4}\right) v(\xi) \, d\xi$$

übergeführt werden kann. Diese soll hier behandelt werden

 a) mit der Sehnentrapezregel,

 b) durch Kombination von Trapez-, Simpson- und 3/8-Regel ähnlich Abb. 31.14,

 c) durch direkte Polygonapproximation von v nach (31.32).

Ferner wird die Methode von Nr. 32.3, nämlich

 d) die Diskretisierung von Variationsausdrücken

benutzt; der Aufgabe (31.38) entspricht das Variationsproblem

$$(31.41) \qquad J v = \frac{1}{2} \int\limits_0^1 \left[v'^2 - \left(\frac{1}{2} - \frac{x^2}{4}\right) v^2 \right] dx = \text{Min}$$

unter der Nebenbedingung $v(1) = 1$,

wobei die andere Randbedingung eine natürliche Randbedingung ist, vgl. Nr. 19.4.

In allen vier Fällen entstehen lineare Gleichungssysteme, nach deren Lösung man die obengenannte Substitution rückgängig machen kann. Analog (29.21) soll hier nur der Fehler der Näherungen für u an der Stelle $x = 0$ für einige Schrittweiten $h = 1/n$ angegeben werden:

(31.42)

Verfahren	a)	b)	c)	d)
$h = 1/4$	$3.27 \cdot 10^{-3}$	$-2.09 \cdot 10^{-4}$	$-1.08 \cdot 10^{-3}$	$-1.08 \cdot 10^{-3}$
$h = 1/8$	$8.12 \cdot 10^{-4}$	$-1.91 \cdot 10^{-5}$	$-2.73 \cdot 10^{-4}$	$-2.73 \cdot 10^{-4}$
$h = 1/16$	$2.03 \cdot 10^{-4}$	$-1.40 \cdot 10^{-6}$	$-6.83 \cdot 10^{-5}$	$-6.83 \cdot 10^{-5}$
$h = 1/32$	$5.06 \cdot 10^{-5}$	$-9.40 \cdot 10^{-8}$	$-1.71 \cdot 10^{-5}$	$-1.72 \cdot 10^{-5}$
$h = 1/64$	$1.26 \cdot 10^{-5}$	$-6.13 \cdot 10^{-9}$	$-4.27 \cdot 10^{-6}$	$-4.58 \cdot 10^{-6}$

In den Fällen a), c) und d) sind die Beträge der angegebenen Fehler gleichzeitig die maximalen Fehlerbeträge. Da in diesen Fällen auch die Restgliedordnung überall gleich ist, empfiehlt sich die nachträgliche Anwendung der Extrapolationsverfahren von Nr. 29.3.

§ 32. Ergänzungen

32.1 Kernersetzung bei Integralgleichungen

Die Methode der Kernersetzung spielt eine besondere Rolle bei den Fredholmschen Integralgleichungen 1. und 2. Art (3.1) und (3.3), kann aber auch auf nichtlineare Gleichungen angewandt werden. Den folgenden Betrachtungen werden die (ein- oder mehrdimensionalen) Gleichungen

$$(32.1\,\text{a}) \qquad u(x) = g(x) + \lambda \int_B K(x, \xi)\, f(\xi, u(\xi))\, d\,B_\xi$$

(die z. B. durch Transformation einer Randwertaufgabe $L\,u = \lambda\, f(x, u) + \dot{r}(x)$ mit entsprechenden Randbedingungen mit Hilfe der Greenschen Funktion für den linearen Differentialoperator L entsteht) oder

$$(32.1\,\text{b}) \qquad \int_B K(x, \xi)\, f(\xi, u(\xi))\, d\,B_\xi = g(x)$$

zugrunde gelegt. Die Verallgemeinerung auf Systeme ist leicht zu vollziehen.

Der Kern $K(x, \xi)$ ist ausgeartet (s. Nr. 3.5), wenn er sich als endliche Summe der Form

$$(32.2) \qquad K(x, \xi) = \sum_{i=1}^{n} v_i(x)\, w_i(\xi)$$

mit geeigneten Funktionen $v_i(x)$ und $w_i(\xi)$ schreiben läßt. Die Lösung kann dann durch die Ansätze

$$(32.3\,\text{a}) \qquad u(x) = g(x) + \lambda \sum_{i=1}^{n} a_i\, v_i(x)$$

bzw.

$$(32.3\,\text{b}) \qquad u(x) = \sum_{i=1}^{n} a_i\, v_i(x)$$

versucht werden, wobei im ersten Falle nach (32.1 a) und (32.2)

$$(32.4\,\text{a}) \qquad a_i = \int_B w_i(\xi)\, f(\xi, u(\xi))\, d\,B_\xi \quad (i = 1, \ldots, n)$$

wird und im zweiten Falle von der rechten Seite $g(x)$ die quellenmäßige Darstellbarkeit (s. Nr. 3.7) etwa in der Form

$$(32.5\,\text{b}) \qquad g(x) = \sum_{i=1}^{n} b_i\, v_i(x)$$

(mit bekannten b_i) für die Lösbarkeit notwendig ist. Dabei gilt nach (32.1b) mit dem Kern (32.2)

$$(32.4\,\mathrm{b}) \qquad b_i = \int\limits_B w_i(\xi)\, f(\xi, u(\xi))\, dB_\xi \qquad (i = 1, \ldots, n).$$

Setzt man nun (32.3a und b) in (32.4a bzw. b) ein, so ergeben sich die Gleichungen $(i = 1, \ldots, n)$

$$(32.6\,\mathrm{a}) \quad a_i = \Phi_i(a_1, \ldots, a_n, \lambda) = \int\limits_B w_i(\xi)\, f\Big(\xi, g(\xi) + \lambda \sum_{j=1}^{n} a_j\, v_j(\xi)\Big) dB_\xi,$$

$$(32.6\,\mathrm{b}) \quad b_i = \Psi_i(a_1, \ldots, a_n) = \int\limits_B w_i(\xi)\, f\Big(\xi, \sum_{j=1}^{n} a_j\, v_j(\xi)\Big) dB_\xi.$$

Gelingt die Auswertung der Integrale und die anschließende Bestimmung der Konstanten a_i, so sind in (32.3) exakte Lösungen der Integralgleichungen (32.1) mit ausgeartetem Kern gefunden; die Eigenschaften der Gleichungssysteme (32.6), keine, eine oder mehrere Lösungen zu besitzen, übertragen sich dabei auf die Integralgleichungen. Im Spezialfall $f(\xi, u(\xi)) \equiv u(\xi)$ der linearen Integralgleichungen werden aus (32.6) lineare Gleichungssysteme.

Durch diese Betrachtungen wird der wichtigste Fall der Kernersetzungsmethode, nämlich die Ersetzung durch einen ausgearteten Kern, nahegelegt: Wenn in (32.1a oder b) der Kern nicht ausgeartet ist so approximiere man ihn durch einen ausgearteten Kern und löse die entstehende Näherungsgleichung. Dabei erhebt sich die Frage, inwieweit die Lösung der Näherungsgleichung überhaupt als Näherung für die Lösung der Ausgangsgleichung angesehen werden kann und ob eine Abschätzung des Fehlers möglich ist. Diese Frage wird nun untersucht für die lineare, inhomogene Integralgleichung

$$(32.7) \qquad u(x) - \lambda \int\limits_B K(x, \xi)\, u(\xi)\, dB_\xi = g(x)$$

und die Ersatzgleichung

$$(32.8) \qquad \tilde{u}(x) - \lambda \int\limits_B \tilde{K}(x, \xi)\, \tilde{u}(\xi)\, dB_\xi = \tilde{g}(x).$$

Dabei wird nicht vorausgesetzt, daß $\tilde{K}(x, \xi)$ ausgeartet ist. Es soll aber für das gegebene λ eine Resolvente $\tilde{\Gamma}(x, \xi)$ existieren und bekannt sein, so daß für beliebiges $\tilde{g}(x)$ aus dem Raum R der in $B + \Gamma$ (Γ sei der Rand von B) stetigen Funktionen gilt

$$(32.9) \qquad \tilde{u}(x) = \tilde{g}(x) + \lambda \int\limits_B \tilde{\Gamma}(x, \xi)\, \tilde{g}(\xi)\, dB_\xi.$$

Bildet man nun

$$(32.10) \qquad d(x) = g(x) - \tilde{g}(x) + \lambda \int\limits_B \tilde{\Gamma}(x, \xi)\, [g(\xi) - \tilde{}(\xi)]\, dB_\xi$$

und

$$(32.11) \qquad J(\boldsymbol{x}, \boldsymbol{\xi}) = K(\boldsymbol{x}, \boldsymbol{\xi}) - \tilde{K}(\boldsymbol{x}, \boldsymbol{\xi}) + $$
$$+ \lambda \int_B \tilde{\Gamma}(\boldsymbol{x}, \boldsymbol{\eta}) \, [K(\boldsymbol{\eta}, \boldsymbol{\xi}) - \tilde{K}(\boldsymbol{\eta}, \boldsymbol{\xi})] \, d B_\eta,$$

so kommt man zu dem Operator T

$$(32.12) \qquad T w(\boldsymbol{x}) = \tilde{u}(\boldsymbol{x}) + d(\boldsymbol{x}) + \lambda \int_B J(\boldsymbol{x}, \boldsymbol{\xi}) \, w(\boldsymbol{\xi}) \, d B_\xi,$$

der $u(\boldsymbol{x})$ zum Fixpunkt hat, wie man leicht durch Einsetzen nachprüfen kann. Ist T überdies kontrahierend, so kann eine Fehlerabschätzung nach den Sätzen von Kap. VIII gewonnen werden. Macht man etwa den Raum R durch Einführung der Maximum-Betrags-Norm

$$(32.13) \qquad \lVert v \rVert = \operatorname*{Max}_{\boldsymbol{x} \in B + \Gamma} \lvert v(\boldsymbol{x}) \rvert$$

zu einem Banach-Raum (s. § 35), so ist das Bestehen einer Lipschitz-Bedingung

$$(32.14) \qquad \lVert T v - T w \rVert \leqq P \lVert v - w \rVert$$

mit $P < 1$ eine der Bedingungen des Fixpunktsatzes 34.5, der schließlich auf die Abschätzung

$$(32.15) \qquad \lvert u(\boldsymbol{x}) - \tilde{u}(\boldsymbol{x}) - d(\boldsymbol{x}) \rvert \leqq \frac{P}{1 - P} \lVert \tilde{u} + d \rVert$$

führt, wenn man von $w(\boldsymbol{x}) \equiv 0$ ausgehend einen Iterationsschritt ausführt. Etwas gröber wird

$$(32.16) \qquad \lvert u(\boldsymbol{x}) - \tilde{u}(\boldsymbol{x}) \rvert \leqq \lVert d \rVert + \frac{P}{1 - P} \lVert \tilde{u} + d \rVert.$$

32.2 Spezielle Kernersetzungsmethoden

Die Abschätzungen der vorigen Nr. sind auch für andere Methoden wichtig. Wendet man z. B. auf den Variationsausdruck (vgl. Nr. 19.3)

$$(32.17) \qquad J u = \int_B \left[\frac{1}{2} u^2(\boldsymbol{\xi}) - g(\boldsymbol{\xi}) \, u(\boldsymbol{\xi}) \right] d B_\xi - $$
$$- \frac{\lambda}{2} \int_B \int_B K(\boldsymbol{x}, \boldsymbol{\xi}) \, u(\boldsymbol{x}) \, u(\boldsymbol{\xi}) \, d B_x \, d B_\xi = \text{Extr.,}$$

der (32.7) entspricht, falls der Kern symmetrisch ist $[K(\boldsymbol{x}, \boldsymbol{\xi}) = K(\boldsymbol{\xi}, \boldsymbol{x})]$, das Ritzsche Verfahren (s. § 22) mit dem Ansatz

$$(32.18) \qquad U(\boldsymbol{x}) = g(\boldsymbol{x}) + \sum_{i=1}^{n} a_i v_i(\boldsymbol{x})$$

an, so ergeben sich die (Galerkinschen) Gleichungen

$$(32.19) \qquad \int_B \left\{ U(\boldsymbol{x}) - g(\boldsymbol{x}) - \lambda \int_B K(\boldsymbol{x}, \boldsymbol{\xi}) \, U(\boldsymbol{\xi}) \, d B_\xi \right\} v_i(\boldsymbol{x}) \, d B_x = 0$$
$$(i = 1, \ldots, n),$$

die mit den Gleichungen der Defektorthogonalitätsmethode (Momenten-methode, vgl. Nr. 27.5) identisch sind. Sind die Funktionen $v_i(x)$ orthonormal im Sinne von

$$(32.20) \qquad \int\limits_B v_i(\xi)\, v_j(\xi)\, d\,B_\xi = \delta_{ij} \qquad (i, j = 1, \ldots, n),$$

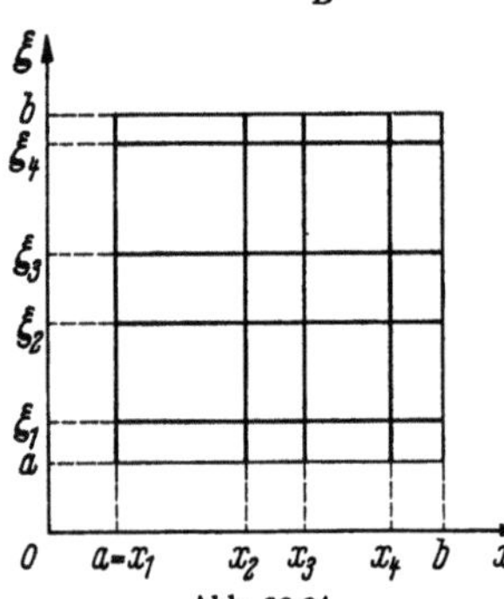

Abb. 32.24
Gitter bei eindimensionalen Aufgaben

was sich nach dem Erhard Schmidtschen Verfahren (vgl. Abschn. F) immer erreichen läßt, wenn die $v_i(x)$ linear unabhängig sind, so kann man mit den Funktionen

$$(32.21)$$

$$w_i(\xi) = \int\limits_B K(\xi, \eta)\, v_i(\eta)\, d\,B_\eta \qquad (i = 1, \ldots, n)$$

den ausgearteten Kern $\tilde{K}(x, \xi)$ analog (32.2) bilden und statt K in (32.19) benutzen, ohne daß sich U ändert. Da U für die ausgeartete Gl. (32.7) mit $\tilde{K}$ statt K die exakte Lösung ist, können das Ritzsche Verfahren und die Momentenmethode als Kernersetzungsmethoden aufgefaßt werden.

Eine weitere spezielle Methode zur Ersetzung eines Kerns durch einen ausgearteten Kern ist die Batemansche Methode, die im Rahmen der Gln. (32.1a und b) entwickelt werden kann. Wählt man je n Punkte x_i und ξ_i aus B so, daß die Determinante

$$(32.22) \qquad D = \det \begin{pmatrix} K(x_1, \xi_1) & K(x_1, \xi_2) & \ldots & K(x_1, \xi_n) \\ K(x_2, \xi_1) & K(x_2, \xi_2) & \ldots & K(x_2, \xi_n) \\ \vdots & \vdots & \ddots & \vdots \\ K(x_n, \xi_1) & K(x_n, \xi_2) & \ldots & K(x_n, \xi_n) \end{pmatrix}$$

nicht verschwindet, so hat man in

$$(32.23) \qquad \tilde{K}(x, \xi) = -\frac{1}{D} \det \begin{pmatrix} 0 & K(x, \xi_1) & \ldots & K(x, \xi_n) \\ K(x_1, \xi) & K(x_1, \xi_1) & \ldots & K(x_1, \xi_n) \\ \vdots & \vdots & \ddots & \vdots \\ K(x_n, \xi) & K(x_n, \xi_1) & \ldots & K(x_n, \xi_n) \end{pmatrix}$$

einen ausgearteten Kern vor sich, der mit dem gegebenen Kern $K(x, \xi)$ auf dem „Gitter" der Punktmengen $x = x_i$, $\xi \in B$ beliebig und $x \in B$ beliebig, $\xi = \xi_i$ $(i = 1, \ldots, n)$ übereinstimmt (s. Abb. 32.24).

Während bei nichtlinearen Gleichungen das am Beginn von Nr. 32.1 beschriebene Verfahren benutzt werden kann, kann die Resolvente zu (32.8) mit dem Kern (32.23) explizit angegeben werden. Mit Benutzung des iterierten Kerns [vgl. (3.17)]

$$(32.25) \qquad K_2(x, \xi) = \int\limits_B K(x, \eta)\, K(\eta, \xi)\, d\,B_\eta$$

hat man

$$(32.26) \quad \varDelta(\lambda) =$$

$$\det \begin{pmatrix} K(x_1,\xi_1)-\lambda K_2(x_1,\xi_1) & K(x_1,\xi_2)-\lambda K_2(x_1,\xi_2) & \ldots & K(x_1,\xi_n)-\lambda K_2(x_1,\xi_n) \\ K(x_2,\xi_1)-\lambda K_2(x_2,\xi_1) & K(x_2,\xi_2)-\lambda K_2(x_2,\xi_2) & \ldots & K(x_2,\xi_n)-\lambda K_2(x_2,\xi_n) \\ \vdots & \vdots & \ddots & \vdots \\ K(x_n,\xi_1)-\lambda K_2(x_n,\xi_1) & K(x_n,\xi_2)-\lambda K_2(x_n,\xi_2) & \ldots & K(x_n,\xi_n)-\lambda K_2(x_n,\xi_n) \end{pmatrix}.$$

welche Determinante für die Eigenwerte λ_i ($i = 1, \ldots, n$) der homogenen Gl. (32.8) verschwindet; falls $\lambda \neq \lambda_i$ ist, gilt weiter

$$(32.27) \qquad \bar{u}(x) = \tilde{g}(x) + \lambda \int\limits_B \tilde{\Gamma}(x,\xi,\lambda)\, \tilde{g}(\xi)\, dB_\xi$$

(vgl. 32.9) mit

$$(32.28) \quad \tilde{\Gamma}(x,\xi,\lambda) =$$

$$-\frac{1}{\varDelta(\lambda)} \det \begin{pmatrix} 0 & K(x,\xi_1) & \ldots & K(x,\xi_n) \\ K(x_1,\xi) & K(x_1,\xi_1)-\lambda K_2(x_1,\xi_1) & \ldots & K(x_1,\xi_n)-\lambda K_2(x_1,\xi_n) \\ \vdots & \vdots & \ddots & \vdots \\ K(x_n,\xi) & K(x_n,\xi_1)-\lambda K_2(x_n,\xi_1) & \ldots & K(x_n,\xi_n)-\lambda K_2(x_n,\xi_n) \end{pmatrix}.$$

Hat man Kerne, die wie Greensche Funktionen bei $x = \xi$ nicht regulär sind, so kann diese Methode oft das singuläre Verhalten nicht erfassen; sie kann indessen erweitert werden auf Ansätze der Form

$$(32.29) \qquad \tilde{K}(x,\xi) = K^*(x,\xi) + \sum_{i=1}^{n} v_i(x)\, w_i(\xi).$$

Wenn die Resolvente von K^* bekannt ist, läßt sich diejenige von $\tilde{K}$ ähnlich (32.26) und (32.28) darstellen, man vgl. L. W. KANTOROWITSCH und W. I. KRYLOW (1956), S. 148—155.

Abschließend sei erwähnt, daß vielfach auch die Summenmethode als spezielle Kernersetzungsmethode gedeutet werden kann. Man kann z. B. analog Nr. 31.5 auch den Kern interpolieren; vgl. (31.19).

32.3 Herleitung von Differenzenformeln aus Variationsausdrücken

Neben der Methode des Taylor-Abgleichs findet eine Methode zur Aufstellung von „Differenzengleichungen" immer stärkere Beachtung, die auf der Diskretisierung von Variationsausdrücken beruht. Dabei werden Differenzen- und Quadraturformeln in Extremalprinzipien eingesetzt, woraus sich endliche Extremalprobleme, also endliche Gleichungssysteme ergeben. Dieses Vorgehen erscheint zunächst als Umweg, da sich in einigen Fällen dieselben Formeln wie bei Benutzung von Taylor-Entwicklungen ergeben. Als Vorteile sind jedoch einerseits die Milderung der Differenzierbarkeitsvoraussetzungen anzusehen, andererseits die einseitige Abschätzung der Variationsintegrale (Energieintegrale, Eigenwerte). In anderen Fällen ergeben sich vom Differenzenverfahren verschiedene Formeln, die sich durch eine gewisse Glättung oder Mittelung gegenüber jenen auszeichnen.

Von den eindimensionalen Aufgaben sei hier nur der Fall (vgl. 19.27)

$$(32.30) \qquad J\,u = \tfrac{1}{2} \int_a^b [f_1(x)\,u'^2 + f_0(x)\,u^2 - 2r(x)\,u]\,dx = \text{Min}$$

mit den Nebenbedingungen $u(a) = A$, $u(b) = B$ erwähnt, der auf die Randwertaufgabe

$$(32.31) \qquad -(f_1\,u')' + f_0\,u = r, \quad u(a) = A, \quad u(b) = B$$

führt. Interpoliert man nach (31.29) mit den Funktionen $\varphi_i(x)$ gemäß (31.32) durch einen Polygonzug, so erhält man

$$(32.32) \qquad J\,U = \frac{1}{2h^2} \sum_{i=0}^{n-1} \int_{x_i}^{x_{i+1}} \{f_1(x)\,(U_{i+1} - U_i)^2 +$$

$$+ f_0(x)\,[(U_{i+1} - U_i)x - U_{i+1}\,x_i + U_i\,x_{i+1}]^2 -$$

$$- 2h\,r(x)\,[(U_{i+1} - U_i)\,x - U_{i+1}\,x_i + U_i\,x_{i+1}]\}\,dx = \text{Min}$$

und durch Differentiation nach je einem festen U_k und einige leichtere Umformungen das Gleichungssystem

$$(32.33) \qquad \sum_{l=1}^{n-1} a_{k\,l}\,U_l = r_k = \int_{x_{k-1}}^{x_k} r(x)\,(x - x_{k-1})\,dx +$$

$$+ \int_{x_k}^{x_{k+1}} r(x)\,(x_{k+1} - x)\,dx \qquad (k = 1, \ldots, n-1)$$

mit

$$(32.34) \qquad a_{k\,l} = \frac{1}{h} \cdot \begin{cases} -\displaystyle\int_{x_{k-1}}^{x_k} f_1(x)\,dx + \displaystyle\int_{x_{k-1}}^{x_k} f_0(x)\,(x_k - x)\,(x - x_{k-1})\,dx \\ \qquad\qquad\qquad\qquad\qquad\qquad \text{für } l = k - 1, \\[4pt] \displaystyle\int_{x_{k-1}}^{x_{k+1}} f_1(x)\,dx + \displaystyle\int_{x_{k-1}}^{x_k} f_0(x)\,(x - x_{k-1})^2\,dx + \\ \qquad\qquad + \displaystyle\int_{x_k}^{x_{k+1}} f_0(x)\,(x_{k+1} - x)^2\,dx \\ \qquad\qquad\qquad\qquad\qquad\qquad \text{für } l = k, \\[4pt] -\displaystyle\int_{x_k}^{x_{k+1}} f_1(x)\,dx + \displaystyle\int_{x_k}^{x_{k+1}} f_0(x)\,(x - x_k)\,(x_{k+1} - x)\,dx \\ \qquad\qquad\qquad\qquad\qquad\qquad \text{für } l = k + 1, \\[4pt] 0 \qquad\qquad\qquad\qquad\qquad\qquad\quad \text{sonst.} \end{cases}$$

Diese Gleichungen stimmen für $f_i = \text{const}$, $r = \text{const}$ mit dem gewöhnlichen Differenzenverfahren überein. Als Beispiel mit einer anderen Randbedingung wurde schon die Aufgabe (29.20) in Nr. 31.6 behandelt. Allgemeinere Aufgaben lassen sich analog behandeln, vgl. Nr. 19.4. Verbesserte Formeln und solche, die dem Mehrstellenverfahren entsprechen, lassen sich durch sorgfältigere Interpolation oder durch Transformation auf kanonische Variable (s. Nr. 19.5) aufstellen, s. H. SCHAEFER (1962). Für Integralgleichungen vgl. Nr. 31.5.

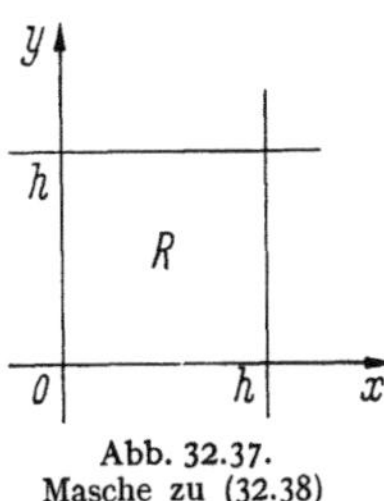

Abb. 32.37.
Masche zu (32.38)

Auch bei partiellen Differentialgleichungen ist die Diskretisierung von Variationsproblemen möglich. So geht der der selbstadjungierten Randwertaufgabe [mit (8.1a), $\tilde{b}_i \equiv 0$] entsprechende Variationsausdruck (19.39a) im zweidimensionalen Fall in eine quadratische Form (P, Q durchlaufen alle Stützstellen)

$$(32.35) \quad JU = \tfrac{1}{2} \sum_{P,Q} A(P,Q)\, U(P)\, U(Q) + \sum_P B(P)\, U(P) \; (= \text{Min})$$

über, wenn man Quadratur- und Differenzenformeln dort einsetzt. Daraus ergibt sich

$$(32.36) \quad \sum_Q A(P,Q)\, U(Q) + B(P) = 0,$$

wenn $A(P,Q) = A(Q,P)$ ist, was sich immer erreichen läßt.

Speziell beim Laplace-Operator gewinnt man, wenn man zur Integration über eine Masche R (Abb. 32.37) die Formel

$$(32.38) \quad \iint_R u_x^2 \, dx\, dy \approx \tfrac{1}{2}\{[U(h,0) - U(0,0)]^2 + [U(h,h) - U(0,h)]^2\}$$

und die analoge Formel für $\iint_R u_y^2 \, dx\, dy$ benutzt, das gewöhnliche Differenzenverfahren nach Summation über 4 Nachbarmaschen wieder. Interpolation durch hyperbolische Paraboloide

$$(32.39) \quad U(x,y) = \frac{1}{h^2}\,[U(0,0)\,(h-x)\,(h-y) + U(h,0)\,x\,(h-y) +$$
$$+ U(0,h)\,(h-x)\,y + U(h,h)\,x\,y]$$

führt bei Eigenwertaufgaben (in Gebieten, die genau aus Maschen zusammengesetzt sind)

$$(32.40) \quad \Delta u + \lambda u = 0, \quad u = 0 \quad \text{auf dem Rand}$$

auf die Formel (28.39.12), die die unmittelbare Berechnung oberer Schranken für die Eigenwerts mittels des Rayleighschen Quotienten (16.32) gestattet. Für untere Schranken siehe Nr. 30.7.

32.4 Spezielle Methoden für Zylinderbereiche

Hier sollen drei Methoden erwähnt werden, die in Zusammenhang stehen mit dem schon in Nr. 22.5 benutzten Ansatz von KANTOROWITSCH

$$(32.41) \qquad U(x_1, \ldots, x_N) = \sum_{i=1}^{n} a_i(x_N)\, w_i(x_1, \ldots, x_{N-1}) \qquad (N \geqq 2).$$

Der Einfachheit der Darstellung wegen wird die Differentialgleichung in der speziellen Form

$$(32.42) \qquad L_N\, u \equiv \frac{\partial^2 u}{\partial x_N^2} + L_{N-1}\, u = r(x_1, \ldots, x_N)$$

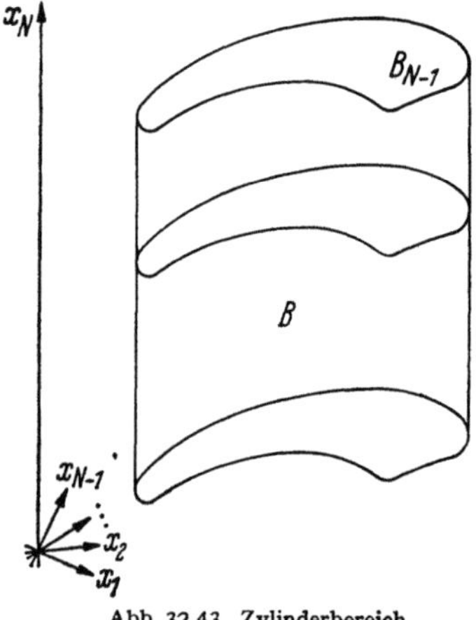

Abb. 32.43. Zylinderbereich

(in B) vorausgesetzt, worin L_{N-1} ein linearer Differentialoperator 2. Ordnung in den Variablen $x_1, \ldots, x_{N-1}$ ist, die in einem abgeschlossenen, zusammenhängenden Bereich B_{N-1} variieren und reell sind, während $0 \leqq x_N \leqq b$ gilt, s. Abb. 32.43.

Die erste zu nennende Methode geht zurück auf C. TRANTER. Setzt man o.B.d.A. $b = \pi$ und verlangt das Verschwinden von u und r auf den Deckflächen $x_N = 0$ und $x_N = \pi$ (bei Vorgabe nichtverschwindender u- oder r-Werte ist meist eine entsprechende Transformation möglich), so läßt sich durch die Festlegung $a_i(x_N) = \sin i\, x_N$

in (32.41) die Näherung auf jeder zur Zylinderachse parallelen Geraden als trigonometrisches Polynom in x_N schreiben. Ein entsprechender Näherungsansatz für $R \approx r(x_1, \ldots, x_N)$ lautet

$$(32.44) \qquad R(x_1, \ldots, x_N) = \sum_{i=1}^{n} \sin i\, x_N \cdot f_i(x_1, \ldots, x_{N-1}),$$

und man gewinnt durch Multiplikation von (32.44) und der [aus (32.41) folgenden] Formel

$$(32.45) \qquad L_N\, U = \sum_{i=1}^{n} \{ L_{N-1}\, w_i - i^2\, w_i \} \sin i\, x_N$$

mit $\sin k\, x_N$ und Integration von 0 bis π die Gleichungen

$$(32.46) \qquad L_{N-1}\, w_k - k^2\, w_k = f_k(x_1, \ldots, x_{N-1}) \qquad (k = 1, \ldots, n).$$

Wenn in den Randbedingungen auf dem Zylindermantel $\partial u/\partial x_N$ nicht vorkommt, ist deren entsprechende Transformation in Randbedingungen für die $(N-1)$-dimensionalen Aufgaben i. allg. möglich. Diese n Aufgaben sind nun nach irgendeiner numerischen Methode zu lösen, wofür natürlich auch Differenzenverfahren in Frage kommen. Die Lösungen ergeben dann nach (32.41) mit $a_i(x_N) = \sin i\, x_N$ Näherungswerte U für die Lösung der Ursprungsaufgabe. Bei Vorgabe der Normalableitung auf den Deckflächen können entsprechend die Funktionen $a_i(x_N) = \cos(i-1)\, x_N$ benutzt werden.

Zur Aufstellung der Funktionen f_i in (32.44) und (32.46) kann man sich eine Reihe von Querschnitten $x_N = x_N^{(k)}$ $(k = 1, \ldots, n)$ durch den Zylinder gelegt denken und erhält für jeden Punkt von B_{N-1} eine numerische Fourier-Analyse. Benutzt man dann zur genäherten Lösung von (32.46) ein Punktgitter in B_{N-1}, so sind nur endlich viele trigonometrische Interpolationen in der x_N-Richtung durchzuführen, und das Gitter ist durch die erwähnten Schnitte auf den ganzen Zylinder ausgedehnt. Damit ist die Methode letztlich auf ein Gleichungssystem für die U-Werte zurückgeführt, und man kann sie unter Inkaufnahme nichtlinearer Gleichungssysteme auch auf gewisse nichtlineare Randwertaufgaben anwenden.

Das gleiche läßt sich von den beiden anderen Methoden sagen, von denen eine ein Gitter entsprechend dem eben geschilderten benutzt. Sie steht in einem gewissen Gegensatz zu der Tranterschen Methode, weil in (32.41) nicht die $a_i(x_N)$ fest gewählt werden, sondern die Funktionen $w_i(x_1, \ldots, x_{N-1})$. Dadurch treten Interpolationen auf den Querschnittshyperflächen an die Stelle der obigen in der x_N-Richtung. Formeln zur Berechnung der $a_i(x_N)$ lassen sich dann mit Hilfe der 1. Greenschen Formel (8.6) und gewisser Hilfsfunktionen aufstellen, die die homogene, adjungierte Differentialgleichung erfüllen. Für Einzelheiten wird auf R. NICOLOVIUS (1963) verwiesen.

Die letzte hier betrachtete Methode ist unter dem Namen *Linienverfahren* bekannt [vgl. L. W. KANTOROWITSCH und W. I. KRYLOW (1956)]. Sie läßt sich durch einen Winkelzug entsprechend (31.32) auf die Formel (32.41) gründen: Man wähle in B_{N-1} ein Gitter von Punkten P_j $(j = 1, \ldots, n)$ und setze zweimal stetig differenzierbare Funktionen w_i mit

$$(32.47) \quad w_i(P_j) = \delta_{ij} = \begin{cases} 1 & \text{für } i = j \\ 0 & \text{für } i \neq j \end{cases} \quad (i, j = 1, \ldots, n)$$

in (32.41) ein; man erhält für die Punkte $P_i = (x_1^{(i)}, \ldots, x_{N-1}^{(i)})$ aus B_{N-1}

$$(32.48) \quad U(P_i, x_N) = a_i(x_N) \quad (i = 1, \ldots, n).$$

Nachdem die Koeffizienten a_i somit als Funktionswerte auf Geraden parallel zum Zylindermantel erkannt sind, kann auf die Formel (32.41) weiterhin verzichtet werden. Auf dem Gitter der P_i seien nun Differenzenformeln für L_{N-1}

$$(32.49) \quad L_{N-1}\, u(P_i, x_N) \approx \sum_{j=1}^{n} c_{ij}\, U_j(x_N) + S_i(x_N) \quad (i = 1, \ldots, n)$$

gegeben (die c_{ij} dürfen außerhalb einer gewissen Nachbarschaft von P_i verschwinden), wobei $U_j(x_N) = U(P_j, x_N)$ zur Abkürzung geschrieben wurde und die $S_i(x_N)$ die inhomogenen Anteile von Randbedingungen auf dem Zylindermantel sind. Schreibt man entsprechend $R_i(x_N) = r(P_i, x_N) - S_i(x_N)$ zur Abkürzung, so ergibt sich aus (32.42) die Approximation

$$(32.50) \qquad U_i''(x_N) + \sum_{j=1}^{n} c_{ij}\, U_j(x_N) = R_i(x_N) \qquad (i = 1, \ldots, n).$$

Die Randbedingungen auf den Deckflächen des Zylinders ergeben i. allg. Randbedingungen für dieses System gewöhnlicher Differentialgleichungen 2. Ordnung, nach dessen Lösung man Näherungen des ursprünglichen Problems unmittelbar besitzt. Auch diese Methode läßt sich auf allgemeinere Randwertaufgaben anwenden und kann u. U. auch bei nicht zylindrischen Bereichen von Nutzen sein, wobei allerdings erhebliche Unbequemlichkeiten erwartet werden müssen.

VIII. Iterationsverfahren

§ 33. Der Kontraktionssatz

33.1 Einleitung

Die in diesem Kapitel zu besprechenden Iterationsverfahren beruhen auf den vorher zu behandelnden Sätzen über kontrahierende Abbildungen, deren Allgemeinheit weit über das Thema dieses Abschnitts hinausreicht. Daher sind auch die Iterationsverfahren nicht nur auf Rand-, Eigenwert- und Integralgleichungsprobleme anwendbar, wenn sie auch hier besondere Bedeutung haben. Diese Bedeutung liegt nicht nur in der direkten Anwendung von Iterationsverfahren, wie sie in § 34 und 35 beschrieben wird, sondern auch darin, daß Fehlerabschätzungen für andere Methoden mit ihrer Hilfe aufgestellt werden können (vgl. die Nr. 30.5, 32.1 und 36.3). Eine ausführlichere Behandlung des Stoffes dieses Kapitels findet sich bei L. COLLATZ (1964).

Die sehr allgemeine Anwendbarkeit des Satzes [es wird hier die Fassung von J. SCHRÖDER (1956b) zugrunde gelegt] dieses § bedingt eine entsprechende Abstraktheit. Um das Verständnis zu erleichtern, mögen daher zunächst die Grundbegriffe durch konkrete Beispiele erläutert werden. Dabei sollen zwei Räume wegen der Darstellung in ebenen

Figuren bevorzugt werden, nämlich der zweidimensionale Vektorraum V_2 und der Raum $C = C\,[0, 1]$ der in dem reellen Intervall $[0, 1]$ stetigen, reellen Funktionen.

33.2 Verallgemeinerung des Abstandsbegriffs

Bevor der Raum R eingeführt wird, in welchem ein Iterationsverfahren zur Lösung einer Gleichung zu untersuchen ist, soll der Begriff des Abstands verallgemeinert werden. Daß diese Verallgemeinerung nützlich ist, wird schon plausibel durch die Bemerkung, daß ein allgemeiner Abstand mehr Information liefern kann als ein Zahlenabstand. So sind z. B. in V_2 u. a. drei Möglichkeiten zur Einführung eines Zahlenabstandes $\varrho\,(\boldsymbol{x}, \boldsymbol{y})$ gegeben durch (Vektoren $\boldsymbol{x} = \{x_1, x_2\}$ usw.)

$$(33.1) \qquad \varrho_E(\boldsymbol{x}, \boldsymbol{y}) = \sqrt{(x_1 - y_1)^2 + (x_2 - y_2)^2}$$
$$= \text{Euklidischer Abstand,}$$

$$(33.2) \qquad \varrho_M(\boldsymbol{x}, \boldsymbol{y}) = \text{Max}\,\{|x_1 - y_1|, |x_2 - y_2|\}$$
$$= \text{Maximalbetragsabstand,}$$

$$(33.3) \qquad \varrho_S(\boldsymbol{x}, \boldsymbol{y}) = |x_1 - y_1| + |x_2 - y_2|$$
$$= \text{Betragssummenabstand.}$$

Die Aussage, daß der Abstand zweier Vektoren etwa kleiner als 1 sei, ist dann gleichbedeutend damit, daß der Endpunkt des Differenzenvektors in dem entsprechend schraffierten Feld liegt, wenn man ihn vom Koordinatenursprung aus abträgt (Abb. 33.4). Will man aber von einem solchen Endpunkt aussagen, daß er in einem Rechteck liege (Mittelpunkt im Ursprung, etwa wie Abb. 33.5), so braucht man hierzu zwei Angaben, nämlich Länge und Breite des Rechtecks. So kommt man zur Einführung des „*Pseudoabstands*"

$$(33.6) \qquad \varrho_P(\boldsymbol{x}, \boldsymbol{y}) = \{|x_1 - y_1|, |x_2 - y_2|\},$$

dessen Wert ein Vektor eines Raumes V_2 ist (der mit dem Raum der Elemente $\boldsymbol{x}, \boldsymbol{y}$ dieses Beispiels zusammenfallen kann oder nicht).

Im Raum $C\,[0, 1]$ der stetigen reellen Funktionen $f(x)$, $g(x)$ kann man als

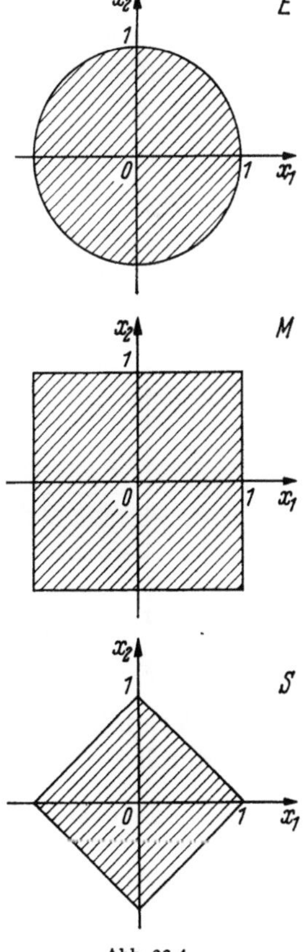

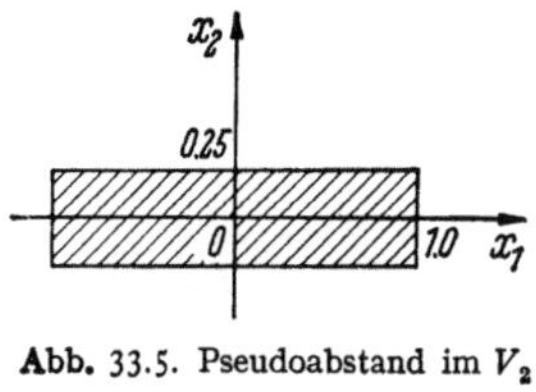

Abb. 33.4
Zahlenabstände im V_2

Abb. 33.5. Pseudoabstand im V_2

40*

Zahlenabstände

$$(33.7) \qquad \varrho_I(f, g) = \left\{ \int_0^1 |f(x) - g(x)|^2 \, dx \right\}^{1/2} = \text{Integralabstand}^1,$$

$$(33.8) \qquad \varrho_M(f, g) = \operatorname*{Max}_{0 \leq x \leq 1} |f(x) - g(x)| = \text{Maximalbetragsabstand}$$

verwenden (für den letzteren vgl. Abb. 33.9, $g(x) \equiv 0$). Der Pseudo-abstand

$$(33.10) \qquad \varrho_B(f, g) = |f(x) - g(x)| = \text{Betragsabstand}$$

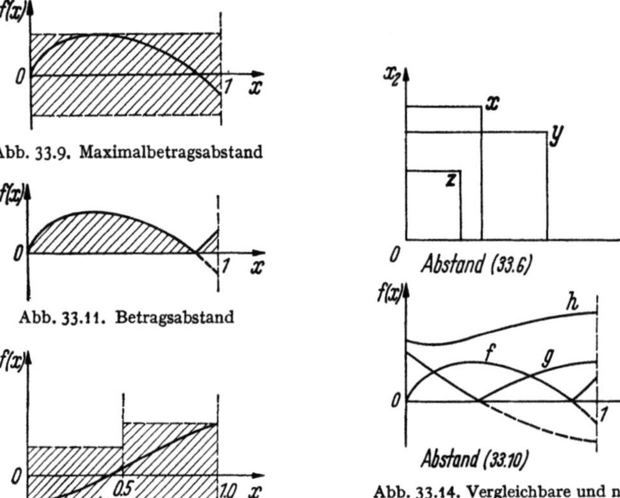

Abb. 33.9. Maximalbetragsabstand

Abb. 33.11. Betragsabstand

Abb. 33.13. Maximalbetragsabstand
bei geteiltem Intervall

Abb. 33.14. Vergleichbare und nicht
vergleichbare Elemente

ist wiederum Element eines gleichartigen Raumes (Abb. 33.11), während man durch

$$(33.12) \qquad \varrho_H(f, g) = \left\{ \operatorname*{Max}_{0 \leq x \leq 0.5} |f(x) - g(x)|, \operatorname*{Max}_{0.5 \leq x \leq 1} |f(x) - g(x)| \right\}$$

zu einem Abstandsraum V_2 kommt (Abb. 33.13). Die Tabelle am Ende dieses § enthält eine Reihe weiterer Beispiele.

Wenn der Ausdruck „Abstand" einen vernünftigen Sinn behalten soll (der Zusatz „Pseudo" wird nunmehr weggelassen, wenn Verwechslungen ausgeschlossen sind), so ist wenigstens eine gewisse Vergleichbarkeit vonnöten. Daß die Vergleichbarkeit beliebiger Abstände nicht erhalten werden kann, zeigen die Beispiele der Abb. 33.14, in welcher

---

¹ Man vergleiche Abschn. C Funktionaltransformationen. Dort ersetzt man gewöhnlich die Forderung der Stetigkeit durch die der quadratischen Integrierbarkeit im Sinne von LEBESGUE.

x und y und auch f und g nicht vernünftig verglichen werden können, während man doch $x \geqq z$, $y \geqq z$, $h \geqq f$, $h \geqq g$ als plausibel ansehen wird. Hier erweist sich der Begriff der Halbordnung als nützlich.

33.3 Definition des Abstandsraumes

Zusammen mit der notwendigen Präzisierung des Begriffs der Konvergenz kann man den Hilfsraum der Abstände folgendermaßen erklären:

Definition 33.15: *Ein Raum A heißt linearer, halbgeordneter Abstandsraum, wenn seine Elemente $\varrho, \sigma, \tau, \ldots$ folgende Axiome erfüllen:*

1. Axiome der Linearität

1a) Es ist eine Addition erklärt, bezüglich der A eine abelsche Gruppe ist [Mit ϱ und σ liegt $\varrho + \sigma = \sigma + \varrho$ in A, $\varrho + (\sigma + \tau) = (\varrho + \sigma) + \tau$, zu jedem ϱ, $\sigma \in A$ existiert genau ein τ mit $\varrho + \tau = \sigma$, hieraus folgt die Existenz eines Nullelements $0 \in A$, man bezeichnet eine Lösung τ von $\varrho + \tau = \sigma$ mit $\tau = \sigma - \varrho$.].

1b) Es ist die Multiplikation mit den reellen Zahlen $(\alpha, \beta, \ldots)$ erklärt, assoziativ und distributiv [Mit ϱ liegt $\alpha \varrho$ in A, $\alpha(\beta \varrho) = (\alpha \beta)\varrho$, $(\alpha + \beta)\varrho = \alpha \varrho + \beta \varrho$, $\alpha(\varrho + \sigma) = \alpha \varrho + \alpha \sigma$]. Ferner ist $1 \cdot \varrho = \varrho$.

2. Axiome der Halbordnung

2a) Es gibt in A gewisse „positive" Elemente $\varrho \geqq 0$ (Schreibweise), wobei $\varrho \geqq 0$, $\varrho \leqq 0$ nur für das Nullelement gilt und $\varrho + \sigma \geqq 0$ ist, wenn $\varrho \geqq 0$, $\sigma \geqq 0$ gilt.

2b) Aus $\alpha \geqq 0$ und $\varrho \geqq 0$ folgt $\alpha \varrho \geqq 0$.

3. Axiome der Konvergenz

A ist metrisch.[1] Es gibt in A gewisse „konvergente" Folgen $\{\varrho_k\}$ mit $\varrho_k \in A$ $(k = 1, 2, 3, \ldots)$, denen sich ein eindeutig bestimmtes Grenzelement $\varrho = \lim \varrho_k$ (Schreibweise) aus A zuordnen läßt. Dabei gilt

3a) aus $\varrho_n = \varrho$ für $n = 1, 2, \ldots$ folgt $\lim \varrho_n = \varrho$

3b) aus $\lim \varrho_n = \varrho$ folgt $\lim\limits_{n \to \infty} \varrho_{k_n} = \varrho$ für alle streng monotonen Folgen $(k_{n+1} > k_n)$ natürlicher Zahlen

3c) aus $\lim \varrho_n = \varrho$, $\lim \sigma_n = \sigma$ folgt $\lim(\varrho_n + \sigma_n) = \varrho + \sigma$

3d) aus $\lim \alpha_n = \alpha$ (reelle Zahlen) und $\lim \varrho_n = \varrho$ folgt $\lim \alpha_n \varrho_n = \alpha \varrho$

3e) aus $0 \leqq \varrho_n \leqq \sigma_n$ $(n = 1, 2, 3, \ldots)$ und $\lim \sigma_n = 0$ folgt $\lim \varrho_n = 0$

3f) aus $\varrho_n \geqq 0$ $(n = 1, 2, 3, \ldots)$ und $\lim \varrho_n = \varrho$ folgt $\varrho \geqq 0$

Beim Beispiel des Abstands (33.6) werden die „positiven" Elemente von den Vektoren des V_2 gebildet, deren Endpunkte (von $\{0, 0\}$ abgetra-

---

[1] D. h. zu je zwei Elementen ϱ, σ ist eine reelle Zahl $q(\varrho, \sigma)$ definiert, die den Axiomen 33.17.1 genügt. Dieser Zahlenabstand, der nicht mit dem Pseudoabstand in Def. 33.17 zu verwechseln ist, wird weiterhin nicht benutzt und gestattet, 3a) und 3b) zu beweisen.

gen) in den ersten Quadranten fallen (Abb. 33.16). Die komponentenweise Konvergenz erfüllt hier alle Postulate der 3. Gruppe. Beim Abstand (33.10) sind alle Elemente „positiv", die im ganzen Intervall [0, 1] nicht negativ sind, und die gleichmäßig konvergenten Funktionenfolgen sind „konvergent" im Sinne obiger Definition.

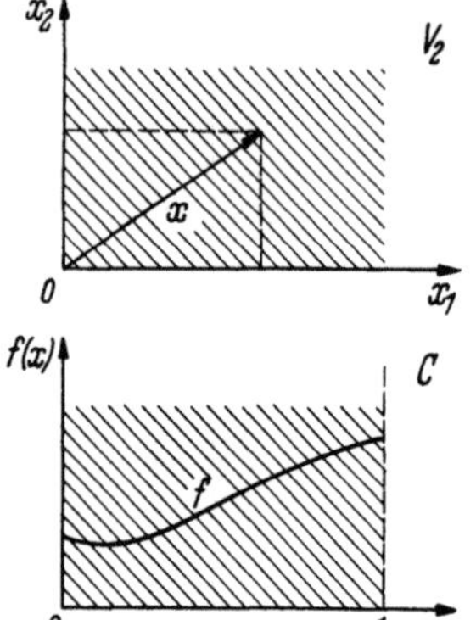

Abb. 33.16. Positive Elemente von V_2 und C

33.4 Definition des Objektraumes

Nun steht das „Meßwerkzeug" zur Verfügung, und es kann der Raum der „zu messenden" Objekte definiert werden:

Definition 33.17: *Ein Raum R heißt pseudometrischer, vollständiger Objektraum, wenn je zwei Elementen u, v von R ein Element $\varrho = \varrho(u, v)$ eines Abstandsraumes nach Definition 33.15 so zugeordnet ist, daß folgende Axiome gelten:*

1. Pseudo-Abstandsaxiome

1a) $\varrho(u, v) = 0$ genau dann, wenn $u = v$

1b) $\varrho(u, v) \leqq \varrho(u, w) + \varrho(v, w)$ Dreiecksungleichung

[Aus 1a) und 1b) läßt sich $\varrho(u, v) = \varrho(v, u) \geqq 0$ folgern.]

2. Vollständigkeitsaxiom

Jede im Sinne des Abstands ϱ Cauchy-konvergente Folge $\{u_n\} \in R$ besitzt ein Grenzelement $u = \lim u_n \in R$ (Cauchy-Konvergenz bedeutet hier, daß $\lim\limits_{n \to \infty} \varrho(u_{k_n}, u_n) = 0$ gilt für alle streng monotonen Folgen k_n natürlicher Zahlen, Konvergenz gegen ein Grenzelement u besagt, daß $\lim\limits_{n \to \infty} \varrho(u, u_n) = 0$ ist.).

Bei dieser Definition ist bemerkenswert, daß der Raum R weder linear noch irgendwie geordnet zu sein braucht. Er kann in dieser Hinsicht wesentlich allgemeiner sein als A, wenn er nur vollständig ist, was wiederum von A nicht verlangt wird. Die letzte Forderung kann auf Teilräume von R beschränkt werden, man vergleiche J. SCHRÖDER (1956b).

33.5 Majorisierung von Operatoren

Um die Allgemeinheit eines Operators T (man sagt auch Abbildung oder Transformation), der die eigentliche Iteration (in R) beschreibt, nicht unnötig einzuengen, kann man nun analog vorgehen wie bei der

Zurückführung der Konvergenz in R auf die Konvergenz in A. Dabei definiert man einen Hilfsoperator, der A in sich abbildet, der T geeignet majorisiert und der schärferen Voraussetzungen unterworfen ist als T:

Definition 33.18: *Ein Operator P, der A in sich abbildet, heißt eine stetige, positive, inklusive ihrer ersten Differenzen monotone (Abstands-) Majorante von T, wenn folgende Axiome gelten (A und R sind gemäß 33.15 und 33.17 definiert zu denken):*

1. Stetigkeitsaxiom

Aus $\lim \varrho_n = \varrho$ folgt $\lim P \varrho_n = P \varrho$

2. Positivitätsaxiom

Aus $\varrho \geqq 0$ folgt $P \varrho \geqq 0$

3. Monotonieaxiom

Aus $\varrho' \geqq \varrho \geqq 0$ ($\varrho' \geqq \varrho$ bedeutet $\varrho' - \varrho \geqq 0$ usw.) und $\sigma' \geqq \sigma \geqq 0$ folgt

$$0 \leqq P(\varrho + \sigma) - P\varrho \leqq P(\varrho' + \sigma') - P\varrho'$$

(aus dieser Monotonie der ersten Differenzen folgt die Monotonie von P selbst mit $\varrho' = \varrho = 0$ nach Axiom 33.15, 2a)

4. Majorantenaxiom

Für alle Elemente v, w aus $D \subseteq R$, dem Definitionsbereich von T, und ein festes Element $z \in R$ gilt

$$\varrho(T v, T w) \leqq P[\varrho(v, w) + \varrho(v, z)] - P \varrho(v, z).$$

33.6 Formulierung des Kontraktionssatzes

Satz 33.19: *Voraussetzungen:*

a) Abstands- und Objektraum mit Operator T und Majorante P seien durch die Definitionen (33.15), (33.17) und (33.18) gegeben. $D \subset R$ sei der Definitionsbereich von T. u_0 sei ein Element aus D, z gemäß Definition 33.18.4 festgelegt und σ_0 ein Element aus A mit $\sigma_0 \geqq \varrho(u_0, z)$. Mit einem festen Element $\xi \in A$ sei der Operator S durch

$$S \sigma = P \sigma + \xi$$

definiert, und es gelte

$$\sigma_1 = S \sigma_0 \geqq \sigma_0 + \varrho(u_0, T u_0).$$

Die bei der („Hilfs-") Iteration $\sigma_{n+1} = S \sigma_n$ ($n = 0, 1, 2, \ldots$) entstehende Folge konvergiere gegen ein Element $\sigma = \lim \sigma_n$ und es gelte $\sigma = S \sigma$.

Ferner sei die „Kugel" K aller Elemente v mit

$$\varrho(v, T u_0) \leqq \sigma - \sigma_1$$

ganz in D enthalten.

b) Es sei eine weitere Folge $\{\tau_n\}$ definiert mit $\tau_{n+1} = S \tau_n$, $\lim \tau_n = \sigma$ für $n = j, j + 1, \ldots$ und mit $\tau_j \geqq \sigma_j$.

Aussagen: Wenn a) erfüllt ist, so konvergiert auch die Iteration $u_{n+1} = T u_n$ $(n = 0, 1, 2, 3, \ldots)$ *gegen eine Lösung* u^* *von* $u^* = T u^* \in$ $\in K \subseteq D$ *(Existenz), und es gilt die Abschätzung*

$$\varrho(u^*, u_n) \leq \sigma - \sigma_n \quad (n = 1, 2, \ldots).$$

Wenn a) und b) erfüllt sind, so liegt im Durchschnitt von D mit der Kugel K_j

$$\varrho(v, u_j) \leq \tau_j - \sigma_j$$

höchstens eine Lösung (Eindeutigkeit).

Anmerkungen: Man kann $\tau_n = \sigma$ setzen für $n = 1, 2, \ldots$ und erhält für $j = 1$ die Eindeutigkeit in der Kugel K. Dieses Beispiel zeigt auch die Existenz von Folgen $\{\tau_n\}$ der Voraussetzung b). Verwendet man andere Folgen $\{\tau_n\}$, so hat man zu prüfen, ob u^* auch in K_j liegt, wenn man Existenz und Eindeutigkeit sichern will.

In § 34 werden einige Spezialfälle dieses Satzes betrachtet. Dort werden auch einige Beispiele angegeben, die u. a. die Aufstellung von Iterationsvorschriften erläutern.

33.7 Einige oft benutzte Räume

In dieser Nummer sollen einige Zusammenstellungen von Abstands- und Objekträumen angegeben werden, die für die Anwendung des Satzes 33.19 auf die in diesem Abschnitt behandelten Probleme wichtig sind. Etwas allgemeiner als bei J. Schröder (1956) sei hier festgelegt, daß x einen Punkt eines abgeschlossenen, beschränkten, zusammenhängenden Bereiches B des euklidischen N-dimensionalen Raumes bedeute, bei $N = 1$ also eines Intervalls $[a, b]$.

Zunächst seien hier folgende Einzelräume angeführt:

a) V_m, der Raum der m-dimensionalen Vektoren $u = \{u_i\}$ $(i = 1, \ldots, m)$,

b) $C[B]$, der Raum der in B stetigen Funktionen $u(x)$,

c) $C_m[B]$, der Raum der in B stetigen Funktionsvektoren $u(x) = \{u_i(x)\}$ $(i = 1, \ldots, m)$,

d) $C_m[B, \varphi, \tau]$ derjenige Teilraum von $C_m[B]$, bei dem zwei Vektoren $\varphi(x) = \{\varphi_i(x)\}$ und $\tau(x) = \{\tau_i(x)\}$ fest gegeben und stetig sind, mit denen die Darstellung $u_i(x) = \varphi_i(x) + \tau_i(x)\, \tilde{u}_i(x)$ $(i = 1, \ldots, m)$ der Komponenten der Elemente möglich ist. Dabei sollen in B auch die $\tilde{u}_i(x)$ stetig und die $\tau_i(x) \geq 0$ sein. Zu jeder Nullstelle x^* eines beliebigen τ_i soll es ferner in jeder noch so kleinen Umgebung mindestens einen Punkt $x \neq x^*$ geben, in welchem $\tau_i(x) \neq 0$ ist.

Die letzte Voraussetzung ist erfüllt, wenn die Nullstellengebilde der $\tau_i(x)$ etwa aus endlich vielen glatten Hyperflächen von Dimensionen

$< N$ (inkl. Punkten) bestehen. Man sieht auch, daß d) mit c) zusammenfällt, wenn in ganz B alle $\tau_i(x) > 0$ sind.

Die Räume a), b) und c) sollen auch als Abstandsräume benutzt werden, dazu müssen festgelegt werden [die Elemente werden hier ϱ, $\varrho_{(n)}$, ... genannt]:

(33.20)

	Halbordnung	und	Konvergenz
	$\varrho \gtreqless 0$ bedeutet:		$\lim\limits_{n \to \infty} \varrho_{(n)} = \varrho$ bedeutet:
V_m	$\varrho_i \gtreqless 0 \; (i = 1, \ldots, m)$		$\lim\limits_{n \to \infty} \varrho_{(n)i} = \varrho_i \; (i = 1, \ldots, m,$ d. h. komponentenweise)
$C[B]$	$\varrho(x) \gtreqless 0 \, (x \in B)$		$\lim\limits_{n \to \infty} \varrho_{(n)}(x) = \varrho(x)$ gleichmäßig in B
$C_m[B]$	$\varrho_i(x) \gtreqless 0$ $(i = 1, \ldots, m, \, x \in B)$		$\lim\limits_{n \to \infty} \varrho_{(n)i}(x) = \varrho_i(x)$ komponentenweise und gleichmäßig in B

Teilt man noch den gegebenen Bereich B in p abgeschlossene, zusammenhängende Teilmengen $B_j \subset B \; (j = 1, \ldots, p)$ so ein (B sei die Vereinigung aller B_j), daß die Durchschnitte je zweier B_j höchstens aus Randpunkten der beiden B_j bestehen, so kann man auch die gleichmäßige Konvergenz auf den einzelnen Teilmengen betrachten. Folgende Tabelle enthält einige Kombinationen von Abstands- (A) und Objekträumen (R); sie kann leicht erweitert werden.

(33.21)

R	A	$\varrho(u, v)$	$u = \lim\limits_{n \to \infty} u_{(n)}$ bedeutet:
V_m	V_m	$\{\lvert u_i - v_i \rvert\}$	komponentenweise Konvergenz
$C[B]$	$C[B]$	$\lvert u(x) - v(x) \rvert$	gleichmäßige Konvergenz in B
$C[B]$	V_p	$\{\operatorname*{Max}\limits_{B_j} \lvert u(x) - v(x) \rvert\}$	gleichmäßige Konvergenz in allen $B_j \; (j = 1, \ldots, p)$
$C[B]$	V_1	$\operatorname*{Max}\limits_{B} \lvert u(x) - v(x) \rvert$	gleichmäßige Konvergenz in B
$C_m[B]$	$C_m[B]$	$\{\lvert u_i(x) - v_i(x) \rvert\}$	komponentenweise und gleichmäßige Konvergenz
$C_m[B]$	V_m	$\{\operatorname*{Max}\limits_{B} \lvert u_i(x) - v_i(x) \rvert\}$	komponentenweise und gleichmäßige Konvergenz
$C_m[B]$	$C[B]$	$\operatorname*{Max}\limits_{i} \lvert u_i(x) - v_i(x) \rvert$	komponentenweise und gleichmäßige Konvergenz
$C_m[B, \varphi, \tau]$	V_m	$\{\operatorname*{Max}\limits_{B} \lvert \tilde{u}_i(x) - \tilde{v}_i(x) \rvert\}$	komponentenweise und gleichmäßige Konvergenz [besonders starke Konvergenz bei Nullstellen von $\tau_i(x)$ in der i-ten Komponente]

§ 34. Weitere Fixpunktsätze, Beispiel

34.1 Spezielle Formen des Kontraktionssatzes

Spezialisiert man den Kontraktionssatz des vorigen Paragraphen, so kommt man vielfach zu einfacheren Fixpunktsätzen, von denen einige hier erwähnt werden sollen. Ist z. B. die Majorante P ein linearer Operator, so schreibt sich die Ungleichung des Majorantenaxioms (Definition (33.18.4)]

$$(34.1) \qquad \varrho(T\,v,\,T\,w) \leqq P\,\varrho(v,\,w).$$

Das Element z tritt nicht mehr auf, es kann also beliebig gewählt werden. Wegen der Voraussetzung $\sigma_0 \geqq \varrho(u_0,\,z)$ setzt man meist $z = u_0$. Das Monotonieaxiom (33.18.3) ergibt hier die Forderung

$$(34.2) \qquad o \leqq P\,\sigma \leqq P\,\sigma',$$

die für beliebige $(\varrho' \geqq \varrho \geqq o$ und$)$ $\sigma' \geqq \sigma \geqq o$ erfüllt ist, wenn das Axiom (33.18.2) der Positivität von P gilt $[P\,\sigma' - P\,\sigma = P(\sigma' - \sigma) \geqq o,$ wenn $\sigma' - \sigma \geqq 0]$. Setzt man $z = u_0$, $\sigma_0 = o$, $\xi = \varrho(u_0,\,T\,u_0)$, so ist $\sigma_1 = S\,\sigma_0 = \xi \geqq \sigma_0 + \varrho(u_0,\,T\,u_0) = \xi$ erfüllt, und man erhält $\sigma_2 = P\,\xi + \xi$, $\sigma_3 = P^2\,\xi + P\,\xi + \xi$ usw.,

$$(34.3) \qquad \sigma_{n+1} = \sum_{i=0}^{n} P^i\,\xi \qquad \begin{array}{l} (P^0 = E = \text{Einheitsoperator} = \text{identische} \\ \text{Abbildung}, \quad n = 0, 1, 2, \ldots). \end{array}$$

Von dieser Hilfsiteration wird die Konvergenz gegen ein $\sigma = P\,\sigma + \xi$ gefordert. Fordert man etwas schärfer die Konvergenz von (34.3) für alle Elemente $\xi \in A$, so kann man den inversen Operator $(E - P)^{-1}$ des Operators $E - P$ bilden und findet $(E - P)^{-1} = \sum_{i=0}^{\infty} P^i$. Damit wird aus der Kugel K des Kontraktionssatzes die Kugel

$$(34.4) \qquad \varrho(v,\,T\,u_0) \leqq \sigma - \sigma_1 = P\,\sigma = P(E - P)^{-1}\,\xi.$$

Ist der Abstand als reelle Zahl eingeführt, so bedeutet ein *linearer* Operator P einfach die Multiplikation mit einer reellen Zahl p $(P\,\sigma = \sigma \cdot P\,1 = \sigma \cdot p)$, die bei *positiven* Operatoren positiv ist. (34.3) ist (unabhängig von ξ) konvergent für $p < 1$, und $(E - P)^{-1}$ bedeutet Multiplikation mit $1/(1 - p)$.

Benutzt man die Schreibweise $\varrho(u,\,v) \equiv \|u - v\|$[1] für den Abstand und setzt man noch im Satz 33.19 $\xi = \|u_1 - u_0\|$, $\sigma_0 = 0$ und $\tau_0 = \sigma$, so erhält man leicht den

---

[1] Das setzt voraus, daß R ein linearer Raum und ϱ translationsinvariant ist: $\varrho(u + w,\,v + w) = \varrho(u,\,v)$ für beliebige $u, v, w \in R$.

Satz 34.5: *Gegeben seien ein linearer Objektraum R mit translationsinvariantem Zahlenabstand gemäß Definition 33.17 und ein Operator T, der einen Definitionsbereich $D \subseteq R$ in R abbildet und für alle v, $w \in D$ gemäß*

$$\| T v - T w \| \leqq p \, \| v - w \| \quad \text{mit} \quad 0 \leqq p < 1$$

beschränkt ist. Liegt dann die „Kugel" K aller Elemente v mit

$$\| v - u_1 \| \leqq \frac{p}{1 - p} \| u_1 - u_0 \|$$

ganz in D, so konvergiert die Iteration $u_{k+1} = T u_k$, $(k = 0, 1, 2, \ldots)$, gegen eine Lösung u^* von $u = T u$, die die einzige Lösung dieser Gleichung in K ist, und es gelten die Abschätzungen

$$\| u^* - u_k \| \leqq \frac{p}{1 - p} \| u_k - u_{k-1} \| \leqq \frac{p^k}{1 - p} \| u_1 - u_0 \|$$

für $k = 1, 2, 3, \ldots$.

Bei nichtlinearem P und reellem Zahlenabstand schließlich bedeutet P eine reelle Funktion. Die Monotonieforderung (33.18.4) ist erfüllt, wenn P zweimal stetig differenzierbar ist und $P'(\varrho) \geqq 0$, $P''(\varrho) \geqq 0$ für $\varrho \geqq 0$ gilt, und die Konvergenz der Hilfsiteration läßt sich beweisen, wenn $P'(\varrho) \leqq \alpha < 1$ gilt für alle $\varrho \geqq 0$.

34.2 Vom Kontraktionssatz unabhängige Fixpunktaussagen

Der Kontraktionssatz 33.19 kann trotz seiner Allgemeinheit die große Fülle der überhaupt möglichen Fixpunktaussagen naturgemäß nicht erschöpfen. Hierfür sollen drei Beispiele gegeben werden:

Satz 34.6 [*vgl.* J. WEISSINGER (1952)]: *Der Raum R sei vollständig und metrisch mit dem Zahlenabstand $\varrho(u, v)$ [damit ist das Erfülltsein der Axiome der Definition (33.17) gemeint, die reellen Zahlen sind ein Abstandsraum gemäß Definition (33.15)]. Der Operator T sei auf ganz R definiert und bilde R in sich ab (damit ist die Iteration unbeschränkt ausführbar, die Einführung einer „Kugel" nicht mehr nötig). Alle Potenzen T^i von T seien durch reelle positive Zahlen p_i gemäß*

$$(34.7) \qquad \varrho(T^i v, T^i w) \leqq p_i \cdot \varrho(v, w) \quad (i = 1, 2, \ldots)$$

majorisierbar [vgl. Axiom (33.18.4)], und es konvergiere die Reihe $\sum\limits_{k=1}^{\infty} p_k$. Dann konvergiert die Iteration

$$(34.8) \qquad u_{n+1} = T u_n \quad (n = 0, 1, 2, \ldots)$$

unabhängig von dem gewählten Anfangswert u_0 gegen die einzige Lösung u von $u = T u$ in R, und es gelten die Abschätzungen

$$(34.9) \qquad \varrho(u, u_i) \leqq \varrho(u_{k+1}, u_k) \cdot \sum\limits_{j=i-k}^{\infty} p_j \quad (0 \leqq k < i).$$

Durch mehrfache Anwendung von (34.7) folgt $p_{i+k} \leqq p_i \cdot p_k \leqq p_1^{i+k}$, woraus erhellt, daß für $p_1 < 1$ die Konvergenz der Reihe $\sum\limits_{k=1}^{\infty} p_k \leqq$ $\leqq \sum\limits_{k=1}^{\infty} p_1^k = \dfrac{1}{1-p_1}$ gesichert ist. Die Voraussetzung des Satzes ist also allgemeiner als die Forderung $p_1 < 1$.

Wenn man auf Eindeutigkeitsaussagen verzichtet, kann man mit schwächeren Voraussetzungen auskommen. Typisch hierfür ist der schon 1912 veröffentlichte

Satz 34.10 (L. E. J. Brouwer, *wörtlich zitiert*): *„Unter einem n-dimensionalen Elemente E verstehen wir das eindeutige und stetige Bild eines Simplexes S des n-dimensionalen Zahlenraumes. . . . Eine eindeutige und stetige Transformation eines n-dimensionalen Elementes in sich besitzt sicher einen Fixpunkt.“*

Wichtig ist, daß die erwähnten Punktmengen E und S als abgeschlossen aufgefaßt werden müssen und daß sie einfach zusammenhängend und beschränkt sind. In Banach-Räumen [Def. vgl. (35.1)] gilt als Entsprechung hierzu der

Satz 34.11 (P. J. Schauder): *T sei ein stetiger Operator, der einen abgeschlossenen, konvexen Definitionsbereich $D \subseteqq R$ in sich abbildet: $TD \subseteqq D$. Wenn dann TD kompakt ist, enthält es mindestens eine Lösung von $u = Tu$.*

Dabei heißt *konvex*: mit $v \in D$, $w \in D$ liegen auch alle Elemente $u = \alpha v + (1 - \alpha) w$ mit $0 \leqq \alpha \leqq 1$ in D; *kompakt* bedeutet: Jede Folge von Elementen aus TD enthält eine konvergente Teilfolge. Wenn alle Grenzelemente zu TD gehören, spricht man von „kompakt in sich“.

Einen weiteren Fixpunktsatz enthält § 35.

34.3 Ein Kriterium für die Kompaktheit

Die Voraussetzung der Kompaktheit beim Schauderschen Satz 34.11 ist meist nicht leicht zu prüfen; daher soll hier ein Kriterium für die im Rahmen dieses Abschnitts besonders wichtigen Integraloperatoren angegeben werden. Es wird dabei zugrunde gelegt der in Nr. 33.7, Fall c) definierte Raum $C_m[B]$ m-dimensionaler Vektoren $\boldsymbol{u}(\boldsymbol{x})$ $= \{u_i(\boldsymbol{x})\}$ $(i = 1, \ldots, m)$ von in dem N-dimensionalen, abgeschlossenen, beschränkten Bereich B stetigen Funktionen von $\boldsymbol{x} = \{x_1, \ldots, x_N\}$.

Nun wird die Transformation T

$$(34.12) \quad v_j(\boldsymbol{x}) = z_j(\boldsymbol{x}) + \int\limits_B G_j(\boldsymbol{x}, \boldsymbol{\xi})\, \varphi_j(\boldsymbol{\xi}, w(\boldsymbol{\xi}))\, dB_{\boldsymbol{\xi}} \quad (j = 1, \ldots, m)$$

mit in allen Argumenten stetigen Funktionen z_j und φ_j betrachtet, die einem Element $w \in C_m[B]$ unter geeigneten Voraussetzungen an die G_j ein Element $v = T\,w \in C_m[B]$ zuordnet. Setzt man voraus, daß für zwei beliebige, in B stetige Funktionen $r(x)$ und $t(x)$, die der Ungleichung $|r(x)| \leqq t(x)$ genügen, die Abschätzungen

$$(34.13) \quad \left| \int_B G_j(x,\xi)\,r(\xi)\,dB_\xi \right| \leqq \int_B |G_j(x,\xi)|\,t(\xi)\,dB_\xi \left.\begin{array}{l} \\ \\ \\ \\ \end{array}\right\}$$

$$\left| \int_B [G_j(x,\xi) - G_j(y,\xi)]\,r(\xi)\,dB_\xi \right| \leqq$$

$$\leqq \int_B |G_j(x,\xi) - G_j(y,\xi)|\,t(\xi)\,dB_\xi \qquad \begin{array}{l}(j = 1,\ldots,m, \\ \qquad x,\,y \in B)[1]\end{array}$$

gelten, und daß ferner (mit endlichem K)

$$(34.14) \quad \begin{array}{l} \displaystyle\int_B |G_j(x,\xi)|\,dB_\xi \leqq K \\[2mm] \displaystyle\lim_{x \to y} \int_B |G_j(x,\xi) - G_j(y,\xi)|\,dB_\xi = 0 \end{array} \left.\begin{array}{l} \\ \\ \end{array}\right\} \quad (j = 1,\ldots,m,\ x,\,y \in B)$$

erfüllt ist, so ist die Menge der Bilder v aller Elemente w einer beschränkten Teilmenge aus $C_m[B]$ in sich kompakt (z. B. kann die Beschränkung durch ein System von Ungleichungen $\psi_j(x) \leqq w_j(x) \leqq \chi_j(x)$ $(j = 1,\ldots,m)$ mit festen $\psi_i,\ \chi_i \in C[B]$ gegeben sein). Für Einzelheiten vgl. man L. COLLATZ (1964), S. 67.

34.4 Aufstellung von Iterationsvorschriften

Bei der Aufstellung von Iterationsverfahren für gegebene Aufgaben hat man zunächst zu beachten, daß die Iteration nicht aus dem Objektraum herausführen darf. Legt man z. B. einen der Räume stetiger Funktionen gemäß (33.21) zugrunde, so kann eine Iterationsvorschrift, die Differentiationen enthält, durchaus Funktionen ergeben, die nicht mehr stetig sind. In der Regel wird man also Differentiationen völlig zu vermeiden trachten. Das kann bei Differentialgleichungsaufgaben durch Umwandlung in eine einzelne oder ein System von Integralgleichungen geschehen, wodurch man eine explizite Darstellung der Iterationsvorschrift erhält. In Nr. 4.2 wurde diese Transformation für eine Klasse *ein*dimensionaler Randwertaufgaben durchgeführt.

Oft kann man die explizite Form der Iterationsvorschrift auch umgehen, wie etwa die Formeln (17.2) und (17.3) für Eigenwertaufgaben

---

[1] Da B beschränkt ist, folgen diese Abschätzungen aus (34.14).

zeigen. Allerdings muß man dann die Lösung einer Randwertaufgabe bei jedem Iterationsschritt in Kauf nehmen. Für inhomogene Aufgaben wird das entsprechende Vorgehen unten (Nr. 34.5) erläutert.

Zur Anwendung des Kontraktionssatzes 33.19 sind nach Formulierung der Iterationsvorschrift ein geeigneter Abstandsraum und eine Majorante zu konstruieren. Für den eindimensionalen Unterfall der Raumkombination der letzten Zeile von (33.21) bietet Nr. 4.2 ($m = n$) ein Beispiel mit linearer Majorante; eine nichtlineare Majorante wird in der folgenden Nummer benutzt.

Erst nach den genannten Festlegungen kann die Konvergenz untersucht werden, dies ist natürlich bei linearen Majoranten und bei Zahlenabständen besonders einfach, vgl. Nr. 34.1. Für alle Fälle, bei denen keine oder nur sehr langsame Konvergenz festgestellt wird, wird auf § 35 verwiesen.

Es sei noch angemerkt, daß auch bei Anwendung des Satzes 34.11 die Vermeidung von Differentiationen durch das Kriterium der vorigen Nummer nahegelegt wird.

34.5 Ein Beispiel

Die Randwertaufgabe [vgl. L. Collatz (1955), an mehreren Stellen]

$$(34.15) \quad u'' = \tfrac{3}{2}u^2 \quad \text{in } (-\tfrac{1}{2}, \tfrac{1}{2}), \quad u(-\tfrac{1}{2}) = 4, \quad u(\tfrac{1}{2}) = 1$$

kann mittels der Greenschen Funktion zu $-u''$ (Tab. 4.32)

$$(34.16) \qquad G(x, \xi) = \begin{cases} (\tfrac{1}{2} - x)(\tfrac{1}{2} + \xi) & \text{für } \xi \leqq x, \\ (\tfrac{1}{2} + x)(\tfrac{1}{2} - \xi) & \text{für } \xi \geqq x \end{cases}$$

leicht in die Integralgleichung

$$(34.17) \qquad u = T u \equiv (\tfrac{5}{2} - 3x) - \tfrac{3}{2} \int\limits_{-1/2}^{1/2} G(x, \xi)\, u^2(\xi)\, d\xi$$

übergeführt werden; beide haben $4/(\tfrac{3}{2} + x)^2$ zur Lösung (es gibt noch eine zweite Lösung, vgl. Nr. 35.5). Als Abstands- und Objektraum wird hier $A = R = C[B]$ mit $B = [-\tfrac{1}{2}, \tfrac{1}{2}]$ gewählt, wobei die Halbordnung durch das punktweise in B verstandene $\geqq$-Zeichen und der Abstand wie in der zweiten Zeile von (33.21) als $\varrho(u, v) = |u(x) - v(x)|$ eingeführt werden. Dann kann man für T als nichtlineare Majorante

$$(34.18) \qquad P \varrho \equiv \tfrac{3}{2} \int\limits_{-1/2}^{1/2} G(x, \xi)\, \varrho^2(\xi)\, d\xi$$

wählen, denn die Axiome (33.18.1) bis (33.18.3) sind leicht zu bestätigen, und die Abschätzungskette

$$(34.19) \quad |Tv - Tw| \leq \tfrac{3}{2} \int_{-1/2}^{1/2} G(x, \xi)\,|w(\xi) - v(\xi)| \cdot |w(\xi) + v(\xi)|\,d\xi \leq$$

$$\leq \tfrac{3}{2} \int_{-1/2}^{1/2} G(x, \xi)\,|w(\xi) - v(\xi)| \cdot \{|w(\xi) - v(\xi)| + 2\,|v(\xi)|\}\,d\xi =$$

$$= \tfrac{3}{2} \int_{-1/2}^{1/2} G(x, \xi)\,\{[|w(\xi) - v(\xi)| + |v(\xi)|]^2 - |v(\xi)|^2\}\,d\xi =$$

$$= P[|w - v| + |v|] - P[|v|]$$

zeigt auch das Erfülltsein der Majorantenforderung (33.18.4), wenn man dort $z = 0$ setzt, wobei ganz R als Definitionsbereich D genommen werden kann.

Bei der praktischen Ausführung der Transformationen T und P kann man auf die Darstellungen (34.17) und (34.18) verzichten und statt dessen, wenn etwa $v = Tu$ oder $\sigma = P\varrho$ zu bilden ist, die Randwertaufgaben

$$(34.20) \quad \begin{aligned} v'' &= \tfrac{3}{2}\,u^2 &&\text{in } (-\tfrac{1}{2}, \tfrac{1}{2}), && v(-\tfrac{1}{2}) = 4, && v(\tfrac{1}{2}) = 1 && \text{bzw.} \\ \sigma'' &= -\tfrac{3}{2}\,\varrho^2 &&\text{in } (-\tfrac{1}{2}, \tfrac{1}{2}), && \sigma(-\tfrac{1}{2}) = \sigma(\tfrac{1}{2}) = 0 \end{aligned}$$

mit bekannten rechten Seiten lösen. Stellt man insbesondere u bzw. ϱ als abgebrochene Potenzreihen dar, so kann man diese Auflösung als rein algebraische Manipulation der Koeffizientenvektoren ohne weiteres für Rechenautomaten programmieren.

Hat man (z. B. auf die geschilderte Weise) aus einer Ausgangsnäherung u_0 die Iterierte $u_1 = Tu_0$ bestimmt, so hat man zur Abschätzung nach dem Satz 33.19 zunächst ein $\sigma_0 \geq |u_0 - z| = |u_0|$ zu bestimmen, fordert man $u_0 \geq 0$, so kann man $\sigma_0 = u_0$ wählen. Eine gewisse Schwierigkeit liegt in der Bestimmung eines geeigneten ξ. Würde man den Grenzwert $\sigma = S\sigma$ der Hilfsiteration kennen, so hätte man einfach $\xi = \sigma - P\sigma$, während umgekehrt, wenn man von einem beliebigen σ ausgeht, die Konvergenz der Hilfsiteration gegen dieses σ nicht gesichert ist. Immerhin kann man versuchen, den entsprechenden Nachweis nachträglich zu führen. Für $0 \leq \sigma_0 \leq \sigma \leq 2.5 - 3x$ kann das mittels der untenstehenden Formel (34.23) geschehen.

Zur Bestimmung von σ kann man versuchen, mit dem Abstand $\delta = \varrho\,(u_0, u_1) = |u_0 - u_1|$ gemäß

$$(34.21) \qquad \sigma = \sigma_0 + \mu \cdot \delta$$

mit einem geeigneten Zahlenfaktor $\mu \geq 1$ zu extrapolieren (nach dem Satz 33.19 ist es ohnehin vernünftig, nur solche σ zu betrachten, für die $\sigma \geq \sigma_1 \geq \sigma_0 + \delta = u_0 + \delta$ gilt). Bildet man dann $\xi = \sigma - P\sigma$

und σ_1, so kann man das Erfülltsein der Voraussetzung $\sigma_1 \geqq \sigma_0 + \delta$ prüfen und u. U. den Faktor μ korrigieren. Zu der Abschätzung des Satzes 33.19 ist zu bemerken, daß man mit wachsendem n vielfach Genauigkeit verschenkt; oft ist es vorteilhafter, nach jedem Schritt σ, ξ, σ_0 und σ_1 neu zu bestimmen und die Abschätzung jeweils mit $n = 1$ zu benutzen.

Iteriert man von $u_0 = 2.5 - 3x$ ausgehend, so ist bei den ersten drei Schritten die geschilderte Abschätzungsmethode nicht anwendbar, weitere Schritte ergeben an der Stelle $x = 0$ die Werte (gerundet)

(34.22)

n	u_n	$\lvert u_n - u_{n-1} \rvert$	μ	$\sigma^{(n)} - \sigma_1^{(n)}$	$u_n - u^*$
4	1.86890871	$2.55 \cdot 10^{-1}$	2.70	$4.32 \cdot 10^{-1}$	$9.11 \cdot 10^{-2}$
5	1.72399663	$1.45 \cdot 10^{-1}$	3.00	$2.88 \cdot 10^{-1}$	$-5.38 \cdot 10^{-2}$
6	1.80841491	$8.44 \cdot 10^{-2}$	2.45	$1.23 \cdot 10^{-1}$	$3.06 \cdot 10^{-2}$
7	1.75996358	$4.85 \cdot 10^{-2}$	2.55	$7.44 \cdot 10^{-2}$	$-1.78 \cdot 10^{-2}$
10	1.78119112	$9.34 \cdot 10^{-3}$	2.40	$1.30 \cdot 10^{-2}$	$3.41 \cdot 10^{-3}$
15	1.77755909	$5.98 \cdot 10^{-4}$	2.40	$8.29 \cdot 10^{-4}$	$-2.19 \cdot 10^{-4}$
20	1.77779178	$3.83 \cdot 10^{-5}$	2.40	$5.31 \cdot 10^{-5}$	$1.40 \cdot 10^{-5}$
25	1.77777688	$2.45 \cdot 10^{-6}$	2.40	$3.40 \cdot 10^{-6}$	$-8.97 \cdot 10^{-7}$
30	1.77777784	$1.57 \cdot 10^{-7}$	2.40	$2.18 \cdot 10^{-7}$	$5.74 \cdot 10^{-8}$
35	1.77777777	$1.01 \cdot 10^{-8}$	2.30	$1.34 \cdot 10^{-8}$	$\sim -3.7 \cdot 10^{-9}$

Mit dem Abstand $\varrho(u, v) = \lVert u - v \rVert = \underset{[-\frac{1}{2}, \frac{1}{2}]}{\mathrm{Max}} \lvert u(x) - v(x) \rvert$ ist der Satz 34.5 ebenfalls anwendbar. Wählt man den Definitionsbereich D als das Intervall $0 \leqq u(x) \leqq 2.5 - 3x$, so schätzt man leicht ab

$$(34.23) \quad \lvert Tu - Tv \rvert \leqq \tfrac{3}{2} \int_{-1/2}^{1/2} G(x, \xi) \lvert u(\xi) - v(\xi) \rvert \cdot \lvert u(\xi) + v(\xi) \rvert \, d\xi \leqq$$

$$\leqq \lVert u - v \rVert \cdot 3 \int_{-1/2}^{1/2} G(x, \xi)(2.5 - 3\xi) \, d\xi, \quad \text{also}$$

$$\lVert Tu - Tv \rVert \leqq 0.9468 \cdot \lVert u - v \rVert.$$

Dieses $p = 0.9468$ liegt so nahe an 1, daß sich $\dfrac{p}{1 - p} \approx 17.8$ ergibt. Daher muß man auch hier eine gute Ausgangsnäherung besitzen, wenn die Kugel des Satzes 34.5 in D liegen soll. Der Abschätzungsfaktor 17.8 bewirkt, daß hier der wahre Fehler um fast den Faktor 50 überschätzt wird, während der Satz 33.19 einen Überschätzungsfaktor von etwa 4 ergab.

Auch der Satz 34.11 ist in Verbindung mit der Nr. 34.3 auf dieses Beispiel anwendbar. Man überzeugt sich leicht davon, daß wegen der Antitonie (s. § 5) von T mit $u_0 = 2.5 - 3x$ das Intervall $u_1 = T u_0 \leqq$ $\leqq v \leqq u_0$ von T in das Intervall $u_1 \leqq v \leqq u_2 = T u_1 \leqq u_0$ und damit in sich abgebildet wird. Nachdem man einmal kontrolliert hat, daß $u_1 \leqq$

$\leqq u_2 \leqq u_0$ gilt, kann man — wieder wegen der Antitonie — aussagen, daß je zwei aufeinanderfolgende Iterierte u_n und u_{n+1} mindestens eine Lösung von $u = T u$ einschließen, wobei die $u_{2\,i+1}$ untere, die $u_{2\,i}$ ($i = 0, 1, 2, \ldots$) obere Schranken sind.

Für die Behandlung dieses Beispiels mit den Verfahren des folgenden Paragraphen siehe Nr. 35.5, für Eigenwertaufgaben § 17 und Nr. 35.7. Mehrdimensionale Beispiele finden sich bei L. COLLATZ (1964), u. a. S. 203 und S. 282.

§ 35. Methoden zur Konvergenzerzeugung und -verbesserung

35.1 Banach-Räume

Zuerst sollen in diesem § zwei Methoden beschrieben werden, die auf der Linearisierung von Operatoren beruhen, deren Anwendungsbereich daher besonders bei den nichtlinearen Problemen zu suchen ist. Gemeint sind Verallgemeinerungen des *Newton*schen Verfahrens und der *Regula Falsi* auf Gleichungen in *Banach*-Räumen. Für die Behandlung der Methoden in allgemeineren Räumen wird auf L. COLLATZ (1964), S. 224ff. verwiesen. Ein weiteres Verfahren wird von H. EHRMANN (1957) behandelt. Unter den in § 33 genannten Räumen spielt der Spezialfall der Banach-Räume eine wichtige Rolle, die folgendermaßen eingeführt werden können.

Definition 35.1: *Ein Raum R heißt Banach-Raum, wenn seine Elemente u, v, w, ... folgende Axiome erfüllen:*

1. Axiome der Linearität; man vgl. Definition (33.15.1) mit den Bezeichnungen u, v, w, ... statt ϱ, σ, τ, ... [In (33.15.1 b) dürfen α, β, ... evtl. komplex sein.]

2. Axiome der Norm. Jedem Element $u \in R$ ist eine reelle nichtnegative Zahl, die Norm $\|u\|$, zugeordnet, und es gilt

2 a) $\|u\| = 0$ genau dann, wenn $u = \Theta$ ($= $ Nullelement von R) ist.

2 b) $\|u + v\| \leqq \|u\| + \|v\|$ für alle u, $v \in R$ (Dreiecksungleichung)

2 c) $\|\alpha\,u\| = |\alpha| \cdot \|u\|$, wobei α eine beliebige reelle (oder komplexe) Zahl ist.

3. Axiom der Vollständigkeit wie in Definition (33.17.2), wobei hier der Abstand $\varrho(u, v) = \|u - v\|$ zu benutzen ist.

Typische Beispiele sind die Räume der in einem abgeschlossenen Intervall oder mehrdimensionalen Bereich B stetigen Funktionen $u(x), \ldots$ mit der Norm ($\tau(x)$ fest gegeben und > 0)

$$(35.2) \qquad \|u\| = \sup_{x \in B} \frac{1}{\tau(x)} |u(x)|$$

und die Räume entsprechender Vektoren, wobei als Norm das Maximum entsprechender Ausdrücke über alle Komponenten benutzt werden kann.

35.2 Ein Fixpunktsatz

Als Basis für die in Nr. 35.1 genannten Methoden kann folgender Satz von W. WETTERLING gelten, der darüber hinaus auch für sich Interesse verdient:

Satz 35.3: *Es seien zwei Banach-Räume R und $\tilde{R}$ gegeben mit Elementen $u, v, \ldots$ bzw. $\tilde{u}, \tilde{v}, \ldots$ und Normen $\|u\|$ bzw. $\|\tilde{u}\|^{\sim}$ und es sei die Aufgabe gestellt, die Lösung u einer Gleichung $S\,u = \tilde{\Theta}$ zu finden, in welcher S einen Operator bedeutet, der einen Definitionsbereich $D \subseteq R$ in $\tilde{R}$ abbildet. Es sei nun möglich, einen Operator $\tilde{P}$ zu bestimmen, der einen geeigneten Definitionsbereich $\tilde{D} \subset \tilde{R}$ in R abbildet **und folgende Voraussetzungen erfüllt:***

1. Für ein Element $v \in D$ existiert $-\tilde{P}\,S\,v$, und es ist $\|\tilde{P}\,S\,v\| \leqq \tau$.

2. Es gibt eine positive Zahl $K < 1$, so daß in der durch $\|z\| \leqq \dfrac{\tau}{1-K}$ gegebenen Kugel Ω aus R der Operator H durch $H\,z = z - \tilde{P}\,S\,(v + z)$ definiert ist.

3. Für alle $z \in \Omega$ gilt $S\,(v + z) \in \tilde{D}$, und wenn $S\,(v + z) \neq \tilde{\Theta}$ ist, so ist auch $\tilde{P}\,S\,(v + z) \neq \Theta$.

4. Gehören auch z_1 und z_2 dieser Kugel Ω an, so gilt
$$\|H\,z_1 - H\,z_2\| \leqq K\,\|z_1 - z_2\|.$$
Unter diesen Voraussetzungen besitzt die Gleichung $S\,u = \tilde{\Theta}$ genau eine Lösung u mit $u - v \in \Omega$, für die die Abschätzungen gelten

$$(35.4) \qquad \|u - v\| \leqq \frac{\tau}{1 - K}\,; \qquad \|u - (v - \tilde{P}\,S\,v)\| \leqq \frac{\tau\,K}{1 - K}\,.$$

Bemerkenswert ist es, daß die erste dieser Abschätzungen die explizite Ausrechnung von $-\tilde{P}\,S\,v$ gar nicht erfordert, sondern nur die Bestimmung der Zahlen τ und K. Auch brauchen $\tilde{P}$ und S einzeln nicht stetig zu sein.

Der Beweis kann mit Hilfe des Satzes 34.5, angewandt auf den (nach Voraussetzung 4 kontrahierenden) Operator H, geführt werden. Für den Fixpunkt z^* von H gilt $z^* = H\,z^* = z^* - \tilde{P}\,S\,(v + z^*)$, also $\tilde{P}\,S\,(v + z^*) = \Theta$ und wegen Voraussetzung 3 auch $S\,(v + z^*) = \tilde{\Theta}$, so daß sich $z^* + v = u$ ergibt. Stellt man sich v als eine Näherung für u vor und definiert man $z_0 = \Theta$, $z_{n+1} = H\,z_n$, $u_n = v + z_n$ ($n = 0, 1, 2, \ldots$), so kann man die Iteration nach Voraussetzung 2 auch schreiben

$$(35.5) \qquad u_{n+1} = u_n - \tilde{P}\,S\,u_n \qquad (n = 0, 1, 2, \ldots).$$

Bei der Konstruktion eines geeigneten $\tilde{P}$ kann man von einer der gegebenen Aufgabe „benachbarten" Aufgabe der Form $S^*\,v \equiv T^*\,v + r = \tilde{\Theta}$ mit linearem Operator T^* ausgehen. Ist v deren Lösung und $w = v + z$ ein Element einer Umgebung von v, so kann man $S^*\,w - S\,w = T^*\,(v + z) + r - S\,(v + z) = T^*\,z - S\,(v + z)$ schreiben und hat dann nur noch nötig $\tilde{P} = T^{*-1}$, dem inversen Operator von T^*, zu setzen, (falls dieser existiert), um den Operator H des Satzes 35.3 durch

$H z = T^{*-1}[S^*(v + z) - S(v + z)]$ zu erklären. Der Grad der „Nachbarschaft" wird dann durch das K der Voraussetzung 4 gemessen. Die in den folgenden Nummern behandelten Methoden können als Spezialfälle dieser *Subtraktion benachbarter Aufgaben* aufgefaßt werden.

35.3 Erläuterungen zum Newtonschen Verfahren und zur Regula Falsi

Die Formel (35.5) kann je nach der Definition von $\tilde{P}$ das gewöhnliche oder vereinfachte *Newtonsche Verfahren* oder die *Regula Falsi* verkörpern. Vor diesen Definitionen sollen die Formeln und Figuren

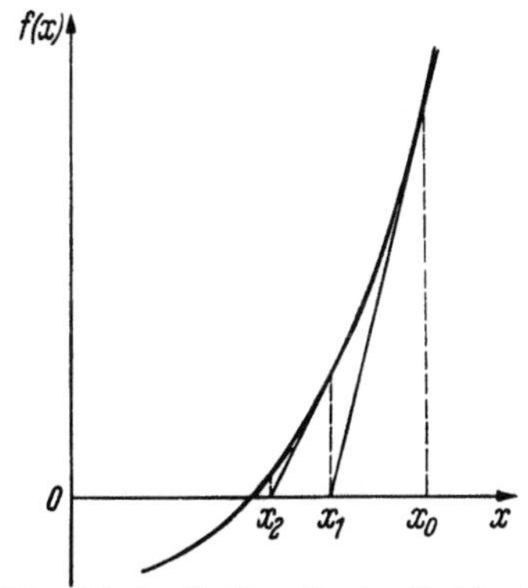

Abb. 35.6. Gewöhnliches Newton-Verfahren:
$$x_{n+1} = x_n - [f'(x_n)]^{-1} \cdot f(x_n)$$

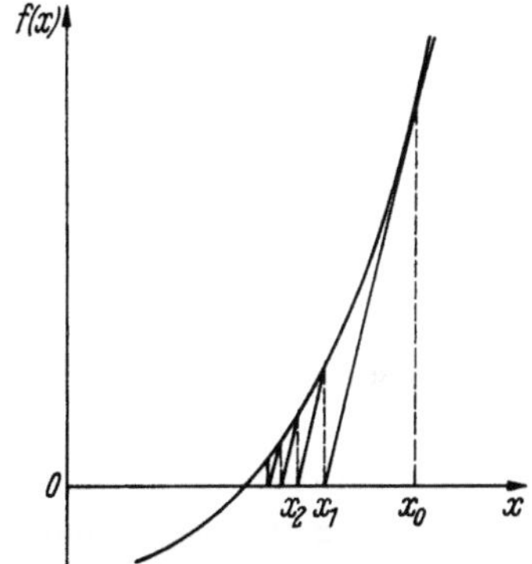

Abb. 35.7. Vereinfachtes Newton-Verfahren:
$$x_{n+1} = x_n - A^{-1} \cdot f(x_n) \left(\text{meist } A = f'(x_0);\right.$$
$$\left.\text{aber z. B. auch } A = \frac{f(x_1) - f(x_0)}{x_1 - x_0}\right)$$

dieser Verfahren für die Bestimmung einer Nullstelle einer reellen Funktion $f(x)$ repetiert werden.

In diesen drei Fällen ist der Operator $\tilde{P}$ die Multiplikation mit dem reziproken einer bestimmten „Steigung". Man beachte, daß bei den Fällen (35.6) und (35.8) $\tilde{P}$ von u abhängt, sich also von Schritt zu Schritt ändert. Daher kann obiger Satz immer nur auf einen Schritt angewandt werden, indem jeweils $u_n = v$ gesetzt und mit dem jeweils neuen $\tilde{P}$ ein neues τ gebildet wird. Hierauf sind die Abschätzungen (35.4) zugeschnitten. Wie schon beim Beispiel der Nr. 34.5 erwähnt, ist dies indessen die normale Vorgehensweise, die man also auch im Falle (35.7) bevorzugen wird. Immerhin bewirkt die Bestimmung neuer Operatoren bei (35.6) und (35.8), daß die Konvergenz meist stärker als linear ausfällt.

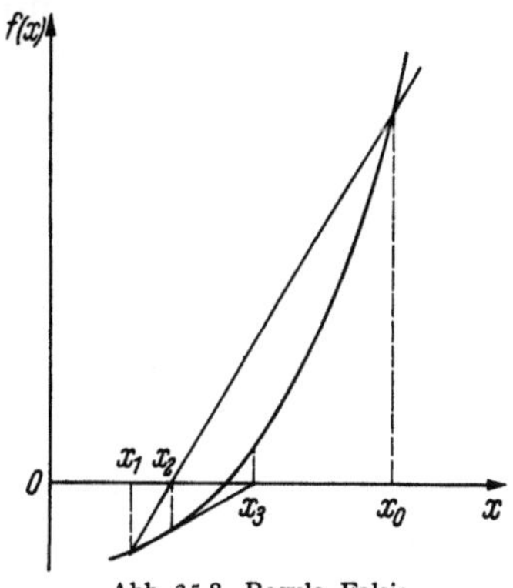

Abb. 35.8. Regula Falsi:
$$x_{n+1} = x_n - \left[\frac{f(x_n) - f(x_{n-1})}{x_n - x_{n-1}}\right]^{-1} \cdot f(x_n)$$

35.4 Verallgemeinerung dieser Methoden auf Banach-Räume

Zunächst wird der Begriff der Ableitung verallgemeinert durch folgende

Definition 35.9: *Ein Operator T, der $D \subseteq R$ in $\tilde{R}$ (Bezeichnungen wie in Nr. 35.2) abbildet, heißt in einem festen $u \in D$ Fréchet-differenzierbar, wenn ein linearer Operator L existiert, der einen linearen Teilraum von R in $\tilde{R}$ abbildet und für alle z mit $u + z \in D$ erklärt ist, so daß für diese z gilt:*

$$(35.10) \qquad \| [T(u + z) - Tu] - Lz \|^{\sim} \leq \|z\| \cdot \varepsilon(\|z\|)$$

gilt, worin $\varepsilon(\lambda) \geq 0$ eine reelle Funktion mit $\lim\limits_{\lambda \to 0} \varepsilon(\lambda) = 0$ ist. Der Operator $L = T'_{(u)}$ heißt die Fréchetsche Ableitung von T an der Stelle u. T heißt in D Fréchet-differenzierbar, wenn dies für alle $u \in D$ gilt.

Das Newtonsche Verfahren benutzt nun den inversen Operator $S'^{-1}_{(u_n)}$ als $\tilde{P}$ in (35.5), das vereinfachte Newtonsche Verfahren benutzt $S'^{-1}_{(u_0)}$ (oder etwa den untenstehenden Operator $[\delta S_{(u_0, u_1)}]^{-1}$).

Die Verallgemeinerung der Regula Falsi erfordert die Einführung von Differenzoperatoren. Schreibt man dafür $\delta T_{(u, v)} z$, so soll dieser Differenzoperator für alle z mit $u + z \in D$ definiert und linear sein und für $v = u + z$ die Beziehung erfüllen:

$$(35.11) \qquad T(u + z) - Tu = \delta T_{(u, u+z)}\, z.$$

Dadurch ist der Differenzoperator noch nicht eindeutig festgelegt, man hat ihn geeignet zu wählen (s. u.). Die verallgemeinerte Regula Falsi verwendet $[\delta S_{(u_{n-1}, u_n)}]^{-1}$ als $\tilde{P}$ in (35.5), wobei wie beim Newtonschen Verfahren die Existenz der Inversen zu prüfen ist. J. W. Schmidt (1963) untersucht dieses Verfahren auf etwas andere Weise als es hier mittels des Satzes 35.3 geschehen kann; unter Zusatzvoraussetzungen wird dort auch die für die Regula Falsi typische Konvergenzordnung $\frac{1}{2}(1 + \sqrt{5})$ festgestellt.

Die Ordnung des Newton-Verfahrens ist oft 2, wie bei L. Collatz (1964), S. 232 nachzulesen ist; in diesem Buche finden sich ferner Verfahren höherer Ordnung (S. 234 ff.), eine andere Art der Verallgemeinerung der Regula Falsi (S. 239 ff.) und Untersuchungen über die Monotonie der Iterationsfolgen (S. 264 ff.), die ja auch im eindimensionalen Fall häufig zu beobachten ist.

35.5 Inhomogenes Beispiel

Zur Behandlung des Beispiels der Nr. 34.5 mit dem Newtonschen Verfahren und der Regula Falsi wird wie dort der Raum $R = C\left[-\frac{1}{2}, \frac{1}{2}\right]$ der in $\left[-\frac{1}{2}, \frac{1}{2}\right]$ stetigen Funktionen benutzt, der mit der Norm $\|u\| = \operatorname*{Max}_{[-\frac{1}{2}, \frac{1}{2}]} |u(x)|$ (vgl. 34.23) zum Banach-Raum wird.

Im Satz 35.3 wird hier $D = R = \tilde{R}$, und nach (34.16) und (34.17) hat man

$$(35.12) \qquad S\,u \equiv u(x) + \tfrac{3}{2} \int\limits_{-1/2}^{1/2} G(x,\,\xi)\,u^2(\xi)\,d\xi - (\tfrac{5}{2} - 3x) = \Theta$$

als zu lösende Gleichung; eine etwaige Lösung wird mit u^* bezeichnet werden. Für das Newtonsche Verfahren ist die Fréchetsche Ableitung von S zu bilden; formt man zunächst [s. (35.10)] den Ausdruck $S(u+z) - S\,u$ etwas um, so erhält man

$$(35.13) \quad S(u+z) - S\,u$$

$$= z(x) + 3 \int\limits_{-1/2}^{1/2} G(x,\,\xi)\,u(\xi)\,z(\xi)\,d\xi + \tfrac{3}{2} \int\limits_{-1/2}^{1/2} G(x,\,\xi)\,z^2(\xi)\,d\xi.$$

Nur das letzte Integral ist hierin nichtlinear, setzt man

$$(35.14) \qquad S'_{(u)}\,z = z(x) + 3 \int\limits_{-1/2}^{1/2} G(x,\,\xi)\,u(\xi)\,z(\xi)\,d\xi,$$

so findet man leicht

$$(35.15) \quad \left\| S(u+z) - S\,u - S'_{(u)}\,z \right\| =$$

$$= \left\| \frac{3}{2} \int\limits_{-1/2}^{1/2} G(x,\,\xi)\,z^2(\xi)\,d\xi \right\| \leqq \frac{3}{16}\,\|z\|^2.$$

Also gilt (35.10) mit $\varepsilon(\lambda) = \dfrac{3}{16}\,\lambda$. Nun ist in (35.5) für $\tilde{P}$ der inverse Operator $S'^{-1}_{(u_n)}$ einzusetzen. Dieser ist implizit leicht zu beschreiben, denn ist etwa $w = S'_{(u)}\,z$ gegeben, so erhält man durch zweimaliges Differenzieren von (35.14) und durch Einsetzen von $x = \pm\tfrac{1}{2}$ die Randwertaufgabe

$$(35.16) \qquad z''(x) - 3\,u(x)\,z(x) = w''(x) \quad \text{in } (-\tfrac{1}{2},\tfrac{1}{2}),$$

$$z(\pm\tfrac{1}{2}) = w(\pm\tfrac{1}{2}),$$

die nach $z = S'^{-1}_{(u)}\,w$ aufzulösen ist. Diese Randwertaufgabe ist linear, insofern also einfacher als die gegebene Aufgabe (34.15). Ihre explizite Auflösung ist nicht erforderlich, wenn man z. B. wie nach (34.20) die Darstellung durch abgebrochene Potenzreihen benutzt. Dann kann man nämlich durch Benutzung der ersten Methode von Nr. 24.5 die Lösung ohne besondere Verfahren zur Auflösung linearer Gleichungssysteme leicht algebraisch und per Rechenanlage aufstellen. Der Rechengang besteht dann beim Newton-Verfahren [nach (35.5)] zunächst aus der Bildung von $S\,u_n$, der Anwendung des eben geschilderten Verfahrens auf $S\,u_n$ und der Subtraktion des Ergebnisses von u_n. Beim vereinfachten Newton-Verfahren ist in (35.16) statt u nicht u_n, sondern immer u_0 einzusetzen.

Für die Regula Falsi kann man als Differenzoperator

$$(35.17) \qquad \delta S_{(u,v)}\, z \equiv z(x) + \tfrac{3}{2} \int\limits_{-1/2}^{1/2} G(x,\xi)\, [u(\xi) + v(\xi)]\, z(\xi)\, d\xi$$

verwenden, denn man erhält, wenn man speziell $v = u + z$ setzt,

$$(35.18) \qquad \delta S_{(u,\,u+z)}\, z = z(x) + \tfrac{3}{2} \int\limits_{-1/2}^{1/2} G(x,\xi)\, [2u(\xi)\, z(\xi) + z^2(\xi)]\, d\xi =$$

$$= [u(x) + z(x)] + \tfrac{3}{2} \int\limits_{-1/2}^{1/2} G(x,\xi)\, [u(\xi) + z(\xi)]^2\, d\xi -$$

$$- u(x) - \tfrac{3}{2} \int\limits_{-1/2}^{1/2} G(x,\xi)\, [u(\xi)]^2\, d\xi =$$

$$= S(u+z) - S\,u,$$

womit (35.11) als erfüllt erkannt ist. Der Vergleich mit (35.14) lehrt, daß man hier die Funktion $\tfrac{1}{2}[u(\xi) + v(\xi)]$ anstatt der dort auftretenden Funktion $u(\xi)$ benutzt, daß aber ansonsten die Verfahren übereinstimmen. Bei der Iteration ist demgemäß in (35.16) $\tfrac{1}{2}[u_{n-1}(x) + u_n(x)]$ zu benutzen oder, wenn man das vereinfachte Newton-Verfahren auf eine solche Differenz stützen will, die Funktion $\tfrac{1}{2}[u_0(x) + u_1(x)]$. Dieses letzte Vorgehen sei hier „vereinfachte Regula Falsi" genannt.

Zur Kontrolle der Durchführbarkeit und zur Fehlerabschätzung sind die Voraussetzungen dés Satzes 35.3 zu prüfen. Zuerst wird man versuchen, die Konstante K der Voraussetzungen 2 und 4 zu ermitteln. Man hat zunächst, da $\tilde{P}$ linear ist, und nach (35.12) und (35.14)

$$(35.19) \qquad H\, z_1 - H\, z_2 =$$

$$= z_1 - z_2 - \tilde{P}\, S(v + z_1) + \tilde{P}\, S(v + z_2) =$$

$$= \tilde{P}\, \{\tilde{P}^{-1} z_1 - \tilde{P}^{-1} z_2 - S(v + z_1) + S(v + z_2)\} =$$

$$= \tilde{P} \left\{ 3 \int\limits_{-1/2}^{1/2} G(x,\xi)\, u(\xi)\, [z_1(\xi) - z_2(\xi)]\, d\xi - \right.$$

$$\left. - \tfrac{3}{2} \int\limits_{-1/2}^{1/2} G(x,\xi)\, [2v(\xi) + z_1(\xi) + z_2(\xi)]\, [z_1(\xi) - z_2(\xi)]\, d\xi \right\}$$

$$= \tilde{P} \left\{ - \tfrac{3}{2} \int\limits_{-1/2}^{1/2} G(x,\xi)\, [2v(\xi) - 2u(\xi) + z_1(\xi) + z_2(\xi)] \times \right.$$

$$\left. \times\, [z_1(\xi) - z_2(\xi)]\, d\xi \right\}.$$

Zur Anwendung von $\tilde{P}$ ist die geschweifte Klammer zweimal nach x zu differenzieren, was hier auch möglich ist. Für $z = H\, z_1 - H\, z_2$ hat man dann nach (35.16) die Randwertaufgabe

$$(35.20) \qquad z'' - 3uz = r(x) = \tfrac{3}{2}[2v - 2u + z_1 + z_2][z_1 - z_2]$$
$$\text{in} \quad (-\tfrac{1}{2}, \tfrac{1}{2}), \ z(\pm \tfrac{1}{2}) = 0.$$

Mit der Greenschen Funktion $\Gamma(x, \xi)$ zu $-z'' + 3uz$ kann man

$$(35.21) \qquad z = - \int_{-1/2}^{1/2} \Gamma(x, \xi)\, r(\xi)\, d\xi$$

schreiben, womit man die Abschätzung

$$(35.22) \qquad \| H z_1 - H z_2 \| \leq$$
$$\leq \operatorname*{Max}_{-\frac{1}{2} \leq x \leq \frac{1}{2}} \int_{-1/2}^{1/2} |\Gamma(x, \xi)|\, d\xi \cdot \tfrac{3}{2} \| 2v - 2u + z_1 + z_2 \| \cdot \| z_1 - z_2 \|$$

erhält. Für die eine, schon in Nr. 34.5 behandelte Lösung läßt sich leicht mittels der Methode von Nr. 5.9 nachweisen, daß $0 \leq \Gamma(x, \xi) \leq$ $\leq G(x, \xi)$ gilt, so daß man das Integral in (35.22) durch 1/8 abschätzen kann. Hat man jedoch ein Programm zur Auflösung der Randwertaufgabe (35.16) bereits geschrieben, so kann man dasselbe auch zur Aufstellung von Γ einsetzen (wobei sich auch die Existenz zeigt) und damit den Wert

$$(35.23) \qquad \operatorname*{Max}_{-\frac{1}{2} \leq x \leq \frac{1}{2}} \int_{-1/2}^{1/2} |\Gamma(x, \xi)|\, d\xi = I_u$$

genauer berechnen. Nach entsprechenden Nullstellenbestimmungen geht das auch für die zweite Lösung des Ausgangsproblems (34.15), die durch elliptische Funktionen ausgedrückt werden kann und bei $x = 0$ den Wert $-10.53622\,62\ldots$ annimmt, also das Vorzeichen wechselt. Schätzt man den zweiten Faktor in (35.22) durch $\tfrac{3}{2}\{2\|v - u\| + \|z_1\| + \|z_2\|\}$ und nach der Kugelbedingung der Voraussetzung 2 ab, so erhält man die Gleichung

$$(35.24) \qquad K = 3 I_u \frac{\tau}{1 - K} + B \quad \text{mit} \quad B - 3 I_u \|v - u\|.$$

Erweitern mit $(1 - K)$ liefert eine quadratische Gleichung, von der hier sinngemäß die kleinere Wurzel

$$(35.25) \qquad K = \frac{1 + B}{2} - \sqrt{\frac{1}{4}(1 - B)^2 - 3 I_u \tau}$$

zu nehmen ist. Diese ist reell und < 1, falls

$$(35.26) \qquad B < 1 \quad \text{und} \quad \tfrac{1}{4}(1 - B)^2 - 3 I_u \tau = D \geq 0$$

gilt, was im Einzelfall überprüft werden muß. Bei Voraussetzung 1 wird nun mit Rücksicht auf die Abschätzungen (35.4) $v = u_n$ eingesetzt, die Existenz von $\tilde{P} S u_n$ zeigt sich dann bei der Rechnung, und man hat $\tau = \|u_{n+1} - u_n\|$. Wenn (35.26) gilt, sind die anderen Voraussetzungen leicht zu verifizieren. Für u ist bei den vier betrachteten Verfahren die jeweils gültige der oben angegebenen Funktionen einzusetzen, damit wird

$$(35.27) \quad \begin{cases} B = 0 & \text{beim Newtonschen Verfahren (N),} \\ B = 3 I_u \|u_n - u_0\| & \text{beim vereinfachten Newtonschen Verfahren (VN),} \\ B = \tfrac{3}{2} I_u \|u_n - u_{n-1}\| & \text{bei der Regula Falsi (R),} \\ B = 3 I_u \|u_n - \tfrac{1}{2}(u_0 + u_1)\| & \text{bei der vereinfachten Regula Falsi (VR).} \end{cases}$$

Die Rechnung wurde mit $u_0 = 2.5 - 3x$ (obere Lösung) bzw. $u_0 = -10.275 - 6.15x + 51.1x^2 + 12.6x^3$ (untere Lösung) begonnen, bei R und VR wurde zunächst u_1 mit (34.17) bestimmt, dann aber die Numerierung um 1 herabgesetzt, so daß in der ersten Zeile der Tabelle jeweils das Ergebnis des ersten Newton- bzw. Regula-Falsi-Schrittes steht. Es werden jeweils $\tau = \|u_n - u_{n-1}\|$, $\tau K/(1 - K)$, d. h. nach der zweiten Abschätzung (35.4) die Schranke für $\|u_n - u^*\|$ und die wirk-

(35.28)

Verf.	Schritt	Obere Lösung			Untere Lösung		
		τ	$\tau K/(1-K)$	$u_n - u^*$	τ	$\tau K/(1-K)$	$u_n - u^*$
N	1	$7.18 \cdot 10^{-1}$	$1.65 \cdot 10^{-1}$	$4.30 \cdot 10^{-2}$	1.44	$D < 0$	$-8.14 \cdot 10^{-2}$
	2	$4.33 \cdot 10^{-2}$	$4.54 \cdot 10^{-4}$	$1.54 \cdot 10^{-4}$	$8.12 \cdot 10^{-2}$	$1.89 \cdot 10^{-3}$	$-3.45 \cdot 10^{-4}$
	3	$1.55 \cdot 10^{-4}$	$5.72 \cdot 10^{-9}$	$\sim 2.0 \cdot 10^{-9}$	$3.79 \cdot 10^{-4}$	$3.94 \cdot 10^{-8}$	$-1.20 \cdot 10^{-8}$
	4	$1.97 \cdot 10^{-9}$	$9.25 \cdot 10^{-19}$	—	$1.22 \cdot 10^{-8}$	$4.10 \cdot 10^{-17}$	—
VN	1	$7.18 \cdot 10^{-1}$	$4.93 \cdot 10^{-1}$	$4.30 \cdot 10^{-2}$	1.44	$D < 0$	$-8.14 \cdot 10^{-2}$
	2	$3.87 \cdot 10^{-2}$	$7.89 \cdot 10^{-3}$	$4.72 \cdot 10^{-3}$	$8.03 \cdot 10^{-2}$	$5.48 \cdot 10^{-2}$	$-1.35 \cdot 10^{-3}$
	3	$4.21 \cdot 10^{-3}$	$8.11 \cdot 10^{-4}$	$5.25 \cdot 10^{-4}$	$1.64 \cdot 10^{-3}$	$9.68 \cdot 10^{-4}$	$-2.85 \cdot 10^{-5}$
	4	$4.67 \cdot 10^{-4}$	$8.93 \cdot 10^{-5}$	$5.84 \cdot 10^{-5}$	$1.62 \cdot 10^{-4}$	$9.54 \cdot 10^{-5}$	$+4.26 \cdot 10^{-6}$
	5	$5.19 \cdot 10^{-5}$	$9.92 \cdot 10^{-6}$	$6.49 \cdot 10^{-6}$	$2.27 \cdot 10^{-5}$	$1.34 \cdot 10^{-5}$	$-4.18 \cdot 10^{-7}$
R	1	$4.97 \cdot 10^{-1}$	$2.37 \cdot 10^{-1}$	$-3.31 \cdot 10^{-2}$	$8.98 \cdot 10^{-1}$	$D < 0$	$-4.92 \cdot 10^{-2}$
	2	$3.49 \cdot 10^{-2}$	$2.71 \cdot 10^{-3}$	$+1.54 \cdot 10^{-3}$	$4.70 \cdot 10^{-2}$	$6.95 \cdot 10^{-3}$	$-2.32 \cdot 10^{-3}$
	3	$1.55 \cdot 10^{-3}$	$7.10 \cdot 10^{-6}$	$-4.20 \cdot 10^{-6}$	$2.52 \cdot 10^{-3}$	$1.82 \cdot 10^{-5}$	$-6.72 \cdot 10^{-6}$
	4	$4.21 \cdot 10^{-6}$	$7.81 \cdot 10^{-10}$	$\sim -6 \cdot 10^{-10}$	$6.97 \cdot 10^{-6}$	$2.43 \cdot 10^{-9}$	$\sim -1.6 \cdot 10^{-9}$
	5	$5.64 \cdot 10^{-10}$	$2.83 \cdot 10^{-16}$	—	$1.50 \cdot 10^{-9}$	$1.45 \cdot 10^{-15}$	—
VR	1	$4.97 \cdot 10^{-1}$	$2.37 \cdot 10^{-1}$	$-3.31 \cdot 10^{-2}$	$8.98 \cdot 10^{-1}$	$D < 0$	$-4.92 \cdot 10^{-2}$
	2	$3.26 \cdot 10^{-2}$	$1.52 \cdot 10^{-3}$	$-7.01 \cdot 10^{-4}$	$4.68 \cdot 10^{-2}$	$1.92 \cdot 10^{-2}$	$-2.51 \cdot 10^{-3}$
	3	$6.93 \cdot 10^{-4}$	$2.21 \cdot 10^{-5}$	$-1.31 \cdot 10^{-5}$	$2.69 \cdot 10^{-3}$	$1.01 \cdot 10^{-3}$	$-2.99 \cdot 10^{-4}$
	4	$1.30 \cdot 10^{-5}$	$4.12 \cdot 10^{-7}$	$-2.44 \cdot 10^{-7}$	$3.02 \cdot 10^{-4}$	$1.13 \cdot 10^{-4}$	$-2.22 \cdot 10^{-5}$
	5	$2.42 \cdot 10^{-7}$	$7.66 \cdot 10^{-9}$	$\sim -4.6 \cdot 10^{-9}$	$2.80 \cdot 10^{-5}$	$1.05 \cdot 10^{-5}$	$-2.54 \cdot 10^{-6}$

liche Abweichung $u_n - u^*$ für $x = 0$ angegeben (— bedeutet, daß die Differenz im Rahmen der Rechengenauigkeit von 11 Stellen verschwindet).

Die überlineare Konvergenz von N und R und die lineare Konvergenz bei VN und VR kommt in den Zahlen deutlich zum Ausdruck. Auch kann die Abschätzung, besonders bei der oberen Lösung, als sehr befriedigend bezeichnet werden. Zur Veranschaulichung beider Lösungen dient Abb. 35.29.

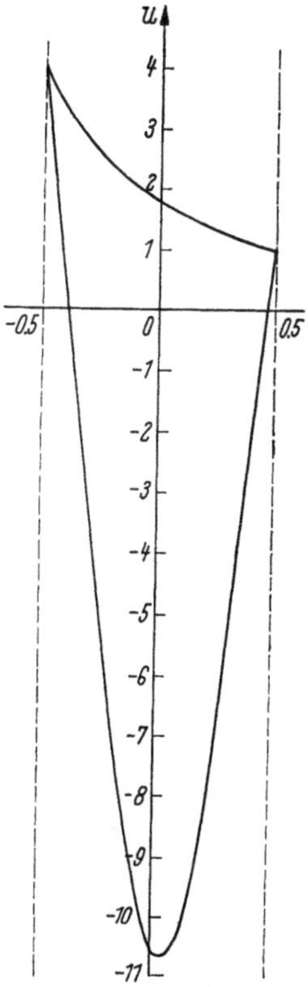

35.6 Das Newtonsche Verfahren bei Eigenwertaufgaben

Bei Eigenwertaufgaben der Form

$$(35.30) \qquad A\,l = \lambda\,B\,l$$

mit linearen Operatoren A, B, die einen Definitionsbereich D des Banach-Raumes R^* der Elemente $a, b, l, m, \ldots$ in denselben Raum abbilden, gehört zur Auffindung einer Lösung nicht nur die Bestimmung eines Eigenelements $l \neq \Theta^*$, sondern besonders die Bestimmung einer (reellen oder komplexen) Zahl λ aus dem Banach-Raum Z der komplexen Zahlen $\alpha, \beta, \lambda, \mu, \ldots$. Wenn andererseits ein Eigenelement l gefunden ist, so ist auch jedes Vielfache $\xi\,l \neq \Theta^*$ ein Eigenelement. Man tut also gut daran, die Eindeutigkeit durch Normierung mittels eines linearen Funktionals

$$(35.31) \qquad \Phi\,l = 1$$

wieder herzustellen. Das lineare Funktional Φ bedeutet dabei eine Abbildung von $D \subseteq R^*$ in den Zahlenraum Z, die die Eigenschaften $\Phi(a + b) = \Phi\,a + \Phi\,b$ und $\Phi(\xi\,a) = \xi\,\Phi\,a$ hat. Bildet man nun den Raum R der Elementepaare (je eines aus R^* und Z) $u = \begin{pmatrix} l \\ \lambda \end{pmatrix}, v = \begin{pmatrix} m \\ \mu \end{pmatrix}$, so ist dieser Raum ein Banach-Raum, wenn man ($\|\ \|^*$ sei die Norm in R^*)

$$(35.32) \qquad \|u\| = \alpha\,\|l\|^* + |\lambda| \qquad (0 < \alpha < \infty)$$

definiert, und die Gln. (35.30) und (35.31) lassen sich zu

$$(35.33) \qquad S\,u = \begin{pmatrix} A\,l - \lambda\,B\,l \\ \Phi\,l - 1 \end{pmatrix} = \begin{pmatrix} \Theta^* \\ 0 \end{pmatrix} = \Theta$$

Abb. 35.29. Die beiden Lösungen von (34.15)

zusammenfassen. Die Frechetsche Ableitung von S ergibt sich leicht zu
$\left[z = \begin{pmatrix} d \\ \delta \end{pmatrix}, v = \begin{pmatrix} m \\ \mu \end{pmatrix}\right]^{1}$

$$(35.34) \qquad S'_{(v)}\, z = \begin{pmatrix} A\,d - \mu\,B\,d - \delta\,B\,m \\ \Phi\,d \end{pmatrix},$$

wenn B ein beschränkter Operator ist.

Damit sind das gewöhnliche und vereinfachte Newtonsche Verfahren durchführbar, wenn die Voraussetzungen des Satzes von WETTERLING erfüllt sind (s. Nr. 35.2). Beim gewöhnlichen Newton-Verfahren wird man durch den Ansatz

$$(35.35) \qquad d_n = d_n^* + \delta_n\, \tilde{d}_n$$

auf die Gleichungen

$$u_{n+1} = \begin{pmatrix} l_{n+1} \\ \lambda_{n+1} \end{pmatrix} = u_n - z_n = \begin{pmatrix} l_n \\ \lambda_n \end{pmatrix} - \begin{pmatrix} d_n \\ \delta_n \end{pmatrix},$$

$$(35.36)\quad S'_{(u_n)}\, z_n = \begin{pmatrix} A\,d_n^* - \lambda_n B\,d_n^* + \delta_n(A\,\tilde{d}_n - \lambda_n B\,\tilde{d}_n - B\,l_n) \\ \Phi\,d_n^* + \delta_n\,\Phi\,\tilde{d}_n \end{pmatrix} =$$

$$= S\,u_n = \begin{pmatrix} A\,l_n - \lambda_n B\,l_n \\ \Phi\,l_n - 1 \end{pmatrix}$$

geführt, von denen die zweite durch

$$(35.37) \qquad \begin{cases} d_n^* = l_n, \\[2mm] A\,\tilde{d}_n - \lambda_n B\,\tilde{d}_n = B\,l_n, \\[2mm] \delta_n = -\dfrac{1}{\Phi\,\tilde{d}_n} \end{cases}$$

sukzessive gelöst werden kann, während beim vereinfachten Newtonschen Verfahren analog die Gleichungen

$$(35.38) \qquad \begin{cases} A\,d_n^* - \lambda_0 B\,d_n^* = A\,l_n - \lambda_n B\,l_n, \\[2mm] A\,\tilde{d}_n - \lambda_0 B\,\tilde{d}_n = B\,l_0, \\[2mm] \delta_n = \dfrac{\Phi\,l_n - \Phi\,d_n^* - 1}{\Phi\,\tilde{d}_n} \end{cases}$$

($\tilde{d}_n$ ist unveränderlich) zu lösen sind. Für einen allgemeineren Ansatz vergleiche man J. SCHRÖDER (1956b). Wie das folgende Beispiel zeigt, sind beide Verfahren durchaus praktisch benutzbar, sofern nicht λ_n bzw. λ_0 gleich einem Eigenwert von (35.30) wird. Da aber λ_n bzw. λ_0 eine Näherung für einen solchen ist, zeigt sich — besonders bei höheren Eigenwerten — ein gewisser Stellenverlust.

---

[1] Es wird $[S(v + z) - S\,v] - S'_{(v)}\,z = \begin{pmatrix} -\delta\,B\,d \\ 0 \end{pmatrix}$, also nach (35.32)
$\|[S(v + z) - S\,v] - S'_{(v)}\,z\| = \alpha\,\|\delta\,B\,d\|^* \leqq \|B\|^* \cdot \alpha\,\|d\|^* \cdot |\delta| \leqq \|B\|^* \cdot \|z\|^2$
(vgl. 35.10). $\|B\|^*$ bedeutet dabei die Operatornorm von B, die als die kleinste reelle Zahl β definiert ist, für die in ganz R^* $\|B\,d\|^* \leqq \beta\,\|d\|^*$ gilt.

35.7 Beispiel einer Eigenwertaufgabe

Die schon in Nr. 22.2 behandelte Aufgabe

$$(35.39) \qquad -u'' = \lambda(1 + x^2)\, u \quad \text{in } (-1, 1), \quad u(\pm 1) = 0$$

läßt sich durch die Definitionen

$$(35.40) \quad A\, l = -l'', \qquad B\, l = (1 + x^2)\, l, \qquad \varPhi\, l = l(0) + l'(0)$$

an (35.30) anschließen, wenn man noch vereinbart, daß bei Invertierung von A und bei Auflösung der in (35.37) bzw. (35.38) auftretenden Gleichungen der Form $A\,v - \mu\,B\,v = r$ die homogenen Randbedingungen $v(\pm 1) = 0$ zu berücksichtigen sind.

Da die Aufgabe eine abzählbare Folge von Lösungen hat, die Iterationsvorschrift also auch abzählbar unendlich viele Fixpunkte besitzt, muß man, besonders für die höheren Eigenwerte und -lösungen, recht gute Ausgangsnäherungen besitzen, damit die Iteration gegen die gewünschte Lösung konvergiert. Daher wird die Aufgabe hier zunächst mit dem gewöhnlichen Differenzenverfahren [(28.31.7), vgl. auch Nr. 29.4] behandelt, das zu der Matrizen-Eigenwertaufgabe ($h = 1/n$; $U_i \approx$ $\approx u(i\,h)$; $i = -n + 1, -n + 2, \ldots, n - 2, n - 1$) mit den $2n - 1$ Gleichungen

$$(35.41) \quad \{2 - h^2[1 + (1 - h)^2]\,\varLambda\}\, U_{-n+1} - U_{-n+2} \quad = 0,$$

$$-U_{i-1} + \{2 - h^2[1 + (i\,h)^2]\,\varLambda\}\, U_i - U_{i+1} = 0$$

$$(i = -n + 2, \ldots, n - 2),$$

$$-U_{n-2} + \{2 - h^2[1 + (1 - h)^2]\,\varLambda\}\, U_{n-1} \quad = 0$$

führt, die man nach einer leichten algebraischen Umformung mit dem Verfahren von Jacobi (vgl. Abschn. F) behandeln kann. Damit erhält man für verschiedene n folgende Näherungen für die ersten Eigenwerte

(35.42)

n	$\varLambda_1$	$\varLambda_2$	$\varLambda_3$	$\varLambda_4$	$\varLambda_5$	$\varLambda_6$	$\varLambda_7$
2	2.07750	6.40000	12.3225				
3	2.12897	6.98480	13.9548	21.6767	30.5778		
4	2.14936	7.25649	15.1500	24.4602	34.2268	44.4809	56.6715
6	2.16458	7.46665	16.1635	27.4185	40.4851	54.4540	68.5109
8	2.17003	7.54292	16.5415	28.5803	43.2248	59.8739	77.8487
16	2.17534	7.61770	16.9156	29.7472	46.0333	65.6019	88.2572
24	2.17633	7.63167	16.9859	29.9681	46.5698	66.7085	90.2959
32	2.17668	7.63657	17.0106	30.0457	46.7587	67.0992	91.0176
40	2.17684	7.63884	17.0220	30.0817	46.8464	67.2806	91.3530

Hieraus kann man für das Newtonsche Verfahren $\lambda_0^{(1)} = 2.17$, $\lambda_0^{(2)} = 7.64$ als Näherungswerte entnehmen und auch die Formel $\lambda_0^{(n+2)} = (\sqrt{\lambda_0^{(n)}} + 2.74)^2$ für die höheren Werte empirisch ermitteln. Das umfangreiche Zahlenmaterial der genäherten Eigenfunktionen kann in der Weise untersucht werden, daß man die Lage der Nullstellen und Extrema analysiert, wodurch man zu der Näherungsformel

$$(35.43) \quad l_0^{(k)}(x) =$$

$$= (3 - 0.8x^2 + 0.32x^4) \cdot \begin{cases} \sin[\pi k(0.575x - 0.131x^2 + 0.090x^3 - 0.034x^4)] \\ \qquad \text{für } k = 2, 4, 6, \ldots, \\ \cos[\pi k(0.575x - 0.131x^2 + 0.090x^3 - 0.034x^4)] \\ \qquad \text{für } k = 1, 3, 5, \ldots \end{cases}$$

kommt, die zusammen mit der (hier noch anzuwendenden) Normierungsvorschrift $\Phi l = 1$ nach (35.40) die getrennte Rechnung für gerade und ungerade k nahelegt. Dabei wurden alle auftretenden Funktionen wie beim Beispiel der Nr. 35.5 als abgebrochene Potenzreihen dargestellt. Die Rechnung ergab u. a. die Werte

(35.44) a) Newtonsches Verfahren (35.37)

Schritt $i =$	$\lambda_i^{(1)}$	$\lambda_i^{(2)}$	$\lambda_i^{(3)}$	$\lambda_i^{(4)}$	$\ldots$
1	2.1778 7680	7.6440 0790	16.9823 514	30.0717 350	$\ldots$
2	2.1771 2794	7.6428 8041	17.0413 730	30.1455 230	$\ldots$
3	2.1771 2797	7.6428 8046	17.0423 620	30.1457 675	$\ldots$

b) Vereinfachtes Newtonsches Verfahren (35.38)

Schritt $i =$	$\lambda_i^{(1)}$	$\lambda_i^{(2)}$	$\lambda_i^{(3)}$	$\lambda_i^{(4)}$	$\ldots$
1	2.1778 7680	7.6440 0790	16.9823 514	30.0717 350	$\ldots$
2	2.1770 4973	7.6424 3941	17.0613 048	30.1823 354	$\ldots$
3	2.1771 3615	7.6430 5302	17.0397 838	30.1279 746	$\ldots$
4	2.1771 2712	7.6428 1294	17.0429 270	30.1544 892	$\ldots$

Wie zu erwarten, ist die Konvergenz beim Newtonschen Verfahren besser, ein weiterer Schritt würde an keiner der angegebenen Zahlen des 3. Schrittes noch eine Ziffer ändern.

Will man Eigenwerte und Eigenfunktionen abschätzen, so kann man vorgehen wie in Nr. 35.5; hier wird daher darauf verzichtet. Will man jedoch nur die Eigenwerte abschätzen, so kann man den Templeschen Satz der Nr. 17.1 benutzen. Dazu sind, von der entsprechenden Näherung $l_i^{(k)}$ ausgehend, zunächst die Schwarzschen Konstanten

$$(35.45) \quad a_0 = \int_1^1 \frac{[l_i^{(k)''}]^2}{(1+x^2)}\, dx, \quad a_1 = \int_{-1}^1 [l_i^{(k)'}]^2\, dx, \quad a_2 = \int_{-1}^1 [l_i^{(k)}]^2\, (1 + x^2)\, dx$$

und Schwarzschen Quotienten $\mu_1 = a_0/a_1$, $\mu_2 = a_1/a_2$ zu berechnen. Die Differentiationen können an den vorhandenen abgebrochenen Potenzreihen ganz leicht ausgeführt werden. Hier sollen als Musterbeispiele drei Fälle des vereinfachten Newtonschen Verfahrens herangezogen werden, nämlich

(35.46)

k	i	μ_1	μ_2
1	1	2.177 1 2823	2.177 1 2801
2	1	7.6428 8050	7.6428 8050
3	3	17.0423 650	17.0423 619

Zur Anwendung des Satzes von TEMPLE werden noch rohe Schranken für die jeweils benachbarten Eigenwerte benötigt, die man sich mittels des Vergleichungssatzes der Nr. 16.4 beschaffen kann. Als Vergleichsaufgaben können hier Aufgaben des in Nr. 24.2 behandelten Typs benutzt werden. Setzt man in Gl. (24.2) $A \equiv 1$, $B \equiv C \equiv 0$ und

(35.47)

$$D(x) = \frac{b}{(1 - a\,x^2)^2} \qquad (a < 1)$$

ein, so erhält man

(35.48)

$$5\left(\frac{D'}{D}\right)^2 - 4\left(\frac{D''}{D}\right) = -16\,\frac{a}{b}\,D$$

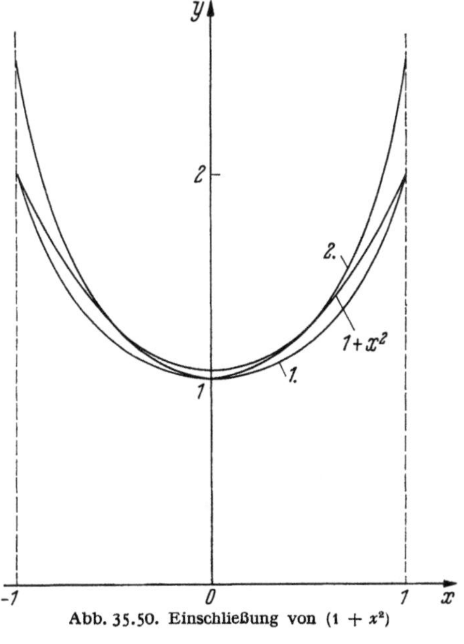

Abb. 35.50. Einschließung von $(1 + x^2)$

und nach der Methode von Nr. 24.2 weiterhin die Eigenwerte μ_k von (24.1)

$$(35.49) \qquad \mu_k = \frac{a}{b} + \frac{\pi^2 k^2}{4\alpha^2} \quad \text{mit} \quad \alpha = \frac{b}{2\sqrt{a}}\ln\frac{1 + \sqrt{a}}{1 - \sqrt{a}},$$

falls $a > 0$ ist. Nun ist der Faktor $(1 + x^2)$ durch zwei geeignete Funktionen $D(x)$ einzuschließen. Man erkennt an der Abb. 35.50, daß

1. $a = \frac{1}{2}(2 - \sqrt{2}) = 0.2929 \ldots$, $b = 1$ die optimale untere Schranke durch (35.47) ist; nach dem Vergleichungssatz (Nr. 16.4) erhält man aus (35.49) obere Schranken für die Eigenwerte.

2. $a = \frac{4}{11} = 0.3636 \ldots$, $b = \frac{125}{121} = 1.0330 \ldots$ liefert eine obere Schranke, die $(1 + x^2)$ bei ± 0.5 berührt; hier variiert der optimale Berührungspunkt mit der Nummer des Eigenwerts geringfügig.

Für die ersten Eigenwerte von (35.39) erhält man so

$$(35.51) \qquad \begin{cases} 2.078 < \lambda_1 < 2.262 \\ 7.256 < \lambda_2 < 8.169 \\ 15.88 < \lambda_3 < 18.02 \\ 27.97 < \lambda_4 < 31.80 \end{cases}$$

und weitere Rohabschätzungen. Nun ergibt der Templesche Satz für die Fälle (35.46)

$$(35.52) \qquad \begin{cases} 2.177\,12791 \leqq \lambda_1 \leqq 2.177\,12801 \quad (2.177\,87680) \\ 7.642\,88042 \leqq \lambda_2 \leqq 7.642\,88052 \quad (7.644\,00790) \\ 17.0423\,570 \leqq \lambda_3 \leqq 17.0423\,677 \quad (17.0397838)\,. \end{cases}$$

In allen drei Fällen liegen die bei der Iteration erhaltenen, in Klammern wiederholten Werte weit außerhalb des Abschätzungsintervalls.

§ 36. Ergänzungen

36.1 Weitere Iterationsverfahren bei Eigenwertaufgaben

Die zu behandelnde Aufgabe wird hier in der Form

$$(36.1) \qquad u = \lambda\,D\,u$$

mit linearem Operator D angenommen [notfalls denke man sie sich in diese Form transformiert, wie es z. B. bei (16.9) mittels der Greenschen Funktion zu M möglich ist, vgl. auch (16.19) und § 17]. Ferner sei ein inneres Produkt [etwa nach (16.4)] eingeführt, und es gelte für alle weiterhin auftretenden Funktionen ein Entwicklungssatz nach dem Muster der Nr. 16.5 und 16.6 (s. auch Nr. 25.3) mit den Eigenfunktionen $u^{(j)}$ und Eigenwerten λ_j von (36.1), für die

$$(36.2) \qquad u^{(j)} = \lambda_j\,D u^{(j)} \quad (j = 1, 2, \ldots; \; 0 < |\lambda_1| \leqq |\lambda_2| \leqq |\lambda_3| \leqq \cdots)$$

und

$$(36.3) \qquad (u^{(i)}, u^{(j)}) = \int_B u^{(i)} u^{(j)} \, dB = \delta_{ij} \quad (= 1 \text{ für } i = j, = 0 \text{ für } i \neq j)$$

gelten soll. D sei selbstadjungiert im Sinne von $(D\,u, v) = (u, D\,v)$. Iteriert man dann analog Nr. 17.1 gemäß

$$(36.4) \qquad u_{n+1} = D u_n \quad (n = 0, 1, 2, \ldots; \; u_0 \text{ bekannt}),$$

so hat man, wenn nach dem Entwicklungssatz

$$(36.5) \qquad u_n = \sum_{j=1}^{\infty} c_j^{(n)} u^{(j)} \quad (n = 0, 1, 2, \ldots)$$

gilt, nach (36.2) die Beziehungen

$$(36.6) \qquad c_j^{(n+1)} = \frac{1}{\lambda_j}\, c_j^{(n)} = \frac{1}{\lambda_j^2}\, c_j^{(n-1)} = \cdots = \frac{1}{\lambda_j^{n+1}}\, c_j^{(0)}$$

$$(n = 0, 1, 2, \ldots).$$

Ist λ_1 einfach und $|\lambda_1| < |\lambda_2|$, so erkennt man, daß im Laufe der Iteration die Einflüsse der höheren Glieder gegenüber dem ersten Glied immer kleiner werden, bei geeigneter Normierung der u_n also Konvergenz gegen $u^{(1)}$ eintritt. Will man eine höhere Eigenlösung approximieren, so hat man demgemäß nötig, den Einfluß der Glieder mit kleinerem $|\lambda_j|$ auszuschalten oder gut genug zu dämpfen.

Kennt man z. B. Näherungen $v^{(j)}$ an die ersten k Eigenfunktionen, so kann man gemäß

$$(36.7) \qquad u_{n+1} = D u_n - \sum_{j=1}^{k} \frac{(D u_n,\, D v^{(j)})}{(v^{(j)},\, D v^{(j)})}\, v^{(j)} \qquad (n = 0, 1, 2, \ldots)$$

(Methode von J. J. Koch) iterieren. Ist speziell $v^{(j)} = u^{(j)}$ $(j = 1, \ldots, k)$, so rechnet man leicht nach, daß die Entwicklung

$$(36.8) \qquad u_{n+1} = \sum_{j=k+1}^{\infty} \frac{c_j^{(n)}}{\lambda_j}\, u^{(j)}$$

gilt; aus der entsprechenden Entwicklung (36.5) sind also die ersten k Glieder herausgefallen. Wenn die $v^{(j)}$ hinreichend gute Näherungen sind, so läßt sich immerhin erwarten, daß diese Glieder bei der Iteration abklingen (ein Beispiel siehe unten). Etwas einfacher ist die ebenfalls mögliche Iterationsvorschrift

$$(36.9) \qquad u_{n+1} = D u_n - \sum_{j=1}^{k} \frac{(D u_n,\, v^{(j)})}{(v^{(j)},\, v^{(j)})}\, v^{(j)} \qquad (n = 0, 1, 2, \ldots).$$

Während hier Kenntnisse über die Eigenfunktionen ausgenutzt wurden, sollen nun noch zwei Methoden [von G. Wiarda und von H. Bückner (1952)] beschrieben werden, die auf Informationen über die Eigenwerte beruhen. Iteriert man gemäß

$$(36.10) \qquad u_{n+1} = D u_n - \vartheta u_n$$

mit einer festen Zahl ϑ, so wird nach (36.5) und (36.6)

$$(36.11) \qquad u_{n+1} = \sum_{j=1}^{\infty} \left(\frac{1}{\lambda_j} - \vartheta \right) c_j^{(n)}\, u^{(j)},$$

und bei weiterer Iteration nehmen die Koeffizienten Potenzen der $(1/\lambda_j - \vartheta)$ auf. Ist $\vartheta = 1/\lambda_j$ für ein gewisses j, so fällt das entsprechende Glied heraus, bei nicht zu schlechter Approximation nimmt es mindestens im Einfluß ab. Meist wird man ein $\vartheta \approx 1/\lambda_1$ benutzen, es sind aber auch Fälle denkbar, in denen mehrere Glieder zurückgedrängt werden können.

Das ist jedenfalls möglich, wenn man eine mit k periodische Folge von Werten ϑ_n ($n = 0, 1, 2, \ldots$; $\vartheta_{n+k} = \vartheta_n$) benutzt:

$$(36.12) \qquad u_{n+1} = D u_n - \vartheta_n u_n \quad (n = 0, 1, 2, \ldots).$$

Dann wird nämlich

$$(36.13) \quad u_{n+k} = \sum_{j=1}^{n} \left(\frac{1}{\lambda_j} - \vartheta_n \right) \left(\frac{1}{\lambda_j} - \vartheta_{n+1} \right) \cdots \left(\frac{1}{\lambda_j} - \vartheta_{n+k-1} \right) c_j^{(n)} u^{(j)}$$
$$(n = 0, 1, 2, \ldots),$$

und man kann $\vartheta_0 \approx 1/\lambda_1$, $\vartheta_1 \approx 1/\lambda_2$, $\ldots$, $\vartheta_{k-1} \approx 1/\lambda_k$ setzen, um die ersten k Glieder zu dämpfen. Das gelingt allerdings nur bei recht guten Näherungen, da ein bestimmtes Glied nur bei jedem k-ten Schritt reduziert wird.

Zur Erläuterung der Iteration nach (36.7) soll das Beispiel (35.39) herangezogen werden. Als Näherung für $u^{(1)}$ kann man $v^{(1)} = 1 - x^2$ wählen [nach (35.45) wird $\mu_2 = 2.1875$]. Wählt man auch $u_0 = 1 - x^2$, so erhält man, wenn man noch D mittels der Greenschen Funktion zu $-u''$ und den gegebenen Randbedingungen definiert (was man natürlich nicht explizit auszuführen braucht), $D u_0 = \frac{1}{30} (14 - 15 x^2 + x^6)$ und

$$(36.14) \qquad u_1 = \frac{1}{660} (5 - 27 x^2 + 22 x^6).$$

Diese Funktion hat bei $x \approx \pm 0.44$ je eine Nullstelle und approximiert die Eigenfunktion $u^{(3)}$ ($u^{(2)}$ fällt hier heraus, da es im Gegensatz zu $u^{(1)}$ und $u^{(3)}$ antisymmetrisch ist.) zwar grob, aber mit der richtigen Nullstellenzahl und das, obwohl u_0 als Näherung an $u^{(1)}$, also besonders ungünstig gewählt wurde. (35.45) liefert aus (36.14) den Wert $\mu_2 \approx 21.1$.

36.2 Übertragung auf inhomogene Aufgaben

Es sei eine nichtlineare Aufgabe der Form $u = T u$ mit der als existierend angenommenen Lösung u^* gegeben, und es sei möglich, eine Beziehung der Form

$$(36.15) \qquad T(u^* + z) = T u^* + D z + R z$$

anzugeben, worin D linear und der Restoperator R in einer Umgebung von $z = \Theta$ sehr klein sei. Es kann z. B. $D = T'_u$ gesetzt werden, wenn T dort gemäß (35.10) Fréchet-differenzierbar ist, auch können Differenzoperatoren nach (35.11) in Frage kommen. Hier soll zunächst der lineare Fall $R z \equiv \Theta$ betrachtet werden, wobei D mit dem D der vorigen Nummer identifiziert wird. Unter den dortigen Voraussetzungen kann man dann mit $u_n = u^* + z_n$ ($n = 0, 1, 2, \ldots$)

$$(36.16) \qquad u_n = u^* + \sum_{j=1}^{\infty} c_j^{(n)} u^{(j)} \quad (n = 0, 1, 2, \ldots)$$

schreiben, wobei wieder (36.6) gilt, wenn man gemäß $u_{n+1} = T\,u_n = = T\,u^* + D\,z_n = u^* + z_{n+1}$ iteriert. Analog zu (36.7) und (36.9) erhält man hier nach leichten Zwischenrechnungen die Iterationsvorschriften

$$(36.17) \qquad u_{n+1} = T\,u_n - \sum_{j=1}^{k} \frac{(T\,u_n - u_n,\, D\,v^{(j)})}{(v^{(j)},\, D\,v^{(j)} - v^{(j)})}\, v^{(j)}$$

und

$$(36.18) \qquad u_{n+1} = T\,u_n - \sum_{j=1}^{k} \frac{(T\,u_n - u_n,\, v^{(j)})}{(v^{(j)},\, v^{(j)})(1 - \mu_j)}\, v^{(j)},$$

worin die $v^{(j)}$ wieder Näherungen für die $u^{(j)}$ und die μ_j Näherungen für die λ_j bedeuten. Hierin tritt u^* nicht mehr auf, zur Konstruktion von D braucht man aber i. allg. nur eine Näherung für u^*. In (36.18) tritt D nicht mehr auf, was die Anwendbarkeit auch für nicht selbstadjungierte D vermuten läßt.

Auch die Übertragung von (36.10) und (36.11) ist nicht schwierig Man erhält

$$(36.19) \quad u_{n+1} = T^*u_n = (1 - \vartheta)\,T\,u_n + \vartheta\,u_n = T\,u_n - \vartheta\,(T\,u_n - u_n) = $$
$$= u^* + \sum_{j=1}^{\infty} c_j^{(n)} \left(\frac{1 - \vartheta + \vartheta\,\lambda_j}{\lambda_j} \right) u^{(j)}$$

und kann durch die Wahl $\vartheta = 1/(1 - \lambda_j)$ das j-te Glied aus der Summe herausheben bzw. durch $\vartheta = 1/(1 - \mu_j)$ vermindern. Mehrere Glieder können wieder durch zyklische Benutzung einer Reihe von verschiedenen ϑ_k statt ϑ behandelt werden.

Die Konvergenz und Fehlerabschätzung ist im Einzelfall an der endgültigen Iterationsvorschrift (36.17), (36.18) oder (36.19) zu untersuchen bzw. durchzuführen. Da man dies nach der Aufstellung der Iterationsvorschrift tut, besteht auch kein Grund mehr, $R\,z \equiv \Theta$ zu fordern, so daß man die Methoden auch bei nichtlinearen Aufgaben anwenden kann.

Kennt man Näherungen für die Eigenwerte bzw. Eigenfunktionen nicht oder ist man trotz Sicherung der Existenz von D nicht in der Lage, D praktisch zu ermitteln, so kann man versuchen, aus den bei der Iteration entstehenden Lösungen entsprechende Information zu ermitteln. Dies führt zu Extrapolations- bzw. Relaxationsmethoden analog den in Abschnitt F beschriebenen.

Als Beispiel soll hier die Aufgabe (34.15) mit dem Operator T nach (34.17) gemäß (36.19) behandelt werden. Zur Bestimmung von ϑ kann man häufig von der Annahme ausgehen, daß in (36.16) das erste Glied der Summe dominiert; dann kann man schreiben

$$T\,u_n - u_n \approx c_1^{(n)} \left(\frac{1}{\lambda_1} - 1 \right) u^{(1)},$$
$$(36.20)$$
$$T^2\,u_n - T\,u_n \approx c_1^{(n)}\, \frac{1}{\lambda_1} \left(\frac{1}{\lambda_1} - 1 \right) u^{(1)}.$$

658 E. Rand- und Eigenwertprobleme bei Differential- und Integralgleichungen

In allen Punkten $x \in (-\tfrac{1}{2}, \tfrac{1}{2})$, in denen $T^2 u_n - T u_n$ nicht verschwindet, kann man dividieren und erhält eine Funktion

$$(36.21) \qquad \Lambda(x) = \frac{T u_n - u_n}{T^2 u_n - T u_n} \approx \lambda_1.$$

Aus dieser Funktion ist ein Näherungswert μ_1 zu bestimmen, was auf verschiedenen Wegen geschehen kann, z. B. durch Mittelung über das gegebene Intervall oder, wie es hier geschehen soll, durch Auswahl eines festen Punktes, etwa $\mu_1 = \Lambda(0)$. Das Verfahren kann dabei so organisiert werden, daß man von einer Näherung u_n ausgehend zunächst $u_{n+1} = T u_n$ und $T u_{n+1} = T^2 u_n$ bildet, dann μ_1 und ϑ bestimmt und schließlich $u_{n+2} = T^* u_{n+1}$ nach (36.19) berechnet, so daß T^* also nur bei jedem zweiten Schritt benutzt wird. Geht man von $u_0 = 2.5 - 3x$ aus, so erhält man an der Stelle $x = 0$ folgende Werte

(36.22)

n	u_n	$u_n - u^*$	$u_{n+1} - u^*$	$T u_{n+1} - u^*$	ϑ
0	2.500000000	$+7.22 \cdot 10^{-1}$	$-5.20 \cdot 10^{-1}$	$+2.66 \cdot 10^{-1}$	0.3876
2	1.739255912	$-3.85 \cdot 10^{-2}$	$+2.24 \cdot 10^{-2}$	$-1.31 \cdot 10^{-2}$	0.3679
4	1.777763024	$-1.48 \cdot 10^{-5}$	$-1.05 \cdot 10^{-5}$	$+8.90 \cdot 10^{-6}$	1.2777
6	1.777761851	$-1.59 \cdot 10^{-5}$	$+1.29 \cdot 10^{-5}$	$-7.99 \cdot 10^{-6}$	0.4202
8	1.777778570	$+7.92 \cdot 10^{-7}$	$-6.39 \cdot 10^{-7}$	$+3.95 \cdot 10^{-7}$	0.4195
10	1.777777739	$-3.87 \cdot 10^{-8}$	$+3.10 \cdot 10^{-8}$	$-1.93 \cdot 10^{-8}$	0.4193
12	1.777777780	$\sim +1.8 \cdot 10^{-9}$	$\sim -1.6 \cdot 10^{-9}$	$\sim +9 \cdot 10^{-10}$	0.4216
14	1.777777778				

Abgesehen von der gegenüber der Iteration mit T eingetretenen Konvergenzbeschleunigung [vgl. (34.22)] fallen hier besonders die Zeilen für $n = 4$ und 6 auf: Nachdem beim Übergang von $n = 2$ zu $n = 4$ ein Genauigkeitsgewinn von mehr als 3 Stellen erzielt wurde, ist offenbar die Annahme des Überwiegens des ersten Gliedes in (36.16) nicht mehr erfüllt, da gerade dieses erste Glied besonders stark reduziert wurde. Daher fällt das ϑ in dieser Zeile völlig aus dem Rahmen, und beim Übergang zu $n = 6$ tritt sogar eine leichte Verschlechterung ein. Diese Erscheinung kann bei anderen Aufgaben so stark werden, daß es notwendig wird, (36.19) wesentlich seltener als bei jedem zweiten Schritt anzuwenden.

Dieser Schwierigkeiten wegen kann es günstiger sein, zunächst so lange nach $u_{n+1} = T u_n$ zu rechnen, bis sich die erhaltenen μ_1-Werte nur noch wenig ändern, und dann mit einem festen ϑ (36.19) bei allen weiteren Schritten anzuwenden. Bei verschiedener Anzahl von Anfangsschritten erhält man mit obigen u_0 für $\displaystyle\max_{-8 \leq i \leq 8} \left| u_n\left(\tfrac{i}{16}\right) - u^*\left(\tfrac{i}{16}\right) \right|$ (was ungefähr der Maximum-Betragsnorm gleich ist) die Werte

(36.23)

The table has a vertical left-axis label "← Iteration nach $u_{n+1} = T^* u_n$" and a diagonal top label "Iteration nach $u_{n+1} = T u_n \rightarrow$".

n						
2	$2.71 \cdot 10^{-1}$					
3	$4.03 \cdot 10^{-3}$	$1.66 \cdot 10^{-1}$				
4	$5.22 \cdot 10^{-4}$	$8.93 \cdot 10^{-4}$	$9.23 \cdot 10^{-2}$			
5	$1.39 \cdot 10^{-4}$	$5.84 \cdot 10^{-5}$	$2.98 \cdot 10^{-4}$	$5.44 \cdot 10^{-2}$		
6	$4.21 \cdot 10^{-5}$	$1.36 \cdot 10^{-5}$	$3.35 \cdot 10^{-5}$	$1.00 \cdot 10^{-4}$	$3.10 \cdot 10^{-2}$	
7	$1.30 \cdot 10^{-5}$	$3.77 \cdot 10^{-6}$	$9.25 \cdot 10^{-6}$	$7.30 \cdot 10^{-6}$	$3.18 \cdot 10^{-5}$	$1.80 \cdot 10^{-2}$
8	$4.02 \cdot 10^{-6}$	$1.07 \cdot 10^{-6}$	$2.69 \cdot 10^{-6}$	$2.16 \cdot 10^{-6}$	$3.14 \cdot 10^{-6}$	$1.09 \cdot 10^{-5}$
9	$1.26 \cdot 10^{-6}$	$3.06 \cdot 10^{-7}$	$7.90 \cdot 10^{-7}$	$6.11 \cdot 10^{-7}$	$8.81 \cdot 10^{-7}$	$9.15 \cdot 10^{-7}$
10	$4.00 \cdot 10^{-7}$	$8.82 \cdot 10^{-8}$	$2.33 \cdot 10^{-7}$	$1.74 \cdot 10^{-7}$	$2.54 \cdot 10^{-7}$	$2.63 \cdot 10^{-7}$
11	$1.28 \cdot 10^{-7}$	$2.58 \cdot 10^{-8}$	$6.89 \cdot 10^{-8}$	$5.02 \cdot 10^{-8}$	$7.34 \cdot 10^{-8}$	$7.49 \cdot 10^{-8}$
12	$4.13 \cdot 10^{-8}$	$8.7 \cdot 10^{-9}$	$2.08 \cdot 10^{-8}$	$1.47 \cdot 10^{-8}$	$2.14 \cdot 10^{-8}$	$2.14 \cdot 10^{-8}$
13	$1.33 \cdot 10^{-8}$	$2.9 \cdot 10^{-9}$	$6.3 \cdot 10^{-9}$	$4.3 \cdot 10^{-9}$	$6.3 \cdot 10^{-9}$	$6.2 \cdot 10^{-9}$
14	$4.4 \cdot 10^{-9}$	$9 \cdot 10^{-10}$	$2.0 \cdot 10^{-9}$	$1.3 \cdot 10^{-9}$	$1.9 \cdot 10^{-9}$	$1.8 \cdot 10^{-9}$
15	$1.4 \cdot 10^{-9}$	$2 \cdot 10^{-10}$	$6 \cdot 10^{-10}$	$5 \cdot 10^{-10}$	$6 \cdot 10^{-10}$	$5 \cdot 10^{-10}$

Offenbar wird die Konvergenzgeschwindigkeit hier von den weiteren Gliedern der Reihe in (36.19) bestimmt, so daß es genügt, ϑ so genau zu ermitteln, daß das erste Glied schneller abnimmt. Zur Fehlerabschätzung kann nun einer der Sätze dieses Kapitels herangezogen werden, notfalls nach einem abschließenden weiteren Schritt mit einem anderen Verfahren. Konvergenzbetrachtungen finden sich bei H. BÜCKNER (1952).

36.3 Kombination mit anderen Verfahren

Die Betrachtungen dieses Kapitels lassen erkennen, daß Iterationsverfahren oft sehr gute Fehlerabschätzungen liefern. Daher liegt es nahe, diese Fehlerabschätzungen auch für andere und besonders solche Methoden zu nutzen, die der direkten Abschätzung Schwierigkeiten entgegensetzen. Es bedarf hier nur des Hinweises, daß man dies durch Ausführung eines Iterationsschrittes mit der durch die andere Methode gewonnenen Näherung bewerkstelligen kann. Bei diskretisierenden Methoden ist vorher meist eine Interpolation vonnöten, man vgl. Nr. 30.1. Manchmal ist es möglich und einfacher, einen Schritt „rückwärts" zu iterieren, also aus einem etwa bekannten u_1 ein u_0 mit $u_1 = T u_0$ zu bestimmen. Besonders bei Differentialgleichungsaufgaben kann man dabei differenzieren, statt integrieren zu müssen.

Bei der zweiten hier zu nennenden Methode geht man umgekehrt vor: Man bestimmt zunächst eine ganze Schar von Paaren u_0, u_1 mit $u_1 = T u_0$ — vorwärts oder rückwärts — dadurch, daß man freie Parameter in die Ansätze einführt. Erst danach versucht man, mit einer Hilfsmethode, wofür vornehmlich die Defektabgleichsprinzipien des § 27 in Frage kommen, diese Parameter so zu bestimmen, daß u_0 und u_1 möglichst gut übereinstimmen.

Als einfaches Beispiel sei hier wieder die Aufgabe (34.15) behandelt. Setzt man etwa u_0 als Parabel an, so sieht man aus der Differentialgleichung, daß sich für u_1 ein Polynom 6. Grades ergibt, welches man unter Berücksichtigung der Randbedingungen in der Form

$$(36.24) \qquad u_1(x) = \tfrac{5}{2} - 3x + (1 - 4x^2)(a_0 + a_1 x + a_2 x^2 + a_3 x^3 + a_4 x^4)$$

schreiben kann. Rückwärts ergibt sich durch zweimaliges Differenzieren nach der Differentialgleichung

$$(36.25) \qquad u_1''(x) = \tfrac{3}{2} u_0^2(x) = 2(a_2 - 4a_0) + 6(a_3 - 4a_1)x +$$
$$+ 12(a_4 - 4a_2)x^2 - 80 a_3 x^3 - 120 a_4 x^4.$$

An die fünf Parameter kann man noch die Bedingungen stellen, daß auch u_0 die Randbedingungen erfüllt und daß rechts das Quadrat eines Polynoms steht, da ja u_0 eine Parabel sein sollte. Führt man den Wert $p = u_0(0)$ als neuen Parameter ein, so erhält man nach elementaren Rechnungen

$$u_0(x) = p - 3x + 2(5 - 2p)x^2,$$
$$u_1(x) = \left(\frac{301}{128} - \frac{3}{32}p - \frac{11}{80}p^2\right) + \left(-\frac{87}{32} + \frac{21}{80}p\right)x +$$
$$(36.26) \qquad + \frac{3}{4}p^2 x^2 - \frac{3}{2}p x^3 + \left(\frac{9}{8} + \frac{5}{2}p - p^2\right)x^4 -$$
$$- \frac{9}{10}(5 - 2p)x^5 + \frac{1}{5}(5 - 2p)^2 x^6.$$

Wählt man als Hilfsmethode die Kollokation (Nr. 27.3) im Punkte $x = 0$, so erhält man aus $u_0(0) = u_1(0)$ für p die quadratische Gleichung

$$(36.27) \qquad p^2 + \frac{175}{22}p - \frac{1505}{88} = 0$$

mit den Wurzeln $p_1 \approx 1.7604$, $p_2 \approx -9.7150$, welche die Werte der beiden Lösungen (vgl. Nr. 35.5) im Punkte $x = 0$ approximieren. Bei der oberen Lösung kann man nun z. B. nach (34.23) abschätzen, was hier nicht näher ausgeführt werden soll.

36.4 Das Schwarzsche alternierende Verfahren

Obwohl das zu schildernde Verfahren auch bei mehr als zweidimensionalen Aufgaben durchführbar ist, soll es der Einfachheit halber hier nur für zwei Dimensionen betrachtet werden. Mit der (6.1) entsprechenden Differentialgleichung sei die 1. Randwertaufgabe gegeben (f sei auf Γ stückweise stetig und beschränkt):

$$(36.28) \qquad \begin{aligned} A u &\equiv F(x, y, u, u_x, u_y, u_{xx}, u_{xy}, u_{yy}) = 0 \quad \text{in } B, \\ u &= f \quad \text{auf } \Gamma, \text{ dem Rand von } B. \end{aligned}$$

Dabei sei B ein offenes, zusammenhängendes Gebiet der euklidischen Ebene E_2 mit dem Rand Γ. Es gebe zwei offene Gebiete B_1 und B_2, deren Vereinigung $B_1 \cup B_2 = B$ sei und deren Durchschnitt mit $B_{12} = = B_1 \cap B_2$ bezeichnet werde (Abb. 36.29). Diejenigen Teile des Randes von B_1 (bzw. B_2), die in Γ enthalten sind, werden Γ_1 (bzw. Γ_2) genannt, die Menge der übrigen Punkte Δ_1 (bzw. Δ_2); die der gemeinsamen Punkte von Γ_1 und Γ_2 heiße Γ_{12}.

Die Gebiete B_1 und B_2 sollen so beschaffen sein, daß die Randwertaufgaben

(36.30)

$$A\,v = 0 \quad \text{in } B_1, \qquad v = f_1 \quad \text{auf } \Gamma_1 + \Delta_1,$$
$$A\,w = 0 \quad \text{in } B_2, \qquad w = f_2 \quad \text{auf } \Gamma_2 + \Delta_2$$

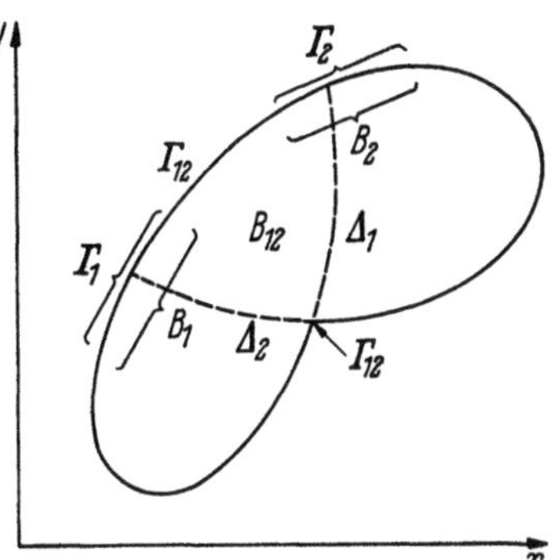

Abb. 36.29
Bezeichnungen der Gebiete und Ränder

für beliebige stückweise stetige und beschränkte f_i $(i = 1, 2)$ theoretisch und praktisch (eindeutig in geeigneten Teilräumen der Räume der in B_1 bzw. B_2 stetigen Funktionen) lösbar sind.

Das Schwarzsche alternierende Verfahren besteht nun darin, daß man von einer auf Δ_1 weitgehend frei wählbaren Funktion w_0 (alle weiterhin auftretenden, in B, B_1 oder B_2 definierten Funktionen seien dort mit ihren ersten und zweiten partiellen Ableitungen stetig) ausgehend, zwei Funktionenfolgen v_k, w_k $(k = 1, 2, \ldots)$ durch sukzessive Lösung folgender Randwertaufgaben bestimmt:

$$
(36.31) \quad
\left.
\begin{aligned}
A\,v_k &= 0 \quad \text{in } B_1, \\
v_k &= f \quad \text{auf } \Gamma_1, \qquad v_k = w_{k-1} \quad \text{auf } \Delta_1, \\
A\,w_k &= 0 \quad \text{in } B_2, \\
w_k &= f \quad \text{auf } \Gamma_2, \qquad w_k = v_k \quad \text{auf } \Delta_2
\end{aligned}
\right\} \quad (k = 1, 2, 3, \ldots).
$$

Um zu Konvergenzaussagen zu kommen, sind noch einige Präzisierungen und Voraussetzungen nötig. Zunächst wird von allen Randfunktionen vorausgesetzt, daß sie nur endlich viele Unstetigkeitsstellen besitzen. Eine Funktion wird schon dann eine Lösung genannt, wenn sie die Randwerte nur in den Stetigkeitspunkten der Randfunktion annimmt, abgesehen davon, daß sie im Gebiet beschränkt und zweimal stetig differenzierbar sein und die Differentialgleichung erfüllen soll. Alle Ränder werden als stückweise glatt und nur aus regulären Randpunkten (vgl. § 13) bestehend angenommen. Die weiteren Voraussetzungen des folgenden Satzes beziehen sich auf ein beliebiges Teilgebiet $\tilde{B}$ von B mit dem Rand $\tilde{\Gamma}$.

Satz 36.32: *Unter den Voraussetzungen*

a) Für beliebige, beschränkte u, v mit $A u = A v = 0$ in $\tilde{B}$ und $u \geqq v$ auf $\tilde{\Gamma}$ (bis auf endlich viele Punkte) gilt auch $u \geqq v$ in $\tilde{B}$

b) Für ein beliebiges, beschränktes u mit $A u = 0$ in $\tilde{B}$ und $-h \leqq$ $\leqq u \leqq g$ auf $\tilde{\Gamma}$ (bis auf endlich viele Punkte, g und h sind positive Zahlen) gilt auch $-h \leqq u \leqq g$ in $\tilde{B}$

c) Gilt für eine beliebige monotone Folge gleichmäßig beschränkter Funktionen u_n ($n = 0, 1, 2, \ldots$) mit $A u_n = 0$ in $\tilde{B}$ dort $u = \lim\limits_{n \to \infty} u_n$, so ist auch $A u = 0$ in $\tilde{B}$

d) (36.28) hat eine Lösung

kann die letztgenannte Lösung, die dann eindeutig bestimmt ist, mittels des alternierenden Verfahrens gewonnen werden, welches mindestens für alle stückweise stetigen w_0 konvergiert, für die $|w_0| \leqq \sup\limits_{\Gamma} |f|$ gilt.

Unter Abänderung der Voraussetzung d) kann übrigens das Schwarzsche Verfahren auch zum Beweis der Existenz ausgenutzt werden.

36.5 Fehlerabschätzung für das alternierende Verfahren

Bei nichtlinearen Aufgaben wird man nur selten die Möglichkeit haben, die Iteration nach (36.31) einfach durchführen zu können. Daher, und auch wegen der Behandlung der approximativen Lösung der Hilfsaufgaben beschränken sich die weiteren Betrachtungen auf homogene lineare Differentialgleichungen der Form (6.4):

$$(36.33) \quad L u \equiv a_{11}(x, y)\, u_{xx} + 2 a_{12}(x, y)\, u_{xy} + a_{22}(x, y)\, u_{yy} +$$
$$+ b_1(x, y)\, u_x + b_2(x, y)\, u_y + c(x, y)\, u = 0.$$

Fordert man über die allgemeinen Voraussetzungen der vorigen Nummer hinaus die gleichmäßige Elliptizität (s. Nr. 6.4) und neben den Voraussetzungen des Satzes 9.7 noch $c(x, y) \leqq 0$ in B, so sind die Annahmen a) bis c) des Satzes 36.32 erfüllt, und auch die Existenz ist gesichert (vgl. die Sätze 10.2 und 10.11).

Es seien $\tilde{\Gamma}_1$ und $\tilde{\Gamma}_2$ Teilmengen von Γ_1 bzw. Γ_2, die aus je endlich vielen Teilstücken bestehen und die bei zweien der folgenden vier Hilfsaufgaben betrachtet werden ($v^{(i)}$ und $w^{(i)}$, $i = 1, 2$ seien deren Lösungen):

$$(36.34) \quad L v^{(i)} = 0 \text{ in } B_i,\, v^{(i)} = 0 \text{ auf } \Gamma_i,\, v^{(i)} = 1 \text{ auf } \Delta_i \quad (i = 1, 2),$$

$$(36.35) \quad L w^{(i)} = 0 \text{ in } B_i,\, w^{(i)} = 1 \text{ auf } \tilde{\Gamma}_i,\, w^{(i)} = 0 \text{ auf } \Delta_i + (\Gamma_i - \tilde{\Gamma}_i)$$

$$(i = 1, 2).$$

Damit gilt der aus J. SPIESS (Diplomarbeit, Hamburg 1964) entnommene

Satz 36.36: *Es sei die Randwertaufgabe (36.33) in B mit der Randbedingung $u = f$ auf Γ mit stetigem f gegeben, die Voraussetzung a) von Satz 36.32 erfüllt und es gelte für die Lösungen von (36.34) und (36.35) mit Konstanten q_i, k_i*

$$v^{(i)} \leqq q_i < 1 \quad und \quad w^{(i)} \leqq k_i \quad auf \;\; \Delta_{3-i} \quad (i = 1, 2).$$

Sind ferner $u^{(i)}$ $(i = 1, 2)$ Näherungen an die Lösung u der gegebenen Randwertaufgabe, so gelte mit Konstanten d_i, e_i

$$L\, u^{(i)} = 0 \quad in \; B, \quad u^{(i)} = f \quad auf \;\; \Gamma_i - \tilde{\Gamma}_i, \quad \left| u^{(i)} - f \right| \leqq e_i \quad auf \;\; \tilde{\Gamma}_i$$
$$(i = 1, 2)$$

und

$$\left| u^{(1)} - u^{(2)} \right| \leqq d_i \quad auf \;\; \Delta_i \quad (i = 1, 2).$$

Dann gelten die Abschätzungen

$$\left| u - u^{(i)} \right| \leqq s_i = \frac{1}{1 - q_1 q_2} \left(d_i + k_{3-i}\, e_{3-i} + q_{3-i}\, k_i\, e_i \right) \quad auf \;\; \Delta_i$$
$$(i = 1, 2)$$

und damit

$$\left| u - u^{(i)} \right| \leqq s_i\, v^{(i)} + e_i\, w^{(i)} \quad in \; B_i \quad (i = 1, 2)$$

oder etwas gröber

$$\left| u - u^{(i)} \right| \leqq \mathrm{Max}\; \{s_i, e_i\} \quad in \; B_i \quad (i = 1, 2).$$

Während man, wenn sich einfache Lösungen oder Abschätzungen derselben für (36.35) nicht anbieten, ohne weiteres $k_i = 1$ setzen kann, ist es durchaus notwendig, Größen $q_i < 1$ zu ermitteln. Dabei sind besonders solche Punkte wichtig, in denen sich Δ_1 und Δ_2 treffen. Sind alle solche Punkte reguläre Randpunkte (von Γ) und schneiden sich die Tangenten an Δ_1 und Δ_2 unter einem nicht verschwindenden Winkel, so verhalten sich $v^{(1)}$ und $v^{(2)}$ dort ähnlich den in Nr. 26.3 betrachteten Potentialfunktionen [bes. (26.15) und (26.16)]. Durch derartige Ansätze lassen sich meist obere Schranken für die $v^{(i)}$ aufstellen, die auf $q_i < 1$ führen.

Der Satz 36.36 ist auch in gewissen Fällen der dritten Randwertaufgabe anwendbar, also mit Randbedingungen der Form (7.3) oder (7.9), wobei die linken Seiten der Randbedingungen überall auf Γ an die Stelle der Funktionswerte zu setzen sind. Auf Δ_1 und Δ_2 benutzt man dabei nach wie vor die erste Randbedingung. Man vgl. auch H. WERNER (1963).

Eine andere Möglichkeit der Fehlerabschätzung beruht auf der Iteration mit monotonen Folgen, wobei der Satz 5.12 benutzt werden oder auch nach Nr. 5.7 extrapoliert werden kann.

36.6 Beispiel für die praktische Durchführung

Es sei die Aufgabe gestellt, in dem Gebiet B der Abb. 36.37, das aus der Vereinigung des Einheitskreises B_1: $x^2 + y^2 < 1$ mit dem Quadrat B_2: $0 < x < 2$, $|y| < 1$ besteht, eine Lösung der Randwertaufgabe

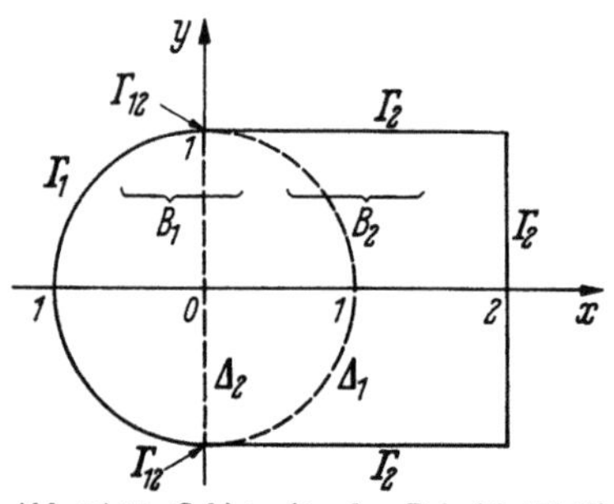

Abb. 36.37. Gebiete für das Beispiel (36.38)

$$(36.38) \qquad \Delta u = 0 \quad \text{in } B,$$

$$u = \gamma(\varphi) \text{ auf } \Gamma_1, \quad u = 0 \text{ auf } \Gamma_2$$

mittels des Schwarzschen alternierenden Verfahrens zu approximieren. Dabei sei φ die Winkelkoordinate, wenn man in B_1 durch $x = r\cos\varphi$, $y = r\sin\varphi$ Polarkoordinaten einführt. Setzt man noch voraus, daß $\gamma(\varphi) = \gamma(2\pi - \varphi)$ in $\dfrac{\pi}{2} \leqq \varphi \leqq \dfrac{3\pi}{2}$ gilt, so wird auch die Lösung bzgl. $y = 0$ symmetrisch. Daher kann man nach (24.50) und (24.55) die Ansätze machen

$$(36.39) \qquad v = \sum_{i=0}^{m} a_i\, p_i(x, y) = \sum_{i=0}^{m} a_i\, r^i \cos i\,\varphi \quad \text{in } B_1,$$

$$(36.40) \qquad w = \sum_{j=0}^{n} b_j \cos\alpha_j\, y \sinh\alpha_j(2 - x) \quad \text{in } B_2 \left[\alpha_j = \frac{\pi}{2}(2j + 1)\right].$$

Aus einer gegebenen Funktion w_{k-1} ist nun zunächst eine Funktion v_k gemäß

$$(36.41) \qquad v_k = \sum_{i=0}^{m} a_i^{(k)}\, r^i \cos i\,\varphi \approx \begin{cases} \gamma(\varphi) & \text{auf } \Gamma_1 \\ w_{k-1}(\cos\varphi, \sin\varphi) & \text{auf } \Delta_1 \end{cases}$$

zu ermitteln, was z. B. dadurch geschehen kann, daß man auf den oberen Halbkreis $(r = 1)$ $m + 1$ Punkte $\varphi_l = l \cdot \pi/m$ $(l = 0, \ldots, m)$ gleichmäßig verteilt und die Koeffizienten durch Interpolation (Kollokation, numerische Fourier-Analyse) in diesen Punkten bestimmt. Analog ist aus v_k im zweiten Halbschritt w_k nach

$$(36.42) \quad w_k = \sum_{j=0}^{n} b_j^{(k)} \cos\alpha_j\, y \cdot \sinh\alpha_j(2 - x) \approx v_k(0, y) = \\ = \sum_{i=0}^{\left[\frac{m}{2}\right]} a_{2i}^{(k)} (-1)^i\, y^{2i} \quad \text{auf } \Delta_2$$

wegen $x = 0$ auf Δ_2 ebenfalls durch trigonometrische Interpolation bestimmbar. ([ ] bedeutet hier die Bildung der nächsten nicht größeren ganzen Zahl.)

Zur Abschätzung nach Satz 36.36 sind zunächst die Hilfsaufgaben (36.34) und (36.35) zu lösen. Aus (36.34) erhält man zunächst

$$v^{(1)} = \frac{1}{2} + \frac{1}{\pi} \arctan \frac{2x}{1 - x^2 - y^2} \quad \text{(Poissonsche Formel (11.8))}$$

$$(36.43) \quad v^{(2)} = 2 \sum_{j=0}^{\infty} \frac{(-1)^j}{\alpha_j \sinh 2\alpha_j} \sinh \alpha_j (2 - x) \cdot \cos \alpha_j y$$

$$\text{(Fourier-Methode, Nr. 25.2)}$$

und mit $\tilde{\Gamma}_1 = \Gamma_1$, $\tilde{\Gamma}_2 = \emptyset$ (= der leeren Menge, da alle Näherungen auf Γ_2 die Randbedingung $w_k = 0$ erfüllen)

$$(36.44) \qquad w^{(1)} = 1 - v^{(1)}, \quad w^{(2)} = 0.$$

Damit ergibt sich $q_1 = k_1 = 0.5$, $q_2 = 0.25$, $k_2 = 0$. Wegen $\tilde{\Gamma}_2 = \emptyset$ wird $e_2 = 0$; e_1, d_1 und d_2 sind der Rechnung zu entnehmen. Die Abschätzungen nehmen hier die Gestalt

$$(36.45) \quad \begin{aligned} |u - v_k| &\leq e_1^{(k)} + (s_1^{(k)} - e_1^{(k)})\, v^{(1)} \quad &&\text{in } B_1 \\ |u - w_k| &\leq s_2^{(k)}\, v^{(2)} \quad &&\text{in } B_2 \end{aligned} \left.\begin{aligned}\\\\\end{aligned}\right\} \quad (k = 1, 2, 3, \ldots)$$

an.

Für die numerische Durchführung wurden hier die Randwerte $\gamma(\varphi)$ so vorgegeben, daß sich die exakte Lösung

$$(36.46)$$

$$u = 10 \sum_{j=0}^{\infty} \frac{(-1)^j}{\alpha_j \cdot \sinh 4\alpha_j} \sinh \alpha_j (2 - x) \cdot \cos \alpha_j y$$

ergibt, welche Funktion ähnlich $v^{(2)}$ für $x = -2$, $|y| < 1$ konstant $(= 5)$ ist und sonst auf dem Rand des Rechtecks $|x| < 2$, $|y| < 1$ verschwindet, so daß in einiger Entfernung von B bei $x = -2$, $y = \pm 1$ zwei Singularitäten liegen. Iteriert man von $w_0 = 0$ ausgehend, so erhält man monoton wachsende Iterationsfolgen [Abb. 36.47 zeigt einige Differenzen $v_k - u$ und $w_k - u$

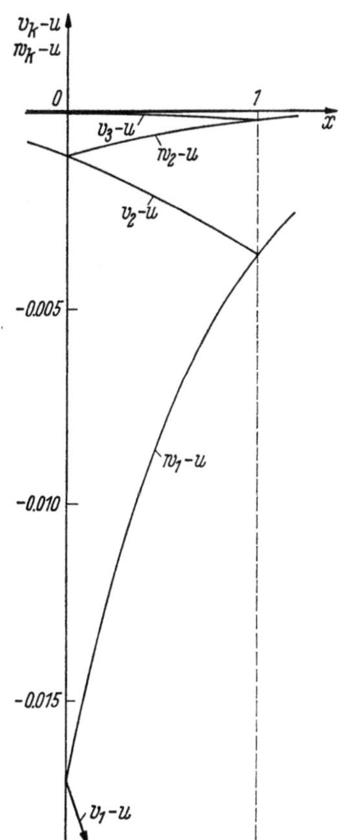

Abb. 36.47. Konvergenz des alternierenden Verfahrens

über einem Stück der x-Achse] und die Zahlenwerte für $x = 0.4$, $y = 0$, $m = 32$, $n = 16$

(36.48)

k	$|u - v_k| \leqq$	$u - v_k$	$|u - w_k| \leqq$	$u - w_k$
1	$4.44 \cdot 10^{-2}$	$3.00 \cdot 10^{-2}$	$1.87 \cdot 10^{-2}$	$9.49 \cdot 10^{-3}$
2	$2.90 \cdot 10^{-3}$	$2.02 \cdot 10^{-3}$	$1.22 \cdot 10^{-3}$	$6.45 \cdot 10^{-4}$
3	$1.98 \cdot 10^{-4}$	$1.38 \cdot 10^{-4}$	$8.30 \cdot 10^{-5}$	$4.41 \cdot 10^{-5}$
4	$1.35 \cdot 10^{-5}$	$9.42 \cdot 10^{-6}$	$5.66 \cdot 10^{-6}$	$3.02 \cdot 10^{-6}$
5	$8.06 \cdot 10^{-7}$	$6.44 \cdot 10^{-7}$	$3.39 \cdot 10^{-7}$	$2.06 \cdot 10^{-7}$
6	$6.29 \cdot 10^{-8}$	$4.40 \cdot 10^{-8}$	$2.30 \cdot 10^{-8}$	$1.41 \cdot 10^{-8}$

Die Schranken können hier als sehr gut bezeichnet werden.

Literatur

Abkürzungen:
ZAMM = Zeitschrift für Angewandte Mathematik und Mechanik.
Num. Math. = Numerische Mathematik.
Arch. f. Rat. Mech. Anal. = Archive for Rational Mechanics and Analysis.

ALBRECHT, J. (1955): Eine einheitliche Herleitung der Gleichungen von TREFFTZ und GALERKIN. ZAMM **35**, 193—195 (1955).
— (1962): Fehlerschranken und Konvergenzbeschleunigung bei einer monotonen oder alternierenden Iterationsfolge. Num. Math. **4**, 196—208 (1962).
— (1964): Iterationsverfahren zur Berechnung der Eigenwerte der Mathieuschen Differentialgleichung. ZAMM **44**, 453—458 (1964).
ALBRECHT, J., u. W. UHLMANN (1957): Differenzenverfahren für die 1. Randwertaufgabe mit krummlinigen Rändern bei $\Delta u(x, y) = r(x, y, u)$. ZAMM **37**, 212—224 (1957).
BABUŠKA, I., u. M. PRÁGER (1961): Numerisch stabile Methoden zur Lösung von Randwertaufgaben. ZAMM **41**, T4—T6 (1961).
BAUER, F. L. (1959): The Quotient-Difference and Epsilon Algorithms, in: On Numerical Approximation, Ed. RUDOLPH E. LANGER. Madison: The Univ. of Wisconsin Press 1959, S. 361—370.
BERTRAM, G. (1957): Fehlerabschätzungen für das Ritz-Galerkinsche Verfahren bei Eigenwertproblemen. ZAMM **37**, 191—201 (1957).
— (1959): Eine Fehlerabschätzung für gewisse selbstadjungierte, gewöhnliche Randwertaufgaben. Num. Math. **1**, 181—185 (1959).
BIEBERBACH, L. (1953): Theorie der gewöhnlichen Differentialgleichungen. Berlin/Göttingen/Heidelberg: Springer 1953.
BÖRSCH-SUPAN, W. (1960): Bemerkungen zur Fehlerabschätzung beim Ritz-Galerkin-Verfahren nach KRYLOW. Num. Math. **2**, 79—83 (1960).
BOHL, E. (1964): Die Theorie einer Klasse linearer Operatoren und Existenzsätze für Lösungen nichtlinearer Probleme in halbgeordneten Banach-Räumen. Arch. f. Rat. Mech. Anal. **15**, 263—288 (1964).

BRAKHAGE, H. (1961): Zur Fehlerabschätzung für die numerische Eigenwertbestimmung bei Integralgleichungen. Num. Math. **3**, 174—179 (1961).

BÜCKNER, H. (1952): Die praktische Behandlung von Integralgleichungen. Berlin/Göttingen/Heidelberg: Springer 1952, 127 S.

CODDINGTON, EARL A., u. N. LEVINSON (1955): Theory of Ordinary Differential Equations. New York/Toronto/London: McGraw-Hill 1955, 429 S.

COLLATZ, L. (1955): Numerische Behandlung von Differentialgleichungen, 2. Aufl. Berlin/Göttingen/Heidelberg: Springer 1955, 526 S.; siehe auch die dritte, englische Auflage:
— (1960): The Numerical Treatment of Differential Equations, im gleichen Verlag 1960.
— (1960a): Differentialgleichungen für Ingenieure, 2. Aufl. Stuttgart: Teubner 1960, 197 S.
— (1963): Eigenwertaufgaben mit technischen Anwendungen, 2. Aufl. Leipzig: Akademische Verlagsgesellschaft 1963, 500 S. (1. Aufl. 1949).
— (1963a): Einschließungssatz für Eigenwerte bei partiellen Differentialgleichungen 2. und 4. Ordnung. ZAMM **43**, 277—280 (1963).
— (1964): Funktionalanalysis und Numerische Mathematik. Berlin/Göttingen/Heidelberg: Springer 1964, 371 S.

COURANT, R. (1950): Dirichlet's principle, conformal mapping and minimal surfaces. New York/London: Interscience Publishers 1950.

COURANT, R., u. D. HILBERT (1953): Methods of Mathematical Physics, Bd. I. New York/London: Interscience Publishers 1953 (Deutsche Auflage: Methoden der mathematischen Physik, Bd. I. Berlin/Göttingen/Heidelberg: Springer 1931).
— (1962): Bd. II 1962, (Deutsch 1937).

DUFF, G. F. D. (1956): Partial Differential Equations. Toronto: University Press 1956.

DUSCHEK, A. (1961): Vorlesungen über höhere Mathematik, Bd. IV. Wien: Springer 1961. Siehe auch Bd. I, 2. Aufl., 1956.

EHRMANN, H. (1957): Ein abstrakter Satz zur Konvergenzerzeugung und Konvergenzverbesserung für Iterationsverfahren bei nichtlinearen Gleichungen. ZAMM **37**, 252—254 (1957).
— (1965): Bemerkung zum Einschließungssatz von Collatz für Eigenwerte linearer vollstetiger normaler Operatoren. ZAMM **45**, 64—66 (1965).

FORSYTHE, G. E., u. W. R. WASOW (1960): Finite Difference Methods for Partial Differential Equations. New York/London: Wiley 1960.

FOX, L. (1957): The numerical solution of two-point boundary problems in ordinary differential equations. Oxford: Clarendon Press 1957.
— (1962): Numerical Solution of Ordinary and Partial Differential Equations. Oxford: Pergamon Press 1962.

FRIEDRICHS, K. O. (1929): Ein Verfahren der Variationsrechnung, das Minimum eines Integrals als das Maximum eines anderen Ausdrucks darzustellen. Göttinger Nachr. 13—20 (1929).

FUNK, P. (1962): Variationsrechnung und ihre Anwendung in Physik und Technik. Berlin/Göttingen/Heidelberg: Springer 1962.

GREEN, A. E., u. W. ZERNA (1954): Theoretical Elasticity. Oxford 1954.

GRÖBNER, W., u. N. HOFREITER (1957/58): Integraltafel. Wien: Springer. Erster Teil, Unbestimmte Integrale, 2. Aufl. 1957, 166 S. Zweiter Teil, Bestimmte Integrale, 2. Aufl. 1958, 204 S.

GRÜSS, G., u. W. MEYER-KÖNIG (1955): Variationsrechnung. Heidelberg: Quelle und Meyer 1955.

HADELER, K. P. (1964): Abschätzungen für das Spektrum normaler Operatoren. Akademi Nauk SSSR **157**, Heft 2, 284—287 (1964).

HEINRICH, H. (1963): Einführung in die praktische Analysis. Leipzig: Teubner 1963, 222 S.

HELLWIG, G. (1960): Partielle Differentialgleichungen. Stuttgart: Teubner 1960.

HENRICI, P. (1962): Discrete Variable Methods in Ordinary Differential Equations. New York/London: Wiley 1962, besonders S. 347ff.

HERZIG, A. (1953): Zur Torsion von Stäben. ZAMM **33**, 410—428 (1953).

KAMKE, E. (1961): Differentialgleichungen, Lösungsmethoden und Lösungen, Bd. I, Gewöhnliche Differentialgleichungen, 7. Aufl. Leipzig: Akademische Verlagsgesellschaft 1961.

KANTOROWITSCH, L. W., u. W. I. KRYLOW (1956): Näherungsmethoden der höheren Analysis. Berlin: Deutscher Verlag der Wissenschaften 1956.

LEHMANN, N. J. (1960): Eine Fehlerabschätzung zum Ritzschen Verfahren für inhomogene Randwertaufgaben. Num. Math. **2**, 60—66 (1960).

— (1961): Das inhomogene natürliche Randwertproblem und Fehlerabschätzungen für Näherungslösungen. Num. Math. **3**, 1—29 (1961).

MADELUNG, E. (1957): Die mathematischen Hilfsmittel des Physikers, 6. Aufl. Berlin/Göttingen/Heidelberg: Springer 1957.

MEINARDUS, G. (1964): Approximation von Funktionen und ihre numerische Behandlung (Springer tracts in Natural Philosophy, Vol. 4). Berlin/Heidelberg/New York: Springer 1964, 180 S.

MEINARDUS, G., u. H. D. STRAUER (1963): Über Tschebyscheffsche Approximationen der Lösungen linearer Differential- und Integralgleichungen. Arch. f. Rat. Mech. Anal. **14**, 184—195 (1963).

MEYER, A. G. (1960): Schranken für die Lösungen von Randwertaufgaben mit elliptischer Differentialgleichung. Arch. f. Rat. Mech. Anal. **6**, 277—298 (1960).

MICHLIN, S. G. (1962): Variationsmethoden der mathematischen Physik. Berlin: Akademie-Verlag 1962.

MILNE, W. E. (1953): Numerical solution of Differential Equations. New York: Wiley 1953.

MIRANDA, C. (1955): Equazioni alle derivate parziali di tipo ellittico. Berlin/Göttingen/Heidelberg: Springer 1955.

MUSKHELISHVILI, N. I. (1953): Singular Integral Equations. Groningen: P. Noordhoff 1953.

NICOLOVIUS, R. (1957): Abschätzung der Lösung der ersten Platten-Randwertaufgabe nach der Methode von MAPLE-SYNGE — Beiträge zur Diaz-Greenberg-Methode. ZAMM **37**, 344—349 und 449—457 (1957).

— (1963): Ein Verfahren zur numerischen Behandlung fastlinearer partieller Differentialgleichungen in Zylinderbereichen. ZAMM **43**, 523—532 (1963).

PETROVSKY, I. G. (1954): Lectures on Partial Differential Equations. New York/London: Interscience Publishers 1954.

PFLANZ, E. (1937): Über die Bildung finiter Ausdrücke für die Lösung linearer Differentialgleichungen. ZAMM **17**, 296—300 (1937).

SAUER, R. (1960): Einführung in die theoretische Gasdynamik, 3. Aufl. Berlin/Göttingen/Heidelberg: Springer 1960.

SCHAEFER, H. (1962): Diskontinuierliche Rechenmethoden bei Randwertproblemen. Monatshefte für Math. **66**, 252—264 (1962).

SCHLICHTING, H. (1958): Grenzschicht-Theorie, 3. Aufl. Karlsruhe: Braun 1958.

SCHMEIDLER, W. (1950): Integralgleichungen mit Anwendungen in Physik und Technik. Leipzig: Akademische Verlagsgesellschaft 1950.

SCHMIDT, J. W. (1963): Eine Übertragung der Regula Falsi auf Gleichungen in Banach-Räumen, I und II. ZAMM **43,** 1—8 u. 97—110 (1963).

SCHRÖDER, J. (1956): Neue Fehlerabschätzungen für verschiedene Iterationsverfahren. ZAMM **36,** 168—181 (1956).

— (1956a): Über das Differenzenverfahren bei nichtlinearen Randwertaufgaben, I und II. ZAMM **36,** 319—331 u. 443—455 (1956).

— (1956b): Nichtlineare Majoranten beim Verfahren der schrittweisen Näherung. Archiv der Math. **7,** 471—484 (1956).

SCHUBERT, H. (1948): Über die Entwicklung zulässiger Funktionen nach den Eigenfunktionen bei definiten selbstadjungierten Eigenwertaufgaben. Sitz.-Ber. Heidelberger Akad. Wiss., Math. Naturw. Kl. 1948, 8. Abhandlung, 22 S.

SMIRNOW, W. I. (1958): Lehrgang der höheren Mathematik, Teil IV. Berlin: Deutscher Verlag der Wissenschaften 1958.

SOMMERFELD, A. (1947): Vorlesungen über theoretische Physik, Bd. II, 1. Aufl. Wiesbaden: Dieterichsche Verlagsbuchhandlung 1947.

— (1949): —, Bd. I, 4. Aufl., im gleichen Verlag (1949).

SOUTHWELL, R. V. (1946): Relaxation Methods in theoretical Physics, Bd. I. Oxford: University Press 1946, 248 S.

STIEFEL, E., u. H. ZIEGLER (1950): Natürliche Eigenwertprobleme. Z. angew. Math. Phys. **1,** 111—138 (1950).

SYNGE, J. L. (1957): The Hypercircle in Mathematical Physics. Cambridge: University Press 1957.

SZABÓ, I. (1963): Repertorium und Übungsbuch der Technischen Mechanik, 2. Aufl. Berlin/Göttingen/Heidelberg: Springer 1963.

— (1964): Höhere Technische Mechanik, 4. Aufl Berlin/Heidelberg/New York: Springer 1964.

TITCHMARSH, E. C. (1950/58): Eigenfunction Expansions, Bd. I. Oxford 1950, 184 S.; Bd. II, Oxford 1958, 404 S.

TRICOMI, F. G. (1957): Integral equations. New York 1957, 238 S.

WEINBERGER, H. F. (1956): Upper and lower bounds for eigenvalues by finite difference methods. Communicat. Pure Appl. Math. **9,** 613—623 (1956).

— (1958): Lower bounds for higher eigenvalues by finite difference methods. Pacific J. Math. **8,** 339—368 (1958).

WEINEL, E. (1931): Die Integralgleichungen des ebenen Spannungszustandes und der Plattentheorie. ZAMM **11,** 349—360 (1931).

WEINSTEIN, A. (1963): On the Sturm-Liouville Theory and the Eigenvalues of Intermediate Problems. Num. Math. **5,** 238—245 (1963).

WEISSINGER, J. (1952): Zur Theorie und Anwendung des Iterationsverfahrens. Math. Nachr. **8,** 193—212 (1952).

WERNER, H. (1963): Anwendungen und Fehlerabschätzungen für das alternierende Verfahren von H. A. SCHWARZ. ZAMM **43,** 55—61 (1963).

ZURMÜHL, R. (1957): Behandlung der Plattenaufgabe nach dem verbesserten Differenzenverfahren. ZAMM **37,** 1—16 (1957).

— (1961): Praktische Mathematik für Ingenieure und Physiker, 3. Aufl. Berlin/Göttingen/Heidelberg: Springer 1961, 548 S.

Sachverzeichnis

Die Grundlehren der mathematischen Wissenschaften in Einzeldarstellungen mit besonderer Berücksichtigung der Anwendungsgebiete

62. Sauer: Anfangswertprobleme bei partiellen Differentialgleichungen. DM 41,—; US $ 10.25
64. Nevanlinna: Uniformisierung. DM 49,50; US $ 12.40
66. Bieberbach: Theorie der gewöhnlichen Differentialgleichungen. DM 58,50; US $ 14.65
68. Aumann: Reelle Funktionen. DM 59,60; US $ 14.90
69. Schmidt: Mathematische Gesetze der Logik I. DM 79,—; US $ 19.75
71. Meixner/Schäfke: Mathieusche Funktionen und Sphäroidfunktionen mit Anwendungen auf physikalische und technische Probleme. DM 52,60; US $ 13.15
73. Hermes: Einführung in die Verbandstheorie. DM 46,—; US $ 11.50
74. Boerner: Darstellungen von Gruppen. DM 58,—; US $ 14.50
75. Rado/Reichelderfer: Continuous Transformations in Analysis, with an Introduction to Algebraic Topology. DM 59,60; US $ 14.90
76. Tricomi: Vorlesungen über Orthogonalreihen. DM 37,60; US $ 9.40
77. Behnke/Sommer: Theorie der analytischen Funktionen einer komplexen Veränderlichen. DM 79,—; US $ 19.75
78. Lorenzen: Einführung in die operative Logik und Mathematik. DM 54,—; US $ 13.50
80. Pickert: Projektive Ebenen. DM 48,60; US $ 12.15
81. Schneider: Einführung in die transzendenten Zahlen. DM 24,80; US $ 6.20
82. Specht: Gruppentheorie. DM 69,60; US $ 17.40
84. Conforto: Abelsche Funktionen und algebraische Geometrie. DM 41,80; US $ 10.45
86. Richter: Wahrscheinlichkeitstheorie. DM 68,—; US $ 17.00
87. van der Waerden: Mathematische Statistik. DM 49,60; US $ 12.40
88. Müller: Grundprobleme der mathematischen Theorie elektromagnetischer Schwingungen. DM 52,80; US $ 13.20
89. Pfluger: Theorie der Riemannschen Flächen. DM 39,20; US $ 9.80
90. Oberhettinger: Tabellen zur Fourier Transformation. DM 39,50; US $ 9.90
91. Prachar: Primzahlverteilung. DM 58,—; US $ 14.50
93. Hadwiger: Vorlesungen über Inhalt, Oberfläche und Isoperimetrie. DM 49,80; US $ 12.45
94. Funk: Variationsrechnung und ihre Anwendung in Physik und Technik. DM 98,—; US $ 24.50
95. Maeda: Kontinuierliche Geometrien. DM 39,—; US $ 9.75
97. Greub: Lineare Algebra. DM 39,20; US $ 9.80
98. Saxer: Versicherungsmathematik. 2. Teil. DM 48,60; US $ 12.15
99. Cassels: An Introduction to the Geometry of Numbers. DM 69,—; US $ 17.25
100. Koppenfels/Stallmann: Praxis der konformen Abbildung. DM 69,—; US $ 17.25
101. Rund: The Differential Geometry of Finsler Spaces. DM 59,60; US $ 14.90
103. Schütte: Beweistheorie. DM 48,—; US $ 12.00
104. Chung: Markov Chains with Stationary Transition Probabilities. DM 56,—; US $ 14.00
105. Rinow: Die innere Geometrie der metrischen Räume. DM 83,—; US $ 20.75
106. Scholz/Hasenjaeger: Grundzüge der mathematischen Logik. DM 98,—; US $ 24.50
107. Köthe: Topologische Lineare Räume I. DM 78,—; US $ 19.50
108. Dynkin: Die Grundlagen der Theorie der Markoffschen Prozesse. DM 33,80; US $ 8.45
109. Hermes: Aufzählbarkeit, Entscheidbarkeit, Berechenbarkeit. DM 49,80; US $ 12.45

146. Treves: Locally Convex Spaces and Linear Partial Differential Equations. DM 36,—; US $ 9.00
147. Lamotke: Semisimpliziale algebraische Topologie. DM 48,—; US $ 12.00
148. Chandrasekharan: Introduction to Analytic Number Theory. DM 28,—; US $ 7.00
149. Sario/Oikawa: Capacity Functions. DM 96,—; US $ 24.00
150. Iosifescu/Theodorescu: Random Processes and Learning. DM 68,—; US $17.00
151. Mandl: Analytical Treatment of One-dimensional Markov Processes. DM 36,—; US $ 9.00
152. Hewitt/Ross: Abstract Harmonic Analysis. Vol. II. In preparation
153. Federer: Geometric Measure Theory. DM 118,—; US $ 29.50
154. Singer: Bases in Banach Spaces I. In preparation
155. Müller: Foundations of the Mathematical Theory of Electromagnetic Waves. DM 58,—; US $ 14.50
156. van der Waerden: Mathematical Statistics. DM 68,—; US $ 17.00
157. Prohorov/Rozanov: Probability Theory. DM 68,—; US $ 17.00
159. Köthe: Topogical Vector Spaces I. DM 78,—: US $ 19.50
160. Agrest/Maksimov: Theory of Incomplete Cylindrical Functions and their Applications. In preparation
161. Bhatia/Szegö: Stability Theory of Dynamical Systems In preparation
162. Nevanlinna: Analytic Functions. Approx. DM 68,—; Approx. US $ 17.00
163. Stoer/Witzgall: Convexity and Optimization in Finite Dimensions I. In preparation
164. Sario/Nakai: Classification Theory of Riemann Surfaces. In preparation